中国计算机学会文集
China Computer
Federation Proceedings
CCFP 0034

CCF
2023中国计算机科学技术发展报告

中国计算机学会　编

机械工业出版社
CHINA MACHINE PRESS

本书充分体现了对计算技术发展中的新问题、前沿技术、交叉融合的思考，包括：时序大数据计算技术的研究进展与趋势、多模态大模型的研究进展与趋势、智能网络技术的研究进展与趋势、三维数字人体重建与生成的研究进展、视觉 Transformer 的研究进展与发展趋势、可信赖人工智能的研究进展与发展趋势、机密计算的研究进展与产业趋势报告、交互式定理证明及应用、鲁棒语音信号与信息处理的研究进展与趋势、量子自然语言处理，内容具有权威性、全面性和前沿性。

本书主要供中国计算机学会会员了解 2023 年计算机科学技术发展的最新动态，也非常适合计算机学者和从业者阅读和收藏。

图书在版编目（CIP）数据

CCF 2023 中国计算机科学技术发展报告 / 中国计算机学会编. -- 北京 : 机械工业出版社，2024. 10.
（中国计算机学会文集）. -- ISBN 978-7-111-76250-8

Ⅰ. TP3

中国国家版本馆 CIP 数据核字第 2024EK7954 号

机械工业出版社（北京市百万庄大街 22 号　邮政编码 100037）

策划编辑：韩　飞　　　责任编辑：韩　飞　张翠翠　周海越　王　芳　侯　颖

责任校对：贾海霞　李　杉　　责任印制：李　昂

北京捷迅佳彩印刷有限公司印刷

2024 年 10 月第 1 版第 1 次印刷

184mm×260mm · 37 印张 · 2 插页 · 827 千字

标准书号：ISBN 978-7-111-76250-8

定价：199.00 元

电话服务	网络服务
客服电话：010-88361066	机　工　官　网：www.cmpbook.com
010-88379833	机　工　官　博：weibo.com/cmp1952
010-68326294	金　　书　　网：www.golden-book.com
封底无防伪标均为盗版	机工教育服务网：www.cmpedu.com

前　　言

计算机及其相关网络基础设施已经成为人类信息社会的重要基石，计算技术发展水平也成为衡量国家发展水平和竞争力的重要指标。《中国计算机科学技术发展报告》（简称《发展报告》）记录和见证了中国计算机领域的发展，所涉及的内容涵盖计算技术的诸多重要领域，展现了我国计算技术及相关领域的研究进展，可以帮助读者更完整地认识新时期面临的挑战和机遇，并指出新的开拓领域和方向。

计算机科学技术发展的突出特点就是现有方向不断发展、深化，同时新兴方向不断涌现。本年度的《发展报告》充分反映了这一趋势，这里面既有经典方向上的新挑战和新进展，也有新兴方向上的新问题，充分体现了中国计算机学会对计算技术发展中的新问题、前沿技术的思考。

人工智能技术在这几年取得了快速发展，尤其是以大模型为代表的语言模型、视觉模型、多模态模型取得了性能上的突破，在各行各业产生了广泛的影响。以 ChatGPT 为代表的大语言模型，在智能水平、任务广泛性和适用性上达到了前所未有的高度，在通用人工智能的发展道路上迈进了重要一步。人工智能技术正在深刻变革产业应用及社会生活的方方面面，对社会组织、科技发展、日常生活等都产生了巨大的影响。

本年度的《发展报告》的组织和策划工作得到了中国计算机学会各专业委员会和广大会员的大力支持与积极响应，共收到 21 份反映不同方向进展的报告申请。中国计算机学会学术工作委员会组织评审，遴选出具有代表性的高水平报告共 10 篇。在此，特别向本年度所有发展报告的执笔人表示感谢，也衷心感谢各专业委员会的主任和秘书长的辛勤付出。中国计算机学会孙凝晖理事长、梅宏前理事长、唐卫清秘书长等对本报告的整理和出版给予了指导和支持，中国计算机学会学术工作委员会的委员在选题、组织、评审等方面不辞辛劳，学会秘书处协助处理了繁杂的事务性工作，在此一并表示感谢。

唐杰

中国计算机学会学术工作委员会主任

2023 年 12 月

目　　录

前言

时序大数据计算技术的研究进展与趋势 …… CCF 大数据专业委员会

1　引言 …… 2
2　时序大数据管理 …… 4
2.1　时序数据存储 …… 4
2.2　时序数据查询 …… 10
2.3　时序数据治理 …… 14
3　时序大数据分析 …… 17
3.1　通用时序数据建模 …… 17
3.2　时空序列数据建模 …… 20
3.3　长时序数据建模 …… 24
3.4　多模态时序数据建模 …… 27
4　时序大数据典型应用 …… 29
4.1　教育领域的应用 …… 29
4.2　医疗领域的应用 …… 32
4.3　工业领域的应用 …… 35
4.4　交通领域的应用 …… 38
5　发展趋势与展望 …… 40
5.1　时序大数据管理 …… 40
5.2　时序数据预训练 …… 41
5.3　时序数据的泛化 …… 41
5.4　时序数据的因果学习 …… 42
5.5　时序数据的可解释性 …… 43
5.6　时间序列的固有属性挖掘 …… 43
参考文献 …… 45
作者简介 …… 57

多模态大模型的研究进展与趋势 …… CCF 多媒体技术专业委员会

1　引言 …… 60
2　国外研究现状 …… 62

2.1　多模态数据集 …… 62
2.2　多模态预训练模型 …… 65
2.3　下游任务 …… 85
3　国内研究现状 …… 100
3.1　多模态数据集 …… 100
3.2　预训练模型 …… 102
3.3　下游任务 …… 112
4　国内外研究进展比较 …… 123
4.1　多模态数据集 …… 123
4.2　预训练模型 …… 124
4.3　下游任务 …… 126
5　发展趋势与展望 …… 128
5.1　多模态数据集 …… 128
5.2　预训练模型 …… 129
5.3　下游任务 …… 130
6　结束语 …… 131
参考文献 …… 131
作者简介 …… 142

智能网络技术的研究进展与趋势 …… CCF 互联网专业委员会

1　引言 …… 144
2　智能网络及其体系结构技术 …… 145
2.1　AI for Science 概述 …… 145
2.2　互联网技术阶段特征 …… 146
2.3　智能网络体系结构 …… 147
3　AI 计算的网络技术 …… 152
3.1　高性能 AI 计算的网络技术 …… 152
3.2　分布式大模型训练的网络优化技术 …… 153
4　智能路由技术 …… 155
4.1　基于监督学习的智能路由算法 …… 156
4.2　基于强化学习的智能路由算法 …… 156
4.3　智能路由算法的训练与部署 …… 157
5　智能传输技术 …… 158
5.1　智能拥塞控制技术 …… 159
5.2　智能报文调度技术 …… 161
5.3　网络侧智能流量控制技术 …… 163

6 网络智能运维 …… 164
6.1 网络建模 …… 164
6.2 故障预测 …… 165
6.3 故障定位 …… 167
6.4 因果推断 …… 168
7 总结与未来发展展望 …… 169
参考文献 …… 170
作者简介 …… 175

三维数字人体重建与生成的研究进展 …… CCF 计算机辅助设计与图形学专业委员会

1 引言 …… 179
1.1 三维人体建模研究的问题 …… 179
1.2 本文的组织结构 …… 180
2 三维人体表征概述 …… 181
2.1 模板表征 …… 181
2.2 隐式表面场 …… 184
2.3 神经辐射场 …… 185
3 国内外研究进展 …… 186
3.1 运动捕捉 …… 186
3.2 重建与渲染 …… 193
3.3 化身建模 …… 205
3.4 多模态数字人生成 …… 215
4 发展趋势与展望 …… 229
4.1 稀疏视点高精度重建 …… 229
4.2 实时高质量渲染 …… 229
4.3 高效动态建模 …… 230
4.4 大模型带来的机遇和挑战 …… 230
5 结束语 …… 230
参考文献 …… 231
作者简介 …… 264

视觉 Transformer 的研究进展与发展趋势 …… CCF 计算机视觉专委会

1 引言 …… 267
2 视觉 Transformer 模型设计 …… 268
2.1 经典视觉 Transformer 模型设计 …… 268
2.2 局部信息的引入 …… 271

2.3　视觉 Transformer 大模型 …… 273
3　Transformer 模型在自监督学习中的应用 …… 274
3.1　CNN 时代的自监督学习方法 …… 274
3.2　基于对比学习的方法 …… 276
3.3　基于掩码图像建模的方法 …… 277
3.4　掩码图像建模方法的拓展 …… 280
4　多模态任务中的 Transformer 模型 …… 282
4.1　多模态 Transformer 架构 …… 282
4.2　基于预训练的多模态 Transformer …… 285
4.3　基于大语言模型的多模态 Transformer 模型 …… 286
4.4　超越双模态的多模态 Transformer 架构 …… 287
5　国内外研究进展比较 …… 288
6　发展趋势与展望 …… 290
7　结束语 …… 291
参考文献 …… 291
作者简介 …… 301

可信赖人工智能的研究进展与发展趋势 …… CCF 容错计算专委

1　引言 …… 304
1.1　可信赖人工智能发展背景 …… 304
1.2　可信赖人工智能的含义 …… 305
1.3　可信赖人工智能研究热点 …… 305
2　可信赖人工智能国际研究现状 …… 309
2.1　人工智能系统对抗攻击与防御热点技术 …… 309
2.2　可信赖人工智能测试与评估 …… 315
2.3　可信赖人工智能相关标准 …… 325
3　可信赖人工智能国内研究进展 …… 329
3.1　人工智能系统对抗攻击与防御热点技术 …… 329
3.2　可信赖人工智能测试与评估 …… 334
3.3　可信赖性度量 …… 337
3.4　可信赖人工智能相关标准 …… 337
4　可信赖人工智能国内外研究进展比较 …… 339
4.1　人工智能系统对抗攻击与防御热点技术 …… 339
4.2　可信赖人工智能测试与评估 …… 341
4.3　可信赖人工智能相关标准 …… 342
5　可信赖人工智能发展趋势 …… 343

6　结束语 …… 344
参考文献 …… 344
作者简介 …… 358

机密计算的研究进展与产业趋势报告 …… CCF 系统软件专业委员会/CCF 体系结构专业委员会

1　引言 …… 364
2　国内外研究和产业现状 …… 365
2.1　机密计算体系结构 …… 366
2.2　机密计算系统软件 …… 372
2.3　机密计算应用 …… 374
2.4　机密计算安全 …… 378
3　国内研究进展 …… 381
3.1　学术研究进展 …… 381
3.2　产业结构演化 …… 383
4　国内外研究进展比较 …… 384
4.1　国内机密计算发展的优势 …… 384
4.2　国内机密计算面临的挑战 …… 386
5　发展趋势与展望 …… 387
5.1　趋势一：易用互通 …… 387
5.2　趋势二：异构加速 …… 389
5.3　趋势三：技术融合 …… 390
5.4　趋势四：安全增强 …… 391
5.5　趋势五：标准制定 …… 392
6　结束语 …… 394
参考文献 …… 394
作者简介 …… 405

交互式定理证明及应用 …… CCF 形式化方法专委会

1　引言 …… 410
2　交互式定理证明器 …… 412
3　传统验证领域 …… 415
3.1　程序验证 …… 415
3.2　操作系统验证 …… 418
3.3　编译器验证 …… 420
3.4　硬件验证 …… 423
3.5　数据库系统验证 …… 423

4　新兴验证领域 …… 424
4.1　嵌入式和混成系统验证 …… 424
4.2　密码系统的验证 …… 425
4.3　区块链和智能合约验证 …… 427
4.4　量子程序验证 …… 428
5　数学理论验证 …… 429
6　机器学习在交互式定理证明的应用 …… 431
7　发展趋势与展望 …… 436
7.1　证明工具的改善 …… 437
7.2　程序验证理论的发展与实现 …… 437
7.3　机器学习和交互式定理证明的结合 …… 438
8　结束语 …… 438
参考文献 …… 438
作者简介 …… 461

鲁棒语音信号与信息处理的研究进展与趋势 …… 463

1　引言 …… 464
2　自动语音识别 …… 465
2.1　语音识别基础方法 …… 466
2.2　语音识别前沿 …… 468
3　说话人日志 …… 474
3.1　基于聚类的说话人日志 …… 474
3.2　端到端说话人日志 …… 474
3.3　基于语音分离的说话人日志 …… 478
4　多通道语音处理 …… 481
4.1　双耳语音增强 …… 481
4.2　多设备联合语音处理 …… 484
5　多模态联合语音处理 …… 488
5.1　音视频联合说话人验证和日志 …… 488
5.2　音视频语音增强和分离 …… 491
5.3　音视频多模态语音识别 …… 494
5.4　低质量多模态数据的处理 …… 496
5.5　骨气导多模态语音处理 …… 497
6　语音对抗攻击与防御 …… 501
6.1　语音对抗攻击 …… 501
6.2　语音对抗防御 …… 503

7 MISP2022 挑战赛 …… 505
7.1 概述 …… 505
7.2 挑战赛基线系统 …… 505
8 研究展望 …… 511
8.1 语音识别 …… 511
8.2 多通道语音处理 …… 512
8.3 多模态语音处理 …… 513
8.4 语音对抗攻击与防御 …… 513
9 报告总结 …… 514
参考文献 …… 514
作者简介 …… 537

量子自然语言处理 …… CCF 自然语言处理专委

1 引言 …… 540
2 国外研究现状 …… 542
2.1 量子启发式语言模型 …… 542
2.2 基于量子计算的语言模型 …… 547
2.3 非经典（泛量子）概率理论和概率模型族 …… 550
3 国内研究现状 …… 556
3.1 量子启发式语言模型 …… 556
3.2 基于量子计算的语言模型 …… 562
3.3 非经典（泛量子）概率理论和概率模型族 …… 568
4 国内外研究进展比较 …… 569
4.1 量子启发式语言模型的国内外研究进展比较 …… 569
4.2 量子计算的国内外研究进展比较 …… 570
4.3 量子语言模型的国内外研究进展比较 …… 571
4.4 非经典（泛量子）概率理论和概率模型族的国内外研究进展比较 …… 572
5 发展趋势与展望 …… 574
6 结束语 …… 574
参考文献 …… 574
作者简介 …… 580

时序大数据计算技术的研究进展与趋势

CCF大数据专业委员会

王建民[1] 李建欣[2,3] 袁 野[4] 宋韶旭[1] 刘 淇[5] 王 莉[6] 张 帅[3] 周号益[2,3]

[1]清华大学，北京

[2]北京航空航天大学，北京

[3]中关村实验室，北京

[4]北京理工大学，北京

[5]中国科学技术大学，合肥

[6]太原理工大学，太原

摘 要

在互联网、物联网等新技术的发展推动下，社会生产生活中涌现出大量的序列数据，广泛存在于医疗、气象、电力、交通等行业。随着数据量的剧烈增长，时序大数据计算逐渐成为机器学习与人工智能领域关注的一个热点。不同于图像、自然语言等具有语义丰富、特征多样的特点，时序数据在分析和处理时具有语义难识别、特征难选择带来的难表征问题。因此，如何准确建模并学习时间序列的前后关联关系，并利用其对下游任务进行计算，是时序大数据计算技术研究的核心。近年来，时序大数据计算方向得到极大的关注和发展。本文将聚焦时序大数据的最新国内外进展，重点围绕时序大数据管理、分析、应用等相关技术进行梳理总结，并对时序大数据计算技术的潜在发展方向进行展望。

关键词：时序大数据，计算技术，时序数据管理，时序分析，长时序，时空序列，多模态时序，行业应用

Abstract

Driven by the development of new technologies such as the Internet and the Internet of Things, large-scale serial data is generated in social production and life, which is widely found in medical, meteorological, electric power, transportation and other industries. With the rapid growth of data volume, time series big data computing has gradually become a hot spot in the field of machine learning and artificial intelligence. Different from image and natural language, which are rich in semantics and diverse in features, time series data is difficult to represent due to semantic recognition and feature selection. Therefore, how to accurately model and learn the correlation relationship of time series and use it to calculate downstream tasks is the core of time series big data computing technology research. In recent years, the direction of time series big data computing has received great attention and development. This paper will focus on the latest progress of time series big data at home and abroad, focus on time series big data management, analysis, application and other related technologies to sort out and summarize, and forecast the potential development direction of time series big data computing technology.

Keywords: Time series big data, computing technology, time series data management, time series analysis, long time series, spatial-temporal series, multi-modal time series, industry application

1 引言

人们所处的世界正在向着高速、全面数字化的方向迈进，互联网、物联网、5G 等技术正在快速普及并广泛应用于社会生产生活的各个行业。这些行业运行中所产生的数据沿时间维度不断地累积和增长，形成了时间序列数据（Time Series Data，以下简称时序数据）。时序数据具体指观察者按照时间顺序接收到的连续观测值所构成的序列，呈现出“先后出现”且“前后依赖”的特点。每个时间点记录了所观测对象在该时间点上的测量数据值，能够客观反映所观测对象的连续状态变化情况。时序数据广泛存在于社会生活和工业生产中，如医学诊断、气象研究、电力系统、智能交通、物价指数等。

近年来，随着工业互联网、智慧医疗、智能交通等大数据领域项目的落地应用和发展，时序数据的规模和长度都呈现出指数式的增长，形成大规模的时序数据，即时序大数据。时序大数据的分析和应用正在显著改变人们的生活：在工业生产领域中，通过记录与分析生产设备运行中产生的运行状态时序数据，可以有效实现工业设备的运行状态诊断与预测性维护，增强设备的安全稳定生产能力，提高企业生产效率；在电子商务中，通过对消费者历史消费行为模式进行建模分析，可以捕捉其消费习惯和商品偏好，进而提高推荐广告准确性；在气象服务中，通过对某地区历史气象情况的建模分析，可以结合当地的即时观察，对未来一段时间内的气象变化进行预测；在医疗领域中，通过对患有呼吸疾病的患者日常监测体征的抽象和处理，可以实现对于肺癌等疾病的早期诊断和治疗。甚至在神经网络、人工智能等技术尚未大规模应用前，时序数据的处理分析就早已经存在于人类现实生活的方方面面，并且持续地影响和改变着人们的生活。自 2021 年我国政府提出全新的数字化转型思想以来，大量的数字化企业存储着海量的时序数据。在数字化经济大规模发展的今天，对于源源不断产生的时序大数据，如何对其进行科学的管理、分析和应用，以挖掘其中潜藏的价值，实现时序大数据对国家宏观产业经济的赋能，具有重大的应用价值和市场潜力，已经成为大数据领域一个重要的研究分支。

本文将从以下三个方面对时序大数据计算的研究现状进行分析和解读，对相关解决方案进行深入比较，并基于目前行业前沿方向给出发展趋势与展望。

（1）时序大数据管理　时序大数据在实际数据处理场景中面临着巨大的管理压力，例如在物联网（IoT）等场景中，各种带有多个传感器的设备产生了大量的时序数据，这些数据不仅需要在云端进行智能分析，还需要在边缘端进行实时控制。这样一个物联网时序数据应用的过程对时序数据库管理系统提出了新的要求：①在终端设备中，需要使用轻量级数据库或紧凑的文件格式来节省空间和网络带宽；②在边缘服务器中，需要一个功能齐全的数据库来收集、存储和查询设备的海量数据，并能处理延迟到达的数据；③在云端，需要一个具有完整历史数据的数据库集群，直接连接到诸如 Spark 和 Hadoop 之类的大数据分析系统，并支持 OLAP 查询。本文将从存储、查询、治理三个技术层面来阐述时序大数据的管理问题。

（2）时序大数据分析　社会生产生活所产生的时序大数据中蕴含着巨大的复杂关联，面对海量的时序数据处理需求和多变的下游业务需求，时序大数据建模技术迎来全新的挑战。几乎所有的 IT 巨头如 Google、Facebook、OpenAI、阿里巴巴、百度、华为、字节跳动等都投入了大量的研发力量，并且对外发布了一些针对序列大数据的整体解决方案。对于时序大数据的分析，按照其数据类型的特点，可以分为以下四种类别：①通用时序数据建模，模型重点捕捉单个时间序列内部的前后依赖关系；②时空序列数据建模，模型重点捕捉呈一定空间结构关系的多个时间序列之间的空间依赖与时间依赖关系；③长时序数据建模，模型重点捕捉长输入时间序列与长输出时间序列之间的远程关联关系；④多模态时序数据建模，模型重点捕捉多个时间序列模态之间的语义关联与时间依赖关系。本文将从以上四种类别综述通用时序数据建模方法。

（3）时序大数据应用　从时序大数据中挖掘其潜藏的价值并应用到人们的生产生活当中，是实现数字化经济、赋能国家宏观产业的重要途径，时序大数据的应用是时序大数据计算的最终价值导向和目的。在各行各业，对于时序数据的分析和应用正在显著地影响着人们的生活并创造新的价值，例如：①教育领域中，对于学习者行为时序数据的分析能够赋能学习资料与学习方案的调整；②医疗领域中，临床诊疗救治场景累积的大量时序数据能够帮助疾病的早期发现与治疗；③工业领域中，设备运行所累积的长时序数据能够协助设备的预测性维护；④交通领域中，长期监控的路网流量时序数据能够作用于基于交通流量预测的治理行为。本文将从以上四个领域综述时序大数据的实际应用。

本文的组织结构（见图 1）如下：第 2 节从存储、查询、治理三个方面，详细介绍时序大数据管理的发展情况；第 3 节从通用时序数据、时空序列数据、长时序数据、多模态时序数据四个数据类别介绍时序大数据的分析技术；第 4 节从教育、医疗、工业、交通四个领域介绍时序大数据典型应用情况；第 5 节结合领域前沿，分别从几个可能的发展方向对时序大数据计算的未来研究做出趋势展望。

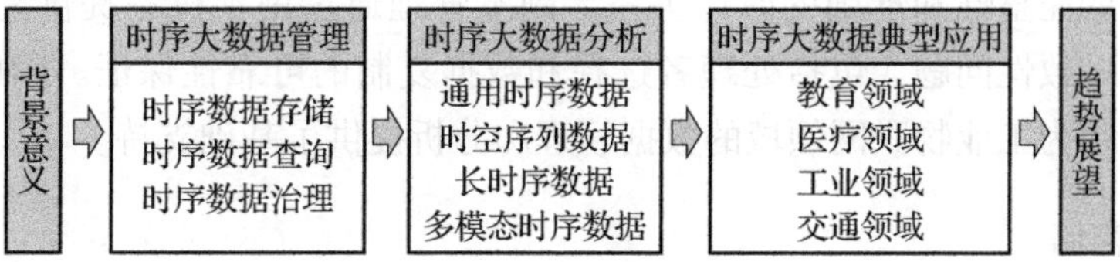

图 1　本文的组织结构

2 时序大数据管理

在物联网（IoT）中，各种带有多个传感器的设备生成了大量的时序数据。这些数据不仅需要在云端进行智能分析，还需要在边缘端进行实时控制。例如，一家重工业机械维护服务提供商需要管理超过20 000台挖掘机，且每台挖掘机都配备了数百个用于监测发动机转速和其他指标的传感器。数据首先被打包在设备中，然后通过5G移动网络发送到服务器。在服务器上，数据被写入时序数据库（TSDBs）以进行OLTP查询。最后，数据科学家可以从数据库中加载数据到大数据平台进行复杂的分析和预测，即OLAP任务。

这样一个物联网时序数据应用的过程对时序数据库管理系统提出了新的要求：①在终端设备（如上述的挖掘机）中，需要使用轻量级数据库或紧凑的文件格式来节省空间和网络带宽；②在边缘服务器中，需要一个功能齐全的数据库来收集、存储和查询设备的海量数据，并能处理延迟到达的数据；③在云端，需要一个具有完整历史数据的数据库集群，直接连接到诸如Spark和Hadoop之类的大数据分析系统，并支持OLAP查询。

Apache IoTDB[1] 是一个可以满足上述要求的时序数据库管理系统。除此之外，还有一些其他的数据库管理系统，例如原生的时序数据库InfluxDB[2]、经过RDBMS改进的TimescaleDB[3] 和经过NoSQL改进的KairosDB[4]（OpenTSDB[5] 也属于此类）等。Facebook的Gorilla[6] 和Beringei[7]，以及Google的Monarch[8] 等基于内存的解决方案显然不够高效，因此不适用于要求保留所有历史数据的传统制造业场景。另外，像ModelarDB[9] 和Plato[10] 这样的基于模型的方法通常会有损失（虽然高效），同样无法满足工业中精确监控和控制的要求。

2.1 时序数据存储

时序数据存储涉及列式存储、编码压缩、乱序处理和副本管理等关键方面，针对工业物联网领域的需求进行优化。列式存储模式具有高I/O效率和编码压缩能力，常用于支持数据分析和OLAP型数据库，然而其仍有优化空间，例如通过考虑时间序列特性进行存储优化。编码压缩算法致力于实现高压缩比，尤其在具有多样性模式的时间序列中表现出色。乱序处理涉及顺乱序分离存储和乱序数据排序等技术，用于处理乱序时序数据，确保数据的完整性和准确的时序关系。副本管理通过副本机制提供高可用性存储，解决副本间的一致性问题，包括处理者选择和数据复制的可靠性保证。因此，时序数据存储的综合应用为工业物联网领域的数据管理和分析提供了基础支持。

2.1.1 列式存储

目前主流的数据存储模式主要分为行式存储和列式存储两种。其中，列式存储模式具有更高的I/O效率，能够更好地支持数据分析等需求，因此常被用于OLAP型数据库。

同时，列式存储模式也具备更强的编码压缩能力，能够对同列数据进行高效编码压缩，节省存储空间。因此，大部分时序数据库通常采用列式存储模式来对大规模的时序数据进行存储。现有的通用列式存储格式如 Parquet 等，能够天然地应用于时序数据的存储，但仍然存在一些优化的空间。具体而言，时序数据通常包括时间戳和数据值，在时序数据库中，相同的时间戳可能会对应多个数据值。传统的列式存储方法通常采用一列时间戳、一列值的方式进行存储，没有利用时序数据的特性，例如多条时间序列可能存在一些对齐关系。针对这类问题，现有方法对传统的列式存储模式进行改进，通过考虑时间序列的特性对列式存储进行优化，例如通过合并多个数值列的方式，减少时间戳列的存储开销。

C-Store[11] 是一种经典的列式存储数据库，它基于列式存储，对数据库读写进行了优化。由于按列存储的连续数据之间的关系更紧密，基于这样的特性，C-Store 较好地利用了编码压缩算法，将列式存储的数据进行压缩，以此节省空间。另外，这样的方式除了节省空间，减少磁盘的 I/O 外，还可以提高查询性能。在 C-Store 中，其查询执行器可以直接对压缩后的数据进行操作，以此避免解压数据，来进一步提升数据库的性能，这些优势使得其作为列式存储的格式，能够对分析型的任务有着非常好的支持。

Apache Parquet[12] 是一种开源列式存储格式，能够作为底层文件格式支持多种数据库。Parquet 基于一种嵌套式的数据模型进行定义，来支持不同表的模式（Schema），并使得数据具有不同的层级。同时，Parquet 也可以基于上述模型将表的模式转化成树状结构。为了支持上述嵌套式的数据模型，Parquet 中引入了重复级别（Repetition Level）和定义级别（Definition Level）的概念，来对不同层级数据进行索引，这样的索引不仅能够对数据的层级和位置进行很好的描述，也可以处理空值等情况。在存储时，Parquet 也支持高效的编码压缩，能够结合不同的编码压缩算法实现较低的存储空间占用。

时序数据库 Apache IoTDB[13] 设计了一种全新的 TsFile（Time-series File）格式存储数据，TsFile 底层采取了列式存储模式，并针对时序数据进行了优化。针对时序数据，TsFile 首先采用更好的元数据管理方式，将每个时间序列的元数据分别存储，避免无关列访问到对应的数据，产生不必要的时间开销。另外，TsFile 设计了多列对齐的存储模式，即在文件中按照一列时间戳、多列数据值的方式进行存储。这样的方式能够大大减少对齐时间序列的时间戳存储开销，但同时，针对不对齐的数据点，需要引入一个位图（Bitmap）来标识相应的数据点是否为空值，因此也引入了新的位图部分的开销。但总体来说，由于位图本身占用空间较少，针对对齐程度比较高的数据，采用对齐存储的方式能够大大减少时间戳的存储开销。在 TsFile 中，针对多列对齐的存储方式，仍然在底层按照列式存储模式，分别针对每一列进行存储，但会把对齐的列存放在同一个 TsFile 中，方便数据库进行对齐和查询。

Heracles[14] 是一个基于 Prometheus 设计的时序数据库。类似于 TsFile 的思想，Heracles 将多个时间序列共享时间列，因此针对对齐时间序列，能够节省时间戳列的存储空间。同时，Heracles 考虑到时间戳列和数值列的映射关系的复杂性可能会影响数据库的性能，所以为这个映射关系设置了数值列的上限。针对压缩后数据的长度可能不一致的问题，Heracles 通过填充的方式使得所有数据都能够对齐。通过这样的方式，Heracles 能够实现共享时间戳列的机制，对一个分组内的数据采用共享时间戳列进行存储，节省时间戳的存储空间。

文献［15］针对多维时间序列提出了一种自适应的分组对齐方式，能够支持多维时间序列的列式存储。该方法基于时序数据库 Apache IoTDB 现有的单列存储方法和对齐存储方法，实现了一种自动对齐存储的机制，能够根据自底向上的分组策略，将输入的时间序列按照对齐程度自动分组，在此过程中将对齐程度较高的序列分为一组，并通过 Apache IoTDB 支持的对齐存储方式进行存储。这样的方式能够自适应地根据输入数据选择分组，使得整体的存储空间达到最小。同时，文中结合时间序列的时间戳的特征，提出了近似方法，根据时间戳等间隔或是近似等间隔的特性，提取时间戳列的特征，加速时间戳的匹配速度。整体而言，该方法能够结合单列存储和对齐存储的优点，自适应地达到较低的存储开销。

2.1.2 编码压缩

时序数据库的发展使得高效的压缩方案成为这些数据库的关键组成部分。然而，现有的压缩算法大多利用整个时间序列的整体特征来实现高压缩比，忽略了每个数据点周围的局部上下文。因此，它们对于某些数据模式是有效的，但可能在实际时间序列中遇到固有的模式变化导致效果不佳的情况。因此，人们迫切希望能够开发一种压缩方法，在存在模式多样性的情况下始终实现高压缩比。

首先，文献［16］提出了一种两级压缩模型，用于选择每个数据点的适当压缩方案，从而能够在真实世界中的各种应用中实现令人满意的压缩比。为了做好方案选择效率和压缩效率之间的权衡，该模型在上层使用参数化的方案空间，将整个搜索空间抽象为一组方案模板和控制参数，并在底层为每个数据点选择最有效的方案。然而，该模型仍然面临两个挑战：首先是如何构建一个参数化的方案空间，能够在面对不可预测的数据模式时始终表现良好，同时希望整个搜索空间既小又能涵盖大多数情况；其次是如何为选择的时间线填充控制参数的值，从时间线中提取隐藏模式并将其有效且高效地转化为参数值是困难的。针对第一个挑战，该论文设计和开发了自适应多模型中心外（AMMMO）框架，将整个搜索空间划分为四个子空间，即主要模式，这些子空间具有有益的偏好（即变换/位掩码/偏移优先或混合）。每个主要模式进一步包含四个子模式，即构建的压缩方案。针对第二个挑战，该论文提出了基于规则和基于学习的方法来解决。特别是对于基于学习的方法，由于最佳参数设置的标签（即真实值）不可用，该论文在神经网络结构上应用强化学习来交互地学习参数。当由于模式变化而导致压缩比下降时，可以轻松地重新训练该网络。

进一步，由于时序数据具有高维和高频率的特点，传统的压缩算法往往效果不佳。为了解决这一问题，文献［6］提出了 Gorilla 时序数据压缩算法。利用了大多数时序数据具有固定的时间间隔的特点，该算法提出了一种时间戳的压缩方案。Gorilla 算法存储时间戳的差分值来减少存储量，并采用可变长度编码来对差分值进行编码。对于数值的压缩，Gorilla 算法使用了异或运算，并对异或值进行可变长度编码。通过对实际数据进行分析，发现这种压缩方案能够显著减少存储空间。总体而言，这项研究提供了一种高效的时序数据压缩方法，对于存储和查询效率的提升具有重要的实际应用价值。

通过研究浮点型时序数据的特性，特别是对于连续值的异同，Chimp 算法[17] 在 Gorilla 算法的基础上，提出了一种基于位异或操作的压缩方案。该算法利用先前零位的分布特征，实现了高效的空间表示，并在满足压缩和解压缩速度要求的同时，提供了与通用压缩算法相媲美的空间节约效果。此外，Chimp 算法的改进版本 Chimp128 算法通过参考更多的先前数值，进一步提高了压缩率。实验评估结果表明，Chimp 算法在压缩速度、解压缩速度和空间需求方面均表现出色，比现有流式压缩算法和通用压缩算法都要优越。该算法为处理浮点型时序数据提供了一种高效的压缩解决方案，具有重要的实际应用价值。

此外，文献［18］对编码方法进行的比较分析显示，大多数现有的数据编码方法并没有考虑物联网场景中时序数据的独特特征。文中首先总结了影响编码性能的几个数据特征，包括数值范围、增量、重复和增长等。然后介绍了典型时序数据库 Apache IoTDB 的存储方案，并对不同的数据特征下的编码算法进行了定性分析。为了评估编码算法的效果，作者开发了一个基准测试，包括模拟各种数据特征的数据生成器和几个来自工业合作伙伴的真实数据集。最后，通过广泛的实验评估，对编码算法在不同数据特征下的性能进行了定量分析。研究结果显示，不同的编码算法在不同的数据特征下表现出不同的效果。该研究的贡献包括总结了影响编码性能的时序数据特征，定性分析了编码算法的效果，设计了一个用于评估编码算法的基准测试，并进行了广泛的实验评估。

最后，频域分析在时间序列领域中得到了广泛应用。虽然在线将时域转换为频域（例如通过快速傅里叶变换）的计算成本很高，但可以在文件中进行高效数据编码来存储频域数据以便重用。文献［19］提出了一种降序位打包编码方法 FREQ，通过合理的精度量化和降序排序来动态减少编码的位宽。该方法不仅可以直接对频域数据进行编码，还可作为时域数据的有损压缩。作者在开源时序数据库 Apache IoTDB 中实现了该方法，并进行了广泛的实验评估，结果表明该编码方法在频域和时域数据上具有优越性能。

2.1.3 乱序处理

基于时序数据的分析任务往往需要有序的数据，无论是聚合查询还是范围查询。不幸的是，在时序数据的采集过程中数据点通常会存在到达延迟的情况（例如，由于网络波动、系统故障等），这在物联网场景中非常普遍。频繁出现的乱序数据将显著降低处理速度，并在查询响应中造成很大的延迟。同时，乱序数据的出现会增加磁盘的读写放大效应，进一步降低数据库的性能。在 IoTDB 时序数据库中，时间序列中的数据点按时间戳排序，以便在数据库中进行高效存储和查询处理。因此，对乱序数据的处理是包括 Apache IoTDB 在内所有时序数据库的基本组件。

许多研究都关注如何在聚合窗口下进行乱序处理，乱序场景下的聚合查询面临着难以兼顾高准确性和低延迟性两个相互矛盾的性能指标的问题，许多应用程序尝试在获得更准确的查询结果时，尽量保持或降低延迟。文献［20］提出了一种自适应的、质量驱动的、基于缓冲区的无序处理方法，称为 AQ-K-slack，用于处理无序数据流上的滑动窗口聚合查询。通过利用基于采样的近似查询处理技术和控制理论，AQ-K-slack 可以在查询结果的延迟和准确性之间提供用户所期望的平衡，这是现有无序处理方法所没有的。

随着物联网的快速发展，对工业时序数据处理和存储的需求日益增长，大量时序数据库应运而生。一些时序数据库，如 InfluxDB、TimescaleDB 等使用 B 树来维护内存中数据的有序性。Timon[21] 是一个专注于数据处理和分析的带有时间戳的事件数据库，通过对乱序事件数据进行分类，在内存中设计了两种内存表（MemTable），一种用于后期事件数据，即乱序数据，另一种用于其余正常的数据，分离的目的是减少正常 SSTables 的时间跨度。通过对 LSM 树的设计，Timon 可以支持低延迟查询和高效的长期时间序列探索，即使在高并发写入和乱序数据到达的情况下也能保持性能优异。

文献［22］通过重新审视在内存中排序和合并过程存在的问题，提出一种针对几乎有序数据的 Patience 排序算法，通过结合算法和架构创新，极大地改善了 Patience 排序算法对随机和延迟数据的排序效果，相比于传统的基于比较的排序算法展现出了更好的性能。在此基础上，文献［23］针对增量有序数据，进一步优化了 Patience 排序算法，并提出 Impatience 排序算法和相应的架构。该方法可以降低查询执行的延迟和内存使用，并支持一系列用户延迟需求，而不会影响查询完整性和吞吐量。很多数据集通常由于网络延迟和机器故障等原因，数据呈现出几乎有序的状态，该解决方案对此类数据集展现出较高的性能。

针对具有较长延迟的乱序数据，文献［24］研究了如何减少磁盘 LSM 存储的读放大问题。LSM 树被广泛用于存储物联网中的时序数据，在传统的顺乱序不分离策略中，数据在写入时将首先缓冲在内存中的 MemTable 中。当 MemTable 超过一定的阈值时，数据将被以 SSTables 的形式写入磁盘。SSTables 作为 LSM 树结构的首层，时间范围可能重叠。Apache IoTDB 使用顺序和乱序 MemTables 分别缓冲有序和无序数据以减少 SSTables 范围重叠，从而加速查询和合并，即顺乱序分离策略。分离的影响是正向还是负向的，即写放大的影响程度如何，取决于工作负载以及有序和乱序 MemTables 的大小。该研究专注于分离策略对减少写放大的实际效果，并在合成数据集和真实数据集上进行大量的实验，结果表明其提出的用于估计 WA 的模型在各种延迟分布下是准确的。

针对具有较短延迟的乱序数据，文献［25］研究了如何减少内存中乱序时序数据的排序问题。通过挖掘乱序延迟数据到达的独特特征，即仅延迟和延迟近，针对这些特点，文中提出了一种新的算法即 Backward 排序算法，依据时间戳对时序数据进行排序。Backward 排序算法的思路来源于仅延迟的特征，此外基于延迟近的特征，文中进一步提出将数据点分块排序，使得移动和比较操作尽量在块内发生。这也是第一种专门为时间序列设计的排序算法。快速排序被证明为该算法中最坏的情况。值得注意的是，该算法已经成为 Apache IoTDB 中排序时序数据的基本组件，并在真实数据集和合成数据集上进行了实验评估。

2.1.4 副本管理

为了使得时序数据的存储具有高可用性，即在部分数据库节点宕机的情况下系统还能正常地提供服务，时序数据库管理系统通常会采用副本机制，即将同样的数据在不同的数据库节点上各存一份。使用副本机制，首先需要解决的问题就是副本间的一致性问题。一方面，存在多个副本的时候，由哪一个或哪几个副本来处理请求，如何保证处理者的唯一性或者避免处理者之间产生冲突；另一方面，在网络和节点存在不稳定性的背景下，如何保证数据到达了所有的副本，并且以相同的数据写入到这些副本。共识协议就是解决这两个问题的常用手段，它通过软件或硬件的方式，既规定了如何确认每个副本在集群中的角色，又规定了角色与角色之间的通信步骤，使得来自外部的请求可以被正确、有序地复制到每一个副本。尽管共识协议可以解决副本间在宏观层面的一致性，即每个副本都会在一条相同的状态序列上进行转移，但是在微观层面，某个具体的时刻上，每个副本可能处在这条序列上的不同位置。因此，另外一类技术则会处理各副本在微观上的不一致性。

Raft 协议是一种常用的共识协议，相较于更为传统的 Paxos 协议，Raft 协议更易于理解，也更易于实现和应用。此外，以相对更复杂的选举过程为代价，Raft 协议简化了共识日志结构的状态空间，更适合于时序场景这样写入频繁而故障较少的情况。然而，Raft 协议对日志要求顺序追加，这会在有并发请求的情况下阻塞乱序到达的日志，从而限制了系统的整体并行度，降低其在高并发场景下的吞吐率。NB-Raft[26] 针对这种情况，在 Raft 协议的跟随者端引入了滑动窗口，并使用 STRONG_ACCEPT 和 WEAK_ACCEPT 两种信号区分顺序到达和乱序到达的日志，在保持原协议对于顺序请求处理的同时，加快了对于乱序请求的处理。这些改进使得系统可以同时处理更多请求，因此提高了系统的整体吞吐率，更有利于适应高写入的时序场景。实验结果显示，相较于基础的 Raft 协议，NB-Raft 可在高并发场景下提高 30%的吞吐率。

由于共识协议将数据完整地复制到每一个副本，随着副本数 n 的增加，网络传输代价和磁盘存储代价均会增长为单副本的 k 倍，这给系统带来了极大的负担从而影响整体性能。擦写码是在保持系统容错能力的情况下降低网络和存储开销的常用方法。通过将原始协议中的完整日志复制替换为应用擦写码的部分日志复制，CRaft[27] 极大地减少了共识协议中网络和存储的成本。针对部分节点失效的情况，CRaft 引入了部分复制和完整复制相互切换的机制，使得擦写码的引入不会降低系统的活性，即保持工作所需的最低副本数。通过实验，CRaft 可以降低 66%的存储成本并提升 250%的吞吐率，同时减少 60%的写入延迟。

在 Raft 协议中，一个唯一的领导者将外部请求复制给所有的跟随者。类似的，当副本数为 n 时，每处理一个请求，领导者都要将该请求发送到其余（n-1）个节点，从而产生（n-1）倍请求本身的网络传输成本。显然，在 Raft 协议中，领导者会面临非常大的压力。为了降低领导者的负担，KRaft[28] 首先通过 Kademlia 协议，即基于哈希相似度的节点距离度量，选出一个具有 k 个节点的 k-bucket（$k<n$），然后在 k-bucket 中选出领导

者。领导者在复制日志时，不会将日志复制到所有节点，而是先复制到 k-bucket 的其他节点，再由这些节点复制到非 k-bucket 节点。这样一来，一方面降低了参与选举的节点数，加快了领导者的产生；另一方面领导者直接复制的节点数减少，降低了其所承受的压力。实验结果显示，KRaft 在吞吐率上可以达到47%的提升，而在选举时间上约有67%的减少。

由于 Raft 协议总是需要半数以上的节点才能达成共识，这在某些场景会造成比较高的能量消耗，对于需要在边缘端设备应用共识协议的情况造成不便。Pirogue[29] 提出一种根据当前的可用节点数，动态调整达成共识所需节点数的动态线性策略。通过实验，该策略下一个仅有四节点的集群可以表现出和一个原始 Raft 协议的五节点集群相似的可用性，并能容忍一个节点的永久性故障。在将其中一个节点替换为不参与选举的见证者的情况下，仍然可以得到类似的可用性结果。

一方面出于性能考虑，不是所有场景都适用强一致性共识协议；另一方面，即便采用了强一致性共识协议，副本在状态机的进度上也可能存在一定差异。受到计算资源和集群可用性的限制，查询不能总是访问所有的副本，因此，如何在仅访问一部分副本的情况下评估查询结果的及时性，对于那些要求及时响应的应用就格外重要。根据评估得到的及时性，系统将会决定是直接返回当前的结果还是对更多的副本查询，以求获得更加及时的结果。评估过程的准确性和效率也非常重要，以避免给系统造成过大的额外开销。文献［30］提出一种方法计算查询结果为及时的最小概率 p，并基于该概率模型在 Apache Cassandra 上实现了新的读一致性级别 DYNAMIC。通过各类场景的测试，该方法对于及时性的评估可达 0.99 以上的置信概率，并且对于查询处理和数据同步分别只有 0.76%和 1.17%的额外延迟。

2.2 时序数据查询

时序数据查询是工业物联网领域的重要主题，涉及聚合查询、时间序列对齐和模式匹配等关键方面。聚合查询是一种常见的时序数据分析方法，能够快速获取大规模时序数据的摘要信息，提升数据分析效率和实时在线查询能力。时间序列对齐作为时序数据查询中的关键步骤，用于将不同时间序列中的元组对齐，以便进行比较和合并，解决不同时间戳和网络延迟等问题。模式匹配作为重要的时序数据查询技术，可针对时序数据中的模式特征进行匹配与分析，用于发现系统状态转换过程中的模式。时序数据查询在工业物联网中具有重要意义，可为数据分析和实时决策提供基础支持。

2.2.1 聚合查询

时序数据聚合查询是时序数据库中一种常见的查询需求，用于快速获取海量时序数据的摘要信息，提升数据分析工作效率，支持时序数据的实时在线查询。工业物联网数据库为了支持高频率的写入，通常采用 LSM 树数据结构进行存储，聚合查询算法通过在数据落盘时预计算摘要信息，并在执行查询语句时根据摘要信息计算查询结果集，避免了冗余读取原始时序数据，实现了高效的实时查询。

文献［31］提出了一种面向聚合查询的 Apache IoTDB 物理元数据管理方案，提高了聚合查询的执行效率。该方案按照数据文件的物理存储特性切分数据，并结合同步计算和异步计算策略，优先保证数据的写入性能。针对时序数据中普遍存在的乱序数据，该方案将时间范围重叠的一组文件抽象为乱序文件组并提供元数据，聚合查询会被重写为三个结合物理元数据和原始数据的子查询，以便高效执行聚合查询。

文献［32］提出了一种支持聚合查询的绝对中位差近似算法，提高了时序数据库中绝对中位差的查询效率。该算法设计了一种摘要信息，用相对较低的空间成本记录数据分布，并且这种摘要信息是可以进行合并的。基于摘要信息，该算法可以计算绝对中位差的下界和上界，并计算绝对中位差的近似值。该算法计算出的近似中位差具有理论保证。

文献［33］提出了一种自回归模型的聚合查询算法，提高了时序数据库中自回归模型的查询效率，为实时预测等下游任务提供了技术支持。该算法利用 Apache IoTDB 的物理元数据，设计了一种低空间成本的摘要信息。该算法针对时序数据库中可能存在的顺序、乱序场景，分别设计了高效的摘要信息合并方案，从而有效提升了自回归模型的查询效率。

文献［34］提出了一个完整的框架，用于优化聚合查询。该框架扩展了聚合的概念，使其适用于各种连接符，从而能够优化 SQL 语句中连接和聚合的顺序。此外，该框架提出了一组能够保持最优性的修剪标准，使得该框架能够应用于大型查询。

文献［35］提出将物理的、预计算的摘要信息与数据采样相结合，从而获得更准确、更可靠的近似聚合查询。该算法构建了覆盖数据集不同分区的部分聚合树，与聚合树分区完全对齐的查询结果能通过深度优先搜索直接在聚合树中查找得到，而其他部分对齐的查询结果可以通过近似算法进行估计。

2.2.2　时间序列对齐

时间序列对齐是一种常见的数据预处理技术，用于将不同时间序列中的元组对齐，以便进行比较或合并。在工业物联网中，不同的变量往往是单独收集的，例如由不同的传感器持续收集，但由于网络延迟等问题，同一时间产生的数据可能在收集时具有不同的时间戳，为了对多变量时间序列进行分析，首先需要将多个时间序列进行对齐。在金融、医疗、工业等领域，时间序列对齐也得到了广泛的应用。例如，在金融领域，时间序列对齐可以用于比较不同股票在不同时间的价格走势；在医疗领域，时间序列对齐可以用于比较不同患者在不同时间的生理数据；在工业领域，时间序列对齐可以用于比较不同机器在不同时间的运行数据等。在这些应用中，对齐任务类似于一种加入了时间戳参数作为指导的序列模式匹配。

在文献［36］中，元组对齐和回归被创造性地结合起来。在反复学习的回归模型的指导下对一行中不同变量的值进行对齐，而不是像动态时间规整（DTW）那样依赖值的相似性。直观地讲，对齐的行元组有望与在上一次迭代中学习的回归模型的预测值相吻合，是一种更为广义的 DTW，同时给出了关于搜索最终对齐结果的剪枝优化算法。在该文章的后续拓展工作中，对于数值编码，利用对齐过程中获得的回归模型，捕捉序列之间的相关性，并只存储回归值和观察值之间的差异，提出了新的跨列回归编码算法。实验对比验证了其对齐方法比 DTW 有更优的结果，相应的跨列编码算法也能够比传统的二阶差分编码算法有更强的表现。

原有的时间序列对齐方案中的一大部分是只关注时间戳列的性质的，例如文献［37］提出了一种新的方法，用于处理区间时间戳数据。其方法基于序列语义，提供了本地支持序列语义的关系代数解决方案。该论文还提出了一种新的区间时间戳数据处理方法，该方法可以处理具有不同长度、不同局部方差的序列，并且可以在处理过程中保持时间戳的顺序。同样的，该方法可以实现区间时间戳类数据的对齐。该论文在 PostgreSQL 的内核中实现了自己的方案，在区间时间戳类数据中可以支持实现各种 Join 和与谓词、函数等的组合，并通过实验证实了该方案对效率的改进。

在现有考虑对数值列进行对齐的工作中，大部分工作也以 DTW 的算法为基础，只依赖于两个数值列值的相似性。文献［38］探讨了在二维或三维空间中分析和检索对象轨迹的技术，提出了一种新的度量方法，用于衡量两个轨迹之间的相似性，该方法对噪声具有鲁棒性，并且可以处理不同类型的数据。所提出的度量基于 Fréchet 距离，这是一种衡量曲线相似性的著名方法。该论文还提出了一种有效计算两个轨迹之间 Fréchet 距离的算法。该论文能够拓展应用于时间序列之间的对齐问题，但是它应用于有界时间窗口，并且是基于两条序列之间的值的相似性进行的，因而这篇论文不能用于对齐两个不同类型的变量，更像一种模式匹配的思想。

而文献［39］做到了同时考虑时间戳列和数值列，并且没有只是简单地使用数值列的值的相似性。这篇论文研究了在多个时间序列中发现时间依赖性的问题，进行了一个较强的假设，假设时间序列之间的时间戳差异在一段时间内局部是有一定固有偏移的，而不是随机地出现误差的。文中提出一套算法用于发现序列数据中隐藏的时间依赖性，该算法可以找到多序列之间固有的时间滞后的特征，将其用于解释发现的时间依赖性的原因，能够解决部分符合该情况的对齐问题。

文献［40］提出了一种数据清洗的方法，该方法利用主数据和编辑规则来寻找并确定数据修复方案。确定性区域由用户确保属性集的正确性。给定确定性区域和主数据，由编辑规则指出要修复哪些属性以及如何更新它们。该方法可以在不需要人工干预的情况下自动修复数据错误。其中的编辑规则与文献［36］中的模型的作用相似，但文献［40］关注的是使用该模型进行时序数据清洗，与本节讨论的时间序列对齐问题无关，但是借助回归模型来完成时间序列生成和清洗任务的思想，与本节讨论的时间序列对齐问题在某种程度上是相似的。

插值方法是一种十分传统的方法，同样可以简单地应用于时间序列对齐任务。插值的方法有许多标准来估计其效率，文献［41］着重讨论了插值的不确定性，包括其计算与相关分析的不确定性、插入的预测值与真实值间的差异分析等，同时，根据内插数据、外推数据分类进行不确定性估计并进行了讨论。插值方法可以简单地应用于对齐的任务中，即在所有存在记录的时间戳上，根据插值的方法在单变量中补齐所有变量的数据，可以得到所有时间戳上的完整的多元变量数据，实现对齐任务。但该方法引入了原本不存在的数据，可行性存疑。

2.2.3　模式匹配

互联的传感器网络将生成大量时序数据，这些数据反映了当前工业系统的状态，数据中的模式特征揭示了系统状态的转变过程。例如，不同时间段的访问方式可以提取系统在关键时刻的状态变化，从而促进对这些模式的匹配、发现和分析。给定一段时间序列与模式，寻找匹配的子列时常使用 DTW 距离测量枚举子列与模式的匹配程度，由 DTW 定义式可知，其计算复杂性是由给定序列长度与模板长度之积决定的，因而在大量时序数据中进行模式匹配通常有时间效率的挑战。

文献［42］探索对称模式的重要性，指出挖掘对称模式有益于进行行为分析、轨迹跟踪、异常检测等任务。该论文提出一种以时序和模式长度为线性复杂度的方法，挖掘出时间序列的所有对称模式，提出的方法首先利用区间动态规划计算出对称子序列，再使用贪心策略选择数量最多且不重叠的对称模式。该方法可拓展到流式场景，应用于真实场景的时序数据。实验对比结果说明了提出的方法有更优的时间效率。

DTW 算法能够找到两个时间序列之间的最佳对齐，用于确定时间序列的相似性以匹配两个时间序列之间相似的区域。由于 DTW 的计算复杂性，DTW 的精确计算受限于较小的数据集。文献［43］提出 FastDTW 方法，使用多级递归从粗分辨率到细化投影剪枝不可能匹配的部分，给出了近似方法的线性时间与空间复杂度，并给出准确性证明，实验证实了优化方法具有较高的匹配效率。

由于传感器数据实时生成，这需要匹配算法在流式时序大数据上具有很好的可扩展性，文献［44］针对流式时序大数据场景，在 DTW 距离下找到与给定查询序列相似的子序列。在海量数据不断涌入的过程中，数据库难以保存所有历史数据。文献［44］提出 SPRING，在不牺牲准确性的前提下，对于每个时间点的 SPRING 仅需常数空间和时间代价，真实数据的实验表明，SPRING 可以正确检测到符合条件的子序列，并且可以显著提高速度。

根据相似性搜索在大多数时序数据模式挖掘算法中的瓶颈问题，文献［45］针对大型数据集进行了模式匹配的优化。该研究基于 DTW 模式精确搜索方法，提出了一种在时序数据匹配方面优于欧几里得距离搜索算法的解决方案。实验表明提出的方法具有大数据集的可拓展性，并可以解决更高级别的时序数据挖掘问题，例如主题发现和大规模聚类等。

时序匹配度量方法已被广泛地提出并研究，每种方法都基于具体场景与实验观察，然而已有方法的实验比较狭隘地侧重于证明所提出的方法相对于之前提出的一些方法的好处，而不是全面、系统地研究优势与劣势。基于以上动机，文献［46］提出一种测试基准，针对 8 种不同的表示方法和 9 种相似性度量及其变体，测试了它们在来自多个应用领域的 38 个时序数据集上的有效性，提供了对某些现有成果的统一验证，并说明了各种度量方法的有效范围。

2.3 时序数据治理

时序数据治理涉及时序数据集成、时序数据质量和时序数据清理等关键方面。时序数据集成关注模式映射关系的建立，以整合多个数据源的时序数据，提供充分、完备的数据支持。时序数据质量问题包括数据缺失、冗余、延迟和异常等，这些问题会对后续的时序数据分析造成严重影响。时序数据清理为了解决时间序列中存在错误值的问题，通过识别和修复错误值，提高时序数据分析的准确性和可靠性。有效的时序数据治理，可以提升工业物联网系统的数据质量和分析效果。

2.3.1 时序数据集成

集成多个来源的时序数据能够为下游分析任务（如故障检测、设备运行状态分析）提供更充分、完备的数据。连续型时序数据集成中的首要问题就是建立正确的模式映射关系。若数据来源相同，但由于不同时期的存储协议不同就可能导致模式异构，即时序数据的错列问题。例如在实际的生产工作中，经常因为版本升级或业务需要等原因对存储协议进行修改，但由于数据中心端无法对存储协议进行及时更新，导致数据中心的表头和数据采集端的协议出现错位。当关联多个来源的时序数据时，寻找模式映射关系即时序数据的模式匹配问题。由于环境、精度等各种原因，即使是相关的属性也可能存在迥异的数据分布，而不相关的属性却可能极易混淆，导致时序模式匹配问题非常具有挑战性。事件数据是一种被广泛研究的离散型时序数据，收集自 Web 服务在线系统、OA 系统、ERP 系统等各个来源。集成不同来源的事件数据对于各种业务流程应用程序（如来源查询或流程挖掘）至关重要。

针对时序数据的错列问题，文献［47］提出了基于距离似然的字段对齐方法。与广泛考虑的属性内错值错误不同，错列错误的真值实际上位于同一元组的其他属性中。因此，该方法通过交换错列属性值来对字段进行对齐。为了寻找具有最大距离似然的最优交换对齐结果，文献［47］分析了解决该问题和近似求解该问题的 NP 困难性，并证明了当将所有元组视为邻居时，最优字段对齐问题可以在多项式时间内解决。基于此，该论文设计出一个考虑所有固定数量邻居的精确算法。为提高效率，该论文进一步提出一个线性时间复杂度的近似算法，通过考虑固定邻居集来显著减少候选近邻集的数量，并保证算法的近似性能。

匹配多个来源的时序数据模式是非常有挑战性的，原因在于同一个属性在不同的时间段可能包含不同的值，而不同的属性可能具有高度相似的时间戳和相似的值。针对上述问题，文献［48］提出了时序模式匹配方法 TAM。该方法在进行模式匹配时，不仅考虑了常规的属性信息，还特别强调了时间属性。通过将常规属性和时间属性相结合，形成时序属性对，TAM 进一步构建了一个转换图来全面记录其中的时序特征。两个转换图之间的匹配距离即代表了时序属性对之间的距离。该论文证明计算最优转换图匹配距离是一个 NP 难问题，并提出了一个近似算法。通过利用时序特征进一步提升模式匹配的准确率，TAM 能与现有的模式匹配方法相结合，在时序数据的模式匹配任务中表现更佳。

异质事件数据的匹配问题的难点在于不同来源的数据特征迥异，包括不透明的名称和错位的追踪。针对上述问题，文献［49］提出研究事件数据的结构特征来进行异质事件数据的匹配。该论文提出基于迭代评估相似邻居的事件相似度度量函数，并证明迭代计算的收敛性。为了提升事件相似度计算效率，该论文进一步提出了基于早拟合识别的高效剪枝方法和一种常数次迭代的快速相似度估计方法。

文献［50］在考虑事件节点的基础上，进一步考虑边的相似性（即事件之间的关系）。该论文证明了基于节点和边相似性的最优事件匹配问题的 NP 困难性，并提出了一个高效的启发式事件匹配算法。通过考虑事件边的相似性，启发式事件匹配算法能够在不引入过多计算开销的情况下提高匹配的准确性。

然而，有时异质事件节点和边并没有足够的区分度。文献［51］注意到事件发生的模式中存在着有趣的模式，这些模式可以作为事件匹配中的判别特征。根据这个思路，该论文提出了一个基于模式的异质事件匹配框架，且该框架能与现有的基于结构的方法相兼容。为了提高匹配效率，该论文设计了多个匹配分数界用于剪枝加速。鉴于基于模式的最优事件匹配问题的 NP 困难性，该论文进一步提出了高效的启发式算法。

2.3.2 时序数据质量

时序数据通常需要被收集、存储和分析，以便于对设备和系统的状态进行监控和管理。然而在时序数据从被传感器采集到被存储至时序数据库的过程中，中间任何一环出现问题，比如传感器故障、网络传输错误、数据库宕机，都会导致时序数据出现数据质量问题。时序数据的数据质量问题包括但不限于数据缺失、数据冗余、数据延迟、数据异常等，而这些问题都会对后续时序数据分析的结果造成严重影响。

文献［52］总结了物联网数据质量管理领域的最先进技术。该论文讨论了如何改善各种数据质量维护的具体方法，包括有效性、完整性和一致性。同时，该论文还着重回顾了深度学习技术在物联网数据质量方面的最新进展。最后，该论文指出了物联网数据质量管理中的开放问题，如数据质量评估的性能问题和数据质量指标的解释性问题。

TsQuality[53] 是一个针对 Apache IoTDB 的数据质量评估与修复系统。该系统利用预计算的方式，读取原始时序数据，计算得到与数据质量评估相关的元数据，并将其进行持久化存储。该系统自底至上可分为存储-计算-接口三层架构，其中存储层负责原始时序数据和与数据质量评估相关的元数据的存储，计算层负责元数据及数据质量评估结果的计算，接口层负责接收用户数据质量查询的输入并以可视化的方式将结果返回。同时，该系统还支持不同场景下自定义数据质量指标的计算和展示。

文献［54］形式化地定义了等间隔时间序列的时间戳对齐问题，文中以最小化成本为目标，设计了一种基于修复下界的先进的时间戳对齐方法，并同时提出一种基于双向动态规划的高效近似算法加速对齐。同时，该论文基于上述算法的输出结果，进行时序数据质量的评估，主要包括完整性、一致性和时效性。完整性主要考虑时间序列在时间尺度上的完整情况，即是否存在缺失。一致性考虑数据在时间尺度上是否不一致，即是否出现重复数据。时效性则判断数据是否出现了延迟的情况。上述方法通过时间尺度上的数据检测，对时间序列的数据质量进行了多种数据质量指标的检测，同时将相应的时间序列质量评估技术在开源时序数据库 Apache IoTDB 中实现。

文献［55］对数据质量中的有效性问题进行了更加深入的探讨：给定一组约束条件，有效性评估的是数据满足给定约束条件的程度。例如数值和数据波动的剧烈程度是否在规定范围内。值得注意的是，该论文指出，简单地计算所有违反约束条件的数据点，可能会导致数据有效性的过度评估。根据数据修复中的最小变化标准，该论文研究了为满足约束条件而需要改变的最小数据点的数量，来作为有效性的衡量标准。在 8 个真实数据集上的实验结果表明，与相关的方法 SCREEN 相比，该论文提出的方法在时间开销上有 4 个数量级的改进。

文献［56］提出了针对工业时间序列的数据清洗系统 Cleanits，它实现了一个综合的清洗策略，用于检测和修复工业时间序列中的错误。该系统开发了可靠的数据清理算法，考虑了工业时间序列和领域知识的特点。Cleanits 可以精确地检测和修复多种脏数据，并有效地提高工业时间序列的质量。Cleanits 有一个友好的用户界面，并且在每个清洗过程中都有结果可视化和日志记录。

2.3.3 时序数据清理

在时间序列中，错误值会经常出现。例如，由于信号漂移，GPS 轨迹数据可能与真实轨迹存在严重偏差；由于数据提取规则的疏漏，股价数据中也可能会存在错误。在数据分析时，这些错误会影响下游任务的准确性，甚至导致错误的结论。在解决这一问题时，时序数据清理是一种常用的技术。该技术将识别时间序列中的错误值，并对其进行修复，使其更加接近于真实值。

SCREEN[57] 是一种基于速度约束的修复方法，可以对乱序到达的流式数据进行修复。基于给定的速度上下界，该方法维护一个自适应的滑动窗口，寻找所有速度超出范围的数据点，并根据最小修复原则进行修复。最终，所有数据点的速度都将被约束在由给定的上下界所确定的单一区间内。

事实上，数据的正常速度有时可能位于多个不相交的区间内。以车辆的油位数据为例，由于耗油和加油两种行为的特征截然不同，其速度存在两个约束区间。文献［58］对这一场景进行了探讨，提出了基于多区间速度约束的时间序列修复方法，其根据约束对各数据点形成一系列修复候选点，进而基于动态规划方法从中选取最优修复解。

在使用速度约束的同时，文献［59］进一步提出并使用了加速度约束。与 SCREEN 类似，该方法在滑动窗口中对数据点进行修复，使修复后的数据点同时满足速度和加速度约束。由于使用了更多的约束，该方法可以取得更优的修复效果。

然而，对于那些偏差较小、仍然满足约束条件的错误值，基于约束的修复方法就无能为力了。文献［60］提出了一种基于统计的全局修复方法，可以处理这些偏差较小的错误值。该方法对时间序列的速度变化分布进行统计建模，将修复问题转化为最大化概率似然的问题，并提出了精确算法及一系列启发式和近似算法进行求解。

在此基础上，文献［61］将修复场景从全局修复扩展到流式修复，提出了一系列基于滚动或滑动窗口的流式修复算法，动态构建速度变化的概率分布，并使用加权方法处理可能的概念漂移，进而在窗口内最大化概率似然以实现数据修复。

此外，标注数据也可以为时间序列修复提供重要帮助。IMR[62] 提出了一个迭代式的修复框架，从标注数据出发，基于 ARX 模型学习修复中的规律，每轮迭代执行一次最小修复并更新模型参数，直至收敛。该方法可以利用前一次迭代获得的高置信度修复来提高后一次迭代的修复质量，进而有效处理连续的错误值。

3 时序大数据分析

随着互联网、物联网等技术的快速普及和广泛应用，以及人们所处的世界正向着全面数字化迈进，社会生产生活的各个方面产生的大规模的序列数据形成时序大数据，其中蕴含着巨大的复杂关联。早在 20 世纪的 60 年代，以线性回归为代表的统计学技术就被引入到序列数据分析中，但是其已不能满足时序大数据分析的需求。因此，面对海量的时序数据处理需求和多变的下游业务需求，时序大数据建模技术迎来全新的挑战，赋予了这个领域独特的研究热度和生命力。时序大数据的处理和分析在产业中也具有重大的应用价值，几乎所有的 IT 巨头如 Google、Facebook、OpenAI、阿里巴巴、百度、华为、字节跳动等都投入了大量的研发力量，并且对外发布了一些针对序列大数据的整体解决方案。

时序大数据的分析，按照其数据类型的特点，可以分为以下四种类别：①通用时序数据建模，模型重点捕捉单个时间序列内部的前后依赖关系；②时空序列数据建模，模型重点捕捉呈一定空间结构关系的多个时间序列之间的空间依赖与时间依赖关系；③长时序数据建模，模型重点捕捉长输入时间序列与长输出时间序列之间的远程关联关系；④多模态时序数据建模，模型重点捕捉多个时间序列模态之间的语义关联与时间依赖关系。

本节内容将基于上述四种类别分析时序大数据，并对目前国际学术热点和前沿进展进行梳理，展现该方向的发展动态以及潜在的不足和改进可能。

3.1 通用时序数据建模

本节首先给出通用时序数据建模在实数域 $\mathbb{R}$ 上的一般性定义。在保持固定大小的序列滑动窗口假设下，有 t 次序的输入序列 $\mathcal{X}^t=\{\mathcal{X}_1^t,\cdots,\mathcal{X}_{L_x}^t \mid \mathcal{X}_i^t\in\mathbb{R}^{d_x}\}$，任务要求（$t+p$）次序的输出序列 $\mathcal{Y}^{t+p}=\{\mathcal{Y}_1^{t+p},\cdots,\mathcal{Y}_{L_y}^{t+p} \mid \mathcal{Y}_i^{t+p}\in\mathbb{R}^{d_y}\}$。其中，$L_x$ 和 L_y 分别为输入/输出序列的长度，d_x 和 d_y 分别为输入/输出序列的数据维度。单序列数据建模是寻找一个映射 f：$\mathbb{R}\to\mathbb{R}$，

满足 $\mathcal{Y}^{t+p}=f(\mathcal{X}^{t})$。图 2 所示为某用户全年的电力消费量时序数据，单序列数据建模问题为根据该用户 0~220 天的电力消费量预测 220~270 天的电力消费量。

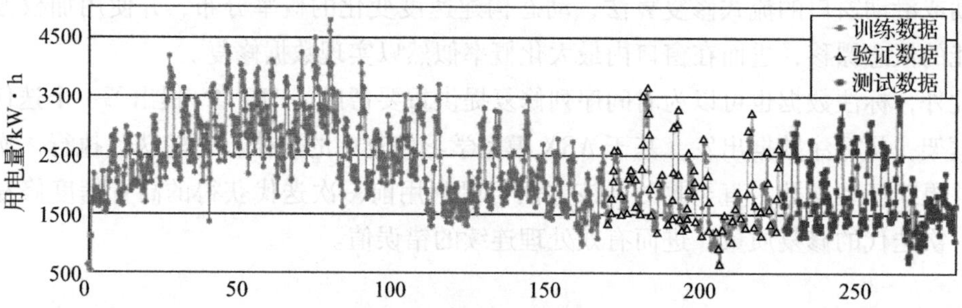

图 2　某用户全年的电力消费量时序数据

通用时序数据建模方法可分为线性参数化模型、非线性参数化模型、深度神经网络模型三类，见表 1。

表 1　通用时序数据建模方法

通用时序数据建模方法	线性参数化模型	源于经典统计学，使用线性模型对序列建模
	非线性参数化模型	跟随支持向量机、神经网络的发展而兴起
	深度神经网络模型	由于 GPU 硬件应用和深度神经网络而出现

3.1.1　线性参数化模型

这一类方法源于经典统计学，伴随着时间序列预测的发展而发展。

Yule 为预测市场变化的规律，提出了自回归（Autoregressive，AR）[63] 模型。其建立在平稳时间序列假设上，原理是用变量自身的历史时间数据对变量进行回归，从而预测变量未来的数据。

Walker 受到 AR 模型的启发，建立了移动平均（Moving Average，MA）[64] 模型。移动平均模型基于误差项的累加的假设，认为能够消除预测随机波动，并针对历史误差项对于 t 时刻序列值的影响进行建模，充分考虑到了扰动的影响，所以在预测的时候会有一定的容错性。

如果将 AR 模型和 MA 模型结合起来，既考虑序列历史数据的影响，又考虑历史误差的影响，便得到了自回归移动平均（Autoregressive Moving Average，ARMA）[65] 模型。

前述模型都是基于序列数据的平稳假设建立的，但是许多序列数据并不具备平稳性，为了对非平稳过程的时间序列进行分析，Box 和 Jenkins 提出了差分自回归移动平均（Autoregressive Integrated Moving Average，ARIMA）模型[66]。ARIMA 模型仅比 ARMA 模型多了差分操作。在实际建模中，通常将一些非平稳序列经过 d 次差分转换，得到一个新的序列，并检验它为平稳序列，然后基于该序列使用 ARMA 进行建模。

Tong 和 Lim 提出门限自回归（Threshold Autoregressive，TAR）模型[67]，它实质上是

分段的 AR 模型。其基本思路是，在观测时间序列的取值范围内引入（l-1）个门限值，将该范围分成 l 个区间，再对区间内的时序数据采用不同的 AR 模型，从而形成时间序列的动态描述。

Sims 提出向量自回归（Vector Autoregressive，VAR）模型[68]，它可以看作 AR 模型组成的多方程联立形式，在 VAR 模型的每一个方程中，内生变量对模型的全部内生自变量的滞后项进行回归，从而实现了将单变量自回归模型推广到由多元时序变量组成的向量自回归模型，可有效捕捉相互联系的时间序列之间的关系和随机扰动对变量系统的动态影响。

Engle 提出自回归条件异方差（Autoregressive Conditional Heteroskedasticity，ARCH）模型[69]，该模型是获得 2003 年诺贝尔经济学奖的计量经济学成果之一，其将历史波动信息作为条件，刻画出噪声的波动随时间变化而变化的条件方差，能够比无条件方差更及时地反映序列短期波动的特征。

经典统计方法通常需要数据满足一定的假设，而真实的序列数据往往具有较为复杂的依赖关系，并不完全满足这些假设。在实际中，通常将这些方法用于小规模数据的模型设计，不适合处理复杂、动态的序列数据。

3.1.2 非线性参数化模型

非线性参数化模型从捕捉时间序列中非线性关联的角度出发，可以大致分为基于特征的模型、状态空间模型和神经网络模型。

1）基于特征的模型：包括支持向量机（Support Vector Regression，SVR）[70]、模糊支持向量机（Fuzzy SVR）和随机森林（Random Forest Regression，RFR）[71] 等，这些方法通常是训练一个基于先验特征工程的回归模型来进行序列建模[72-73]，有能力处理高维数据和捕获复杂的非线性关系。但是这些研究在挖掘复杂序列模式方面的性能有限，其性能严重依赖领域专家预先设计特性，这些特性往往不能完全描述数据的属性。

2）状态空间模型：以隐马尔可夫模型（Hidden Markov Model，HMM）为代表的状态空间模型在时序数据建模领域应用广泛，其基本建模假设是所研究问题的状态是基于序列观测而变化的，从可观测到的参数中确定该过程中的隐含参数。HMM 在经济预测[74]、疾病预测[75]、语音识别[76-78] 等领域得到广泛的应用。该模型的优点是能够自然地对系统的不确定性进行建模，并能更好地捕捉到序列数据的潜在结构，但是该类模型对于整体的非线性关联捕捉是有限的。

3）神经网络（Neural Network）模型：主要是指基于循环神经网络的方法。循环神经网络（Recurrent Neural Network，RNN）[79] 通过隐藏层编码了序列的隐层信息，并随时间进行传递，每一时刻的隐层信息由之前的隐层信息以及本时刻的输入决定，隐层信息可以经过激活得到当下的输出，最后时刻的隐层信息可以看作整条序列的一个编码。通常为了降低实际问题的复杂性，往往假设序列的状态只是依次序关联的，所以理论上 RNN 完全够用。但是在具体的问题中，该假设往往无法成立。长短期记忆（Long Short-Term Memory，LSTM）[80] 网络是一种特殊的 RNN，主要用于解决长序列训练过程中的梯度消失和梯度爆炸问题，相比普通 RNN，LSTM 网络能够处理稍长一些的时间序列。

3.1.3 深度神经网络模型

深度神经网络（Deep Neural Network，DNN）已经成为计算机视觉领域的基础。特别是 CNN 和 ResNet 等新型网络架构的出现，给该领域带来了全面性的变革。除了图像外，还可以使用 DNN 处理诸如文本和音频之类的序列数据，并且达到文档分类和语音识别等任务上的最佳性能。

1）端到端的学习框架：Wang[81] 提出利用深度神经网络进行端到端时间序列分类，而无须进行特征工程和数据预处理；该方法使用多层神经网络模型、全卷积神经网络模型和深层 ResNet 模型分别解决时序数据分类问题，在 44 个基准数据集上进行评估，并使用 CAM[82] 对序列辨识性特征进行可视化。Serra[83] 提出的一种编码器模型，使用卷积神经网络与注意力机制相结合的方式来生成序列的编码，其前三层是卷积模块，每一层卷积后都接了实例正则化操作，最后一层激活后送入到注意力机制，可以学习序列的哪一部分对分类起到了重要作用，得到权重向量之后，将其与原始序列结合得到最终的编码。Cui[84] 提出一种多尺度的卷积神经网络，他将建模过程划分为三部分：序列变换产生多种副本；局部卷积，对各个副本做卷积；最后将各个副本的结果拼接做全局卷积。受到视觉领域 LeNet 的启发，Le Guennec[85] 提出针对时间序列的 Time LeNet，使用多次卷积与池化的结合，逐层提取高阶特征。

2）时间序列的卷积神经网络：Zheng[86] 提出一种深度卷积神经网络，具有显著多通道特点。对于多变量的时序数据，可以对每一个变量独立地做卷积，然后将其按照通道拼接起来，得到特征向量。Zhao[87] 提出时间卷积神经网络（Time Convolutional Neural Network）模型，与多通道深度卷积神经网络不同的是，该模型对多变量时序数据使用一个卷积神经网络进行整体处理，而非每个通道单独处理；使用局部平均池化而非局部最大池化。Tanisaro 和 Heidemann[88] 提出时间扭曲不变的回声状态网络（Time Warping Invariant Echo State Network）模型，该网络具有循环神经网络的特点，对于每一个时刻的输入，都将其映射到一个高维空间，然后做分类。得到每个元素的类别分布情况，最终将每一类的得分取平均，然后求最大值。

3.2 时空序列数据建模

随着全球定位系统（GPS）、移动设备和遥感等各种定位技术的快速发展，时空数据变得越来越容易获取。从时空数据中挖掘有价值的知识对许多现实世界的应用至关重要，包括人类移动理解、智能交通、城市规划、公共安全、医疗保健和环境管理。

本节给出时空序列数据建模在实数域 $\mathbb{R}$ 上的一般性定义。保持固定大小的序列滑动窗口假设下，在实数域 $\mathbb{R}$，有 t 时刻的输入序列集合 $\mathcal{X}^t=\{\mathcal{X}_1^t,\cdots,\mathcal{X}_{N_x}^t\}$，其中每一个 $\mathcal{X}^t$ 代表一个单序列，同时这些序列构成一定的关联 $\Omega^t=S(X^t)$，一种典型的描述方式是使用图（Graph）来表示关联函数 $S(\cdot)$。任务要求（$t+p$）时刻的输出序列 $\mathcal{Y}^{t+p}=\{\mathcal{Y}_1^{t+p},\cdots,\mathcal{Y}_{N_y}^{t+p}\}$，

其中每一个 $\mathcal{Y}^{t+p}$ 代表一个单序列。那么时空序列数据建模就是寻找一个映射 f：$\mathbb{R}\to\mathbb{R}$，满足 $\mathcal{Y}^{t+p}=f(\mathcal{X}^t,\Omega^t)$。

时空序列数据建模方法可分为基于卷积神经网络的模型、基于图卷积神经网络的模型、基于注意力机制的模型三类，它们分别着重于建模欧氏空间数据的空间相关性、建模非欧空间数据的空间相关性和动态分配权值的复杂结构关联，见表 2。

表 2　时空序列数据建模方法

时空序列数据建模方法	基于卷积神经网络的模型	建模欧氏空间数据的空间相关性
	基于图卷积神经网络的模型	建模非欧空间数据的空间相关性
	基于注意力机制的模型	动态分配权值的复杂结构关联

3.2.1　基于卷积神经网络的模型

对于欧氏空间数据，一般会使用基于卷积神经网络（Convolutional Neural Network，CNN）的模型来处理其空间联系。已经有一系列的研究应用卷积神经网络从二维时空序列数据中获取时空网络中的空间相关性。

由于时空网络难以用二维矩阵描述，许多研究尝试将不同时刻的网络结构转换成图像，并将这些图像划分为标准网格，每个网格代表一个区域，每个区域与其附近区域直接相连，这样 CNN 就可以用来学习不同区域之间的空间特征。例如在一个 3×3 的窗口下，每个区域的邻居是其周围的八个区域，这八个区域的位置表示一个区域的相邻区域的排序，然后通过对每个通道的中心区域及其相邻区域进行加权平均，对这个 3×3 的窗口应用一个过滤器，由于相邻区域的特定排序，可训练权重可以在不同位置进行共享。

Shi 等人[89] 提出的 ConvLSTM 对全连接的长短期记忆网络 LSTM 进行了扩展，将 LSTM 内核中的 Input-to-state 和 State-to-state 部分的前馈式计算替换成卷积，从而能够在处理序列的同时获取空间关系，并在基于雷达云图的降水预报问题上取得了非常好的效果。Wang 等人[90] 提出的 PredRNN 与此前在 LSTM 或 GRU 的内核中进行操作修改的相关研究不同，其关注堆叠的 RNN 层，认为模型的堆叠结构中存在可以记忆的单元，并设计了统一的记忆单元来记忆空间表现和时间变化，以此进行时空序列的预测。Zhang 等人[91] 提出的 DeepST 模型则基于不同的时间间隔，将时空序列分成邻近时间序列、周期序列和季节序列三个不同的子序列，并使用卷积操作同时提取时间和空间特征来进行交通流量预测。在 DeepST 的基础上，Zhang 等人提出了 ST-ResNet 模型[92]，使用三个结构相同的残差卷积模块来提取三个不同时间尺度的子序列的时空特征，并进行特征融合和预测。在空间网络结构划分中，根据不同的粒度和不同的语义意义，存在着许多不同的位置定义，例如有研究[93] 就把一个城市分成了一个基于经纬度的 $I\times J$ 的网格图，其中一个网格代表一个区域，然后利用 CNN 提取不同区域间的空间相关性，用于交通流量的预测。

3.2.2 基于图卷积神经网络的模型

传统的 CNN 仅限于欧氏空间数据的建模，对于非欧空间数据，往往需要建立图来更加符合其结构，因此可以使用图卷积神经网络（Graph Convolutional Network，GCN）来建模非欧空间数据。GCN 通常包括两种类型的方法：基于谱（Spectral-based）的方法和基于空间（Spatial-based）的方法。基于谱的方法从图形信号处理的角度引入滤波器来定义图卷积，其中图卷积操作被解释为从图形信号中去除噪声；基于空间的方法将图卷积表示为来自邻居的特征信息的聚合。

1）基于谱的方法：Bruna 等[94] 首先提出了谱网络，其通过计算图拉普拉斯矩阵的特征分解，对谱域的图数据进行卷积运算。具体来说，带有滤波器 $g \in \mathbb{R}^N$ 的信号 x 的图卷积操作 $*_G$ 可定义为

$$x *_G g = \boldsymbol{U}(\boldsymbol{U}^{\mathrm{T}} x \odot \boldsymbol{U}^{\mathrm{T}} g)$$

式中，$\boldsymbol{U}$ 是归一化图拉普拉斯矩阵 $\boldsymbol{L}$ 的特征向量的矩阵，$\boldsymbol{L}$ 可定义为

$$\boldsymbol{L} = \boldsymbol{I}_N - \boldsymbol{D}^{-\frac{1}{2}} \boldsymbol{A} \boldsymbol{D}^{-\frac{1}{2}} = \boldsymbol{U} \boldsymbol{\Lambda} \boldsymbol{U}^{\mathrm{T}}$$

式中，$\boldsymbol{D}$ 是对角矩阵，$D_{ii} = \sum_j A_{ij}$；$\boldsymbol{A}$ 是图的邻接矩阵；$\boldsymbol{\Lambda}$ 是由 $\boldsymbol{L}$ 的特征值构成的对角矩阵。

如果用公式 $g_\theta = \mathrm{diag}(\boldsymbol{U}^{\mathrm{T}} g)$ 来表示滤波器，其中参数是 $\theta \in \mathbb{R}^N$，那么图卷积可以被简化为

$$x *_G g = \boldsymbol{U} g_\theta \boldsymbol{U}^{\mathrm{T}} x$$

图卷积中关于滤波器的计算复杂度是 $\mathcal{O}(n^2)$，因此人们先后提出了两种近似策略来求解，即 ChebNet 和一阶 ChebNet。ChebNet 由 Defferrard 等人[95] 提出，其引入了一个滤波器作为特征值对角矩阵的切比雪夫多项式；一阶 ChebNet 则由 Kipf 和 Welling 等人[96] 提出，他们通过假设 $K=1$ 和 $\lambda_{\max}=2$ 进一步简化了滤波器。

在时空序列预测的实际应用中，STGCN[97] 为了充分利用空间信息，将交通网络建模为图类型的非欧空间数据而不是 Grid 类型的欧氏空间数据，其网络图中的节点代表交通监测站，边代表站之间的连接，邻接矩阵的计算基于站之间的距离，然后采用基于谱方法的两种图卷积近似策略提取空间域的模式和特征，降低了计算复杂度。STMGCN[98] 首先使用图来编码不同种类的区域间的相关性，包括邻域、功能相似性和运输连通性，然后利用基于 ChebNet 的三组 GCN 分别建立空间相关性模型，进一步整合时间信息进行交通需求预测。

2）基于空间的方法：基于空间的方法直接在图上定义卷积，通过对中心节点及其邻居的聚合过程来获得中心节点的新表示。在 DCRNN[99] 中，首先将交通网络建模为有向图，基于扩散过程获取交通流动态，然后采用扩散卷积运算对空间相关性建模，这是一种更直观的解释，在时空建模中是有效的。扩散卷积对双向扩散过程进行建模，使模型能够捕捉上下游流量的影响。这个过程可以定义为

$$\boldsymbol{X}_{:,P} *_G f_{\boldsymbol{\theta}} = \sum_{k=0}^{K-1} \left[\boldsymbol{\theta}_{k1} (\boldsymbol{D}_{\mathbf{O}}^{-1} \boldsymbol{A})^k + \boldsymbol{\theta}_{k2} (\boldsymbol{D}_{\mathbf{I}}^{-1} \boldsymbol{A}^{\mathrm{T}})^k \right] \boldsymbol{X}_{:,P}$$

式中，$\mathcal{X}\in\mathbb{R}^{N\times P}$ 是输入；P 是每个节点的输入特征数；$*_G$是扩散卷积；K 是扩散过程的最大步数；$f_{\boldsymbol{\theta}}$ 是滤波器；$\boldsymbol{\theta}\in\mathbb{R}^{K\times 2}$ 是可学习的参数；$\boldsymbol{D}_{\mathbf{O}}$ 和 $\boldsymbol{D}_{\mathbf{I}}$ 分别是出度和入度矩阵。

基于扩散卷积过程，Res-RGNN[100] 设计了一种新的神经网络层，可以映射不同维度特征的变换，提取空间域的模式和特征。Graph WaveNet[101] 利用自适应邻接矩阵改进了 Res-RGNN 中的扩散过程，使模型能够自己挖掘隐藏的空间依赖关系。STSGCN[102] 则引入了聚合的概念来定义图卷积，该操作可以将每个节点的特性与其相邻节点组合在一起，其中聚合函数是一个线性组合，其权值等于节点与其相邻节点之间的边的权值。

3.2.3　基于注意力机制的模型

适用于序列数据的注意力机制是在自然语言处理领域[103] 中被首先提出的，然后被广泛应用于多个领域。深度学习中的注意力机制借鉴了人类对外界事物观察时的注意力机制，即根据需要选择性地对事物的重要部分进行关注。注意力机制会根据计算对数据的各部分分配不同的注意力权重，表示不同的关注度，使模型能够关注更加重要和有效的信息。以交通预测为例：一条道路的交通状况会受到其他道路的不同影响，而这种影响是高度动态的，随时间而变化，为了对这些特性进行建模，通常使用空间注意力机制来自适应地捕捉路网区域间的相关性。因此在时空序列预测中，应用注意力机制的关键思想是在不同的时间步，动态地给不同的空间区域分配不同的权重，从而捕捉时空序列的结构关联。

注意力机制对一组输入序列进行操作，输入序列 $\mathcal{X}=\{\mathcal{X}_1,\cdots,\mathcal{X}_n \mid \mathcal{X}_i\in\mathbb{R}^{d_x}\}$，然后计算出一个新的序列 $\mathcal{Z}=\{\mathcal{Z}_1,\cdots,\mathcal{Z}_n \mid \mathcal{Z}_i\in\mathbb{R}^{d_z}\}$，每个输出元素 z_i 是通过线性变换后的输入元素的加权和来计算的，即

$$\mathcal{Z}_i=\sum_{j=1}^{n}\alpha_{ij}\mathcal{X}_j$$

式中，权重系数 α_{ij} 反映了 $\mathcal{X}_i$ 对 $\mathcal{X}_j$ 的重要性，它是通过一个 Softmax 表达式计算出来的，即

$$\alpha_{ij}=\frac{\exp e_{ij}}{\sum_{k=1}^{n}\exp e_{ik}}$$

式中，e_{ij} 是通过一个相似性函数比较两个输入元素来计算得到的，即

$$e_{ij}=\boldsymbol{v}^{\mathrm{T}}\tanh\left(\mathcal{X}_iW^Q+\mathcal{X}_jW^k+\boldsymbol{b}\right)$$

在时空序列预测应用中，GaAN[104] 使用了带门控的图注意力网络（Graph Attention Network，GAT），通过注意力机制动态捕获目标区域与交通路网一阶邻近区域的空间相关性，并且提出了 Graph-GRU 的架构来进行交通速度的预测。ASTGCN[105] 将基于 ChebNet 的图卷积神经网络与注意力机制相结合，对交通流中的邻近时间、日周期依赖和周周期依赖分别进行建模，并充分利用交通网络的拓扑特性，动态调整不同区域之间的关联。GMAN[106] 只使用注意力机制完成了对时间依赖和空间相关性的建模，其通过随机游走对时空数据中的图结构进行编码，再通过图上的自注意力机制提取空间特征，同

时对序列的时间特征进行编码并通过序列的自注意力机制获取时间依赖，GMAN 还设计了一个门控融合器来融合两部分注意力机制提取到的时空特征，并通过一个转移注意力机制来将编码器提取的历史时空信息转移到未来表征上，从而直接建立预测时间步和历史时间步之间的连接关系，避免累积误差的产生，并在交通时空数据的预测上取得了很好的效果。

3.3 长时序数据建模

随着工业互联网、智慧医疗等大数据技术应用领域的发展，序列数据的长度和规模呈现指数式的增长，对这些长序列数据的建模与应用显著改变了人们的生活。在电子商务中，通过对消费者历史消费行为进行长序列模式的建模，可以捕捉其消费习惯和购买商品偏好，进而提高推荐广告准确性。在气象服务中，通过对某地区历史气象情况的建模，可以结合当地的即时观察，对未来一段时间内的气象变化进行预测。在医疗领域中，通过对呼吸疾病患者的日常观测数据特征的抽象和处理，可以实现对于肺癌等疾病的早期诊断和治疗。甚至在神经网络、人工智能等技术尚未大规模应用前，序列数据的处理分析就早已经存在于人类现实生活的方方面面，并且持续地影响和改变着人们的生活。自 2021 年我国政府提出全新的数字化转型思想以来，大量的数字化企业存储着海量的序列数据。该领域迫切需要一套具有通用性的序列数据建模处理和分析决策方法，激活“沉睡”的序列数据，实现数据价值的赋能。

长时序数据典型的应用挑战就是基于序列数据建模进行预测性决策。对于长时序数据的预测来说，既需要通过长序列来获取序列的趋势特征，也需要通过邻近的短序列来提高序列数值预测的精度。但是传统模型在预测过程中，需要依赖序列数据前后关联，并需要一步接一步（Step-by-step）循环迭代建模，存在推理速度缓慢、误差随序列长度不断累积的问题，限制了序列数据模型在产业中的大规模应用，图 3 所示为短序列和长序列预测的对比示意。

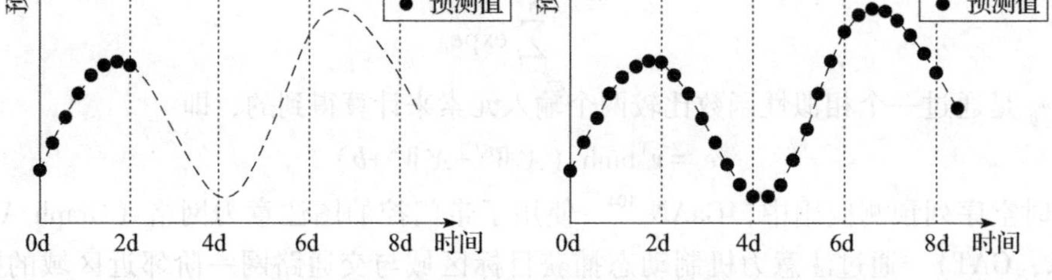

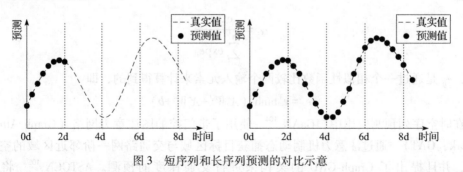

图 3 短序列和长序列预测的对比示意

下面给出长时序数据预测问题的数学描述。在保持固定大小的序列滑动窗口假设下，设有 t 时刻的输入 $\mathcal{X}^t=\{\mathcal{X}_1^t,\cdots,\mathcal{X}_{L_x}^t \mid \mathcal{X}_i^t\in\mathbb{R}^{d_x}\}$，输出是预测相应的序列 $\mathcal{Y}^t=\{\mathcal{Y}_1^t,\cdots,\mathcal{Y}_{L_y}^t \mid \mathcal{Y}_i^t\in\mathbb{R}^{d_y}\}$。长时序数据预测问题指的是序列输出的长度 L_y 比该领域典型设置

长[107-108]，并且特征维度可不限于单变量情况（$d_y \geqslant 1$）。

长时序数据建模方法可分为基于循环神经网络的模型、基于卷积神经网络的模型、基于自注意力机制的模型三类，它们分别通过隐状态来保留长时序前后依赖相关性、通过卷积感受野叠加捕获长输入序列中相关性和通过动态注意力关联长输出与长输入序列间相关性，见表3。

表3 长时序数据建模方法

长时序数据建模方法	基于循环神经网络的模型	通过隐状态来保留长时序前后依赖相关性
	基于卷积神经网络的模型	通过卷积感受野叠加捕获长输入序列中相关性
	基于自注意力机制的模型	通过动态注意力关联长输出与长输入序列间相关性

3.3.1 基于循环神经网络的模型

基于循环神经网络的深度学习方法主要通过使用RNN及其变体开发序列到序列（Sequence-to-sequence）的预测算法，以实现突破性的预测性能。

文献［109］提出一种高阶张量RNN模型，通过使用高阶矩阵和高阶状态转移函数直接学习非线性动态变化来解决长时序建模中的长期依赖性、高阶相关性和对误差传播的敏感性问题。文献［110］提出一种双阶段的基于注意力机制的递归神经网络（DA-RNN），通过引入双阶段的注意力机制来使用时间序列的历史值以及多个外生序列的当前和过去值来预测时间序列，以解决长期依赖性。文献［111］提出一种通用概率多步时间序列回归框架，综合利用循环神经网络的时序表达能力、分位数回归的非参数性质和多范围预测的效率，设计了一套分叉序列的训练方案，来解决远期时序依赖的问题。文献［112］提出DeepAR模型，它是一种基于自回归循环网络的时序预测模型，从所有时间序列的历史数据中学习一个全局模型，实现在给定时间序列过去的情况下估计其未来的概率分布，对于长序列的预测性能有一定的改进作用。文献［113］提出关联循环混合密度网络（AR-MDN），通过同时对关联因素、时间序列趋势和需求方差进行建模，解决时序预测中大量的相关因素导致的时间序列的非平稳变化问题，从而改善长时序预测的效果。

尽管相比原始的循环神经网络，上述方法在长时序数据建模方面有了很大的提升，但由于受到循环神经网络的原始结构限制，它们仍然是通过逐步预测进行序列预测的，因此具有以下局限性：①即使可以实现某一步的精准预测，但是此类方法受到动态解码累积误差的影响，导致长时序预测的误差很大[110,114]，预测精度随着预测序列长度的增加而下降；②由于梯度消失和记忆限制的问题[108]，大多数现有方法无法从整个时间序列的历史行为中学到有效信息。

3.3.2 基于卷积神经网络的模型

在实际应用中，研究人员通常使用“截断”“总结”“采样”输入序列来处理长序列，但是在进行准确的预测时可能会丢失有价值的数据。截断BPTT方法[115]无须修改输入，仅使用最后的时间步长来估计权重更新中的梯度，而辅助损失方法[116]通过添加辅助梯度来增强梯度流动，其他尝试包括循环高速网络[117]和自助正则化方法[118]。这些方法试图改善递归网络长路径中的梯度流，但是由于长序列时间输入问题中序列长度的增长，其性能受到了限制。基于 CNN 的方法[119-122]使用卷积滤波器捕获输入序列中的长期依赖关系，并且它们的感受野随着层的堆积呈指数增长。文献［119］针对音频生成建模问题提出一种序列生成模型 WaveNet，由于语音的采样率高，时域上对感知范围要求大，本质上是针对长时间序列的建模问题，该模型以扩张因果卷积层为核心，增大模型时域上的感知能力，在音频等长时序数据建模问题上取得了明显的效果。文献［120］提出时序卷积模型 TCN，其以 CNN 模型为基础，提出了因果卷积，以此将卷积结构适用于时序数据，并提出空洞卷积模块来扩展卷积核的感受野，进一步增强了模型对于时间序列记忆的历史长度。文献［121］重新审视使用卷积架构的长序列建模问题，表明了基于循环神经网络的模型相对于基于卷积神经网络的模型所潜在的“无限记忆”优势在实践中基本上不存在，在各种序列建模任务中证明了卷积神经网络较循环神经网络能够有效地表征更长的时序历史数据。文献［122］提出 Seq-U-Net 模型，假设许多感兴趣的“慢特征”随着时间的推移而缓慢变化，使用 U-Net 架构来计算时序数据多个时间尺度的特征，并通过因果卷积来进行自回归，有效提升了长时序数据的训练和推理速度。

上述基于卷积神经网络的模型能够很好地针对输入的长序列建立表征，从而在一定程度上解决长时序数据建模问题。然而在实际的长时序数据建模问题中，除了需要考虑从输入中提取远程相关性，以增强模型接收长序列输入的能力之外，还需要在输出和输入之间建立长期依赖关系，以增强模型对于长序列的输出能力。因此，基于卷积神经网络的模型仍无法完全解决长时序数据的建模问题。

3.3.3 基于自注意力机制的模型

Bahdanau 等人[123]首先提出了注意力机制，将其用于“编码器-解码器”体系结构，来提高翻译任务中单词对齐效果。然后，它的变体[124]提出了更加广泛使用的“位置”“点积”等注意力。

近年来，基于自注意力机制的 Transformer[125]被提出作为序列建模的新思路，并取得了巨大的成功，尤其是在自然语言处理领域。通过将其应用于翻译、语音、音乐和图像生成问题，Transformer 已经被证明拥有更好的序列建模能力。在时序数据建模领域，文献［126］和文献［127］等较早地在时序数据分析任务中应用 Transformer，文献［126］提出的基于 Transformer 的模型在医疗多任务诊断中取得较传统神经网络架构更优的效果，文献［127］基于 Transformer 提出的跨维度自注意力机制以顺序无关的方式处理多元地理标签的时序数据，在多个任务上达到最佳效果，然而由于它们使用原生 Transformer，导致长时序预测性能急剧变差。

其他一些工作意识到了利用自注意力机制的稀疏性来提高自注意力计算的效率。Sparse Transformer[128]、LogSparse Transformer[129]和 Longformer[130]都使用启发式稀疏机制来解决计算效率的局限性，将自注意力机制的复杂度降低到 $O(L\log L)$，进而提高序列建模效率[131]。Reformer[132] 也通过局部敏感的散列自注意力来实现，但它仅适用于极长的序列。最近，Linformer[133] 提出了线性复杂度，但是对于现实世界中的长序列输入，它无法固定映射矩阵，可能仍有性能退化到 $O(L^2)$ 的风险。Transformer-XL[134] 和 Compressive Transformer[135] 使用辅助隐藏状态来捕获远程依赖关系，这可能会放大该局限性，并且不利于打破效率瓶颈。为了提高长时序数据建模能力，Zhou 等人提出了统一的长序列建模技术 Informer[136]，针对时序数据的特点，设计了概率稀疏的自注意力机制来替换原始的自注意力机制，实现了 $O(L\log L)$ 的时间开销和内存开销，同时提出生成式解码器来产生长序列输出，仅需一次前向传播就可以获得全部的序列输出，避免了在推断阶段中输出的累积误差扩散。相似的方法还有 FEDformer[137]，它同样利用了自注意力矩阵的低秩性来提高计算速度，进一步将时间和空间开销降低到了 $O(L)$。Autoformer[138] 采用了基于分割的表征机制，它设计了一个简单的季节性趋势分解体系结构，使用了自相关机制作为注意力模块，其通过衡量输入信号之间的时延相似性并聚合 top-k 相似子序列，将输出的复杂度降低至 $O(L\log L)$。Pyraformer[139] 设计了一种基于 C-ary 树的注意力机制，其中最细尺度的节点对应于原始时间序列，而较粗尺度的节点代表较低分辨率的序列，Pyraformer 进一步开发了尺度内和尺度间的注意力，以便更好地捕获不同分辨率下的时间依赖性，此外，除了能够以不同的分辨率集成信息之外，层次结构还带来了高效计算的好处，特别是对于长时间序列，其时间和空间开销为 $O(L)$。

3.4　多模态时序数据建模

3.1~3.3 节介绍的时序建模算法主要关注于单一模态时序数据的处理。在实际应用中，由单一模态呈现的时序数据有时可能无法提供足够的信息供机器感知与理解世界。研究表明，类似于人类使用嗅觉、听觉、触觉等多种感觉收集的信息来理解与认知世界一样，融合多模态信息可以进一步提高机器的时序数据建模能力。事实上，许多场景下的时序数据往往呈现多源异构特点，且许多被观测系统的运行过程通常以多模态数据进行记录。以互联网在线应用中广泛积累的用户时序行为为实例化对象，用户时序行为通常能够以多种模态内容形式来进行表示。一方面，用户时序行为可以由离散的、交互过的物品标识符（Identity，ID）模态序列数据进行表示。另一方面，用户时序行为还可以由连续的、交互过的物品内容模态序列来刻画，如图片序列、文本序列，如图 4 所示。

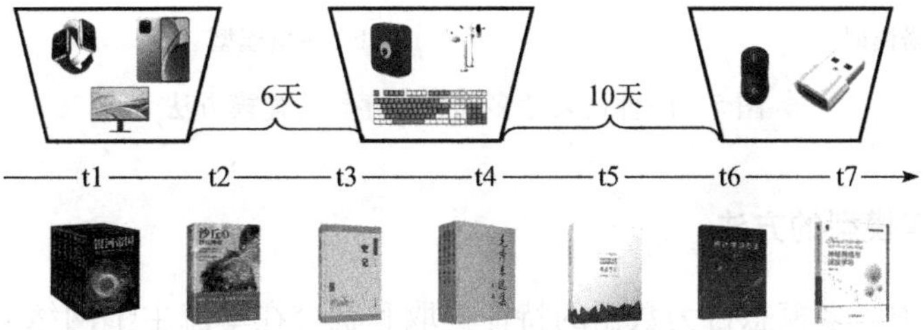

图 4　多模态数据表示的用户时序行为示例

在个性化用户兴趣建模任务中，充分挖掘与利用多模态时序行为信息既有助于更为全面地建模用户兴趣偏好，同时也能以提高数据利用率的方式来缓解建模中的冷启动窘境。接下来，本节将以基于多模态时序行为的个性化建模任务为实例化研究对象，阐述该方向的一些研究方法与进展。

3.4.1 多模态时序行为特点介绍

对于多模态时序行为，除了具有一般时序行为所展现的关键特性（如时序依赖性）之外，多模态时序行为数据还表现出独有的异构性和多样性。异构性指的是多模态行为中每种模态的时序行为表示通常具有其独特的结构、维度、分布。例如，基于图像数据的时序行为通常由二维像素构成，基于语音数据的时序行为由一维的音频信号构成。事实上，处理异构模态数据时需要考虑不同模态之间的映射和对齐，以及如何有效融合不同模态的信息。这种融合之所以重要，是因为它能够利用不同模态所提供的特有信息源，增加数据的多样性。该多样性指的是各种模态的数据（如文本、图像、声音等）都提供了独特且互补的信息，这种互补性使得整体数据集的信息更加丰富和全面。通过融合多模态表示的时序行为，可以获得更为全面和多角度的用户行为分析与理解。然而，异构性和多样性的存在也给多模态时序行为带来了新的挑战，需要设计合适的算法来考虑不同模态时序行为之间的差异性和互补性。

一般来说，当前方法的主要思路在于通过特征转换与对齐技术，将不同模态行为表征映射到统一的特征空间中，使得其具有一致的标识形式，从而缓解多模态数据的异构性，实现多模态行为数据特征的有效融合。从模型架构设计上，当前的主要研究进展可以大致分为两种类型：单塔模型和多塔模型，如图5所示。

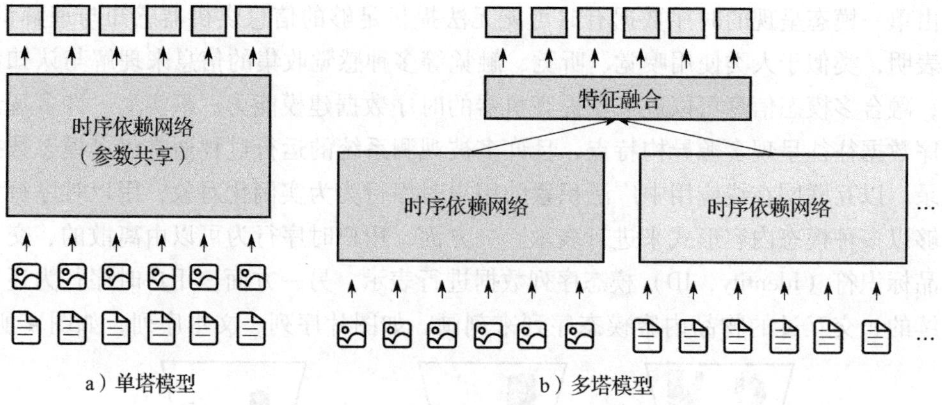

图5 两种代表性多模态时序行为建模方法

3.4.2 基于单塔模型的方法

在单塔模型中，多模态行为数据的特征提取和融合在单流主干网络完成。一般而言，该类方法通过将不同模态的行为进行低维向量表示，然后将不同模态的时序行为一起输入到共享的多层隐藏层网络中来学习多模态时序行为之间的语义关联与时序依赖关系。例如，Hidasi 等人[140] 提出在将多模态表示的时序行为表征输入到单塔时序依赖神经网络之前进行特征融合。具体而言就是采用了简单的拼接处理来融合多模态时序行为表征。不同的是，Wu 等人[141] 设计了针对多模态行为表征融合的网络组件来实现多模态时序行为的表示与融合，然后将融合后的包含混合模态的时序行为表征输入到深度时序建模网络中学习不同行为之间的依赖。面向多媒体信息流分发领域，Wang 等人[142] 提出直接将原始交互过的不同模态表示的行为组合成多模态时序行为，然后采用深度时序神经网络来直接学习不同模态行为之间的关联与融合。单塔方法的优点在于模型结构相对简单，参数共享可以提高模型的训练效率和泛化能力。然而，单塔方法可能受到不同模态之间差异性的限制，特别是当模态之间存在较大差异时，可能需要额外的处理和调整，以提高时序模型的性能。

3.4.3　基于多塔模型的方法

多塔模型则是另一种常用的多模态时序行为表示策略。在多塔模型中，采用多个独立参数的网络模型分别处理不同模态的数据。每种模态的时序数据都有自己的特征提取和时序建模过程。这种方法能够更好地考虑不同模态数据的差异性和特点，通过独立的特征提取和时序建模过程，可以更灵活地适应不同模态数据的特征表示和时序关系。Zhang 等人[143] 将交互时序行为中物品的属性与标识符属性分组为两种不同的模态信息，采用经典的双塔网络架构分别学习对应的时序依赖关系，并且应用全连接神经网络来实现多模态时序行为表征的融合。Wang 等人[144] 提出采用多塔网络架构来分别学习不同模态表示的时序行为表征，并且引入了一个门记忆网络来融合多模态时序行为表征，从而实现更为全面的用户时序行为理解与建模。考虑到多模态时序行为表征之间的差异性，Song 等人[145] 提出一个基于两阶段的多模态时序行为建模方法，其引入了一个基于对比学习的自监督预训练优化目标来解决不同模态表征在隐式空间中的对齐。基于多塔模型的方法的优点在于能够更准确地捕捉不同模态之间的异构性，并为每个模态提供更充分的建模能力。然而，多塔模型也会增加模型的复杂度和参数量，同时对于模态之间的对齐和融合需要额外的设计和处理。

4　时序大数据典型应用

4.1　教育领域的应用

在教育领域中，学习者行为数据是一类非常重要且典型的时序数据。其由学习者在学习过程中所进行的不间断阅读、练习等学习行为所产生，蕴含了非常丰富的学习者认知状态信息，如学习者对不同知识点的掌握情况、学习者的学习能力、学习过程中的遗忘模式等等。对这些时序行为数据进行挖掘有助于教学者、学习者及时了解当前学习进展，从而及时调整学习资料以及学习方案，如基于行为数据进行退课行为预测可帮助教学者尽早进行干预[146]，同时，对行为数据的挖掘也可以帮助教学者发现更适合学习者的学习方案，实现个性化教学资源推荐[147]。

在此之中，一个核心问题是如何建模随学习过程推进而不断动态变化的学习者认知状态。为了能够在任意时刻，及时对学习者认知状态进行诊断追踪，从而及时调整学习资料以及学习方案，动态且精确地评估学习者的认知状态是十分必要的。如图 6 所示，知识追踪（Knowledge Tracing，KT）是一类能根据学习者的历史行为数据，实时诊断学习者当前的技能掌握情况的方法。目前已有相当数量的个性化教育与自适应学习的工作通过知识追踪技术来实现对学习者状态的追踪建模[148-149]。已有的研究主要可以分为两类：传统知识追踪与深度知识追踪。贝叶斯知识追踪（Bayesian Knowledge Tracing，BKT）[150] 和表现因子分析（Performance Factors Analysis，PFA）[151] 是传统知识追踪模型。BKT 是一个两阶段的动态贝叶斯网络，它将学习者的表现情况视为可观测变量，知识状态视为隐变量，并假设每个知识点只由一个试题测试。它使用隐马尔可夫链建模学习过程，将学习者的知识状态表示为二值化变量（0 和 1），并结合猜测和失误因子来预测下一个问题的表现情况。PFA 则着重于对学习者建模，其对表现情况敏感，并且可以替代 BKT 模型，不需要后者的假设，能够进行多知识点测试。然而，传统知识追踪模型难以满足当前的大数据挖掘需求，应用场景单一。近年来，深度学习的成功应用促使研究人员将其引入知识追踪领域。2015 年提出的深度知识追踪（DKT）模型[152] 是一种 Seq2Seq 循环神经网络模型，它每个时刻的输出预测下一个时刻学习者的表现情况。DKT 在得分预测任务上表现良好，许多研究工作致力于改进 DKT 以提升效果。一些改进包括 DKT-Tree[153]，其通过决策树引入更多题目属性，如答题时间和次数；DKT+Forgetting[154] 则在 DKT 中引入三种遗忘特征，如答题次数和时间间隔；SKT 模型[155]，融合知识点先后顺序和相似性关系，考虑知识点间的影响。此外，还有基于试题文本的试题感知知识追踪（EKT）模型[156]，其利用循环神经网络挖掘试题因素，并模拟学习者的注意力变化过程，更准确地还原答题过程。EKT 在精确性和可解释性方面超过以往模型。在实现学习者动态认知状态建模基础上，可进一步实现如自适应学习推荐等下游应用。如图 7 所示，Liu 等人在利用知识追踪技术对学习者认知状态进行表征的基础上，进一步结合知识图谱和强化学习建立了个性化学习框架 CSEAL，实现了自适应教学资源推荐[149]。

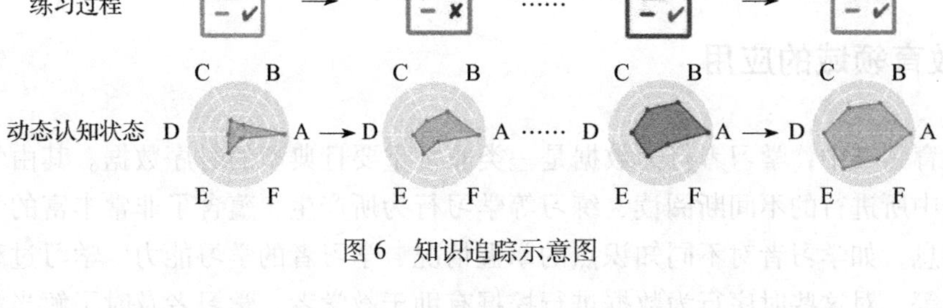

图 6 知识追踪示意图

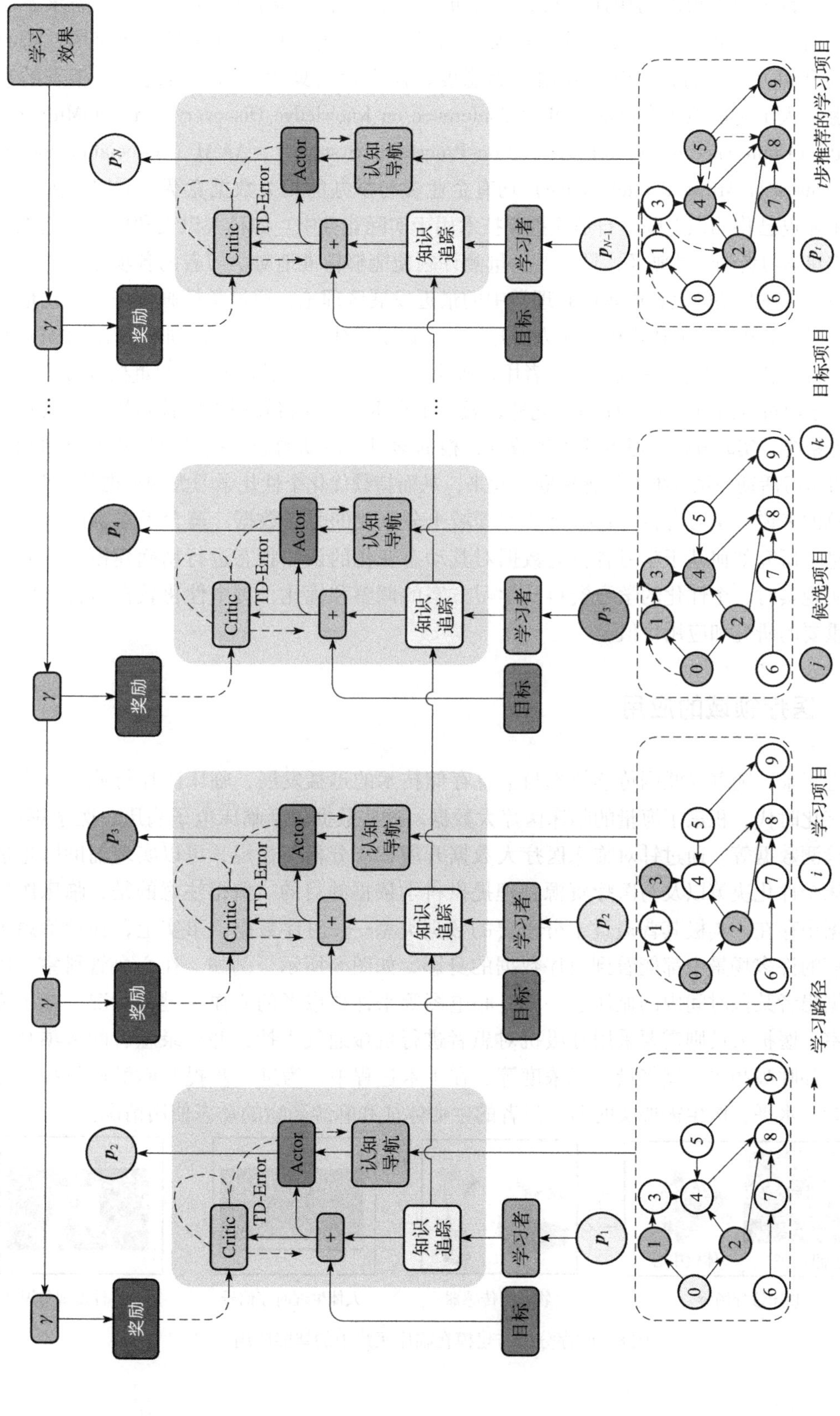

图7 个性化学习框架CSEAL

随着数字教育市场的快速发展，对于更加个性化、智能化的教育方法的需求不断增长。对动态变化的认知状态进行建模，同时进一步实现相关的教育辅助应用，将有助于提升相关产品的教学效果和用户满意度，使平台更具竞争力。因此，近年来的数据挖掘、人工智能顶级会议如 KDD（Conference on Knowledge Discovery and DataMining）、NeurIPS（Conference on Neural Information Processing Systems）、AAAI（Association for the Advancement of Artificial Intelligence）均有企业参与举办的相关数据竞赛。同时，大量的业界企业也已将知识追踪、自适应推荐技术用于实际业务中。如科大讯飞利用知识追踪模型来构建学习者的学情画像，只需要少量测评题便能够精准地对学习者的各项知识能力进行建模，并在此基础上利用教育心理学中的最近发展区理论，通过学情画像来个性化地为每个学习者寻找合适的榜样用户作为提升目标，以最大化学习效率，达到减负增效的目的。松鼠 AI 也利用知识追踪来建立学习者用户画像，并结合知识点拆分和地图重构等方法对学习者的学习过程进行全方位评估。此外，教育平台 Knewton 将知识追踪技术用于连续自适应学习系统，实时分析学习者的表现数据，根据学习者活动的结果提供个性化的反馈和推荐，将学习活动与系统推荐的评估联系起来，从而持续优化个性化学习大纲和推荐结果。

总的来说，学习者行为数据是教育领域十分重要的时序数据，蕴含了丰富的认知状态信息。研究如何基于学习者行为数据对其动态变化的认知状态进行精确建模，从而进一步实现实时、个性化的学习资料及学习方案的调整和优化，对个性化教育与自适应学习有重要的研究和应用价值。

4.2 医疗领域的应用

近年来，随着物联网传感技术与信息存储技术的迅猛发展，临床医疗行业逐步迈入了数字化时代，积累了海量的临床医疗大数据。这些数据包括临床电子病历、医学影像、实验检测数据等。通过针对临床医疗大数据开展智能分析与建模，可以实现辅助医生进行临床个性化决策以及为医疗资源管理提供科学依据的目的。值得注意的是，临床医疗大数据中存在一类极其普遍且十分重要的数据类型——时序数据。事实上，在诊治患者的疾病的许多场景中都能看到时序数据的身影，如图 8 所示。例如，在心血管科室，医生根据患者某段时间内的血压、心率、心电图等来评估患者的心血管健康状况。在重症监护室，医护人员则需要采用呼吸机对患者进行机械通气支持，并记录患者的多项呼吸参数，如呼吸频率、潮气量、氧浓度等。在手术过程中，为进一步提升麻醉质量控制与安全管理水平，医生需要实时监测患者的生命体征和麻醉药物的动态使用情况。

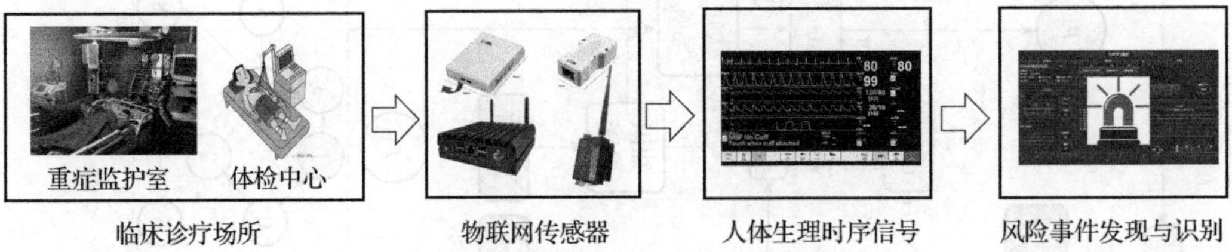

图 8　时序分析与建模在临床医疗中的智能应用

如图 9 所呈现的人体心电图所示，医疗时序数据除了具备一般时序数据所具有的动态属性，也呈现出一系列典型的代表性特点，包括高维性、稀疏性、不规则性、多尺度性、长序列性和标签不平衡性等。首先，医疗时序数据具有高维性，因为它们包含了大量的时间点和相关特征，导致数据在特征空间中呈现出高维度的特征结构。其次，这些数据还表现出稀疏性，因为数据采集的频率和间隔不一致，导致时间点在数据中呈现出不均匀的分布，从而使得数据呈现出稀疏的特征。然后，医疗时序数据还具有不规则性，包括不规则的时间间隔、缺失值和异常值等，这给数据的处理和分析带来一定的挑战。此外，医疗时序数据还具有多尺度性，即数据可以在不同的时间尺度上进行分析和解释。例如，可以从秒、时、天甚至更长的时间跨度来观察和分析时序数据的模式和趋势。同时，这些数据还展现出长序列性，这意味着每个个体的时序数据可能具有较长的持续观测期，从而提供了更丰富和完整的信息。最后，标签不平衡性是指在医疗时序数据中，不同类别的标签分布不均衡。这意味着某些特定的事件或疾病可能出现频率较低，而其他类别则更常见。这样的标签不平衡性需要在数据分析和模型建立过程中加以考虑和处理，以确保结果的准确性和可靠性。

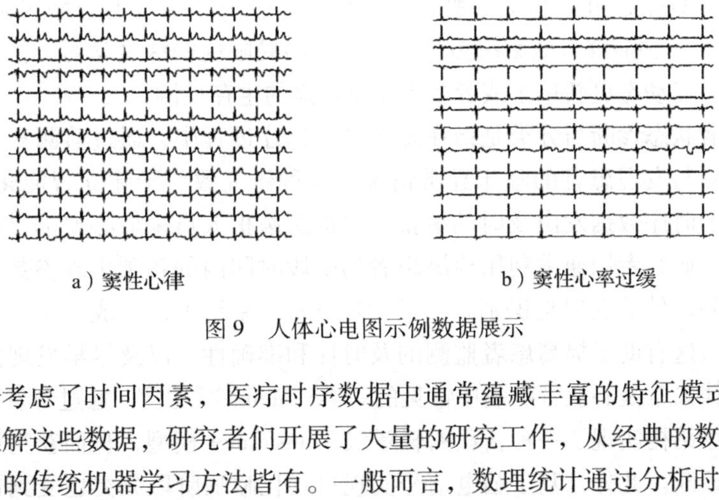

a）窦性心律　　b）窦性心率过缓

图 9　人体心电图示例数据展示

由于充分考虑了时间因素，医疗时序数据中通常蕴藏丰富的特征模式和规律信息。为了分析和理解这些数据，研究者们开展了大量的研究工作，从经典的数理统计方法到基于特征挖掘的传统机器学习方法皆有。一般而言，数理统计通过分析时序数据构建时序理论和方法，然后利用时序数据估计模型参数。这些方法对于简单类型的医疗时序数据通常能够取得较优秀的性能。然而，这类方法的主要局限在于计算成本较高。例如，基于局部特征的子序列（Shapelet）方法的时间复杂度通常与医疗时序数据的长度、属性维度以及训练集样本规模的三次方成正比。相比之下，类似于树模型和贝叶斯模型的基于特征挖掘的传统机器学习方法则能够较为高效地处理医疗时序数据。然而，这些方法的主要局限性在于时序数据特征表达能力有限，通常只能获取医疗时序数据的线性表征结果。幸运的是，随着深度神经网络在语音、语言等序列特性数据的表征中取得突破，研究者们发现深度神经网络在处理医疗时序数据时也具有多方面的优势。它们能够高效地处理大规模医疗时序数据，并取得较优的特征表示结果。因此，在许多医疗大数据挖掘任务中，深度神经网络类方法已成为医疗时序数据挖掘的重要技术工具。

4.2.1 面向临床多场景的医疗时序建模方法

当前，在医疗时序数据挖掘领域，研究者们已经积极进行了大量相关研究工作。根据患者的诊疗场景，以下两个方面的研究引起了广泛关注：疾病趋势预测及风险评估、患者状态诊断与分类。

首先，疾病趋势预测及风险评估是指利用医疗时序数据来预测患者的疾病发展趋势及实现风险评估，以便采取相应的预防或干预措施。这方面的研究旨在通过分析患者的时序数据，提前发现疾病的潜在迹象或变化趋势，以帮助医生做出更准确的诊断和治疗决策。在诊前预测方面，研究者们通过对大量患者的时序数据进行分析，可以揭示出疾病的发展趋势和模式。这对于了解疾病的自然历程、发病机制以及病情变化规律具有重要意义，有助于指导医生制定更有效的治疗和干预策略。例如，Alaa 等人[157] 基于深度概率模型的理论与方法设计了一个注意力空间模型用于实现准确且可解释的结构化疾病轨迹表示。除了疾病发展预测，不少研究者通过对患者的时序数据进行挖掘和分析，可以建立预测模型来预测疾病的发生和发展风险。例如，利用患者的生理参数、病历记录和实验室结果等数据，可以预测心脏病、糖尿病、肺炎等疾病的患病风险。例如，Lee 等人[158] 设计了一种能够有效解决传统统计方案的局限性的深度学习方法，其整合了可用的纵向数据，以动态更新单个或者多个竞争风险的生存预测。

其次，患者状态诊断与分类是指在患者接受诊疗过程中，通过监测和分析医疗时序数据，及时诊断与发现患者的临床异常情况。这种研究致力于建立智能化的监测系统，能够根据患者的时序数据发出及时的警报，以提醒医护人员采取必要的措施，保障患者的安全和健康。研究者们通常利用检测患者的阶段时间内的各项生理参数、病情指标等来实现临床风险事件的发现与识别。一旦发现异常，系统可以生成警报，通知医护人员及时采取行动。这有助于提高患者监测的及时性和准确性，以及尽早发现潜在的病情恶化。例如，心律失常是心血管疾病中常见的一类，Meng 等人[159] 通过开发更轻量级的卷积自注意力网络结构实现了一种新颖的轻量级 Transformer 模型，从而获得了更高准确度的心率筛查与诊断。此外，基于脑电信号实现自动化睡眠阶段分类也受到了诸多研究者的关注。例如，Supriya 等人[160] 提出了一种使用单通道 EEG 信号的边缘强度可见性图技术实现了睡眠阶段的自动化分类。

4.2.2 面向可信 AI 的医疗时序建模方法

值得注意的是，基于时序数据建模的医疗应用任务与其他领域的任务存在显著的差异。在医疗领域中，确保模型的可信性至关重要，因为医疗决策往往直接关系到患者的生命健康。因此，智能应用中依赖的时序模型的预测结果必须具备高度的可靠性和准确性。为了达到这个目标，研究者们积极开展了大量相关研究工作，专注于提升时序模型在医疗领域的可信度。这些研究工作主要集中在以下两个方面：可解释性、鲁棒性。

首先，可解释性是指模型能够清晰地解释其预测结果的原因和依据。在医疗决策中，医生和临床专家需要了解模型是如何得出预测结果的，以便能够理解和相信这些结果。

因此，研究者们致力于开发具有可解释性的时序模型，以便揭示模型的决策过程和关键因素。在此研究方向，He 等人[161] 利用经典时间序列分类方法中具有良好可解释性的 Shapelet 算法对人体生理时序信号进行可解释的序列离散化和数据增强处理，再结合自监督学习中的对比学习机制，实现了兼具可解释性和准确性的人体生理时序信号分类。此外，Guo 等人[162] 改良了现有 LSTM 网络结构，使之能够学习到变量层次的隐藏状态，并且解构了不同变量对于预测结果的重要性来实现具有良好可解释性的多变量时间序列预测。

其次，鲁棒性是指模型在面对各种噪声和干扰时的稳定性和可靠性。在医疗领域中，数据往往受到多种因素的影响，例如传感器误差、设备故障或患者状态的变化。为了保证模型的可信性，研究者们努力提升时序模型的鲁棒性，使其能够在复杂和不完美的情况下仍然产生准确可靠的预测结果。例如，Alaa 等人[163] 设计了一个 Dual-transformer 网络结构用语捕捉多变量随时间变化的动态依赖关系，并且通过预测不确定性对预测的重要性加权的方式引入了一个鲁棒性损失，用于缓解存在的过拟合问题。

4.3 工业领域的应用

在工业领域，时序数据是通过各种传感器和监测设备记录和采集的。工业系统中的传感器可以测量和记录各种参数和指标，如温度、压力、湿度、振动、电流、电压等。这些传感器安装在生产设备、机械部件、供应链系统等的关键位置，实时收集数据。工业时序数据的产生基于工业系统的运行和监控需求，并为了实现实时监测设备状态、分析生产过程、优化资源利用、预测故障和改进效率等目的。

时序数据在工业上的应用非常广泛，其中故障异常检测和设备剩余寿命预测是工业生产中的重要应用。这些应用可以帮助企业提高设备的可靠性和生产效率，降低维修成本，并确保生产线的平稳运行。

4.3.1 故障异常检测

工业系统和设备产生大量的时序数据来记录其运行状态、性能参数和操作变化。通过监测和分析这些时序数据，可以及早发现设备故障、异常行为和不良趋势，提前采取措施进行维修、调整或预防，避免设备故障导致的生产停滞和损失。

在一组时间序列中，正常数据通常服从相同分布，具有相似的特征。然而，异常的存在会导致原有正常数据的分布及特征发生明显变化，检测这些异常的过程称为时序数据的异常检测。例如图 10 所示为时间序列中三种异常信号形状，根据其表现形式，异常类型可以分为点异常、上下文异常和集合异常。设备的时序数据包含了丰富的信息，如振动、电流、温度、压力等，通过对这些数据的监测和分析，可以有效地检测到设备的运行异常和磨损程度。例如，当设备的振动数据出现异常波动或频率异常时，可能意味着设备部件的松动、磨损或故障。监测设备的电流和温度数据也可以反映出设备的运行状态，如电流的异常值可能与电路故障或设备过载有关，温度的异常升高可能表示设备存在散热问题或润滑不良。此外，通过监测设备的能耗数据，还可以评估设备的能效变化，发现能源消耗的异常情况，从而采取节能措施和优化运行策略。

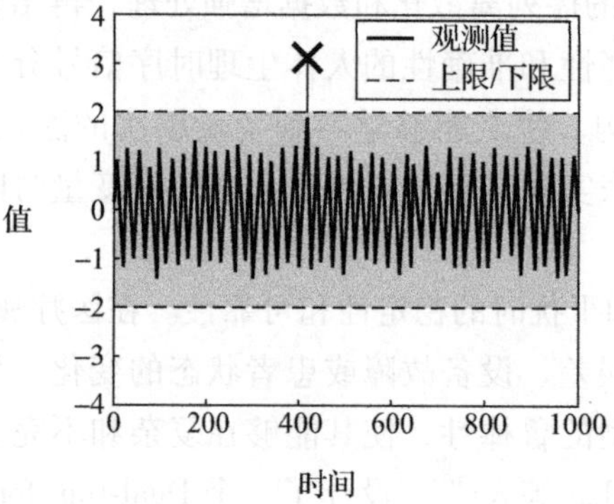

a）点异常

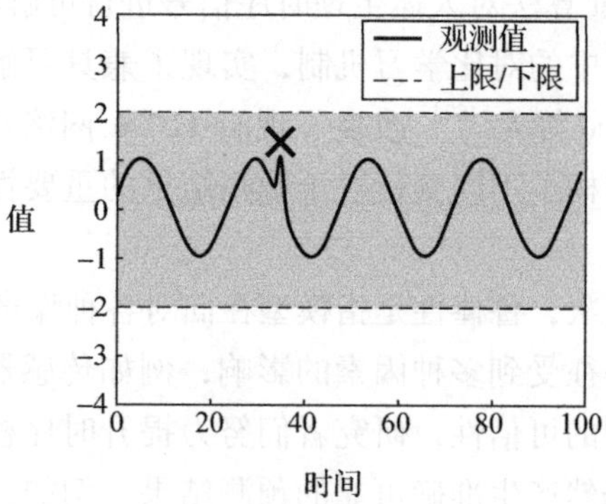

b）上下文异常

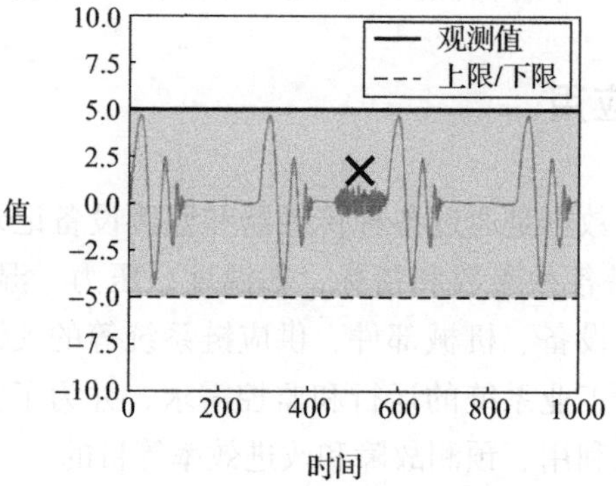

c）集合异常

图 10 时间序列中三种异常信号形状

目前，使用自动编码器框架进行时序建模是时序异常检测的主流技术路线。在这个框架下，挖掘时间序列的特征并进行异常检测的方法大致可分为三类：基于 CNN、基于 Transformer 和基于记忆网络的异常检测方法。

1）基于 CNN 的异常检测方法：CNN 融合了多个传感器信号，并通过在数据的时间维度上滑动卷积滤波器来捕捉时间特征，由于其在权重共享、计算效率和平移不变性等方面的优势，可以有效地从结构化数据中自动提取特征。Zhang 等人[164] 根据每个时间序列的关联性构建了矩阵，使用具有注意力机制的卷积和卷积 LSTM 进行编码以获得时间信息；然后将新的表示方法分解为矩阵，并与之前的矩阵进行比较，以判断异常情况。Liu 等人[165] 采用 CNN 和解卷积运算，结合条件变分自动编码器，实现了更好的特征提取和时间序列的重建性能。虽然基于 CNN 的方法已经取得了进展，但它们只能捕捉局部上下文信息，无法建模更广泛的全局特征，这可能会丢失有用的信息并导致遗漏一些异常情况。

2）基于 Transformer 的异常检测方法：Transformer 是一个基于自编码器的模型，通过自注意力机制将空间上相距较远的信息在标记空间中连接起来，以并行的方式从时间序列中挖掘出复杂的时间模式。Wang 等人[166] 采用 Transformer 的自注意力机制来探索时间序列之间的潜在关系，并通过残差自编码器提取时间序列的特征，以提高异常检测的效果。Xu 等人[167] 将 Transformer 集成到生成对抗网络框架中，并以对抗的方式探索时间序列的上下文信息。Transformer 在时序数据分析中具有明显的优势，因为它能够捕捉序列的全局特征。然而，Transformer 缺乏 CNN 固有的一些归纳偏差[168]，例如平移不变性和局部性，因此仍需改进以捕捉时间序列中的细微关系和特征。

3）基于记忆网络的异常检测方法：记忆机制用来建模状态的动态变化，并在很长的时间间隔内保留信息。LSTM 也体现了记忆网络的思想，通过增加存储长期状态的隐层单元，可以更有效地模拟长期依赖关系。然而，它的可扩展性很差，提取上下文信息的能力也很有限。Zhang 等人[169] 设计了局部和全局记忆模块，并引入融合机制来自适应地学习丰富的特征表示。Zhang 等人[170] 使用卷积自编码器将传感器时序数据编码为潜空间中的新表征，并设计了双向 LSTM 和自回归模型作为记忆网络来探索数据的正常模式。Xiao 等人[171] 引入了一个额外的记忆模块来提高自编码器的性能，并通过记忆模块中正常模式的线性组合重新构建时间序列。

4.3.2 设备剩余寿命预测

设备剩余寿命预测可以提前发现设备的潜在故障和磨损情况。通过监测设备的运行状态和采集时序数据，结合先进的预测算法和模型，分析设备的使用寿命和磨损情况，预测设备何时可能发生故障或达到维修/更换的临界点。这使得企业能够及时采取维护措施，进行预防性维护、零部件更换或修复，避免设备故障导致的生产中断和不必要的维修成本。例如，航空发动机性能参数随时间的变化趋势可间接反映发动机性能的退化[172]，以发动机自身历史性能参数变化情况为出发点，通过线性退化模型对发动机进行剩余寿命预测和健康评估，将有效地为飞机运行提供安全保障，且为后续日常的发动机故障预防和排除提供可靠依据。

设备剩余寿命预测是一项重要任务，可以利用不同的方法进行实现。其中，基于递归神经网络、卷积神经网络和注意力机制的方法是常见的。递归神经网络可以捕捉时序数据的时间依赖关系，卷积神经网络适用于提取时序数据的局部特征，而注意力机制能够帮助模型自动地关注和权衡输入数据中的不同部分，从而更好地捕捉与设备剩余寿命相关的重要特征。这些方法的选择取决于数据的特点和预测需求，不同的方法为设备剩余寿命预测提供了多样化的解决方案，使得预测结果更加准确和可靠。

1）基于递归神经网络的方法：在设备剩余寿命预测问题中，通常需要考虑设备运行的历史序列数据，例如设备的运行时间、温度、电压等参数，这些参数都是随着时间动态变化的。LSTM 因其可以控制进入模型的信息量和在存储器中的过去信息，能够很好地捕捉序列中的时间依赖关系，而被广泛应用于设备剩余寿命预测问题中。康守强等人[173] 利用改进的稀疏自编码器对滚动轴承的振动信号进行无监督特征提取，同时引入双向长短时记忆网络 BiLSTM 来处理时间依赖关系，对滚动轴承的剩余寿命进行预测。Xiao 等人[174] 通过在 LSTM 网络中加入噪声，并对指标进行相关分析，构建新的退化特征作为 LSTM 网络的输入，有效地提高了模型的预测性能。Elsheikh 等人[175] 提出了一种适合剩余寿命预测的双向 LSTM 网络结构，它采用了双向序列处理方法，更适合于剩余寿命等中间预测情况。Luo 等人[176] 提出了一个用于航空发动机剩余寿命预测的综合 GRU 模型，将后验分析和多个 GRU 分类器相结合，有效地解决了多个退化路径问题。

2）基于卷积神经网络的方法：CNN 的主要优点在于对深度特征提取表示的能力，它也是剩余寿命预测领域的一个常见的解决方案。例如，马忠等人[177] 采用一种改进的卷积神经网络对航空发动机的剩余寿命进行预测，其使用不同的一维卷积核提取序列趋势信息特征，而后将特征输入至构建的卷积神经网络得到剩余寿命的预测值。Li 等人[178] 提出了一个多尺度的深度卷积神经网络预测模型，利用多尺度块来卷积时态传感器数据的时间维度，大大提升了模型对复杂特征的学习能力。Ma 等人[179] 提出了基于卷积的 LSTM 网络，通过卷积来建模状态之间的转换。

3）基于注意力机制的方法：通常来说，预测模型应该更多地关注提供更多退化信息的基本特征，因此基于注意力机制的方法被提出，以关注监测数据中更关键的信息。Liu 等人[180] 提出了一个基于 Transformer 的航空发动机剩余寿命预测框架。具体而言，其采用了基于通道注意力机制的 CNN 为更重要的特征赋予更大的权重，然后使用 Transformer 在关键时间步骤上关注这些特征。Chen[181] 等人利用 LSTM 网络从原始传感器数据中学习序列特征，采用注意力机制学习特征和时间步骤的重要性，并据此为特征分配权重，此外还将手工特征与自动学习的特征相结合，以提高剩余寿命预测的性能。Xu 等人[182] 提出了一种双流自注意力机制神经网络。其采用多头自注意力机制学习不同数据之间的相关性，并动态加权特征以获取全局退化信息，建立双流结构网络，获得代表监测数据内部差异的辅助数据，同时从原始数据和辅助数据中提取特征，最后采用多层感知器来融合所获得的特征并估计剩余寿命。

4.4 交通领域的应用

时序大数据在交通领域中有着广泛的应用，最具代表性的是交通流量预测、事故风险预测等时空序列数据预测任务。基于图卷积网络（GCN）和图注意力机制的方法被验证为目前效果比较好的时空建模方法，本节所述内容也将在此基础上进行进一步的展开。按时间、空间的建模顺序，可以将交通流量预测任务分为三个类别：空间优先、时间优先、时空同步。

4.4.1 交通流量预测

交通流量预测通常蕴含着高度非线性和复杂的内在模式，对交通流量的预测一直以来都是一件非常具有挑战性的工作。以图神经网络为基础的时空序列建模方法是最具代表性的一类方法，然而对于不同的任务，通常在时空序列建模上有着不同的设计思想。

第一类方法先建模空间依赖关系，后建模时间依赖关系，例如 STG2Seq[183] 使用堆叠 GCN 层来捕获整个输入序列，其中每个 GCN 层在有限的历史时间窗口上操作，将最后的结果串联在一起进行预测。DCRNN[184] 将交通流建模为有向图上的扩散过程，使用图上的双向随机游走来捕获空间依赖性，而后使用定时采样的编码器-解码器架构来捕获时间依赖性，以连续捕捉空间和时间信息。

第二类方法先建模时间依赖关系，后建模空间依赖关系，例如 Graph WaveNet[185] 首先用两个门控的时间卷积模块建立了基本的建模层，然后用一个图卷积模块，从时间到空间进行建模。GSTNet[186] 建立了几层空间-时间块来产生预测，它由一个多分辨率的时间模块和一个全局相关的空间模块组成。STGCN[187] 也是时间优先的表征方法，它包含了两个时间门控卷积层的区块，从基于卷积的时间层开始，中间是一个空间图卷积层，最后叠加一个时间层，采用时间-空间-时间的三明治结构。ST-MGCN[98] 先将区域之间的非欧成对关联关系编码为多个图，使用上下文门控循环神经网络利用全局上下文信息来建模时间相关性，然后使用多个图卷积显式地建模这些相关性，最后重新加权多个图的结果得到最终预测结果。

第三类方法同步表征时间与空间关系，例如 STSGCN[188] 构建了一个由图卷积网络组成的时空同步提取模块。STFGNN[189] 通过融合具有门控机制的空洞卷积神经网络和时空融合图模块，同时对时空相关性进行建模。ST-ResNet[190] 在类似图像的二维矩阵序列上使用卷积来同时建立时空模型。ASTGCN[191] 提出了一个空间-时间卷积，同时捕捉空间模式和时间特征。MotionRNN[192] 将复杂的时空关系解耦为整体趋势与瞬时变化，并对二者进行统一建模。其主要由用于建模整体趋势与瞬时变化的 MotionGRU 单元和用于平衡移动与非移动部位的 Motion Highway 两个关键技术组成。

还有一类方法根据当前任务的时空数据分布特点，自动调整时间与空间建模的次序，例如文献 [193] 提出了一种时空序列表征的统一框架 AutoST，利用网络架构搜索技术，自动根据当前任务损失函数的反馈，调整时空建模单元的组合顺序，自适应地针对当前任务搜索出最佳的时空模型，在多个交通流量预测任务上表现出良好的效果。文献 [194] 提出了一种动态时空 GCNN 来持续跟踪交通数据之间的空间依赖关系的变化，提出利用动态拉普拉斯矩阵估计器来发现拉普拉斯矩阵的变化，同时将实时交通数据分解为稳定且依赖于长期时空交通关系的全局组件和捕获交通波动的局部组件，进而做出精准的预测。

4.4.2 事故风险预测

随着城市化和公共交通系统的快速发展，近几十年来，全球交通事故数量显著增加，成为人类社会的一个大问题。面对这些可能发生的交通事故，了解其原因和对一些可能发生的交通事故的早期预警将对规划有效的交通管理起到至关重要的作用。然而，由于缺乏传感数据的支持，在交通事故风险预测方面的研究非常有限。该方向的研究通常以数据收集与分析为主要研究方法。

文献 [195] 使用从美国纽约市曼哈顿区收集的数据来预测纽约市全市事故发生的风险，其收集了以下多个数据集：碰撞数据、大规模出租车 GPS 数据、道路网络属性、土地利用特征、人口数据和天气数据，提出了一种时空卷积长短期记忆网络（STCL-Net）

来预测城市短期碰撞风险。文献［196］通过收集大数据和异构数据（7个月的交通事故数据和160万用户的GPS记录）来了解人类移动性对交通事故风险的影响，文中通过对这些数据的挖掘，开发了一种堆栈去噪自编码器的深度模型来学习人类移动性的层次特征表示，并利用这些特征对交通事故风险等级进行有效预测。文献［197］收集了大量交通事故数据，建立了基于递归神经网络的交通事故风险深度预测模型，在对交通事故大数据进行定量分析的基础上，引入交通事故的重要特征——时空相关性，构建了基于时空相关性特征的交通事故风险预测的高精度深度学习模型。文献［198］从美国艾奥瓦州2006年至2013年间的大数据集中提取了天气、环境、道路状况和交通流量等详细特征，提出Hetero-ConvLSTM框架来解决数据的空间异质性挑战，其在基本ConvLSTM模型的基础上纳入了空间图特征和空间模型集成方法。

5 发展趋势与展望

时序大数据的发展得益于数据分析和人工智能技术的突破，随着数据分析和人工智能技术的不断进步，人们能够更好地利用时序大数据来揭示隐藏在数据背后的规律和模式。时间序列建模作为数据分析和预测的重要工具，在各个领域中扮演着关键角色。回顾当前状态，可以看到时间序列建模已经取得了令人瞩目的成就，并在工业、教育、交通、医疗等领域展示了广泛的应用。然而，随着技术的不断进步和数据的快速增长，时间序列建模也面临着新的挑战和机遇。

5.1 时序大数据管理

1）基于设备定义的持续演变模式：与预定义模式的传统数据库不同，在物联网场景中，时序数据的模式是由设备中的传感器定义的。在设备维护或升级过程中，传感器经常被移除、替换或增加，导致模式发生变化。因此需要一个足够灵活的数据模型来捕捉这种不断演变的模式。

2）周期性数据采集：机器生成的传感器数据通常按照预设的频率周期性地进行采集。虽然时序数据的时间间隔应该是规律的，但由于数据总线拥塞或网络延迟等原因，可能会存在小的变化。更糟糕的是，那些与前一次数据值相同的数据可能会被省略以节省能量。数据编码应能够处理这种变化以实现高效的存储。

3）强相关序列数据：值得注意的是，多个传感器（例如设备的同一模块中的传感器）可能同时采集数据。除了具有相同的时间戳，它们的数值可能也存在相关性。因此，存储方案应该充分利用数据压缩中的这些机会。

4）数据到达的延迟各异性：尽管大多数数据点按时间顺序到达，但也有一些可能会因某些原因出现严重的延迟，例如网络延迟或数据损坏等原因。延迟的时间可能各不相同，从几秒到数天不等。该问题在时序数据中是独有的，且严重阻碍了按时间顺序进行的存储。

5）高并发数据摄取：高并发在物联网场景中非常普遍，从边缘设备到集群均有。例如，每个风力发电机都有500多个传感器同时生成数据。数据库需要摄入一个风电场中100~200台风力发电机的数据，而云集群总共管理着20 000多台风力发电机。高并发的数据不仅使数据库摄入变得具有挑战性，而且还涉及集群节点之间的复制问题。

5.2 时序数据预训练

在实际生活中，由于数据标注成本高昂，构建一个大规模且标记良好的数据集是困难的。最近，预训练模型在时间序列领域逐渐引起了关注，因为它们在计算机视觉和自然语言处理方面具有显著的性能。与传统的从头开始训练模型不同，预训练模型通过在庞大的数据集上进行初始训练，学习到一种通用的时间序列表示。这种通用表示具有较强的泛化能力，可以用于各种时间序列任务，如时间序列分类、预测和异常检测等。Chowdhury[199] 等人使用未标记的不规则时序数据建立预训练模型，并在标记数据有限的情况下对下游任务进行微调。Shao[200] 等人设计了一个预训练模型，从长期的历史时间序列中学习时间模式，以此来解决时空建模复杂性的限制。时序数据预训练的未来发展方向涵盖但不限于以下几个方面。

1）多模态时序数据预训练模型：将时序数据与其他模态数据（如图像、语音等）进行融合，利用多模态信息进行更全面和准确的时序建模和预测，将进一步提高时序数据预训练模型的性能和应用范围。

2）长期依赖建模预训练模型：时序数据中存在着长期依赖关系，传统的预训练模型往往难以捕捉到这种长期依赖。未来的发展方向是在预训练阶段设计更有效的模型结构来捕捉和利用长期依赖关系，提高时序数据的建模能力。

3）不确定性建模预训练模型：时序数据中往往存在着不确定性，例如噪声、缺失数据等。未来可能的发展方向是研究如何在时序预训练中建模和处理这种不确定性，以提高模型的鲁棒性和可靠性。

通过在大规模数据上进行预训练，模型可以从数据中学习到更丰富、更具表征性的时间序列表征，从而提高模型的泛化能力和性能。此外，预训练模型还可以减少对大量标记数据的需求，从而降低数据标注的成本和工作量。将预训练模型与时序数据的特定任务结合，可为时序数据的分析提供更强大和高效的性能，因此，该方向被认为是前景广阔的研究方向，有望在未来的研究中做出重要的贡献。

5.3 时序数据的泛化

机器学习模型的泛化性能研究一直处于机器学习研究领域的核心地位，其中时序数据的泛化是一个有前景但极具挑战性的领域，其目标是在随时间变化的数据分布下学习模型，并能够按照变化趋势推广到未见过的数据分布。例如Tobin等人[201] 通过对输入数据进行增强，生成多样化的样本以帮助泛化。Li 等人[202] 将特征解耦为领域共享部分和领域特定部分，以实现更好的泛化。机器学习研究领域的发展受到以下挑战的影响：①表征数据分布漂移及其对模型的影响；②模型在动态方面的表达能力，以及对性能的理论保证。

目前，对时序数据泛化性能的研究主要集中在以下几个方向。

1）鲁棒性改进：时序数据的泛化模型在面对噪声、异常值和缺失数据等挑战时需要更强的鲁棒性。未来的研究将集中于开发鲁棒性的泛化方法，使模型能够更好地适应各种数据质量问题。

2）动态模型适应：由于时序数据的分布随时间变化，模型需要具备动态适应性，能够自适应地捕捉数据分布的变化。未来的研究将关注如何建立能够动态学习和调整的模型，以适应数据分布的变化。

3）可解释性泛化：在许多应用场景中，时序数据模型的可解释性至关重要。可解释性泛化的研究旨在开发能够提供对模型预测解释和理解的方法与技术。未来的发展方向包括设计可解释的模型结构、提出有效的解释生成和可视化方法，以及研究如何在模型预测与解释之间实现平衡，以提高模型的可解释性和泛化性能。

5.4 时序数据的因果学习

时序数据的因果学习是指通过分析时序数据中的因果关系，推断出事件或变量之间的因果关系和影响。多元时间序列的因果关系分析是数据挖掘领域的研究热点。时序数据包含着与时间动态有关的、未知的、有价值的信息，挖掘出这些信息进而对时间序列的未来趋势进行预测或干预，具有重要的现实意义。Wang 等人[203] 根据定向信息建立因果分析模型并应用于功能性磁共振成像数据分析，很好地反映出了非线性因果关系。当前因果分析方法主要面向非线性、多变量、非平稳系统，对于今后的研究工作，可以从以下几个方向展开。

1）非线性因果关系的建模：时序数据中的因果关系往往是非线性和动态的，传统的线性因果推断方法可能无法准确地捕捉这些关系。未来的研究可基于非线性相关性指标建立因果关系模型，如互信息等。根据非线性状态空间重构理论，应用状态空间模型建立因果关系，可能涉及非线性回归模型、深度学习模型和时空动力系统建模等方法的结合。

2）多源数据的因果分析：时序数据通常涉及多个变量和多个数据源的交互作用。未来的发展可以引入条件变量，从条件概率的角度建立多变量因果关系指标。目前大部分研究成果集中于二维或多维变量的因果分析，对于高维或超高维时间序列的因果分析缺少有效的处理手段。借助稀疏化建模等技术手段，展开对海量数据的因果分析，是未来的重点研究内容之一。

3）非平稳时间序列的因果分析：分析时可以考虑对时间序列本身进行处理以实现平稳化，如差分方法、符号化等，然后对平稳化的时间序列进行因果分析；或者建立时变的回归模型，实现非平稳时间序列的因果分析，如时变广义部分有向相干方法。建立时变的回归模型对非平稳时间序列进行因果分析是未来的一个有希望的研究方向。

5.5 时序数据的可解释性

时序数据的可解释性是指通过解释模型的预测结果和模型内部的决策过程，使人们能够理解模型如何对时序数据进行分析和预测。随着深度学习模型在各个领域应用的增加，可靠的模型解释变得至关重要。与理解模型的预测性能相对应的是，衡量和理解解释性方法的性能是具有挑战性的，因为在这种比较中没有可用的真实标准。在当前的研究中，时序数据的可解释性已经引起了广泛的关注，例如 Chen 等人[204] 将解释性问题建模为时间维度上的分割问题，并利用之前专注于分析两组数据差异的研究作为模型的基础或构建块。Hu 等人[205] 尝试捕捉时序状态随时间的动态变化信息，将相邻两时序段之间的状态变化用图结构进行表示，并将整体时序的演变转化为动态图的变化，形成一种可推理、可解释的方法用于时序建模与分析。时序数据的可解释性研究的未来发展趋势和研究方向包括但不限于以下几个方面。

1）模型解释性增强：未来的研究将致力于开发更强大和可解释的模型，以提高对时序数据的解释能力。这包括设计更有效的神经网络架构、改进解释性方法和技术，以及探索新的建模方法，使模型能够更好地解释时间相关性。

2）多尺度解释性：时序数据通常包含多个时间尺度的信息，这些尺度跨越了从微观到宏观的不同层次。未来的研究将致力于开发多尺度的解释性方法，以便从不同的时间尺度上理解和解释时序数据，这将有助于揭示数据的多层次结构和动态变化。

3）增强解释性方法的鲁棒性：时序数据中常常存在噪声、缺失值和异常值等问题，这可能对解释性方法的性能和稳定性产生影响。未来的研究将致力于提高解释性方法的鲁棒性，使其能够处理复杂的数据情况，并在有噪声和异常值的情况下仍然提供准确和可靠的解释结果。

5.6 时间序列的固有属性挖掘

近年来，时间序列的表示学习引起了广泛关注。现有研究探索时间序列的固有属性用于表示学习，例如使用卷积神经网络捕捉多尺度依赖关系，使用循环神经网络建模时间依赖关系，以及用 Transformer 模型建模长期时间依赖关系。此外，最近的对比学习研究探索了时间序列的上下文依赖性和频域（或季节趋势[206]）信息。例如图 11 所示为将航空公司乘客数据集分解为趋势、季节和残差项。

由于时间序列的固有属性，将应用于图像数据的预训练技术直接转移到时间序列上是困难的。与自然语言处理相比，时间序列的预训练模型难以学习通用的时间序列表示，因为缺乏大规模统一的语义序列数据集。例如，文本序列数据集中的每个单词在不同句子中具有高概率的类似语义。因此，模型学习的单词嵌入可以在不同的文本序列数据场景中转移知识。然而，时序数据集难以获得具有一致语义的子序列（对应于文本序列中

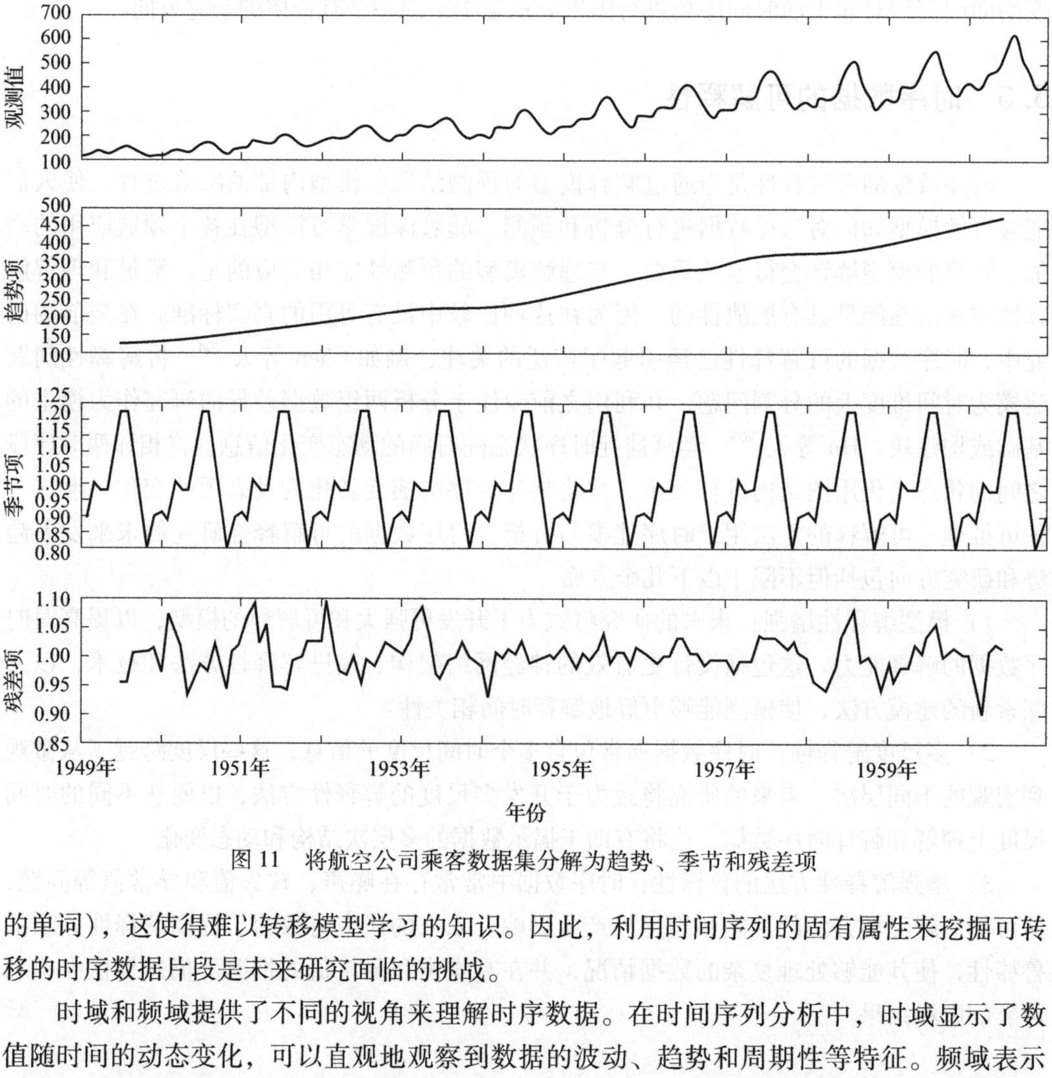

图 11 将航空公司乘客数据集分解为趋势、季节和残差项

的单词)，这使得难以转移模型学习的知识。因此，利用时间序列的固有属性来挖掘可转移的时序数据片段是未来研究面临的挑战。

时域和频域提供了不同的视角来理解时序数据。在时间序列分析中，时域显示了数值随时间的动态变化，可以直观地观察到数据的波动、趋势和周期性等特征。频域表示则是一种将时序数据转换为频率成分的表示方式，展示了数据在不同频率上的能量分布情况，揭示了数据中不同频率成分的存在和相对强度。明确考虑频域可以更深入地理解时间序列的行为，这在纯粹的时域中往往很难捕捉到。通过综合分析时域和频域的信息，可以更全面地理解时序数据的特性。傅里叶变换用于将一个函数从时域（或空域）转换到频域，但其只使用周期性成分，不能准确模拟信号的非周期性方面，如线性趋势。图 12 所示为将时间序列分解为时域和频域表示。此外，根据不确定性原理[207]，设计一个单一结构的模型来同时捕捉时域和频域模式是很困难的。

因此在未来，一个可能的方向是利用时域和频域学习的相应特点来提高时间序列分析的准确性和效率。目前已有少量工作尝试在时域和频域上学习表征，例如 CoST[206] 在时域学习趋势表示，在频域学习季节性表示。时域和频域提供了不同的视角来

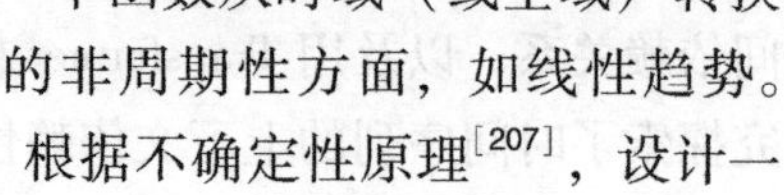

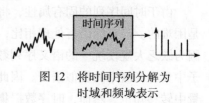

图 12 将时间序列分解为时域和频域表示

分析时序数据，通过综合利用时域和频域表征，可以获得更全面、更丰富的数据特征，并从不同的角度和层次理解数据，从而更好地支持数据分析和决策。随着数据规模的增大和数据源的增加，时序分析任务中将面临更加复杂和高维的数据。时域-频域表征学习方法可以将复杂的数据转化为更具解释性和可分析性的形式，从而便于更好地理解数据的内在结构和模式。因而未来需要更多的时域-频域表征学习方法，以融合时域和频域信息，捕捉动态特性和周期性，揭示序列的非线性动态，提高时间序列的建模和分析能力，以此来应对日益复杂的数据挑战。

此外，目前基于傅里叶变换的时序数据增强方法在时频域仅有少量的研究。小波变换及其变种，包括连续小波变换和离散小波变换，是另一类适应性时频域分析方法，用于表征时间序列的时变特性，它们可以更有效和稳健地处理非平稳时间序列和非高斯噪声。在深度神经网络中，探索如何利用不同的小波变换进行有效的基于时频域的时序数据增强是一个未来可能的研究方向。

参考文献

[1] WANG C, HUANG X, QIAO J, et al. Apache iotdb: time-series database for internet of things[J]. Proceedings of the VLDB Endowment, 2020, 13(12): 2901-2904.

[2] InfluxData. The power of influxDB 3.0[EB/OL]. [2023-07-15]. https://www.influxdata.com/time-series-platform/influxdb/.

[3] TimescaleDB[EB/OL]. [2023-07-15]. https://www.timescale.com/.

[4] KAIROSDB[EB/OL]. [2023-07-15]. https://kairosdb.github.io/.

[5] SIGOURE B. OpenTSDB: The distributed, scalable time series database[C]// Proceedings of the OSCON. Portland: [s.n.], 2010, 11: 94.

[6] PELKONEN T, FRANKLIN S, TELLER J, et al. Gorilla: A fast, scalable, in-memory time series database[J]. Proceedings of the VLDB Endowment, 2015, 8(12): 1816-1827.

[7] TELLER J. Beringei: A high-performance time series storage engine[EB/OL]. [2023-07-15]. https://engineering.fb.com/2017/02/03/core-infra/beringei-a-high-performance-time-series-storage-engine/.

[8] ADAMS C, ALONSO L, ATKIN B, et al. Monarch: Google's planet-scale in-memory time series database[J]. Proceedings of the VLDB Endowment, 2020, 13(12): 3181-3194.

[9] JENSEN S K, PEDERSEN T B, THOMSEN C. Modelardb: modular model-based time series management with spark and cassandra[J]. Proceedings of the VLDB Endowment, 2018, 11(11): 1688-1701.

[10] LIN C, BOURSIER E, PAPAKONSTANTI-NOU Y. Approximate analytics system over compressed time series with tight deterministic error guarantees[J]. Proceedings of the VLDB Endowment, 2020, 13(7): 1105-1118.

[11] STONEBRAKER M, ABADI D J, BATKIN A, et al. C-store: a column-oriented DBMS[M]//BRODIE M L. Making Databases Work: the Pragmatic Wisdom of Michael Stonebraker. Williston: Morgan & Claypool, 2018: 491-518.

[12] Apache Parquet[EB/OL]. [2023-07-15]. https://parquet.apache.org/.

[13] WANG C, HUANG X, QIAO J, et al. Apache iotdb: time-series database for internet of things[J].

Proceedings of the VLDB Endowment, 2020, 13(12): 2901-2904.

[14] WANG Z, XUE J, SHAO Z. Heracles: an efficient storage model and data flushing for performance monitoring timeseries[J]. Proceedings of the VLDB Endowment, 2021, 14(6): 1080-1092.

[15] FANG C, SONG S, GUAN H, et al. Grouping time series for efficient columnar storage[C]// Proceedings of the ACM on Management of Data. New York: ACM, 2023, 1(1): 1-26.

[16] YU X, PENG Y, LI F, et al. Two-level data compression using machine learning in time series database[C]// IEEE International Conference on Data Engineering. Dallas: IEEE, 2020: 1333-1344.

[17] LIAKOS P, PAPAKONSTANTINOPOULOU K, KOTIDIS Y. Chimp: efficient lossless floating point compression for time series databases[J]. Proceedings of the VLDB Endowment, 15(11): 3058-3070.

[18] XIAO J, HUANG Y, HU C, et al. Time series data encoding for efficient storage: a comparative analysis in Apache IoTDB[J]. Proceedings of the VLDB Endowment, 2022, 15(10): 2148-2160.

[19] WANG H, SONG S. Frequency domain data encoding in apache IoTDB[J]. Proceedings of the VLDB Endowment, 2022, 16(2): 282-290.

[20] JI Y, ZHOU H, JERZAK Z, et al. Quality-driven continuous query execution over out-of-order data streams[C]// Proceedings of the 2015 ACM SIGMOD International Conference on Management of Data. Melbourne: ACM, 2015: 889-894.

[21] CAO W, GAO Y, LI F, et al. Timon: a timestamped event database for efficient telemetry data processing and analytics[C]// Proceedings of the 2020 ACM SIGMOD International Conference on Management of Data. Portland: ACM, 2020: 739-753.

[22] CHANDRAMOULI B, GOLDSTEIN J. Patience is a virtue: revisiting merge and sort on modern processors[C]// Proceedings of the 2014 ACM SIGMOD International Conference on Management of Data. Snowbird: ACM, 2014: 731-742.

[23] CHANDRAMOULI B, GOLDSTEIN J, LI Y. Impatience is a virtue: revisiting disorder in high-performance log analytics[C]// IEEE International Conference on Data Engineering. Paris: IEEE, 2018: 677-688.

[24] KANG Y, HUANG X, SONG S, et al. Separation or not: on handing out-of-order time-series data in leveled lsm-tree[C]// IEEE International Conference on Data Engineering. Kuala Lumpur: IEEE, 2022: 3340-3352.

[25] ZHANG X J, ZHANG H Y, SONG S X, et al. Backward-sort for time series in apache IoTDB[C]// IEEE International Conference on Data Engineering. Anaheim: IEEE, 2023: 3196-3208.

[26] JIANG T, HUANG X D, SONG S X, et al. Non-blocking raft for high throughput IoT data[C]// IEEE International Conference on Data Engineering. Anaheim: IEEE, 2023: 1140-1152.

[27] WANG Z, LI T, WANG H, et al. CRaft: an erasure-coding-supported version of raft for reducing storage cost and network cost[C]//18th USENIX Conference on File and Storage Technologies. Santa Clara: USENIX, 2020: 297-308.

[28] WANG R, ZHANG L, Xu Q, et al. K-bucket based Raft-like consensus algorithm for permissioned blockchain[C]//2019 IEEE 25th International Conference on Parallel and Distributed Systems. Tianjin: IEEE, 2019: 996-999.

[29] PÂRIS J F, LONG D D E. Pirogue, a lighter dynamic version of the Raft distributed consensus algorithm[C]//2015 IEEE 34th International Performance Computing and Communications Conference. Nanjing: IEEE, 2015: 1-8.

[30] SUN Y, ZHENG Z, SONG S, et al. Confidence bounded replica currency estimation[C]// Proceedings

of the 2022 International Conference on Management of Data. Philadelphia: ACM, 2022: 730-743.

[31] 赵东明，邱圆辉，康瑞，等. 面向聚合查询的 Apache IoTDB 物理元数据管理[J]. 软件学报，2023，34(3): 1027-1048.

[32] CHEN Z, SONG S, WEI Z, et al. Approximating median absolute deviation with bounded error[J]. Proceedings of the VLDB Endowment, 2021, 14(11): 2114-2126.

[33] SU Y X, MA W X, SONG S X. Learning autoregressive model in LSM-Tree based store[C]// ACM SIGKDD Conference on Knowledge Discovery and Data Mining. Long Beach: ACM, 2023: 2061-2071.

[34] EICH M, FENDER P, MOERKOTTE G. Efficient generation of query plans containing group-by, join, and groupjoin[J]. The VLDB Journal, 2018, 27: 617-641.

[35] LIANG X, SINTOS S, SHANG Z, et al. Combining aggregation and sampling (nearly) optimally for approximate query processing[C]// Proceedings of the 2021 ACM SIGMOD International Conference on Management of Data. New York: ACM, 2021: 1129-1141.

[36] FANG C, SONG S, MEI Y, et al. On aligning tuples for regression[C]// Proceedings of the 28th ACM SIGKDD Conference on Knowledge Discovery and Data Mining. Washington: ACM, 2022: 336-346.

[37] DIGNÖS A, BÖHLEN M H, GAMPER J. Temporal alignment[C]// Proceedings of the 2012 ACM SIGMOD International Conference on Management of Data. Scottsdale: ACM, 2012: 433-444.

[38] VLACHOS M, KOLLIOS G, GUNOPULOS D. Discovering similar multidimensional trajectories[C]// Proceedings 18th international conference on data engineering. San Jose: IEEE, 2002: 673-684.

[39] TANG L, LI T, SHWARTZ L. Discovering lag intervals for temporal dependencies[C]// Proceedings of the 18th ACM SIGKDD international conference on Knowledge discovery and data mining. New York: ACM, 2012: 633-641.

[40] FAN W, LI J, MA S, et al. Towards certain fixes with editing rules and master data[J]. Proceedings of the VLDB Endowment, 2010, 3(1-2): 173-184.

[41] LEPOT M, AUBIN J B, CLEMENS F H L R. Interpolation in time series: an introductive overview of existing methods, their performance criteria and uncertainty assessment[J]. Water, 2017, 9(10): 796.

[42] 李盼盼，宋韶旭，王建民. 时间序列对称模式挖掘[J]. 软件学报，2022，33(3): 968-984.

[43] SALVADOR S, CHAN P. Toward accurate dynamic time warping in linear time and space[J]. Intelligent Data Analysis, 2007, 11(5): 561-580.

[44] SAKURAI Y, FALOUTSOS C, YAMAMURO M. Stream monitoring under the time warping distance[C] //2007 IEEE 23rd International Conference on Data Engineering. Istanbul: IEEE, 2006: 1046-1055.

[45] RAKTHANMANON T, CAMPANA B, MUEEN A, et al. Searching and mining trillions of time series subsequences under dynamic time warping[C]// Proceedings of the 18th ACM SIGKDD international conference on Knowledge discovery and data mining. Beijing: ACM, 2012: 262-270.

[46] DING H, TRAJCEVSKI G, SCHEUERMANN P, et al. Querying and mining of time series data: experimental comparison of representations and distance measures[J]. Proceedings of the VLDB Endowment, 2008, 1(2): 1542-1552.

[47] SUN Y, SONG S, WANG C, et al. Swapping repair for misplaced attribute values[C]//2020 IEEE 36th International Conference on Data Engineering. Dallas: IEEE, 2020: 721-732.

[48] MEI Y, SONG S, LEE Y, et al. Representing temporal attributes for schema matching[C]// Proceedings of the 26th ACM SIGKDD International Conference on Knowledge Discovery & Data Mining. New York: IEEE, 2020: 709-719.

[49] ZHU X, SONG S, LIAN X, et al. Matching heterogeneous event data[C]// Proceedings of the 2014

ACM SIGMOD International Conference on Management of Data. New York: ACM, 2014: 1211-1222.
[50] GAO Y, SONG S, ZHU X, et al. Matching heterogeneous event data[J]. IEEE Transactions on Knowledge and Data Engineering, 2018, 30(11): 2157-2170.
[51] SONG S, GAO Y, WANG C, et al. Matching heterogeneous events with patterns[J]. IEEE Transactions on Knowledge and Data Engineering, 2017, 29(8): 1695-1708.
[52] SONG S, ZHANG A. IoT data quality[C]// Proceedings of the 29th ACM International Conference on Information & Knowledge Management. New York: ACM, 2020: 3517-3518.
[53] QIU Y H, FANG C G, SONG S X, et al. TsQuality: measuring time series data quality in apache IoTDB[J]. Proceedings of the VLDB Endowment, 2023: 3982-3985.
[54] FANG C, SONG S, MEI Y. On repairing timestamps for regular interval time series[J]. Proceedings of the VLDB Endowment, 2022, 15(9): 1848-1860.
[55] SU Y, GONG Y, SONG S. Time series data validity[C]// Proceedings of the ACM on Management of Data. Seattle: ACM, 2023, 1(1): 1-26.
[56] DING X, WANG H, SU J, et al. Cleanits: a data cleaning system for industrial time series[J]. Proceedings of the VLDB Endowment, 2019, 12(12): 1786-1789.
[57] SONG S, ZHANG A, WANG J, et al. SCREEN: stream data cleaning under speed constraints[C]// Proceedings of the 2015 ACM SIGMOD International Conference on Management of Data. Melbourne: ACM, 2015: 827-841.
[58] 高菲，宋韶旭，王建民. 多区间速度约束下的时序数据清洗方法[J]. 软件学报, 2021, 32(3): 689-711.
[59] SONG S, GAO F, ZHANG A, et al. Stream data cleaning under speed and acceleration constraints[J]. ACM Transactions on Database Systems, 2021, 46(3): 1-44.
[60] ZHANG A, SONG S, WANG J. Sequential data cleaning: a statistical approach[C]// Proceedings of the 2016 International Conference on Management of Data. San Francisco: ACM, 2016: 909-924.
[61] WANG H, ZHANG A, SONG S, et al. Streaming data cleaning based on speed change[J]. The VLDB Journal, 2023: 1-24.
[62] ZHANG A, SONG S, WANG J, et al. Time series data cleaning: from anomaly detection to anomaly repairing[J]. Proceedings of the VLDB Endowment, 2017, 10(10): 1046-1057.
[63] SIMS C A. Comparison of interwar and postwar business cycles: monetarism reconsidered[J]. The American Economic Review, 1980, 70(2): 250-257.
[64] GRANVILLE J E. A strategy of daily stock market timing for maximum profit[M]. Englewood Cliffs: Prentice-Hall, 1960.
[65] RAMACHANDRAN R, BHETHANABOTLA V N. Generalized autoregressive moving average modeling of the bellcore data[C]// Proceedings 25th Annual IEEE Conference on Local Computer Networks. Tampa: IEEE, 2000: 654-661.
[66] BOX G E P, JENKINS G M, REINSEL G C, et al. Time series analysis: forecasting and control[M]. Hoboken: John Wiley & Sons, 1994.
[67] TONG H, LIM K S. Threshold autoregression, limit cycles and cyclical data[J]. Journal of the royal statistical society Series B: methodological, 1980, 42(3): 245-268.
[68] SIMS C A. Are forecasting models usable for policy analysis? [J]. Federal Reserve Bank of Minneapolis, 1986, 10(1): 2-16.
[69] ENGLE R F. Autoregressive conditional heteroscedasticity with estimates of the variance of United

Kingdom inflation[J]. Econometrica: Journal of the econometric society, 1982: 987-1007.

[70] CHEN R, LIANG C Y, HONG W C, et al. Forecasting holiday daily tourist flow based on seasonal support vector regression with adaptive genetic algorithm[J]. Applied Soft Computing, 2015, 26: 435-443.

[71] JOHANSSON U, BOSTRÖM H, LÖFSTRÖM T, et al. Regression conformal prediction with random forests[J]. Machine Learning, 2014, 97(1-2): 155-176.

[72] LI W, CAO J, GUAN J, et al. A general framework for unmet demand prediction in on-demand transport services[J]. IEEE Transactions on Intelligent Transportation Systems, 2018, 20(8): 2820-2830.

[73] GUAN J, WANG W, LI W, et al. A unified framework for predicting kpis of on-demand transport services[J]. IEEE access, 2018, 6: 32005-32014.

[74] HASSAN M R. A Combination of hidden markov model and fuzzy model for stock market forecasting[J]. Neurocomputing, 2009, 72(16-18): 3439-3446.

[75] LI J, WU B, SUN X, et al. Causal hidden markov model for time series disease forecasting[C]// Proceedings of the IEEE/CVF Conference on Computer Vision and Pattern Recognition. Nashville: IEEE, 2021: 12105-12114.

[76] RABINER L R. A tutorial on hidden Markov models and selected applications in speech recognition[J]. Proceedings of the IEEE, 1989, 77(2): 257-286.

[77] GALES M, YOUNG S. The application of hidden Markov models in speech recognition[J]. Foundations and Trends in Signal Processing, 2008, 1(3): 195-304.

[78] TOKUDA K, NANKAKU Y, TODA T, et al. Speech synthesis based on hidden Markov models[J]. Proceedings of the IEEE, 2013, 101(5): 1234-1252.

[79] GRUDNITSKI G, OSBURN L. Forecasting S&P and gold futures prices: an application of neural networks[J]. Journal of Futures Markets, 1993, 13(6): 631-643.

[80] HOCHREITER S, SCHMIDHUBER J. Long short-term memory[J]. Neural Computation, 1997, 9(8): 1735-1780.

[81] WANG Z, YAN W, OATES T. Time series classification from scratch with deep neural networks: A strong baseline[C]//2017 International joint conference on neural networks. Anchorage: IEEE, 2017: 1578-1585.

[82] ZHOU B, KHOSLA A, LAPEDRIZA A, et al. Learning deep features for discriminative localization[C]// Proceedings of the IEEE conference on computer vision and pattern recognition. Las Vegas: IEEE, 2016: 2921-2929.

[83] SERRÀ J, PASCUAL S, KARATZOGLOU A. Artificial intelligence research and development[M]. Amsterdam: IOS Press, 2018: 120-129.

[84] CUI Z, CHEN W, CHEN Y. Multi-Scale convolutional neural networks for time series classification [EB/OL]. [2016-05-11]. https://arxiv.org/abs/1603.06995.

[85] LE GUENNEC A, MALINOWSKI S, TAVENARD R. Data augmentation for time series classification using convolutional neural networks[C]// ECML/PKDD workshop on advanced analytics and learning on temporal data. Porto: Springer, 2016.

[86] ZHENG Y, LIU Q, CHEN E, et al. Exploiting multi-channels deep convolutional neural networks for multivariate time series classification[J]. Frontiers of Computer Science, 2016, 10(1): 96-112.

[87] ZHAO B, LU H, CHEN S, et al. Convolutional neural networks for time series classification[J]. Journal of Systems Engineering and Electronics, 2017, 28(1): 162-169.

[88] TANISARO P, HEIDEMANN G. Time series classification using time warping invariant echo state

networks[C]//2016 15th IEEE International Conference on Machine Learning and Applications. Anaheim: IEEE, 2016: 831-836.

[89] SHI X, QI H, SHEN Y, et al. A spatial-temporal attention approach for traffic prediction[J]. IEEE Transactions on Intelligent Transportation Systems, 2020, 22(8): 4909-4918.

[90] WANG D, ZHANG J, CAO W, et al. When will you arrive? estimating travel time based on deep neural networks[C]// Proceedings of the AAAI Conference on Artificial Intelligence. New Orleans: AAAI, 2018, 18: 1-8.

[91] ZHANG J, ZHENG Y, QI D. Deep spatio-temporal residual networks for citywide crowd flows prediction[C]// Proceedings of the Thirty-First AAAI Conference on Artificial Intelligence. San Francisco: AAAI, 2017: 1655-1661.

[92] ZHANG J, ZHENG Y, SUN J, et al. Flow prediction in spatio-temporal networks based on multitask deep learning[J]. IEEE Transactions on Knowledge and Data Engineering, 2019, 32(3): 468-478.

[93] ZHANG J, ZHENG Y, QI D, et al. DNN-based prediction model for spatio-temporal data[C]// Proceedings of the 24th ACM SIGSPATIAL International Conference on Advances in Geographic Information Systems. Burlingame: ACM, 2016: 1-4.

[94] BRUNA J, ZAREMBA W, SZLAM A, et al. Spectral networks and locally connected networks on graphs[EB/OL]. [2014-05-21]. https://arxiv.org/abs/1312.6203.

[95] DEFFERRARD M, BRESSON X, Vandergheynst P. Convolutional neural networks on graphs with fast localized spectral filtering[C]// Advances in neural information processing systems. Barcelona: ACM, 2016: 3844-3852.

[96] KIPF T N, WELLING M. Semi-supervised classification with graph convolutional networks[EB/OL]. [2017-02-22]. https://arxiv.org/abs/1609.02907.

[97] YU B, YIN H, ZHU Z. Spatio-temporal graph convolutional networks: a deep learning framework for traffic forecasting[C]// Proceedings of the 27th International Joint Conference on Artificial Intelligence. Stockholm: ACM, 2018: 3634-3640.

[98] GENG X, LI Y, WANG L, et al. Spatiotemporal multi-graph convolution network for ride-hailing demand forecasting[C]// Proceedings of the AAAI Conference on Artificial Intelligence. Honolulu: AAAI, 2019, 33: 3656-3663.

[99] LI Y, YU R, SHAHABI C, et al. Diffusion convolutional recurrent neural network: data-driven traffic forecasting[C]// International Conference on Learning Representations. Vancouver: ICLR, 2018: 1-16.

[100] CHEN C, LI K, TEO S G, et al. Gated residual recurrent graph neural networks for traffic prediction[C]// Proceedings of the AAAI Conference on Artificial Intelligence. Honolulu: AAAI, 2019, 33: 485-492.

[101] WU Z, PAN S, LONG G, et al. Graph wavenet for deep spatial-temporal graph modeling[C]// Proceedings of the 28th International Joint Conference on Artificial Intelligence. Honolulu: AAAI, 2019: 1907-1913.

[102] SONG C, LIN Y, GUO S, et al. Spatial-temporal synchronous graph convolutional networks: a new framework for spatial-temporal network data forecasting[C]// Proceedings of the AAAI Conference on Artificial Intelligence. New York: AAAI, 2020, 34(01): 914-921.

[103] BAHDANAU D, CHO K, BENGIO Y. Neural machine translation by jointly learning to align and translate[C]//3rd International Conference on Learning Representations. San Diego: ICLR, 2015: 1-15.

[104] ZHANG J, SHI X, XIE J, et al. Gaan: gated attention networks for learning on large and spatiotemporal

graphs[EB/OL]. [2018-03-20]. https://arxiv.org/abs/1803.07294.

[105] GUO S, LIN Y, FENG N, et al. Attention based spatial-temporal graph convolutional networks for traffic flow forecasting[C]// Proceedings of the AAAI Conference on Artificial Intelligence. Honolulu: AAAI, 2019, 33: 922-929.

[106] ZHENG C, FAN X, WANG C, et al. Gman: a graph multi-attention network for traffic prediction[C]// Proceedings of the AAAI Conference on Artificial Intelligence. New York: AAAI, 2020, 34(01): 1234-1241.

[107] CHO K, VAN MERRIENBOER B, BAHDANAU D, et al. On the properties of neural machine translation: encoder-decoder approaches[C]// Workshop on Syntax, Semantics and Structure in Statistical Translation. Doha: Association for Computational Linguistics, 2014: 103-111.

[108] SUTSKEVER I, VINYALS O, LE Q V. Sequence to sequence learning with neural networks[C]// Advances in Neural Information Processing Systems. Quebec: ACM, 2014: 3104-3112.

[109] YU R, ZHENG S, ANANDKUMAR A, et al. Long-term forecasting using higher order tensor RNNs[EB/OL]. [2019-08-24]. https://arxiv.org/abs/1711.00073.

[110] QIN Y, SONG D, CHEN H, et al. A dual-stage attention-based recurrent neural network for time series prediction[C]// International Joint Conferences on Artificial Intelligence. Melbourne: ACM, 2017: 2627-2633.

[111] WEN R, TORKKOLA K, NARAYANASWAMY B, et al. A multi-horizon quantile recurrent forecaster[EB/OL]. [2018-06-28]. https://arxiv.org/abs/1711.11053.

[112] FLUNKERT V, SALINAS D, GASTHAUS J. DeepAR: probabilistic forecasting with autoregressive recurrent networks[EB/OL]. [2019-02-22]. https://arxiv.org/abs/1704.04110.

[113] MUKHERJEE S. ARMDN: associative and recurrent mixture density networks for eRetail demand forecasting[EB/OL]. [2018-03-16]. https://arxiv.org/abs/1803.03800.

[114] LIU Y, GONG C, YANG L, et al. DSTP-RNN: a dual-stage two-phase attention-based recurrent neural networks for long-term and multivariate time series prediction[EB/OL]. [2019-04-16]. https://arxiv.org/abs/1904.07464.

[115] AICHER C, FOTI N J, FOX E B. Adaptively truncating backpropagation through time to control gradient bias[EB/OL]. [2019-07-01]. https://arxiv.org/abs/1905.07473.

[116] TRINH T H, DAI A M, LUONG M T, et al. Learning longer-term dependencies in RNNs with auxiliary losses[EB/OL]. [2018-06-13]. https://arxiv.org/abs/1803.00144.

[117] ZILLY J G, SRIVASTAVA R K, KOUTNÍK J, et al. Recurrent highway networks[C]// Proceedings of the 34th International Conference on Machine Learning. Sydney: ACM, 2017: 4189-4198.

[118] CAO Y, XU P. Better long-range dependency by bootstrapping a mutual information regularizer [EB/OL]. [2020-02-23]. https://arxiv.org/abs/1905.11978.

[119] OORD A, DIELEMAN S, ZEN H, et al. Wavenet: a generative model for raw audio[EB/OL]. [2016-09-19]. https://arxiv.org/abs/1609.03499.

[120] BAI S, KOLTER J Z, KOLTUN V. An empirical evaluation of generic convolutional and recurrent networks for sequence modeling[EB/OL]. [2018-04-19]. https://arxiv.org/abs/1803.01271.

[121] BAI S, KOLTER J Z, KOLTUN V, Convolutional sequence modeling revisited[C]//6th International Conference on Learning Representations. Vancouver: ICLR, 2018: 1-20.

[122] STOLLER D, TIAN M, EWERT S, et al. Seq-u-net: a one-dimensional causal u-net for efficient sequence modelling[C]// Proceedings of the Twenty-Ninth International Conference on International

Joint Conferences on Artificial Intelligence. Montreal: IJCAI, 2021: 2893-2900.

[123] BAHDANAU D, CHO K, BENGIO Y. Neural machine translation by jointly learning to align and translate[C]//3rd International Conference on Learning Representations. San Diego: ICLR, 2015: 1-15.

[124] LUONG T, PHAM H, MANNING C. D, et al. Effective approaches to attention-based neural machine translation[C]// Proceedings of the 2015 Conference on Empirical Methods in Natural Language Processing. Lisbon: ACM, 2015: 1412-1421.

[125] VASWANI A, SHAZEER N, PARMAR N, et al. Attention is all you need[C]// Advances in Neural Information Processing Systems. Long Beach: ACM, 2017: 5998-6008.

[126] SONG H, RAJAN D, THIAGARAJAN J J, et al. Attend and diagnose: clinical time series analysis using attention models [C]// Proceedings of the AAAI conference on artificial intelligence. New Orleans: AAAI, 2018, 32(1): 4091-4098.

[127] MA J, SHOU Z, ZAREIAN A, et al. CDSA: cross-dimensional Self-Attention for Multivariate, Geo-tagged Time Series Imputation[EB/OL]. [2019-08-05]. https://arxiv.org/abs/1905.09904.

[128] CHILD R, GRAY S, RADFORD A, et al. Generating long sequences with sparse transformers [EB/OL]. [2019-04-23]. https://arxiv.org/abs/1904.10509.

[129] LI S, JIN X, XUAN Y, et al. Enhancing the locality and breaking the memory bottleneck of transformer on time series forecasting[EB/OL]. [2020-01-03]. https://arxiv.org/abs/1907.00235.

[130] BELTAGY I, PETERS M E, COHAN A. LONGFORMER: The long-document transformer [EB/OL]. [2020-12-02]. https://arxiv.org/abs/2004.05150.

[131] QIU J, MA H, LEVY O, et al. Blockwise self-attention for long document understanding [EB/OL]. [2020-11-01]. https://arxiv.org/abs/1911.02972.

[132] KITAEV N, KAISER L, LEVSKAYA A. Reformer: The efficient transformer[C]// 7th International Conference on Learning Representations. New Orleans: ICLR, 2019.

[133] WANG S, LI B Z, KHABSA M, et al. Linformer: self-attention with linear complexity [EB/OL]. [2020-01-14]. https://arxiv.org/abs/2006.04768.

[134] DAI Z, YANG Z, YANG Y, et al. Transformer-XL: attentive language models beyond a fixed-length context[EB/OL]. [2019-06-02]. https://arxiv.org/abs/1901.02860.

[135] RAE J W, POTAPENKO A, JAYAKUMAR S M, et al. Compressive transformers for long-range sequence modelling[EB/OL]. [2019-11-13]. https://arxiv.org/abs/1911.05507.

[136] ZHOU H, ZHANG S, PENG J, et al. Informer: beyond efficient transformer for long sequence time-series forecasting [C]// Proceedings of the AAAI conference on artificial intelligence. Vancouver: AAAI, 2021, 35(12): 11106-11115.

[137] ZHOU T, MA Z, WEN Q, et al. Fedformer: frequency enhanced decomposed transformer for long-term series forecasting[C]// International Conference on Machine Learning. Baltimore: ACM, 2022: 27268-27286.

[138] WU H, XU J, WANG J, et al. Autoformer: decomposition transformers with auto-correlation for long-term series forecasting[C]// Advances in Neural Information Processing Systems. New York: ACM, 2021, 34: 22419-22430.

[139] LIU S, YU H, LIAO C, et al. Pyraformer: low-complexity pyramidal attention for long-range time series modeling and forecasting[C]// International conference on learning representations. Vienna: ICLR, 2021: 1-20.

[140] HIDASI B, QUADRANA M, KARATZOGLOU A, et al. Parallel recurrent neural network architectures for feature-rich session-based recommendations[C]// Proceedings of the 10th ACM conference on recommender systems. Boston: ACM, 2016: 241-248.

[141] WU C, WU F, QI T, et al. MM-Rec: Multimodal news recommendation[EB/OL]. [2022-03-23]. https://arxiv.org/abs/2104.07407.

[142] WANG J, YUAN F, CHENG M, et al. TransRec: learning transferable recommendation from mixture-of-modality feedback[EB/OL]. [2022-11-03]. https://arxiv.org/abs/2206.06190.

[143] ZHANG T, ZHAO P, LIU Y, et al. Feature-level deeper self-attention network for sequential recommendation[C]// Proceedings of the Twenty-Eighth International Joint Conference on Artificial Intelligence. Macao: ACM, 2019: 4320-4326.

[144] WANG S, WAN W, QU T, et al. Auxiliary information-enhanced recommendations[J]. Applied Sciences, 2021, 11(19): 8830.

[145] SONG K, SUN Q, XU C, et al. Self-supervised multi-modal sequential recommendation[EB/OL]. [2023-04-26]. https://arxiv.org/abs/2304.13277.

[146] CROSSLEY S, PAQUETTE L, DASCALU M, et al. Combining click-stream data with NLP tools to better understand MOOC completion[C]// Proceedings of the sixth international conference on learning analytics & knowledge. Edinburgh: ACM, 2016: 6-14.

[147] JIANG W, PARDOS Z A, WEI Q. Goal-based course recommendation[C]// Proceedings of the 9th international conference on learning analytics & knowledge. Tempe: ACM, 2019: 36-45.

[148] LIU Q, TONG S, LIU C, et al. Exploiting cognitive structure for adaptive learning[C]// Proceedings of the 25th ACM SIGKDD International Conference on Knowledge Discovery & Data Mining. Anchorage: ACM, 2019: 627-635.

[149] HUANG Z, LIU Q, ZHAI C, et al. Exploring multi-objective exercise recommendations in online education systems[C]// Proceedings of the 28th ACM International Conference on Information and Knowledge Management. Beijing: ACM, 2019: 1261-1270.

[150] CORBETT A T, ANDERSON J R. Knowledge tracing: modeling the acquisition of procedural knowledge[J]. User Modeling and User-adapted Interaction, 1994, 4(4): 253-278.

[151] CEN H, KOEDINGER K, JUNKER B. Learning factors analysis: a general method for cognitive model evaluation and improvement[C]// Intelligent Tutoring Systems: 8th International Conference. Taibei: ACM, 2006: 164-175.

[152] PIECH C, BASSEN J, HUANG J, et al. Deep knowledge tracing[C]// advances in neural information processing systems. Montreal: ACM, 2015: 505-513.

[153] YANG H, CHEUNG L P. Implicit heterogeneous features embedding in deep knowledge tracing[J]. Cognitive Computation, 2018, 10(1): 3-14.

[154] NAGATANI K, ZHANG Q, SATO M, et al. Augmenting knowledge tracing by considering forgetting behavior[C]// The World Wide Web Conference. San Francisco: ACM, 2019: 3101-3107.

[155] TONG S, LIU Q, HUANG W, et al. Structure-based knowledge tracing: an influence propagation view[C]//2020 IEEE international conference on data mining. Sorrento: IEEE, 2020: 541-550.

[156] LIU Q, HUANG Z, YIN Y, et al. Ekt: exercise-aware knowledge tracing for student performance prediction[J]. IEEE Transactions on Knowledge and Data Engineering, 2019, 33(1): 100-115.

[157] ALAA A M, VAN DER SCHAAR M. Attentive state-space modeling of disease progression[J]. Advances in Neural Information Processing Systems, 2019, 32: 11338-11348.

[158] LEE C, YOON J, VAN DER SCHAAR M. Dynamic-deephit: a deep learning approach for dynamic survival analysis with competing risks based on longitudinal data[J]. IEEE Transactions on Biomedical Engineering, 2019, 67(1): 122-133.

[159] MENG L, TAN W, MA J, et al. Enhancing dynamic ECG heartbeat classification with lightweight transformer model[J]. Artificial Intelligence in Medicine, 2022, 124: 1-11.

[160] SUPRIYA S, SIULY S, WANG H, et al. EEG sleep stages analysis and classification based on weighed complex network features[J]. IEEE Transactions on Emerging Topics in Computational Intelligence, 2018, 5(2): 236-246.

[161] HE W, CHENG M, LIU Q, et al. ShapeWordNet: an interpretable shapelet neural network for physiological signal classification[C]// International Conference on Database Systems for Advanced Applications. Cham: Springer Nature Switzerland, 2023: 353-369.

[162] GUO T, LIN T, ANTULOV-FANTULIN N. Exploring interpretable lstm neural networks over multi-variable data[C]// International Conference on Machine Learning. Long Beach: ACM, 2019: 2494-2504.

[163] ALAA A, VAN DER SCHAAR M. Frequentist uncertainty in recurr ent neural networks via blockwise influence functions[C]// International Conference on Machine Learning. Vienna: ACM, 2020: 175-190.

[164] ZHANG C, SONG D, CHEN Y, et al. A deep neural network for unsupervised anomaly detection and diagnosis in multivariate time series data[C]// Proceedings of the AAAI conference on artificial intelligence. Honolulu: AAAI, 2019, 33(01): 1409-1416.

[165] LIU J, YANG G, LI X, et al. A deep generative model based on CNN-CVAE for wind turbine condition monitoring[J]. Measurement Science and Technology, 2022, 34(3): 1-10.

[166] WANG X, PI D, ZHANG X, et al. Variational transformer-based anomaly detection approach for multivariate time series[J]. Measurement, 2022, 191: 1-17.

[167] XU L, XU K, QIN Y, et al. TGAN-AD: Transformer-based GAN for anomaly detection of time series data[J]. Applied Sciences, 2022, 12(16): 1-18.

[168] AHMED S, NIELSEN I E, TRIPATHI A, et al. Transformers in time-series analysis: a tutorial[J]. Circuits, Systems, and Signal Processing, 2023, 42(12): 7433-7466.

[169] ZHANG Y, WANG J, CHEN Y, et al. Adaptive memory networks with self-supervised learning for unsupervised anomaly detection[J]. IEEE Transactions on Knowledge and Data Engineering, 2022.

[170] ZHANG Y, CHEN Y, WANG J, et al. Unsupervised deep anomaly detection for multi-sensor time-series signals[J]. IEEE Transactions on Knowledge and Data Engineering, 2021.

[171] XIAO Q, SHAO S, WANG J. Memory-augmented adversarial autoencoders for multivariate time-series anomaly detection with deep reconstruction and prediction[EB/OL]. [2021-10-15]. https://arxiv.org/abs/2110.08306.

[172] LIU J, WANG B, MENG Z, et al. An examination of performance deterioration indicators of diesel engines on the plateau[J]. Energy, 2023, 262: 125587.

[173] 康守强，周月，王玉静，等. 基于改进 SAE 和双向 LSTM 的滚动轴承 RUL 预测方法[J]. 自动化学报，2022，48(9)：2327-2336.

[174] XIAO L, TANG J X, ZHANG X H, et al. Remaining useful life prediction based on intentional noise injection and feature reconstruction[J]. Reliability Engineering & System Safety, 2021, 215: 1-14.

[175] ELSHEIKH A, YACOUT S, OUALI M. Bidirectional handshaking LSTM for remaining useful life prediction[J]. Neurocomputing, 2019, 323: 148-156.

[176] LUO Q, CHANG Y, CHEN J, et al. Multiple degradation mode analysis via gated recurrent unit mode recognizer and life predictors for complex equipment[J]. Computers in Industry, 2020, 123: 103332.

[177] 马忠, 郭建胜, 顾涛勇, 等. 基于改进卷积神经网络的航空发动机剩余寿命预测[J]. 空军工程大学学报: 自然科学版, 2020, 21(06): 19-25.

[178] LI H, ZHAO W, ZHANG Y X, et al. Remaining useful life prediction using multi-scale deep convolutional neural network[J]. Applied Soft Computing, 2020, 89: 1-12.

[179] MA M, MAO Z. Deep-convolution-based LSTM network for remaining useful life prediction[J]. IEEE Trans on Industrial Informatics, 2021, 17(3): 1658-1667.

[180] LIU L, SONG X, ZHOU Z. Aircraft engine remaining useful life estimation via a double attention-based data-driven architecture[J]. Reliability Engineering & System Safety, 2022, 221: 1-15.

[181] CHEN Z, WU M, ZHAO R, et al. Machine remaining useful life prediction via an attention based deep learning approach[J]. IEEE Transactions on Industrial Electronics, 2020, 68(3): 2521-2531.

[182] XU D, QIU H, GAO L, et al. A novel dual-stream self-attention neural network for remaining useful life estimation of mechanical systems[J]. Reliability Engineering & System Safety, 2022, 222: 1-13.

[183] BAI L, YAO L, KANHERE S S, et al. STG2seq: Spatial-temporal graph to sequence model for multi-step passenger demand forecasting[C]// Proceedings of the 28th International Joint Conference on Artificial Intelligence. New York: ACM, 2019: 1981-1987.

[184] Li Y, Yu R, Shahabi C, et al. Diffusion convolutional recurrent neural network: data-driven traffic forecasting[C]// International Conference on Learning Representations. Vancouver: IOP, 2018, 1055: 1-16.

[185] WU Z, PAN S, LONG G, et al. Graph wavenet for deep spatial-temporal graph modeling[C]// The 28th International Joint Conference on Artificial Intelligence. Macao: ACM, 2019: 1907-1913.

[186] FANG S, ZHANG Q, MENG G, et al. GSTNet: global spatial-temporal network for traffic flow prediction[C]// Proceedings of the 28th International Joint Conference on Artificial Intelligence. New York: ACM, 2019: 2286-2293.

[187] YU B, YIN H, ZHU Z. Spatio-temporal graph convolutional networks: a deep learning framework for traffic forecasting[C]// Proceedings of the 27th International Joint Conference on Artificial Intelligence. Stockholm: ACM, 2018: 3634-3640.

[188] SONG C, LIN Y, GUO S, et al. Spatial-temporal synchronous graph convolutional networks: a new framework for spatial-temporal network data forecasting[C]// Proceedings of the AAAI Conference on Artificial Intelligence. New York: AAAI, 2020, 34(01): 914-921.

[189] LI M, ZHU Z. Spatial-temporal fusion graph neural networks for traffic flow forecasting[C]// Proceedings of the AAAI Conference on Artificial Intelligence. New York: AAAI, 2021, 35(5): 4189-4196.

[190] ZHANG J, ZHENG Y, QI D. Deep spatio-temporal residual networks for citywide crowd flows prediction[C]// Thirty-First AAAI Conference on Artificial Intelligence. San Francisco: AAAI, 2017, 31(1): 1655-1661.

[191] GUO S, LIN Y, FENG N, et al. Attention based spatial-temporal graph convolutional networks for traffic flow forecasting[C]// Proceedings of the AAAI Conference on Artificial Intelligence. Honolulu: AAAI, 2019, 33(01): 922-929.

[192] WU H, YAO Z, WANG J, et al. MotionRNN: a flexible model for video prediction with spacetime-varying motions[C]// Proceedings of the IEEE/CVF Conference on Computer Vision and Pattern Recognition. New York: IEEE, 2021: 15435-15444.

[193] LI J, ZHANG S, XIONG H, et al. AutoST: towards the universal modeling of spatio-temporal sequences[C]// Advances in Neural Information Processing Systems. New Orleans: ACM, 2022, 35: 20498-20510.

[194] DIAO Z, WANG X, ZHANG D, et al. Dynamic spatial-temporal graph convolutional neural networks for traffic forecasting[C]// Proceedings of the AAAI conference on artificial intelligence. Honolulu: AAAI, 2019, 33(01): 890-897.

[195] BAO J, LIU P, UKKUSURI S V. A spatiotemporal deep learning approach for citywide short-term crash risk prediction with multi-source data[J]. Accident Analysis & Prevention, 2019, 122: 239-254.

[196] CHEN Q, SONG X, YAMADA H, et al. Learning deep representation from big and heterogeneous data for traffic accident inference[C]// Proceedings of the AAAI Conference on Artificial Intelligence. Phoenix: AAAI, 2016, 30(1): 338-344.

[197] REN H, SONG Y, WANG J, et al. A deep learning approach to the citywide traffic accident risk prediction[C]// Proceedings of the 21st International Conference on Intelligent Transportation Systems. Maui: IEEE, 2018: 3346-3351.

[198] YUAN Z, ZHOU X, YANG T. Hetero-convlstm: a deep learning approach to traffic accident prediction on heterogeneous spatio-temporal data[C]// Proceedings of the 24th ACM SIGKDD international conference on knowledge discovery & data mining. London: ACM, 2018: 984-992.

[199] CHOWDHURY R R, LI J, ZHANG X, et al. PrimeNet: pre-training for irregular multivariate time series[C]// Proceedings of the AAAI Conference on Artificial Intelligence. Washington: AAAI, 2023, 807: 7184-7192.

[200] SHAO Z, ZHANG Z, WANG F, et al. Pre-training enhanced spatial-temporal graph neural network for multivariate time series forecasting[C]// Proceedings of the 28th ACM SIGKDD Conference on Knowledge Discovery and Data Mining. Washington: ACM, 2022: 1567-1577.

[201] TOBIN J, FONG R, RAY A, et al. Domain randomization for transferring deep neural networks from simulation to the real world[C]// Proceedings of the IEEE/RSJ international conference on intelligent robots and systems. Vancouver: IEEE, 2017: 23-30.

[202] LI W, XU Z, XU D, et al. Domain generalization and adaptation using low rank exemplar SVMs[J]. IEEE Transactions on Pattern Analysis and Machine Intelligence, 2017, 40(5): 1114-1127.

[203] WANG Z, ALAHMADI A, ZHU D C, et al. Causality analysis of fMRI data based on the directed information theory framework[J]. IEEE Transactions on Biomedical Engineering, 2015, 63(5): 1002-1015.

[204] CHEN Y, HUANG S. Tsexplain: surfacing evolving explanations for time series[C]// Proceedings of the 2021 International Conference on Management of Data. Xi'an: ACM, 2021: 2686-2690.

[205] HU W, YANG Y, CHENG Z, et al. Time-series event prediction with evolutionary state graph[C]// Proceedings of the 14th ACM International Conference on Web Search and Data Mining. Jerusalem: ACM, 2021: 580-588.

[206] WOO G, LIU C, SAHOO D, et al. CoST: contrastive learning of disentangled seasonal-trend representations for time series forecasting[C]// The Tenth International Conference on Learning Representations. [S.l.]: ICLR, 2022.

[207] GODFREY L B, GASHLER M S. Neural decomposition of time-series data for effective generalization[J]. IEEE Transactions on Neural Networks and Learning Systems, 2017, 29(7): 2973-2985.

作者简介

王建民 清华大学教授，清华大学软件学院院长，清华大学学术委员会委员。大数据系统软件国家工程实验室执行主任、工业大数据系统与应用北京市重点实验室主任。国家杰出青年科学基金获得者、国务院政府特殊津贴获得者、国家“万人计划”入选者。研究领域为工业数据软件，在工业大数据软件体系架构、物联网时序数据库管理系统、产品生命周期数据管理系统、非结构化数据管理与分析技术等方面取得创新性成果，先后获得国家科学技术进步奖 2 次，省部级技术发明/科技进步一等奖共 4 次。

李建欣 北京航空航天大学计算机学院教授、博士研究生导师，北京市大数据科学与脑机智能高精尖创新中心研究员，美国卡内基梅隆大学访问学者。IEEE、ACM 会员，CCF 高级会员，大数据专业委员会执行委员、系统软件专业委员会执行委员。曾获得国家杰出青年科学基金、教育部青年长江学者、中国电子学会技术发明一等奖等荣誉。主要研究方向为社交网络、大数据、机器学习和可信计算，研究成果发表在 TPAMI、TKDE、TOIS、NeurIPS、KDD、WWW 等领域顶级学术会议和期刊，获最佳论文奖 3 次，最佳论文提名 2 次。担任 Springer Journal of Cloud Computing、Big Data Mining and Analytics、Journal of Social Computing 编委，TKDE 专刊特邀编委等，获 IEEE 会议杰出贡献奖。

袁　野 北京理工大学计算机学院教授、博士研究生导师，国家杰出青年科学基金和优秀青年科学基金获得者。主持国家自然科学基金重点项目，国家重点研发计划课题。曾获中国电子学会自然科学一等奖，教育部和辽宁省科技进步奖一等奖、全国优秀博士学位论文提名奖、中国计算机学会优秀博士学位论文奖。中国计算机学会高级会员、数据库专业委员会常委、大数据专家委员会委员，IEEE、ACM 高级会员。香港科技大学、香港中文大学、英国爱丁堡大学访问学者。主要研究方向为大数据管理与分析，在 SIGMOD、VLDB、ICDE、VLDB Journal、TKDE、TPDS 等重要学术会议和期刊上发表 CCF-A 类论文 100 余篇。

宋韶旭 清华大学软件学院副教授、博士研究生导师，主持多项国家自然科学基金项目、国家重点研发计划项目课题。主要研究方向为时序数据库、数据质量、数据集成，成果发表于 TODS、VLDBJ、TKDE、SIGMOD、VLDB、ICDE、KDD 等 CCF-A 类期刊和会议。担任 PVLDB 编委、JCST 青年编委、JDIQ 特约编辑，IEEE Big Data 2022 Vice Chair，VLDB、ICDE、KDD、SIGIR 等国际会议程序委员会委员，中国计算机学

会数据库专业委员会执行委员，中国通信学会开源技术委员会委员。获得北京市科学技术进步奖一等奖，VLDB 2019、CIKM 2017 杰出评审奖。

刘　淇　中国科学技术大学计算机学院、大数据学院教授，博士研究生导师，中国科学院青年创新促进会优秀会员，CCF 高级会员。主要研究数据挖掘与知识发现、机器学习方法及其在智能教育等领域的应用，相关成果获 IEEE ICDM 2011 最佳研究论文奖、ACM KDD 2018 (Research Track) 最佳学生论文奖。还曾获中科院院长特别奖和中科院优秀博士学位论文、教育部自然科学奖一等奖（排名第 2）、吴文俊人工智能科技进步奖一等奖（排名第 3）、阿里巴巴达摩院青橙奖，入选优秀青年科学基金、中国科协青年人才托举工程、安徽省优秀青年科技人才。

王　莉　太原理工大学教授、博士研究生导师，山西省“大数据智能”国防科技创新团队负责人，太原理工大学大数据智能理论与工程研究中心负责人、人工智能系主任、校学术委员会委员，山西省女科技工作者专委会委员，CCF 高级会员，CCF 大数据专家委员会常委，CCF 人工智能与模式识别专业委员会委员，CCF 协同计算专业委员会委员，人工智能学会智能服务专委会委员。主要研究领域为大数据智能、知识图谱、数据挖掘等。承担完成国家自然科学基金、国家科技重大专项、国家高技术研究发展计划（863 计划）、军事科研项目、博士后科学基金、山西省自然科学基金等项目 30 余项，发表学术论文 200 余篇，出版专著 2 部，授权专利、软件著作权 10 余项。担任了多个国内国际会议的程序委员。

张　帅　中关村实验室助理研究员。本科（2016 年）、博士（2023 年）毕业于北京航空航天大学计算机学院。主要研究方向为时序大数据、机器学习、数据安全。在 AIJ、NeurIPS、AAAI、KDD、ICDM 等国际期刊和会议发表学术论文 11 篇，曾获 AAAI 2021 最佳论文奖，IWQoS 2022 最佳论文奖，担任 NeurIPS、ICML、AAAI 等 CCF-A 类国际会议程序委员会委员和 AIJ 等国际期刊审稿人。

周号益　北京航空航天大学软件学院助理教授。长期从事序列大数据、人工智能研究，在 AIJ、NeurIPS、KDD、AAAI 等国内外顶级会议和期刊上发表学术论文 25 篇，获“AAAI'21 最佳论文奖”、“IEEE IWQoS'22 最佳论文奖”、国网大数据中心科技进步一等奖、网信办中国开源创新大赛一等奖、工信部工业 APP 创新成果转化一等奖。主持国家自然科学基金、科技部重点研发等项目。入选中国科协青年托举人才、CCF 青年人才发展计划、中国人工智能学会优博、ACM China 北京优博、世界人工智能大会 WAIC“云帆奖”、北京市“海英之星”。

多模态大模型的研究进展与趋势

CCF 多媒体技术专业委员会

徐常胜[1] 王耀威[2] 鲍秉坤[3] 杨小汕[1] 黎向阳[4]

[1]中国科学院自动化研究所，北京

[2]鹏城实验室，深圳

[3]南京邮电大学，南京

[4]中国科学院计算技术研究所，北京

摘 要

伴随人工智能技术的不断演进，利用大数据、大算力得到预训练深度学习模型的方法掀起了一股新的技术浪潮。不同于传统的与任务高度耦合的深度学习模型，多模态大模型是在大规模多模态数据基础上以自监督学习方式训练得到的，能够从海量多模态数据中学习“共性”知识，从而在下游不同场景、不同任务中得到更好的泛化性能。学习多模态大模型可以提升单模态模型的预测能力，也更加贴近实际场景的应用需求和人类的推理方式。本文旨在对该领域近年来的研究进展进行总结，并分析其未来发展趋势。首先，从数据集、预训练模型结构、下游应用三个方面介绍了近年来具有重要影响力的国内外研究工作，对最新方法和应用进行了总结。其次，对该领域国内外的研究进展进行了深入对比分析，着重论述了国内研究的优势和不足。最后，对多模态大模型领域所面临的机遇和挑战进行了梳理，并对多模态大模型的未来发展进行了展望。

关键词：预训练模型，多模态大模型，多模态智能理解

Abstract

Along with the continuous evolution of artificial intelligence technology, a new technological trend has been initiated by the methods of utilizing big data and powerful computing resources to obtain pre-trained deep learning models. Unlike conventional deep learning models tightly coupled with specific tasks, multimodal large foundation models are trained on a large-scale multimodal data basis using self-supervised learning, enabling them to acquire common knowledge from vast multimodal data. This results in improved generalization performance in various downstream scenarios and tasks. Learning multimodal large models can enhance the predictive capabilities of single-modal models and align more closely with practical application requirements and human reasoning process. This report aims to provide a comprehensive summary of recent research progress in multimodal large models and analyze its future development trends. Firstly, we introduce influential domestic and international research work in recent years from three aspects: datasets, pre-trained model structures, and downstream applications, summarizing the latest methods and applications. Then, we conduct a thorough comparative analysis of research progress in this field both domestically and internationally, with a focus on discussing the strengths and weaknesses of domestic research. Finally, we outline the opportunities and challenges faced by the field of multimodal large models and provides an outlook on the future development.

Keywords: pre-trained model, multimodal large model, multimodal intelligent understanding

1 引言

随着信息技术的迅速发展，计算机的运算、存储和传输能力大幅提升，这为海量用户数据的产生和聚集奠定了基础，也为数据驱动为主的机器学习技术创造了巨大的发展空间。目前，以深度学习为主的人工智能技术在智能交通、安全监控、人机交互等领域已经得到了广泛应用。由于在社会发展中扮演着越来越重要的角色，人工智能技术也成为各大国际阵营主要的战场之一。美国于2018年起从战略高度发布了《维护美国在人工智能领域领导地位》《国家人工智能研发战略计划》《美国人工智能时代：行动蓝图》等一系列规划，欧盟在2020年发布了《人工智能白皮书》，俄罗斯也在2021年发布了《2030年前国家人工智能发展战略》。我国较早地预见了这个趋势，国务院早在2017年就率先印发了《新一代人工智能发展规划》。

近两年以来，伴随人工智能技术的不断演进和相关产业的深入发展，利用大数据、大算力得到预训练深度学习模型的方法，在自然语言处理和计算机视觉领域掀起了一股新的浪潮。相比于传统的与任务高度耦合的深度学习模型，大模型能够从海量的数据中学习出不同场景、任务中的“共性”知识，从而更加接近通用人工智能所要求的特性。因此，各大人工智能巨头公司在大模型方向注入了前所未有的资源，陆续推出了一系列颇具影响力的大模型来抢占这一技术高地，例如自2018年以来Google提出的BERT系列和OpenAI提出的GPT系列。

多模态大模型是指在大规模多模态数据基础上以自监督学习的方式训练得到的能够支持文本、视觉、语音等多种模态数据的理解和生成功能的通用预训练模型，如图1所示。英国认知心理学家Harry McGurk在1976的研究发现“看到一个人说话的视觉画面会影响我们对所听到声音的判断”，这表明人类能够综合利用音频和视觉等信息来感知周围环境。因此，未来人工智能要达到人类的认知水平，也需要具备综合利用视觉、语言、听觉等感知信息，实现识别、预测、推理、创作等功能。随着移动互联网的快速发展，丰富的语音、图像、视频数据也为多模态大模型的研究提供了数据基础。学习多模态大模型可以提升单模态模型的预测能力，其也更加贴近实际场景的应用需求和人类的推理方式。例如，用文字描述的语句往往容易引起歧义，但配以一张场景图片或一段视频就可以很准确地解释描述内容。在大规模通用多模态预训练模型研发方面，目前已发表多个有影响力的成果，例如OpenAI在2021年提出的CLIP和DALL-E系列。

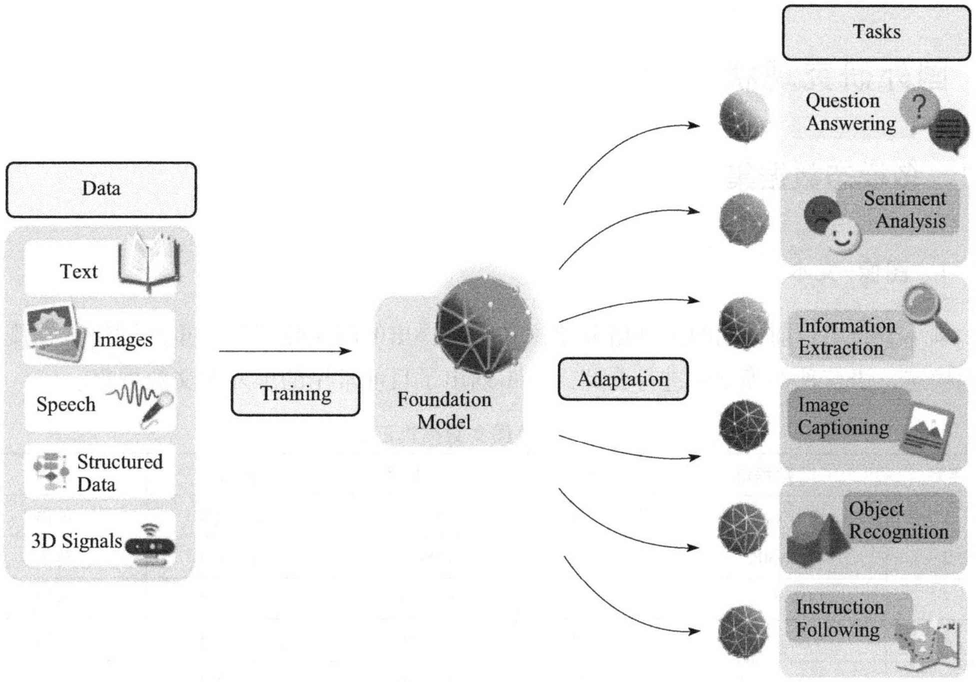

图 1　多模态大模型及其应用（原图来自论文［1］）

本文主要对多模态大模型技术领域近年来的研究进展进行概括总结，深入对比分析国内外的研究现状，并展望其发展趋势。本文的主要贡献概括如下。

- 本文尽可能全面地介绍了多模态大模型技术的最新研究进展，重点关注近三年来具备重要影响力的国内外研究工作，对最新方法和应用进行了分类总结，介绍了不同类别下的代表性方法及其发展脉络，为相关领域读者了解当前最新技术发展动态提供了一个便捷的渠道。
- 本文对多模态大模型领域国内外的研究进展进行了深入对比分析，着重论述了国内研究的优势和不足，为国内多模态大模型未来研究的进一步完善提供了一定的参考。
- 本文对多模态大模型领域所面临的机遇和挑战进行了梳理，并对多模态大模型进行了展望，给相关领域的研究人员提供了一定的启发。

本文的整体组织结构如下：第 2 节和第 3 节分别对多模态大模型的国外研究现状及国内研究现状进行了概括、总结并深入分析，主要包含多模态数据集、预训练模型及下游应用三个方面；第 4 节对国内外的研究进展进行了对比，论述了国内研究的优势和不足；第 5 节对多模态大模型领域的发展趋势进行了分析，并对其未来发展进行了展望；最后，第 6 节对本文进行了总结。

2 国外研究现状

2.1 多模态数据集

2.1.1 图像-文本

本小节介绍目前常用的国外研究单位和学者提出的图文数据集，重点围绕数据规模、数据模态、语言种类等方面进行介绍。表1列出了目前常用的国外图文数据集。

表1 国外图文数据集汇总

序号	数据集	年份	数据规模	模态	语言
1	SBU Captions	2011	1MB	图像-文本	英语
2	Flickr30k	2014	145KB	图像-文本	英语
3	COCO	2014	567KB	图像-文本	英语
4	Visual Genome	2017	5.4MB	图像-文本	英语
5	VQA v2.0	2017	1.1MB	图像-文本	英语
6	FashionGen	2018	300KB	图像-文本	英语
7	CC3M	2018	3MB	图像-文本	英语
8	CC12M	2021	12MB	图像-文本	英语
9	GQA	2019	1MB	图像-文本	英语
10	LAIT	2020	10MB	图像-文本	英语
11	YFCC-100M	2015	100MB	图像-文本	英语
12	LAION-400M	2021	400MB	图像-文本	英语
13	RedCaps	2021	12MB	图像-文本	英语
14	JFT-300M	2017	300MB	图像-文本	英语
15	JFT-3B	2021	3B	图像-文本	英语

SBU Captions[2] 是一个常用的图文数据集，其最初是通过使用多种查询术语在Flickr上进行查询收集而成的。由于通过网络收集的样本噪声较多，例如文本描述与图像不符，因此其构建者们通过人工筛选，过滤掉大量低质量样本，最终得到了包含超过100万张图像和高质量文本描述的数据集。

Flickr30k[3] 数据集是在Hodosh等人的语料库[4] 基础上，通过从Flickr收集了31 783张照片而扩展得到的。这些图像涵盖了日常活动、事件和场景。每张收集到的图像都通过众包的方式标注了5句话，因此Flickr30k包含了158 915个文本描述。

COCO[5] 包含123 000张图像。开发者们在Amazon Mechanical Turk招募标注人员来对每张图像进行5句话的文本描述。由于所有样本均为人工精细标注，COCO的文本标注质量普遍较高，在中小规模的多模态模型训练中经常被使用。

Visual Genome[6] 数据集旨在通过挖掘对象之间的交互关系来帮助开发能够更全面理解图像的机器学习模型。因此，该数据集常被用在各种推理模型的训练中（如图像描述和视觉问答等）。同时，在中小规模的多模态模型训练中，该数据集常被用来进行文本语义的补充。据统计，Visual Genome 数据集包含超过 10 万张图像，每张图像约有 35 个对象、26 个属性和 21 个成对关系。

VQA v2.0[7] 数据集旨在减少先前视觉问答数据集中存在的语言偏差，是目前视觉问答领域最常用的问答数据集。该数据集包含约 100 万个图像问题样本和来自 COCO 数据集的 200K 张视觉图像上的 130 万个相关答案。

FashionGen[8] 包含 325 536 张高分辨率图像（1360×1360），主要包含各种时尚物品，每个物品都有 6 个视角的图像，每张图像都配有一段文本描述，这些文本描述是由专家进行标注的，多为长文本。

CC3M[9] 于 2018 年提出。其图像-文本样本主要来源于网络，然后通过提取、过滤和转换等操作，得到约 300 万个图像描述对。

CC12M[10] 是一个大规模图文数据集，其被提出主要是为了顺应多模态预训练模型的迫切需求。由于先前发布的 CC3M 数据集远远无法满足需求，因此其研究者们进一步放宽了 CC3M 所使用的图像和文本清洗过滤器。相应地，获得 4 倍大小的数据集 CC12M，即 1200 万个图文数据，但较粗糙的样本筛选过程使得标注精度有所损失。

GQA[11] 主要是为了进行视觉推理和组合式问答而提出的。开发者们通过考虑内容和结构信息仔细完善了问题引擎，然后，采用相关的语义表示方法极大地减少了数据集内部的偏差，并控制了其问题类型组成，最终，获得了一个包含 170 万个样本的平衡数据集。

LAIT[12]（大规模弱监督图像-文本）是一个从互联网上以弱监督方式收集的大规模图像-文本数据集。它包含约 1000 万个视觉图像，每张图像都有一个包含约 13 个单词的自然语言描述。

YFCC-100M[13] 包含 9920 万张照片，80 万个视频，是从 Flickr 上收集的，这些视频的时间跨度为 2004 年至 2014 年。需要注意的是，YFCC-100M 数据集在不断发展中，各种扩展包会不定期发布。

LAION-400M[14] 包含 4 亿个图像-文本对，是为与视觉语言相关的预训练而发布的。值得注意的是，该数据集使用非常流行的预训练视觉-语言模型 CLIP[35] 进行了过滤。

RedCaps[15] 是一个包含 1200 万个图像-文本样本的大规模数据集，从 350 个 subreddit 中收集。开发者首先定义了 subreddit 范围，然后过滤图片帖子并清理标题。在构建数据集时还考虑了道德问题，从隐私、有害、刻板、印象等方面过滤了问题图片。

JFT-300M[16] 包含约 3 亿张图像和 3.75 亿个标签，每个图像约有 1.26 个标签。需要注意的是，该数据集注释了 18 291 个类别，包括 1165 种动物和 5720 种车辆等。根据这些类别形成了一个丰富的层次结构。值得注意的是，该数据集没有提供公开下载链接。

JFT-3B[17] 是谷歌内部的一个数据集，包含约 30 亿张图像。这些样本是以大约 30 000 个标签的类层次结构的半自动方式进行注释的。该数据集包含大量的噪声样本。

需要注意的是，该数据集也没有提供公开下载链接。

2.1.2 视频-文本

随着人工智能技术的飞速发展，越来越多的应用场景需要处理视频和文本数据，因此，对于视频和文本的预训练模型也变得越来越重要。针对视频-文本预训练任务，研究人员提出了许多大规模的训练数据集，这些数据集涵盖了各种场景，包括新闻报道、电影、电视剧、体育比赛等。通过对这些大规模数据集的预训练，可以有效地提高视频-文本模型的性能和泛化能力，从而更好地应对各种实际应用场景。

TVQA[18] 是一个包含约 152 545 个问答对的数据集，来自于 6 部长篇电视剧。这些电视剧包含 3 种类型，即情景喜剧、医疗剧和犯罪剧。数据集中的每个问题-答案对都来自一个独立的视频片段，总共有 21 793 个视频片段，每个问答对通过 Amazon Mechanical Turk 进行收集。

HowTo100M[19] 是一个包含约 1.36 亿个视频片段的大型数据集，这些视频片段来自于 122 万个讲解教学视频。这些视频的内容的主体对象是人类，总共有 23 000 种不同的任务。每个视频片段的语言描述都是自动转录的旁白。因此，与其他字幕数据集相比，视频和文本是弱配对的，但该数据集的规模足够庞大，为视频-文本预训练的工作进一步发展提供了可能。

WebVid2M[20] 是一个包含超过 200 万个视频-文本标题对的数据集，这些数据对类似于 CC3M，是从互联网上收集的。开发者发现 CC3M 数据集中有超过 10%的图像来自视频的缩略图，因此他们抓取了这些视频源（总共 250 万个视频-文本对）并创建了 WebVid2M 数据集。与 HowTo100M 不同的是，WebVid 的规模仅有不到其 1/10，但 WebVid 中包含的视频数据来自于通用领域，且文本通常是人工撰写的描述，具有较好的句子结构，与视频具有更好的匹配性，同时也避免了由于自动转录带来的语法错误。

YFCC-100M[13] 数据集包含从 Flickr 收集的 80 万个视频，时间跨度从 2004 年至 2014 年，并且随着时间推移还在不断扩展。该数据集中的每个视频对象都有多个元数据表示，如 Flicker 标识符、所有者姓名、相机、标题、标签、地理位置、媒体源等。

HD-VILA[21] 是一个高分辨率的视频语言预训练数据集，由 330 万个视频中的 1 亿个视频片段和句子对组成，包括 371.5k 小时的 720P 视频；同时，HD-VILA 数据集保证了多样化，涵盖 YouTube 网站上 15 个流行的类别。

YT-Temporal-180M[25] 数据集是从 600 万个公开的 YouTube 视频中提取的，涵盖了丰富的内容，包括来自 HowTo100M 的教学视频、来自 VLOG 的日常生活记录短视频，以及 YouTube 上自动生成的热门话题推荐视频。开发者对候选视频进行了很多的筛查工作，包括检测视频中是否包含目标对象并予以剔除、删除无英文字幕的内容等。最后，开发者还使用序列到序列模型为语音识别生成的文本添加了标点。

YT-Temporal-1B[26] 数据集是对 YT-Temporal-180M 的扩充，共包含了约 2 亿个 YouTube 视频。由于该数据集涵盖范围更广，与 HowTo100M 数据集相比，基于该数据集的预训练模型能更好地应用于下游任务。

2.1.3 其他

更多模态的数据可以提供更丰富的信息和更全面的视角。例如，通过结合文本、图像、音频、视频等多种模态的数据，预训练模型能够学习到更多的语义、语境和特征表示。这样的综合学习有助于模型更好地理解和处理现实世界中复杂得多模态输入，提高模型在多领域任务中的性能和泛化能力。同时，使用多模态数据还能够促进不同模态之间的交互和信息融合，进一步增强模型的表达能力和多模态应用的效果。

HowTo100M 数据集包含了来自 YouTube 的 1.36 亿个英语 How-To 视频和对应的文本指导说明书。在之前数据集的基础上，对视频提取音频数据，这些音频文件经过预处理和整理后，形成视频-音频-文本三模态数据集。

AudioSet[22] 是一个广泛用于音频分类任务的数据集，它包含了 200 万个来自 YouTube 视频的音频片段，每个片段持续约 10s，并附有相应的标签。AudioSet 定义了超过 500 个音频类别，涵盖了各种音乐，如自然声音、环境音效和语音等。这些类别包括了一般的音频标签，如“人声”“音乐”和“交通噪音”，以及更具体的类别，如不同乐器的声音、动物叫声和环境声音等。这使得它成为一个大规模的音频数据集，能够支持各种音频分析和研究任务。

Localized Narratives[23] 数据集提供了一种连接视觉和语言的多模式图像注释的新形式数据。该数据集要求注释者用他们的声音描述图像，同时将鼠标悬停在他们描述的区域上。由于语音和鼠标指针是同步的，所以可以定位描述中的每个单词。这种视觉基础以每个单词的鼠标轨迹段的形式出现，是该数据集独有的。它包含约 80 万张图像，涵盖了整个 COCO，Flickr30k 和 ADE20K 数据集及 Open Images 的图像。

YT-Temporal-180M[25] 多模态数据集包含文本、图像、音频和视频，这些模态相互补充，能够提供更全面、更丰富的信息。该数据集是从公开的 YouTube 数据集中抽取而来的，共包含 600 万个视频。相较于 HT100M 数据集，YT-Temporal-180M 数据集的内容领域更加广泛，它包括了来自 HT100M 数据集的教学视频、来自 VLOG 数据集的生活记录短视频，以及 YouTube 上各个领域的推荐热门话题视频，如科学和家装等。为了确保数据质量，开发者还进行了筛查工作，剔除了不包含目标对象的视频，并删除了无英文字幕的内容。值得注意的是，后续开发者还对该数据集进行了扩充，提出了 YT-Temporal-1B[26] 数据集，该数据集包含了 2000 万个 YouTube 视频。由于 YT-Temporal-180M 数据集的覆盖范围广泛，预训练模型在该数据集上表现良好，能够更好地适用于各种下游应用。

2.2 多模态预训练模型

2.2.1 图像-文本

视觉与语言（VL）是计算机视觉（CV）和自然语言处理（NLP）交叉的一个热门研究领域，旨在实现使计算机能够有效地从文本和图像模态数据中学习，以帮助人类理解世界。受 NLP 中语言模型预训练巨大成功（例如 BERT[28]、RoBERTa[29]、T5[43] 和 GPT-3[42]）的启发，多模态预训练模型受到越来越多的关注。随着学习通用的、可迁移的视觉和视觉语言跨模态表征的研究推动，多模态预训练模型已经成为现代 VL 研究的主要学习范式。

从模型规模来看，VL 研究的进展可以分为三个阶段。如图 2 所示为使用 VQA 任务的性能来说明从任务特定模型到中等规模和大规模预训练方法的研究发展情况。

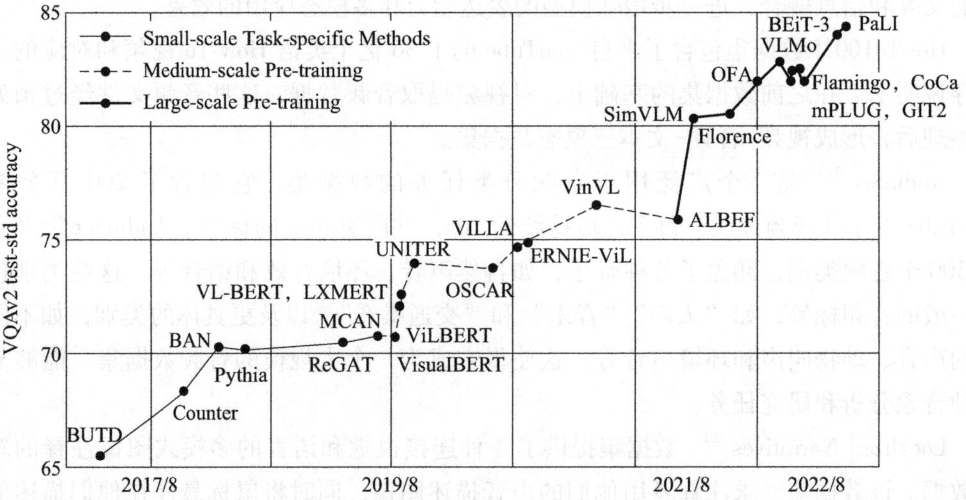

图 2　不同阶段多模态大模型的性能（VQA 任务）（原图来自于文献［1］）

第一个阶段：任务特定的小规模模型设计阶段（2014—2019）。在这个阶段，已经为 Image Caption 和 VQA 开发了许多特定的方法。例如一个重要的研究是设计基于预提取视觉特征的各种注意力机制（例如，ResNet[30]、Faster RCNN[31]）、预训练词嵌入（例如 GLoVe、Word2vec）和 LSTM 网络。这些注意力方法设计已被用于捕获多模态对齐、执行目标关系推理和多步骤推理建模。

第二个阶段：中等规模的预训练阶段（2019—2021）。受到 BERT[28] 在 NLP 中的巨大成功的影响，视觉语言（VL）领域逐渐转向使用基于 Transformer 的多模态融合模型，这些模型在中等规模的设置中进行预训练，例如，使用多达 10MB 的图像-文本对数据集，模型大小从 110MB（BERT-base）到 340MB（BERT-large）不等。中等规模多模态预训练模型的典型例子有 UNITER[32] 和 OSCAR[33]。

第三个阶段：大规模预训练阶段（2021 至今）。CLIP[35] 和 ALIGN[36] 的出现，标志着进入大规模多模态预训练模型阶段。其旨在从网络抓取的噪声图像-文本对中训练图像-文本双编码器，显示出巨大的前景，并正在成为 VL 研究的基础。我们见证了大型多模态基础模型的蓬勃发展，例如 SimVLM[44]、Florence[34]、Flamingo[45]、CoCa[40] 和 GIT[38]。通过将预训练的模型适应于广泛的下游任务，可以平摊多模态预训练的高计算成本。

近期，生成式图文预训练范式同样也成为前沿研究的热点。其主要借助大语言模型的开放词汇功能，将视觉信息嵌入其中，实现开放视觉认知。不同于传统的预训练-精调的范式，生成式预训练在预训练结束后可以无须进一步精调就可达到良好的零样本和小样本能力。同时，用户可以设置合理的视觉或文本提示，达到上下文学习（In-context Learning）的推理能力。生成式图文预训练代表性的方式有以下几种：①插入式视觉微调[45-47]，其主要设计额外可学习模块，将视觉图像模态通过微调的方式加入冻结的大语言模型[48-49]中，通过相对较少的训练代价得到图文推理的能力；②任务规划[50-52]，其主要将大语言模型作为规划中枢、各类已有的视觉模型[31,53-54]作为动作终端，给定任务需求，大语言模型设计合理的统筹规划来组织下游的视觉模型联合完成任务；③整体训练[55-57]，这类方式通常采用大量图文数据对进行模型整体训练，通常会伴随一些高效的训练和重参数化策略[58]来减轻训练负担。

从时间线上，大致可以将多模态模型分成早期的多模态预训练模型（见图 3）和近期的多模态预训练（见图 4）。

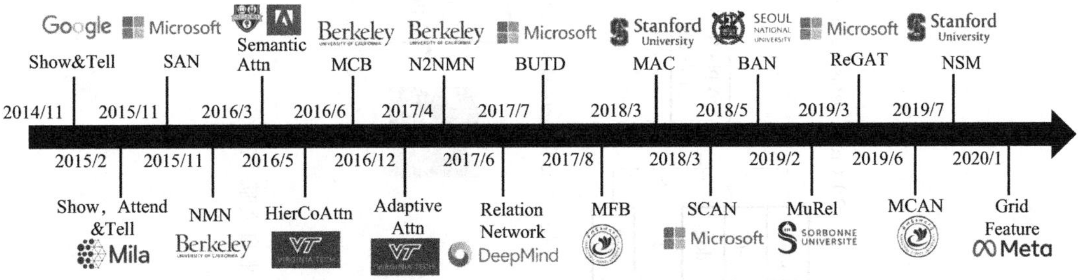

图 3 早期的多模态预训练发展时间线（原图来自文献［1］）

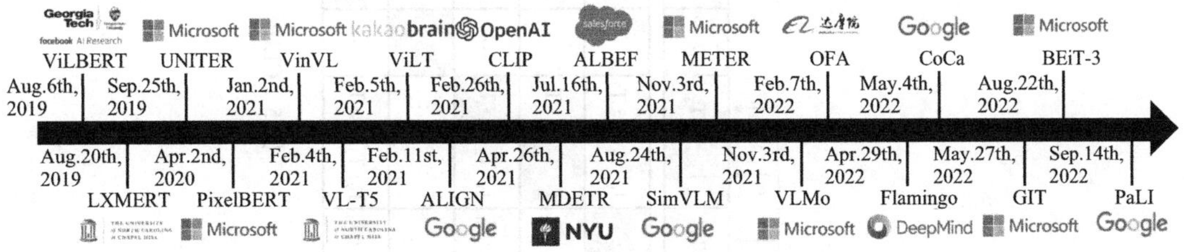

图 4 近期的多模态预训练发展时间线（原图来自文献［1］）

下面主要讨论最近三年内（2021 年以来）比较有代表性的大规模预训练模型。

CLIP[35] 模型（见图 5）是 OpenAI 于 2021 年提出的多模态预训练模型，它使用自监督学习方法学习可迁移的视觉模型。通过使用对比学习的方法将文本数据和图像数据相结合，从而实现语言-图像预训练。实验结果表明，CLIP 的零样本迁移能力非常强，预训练好的模型能够在任意一个视觉分类的数据集上取得出色的效果。CLIP 在不使用 ImageNet 的 128 万张图片进行训练的情况下，直接零样本推理，就能获得和以往有监督训练好的 ResNet50 模型同样的效果。CLIP 打破了之前固定种类标签的范式，无论是在收集数据集时，还是在训练模型时，都不需要像 ImageNet 那样做大量的人工标注工作，直接搜集图片和文本的配对即可，然后预测图像-文本的相似性。CLIP 彻底解除了视觉模型的固有训练过程，引发了后续一系列的研究。

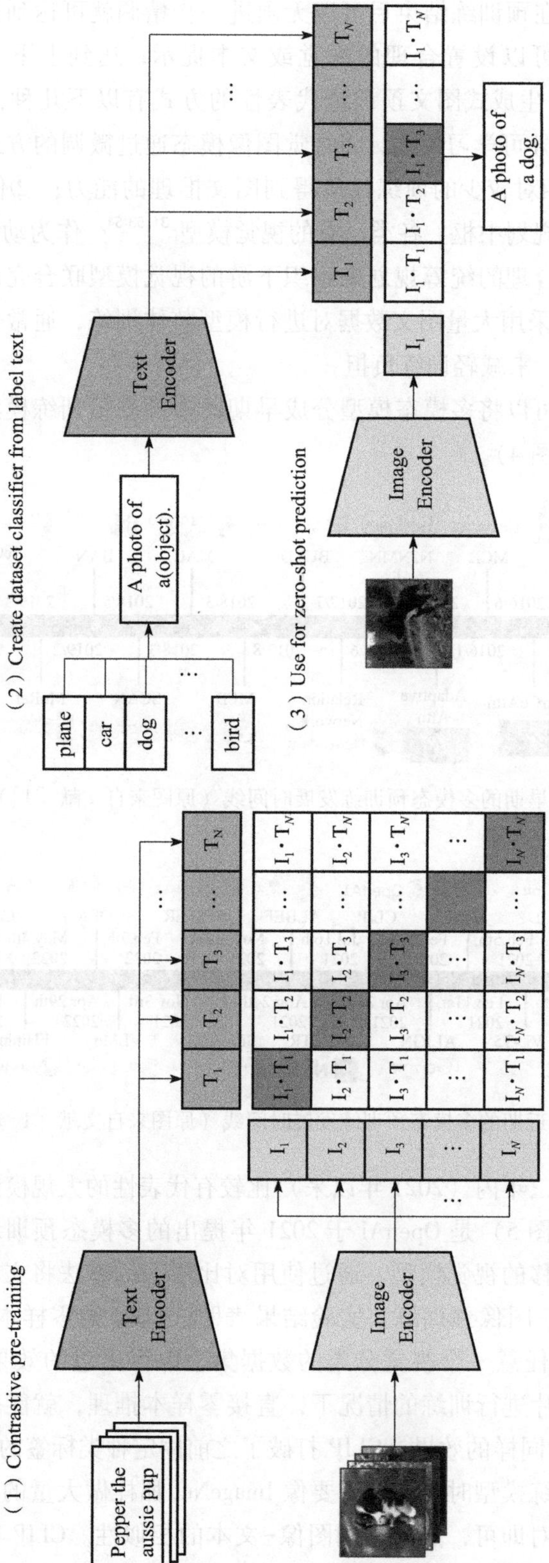

图5 CLIP模型（原图来自文献[35]）

ALIGN[36] 模型如图 6 所示。预训练的表征对于许多 NLP 和感知任务来说变得至关重要，但在视觉和视觉语言的下游应用中，表征仍然严重依赖昂贵的或需要专家知识的训练数据集。这种标注的过程限制了数据集的大小，因此阻碍了训练过的模型的扩展。因此，ALGN 提出利用噪声文本监督扩大视觉和视觉语言表征学习的规模。在这一研究中，研究者利用了一个由超过 10 亿张图像 alt-text 替代文本组成的噪声数据集，无须昂贵的过滤或后处理步骤即可获得扩展。ALIGN 模型同样使用一个简单的双编码器架构，使用对比损失来调整图像-文本对的视觉和语言表示。

Florence[34] 模型如图 7 所示。已有的多模态基础模型，如 CLIP、ALIGN 等，主要侧重于将图像和文本映射到一种跨模态的共享表征。Florence 则将表征进行了拓展，不仅拥有从粗略（场景）到精细（目标）的表征能力，还将视觉能力从静态（图像）扩展到动态（视频）、从 RGB 图像扩展到多模态（文字、深度信息）。因其具有整合图像-文本数据的通用视觉语言表示能力，Florence 可以轻松适用于各种计算机视觉任务，如分类、目标检测、VQA、看图说话、视频检索和动作识别等，在多种类型的迁移学习中均表现出色。

ALBEF[37] 模型如图 8 所示。多模态预训练模型的目的在于从大规模的图像-文本对中学习多模态表征，用以提升下游的视觉语言应用性能。已有的方法依赖预训练的目标检测器来提取图像区域特征，然后再使用一个跨模态编码器融合图像区域特征，这样的编码方式不仅标注成本过高，而且建模困难，难以实现特征的跨模态交互，同时难以规避互联网图像和文本数据中的噪声影响。因此，开发者提出了 Align Before Fuse（ALBEF）模型：首先分别使用无区域目标的图像特征编码器和文本编码器分别提取到图像和文本输入的特征，随后使用跨模态编码器融合图像文本中的跨模态信息，并使用图像文本对比损失来对齐不同模态的特征信息。ALBEF 模型有三个优点：①该模型调整了图像和文本特征之间的对齐关系，使跨模态编码器更容易执行跨模态学习；②改善了单模态编码器对图像和文本语义的理解；③学习了一个低维嵌入空间，这使得图像-文本匹配目标通过对比 hard-negative 样本挖掘更有信息量的样本。

CoCa[40] 模型（见图 9）统一了单编码器、双编码器和编码器-解码器范式，并训练了一个包含所有三种方法的图像-文本基础模型。该项研究提出了对比标注器（Contrastive Captioners，CoCa），其采用一种极简的设计，预训练一个图像-文本编码器-解码器模型，并结合对比损失和标注损失，从而包含对比方法如 CLIP 和生成方法如 SimVLM 的模型能力。与所有解码器层都处理编码器输出的标准编码-解码器相比，CoCa 在解码器的前半部分忽略交叉注意力来编码单模态文本表示，并将剩余的解码器层交叉处理图像编码器进行多模态图像-文本表示。CoCa 在单模态图像和文本嵌入之间应用对比损失，以及在可自动回归预测文本 Token 的多模态解码器输出上应用标注损失。通过共享相同的计算图，以最小的开销有效地计算了这两个训练目标。

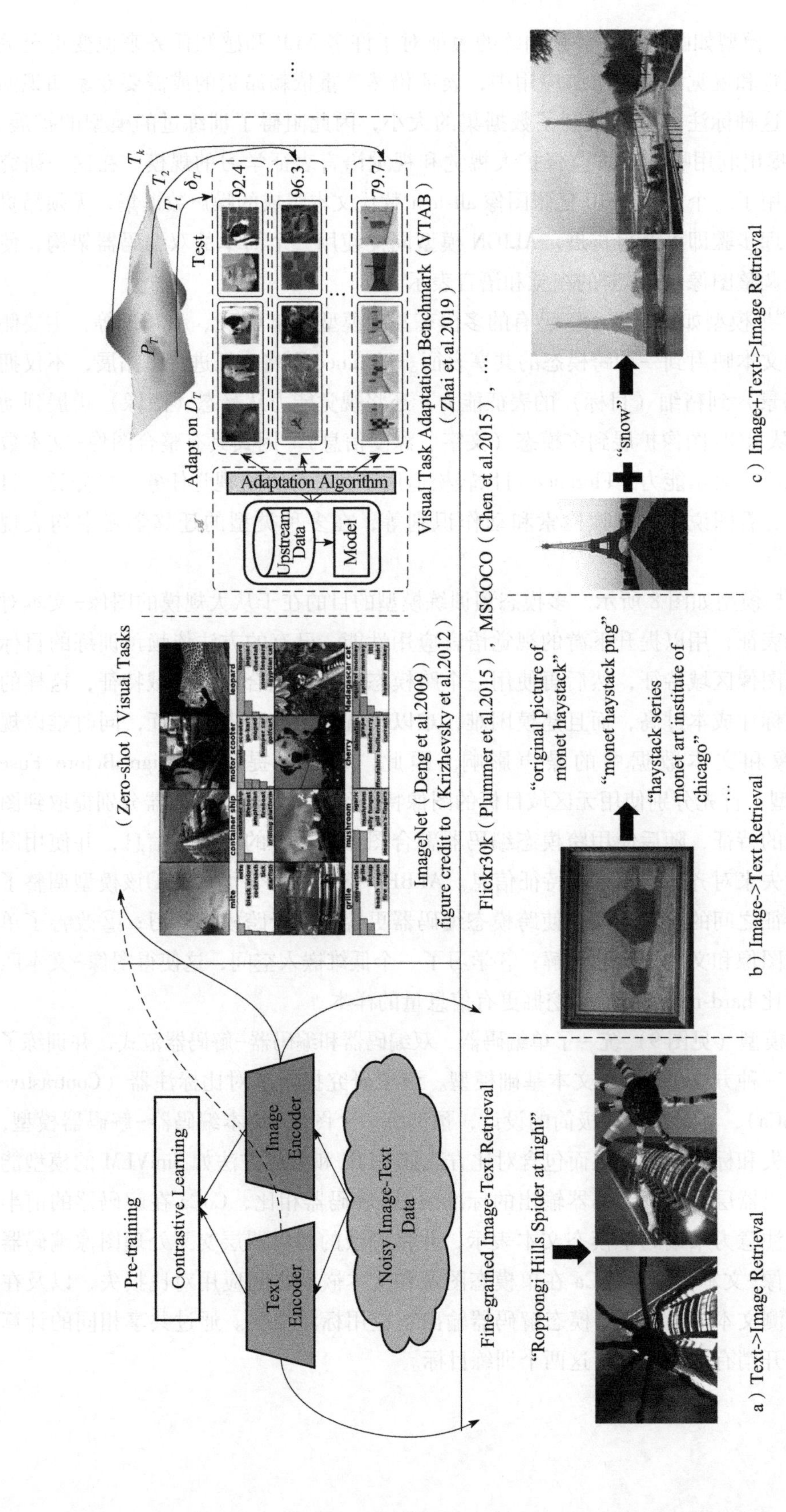

图6 ALIGN模型及其下游应用迁移（原图来自文献［36］）

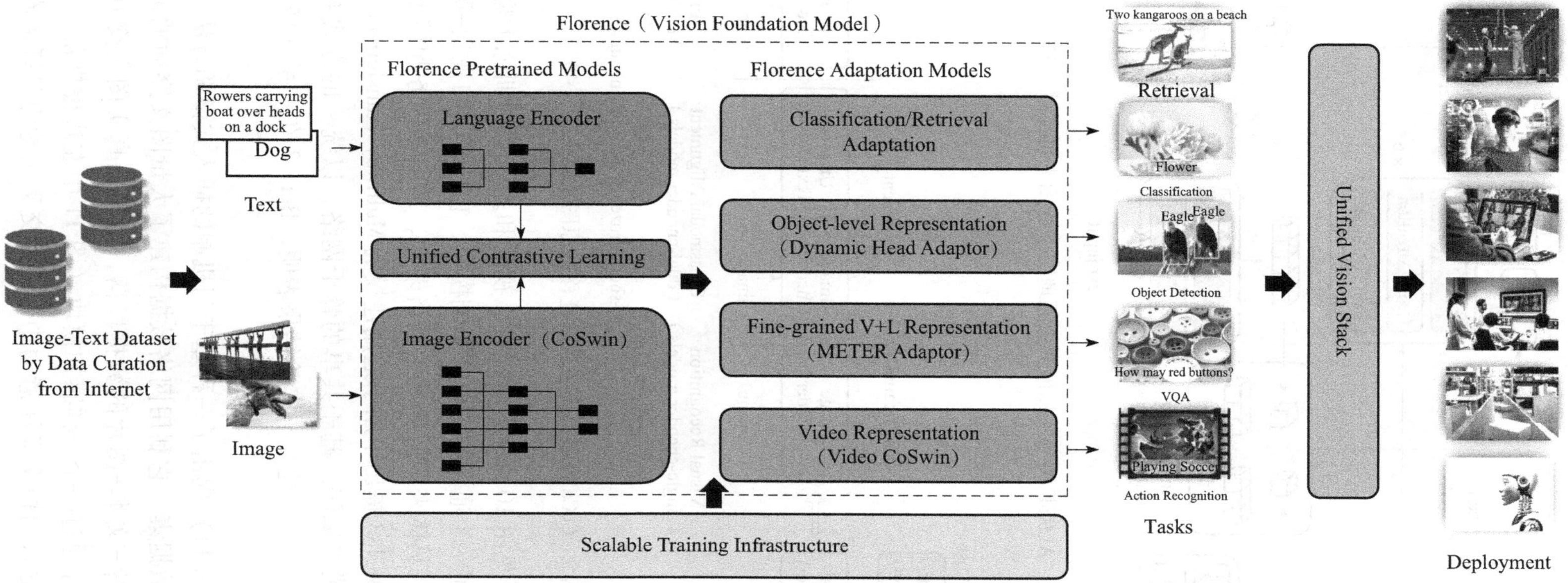

图 7　Florence模型及其下游应用迁移（原图来自文献［34］）

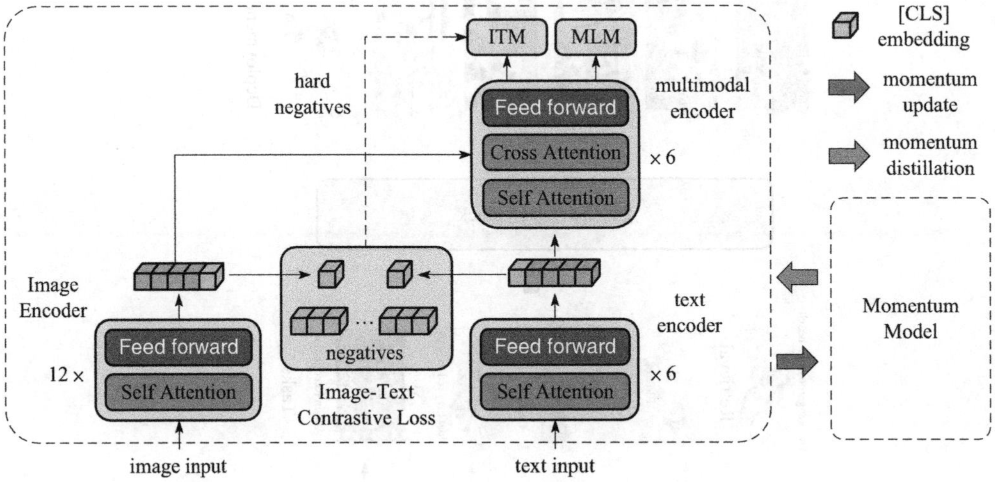

图 8 ALBEF 模型及其预训练原理图（原图来自文献［37］）

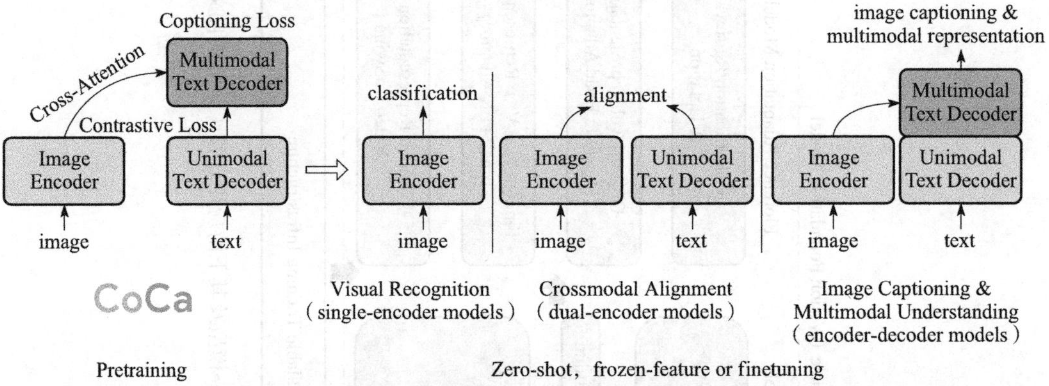

图 9 CoCa 模型预训练及其迁移（原图来自文献［40］）

BeiT-3[41] 模型（见图 10）标志着语言、视觉和多模态预训练大融合的出现。在该项工作中，作者提出了一个通用的多模态基础模型，它在视觉和视觉-语言任务上都实现了最先进的迁移性能。具体来说，从骨干网络架构、预训练任务和模型扩展三个方面推进了多模态大融合。BeiT-3 提出了用于通用建模的 Multiway Transformer，其中模块化架构支持深度融合和特定模态编码。基于共享的骨干网络，以统一的方式对图像、文本和图像-文本对进行掩码“语言”建模。实验结果表明，BeiT-3 在一系列任务上取得了 SOTA 性能。

Flamingo[45]（见图 11）提出了一种基于门机制的插入式微调方法。其贡献可从以下几个方面来描述：①数据集。它利用网络数据构建了大量图文穿插的训练数据集，这些数据集中存在大量图片-文本-图片的数据段落，来模拟真实图文交互场景。②模型结构。该方法对输入图片通过一个采样感知模块（图 11 中左边虚框部分）进行稀疏采样，之后将采样后的特征送入门控交叉注意力中。门控交叉注意力是插入在原始大语言模型

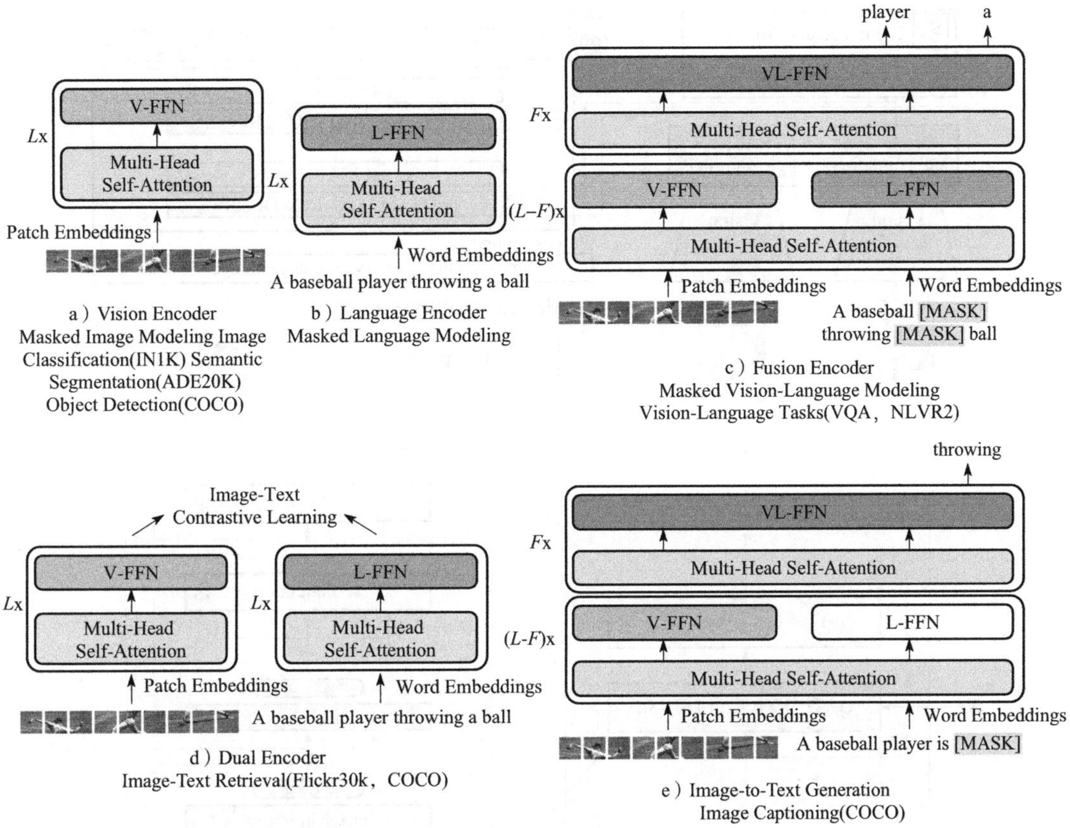

图 10 BeiT-3 模型结构及其任务迁移（原图来自文献［41］）

的各个模块之间的，其输入为文本和图像，将文本作为查询键（query），将图像作为索引键（key）和值键（value）进行交叉注意力计算，该过程相当于利用视觉数据对文本特征进行重构。重构后的特征会通过一个门控模块来进行控制，即将特征乘以一个可学习权重然后加入原始文本特征中。该过程可以控制文本和视觉特征对预测的贡献比例。③训练方式。该方法只训练新加入的采样感知模块和门控交叉注意力模块，冻结预训练好的大语言模型和视觉特征提取器，从而可以保留大语言模型的原始推理能力。

BLIP-2[46] 是一种多模态预训练模型的预训练策略，既具有通用性计算效率又高。它利用冻结的预训练图像编码器和语言模型，在各种视觉语言任务（包括视觉问答、图像字幕和图像文本检索）中实现了最先进的性能。图 12 展示了该方法的框架设计。BLIP-2 的关键优势在于它利用轻量级的查询 Transformer 桥接了图像和语言之间的模态差异，并分为两个阶段进行预训练：表示学习和生成式学习。第一阶段从冻结的图像编码器引导视觉语言表示学习，而第二阶段从冻结的语言模型引导视觉到语言的生成式学习。BLIP-2 由各种语言模型驱动，包括 OPT[59] 和 FlanT5[49]，可以根据自然语言指令进行零样本图像到文本生成，可用于新兴功能，例如视觉知识推理和视觉交流。尽管在视觉语言任务上表现出色，但 BLIP-2 使用的资源比端到端训练方法少得多，这是由于它使用了冻结的预训练模型。总的来说，BLIP-2 为视觉语言预训练提供了一种既高效又有效的新方法。

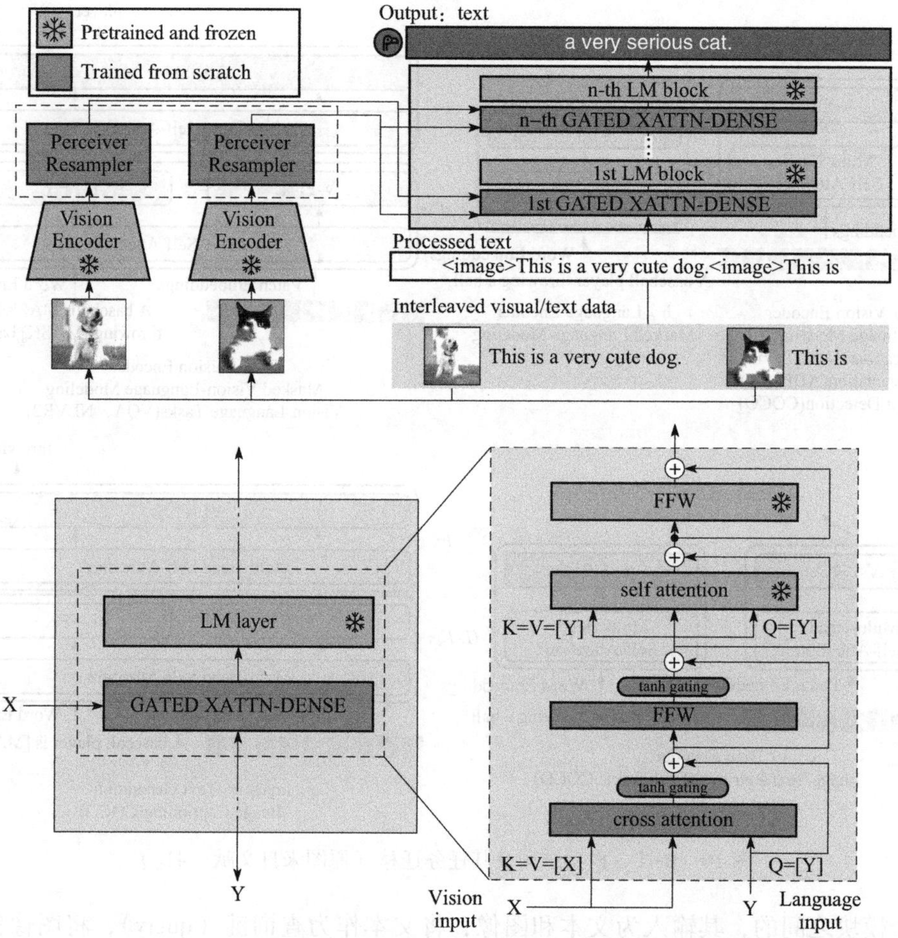

图 11 Flamingo 方法和门控交叉注意力模块（原图来自文献［45］）

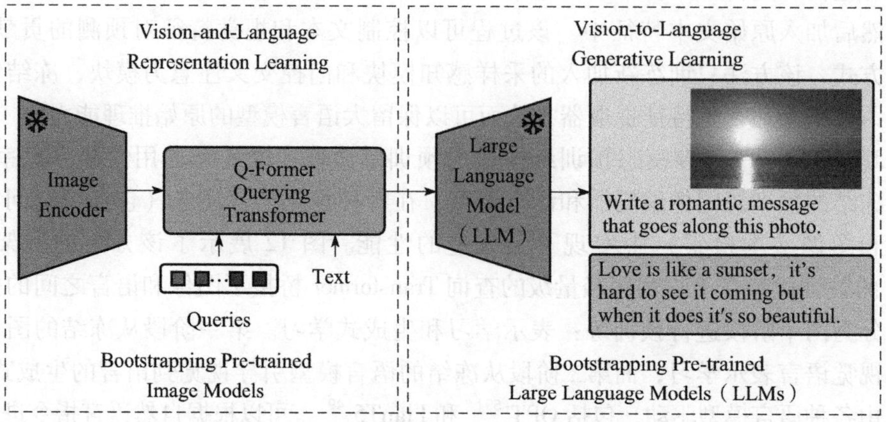

图 12 BLIP-2 方法架构（原图来自文献［46］）

MiniGPT-4[47] 是一种多模态预训练模型，专注于将来自预训练视觉编码器的视觉信息与先进的大型语言模型对齐。该模型使用线性映射层来弥合视觉编码器和 LLM 之间的差距，以实现更好的视觉语言生成。其框架如图 13 所示。MiniGPT-4 具有两个预训练阶段。在第一个阶段中，该模型从大量对齐的图像-文本对中获取视觉语言知识。整个预训练过程中，预训练的视觉编码器和 LLM 保持冻结状态，只有线性映射层被预训练。开发者使用了多个数据集来训练模型，包括 Conceptual Caption、SBU 和 LAION 等。MiniGPT-4 覆盖了约 5 百万个图像-文本对，需要大约 10 个小时才能完成。然而，在第一个预训练阶段之后，MiniGPT-4 难以产生连贯的语言输出，例如重复单词或句子、支离破碎的句子或不相关的内容。这些问题阻碍了 MiniGPT-4 与人类进行流畅的视觉对话。因此，在第二阶段对齐过程中，开发者使用精心制作的高质量图像文本数据集对 MiniGPT-4 进行微调，以实现更自然、更可靠的反馈结果。在第二阶段中，MiniGPT-4 使用预定义的提示来生成自然语言。这些提示包括从预定义指令集中随机抽取的指令，例如“详细描述此图像”或“您能为我描述此图像的内容吗”。值得注意的是，开发者在这里不计算特定文本图像提示的回归损失。在第二阶段中，MiniGPT-4 只需要 400 个训练步即可完成微调。通过第二阶段的微调，MiniGPT-4 的视觉语言生成能力得到了显著提高，可以更自然和准确地描述图像。实验表明，与仅使用第一个预训练阶段相比，MiniGPT-4 对于视觉问答任务的准确性提高了超过 10 个百分点。此外，该模型还能够执行许多其他任务，例如生成图像标题、图像排序、图像描绘等。总的来说，MiniGPT-4 是一种用于视觉语言生成的先进模型，它具有优秀的性能和灵活性，并且可以应用于各种不同的视觉任务。

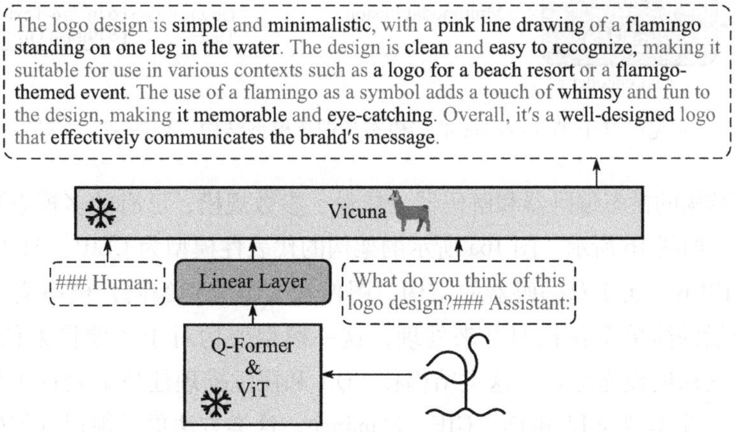

图 13 MiniGPT-4 方法（原图来自文献［47］）

Visual Instruction Tuning[56] 研究项目提出了 LLaVA（Large Language and Vision Assistant）模型（见图 14）。它是一款基于大型语言模型（LLM）和视觉编码器的多模态模型，用于通用的视觉和语言理解任务。该模型通过使用文本模型 GPT-4 生成多模态指令跟随数据，并进行微调来进行训练。相对于以前的方法，LLaVA 展示了令人印象深刻的多模态聊天能力，有时会表现出对未见过的图像/指令的行为。LLaVA 的架构包括一个视觉编码器和一个 LLM，两者通过多种方式进行交互。在推理时，视觉编码器将输入的视觉信息编码用向量表示，并与 LLM 的词嵌入组合起来，用于生成响应。而在微调阶段，LLM 接收来自视觉编码器的特征向量，并根据指令跟随数据微调模型权重。通过在多个数据集上测试，证明了其在各种多模态任务上的优越性能。具体而言，在合成的多模态指令跟随数据上，LLaVA 的得分相对于 GPT-4 提高了 85.1%。此外，在科学问答任务中，LLaVA 与 GPT-4 合作，实现了 92.53%的准确性，成为该领域的最优模型。

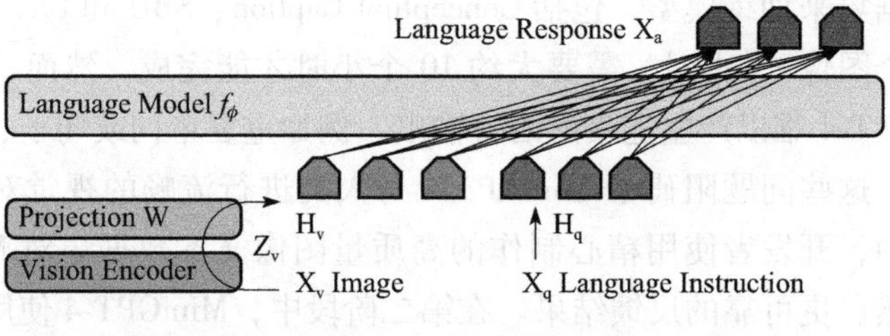

图 14 LLaVA 架构（原图来自文献［56］）

整体来说，在模型架构层面，目前主流的多模态预训练基础模型的结构如图 15 所示，基本包含一个图像编码器、文本编码器、多模态融合模块、可选的解码器、预训练目标和下游任务迁移目标等几个部分组成。

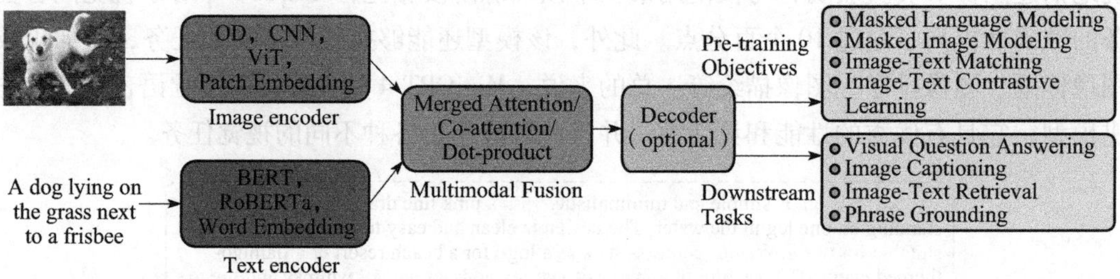

图 15 常见的基于 Transformer 的多模态预训练模型结构（原图来自文献［1］）

根据模型结构的模态编码器和解码器的数量、参数规模，已有的多模态预训练模型大致可分成 5 类，如图 16 所示。图 16a 所示的架构的代表性模型为 CLIP、ALIGN、Florence，以及 BLIP、FIBER，属于双编码器的结构，图像和文本分别编码，模态交互仅通过图像和文本特征向量的简单余弦相似度来处理，这一模型架构对于图像检索任务是有效的。然而，由于缺乏深度模态融合，这类结构在 VQA 和视觉推理任务上表现不佳。图 16b 所示的架构的代表性模型为 LEMON、GIF、Flamingo，这类方法更重视视觉编码器，模型结构相对较为简单、轻量化。图 16c 所示的架构的代表性模型有 ALBEF、METER、CoCa，这类模型结构在视觉和文本模态之后增加了一个融合模块，融合模块可以是编码器或者解码器。图 16d 所示的架构的代表性模型为 SimVLM、PaLI，这类方法在融合模块之后又新增了解码器，一般用于语言生成类任务，便于适配更多的下游任务。图 16e 所示的架构的代表性模型为 BeiT-3，采用多路 Transformer，在输出头部分新增了包含不同模态的模态专家头，用于适配各种下游任务的输出。

METER[39] 等研究对已有的大模型的特征提取及注意力机制做了进一步深入的研究。已有的多模态融合模块通常都是在原始的 Transformer 注意力机制上进行改进的。常见的融合方式有 Co-attention 和 Merged attention，模型结构如图 17 所示。

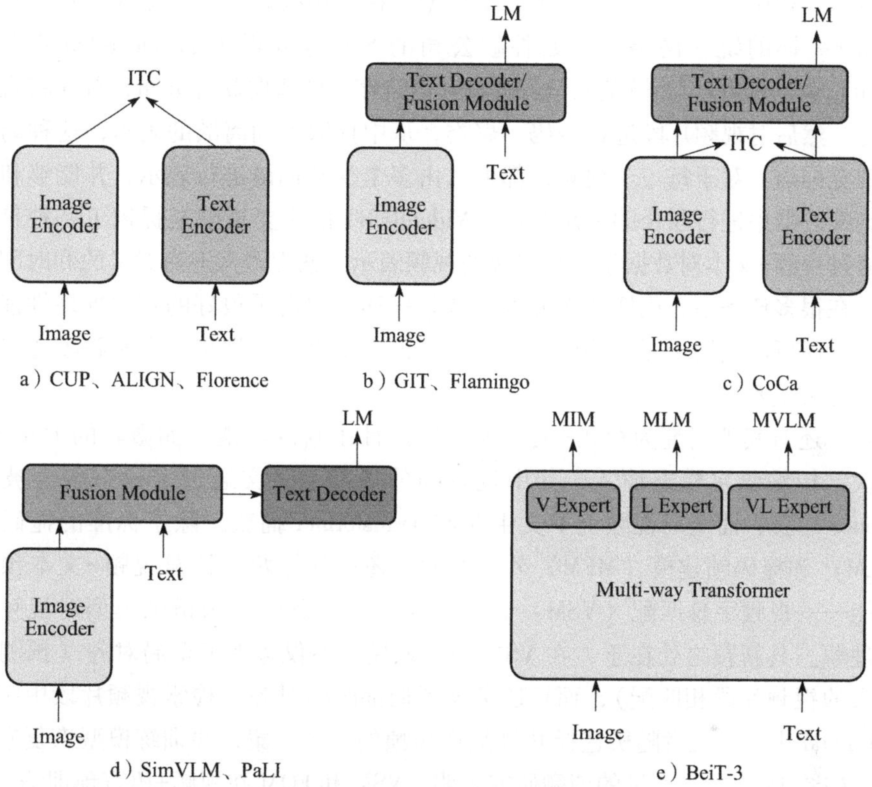

图 16 代表性多模态预训练模型结构（原图来自文献［1］）

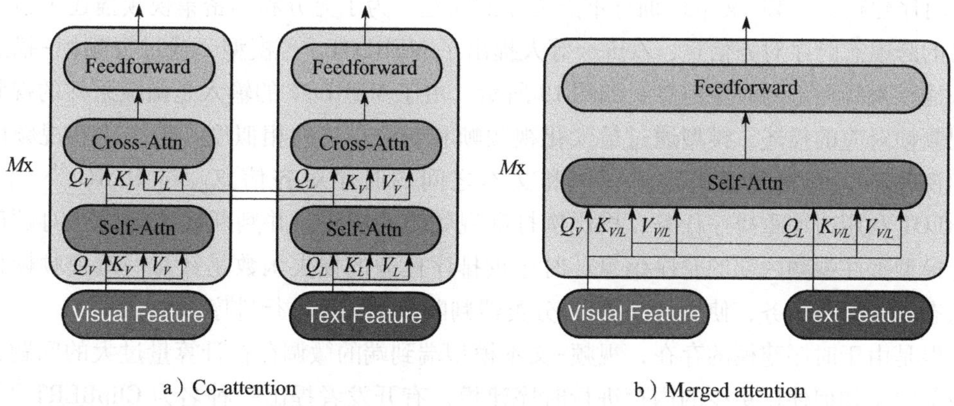

图 17 多模态融合注意力机制对比（原图来自文献［39］）

2.2.2 视频-文本

在早期的视频-文本预训练模型中，通常设计互动式学习模块，将共同注意或交叉注意力机制整合到模型框架中，以提高多个输入之间的特征表示。实际上，这些模型沿用了传统小模型的交互融合思想，因为这样可以方便与众多下游任务无缝集成，并提供高度的灵活性。相比之下，当前的许多大型模型直接使用投影层处理输入，并将其送到像Transformer一样的统一网络中，如谷歌公司的Sun等人提出的VideoBERT[60]模型。VideoBERT基于BERT[28]模型来学习视频和语言序列的双向联合分布，首先将视频内容进行量化，然后对视频片段进行编码、聚类，从中抽取得到离散的表示，这种离散的表示称为视觉词语。对于每一个视频，都可以由多个视觉词语进行表示，并能够和文本一同输入到编码器中进行联合的表示学习。VideoBERT的主要贡献是提供了一种自监督的方式来通过视频-文本对数据学习高层次的视频表示，捕捉语义上有意义的和时间上长程的结构。在很多任务中，包括动作分类和视频描述上取得了很好的零次推理性能。开发者证明了它还可以应用于开放词汇的分类，也证实了大量的训练数据和跨模态信息对预训练性能至关重要。

此外，还有其他研究为视频-文本预训练设计了新的功能。如微软的HeRO[61]模型以层次结构编码多模态输入，其中视频帧的局部上下文通过多模态融合被跨模态Transformer捕获，而全局视频上下文由时间Transformer捕获。除了标准的掩码语言建模（MLM）和掩码帧建模（MFM）外，开发者还设计了两个针对视频-文本预训练的新的功能——视频字幕匹配（VSM）和帧顺序建模（FOM）来增强模型对视频中时序信息的理解。其新颖之处在于，在VSM中，该模型不仅考虑了全局对齐（预测字幕是否与输入的视频片段相匹配），而且还考虑了局部时间对齐（检索视频片段中字幕的时刻）。在FOM中，开发者随机选择并打乱视频帧的一个子集，并训练模型恢复它们的原始顺序，如图18所示。大量的消融研究表明，VSM和FOM在视频+语言预训练中都起着关键作用。

时序建模是视频-文本预训练重点关注的问题，为了充分利用密集视频描述中包含的丰富的跨模态时序对齐信息，Zellers等人提出了MERLOT[25]模型，通过视频帧-描述匹配来建模视频内部的时序信息，如图19所示。由于MERLOT的输入是稀疏采样的视频帧和视频帧对应的描述，模型通过最大化视频帧和对应描述的相似度，最小化和视频内其他帧视频描述的相似度来建立视频和文本之间的时序对齐信息。与HeRO[61]不同，MERLOT利用时序重排序任务，按比例打乱视频帧的顺序，并判断帧之间的相对顺序来指导模型关注视频内部的时序信息。时序重排序任务的损失函数是针对一对视频帧拼接隐状态的二分类任务，使用两层MLP分类器判断前后关系进行排序。

但是由于时序建模的存在，视频-文本模型端到端的微调存在计算量过大的问题，因此应关注于如何使用更少的内存进行时序建模，有开发者提出一种名为ClipBERT[62]的通用框架。与之前研究的密集采样方法不同，ClipBERT的创新之处在于稀疏采样，在每个训练步骤中只使用一个或几个稀疏采样的视频短片段，从而为视频和语言任务提供了轻量的端到端学习。ClipBERT证明了以下科学假设：稀疏采样的片段已经蕴含了视频中的关键视觉和语义信息，因此少量的片段就足以代替整个视频用来训练；预训练中使用图文对数据集学习到的知识也可以在视频-文本的任务中起到作用。

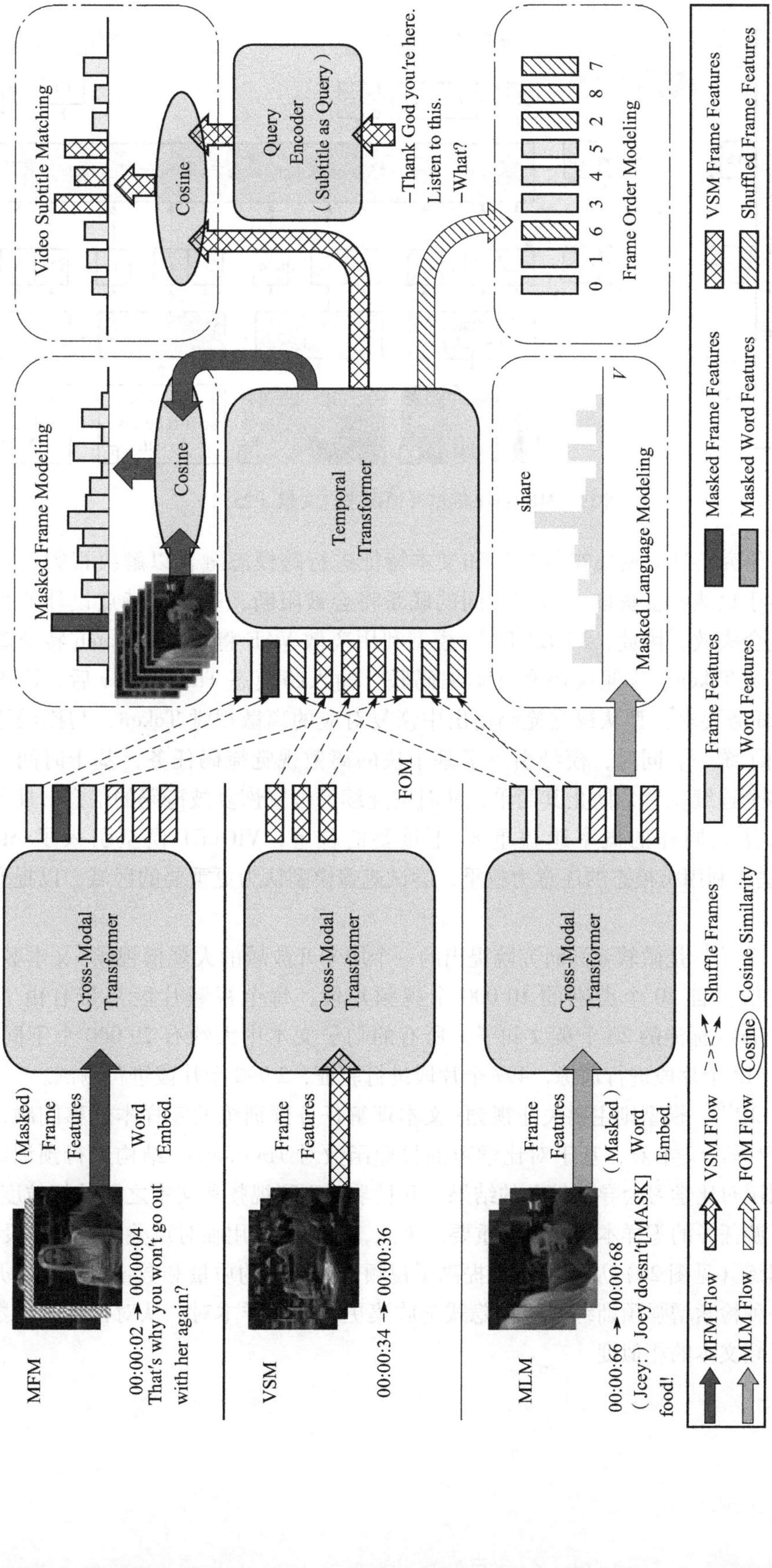

图18　HeRO模型（原图来自文献［61］）

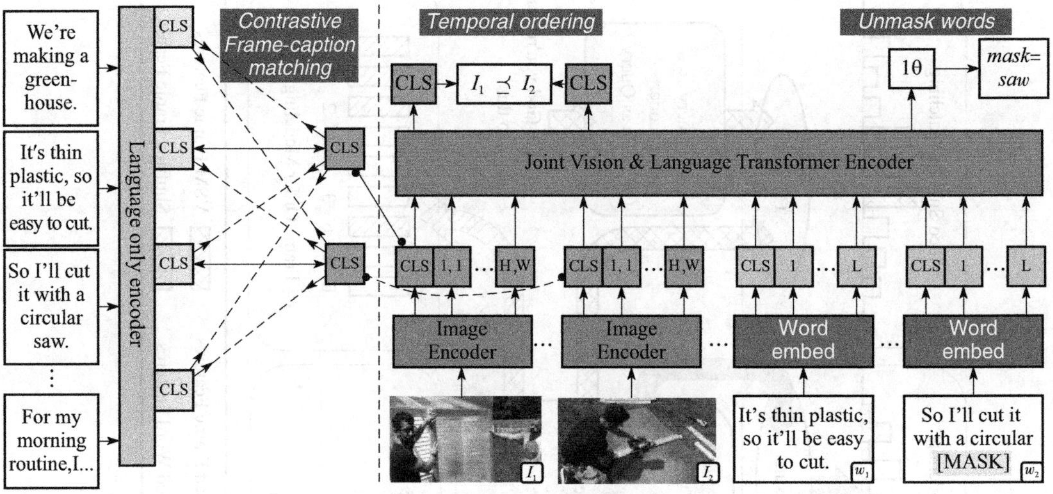

图 19 MERLOT 模型（原图来自文献［25］）

以前的研究尝试对密集视频特征和文本特征进行跨模态融合以解决视频语言建模问题，但由于离线特征提取，模态之间的联系将会被阻断，基于此特点设计的视觉掩码任务可能会失效。因此，VIOLET[63] 模型利用离散 VAE 将视频的 patch 特征离散化为一系列视觉 Token，视频编码和文本编码联合输入跨模态 Transformer 后，掩码视觉 Token 建模任务要求模型从视觉掩码输出中恢复对应的离散视觉 Token，与掩码语言建模任务得到了统一。同时，模型引入了基于块的离散视觉掩码任务，基于时间、空间同时掩码多个连续位置，防止其简单地从时空连续的位置恢复被掩码的信息。此外，一般的掩码方法以同样的概率遮盖重要/不重要的位置，VIOLET 模型引入了 Attended Masking 方法，利用跨模态的注意力权重，尝试遮盖模型认为更重要的区域，以提升掩码任务的难度。

MSR-VTT[111] 是微软亚洲研究院提出的一个用于开放域的大规模视频-文本数据集。该数据集包括来自 20 个类别的 10 000 个视频片段，每个视频片段都带有由 Amazon Mechanical Turks 标注的 20 个英文句子。所有的句子文本中大约有 29 000 个不同的词。通常使用 6 513 个片段进行训练，497 个片段进行验证，2 990 个片段进行测试。

VideoCLIP[64] 模型则主要关注视频-文本理解任务预训练的零样本迁移问题，使用成对的视频片段-文本对，基于对比学习的目标函数对 Transformer 结构进行预训练。但是简单地利用对比学习会导致较差的结果，并且学习不到视频和文本之间的细粒度关联，而这对于下游任务的零样本迁移至关重要。因此，开发者使用临时重叠的视频片段-文本对进行预训练（见图 20）从而大大地提高了视频文本对齐的质量和数量。其次，开发者还提出了一种检索增强预训练方法来隐式地收集更难的负样本对，从对比损失函数中学习细粒度视频文本的相似度。

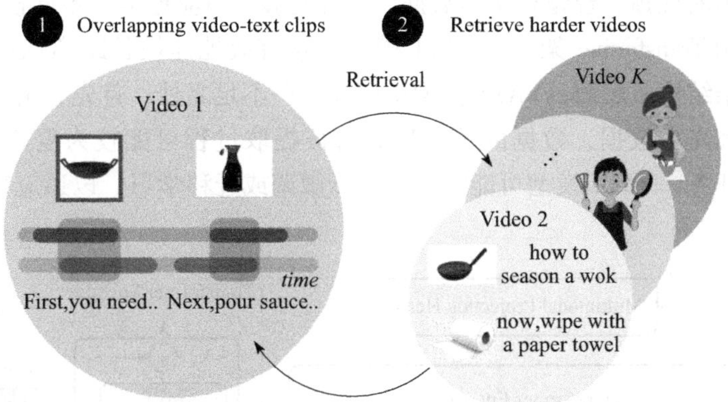

VideoCLIP:Contrastive learning with hard-retrieved negatives and overlapping positives for video-text pre-training.

图 20 VideoCLIP 模型（原图来自文献［64］）

2.2.3 其他

随着多模态大模型的不断发展，越来越多的应用场景需要处理更多模态的数据，包括视频、音频和文本等。多模态大模型的设计趋向于融合更多模态的信息，以更好地模拟现实世界的复杂性和丰富性，从而提供更全面、更准确的多模态分析和理解能力。例如，音频-视觉模型能够捕捉音频和视觉之间的关联性，使得模型在各种下游任务中展现出更高的表现力和鲁棒性。通过整合多个模态，可以获得更丰富的信息，从而帮助模型更好地理解多模态场景，并将其应用于智能音视频处理、智能辅助设备等广泛的领域。

MMV[65] 是 2020 年 DeepMind 团队提出的一种针对视觉、语言和音频的自监督多模态多功能网络。该网络在自监督多模态学习方面缩小了与监督多模态学习的差距。它的优势在于将不同模态嵌入向量空间，通过简单的点积进行模态比较和联系建立。这种方法既保证了模态间的独立性，也保持了视觉、音频和文本的特殊性。它还借鉴了对比学习思想来对齐视觉、音频和文本。所使用的网络具有空间域和时间域分离卷积的特点，通过在时间维度上缩小网络，可以将其应用于图像。然而，MMV 网络依赖于视觉模态来建立音频和语言模态之间的联系，如果缺少视觉模态的训练数据，模型将无法正常启动训练。此外，网络缩小后仍需使用图像数据进行训练，增加了训练成本，并且准确率低于静态视频方法。

VATT[66]（Visual-Audio Text Transformer）是由谷歌在 2021 年提出的多模态预训练模型。该模型采用了 Transformer 架构，能够同时处理视觉、音频和文本模态的数据。VATT 模型的核心架构由多个 Transformer 编码器组成，分别用于处理视频、音频和文本数据。每个编码器使用自注意力机制来捕捉不同模态数据的内部关系。如图 21 所示，在训练过程中，VATT 模型通过自监督学习来学习模态间的对齐。具体来说，模型通过将不同模态的数据进行遮挡、交换或混合，然后利用重构任务来学习恢复原始数据。这样的训练过程能够促使模型学习到多模态数据的共同表示，并提高其泛化性能。VATT 模型的优势在于能够处理原始的视频、音频和文本数据，并且能够自适应地学习不同模态之间的关系。此外，通过采用 Transformer 架构，VATT 模型能够有效地建模长距离依赖关系，捕捉多模态数据的复杂结构。然而，VATT 模型也存在一些不足之处。首先，由于需要处理原始的视频、音频和文本数据，数据的预处理和特征提取过程可能较为复杂和耗时。此外，对于某些特定任务，VATT 模型可能需要进一步微调或迁移学习，以适应特定领域的数据和任务。

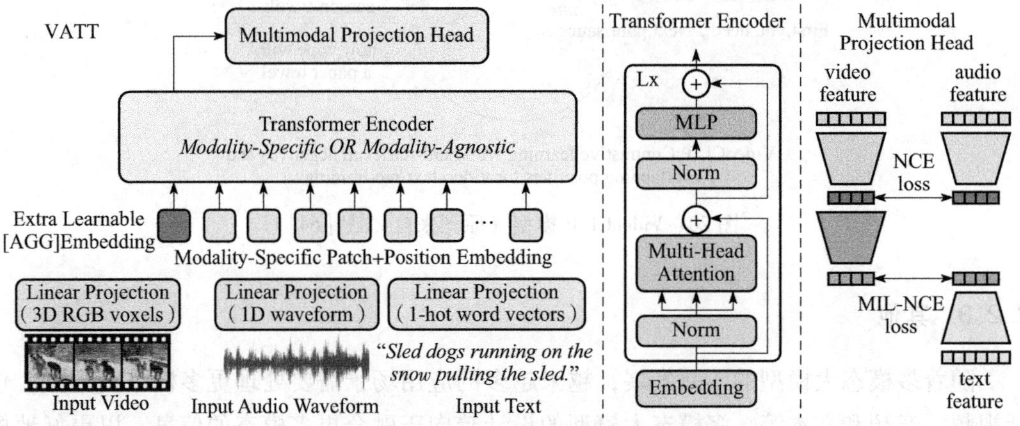

图 21 VATT 架构和自监督多模式学习策略（原图来自文献［66］）

MCN[67] 是一种用于自监督学习的多模态聚类网络，旨在从无标签视频中学习有用的表示。该模型通过结合视频的视觉和音频信息，自动聚类视频片段，并鼓励相似的视频片段在表示空间中靠近彼此。如图 22 所示，该模型的核心架构由两个部分组成：一个视觉编码器和一个音频编码器。视觉编码器通过卷积神经网络提取视频帧的视觉特征，而音频编码器使用卷积神经网络提取音频帧的音频特征。两个编码器的输出被送入一个共享的多模态聚类头，用于计算视频片段的表示和聚类分配。在训练过程中，模型使用自监督学习方法来学习多模态表示。该模型采用了对比学习的思想，通过最大化同一视频不同时间步骤的视觉和音频表示的相似性，以及最小化不同视频的表示的相似性来训

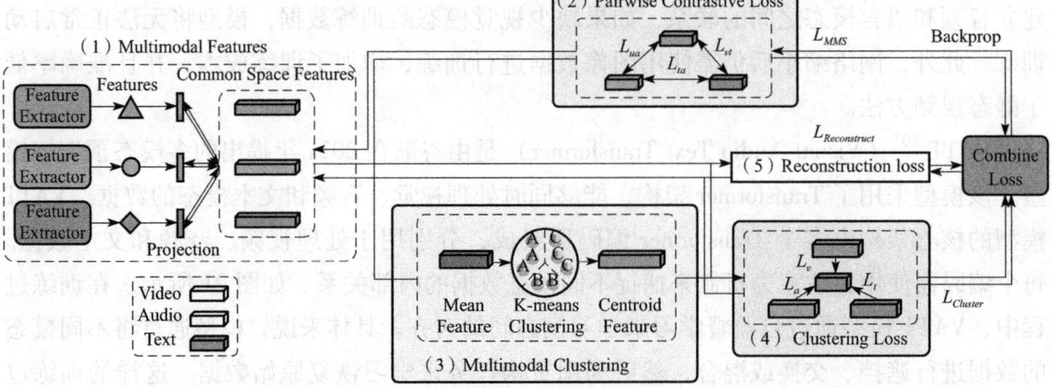

图 22 MCN 的核心架构（原图来自文献［67］）

练模型。这样的训练过程能够促使模型学习到视频片段的有用表示，并鼓励相似的视频片段聚集在一起。该模型的优势在于能够自动学习视频片段的有用表示，而无须人工标注标签。此外，通过结合视觉和音频信息，该模型能够更全面地捕捉视频的语义和上下文信息。然而，由于使用无标签的视频数据进行训练，该模型的性能可能受到数据质量和多样性的限制。

EAO[68] 是由 Shvetsova N 等人提出的一种多模态融合 Transformer，它学习在多种模态（例如视频、音频和文本）之间交换信息，并将它们集成到连接的多模态嵌入空间中的融合表示中。如图 23 所示，该方法对所有输入模态的任意组合进行组合损失训练，例如单一模态及成对模态，省略了任何附加组件，包括位置和模态编码。在测试时，生成的模型可以处理和融合任意数量的输入模态。此外，转换器的隐式属性允许处理不同长度的输入。

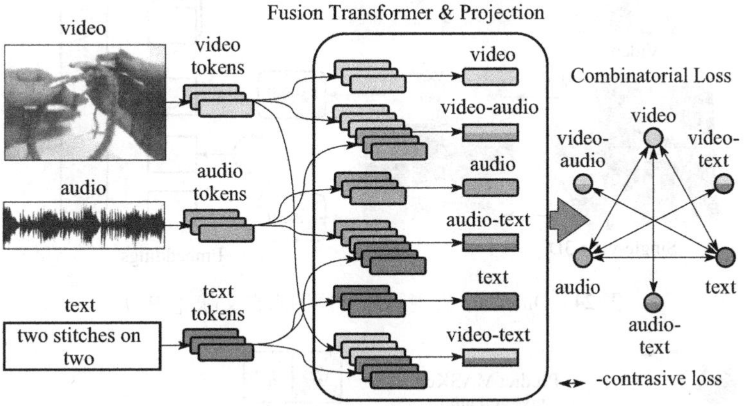

图 23 EAO 架构（原图来自文献［68］）

Omnivore[69] 是由 MetaAI 团队在 2022 年提出的一个多模态预训练模型。该模型的目标是希望学习一个可以在三种主要的视觉模态（图片、视频、单视图 3D）上都能有效的单一模型。这些模态数据的尺寸通常并不一样，其中视频带有时间轴，而单视图 3D 实际上是 RGB-D 图像，包含 RGB 图像的三个通道和一个深度通道。开发者提出了一个基于 Transformer 的架构，对于不同模态的输入，都把它们看成四个维度的张量。如图 24 所示，通过 Embedding 将不同的视觉模态转换为通用格式，然后通过一系列时空注意力机制来构建不同模态的视觉统一表示。但是，该模型无法直接推广到点云等数据模态，也无法直接推广到音频等非视觉模态。

Merlot Reserve[26] 是由华盛顿大学的研究团队提出的一种学习音频、字幕和视频的跨模态表示的模型。如图 25 所示，Merlot Reserve 采用了一种多步骤的编码过程来处理不同模态数据：首先对每个模态进行独立编码，然后进行联合编码。视觉转换器用于编码视频帧，音频频谱图转换器用于编码音频，单词嵌入表用于编码字幕。通过联合编码器，将所有模态进行融合。这种结构的优势在于可以同时处理带字幕或音频的视频任务及基于图像的任务，如 VCR。开发者通过将对齐的视频屏蔽出一个区域，然后训练模型尽可能地使屏蔽区域的编码与该区域的文本和音频编码相似。这种方法可以最大限度地提高被掩码区域与文本和音频的独立编码之间的相似性。此外，Merlot Reserve 模型实现了开箱即用的预测，揭示了强大的多模态理解能力。在零样本实验中，Merlot Reserve 模型在四个视频任务上获得了有竞争力的结果。

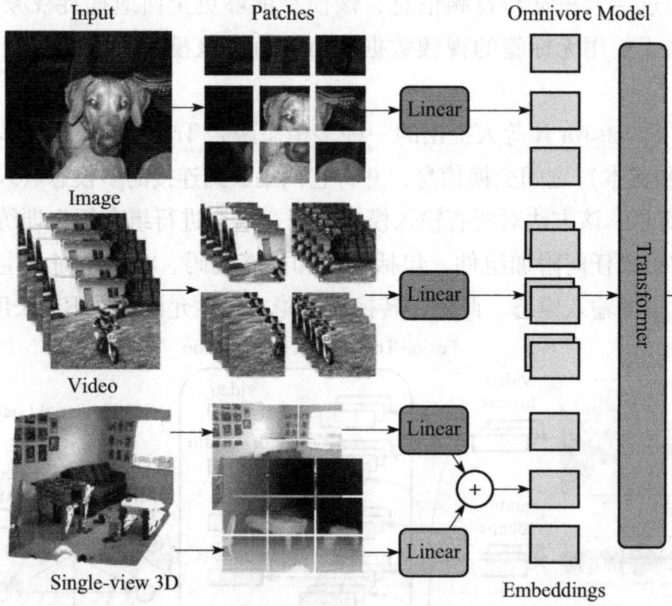

图 24 Omnivore 模型结构（原图来自文献［69］）

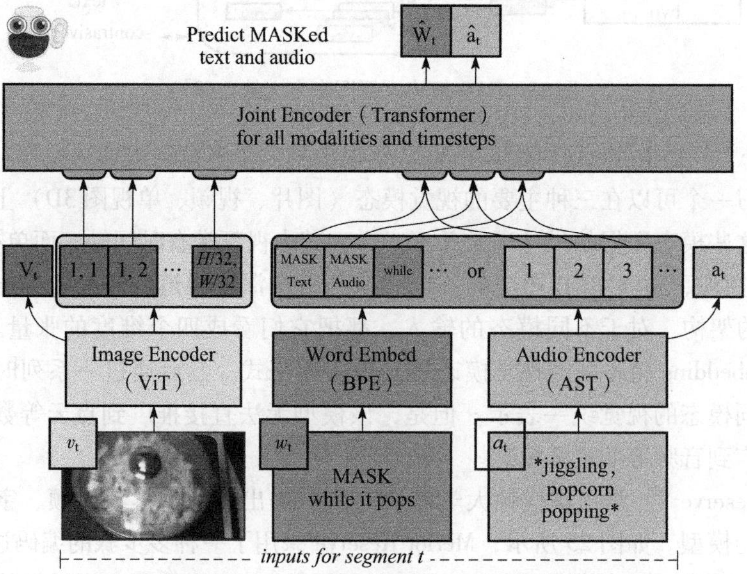

图 25 Merlot Reserve 模型架构（原图来自文献［26］）

i-Code[70] 是一种多模态自监督预训练模型，用户可以灵活地将视觉、音频和语言三种模态组合成统一的通用的向量表征。如图 26 所示，在 i-Code 模型中，来自每个模态的数据首先通过单模态编码器，然后将编码器输出与多模式融合网络集成，通过使用注意力机制和其他架构来有效地组合来自不同模式的信息。与之前仅使用视频进行预训练的研究不同，i-Code 模型可以在训练和推理期间动态处理单模态、双模态和三模态数据，灵活地将不同模态组合投射到单个表示空间中。

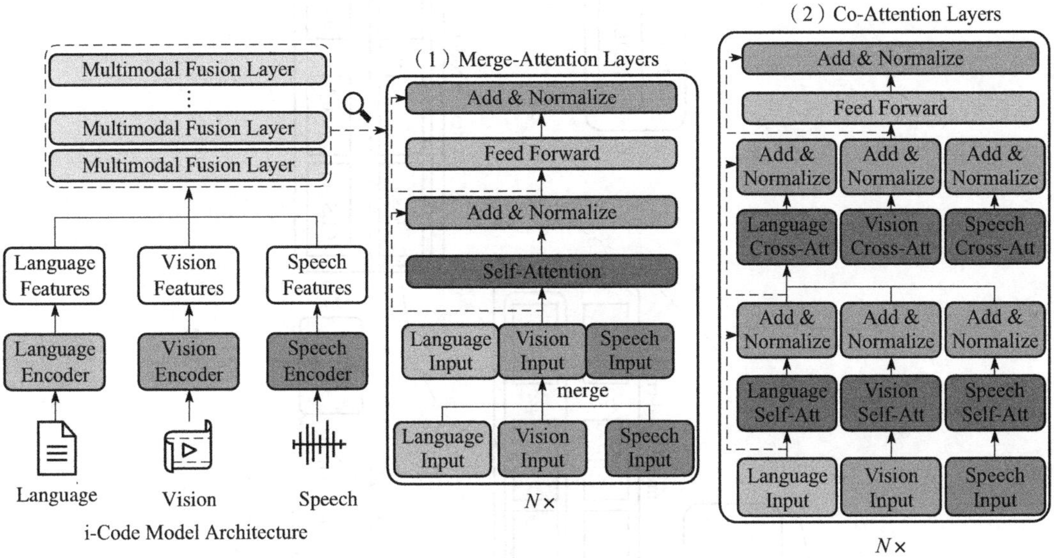

图 26 i-Code 模型架构（原图来自文献［70］）

2.3 下游任务

2.3.1 图像分类

图像分类（Image Classification）是计算机视觉中的一个常见任务，其目标是将输入的图像分配到预定义的类别中。在这个任务中，计算机需要识别图像中的物体、场景或模式，并将其与预先定义的类别相匹配。

现有的单模态大模型通常包含复杂的结构，并且过于依赖外部模块，例如对象检测器。来自微软公司的 Wang 等人提出了 GIT 跨模态大模型[38] 他们将模型结构简化为单个语言建模任务下的一个图像编码器和一个文本解码器，并扩充了训练前的数据和模型大小，以提高模型性能。而针对图像分类任务，他们在 ImageNet-1k 上微调 GIT。其中每个类别都映射到一个唯一的类名，只有当它与真实标签完全匹配时，预测才是正确的，在不预先定义词汇表的条件下达到了较好的下游任务表现。目前，最先进的跨模态大模型依赖于大规模的多模态预训练，在各种下游任务中获得了良好的表现。但这些预训练通常只针对特定的模态或任务。来自 Meta 公司的 Singh 等人提出了 FLAVA 模型[71]。FLAVA 使用一个单一的整体通用模型作为“基础”，同时针对所有模态任务进行了适配。如图 27 所示，FLAVA 包括一个图像编码器和对应的文本编码器，以及一个将文本模态和图像模态编码进行多模态推理的编码转换器。在预训练阶段，MIM 和 MLM 损失分别应用于单个图像或文本片段上的图像和文本编码器，对于下游任务，分类头分别应用于图像、文本和多模式编码器的输出。

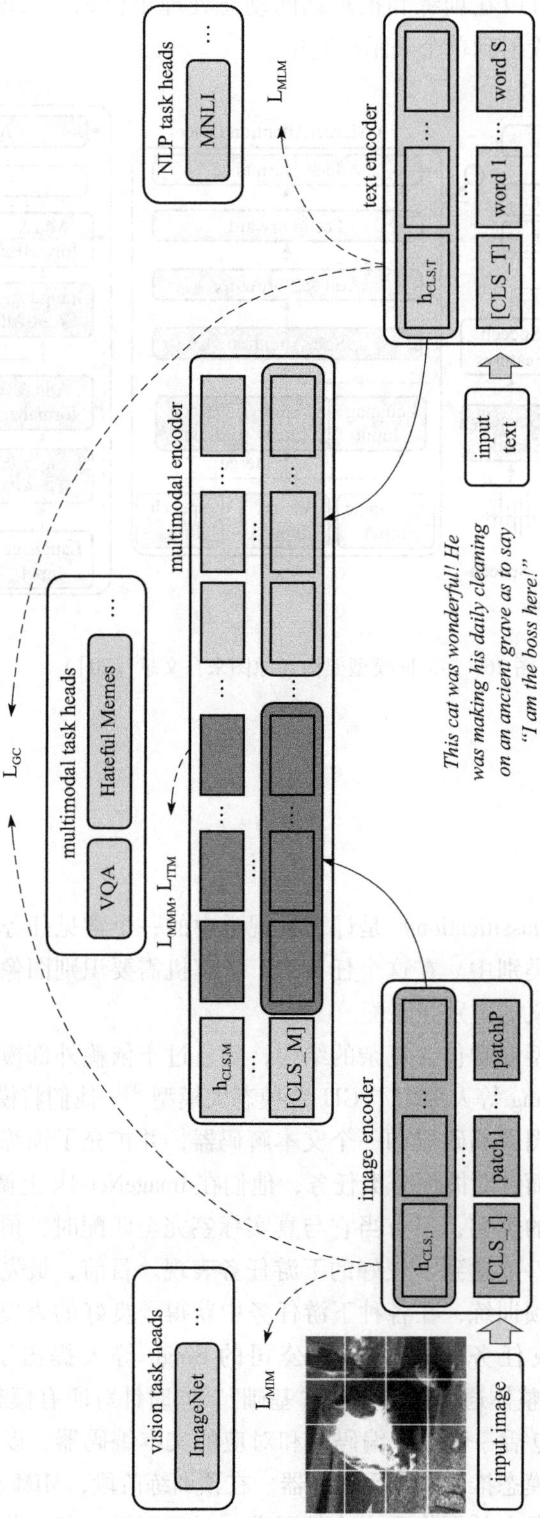

图 27 FLAVA模型（原图来自文献[71]）

考虑到训练大规模模型的难度，Vong 等人[72] 提出引入预训练 BLIP-2[46] 与 GPT-3[42] 模型。开发者利用 BLIP-2 模型扩充了小模型的知识容量与图文对齐能力。具体来说就是，通过预先训练的 BLIP-2 模型将输入图像转换为自然语言。之后，用 GPT-3 模型将这些文本描述转换为分类标准与规则，在此过程中对多个候选规则进行了采样。来自 Amazon 公司的 Fu 等人提出了 CMA-CLIP[73]。CMA-CLIP 使用 CLIP 在全局水平上拉近模态间的差距，并使用顺序注意力模型来捕捉文本和图像之间的细粒度对齐。此外，CMA-CLIP 利用模态注意力模型来学习每个模态与下游任务的相关性，使网络对不相关的模态具有鲁棒性。

为了将生成模型的建模能力与特征学习的表示能力融合，来自谷歌公司的 Li 等人提出了 MAGE 模型[74]。MAGE 在输入和输出处使用由矢量量化 GAN 学习的语义，并将其与掩码相结合。如图 28 所示，MAGE 首先使用 VQGAN 将输入图像标记为一系列语义标记。之后采用随机掩码对这些标记进行遮蔽。训练过程中重建的交叉熵损失鼓励模型被遮蔽的标记。在编码器的输出处还有一个可选的对比损失，以进一步提高所学习的潜在特征空间的线性可分性。

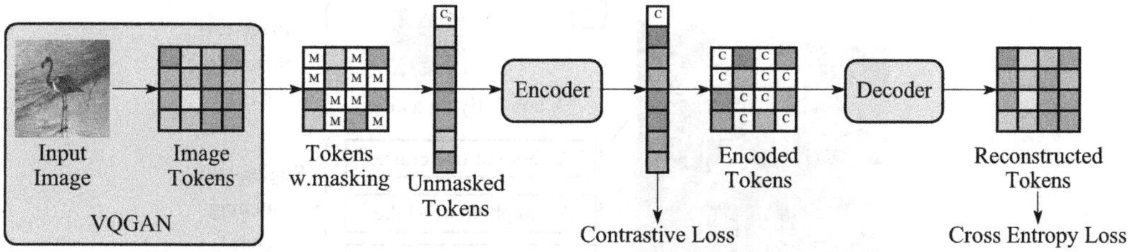

图 28　MAGE 模型（原图来自文献［74］）

2.3.2　目标检测

目标检测（Object Detection）旨在从图像或视频中检测出图像中存在的物体，并对其进行分类和定位。目标检测任务通常包括以下几个步骤：目标框选、图像分类和位置定位。在目标框选阶段，算法会在图像中预测出物体的位置，并用矩形框将其标出。通常采用边界框（Bounding Box）来表示物体的位置，边界框由左上角坐标和右下角坐标构成。在图像分类阶段，算法会对每个物体进行分类，即确定物体属于哪一类别。通常采用分类器或深度学习模型来实现物体分类。在位置定位阶段，算法会精确定位物体的位置，通常采用回归模型来实现位置定位。

来自谷歌公司的 Minderer 等人提出了 OWL-ViT 模型[75]。该模型首先通过图像-文本对对文本和图像编码器进行预训练；之后，将轻量级对象分类和局部化注意力头直接附加到图像编码器的输出中，目的是为了将预训练的编码器转移到开放词汇目标检测中。为了实现开放词汇检测，查询字符串与文本编码器一起编码并用于分类。

Miyai 提出的研究[76] 探讨了使用多模态预训练模型（CLIP）解决零样本 OOD（Out of Distribution）检测的问题。现有的检测方法只考虑了图像中存在 ID（In Distribution）物体的情况，而忽视了可能存在 ID 物体和 OOD 物体的混合场景。因此，为了收集包含少量 ID

物体但大多数是 OOD 物体的图像样本，研究者提出了一个新的问题，称为零样本 ID 检测，并将 CLIP 方法应用于解决该问题。通过使用 CLIP 特征的全局和局部视觉文本匹配，GL-MCM 方法可以检测任何包含 ID 物体的图像作为 ID 图像，同时将任何缺乏 ID 物体的图像作为 OOD 图像。Zhong 等人提出了 RegionCLIP[77]（见图 29），该模型扩展了 CLIP 模型以学习区域级视觉表示，从而实现图像区域和文本概念之间的细粒度对齐。RegionCLIP 利用 CLIP 模型将图像区域与模板文本描述匹配，从而在特征空间中对齐这些区域文本对。

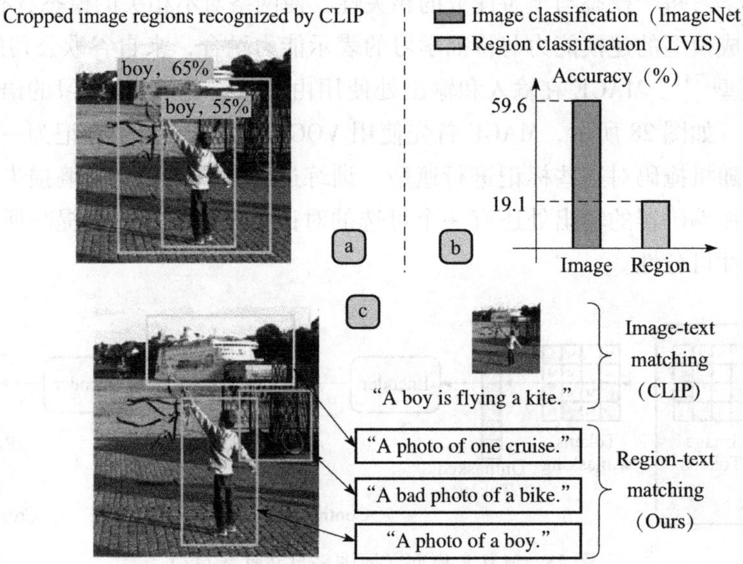

图 29 RegionCLIP 模型（原图来自文献［77］）

为了解决 DETR 模型在特征分辨率小和训练收敛慢两个方面的限制，来自微软公司的 Dai 等人提出了 Dynamic DETR[78] 模型，在 DERT 的编码和解码阶段引入动态注意，使用具有各种注意力类型的基于卷积的动态编码器来接近 Transformer 编码器的多头注意力机制。此外，开发者通过在 Transformer 解码器中用基于 ROI 的动态注意代替交叉注意力模块来引入动态解码器。这种解码器有效地帮助了 Transformer 以由粗到细的方式聚焦于感兴趣区域，并且显著地降低了学习难度，从而以更少的训练时间实现更快的收敛。

2.3.3 图像分割

图像分割（Image Segmentation）的目标是将图像分成不同的区域，每个区域都应该与图像中的某个对象或物体相关联。与图像分类任务不同，图像分割任务需要对图像中的每个像素进行分类，而不仅是将整个图像分配到一个类别中。

受对比语言图像跨模态预训练（CLIP）模型的启发，Wang 等人提出了 CRIS[79]，该模型提出了一种端到端的 CLIP 驱动的图像分割框架。为了有效地转移多模态知识优势，CRIS 采用视觉语言解码和对比学习来实现文本到像素的对齐。具体来说就是，开发者设计了一个视觉语言解码器，将细粒度的语义信息从文本表示传播到每个像素级激活，从而促进两种模式之间的一致性。如图 30 所示，为了将 CLIP 模型的知识从图像级转移到像素级，开发者提出了一个 CLIP 驱动的图像分割框架。首先，视觉语言解码器将细粒度的语义信息从文本特征传播到像素级的视觉特征。之后，所有像素级视觉特征 V 与全局文本特征 T 相结合，并采用对比学习来拉近文本和相关的像素级特征。

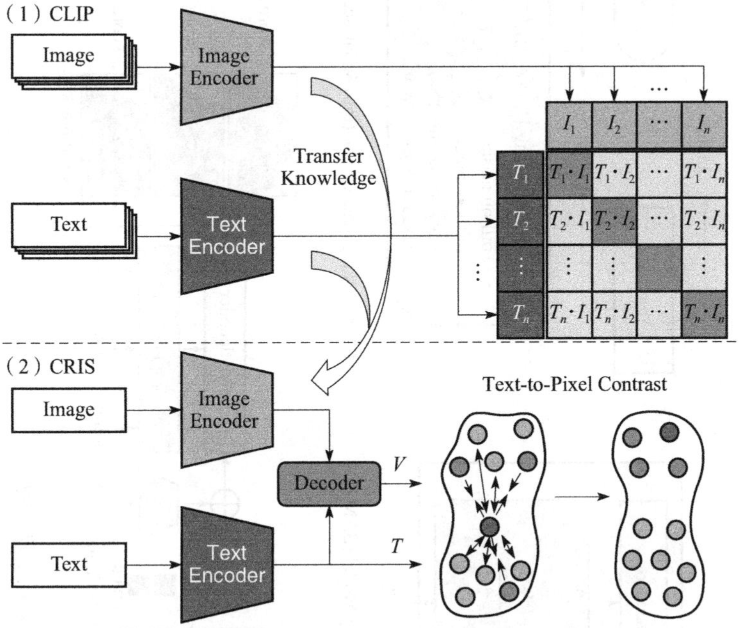

图 30 CRIS 模型（原图来自文献［79］）

现有的 Transformer 研究中的查询在训练后是固定的，这不能应对语言表达的随机性和巨大的多样性。因此，Ding 等人提出了 VLT[81]，以促进多模态信息之间的深度交互，并增强对视觉语言特征的整体理解。VLT 提出了一个查询生成模块，它动态地产生多组特定于输入的查询来表示语言表达的不同理解。为了在这些不同的理解中找到最好的，以便生成更好的掩码，开发者提出了一个查询平衡模块来选择性地融合查询集的相应响应。另外，为了增强模型处理不同语言表达的能力，开发者通过样本间学习来明确地赋予模型理解同一对象的不同语言表达的知识。为了在没有人工监督的情况下自动将图像分割到具有语义意义的区域中，Pakhomov 提出了 Segmentation in Style[80]。该方法使用预训练的 StyleGAN2 生成模型对对应类别的图像生成掩码。此外，通过使用跨模态大模型 CLIP，该方法能够使用以自然语言提示的方法来生成一些额外的语义类别。

来自 Meta 公司的 Kirillow 提出了 SAM（Segment Anything）[82]，并构建了迄今为止最大的图像分割数据集，在约 1000 万张图像上拥有超过 10 亿个掩码对。如图 31 所示，他通过引入三个相互关联的组件来建立细分的基础模型，最终实现通过文本提示的零样本图像分割模型 SAM。具体来说，SAM 模型运用了一个大规模图像编码器对输入图像编码，该图像编码随后可以被各种输入提示有效地查询，从而分摊给图像不同的区域生成对应的掩码。对于对应于一个以上对象的模糊提示，SAM 可以输出多个有效掩码和相关联的置信度得分。

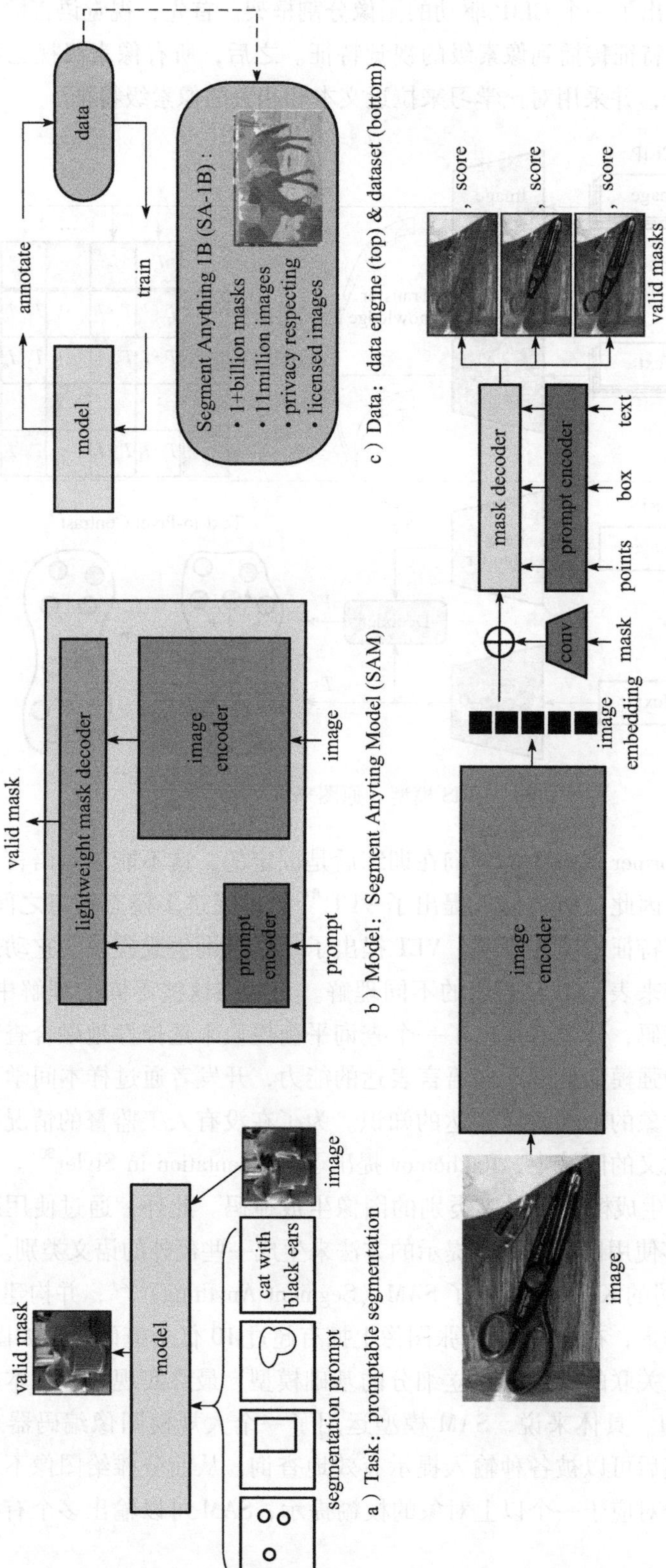

图31　SAM模型（原图来自文献［82］）

2.3.4 图文检索

图文检索（Image-Text Retrieval）任务是指从一个包含图像和文字的数据集中，根据给定的一个查询图像或文本，检索出与之相关的文本或图像。这个任务通常被应用于图像和文本之间的关联性分析。具体来说，图文检索任务可以分为两种类型：Image Retrieval from Text，给定一段文字描述，从数据集中检索出与其相关的图像；Text Retrieval from Image，给定一张图像，从数据集中检索出与其相关的文字描述。

为了提高跨模态大模型对下游任务的适配，Yuan 等人提出的 Florence 模型[34] 将表示从粗粒度到细粒度、静态到动态、单模态到多模态进行了改进。在图文检索的下游任务中，针对零样本检索，Florence 将输入的文本（或图像）通过对应的编码器获得特征嵌入，之后计算这些嵌入的余弦相似度，并在测试集中对相似度打分，选择前五个结果。针对微调设置下的检索任务，Florence 对目标文本图像继续训练文本编码器，并采用余弦衰减学习率的方式，以最高 0.000 02 的学习率进行微调。对 Flickr30k 和 COCO 数据集，Florence 在两种设置下的图文检索任务上均取得了优于之前所有方法的结果，并且在微调任务上，只消耗了先前方法 6%~8%的训练轮数。

现有的大多数方法采用基于 Transformer 的多模态编码器来联合建模视觉编码和文本编码。但由于视觉编码和文本编码在训练前本身难以对齐，因此多模态编码器学习图像-文本交互非常困难。来自 Salesforce Research 的 Li 等人提出了 ALBEF 模型[37]。为了解决图像-文本对噪声过多的问题，ALBEF 从动量模型生成的伪目标中学习。针对图文检索的下游任务，ALBEF 在 Flickr30K 和 COCO 数据集上进行评估，并使用每个数据集的训练样本微调预训练模型。对于 Flickr30K 上的零样本检索，ALBEF 使用在 COCO 上微调的模型。在微调过程中，模型优化 ITC 和 ITM 损失。ITC 损失根据单峰特征的相似性学习图像文本的评分函数，而 ITM 损失则对图像和文本之间的细粒度交互进行建模，以预测匹配分数。在测试过程中，ALBEF 首先计算所有图像-文本对的特征相似性得分，选取前 K 名并计算它们的 ITM 分数以进行排名。相比其他方法，这里的 K 值可以设置为一个较小的值，因此 ALBEF 的推理速度得到了进一步提高。

已有的多模态预训练模型采用的数据集大多来自噪声较多的网络数据，因此容易造成模型训练不稳定的问题。为了解决这一问题，Li 等人提出了 BLIP 模型[83]，如图 32 所示。该模型引入了一个为网络图像生成合成文本描述的生成器，以及一个去除噪声图像-文本对的过滤器。在针对图文检索下游任务的优化上，BLIP 验证了 CapFilt（Captioner 与 Filter）方法的有效性。通过消融实验，证明了当两者同时应用的时候，相比使用嘈杂的网络文本，模型性能得到了显著提升。在下游任务的实验中也证明了 CapFilt 可以通过更大的数据集和更大的视觉主干进一步提高性能，这也验证了其在数据大小和模型大小方面的可扩展性。因此，BLIP 在 Flickr30K 和 COCO 数据集取得了较好的性能，相比 ALBEF 模型提升了 5%的准确率。

Li 等人还进一步提出了 BLIP-2[46]，如图 33 所示。它采用通用且高效的预训练策略，从预训练图像编码器和固定参数的大语言模型中引导多模态预训练。对于下游任务的图文检索，BLIP-2 直接在没有预训练语言模型的情况下微调第一阶段的预训练模型。具体来说，BLIP-2 直接在 COCO 数据集上使用与预训练相同的目标将图像编码器微调。在评估时，BLIP-2 首先基于图像文本特征相似性选择 $K=128$ 候选图文对，然后基于成对的 ITM 分数进行重新排序。BLIP-2 在零样本图像文本检索方面比现有方法有了显著改进。

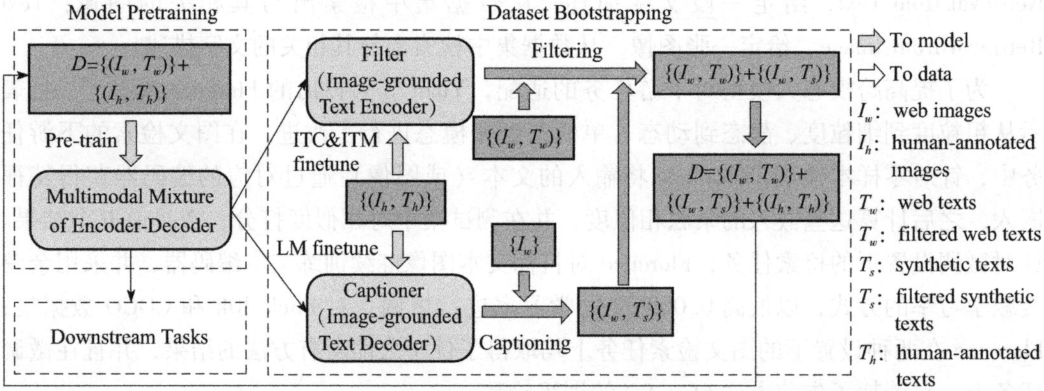

图 32 BLIP 模型学习过程（原图来自文献［83］）

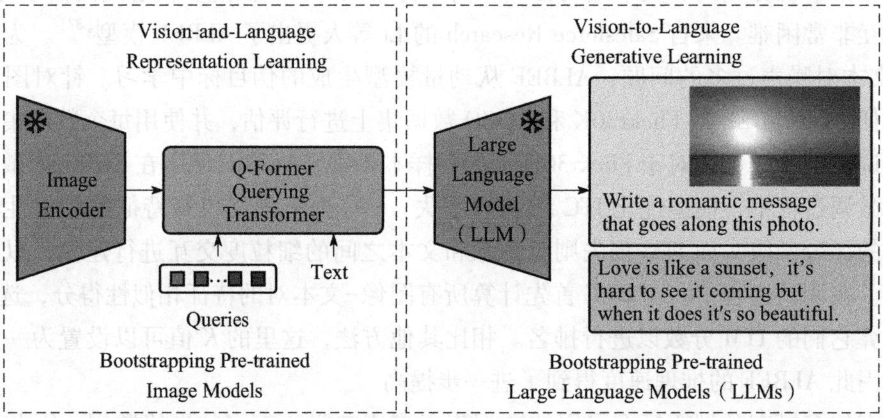

图 33 BLIP-2 模型学习过程（原图来自文献［46］）

2.3.5 视频-文本检索

视频-文本检索（Video-Text Retrieval）旨在通过给定的视频或文本，找到与之相关的文本或视频。该任务的目标是将视频和文本信息相互关联，从而提高视频内容的搜索和检索效率。视频-文本检索可以分为两种类型：视频到文本的检索和文本到视频的检索。在视频到文本的检索中，给定一个视频，目标是找到与之相关的文本，例如视频的标题、描述或者字幕等。在文本到视频的检索中，给定一段文本，目标是找到与之相关的视频，例如视频的剪辑或者场景等。

来自谷歌公司的 Akbari 提出了 VATT 模型[66]。VATT 将每个模态线性投影到特征向量中，并将其输入到 Transformer 编码器中。他定义了一个语义层次的公共空间来考虑不同模态的粒度，并使用噪声对比估计（NCE）来训练模型。针对视频文本检索任务，VATT 在 YouCook2 和 MSR-VTT 数据集上编码对应文本和视频特征，并计算相似度。VATT 在该下游任务的实验中证明，零样本检索结果受到批次大小和周期数的严重影响。具体来说，VATT 同时使用一半的周期数和一半的批次大小进行预训练，因此在性能上并没有以往的方法，如 MIL-NCE 与 MMV 高。同时 VATT 也试验了更大的批次与更长的训练周期进行预训练，得出了与当前最佳性能模型可比的结果。

考虑到细粒度或粗粒度信息的对比可以计算出粗粒度特征与各细粒度特征之间的相关性，从而能够在相似度计算过程中滤除由粗粒度特征引导的无条件细粒度特征，从而提高特征精度。Ma 等人提出了 X-CLIP 模型[84]，如图 34 所示。该模型旨在通过多粒度对比学习来提高视频文本检索性能，包括细粒度（帧-词）、粗粒度（视频-句子）和跨粒度（视频-词、句子-帧）对比。

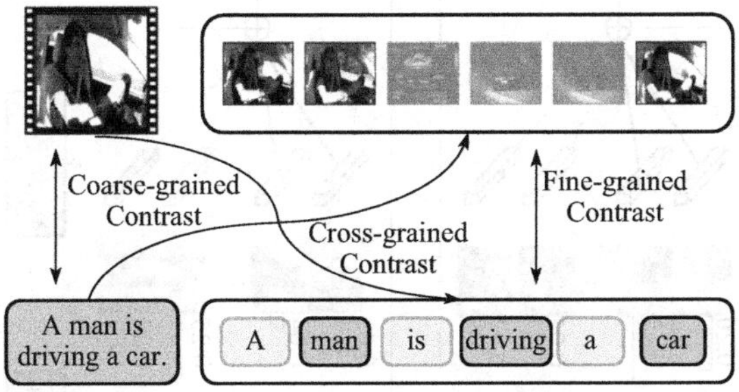

图 34 X-CLIP 模型（原图来自文献［66］）

Gorti 等人考虑到视频具有许多文本信息无法描述的冗余信息，而这样的模态差距在以往的模型中没有被很好地解决，因而提出了 X-pool 模型[85]。X-pool 在文本和视频帧之间进行推理。推理过程中文本和图像通过预训练的 CLIP 编码器编码，流程如图 35 所示。给定视频每一帧的图像编码器与输入文本的文本编码器，针对每一帧的图像和对应的文本分别编码并投影得到 K 和 Q，同时计算点积注意力。该注意力机制允许 X-Pool 关注给定输入文本的最相关的帧。先前计算的点积注意力得分会对一组视频输入和对应的文本进行加权，以获得聚合的视频嵌入，然后通过具有残差连接的全连接层（FC）来计算每一组视频图像对的相似度，并以此计算交叉熵损失。

2.3.6 图像/视频定位

图像/视频定位（Image/Video Grounding）的目标是理解自然语言描述并将其与图像或视频中的实体进行对应。在图像定位任务中，输入是一张图像和一个自然语言描述，输出是图像中与自然语言描述最匹配的物体或区域。在视频定位任务中，输入是一个视频和一个自然语言描述，输出是视频中与自然语言描述最匹配的物体、场景或行为，通常是通过帧级别的图像定位实现的。

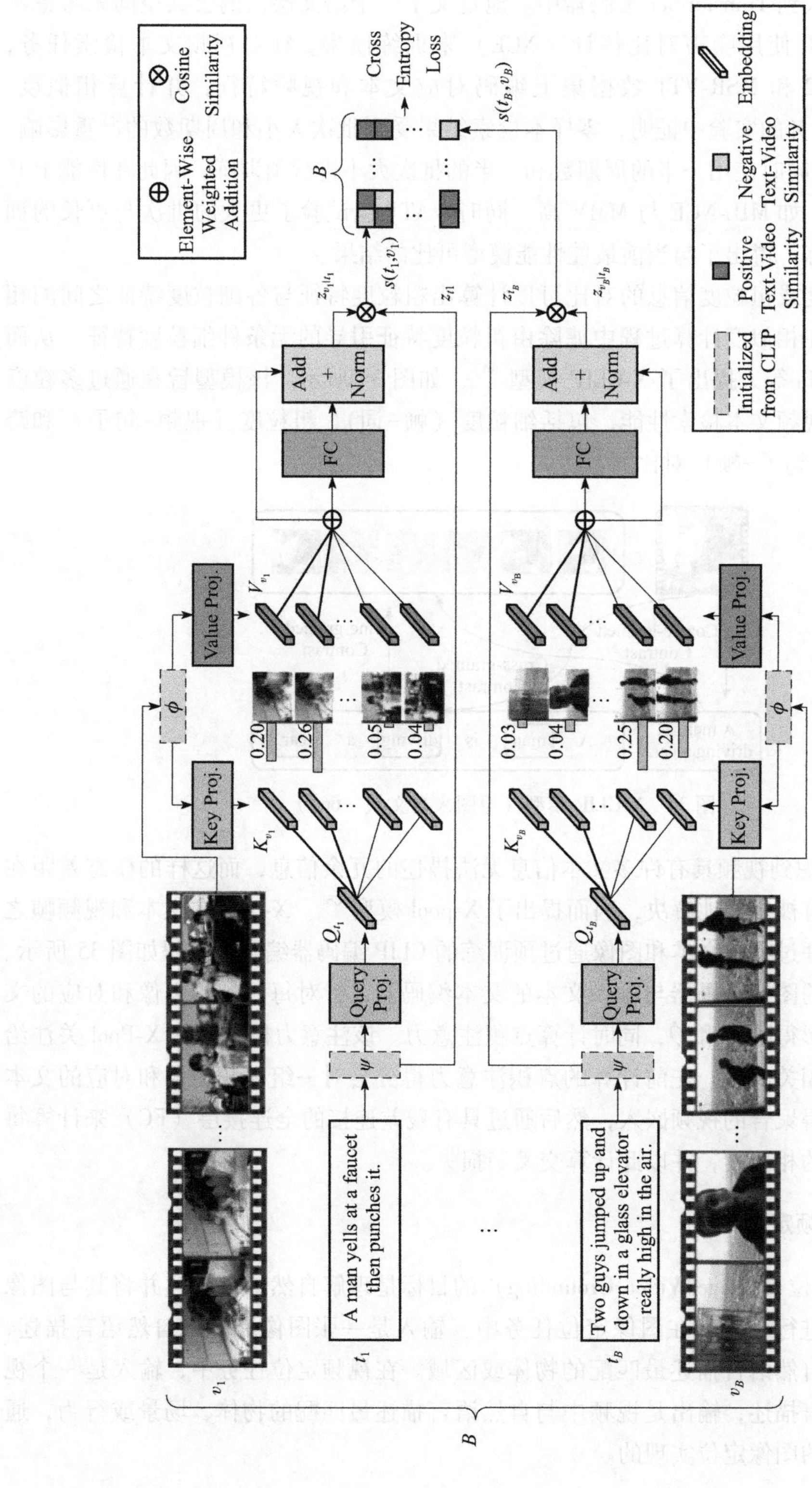

图 35 X-pool流程（原图来自文献[85]）

在视觉定位任务中，CLIP 仅输出没有任何空间分辨率的图像级编码。Li 等人提出了一种不依赖于任何文本基础、图像分类或边界框注释的方法[86]，采用预训练 CLIP 模型来生成高分辨率空间特征图。该方法可以从预训练 ViT 和 ResNet 中提取特征映射，同时保持图像编码的语义属性。同样地，考虑到多模态预训练通常缺乏定位能力，而这对于视觉定位任务来说是至关重要的。来自新加坡国立大学的 Wang 等人提出了 PTP 模型[87]，以增加跨模态预训练模型的定位能力。具体来说，在多模态预训练阶段，PTP 将图像分块并检测每个块中的物体。之后，通过奖励函数预测给定块中的对象，并填充自然语言，这将视觉基础任务重新表述为给定 PTP 的自然语言填空问题。这种机制提高了多模态预训练的视觉基础能力，从而更好地处理各种下游任务。如图 36 所示，PTP 的扩展性较好，可以与几乎所有的预训练大模型结合，并根据输入的位置引导的句子提示进行预测。

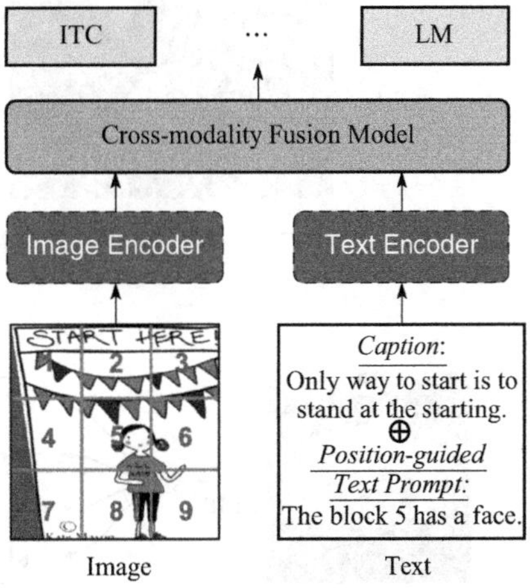

图 36 PTP 模型（原图来自文献［87］）

在视频定位任务中，好的预测结果需要模型对时间、空间和多模态交互的联合进行有效建模。来自法国 INRIA 的 Yang 等人提出的 TubeDETR[88] 对多模态信息联合建模，该模型包括一个视频编码器和一个文本编码器，它在稀疏的采样帧上模拟空间多模态交互，另外 TubeDETR 还引入了一个时空解码器，它联合编码器进行时空定位。具体来说，TubeDETR 将所有输入视频帧 v 和句子 s 首先用图像和文本编码器进行处理，图像文本编码器计算每帧的图像并和多模态信息交互，然后，使用时空解码器联合推断整个视频上的时间、空间和文本。

2.3.7 图像和视频的文本描述生成

图像和视频的文本描述生成任务是多模态任务的重要组成部分，其目标是生成句子来描述输入图像或视频的内容，类似看图/视频说话。该下游任务通常使用视觉编码器对输入的图像/视频进行编码，然后使用语言解码器以逐字的方式进行句子预测。传统的图像和视频的文本描述生成任务的流程和方法如图 37 所示，该方法通过端到端地训练基于卷积神经网络的编码器和基于循环神经网络的解码器，实现对输入图像/视频的描述生成。

随着多模态大模型技术的不断发展，近年来，研究者提出了一系列基于多模态大模型的文本描述生成方法，在图像和视频的文本描述生成任务上有良好的性能。得益于 CLIP 模型[35] 强大的跨模态文本-图像对齐能力，Mokady 等人提出了 ClipCap 模型[90]。如图 38 所示，该模型结合了多模态大模型与其他的一般大模型，基于 CLIP 的预训练嵌入空间和 GPT-2 训练一个轻量级的基于 Transformer 的映射网络。在生成句子的时候，GPT-2 模型会得益于通过 CLIP 模型得到的前缀提示，从而生成更准确的句子描述。

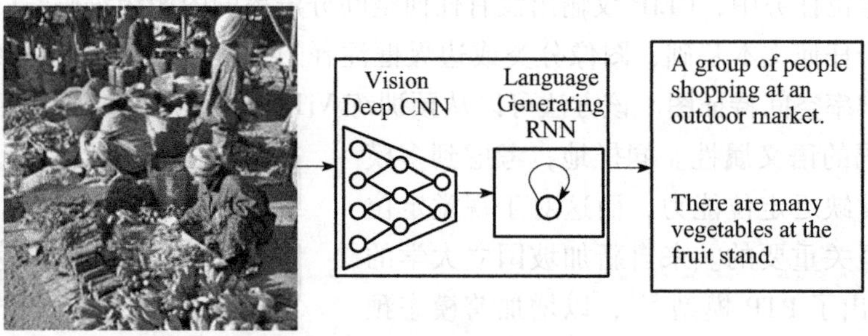

图 37 一种传统的图像和视频的文本描述生成任务（原图来自文献［89］）

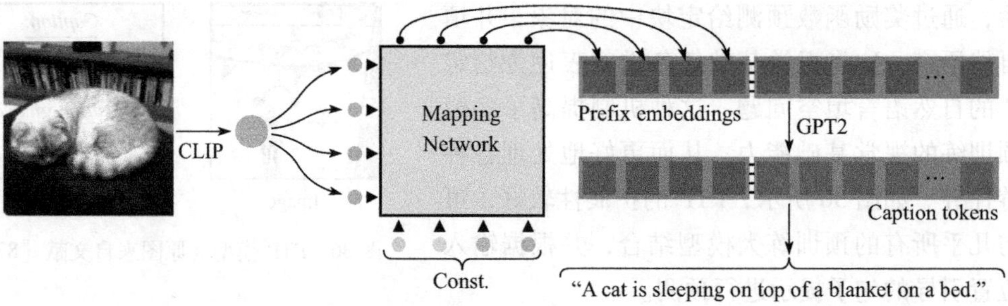

图 38 一种基于 CLIP 模型的图像的文本描述生成任务（原图来自文献［90］）

来自美国密歇根大学的 Zhou 等人提出的 Unified 多模态预训练[91] 使用 Seq2Seq 目标，在任务相关的数据集上进行微调。在推理过程中，首先将图像区域与特殊的［CLS］和［SEP］标记一起编码，然后通过输入［MASK］标记并从单词似然输出中采样一个单词。然后，将前一个输入序列中的［MASK］标记替换为采样的单词，并在输入序列中添加一个新的［MASK］标记以触发下一个预测。当选择［STOP］标记时，生成终止，从而得到对应的生成文本。来自微软亚洲研究院的 Chen 等人对提出的 UNITER 模型[32] 在 COCO 数据集上进行了微调，与此同时，来自微软的 Li 等人也对提出的 Oscar 模型[33] 在 COCO 数据集上进行了微调，均取得了显著的效果。然而，随着预训练模型规模的逐步增大，微调策略变得更为困难，基于提示的方法及其应用在未来会更为适配跨模态大模型。此外，研究者基于已有的单模态模型构建全新的多模态大模型，以适应图像和视频的文本描述生成这样的全新下游任务。Li 等人提出的 VisualBERT 模型[92] 在预训练 BERT 模型的基础上引入了图像信息。具体来说，文本和图像输入由 VisualBERT 中的多个 Transformer 层联合处理，文本和图像之间的丰富交互允许模型捕获跨模态的复杂关联。

2.3.8 图像和视频生成

图像和视频生成任务是近年来广泛关注的热点之一，生成的图片或视频甚至可以是真实世界中不存在的物体，具有广泛的应用。随着大规模预训练模型在自然语言处理和计算机视觉等领域的成功，基于多模态大模型的图像和视频生成得到了专家学者的广泛关注。

OpenAI 的 Ramesh 等人提出了 DALL-E 2 模型[93]，该模型将 CLIP 和扩散模型结合。首先预训练了一个 CLIP 网络，如图 39 所示，开发者重新定义了 CLIP 训练过程，通过这个过程该方法学习了文本和图像的联合表示空间。在生成图像嵌入之前，CLIP 文本嵌入首先被送到自回归或扩散模型，然后该嵌入用于调节产生最终图像的扩散解码器。

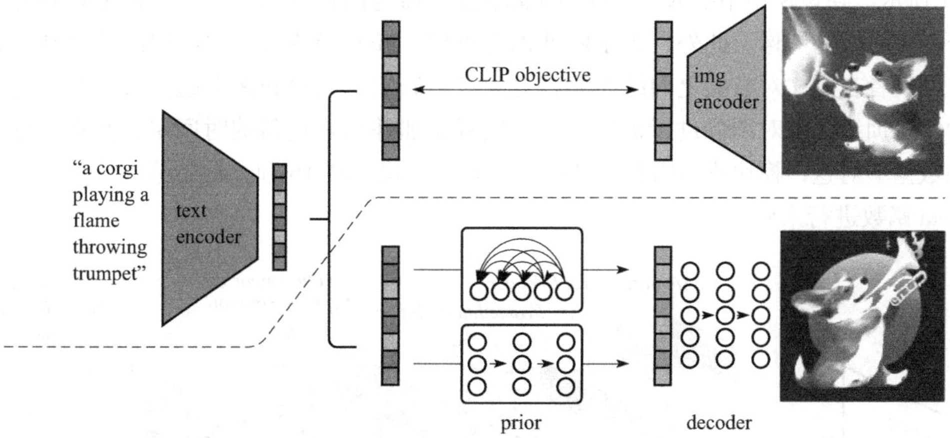

图 39 DALL-E 2 模型（原图来自文献［93］）

Rombach 等人提出了广为人知的 Stable Diffusion[53]（SD）模型（见图 40），为了一定程度上减少扩散模型的训练难度，SD 训练了一组自编码器/解码器将像素空间映射到潜在空间，之后使用经过训练的 UNet 迭代地对潜在空间图像进行去噪，输出它在噪声中学习到的内容。而在反向去噪步骤中，文本编码器则采用预训练的 CLIP 编码器来指导 UNet 以尝试看到不同的信息。与之前的研究相比，在这种表示上训练扩散模型可以在复杂性降低和细节保存之间达到较好的平衡。

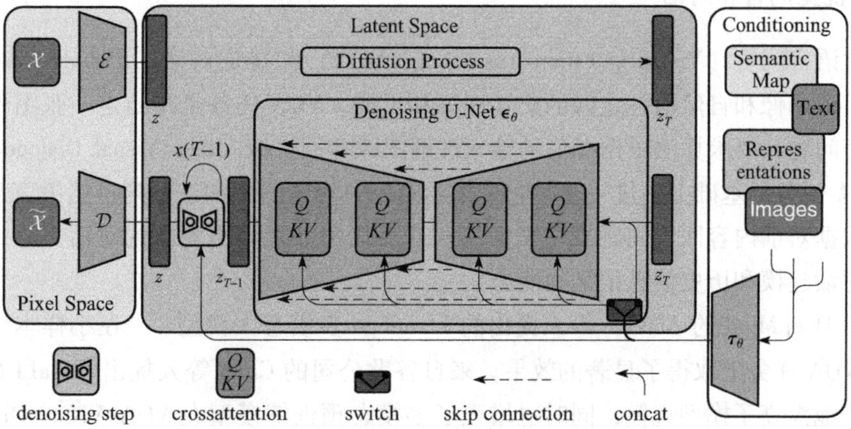

图 40 Stable Diffusion 模型（原图来自文献［53］）

Zhou 等人提出的 LAFITE 模型[94] 通过引入 CLIP 模型实现了无文本的训练，相比于使用单模态的文本编码，基于大模型 CLIP 的编码器很好地改善了基于对抗生成网络对文本-图像一致性的约束。Frans 等人提出的 CLIPDraw[95]，相比于以往的研究，它不需要任何训练，使用预训练的 CLIP 语言图像编码器作为给定描述与生成的图像之间最大化相似性的度量。CLIPDraw 可以可靠地生成各种艺术风格的绘图。

在视频生成任务中，来自 Meta 公司的 Uriel 等人提出了 Make-A-Video 模型[96]，如图 41 所示。在该模型中引入了 CLIP 的文本编码器与图像编码器，以使模型理解并生成符合文本描述的图像。此外，为了降低训练难度，Make-A-Video 的不同组件是独立训练的。开发者在图文对数据上训练先验，之后对解码器、先验和两个超分辨率组件进行单独的图像训练。在对图像进行训练后，开发者添加并初始化新的时间层，并在未标记的视频数据上对这一模块进行微调。从原始视频中随机采样 16 帧，帧数范围从 1 到 30，并用 beta 函数进行采样。

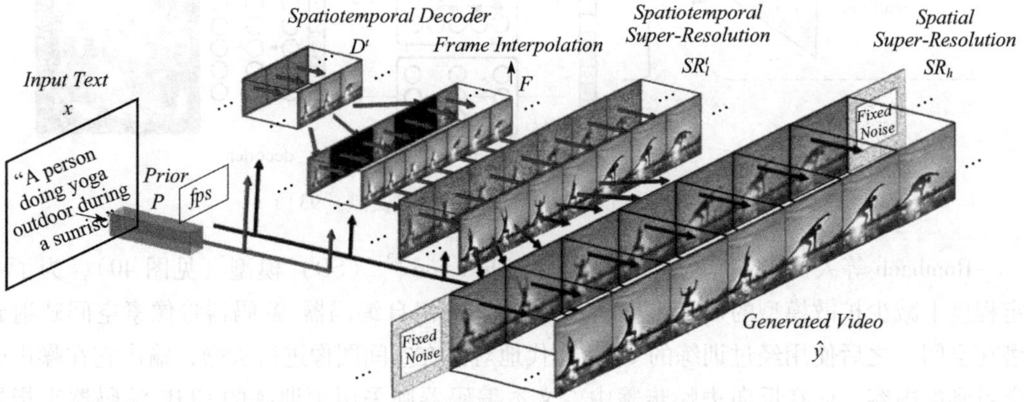

图 41 Make-A-Video 模型（原图来自文献［96］）

2.3.9 视觉问答和对话

视觉语言问答（Visual Question Answering，VQA）和视觉对话（Visual Dialogue）任务旨在实现图像和自然语言之间的交互理解和生成。VQA 任务是指给定一张图像和一个自然语言问题，要求算法根据图像的输入理解图像并回答该问题；Visual Dialogue 任务则是在 VQA 任务的基础上更进一步，它是指给定一个场景图像和一系列自然语言对话，要求算法根据对话内容回答问题或生成回答。这个任务涉及多个轮次的对话交互，需要算法具备对话建模和历史信息记忆的能力。

来自 DeepMind 的 Alayrac 等人提出的 Flamingo 多模态大模型[45] 在小样本学习的条件下在 VQA 任务上取得了显著的效果。来自谷歌公司的 Chen 等人提出了 PaLI 模型[97]，更进一步地提高了模型规模，同时也增强了多模态预训练模型在 VQA/Visual Dialogue 等下游任务上的性能。考虑到针对不同下游任务，任务的需求和对应框架的设计会极大地影响模型的性能，因此 PaLI 采用最通用的接口来解决这一问题，如图 42 所示。PaLI 主架构简单且可扩展性强，它使用编码器-解码器的 Transformer 模型，具有用于图像处理的大容量 ViT 模块。PaLI 输入图像和文本字符串，生成文本作为输出。由于所有任务都是使用相同的模型执行的，因此开发者使用基于文本的提示向模型指定要执行的任务。相比单模态预训练模型，PaLi 在 VQAv2、TextVQA、VizWiz-QA 和 OKVQA 任务上表现优异，强大的视觉/文本编码和庞大的参数量，让 PaLI 在一众多模态预训练模型中脱颖而出。

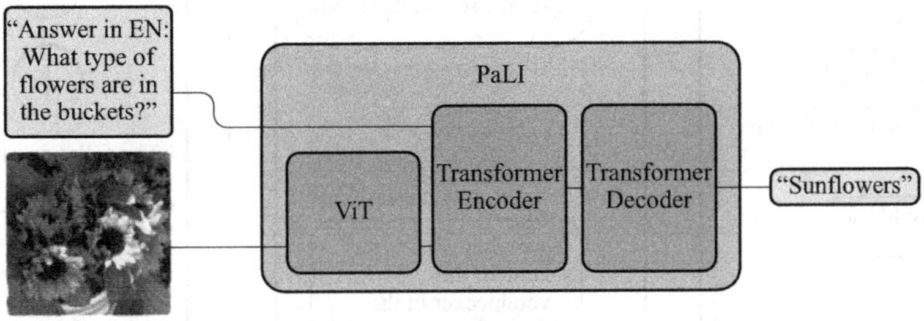

图 42 PALI 模型（原图来自文献［97］）

来自谷歌公司的 Yu 等人提出了 CoCa 模型[40]，他们将图像-文本编码器-解码器基础模型与对比损失和文本损失结合起来，从而使得 CoCa 模型包含了 CLIP 等对比学习方法和 Sim-VLM 等生成方法的模型能力。在适配下游 VQA 任务时，由于该双编码器结构并没有图文融合层，因此需要额外地进行多模态训练。具体来说，在 VQA 任务上，图像被输入到对应的图像编码器中，并将相应的文本输入到解码器中。然后，CoCa 从解码器输出中提取嵌入，并在合并嵌入的基础上训练线性分类器。对于 VQA v2，Coca 将任务表述为训练集中最常见答案的分类问题。此外，CoCa 还对串联的文本问题和答案对进行生成损失的联合训练，以提高模型的鲁棒性。因此，CoCa 在 VQA 任务上取得了当前的最佳性能。

针对视觉对话任务，模型对当前问题的回答往往需要引入先前轮次问答的历史信息，因此 Murahari 等人[98] 在 VisDial[99] 中引入了 ViLBERT[100]。开发者首先将预训练模型在维基百科和 BooksCorpus 数据集上预训练，其中包含掩码语言建模（MLM）和下文预测（NSP）损失。之后，在 Conceptual Captions 数据集上训练整个模型。最后，通过 VisDial 生成只包含回答的稀疏注释与包含对应置信度与回答的多个密集注释。该方法使用 MIR、MLM 和 NSP 损失对这些稀疏/密集注释进行了微调。

为了进一步拓展多模态预训练模型的知识容量，来自微软公司的 Huang 等人提出了 Kosmos-1 模型[101]。该模型可以同时支持语言、感知-语言和视觉任务。该模型以一种自回归的方式处理输入序列，并且使用 XPos 相对位置编码来实现更好的上下文建模。由于模型使用 Transformer 作为模态感知接口，除了文本模态，其他模态都是通过该接口接入到模型中的，是一种可扩展的多模态建模方式。对于视觉问答和对话任务，模型使用格式为“指令-输入-输出”的文本指令持续微调模型，增强了模型在视觉推理任务上的能力。图 43 所示为 Kosmos-1 模型的多模态交互示例。

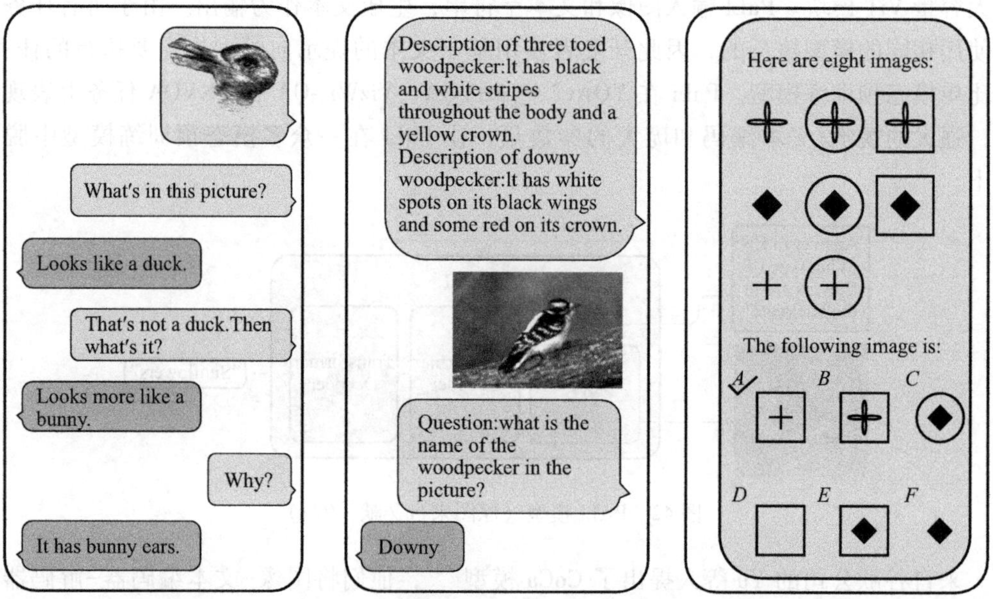

图 43 Kosmos-1 模型的多模态交互示例（原图来自文献［101］）

3 国内研究现状

3.1 多模态数据集

3.1.1 图像-文本

本小节对目前国内研究单位和学者提出的图文数据集进行介绍。表 2 列出了目前国内常用的图文数据集。

表 2 目前国内常用的图文数据集

序号	数据集	年份	数据规模	模态	语言
1	Wukong	2022	100MB	图像-文本	中文
2	Product1M	2021	1MB	图像-文本	中文
3	WIT	2021	37.5MB	图像-文本	多语言
4	M6-Corpus	2021	60MB	图像，图像-文本	中文
5	RUC-CAS-WenLan	2021	30MB	图像-文本	中文
6	WSCD	2021	650MB	图像-文本	中文
7	MEP-3M	2021	3MB	图像-文本	中文

Wukong[102]（悟空）是目前从互联网上收集的最大多模态数据集，包含了 1 亿个图

像-文本对，维护了一个包含 20 万个查询的列表，以确保收集到的样本涵盖各种视觉概念。这些查询被输入到百度图像搜索引擎中，然后可以得到图像及其相应的标题。需要注意的是，每个查询最多可以获得 1000 个样本，以保持不同查询之间的平衡，并采用一系列过滤策略以获得最终的悟空数据集。

Product1M[103] 包含 1 182 083 个图像-字幕对、458 个类别、92 200 个实例，每个图像包含约 2.83 个目标对象。与常规的目标检测基准数据集不同，该数据集是以粘贴方式得到实例位置的。首先对目标对象进行分割，然后根据给定的边界框将它们粘贴到其他图像中。它可用于多个任务，包括弱监督、多模态和实例级别检索。

WIT[104] 是通过在维基百科上爬取得到的，之后对这些数据进行了一系列严格的过滤操作，最终得到了包含超过 3750 万个图像-文本集合的数据集。需要注意的是，WIT 数据集包含多种语言，而其他图像-文本数据集只包含单一语言（例如英语或汉语）。

M6-Corpus[105] 是专门为视觉汉语大模型 M6[105] 的预训练需求而构建的。样本来自于产品描述、社区问答、论坛等，包含 6050 万张图像和 1118 亿个标记。

RUC-CAS-WenLan[106] 是通过爬取多源图像-文本数据得到的，总共包含约 3000 万个图像-文本对。这些样本涵盖了广泛的主题和类别，如体育、娱乐、新闻、艺术和文化等。它在 WenLan 项目中扮演着基础性的角色，并支持 BriVL[106] 模型的训练。

WSCD[107] 是一个弱语义相关的多源数据集，包含大规模的图像-文本数据样本（6.5 亿）。英文文本均已翻译成中文，以支持 BriVL[106] 模型的预训练。

MEP-3M[108] 是从几个国内大型电商平台收集的大规模图像-文本数据集，包含 300 万个产品图像-文本对和 599 个类别。该数据集的另一个关键特征是层次分类，具体而言，它涵盖了 14 个类别、599 个子类别，其中 13 个子类别还有进一步的下分类别。

3.1.2 视频-文本

MMVText[110] 是浙江大学和快手公司等联合提出的一个中英双语大规模视频 OCR 数据集，包括 2000 多个视频、175 万个视频帧，收集于快手和 YouTube 平台。它支持多样的文本类型标注，对字幕、标题、场景文本进行了分类标注，因为字幕往往表示更多人物的语义信息，而场景文本更多是场景内实物的属性信息，分类标注有利于一些下游任务的研究（视频理解和检索）。它支持 32 个开放域的场景类别，包括一些新的场景，比如 Vlog 日常场景、游戏场景（如和平精英、王者荣耀等）和体育直播场景（如 NBA 等）。

KwaiSVC[112] 是哈尔滨工业大学和快手公司等联合提出的一个视频-文本数据集，由基于用户的搜索意图建立的<查询，视频>对组成。KwaiSVC 共有两个大小不同的版本：KwaiSVC-222K 和 KwaiSVC-11M。其中，KwaiSVC-222K 包含 222 077 个视频和 143 569 个查询词（query），涵盖了 32 个主题，每个视频的平均时长为 57.6s，每个视频大概有 3 条 query，每个 query 大概有 6 个中文字符；KwaiSVC-11M 与 KwaiSVC-222K 的构造类似，只是为了多模态预训练挑战放松了数据过滤规则。

3.1.3 其他

M5Product[24] 数据集包含了600万个多模态样本，每个样本对应5种模态（图像、文本、表格、视频和音频）。该数据集对电子产品进行了粗粒度和细粒度的标注，共有6千个类别。值得注意的是，M5Product数据集包含不完整的模态对和噪声，并且是长尾分布的。

VALOR-1M[113] 数据集是一个高质量的视觉-音频-语言数据集，它包含约100万个开放域视频，每个视频都用人工标注的文本，同时描述音频和视频内容。VALOR-1M能够展现出强大的视觉-语言和音频-语言相关性，高扩展性使其成为三模态预训练的重要数据集之一。

除了上述多模态数据集，一些方法还采用不同模态数据集的组合来训练多模态预训练模型。例如在SkillNet[114] 的研究中，开发者采用了图片、视频、文本、音频和代码五种模态的数据进行训练。其中，使用TNEWS数据集作为文本数据，该数据集是包含15个类别的中文文本分类基准数据集，它包括53 000万个用于训练的句子、10 000个用于验证的句子和10 000个用于测试的句子。采用AISHEL数据集作为音频数据，该数据集包括170小时的普通话语音数据。使用AIC-ICC数据集作为图像数据，它是一个用于文本到图像检索的基准数据集，包括210 000个用于训练的图像-文本对和30 000个用于评估的图像-文本对。开发者使用VATEX数据集作为视频数据，它包括25 991个用于训练的视频和3000个用于验证的视频。对于代码数据集，由于没有公开可用的中文数据集，开发者通过翻译PyTorrent数据集来创建了一个新的中文数据集。它还包含来自PyPI和Anaconda环境的218 814个Python库，开发者通过翻译工具包Transmart将英文文档字符串翻译成中文。

3.2 预训练模型

3.2.1 图像-文本

OFA[109] 是由阿里巴巴公司提出的，将多种视觉任务统一成序列到序列的方式，所涵盖的任务包括视觉检索（Visual Grounding）、目标检测图像描述、视觉问答、图文检索等，如图44所示。特别地，对于一些底层定位类任务，如目标检测和视觉检索，OFA将位置输出离散化，转换为文本输出，如“loc299,loc126,loc282,loc159”分别代表4个文本特征标识，其含义是目标框的左上角点的（x,y）坐标以及右下角点的（x,y）坐标。由于将多种任务的输入/输出都统一为序列到序列的形式，OFA可以在预训练结束后用一个模型在无须微调的情况下完成多种任务。同时，OFA也是目前少有的可以同时支持视觉底层任务（如目标检测）和高层视觉问答的生成式模型。

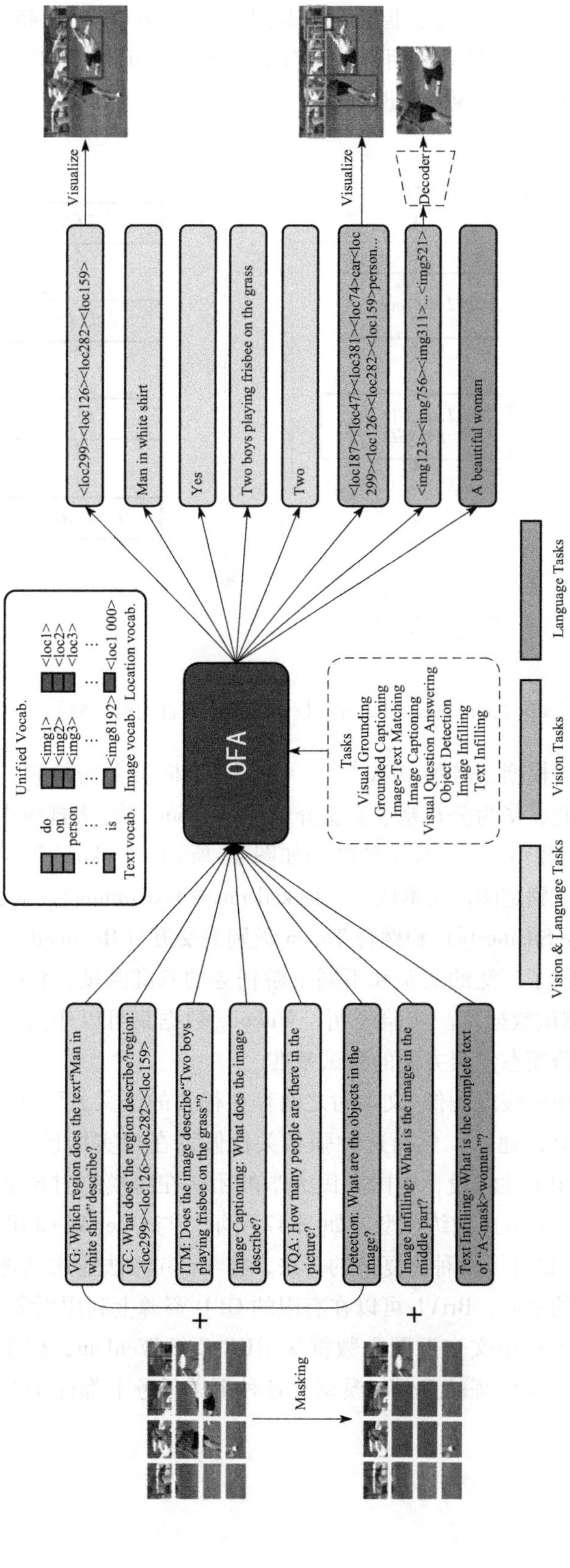

图44 OFA模型（原图来自文献［109］）

MultiModal-GPT[55] 由上海人工智能研究院提出，其方法如图 45 所示。它采用与 Flamingo[45] 类似的架构，但是其利用高效重参数化方法 LORA[58] 对大语言模型进行了进一步精调，实现了更强的多模态推理能力。

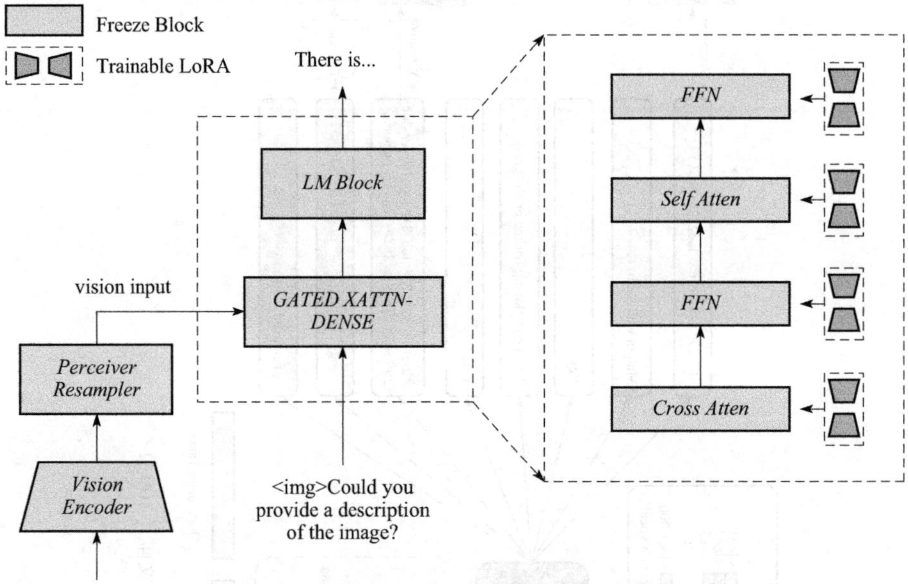

图 45　MultiModal-GPT 方法框架（原图来自文献［55］）

学术界的多模态大模型，例如 OFA[109] 一般都是面向英文场景的，难以直接运用到中文业务场景中。因此，华为公司基于前文介绍的 Wukong[102] 大规模中文图文数据集发布了 Wukong 多模态大模型[102]，其模型结构如图 46 所示。Wukong 模型将先进的预训练技术应用于 VLP 中，如锁定图像文本调优（locked-image text tuning）、对比学习中的 Token 级相似性（Token-Wise Similarity）和融合 Token 级别的交互（Reduced-Token Interaction）。此外，这一工作还提供了广泛的实验和不同下游任务的基准测试，包括一个最大规模的人工验证图像-文本测试数据集。实验表明，Wukong 数据集可以作为一个有前景的中文预训练数据集和不同跨模态学习方法的测试基准。

大多数研究都是通过假设图像-文本对之间存在很强的语义关联来对图像-文本对之间的跨模态交互进行显式建模，然而这种强相关性假设在现实场景中往往无效。因此，提出基于图文对的弱相关性假设，中国人民大学的团队在跨模态对比学习框架中提出了一种称为 BriVL[106] 的双塔预训练模型，如图 47 所示。与 OpenAI CLIP 采用简单的对比学习方法不同，BriVL 设计了一种更复杂的算法，将 MoCo 方法应用到跨模态场景中。通过构建一个基于队列的字典，BriVL 可以在有限的 GPU 资源上利用更多的负样本。此外，该团队还提出了一个大型中文多源图文数据集 RUC-CAS-WenLan，用于 BriVL 模型的预训练。大量实验表明，预训练的 BriVL 模型在各种下游任务上都优于 UNITER 和 OpenAI CLIP。

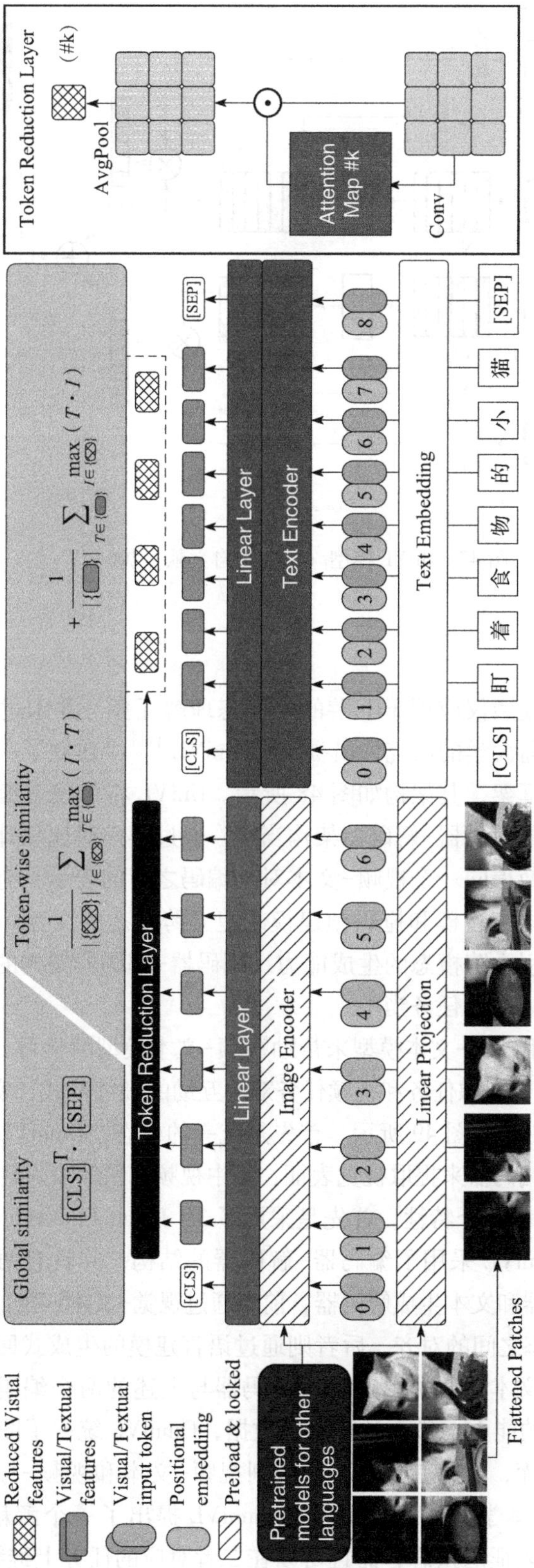

图 46　Wukong模型（原图来自文献［102］）

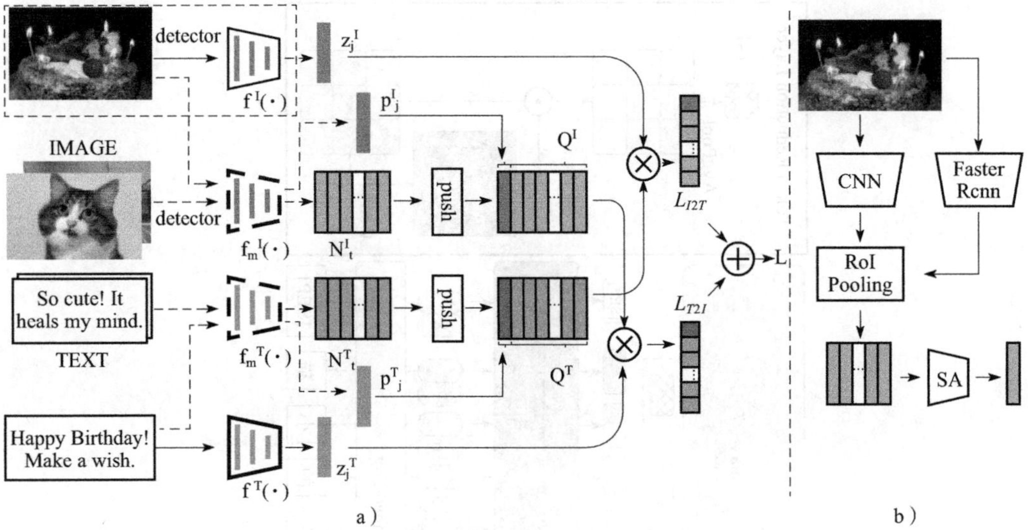

图 47　BriVL 模型（原图来自文献［106］）

3.2.2　视频-文本

由于大多数多模态模型仅应用于下游的多模态理解任务，并未过多地探索跨模态的生成任务。来自西南交通大学的研究人员提出了 UniVL[115]，建立了一个同时支持生成任务和理解任务的多模态框架，其架构如图 48 所示。UniVL 将单模态编码器编码后的隐向量，输入到一个跨模态的编码器-解码器架构当中。通过噪声对比估计损失（NCE）建立跨模态之间的相似性，使得同一个视频-文本对的编码之后的表示具有较好的相关性；同时，通过跨模态的掩码语言建模和掩码帧建模来建立跨模态的交互。此外，利用解码器进行文本重建，为模型引入跨模态的生成能力。编码器-解码器架构的引入使得模型能够自然地应用到下游的描述生成任务当中。

以往的研究通常采用图像-文本模型来帮助视频-文本模型的学习，而复旦大学提出的 OmniVL[116] 第一次探索了图像任务和视频任务双向互助的训练范式，实现了模态、功能和训练数据三个维度的统一，如图 49 所示。首先是统一的模态，OmniVL 采用了一个统一的基于 Transformer 的视觉编码器来提取视觉表征，其中视频与图像输入共享大部分网络结构。对于视频而言，OmniVL 有三个特性。首先是采用了 3D Patch Embedding 和时间注意力块。其次是统一的功能，OmniVL 采用了编码器-解码器的结构，并具有两个视觉引导的解码器——跨模态对齐解码器和文本生成解码器，前者通过视觉-文本匹配的二分类损失进行监督以学习视觉和文本模态之间的对齐，后者则通过语言建模的生成式回归损失进行监督以学习从视觉特征中生成文本的能力。这两个解码器与上述的两个编码器相互配合，赋予了 OmniVL 理解和生成的能力。最后是统一的数据，OmniVL 统一了图像-文本和图像-标签数据作为预训练语料库，并将其进一步扩展到视频-文本和视频-标签数据上。为了实现图像-文本和视频-文本学习的相互促进，OmniVL 提出了一个解耦的联合训练方式，这不仅可以防止对图像表征的遗忘，而且可以在二者对应的任务上继续提高性能。

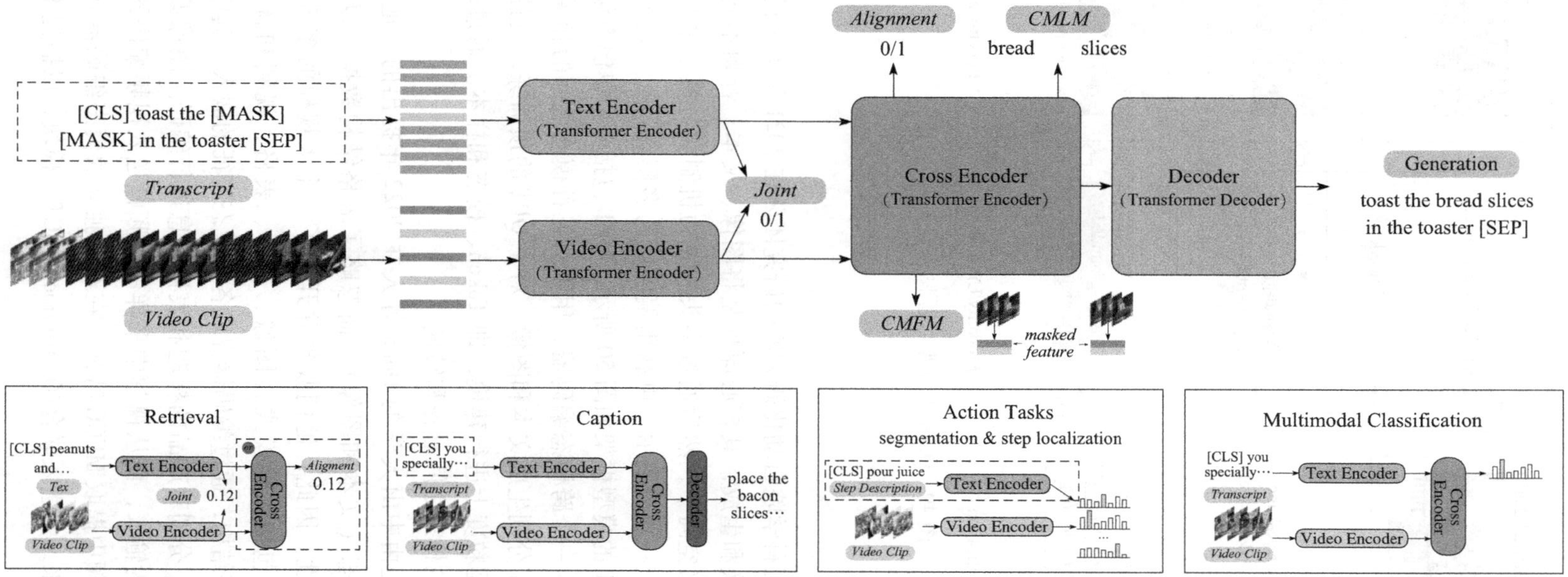

图 48　UniVL架构（原图来自文献［115］）

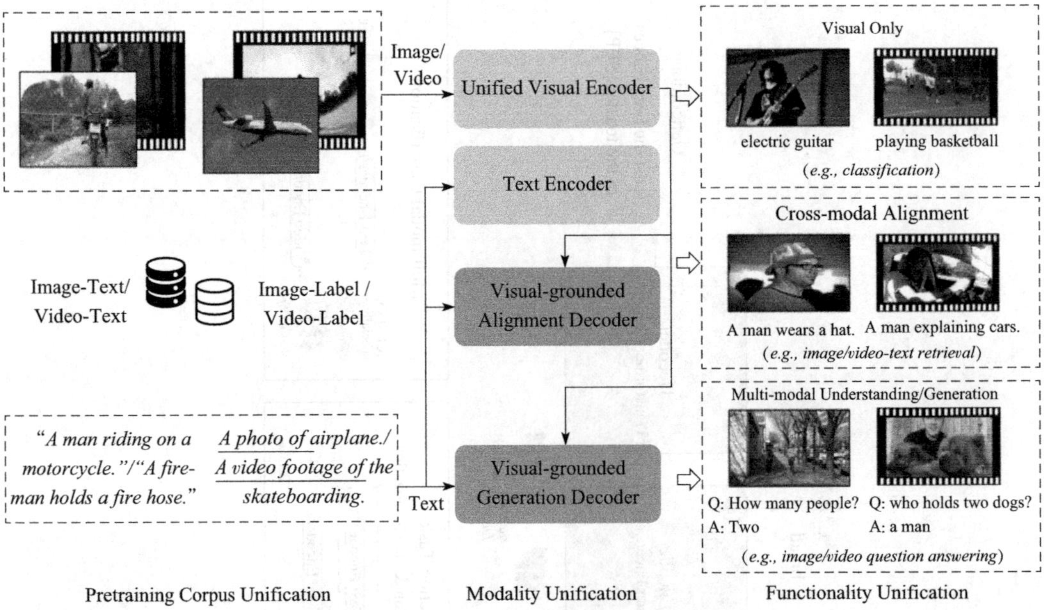

图 49 OmniVL 模型（原图来自文献［116］）

3.2.3 其他

OPT[117] 是由中国科学院自动化研究所的研究团队在 2021 年提出的。OPT 模型实现了三模态间的相互转换和生成，其核心原理是将图像、文本、音频不同模态通过各自编码器映射到统一的语义空间中，然后通过多头注意力机制学习模态之间的语义关联及特征对齐，形成多模态统一知识表示，再利用编码后的多模态特征通过解码器分别生成文本、图像和音频。OPT 的模型框架如图 50 所示。OPT 包括三个单模态编码器，用于为每种模态生成嵌入表示；一个跨模态编码器，用于对三种模态之间的相关性进行编码；两个跨模态解码器，用于分别生成文本和图像。对于 OPT 的预训练，设计了一种多任务学习方案在三种不同数据粒度上进行建模，即 Token、模态和样本。通过多任务学习方案，OPT 可以学会在不同的模态之间对齐和转换。

SCALE[24] 模型是由中山大学的 Dong 等人在 2022 年提出的。他们认为目前的研究大多集中在两种模态（文本和图像），而忽略了表格结构数据，以及视频和音频的额外补充信息的重要性。因此，他们收集并开源了一个大规模的多模态预训练数据集 M5Product，该数据集包括 5 种模式（图像、文本、表格、视频和音频）。如图 51 所示，M5Product 为单塔结构，通过编码器提取各种模态特征的嵌入。其中，文本和表格编码器是标准的转化器，分别对产品的标题和表格信息进行编码。图像编码器并非以自下而上的注意力提取作为输入，而从视频中采样的视频帧送入视频编码器。对于音频编码器，SCALE 模型从音频中提取 MFCC 特征。在经过独立的模态编码器处理后，不同模态的标记特征被串联起来，并送入联合 Transformer（JCT）模块，以捕捉不同模态间的标记关系。

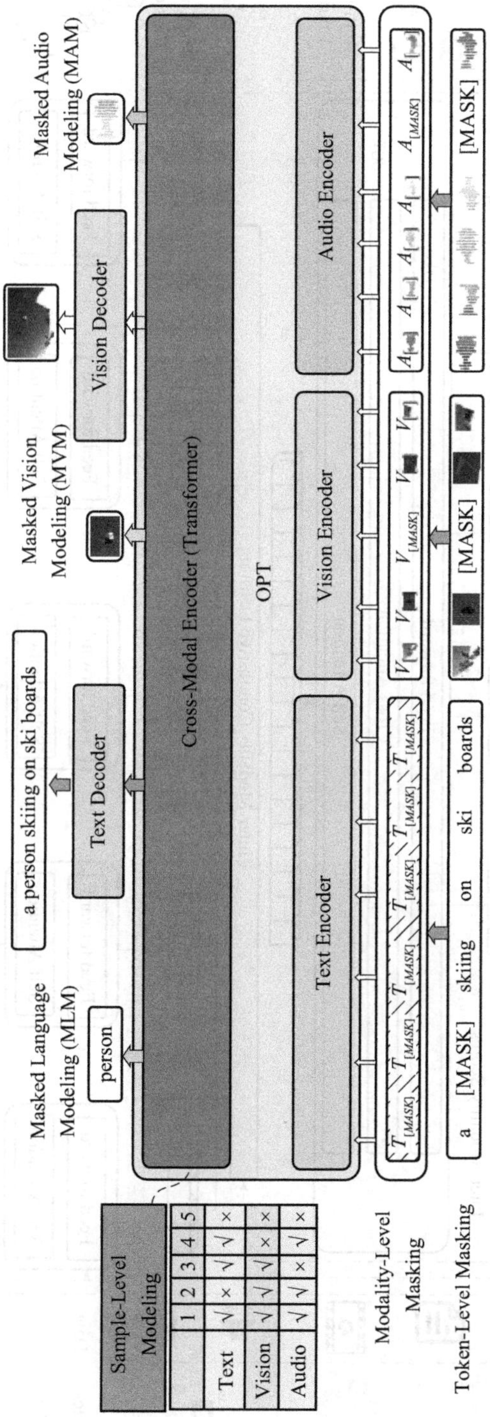

图 50 OPT模型框架（原图来自文献［117］）

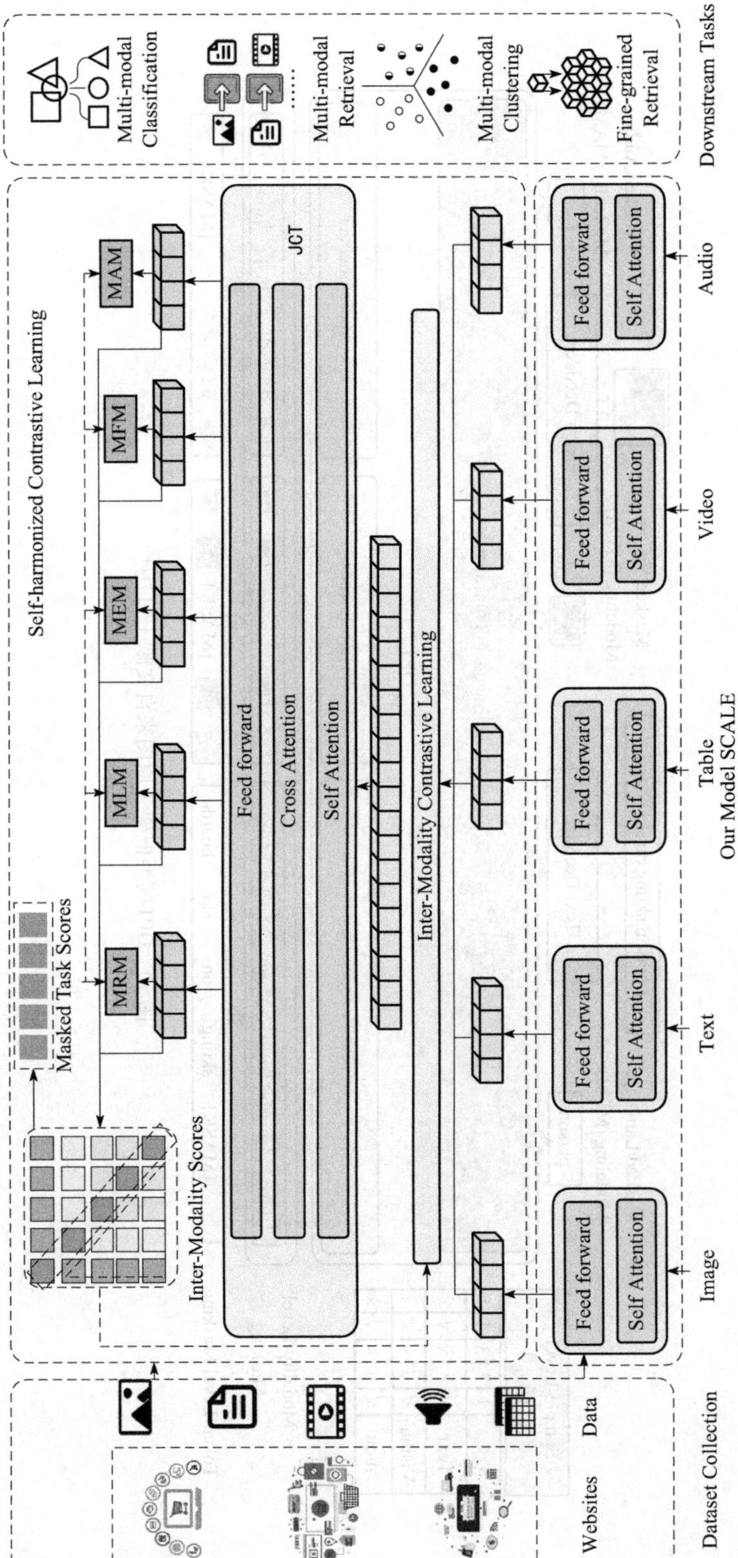

图 51　M5Product的框架（原图来自文献［24］）

SkillNet[114] 模型是由腾讯公司提出的，开发者采用五种模态数据来训练模型，包括文本、图像、声音、视频和代码。如图 52 所示，其中参数的不同部分专门用于处理不同的模态。与总是激活所有模型参数的传统密集模型不同，SkillNet 模型稀疏地激活与任务相关的部分参数。这样的设计使 SkillNet 能够以更具解释性的方式学习模型。结果表明，SkillNet 的性能与五种特定于模态的微调模型相当。此外，SkillNet 支持以相同的稀疏激活方式进行自我监督预训练，从而为不同的模态提供更好的初始化参数。在中文文本到图像的检索任务上，该模型比现有的领先方法（包括 wuk1ViT-B 和文澜 2.0）具有更高的准确度，同时使用了更少的激活参数。

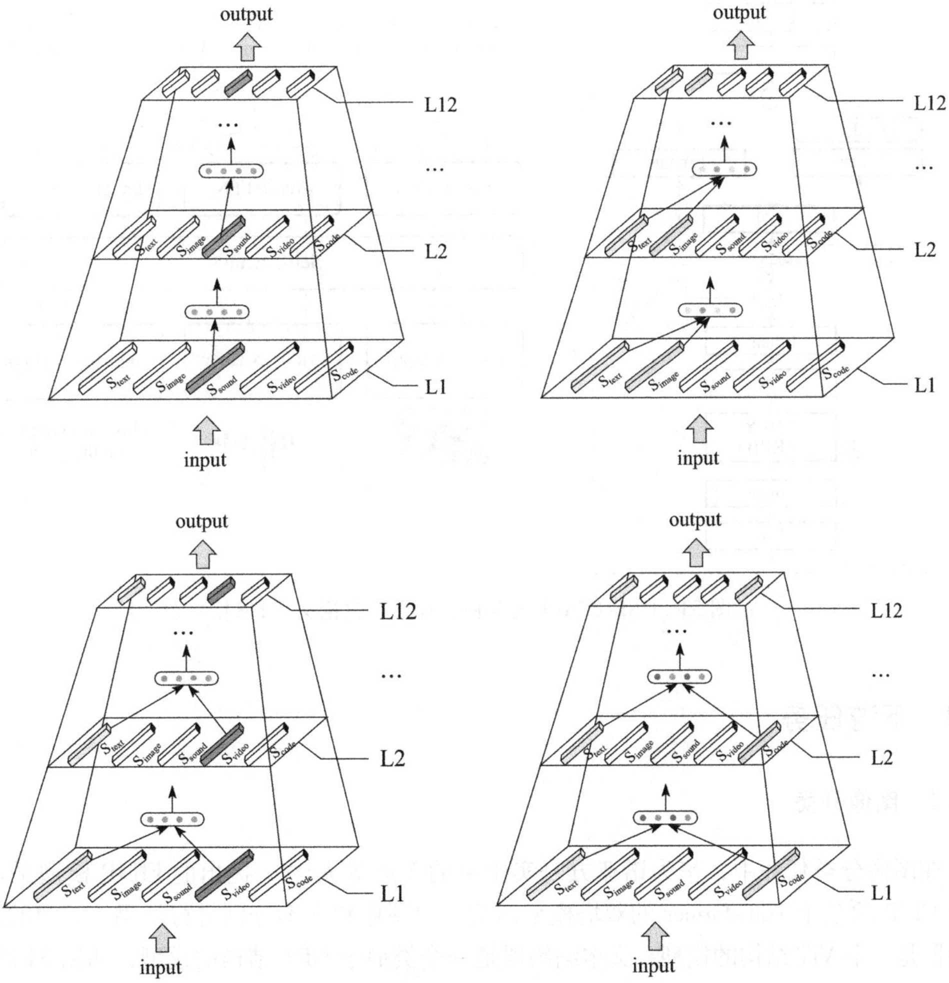

图 52 SkillNet 框架（原图来自文献［114］）

ONE-PEACE[118] 是由阿里达摩院的研究团队提出的，该模型采用了音频、视频和文本三种模态作为预训练数据。如图 53 所示，开发者探索了一种可扩展的方式来构建面向无限模态的一般表示模型。ONE-PEACE 是一个具有 40 亿参数的模型，可以无缝地对齐和集成视觉、音频和语言模态的表示。ONE-PEACE 的架构由多个模态适配器和一个模态融合编码器组成。每种模态都配备了一个适配器，用于将原始输入转换为特征表示。模态融合编码器在具有 Transformer 架构的模型输出特征上运行。每个转换器模块都包含了一个共享的自注意层和多模态前馈网络（FFN）。自注意层通过注意力机制实现多模态特征之间的交互，而 FFN 则有助于模态内的信息提取。由于这种架构的分工明确，扩展新模态只需要注入适配器和 FFN。在不使用任何视觉或语言预训练模型进行初始化的情况下，ONE-PEACE 在单模态和多模态任务中都取得了领先的结果。

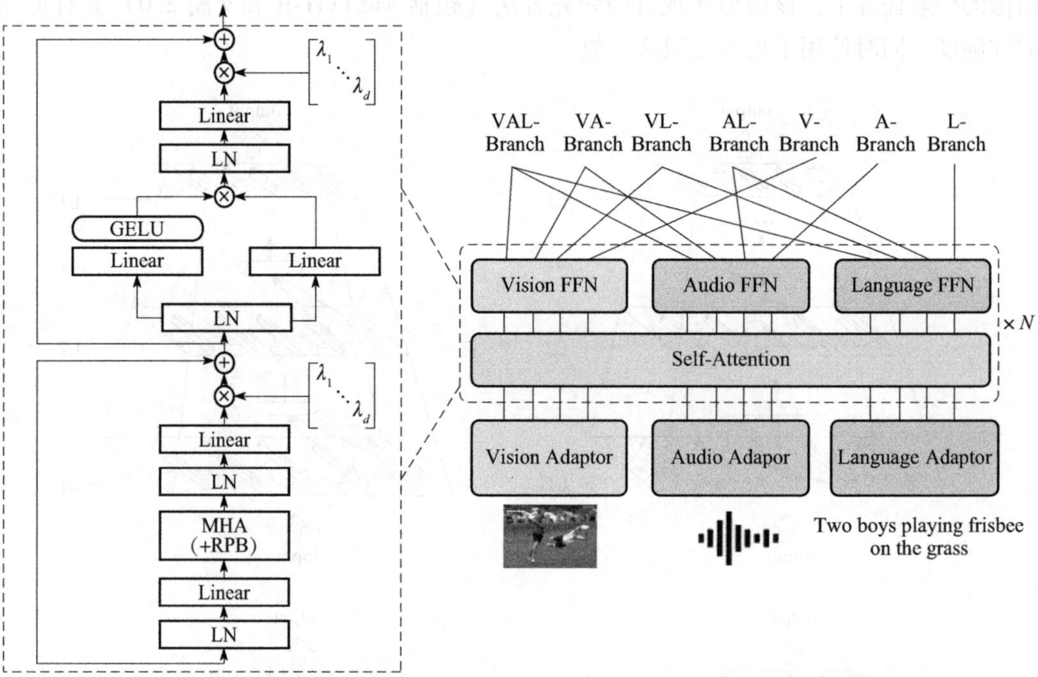

图 53 ONE-PEACE 框架图，原图来自论文［118］

3.3 下游任务

3.3.1 图像分类

在图像分类任务中，华为诺亚方舟实验室的 Yao 等人[119] 提出的 FILIP 模型采用类似于 CLIP 的基于 Transformer 的双塔模型结构，对图像和文本分别进行编码，其中的图像编码器是一个 ViT 结构的模型，文本编码器是一个类似于 GPT 结构的模型，如图 54 所示。和以往的双塔模型使用图片和文本的全局特征进行跨模态的交互不同，该模型采用一种细粒度交互机制对图像和文本信息进行建模，在零样本图像分类任务上取得了良好的效果。

国内还有一些研究者基于知识蒸馏或者微调方法，在现有模型上进行改进。清华大学的 Wei 等人[120] 用特征蒸馏的方法来微调 CLIP 模型，有效地提高了图像分类的准确性。厦门大学的 Liu 等人[121] 提出的 dBOT 方法使用多模态模型 DALL-E 作为教师模型，在图像分类任务中有效提高了分类精度。清华大学的黄高团队基于 CLIP 模型提出的

DAPL[122] 方法将领域信息嵌入到提示中，然后用于执行图像分类任务，该方法在训练过程中只优化了很少的参数，非常高效地将多模态预训练模型应用到图像分类任务中。

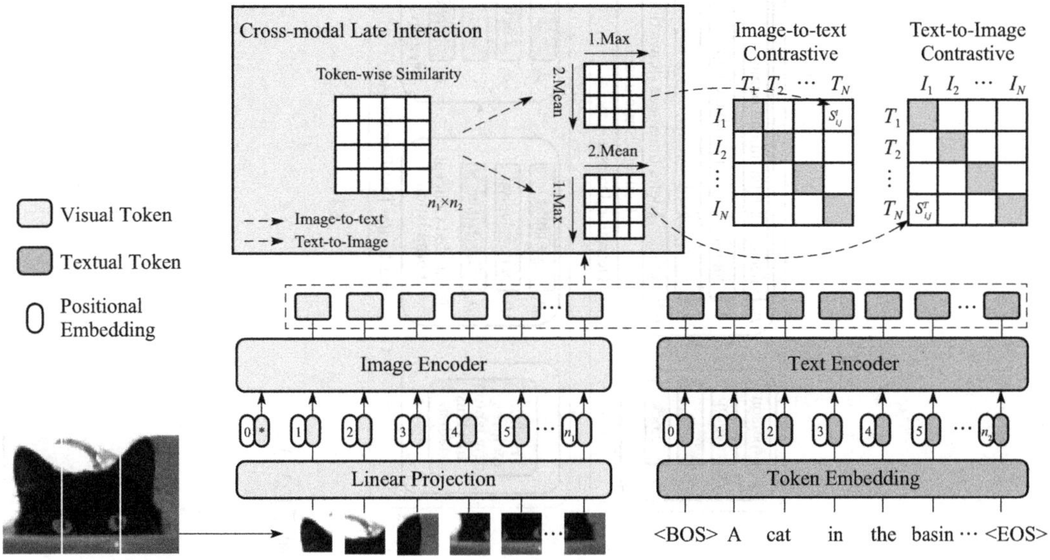

图 54 FILIP 模型（原图来自文献［119］）

3.3.2 目标检测

在目标检测领域，国内的大多数研究是以 CLIP 模型和 DETR 模型为基础的。香港科技大学的 Yao 等人[123] 对开放域检测问题进行了研究，利用 CLIP 在零样本分类领域的卓越性能，提出了一种针对多数据源联合的并行训练框架，同时构建了额外的知识库来提供类别间的隐式关系，实现了更高效的训练，如图 55 所示。

北京邮电大学的 Cao 等人[124] 对 DETR 模型在小物体上检测性能低的问题进行了改进，提出了一种由粗粒度层和细粒度层组成的新型由粗到细解码器层。在每个解码器层中，将提取的局部信息从粗粒度层引入全局上下文信息流，在细粒度层中通过自适应尺度融合模块和局部交叉注意力模块充分探索和利用多尺度信息。北京大学的 Jia 等人[125] 基于 DETR 模型提出了一种基于混合匹配的目标检测方法 H-DETR。该方法在模型训练期间将原始一对一匹配分支与辅助一对多匹配分支相结合，显著提高了目标检测的准确性。在 3D 目标检测方面，旷视科技的 Liu 等人[126] 在 DETR3D 模型的基础上提出了 PETR 模型，通过 3D 位置嵌入向量将多视角相机的 2D 特征转化为 3D 感知特征，使得目标查询键可以直接在 3D 语义环境下更新。香港科技大学的 Zhang 等人[127] 基于 DETR 模型提出了 DINO 模型。该模型通过使用对比学习进行去噪训练，并且使用混合查询选择方法进行锚点初始化，在性能和效率上比 DETR 模型有所提高。

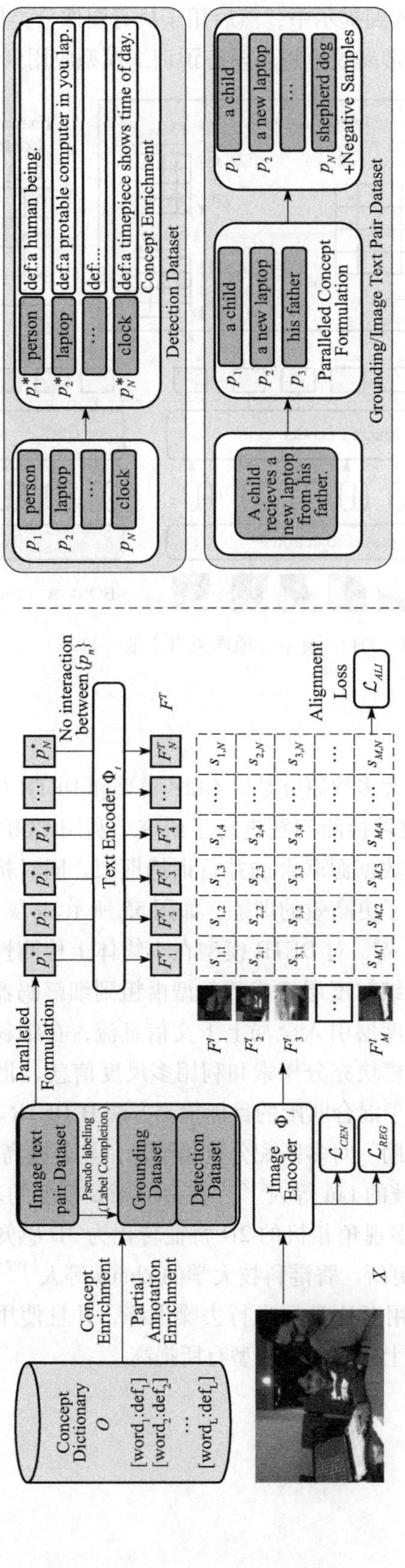

图 55　DetCLIP模型框架（原图来自文献［123］）

3.3.3 图像分割

对于图像分割任务，国内与多模态大模型结合的相关研究起步较晚，但发展迅速。深圳大学的 Xie 等人[128] 较早地将 CLIP 模型应用在图像分割任务中。针对现有方法在分割过程中难以分割不必要的背景信息的问题，引入了跨语言图像匹配的想法，提出了 CLIMS 模型（见图 56），通过文本的监督来获得更完整的物体图像区域，并且抑制了近似类别但属于背景的区域。清华大学的 Rao 等人[129] 通过隐式和显式地利用 CLIP 的预训练知识，提出了一个新的密集预测框架 DenseCLIP。DenseCLIP 将 CLIP 中的原始图像-文本匹配问题转换为像素-文本匹配问题，并使用像素-文本得分图来指导密集预测模型的学习，在目标检测和实例分割任务上性能卓越。

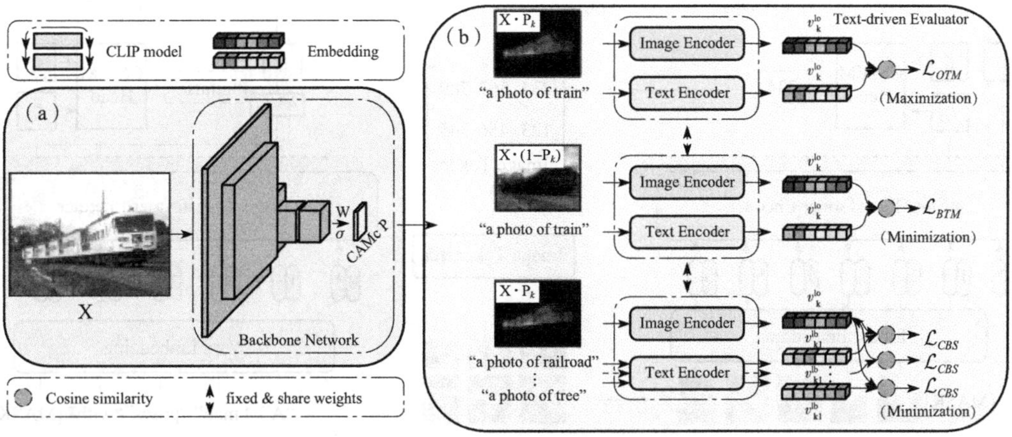

图 56 CLIMS 模型（原图来自文献 [128]）

在医学图像分割领域中，由于复杂的模态、精细的解剖结构、不确定的对象边界及宽范围的对象尺度，该任务更具挑战性。深圳大学的 Huang 等人[131] 借助 SAM 模型在医学图像中使用点和框等手动提示进行试验，可以很好地减少标注时间，促进医学图像分析的发展。

对于 3D 图像分割，上海交通大学的 Cen 等人[132] 在 SAM 的基础上提出了 SA3D 模型。该模型根据输入提示，使用 SAM 从相应的视图中剪切出 2D 目标对象，然后将获得的 2D 分割蒙版通过密度引导逆渲染投影到 3D 蒙版网格上，通过不断迭代最终得到准确的 3D 蒙版，验证了 SAM 模型在 3D 场景中的潜力。

3.3.4 图文检索

对于图文检索任务，国内的研究者也提出了众多新方法。中国人民大学的 Lu 等人[133] 认为 CLIP 和 ALIGN 等模型仅考虑了文本和图像之间的实例级对齐关系，提出 COST 模型（见图 57）用于增强跨模式交互来进行图像文本检索，利用 Token 级别的交互和任务级别的交互来学习文本到图像和图像到文本的检索，在性能相当的情况下其推理速度快一万多倍，同时也能用于文本到视频的检索。香港浸会大学的 Luo 等人[134] 为了将图像-文本对的 Token 级对齐信息聚合到实例表示中，结合 CLIP 的实例级对比学习提出了跨模态密集检索框架 ConLIP，并在 COCO 和 Flickr30k 数据集上验证了框架的有效性。现有的很多方法主要寻找匹配的文本片段，忽略了不匹配的文本片段在证明图像文本不匹配中的关键作用，容易产生假阳性匹配的情况，于是中国科学技术大学的 Zhang 等人[135] 提出了一种负感知注意力框架 NAAF，首次明确考虑了正匹配和负不匹配的片段，以联合度量图像-文本的相似性。

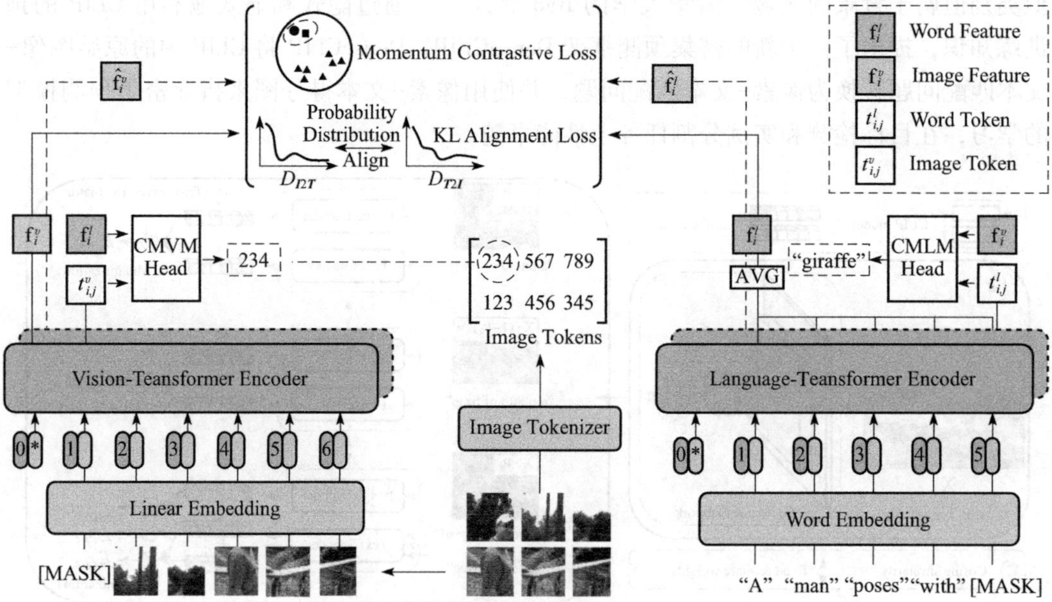

图 57　COST 模型（原图来自文献［106］）

3.3.5　视频文本检索

大规模多模态预训练模型极大地促进了视频文本检索研究的发展，国内的大部分研究采用多模态预训练模型 CLIP 来进行视频文本检索任务。较早的是西南交通大学的 Luo 等人[136] 提出的 CLIP4Clip（见图 58），该模型以端到端的方式将 CLIP 的知识迁移到视频语言检索中。该模型首先将输入视频采样为图像帧，然后通过线性层将图像帧映射成一维的嵌入序列并输入图像编码器，最后计算文本和图像帧的相似度得分。随后，腾讯公司也进行了一系列的研究。Fang 等人[137] 提出了 CLIP2Video 网络模型。该模型首先基于 CLIP 捕获空间语义，然后用一个时间差分块来捕获精细时间视频帧上的运动，以及一个时间对齐块来重新对齐视频片段和短语的 Token 并增强多模态相关性。Jiang 等人[138] 提出了一种分层交叉模态交互（HCMI）的新方法，以探索用于文本视频检索的视频句子、剪辑短语和框架词之间的多级交叉模态关系。模型通过视频和文本的多级表示来探索细粒度的跨模态关系，增强文本视频的跨模态检索能力。Gao 等人[139] 提出了 CLIP2TV，在 CLIP4Clip 的推理阶段引入动量蒸馏、具有匹配头的多模态 Transformer 和修正的双重 softmax，进一步提高了视频文本检索的性能。

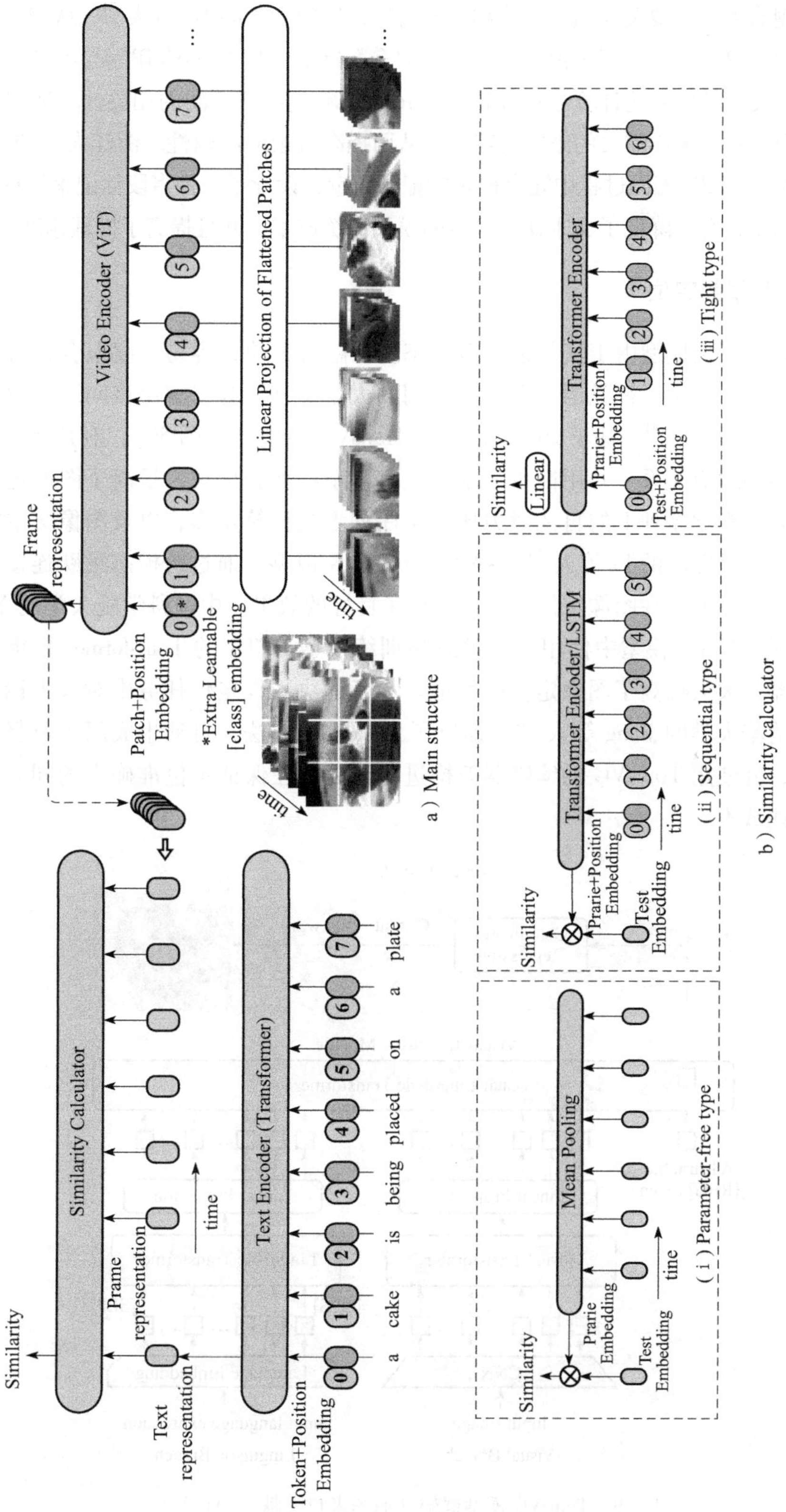

图 58 CLIP4Clip模型框架（原图来自文献［136］）

考虑到现有方法主要关注粗粒度或细粒度对比，厦门大学的 Ma 等人[84] 从交叉粒度对比的角度出发，提出了一种用于视频文本检索的多粒度对比模型 X-CLIP。与细粒度或粗粒度对比相比，交叉粒度对比计算粗粒度特征与每个细粒度特征之间的相关性，能够过滤掉粗粒度特征引导过程中不需要的细粒度特征，从而提高检索的准确性。浙江大学的 Zhao 等人[140] 为了减少 CLIP 编码过程中冗余视频标记的数量，设计了一种多段标记聚类算法来删除非必要的标记，有效降低了文本视频检索的模型训练成本，并且提高了推理速度。

3.3.6 图像和视频定位

现有的图像定位模型由于其复杂的多模态特征融合模块，容易过度拟合具有特定场景的数据集，并且限制了视觉语言上下文之间的大量交互。为了解决该问题，中国科学技术大学的 Deng 等人[141] 基于 DETR 提出了 TransVG 模型（见图 59），利用 Transformer 建立多模态间的对应关系，并用简单的堆栈代替复杂的融合模块，提高了图像定位的准确率。为了解决视觉序列上的自注意力比文本序列上的计算量多，以及图像文本的信息不对称问题，阿里巴巴的 Li 等人[142] 提出了 mPLUG 模型，通过跨模态跳跃连接来实现高效的视觉语言学习，在图像定位任务上取得了良好的效果。中国科学院大学的 Yang 等人[143] 提出的 VLTVG 模型中使用了多模态预训练模型 DETR 的 Transformer 权重来初始化视觉编码器，大大提高了图像定位的性能。为了解决图像定位任务中对人工标注的数据依赖性，清华大学的 Jiang 等人[144] 提出了 Pesudo-Q 方法，自动生成用于监督训练的伪语言查询，并使用 TransVG 的编码器架构进行试验，在保证定位准确率的同时显著降低了人工标注成本。

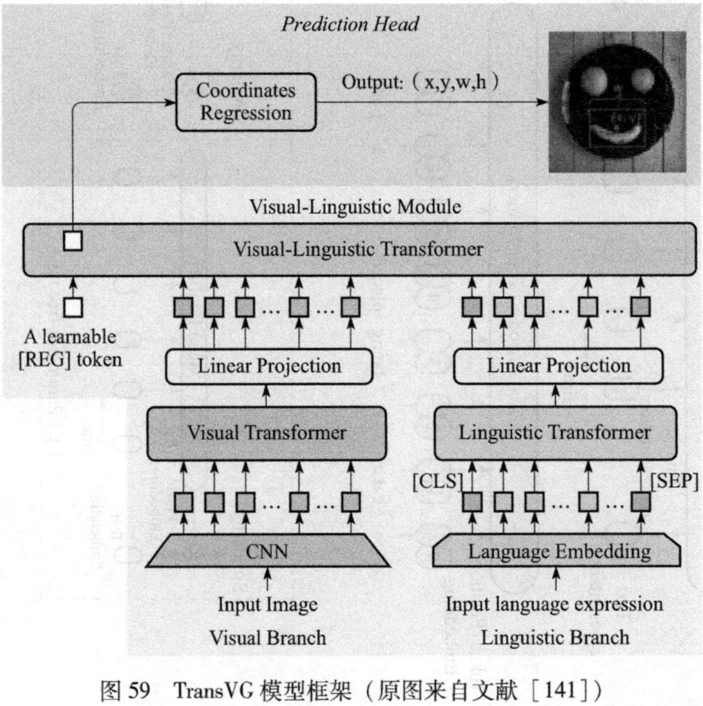

图 59　TransVG 模型框架（原图来自文献［141］）

在视频定位方面。腾讯公司的 Su 等人[145] 在 ViLBERT 的基础上修改了视觉分支的结构，提出了一种单阶段方法 STVGBERT，模型在融合部分通过时序和空间双支路的计算增强了对空间信息的记忆，使用新引入的跨模态特征学习模块 ST-ViLBERT 生成跨模态特征。该模型能够在不依赖任何预训练对象检测器的情况下处理视频定位任务。中山大学的 Lin 等人[146] 提出了 STVGFormer 模型，它包括静态分支和动态分支，用于对时空视觉语言依赖性进行建模。该模型使用 MDETR 的预训练参数来初始化静态分支，静态分支在单帧中执行跨模态理解，并根据帧内视觉线索（如对象外观）学习在空间上定位目标对象。动态分支执行跨多个帧的跨模态理解，能够有效地改进对困难案例的预测。另外，中山大学的 Tan 等人[147] 也基于 MDETR 提出了 HC-STVG 模型。该模型的第一阶段在查询时刻和候选时刻之间进行跨模式匹配以确定时间边界；第二阶段利用预训练的 MDETR 模型将语言查询与有意义的边界框相关联；然后，对语言感知边界框进行基于查询的去噪，以获得空间定位的帧预测。

3.3.7 图像和视频的文本描述生成

对于图像的文本描述生成任务，中国人民大学的 Yao 等人[148] 提出了一种基于跨模态 Transformer 的预训练-微调框架，然后结合对比学习以增强细粒度的图文语义对齐，在图像差异描述任务中取得了较好的效果。浙江大学的 Zhang 等人[149] 提出了一种大规模的图像标注模型 LEMON，在零样本方式下能够生成具有长尾视觉概念的图像文本描述。

除了上述针对图像的文本描述的相关研究，近年来也有一些研究者关注视频的文本描述生成任务。例如，Tang 等人[150] 提出了一个通过基于 CLIP 的增强视频文本匹配网络（VTM）来改进视频文本描述生成的框架 CLIP4Caption，如图 60 所示。该框架充分利用了来自视觉和语言的信息来学习与文本生成密切相关的视频特征。此外，还采用了

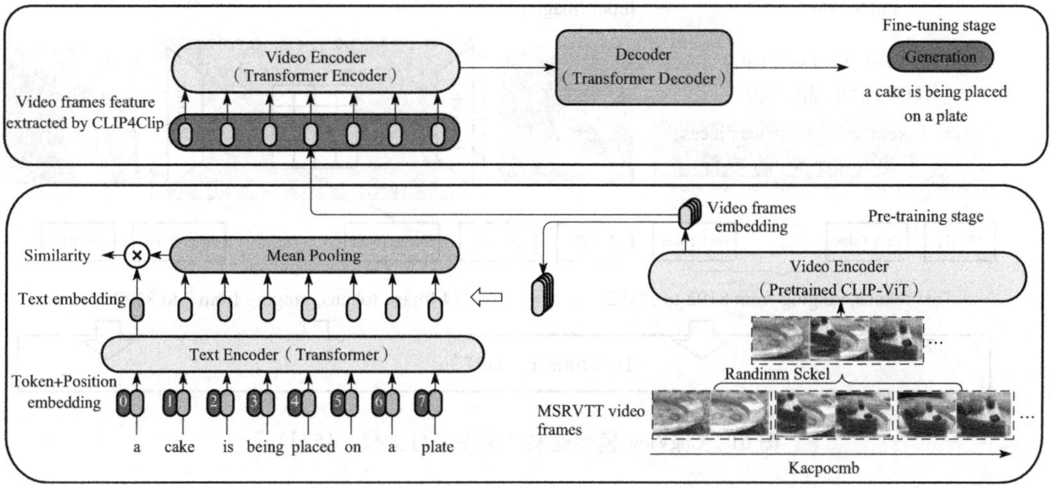

图 60 CLIP4Caption 模型框架（原图来自文献［150］）

Transformer 结构的解码器网络来有效地学习远程视觉和语言依赖性。阿里巴巴公司的 Xu 等人[151] 提出的 mPLUG-2 模型有效地解决了模态纠缠问题，并且增强了不同模态间的协作，在数据规模较小的条件下仍然能够在视频文本生成任务中取得很好的效果，展现出强大的零样本迁移能力。

3.3.8 图像和视频生成

对于图像生成任务，早期的国内研究大多基于生成对抗网络展开，通过生成器和判别器的对抗训练，最终生成能够欺骗过判别器的图像。但是由于模型架构和参数量的限制，该方法结果的多样性和零样本生成能力有所欠缺。清华大学的 Ding 等人[152] 最先提出了文本生成图像大模型 CogView，如图 61 所示。该模型将 VQ-VAE[130] 和 Transformer 进行了结合，提出了 40 亿参数的文本生成图像新框架，同时还提出了滑动窗口的方法进行图像超分辨率的处理，图像的清晰度进一步提升。然而 CogView 的生成速度缓慢，该团队又提出了 CogView2[153] 模型，将自回归和双向掩码进行结合，图像生成速度提升了十倍。百度公司的 Zhang 等人[154] 提出了 ERNIE-VILG 中文跨模态生成模型，首次通过自回归算法将图像生成和文本生成统一建模，增强模型的跨模态语义对齐能力，显著提升了图文语义的一致性。为了更好地实现文本到图像的生成，中国科学技术大学的 Gu 等人[155] 提出了 VQ-diffusion 模型，在压缩后的编码上训练扩散模型，使得压缩后的图像特征可以高效地使用 Transformer 进行逆过程的推算。为了将多模态引入基于文本的条件扩散模型中，百度公司提出的 UPainting[156] 模型在获取跨模态语义和样式时采用了图像-文本匹配模型，有效地提高了样本保真度和图像-文本对齐。为了降低现有大模型的资源消耗问题，南京邮电大学的 Tao 等人[157] 提出了 GALIP 模型，把 CLIP 引入生成对抗网络中，更好地对齐文本特征和图像特征，在参数量远小于扩散模型的情况下获得了很好的效果。

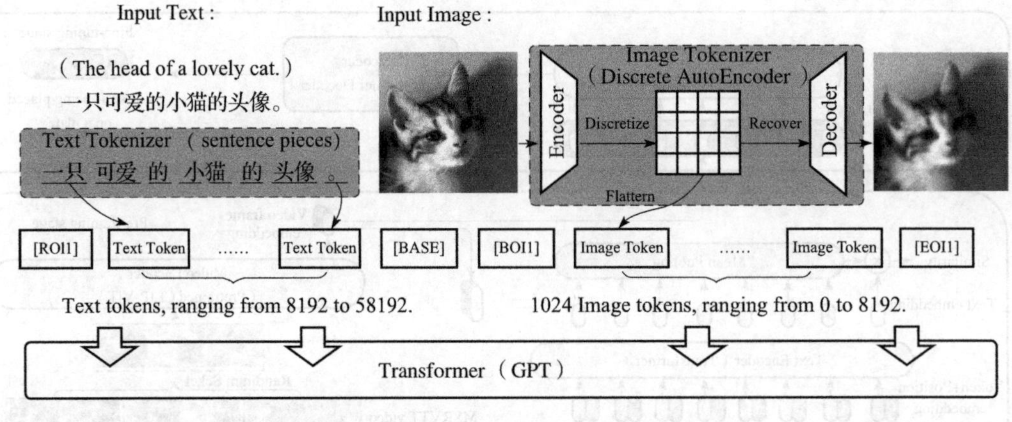

图 61 CogView 模型框架（原图来自文献［152］）

对于视频生成任务，清华大学的 Hong 等人[158] 提出了 CogVideo 模型（见图 62），该模型首先通过 CogView2 模型用文本生成几帧图像，然后基于双向注意力模型对生成的几帧图像进行插帧，以生成帧率更高的完整视频。与以往在 RGB 空间中从头开始训练视频生成不同，字节跳动公司的 Zhou 等人[159] 提出了 MagicVideo 模型，在低维潜在空间中生成视频片段，进一步利用预训练的文本生成图像模型 U-Net 的卷积算子权重加快训练速度。中国科学技术大学的 Luo 等人[160] 提出了一种分解扩散过程，将每帧噪声分解为一个在所有帧之间共享的基本噪声和一个沿着时间轴变化的残余噪声，采用两个联合学习的网络来相应地匹配噪声分解。与之前的一些视频生成方法相比，该模型摒弃了常见的空间和时间超分的方法，完全使用扩散模型来实现图像和视频序列的生成。另外，视频生成任务还包括了音频生成视频等。中国人民大学的 Ruan 等人[161] 首次提出了一种音频-视频联合生成的框架 MM-Diffusion，音频和视频的两个子网络学习从高斯噪声中逐渐生成对齐的音频-视频。为了确保模态之间的语义一致性，它用一种新的基于随机移位的注意力模块桥接两个子网络，实现了有效的跨模态对齐，从而增强了音频-视频的保真度。

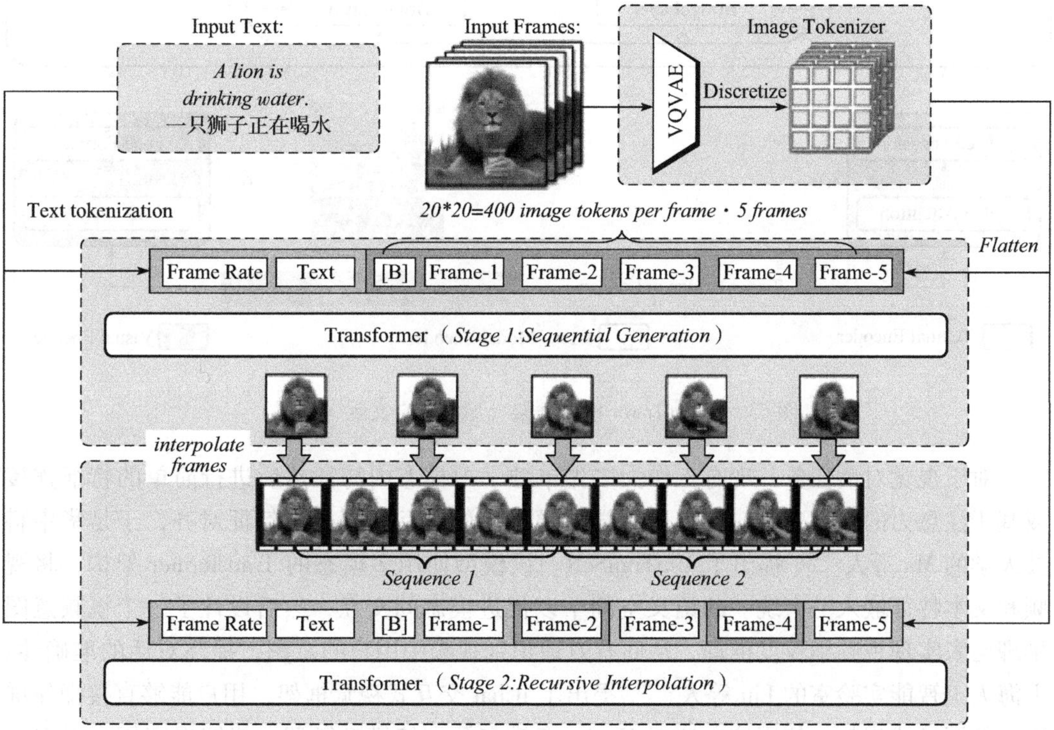

图 62　CogVideo 模型框架（原图来自文献［158］）

3.3.9　视觉问答和对话

在基于图片的视觉问答方面，阿里巴巴公司的 Wang 等人[109] 提出了 OFA 模型，在不引入额外的任务特定层的情况下，为视觉问答任务设计了一条指令并用该指令对模型进行微调，取得了较高的准确性。哈尔滨工业大学的 Xu 等人[162] 提出了多模态预训练模型 BridgeTower（见图 63），通过桥接层融合同语义层次的视觉和文本表示。在视觉问答中该方法能够更好地加深模型对问题的理解，在相同预训练数据和计算成本的情况下，该模型的结果显著优于其他方法的。对于视频问答，不同于先前直接继承或调整图像语言预训练范式来适应视频-语言数据，阿里巴巴公司的 Ye 等人[163] 采用一种分层感知的视频语言预训练框架 HiTeA，用于对视频时刻和问答之间的跨模态对齐及视频问答对的时间关系进行建模，之后使用少量的视频问答数据对模型进行微调，有效地提升了视频问答任务的性能。

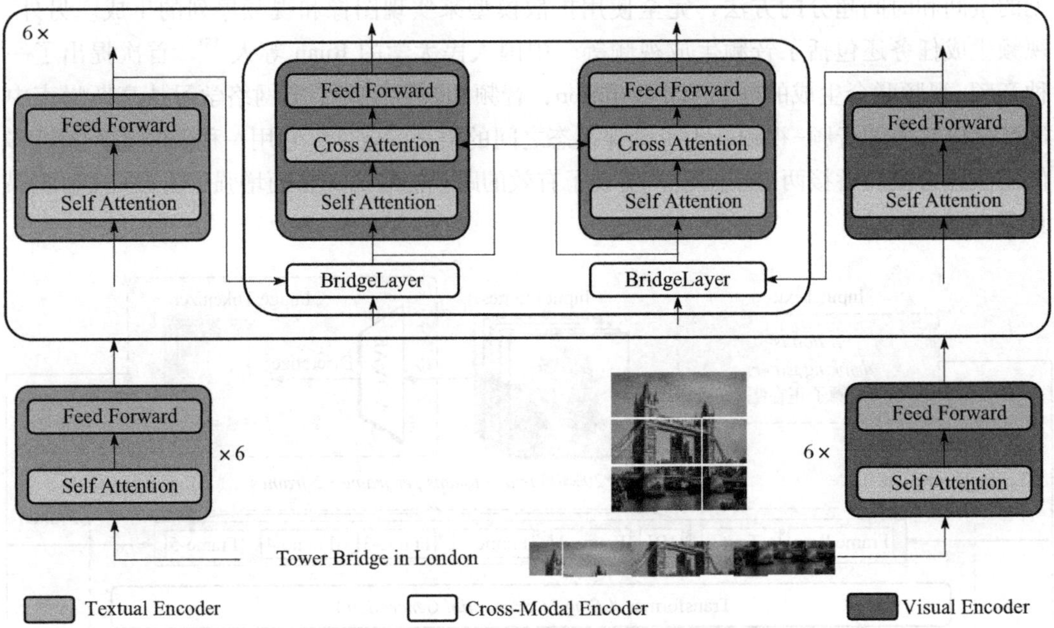

图 63　BridgeTower 模型框架（原图来自文献［162］）

对于视觉对话任务，现有工作大多先单独学习模态内特征然后进行简单的特征连接或基于注意力的特征融合，这阻碍了学习模态间的交互和跨模态特征对齐，于是华中科技大学的 Ma 等人[165] 提出了 UniTranSeR。该模型使用多模态的 Transformer 架构，将视频和文本特征嵌入一个统一的语义空间中以促进模态间交互，然后设计了一个视频意图推理层来实现视频细粒度推理，从而有效地识别视频中用户的意图，提高对话的准确性。上海人工智能实验室的 Liu 等人[166] 提出了 iChat 交互式视觉框架，用户能够直接操作屏幕上的图像或视频。使用该方法对 Husky 多模态预训练模型微调，能够提高用户对多模态预训练模型的交互式控制能力，从而实现高质量的互动式视觉对话任务。在视频问答任务方面，国内的相关研究处于起步阶段。上海人工智能实验室的 Li 等人[167] 基于 BLIP-2 模型提出了一个视频问答模型 VideoChat（见图 64），该模型集成了视频基础模型与大规模语言模型，在视频的空间、时间推理、事件定位、因果推断等多个方面都表现得十分出色。

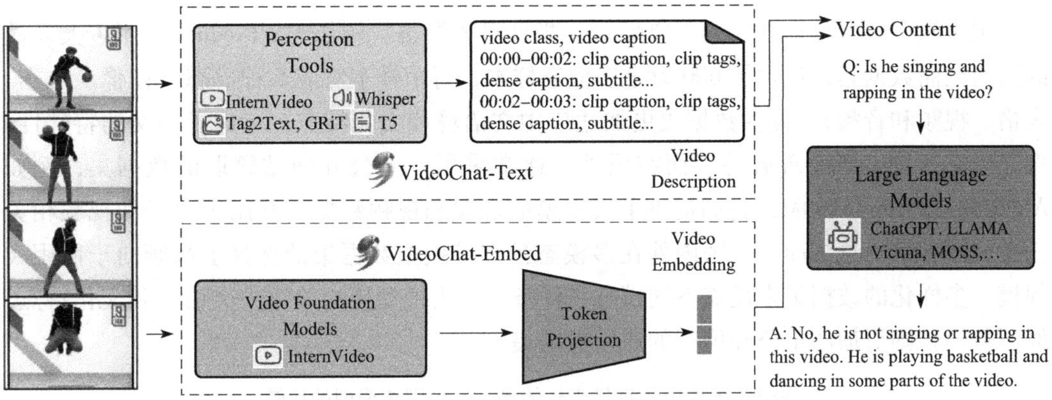

图 64 VideoChat 模型框架（原图来自文献［167］）

4 国内外研究进展比较

4.1 多模态数据集

1. 图像-文本

在数据集方面，国内数据集大多为中文数据集，而国外数据集大多为英文数据集，因此，国内和国外的数据集具备互补性。例如，悟空数据集是目前从中文互联网上收集的最大中文数据集，包含 1 亿个图像-文本对，促进了中文模型的发展。从发表时间来看，国内数据集多为近两年发布的，大多直接为大模型服务，如悟空数据集为 2022 年发布的，RUC-CAS-WenLan 数据集为 2021 年发布的。而在国际研究领域存在很多历时悠久的多模态数据集，在被用于多模态预训练模型之前就已经广泛应用于各种下游任务，例如 2015 年发布的 COCO 数据集。

2. 视频-文本

随着视频和文本预训练模型的快速发展，对大规模数据集的数量和质量的要求也越来越高，但国内外在预训练视频数据集的发展上仍然存在差距。在国外，由于视频网站的开放性，如 HowTo100M[19] 和 YT-Temporal-180M[21] 等大规模视频数据集的收集成为可能。通过数据清洗和筛选，可以进一步提升大规模数据集的质量和多样性，从而提升模型在视频-文本任务上的表现。在国内，由于收集成本高和版权受限等问题，视频数据规模普遍较小，难以支撑大规模的模型预训练。过度依赖国外数据集可能会导致模型对中文的理解能力较弱、对国内的下游应用场景适应性不够好等问题。此外，不同数据集的标注质量存在较大差异，在实际应用时需要进一步考虑数据质量对模型性能的影响。

3. 音频-视觉及两种以上模态

国内的多模态预训练模型主要采用一些自建数据集。例如 M5 Product 使用了大规模的国内电商数据集，包含了 600 万个多模态样本，每个样本对应 5 种模态（图像、文本、表格、视频和音频）。国内数据集更加适应中文语境和文化特点，考虑了中文的特殊性，例如中文分词、语义理解等。而在国外，通常采用一些公开网站爬取的数据集，例如 AudioSet 和 HowTo100M，它们提供了大规模的音频和视频数据，并用于声音和视频相关任务的预训练。总体而言，国内外在多模态预训练模型数据集的选择上都倾向于使用大规模、多样化的数据集来覆盖不同模态和任务，国内模型更加关注中文语境和文化特点，而国外模型则更加注重公开可用的通用数据集。

表 3 国内外具有代表性的多模态预训练模型的比较

类别	模型	模型大小				预训练数据集大小	预训练任务
		图像编码器	文本编码器	融合模块	总参数		
国外	CLIP ViT-L/14[35]	302MB	123MB	0	425MB	400MB	ITC
	ALIGN[36]	480MB	340MB	0	820MB	1.8B	ITC
	Florence[34]	637MB	256MB	0	893MB	900MB	ITC
	SimVLM-huge[44]	30MB	39MB	600MB	939MB	1.8B	PrefixLM
	METER-huge[39]	637MB	125MB	220MB	982MB	900MB+20MB	MLM+ITM
	LEMON[168]	147MB	39MB	636MB	822MB	200MB	MLM
	Flamingo[45]	200MB	70B	10B	80.2B	2.1B+27MB	LM
	GIT[38]	637MB	40MB	70MB	747MB	800MB	LM
	GIT2[38]	4.8B	40MB	260MB	5.1B	12.9B	LM
	CoCa[40]	1B	477MB	623MB	2.1B	1.8B+3B	ITC+LM
	BeiT-3[41]	692B	692MB	52MB	1.9B	21MB+14MB	MIM+MLM+MVLM
	PaLI[97]	3.9B	40MB	13B	16.9B	1.6B	LM+VQA+OCR+OD
国内	OFA-large[109]	~150MB	~150MB	~150MB	472MB	55MB+140GB	ITM，IC，多任务统一
	OFA-huge[109]	~300MB	~300MB	~300MB	930MB	55MB+140GB	ITM，IC，多任务统一
	MultiModal-GPT[55]	200MB	70B	10B	80.2B	—	LM，ITM

4.2 预训练模型

1. 图像-文本

整体上，国内针对文本和图像的多模态预训练模型的研究起步晚于国外的研究工作，目前国内在该领域的发展极为迅速，但原创性的开源预训练模型的数量还较少，在国际上的影响力还有待提升。由于预训练模型的训练需要庞大的计算资源，目前国内外在该领域影响力较大的研究都是由企业完成的，例如 CLIP 和 DALL-E 是由美国的 OpenAI 公司研发的、OFA 则由国内的阿里巴巴达摩院的研究团队提出的。受大模型市场化应用的需求驱动，国内已有许多头部互联网公司在大模型方面投入了大量的资金和计算资源，但在多模态预训练模型方面，由于技术成熟度相对较低，得到的关注相对较低。表 3 从模型大小、预训练数据集大小和预训练任务角度对国内外的多模态大模型进行了比较。其中，ITC 表示图像-文本对比（Image-Text Contrastive），ITM 表示图像-文本匹配（Image-Text Matching），MLM 表示掩码语言建模（Masked Language Modeling），MIM 表示掩码图像建模（Masked Image Modeling），MVLM 表示掩码视觉语言建模（Masked Vision-Language Modeling），IC 表示图像描述（Image Caption）。

在模型结构改进方面，国内外已进行了大量深入探索。表 4 列出了多模态预训练模型中常用的视觉编码器、文本编码器和多模态融合编码器。其中，OD 表示物体检测（Object Detector），Transformer 表示原始 Transformer 注意力机制，Embedding 表示特征嵌入表示。

表 4　代表性多模态预训练模型的模型结构对比

<table>
<tr><th>类别</th><th>模型</th><th>视觉编码器</th><th>文本编码器</th><th>多模态融合编码器</th></tr>
<tr><td rowspan="19">国外</td><td>ViLBERT[100]</td><td rowspan="2">OD+Xformer</td><td rowspan="2">Transformer</td><td rowspan="2">Co-attention</td></tr>
<tr><td>LXMERT[169]</td></tr>
<tr><td>VisualBERT[92]</td><td rowspan="3">OD</td><td rowspan="3">Embedding</td><td rowspan="3">Merged attention</td></tr>
<tr><td>UNITER[32]</td></tr>
<tr><td>OSCAR[33]</td></tr>
<tr><td>SOHO[170]</td><td rowspan="5">CNN</td><td rowspan="3">Embedding</td><td rowspan="4">Merged attention</td></tr>
<tr><td>CLIP-ViL[35]</td></tr>
<tr><td>SimVLM[44]</td></tr>
<tr><td>MDETR[171]</td><td>Transformer</td></tr>
<tr><td>Flamingo[45]</td><td>Embedding</td><td>Cross attention</td></tr>
<tr><td>ViLT[172]</td><td>Patch Emb.</td><td>Embedding</td><td rowspan="4">Merged attention</td></tr>
<tr><td>Git[38]</td><td rowspan="6">Transformer</td><td rowspan="8">Transformer</td></tr>
<tr><td>VLMo[173]</td></tr>
<tr><td>BeiT-3[41]</td></tr>
<tr><td>ALBEF[37]</td><td rowspan="2">Cross attention</td></tr>
<tr><td>CoCa[40]</td></tr>
<tr><td>METER[39]</td><td>Co-attention</td></tr>
<tr><td>CLIP[35]</td><td>CNN/Transformer</td><td rowspan="2">None</td></tr>
<tr><td>ALIGN[36]</td><td>CNN</td></tr>
<tr><td rowspan="2">国内</td><td>OFA[109]</td><td>CNN</td><td>Embedding</td><td>Merged attention</td></tr>
<tr><td>MultiModal-GPT[55]</td><td>Transformer</td><td>Transformer</td><td>Cross attention</td></tr>
</table>

2. 视频-文本

国内针对文本和视频的多模态预训练模型的研究仍然处于起步阶段，大规模预训练模型的数量较少，在开源社区中的影响力还有待提升。由于国内公开的视频-文本数据集较少、数据规模有限，并且缺乏公开的多模态基准评价数据集，目前国内的大多数视频-文本预训练模型仍然需要依赖国外的公开视频数据集进行训练。国外模型在多模态公开评测数据集上的性能保持着较强的竞争力。不过由于视频数据的复杂性和计算成本消耗高，虽然国外模型在多模态预训练领域有更丰富的研究成果和资源积累，包括数据集、开源代码、预训练模型和评估工具等，但在视频-文本相关的预训练模型方面的发展速度要明显低于图像-文本为主的多模态预训练模型。此外，国内的互联网企业在针对特定应用场景的垂直应用和优化方面具有一定的竞争力，能够提供更适合本土用户需求的完成下游任务的能力，而国外预训练模型通常适用于通用的任务。

3. 音频-视觉及两种以上模态

目前，国内外针对音频和视觉数据的多模态预训练模型都采用了基于 Transformer 的架构。由于音频和文本等数据与人的语言、文化是强相关的，因此国外训练的模型通常都是以英文语境为主的，难以直接应用到中文语境。由于国内在中文相关的数据方面的积累和模型优化方面的积极推进，在更好地理解和处理与中文相关的特征方面保持了一定的竞争力。此外，由于国外针对音频相关数据的多模态模型，以及针对三种模态以上的多模态预训练模型的研究并不多，也处于起步阶段，因此国内外的研究并没有明显的差距。国内的中科院自动化所等研究单位更加关注三种模态以上的多模态预训练模型和全模态预训练模型的研究，以期在该领域实现关键技术的突破，争取在国际上取得领先。

4.3 下游任务

1. 图像分类

近年来，伴随着多模态大模型的深入研究和应用探索，图像分类任务也迎来了新一阶段的突破性发展。较早期的多模态预训练模型大多使用了 Transformer 结构，研究重点主要是探索多模态特征的融合方式及如何将不同模态的信息有效融合，这些工作大部分由国外的研究者完成。随着 CLIP[35] 等模型的提出，图像分类模型的图文对齐能力得到了充分增强，在小样本图像分类和零样本图像分类任务中取得了不错的效果。国内在基于多模态大模型的图像分类任务上发展的也十分迅速。例如，华为公司的研究团队提出的 FILIP[119] 模型通过细粒度的交互机制增强了图像和文本的特征交互。此外，国内的研究更加注重模型的优化和训练策略的研究，大多数研究都集中于在现有的模型上引入知识蒸馏、微调等方法。例如，清华大学的研究者[122] 基于 CLIP 模型将领域信息嵌入到提示中，之后执行图像分类任务，这大大地减小了训练资源和模型的参数量。

2. 目标检测

在目标检测领域，国外的研究更加注重算法的创新。例如早期的 YOLO、Faster R-CNN 等，以及后期以 DETR[78] 为代表的多模态大模型，这些算法在目标检测领域取得了很大的成功；RegionCLIP[77] 与 Dynamic DETR[78] 等方法提高了多模态大模型在目标检测任务上的适配性。相比之下，国内的研究则更多地考虑了小物体目标检测。例如香港科技大学提出的 DINO[127] 模型，通过引入对比学习去噪，在性能和效率上比先前的 DETR 模型有所提高。同时，国内的研究更具有针对性，即如何将目标检测算法运用到实际场景中，如针对无人驾驶、智能安防等具体应用场景的目标检测。总的来说，国内外在目标检测领域的研究在算法创新、应用场景等方面有一定的差异。国外的研究广泛关注目标检测领域的各个方向，国内的研究更加针对实际应用场景，注重算法的应用及产学研结合，将研究成果应用到实际生产中。

3. 图像分割

在图像分割领域，国外具有较大的先发优势。研究集中于增大模型规模与训练数据规模，从而应对现实世界中复杂的零样本分割问题，其中最具有代表性的是 Meta 公司提出的 Segment Anything（SAM）模型[82]。在国内，深圳大学提出的 CLIMS[128] 通过文本的监督来获得更完整的物体图像区域；清华大学提出的 DenseCLIP[129] 将 CLIP 中的原始图像-文本匹配问题转换为像素-文本匹配问题，在实例分割任务上取得了卓越的性能。另外，国内也涌现出了一系列基于 SAM 的改进研究，如 SA3D[132] 大大地推动了图像分割任务的发展。相比之下，国内更加注重图像分割在实际场景中的应用，如医学图像分割、遥感图像分割等。

4. 图文检索

对于图文检索这一传统的跨模态任务，近几年国外性能最好的方法大多使用了大规模的 Transformer 架构，构建了通用的多模态大模型以适配小数据集下的检索任务。代表性的方法有 BLIP[83]、BLIP-2[46] 等，它们在图文检索任务上表现良好。国内的研究者也提出了众多新方法，并开始注重模型效率的优化。许多国内研究者通过增强图像和文本模态的对齐和特征交互进行了一系列研究。例如中国科学技术大学的 Zhang 等人[135] 提出了一种负感知注意力框架 NAAF，明确考虑了正匹配和负不匹配的片段；中国人民大学研究者提出的 COST 模型[133] 通过增强跨模态交互来进行图像文本检索，在性能相当的情况下极大地提升了效率。

5. 视频文本检索

对于视频文本检索任务，国内外早几年的研究工作也是基于 Transformer 架构的。例如谷歌公司提出的 VATT 模型[66] 将每个模态线性投影成特征向量，并将其输入 Transformer 编码器中。近年，国外的大多数研究均基于 CLIP 模型，例如 X-CLIP[84]、X-Pool[85] 等。国内较早的研究成果是西南交通大学的 Luo 等人[136] 提出的 CLIP4Clip，以端到端的方式将 CLIP 的知识迁移到视频语言检索任务中。总的来说，国内对视频文本检索方向的研究取得了一定的进展，但与国际上的研究相比仍存在一定的差距，还有很大的发展空间。

6. 图像和视频定位

对于图像和视频定位任务，随着预训练多模态大模型的引入，国内外近期的研究大多都是基于这些模型进行改进和融合的。相比之下，国外的研究聚焦于模型对时间、空间的定位能力，如新加坡国立大学的 Wang 等人提出了 PTP 模型[87] 以增加多模态预训练模型的定位能力，TubeDETR[88] 引入了一个时空解码器来联合编码器进行时空定位。在此方向上，国内的工作相对较少，更多是考虑时序和空间上的模态融合，以及模型的效率问题。例如 STVGBert[145] 模型在融合部分通过时序和空间双支路的计算增强对空间信息的记忆。

7. 图像和视频的文本描述生成

在图像和视频的文本描述生成方面，国外的近期研究通常都基于已有的单模态大模型或跨模态大模型。例如 ClipCap[90] 结合了 GPT-2 和具有强大的跨模态图像-文本对齐能力的 CLIP 模型，从而生成更准确的句子描述。在此之后，将其微调用于生成图像和视频文本描述。这成为国内外研究工作中常用的一种范式。例如，微软亚洲研究院的 Chen 等人提出的 UNITER 模型[32] 在 COCO 数据集上进行微调，微软公司的 Li 等人也对 Oscar 模型[33] 在 COCO 数据集上进行了微调，均取得了显著的性能提升；浙江大学的 LEMON[149] 和阿里巴巴公司的 mPLUG-2[151]，在数据规模较小的条件下仍然能够取得很好的性能，展现出了强大的零样本生成能力。总的来说，国外的研究工作更注重方法的原创性，国内的研究在对模型性能的持续改进方面取得了不错的成果。

8. 图像和视频生成

在图像生成领域，一些开创性的多模态大模型均由国外的研究者最先提出，例如自回归模型 DALL-E、扩散模型 DALL-E 2[174] 和 Stable Diffusion[53]。国内的研究者紧随其后，提出了高质量的图像生成大模型，如百度文心大模型[154]。在视频生成领域，国外沿用了基于扩散理论的基础架构，发展了 Make-A-Video[96] 等模型。国内早期的研究工作大多基于生成对抗网络，而基于扩散理论的研究起步较晚，由于在图像和视频生成领域计算成本的不断提高，国内研究者的研究重点逐渐从如何训练一个好的多模态大模型过渡到如何用好一个优秀的多模态大模型，近期研究是工作将预训练的图像生成扩散模型应用到视频生成任务中，代表方法有中国科学技术大学的研究者提出的图像生成模型 VQ-diffusion[155] 和字节跳动提出的视频生成模型 MagicVideo[159]。

9. 视觉问答和视觉对话

对于视觉问答和视觉对话任务，国内外的研究都注重预训练模型的性能提升，研究重点包括如何更好地融合多模态信息、如何更好地对视频中的时间关系进行建模等。国外的研究大多集中于提高模型规模、优化基础模型架构来提升视觉问答和对话的性能，代表方法有谷歌公司的 Chen 等人提出的 PaLI 模型[97]。国内的研究者主要通过预训练加微调的范式在视觉问答和视觉对话上进行研究，例如复旦大学使用 ViLBERT 构建的基于对比学习的模型框架 UTC[165]。

5 发展趋势与展望

得益于深度学习技术的快速发展、海量数据的有力驱动，以及硬件算力的显著提升，多模态预训练大模型取得了巨大的发展，但仍有许多具有挑战性的问题有待解决。

5.1 多模态数据集

模态多样性。当前的多模态数据集主要涵盖了图像、文本、视频等数据，但未来的发展可能会包含更多类型的模态，例如遥感图像、雷达图像、深度图像、热图像数据、语音信息、多传感器信息、具身环境信息[179]、虚拟现实数据、生物指纹数据等。更多样化的模态数据要求多模态大模型能够处理更丰富和复杂的信息，例如，结合语音和图像数据，可以实现语音识别和视觉对象识别的联合任务，这会进一步提高模型性能和应用价值。

标注的丰富性。当前多模态数据的对齐主要是在全局层面上实现的。随着多模态数据集的发展，将出现更丰富和粒度更细的标注。多模态数据集正向支持多个任务的标注发展，从而获得更加完整的标注、具有更丰富语义表示能力的标注，即包含对物体、动作、场景、可供性[180] 等各个方面的描述以支持多种模态之间的交互等方面发展。这些标注可以包括对象级别的注释、语义标签、情感分析、时空标注等，从而提供更多的语义信息，增强多模态大模型的理解能力。

跨领域与跨语言数据。目前的多模态数据集主要集中在特定领域或特定语言的数据上，未来的发展将涉及更多领域和语言的多模态数据集，以扩展多模态大模型的应用范围。多模态数据集的应用场景将不断扩展，涵盖各领域，如多媒体信息检索、智能交互等[181]。随着全球化的发展，跨语言多模态数据集的需求也在增加。跨语言数据集可以包含多种语言的图像、文本和音频数据，如中英文、中法文等。这些数据集将有助于建模多种模态信息间的关系，同时也有望促进更通用的多模态智能系统的发展。

隐私和伦理问题。随着对隐私和伦理问题的关注增加，未来的多模态数据集将更加注重数据的隐私保护和伦理合规性。面对这些需求，会出现更多匿名化或脱敏的数据集，以及对数据使用范围进行更严格限制和规范。数据集将采用更加安全的存储和分发方式，防止敏感信息泄露。同时，数据集的使用将要求用户符合隐私法规。此外，数据集的标注和使用也应遵伦理，确保在达成研究目的的基础上，不对任何个体和社会造成损害。数据集的开发者也将承担更大的责任，需要采取更加透明的措施，保证数据集的使用符合规范和道德。

面向特定任务的数据集。除了通用的多模态数据集，未来可能会涌现出更多面向特定任务的数据集，例如医疗影像、自动驾驶等。这些数据集将有助于推动特定领域的多模态研究和应用。并且这些面向特定任务的数据集将更便于专业化、标准化，有助于使相应领域快速实现智能化。

总体而言，多模态数据集的发展将朝着更大规模、更多样化、更丰富标注、更注重隐私安全和伦理合规的方向发展，以支持更具通用性的多模态大模型的研究和应用。

5.2 预训练模型

多层次对齐的预训练。大多数现有的多模态预训练模型都是从全局视角进行预训练的，例如 CLIP[35] 与 ALIGN[36] 等采用整个图像和语言之间的匹配作为预训练的监督信号。细粒度的局部信息挖掘与实例级的预训练能进一步提高多模态预训练的整体性能。此外，相比于对齐多模态信息，多模态耦合是对齐的进一步扩展[182]，它能够动态建立不同模态间的关联。这也是一个重要的提升模态预训练模型性能的方向。

基于增量学习的预训练。目前，预训练方法通过特征微调或提示学习的方式应用于下游任务。这种深度学习的范式在很短时间就可以得到良好的泛化性能，但训练代价高昂。数据的收集和清洗、预训练的计算成本消耗都花费了巨额的人力和物力。当收集到一组新数据时，混合新旧数据再进行训练是昂贵、冗余，并且不环保的。因此，大模型的增量学习是解决这一问题的必要途径。此外，除了数据增量以外，将类别增量、模态增量等增量学习方式引入并吸收到预训练多模态大模型中也是值得探索的问题。多模态大模型应该具有足够的灵活性和良好的可扩展性。

知识增强的多模态预训练。当前知识辅助的预训练模型的研究仍处于起步阶段。常见的方法是在预训练阶段采用外部知识图谱或知识库，但它们通常是独立于多模态数据的单一模态，并且仅能用于提高对当前模型数据的理解。因此，探索基于知识增强的多模态预训练是必要的。但这一任务具有极大的挑战性：首先，需要设计自监督学习方法来提取多模态数据相关的知识；其次，除了视觉和语言模态，还需要为多模态数据设计更加通用的知识融合方法；最后，需要设计专门针对预训练模型的知识评估任务来检查模型训练早期的知识增强情况。此外，多模态大模型的解释性和其知识的反解耦也是重要的研究方向。

面向多模态预训练模型的提示学习。当前预训练大模型通常采用预训练-微调范式。即首先使用预先训练的权重初始化模型，然后在下游任务进行微调。尽管这一范式在许多任务中都取得了良好的效果，但微调可能不是最直接的方法并且计算成本较高。因为目前的多模态大模型是通过模态匹配、特征预测掩码等进行预训练的，而下游任务通常是分类和回归任务。提示学习提供了将大模型快速适配到下游任务的新范式，该范式通过转换下游任务设置与预训练阶段保持一致。由于训练成本较低，提示学习范式近期得到了快速发展。但如何针对多模态预训练模型设计面向多模态理解与生成的提示学习范式仍然是值得探索的重要问题。

大小模型协同。在小规模的多模态模型中，扩散理论和动态神经网络等方法对特定的多模态任务具有明显的性能提升。但这些算法计算复杂度较高，因此尚未在多模态大模型中得到足够的探索。从小规模多模态模型向大规模预训练多模态模型的技术迁移是值得思考的。同时，由于边端设备的性能、通信和及时性限制与要求，多模态大模型向小模型的赋能也至关重要。

5.3 下游任务

创造新的交互方式。多模态预训练大模型的出现将极有可能改变原先的人机交互逻辑。大模型可以通过强大的自然语言理解能力，在人的自然表达和计算机的命令之间建立桥梁。未来，人类只需表述自己的目的，计算机通过大模型完成语义理解，将理解的结果拆解为需要完成的动作，最后执行相应的任务或将计算结果返回。这一新的交互逻辑，会极大地提升人机交互的效率。人类将不再需要根据自己的目的，对应到系统逻辑中拆解动作，从而降低计算机相关设备的使用成本。建立在这种交互基础上，能以更低的学习和使用成本触及并处理更多的数据，甚至引发生产力的革命。

重塑人工智能商业模式。多模态预训练模型的发展将重塑人工智能商业模式，并为人们的生产和生活方式带来积极影响。对个人而言，CLIP 和 DALL-E 2 等多模态大模型将使更多非技术出身的人能发挥自己的创造力，无须借助传统的软件工具和编程。对企业来说，多模态预训练模型将成为企业生产效率提升的关键。在商业模式上，具备大数据、大算力和大模型开发能力的科技企业，将会成为模型服务的提供方，帮助企业将基础模型的能力与生产流程融合起来，实现效率和成本最优。

实现机器“人脑”。真实开放世界的人工智能模型必须能够灵活地完成计划外的新任务或者识别新目标。经过预训练的多模态大模型可以提供密集的知识认知能力，帮助人工智能算法提升对新语言指令或者未见目标的泛化，从而能够完成新任务或者新目标识别。更进一步，多模态预训练模型有望建立一个如人脑一般观察现实的世界模型，其具有人类的知识推导和互联网所有的知识记忆。

6 结束语

本文对目前多模态大模型领域的进展进行了尽可能全面的总结，归纳并对比了多模态大模型国内外的研究现状，针对多模态大模型的发展进行了分析和展望。总之，多模态大模型作为近年来人工智能领域的重要研究方向之一，有着广泛的研究和应用前景。随着各类数据和信息在数量和模态上的不断增加，多模态大模型的能力和价值将会愈发凸显。在未来的研究和实践中，需要关注多模态数据的可靠性和有效性，研发更加高效精准的建模和推理技术，探索其在各个领域的应用和推广。本文希望能帮助读者快速了解多模态大模型的发展历程、应用前景及存在的问题，启发对多模态大模型技术未来发展的思考，共同推动人工智能和多模态大模型领域的发展。

参考文献

[1] BOMMASANI R, HUDSON D A, ADELI E, et al. On the opportunities and risks of foundation models[J]. arXiv preprint arXiv: 2108.07258, 2021.

[2] ORDONEZ V, KULKARNI G, BERG T. Im2text: describing images using 1 million captioned photographs[C]. Proceedings of the 24th International conference on Netural Information Processing Systems. Granada: NIPS'11, 2011.

[3] YOUNG P, LAI A, HODOSH M, et al. From image descriptions to visual denotations: new similarity metrics for semantic inference over event descriptions [J]. Transactions of the Association for Computational Linguistics, 2014, 2: 67-78.

[4] HODOSH M, YOUNG P, HOCKENMAIER J. Framing image description as a ranking task: data, models and evaluation metrics[J]. Journal of Artificial Intelligence Research, 2013, 47: 853-899.

[5] CHEN X, FANG H, LIN T Y, et al. Microsoft coco captions: data collection and evaluation server[J]. arXiv preprint arXiv: 1504.00325, 2015.

[6] KRISHNA R, ZHU Y, GROTH O, et al. Visual genome: connecting language and vision using crowdsourced dense image annotations[J]. International Journal of Computer Vision, 2017, 123: 32-73.

[7] GOYAL Y, KHOT T, SUMMERS-STAY D, et al. Making the v in vqa matter: elevating the role of image understanding in visual question answering[C]// Proceedings of the IEEE Conference on Computer Vision and Pattern Recognition. Honolulu: 2017 IEEE CVPR, 2017.

[8] ROSTAMZADEH N, HOSSEINI S, BOQUET T, et al. Fashion-gen: the generative fashion dataset and challenge[J]. arXiv preprint arXiv: 1806.08317, 2018.

[9] SHARMA P, DING N, GOODMAN S, et al. Conceptual captions: a cleaned, hypernymed, image alt-text dataset for automatic image captioning[C]// Proceedings of the 56th Annual Meeting of the Association for Computational Linguistics (Volume 1: Long Papers). Melbourne: The 56th Annual Meeting of the ACL, 2018.

[10] CHANGPINYO S, SHARMA P, DING N, et al. Conceptual 12m: pushing web-scale image-text pre-training to recognize long-tail visual concepts[C]// Proceedings of the IEEE/CVF Conference on Computer Vision and Pattern Recognition. New York: 2021 IEEE/CVF CVPR, 2021.

[11] HUDSON D A, MANNING C D. Gqa: a new dataset for real-world visual reasoning and compositional question answering[C]// Proceedings of the IEEE/CVF Conference on Computer Vision and Pattern Recognition. Long Beach: 2019 IEEE/CVF CVPR, 2019.

[12] QI D, SU L, SONG J, et al. Imagebert: cross-modal pre-training with large-scale weak-supervised image-text data[J]. arXiv preprint arXiv: 2001.07966, 2020.

[13] THOMEE B, SHAMMA D A, FRIEDLAND G, et al. YFCC100M: the new data in multimedia research[J]. Communications of the ACM, 2016, 59(2): 64-73.

[14] SCHUHMANN C, VENCU R, BEAUMONT R, et al. Laion-400m: open dataset of clip-filtered 400 million image-text pairs[J]. arXiv preprint arXiv: 2111.02114, 2021.

[15] DESAI K, KAUL G, AYSOLA Z, et al. Redcaps: web-curated image-text data created by the people, for the people[J]. arXiv preprint arXiv: 2111.11431, 2021.

[16] SUN C, SHRIVASTAVA A, SINGH S, et al. Revisiting unreasonable effectiveness of data in deep learning era[C]// Proceedings of the IEEE International Conference on Computer Vision. Venice: 2017 IEEE ICCV, 2017: 843-852.

[17] YANG J, LI C, ZHANG P, et al. Focal self-attention for local-global interactions in vision transformers[J]. arXiv preprint arXiv: 2107.00641, 2021.

[18] LEI J, YU L, BANSAL M, et al. TVQA: localized, compositional video question answering[C]// Proceedings of the 2018 Conference on Empirical Methods in Natural Language Processing. Brussels: ACL, 2018.

[19] MIECH A, ZHUKOV D, ALAYRAC J B, et al. Howto100m: learning a text-video embedding by watching hundred million narrated video clips[C]// Proceedings of the IEEE/CVF International Conference on Computer Vision. Seoul: 2019 IEEE/CVF ICCV, 2019.

[20] BAIN M, NAGRANI A, VAROL G, et al. Frozen in time: a joint video and image encoder for end-to-end retrieval[C]// Proceedings of the IEEE/CVF International Conference on Computer Vision. New York: 2021 IEEE/CVF ICCV, 2021.

[21] XUE H, HANG T, ZENG L, et al. Advancing high-resolution video-language representation with large-scale video transcriptions[J]. arXiv preprint: 2111. 10337, 2022.

[22] GEMMEKE J F, ELLIS D P W, FREEDMAN D, et al. Audioset: anontology and human-labeled dataset for audio events[C]// 2017 IEEE International Conference on Acoustics, Speech and Signal Processing (ICASSP). New Orleans: 2017 IEEE ICASSP, 2017.

[23] KUZNETSOVA A, ROM H, ALLDRIN N, et. al. The open images datasetv4: unified image classification, object detection, and visual relationship detection at scale[J]. International Journal of Computer Vision, 2020, 128(7): 1956-1981.

[24] DONG X, ZHAN X, WU Y, et. al. M5 product: self-harmonized contrastive learning fore-commercial multi-modal pretraining[C]// Proceedings of the IEEE/CVF Conference on Computer Vision and Pattern Recognition. New Orleans: 2022 IEEE/CVF CVPR, 2022.

[25] ZELLERS R, LU X, HESSEL J, et. al. Merlot: multimodal neural script knowledge models[J]. Advances in Neural Information Processing Systems, 2021, 34: 23634-23651.

[26] ZELLERS R, LU J, LU X, et al. Merlot reserve: neural script knowledge through vision and language and sound[C]// Proceedings of the IEEE/CVF Conference on Computer Vision and Pattern Recognition. New Orleans: 2022 IEEE CVF CVPR, 2022.

[27] GAN Z, LI L, LI C, et al. Vision-language pre-training: basics, recent advances, and future trends[J]. Foundations and Trends® in Computer Graphics and Vision, 2022, 14(3-4): 163-352.

[28] DEVLIN J, CHANG M W, LEE K, et al. BERT: pre-training of Deep Bidirectional Transformers for Language Understanding[C]// Proceedings of NAACL-HLT. Minneapolis: The 2019 Conference of the North American Chapter of the Association for Computation Linguistics, 2019: 4171-4186.

[29] LIU Y, OTT M, GOYAL N, et al. Roberta: A robustly optimized bert pretraining approach[J]. arXiv preprint arXiv: 1907. 11692, 2019.

[30] HE K, ZHANG X, REN S, et al. Deep residual learning for image recognition[C]// Proceedings of the IEEE Conference on Computer Vision and Pattern Recognition. New York: 2016 IEEE CVPR, 2016.

[31] REN S, HE K, GIRSHICK R, et al. Faster R-CNN: Towards real-time object detection with region proposal networks[J]. IEEE Transactions on Pattern Analysis and Machine Intelligence, 2017, 39(6): 1137-1149.

[32] CHEN Y C, LI L, YU L, et al. Uniter: universal image-text representation learning[J]. arXiv preprint arXiv: 1909. 11740, 2019.

[33] LI X, YIN X, LI C, et al. Oscar: object-semantics aligned pre-training for vision-language tasks[J]// arXiv preprint arXiv: 2004. 06165, 2020.

[34] YUAN L, CHEN D, CHEN Y L, et al. Florence: a new foundation model for computer vision[J]. arXiv preprint arXiv: 2111. 11432. 2021.

[35] RADFORD A, KIM J W, HALLACY C, et al. Learning transferable visual models from natural language supervision[C]// International Conference on Machine Learning. [S. l.]: PMLR, 2021.

[36] JIA C, YANG Y, XIA Y, et al. Scaling up visual and vision-language representation learning with noisy

text supervision[C]// International Conference on Machine Learning. [S. l.]: PMLR, 2021.

[37] LI J, SELVARAJU R, GOTMARE A, et al. Align before fuse: vision and language representation learning with momentum distillation[J]. Advances in Neural Information Processing Systems, 2021, 34: 9694-9705.

[38] WANG J, YANG Z, HU X, et al. Git: a generative image-to-text transformer for vision and language[J]. arXiv preprint arXiv: 2205. 14100. 2022.

[39] DOU Z Y, XU Y, GAN Z, et al. An empirical study of training end-to-end vision-and-language transformers [C] // Proceedings of the IEEE/CVF Conference on Computer Vision and Pattern Recognition. New Orleans: 2022 IEEE/CVF CVPR, 2022: 18166-18176.

[40] YU J, WANG Z, VASUDEVAN V, et al. Coca: contrastive captioners are image-text foundation models[J]. arXiv preprint arXiv: 2205. 01917. 2022.

[41] WANG W, BAO H, DONG L, et al. Image as a foreign language: beit pretraining for all vision and vision-language tasks[J]. arXiv preprint arXiv: 2208. 10442, 2022.

[42] BROWN T, MANN B, RYDER N, et al. Language models are few-shot learners[J]. Advances in Neural Information Processing Systems, 2020, 33: 1877-1901.

[43] RAFFEL C, SHAZEER N, ROBERTS A, et al. Exploring the limits of transfer learning with a unified text-to-text transformer[J]. The Journal of Machine Learning Research, 2020, 21(1): 5485-5551.

[44] WANG Z, YU J, YU A W, et al. Simvlm: simple visual language model pretraining with weak supervision[J]. arXiv preprint arXiv: 2108. 10904, 2021.

[45] ALAYRAC J B, DONAHUE J, LUC P, et al. Flamingo: a visual language model for few-shot learning[J]. Advances in Neural Information Processing Systems, 2022, 35: 23716-23736.

[46] LI J, LI D, SAVARESE S, et al. Blip-2: bootstrapping language-image pre-training with frozen image encoders and large language models[J]. arXiv preprint arXiv: 2301. 12597, 2023.

[47] ZHU D, CHEN J, SHEN X, et al. Minigpt-4: enhancing vision-language understanding with advanced large language models[J]. arXiv preprint arXiv: 2304. 10592, 2023.

[48] TOUVRON H, LAVRIL T, IZACARD G, et al. Llama: open and efficient foundation language models[J]. arXiv preprint arXiv: 2302. 13971, 2023.

[49] CHUNG H W, HOU L, LONGPRE S, et al. Scaling instruction-finetuned language models[J]. arXiv preprint arXiv: 2210. 11416, 2022.

[50] SHEN Y, SONG K, TAN X, et al. Hugginggpt: solving ai tasks with chatgpt and its friends in huggingface[J]. arXiv preprint arXiv: 2303. 17580, 2023.

[51] SURÍS D, MENON S, VONDRICK C. Vipergpt: visual inference via python execution for reasoning[J]. arXiv preprint arXiv: 2303. 08128, 2023.

[52] WU C, YIN S, QI W, et al. Visual chatgpt: talking, drawing and editing with visual foundation models[J]. arXiv preprint arXiv: 2303. 04671, 2023.

[53] ROMBACH R, BLATTMANN A, Lorenz D, et al. High-resolution image synthesis with latent diffusion models[C]// Proceedings of the IEEE/CVF Conference on Computer Vision and Pattern Recognition. New Orleans: 2022 IEEE/CVF CVPR, 2022.

[54] JAIN S M. INTRODUCTION to transformers for NLP: with the Hugging Face Library and Models to Solve Problems[M]. Berkeley: Apress, 2022.

[55] GONG T, LYU C, ZHANG S, et al. MultiModal-GPT: a vision and language model for dialogue with humans[J]. arXiv preprint arXiv: 2305.04790, 2023.

[56] LIU H, LI C, WU Q, et al. Visual instruction tuning[J]. arXiv preprint arXiv: 2304.08485, 2023.

[57] YE Q, XU H, XU G, et al. Mplug-owl: modularization empowers large language models with multimodality[J]. arXiv preprint arXiv: 2304.14178, 2023.

[58] HU E J, SHEN Y, WALLIS P, et al. Lora: low-rank adaptation of large language models[J]. arXiv preprint arXiv: 2106.09685, 2021.

[59] ZHANG S, ROLLER S, GOYAL N, et al. Opt: open pre-trained transformer language models[J]. arXiv preprint arXiv: 2205.01068, 2022.

[60] SUN C, MYERS A, VONDRICK C, et al. Videobert: a joint model for video and language representation learning[C]// Proceedings of the IEEE/CVF International Conference on Computer Vision. New York: IEEE, 2019.

[61] LI L, CHEN Y C, CHENG Y, et al. HERO: hierarchical Encoder for Video + Language Omni-representation Pre-training[J]. arXiv preprint arXiv: 2005.00200, 2020.

[62] LEI J, LI L, ZHOU L, et al. Less is more: CLIPBERT for video-and-language learning via sparse sampling[C]. In Proceedings of the IEEE/CVF Conference on Computer Vision and Pattern Recognition, Nashville: 2021 IEEE/CVF CVPR, 2021.

[63] FU T J, LI L, GAN Z, et al. VIOLET: end-to-end video-language transformers with masked visual-token modeling[J]. arXiv preprint arXiv: 2111.12681, 2021.

[64] XU H, GHOSH G, HUANG P Y, et al. VideoCLIP: contrastive pre-training for zero-shot video-text understanding[J]. arXiv preprint arXiv: 2109.14084, 2021.

[65] ALAYRAC J B, RECASENS A, SCHNEIDER R, et al. Self-supervised multimodal versatile networks[J]. Advances in Neural Information Processing Systems, 2020, 33: 25-37.

[66] AKBARI H, YUAN L, QIAN R, et al. Vatt: transformers for multimodal self-supervised learning from raw video, audio and text [J]. Advances in Neural Information Processing Systems, 2021, 34: 24206-24221.

[67] CHEN B, ROUDITCHENKO A, DUARTE K, et al. Multimodal clustering networks for self-supervised learning from unlabeled videos[C]// Proceedings of the IEEE/CVF International Conference on Computer Vision. New Orleans: 2021 IEEE/CVF ICCV, 2021.

[68] SHVETSOVA N, CHEN B, ROUDITCHENKO A, et al. Everything at once-multi-modal fusion transformer for video retrieval[C]// Proceedings of the IEEE/CVF Conference on Computer Vision and Pattern Recognition. New Orleans: 2022 IEEE/CVF CVPR, 2022.

[69] GIRDHAR R, SINGH M, RAVI N, et al. Omnivore: a single model for many visual modalities[C]// Proceedings of the IEEE/CVF Conference on Computer Vision and Pattern Recognition. New Orleans: 2022 IEEE/CVF CVPR, 2022.

[70] YANG Z, FANG Y, ZHU C, et al. i-Code: an integrative and composable multimodal learning framework [C]// Proceedings of the AAAI Conference on Artificial Intelligence. Washington DC: AAAI, 2023.

[71] SINGH A, HU R, GOSWAMI V, et al. Flava: a foundational language and vision alignment model[C]// Proceedings of the IEEE/CVF Conference on Computer Vision and Pattern Recognition. New Orleans: 2022 IEEE/CVF CVPR, 2022.

[72] VONG W K, LAKE B M. Few-shot image classification by generating natural language rules[C]// ACL Workshop on Learning with Natural Language Supervision. Stroudsburg: ACL 2022 Workshop LNLS, 2022.

[73] LIU H, XU S, FU J, et al. Cma-clip: cross-modality attention clip for image-text classification[J]. arXiv preprint arXiv: 2112.03562, 2021.

[74] LI T, CHANG H, MISHRA S K, et al. Mage: masked generative encoder to unify representation learning and image synthesis[J]. arXiv preprint arXiv: 2211.09117, 2022.

[75] MINDERER M, GRITSENKO A, STONE A, et al. Simple open-vocabulary object detection with vision transformers[J]. arXiv preprint arXiv: 2205.06230, 2022.

[76] MIYAI A, YU Q, IRIE G, et al. Zero-shot in-distribution detection in multi-object settings using vision-language foundation models[J]. arXiv preprint arXiv: 2304.04521, 2023.

[77] ZHONG Y, YANG J, ZHANG P, et al. Regionclip: region-based language-image pretraining[C]// Proceedings of the IEEE/CVF Conference on Computer Vision and Pattern Recognition. New Orleans: 2022 IEEE/CVF CVPR, 2022.

[78] DAI X, CHEN Y, YANG J, et al. Dynamic detr: end-to-end object detection with dynamic attention[C]// Proceedings of the IEEE/CVF International Conference on Computer Vision. New York: IEEE, 2021.

[79] WANG Z, LU Y, LI Q, et al. Cris: clip-driven referring image segmentation[C]// Proceedings of the IEEE/CVF Conference on Computer Vision and Pattern Recognition. New Orleans: 2022 IEEE/CVF CVPR, 2022.

[80] PAKHOMOV D, HIRA S, WAGLE N, et al. Segmentation in style: unsupervised semantic image segmentation with stylegan and clip[J]. arXiv preprint arXiv: 2107.12518, 2021.

[81] DING H, LIU C, WANG S, et al. VLT: vision-Language Transformer and Query Generation for Referring Segmentation[J]. IEEE Transactions on Pattern Analysis and Machine Intelligence, 2023, 45(6): 7900-7916.

[82] KIRILLOV A, MINTUN E, RAVI N, et al. Segment anything[J]. arXiv preprint arXiv: 2304.02643, 2023.

[83] LI J, LI D, XIONG C, et al. Blip: bootstrapping language-image pre-training for unified vision-language understanding and generation[C]// International Conference on Machine Learning. [S. l.]: PMLR, 2022: 12888-12900.

[84] MA Y, XU G, SUN X, et al. X-CLIP: end-to-end multi-grained contrastive learning for video-text retrieval[C]// Proceedings of the 30th ACM International Conference on Multimedia. Lisbon: The 30th ACM International Conference, 2022.

[85] GORTI S K, VOUITSIS N, MA J, et al. X-pool: cross-modal language-video attention for text-video retrieval[C]// Proceedings of the IEEE/CVF Conference on Computer Vision and Pattern Recognition. New Orleans: 2022 IEEE/CVF CVPR, 2022.

[86] LI J, SHAKHNAROVICH G, YEH R A. Adapting CLIP for phrase localization without further training[J]. arXiv preprint arXiv: 2204.03647, 2022.

[87] WANG A J, ZHOU P, SHOU M Z, et al. Position-guided text prompt for vision-language pre-training[J]. arXiv preprint arXiv: 2212.09737, 2022.

[88] YANG A, MIECH A, SIVIC J, et al. Tubedetr: spatio-temporal video grounding with transformers[C]// Proceedings of the IEEE/CVF Conference on Computer Vision and Pattern Recognition. New Orleans:

2022 IEEE/CVF CVPR, 2022.

[89] VINYALS O, TOSHEV A, BENGIO S, et al. Show and tell: a neural image caption generator[C]// Proceedings of the IEEE Conference on Computer Vision and Pattern Recognition. Boston: 2015 IEEE CVPR, 2015.

[90] MOKADY R, HERTZ A, BERMANO A H. Clipcap: clip prefix for image captioning[J]. arXiv preprint arXiv: 2111.09734, 2021.

[91] ZHOU L, PALANGI H, ZHANG L, et al. Unified vision-language pre-training for image captioning and vqa[C]// Proceedings of the AAAI Conference on Artificial Intelligence. New York: AAAI, 2020.

[92] LI L H, YATSKAR M, YIN D, et al. Visualbert: a simple and performant baseline for vision and language[J]. arXiv preprint arXiv: 1908.03557, 2019.

[93] RAMESH A, DHARIWAL P, NICHOL A, et al. Hierarchical text-conditional image generation with clip latents[J]. arXiv preprint arXiv: 2204.06125, 2022.

[94] ZHOU Y, ZHANG R, CHEN C, et al. Lafite: towards language-free training for text-to-image generation[J]. arXiv preprint arXiv: 2111.13792, 2021.

[95] FRANS K, SOROS L, WITKOWSKI O. Clipdraw: exploring text-to-drawing synthesis through language-image encoders[J]. Advances in Neural Information Processing Systems, 2022, 35: 5207-5218.

[96] SINGER U, POLYAK A, HAYES T, et al. Make-a-video: text-to-video generation without text-video data[J]. arXiv preprint arXiv: 2209.14792, 2022.

[97] CHEN X, WANG X, CHANGPINYO S, et al. Pali: a jointly-scaled multilingual language-image model[J]. arXiv preprint arXiv: 2209.06794, 2022.

[98] MURAHARI V, BATRA D, PARIKH D, et al. Large-scale pretraining for visual dialog: a simple state-of-the-art baseline[C]// European Conference on Computer Vision. Cham: Springer, 2020.

[99] DAS A, KOTTUR S, GUPTA K, et al. Visual dialog[C]// Proceedings of the IEEE Conference on Computer Vision and Pattern Recognition. Honolulu: 2017 IEEE CVPR, 2017.

[100] LU J, BATRA D, PARIKH D, et al. Vilbert: pretraining task-agnostic visual linguistic representations for vision-and-language tasks[J]. arXiv preprint arXiv: 1908.02265, 2019.

[101] HUANG S, DONG L, WANG W, et al. Language is not all you need: aligning perception with language models[J]. arXiv preprint arXiv: 2302.14045, 2023.

[102] GU J, MENG X, LU G, et al. Wukong: 100 million large-scale chinese cross-modal pre-training dataset and a foundation framework[J]. arXiv preprint arXiv: 2202.06767, 2022.

[103] ZHAN X, WU Y, DONG X, et al. Product1m: towards weakly supervised instance-level product retrieval via cross-modal pretraining[C]// Proceedings of the IEEE/CVF International Conference on Computer Vision. Montreal: 2021 IEEE/CVF ICCV, 2021: 11782-11791.

[104] SRINIVASAN K, RAMAN K, CHEN J, et al. Wit: wikipedia-based image text dataset for multimodal multilingual machine learning[C]// Proceedings of the 44th International ACM SIGIR Conference on Research and Development in Information Retrieval. New York: ACM, 2021.

[105] LIN J, MEN R, YANG A, et al. M6: a chinese multimodal pretrainer[J]. arXiv preprint arXiv: 2103.00823, 2021.

[106] HUO Y, ZHANG M, LIU G, et al. WenLan: bridging vision and language by large-scale multi-modal pre-training[J]. arXiv preprint arXiv: 2103.06561, 2021.

[107] FEI N, LU Z, GAO Y, et al. Wenlan 2.0: make ai imagine via a multimodal foundation model[J]. arXiv preprint arXiv: 2103.06561, 2021.

[108] CHEN D, LIU F, DU X, et al. MEP-3M: a large-scale multi-modal e-commerce products dataset[C]// Proceedings of the IJCAI 2021 Workshop on Long-Tailed Distribution Learning, Virtual Event. Burlington: Morgan Kaufmann, 2021.

[109] WANG P, YANG A, MEN R, et al. Ofa: unifying architectures, tasks, and modalities through a simple sequence-to-sequence learning framework[C]// International Conference on Machine Learning. [S. l.]: PMLR, 2022.

[110] WU W, CAI Y, ZHANG D et al. A bilingual, openworld video text dataset and end-to-end video text spotter with transformer[J]. arXiv preprint arXiv: 2112.04888, 2021.

[111] XU J, MEI T, YAO T, et al. Msr-vtt: a large video description dataset for bridging video and language[C]// Proceedings of the IEEE Conference on Computer Vision and Pattern Recognition. New York: IEEE, 2016.

[112] NIE L, QU L, MENG D, et al. Search-oriented micro-video captioning[C]// Proceedings of the 30th ACM International Conference on Multimedia. Lisbon: The 30th ACM International Conference, 2022.

[113] CHEN S, HE X, GUO L, et al. Valor: vision-audio-language omni-perception pretraining model and dataset[J]. arXiv preprint arXiv: 2304.08345, 2023.

[114] DAI Y, TANG D, LIU L, et al. One model, multiple modalities: a sparsely activated approach for text, sound, image, video and code[J]. arXiv preprint arXiv: 2205.06126, 2022.

[115] LUO H, JI L, SHI B, et al. Univl: a unified video and language pre-training model for multimodal understanding and generation[J]. arXiv preprint arXiv: 2002.06353, 2020.

[116] WANG J, CHEN D, WU Z, et al. OmniVL: one Foundation Model for Image-Language and Video-Language Tasks[J]. arXiv preprint arXiv: 2209.07526, 2022.

[117] LIU J, ZHU X, LIU F, et al. OPT: omni-perception pre-trainer for cross-modal understanding and generation[J]. arXiv preprint arXiv: 2107.00249, 2021.

[118] WANG P, WANG S, LIN J, et al. ONE-PEACE: exploring One General Representation Model Toward Unlimited Modalities[J]. arXiv preprint arXiv: 2305.11172, 2023.

[119] YAO L, HUANG R, HOU L, et al. FILIP: fine-grained interactive language-image pre-training[J]. arXiv preprint arXiv: 2111.07783, 2021.

[120] WEI Y, HU H, XIE Z, et al. Contrastive learning rivals masked image modeling in fine-tuning via feature distillation[J]. arXiv preprint arXiv: 2205.14141, 2022.

[121] LIU X, ZHOU J, KONG T, et al. Exploring target representations for masked autoencoders[J]. arXiv preprint arXiv: 2209.03917, 2022.

[122] GE C, HUANG R, XIE M, et al. Domain adaptation via prompt learning[J]. arXiv preprint arXiv: 2202.06687, 2022.

[123] YAO L, HAN J, WEN Y, et al. Detclip: dictionary-enriched visual-concept paralleled pre-training for open-world detection[J]. arXiv preprint arXiv: 2209.09407, 2022.

[124] CAO X, YUAN P, FENG B, et al. CF-DETR: coarse-to-fine transformers for end-to-end object detection[C]// Proceedings of the AAAI Conference on Artificial Intelligence. Washington DC: AAAI, 2022.

[125] JIA D, YUAN Y, HE H, et al. Detrs with hybrid matching[J]. arXiv preprint arXiv: 2207.13080, 2022.

[126] LIU Y, WANG T, ZHANG X, et al. Petr: position embedding transformation for multi-view 3d object detection[C]// European Conference on Computer Vision. Cham: Springer Nature Switzerland, 2022.

[127] ZHANG H, LI F, LIU S, et al. Dino: detr with improved denoising anchor boxes for end-to-end object detection[J]. arXiv preprint arXiv: 2203.03605, 2022.

[128] XIE J, HOU X, YE K, et al. Clims: cross language image matching for weakly supervised semantic segmentation[C]// Proceedings of the IEEE/CVF Conference on Computer Vision and Pattern Recognition. New Orleans: 2022 IEEE/CVF CVPR, 2022.

[129] RAO Y, ZHAO W, CHEN G, et al. Denseclip: language-guided dense prediction with context-aware prompting[C]// Proceedings of the IEEE/CVF Conference on Computer Vision and Pattern Recognition. New Orleans: 2022 IEEE/CVF CVPR, 2022.

[130] VAN D O A, VINYALS O. Neural discrete representation learning[J]. arXiv preprint arXiv: 1711.00937, 2017.

[131] HUANG Y, YANG X, LIU L, et al. Segment anything model for medical images?[J]. arXiv preprint arXiv: 2304.14660, 2023.

[132] CEN J, ZHOU Z, FANG J, et al. Segment anything in 3D with NeRFs[J]. arXiv preprint arXiv: 2304.12308, 2023.

[133] LU H, FEI N, HUO Y, et al. COTS: collaborative two-stream vision-language pre-training model for cross-modal retrieval[C]// Proceedings of the IEEE/CVF Conference on Computer Vision and Pattern Recognition. New Orleans: 2022 IEEE/CVF CVPR, 2022.

[134] LUO Z, XI Y, ZHANG R, et al. Conditioned masked language and image modeling for image-text dense retrieval[C]// Findings of the Association for Computational Linguistics: EMNLP 2022. Abu Dhabi: ACL, 2022.

[135] ZHANG K, MAO Z, WANG Q, et al. Negative-aware attention framework for image-text matching[C]// Proceedings of the IEEE/CVF Conference on Computer Vision and Pattern Recognition. New Orleans: 2022 IEEE/CVF CVPR, 2022.

[136] LUO H, JI L, ZHONG M, et al. CLIP4Clip: an empirical study of CLIP for end to end video clip retrieval and captioning[J]. Neurocomputing, 2022, 508: 293-304.

[137] FANG H, XIONG P, XU L, et al. Clip2video: mastering video-text retrieval via image clip[J]. arXiv preprint arXiv: 2106.11097, 2021.

[138] JIANG J, MIN S, KONG W, et al. Tencent text-video retrieval: hierarchical cross-modal interactions with multi-level representations[J]. arXiv preprint arXiv: 2204.03382, 2022.

[139] GAO Z, LIU J, SUN W, et al. CLIP2TV: align, match and distill for video-text retrieval[J]. arXiv preprint arXiv: 2111.05610, 2021.

[140] ZHAO S, ZHU L, WANG X, et al. Centerclip: token clustering for efficient text-video retrieval[C]// Proceedings of the 45th International ACM SIGIR Conference on Research and Development in Information Retrieval. Madrid: The 45th ACM SIGIR Conference, 2022.

[141] DENG J, YANG Z, CHEN T, et al. Transvg: end-to-end visual grounding with transformers[C]// Proceedings of the IEEE/CVF International Conference on Computer Vision. Montreal: 2021 IEEE/CVF

ICCV, 2021.
[142] LI C, XU H, TIAN J, et al. mPLUG: effective and efficient vision-language learning by cross-modal skip-connections[C]// Proceedings of the 2022 Conference on Empirical Methods in Natural Language Processing. Abu Dhabi: ACL, 2022.
[143] YANG L, XU Y, YUAN C, et al. Improving visual grounding with visual-linguistic verification and iterative reasoning[C]// Proceedings of the IEEE/CVF Conference on Computer Vision and Pattern Recognition. New Orleans: 2022 IEEE CVF CVPR, 2022.
[144] JIANG H, LIN Y, HAN D, et al. Pseudo-q: generating pseudo language queries for visual grounding[C]// Proceedings of the IEEE/CVF Conference on Computer Vision and Pattern Recognition. New Orleans: 2022 IEEE/CVF CVPR, 2022.
[145] SU R, YU Q, XU D. Stvgbert: a visual-linguistic transformer based framework for spatio-temporal video grounding[C]// Proceedings of the IEEE/CVF International Conference on Computer Vision. New York: IEEE, 2021.
[146] LIN Z, TAN C, HU J F, et al. STVGFormer: spatio-temporal video grounding with static-dynamic cross-modal understanding[C]// Proceedings of the 4th on Person in Context Workshop. New York: ACM, 2022.
[147] TAN C, HU J F, ZHENG W S. Matching and localizing: a simple yet effective framework for human-centric spatio-temporal video grounding[C]// Artificial Intelligence: Second CAAI International Conference. Beijing: CAAI, 2022.
[148] YAO L, WANG W, JIN Q. Image difference captioning with pre-training and contrastive learning[C]// Proceedings of the AAAI Conference on Artificial Intelligence. Washington DC: AAAI, 2022.
[149] ZHANG Z, LU P, JIANG D, et al. TraVL: transferring pre-trained visual-linguistic models for cross-lingual image captioning[C]// Web and Big Data: 6th International Joint Conference. Nanjing: APWeb-WAIM, 2022.
[150] TANG M, WANG Z, LIU Z, et al. Clip4caption: clip for video caption[C]// Proceedings of the 29th ACM International Conference on Multimedia. Chengdu: The 29th ACM International Conference, 2021.
[151] XU H, YE Q, YAN M, et al. mPLUG-2: a modularized multi-modal foundation model across text, image and video[J]. arXiv preprint arXiv: 2302.00402, 2023.
[152] DING M, YANG Z, HONG W, et al. Cogview: mastering text-to-image generation via transformers[J]. Advances in Neural Information Processing Systems, 2021, 34: 19822-19835.
[153] DING M, ZHENG W, HONG W, et al. Cogview2: faster and better text-to-image generation via hierarchical transformers[J]. Advances in Neural Information Processing Systems, 2022, 35: 16890-16902.
[154] ZHANG H, YIN W, FANG Y, et al. ERNIE-ViLG: unified generative pre-training for bidirectional vision-language generation[J]. arXiv preprint arXiv: 2112.15283, 2021.
[155] GU S, CHEN D, BAO J, et al. Vector quantized diffusion model for text-to-image synthesis[C]// Proceedings of the IEEE/CVF Conference on Computer Vision and Pattern Recognition. New Orleans: 2022 IEEE/CVF CVPR, 2022.
[156] LI W, XU X, XIAO X, et al. UPainting: unified text-to-image diffusion generation with cross-modal guidance[J]. arXiv preprint arXiv: 2210.16031, 2022.

[157] TAO M, BAO B K, TANG H, et al. GALIP: generative adversarial CLIPs for text-to-image synthesis[J]. arXiv preprint arXiv: 2301.12959, 2023.

[158] HONG W, DING M, ZHENG W, et al. Cogvideo: large-scale pretraining for text-to-video generation via transformers[J]. arXiv preprint arXiv: 2205.15868, 2022.

[159] ZHOU D, WANG W, YAN H, et al. Magicvideo: efficient video generation with latent diffusion models[J]. arXiv preprint arXiv: 2211.11018, 2022.

[160] LUO Z, CHEN D, ZHANG Y, et al. VideoFusion: decomposed Diffusion Models for High-Quality Video Generation[J]. arXiv e-prints, 2023: arXiv: 2303.08320, 2023.

[161] RUAN L, MA Y, YANG H, et al. MM-Diffusion: learning Multi-Modal Diffusion Models for Joint Audio and Video Generation[J]. arXiv preprint arXiv: 2212.09478, 2022.

[162] XU X, WU C, ROSENMAN S, et al. Bridge-tower: building bridges between encoders in vision-language representation learning[J]. arXiv preprint arXiv: 2206.08657, 2022.

[163] YE Q, XU G, YAN M, et al. HiTeA: hierarchical temporal-aware video-language pre-training[J]. arXiv preprint arXiv: 2212.14546, 2022.

[164] XUE H, SUN Y, LIU B, et al. Clip-vip: adapting pre-trained image-text model to video-language representation alignment[J]. arXiv preprint arXiv: 2209.06430, 2022.

[165] MA Z, LI J, LI G, et al. UniTranSeR: a unified transformer semantic representation framework for multimodal task-oriented dialog system[C]// Proceedings of the 60th Annual Meeting of the Association for Computational Linguistics(Volume 1: Long Papers). Dublin: ACL, 2022.

[166] LIU Z, HE Y, WANG W, et al. InternChat: solving vision-centric tasks by interacting with chatbots beyond language[J]. arXiv preprint arXiv: 2305.05662, 2023.

[167] LI K C, HE Y, WANG Y, et al. VideoChat: chat-centric video understanding[J]. arXiv preprint arXiv: 2305.06355, 2023.

[168] HU X, GAN Z, WANG J, et al. Scaling up vision-language pre-training for image captioning[C]// Proceedings of the IEEE/CVF Conference on Computer Vision and Pattern Recognition. New Orleans: 2022 IEEE/CVF CVPR, 2022.

[169] TAN H, BANSAL M. Lxmert: learning cross-modality encoder representations from transformers[J]. arXiv preprint arXiv: 1908.07490, 2019.

[170] HUANG Z, ZENG Z, HUANG Y, et al. Seeing out of the box: end-to-end pre-training for vision-language representation learning[C]// Proceedings of the IEEE/CVF Conference on Computer Vision and Pattern Recognition. New York: IEEE, 2021.

[171] KAMATH A, SINGH M, LECUN Y, et al. Mdetr-modulated detection for end-to-end multi-modal understanding[C]// Proceedings of the IEEE/CVF International Conference on Computer Vision. Montreal: 2021 IEEE/CVF ICCV, 2021.

[172] KIM W, SON B, KIM I. Vilt: vision-and-language transformer without convolution or region supervision[C]// International Conference on Machine Learning. [S.l.]: PMLR, 2021.

[173] BAO H, WANG W, DONG L, et al. Vlmo: unified vision-language pre-training with mixture-of-modality-experts[J]. Advances in Neural Information Processing Systems, 2022, 35: 32897-32912.

[174] SEO P H, NAGRANI A, ARNAB A, et al. End-to-end generative pretraining for multimodal video

captioning [C] // Proceedings of the IEEE/CVF Conference on Computer Vision and Pattern Recognition. New Orleans: 2022 IEEE/CVF CVPR, 2022.

[175] YANG J, LI C, ZHANG P, et al. Unified contrastive learning in image-text-label space [C] // Proceedings of the IEEE/CVF Conference on Computer Vision and Pattern Recognition. New Orleans: 2022 IEEE/CVF CVPR, 2022.

[176] CHEN J, GUO H, YI K, et al. Visualgpt: data-efficient adaptation of pretrained language models for image captioning [C] // Proceedings of the IEEE/CVF Conference on Computer Vision and Pattern Recognition. New Orleans: 2022 IEEE/CVF CVPR, 2022.

[177] KOH J Y, SALAKHUTDINOV R, FRIED D. Grounding language models to images for multimodal generation[J]. arXiv preprint arXiv: 2301.13823, 2023.

[178] ZHU C, JIA Q, CHEN W, et al. Deep learning for video-text retrieval: a review[J]. International Journal of Multimedia Information Retrieval, 2023, 12(1): 3.

[179] DUAN J, YU S, HUI L, et al. A survey of embodied ai: from simulators to research tasks[J]. IEEE Transactions on Emerging Topics in Computational Intelligence, 2022, 6(2): 230-244.

[180] ZHAI W, LUO H, ZHANG J, et al. One-shot object affordance detection in the wild[J]. International Journal of Computer Vision, 2022, 130: 2472-2500.

[181] AHN M, BROHAN A, BROWN N, et al. Do as i can, not as i say: grounding language in robotic affordances[J]. arXiv preprint arXiv: 2204.01691, 2022.

[182] WANG X, CHEN G, QIAN, et al. Large-scale multi-modal pre-trained models: a comprehensive survey[J]. arXiv preprint arXiv: 2302.10035, 2023.

作者简介

徐常胜 中国科学院自动化研究所，研究员，博士研究生导师。主要研究方向为多媒体分析与检索、计算机视觉、模式识别。中国计算机学会多媒体技术专业委员会副主任。

王耀威 鹏城实验室，研究员，视觉智能研究所所长。主要研究方向为人工智能、视频大数据分析与理解。

鲍秉坤 南京邮电大学，教授，博士研究生导师，计算机学院副院长。主要研究方向为多媒体计算、计算机视觉、人工智能。中国计算机学会多媒体技术专业委员会执行委员。

杨小汕 中国科学院自动化研究所，副研究员，博士研究生导师。主要研究方向为多媒体分析、计算机视觉、模式识别。中国计算机学会多媒体技术专业委员会执行委员。

黎向阳 中国科学院计算技术研究所，助理研究员。主要研究方向为视觉内容理解与语言描述、视觉语言导航、机器视觉。

智能网络技术的研究进展与趋势

CCF 互联网专业委员会

苏金树[1] 王兴伟[2] 赵宝康[1] 裴 丹[3] 韩 彪[1] 何 倩[4]
张圣林[5] 曾荣飞[2] 赵 娜[6] 杨翔瑞[1] 宋丛溪[1]

[1]国防科技大学，长沙
[2]东北大学，沈阳
[3]清华大学，北京
[4]桂林电子科技大学，桂林
[5]南开大学，天津
[6]湖南警察学院，长沙

摘 要

近年来，将突飞猛进的人工智能技术与网络技术相结合形成的智能网络技术被普遍认为是提升网络智能化、提高 AI 计算能力的关键技术手段和主要发展趋势。本报告从基于 AI 的网络优化（AI for Networking）和面向 AI 的网络优化（Networking for AI）两个维度，重点围绕智能网络体系架构、路由协议、传输优化与智能运维等核心关键技术近年来的研究进展进行梳理总结，并对智能网络技术的潜在发展方向进行展望。

关键词：智能网络，网络体系结构，领域定制网络，路由协议，传输协议，智能运维

Abstract

In recent few years, with the rapid development of artificial intelligence and network technology, the intelligent network technology has been regarded as a critical technical development trend to both improve network intelligence and enhance AI computing capabilities. This report focuses on the latest development of the core key technologies such as intelligent network architecture, routing protocol, transmission optimization, and AIOps, from the two perspectives of AI for Networking and Networking for AI. Finally, we also discuss the potential research directions of intelligent network technology.

Keywords: Intelligent Network, Network Architecture, Domain Specific Networking, Routing Protocol, Transmission Protocol, Artificial Intelligence for IT Operations

1 引言

随着 AI、云计算、大数据、物联网等新技术的爆发式应用，云网边端协同的数据流量快速增长等都使网络数据呈几何倍数增长，传统以 IP 尽力投递为基础的互联网在可扩

展性、可控性、可管性、安全性、可靠性等方面面临严峻挑战，而将 AI 应用到网络形成的智能化网络技术在网络智能运维管控、路由、传输等领域体现出巨大的发展潜力。

与此同时，随着 AI 计算在互联网服务、智慧医疗、智能交通、金融教育等方面的飞速发展与广泛应用，以大模型推理、分布式机器学习等为代表的分布式 AI 计算技术对支撑计算节点间互联的网络技术优化提出了迫切需求。网络作为支撑分布式机器学习等智能技术的基础性底层支撑技术，网络通信成为限制分布式机器学习系统扩展的最大瓶颈，面向 AI 的网络优化也是目前研究的重点领域。

将突飞猛进的人工智能技术与网络技术相结合形成的智能网络技术被普遍认为是提升网络智能化能力和提高 AI 计算性能的重要手段和未来发展的主要趋势，智能网络将可能成为破解未来互联网和 AI 计算难题的“金钥匙”。

本发展报告旨在反映近年来智能网络技术的发展情况，将从面向 AI 的网络优化 Networking for AI 和基于 AI 的网络优化 AI for Networking 两个维度，重点围绕智能网络体系结构、路由、传输、智能运维等相关研究开展深入探讨，并对相关技术的发展进行展望。

2 智能网络及其体系结构技术

2.1 AI for Science 概述

科学研究先后出现了实验科学、理论计算、科学计算仿真、大数据挖掘等范式。人类发现了牛顿运动定律、量子理论、光理论、波粒二象性等重大成果，不少成果的获得经过“千万次的重复，加上偶然所得的运气”，例如青霉素的发现过程。AI 的快速发展，已经展现出赋能科学发现，甚至主导科学发现的潜力。自 2018 年 DeepMind 公司提出 AlphaFold 模型，将 AI 带入药物研发领域后，AI for Science 的概念开始流行，逐渐成为科学研究新范式，利用人工智能技术提高科学研究的速度、效率和精度，有望引发科学技术领域大爆发。

AI for Science 技术可以分为数据驱动和知识驱动两种基本方式。数据驱动是基于大量数据的分析和模型构建，通过人工智能技术对实验数据、文献数据、观测数据等进行深入的分析和挖掘，从中发现模式、规律和趋势，并用于科学研究。例如，DeepMind 公司与欧洲生物信息研究所合作，基于大量的实验数据和文献数据，利用 AlphaFold 预测超出 100 万个物种的 2.14 亿个蛋白质结构，几乎涵盖了地球上所有已知蛋白质，极大加快了分子功能预测与新药研发进程。知识驱动是基于科学领域已有的方程模型，利用人工智能技术提高科学研究的性能和效率。例如，北京深势科技有限公司提出 DeePMD，能够基于第一性原理，构造神经网络生成势能函数，在保持高精度的前提下成功模拟 6.79 亿个水分子及 1.27 亿个铜原子，使原来需要 60 年的模拟进度缩短到 1 天，并斩获 2020 年戈登贝尔奖。

2017年，我国《新一代人工智能发展规划》强调“开展跨学科探索性研究，推动人工智能与基础学科的交叉融合”。人工智能算法对高维函数的有效拟合，有望解决科学研究一直以来面临的困境——“维度灾难”。利用人工智能算法解决当前科学的未解问题已经成为产学研界关注的重点，甚至会成为推进新一轮科技革命的主要动力，促使科学研究从“小农作坊”模式向“平台科研”模式转变。

AI助力科学技术研究已经具备3个重要条件。第一，AI的表征学习、分类学习、因果发现等在概念发现和表示方面具有较好的发展前景，如可以用于细胞的辨识、分类和表示；第二，AI可以辅助物理规律的发现，例如可利用符号回归相关技术，使用数据驱动的方式发现公式，如当前AI Feynman 2.0、人工智能物理学家等相关工作，展示了AI在这方面的发展前景；第三，AI助力概念泛化，AI模型具备较强的泛化能力，如能量模型累加后可以得到更复杂、性能更好的模型，大模型中上下文学习的使用等，都能够将模型泛化到更复杂的概念和使用场景。

根据现有产业发展特点、技术内容和数据维度的不同，IDC公司将AI for Science分为Micro-Science、Macro-Science、Planet-Science三大维度，其中Micro-Science包括生物制药、材料研发和前沿物理方向，Macro-Science包括空气流动、工业设计方向，Planet-Science包括航空航天、地球模拟和天文探索方向。AI赋能科学研究对于底层数据提出了更高的要求，药物研发、前沿物理及天文探索等领域需要处理巨量数据，对于计算平台功能、底层算力提出了更高的要求。

虽然各个工具的应用目标、可扩展性、支持的模型、资源消耗情况和运行效率等方面各有特点，但其性能焦点都是计算效率。例如，大规模模型结构搜索需要千卡以上GPU规模，这种开销不是一般公司可以承受的。自动机器学习工具的开发仍处于起步阶段，其并行扩展性、对分布式资源的利用率以及资源调度的高效性方面仍有很大提升空间。

2.2 互联网技术阶段特征

当前网络技术呈现4个重要的发展特征：

一是网络技术手段日新月异，协议数量迅速攀升。2022年4月互联网的核心协议规范参考RFC超过9000个[1]。互联网边界网关协议（Border Gateway Protocol，BGP）路由域自治系统（Autonomous System，AS）超过7万个。运营商和企业级的路由器超过1亿台，不含家用路由器。

二是超级计算、云计算与互联网技术融合更加紧密。在计算能力不变前提下，网络性能、网络带宽成为处理的决定性因素。根据Mellanox公司提供的数据，在计算能力不变的情况下，采用100GB以太网联网比万兆以太网在进行某类型AI计算时，性能提高6.5倍。因此，网络成为超级计算和云计算重点关注的能力之一[2]。

同时，网络速度增长率与CPU计算能力的增长率也在产生戏剧性变化。2010年前，网络的带宽年化增长率约为30%，2015年微增到35%，2020年达到45%。但是CPU的增长数据则从2010年前的23%，降低到2015年前的12%，再到近些年均增长3.5%，网络带宽与计算性能增速比持续扩大，给高速网络引擎带来发展机遇。

三是互联网技术在应用延伸过程中，催生了物联网、车联网和航空网络等面向领域的网络形态。面向领域的网络技术主要体现在偏底层的链路技术和上层应用管理系统。

根据 IDC 公司提供的数据[3]，截至 2021 年，全球物联网设备连接数量已经超过了百亿，预计到 2025 年将达到数百亿至数千亿的级别。这些物联网设备产生了大量的数据流量，需要高效的网络带宽来传输和处理。

据统计[4-5]，截至 2021 年，全球车联网设备连接数量已经超过了 3.6 亿台，预计到 2025 年将达到 8.7 亿台。随着车联网规模的不断扩大，对网络的需求也将进一步提高，网络基础设施的建设和完善也将成为发展车联网行业的关键因素之一。

四是随着摩尔定律减缓，通用计算架构高速发展的红利难以为继。图灵奖获得者 Patterson 在图灵奖颁奖演讲上指出，未来十年是体系结构的黄金十年。随着数字化、网络化、智能化的发展，对网络多样性和定制性提出了更高需求。网络领域面临更为严峻的挑战[6-7]。

为了实现面向领域的高效率网络解决方案需求，迎接网络应用复杂化和使能技术平坦化的双重挑战，必须破除现有技术禁锢，需要创新网络技术的理论、方法、途径。

2.3 智能网络体系结构

2.3.1 智能化网络体系结构

目前的智能网络体系结构主要针对智能化网络开展研究，典型体系结构包括意图驱动网络（Intent-Based Networking，IBN）、自动驾驶网络（Autonomous Driving Network，ADN）、自智网络（Autonomous Intelligent Network，AIN）等。

意图驱动网络是一种全新的网络模型，其核心思想是将网络管理的过程从基于配置的管理模式转变为基于意图的管理模式。意图驱动网络以意图为核心，通过分析用户的意图，将意图转译为相应的网络策略，自动化地完成网络管理工作，减少网络管理人员的工作负担，包括通过大数据和人工智能技术来分析网络数据、识别故障和性能问题，并预测潜在的问题，同时自动化地修复故障和性能问题，最终实现网络感知和控制策略的自动化部署。意图驱动网络更多地从网络运维管理的角度来实现网络的智能化，具有一定的局限性。

自动驾驶网络的概念参考了智能交通中自动驾驶汽车的智能分级理念来对网络智能特性进行刻画。2019 年 5 月，电信管理论坛（Tele Management Forum，TMF）联合英国电信、中国移动、法国 Orange 公司、澳大利亚 Telstra 公司、华为公司和爱立信公司等成员合作发布了业界第一部自动驾驶网络白皮书，首次提出了自动驾驶网络。自动驾驶网络通过知识和数据驱动网络架构的持续创新，突破人工处理的极限，用深度学习的方式帮助网络管理者自动理解业务意图和网络目标，用数据计算来避免人工经验带来得“考虑不周”，通过持续机器学习突破人工经验决策的极限，最终实现网络自动、自愈、自优、自治，让智能网络联触手可及。

自智网络是自动驾驶网络的升级版本，由电信管理论坛（TMF）联合中国通信标准化协会（China Communication Standards Association，CCSA）、中国信息通信研究院、中国移动、中国电信、中国联通、华为公司等共同提出，它可以通过自动化、智能化运维能力，提供“零等待、零故障、零接触”的新型网络与信息与通信技术（Information and Communications Technology，ICT）服务，打造“自配置、自修复、自优化”的数智化运维能力。推动自智网络发展有多方面因素：首先，大数据时代的到来使得网络设备产生的数据量大幅增加，为自智网络的学习和优化提供了丰富的数据来源；其次，网络规模的扩大和复杂化增加了人工管理和维护的成本，自智网络能够降低这些成本；再次，不断增长的互联网应用需求需要更高效和灵活的网络服务，自智网络能够满足这些需求；最后，随着物联网技术和信息技术的快速发展，自智网络的实现得到了技术支持。自智网络具有多项基本特性，包括意图驱动、自配置、自修复和自优化。它可以应用于智能制造、智能物流、智慧城市和智能家居等领域，发挥多种作用，如提升网络性能、降低管理成本、提升服务质量、增强网络安全、促进创新应用等。未来，随着相关技术的进一步发展，自智网络将在人机物智能互联、智能化生产和智能化社会方面发挥更重要的作用，并成为网络发展的重要方向，具有巨大的潜力和广阔的应用前景。

2.3.2 智能化领域定制网络

综合智能技术和网络技术的发展趋势，国防科技大学“网络技术”创新团队提出智能化领域定制网络（intelligent Domain Specific Networking，iDSN）概念，希望成为解决上述问题的重要手段之一。

iDSN 聚焦 AI 与网络技术的双向赋能（AI for Networking 和 Networking for AI）。Networking for AI 是指为了提高 AI 计算效率，设计的新型高速网络和网络优化工作。AI for Networking 则是指将人工智能技术融合到网络技术中，使网络具备自主学习、推理和决策能力的创新型网络系统。iDSN 利用人工智能算法和技术增强网络的智能化水平，以提高网络的性能、安全性和效率，使得技术人员能够根据领域需求，快速定制设计符合该领域特性的网络系统。类似 AI 的框架概念和实现方法，希望能够在一个通用的框架下，通过不同的模型选择、算法选择和参数配置等，解决不同问题的具体算法选取等问题。

iDSN 的总体架构如图 1 所示。从整体上看，iDSN 是一个三维结构。从“纵向”看，iDSN 基本遵循互联网协议体系设计的层次化原则，每个层次解决合适的问题。将网络功能分为多个层次，包括 iDSN 体系结构、网络功能流水化层、算法机制场景化层和高效实现多样化层。在整个设计中，始终关注 AI for Networking 相关技术的应用，将“智能基因”作为贯穿所有层次、构成网络服务的基本要素。从“深度”看，iDSN 遵循网络系统的基本原则，通过分布协同实现网络需要的功能。从“横向”看，创新提出网络功能“功能模块构件化，构件实现容器化”，虽然性能会有一定损失，但可移植性、可适应性将带来更多好处。

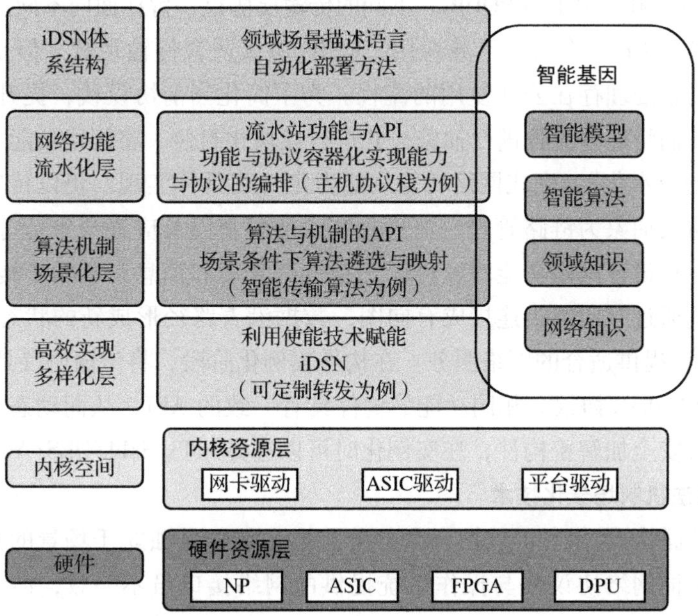

图 1　iDSN 总体架构

iDSN 主要包括体系结构与能力描述语言、网络功能流水化技术、iDSN 算法机制场景化技术和 iDSN 数据平面多样化实现技术等。

1. iDSN 体系结构与能力描述语言

特定网络体系架构的定制，最终会层层映射为网络的基础设施部署、关键参数选取，因此针对网络基础设施和功能部件的定制，采用“基础设施即代码”（Infrastructure as Code）的设计思想，从多个维度设计该网络体系架构语言。为设计人类友好的描述语言，采用 YAML 数据格式。相比于 Python、C、Java，YAML 是一种标记语言，具有相对较少的语法限制。相比于 XML 等传统标记语言，YAML 格式更加直观和易于理解。

2. iDSN 网络功能流水化技术

iDSN 的网络功能流水线，是按照流水化构想，对功能或者协议进行模块化分析，根据领域定制需求，定义网络功能或者协议的流水线。流水线每一站的功能由“网络积木”构成。“网络积木”是最小网络功能模块。

以 iDSN 可重构模块化用户态传输协议栈设计为例。为了解决内核态网络协议栈在处理网络 I/O 时的高开销问题，使用内核旁路技术，将网络协议栈迁移到用户态实现更快和更轻量的网络通信。上层应用程序通过统一的接口向底层网络协议栈，获取定制化的网络服务，该接口不再是开销相对较大的系统调用接口，而是轻便的用户态函数调用。经过该函数调用，在用户态实现的网络协议栈为应用提供其需要的服务质量。用户态的协议栈和网卡使用内核旁路技术交互。用户态的网络协议栈无须 CPU 干涉，数据包的处理绕过设备 CPU，避免了上下文切换的开销，降低了 CPU 利用率。同时，用户态网络协议栈可以实现零复制的特性，大大减少传输延迟，提升网络吞吐量。

以主机协议栈传输层为例。当前传输层协议复杂繁多，可能包括 TCP、UDP、QUIC 以及多路径传输协议 MPTCP 和 MPQUIC。不同的传输层协议，旨在面向不同应用提供相应的网络服务。例如，TCP 适合文件下载应用，QUIC 协议适合传输视频。但是 TCP 和 QUIC 协议所提供数据包处理存在公共复用的流程。为了简化当前协议栈，提升协议栈的适应性和灵活性，我们将这些流程进行抽象，并进行模块化封装，将网络功能“流水化”。

通过“功能流水化”，完成网络功能从能力定义到具体实现。仍以传输层协议为例，可以将传输层协议抽象为链路管理、消息封装、加解密以及应答与重传等构件，由构件形成流水线。用户设计网络功能时，可以选择链路管理和消息封装两个构件就形成一条流水线。构件间通过有向箭头连接成有向图，数据沿着路径形成新的状态和流程（即新的传输层协议），提供适合的网络服务。在构件实例化阶段，将传输协议具体映射实例化为 TCP、UDP 和 QUIC 协议。相同功能的构件具有一致的 API，从而动态组装具体构件。如果流水线包含安全加解密构件，在实例化时可以选择 SM3/SM4/DES/AES 等。

3. iDSN 算法机制场景化技术

iDSN 算法机制场景化主要包括三个部分，第一部分是独立于场景的算法内部设计。如图 2 所示，不同网络协议栈与操作系统提供的网络接口虽不一致，但存在基础分类，

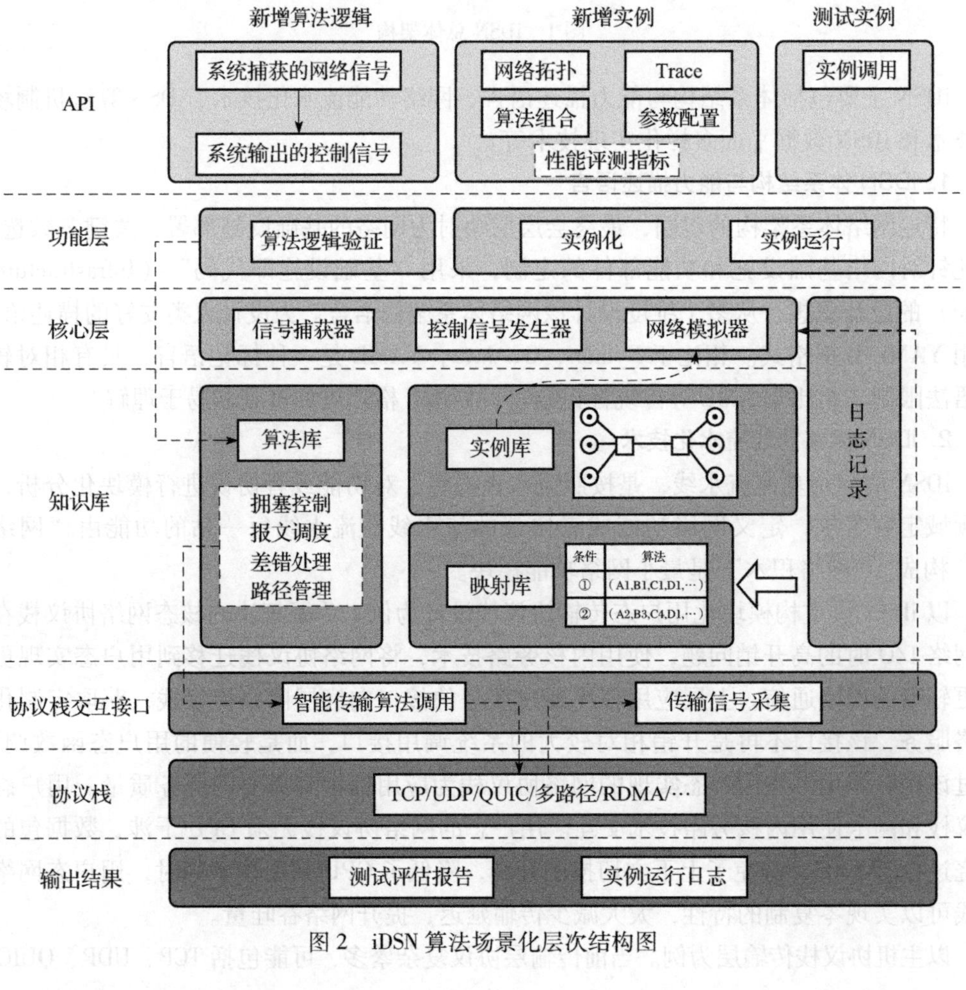

图 2 iDSN 算法场景化层次结构图

如网络性能参数（丢包、时延、数据包接收速率等）。可以通过重封装或重构的方式，依据基础分类完成现有传输协议接口的统一化，使算法模块独立于运行环境，通用于多种网络协议架构。开发者只需关注算法逻辑本身，而无须考虑网络协议栈与操作系统的差异。为方便算法设计与实现，应将协议接口统一重构于应用层，形成新的接口，称为协议栈交互接口。因此对于 TCP、UDP 等运行在内核态的传输协议，协议栈交互接口可以使用 eBPF 等技术，将控制命令注入内核；而对于 QUIC 等跨层传输协议，交互接口则重新封装其接口，并依据基类划分将其与各类协议接口更改为一致的调用形式。交互接口向上可提供基础的网络测量参数等监控信息，向下可将算法逻辑转化为各类协议栈可理解的接口调用程序，实现算法的“一次设计，多次移植”。

第二部分是各种网络算法构成算法库（见图 3），如拥塞控制、报文调度、差错处理等算法，是主机协议栈等可调用的算法资源库；实例库则包含多种具体的网络传输场景（如网络拓扑、网络参数、传输算法配置等）等；映射库则是传输策略资源库，其存储结构为“条件-策略”，条件即任意网络场景和应用类型，策略即该条件匹配的传输策略（算法组合与参数配置）。在知识库的基础上，通过智能方法不断学习优秀的传输策略，实现对知识库的反馈更新。

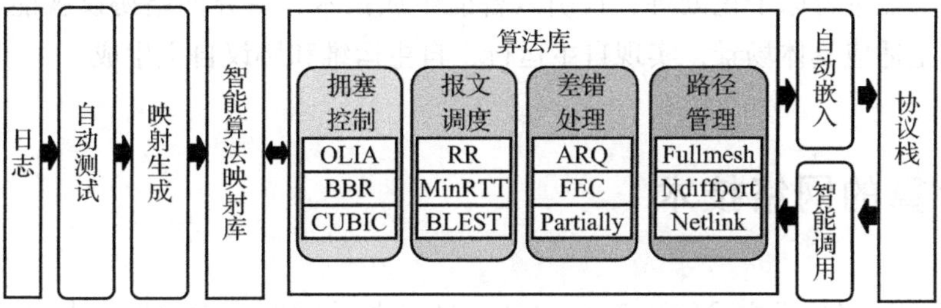

图 3 iDSN 网络算法库实现方案

第三部分是算法、机制与场景的适配技术。对网络场景与应用类型分类，明确不同条件下，同类算法间的表现差异与不同类算法间的协作性能，构建用于指导传输策略的算法知识库；在实际运行中，实时监测传输策略的实际效果，根据“条件-策略-效果”反馈，实现细粒度的传输策略智能适配。

4. iDSN 数据平面多样化实现技术

交换转发是网络数据平面的核心功能，除了高性能路由器、交换机外，目前数据中心、虚拟机内部等都需要交换转发功能，效率是核心指标之一，性能要求高的需要采用硬件方式实现，性能要求不高的可以采用软件方式实现，需要 CPU、FPGA、软件等异构协同，因此需要多样化的高效实现方式。

iDSN 是研究团队在 40 年从事计算机网络研究的长期实践中，从知其然到知其所以然过程中产生的。

在系统架构上，随着互联网技术向广度和深度发展，希望能突破现有比较僵化的单一解决方案，快速构建和定制面向领域的网络整体解决方案，重构网络系统实现的方式和途径。通过系统设计上的“能力流水化、功能构件化、算法（机制）场景化”的理念，系统实现上的“构件容器化、算法（机制）高效化”的方法，将网络的核心能力和功能定义为具有功能统一接口的模块化、构件化的组件，根据领域的应用需求，定义网络功能流水线，根据场景选择具体算法或者机制，快速构建面向领域的高效灵活的网络系统。

在核心机制方法上，希望突破现有网络协议栈冗余且僵化的架构以及低效的内核态实现，创造性地提出可重构的模块化用户态网络协议栈，提升网络协议栈的灵活性、适应性和可拓展性，支持领域定制网络传输协议的设计创新、定制开发和高效部署。以更大的尺度考虑网络协议接口的统一化，方便用户以很高的效率实现算法的开发、部署与更新；在接口统一化的基础上，将网络传输控制策略单独封装模块化，集成多种传输算法资源，并内置策略智能选配算法，给专业研究者提供算法性能测试的完备平台，对意图优化网络传输的非专业用户友好。为当前可编程转发平面可重配置匹配表体系结构（Reconfigurable Match Table Architecture，RMT）提供网内存算与时间敏感调度等复杂功能的能力，使得 iDSN 的可编程架构能够满足数据中心网络、工业控制网、航空网络等更广谱的领域，在转发平面层次，支持领域定制网络（DSN）的整体创新和高效部署。

从更长远的角度，我们希望将网络的功能，例如路由控制、网络传输、拥塞控制、流量整形等功能进行原子化处理，再引入智能生成技术，研究网络协议智能生成，使得网络能够自主适应具体场景，实现自主运行、自主运维和协议自主生成。

3 AI 计算的网络技术

AI 计算的网络技术主要阐述 Network for AI 的相关问题。大数据、大模型、大算力、新算法等快速迭代更新，对底层网络提出了更高的要求，支撑 AI 大模型计算的网络技术也逐步涌现，体现在两个方面：高性能 AI 计算的网络技术和分布式大模型训练的网络优化技术。

3.1 高性能 AI 计算的网络技术

高性能计算具备巨大的计算能力和存储能力，可以解决庞大、复杂的科学问题，高性能计算与 AI 正在加速融合。文献［7］对超算网络的发展趋势做了深入分析。

高性能计算集群通常采用专用高速网络，提供高带宽、低延迟的互连解决方案，以支持各种计算密集型和数据密集型的应用。下面简述以太网、IB 网络和无损以太网等技术。

（1）以太网（Ethernet） 以太网已发展成了一个丰富的家族，从 100Mbps、1Gbps、2.5Gbps、10Gbps、40Gbps、100Gbps，到 400Gbps，多种技术手段并存[7]，100/400Gbps 的以太网在数据中心和超算中被广泛采用。

（2）IB 网络（InfiniBand） IB 网络提供了一种高速率、低延迟、可扩展的服务器互连方案，支持远程直接内存访问（Remote Direct Memory Access，RDMA）技术实现零复制、内存旁路，可以提供远程节点间直接读写访问，完全卸载 CPU 工作负载，基于硬件传输协议实现可靠传输和更高性能。200Gbps HDR IB 网络支持了 2022 年超级计算机 TOP500 中 31%的系统[8]。

（3）无损以太网　无损以太网技术[9] 具有智能 RDMA、网络级负载均衡等特征，实现转发零丢包、90%超高吞吐率。无损以太网技术给大规模 GPU 集群带来了高质量的网络底座，助力超大模型的高效训练。

高性能网络近年来呈现多网络融合的发展趋势[7]，主要体现在 3 个方面：

1）近年来随着无损以太网的兴起，RoCE（RDMA over Converged Ethernet）技术在支持高性能计算通信方面不断展示出“亲和力”。例如，Amazon 公司的 Cloud 高性能计算采用类似 RoCE 的 SRDP（Scalable Reliable Datagram Protocol）技术，支持百万核的高性能计算应用。

2）高性能计算网络通过网络接口虚拟化技术，实现对以太网协议栈及其上层应用的支持。例如，Open Fabrics 网络标准接口在支持 MPI、SHMEM 和 PGAS 等高性能计算编程模型的同时，利用地址主动注册/地址单播查询机制实现地址解析协议（Address Resolution Protocol，ARP）功能，并且基于内核封装接口实现虚拟层叠网络通信机制 IPoE（IP over Express），从而为 TCP/IP 高带宽通信提供支持。

3）网络硬件基础设施直接提供多模式可配置功能，支持多种网络协议间的相互转换和互操作，从而实现不同类型网络的互联互通，以及对不同类型应用提供通信支持。目前已经出现了具有融合特性的网络产品，例如 Menallox 公司研发的 ConnectX-6 VPI，实现了 200Gbps IB 网络和以太网融合互连芯片，具有低延迟、高带宽等高性能，可以极大地提升高性能计算系统和数据中心通信效率和系统可用性。此外 Cray 公司生产的 Slingshot Switch，具有很强的以太网兼容性和可用性，可以同时支持超级计算和数据中心，允许 Cray 系统在半径为 3 个网络跳步的 25 万个计算终端上建立大规模互连网络。

总之，随着多网络融合技术的不断发展，高性能计算环境与数据中心之间的界限日益模糊，采用同一套基础设施完成对高性能计算、大数据处理、人工智能计算的支持，将是高性能计算内联网发展的重要趋势。

3.2　分布式大模型训练的网络优化技术

在分布式大模型训练系统中，通信和计算开销，会随着计算节点数量的增加而呈现幂增长的趋势[10]。张量并行（Tensor Parallelism，TP）主要依靠服务器内部的网络通信能力，可以采用蛮力的全互联方法，但是流水并行（Pipelined Parallelism，PP）和数据并行（Data Parallelism，DP）的计算效果则严重依赖网络通信优化。突破分布式大模型训练的网络通信瓶颈，优化分布式模型训练的网络性能[11]，提高大模型的训练速度，具有重要的现实意义。其主要有 4 个方面的研究工作。

1）从 AI 模型设计的维度，减少网络数据传输数量。AI 模型分布式训练过程需要进行大量参数同步和数据传输，因此模型压缩和参数优化等操作有利于减少网络数据量，在一定程度上缓解分布式训练的通信瓶颈。压缩通信是通过减少节点间通信量来减轻网络开销的一种方法，如Song J等人提出的Optimus-CC分布式训练框架[12]，对大型自然语言处理模型进行通信压缩，旨在压缩管道并行（阶段间）流量，在现有的数据并行流量压缩方法的基础上，对各级间的反向传播和嵌入同步进行了压缩，Optimus-CC在128个Nvidia A100 GPU和200Gbps IB网络互连的集群上进行的测试结果表明，在不影响应用程序性能的情况下，在数十亿自然语言处理模型上性能提升15.09%。Ma Y等人提出了一种超参数实时配置的方法——AutoByte[13]，可以提高分布式深度神经网络训练的通信效率，在训练系统动态变化时自动、及时地搜索最优超参数，在各种分布式深度神经网络模型上的评估结果表明，AutoByte可以在低资源占用的情况下动态调整超参数，相比于经典方法ByteScheduler[14]，性能可提升33.2%。

2）从网络功能维度，增加网内计算部件，减少数据传输量。通过增加网内计算部件，可以分担AI训练的部分处理功能，并减少数据传输量。利用网络设备的计算能力将参数聚合的工作从服务器卸载，从而提高网络利用率。参数聚合方面主要思路是使用可编程交换机，替代机器学习中传统的参数服务器，利用交换机的高吞吐率加速参数更新。

Sapio A等人提出的SwitchML方法[15]，将参数聚合计算卸载到可编程交换机中，利用交换芯片超高的吞吐量加速参数聚合，与现有框架PyTorch、TensorFlow等集成，加速它们的通信，实现深度神经网络的有效训练，SwitchML的网内聚合对模型的端到端训练性能提高了5.5倍，比带有RDMA的Nvidia集合通信库（Nvidia Collective Communications Library，NCCL）快2.9倍，比带有TCP的NCCL快9.1倍。Lao C等人提出了聚合传输协议（Aggregation Transmission Protocol，ATP）方法[16]，为加速分布式深度神经网络训练，使用可编程交换机支持集群中多个机架交换机的网内聚合，ATP执行分散的、动态的、尽最大努力的聚合，在同时运行的作业中实现有限交换机资源的高效、公平共享，适应交换机资源的严重争用，在由多个分布式深度神经网络训练作业共享的集群中，ATP可将训练吞吐量提高了38%~66%。

目前编程交换机只支持定点算术运算，会影响达到目标精度所需的训练时间。另外，交换机在不同的流水线中不保持状态，并且每个流水线中的阶段数量有限。

研究人员也探索了利用可编程网络处理技术在网内进行AI推理加速的可行性。在神经网络推理方面，Taurus[17]是一个用于线速推理的数据平面。Taurus将灵活、抽象的并行处理（MapReduce）的定制化硬件机制，添加到可编程网络设备（如交换机和网卡）中，这种新机制基于流水线SIMD实现并行，完成逐包MapReduce操作（如推理）。对Taurus交换机ASIC的评估（基于几个真实的模型）表明，Taurus的运行速度比基于服务器的控制平面快几个数量级，同时面积仅增加3.8%。此外，Taurus FPGA原型保持了模型精度，在控制平面异常检测系统的能力上，提升了两个数量级。存在的问题是，Taurus将计算单元放置在两个可编程流水线之间，无法完成与普通数据包的协同处理，可能造成资源浪费。

在非神经网络推理方面，IIsy[18]将训练有素的机器学习模型映射到匹配-动作流水线，探索了商用可编程交换机用于网络内分类的潜在用途。IIsy 是一个基于软件和硬件的原型，讨论了映射到不同目标的适用性，如决策树、朴素贝叶斯、K-means 聚类以及支持向量机（Support Vector Machine，SVM），该解决方案可推广到其他非神经网络机器学习算法。该方法的缺陷是仅讨论了非神经网络在匹配-动作流水线中的实现方法，且仅采用查表的方式完成，以损失推理精确度为代价，并对流水线中每阶段的存储能力提出了较高的要求。

3）从网络协议内部机制的维度，优化网络协议。针对 AI 分布式大模型训练需求，可以从网络传输协议的角度，提高节点间的通信能力，优化网络传输性能。为满足高带宽、低延迟需求，RDMA 技术被引入到分布式机器学习训练中，并成为大规模 AI 模型分布式训练的常见方法，RDMA 因其零复制、内核旁路，且无须 CPU 参与等优点，可以实现更高的吞吐量以及更低的延迟，从兼顾成本和效率的角度，目前多使用 RoCE 协议标准及其升级版 RoCEv2。此外，厂商 NVIDIA 为实现 GPU 间的高速通信，推出了 NVLink 技术，旨在最大限度地提高系统吞吐量，为多 GPU 系统配置提供了 1.5 倍的带宽，该技术为深度学习训练提供更大的可扩展性。但是 RDMA 对于报文丢失等极其敏感，少量丢包会导致 RDMA 性能急剧下降，因此需要研究更好的网络协议。

4）从 AI 计算部件互联拓扑的维度，优化拓扑结构。分布式训练网络拓扑的架构决定了节点间数据通信的方式，网络拓扑的优化方向主要有两个角度：一是根据分布式模型训练的需求对 Fat-Tree、BCube 等底层物理网络拓扑进行适配改进，以提高通信能力，减少带宽竞争[10]；二是从逻辑拓扑的角度，对参数服务器（Parameter Server，PS）架构、All-Reduce 架构、Gossip 架构等进行优化[19]。

AI 大模型的训练加速离不开底层网络技术的持续优化，当前国内外的学术界和工业界对支撑 AI 大模型训练的网络技术持续关注，并不断推陈出新，为人工智能的发展持续提供技术支撑和底层保障，研究支撑 AI 大模型的网络技术具有重要的现实意义。

4 智能路由技术

智能路由是 AI for Network 的第一类重要技术。高速发展和通信需求的日益复杂使得传统路由协议在负载均衡、可扩展性、易管理性、对多路径传输支持等方面存在诸多挑战。与传统路由不同，智能路由机制通过实时收集和分析网络数据，对数据进行建模，及时、动态地适应网络状况和流量需求。在数据分析和建模过程中，研究人员们通常采用深度神经网络（Deep Neural Network，DNN）、图神经网络（Graph Neural Network，GNN）等监督学习技术和深度 Q 网络（Deep Q Network，DQN）、深度确定性策略梯度（Deep Deterministic Policy Gradient，DDPG）、信任区域策略优化（Trust Region Policy Optimization，TRPO）等强化学习技术。与传统的路由协议相比，智能路由机制具有以下优势：

1）动态适配和路由优化：智能路由算法可以根据实时网络状况和数据流量情况，动态调整和优化。通过综合考虑网络拓扑、链路状况和流量负载等因素，选择最佳适配路径并进行流量优化，从而更好地实现负载均衡，提高网络性能和带宽利用率。

2）快速收敛：当网络发生故障或拓扑变化时，智能路由机制可以快速识别最佳路径，并迅速调整路由策略，从而减少数据包丢失和降低延迟。

3）容错性和鲁棒性：智能路由机制可以监测和分析网络数据，实现网络容错性和鲁棒性。当检测到异常情况，如链路故障或各类攻击，智能路由机制则采取相应的措施来绕过故障路径，从而提高网络的稳定性和容错性。

4.1 基于监督学习的智能路由算法

传统网络路由机制以显式路由信息作为输出，且其输入、输出的维度都是基于网络拓扑规模而定的。随着网络规模的增大，网络变得更加复杂，路由路径数量呈指数级增长，模型的收敛、准确性以及泛化能力都已经成为挑战难题[20]。监督学习作为一种主流的机器学习形式，通过将网络样本数据进行标签化，并使用这些数据来进行建模和训练，最终实现网络路由的高度智能化[21-22]。基于监督学习的智能路由算法主要包括深度信念网络（Deep Belief Network，DBN）[23-24]、深度神经网络（Deep Neural Network，DNN）[25-26]、图神经网络（Graph Neural Network，GNN）[27-29]。

DBN 路由机制通过学习网络拓扑结构和数据流量情况，自动优化网络路由路径，从而提高网络性能和吞吐量。DBN 是由 Kato 教授团队提出并应用于优化异构网络流量的智能路由模型[23]。该机制考虑了分布式的路由方式，在基于 GPU 加速的软件定义路由器上部署 DBN 模型，利用 GPU 的并行计算能力，加速模型的训练与数据包转发。类似地，Ye 等人提出了一种集中控制模式下的 DBN 路由模型[24]，并且建立整数线性规划模型与 DBN 进行协同路由，从而计算得到近似最优的路由解集，达到网络性能最优化目标。

研究人员通过采用 DNN 来实现流级的多路径路由，利用并行传输的性能优势，同时在网络流传输粒度和与路径重排序之间取得平衡，有效提高端到端传输效率以及延迟预测方面的收敛性和泛化性[25]。Munawar 等人[26]针对路由延迟的预测优化开展了研究，通过在不同的边缘节点上部署 DNN 模型，并在不同节点之间建立协同框架来辅助 DNN 智能路由计算，进而获得超低的路由延迟指标。

GNN 不仅考虑了路由数据信息，还可以考虑路由节点之间的拓扑信息，通过学习复杂和非线性的路由行为，支持更加复杂的网络流量路由与调度，并能在训练阶段提供准确的路由估计[27]。Rusek 等人[28]对 GNN 进行了扩展，提出了基于图查询神经网络（Graph Query Neural Network，GQNN）[21]的路由策略，通过生成大量随机拓扑下的路由训练数据来训练 GQNN，并将训练后的 GQNN 部署在所有节点上，不断迭代收敛由 GQNN 形成的网络路由图，从而提前输入给网络路由算法，形成精确的路由预测。

4.2 基于强化学习的智能路由算法

使用大量具有标签化的历史数据往往“成本昂贵”，也是不可行的。深度强化学习

(Deep Reinforcement Learning，DRL) 则通过智能体与环境的交互学习训练智能路由器，无须依赖大量标记的历史数据，并且可以提高网络安全性能，使路由机制具备自适应和自我保护的能力，可以更好地应对不断演变的网络安全威胁[29]。主流的 DRL 技术包括 DQN[30-31]、DDPG[21,32-33]、多智能体深度确定性策略梯度（Multi-Agent Deep Deterministic Policy Gradient，MADDPG）[34-35] 和 TRPO[36-37] 等。

DQN 结合了深度学习和 Q learning 的思想，用于解决具有高维状态和动作空间的路由决策优化问题，已被广泛应用于智能路由的设计和优化。在车辆自组织网络的最小化路由延迟问题中，Zhou 等人将延迟建模为路由决策的奖励，使用 DQN 学习最短的端到端路径并实现接近最小的端到端延迟[30]。在传感器网络中，文献［31］提出了基于 DQN 的两阶段智能路由协议，解决了传感器节点的能耗平衡和路由优化问题。第一阶段通过构建不同的集群来平衡已部署传感器节点的能耗；第二阶段使用多目标 DRL 方法，在智能数据路由阶段依次寻找最优的集群内路由和集群间路由。该方法能够有效地平衡传感器节点的能耗，并延长网络寿命，在节点数量、数据包交付、能效和通信时延等方面展现出较好性能。

与 DQN 不同，DDPG 在面对连续动作空间的问题上表现更加出色，将软件定义网络(Software-Defined Networking，SDN) 与 DDPG 结合则可以设计出更加主动、高效和智能的路由方案，以适应流量的动态变化[21,32]。Sun 等人提出了一种可扩展的基于 DRL 的 SDN 路由方案，该方案从网络中选择一组关键节点作为驱动节点，智能代理根据驱动节点上的流量变化，动态调整加权最短路径的链路权重，从而改变网络路由路径，并提高路由性能[21]。为了充分利用网络环境信息，He 等人基于知识定义网络开发了一种适应网络拓扑动态特征的学习机制[33]。该方案通过在 DRL 中添加 GNN 结构来优化节点与网络拓扑环境的交互，并通过拓扑中链路之间的信息消息传递过程提取可利用的知识，实现了网络流量的负载平衡并提高网络性能。MADDPG 是 DDPG 算法在多智能体场景下的扩展，可解决多智能体协作路由优化问题[34]。文献［35］提出了基于 MADDPG 的流量控制和多通道重新分配算法，通过优化异议函数实现流量控制和通道重新分配，与现有的方法相比该算法具有更快的收敛速度。

与基于策略梯度的 DDPG 算法相比，TRPO 通过优化策略的相对熵来更新策略，并同时适用于离散和连续的状态空间[36]。针对异构卫星互联网的高干扰和高动态性，Han 等人研究了一种针对网络攻击的空间抗干扰方案，旨在通过 Stackelberg 博弈和强化学习将抗干扰路由成本降至最低，其使用基于 TRPO 的路由算法来获得可用的路由子集，并以此做出快速抗干扰决策[37]。

4.3 智能路由算法的训练与部署

智能路由算法的训练模式包括在线训练和离线训练。在线训练就是使用实时的网络数据来训练路由策略。在线训练的优势在于使用最新实时流量来获得路由策略，但在线训练对数据采集和处理的硬件性能提出了很大要求。例如，面对网络的流量模式、链路状态等动态变化，在线训练需要及时适应这些变化，并保持算法的准确性和稳定性。另外，在线训练对鲁棒性也提出了较高要求。在实时场景中，数据采集可能受到网络故障、数据丢失或采样偏差等问题的影响。如何保证在数据缺失和质量不高情况下，训练出高质量的路由算法就成为现实挑战。与在线训练不同，离线训练使用历史数据来获得路由策略，训练完成后再部署到实际网络中。离线训练可以优化和预处理训练数据，对硬件设备的性能要求也弱于在线训练。但是，离线训练的样本分布可能与当前最新状态发生偏差，导致获得模型在当前场景下并非最优。应对上述问题往往采用周期性更新模型或增量学习方法，跟踪和适应动态的网络环境。

模型训练完成后，一般通过集中式部署和分布式部署来应用到实际网络中。所谓集中式部署，就是将智能路由算法的决策和控制集中在某个中心节点或服务器如 SDN 中的控制器上。这种部署方式简单且易于管理，决策的一致性也更容易实现。但是，集中式部署存在单点故障的风险，即节点的故障或网络连接中断可能导致整个系统瘫痪。此外，集中式部署需要处理大量数据和请求，对计算和存储资源的要求也较高。分布式部署则将智能路由算法的决策和控制分布在多个节点上。每个节点根据本地收集的数据进行路由决策，并通过通信和协作达成共识。这种部署方式具有更好的容错性和可扩展性，可以更好地适应网络的变化和故障。但是，分布式部署面临管理复杂等问题。近期，学者们提出了层级化的部署框架，试图融合集中和分布式的双重优势，但也引入了通信开销和延迟等一些问题。此外，学者们提出知识定义网络来结合在线训练和离线训练，并将模型的知识传播到各个路由节点，实现分布式的智能路由部署[33]。最后，智能路由算法在训练和部署中容易遭受数据污染、分布式拒绝服务（Distributed Denial of Service, DDoS）等攻击，也有学者使用了深度学习技术检测和防御上述攻击[38]。

5 智能传输技术

智能传输是 AI for Network 的第二类重要技术。随着网络技术的革新，传输技术优化面临着以下挑战：一是追求更高服务质量保障和用户体验，给传输层带来更高带宽、更低时延、更低丢包率的优化需求；二是适应异构网络技术，例如 4G 蜂窝、WiFi、WiMAX（802.16）、WAVE（802.11p）、5G、卫星网络等的新需求，实现传输时多链路、多频段带宽资源的有效聚合；三是合理应用智能技术辅助传输决策，在优化传输性能的基础上提供可解释性和安全性。传统传输协议 UDP 和 TCP 传输在支持上层应用时，存在协议在内核态实现僵化、中间件设备僵化、建立连接延迟大的局限性。为解决上述问题，谷歌公司于 2012 年提出了传输协议 QUIC，QUIC 的用户态实现，可以支持根据应用需求灵活定制协议功能。HTTP 在 QUIC 协议上，进化到 HTTP/3，从而解决了 HTTP/2 基于 TCP 带来的队头阻塞问题。针对智能技术在传输技术优化中的应用，本节首先阐述主机侧或者服务器端的智能拥塞控制与智能报文调度机制设计的最新研究进展，然后对网络侧的智能流量控制技术研究进行叙述。

5.1 智能拥塞控制技术

拥塞控制作为传输决策中的重要机制，与机器学习、强化学习等智能技术的结合具有天然的契合性。基于学习的拥塞控制机制，根据网络实时运行状况决策控制策略，而不是使用预先确定的固定规则来调整策略，使决策可以更好适应动态复杂的多样网络场景。但是，随着网络规模和复杂性的增加，监督学习和无监督学习等机器学习技术，不能提供很好的决策能力，而强化学习能够更好地适应动态复杂的状态空间，提供更高的在线学习能力，因此，基于强化学习、深度强化学习、模仿学习等新人工智能模型的拥塞控制机制优化，成为研究热点。

强化学习通过建立环境状态和动作之间的映射，可以自动生成使环境奖励最大化的拥塞控制策略，能够基于实时的网络环境反馈，动态调整控制策略。QTCP[39] 将 Q-learning 应用于 TCP 的拥塞控制中，使发送方能够以在线方式逐步学习最优拥塞控制策略，由于不需要硬编码规则，因此可以推广到各种不同的网络场景，它是强化学习与 TCP 拥塞控制机制设计直接结合的一个标志性工作。TCP-RL[40] 利用了在线强化学习算法动态配置初始窗口大小，并且应用强化学习算法 A3C 配置拥塞控制策略，另外还结合了神经网络来检测网络状况是否发生变化。

传统的强化学习技术局限于离散的状态空间和较小的状态空间、动作空间，性能受限。利用更多维和历史的网络状况，能够更加精确地预测网络链路的真实拥塞状况。深度强化学习结合了深度学习和强化学习技术，能够处理大型、连续的状态空间。由于离线设计可能缺少对不同网络环境的泛化能力，Aurora[41] 基于在线学习的拥塞控制方法 PCC[42]，提出了一个结合简单的神经网络的拥塞控制机制，在应对随机丢包时取得了接近容量的吞吐量。Orca[43] 结合了传统的拥塞控制策略和深度强化学习技术，提出了混合式的拥塞控制机制，在多种未知场景下都获得了持续的较高性能。

模仿学习能够利用专家知识辅助训练，避免频繁地通过奖励反馈进行模型学习和训练，Indigo[44] 的主要思想是基于数据驱动，在维护一个开源的拥塞控制训练平台的基础上，通过收集大量的训练数据，利用模仿学习技术 Dagger，辅助离线训练维护状态和动作映射的长短期记忆（Long Short-Term Memory，LSTM）神经网络。针对短视频上传的应用场景，DuGu[45] 使用了神经网络来维护拥塞控制策略，该神经网络通过模仿最优求解器给出的专家策略来学习，获得了近似的吞吐量，减少了近 25%的延迟，并且改善了平均完成时间约 1.35%。模仿学习也能辅助深度强化学习，提高学习能力，Eagle[46] 尝试借助具有较高性能的启发式 BBR 算法作为专家知识，辅助训练深度强化学习中的 LSTM 神经网络，避免算法收敛到一个不符合预期的状态。

传统基于强化学习的拥塞控制，通常通过带权重的奖励函数评价整体的网络性能，对吞吐量、延迟、抖动、丢包率等不同性能目标的权重设计影响了机制的决策性能，但是大多数工作是通过大量实验确定权重和具体奖励。通过模拟环境和有限环境下确定的奖励函数，缺少理论支持，不能很好地解决实际环境下多目标的均衡设计问题。

CRL-CC[47] 在基于 AC 框架的拥塞控制机制的基础上，将多目标优化问题建模成一个受限优化问题，利用受限 MDP（CMDP）算法学习可变的奖励函数，该工作无须为了达到不同网络环境下的不同性能目标，而手动调节奖励函数。类似地，MOCC[48] 利用了多目标强化学习，以实现吞吐量、延迟和丢包等不同性能目标之间的权衡。

另一方面，尽管基于强化学习和深度强化学习的拥塞控制机制能够获得较高的性能，但是与固定规则的启发式机制相比，智能拥塞控制机制难以均衡能耗和性能，实际部署比较困难。因此，研究低能耗、可部署的智能拥塞控制机制是当前的热点。一种主要的解决方案是提出整合的框架，结合两种机制的互补优势。考虑到经典的启发式拥塞控制机制具有实用性，但是可适应性、灵活性差，而基于学习的机制具有更好的适应性，但实际部署面临能耗增加的问题，Libra[49] 结合了两者的互补优势，提出了统一的拥塞控制框架，在一个控制周期内，评估传统算法和基于强化学习算法决策的效益，根据更高效益决定具体的控制策略。Muses[50] 综合考虑了重量级和轻量级的学习模型，提出了一个分层结合的轻量级智能拥塞控制机制，首先依靠模仿学习来训练一个通用的 LSTM 模型，然后用该模型来提取针对单个环境的小型决策树模型，每个流动态选择最合适的决策树。Spine[51] 从控制粒度出发，将基于深度强化学习的粗粒度策略生成器与轻量、细粒度的策略执行器结合，提供具有较低模型推理开销、细粒度、基于深度强化学习的控制。

近年来，智能多路径拥塞控制技术得到了更多的关注。在基于在线学习的 PCC 拥塞控制算法框架基础上，多路径 PCC 拥塞控制算法框架 MPCC[52] 使每个子流能够独立异步地优化局部效用函数，并通过在线学习算法决定其发送速率。面向多种服务质量的动态需求，国防科技大学研究团队提出一种服务质量自适应的智能拥塞控制架构 ACCeSS[53]，如图 4 所示，使拥塞控制快速适应网络变化和服务质量需求。为了激励偏好的性能指标的提升，ACCeSS 利用随机森林回归方法来执行面向服务质量的效用函数优化，并与 Linux 内核中的其他多路径拥塞控制机制进行了比较。在仿真网络和真实网络中对 ACCeSS 的性能进行了评估，发现 ACCeSS 优于经典的多路径 CCA 和基于学习的多

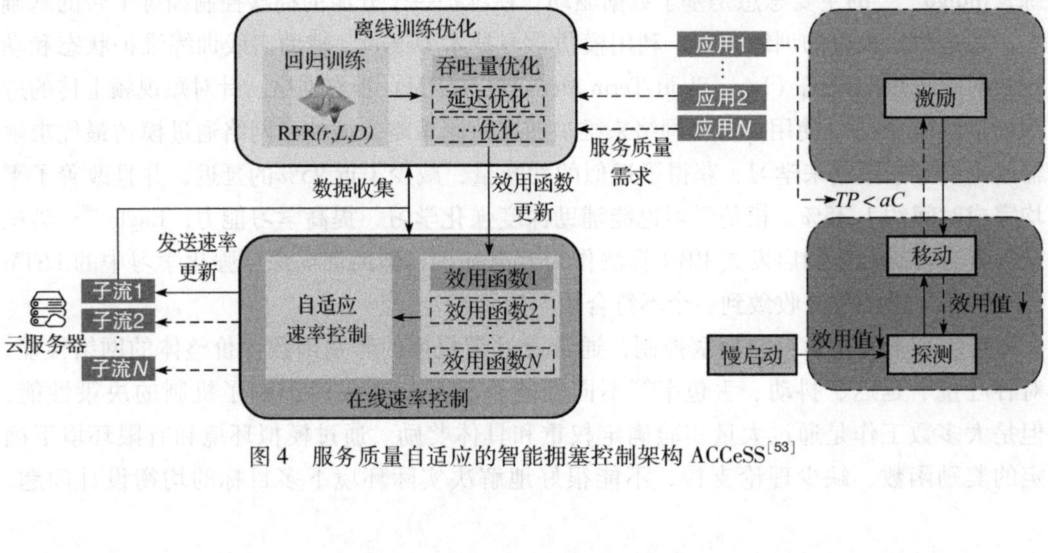

图 4　服务质量自适应的智能拥塞控制架构 ACCeSS[53]

路径 CCA，具有更好的服务质量自适应能力。2022 年，MP-OL[54] 将多路径拥塞控制问题建模成多臂老虎机问题，并且通过在线学习来调整每个子流的发送速率，并且支持在在线学习机制和传统机制之间灵活切换。

SmartCC[55] 利用强化学习来获得 MPTCP 的最优拥塞控制策略，解决了异构网络中的路径异构导致性能下降的问题，提升了网络应用的服务质量和用户体验。基于深度强化学习的 DRL-CC[56] 在 AC 强化学习的框架基础上结合 LSTM，在高动态网络环境下提升了鲁棒性。上述两个工作都是通过单个强化学习的智能体学习并作为多流的集中控制器，一方面，在子流很多时，单智能体最优决策的能力有限，另一方面，单智能体输出的参数单一。DeepCC[57] 是一种自适应在线多智能体深度强化学习方法，为 MPTCP 的每个子流构建一个智能体，以独立决策。在 DeepCC 中，智能体仅根据当前状态为自己的子流做出决定，以此可以减轻每个智能体的负担，并确保其学习效益。此外，DeepCC 的智能体能够确定复杂的动作，同时修改其子流的多个参数。

5.2 智能报文调度技术

服务器端或者主机端的报文调度也是多路径传输中的重要机制，负责将发送缓冲区中的数据封装成报文，并按照一定的逻辑为每个报文选择一条最合适的路径传输。近年来，面向多路径传输协议 MPTCP[58] 和 MPQUIC[59] 开展的报文调度机制优化是研究热点。特别地，因为 QUIC 支持多流复用，MPQUIC 还需要进行多粒度的报文调度，即决定选择哪一条流上的数据进行封装，对于没有流概念的多路径传输协议 MPTCP 则无须考虑这个问题。由于机器学习、深度学习等人工智能技术，可以根据网络环境自适应地进行决策，也涌现出一些将人工算法应用于报文调度决策的工作。

基于不同的机器学习或深度学习算法，报文调度可以根据观测到的网络状态进行报文封装、路径选择等决策，从而达到自适应网络状态的目标。ReLeS[60] 采用了深度强化学习算法 DQN 结合 LSTM 的网络架构，面向多服务质量的目标采集网络状态，决策动作为每条路径分配的报文比例，能够自适应地根据网络状态决策。文献［61］为了提升链路聚合能力，采集网络特征使用深度强化学习进行报文调度，但是基于深度强化学习的训练会带来巨大的资源和时间开销。Peekaboo[62] 为了缓解以上方法训练带来的巨大开销，采用了在线学习算法 LinUCB，在网络动态变化时启动在线训练调整策略，并在后来提出了面向 5G 的 M-Peekaboo[63]。FALCON[64] 借助元学习的思想，离线训练出一系列元模型，在线从元模型中选择出最适合当前状态的进行调度决策输出。SAILfish[65] 采用深度强化学习方法，为 MPQUIC 进行多粒度的报文调度，同时输出路径粒度和流粒度的决策，减少了 HTTP/2 高优先级流的完成时间。国防科技大学研究团队提出了一种基于多智能体强化学习的报文调度器 MARS，如图 5 所示，MARS 为每条路径训练一个智能体，并且设计了面向多目标优化的奖励函数，从而减少了乱序报文，并实现面向多服务质量的自适应报文调度。在仿真和真实网络实验中，MARS 可以在不同的接收缓冲区及网络配置中提升传输的服务质量。

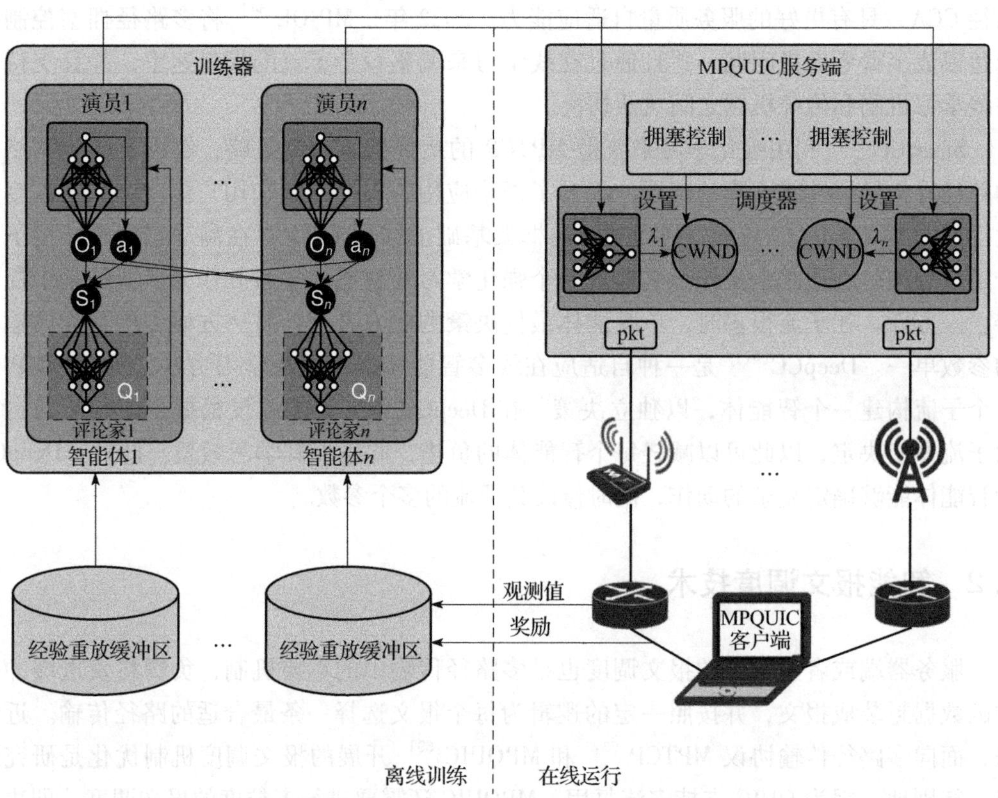

图 5 基于多智能体强化学习的报文调度器 MARS

由于传输层上层支撑的应用具有不同的服务质量需求，例如，时延敏感性应用需要快速交付接收端而相对不重视丢包，文件下载应用需要保证传输的完整性，而相对弱化了交付延迟，报文调度策略会直接影响这些应用的服务质量，因此一些报文调度策略旨在面向特定服务质量需求设计。阿里巴巴淘系技术团队从短视频应用出发，在其自研的 XQUIC 协议栈基础上，提出了多路径传输 XLINK 架构[66]。该架构包括了面向优先级的多粒度冲重注入调度算法、基于用户体验反馈的报文调度和路径控制算法，通过设计 MPQUIC 报文的扩展字段、应答一律采用低时延路径等策略，加速首开率、降低短视频的播放延迟，并保证了传输性能和开销成本的平衡。XLINK 进行了三百多万个短视频传输的实验，与单路径 QUIC 对比，XLINK 在请求完成时间上降低了 19%~50%，首帧延时降低了 32%，缓冲率降低了 23%~67%，并只引入了 2.1%的冗余流量。这一工作是目前第一个大规模将 MPQUIC 应用于视频传输的工作。

在无线网络环境中，多个设备同时使用相同频段时会产生信号干扰，障碍物、距离等影响也会导致信号衰减，进而导致网络丢包率上升，高动态环境下的传输也会导致连接频繁切换或断开，这些因素都会严重影响传输性能，降低服务质量。为了解决毫米波在遮挡或移动场景下产生高丢包率，进而影响传输性能和用户体验的问题，多路径报文调度器 Musher[67] 聚合 802.11ad 和 802.11ac 两频段，以同时保证可靠性和高数据传输率。高铁网络中基站频繁切换的问题会降低用户体验，极高的动态性会降低传输性能。

北京大学的研究团队通过在北京到上海的高铁上，大规模真实采集了移动通信网络性能数据，针对发现的基站切换失败、高动态性导致链路异构、传输层报文重传比链路层更频繁这 3 个问题，提出了 POLYCORN[68]，将乘客的流量分散到多个蜂窝接入点，提出了可组合的多路径调度策略，包括网络切换失败事件预测，以及多种面向应用的重传策略。在大规模的真实实验中，相较于其他调度器，在文件下载应用中通过不同文件大小的实验，发现聚合吞吐量提升了 242%，并在多用户即时通信应用中，在 20 个用户通信场景下降低了 45%的传输时延。为了解决无人机直播时网络变化并挖掘异构链路聚合的潜能，国防科技大学研究团队设计了面向异构多链路网络环境的智能聚合无人直播系统 Smart-FlyCast（见图 6）。该系统可以支持多流媒体协议和传输协议，可以面向不同的网络环境切换最适合的协议，解决了内核态协议部署成本高且可扩展性差的问题，在异构动态网络条件下提高无人机直播的服务质量和用户体验。

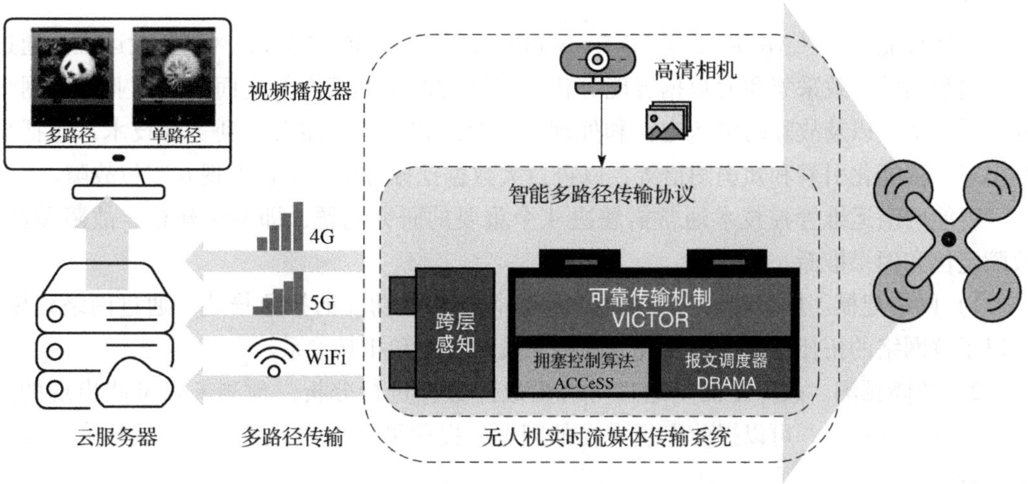

图 6 无人机多路径传输系统 Smart-FlyCast 实现架构

5.3 网络侧智能流量控制技术

在网络侧，深度学习技术主要应用于流量预测、流量调度和恶意流量检测等方面。流量预测是流量控制的前置任务，对提升网络性能有重要意义。近年，研究学者们使用长短期记忆（LSTM）网络、卷积神经网络（Convolutional Neural Network，CNN）等技术，通过分析历史流量数据来获得未来流量的波峰与波谷等各类信息，并采用流量调度机制来实现网络负载均衡的目标[69]。在流量调度方面，文献［70］将传输路径规划问题建模为推断网络路径的节点序列问题，并使用 Seq2Seq 模型从历史流量转发经验中学习隐式转发路径，进而实现不同路径下的流量均衡。Zhang 等人[71] 认为并非需要对所有流量都进行调度，而是采用强化学习技术找到需要调度的“关键”流，通过将这些关键流的调度问题建模成线性规划问题来实现网络负载均衡。文献［72］基于图神经网络

(GNN) 来预测跨域流量的分布情况，通过采用本地流量调度和协作策略来实现接近全局最优的负载均衡目标。目前，图神经网络模型因可以考虑网络拓扑结构以及节点间的流量关系信息而被广泛应用到流量工程和流量调度中。在网络侧的恶意流量检测方面，以监督学习和强化学习为代表的深度学习技术也已被广泛应用于零日攻击检测[73]、DDoS攻击[74]中。例如，Fu 等人[73]采用机器学习技术对流量的频域特征进行分析，进而实现高准确率、高吞吐率的实时恶意流量检测。实验显示该系统可以实时检测至少 74 种恶意流量。相比于基于规则和特征工程的恶意流量检测方法，深度学习技术具有更好的泛化性和鲁棒性，也成为近年的热点技术。

6 网络智能运维

网络智能运维（AIOps），是 AI for Network 的第三类重要技术。网络智能运维是通过对网络数据的高效采集和大数据智能分析，实现对网络健康度的全面评估，业务与网络的实时感知，以及故障的快速定位和处理。这个过程中，可能会用到多种技术，包括规则引擎、智能化引擎和知识图谱等，以进行大数据挖掘分析，快速发现并定位故障。

智能网络运维管控技术通常需解决 4 个重要的研究问题，即网络建模、故障预测、故障定位和因果推断。

1）网络建模。网络建模主要是对网络进行结构和功能的抽象描述。通过网络建模，可以了解网络的拓扑结构，以及各个网络元素的功能和相互关系。

2）故障预测。故障预测是通过对历史故障数据进行分析，预测未来可能出现的故障。通过故障预测，可以提前发现潜在的问题，提前采取措施，避免或降低故障对业务的影响。

3）故障定位。故障定位是在出现故障时，快速找出故障的来源。通过故障定位，可以快速找到准确位置，节省故障排查的时间，减少故障对业务的影响。

4）因果推断。因果推断是理解网络元素之间的因果关系，用于解析故障的根本原因，预测和解决问题。它通常通过收集和分析网络数据，包括故障数据、操作日志、性能数据等，来建立网络元素之间的因果关系。

智能网络运维是一种全方位、实时、智能的网络管理模式，它通过高效的数据采集、智能的数据分析，实现对网络健康度的全面评估，业务与网络的实时感知，以及故障的快速定位和处理。目前，这一领域的研究进展日新月异，不断有新的技术和方法被提出，为网络运维工作提供了强大的支持。下面将分别详细分析智能网络运维管控下这四个重要研究问题目前的国内外的研究进展。

6.1 网络建模

在网络建模中，小区通常抽象为一个网元，对于每个网元，运营商采集表征网络关键性能水平的指标（如网络的接通率、掉线率）、通过终端对网络进行测量的用户感知情况等指标（如信号强度）、网元的配置信息、设备日志，以及通信设备发生故障而产生的告警数据等多模态数据，这些监控数据可以在一定程度上反映当前系统的状态，对于网络的分析和建模以及保证系统服务质量和用户体验具有重要价值。

网元的多模态数据通常可以形式化表述为不同的形式。指标数据是天然的时间序列，日志和告警是带有时间戳的半结构化或非结构化自然语言序列，而配置文件直观看上去是属于静态的，但事实上会随着时间不断地进行变化（如系统进行版本更新，相应的配置文件也会随之发生变化），因此也可以将其看作时间序列数据。这些数据的原始形态不同且表征的信息不同，但是相互之间又存在一定的联系，因此这些数据可以视作多模态数据，每一类数据可以看作是一种模态。多模态数据各个模态之间并非完全独立，不同模态数据之间通常具有一定的关联关系。超大规模网络系统的复杂性导致仅凭单模态数据难以完整刻画系统整体的状态。

目前工业界和学术界的工作大多围绕单一数据源进行，比如针对系统指标，针对网络日志，针对系统告警信息等。但是面向单一数据源的工作存在一些缺陷：①无法反映系统全貌；②忽略了数据源之间潜在的关联关系，导致建模的准确率和全面性都受到影响。近几年也有一些工作开始尝试融合多模态数据，比如清华大学的工作——SCWarn[75]融合了指标和日志数据。与指标类数据不同，日志、告警和配置类数据包含大量半结构化或非结构化的自然语言信息，而且不具备有固定的采集时间，这给多模态数据融合带来了巨大的挑战，文献中尚无方法同时囊括指标、日志、告警和配置这 4 类数据。清华大学提出了基于依赖关系挖掘的预处理方法可以同时覆盖指标、日志、告警和配置数据，并且在处理过程中尽可能减小信息的丢失，保证信息密度。

6.2 故障预测

传统的网元故障诊断是一个被动的过程，当量化指标超过阈值则产生告警，其处置需要消耗大量的人力资源，且很难确立当前网络症状与故障类别之间的映射关系。而在智能网络运维管控的场景中，与以往的被动处理过程不同，会对设备故障进行智能分析，通过故障预测提前预警，化被动为主动，根据量化指标的数据波动预测设备状态是否发生异常。

以下根据中国移动某省公司网络一段时间内故障的发生原因，列出了几种典型的故障分类，见表 1。案例分析中统计了这些故障的发生频度和分布情况，如图 7 所示，可见故障类型分布存在极度不平衡的问题，最频发的两种故障甚至占到了所有故障数量的 90%以上。在工业界和学术界现有两种主流的对于网元故障的应对策略：一是提前预测即将出现的故障，这样可以留给工程师充足的应对时间以处理故障；二是尽快处理已经发生的故障。

表 1 故障类型及其统计

故障分类	数量
切换成功率低	1784
无线掉线率高	676
无线接通率低	123
长时间干扰小区	42
RRC 连接建立成功率低	15
E-RAB 建立成功率低	10
VoLTE-NR 下行高丢包	3
寻呼拥塞率高	1

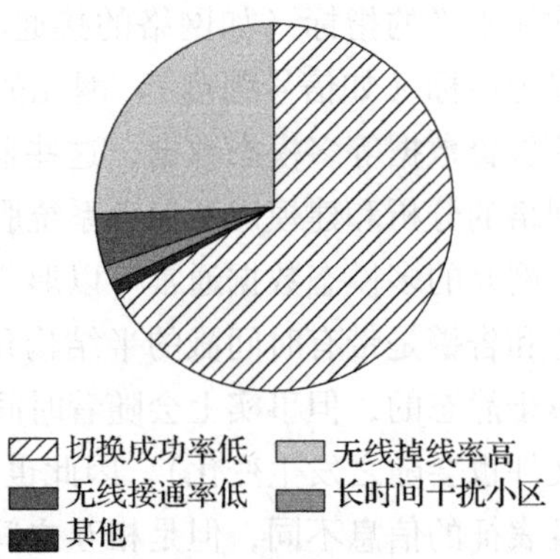

图 7 故障类型统计图

近年来，学术界在故障预测领域做出了非常多的尝试（见表 2）。在这个领域，清华大学提出了 eWarn 模型。eWarn[76] 采用系统报告的告警信息作为输入数据，加以特征工程和 XGBoost 等机器学习算法作为支持，滤除了和故障无关的告警及其对故障预测带来的影响，预测出多种类型的故障并给出其最有可能的根因。

表 2 故障预测和检测领域相关工作的算法总结

算法名称	预测的故障类型	使用的数据类型	方法
eWarn[76]	通用故障	告警数据	特征工程、机器学习
Warden[77]	通用故障	告警数据	互相关、平衡随机森林
AutoMAP[78]	云服务故障	指标数据	随机游走
G-MAP[79]	云平台故障	指标数据	生成对抗网络
TNSM21[80]	网元故障	告警数据	机器学习

Warden[77] 也基于告警信息，运用加权互相关获取告警和故障之间的关系，再使用平衡随机森林的机器学习方法进行通用的故障检测，并提示最有可能导致故障的组件。AutoMAP[78] 使用不同云服务的一批指标数据，构建异常行为图以描述服务之间的和故障之间的关联关系，再使用随机游走算法预测云服务故障并定位故障的根因。G-MAP[79] 提出使用生成对抗网络（Generative Adversarial Network，GAN）的方式，生成部分故障样本，以扩充故障预测网络的训练样本数据。TNSM21[80] 基于网络基站数据，利用了包括 XGBoost、支持向量机和随机森林等多种机器学习方法作为分类器，比较了不同分类器在告警数据预测中的准确性。

以上对网元故障预测领域的国内外研究进行了简要调研与梳理，综合探究了故障预测模型、异常检测模型和根因定位模型，归纳了它们的共通之处，即多聚焦于单一分类、单一终端种类的故障，多使用汇总之后的告警信息作为故障预测和异常检测模型的输入。这也暴露了这些方法存在主要的两个不足。

1）使用的数据种类有限。无法准确刻画复杂的网络结构中的潜在故障信号。

2）预测单一种类故障。普适性较差，难以在实践中迁移运用。

目前该领域的研究方向致力于解决小样本、分散训练样本与不平衡训练数据条件下的故障预测问题，并在准确预测故障的同时，对故障的根因做出判断与分类标注，为工程师提供更准确且详细的故障预测信息。

6.3 故障定位

在大规模网络系统中，当一个模块出现异常时，会引起一个或多个模块出现异常。因此，在检测出一个或多个异常模块后，需要定位到导致这些模块发生异常的根因模块，以便运维人员及时处理异常模块。由于各个模块或网元之间存在复杂的依赖关系，且每个异常往往涉及多个模块，采用人工方式定位上述根因模块往往耗费大量的人力、物力资源，且极易出现错误。因此，前人提出了一系列自动定位根因的研究方法，见表 3。这些方法可以分成 3 类：基于随机游走、基于因果图、基于故障注入。

1）基于随机游走的方法使用随机游走算法定位根因，它们首先构建一个以模块为节点的图，图上的边既可以是模块之间的调用关系或资源共享关系，也可以是模块关键性能指标的关联关系[81]。通过迭代计算随机游走的转移概率，上述方法得到最可能的根因模块。

表 3 当前根因定位方法概述

算法	模块间依赖关系	无监督	多指标
MS-Rank[81]	因果关系	否	是
DéjàVu[82]	调用关系	否	是
CIRCA[83]	因果关系	是	否
NeTExp[84]	关联关系	否	是

2）基于因果图的方法通过构建模块之间的因果关系图定位根因模块。它们通常会利用算法来构建因果图，再依据该因果图找到每一条异常调用链的根因，或者构建完因果图后在因果图中进行随机游走。目前该分类下最新的工作 CIRCA[83] 则是基于现有的因果图，使用基于干预识别的方法实现故障根因定位。

3）基于故障注入的方法通过故障注入训练一个有监督学习模型[82,84]。故障数据库查询基于“相似根因往往具有相似的异常表现”这一原理，通过查询数据库中相似异常的根因，得到当前故障的根因。DéjàVu[82] 与 NeTExp[84] 使用了有监督机器学习模型，实现了端到端的异常类型判断和根因模块定位。

然而，以上方法存在缺陷：重度依赖监督信息。

首先，在实际场景中往往难以收集到足够多的异常案例。

其次，故障注入环境往往难以产生与生产环境相同或相似的异常规模、多样复杂的异常类型，无法应对模块间复杂的依赖关系。基于随机游走的方法和基于因果图的方法往往是假设已经有一个现成的依赖关系图作为输入，然而在现实复杂系统中，无法准确获得该依赖关系图。

因此，清华大学和南开大学致力尝试充分利用大规模预训练模型，使用多模态的信息建模服务模块之间的依赖关系，下游的根因定位算法以大规模预训练模型的表征向量和分层依赖关系图作为输入，使用少量的有标注信息进行微调，解决现有根因定位方法重度依赖监督信息的挑战。

6.4 因果推断

因果推断在大规模网络系统智能运维中起着重要的作用，它能帮助我们在复杂的网络系统中准确确定问题的源头，从而高效解决问题。同时，通过理解系统组件间的因果关系，预测并防止潜在问题，优化系统性能，实现最佳的资源分配。另外，通过对历史数据的因果推断，能分析出影响服务质量的关键参数，并据此进行调整，进一步提高服务质量。

目前因果推断主流方法见表 4[85]。逆倾向赋权是一种经典的重赋权法，通过估计试验对象被分配到不同研究组的倾向，来减少计算因果效应时引入的选择偏差。双重稳健估计将倾向评分加权与结果回归相结合，处理倾向评分或结果回归中有一个不正确的情况。协变量平衡倾向分数则改进了对倾向分数的估计。近期关于稳定学习[86]的研究表明，对样本赋权使得协变量相互独立，可以让深度学习模型具有更好的泛化性。通过加权使得随机傅里叶特征线性无关，实现原始特征的非线性无关[86]。分层法和基于树的方法将所有样本基于协变量均匀分类，在每个类别内部调整由试验组和对照组之间的差异产生的偏差。多任务学习通过区分试验组和对照组的共有特征与特有特征减少预测偏差。基于元学习的方法拓展了基于树的方法，将控制混杂变量与给出条件平均因果效应的精确表达式分为两个步骤完成，以期获得更好的预测。匹配法则为试验组的每个样本尽可能寻找对照组中相似样本，当作反事实推理的结果。上述方法计算平均因果效应时，无法与对照组匹配的试验组样本会被舍弃。然而，这在网络的变更结果预测中意味着无法给出合适的结果。因此，囿于观测数据本身的分布，上述方法并不适用于智能网络运维。

表 4 因果推断主流方法

类别	核心思路
重赋权法	逆倾向赋权，双重稳健估计，协变量平衡倾向分数，重叠权重法，差异化混杂变量平衡
分层法	分层抽样
匹配法	基于希尔伯特-施密特独立性准则的最近邻匹配，条件干预
对抗学习	基于树贝叶斯回归树，随机森林
表示学习	特征选择表示匹配，基于表示学习的持续学习、多任务学习、多任务高斯过程，DRNet
元学习	X-Learner，R-Learner

清华大学和南开大学的前期工作 Sage[87] 将因果推断应用于故障诊断与根因定位，通过枚举的方式构造因果推断问题并进行检验。Sage 通过构造包含不同机器性能指标的反事实推理问题，推断哪些机器指标最能表征当前的性能问题。然而，在超大规模网络中，基于因果推断的最优变更搜索问题不只要确定待变更配置，还要确定具体取值，枚举的方式面临组合爆炸的问题。为此，清华大学和南开大学正在研究一种有效的算法快速求解最优变更。

本节深入探讨了智能网络运维管控的重要性和关键问题。结合高效的网络数据采集和大数据智能分析，可以实现对网络健康度的全面评估，提高故障的发现和定位能力，进而达到实时感知、快速定位的目标。网络建模、故障预测、故障定位和因果推断等直接影响到智能网络运维管控的有效性和效率。作为网络技术持续发展的重要组成部分，期待智能网络运维管控能在提升网络健康度、提高故障处理效率等方面发挥更大的作用。

7 总结与未来发展展望

从基于AI的网络优化（AI for Networking）和面向AI的网络优化（Networking for AI）两个维度，本报告重点围绕智能网络体系架构、路由协议、传输优化与智能运维等核心关键技术近年来的研究进展进行梳理总结。展望未来，我们认为智能网络技术会成为驱动互联网和AI计算技术的关键发展使能技术，主要发展趋势包括：

1）在体系结构层面日益深度融合。互联网和AI都是人类不同时代的通用目的技术，是计算机学科“增长的引擎”，具有普遍实用性、动态演进性、创新互补性等基本特性。但它们作为通用使能技术，都不是完整的最终解决方案，需要融合交叉、才能相互赋能。iDSN可以在一个通用的基础框架下，通过不同的协议构件组合、模型选择、算法调用和硬件加速，解决不同领域网络的智能应用问题。然而，实现iDSN面临诸多技术挑战，主要包括几个方面：一是在体系架构层次，如何科学合理定义iDSN的技术架构，解决多样化、定制化领域网络技术需求与网络性能高速发展的矛盾，按照“流水化、实例化和场景化”的理念抽象网络核心机制，定义面向多领域网络的统一API；二是在功能与协议层次，如何设计iDSN的可定制协议栈框架，解决高性能高弹性的网络性能和功能需求与高开销紧耦合的协议栈实现方式之间矛盾；三是在机制与算法层次，如何定义算法与机制的统一接口并构建智能算法库，解决算法快速更新部署需求与多类型非统一协议接口之间、智能网络设计优化需求与高可用智能算法库缺失之间的矛盾。因此，iDSN的落地应用需要网络技术研究人员的广泛参与和深入讨论，希望更多学术界、工业界的科研人员能够深度参与iDSN的技术研讨，合力推动iDSN良好发展，共同建设iDSN网络生态。

2）在Networking for AI方面，重点发展面向支撑大规模AI训练的网络技术研究，未来将主要从两个层面展开：一是从模型层面优化，减少数据通信的传输量，如模型参数的高质量压缩和量化研究可以从源头缓解网络通信瓶颈；二是从网络自身层面进行优化，针对高性能、分布式和无损传输网络的研究和实践也将吸引越来越多研究人员的关注。

3）在网络智能路由方面，智能路由凭借具有较好的动态适配性和鲁棒性，可以实现流量调度和负载均衡等优势受到了学术界和产业界的积极关注。现有的智能路由算法主要包括基于监督学习的路由算法和基于强化学习的路由算法两类。它们的差异主要源于训练所需要的数据假设不同，即标签化的训练数据和“交互试错”的数据。除了智能路由技术外，现有研究也关注智能路由模型的训练和部署问题。虽然深度学习技术在智能路由中有着广泛的应用，但是新的网络场景也给智能路由算法带来了新的挑战。例如，车联网、边缘计算的兴起，使得智能路由算法需要在边缘设备上进行实时决策和路由，这就要求算法在资源受限的环境中高效运行。另外，智能路由算法一般需要使用大量“私有”数据进行训练，如何保证数据的隐私和安全也是智能路由尚待解决的重要问题。

4）在网络智能传输方面，将重点围绕服务质量保障、异构网络、新型智能传输机制等方面开展深入研究，主要包括：一是围绕更高、更精细粒度服务质量保障和用户体验，为不同服务质量的网络应用提供高带宽、低时延、低丢包率等高确定性的异质优化服务；二是探索为6G、卫星网络、无人网络等异构网络提供多链路、多频段、多路径带宽资源的有效融合；三是探索将更多新的智能优化算法应用到智能传输服务中。

5）在网络智能运维管控方面，借助人工智能领域的最近技术，如深度生成网络、自监督学习、图神经网络、Transformer、GPT等，深刻揭示了设备指标、网络日志等多源异构数据的变化规律，在网络建模、故障预测、故障定位、因果推断等方面有了较大突破。2022年底以来，以ChatGPT、GPT-4等为代表的大规模对话模型展现出了以大规模基础模型为基底解决各个领域难题的可能。借助大规模基础模型实现网络的智能感知、智能诊断和智能决策，将是网络智能运维管控的重要研究趋势。

参考文献

[1] IETF RFC[EB/OL]. [2023-07-15]. https://rfc. ietf. org.

[2] GUO C, WU H, DENG Z, et al. RDMA over commodity ethernet at scale[C]// Proceedings of the 2016 ACM SIGCOMM Conference. New York: ACM, 2016: 202-215.

[3] IDC. Worldwide IoT spending guide[EB/OL]. [2023-07-15]. https://www. idc. com/.

[4] ABI Research. Connected car market data[DB/OL]. [2023-07-15]. https://www. abiresearch. com/market-research/product/1030841-connected-car-market-data/.

[5] IDC. Worldwide internet of things forecast update[EB/OL]. [2023-07-15]. https://www. idc. com/getdoc. jsp? containerId=prUS48476821.

[6] HENNESSY J, PATTERSON D. Deliver turing lecture at ISCA 2018[C/OL]. Los Angeles: ACM, 2018. [2023-07-15]. https://www. acm. org/hennessy-patterson-turing-lecture.

[7] SU J, ZHAO B, DAI Y, et al. Technology trends in large-scale high-efficiency network computing[J]. Frontiers of information technology & electronic engineering, 2022, 23(12): 1733-1746.

[8] 阿里云基础设施网络团队. 灵骏可预期网络：Built for AI infrastructure[EB/OL]. 浙江：阿里云基础设施，2023[2023-07-15]. https://developer. aliyun. com/article/1252706? spm=a2c6h. 12873581. technical-group. dArticle1252706. 40192077kckwIr.

[9] 华为技术有限公司. HPC无损以太和AI Fabric网络技术白皮书[Z]. 2023.

[10] 王帅，李丹. 分布式机器学习系统网络性能优化研究进展[J]. 计算机学报，2022，45(7)：1384-1411.

[11] WANG W, ZHANG C, YANG L, et al. Addressing network bottlenecks with divide-and-shuffle synchronization for distributed DNN training[C]// IEEE INFOCOM 2022-IEEE Conference on Computer Communications. London: IEEE, 2022: 320-329.

[12] SONG J, YIM J, JUNG J, et al. Optimus-CC: efficient large NLP model training with 3D parallelism aware communication compression[C]// Proceedings of the 28th ACM International Conference on Architectural Support for Programming Languages and Operating Systems. New York: ACM, 2023, 2: 560-573.

[13] MA Y, WANG H, ZHANG Y, et al. Autobyte: automatic configuration for optimal communication scheduling in DNN training[C]// IEEE INFOCOM 2022-IEEE Conference on Computer Communications. London: IEEE, 2022: 760-769.

[14] PENG Y, ZHU Y, CHEN Y, et al. A generic communication scheduler for distributed DNN training acceleration[C]// Proceedings of the 27th ACM Symposium on Operating Systems Principles. New York: ACM, 2019: 16-29.

[15] SAPIO A, CANINI M, HO C Y, et al. Scaling distributed machine learning with in-network aggregation[C]// 18th USENIX Symposium on Networked Systems Design and Implementation (NSDI 21). [S. l.]: USENIX, 2021: 785-808.

[16] LAO C L, LE Y, MAHAJAN K, et al. {ATP}: In-network aggregation for multi-tenant learning[C]// 18th USENIX Symposium on Networked Systems Design and Implementation (NSDI 21) [S. l.]: USENIX, 2021: 741-761.

[17] SWAMY T, RUCKER A, SHAHBAZ M, et al. Taurus: a data plane architecture for per-packet ML[C]// Proceedings of the 27th ACM International Conference on Architectural Support for Programming Languages and Operating Systems. New York: ACM, 2022: 1099-1114.

[18] XIONG Z, ZILBERMAN N. Do switches dream of machine learning? toward in-network classification[C]// Proceedings of the 18th ACM workshop on hot topics in networks. New York: ACM, 2019: 25-33.

[19] 王恩东，闫瑞栋，郭振华，等. 分布式训练系统及其优化算法综述[J]. 计算机学报，2024，47(1)：1-28.

[20] BANKHAMER G, ELSÄSSER R, SCHMID S. Local fast rerouting with low congestion: a randomized approach[J]. IEEE/ACM transactions on networking, 2022, 30(6): 2403-2418.

[21] SUN P, GUO Z, LI J, et al. Enabling scalable routing in software-defined networks with deep reinforcement learning on critical nodes[J]. IEEE/ACM transactions on networking, 2021, 30(2): 629-640.

[22] PARMAR J, CHOUHAN S, RAYCHOUDHURY V, et al. Open-world machine learning: applications, challenges, and opportunities[J]. ACM computing surveys, 2023, 55(10): 1-37.

[23] KATO N, FADLULLAH Z M, MAO B, et al. The deep learning vision for heterogeneous network traffic control: proposal, challenges, and future perspective[J]. IEEE wireless communications, 2016, 24(3): 146-153.

[24] YE M, HU Y, ZHANG J, et al. Mitigating routing update overhead for traffic engineering by combining destination-based routing with reinforcement learning[J]. IEEE journal on selected areas in communications. 2023, 40(9): 2662-2677.

[25] YAN B, LIU Q, SHEN J, et al. Flowlet-level multipath routing based on graph neural network in open flow-based SDN[J]. Future generation computer system. 2022, 134: 140-153.

[26] MUNAWAR S, ALI Z, WAQAS M, et al. Cooperative computational offloading in mobile edge computing for vehicles: a model-based DNN approach[J]. IEEE transactions on vehicular technology, 2022, 72(3): 3376-3391.

[27] FERRIOL-GALMÉS M, RUSEK K, SUÁREZ-VARELA J, et al. Routenet-erlang: a graph neural network for network performance evaluation[C]//IEEE INFOCOM 2022-IEEE Conference on Computer Communications. London: IEEE, 2022: 2018-2027.

[28] RUSEK K, SUÁREZ-VARELA J, ALMASAN P, et al. Routenet: leveraging graph neural networks for network modeling and optimization in SDN[J]. IEEE journal on selected areas in communications, 2020, 38(10): 2260-2270.

[29] FATEMIDOKHT H, RAFSANJANI M K, GUPTA B B, et al. Efficient and secure routing protocol based on artificial intelligence algorithms with UAV-assisted for vehicular ad hoc networks in intelligent transportation systems [J]. IEEE transactions on intelligent transportation systems, 2021, 22 (7): 4757-4769.

[30] ZHOU M, LIU L, SUN Y, et al. On vehicular ad-hoc networks with full-duplex radios: an end-to-end delay perspective [J]. IEEE transactions on intelligent transportation systems, 2023. 24 (10): 10912-10922.

[31] KAUR G, CHANAK P, BHATTACHARYA M. Energy-efficient intelligent routing scheme for IoT-enabled WSNs[J]. IEEE internet of things journal, 2021, 8(14): 11440-11449.

[32] CASAS-VELASCO D M, RENDON O M C, DA FONSECA N L S. Drsir: a deep reinforcement learning approach for routing in software-defined networking[J/OL]. IEEE transactions on network and service management, 2022, 19(4): 4807-4820.

[33] HE Q, WANG Y, WANG X, et al. Routing optimization with deep reinforcement learning in knowledge defined networking[J/OL]. IEEE transactions on mobile computing, 2024, 23(2): 1444-1455.

[34] QIU X, XU L, WANG P, et al. A data-driven packet routing algorithm for an unmanned aerial vehicle swarm: a multi-agent reinforcement learning approach[J]. IEEE wireless communications letters, 2022, 11(10): 2160-2164.

[35] WU T, ZHOU P, WANG B, et al. Joint traffic control and multi-channel reassignment for core backbone network in SDN-IoT: a multi-agent deep reinforcement learning approach [J]. IEEE transactions on network science and engineering, 2020, 8(1): 231-245.

[36] DONG T, ZHUANG Z, QI Q, et al. Intelligent joint network slicing and routing via GCN-powered multi-task deep reinforcement learning[J]. IEEE transactions on cognitive communications and networking, 2021, 8(2): 1269-1286.

[37] HAN C, HUO L, TONG X, et al. Spatial anti-jamming scheme for internet of satellites based on the deep reinforcement learning and Stackelberg game[J]. IEEE transactions on vehicular technology, 2020, 69 (5): 5331-5342.

[38] ZHANG T, XU C, ZHANG B, et al. Toward attack-resistant route mutation for VANETs: an online and adaptive multiagent reinforcement learning approach[J]. IEEE transactions on intelligent transportation systems, 2022, 23(12): 23254-23267.

[39] LI W, ZHOU F, CHOWDHURY K R, et al. QTCP: adaptive congestion control with reinforcement learning[J]. IEEE transactions on network science and engineering, 2018, 6(3): 445-458.

[40] NIE X, ZHAO Y, LI Z, et al. Dynamic TCP initial windows and congestion control schemes through reinforcement learning [J]. IEEE journal on selected areas in communications, 2019, 37 (6): 1231-1247.

[41] JAY N, ROTMAN N, GODFREY B, et al. A deep reinforcement learning perspective on internet congestion control [C] //International Conference on Machine Learning. Los Angeles: PMLR, 2019: 3050-3059.

[42] DONG M, MENG T, ZARCHY D, et al. PCC vivace: online-learning congestion control [C] //Proceedings of the 15th USENIX Symposium on Networked Systems Design and Implementation. Renton: USENIX, 2018.

[43] ABBASLOO S, YEN C Y, CHAO H J. Classic meets modern: a pragmatic learning-based congestion control for the internet[C]//Proceedings of the Annual conference of the ACM Special Interest Group on

Data Communication on the applications, technologies, architectures, and protocols for computer communication. 2020: 632-647.

[44] YAN F Y, MA J, HILL G D, et al. Pantheon: the training ground for Internet congestion-control research[C]//2018 USENIX Annual Technical Conference. Boston: USENIX2018: 731-743.

[45] HUANG T, ZHOU C, JIA L, et al. Learned internet congestion control for short video uploading[C]//Proceedings of the 30th ACM International Conference on Multimedia. New York: ACM, 2022: 3064-3075.

[46] EMARA S, LI B, CHEN Y. Eagle: refining congestion control by learning from the experts[C]//IEEE INFOCOM 2020-IEEE Conference on Computer Communications. Toronto: IEEE, 2020: 676-685.

[47] LIU Q, YANG P, LYU F, et al. Multi-objective network congestion control via constrained reinforcement learning[C]//2021 IEEE Global Communications Conference. Madrid: IEEE, 2021: 1-6.

[48] XIA Z, CHEN Y, WU L, et al. A multi-objective reinforcement learning perspective on internet congestion control[C]//2021 IEEE/ACM 29th International Symposium on Quality of Service. Tokyo: IEEE, 2021: 1-10.

[49] DU Z, ZHENG J, YU H, et al. A unified congestion control framework for diverse application preferences and network conditions[C]//Proceedings of the 17th International Conference on emerging Networking EXperiments and Technologies. New York: ACM, 2021: 282-296.

[50] ZHONG Z, WANG W, SHAO Y, et al. Muses: Enabling lightweight learning-based congestion control for mobile devices[C]//IEEE INFOCOM 2022-IEEE Conference on Computer Communications. London: IEEE, 2022: 2208-2217.

[51] TIAN H, LIAO X, ZENG C, et al. Spine: an efficient DRL-based congestion control with ultra-low overhead[C]// Proceedings of the 18th International Conference on emerging Networking EXperiments and Technologies. New York: ACM, 2022: 261-275.

[52] GILAD T, ROZEN-SCHIFF N, GODFREY P B, et al. MPCC: online learning multipath transport[C]//Proceedings of the 16th International Conference on emerging Networking EXperiments and Technologies. New York: ACM, 2020: 121-135.

[53] JI X, HAN B, LI R, et al. ACCeSS: adaptive QoS-aware congestion control for multipath TCP[C]//2022 IEEE/ACM 30th International Symposium on Quality of Service. Oslo: ACM, 2022: 1-10

[54] ZHUANG R, HAN J, XUE K, et al. Achieving flexible and lightweight multipath congestion control through online learning[J]. IEEE transactions on network and service management, 2022, 20(1): 46-59.

[55] LI W, ZHANG H, GAO S, et al. SmartCC: a Reinforcement learning approach for multipath TCP congestion control in heterogeneous networks[J]. IEEE journal on selected areas in communications, 2019, 37(11): 2621-2633.

[56] XU Z, TANG J, YIN C, et al. Experience-driven congestion control: when multi-path TCP meets deep reinforcement learning[J]. IEEE journal on selected areas in communications, 2019, 37(6): 1325-1336.

[57] HE B, WANG J, QI Q, et al. DeepCC: multi-agent deep reinforcement learning congestion control for multi-path TCP based on self-attention[J]. IEEE transactions on network and service management, 2021, 18(4): 4770-4788.

[58] FORD A, RAICIU C, HANDLEY M, et al. TCP extensions for multipath operation with multiple addresses[EB]. Fremont: Internet Engineering Task Force. [2020-03-15].

[59] DE CONINCK Q, BONAVENTURE O. Multipath quic: design and evaluation[C]//Proceedings of the

13th International Conference on Emerging Networking Experiments and Technologies. New York: ACM, 2017: 160-166.

[60] ZHANG H, LI W, GAO S, et al. ReLeS: a neural adaptive multipath scheduler based on deep reinforcement learning[C]//IEEE INFOCOM 2019-IEEE Conference on Computer Communications. Paris: IEEE, 2019: 1648-1656.

[61] ROSELLÓ M M. Multi-path scheduling with deep reinforcement learning[C]//2019 European Conference on Networks and Communications. Valencia: IEEE, 2019: 400-405.

[62] WU H, ALAY Ö, BRUNSTROM A, et al. Peekaboo: learning-based multipath scheduling for dynamic heterogeneous environments[J]. IEEE journal on selected areas in communications, 2020, 38(10): 2295-2310.

[63] WU H, CASO G, FERLIN S, et al. Multipath scheduling for 5G networks: evaluation and outlook[J]. IEEE communications magazine, 2021, 59(4): 44-50.

[64] WU H, ALAY O, BRUNSTROM A, et al. FALCON: fast and accurate multipath scheduling using offline and online Learning[J]. arXiv preprint arXiv: 2201.08969, 2022.

[65] KANAKIS M E. A Learning-based Approach for Stream Scheduling in multipath-QUIC[D]. Amsterdam: Universiteit van Amsterdam, 2020.

[66] ZHENG Z, MA Y, LIU Y, et al. XLINK: QoE-driven multi-path quic transport in large-scale video services[C]//Proceedings of the 2021 ACM SIGCOMM 2021 Conference. New York: ACM, 2021: 418-432.

[67] AGGARWAL S, SAHA S K, KHAN I, et al. Musher: an agile multipath-TCP scheduler for dual-band 802.11 AD/AC wireless lans[J]. IEEE/ACM transactions on networking, 2022, 30(4): 1879-1894.

[68] NI Y, QIAN F, LIU T, et al. POLYCORN: data-driven cross-layer multipath networking for high-speed railway through composable Schedulerlets[C]//20th USENIX Symposium on Networked Systems Design and Implementation(NSDI 23). Boston: USENIX, 2023: 1325-1340.

[69] WANG S, NIE L, LI G, et al. A multitask learning-based network traffic prediction approach for SDN-enabled industrial internet of things[J]. IEEE transactions on industrial informatics, 2022, 18(11): 7475-7483.

[70] ZUO Y, WU Y, MIN G, et al. Learning-based network path planning for traffic engineering[J]. Future generation computer systems, 2019, 92: 59-67.

[71] ZHANG J, YE M, GUO Z, et al. CFR-RL: traffic engineering with reinforcement learning in SDN[J]. IEEE journal on selected areas in communications, 2020, 38(10): 2249-2259.

[72] YE M, ZHANG J, GUO Z, et al. Federated traffic engineering with supervised learning in multi-region networks[C]//2021 IEEE 29th International Conference on Network Protocols. Dallas: IEEE, 2021: 1-12.

[73] FU C, LI Q, SHEN M, et al. Frequency domain feature based robust malicious traffic detection[J]. IEEE/ACM transactions on networking, 2022, 31(1): 452-467.

[74] FOULADI R F, ERMIS O, ANARIM E. A DDoS attack detection and countermeasure scheme based on DWT and auto-encoder neural network for SDN[J]. Computer networks, 2022, 214: 109-140.

[75] ZHAO N, CHEN J, YU Z, et al. Identifying bad software changes via multimodal anomaly detection for online service systems[C]//Proceedings of the 29th ACM Joint Meeting on European Software Engineering Conference and Symposium on the Foundations of Software Engineering. Athens: ACM, 2021: 527-539.

[76] ZHAO N, CHEN J, WANG Z, et al. Real-time incident prediction for online service systems[C]// Proceedings of the 28th ACM Joint Meeting on European Software Engineering Conference and Symposium

on the Foundations of Software Engineering. New York: ACM, 2020: 315-326.

[77] LI L, ZHANG X, ZHAO X, et al. Fighting the fog of war: automated incident detection for cloud systems[C]//2021 USENIX Annual Technical Conference. [S. l.]: USENIX, 2021: 131-146.

[78] MA M, XU J, WANG Y, et al. Automap: diagnose your microservice-based Web applications automatically[C]//Proceedings of the Web Conference 2020. New York: ACM, 2020: 246-258.

[79] ZHUANG H, ZHAO Y, YU X, et al. Machine-learning-based alarm prediction with GANs-based self-optimizing data augmentation in large-scale optical transport networks[C]//2020 International Conference on Computing, Networking and Communications. Big Island: IEEE, 2020: 294-298.

[80] BOLDT M, ICKIN S, BORG A, et al. Alarm prediction in cellular base stations using data-driven methods[J]. IEEE transactions on network and service management, 2021, 18(2): 1925-1933.

[81] MA M, LIN W, PAN D, et al. Ms-rank: multi-metric and self-adaptive root cause diagnosis for microservice applications[C]//2019 IEEE International Conference on Web Services. Milan: IEEE, 2019: 60-67.

[82] LI Z, ZHAO N, LI M, et al. Actionable and interpretable fault localization for recurring failures in online service systems[C]//Proceedings of the 30th ACM Joint European Software Engineering Conference and Symposium on the Foundations of Software Engineering. New York: ACM, 2022: 996-1008.

[83] LI M, LI Z, YIN K, et al. Causal inference-based root cause analysis for online service systems with intervention recognition[C]//Proceedings of the 28th ACM SIGKDD Conference on Knowledge Discovery and Data Mining. New York: ACM, 2022: 3230-3240.

[84] SHI X, OSINSKI M, QIAN C, et al. Towards automatic troubleshooting for user-level performance degradation in cellular services[C]//Proceedings of the 28th Annual International Conference on Mobile Computing And Networking. Sydney: ACM, 2022: 716-728.

[85] YAO L, CHU Z, LI S, et al. A survey on causal inference[J]. ACM transactions on knowledge discovery from data, 2021, 15(5): 1-46.

[86] ZHANG X, CUI P, XU R, et al. Deep stable learning for out-of-distribution generalization[C]//Proceedings of the IEEE/CVF Conference on Computer Vision and Pattern Recognition. [S. l.]: CVF, 2021: 5372-5382.

[87] GAN Y, LIANG M, DEV S, et al. Sage: practical and scalable ML-driven performance debugging in microservices[C]//Proceedings of the 26th ACM International Conference on Architectural Support for Programming Languages and Operating Systems. New York: ACM, 2021: 135-151.

作者简介

苏金树 国防科技大学教授、博士生导师，CCF 会士、CCF 互联网专委会主任委员，网络技术国家创新团队学术带头人，973 首席科学家，主要研究方向：高性能网络、互联网体系结构与协议、网络空间安全等。

王兴伟 东北大学教授、博士生导师，CCF 互联网专委会副主任委员、网络与数据通信专委会副主任委员，国家杰出青年科学基金获得者，主要研究方向：新一代互联网理论与体系结构、云际计算等。

赵宝康 国防科技大学计算机学院副教授，CCF 互联网专委会秘书长，主要研究方向：空天地一体化网络、智能网络、算力网络、网络空间安全等。

裴 丹 清华大学长聘副教授、博士生导师，CCF 服务计算专委会执行委员，主要研究方向：智能运维。

韩 彪 国防科技大学计算机学院副教授，CCF 互联网专委会、网络与数据通信专委会执行委员，主要研究方向：智能网络、领域定制网络、无人集群网络等。

何 倩 桂林电子科技大学教授、博士生导师，桂林电子科技大学计算机与信息安全学院副院长，卫星导航定位与位置服务国家地方联合工程研究中心副主任，CCF 杰出会员、互联网专委会副秘书长、服务计算专委会委员，曾任 CCF YOCSEF 桂林 2018—2019 主席，主要研究方向：云服务、数据要素管理及大数据、网络信息安全等。

张圣林 南开大学副教授、博士生导师，CCF互联网专委会、软件工程专委会、服务计算专委会执行委员，YOCSEF天津AC副主席，主要研究方向：智能运维。

曾荣飞 东北大学副教授，博士生导师，CCF互联网专委会委员，主要研究方向：联邦学习和分布式机器学习、网络智能化等。

赵 娜 湖南警察学院讲师，主要研究方向：智能运维、智能网络、网络安全等。

杨翔瑞 国防科技大学计算机学院讲师，CCF互联网专委会委员，主要研究方向：高性能可编程网络、时间敏感网络与在网计算。

宋丛溪 国防科技大学计算机学院博士研究生，主要研究方向：智能网络传输和视频传输。

三维数字人体重建与生成的研究进展

CCF 计算机辅助设计与图形学专业委员会

张鸿文[1] 张举勇[2] 周晓巍[3] 高 林[4] 许 岚[5] 徐 枫[1] 刘烨斌[1]

[1]北京师范大学，北京
[2]中国科学技术大学，合肥
[3]浙江大学，杭州
[4]中国科学院计算技术研究所，北京
[5]上海科技大学，上海
所有作者为共同一作

摘 要

近年来，国内外学者在数字人体重建与生成领域开展了大量研究工作。通过结合人工智能技术，面向轻量化、智能化、高精度的数字人体重建与生成已成为主流的研究出发点。学术界已围绕这一热点研究问题从不同视角和技术维度开展了一系列研究工作，同时在工业界也得到了广泛应用。本文将在从表征和算法等维度出发，面向数字人体的动捕、重建、渲染、驱动与生成等技术环节，对国内外的相关研究现状和进展进行综述，凝练存在的关键科学与技术问题，分析各研究分支的特色和可能存在的互补性，对该方向未来的潜在研究方向进行展望。

关键词：三维数字人，重建与渲染，运动捕捉，数字化身，虚拟现实

Abstract

In recent years, the research community has conducted extensive research in the field of 3D digital human modeling. By combining artificial intelligence technology with 3D computer vision, researchers have made considerable efforts towards lightweight, automatic, and high-quality human reconstruction, rendering, and generation, which has become the mainstream direction of research. Around this hot research topic, the academic community has achieved a series of research outcomes from different perspectives, while it has also been widely applied in the industry. This survey aims to review current research advances and progress of digital human motion capture, reconstruction, rendering, animation, and generation from the aspects of representations and algorithms. We also summarize and point out several key sci-entific problems and potential research directions, hoping to provide advice for researchers and facilitate research in this field.

Keywords: 3D digital humans, reconstruction and rendering, motion capture, digital avatars, virtual reality

1 引言

随着人工智能与终端设备的发展，虚拟现实、数字孪生等逐渐成为当前信息技术领域的热门话题之一。通过对真实世界中的场景进行数字化处理，虚拟现实等技术能够实现场景的虚拟重现、增强与混合。在实际应用中，人物在大多数场景都是核心要素和关注焦点。在此背景下，对人物进行数字化建模成为领域的研究重点。此外，三维数字人在传统场合中也有着诸多创新应用，包括人机交互、手语翻译、新闻播报等，例如央视频推出的手语翻译数字人“聆语”和新华社推出的数字航天员记者“小净”。这些三维数字人将越来越多地应用于娱乐、教育、智能客服、情感陪伴等领域。

在传统工业领域，三维人体建模通常需要由专业的美术师来完成。为了获得三维人体模型，美术师需要对人体的各个部位，例如骨架、皮肤、脸部和头发等进行绘制，最后将它们组合成一个完整的模型。为取得良好的建模效果，美术师需要根据每个部位的专有特性采用不同的建模方式进行设计和精修，其过程依赖大量烦琐的人工操作。即便是有经验的美术师，设计并制作虚拟人物也需要耗费数天甚至数月的时间。此外，在电影制作等应用中，建模过程往往需要采用复杂的密集相机和多光源系统对演员人物进行多视图采集，再进行纹理映射、求解几何表面的光照反射系数等操作，最后进行人工调整得到人物的三维重建。如果需要实现人体化身驱动的效果，则需要进一步对人体模型进行骨架绑定、面部混合形状绑定等复杂操作。尽管工业领域已经有成熟的三维人体建模解决方案，这些方案仍然依赖于复杂的采集系统和烦琐的人工介入，对从业人员的经验储备要求较高，因此难以大规模应用于虚拟现实、全息通信和人机交互等领域。因此，智能化、便捷、通用的三维人体建模技术成为计算机视觉和计算机图形学领域的热点研究问题之一。如何借助人工智能技术，通过有限的观测，如单张或稀疏视点的图像，来恢复人体的高精度三维信息并对其驱动和生成方法进行建模是领域的核心研究问题。

本文将详细总结和分析三维数字人体重建与生成领域的发展状况、存在的问题和未来发展趋势，旨在提升国内研究和产业界对三维数字人体重建与生成核心技术的重视度，为相关科研人员和工程技术人员提供重要参考，从而促进计算机视觉、计算机图形学、人工智能、虚拟现实等学科领域的交叉融合和发展。

1.1 三维人体建模研究的问题

三维人体建模涉及诸多技术环节，其中包括运动捕捉、表面重建与渲染、可驱动的化身建模以及多模态数字人生成，如图 1 所示。

运动捕捉旨在获取人体姿态、手部动作和面部表情等相关信息，在影视制作、游戏、体育产品设计等应用中起到支撑性作用。例如，在影视制作中通过运动捕捉技术，将演员的表演直接转化为虚拟人物的动作，实现更逼真的动画效果。传统运动捕捉通常依赖

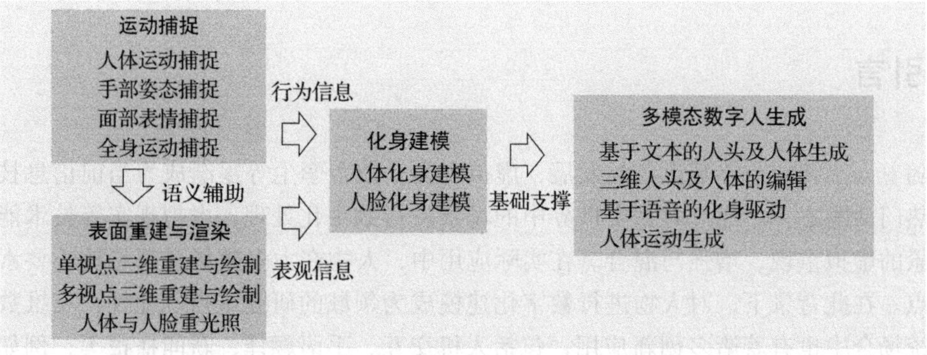

图 1 本文包含的主要内容及其相互关系

光学标记点的反射进行动作和表情信息的定位。近年来，无标记的运动捕捉逐渐成为研究重点。通过学习的方式，算法能够从稀疏视点乃至单视点进行运动捕捉，极大地降低了动捕设备的要求。

表面重建与渲染旨在对着衣人体的几何和纹理信息进行恢复与重建，并实现自由视点下的渲染。传统方法通常利用密集视点下的多视图立体匹配算法以实现高精度三维重建。国内外学者已经搭建了多个密集视点高精度三维人体重建系统，例如 USC-ICT Light Stage 系统[1]、Microsoft H-cap 系统[2]、Google Relightable 系统[3] 等。这些系统往往需要部署上百个相机，甚至需要研制复杂的光照-相机协同控制模块，其造价高昂、使用难度大，制约着高精度人体三维重建的大规模应用。近年来，通过借助人体模板并利用神经网络学习先验等方式，稀疏视点下的人体重建已成为一种新的趋势，并得到学术界和工业界的重点关注。

人体和人脸化身建模旨在建立可驱动的化身模型，并利用面部表情和身体动作等信号对人物化身进行控制和驱动。其重点在于如何学习不同姿态的衣物动态形变以及不同表情下的面部细腻变化。此外，实际引用往往对化身驱动的效率和分辨率有着较高要求，如何实现实时高质量的化身建模成为研究难点。

近年来，多模态学习与人工智能内容生成吸引了国内外学者的关注。这些新兴的技术同样在三维数字人体建模领域得到应用和拓展，例如，利用文本等信息作为条件生成三维人脸和人体，对三维人脸及人体进行交互编辑，利用语音进行协调的化身驱动等。多模态学习与三维人体建模的结合将能够极大地提升数字人的交互智能化程度，为面向通用智能的数字人建模提供基础。

1.2 本文的组织结构

针对上述提到的研究问题，本文首先在第 2 章对三维人体建模中的常用表征进行概述，接着在第 3 章从运动捕捉、重建与渲染、化身建模和多模态数字人生成 4 个方面展开。最后，本文将对领域存在的挑战和未来发展趋势进行展望。

2 三维人体表征概述

在计算机视觉和图形学领域，常用的三维模型表征方式包括点云、多边形网格、体素、符号距离场（Signed Distance Filed，SDF）、神经辐射场（Neural Radiance Field，NeRF）等。从表征方式来看，点云、多边形网格、体素属于显式表征，而符号距离场和神经辐射场属于隐式表征。随着深度学习的发展，这些表征方式都逐渐与神经网络的学习进行结合，并在三维人体建模方面得到广泛应用。本章将介绍三维人体建模中的常用表征。

2.1 模板表征

1. 人体模板

蒙皮多人线性（Skinned Multi-Person Linear，SMPL）模板[4] 是由德国马普所提出的一种人体参数化模板，目前已成为最常用的人体模板之一。SMPL 模板通过拟合人体扫描数据，能够利用参数分别对人体的体型和运动姿态进行表示。抽象来说，SMPL 模板是关于姿态参数 θ 和形态参数 β 的函数 $M(\beta,\theta)$，该函数能够输出 $n_s=6890$ 个顶点的坐标。具体而言，SMPL 模板根据形态参数 β 调整标准形态下的模板顶点，进而得到不同体态的人体模型。形态混合函数 $B_s(\beta)$ 通过形态混合基 $\boldsymbol{B}_s$ 和形态参数 β 的点乘运算实现。SMPL 模板还能根据姿态参数 θ 微调模板顶点，具体方式与形态混合相似，也涉及一组姿态混合基 $\boldsymbol{B}_p$。其中的线性蒙皮函数 $W(\beta)$ 以蒙皮权重 $\boldsymbol{W}$ 为参数，将标准姿态下的模板顶点变形至当前姿态。关节点坐标 $J(\beta)$ 则用于表示该形态下的关节点坐标。SMPL 模板通过改变姿态参数 θ 和形态参数 β 两组参数，能够寻找到不同体型和不同姿态的人体模型，在该过程中，SMPL 模板表面会被关节所带动。图 2 所示为 SMPL 人体参数化模板根据姿态参数 θ 和形态参数 β 的驱动过程。图中从左至右依次展示了标准姿态下的人体模型 $\boldsymbol{T}$、引入形态形变的人体模型 $\boldsymbol{T}+B_s(\beta)$、引入形态和姿态混合形变后的人体模型 $\boldsymbol{T}(\beta,\theta)$ 和最终姿态下的人体模型 $M(\beta,\theta)$。

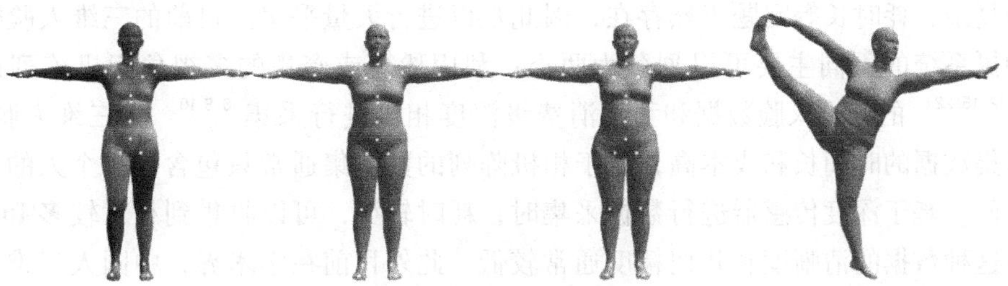

图 2 SMPL 人体参数化模板的驱动过程[4]

2. 人脸模型

三维可形变模型（3D Morphable Model，3DMM）是人脸建模的常用表征。基于模型表达方式的不同，对 3DMM 的研究可以分为以下几类：基于主成分分析（Principal Component Analysis，PCA）的 3DMM，如文献［5-9］，能够高效地表达形状和表情的变化；基于多线性算法的 3DMM，如文献［10-11］，通过更大的参数空间来包含数据集中的更多信息，但在实际使用中也存在占用过多内存的问题；基于非线性算法的 3DMM，如文献［12-13］，利用神经网络来提高生成结果的灵活性，但同时也失去了对形状和几何的明确、语义化的控制。最近的一些工作，如文献［14-15］，则通过将三维点利用 *UV* 纹理坐标展开到二维图像上的方式来表现 3DMM，并通过在 *UV* 图像上引入超分辨率网络或偏差值预测网络的方式，在精细三维人脸模型的重建方面取得了很好的效果。然而，由于这些方法生成的几何细节和纹理细节失去了基于参数的可控性，因此仍然有很多挑战需要克服。具体来说，Vlasic 等人[16] 最先引入了多线性机制来表达人脸的形状和表情，它允许不同形状下的人脸在同一表情下产生不同的变化。此后，文献中提出了多种不同表示形式的非线性模型，如文献［13-15］，它们相较于传统 PCA 降维的方式，获得了更自由的表达能力，不再受到简单线性空间的限制。最近，在神经辐射场（NeRF）[17] 的不断发展下，越来越多的基于 NeRF 的 3DMM 工作[18-20] 涌现出来。这些工作通过神经网络实现了对面部纹理、表情和几何形状的隐式表达，相较于传统基于刚体变换的模型，具有更自由的表达能力。然而，由于缺乏显式参数控制，这些方法的语义理解程度受到一定的限制，比如某一特定表情参数无法固定控制单一表情的变化等。

对于构建人脸的 3DMM，三维人脸数据集是关键的基础。目前的三维人脸模型数据集在被采集者数量和表情丰富程度方面有着越来越强的多样性。例如，文献［5］中的模型基于一个大型三维人脸数据集构建，包含 10 000 组人脸扫描模型，这也使得模型在面部形状拟合时更具泛化能力。同时，越来越多含有更加丰富表情的三维人脸数据集被收集[7,10,12,16,21]。此外，随着多视角采集系统的广泛使用，最新的 3DMM 算法[12,15,21] 采集更高质量的原始三维人头模型数据，进一步提高了三维人脸建模的精度。然而，当前的三维人脸数据集仍存在一些挑战：数据规模和数据质量难以同时满足。低质量的数据集通常采用深度相机等简易设备进行采集，虽然可以满足大量采集的需求，但缺乏面部的几何细节信息。相反，高质量数据的采集则依赖于多相机采集系统，但采集成本高，采集流程复杂，耗时长等问题仍然存在，因此难以进行大量采集。目前的三维人脸数据集根据拍摄系统的不同主要可以划分为两类：利用稀疏或密集的多视角相机阵列进行采集[5,11,12,15,22] 的三维人脸数据和利用消费级深度相机进行采集[6,8-10] 的三维人脸数据。由于采集数据的时间长和成本高，基于相机阵列的数据集通常只包含数百个人的人脸数据；然而，基于深度传感器进行数据采集时，耗时较少，可以收集到相对较多 RGBD 数据，但这种数据的清晰度和几何精度通常较低。此外目前在学术界，中国人三维人脸数据的稀缺性仍然是一个问题，因为基于西方人脸数据构建的 3DMM 在中国人脸上存在很大的误差，特别是对于鼻梁、眼窝和颧骨等部位的拟合能力较差，这导致在实际应用过程中面临精度不足和控制能力不足等问题。近期，文献［12,21,23］中提出了都基于中国人脸数据的 3DMM，对东亚人的脸型拟合能力更好。图 3 中展示了一些典型的 3DMM 算法。

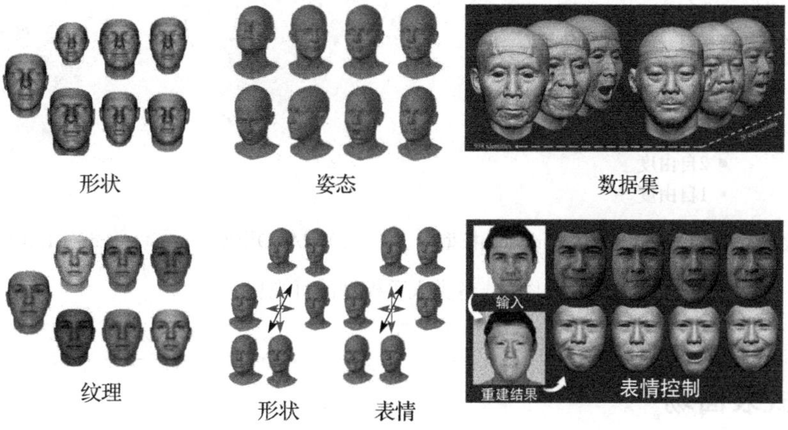

a）BFM[8]　　b）FLAME[7]　　c）FaceScape[14]

图 3　基于三维人脸数据集构建的 3DMM

3. 人手表征

基于视觉的手部姿态捕捉首先需要对手的运动的表征进行建模。与人体类似，大多数的捕捉方法将人手视为一个多刚体系统，该系统由刚性骨骼和铰接它们的关节构成，每个关节根据实际情况被赋予不同的自由度。手的姿态可以用手腕节点的旋转平移和每个手关节的旋转角表示。这种表示方法的缺点在于仅对手的运动学属性进行了建模，而忽略了手的外观信息，无法重建出完整的人手几何。文献［24］提出的 SphereMesh 模型将人手建模成了一系列胶囊体和楔形体的组合，在保持外观上和真实人手接近的情况下大大加速了点到手表面距离的计算过程，从而使得捕捉算法可以通过拟合点云数据对手的运动进行实时的重建。文献［25］在文献［24］的基础上，利用迭代扩展卡尔曼滤波（Iterated Extended Karman Filter，IEKF）的方法，在捕捉动作的同时对模型的形状参数进行优化，得到用户个性化的人手几何模型。除了简单几何体之外，还有一些方法利用三维网格建模手的形状，并且通过线性骨骼蒙皮（Linear Blead Skinning，LBS）算法[26] 得到不同手势对应的网格模型。文献［27］收集了大量不同形状和动作的人手三维扫描图，从这些数据中学习得到名为 MANO 的人手模型。该模型可以根据输入的一组姿态参数和形状参数生成具有不同手势和身份的人手网格模型。模型生成的结果丰富且逼真，可以很好地拟合图像中各种手部运动的细节，因此在之后的姿态捕捉工作中得到了广泛的应用。文献［28］提出的 NIMBLE 模型进一步引入了对人手肌肉运动的建模方式，通过约束内部骨骼和肌肉与解剖和运动学规则相匹配，使得模型可以产生具有更高真实感的手部运动。图 4 展示了各类人手模型的可视化。

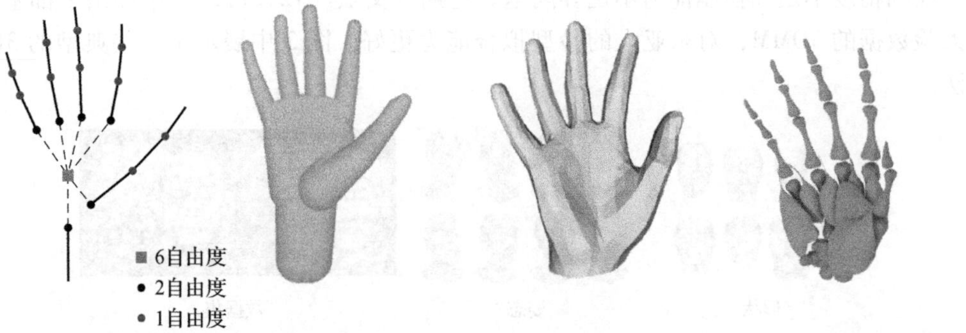

a）骨骼模型　b）SphereMesh模型[24]　c）MANO模型[27]　d）NIMBLE模型[28]

图 4　各类人手模型的可视化

2.2　隐式表面场

相较于其他离散化表征方式，隐式函数采用连续的表征方法。它基于三维空间中的一个连续标量函数，将三维表面定义为该函数的水平集或等值面[29-31]。近年来，随着深度神经网络技术的不断发展，隐式函数也被引入其中[32-39]，并成为深度隐式表征的研究热点。其中，DeepSDF[37] 采用神经网络来学习三维模型的符号距离函数：

$$\mathcal{F}:\mathbb{R}^3 \to \mathbb{R} \tag{1}$$

对于任意给定的空间点，该函数均能输出到最近表面的距离。其符号则表示该点在表面内部（符号为负）还是外部（符号为正）。而三维模型表面即为该符号距离场的零水平集：

$$\{\boldsymbol{p} \in \mathbb{R}^3 \mid \mathcal{F}(\boldsymbol{p}) = 0\} \tag{2}$$

其中，$\boldsymbol{p} \in \mathbb{R}^3$ 代表空间中的一个三维点。DeepSDF 的核心是采用深度神经网络拟合隐式场，这里所使用的是一个多层感知机（Muti-Layer Perceptron，MLP），它能够拟合连续的隐式距离场函数。随着神经网络通用函数近似能力的不断提高，这个 MLP 理论上可以学习到任意精度范围内的 SDF 函数，预测出任意查询位置的 SDF 值，从而提取出目标形状表面的零水平集。这样的表面表征可以形象地理解成学习一个二元分类器，它的分类边界就是目标形状表面。为了表示多个目标物体表面，DeepSDF 提出引入一个隐向量 $\boldsymbol{c} \in \mathcal{X}$ 来编码所需的形状，并将其作为神经网络的第二个输入，则 DeepSDF 的数学形式变为 $\mathcal{F}(\boldsymbol{p},\boldsymbol{c}):\mathbb{R}^3 \times \mathcal{X} \to \mathbb{R}$。需要注意的是，这些隐向量是未知的，因此 DeepSDF 采用了自解码的方式来学习这些隐向量。在网络训练过程中，DeepSDF 将损失函数的梯度回传到隐向量，从而同步对隐向量进行迭代优化。最终，DeepSDF 能够表示同一类物体的不同形状，其表征性能明显优于许多显式表征，而且支持灵活的拓扑结构。此外，DeepSDF 也支持不同形状之间的连续插值。除 DeepSDF 之外，其他工作也提出了与之相似的思路，例如学习一个占位概率[33,36,39]。无论采用何种定义的深度隐式表征，其核心原则都是拟合一个分类器，用于判断三维点是否在物体内部，最终的几何表面可以通过 Marching Cube 算法[40] 提取得到。此外，一些研究通过融合多个局部隐式函数来实现更强大的泛化能力[32,35]。DualSDF[41] 扩展了 DeepSDF，它使用两级粒度来表示形状，从而允许用户通过操作粗粒度的形状基元来改变细粒度的形状，使其支持简单的编辑操作。

深度隐式函数虽然在表征几何细节方面具有一定的优势，但其输出为无实际语义含义的符号距离值，仅反映查询点到最近表面的距离，而不包含该表面的具体位置。因此，使用深度隐式函数进行表征时，无法准确地得知不同模型之间的对应关系以及它们的共有结构特征，从而难以推断稠密的对应点等语义信息。这种表征方式仅考虑了物体的表面形状，因此在应用时受到限制，不易于支持纹理迁移、形状编辑迁移等操作。

2.3 神经辐射场

在三维渲染表征研究领域，人们主要关注如何对三维物体或人体的外观进行建模，以便于获得自由视点的渲染结果。传统的基于图像的建模和渲染方法主要使用几何或深度图进行重建并加入纹理信息，以实现三维物体或人体的视点转换。然而由于需要进行视点特征匹配，这种方法容易受到匹配误差的影响，导致合成视图的观感不佳。为此，Mildenhall 等人于 2020 年提出了一种新的表征方法——神经辐射场（NeRF）[17]，如图 5 所示。NeRF 采用基于 MLP 的神经网络对静态场景进行表征，将其表示为具有密度和颜色属性的辐射场。该表征方法仅需要输入某个场景的多视角图像即可训练，并能够产生高质量的自由视角渲染。与传统方法相比，NeRF 具有不需要几何监督就能够合成高质量图像的优点。具体来说，它能够描述场景中每个点和每个观察方向的颜色和体积密度，即

$$\mathcal{F}(\boldsymbol{p},\boldsymbol{d})\rightarrow(\boldsymbol{c},\sigma) \tag{3}$$

式中，$\boldsymbol{p}\in\mathbb{R}^3$ 是一个三维点的坐标；$\boldsymbol{d}\in\mathbb{S}^2$ 是视线方向；输出 $\boldsymbol{c}\in\mathbb{R}^3$ 是 RGB 颜色；$\sigma\in\mathbb{R}$ 是体密度。NeRF 采用 MLP 网络来近似这一函数，从而利用了网络的逼近能力，实现了对三维场景的紧致表征。自由视点渲染则由 3 个步骤构成：①沿待渲染像素与相机中心发射射线并在射线上采样 N 个点；②从每个点出发，利用 MLP 网络获取其颜色与密度；③根据采样点的信息计算像素颜色。该研究利用下述公式实现体渲染：

$$\hat{C}=\sum_{i=1}^{N}\alpha_i T_i \boldsymbol{c}_i$$

$$T_i=\exp\Big(-\sum_{j=1}^{i-1}\sigma_j\delta_j\Big),\quad \alpha_i=1-\exp(\sigma_i\delta_i) \tag{4}$$

式中，$\boldsymbol{c}_i$ 与 σ_i 分别为第 i 个采样点的颜色和密度预测值；δ_i 为第 i 个采样点到 $i+1$ 个采样点的距离；α_i 为叠加后的不透明度；$\hat{C}$ 为对应射线上的渲染颜色；T_i 为累积透光率。式（4）实际是对积分过程的离散近似。训练时，利用预测值渲染像素颜色，并计算与真实观测值的重建损失以优化 MLP 网络的参数。虽然最初 NeRF 是为解决静态场景下的自由视点渲染问题而提出，但由于其灵活性，被广泛扩展至动态场景的研究[42-50]。

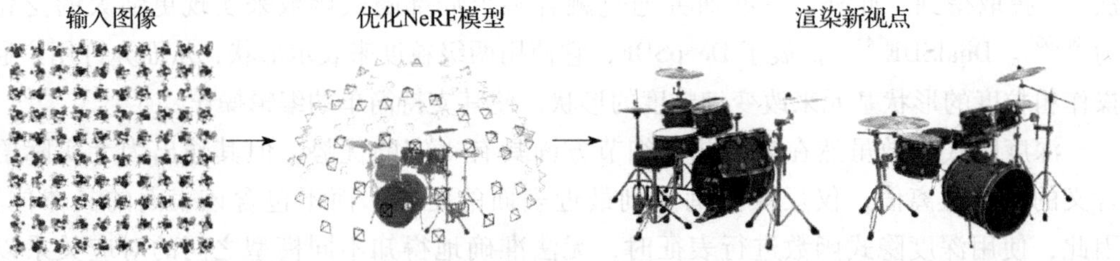

图 5　神经辐射场方法示意图[17]

由于 NeRF 需要对相机射线进行密集采样，渲染速度较其他显式三维表征方法慢，因此很多工作致力于对其渲染过程进行加速。这些工作主要利用特征图、体素、张量等显式数据结构，如 DVGO[51]、Plenoxels[52] 和 PlenOctree[53] 等，加速 NeRF 的网络训练和推理，以及通过哈希编码、张量分解等技术对其静态和动态场景进行压缩和加速，例如 DeVRF[54]、TiNeuVox[55] 等。

3　国内外研究进展

3.1　运动捕捉

3.1.1　人体运动捕捉

传统运动捕捉通常依赖光学标记点的反射进行动作和表情信息的定位。近年来，无标记的运动捕捉逐渐成为研究重点。本小节将重点介绍无标记的多视角与单视点运动捕捉。

1. 多视角运动捕捉

针对多视角输入的处理策略，现有的多视角多人运动捕捉方法通常分为两类：回归方法和关联方法。回归方法直接将 2D 图像特征输入到隐式空间中，以获取每个人的位置，并进一步估算他们的 3D 姿态。例如，Tu 等人[56] 和 Zhang 等人[57] 直接在体素空间中检测三维人体位置，然后进行身份姿态估计；最近的方法使用 Transformer[58] 或图神经网络[59] 融合跨视角信息，并以端到端的方式预测 3D 姿态。由于回归方法严重依赖于大规模训练数据集，它们在训练视点的设置上可能有着较好性能表现，但通常难以推广到新视点。此外，由于缺乏标注数据，将这些方法扩展到多人全身运动捕捉也具有较大的挑战性。相比之下，关联方法以每个视角的 2D 关键点为输入，进行基于图的多视角姿态聚类。由于它们仅依赖于现成的 2D 检测器，因而相比回归方法有着更好的视角泛化性能。关联方法的难点在于分离各视点关键点、交叉视角匹配和时间跟踪，进而将检测到的 2D 关键点归类为不同的人物。这是 NP 困难问题，很难获得全局最优解，因此现有的方法都对原问题进行松弛。Dong 等人[60] 使用多路匹配方法解决交叉视角关联问题；Lin

等人[61] 则避免交叉视角匹配，直接解决 3D 与 2D 之间的姿态跟踪；Huang 等人[62] 使用独立的人物重识别网络构建交叉视角匹配和时间跟踪。上述所有方法都假定 2D 人体解析结果是准确的，从而限制了它们在实际应用中的鲁棒性。Dong 等人[63] 提出首先将嘈杂的 2D 观测值聚集成 3D 候选点，然后以类似于 Joo 等人[64] 的方式将它们组合成每个人物。由于这些方法首先处理低级部件信息，忽略了许多重要的视角高级知识，阻碍了它们达到全局最优。此外，现有的关联方法仅处理身体层面的姿态，在全身姿态上实现实时多人运动捕捉仍然是一个挑战性问题。

2. 单视点运动捕捉

单目人体运动捕捉得到了广泛的研究。为了取得具有良好对齐和自然效果的运动捕捉效果，学者探索了两种不同的研究路线[65]：基于优化的方法和基于回归的方法。

（1）基于优化的方法 单目人体运动捕捉的开拓性工作[66-68] 大多为基于优化的方法，主要侧重于将参数模型（如 SCAPE[69] 和 SMPL[4]）拟合到 2D 观测（如关键点和轮廓线）。在其目标函数中，先验项通常用于惩罚不自然的形状和姿态，而数据项则用于衡量网格重投影和 2D 观测之间的拟合误差。基于这种范式，学者探索了不同的优化策略，并拟合到不同的信息，例如 2D/3D 身体关节点[66,70]，轮廓线[71-72]、部件分割图[73] 和稠密关联图[74] 等信息。尽管这些基于优化的方法有着较为对齐的效果，但其拟合过程通常较慢且对初始化敏感。为解决这个问题，Song 等人[75] 提出在拟合过程中学习梯度下降的方向。

（2）基于回归的方法 通过利用神经网络的强大非线性映射能力，学者尝试直接从单目图像预测人体参数化模型[76-83]。这些方法通常将 2D 信息作为输入，在学习过程中采用不同类型的监督信号，以数据驱动的方式学习姿态和形状参数[78,84-89]。为缓解训练难度，学者还设计了不同的网络架构作为回归器，并利用不同的中间辅助表征代理表征，包括外轮廓[83,90]、2D/3D 关节[74,76,80,83,89,91-94]、分割图[82,95] 和稠密关联图[96-97] 等。在基于回归的方法中，尽管在训练过程中对预测的模型施加了重投影监督信号以惩罚预测偏差，但在推理阶段仍然难以感知网格的位置偏离。为缓解这个问题，PyMAF[98] 通过从不同分辨率的特征图中提取网格对齐证据，并将其反馈到回归器进行参数校正。此外，Li 等人提出了混合逆向运动学的方法[80]，使得参数化模型与 3D 人体关节点的位置相匹配。整体来说，基于回归的方法的发展得益于虚拟渲染数据[96,99] 和中间辅助表征估计方法的成熟发展[59,100-103]。此外，为使得基于回归的方法有着更鲁棒的泛化性能和更为准确的监督，学者也致力于在现实数据中生成更为准确的标注。例如，SPIN[79]、EFT[104] 和 NeuralAnnot[105] 等方法在现实二维数据库中生成越来越准确的伪三维姿态标注[106-108]。

除直接估计模板的姿态和形状参数外，学者也探索了单目运动捕捉的非参数化解决方案。在这些方法中，体表示[90,109]、网格顶点[81,110-111] 和位置图[112-115] 等非参数表征通常被采用为回归目标。使用非参数表征作为回归目标更容易利用高分辨率特征，但需要进一步处理才能从输出中获取参数化模型。此外，非参数方法输出的网格表面往往粗糙，并且对遮挡更为敏感。近年来，学者也致力于解决单目运动捕捉的其他问题，包括多人运动捕捉[91,116-121]、基于视频的运动捕捉[122-127]、应对遮挡情况[97,128-130]、更准确的形状估计[99,131-132]、基于概率模型的估计[133-134]、更为准确的相机模型[135-136]以及数据分布不平衡问题[137-138]等。表 1 对基于回归的人体运动捕捉方法进行了汇总。

表 1 基于回归的人体运动捕捉方法汇总[65]

基于单图	单人	输出类型	1）模型参数：［74，78-80，82-83，96-99，104，124，129-136，139-142］
			2）网格顶点的三维坐标：GraphCMR[110]，Pose2Mesh[76]，I2L-MeshNet[93]，PC-HMR[143]，METRO[81]，Graphormer[111]
			3）三维体素：BodyNet[90]，DeepHuman[109]
			4）UV 位置图：DenseBody[113]，DecoMR[114]，文献［115］
			5）概率分布：文献［139］，文献［132-134］，ProHMR[133]
			6）全身模型：SMPLify-X[144]，ExPose[77]，PIXIE[145]，Hand4Whole[92]，PyMAF-X[146]
		中间/代理表达	1）二维轮廓图：文献［83］，STRAPS[99]，Skeleton2Mesh[141]
			2）二维分割图：NBF[82]，文献［95］，STRAPS[99]，文献［142］，HUND[147]
			3）二维姿态热图：文献［89］，文献［83］，STRAPS[99]，文献［142］，HUND[147]，文献［132］
			4）二维关键点坐标：HoloPose[74]，Pose2Mesh[76]，Skeleton2Mesh[141]
			5）IUV 图：DenseRaC[96]，DaNet[97]，DecoMR[114]
			6）三维关键点坐标：I2L-MeshNet[93]，Pose2Mesh[76]，HybrIK[80]，THUNDR[94]，Pose2Pose[137]，Skeleton2Mesh[141]
		网络架构	1）单阶段架构：HMR[78]，GraphCMR[110]，DenseBody[113]，SPIN[79]，PyMAF[98]，METRO[111]，Graphormer[111]，ProHMR[133]
			2）多阶段架构：文献［83］，NBF[82]，DenseRac[96]，DaNet[97]，文献［142］，Pose2Mesh[76]，STRAPS[99]，I2L-MeshNet[93]，DecoMR[114]，文献［115］，PARE[129]，THUNDR[94]，HUND[147]，Skeleton2Mesh[141]
			3）多分支架构：Pavlakos[83]，HoloPose[74]，DaNet[97]，HKMR[148]，PARE[129]
	多人		1）自顶向下：文献［118］，3DCrowdNet[91]，文献［149］
			2）自底向上：MubyNet[150]，ROMP[119]
基于视频	单人		文献［89］，HMMR[151]，文献［84］，文献［124］，文献［152］，DSD-SATN[153]，VIBE[123]，TCMR[122]，文献［154］，SimPoE[155]
	多人		XNect[156]，HMAR[157]，GLAMR[130]

3.1.2 手部姿态捕捉

手是人体中最为灵活的部位，同时也在人和环境的交互过程中扮演着重要的角色。高精度的手部姿态捕捉对于实现自然人机交互具有重要意义。现有的手部姿态捕捉的方法大致可以分为基于可穿戴设备的方法和基于视觉的方法。前者通过在人手上穿戴具有传感器或光学标记的设备（数据手套），采集某种感知信息（例如手指弯曲角度、接触力、标记点位置），进而解算出人手的运动姿态。文献［158］设计了一种带有 18 个惯性和磁力传感单元的数据手套，可以同时获取手臂和手部的运动信息。一些成熟的商业动作捕捉系统[159-160]在人手上粘贴标记点，利用多视角的高速摄像机捕捉标记点的运动轨迹，实现人手姿态重建。文献［161］使用一个带有惯性计和被动视觉标记的传感器手套以及一个头戴式立体相机采集多模态的数据信息，并利用紧密耦合滤波的视觉惯性融合算法来估计手的运动，得到了更为准确和鲁棒的结果。总体而言，基于可穿戴设备的方法的优势之处在于具有高精度和高可靠性。然而，由于硬件成本过高，同时可穿戴设备在使用时也会妨碍用户正常的手部活动与交互行为，这类方法在实际中难以得到广泛应用。与之相对的，基于视觉的方法通过成本较低的相机设备采集手部运动的图像序列，从中估计出手的姿态信息。在姿态捕捉过程中，使用者可以不受约束地进行各种活动。因此，这类方法的应用场景更为广泛，下文中将重点介绍这一类方法。

现有的手部姿态捕捉算法可以分为生成式和判别式两大类。生成式算法的核心思想是用已知的人手模型拟合图像数据，通过优化的方法得到和图像最符合的人手姿态。这类算法大致可以分为三步。首先，选择合适的人手模型作为拟合图像数据的模板。然后，构建能量函数作为优化目标，能量函数一般可以分为两个部分：一部分用来衡量图像数据和人手模型之间的差距，这部分函数在构建时常常会用到彩色图片中的轮廓、光流、阴影和深度图片中的深度值等图像特征；另一部分是人手运动的约束条件，例如人手的关节活动范围的限制，运动序列的平滑约束以及不同手指之间不能穿透的限制。最后，利用优化算法不断迭代找到最优解，常用的算法包括迭代最近点（Iterative Closest Point，ICP）[162]、粒子群优化（Particle Swarm Optimization，PSO）[163] 等随机优化算法以及莱文贝格-马夸特算法（Levenberg-Marquardt algorithm）[164] 等基于梯度的优化算法。生成式方法的优点在于将人手的几何和运动的先验信息存储在模型和能量项中，因此不需要任何数据训练就可以完成运动捕捉。然而，由于待优化变量是高维的人手模型参数，且能量函数非凸，所以这类方法对于优化过程中的参数和初始值设定非常敏感；同时由于前一帧的求解结果会用于下一帧的初始化，如果先前的帧估计存在误差，则该误差将在算法运行过程中不断累积，从而影响整段运动捕捉的质量。判别式方法的核心思想是利用大量的带有姿态标注的图片数据进行训练，在图像和人手姿态参数之间直接建立一个映射关系。早期的判别式方法主要采用基于随机森林（Random Forest，RF）[165] 的方法。文献［166］在合成的手部动画以及深度数据上训练随机决策森林（Random Decision Forest，RDF），该模型会将图像中的每像素分类并分配给手的不同部位，分类结果被用于局部模式发现算法中，以估计手骨架的关节位置。文献［167］训练一个随机森林对手的形状进行分类，接着利用相应的手的估计器进行姿态捕捉，增强了方法对不同身份特征的人手的适应能力。文献［168］提出了用于人手姿态估计的潜在回归森林（Latent Regression Forest，LRF）框架，该框架将姿态估计问题建模成了一种从粗到细的结构化搜索过程。方法首先确定人手点云的中心点，接着通过迭代逐步定位所有骨骼关节。基于随机森林的方法需要手工提取图像中的特征，因此模型只能利用到一些简单、明显的浅层特征。近年来兴起的深度学习方法可以自动地提取图像中更抽象、复杂的深层特征，显著地提高了姿态捕捉方法的性能。文献［169］首次利用卷积神经网络（Convolutional Neural Network，CNN）从深度图像中提取热图，通过拟合热图中特征点的方法求解人手的三维姿态。在此基础上的一些工作通过引入三维人手姿态先验[170]、参数结构的高级知识[171] 以及反馈过程[172]，不同程度地提高了捕捉的效果。由于使用了带有丰富的三维信息的深度图像，这些工作能够得到具有较高精度的捕捉结果，但同时也制约了这些方法在户外、强光照等深度相机不能很好工作的环境下的表现。另外，基于彩色图像的捕捉算法由于数据易获取且适用场景更加广泛，成为近年来重点研究对象。文献［173］首次利用大规模合成数据集训练卷积神经网络，从单张彩色图像中估计人手关节的三维位置。为了提高模型的泛化性能，文献［174］和文献［175］分别利用深度图片数据集和 CycleGAN 合成方法[176] 得到了更加丰富的训练数据集。然而，这些方法仅对关节位置进行了捕捉，难以重建出带有几何信息的手部运动。文献［177］提出的方法结合了三维手关节检测模块和反向运动学模块，可以同时预测人手的姿态和形状信息，并最终得到完整的网格模型，大大提高了捕捉方法的可用性。

现有的手部姿态捕捉方法虽然在实时性和精确度方面取得了长足的进步，但是依然面临着一些挑战。第一，遮挡问题，尤其是双手之前或者手在与其他物体交互过程中的遮挡。一些研究者试图通过显示地建模和追踪交互对象的运动来减轻遮挡带来的影响。文献［178］和文献［179］分别针对双手交互和手与物体交互的情况进行研究，利用交互过程中的约束构建网络损失或优化的能量项，显著提高了交互遮挡情况下人手姿态捕捉的精度。图 6 展示了文献［180］中提出的方法在紧密交互下双手姿态捕捉效果。尽管现有方法在效果上取得了较大进展，但它们仍然无法从根本上解决遮挡带来的视觉数据缺失以及姿态估计歧义性问题。第二，手在快速运动过程中采集到的图像会出现明显的模糊，从而导致在清晰图片上训练的模型难以准确地对运动进行捕捉。文献［181］在已有数据集的基础上通过合成模糊的方法构建了一个新数据集，并训练了一个从模糊图像中还原人手姿态的网络，为解决该问题提供了一个思路。第三，除了模糊之外，还会存在许多其他输入图像质量低的情况：例如，在人体尺度的应用场景下，手在采集到的图像中占比较低，能够从中提取到的特征较少且带有很高的噪声；在自然环境中，由于光照环境的不确定性，可能会出现手部过亮或者过暗的情况。如何有效地从有遮挡或者低质量图像中估计手部姿态，是未来捕捉算法所面临的重要问题。

图 6 Li 等人在研究工作[180] 中取得的紧密交互下双手姿态捕捉效果

动作类型丰富和标注质量高的数据集对于人手动作捕捉方法，尤其是判别式算法来说十分重要，表 2 中列举了一些近年来在基于视觉的捕捉方法中常用的数据集信息。总的来说，现有的数据集涵盖了各种不同的手部姿态，人手几何，以及彩色和深度两种不同的图像类型。然而，大多数数据集的相机视角，光照条件以及背景比较单一；规模较大的数据集往往需要依赖合成或者自动标注的方法，使得标注质量参差不齐，这些因素一定程度上制约了训练出的模型的性能和泛化能力。

表 2 人手姿态常用的数据集信息

数据集	图片类型	图片数量	关节点标注数	标注方法
ICVL[168]	深度	331 000	16	手工标注
NYU[169]	彩色 & 深度	81 009	36	自动标注
MSRA15[182]	深度	76 500	21	部分自动，部分手工标注
OpenPose Hand[181]	彩色	16 000	21	部分自动，部分手工标注
GANerated[175]	彩色	260 000	16	合成方法
Bighand2. 2M[183]	深度	2 200 000	21	自动标注
Rendered hand（RHD）[173]	彩色 & 深度	43 986	21	合成方法

3. 1. 3 面部表情捕捉

在人脸重建技术中，面部信息具有简单的拓扑结构，其运动通常可分解为面部表情和头部整体旋转与平移。因此，该领域的技术常需要一个可靠的三维结构进行初始化。目前，基于三维可形变模型（3DMM）的数据先验模型使用最为广泛。生成这一模型的过程一般包括对三维人脸数据集的规范化处理，例如配准对齐和统一拓扑结构，以及通过主成分分析（PCA）算法提取均值模型和基矩阵等步骤。3DMM 在人脸相关研究领域中具有广泛的应用，如关键点识别和面部新视角生成，也是大多数单视角面部表情捕捉工作的基石。然而，传统 3DMM 的表达能力受到数据集规模的限制，且无法捕捉面部纹理和几何的细节，导致生成的三维人脸模型真实感较差，难以替代真实世界的人脸。基于表情捕捉的三维动画模型驱动已被广泛应用于电影、动画、虚拟主播等领域。然而，基于三维渲染的模型仍存在真实感不足和场景还原不够逼真等问题。近年来，许多研究者都致力于解决高真实感数字人脸驱动技术的问题，并提出了一些基于神经网络的面部驱动算法。

随着 3DMM 和深度学习技术的飞速发展，研究者们能够从单视角图片中重建完整的三维人脸模型。早期的三维人脸重建工作[8,184-185] 主要采用面部关键点或其他面部特征来回归 3DMM 参数，从而缩小了从单图像中预测 3DMM 参数的问题的规模。近年来，深度学习技术的引入以及卷积神经网络的发展使得一些方法可以直接从输入的面部图像中进行 3DMM 参数的预测[186-191]，实现了稳定的重建效果。另外，自监督算法也在三维人脸重建任务中被引入[192-193]，这类方法仅利用大规模的人脸图片数据集进行网络的训练，获得了更好的泛化能力。然而，3DMM 所表达的面部特征有限，无法恢复更多的面部细节。针对这个问题，研究者们提出了更加细化的表达方式来对面部细节进行重建，利用残差的方式在渲染过程中调节生成的三维模型，以更好地恢复面部细节，例如文献［12, 194-199］等。此类方法可以通过预测额外的偏差值来抵消 3DMM 与真实人脸形状之间的差异。这些额外的信息主要源于 RGB 图像的光照信息。另外，也有一些方法利用高精度的三维人脸数据集训练残差预测网络，例如文献［12］。Bao 等[21] 提出了一种优化反射率和法向图以生成高保真度三维人脸模型的方式。同时，基于可微分渲染的方法在文献［200］中也得到了应用，进一步依赖纹理质量的提升来增强面部表情捕捉的效果。

图 7 中展示了一些典型算法的效果。文献［201］中进一步通过构建大规模仿真数据集的方式，利用大量带有标定的数据，通过监督学习实现了基于密集特征点检测的面部表情捕捉算法，实现了非常优秀的面部表情捕捉效果以及很高的运算效率。

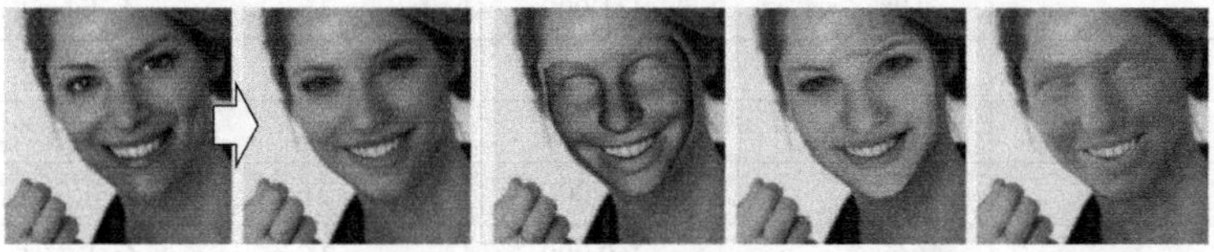

a）基于参数预测的 MoFA[189]

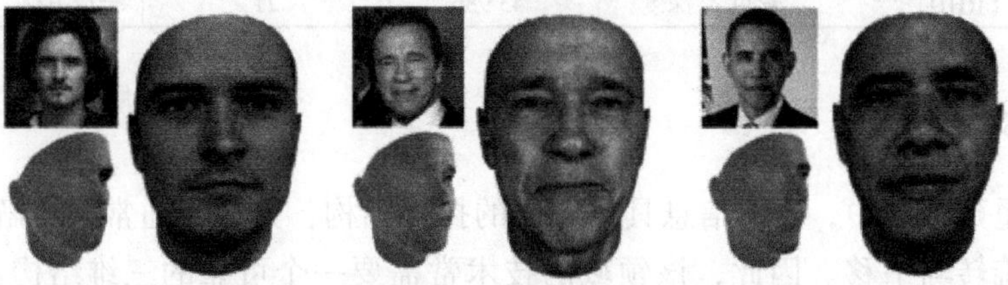

b）基于可微分渲染的 GANFIT[200]

图 7 基于 3DMM 的面部表情捕捉方法

3.1.4 全身运动捕捉

现实的数字人应用往往需要从图像中同时捕获人体、人手、面部的姿态和表情信息。相比于人体运动捕捉[78-79,93,97,110]、手部姿态捕捉[180,202-211]和面部表情捕捉[26,187,195,212-214]，全身运动步骤的研究相对较少。其主要原因在于全身数据集的缺乏以及存在的诸多挑战性。类似于人体运动捕捉算法的发展，全身运动捕捉的研究开始于全身模板的提出，包括 Frank[215]、Adam[215]、SMPL-X[151]和 GHUM[216]等模板。基于这些全身模板，学者对应地提出了若干基于优化的方法[70,151,215-218]，以及基于回归的方法[77,92,152-153,219]。目前，基于回归的全身运动捕捉方法逐渐成为主流。自 ExPose[77]方法之后，基于回归的全身运动捕捉方法[77,92,152,154,219-220]通常由不同的部件网络组成。这些方法在预测过程中，通常先从原始输入中裁剪出对应的身体、手和面部图像，再预测各自的姿态和表情参数。它们的主要区别在部件网络结构和各部件结果的整合策略上，其中部件网络结构通常从人体或手部运动捕捉算法的方案中选择。对于整合策略，最简单的方式是直接拼接[77,219]。为了获得更自然的整合结果，近期方法[152,219-220]提出了基于学习的策略。例如，FrankMocap[219]学习根据预测的身体和手部姿态，计算手腕和手臂之间的距离来校正姿态。Zhou 等人[220]通过在手部姿态估计网络的学习中加入身体特征，使得预测的手部与手臂姿态更加兼容。PIXIE[152]引入了可学习姿态调节器，用于合并身体和手部特征，以回归手腕和手指姿势。上述解决方案通常依赖于额外的网络来预测或校正手腕姿态，其结果往往差于人手姿态网络的预测结果，从而导致手部对齐程度下降。最近，Hand4Whole[92]提出了一种基于手部关节位置学习手腕姿势的方法，但并没有考虑手臂姿势的兼容性。PyMAF-X[153] 则提出利用手腕和肘部姿势的扭转分量调整，产生自然的手腕旋转，同时在整合过程中维持各人体部件的良好对齐性能，如图 8 所示。尽管如此，准确对齐的全身运动捕捉仍然存在诸多挑战，尤其是考虑到手势和面部表情估计的准确性与自然程度。

图 8 Zhang 等人[153] 提出的 PyMAF-X 在现实图像中取得的全身运动捕捉效果

3.2 重建与渲染

3.2.1 多视点三维重建与绘制

1. 传统方法

传统的人体建模算法依赖复杂的硬件设备来采集目标人体的观测数据，例如多视角图片、深度信息，从而获得对人体足够的观测。为了获取这些数据，研究者们创建了各种类型的人体捕捉系统，这些系统通常由多个精心布置的工业相机以及深度相机构成。利用这些高质量的观测数据，研究人员基于多视图立体匹配[1-3] 和深度融合算法[221-224] 可以生成高精度的可渲染人体模型。接下来，将深入探讨这两类算法的具体机制和特点。

基于多视角相机阵列的人体建模　在传统的三维重建系统[225-227] 中，系统首先会捕获多个相机视角下的 RGB 图片，以获取目标物体的视觉数据。随后，利用运动恢复结构（Structure From Motion，SfM）算法[225]，确定每张 RGB 图片对应的相机姿态。接着，通过多视图立体匹配（Multi-View Stereo，MVS）[226-227] 计算出每张图片的深度信息，结合深度融合技术，可以构建出目标的三维网格模型。为了得到可以渲染的模型，该系统通常会使用表面纹理贴图技术[228-229]，将观测到的图片信息映射到网格模型的纹理空间。然而，由于人体存在较多的精细结构和弱纹理区域，例如头发、皮肤，该系统得到的深度图的准确性欠佳，这导致三维网格模型的完整性难以保证。Schonberger 等人[226] 在 MVS 环节基于 PatchMatch 框架[227] 提出了逐像素选择相机视角的策略，以增强稠密重建的效果。

除了算法的优化，也有一些方法[1-3] 选择通过复杂的硬件设备来优化重建效果。例如，The Relightables[3] 构建了一个巨大的球形穹顶，并在其中均匀布置了 58 个高分辨率的 RGB 相机。该系统还添加了 32 个红外摄像机，以便获取更精确的深度图。运用深度融合技术，该工作能够得到稠密的人体点云，然后通过泊松重建[230] 从点云中提取出三维网格模型。图 9 展示了此类工作的人体重建过程。在得到高质量人体几何和外观的基础上，Debevec 等人[1] 进一步恢复了人体的材质属性，以供重光照（Relighting）等应用使用。他们设计的光场（Light Stage）上搭载了可编程光源，这样就能在预设的照明条件下从多个视角捕捉目标人体的图片，然后从图片中恢复人体的材质属性。然而，这种方法要求目标人体在数据采集过程中保持静止，这在实际重建过程中是一个很大的限制。为了捕捉动态的人体，The Relightables 首先恢复出每一时刻的静态人体网格模型，然后匹配不同时刻的人体网格模型，实现不同的网格模型共享一个纹理图片。尽管 The Relightables 能够重建出高精度的可渲染人体模型，但这个系统使用的硬件设备非常复杂，算法计算成本也相当高，重建一个 10s 的视频大约需要 8h。

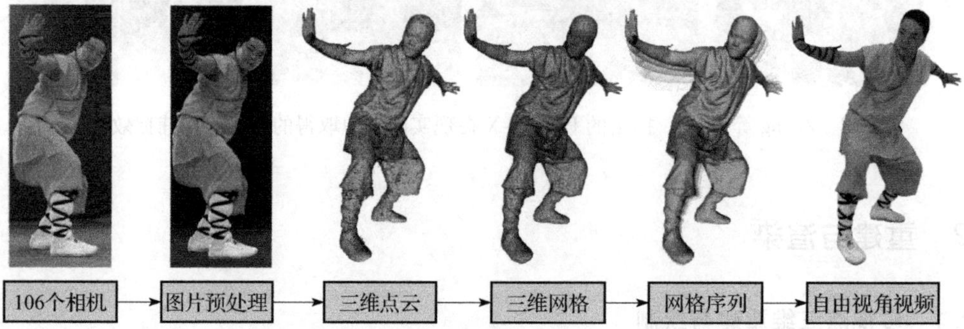

图 9 基于多视角立体匹配的人体建模流程[2]

2. 基于二维神经渲染器的方法

传统图形学的渲染管线依赖于高质量的几何模型来得到高质量的渲染结果。自动化人体重建算法得到的人体几何模型往往存在瑕疵，因此传统管线常需要后期的人工修复。为了克服这个问题，研究人员开始探索基于深度学习的渲染方法，通过学习场景外观的先验，实现从较低质量的几何模型中得到高质量的渲染结果。

作为最早的工作之一，Neural Textures[231] 在纹理空间定义一组可学习的特征图，基于三角网格的纹理坐标将特征图投影到目标视角下，得到图像空间下的特征图，最后用二维神经网络将特征图转为目标图片。该工作在多视角图片上训练，通过最小化渲染误差来优化模型参数。图 10 展示了该工作的渲染流程。NPBG[232] 和 NPBG++[233] 用点云表示三维场景的几何，并在点云上定义一组特征向量，然后基于光栅化投影到图像空间，再用二维神经网络预测最终的 RGB 图片。

图 10 基于二维神经渲染器的方法[231]

为了表示动态场景，NHR[234] 借助了显式的三维点云序列来作为场景的几何。该工作使用 PointNet++[235] 从三维点云提取高维特征向量，然后将点云特征投影为目标视角下的特征图。为了驱动目标人体，SMPLpix[236] 引入了 SMPL 模型作为目标人体的代理几何，通过驱动 SMPL 模型来得到目标人体姿态和目标视角下的特征图。ANR[237]、TNA[238]、StylePeople[239] 等工作在纹理空间预测人体纹理或特征图，再借助人体模型将纹理或特征图投影到特定的人体姿态下。虽然这些基于二维神经渲染器的方法得到了较好的图像合成结果，但一些研究工作[240-241] 表明二维卷积神经网络难以保证视角之间渲染的连续性。

3. 基于隐式神经表示的方法

隐式神经表示（Implicit Neural Representation）利用神经网络定义的向量和标量场对空间中任意三维点的特性进行编码，这些特性包括颜色[17]、体素密度（Voxel Density）[17]、有向距离（Signed Distance）[37]、占据值（Occupancy Value）[36] 等。相较于多边形网格和体素，隐式神经表示有三方面的显著优势。首先，由于隐式神经表示采用任意空间三维点作输入，分辨率不受限制，为高质量的几何建模和图像渲染带来了可能。其次，隐式神经表示本身由神经网络组成，这使其能很容易地与现有深度学习技术结合。最后，因为基于隐式神经表示的渲染器天然可微，此类方法[17,242] 可以通过逆渲染的方式有效地从图片中优化三维场景表示。近年来，基于隐式神经表示的研究工作[38,243-248] 已经展现出了很好的人体重建效果。

（1）静态场景的重建与绘制　受益于体积渲染器的稳定性和有效性，近年来的大量研究工作[17,249-252] 设计的适用于体积渲染的神经场景表示取得了可观的建模与渲染质量。Stereo Magnification 提出了多平面图片（Multi-Plane Image，MPI），在场景的不同深度层（Depth Plane）上分别定义二维图像，其像素值为颜色值和体密度，因此可直接利用体积渲染器获得特定视角的渲染结果。这类方法的渲染视角范围受限于图片的二维几何特性。Neural Volumes[250] 提出将三维场景表示为一个颜色和体密度值的三维体素网格。这种表示能自然地支持 360°的自由视点渲染，但其应用受制于高分辨率三维体素的显存和存储消耗。为了缓解这一问题，Neural Volume 提出一个将低分辨率体素网格映射到高分辨率三维场景的变换函数。

为了解决三维体素的显存占用问题，神经辐射场（NeRF）[17] 提出使用基于隐式神经表示的连续体密度和颜色场来建模三维场景。具体而言，NeRF 使用一个 MLP 网络预测空间中任意三维点的体素密度和颜色，理论上能表示任意分辨率的三维场景。NeRF 还提出，使用位置编码（Positional Encoding）函数将输入三维坐标映射到高维空间可以使 MLP 更好地拟合高频输入信号，获得高质量渲染结果。在进行体渲染时，NeRF 沿着一条相机射线采样三维点，并通过体渲染公式按照前后顺序对像素的体密度和颜色进行积分。Mip-NeRF[253] 指出这种积分在训练图片和渲染视角的尺度相差较大时容易出现走样现象（Aliasing）。针对这一问题，Mip-NeRF 提出应对每一个像素发射出一个三维圆锥，然后在此区域内进行 NeRF 的积分得到像素颜色。虽然 NeRF 和 Mip-NeRF 在小尺度场景渲染上有良好表现，但因其使用 MLP 网络编码所有场景三维点信息，在大尺度场景下容易容量不足，导致渲染质量降低。增加 MLP 网络参数可以缓解这一问题，但也会引入更大的计算量和训练时间。针对此，Mip-NeRF 360[254] 提出了一种采样策略，先根据透视关系确定三维区域的分辨率从，再用 MLP 网络以不同的分辨率预测这些三维区域，实现了用小型 MLP 网络建模大尺度场景，提高了室外场景渲染的质量。

NeRF 系列的研究工作[17,253-254] 为用户提供了一种便捷的构建高质量、可渲染的人体模型的方式。用户只需让目标人体保持静态，利用单目摄像头环绕拍摄一圈图片，就可以基于这些图片优化出人体的 NeRF。然而，尽管 NeRF 在静态场景的建模和渲染上取得了令人瞩目的成果，但它仍然存在一些不足。首先，NeRF 的渲染过程需经历大量网络推理，使得渲染速度缓慢。其次，NeRF 需要经历数小时甚至更长的优化过程，这不仅使得计算成本增高，还降低了建模体验。此外，尽管 NeRF 能够渲染出高真实感的图片，但其重建得到的场景几何模型往往粗糙。而且 NeRF 对三位点进行的是隐式的着色，无法基于输入的光照显式地改变场景的外观。最后，NeRF 对输入图片的视角的密度要求高，这限制了其应用场景。近年来，计算机视觉和图形学领域的研究人员已经提出了众多工作，以改善 NeRF 上述的缺陷。

针对 NeRF 的渲染速度慢这一问题，研究者们主要从降低网络推理成本和减少推理次数两方面进行改进。例如，FastNeRF[255] 通过预计算和存储网络输出以提升渲染速度；DeRF[256] 和 KiloNeRF[257] 利用空间划分和小型 MLP 网络降低计算量；NSVF[258]、PlenOctrees[53]、SNeRG[259-260]、EfficientNeRF[261] 等工作则采用稀疏网格体素降低推理推理成本。此外，DONeRF[262]、ENeRF[263]、AdaNeRF[264]、NeRF in detail[265]、NeuSample[266]、DDNeRF[267] 等研究利用采样网络定位场景内容的深度，并在此区域内采样少数三维点以计算神经辐射场。AutoInt[268] 和 DIVeR[269] 则利用神经网络近似体积渲染的积分过程，降低了采样点的数量。基于光场技术的研究[270-271] 直接预测像素颜色，而 MobileNeRF[272] 则通过实时光栅化和在二位图片预测像素颜色实现了手机上的实时渲染。

针对 NeRF 训练时间长的问题，研究者们已通过新的三维场景表示，如离散的稀疏网格（3D Feature Volume）、小型 MLP 网络和多尺度哈希表等进行优化，如 Plenoxels[52]、DVGO[51] 和 Instant NGP[273]。虽然这些研究工作取得了很好的效果，但离散的场景表示带来了较大的存储成本。此外，TensoRF[274] 利用张量分解（Tensor Decomposition）将三维场景解耦为一组二维平面和一组高维向量，减小了模型空间复杂度。一些研究，如 MetaNeRF[275] 利用元学习（Meta Learning）[276] 在大量数据上训练 NeRF，通过较好的初始化来减少训练时间要求。SRN[277]、MetaAvatar[278]、Trans-INR[279] 等研究工作基于超网络技术（Hypernetwork）[280-283] 用一个神经网络记录多个不同的三维场景。基于多视图立体匹配，如 SRF[284]、IBRNet[285]、MVSNeRF[286]、NeuRay[287]、GeoNeRF[288]、PVA[289] 等，利用卷积神经网络和 MLP 网络提取特征和预测辐射场，具有良好的泛化能力，并可在新场景中快速收敛。在此基础上，DD-NeRF[290] 则引入了人体先验以提高质量。

为改善 NeRF 的几何重建质量，一些研究人员[251-252,291] 使用了有向距离场表示几何形状并设计了相应的体积渲染器。为实现显式的光照调整，一些研究[292-297] 将隐式神经表示与物理渲染模型[298] 结合，通过定义 MLP 网络预测材质和几何属性。为解决 NeRF 对稠密视角输入的依赖性，一些方法[286,299-304] 利用大数据先验，从稀疏视角图片中预测高质量的场景表示。例如，pixelNeRF[304] 利用体积渲染从多视角图片学习预测网络先验。另外，一些研究工作[305-310] 使用对抗性训练，从单目图像数据集学习三维数据分布，进一步降低了对训练数据的要求。一些工作[311-313] 还尝试了对隐式神经辐射场的编辑。

（2）动态人体的建模与渲染　最近，一些工作[314-318] 使用可微分渲染器来建模动态场景，实现了低成本的动态数字人创建。Zhao 等人[319] 使用了独立的 MLP 网络来编码每一时刻的三维场景，但这增加了训练和存储成本。一些研究则尝试用一个神经网络来表示动态场景。例如，Neural Volumes[250] 使用三维卷积神经网络预测不同时刻的三维体素网格来存储颜色和体素密度。DyNeRF[44] 则将时间隐变量作为 NeRF 的额外输入，能表示不同时刻的三维场景，从而实现了动态三维场景建模。尽管这些研究可以从多视角视频中重建真实感强的动态人体，但仍存在一些缺陷：首先，需要稠密视角的视频输入，导致方法依赖于复杂硬件设备；其次，重建得到的动态数字人无法被显式驱动，限制了方法的应用场景；最后，渲染速度较慢，不利于用户实时切换观看视角。

Neural Body[241] 结合了人体参数化模型（SMPL）和 NeRF，通过使用人体先验整合不同视频帧的观测信息，以实现从稀疏视角视频中重建自由视角视频。具体而言，Neural Body 在 SMPL 模型的网格顶点上绑定一组可学习的隐变量，通过改变这些隐变量的空间位置来表示不同时间的数字人体。对于特定的视频帧，它使用三维卷积神经网络将这些隐变量转换为 NeRF，因此，Neural Body 可以从同一组隐变量中恢复每一帧的三维人体模型，自然地整合了时间序列观测，实现了稀疏视角下的人体重建。图 11 展示了基于结构化隐变量的人体神经辐射场。一些最近的研究工作将动态场景分解为标准静态场景模型和变形场，通过变形场将不同时间的信息显式整合到静态场景模型中，从而也能从稀疏视角视频中重建三维动态人体。例如，HumanNeRF[303] 展示了这种方法可以从单目视频中恢复出高质量的人体模型，渲染质量超过了 Neural Body。

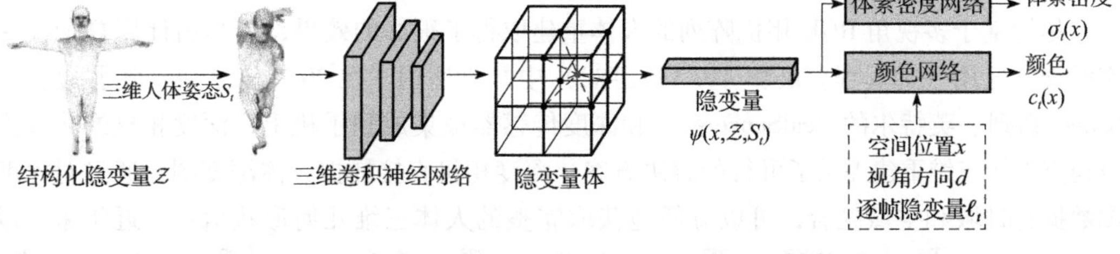

图 11　基于结构化隐变量的人体神经辐射场[241]

人体模型的可驱动性是各种数字人能广泛应用的重要因素，例如游戏、沉浸式虚拟会议和虚拟伴侣都需要重建的数字人能够由人体位姿控制。一些最新的研究工作[320-324]

利用 NeRF 和变形场来表现动态人体，其中，变形场建立了观察空间和标准空间的对应关系。Animatable NeRF[240] 是其中的一个例子，为了实现数字人的驱动，该研究将人体姿态参数与蒙皮权重场相结合，以形成变形场，基于骨骼蒙皮驱动模型。为了解决可驱动数字人渲染质量的问题，一些研究首先构建一个高精度的人体模型，其次通过骨骼蒙皮驱动算法操作人体模型，最后基于神经渲染得到目标图片。

针对动态数字人体的实时渲染问题，研究人员提出了各种先进的动态场景表示，以减少渲染 NeRF 所需的计算量。MVP[325] 和 Drivatar[326] 将动态场景表示为多边形网格序列，并在这些多边形网格表面上绑定离散的三维网格体素，用以储存更细的场景几何和纹理数据，从而实现了实时渲染。但是，获取这些方法所需的多边形网格序列相对困难，限制了它们的应用。FastNeRF[255] 则通过将动态场景表示为一个标准坐标系下的 NeRF 和一个变形场来提升渲染速度。由于它预先计算了神经辐射场并将其储存在三维网格体素中，因此提升了整个模型的推理速度。Fourier PlenOctrees[327] 则是通过傅里叶变换，将动态场景表示为一个三维网格体素，其中每个体素存放了相应的傅里叶系数。尽管这种方法提高了渲染速度，但是它也增加了存储成本。与此同时，ENeRF[263] 则采用了一种从输入的多视角图像中推理场景几何表面的可泛化网络，然后在几何表面附近采样三维点，最后预测这些三维点的颜色和体素密度。这个方法通过减少采样点的数量，大大降低了计算成本。

近年来的一些研究工作[54-55,318,328-331] 在重光照、加速训练、泛化等方向提升原有方法的能力。例如，Relighting4D[329] 扩展了 Neural Body 的网络，预测了动态人体的材质参数，实现了可重光照的人体模型；Shuai 等人[331] 在 Neural Body 的基础上额外建模了静态背景，并通过多人动作捕捉实现了多人动态场景的建模。同时，一些研究工作[54-55,332-334] 将动态人体表示为静态模型和变形场，并利用 Instant-NGP[273]、DVGO[51] 等技术加速了静态模型的训练。为解决网络训练速度慢的问题，Neural Human Performer[330] 和 MPS-NeRF[335] 在大量数据上预训练了一个可泛化网络，从输入的视频中推理出三维动态人体模型。

3.2.2 单视点三维重建与渲染

1. 基于单深度相机的人体重建

尽管基于多视角 RGB 相机阵列的人体重建取得了很好的效果，但其高计算复杂性在实时交互应用（如远程会议和 AR/VR 游戏）中并不适用。在 2010 年之后，随着微软的 Kinect 系列、英特尔的 RealSense 系列和深度传感器被集成到手机上，深度相机的普及为单视点人体三维重建提供了可行的解决方案。深度相机直接捕捉人体深度图，通过对深度图数据的时域和空域融合，可以方便地获取完整的人体三维几何形状信息。近年来，以 DynamicFusion[336]、BodyFusion[337]、DoubleFusion[338]、HybridFusion[339]、SelfPortrait[340] 等为代表的基于单深度相机的多帧深度图融合进行人体三维重建的方法不断涌现，这类方法的优势在于计算量较小，硬件设备要求低，并且能够实时重建，在实现准确重建和便捷性方面达到了良好的平衡。

为降低计算负担并实现实时重建，研究者们提出了许多基于深度相机的人体建模技术[336-337,339,341-344]。其中，DynamicFusion[336] 首次实现了从单个深度相机重建动态人体模型。该方法首先获取目标人体深度图，反投影得到点云，然后将初始点云转化为三维网格作为人体模型，并定义了变形图（Deformation Graph）[345] 表达人体动作。新帧点云输入后，DynamicFusion 先将点云与前一帧人体模型匹配，基于匹配结果建立能量函数，优化变形图参数，将前一帧模型变形至新帧，再用 TSDF Fusion 算法[346] 将点云融入人体模型。但是，当人体快速移动时，DynamicFusion 难以建立准确的匹配，因为深度相机获取的深度图与前一帧的人体模型偏移较大，而且深度图可能与前一帧的人体模型的重合区域较小，导致无法优化出正确的变形图。

DoubleFusion[338] 引入了人体参数化模型 SMPL[4] 用于捕捉粗糙的人体运动，并以此作为正则项约束变形图的优化过程，防止优化陷入局部最优解。然而，由于 SMPL 模型不涵盖衣物动态，其对松散衣物变形图优化有限。一些研究[347-348] 通过更先进的硬件设备解决 DynamicFusion 的问题。例如，Fusion4D[348] 利用多个深度相机获取多视角深度图，一次观察即可重建完整人体模型，提高模型匹配与变形图估计的稳定性与精度。Motion2Fusion[347] 利用高速深度传感器减小两帧间人体运动幅度，更准确地恢复变形图。为了简化采集设备，RobustFusion[343] 引入了数据驱动的模型重建算法，从单目 RGB-D 图片中恢复出完整的人体模型，用于帮助前后两帧人体点云的匹配与融合。该工作实现了基于单目 RGB-D 相机的动态人体的高质量重建。

深度相机的使用虽能实时创建高质量人体模型，但局限于室内应用，这限制了其在野外环境中广泛使用。此外，由于深度观测包含较大噪声，这些方法的重建效果与多视角重建系统相比仍存在明显差距。由于逐帧跟踪和融合的系统难以纠正误差的累积，在帧间对齐的误差方面还存在一定的问题，这会极大地影响三维人体重建的精度。最近，深度学习的发展让研究者能用数据驱动方式学习人体的几何和外观，使得在较少观测数据的情况下也能构建出完整人体模型，这减少了对采集设备的需求。

2. 基于单彩色相机的人体重建

随着计算机视觉技术的飞速发展以及三维人体数据集的建立，一些研究者提出了数据驱动的三维重建方法。基于通过许多单视角 RGB 图像和相应完整三维人体模型建立的数据集[109,344]，这些方法使用神经网络推理，可以从不完整的信息中还原出完整的三维人体形态[38,90,248,349-352]。这些方法不仅使输入条件变得更为简单，包括单张人体 RGB 图片，而且进一步降低了相关技术的开发和应用成本。然而，基于深度学习的三维重建方法中，卷积神经网络和监督学习策略常常使重建结果较平滑，无法重建出衣物和面部的几何细节。由于早期三维数据集的质量较低，为了利用单张图像重建人体和人脸的基本形状，常常需要引入强大的数据先验模型。在人体重建中，典型的三维人体模型 SMPL 可以通过骨骼关节的运动参数和身体形态参数生成完整的三维人体模型，但是仅能重建裸体模型。对 SMPL 模型进行局部的非线性形变，可以精细地还原人体的几何细节和动作特征。例如，一些最新的方法[349-350] 通过引入附加的表面细节或全局形状变形等方式，改进了 SMPL 模型的表征能力，实现了更为准确的三维人体重建，如图 12 所示。然而，这些方法难以扩展到复杂的场景和不同类型的衣物。因此，如何实现高效而准确的三维人体重建仍是一个具有挑战性的问题。

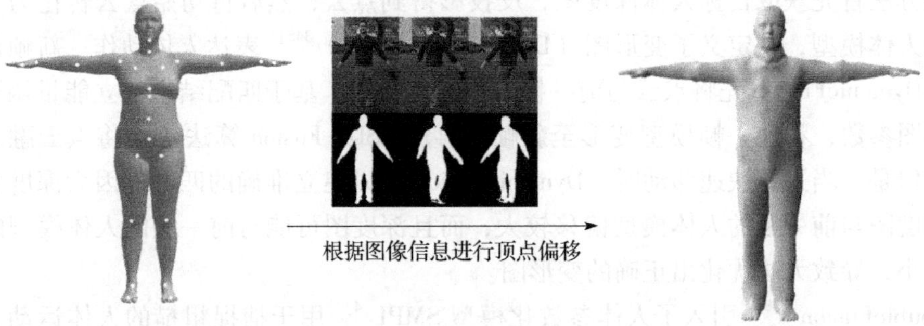

图 12 SMPL 模型进行顶点偏移示意图

由于参数化人体模板只能描述不穿衣服的人体体态，即使进行变形，也只能表征紧身衣物的三维表面，而无法表征裙子等宽松衣物的三维模型。因此，非参数化三维人体表征方法出现并更受关注，因为该方法旨在适用于各种类型的衣物。例如，对于单张图像的非参数化三维人体重建研究，学者们采用了多种三维人体表征方式，包括体素[90]、多视角轮廓[352]、前后深度图[351]和隐式函数[38]等。其中，SiCloPe[352]受到传统的计算几何中 Visual Hull 算法的启发，首次提出了基于多视角轮廓的表征方法。该方法将二维轮廓和三维关节点的信息结合在一起来处理附着衣物的人体形状的复杂性。当提供经过分割的人体 RGB 图像时，SiCloPe 首先推测其中的三维关节点坐标，然后根据此信息生成新视角下的二维轮廓。通过多个视角的二维轮廓信息，可以有效地得到人体的三维模型。然而，使用多视角轮廓的方法存在一些问题，例如难以重建表面细节且易受到视角不一致的影响[352]。为了克服这些问题，Moulding Humans[351]提出了使用深度图来表征人体的三维模型。具体来说，该方法使用两张深度图来表示人体，其中一张深度图表示可见区域的深度，另一张深度图表示背面不可见区域的深度。通过将这两张深度图组合起来，可以雕刻出最终的三维人体模型。相比于轮廓图，深度图包含更多的几何信息，因此仅使用两张深度图即可有效地表征出人体的三维模型。与 Moulding Humans 方法相似，SiCloPe 方法[352]也将三维人体重建转换为二维图像的推断问题。这两种方法可以容许较高的分辨率，但由于无法处理自遮挡问题，仍存在一定局限性。为了更好地处理人体模型重建问题，BodyNet[90]则直接使用三维体素来表征人体模型。尽管三维体素是一种较为直接的表征方式，可以方便地将二维卷积网络中常用的技术扩展到三维，但是其内存开销会随着分辨率呈三次方增长，且无法重建出高频的几何细节。

为了增强几何细节的表征能力，研究人员提出了一种像素对齐的隐式函数表征方法——PIFu[38]。该方法将目标表面嵌入到一个具有零水平集的隐式函数中，从而提取几何信息。与 2.2 节中介绍的深度隐式表征不同，PIFu 采用卷积网络架构，并通过训练全卷积的 2D 编码器学习图像每个像素处的独立特征向量。这些像素对齐的局部特征与三维隐式表面表征相结合，以实现人体的高质量重建。PIFu 中像素对齐的隐式函数由全卷积图像编码器 g 和多层感知机（MLP）表示的连续函数 F 组成，表面被定义为函数 F 的水平集。此外，通过双线性插值确定了图像特征图 G 在坐标 $\pi(\boldsymbol{p})$ 处的特征向量取值，并给出了该点的深度 $z(\boldsymbol{p})$。隐式函数 F 根据每个像素的图像特征向量和沿该像素的相机出射光线的指定深度值，对该深度值对应的三维点进行分类，以判断其在表面内还是在表面外。PIFu 的重要之处在于利用像素对齐的图像特征对三维点的分类进行建模，并通过学习相应的隐式函数实现了局部细节的保留和未见区域细节的推断。另外，PIFu 的连续性质能够高效生成具有任意拓扑结构的精细几何，而不占用过多内存。相较于基于体素的方法，PIFu 可大幅降低内存消耗，并提高输出分辨率。此外，PIFu 易于扩展。将隐式函数的输出改为每个查询点的 RGB 值后，PIFu 可用于推断每个顶点的颜色，从而生成完整的表面纹理，同时预测出未见区域的合理细节外观。通过引入多视角输入，PIFu 也可自然地扩展到多视点重建（见图 13），因此，该方法的高质量重建结果和易扩展性受到研究者的密切关注。随后，PIFuHD[248] 通过引入多层次结构，从低分辨率输入中提取整体形状特征，并从高分辨率输入中提取精细几何结构特征，从而进一步提高 PIFu 的细节重建效果。

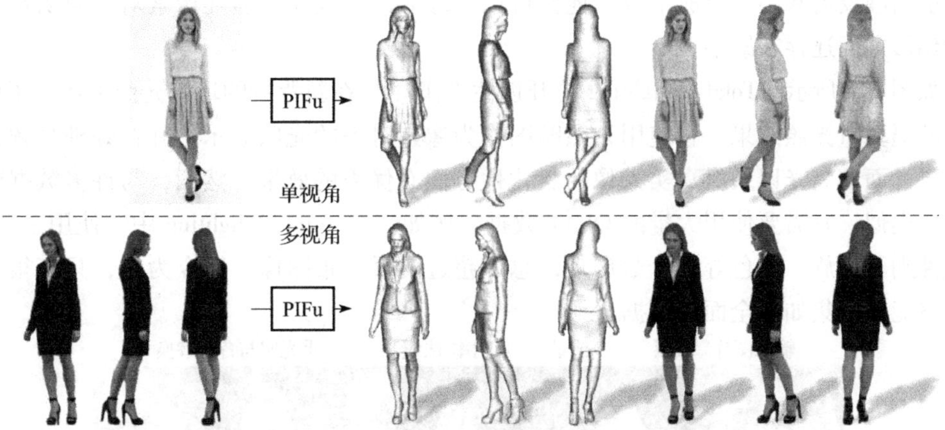

图 13 PIFu 重建效果[38]

不过，尽管 PIFu 在人体简单动作（如站立等）下可获得高质量的重建结果，但由于单图像输入的深度歧义性，这类方法难以处理复杂动作。这是由于同一相机出射光线上所有点的像素对齐特征相同，唯一用于区分这些三维点的是点的深度值。然而，随着复杂动作下出射光线上点的内外标签不断变化，一个简单的线性变化的深度标量难以描述它们。考虑到深度歧义性欠定的特征，同一张单图像输入往往存在多种合理的重建结果，而 PIFu 方法只能过拟合其中的一种。这也导致 PIFu 重建结果容易出现肢体残缺或冗余等现象。为解决上述问题，需要引入更合适的表征，既能解决深度歧义，又能提供更强的三维感知信号。

3.2.3 人体与人脸重光照

1. 人脸重光照

许多现有方法都遵循了 Debevec 等人[1] 的开创性工作，使用 LightStage 在不同照明条件下捕捉人脸的 One-Light-At-a-Time（OLAT）数据，并随后在任意高动态范围（High Dynamic Range，HDR）照明环境下进行逼真的重光照。基于 LightStage 的方法[353-356] 在逼真光照渲染[355] 方面表现出强大的性能。然而，它是专门设计用于重光照 Light Stage 中预先捕捉的表演者，并且无法直接扩展到其他对象。

深度学习的出现为单张图像的人脸重打光引入了许多无须硬件采集设备的解决方案。文献［357］使用合成数据作为监督，并使用球谐（Spherical Harmonic SH）光照模型[358] 进行面部再光照。然而，由于 SH 渲染的低频特性，他们的方法丢失了细节。文献［359］改进了这种方法，通过估计输入的人像图片的光照，在低频光照环境下实现了合理的重光照效果。然而，人脸上的阴影和高光渲染问题仍未被解决。文献［360］显式地对面部反照率、几何和光照效果的多个反射通道进行建模，部分考虑了高光和阴影的渲染。Wang 等人[361] 通过使用 3D 摄影测量扫描的合成渲染来监督再光照训练，同时学习反射的漫反射和高光组成部分。他们可以处理非朗伯效应，但在像素对齐照明错误引起的伪影方面还存在缺陷。

如图 14a 所示，Total Relighting 的开创性工作[362] 在新背景的环境光照下产生了前所未有的逼真重光照效果。它使用光照贴图作为像素对齐的光照表示，并在处理高频自遮挡效果、面部高光以及对真实人像的泛化性方面有优秀的效果。然而，与许多数据驱动的方法类似，它需要使用大量的 OLAT 数据。例如，在 Total Relighting 中，使用了 78 个不同性别、种族、肤色等综合数据集，总计超过两百万张图像。迄今为止，只有很少的实验室能够采集如此全面的数据。

a）Total Relighting的人像重光照结果

b）UltraStage数据集的人体重光照结果

图 14 人脸与人体重光照结果

2. 人体重光照

全身图像或视频的再光照具有各种应用，例如人体图像剪切、粘贴[363] 和基于图像的虚拟试穿[364]，但目前尚未得到很好的探索。

Debevec 等人[1] 提出使用 LightStage 收集 OLAT 图像，无须 3D 模型即可合成特定人物面部在新颖光照下的图像。随后的研究改进了 LightStage，以捕捉更高质量的图像和更广泛范围的人体[365-369]。Guo 等人[3] 尝试将基于图像的渲染技术与由 LightStage 估计的几何和材质相结合，为自由视点视频实现了前所未有的质量和逼真度。正向渲染技术需要目标物体的高精度 3D 模型和对应的 PBR 纹理，对于真实世界的物体来说这些往往无法获得或代价高昂。Li 等人[370] 尝试从在未知照明条件下录制的多视角视频中对目标人物进行再光照，而 Imber 等人[371] 通过引入内在纹理将此方法扩展到场景再光照。然而，收集 OLAT 数据、梯度数据和物体几何需要专业设备，且必须为每个目标人物或场景收集多视角视频。

深度学习使得通用人体重光照成为可能。Kanamori 和 Endo[372] 提出了一种基于卷积神经网络（CNN）的全身人体图像再光照方法，该方法采用逆向渲染。问题在于，他们的方法只支持漫反射再光照，因为他们从 3D 扫描的人体模型生成的训练数据集只包含漫反射纹理。对于人体全身再光照，Meka 等人[373] 将传统的几何流程与神经渲染相结合，使用梯度图像和估计的人体几何生成再光照结果。在文献［372］的基础上，Lagunas 等人[374] 增加了高光反射和光强相关的残差项，以显式处理亮点，而 Tajima 等人[375] 使用残差网络恢复被忽略的光照效果。然而，由于 SH 光照模型的表达能力有限，只能产生低频阴影[372,374-375]。文献［376］通过光场采集了多视角的高质量法线和反射率贴图，以此作为人体几何与材质恢复的先验信息，在预训练的神经几何表面上学习了一个神经材质场，从而实现了逼真的人体重打光结果。

3. 光场采集系统

光度立体采集光场是一种高保真的三维采集重建技术，它可以捕捉目标对象周围的多视角、多光照信息，以及表面细节等特征。国内外均有一些研究团队正在开发这方面的采集系统，如图 15 所示。LightStage 是一款采用光度立体采集技术的代表，由美国南加州大学 ICT Graphic 实验室的 Paul Debevec 领导开发。该系统可以对每个光源进行编程控制，以模拟各种理想的光照环境。系统中使用了光度立体法完成对演员面部法向的直接扫描，从而获得高精度的人脸模型。与传统的摄影制图法相比，光度立体法能够达到

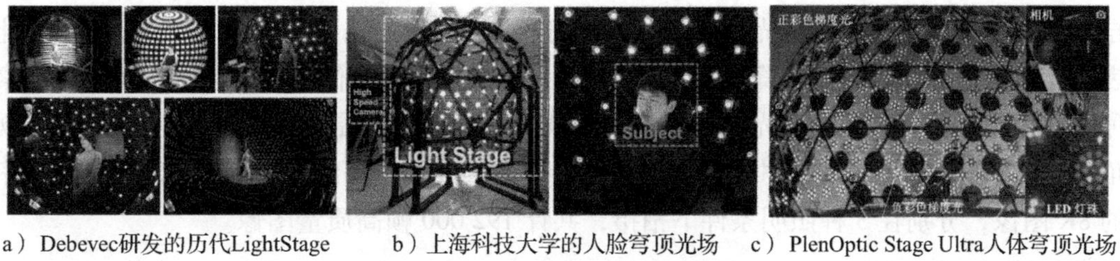

a）Debevec研发的历代LightStage　b）上海科技大学的人脸穹顶光场　c）PlenOptic Stage Ultra人体穹顶光场

图 15 光场采集系统

更高的细节程度，保证了 3D 模型的逼真度和真实感。LightStage 不断进行升级改进，目前已经发展到第六代——LightStage 6，并推出最新一代系统 LightStage X，以更好地实现其在影视等领域的应用。

国内的光度立体法采集系统已经迅速发展，其中上海科技大学 MARS 实验室的穹顶光场[377]是一个非常有代表性的例子。该系统采用了约 150 个 256 级可控 LED 光源，每个 LED 光源带有 6 个高亮度 LED 灯珠，并均匀分布于一个直径约 3m 的铝合金框架球体上。通过最高 1000Hz 的频率变化亮度，并与 3 台高速相机、30 台工业相机实现毫秒级同步，该系统可以达到毛孔级别的精度，并且能够输出 4D 高精度几何与 PBR 材质。在无数次算法迭代后，该系统已经可以为影视需求提供千万面级高模，并且对游戏行业提供了使用低模结合法向量的解决方案。除此之外，上海科技大学新研发了亚洲唯一的巨型穹顶光场 PlenOptic Stage Ultra[376]。该系统构建了一个直径 8m 的球形光场，由 460 个灯光面板组成，共计 22 080 个可独立控制的光源，支持多种照明并形成了全面的颜色光谱。32 台 8K 分辨率的单反相机以 5FPS 的频率在被摄主体四周排列，与灯光同步拍摄采集人体、动物或全场景的多视角梯度光数据。根据这些高质量的梯度光数据，通过光度立体法可以估计出物体表面在三维空间中的法向量，从而实现物体表面的材质解耦和精细的几何三维重建。

4. 重光照数据集

在人脸与人体的扫描中，基于梯度光或 OLAT 的光场采集系统往往很昂贵，特别是与多视角采集相结合时。到目前为止，只有很少一部分向公开的重光照数据集，且它们规模较小。

传统的人脸数据集通常使用不同光照条件下的 2D 图像[378]。控制光照条件易于建立，但缺乏逼真的人脸重光照所需的反射信息。随着人脸扫描和重建技术的发展，3D 人脸数据集已经从仅包含几何信息[10,379-381]扩展到包含反射通道[361,382]。然而，现有的渲染方案很难避免恐怖谷效应，除非请艺术家手动修改。3D 数据集仍无法达到 2D 人脸数据集，或基于图像渲染的解决方案的逼真程度。因此，一些在 LightStage 设置下采集的人脸 OLAT 数据集[359-360]，提升了重打光渲染的真实程度。例如，Zhang 等人[377]利用 LightStage 和一台 4K 超高速相机构建了一个新的动态 OLAT 数据集。

相比于人脸，公开的多视角、多照明人体数据集更加稀缺。人体的动作采集需要宽敞的空间，庞大的采集设备的同步与搭建难度都更高。先前的工作主要集中于拍摄多样化的人体动作、多视角人体图像和用于动作捕捉和人体重建任务的视频。迄今为止，在自然条件下的全身人像重打光技术主要依赖于合成训练数据，使用漫反射或简单参数化表面反射模型，导致真实感降低。现有数据集[372,374,383]的人体主体、动作、服装等因素种类有限。最新的多视角重光照人体数据集 UltraStage[376]，是第一个大规模的包含多视角多光照的人体数据集，提供了超过 2000 组高质量数据，每组数据包含 32 张高分辨率的 8K 图像，分别在 3 种照明条件下拍摄，共计 192 000 帧高质量图像。

3.3　化身建模

3.3.1　人体化身

前述章节的方法关注如何将人体二维图像观测的三维几何信息恢复出来，实现观察升维。但在很多应用中，人们不仅需要得到与图像一致的三维人体重建结果，还期望实现新动作驱动并生成相应的图像，这就是人体化身生成任务目标（即“可驱动的”人体化身生成）。

实际上，SMPL 和 SMPL-X 模型通过输入姿态参数 θ 实现了可驱动性。在此基础上，研究者对其进行了变形处理，以获得具有可驱动性的三维人体模型[384-386]。然而，如 2.1 节所述，这些模型只适用于描述不附着衣物或者着紧身衣物的人体的体态，难以处理更加宽松的衣物。此外，这些模型无法生成伴随姿态变化的动态细节，例如衣物褶皱。为了解决这些问题，研究者们探索了更灵活的形状表达方式，例如隐式场等。MetaAvatar[278] 和 Neural-GIF[387] 学习使用后向蒙皮法将空间中的每一个点映射到一个标准姿态，如 T 姿态，然后在标准姿态下学习衣物的非刚性变形。LEAP[388] 和 SCANimate[389] 采用神经网络学习前向和后向蒙皮场，并在两者之间施加循环一致性约束。为了更好地适应新的姿态，SNARF[390] 提出了一个可微的前向蒙皮模型，该模型采用基于迭代求根法的方法，能够在姿态空间下查询任何点在标准姿态下的对应点位置。无论是前向蒙皮、后向蒙皮还是双向蒙皮，其实质均为将不同动作下的人体几何模型变形分解为两部分。其中一部分是由关节驱动的骨架链条变形，它可以根据姿态参数和蒙皮权重直接获取。另一部分是衣物非刚性变形，往往表现为衣物动态褶皱变化，难以直接获得，并需要从三维扫描数据中学习。SCANimate[389] 是上述研究思路的代表性方法。如图 16 所示，SCANimate 将给定的原始三维扫描数据及其 SMPL 拟合结果通过后向蒙皮的方式，使其变换到标准的姿态下。接着，该方法在标准的姿态下训练一个神经网络，用以预测表面细节随着姿势改变所导致的变化。一旦训练完成，给定一个新的人体姿态，SCANimate 则在标准空间下生成对应的带有细节的几何模型，然后通过前向蒙皮，使其转换到对应的姿态下，以获得最终的驱动结果。通过这种方法，SCANimate 成功分离出由骨架驱动的大幅度运动，学习小幅度的动态细节变化，从而降低了网络学习的负担。

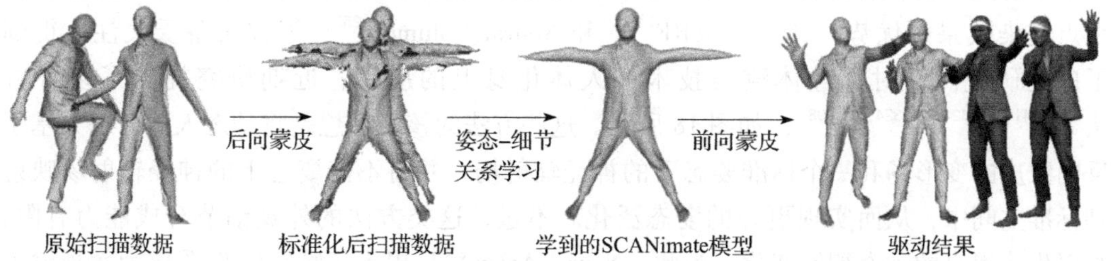

图 16　SCANimate 方法流程[389]

虽然一些方法展示了带有纹理的结果，但它们均为几何表征的简单扩展，未考虑到衣物和皮肤外观的独特特性。因此，这些方法的纹理结果在视觉上显得比较模糊，缺乏真实感。为了获得带有逼真外观的可驱动人体化身形象，传统的方法通常是先重建一个带有纹理和材质的特定对象的多边形网格模型，然后生成它的运动。生成方式包括物理仿真[391-392]、数据库检索和融合[393]以及变形空间建模[215,394]等。然而这些方法所生成的图像质量普遍偏低。最近 Meta Reality 实验室的 Bagautdinov 等人[395]成功地通过分解驱动信号进行建模，解码出动态几何和外观，首次实现对高保真人体化身的建模，这为获得更加真实的化身图像提供了可能性。首先，研究人员使用三维扫描技术获取采集对象的几何模型和纹理展开图。之后，为了追踪底层几何模型的运动，该方法使用了动态三维模型序列采集技术。通过精确的运动跟踪，将采集对象在不同动作下的几何、视角相关的外观和遮挡阴影关系统一展开到 UV 图上，如图 17 所示。随后，研究人员在 UV 图上进行人体化身模型的学习。完成训练后，人体化身模型可被个人所驱动，产生高质量、逼真的图像。此方法得益于高质量、多视角视频数据并采用了逆渲染等运动跟踪技术，实现了像素级的模型-图像对齐。跟踪部分是该方法的核心运算瓶颈，在 160 块高性能图形处理器（Graphics Processing Unit，GPU）上完成对数据的运动跟踪需要两周时间。该技术后来被进一步扩展，通过将上衣表示为独立的几何层，并结合物理仿真等技术，改进后的方法能够还原更加锐利明显的衣物边缘细节和动态褶皱。但是，以上技术依赖于复杂的预处理步骤，例如对采集对象进行扫描并跟踪其运动，这方面的耗费会超出一般个人、学术机构或者商业团体的可承受能力。

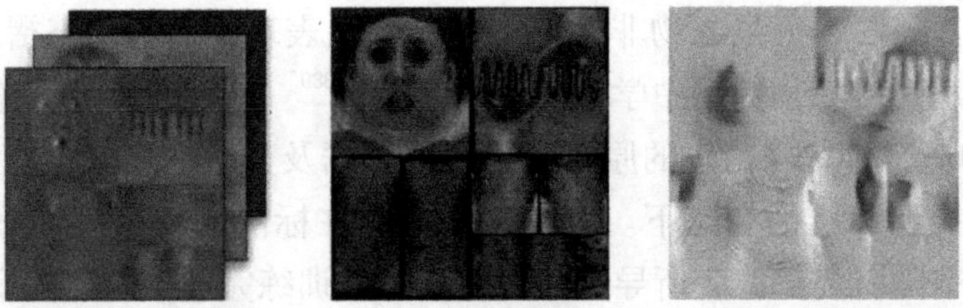

图 17 Bagautdinov 等人所使用的人体化身外观表征方法[395]

如前文所述，神经体渲染技术近年来展现出对静态场景和动态序列高真实感自由视点渲染效果的优势。其中，NeRF[17]和 Neural Volumes[250]等方法备受关注，得到了广泛研究。针对神经体渲染技术在人体化身上的应用，近期研究提出了多种方法[240-241,303,321,323-324,396-398]，如图 18 所示。这些方法的核心思想是将动态人体分解为基于反向蒙皮的变形场和一个标准姿态下的神经辐射场，并将不同姿态下的神经辐射场映射到标准空间中，从而实现更好的姿态泛化。不过，这类方法的外观细节合成能力有限，难以生成逼真的动态褶皱变化。为此，Neural Actor[399]提出了特征纹理图作为额外输入信号，通过将高频的外观细节编码到二维纹理图上，减轻了神经辐射场网络的学习负担。此外，采用纹理图的设计使得模型可以利用成熟的二维卷积网络架构，提高了网络的学习能力。当然，此方法仍有待改进，以进一步提高外观细节的合成质量。最近，通过集成人体、人手、人脸的化身模型，Dong 等人[400] 和 Zheng 等人[324] 提出了全身化身驱动方法，如图 19 所示。

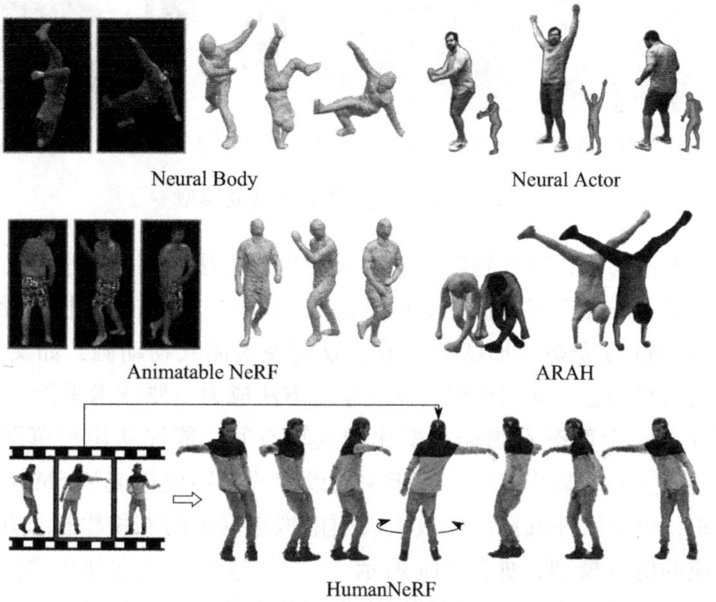

图 18 基于神经辐射场的人体化身方法

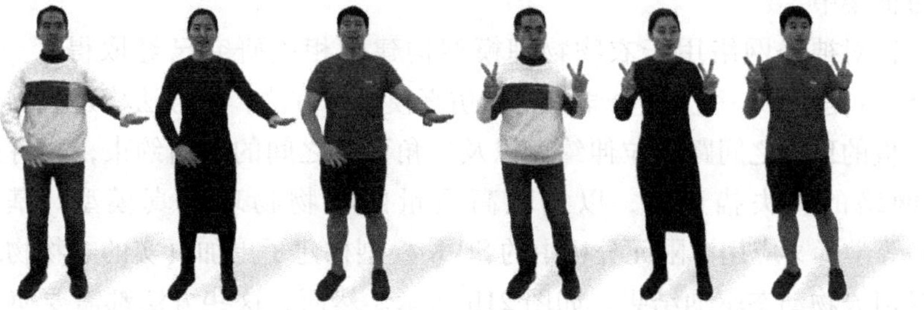

图 19 Zheng 等人[324] 提出的 AvatarReX 取得的全身化身驱动效果

衣物动态建模 衣物动态生成的研究致力于实现对衣物运动过程中几何特征真实的表达。传统的衣物仿真方法通常使用物理模型在衣物模板上进行仿真，例如质点-弹簧系统[401-403] 或基于有限元方法的布料物理模型[404-406]。近年来，研究者开始探索多 GPU[407] 和 GPU 构建的预处理子技术[408] 对布料物理仿真进行加速，以及基于针织层面的布料建模[409-410] 的特定细节。这些方法虽然能够生成精细且真实的动态衣物仿真模型（见图 20），但往往对时间和计算资源的消耗较大，并且通常需要使用固定的物理模型和参数，难以与真实收集的布料数据进行融合。因此，当前的研究趋势是寻求基于大规模虚拟数据集[411]、基于无监督物理约束[412]、静态衣物生成和数字人重建[385]，以及数据驱动的动态衣物生成和数字人重建[237] 等数据驱动的方法，以更加高效、精确和实用的方式生成动态衣物并优化实际应用的效果。

a）基于GPU预条件子技术算法加速的精细衣物仿真[408]　b）基于针织层面的布料建模[409]

图20　高真实感衣物物理仿真模型

在深度学习的推动下，越来越多的动态衣物生成方法采用数据驱动方式，旨在加速衣物动态仿真驱动算法并实现数据相关的动态衣物生成。先前的数据驱动方法基于最近邻搜索或线性回归进行姿态和形状的生成，以实现人体衣物动画，如文献［413-415］。在近期的衣物表示和动态驱动工作中，深度学习方法成为主要技术手段。例如，Wang等学者[416]通过学习一个静态衣物样式变化的共享空间，能够从用户草图中预测衣物形状。虚拟衣物动态生成的某些方法依赖于预先设计的衣物模板或从SMPL人体模型变形得到的衣物模板，通过软件或算法生成大规模虚拟数据集的衣物模板，并使用数据驱动的方法学习相应的仿真模型，如图21a所示[417-421]。这些方法常使用多层感知机、循环神经网络或图卷积网络方法，以回归不同姿态下的人体衣物驱动动态变形。然而，这个方法的缺陷是仍需建立在传统衣物仿真方法的数据集构建体系上，且并未将物理模型融入深度学习框架中。

近期，针对神经网络用于衣物物理模型构建的相关研究已经取得了一定的进展。Bertiche等学者提出了一种无监督学习物理仿真模型的方法，该方法构建衣物在驱动过程中与原始模板的顶点之间距离拉伸约束以及三角面片之间的弯曲约束，并将这些约束应用于神经网络的损失描述中，以实现高质量的衣物物理仿真模型。基于此方法，Santesteban等学者又应用有限元分析中的StVK模型构建了更加真实的衣物物理模型，可无监督地学习衣物动态驱动结果，如图21b所示。然而，这些方法都需要使用固定的物理模型参数进行网络训练，并不能用于现实数据的物理参数获取与优化。总体而言，这些方法没有与基于现实数据的监督学习方法相结合，难以实现高真实性的数字人构建，无论是使用生成数据集学习的方法还是无监督物理约束学习的方法。

另外，一些工作则着眼于利用现实人体数据（例如单视角或多视角人体视频）作为输入，构建出可动态驱动的数字人模型，以便进行动态衣物生成和数字人重建。传统的数字人重建方法主要用于构建静态数字人模型。这里的静态数字人指的是生成的模型仅在静态标准姿态下构建，动态衣物驱动依赖于骨架蒙皮方法或模型跟踪方法。Alldieck等学者从输入的视频中获取人体在标准姿态下的静态建模，要求人体在标准姿态下转一圈，而不能采集更多姿态下的衣物动态信息，如图21c所示。

近年来，越来越多的研究开始注重动态数字人的重建。这些研究旨在通过数据驱动的方法，从人体各种姿态下的扫描模型中学习人体和衣物的动态特征，探讨从人体姿态到人体衣物动态特征的映射关系，并实现更真实的数字人生成结果。一些研究采用神经纹理或神经体素表示方法[237,240-241,303,397,399,422]，通过单一视角或多视角的多帧 RGB 进行神经渲染训练。这些方法能够从相对粗糙的人体几何模型中或不构建几何模型，直接生成细节更为丰富的数字人纹理渲染结果，如图 21d 所示。Grigorev 等人[239] 则通过引入对抗网络训练，来约束从神经纹理到最终渲染的人体图片的真实感。这些方法注重最终图像的渲染，而未对动态人体和衣物几何进行优化，因此难以构建出更为精细的衣物褶皱细节、物理属性等。

a）基于大规模虚拟数据集的动态物生成[411]

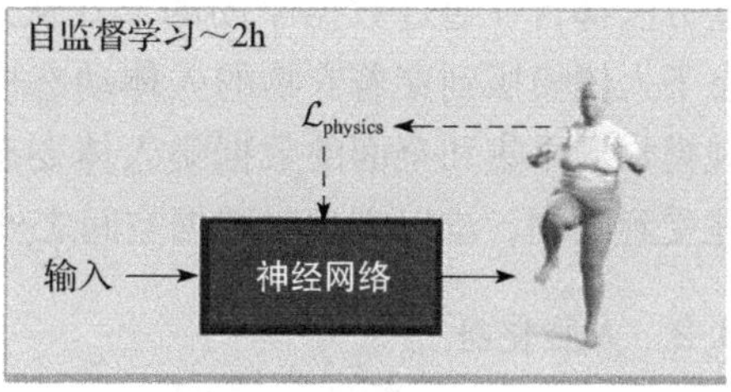

b）基于无监督物理约束的动态衣物生成[412]

c）静态衣物生成和数字人重建[385]

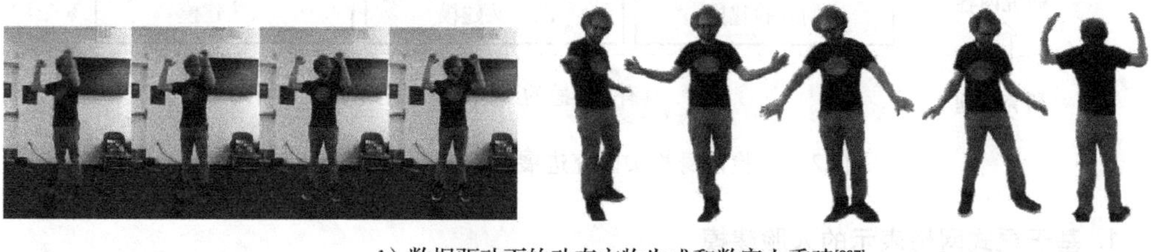

d）数据驱动下的动态衣物生成和数字人重建[237]

图 21　不同的衣物生成和数字人重建方法

有些研究专注于使用扫描模型构建动态的数字人三维模型，例如 CAPE[423]、SCALE[424]、SCANimate[389]、POP[425]、点云模型[426]、FITE[427]、CloSET[428] 神经图像生成[387]、UNIF[429] 等。这些方法使用人体衣物的整体重建技术，其中 Ma 等人[423] 使用 SMPL 人体模型进行变形，并使用图卷积网络在不同形状和姿态人体模型上推断衣物形状。而为了更好地表示局部衣物几何，SCALE[424] 使用局部补丁面片进行建模。SCANimate[389] 采用反向蒙皮优化技术将不同姿态下的人体几何信息转换到标准姿态下，从而实现对几何动态的学习和优化。而 POP[425]、点云模型[426] 和 FITE[427] 则直接使用点云表示数字人，通过更灵活的点云表达和学习来规避整体重建中衣物分割不清晰的情况，并且点云的动态特性也更加灵活。神经图像生成[387] 使用标准姿态下的符号距离场（SDF）来隐式重建不同姿态下的人体衣物形态。而 UNIF[429] 使用基于人体分块的隐式场重建方法，使用单独的隐式场来描述每部分的人体模型并用于学习，从而更好地表示不同人体和衣物部分的特征。同时，一些研究也采用了不同的方法来仿真数字人，例如 Li 等人[430] 使用 20 多个扫描模型来生成同一被采集对象单视角视频中的数字人，Burov 等人[386] 和 Palafox 等人[431] 使用单视角 RGBD 或深度点云数据来学习人体表面变形场。这些方法都旨在通过数据驱动的形式从人体输入的扫描/RGB/RGBD 等数据中学习不同姿态下人体模版到穿着衣物的人体动态模型的映射关系。然而，这些方法相对较为依赖大规模数据采集和全面的数据集人体姿态分布，而在数据量不足的情况下，其泛化能力往往受到限制，难以实现对数据空间之外姿态的良好建模。

3.3.2 人脸化身

脸部作为人身体中最具代表性和特殊性的部分，为人们提供了非常丰富的个人信息，如人的种族、年龄、性别、情绪、性格特征和身体状况等，因此，人脸化身的生成与建立对提供数字人的真实感具有至关重要的作用。近年来的主要进展在于如何进一步提高脸部的真实感和精度，下面将依次介绍基于 3 种不同表示的人脸化身构建方法的相关研究进展，具体结构如图 22 所示。

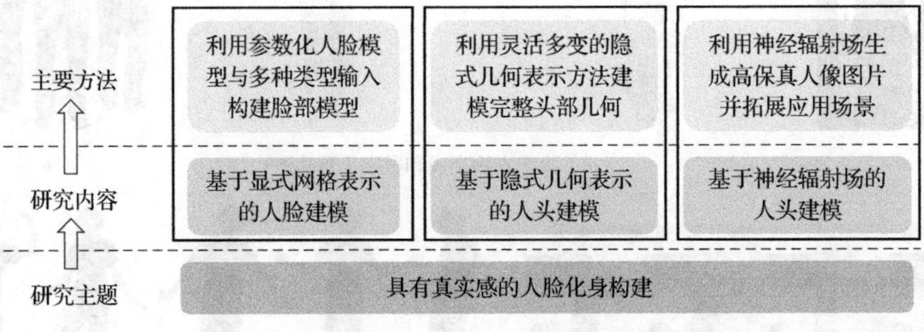

图 22 人脸化身相关研究进展的主要内容和结构

1. 基于显式网格表示的人脸建模

基于人面部的高度相似性，研究者们提出了三维人脸模型的参数化表示方法，即将高维空间中的复杂几何参数化到低维空间中，以便降低三维人脸模型表示的难度，并为后续其他工作提供一定的先验信息支持。在实际应用中，研究者们通常会从输入数据中拟合参数化人脸模型，从而建立脸部的数字化表示。根据输入数据的不同，研究者们通常从以下 3 个方面进行探索。

（1）基于单张图片的三维人脸重建　这类方法大大简化了数据采集的过程，使得二维人像信息的获取变得方便快捷，在学术界备受研究者们欢迎。完成这类重建任务的关键是：建立一种从二维像素点到三维空间点的对应关系。在研究过程中，研究者们提出了不同的方法来建立这种对应关系：Jackson 等人在研究工作[212] 中采用体表示的方式来对三维人脸模型进行建模，并且他们设计了一种卷积神经网络，以便从单张人脸图片中直接回归出三维人脸网格，同时他们将面部关键点标定等相关任务合并到上述卷积神经网络中，以提高大姿态和丰富面部表情输入情况下的重建精度。Feng 等人在研究工作[187] 中设计了一种名为 UV 位置映射的二维表示方法来记录完整人脸的三维位置坐标。Deng 等人在研究工作[193] 中直接回归了一组三维可变形人脸模型[5,8,432] 的参数来完成重建任务，在此过程中，他们设计了一个具有一定鲁棒性的混合损失函数，该损失函数同时应用到了低层级信息和感知信息。

以上所有工作在恢复人脸细节方面仍然有待提高，因此，研究者们尝试了用“从粗糙到细致”的重建策略来解决上述问题：Sela 等人在研究工作[198] 中首先根据深度图和稠密对应关系图构建了一个粗糙三维人脸模型，然后通过一个几何优化过程来继续恢复细节信息。Richardson 等人在研究工作[197] 中提出了一个由粗糙估计网络和精细估计网络组成的端到端的卷积神经网络框架，以此来重建带有细节信息的三维人脸模型。Jiang 等人在研究工作[433] 中将双线性人脸模型和 Shape-from-Shading（SfS）[434] 相结合，设计了一种三阶段的层级处理方法，增强了面部细节信息的表达能力。Chen 等人在研究工作[194] 中根据所估计的参数化模型和位移图重建了高质量三维人脸模型。按照求解方式的不同，上述研究工作可分为两类：一类是基于传统优化策略的重建方法，这类方法通常需要设计较为复杂的优化流程，需要较高的时间成本，计算效率仍然有待提高；另一类是基于深度学习的重建方法，这类方法可以通过端到端的方式简化求解流程，但神经网络的训练过程仍然需要大量图片作为输入，而训练数据的规模对于神经网络的泛化性有着十分重要的影响。

（2）基于多视角的三维人脸重建　虽然基于单张图片的三维人脸重建极大地简化了数据采集的过程，但由于单张图片所包含的信息过于单一，所以由单张图片所重建出的三维人脸几何可能包含有歧义性，因此，研究者们尝试引入更多视角下的信息来进行重建工作，由此来提高人脸化身的精度。相关研究进展如下：

Dou 等人在研究工作[435] 中提出了一个深度循环神经网络，以便将与身份相关的特征聚合到特定的身份上下文信息中。Wu 等人在研究工作[436] 中将多视角间的几何一致性纳入了考虑的范围，并提出了一个端到端的可训练神经网络，以实现对三维可变形模型[5,8,432] 参数的回归，其中，多视角间几何一致性的估计是通过可微稠密光流估计实现的，这种估计方法通过将不同视角间的渲染误差进行反向传播来保持三维几何在多视角间的连续性。Agrawal 等人在研究工作[437] 中设计了一种模型拟合方法，即将一个模板模型和由多视角输入图像所生成的带噪声的点云进行拟合，他们将虚拟 SLAM、关键点检测和对象检测等工作都融合进来，以提高拟合准确性和鲁棒性。Bai 等人[438] 则侧重于使用不同视角间的外观一致性来解决多视角三维人脸重建问题，他们使用了非刚性多视角立体匹配的思想，并利用基于数据驱动的先验来指导重建。然而，以上方法中大多数仍然需要大量的三维几何数据作为真值来进行监督训练，并且这些方法所使用的低维参数化表示限制了重建的准确性。此外，由于发型的多样性和头发区域几何结构的复杂性，使用模板模型对头发区域进行拟合重建的想法并不切实，因此，如何进一步提高模型的精度和完整度是近年来研究者们尤为关注的课题。

（3）基于RGB视频输入的人脸重建工作　虽然基于多视角输入的重建工作降低了单张输入因信息单一而引起的重建歧义性，但其所研究的对象为静态输入，这一条件使得这类方法在很大程度上都依赖于同步数据采集过程，且需要搭建复杂的相机系统，此外，数据采集过程也可能会受到被采集者无意识的姿势和表情变化的干扰，这些缺点都限制了这类方法在日常生活中的可应用性。因此，直接从RGB动态视频序列中构建人脸化身的研究受到了人们的进一步关注，这类方法不但可以克服上述静态重建的限制条件，还可进一步延伸出相关应用，如表情驱动与追踪等。相关研究进展如下：

Wu等人[439] 提出了一种基于三维几何流的新表示，名为面部流，以表示任何姿势下的人脸自然运动，这种面部流可以很好地控制面部的连续变化。Garrido等人[440] 使用了混合形状模型来对人脸几何进行建模，他们预先选定了不同的关键帧，然后通过跟踪关键帧间的稀疏二维特征来捕获人脸几何信息，并且根据随时间变化的光流信息和光度立体信息来进一步完善人脸几何。同时，也有一些研究者尝试从RGB视频序列中回归三维可变形模型[5,8,432] 的系数：为了保持帧与帧之间的身份一致性，Deng等人[193] 设计了一种置信度估计网络。Bai等人[438] 通过将多视角间的外观一致性和多层级的特征图相结合的方式，对面部几何进行了逐步优化。Guo等人[441] 使用了“从粗糙到细致”的策略来进行重建，他们首先重建出了基本的身份和表情信息，然后进一步恢复了面部几何细节，并且为了满足网络训练的数据需求，他们还提出了一种新的人脸数据生成方法，即使用反向渲染生成了大量具有不同属性的人脸图像，并通过将不同尺度的细节从一幅图像传输到另一幅图像的方式构建精细的人脸图像数据集。随后，他们提出了一个功能更加强大的卷积网络[6]，该网络结构可以根据光度一致性，直接从编码特征中解码出面部几何信息。

2. 基于隐式几何表示的人头建模

虽然基于显式网格表示的人脸建模方法已能较好地表示脸部的几何结构，但这些方法通常会受到参数化人脸模型表达精度的限制，从而难以表示较为丰富的细节信息，如皱纹、痣等信息；同时，这些方法仅对脸部区域进行了刻画，对头发区域的建模仍然处于缺失状态，由此影响了头部表示的完整性，此外，由于头发区域的几何结构比较复杂，例如发丝间的自缠绕和高度相似性，显式表示的方法难以满足头发建模的需求。因此，寻求更为灵活的几何表示方法成为完整人头建模研究中的重要一环。近年来，随着隐式可微渲染方法的发展，其灵活的几何表示能力与高保真渲染效果越来越受到研究者们的青睐，因此，研究者们开始尝试用隐式几何表示的方法来进行高保真的头部表示与建模，相关研究进展如下。

Yenamandra等人在研究工作[443] 中第一次尝试提出了完整头部的深度隐式三维可变形模型，这一模型使用了带符号距离场来建模头部形状，且不仅构造了表示身份的正面几何结构、纹理和表情，还对包括头发在内的整个头部进行了建模，同时，通过将形状模型解耦为隐式参考形状和该参考形状的变形，这一表示可以隐含地学习形状之间的密集对应关系，由此建立了语义间的对应关系，提高了模型的可控性，但这一模型仍需要大量三维数据作为训练支撑，提高了数据构造的成本。如图 23 所示，Wang 等人在研究工作[442] 中沿用了带符号距离场的几何表示方法来对头部模型进行建模，并使用了可微渲染的方法建立逐对象的头部化身，同时，为了进一步提高重建的精度与鲁棒性，尤其是满足多样发型的建模需求，他们还引入了面部先验知识、头部语义分割信息和二维头发方向图来为重建进行引导。Ramon 等人在研究工作[301] 中研究了从最多 3 张人像输入中建模头部几何的问题，为了降低少量输入对重建效果的影响，他们事先构建了一种概率形状先验，以提供初始化头部形状，并且通过设计一种两阶段优化策略的方式，来进一步细化头部几何。Zheng 等人则在研究工作[444] 中使用了隐式神经网络来学习三维头部几何形状，并通过可学习的混合形状和蒙皮权重来表示与表情和姿态相关的形变，他们同时使用了光线追踪和迭代寻找根节点的方法来定位每个二维像素点所对应的三维空间点。

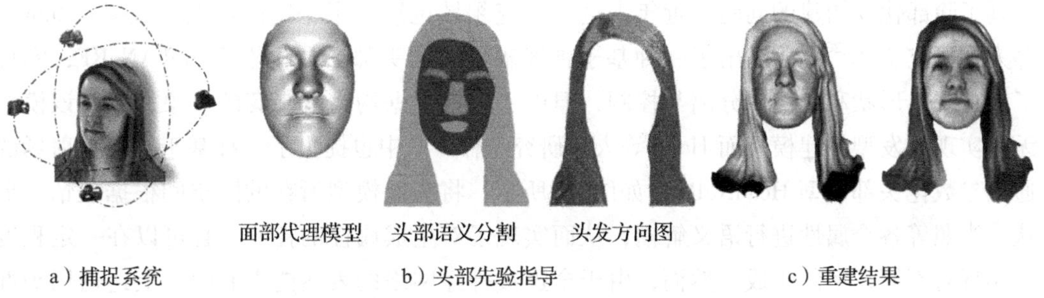

图 23 利用隐式可微渲染技术的头部重建

3. 基于神经辐射场的人头建模

上述基于隐式几何表示的重建方法可以在三维几何上对头部模型进行刻画，但同时需要引入更多的约束条件来提高三维几何的精度，同时，研究者们在实际应用过程中发现，高真实感的人像图片同样可以满足数字人对高保真脸部构建的需求，并且高真实感人像图片的生成可以降低脸部化身构建对精细三维几何的依赖程度，从而降低了脸部化身构建的复杂度和难度，因此，找到一种极具真实感和便捷性的人像图片生成方式成为了这一研究课题的关键。

自 2020 年，Mildenhall 等人在研究工作[17] 中首次提出神经辐射场的概念并将其用于新视角合成任务中以来，其令人惊艳的生成效果和出色的实用性都受到研究者们的青睐，且被广泛应用于各类图像生成任务和重建问题。神经辐射场是一项利用多视角图像重建场景的技术，它的输入是一个包括空间位置 x、y、z 和观察视角 θ、ϕ 的五维坐标，输出为相应视角的渲染图像，其关键核心技术为通过全连接神经网络预测一组颜色和体密度（$\boldsymbol{c},\sigma$），再使用体渲染技术生成目标图像。由于这一方法可以较好地近似模拟光线在场景中的传播，因此该方法可以生成高度保真的渲染图像，同时得益于体素表示方式，其生成结果具有多视角一致性。同时，该技术也存在一些不足，如：为了保证渲染图像的质量，体渲染阶段需要在射线上采样大量的三维点，这导致体渲染阶段需要花费高昂的计算资源以及时间；全连接网络的训练也十分缓慢，在一张英伟达 V100 GPU 上仅优化一个场景就需要耗时 1~2 天；此外，其数据输入需要稠密的多视角图片，且只对静态场景有效，无法直接处理动态问题。因此，有一系列的后续工作对其进行了改进，如：2020 年 GRAF[308] 就创新性地将生成对抗网络引入到神经辐射场中，设计了一种条件变体，利用条件输入实现对渲染内容的可控性，并且可以从未知相机参数的二维图像中学习丰富的生成模型；GIRAFFE[445] 则在此基础上将场景表示成合成的神经特征场，建立了基于物体的场景训练方式，通过组合不同物体的模型可以合成不同的场景，能够渲染更多训练集中没有的全新数据；同时，为了解决神经辐射场只能优化静态场景的问题，部分工作引入形变场，从而建模帧间的场景形变[46-47]，也有利用场景流描述时序的形变[45] 进而建模场景形变，以此拓宽神经辐射场的应用场景。

得益于神经辐射场方法及其后续改进工作的不断发展，越来越多的研究者们将其应用到了脸部化身构建的问题，近年来这一研究领域也取得了一定的进展与成果：Zhuang 等人在研究工作[20] 中提出了一种基于神经辐射场的头部参数化模型 MoFANeRF，实现了对外观、形状和表情的分离与控制，但由于采集数据均为戴头套的对象，因此该模型无法实现对发型的建模。而 Hong 等人在研究工作[18] 中也提出了一种基于神经辐射场的通用参数化头部模型 HeadNeRF，如图 24 所示，将头部模型所在的隐空间根据表情、形状、光照等各个属性进行语义解耦，从而实现了对生成属性的控制，且可以在一定程度上实现对不同发型的生成。然而，由于全连接神经网络的表达能力有限，上述通用头部模型往往忽略了个性化的面部细节和用户特定的面部肌肉运动，因此有研究者对于可动态变化的头部生成进行了研究。Gafni 等人在研究工作[42] 中提出了 NeRFace，即使用动态神经辐射场代替传统的人脸重建方法来捕捉人脸的几何形状和表情信息，通过面部追

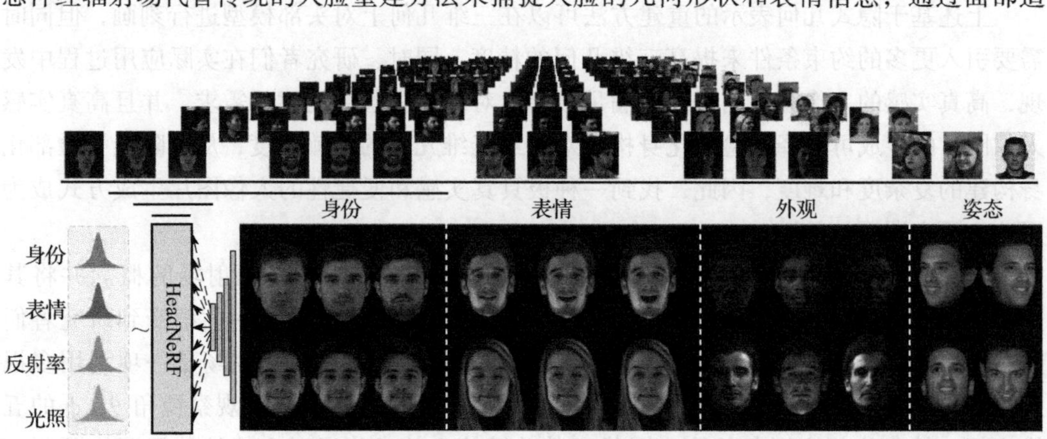

图 24 基于 NeRF 的参数化头部模型 HeadNeRF

踪方法处理单目动态视频数据获得人脸表情与相机参数，并应用于网络参数的训练，实现对生成模型的表情和姿态的自定义编辑。Guo 等人则在研究工作[315] 中研究了基于神经辐射场的语音驱动问题，他们创造性地提出了 ADNeRF，将提取出的语音特征作为条件输入，实现了语音跨模态驱动神经辐射场的效果。Gao 等人则进一步在研究工作[446] 中提出了一种个性化的语义人脸模型，其核心思想为将连续变化的头部模型分解为低维空间上解纠缠和具有一定语义信息的基底，由此在给定表情系数和视角方向的条件下，高效地绘制出逼真的人头图像，并进一步拓宽了该方法在面部重定目标和表情编辑等方面的应用。

3.4 多模态数字人生成

3.4.1 基于文本的人脸及人体生成

1. 基于文本的三维内容生成

目前，基于文本的三维内容生成主要结合文本-图像大模型生成三维物体。CLIP-Forge[447] 结合了 CLIP[448] 模型的文本-图像嵌入和三维几何先验来生成各种三维物体。DreamFields[449] 使用 NeRF 作为三维表达，在给定文本的情况下通过渲染与 CLIP 优化 NeRF 模型。CLIP-Mesh[450] 也使用 CLIP 来监督，但使用了网格作为其底层的三维表达。DreamFusion[124] 利用了扩散模型 Imagen[451] 的文本-图像生成能力，使用了分数蒸馏采样的方式从 Imagen 中提取先验并用以优化底层的 NeRF 模型。Latent-NeRF[452] 使用了类似 DreamFuison 的分数蒸馏采样，但是转为在潜空间中进行，并对 NeRF 模型进行优化。TEXTure[453] 将文本提示和网格几何作为输入，并通过扩散模型生成对应视角的图片以优化纹理贴图。Magic3D[454] 包含了两个阶段的优化，将神经辐射场与网格相结合以生成高分辨率的三维结果。尽管人体也属于上述方法可以生成的物体范畴，但是使用和人体有关的文本时，结果通常会出现明显瑕疵，如缺少细节、不合实际的比例、身体部位的数量不正确。通常来说，对于人体这样有复杂变化的结构来说，需要引入更多先验才能减少错误的生成。

2. 基于文本的人脸生成

近年来，电影制作、视频游戏、增强/虚拟现实以及人机交互等领域对三维人脸的制作越发关注，对人脸制作的质量要求也越来越高。现如今，越来越多的工作关注到这一细分领域，提出了不少具有前瞻性的框架来解决三维人脸的高质量生成问题。通过自然语言提示进行人脸生成的引导，可以节约大量的人工制作资源，具有广阔的研究前景。

由于人脸需要精确表达面部的各种几何与皮肤细节，才能在虚拟制作营造真实感，因此其长期以来一直作为一个特殊的课题，需要追求更高精度的生成结果，才能运用于影视特效等工业制作中。为了获取高精度的人脸数据集，Paul 等人设计的 LightStage 可以通过扫描获取高精度的人脸资产，并开始广泛运用于现实影视制作中。在国内，南京大学团队公开的 FaceScape[14] 数据集包含了丰富的各年龄段的人脸扫描数据。上海科技大学团队的 Plenoptic Stage 可以实现超高精度的动态 PBR 数据集扫描，为更高精度的三维人脸生成提供了坚实的数据集基础。

在基于文本引导的生成出现之前，文献［15］在高精度人脸扫描的基础上训练了 StyleGAN 来生成面部几何和贴图，并且具备高精度渲染的能力。但由于缺少用户指示做引导，其生成得到的三维资产具有很大的随机性，通常情况下不能直接投入使用。HeadNeRF[18]、MoFaNeRF[20] 利用神经辐射场（NeRF）进行生成面部的表达，得到了较好的视觉效果，但缺少对工业管线的兼容性。

相对于图像上的人脸生成而言，三维人脸资产生成遇到的挑战是需要得到一个易生成、可解析的三维表达，尤其是工业界的应用中需要一致的拓扑与规整的贴图，才能投入后续的生产流程中。Rodin[455] 提出了一种基于文本控制的 diffusion 方法，将三维模型信息使用三平面表示，并通过 diffusion 上采样的方法保证得到体积模型的表达精细度，通过体积渲染，可以得到较高精细度的三维人脸，但体积表示的通用性不如传统的 mesh 表示，难以运用在传统的工业管线中，也充分利用了三平面表示，专注于风格化的头像生成。这个方法利用文本引导的 diffusion 模型提供外貌和几何综合先验，生成不同风格头像的多视角图像，利用基于生成对抗网络（GAN）的 3D 生成网络进行训练，以生成充分风格化的头像结果。在数据生成过程中，StyleAvatar3D[456] 利用从现有三维模型中提取的位姿来指导多视角图像的生成。类似的风格化工作还有 AlteredAvatar[457]。

相比于前面两项工作，ClipFace[458] 可以方便地获取通用的几何表示。流程上，ClipFace 使用 DECA 拟合一个基础的人脸几何模型，通过文本引导来生成丰富的面部贴图。尽管其可以被应用到工业流程中，但三维几何外观在对相似度的评判中越发重要，因此，接下来的工作将提升对几何生成的精确度。

DreamFace[459] 是一个由文本引导的生成三维人脸的渐进式框架，并加入了对人脸几何的精细化控制。通过先进行粗粒度生成，再进行细粒度优化的方法，DreamFace 可以在预训练 Clip 模型的引导下生成拓扑统一的基础集合形状，并通过得分蒸馏采样（SDS）方法，生成精细几何的位移与法线贴图。基于自研的穹顶光场技术构建的高质量人脸数据集，该框架在通用 diffusion 作为外貌监督之外，还引入了专用 diffusion 网络用于拓扑一致的贴图生成，并通过超分辨率模块生成高清晰度的 PBR 材质贴图。通过在潜空间与图像空间中进行两阶段的分别优化，使得高质量细粒度的人脸生成成为可能，并实现了从紧凑隐空间到基于物理的纹理贴图的映射。通过该框架所生成的三维人脸具有一致的几何拓扑，可以被很轻松地用于现代计算机动画（Computer Graphics，CG）制作流程中。使用 BlendShapes 或生成的 Personalized BlendShapes 的面部资产具备动画能力，并进一步展示了 DreamFace 在自然人物设计方面的应用。DreamFace 可以通过视频输入生成具有可高质量渲染和可驱动的高保真三维面部资产，甚至可以用于虚拟偶像制作、卡通形象生成和电影中的虚拟人。图 25 展示了现有不同方法的人脸生成效果。

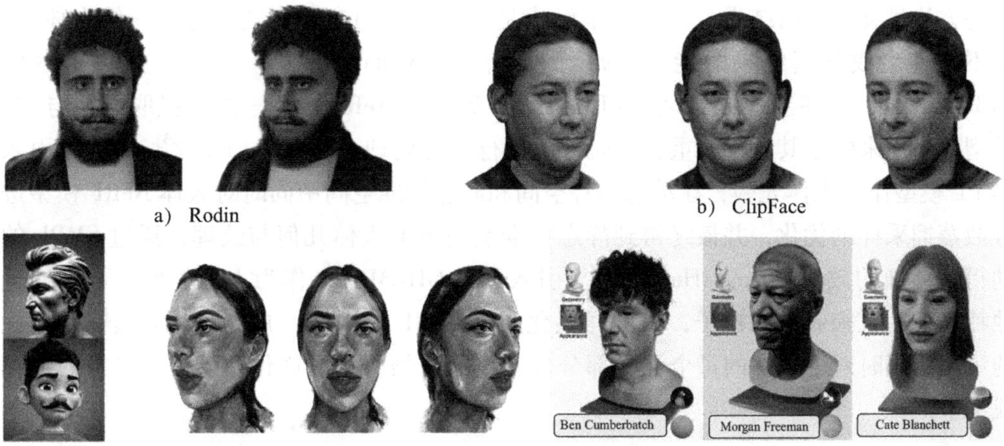

a) Rodin b) ClipFace
c) StyleAvatar3D d) AlteredAvatar e) DreamFace

图 25 现有不同方法下基于文本的人脸生成效果

总体来说，现在的三维人脸生成，通常基于 Clip 做文本解析工具，并使用 diffusion 模型进行图像上的监督，或者在三平面上直接进行生成表示，拓展了原本文本-图像生成模型的边界，使得基于文本的三维模型生成成为可能。为了更好适配现有工业流程对高精度、高解析度的需求，基于文本的人脸生成正在朝着更加真实、更加精细的方向发展。

3. 基于文本的人体生成

（1）三维人体生成 最近有部分工作专注于三维人体生成，其主要关注姿势、几何和纹理三方面的生成问题。gDNA[460] 主要关注了人体几何的生成以及获得对应拓扑下的蒙皮权重，结合了人体参数模型[4] 提供几何和蒙皮权重的先验，并训练了一个自解码器从高斯分布的潜编码生成三维人体几何。GNARF[461] 通过大量图片数据训练 StyleGAN2[462] 网络生成三平面并将之作为 NeRF 网络的特征空间，并和 SMPL 相结合从而可以从动态空间转换至标准空间，最终可以从潜编码生成标准空间下人体的几何和纹理，并通过 SMPL 模型的蒙皮驱动。AvatarGen[463] 在方法上与 GNARF 很类似，不同在于其对于纹理和几何使用了两个不同的潜编码表示，从而可以得到对于生成人体的纹理与几何的解耦控制。EVA3D[306] 也同样结合了 SMPL 的动态-标准空间转换以及 GAN 用于训练 NeRF 网络，与前两个方法不同在于，EVA3D 将人体的每个部位如头部、手臂等更加细分，这样可以对每个部位更高效地采样，从而可以学习质量更好、分辨率更高的纹理渲染。但是，GNARF、AvatarGen、EVA3D 这些方法对于几何完全没有约束，使得几何的生成缺少细节或是错误。HumanGen[464] 结合单目重建方法 PIFuHD 桥接了 2D 生成与 3D 生成，利用了重建提供的几何先验，并结合 GAN 以及纹理混合的方法对于纹理生成进行训练，最终在几何上达到了单目重建的质量并同时获得了高质量的纹理生成，但相比之前方法也牺牲了对于人体姿态的直接控制能力。

（2）基于文本的三维人体生成 对于从文本到三维人体的生成，目前有多种方法学习文本到人体动作的生成，如 MotionCLIP 使用 CLIP 作为监督，学习生成三维人体动作，这些方法最终输出的结果是以三维坐标或是人体模型的参数形式表达的三维人体动作，而不具备生成逼真结果的能力。如图 26 所示，AvatarCLIP[465] 引入了人体参数模型 SMPL 作为人体先验，首先学习 SMPL 静态姿势下的 NeRF 模型，然后提取网格与 SMPL 模型对齐用来赋予其蒙皮权重，从而可以进行动态处理。DreamAvatar[466] 也同样引入了 SMPL 模型作为人体先验，在动态姿势空间和静态标准空间中同时对人体 NeRF 模型进行分数蒸馏采样的优化，并最终得到静态标准空间下的人体几何与纹理，通过 SMPL 的驱动得到动画的效果。DreamHuman[467] 引入了 imGHUM[468] 作为人体先验，可以处理有独特拓扑的宽松衣物如裙子，其同样优化一个 NeRF 的网络，并使用分数蒸馏采样优化的策略，同时对于人体的每个语义部分也有聚焦渲染并进行优化，以得到更好的纹理生成细节。

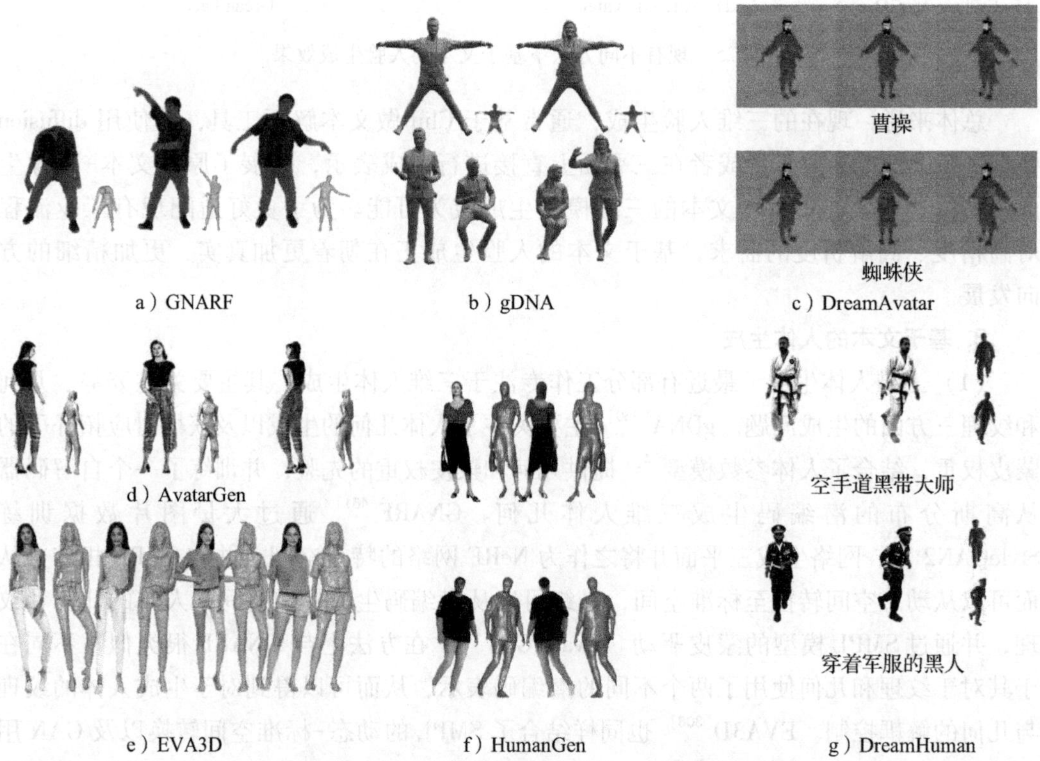

a）GNARF　b）gDNA　c）DreamAvatar

d）AvatarGen

e）EVA3D　f）HumanGen　g）DreamHuman

图 26　不同三维人体生成方法的效果概览

3.4.2　三维人脸及人体的编辑

在对三维人脸及人体完成重建，或者基于多模态信息生成后，如何进行个性化编辑成为重要问题。针对人脸，一部分研究工作主要围绕人脸网格模型的编辑展开，如图 27a 所示。随着神经辐射场的出现，后续研究工作在保证高质量渲染结果的情况下，实现人脸的几何和外观的编辑。针对人体，早期研究工作同样围绕三维人体网格的编辑展开，如图 27b 所示。为了得到高真实感的渲染结果，人体显式网格模型与隐式表示相结合成为重要的解决方案。

a）三维人脸编辑[469]　　b）三维人体编辑[470]

图 27　三维人脸及人体编辑效果

1. 三维人脸编辑

基于多模态信息编辑人脸网格模型，包括人脸几何形状编辑、人脸几何细节编辑和人脸纹理编辑。针对人脸几何形状编辑，通常需要对人脸的关键点进行拖拽[471-472]，以实现人脸的网格编辑。人脸几何细节例如皱纹和毛孔等，使用模型表面的置换贴图进行表征。Ling 等人[473] 利用生成网络将线稿映射至置换贴图，通过修改 *UV* 空间中的线稿来编辑皱纹等几何细节。同时，该工作还在隐空间中训练了年龄和表情的控制网络，增加细节编辑的可控性。针对人脸纹理编辑，ClipFace[474] 构建了人脸 *UV* 纹理图的生成模型。训练过程中，通过高斯采样生成不同的纹理，并通过可微渲染得到人脸图像以支持 GAN 监督训练。为了实现基于文本的纹理编辑，在隐空间中构建编辑映射网络，使用预训练的 CLIP 模型来衡量渲染图像与文本描述的相似性进行优化。与上述基于参数化模型的方法不同，Canfes 等人[475] 直接构建了人脸网格模型生成模型 TBGAN，可以同时编辑几何形状和纹理细节。该方法同样采用 CLIP 模型反向优化隐空间的隐码，实现基于文本的人脸编辑。

多模态的信息通常作为输入条件，用于控制人脸神经辐射场的生成。通过修改输入的多模态信息，可以获得编辑后的结果。CG-NeRF[476] 以文本、线稿或者低分辨率图像作为输入条件，提取相应的控制特征，并与随机的形状和外观噪声结合，通过神经网络预测人脸神经辐射场，渲染出图像结果后，使用判别器进行监督训练。后续研究工作则基于三平面特征表征（将空间特征表达为 *XY*、*XZ* 和 *ZY* 三个正交平面的特征的组合），实现人脸的编辑。Deng[477] 等人直接将语义图或线稿映射为三平面特征，使用类似于 CG-NeRF 的方式进行训练，生成更高质量的人脸神经辐射场，通过修改输入的条件实现人脸的编辑。为了精准保持非编辑区域的编辑前后的一致性，SketchFaceNeRF[478] 基于预训练的生成模型，将三维人脸的编辑转为优化问题，在编辑区域和非编辑区域分别添加约束，通过反向优化生成模型的隐码实现精确编辑。LENeRF[479] 基于输入文本，在三维空间创建编辑掩膜，将编辑前后的神经辐射场进行融合，从而实现局部区域的精确编辑。与上述直接将控制条件作为输入的方法不同，Control4D[480] 首先重建动态人脸神经辐射场，再基于编辑文本和预训练的扩散模型生成编辑后的图像数据，训练生成模型从而实现人脸的编辑。

将三维人脸解耦为几何和外观的独立表示可以实现对五官形状、脸型和发型等几何属性的编辑，并同时支持肤色和发色等外观的编辑，避免相互的影响，实现丰富的编辑效果。该类方法的主要难点在于对人脸不同特征的解耦表征。FENeRF[481] 采用两个独立的几何和外观隐码，其中几何隐码映射为密度和语义特征，通过体渲染得到语义分割图；而外观隐码映射为颜色特征，通过体渲染得到图像。通过编辑语义图并反向优化几何隐码，可以实现对应的三维编辑效果。通过随机采样不同的外观隐码，可以得到不同外观的三维人脸。为了提高人脸生成质量，三平面表征也被用于特征解耦。NeRFFaceEditing[312] 采用自适应归一化的方法对三平面特征归一化，表示几何信息并渲染语义分割图；而外观隐码则通过反归一化对三平面特征进行逆向操作，渲染出高真实感的人脸图像。IDE-3D[469] 在空间中建立几何和外观三平面，但采用直接映射的方法替代了归一化。此外，为了实现快速编辑，几何和外观编码器直接根据修改后的语义分割图预测编辑后的三维人脸。上述方法均使用对抗式生成模型，因此编辑结果受限于数据集的分布，难以生成更多样的编辑效果，如夸张的表情和复杂的纹理。为了解决该问题，NeP[482] 在几何和纹理解耦表征基础上，进一步采用了显式和隐式结合的表征方法，同时实现高可控和高质量渲染。通过对显式的几何控制点和纹理图进行修改，实现更多样的三维人脸编辑效果。

2. 三维人体编辑

针对三维人体网格模型，需要进行合理建模以支持编辑操作。在较早的工作[483] 中，人体的不同形状得到了建模，但仅能生成相似的姿态。后续的人体参数化模型[4,69] 从形状和姿态两个方面建模三维人体网格模型。其中，基于形变的 SCAPE[69] 模型参数包括人体的局部形变和全局形变，能较好处理人体表面的细节形变。基于骨架的 SPML[4] 模型参数包括身体姿态、身体形状和表面纹理等，能较好表达人体姿态。基于上述模型，Body Talk[484] 实现了基于文本的人体形状的生成和编辑。该方法首先建立人体模型和固定文本属性之前的对应关系数据集，每个属性的标签值通过不同用户的评分求平均得到。基于这些数据，直接建立了文本属性值与人体形状参数之间的线性映射关系，通过修改相应属性的标签值实现人体模型的形状编辑。然而，这种方法只能生成光滑的人体结果，缺少衣物等细节特征。为了解决这一问题，Chen 等人[485] 在给定带衣物的人体网格模型的情况下，使用不具备衣物的参数化模型进行拟合，并建立两个模型之间的对应关系。因此，对参数化人体模型添加的形状和动作的编辑可以直接迁移到带衣物的模型，实现丰富的编辑效果。ClothCap[486] 采用类似的解决思路，但对衣物进行了独立的分割，针对不同类型的衣物添加不同的先验信息，从而生成更细节的衣物运动效果。

上述方法实现了人体网格模型的编辑，但是由于只针对几何网格进行了处理，生成结果缺少纹理等信息，难以渲染得到高真实感的结果。同时，上述方法基于了三维扫描数据，限制了其应用场景。为了解决这些问题，Corona 等人[245] 提出使用单目图像重建带纹理的人体模型，并支持人体动作和衣物的编辑。该方法将显式网络与隐式场相结合，基于网格顶点和投影到图像空间的特征预测人体的有符号距离场和反照率颜色，从而渲染得到人体图像结果，并与原图进行监督。通过修改显式网格模型的动作，可以实现三维人体的动作编辑，替换二维图像的局部特征可以实现对应区域的人体衣物编辑。Ho 等人[470] 采用类似的显式与隐式结合的思路，但为了提高几何和纹理细节的表示质量，建立了可学习的特征编码本（Codebook），局部的特征基于顶点检索得到。

三维人体神经辐射场编辑控制人体的姿态和纹理细节，并支持在场景中的移动、旋转和缩放。与显式网格不同，神经辐射场的隐式表达可以得到高真实感的渲染结果，但由于使用神经网络表达人体信息，难以直接控制三维人体。因此，许多工作[240,303,399,422] 继续采用显式与隐式结合的思路，在空间中建立标准动作神经辐射场，三维人体对应的不同动作被扭曲到该标准空间。基于该方法，显式模型的动作编辑可以驱动人体神经辐射场的编辑。为了提高渲染质量并支持更加丰富的编辑操作，Chen 等人[487] 进一步将神经辐射场表示为 UV 体素和神经纹理栈。对于空间中的采样点，通过全连接网络预测密度及 UV 坐标，并在神经纹理栈基于 UV 坐标检索纹理特征，再通过全连接网络预测颜色，体渲染得到人体图像。通过修改神经纹理栈对应的纹理图像，或者对纹理添加风格迁移，可以实现丰富的人体编辑效果。ST-NeRF[318] 在三维场景中编辑三维人体的位置、大小和透明度等。该方法采用分层神经表示的思路，对人体进行分割后，使用独立的神经辐射场对不同人体和场景进行建模。因此，该方法可以对人体和场景的神经辐射场进行组合，修改三维人体的位置、大小，甚至对同一人物进行复制，实现场景内的人体编辑效果。

基于生成式对抗网络的方法用于合成三维人体，并利用生成模型的先验知识支持多模态的人体编辑。相比三维人体生成，生成二维人体图像更加简单，相关工作[488] 已经能生成高质量的二维人体图像。因此，在仅使用人体图像数据的情况下，一些方法结合[464,489] 基于二维生成模型的结果和人体重建方法 PIFu[38] 来实现三维人体的生成。其中，HumanGen[464] 直接使用 PIFu 从生成的二维图像结果预测人体几何信息，并采样生成三平面特征来获取颜色信息，与对应的图像颜色相融合后进行体渲染，从而得到人体图像。Get3DHuman[489] 则采样生成人体的形状和纹理体素，并直接使用 PIFu 的形状和纹理的解码器生成人体的几何模型及对应的纹理。PIFu 的中间结果被用于监督训练。基于上述生成模型，可以保持人体几何不变的情况下，采样生成不同的人体纹理。同时，通过使用 StyleCLIP[490] 等方法，变换隐码可以实现基于文本的三维人体编辑。然而，上述方法仅能生成并编辑静态人体，无法控制人体的姿态。为了解决该问题，一些方法[306,461,463] 采用显式和隐式结合的思路，基于参数化模型和生成式模型合成三维人体，并支持自由的姿态编辑。基于三平面结构，GNARF[461] 通过采样生成标准动作对应的三平面特征，并基于人体参数化模型引导光线变形，实现任意姿态的人体生成。AvatarGen[463] 采用了类似的思路，但在显示光线变形的基础上，添加额外的变形网络预测残差变形，生成更精细的几何变形结果。同时，为了得到更高质量的人体网格模型，采用基于有符号距离场的体渲染方法，生成更高质量的三维人体模型。EVA3D[306] 则提出了分治的生成方法，将标准 T 型姿态的三维人体分成 16 个部分，分别使用不同的神经网络进行处理，得到更高质量的三维人体生成结果。通过对参数化模型进行控制，这些方法支持三维人体的姿态和形状进行编辑，并且通过对隐码插值，可以得到人体渐变的编辑效果。与静态方法类似，该类方法也支持使用文本描述进行三维人体的编辑。

3.4.3 三维人体运动生成

为了控制合成的三维人体运动序列，通常使用动作分类、文本描述、音乐等多种模态的信息作为输入，如图 28 所示。由于控制信息到人体运动是一对多的映射关系，生成的结果需要具备多样性，通常使用生成模型合成人体运动序列，常用模型包括生成对抗网络（GAN）、变分自编码器（VAE）、流模型（FLOW）和扩散模型（Diffusion Model）等。

a）基于文本人体运动生成[491]　　b）基于音乐人体运动生成[492]

图 28　人体运动生成效果

1. 基于动作类别的人体运动生成

人体的运动可以分成不同的类别，例如行走、跑、扔、拾取等。在预定义好所有的动作类别后，指定特定动作可以直接生成对应的人体运动序列。人体运动类别和对应动作的数据有 HumanAct12[493] 和 UESTC[494]。HumanAct12 包含 12 个动作种类，1191 个运动序列。UESTC 包含 40 个动作种类，24 000 个运动序列。

基于动作类别合成人脸运动的方法通常使用条件生成式对抗网络（CGAN）或条件变分自编码器（CVAE）。基于生成式对抗网络，Cai 等人[495] 提出了两阶段的生成过程，首先构建单帧动作的生成网络，使用隐码生成单帧动作，然后构建多帧隐码序列生成网络，得到序列化人体运动结果。MoCoGAN[496] 使用循环神经网络替代第二阶段的生成对抗网络，用于生成人体视频运动序列。后续研究工作采用条件变分自编器生成特定动作对应的运动序列。Action2Motion[493] 使用自回归方式，结合时序变分自编码器和循环神经网络逐帧预测人体运动序列。ACTOR[497] 进一步使用 Transformer 网络，直接对整段运动序列建模代替逐帧建模，生成更加自然的运动效果。为了对人体运动增加更多的控制，ODMD[498] 将人体运动分为中心点的轨迹运动和其他关节点的相对运动，分别生成从而实现独立控制。同时，为了控制运动风格，ODMD 使用对比学习在运动隐空间中添加聚类约束，可以可控地生成具有多样风格的结果。

2. 基于文本描述的人体运动生成

文本可以提供有关人体肢体动作和运动路径等信息的描述，因此可以基于文本合成三维人体的运动。相关的文本和动作数据集有 KIT[499] 和 HumanML3D[500]。其中，KIT 数据集包含了对应 3911 个动作序列的 6353 个文本描述。HumanML3D 数据集则从 AMASS 数据集[501] 选取 14 616 个动作序列对应的 44 970 个文本描述。

基于文本描述合成人体运动的常见方法是对齐文本描述空间和动作特征空间。Ghosh 等人[502] 将人体的上半身和下半身进行分层处理，使用 GRU 对运动序列进行编码，使用 LSTM 对文本描述进行编码，建立运动和文本共享的空间，再基于 GRU 解码合成人体运动序列。训练过程使用了对抗网络合成更真实的运动结果。TEMOS[503] 使用 Transformer 对人体运动序列和文本描述进行编码，构建了运动和文本共享的空间，采样后使用 Transformer 解码生成人体的运动序列。上述方法训练过程中都重建了输入的运动序列，并约束文本编码和运动编码的结果尽可能相似。Zhang 等人[504] 使用 VQ-VAE[505] 对人体运动序列建立了离散表达，编码器和解码器都采用简单的一维卷积和残差模块。为了关联文本描述和运动表示，他们使用基于 Transformer 的生成式预训练模型（GPT），将文本描述直接映射为离散特征的索引，并解码生成人体运动序列。Guo 等人[500] 则根据文本预测运动序列的长度，首先建立了运动的自编码器，并在隐空间中使用时序变分自编码器生成隐码序列，解码得到三维人体运动结果。

CLIP 模型[448] 基于 Transformer 网络将图像和文本编码至共享空间的向量表示，被用于基于文本描述的人体运动生成。MotionCLIP[506] 使用 Transformer 构建人体运动序列的自编码器，并将自编器的隐空间与 CLIP 的图像-文本共享空间对齐。训练过程中，将人体渲染为图像，并约束运动自编码的中间向量与 CLIP 的图像编码和文本编码的特征向量尽可能相似。AvatarCLIP[465] 先基于文本的 CLIP 编码结果生成静态的人体姿态，再基于预训练的人体运动序列的变分自编器，反向优化隐码从而合成人体运动序列，约束项主要包括静态的姿态的相似性和渲染图像与文本之间的 CLIP 特征相似性。后续的研究工作使用 CLIP 的文本编码器得到文本特征，并利用扩散模型实现了基于文本描述的人体运动生成。Chen 等人[491] 先构建人体运动序列的变分自编码器，再进一步使用扩散模型基于文本描述合成隐码，解码得到人体运动序列。MoFusion[507] 直接使用扩散模型合成人体运动序列，并添加运动学损失项提升合成的运动序列的时序合理性和语义的准确性。MotionDiffuse[508] 采用了类似的方法，但通过修改采样生成过程，支持基于文本控制人体不同部位，并实现了任意时间长度的人体运动生成。

3. 基于音乐的人体运动生成

音乐包含了丰富的节奏和风格信息，可以作为控制信号合成三维人体运动，实现自动编舞的功能。AIST++[509] 是目前开源的音频到舞蹈的数据集，包括 10 种不同舞蹈风格，1408 段运动序列。PhantomDance 数据集[510] 则包括 13 种不同舞蹈风格，1000 段运动序列。在此之前，文献［511］使用从动漫社区收集的高质量舞蹈 mocap 资源和 Miku Miku Dance（MMD）资源，包括 19.91min 的舞蹈序列，其中 9.91min 有相匹配的音乐数据。文献［491］收集了 26.15min 的现代舞和 31.72min 的庭院舞蹈。

基于音乐合成人体舞蹈，包括使用时序网络直接合成，以及使用对抗式生成网络、流模型和图结构等方法。Tang 等人[512] 直接使用循环神经网络以音乐作为条件合成舞蹈动作，Li 等人[510] 则使用 Transformer 根据音乐节拍和过去的动作合成新的舞蹈动作，DanceNet[511] 提出一种新的自回归生成模型合成人体动作。然而，该类直接合成的方法在给定输入条件的情况下，只能生成固定的结果，多样性不足。为了解决该问题，一系列工作使用生成式对抗网络。Kim 等人[513] 根据音乐、舞蹈类型和种子动作，使用基于 Transformer 的生成器合成舞蹈动作，对生成结果再使用基于 Transformer 的判别器进行监督。DanceFormer[510] 提出了两阶段的生成方法，先根据音乐生成关键动作，再进一步生成运动曲线，基于生成式对抗框架，合成人体运动序列。对比生成式对抗网络，流模型有较好的可解释性和稳定性，也被用于人体运动生成。Transflower[514] 提出基于标准化流的自回归生成框架，使用多模态编码网络提取音乐和前序的动作特征后，利用可逆映射采样生成舞蹈动作。Yang 等人[515] 进一步支持用户添加关键帧的约束，提高人体运动生成的可控性。文献［491，516］提出基于图的运动生成框架。ChoreoMaster[492] 先构建音乐和文本的编舞风格嵌入空间和编舞节奏的嵌入空间，再进一步提出图优化的合成框架，运动图中的节点对应舞蹈节拍，合成的运动对应路径，通过风格和节奏匹配性、动作的平滑过渡性和音乐与舞蹈的一致性作为约束，找到最佳路径合成人体舞蹈动作。ChoreoGraph[516] 进一步提出基于音乐节奏的舞蹈片段的选取和扭曲方法，合成更自然和多样的舞蹈结果。

使用扩散模型直接基于音乐合成人体运动，整体框架更加简洁，并得到较好的生成效果。基于扩散模型，MoFusion[507] 不仅支持使用文本合成人体运动，也支持使用音乐合成人体舞蹈的动作序列。输入音频先表示为梅尔频谱图，再作为控制条件输入到多模态 Transformer 的去噪网络，直接基于 DDPM 采样过程合成舞蹈序列。EDGE[517] 使用歌曲分析及生成的大模型 Jukebox[518] 提取音乐特征，并在去噪网络中加入了特征线性调制层，基于扩散模型合成真实自然的人体舞蹈运动。并且，通过借鉴基于扩散模型的图像补全方法[519]，EDGE 支持在特定时间点、特定关节动作的约束下，合成人体舞蹈动作，实现如舞蹈动作补全的功能。通过约束前序动作，也能分段合成任意长度的舞蹈。

4. 基于场景交互的人体运动生成

给定室内场景，根据场景中人和物体交互关系，可以合成三维人体的运动。Wang 等人[520] 将长度较长的运动序列分解成多个短片段，并采用两个步骤进行合成：第一步，利用条件变分自编码器根据人体的形状和场景的布局生成与每个短片段对应的关键动作；第二步，利用双向 LSTM 合成关键动作之间的过渡动作。算法还提出反向优化方法，调整生成的结果得到更合理的运动序列。Hassan 等人[521] 将场景中人体运动生成分成三个步骤：第一步，针对指定的物体生成了人体与物体的交互点和人体的移动方向；第二步，使用 A* 搜索显式规划人体从起点到物体的运动路径；第三步，根据动作类型和物体信息合成人体的姿态序列。第一步和第三步都使用条件式变分自编码完成预测任务。Wang 等人[522] 进一步自动预测了人体的动作类型和交互物体，并实现更多样的动作生成结果。PROX[523] 是基于场景交互的人体运动生成常用的数据集。

5. 基于风格迁移的人体运动生成

与图像风格迁移类似，两段人体动作序列分别提供内容和风格信息，融合得到新的动作序列。Aberman 等人[524] 从 3D 动作序列或者 2D 视频中提取风格编码，再从另一段 3D 运动序列提取时序内容编码，使用实例归一化层去除风格信息，再基于 AdaIN 的方式[525] 进行解码融合，从而生成风格迁移的运动结果。Jang 等人[526] 将风格迁移由整个人体扩展至人的不同部分，通过自由组合生成有趣丰富的动作效果。算法使用相似的风格迁移方法，但采用图卷积和注意力机制实现不同区域的融合生成。Wen 等人[527] 则提出基于标准化生成流的自回归运动风格迁移方法，学习当前动作在运动路径和过去动作帧作为条件下的概率分布，利用流模型进行风格编码合成运动序列。Style-ERD[528] 提出一种在线动作风格化方法，输入新的动作序列实时生成人体运动的风格化效果。文献［524，529］是基于风格迁移的人体运动生成常用的数据集。

3.4.4 基于语音的化身驱动

基于语音的化身驱动是指输入一段语音，生成某人说话视频的技术。目前，主流的语音驱动人头的方案有三种：第一种是语音驱动二维说话人视频生成；第二种是语音驱动三维数字人头几何动画；第三种是语音驱动人头神经辐射场。除了用语音驱动人头以外，也有一些工作着眼于生成与声音信号一致的人体动画。语音驱动数字化身发展如图 29 所示。

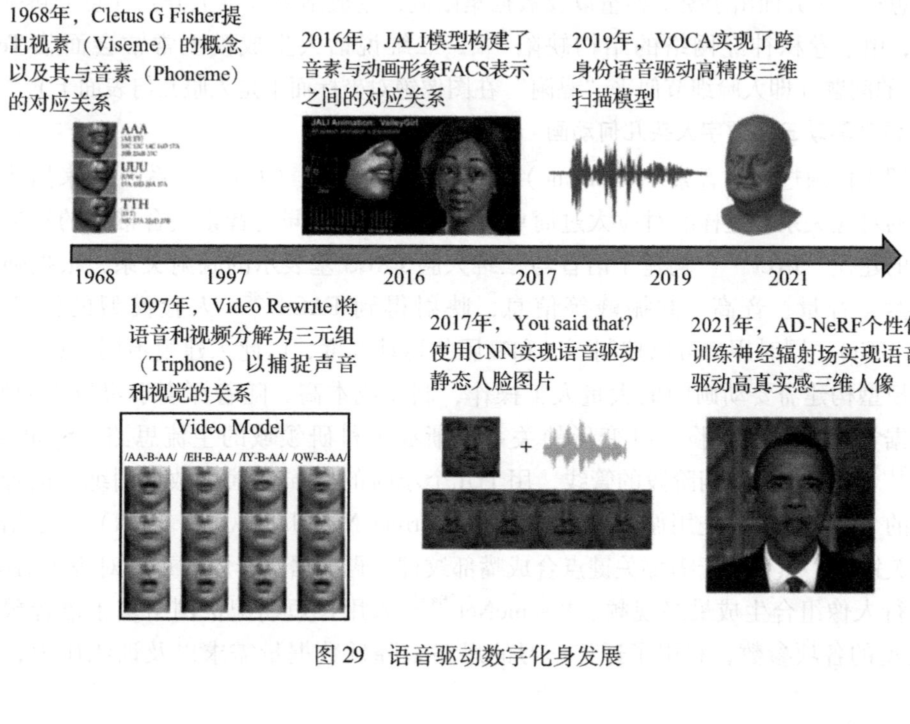

图 29 语音驱动数字化身发展

1. 语音驱动二维说话人视频生成

二维说话人视频生成工作经常使用生成对抗网络[530] 或图像迁移[531] 作为其核心技术。文献［532］最早采用卷积神经网络编码语音特征与身份特征来驱动图像，文献［533-534］采用关键点作为中间表示来实现说话人视频生成。Wav2Lip[535] 采用对比学习的策略，预训练了语音视觉同步网络 SyncNet[536]，然后使用这一专家网络来隐式地保证语音和嘴型的一致性。也有一些工作着眼于小样本的二维说话人构建。例如，文献［537］采用了元学习预训练高容量的生成器和判别器，然后微调的策略；文献［538］通过预测光流实现了单帧的说话人生成。为了提升生成图像质量，StyleHEAT[539] 充分利用了预训练 StyleGAN[462] 生成高质量人脸的能力，只输入单张人像，对人像通过 GAN 反转（GAN Inversion）的技术得到特征图，然后基于语音预测的二维光流对特征图进行变形，最后对变形后的特征进行 StyleGAN 解码得到语音驱动视频。最近随着扩散模型[540] 的发展，也有基于扩散模型的二维说话人生成方法[541]。通过将语音信号和人脸关键点信号输入到降噪扩散模型的降噪网络中，对视频进行符合语音的嘴部预测。Everything's Talkin[542] 将驱动的对象从人脸扩展到任意类人脸的一般物体上，将驱动问题分解为形状建模、变形迁移和纹理合成三个子问题。用户只要指定眼睛与嘴部区域并给出驱动视频，就可以制作相应的动画效果。

除了提高二维说话人视频生成的质量，如何实现可控的二维语音驱动人也是一个研究热点问题。文献［543］实现了利用情绪标签编辑二维说话人，而文献［544］实现了说话人的头部姿态控制。

二维说话人生成模型方法受限于其本身三维先验的缺乏以及卷积神经网络的结构特性，其生成质量常常不能令人满意。一方面由于缺少人脸几何理解，其生成人像的三维一致性并不理想；另一方面由于模型容量以及数据集限制，生成结果很难上升到任意分辨率；除此以外，由于卷积神经网络的结构缺陷[545]，二维说话人生成模型常常会面临 Texture Sticking 的问题（即人脸细节似乎“黏附”在图像绝对坐标而不是人脸几何表面上）。

2. 语音驱动三维数字人头几何动画

早期人们通过构建音素（Phoneme）与视素（Viseme）的对应关系[546] 来描述语音与嘴型的对应关系。这样的对应太过简单粗暴，缺少了不同的音素组合带来的对嘴型细微变化的建模。JALI[547] 构建了语音与三维人脸 FACS 基表示的映射关系，根据强制对齐的音素、音量、音高、共振峰等信息，映射得到 FACS[548] 人脸模型的激活单元（Action Unit），同时用户可以控制下巴和嘴唇的运动幅度，以此来建模不同的说话风格，这样的模型构建需要动画师的大量人工操作，制作成本高。随着深度学习技术的发展，基于数据学习语音与人脸三维变形的关系渐渐成为科研领域的主流思路。Synthesizing Obama[505] 使用了一套四阶段的管线，用十几个小时的 Obama 演讲数据训练了语音驱动 Obama 的个性化模型，先用循环神经网络（Recurrent Neural Network，RNN）基于语音预测嘴部关键点，然后基于嘴部关键点合成嘴部纹理，再根据语音内容重新对齐了时间域，最后进行人像组合生成最终视频。VisemeNet[549] 采用长短期记忆网络基于语音预测了 JALI 模型的各项参数，利用了迁移学习的思路来降低数据量需求以及训练压力，先在大量真实视频的数据集上训练语音到音素以及关键点的映射网络，然后用一个小规模的动画师制作的三维人说话数据集训练 JALI 参数预测网络。VOCA[550] 提出使用 DeepSpeech[551] 来编码语音，这样一方面可以消除语音中的身份信息，实现较好的跨语言、跨身份驱动，另一方面可以降低网络的学习压力，提升预测质量。VOCA 使用高质量扫描数据进行监督，输入语音特征，通过 1D CNN 融合时间窗内的语音特征，然后用一个小规模的 MLP 进行解码，取得了较好的语音驱动效果。Neural Voice Puppetry[552] 在 VOCA 的管线基础上进行了进一步的完善，采用了两阶段的训练思路，先以 RGB 视频跟踪的参数化网格以及 3DMM 系数为监督，训练语音到参数化网格的映射网络，然后对网格做投影渲染，采用神经渲染生成真实人脸，实现了基于 RGB 视频的三维数字人形象建模。随着 Transformer[553] 在自然语言处理领域的发展，其架构也被利用到了语音驱动三维数字人这一问题上，FaceFormer[554] 先采用自注意力机制对语音进行编码，通过手动设定的 Attention Map 来指定生成信号与驱动信号之间的时域对应关系，然后利用其设计的跨模态注意力机制，根据语音编码的结果对人脸动画进行了自回归的解码。CodeTalker[555] 在这一框架下进行了进一步的改进，利用 VQ-VAE[505] 离散化的思想，将人脸动画序列编码为有限维的字典，一定程度上解决了语音驱动问题多到多映射学习的困难，提升了生成结果的质量。MeshTalk[556] 注意到人脸动画存在语音强相关的部分，也有语音弱相关的部分（如眨眼等），所以提出了先构建人脸动画类别隐空间（Categorical Space），然后采用类 PixelCNN[557] 的策略在这一隐空间上做自回归生成，获得了更真实、更具个性化的生成结果。

现有工作已经可以实现比较真实的语音驱动三维数字人几何结果，但这一类方法仍面临有一些困难，一是这一类方法依赖三维人脸几何监督，需要足够高精度的重建技术支持，二是由于参数化网格模型表达能力的限制，三维几何动画序列到真实视频的转化仍然有较多困难。

3. 语音驱动人头神经辐射场

AD-NeRF[315] 最早把神经辐射场技术使用到了语音驱动三维数字人的任务中，如图 30 所示，基于语音预测动态神经辐射场表示下的人头和身体，将渲染的结果进行拼接。相比于之前的语音驱动三维数字人工作，这一技术：①由于 NeRF 的可微性，可以直接使用 RGB 图像监督进行端到端的训练，不会有因重建而带来的精度损失；②由于 NeRF 在场景建模的高表达能力，渲染结果足够真实，且有良好的三维一致性。SSP-NeRF[558] 在 AD-NeRF 的基础上增加了语义分割图渲染分支（Parsing Branch），然后增加人脸语义图进行监督训练，使得模型可以更好地建模人脸细节语义。DFRF[559] 解决了语音驱动 NeRF 人头的小样本训练问题，提出可以先预训练一个基本说话人模型，然后用几十秒的小样本对模型进行微调，以此构建可语音驱动的动态人头神经辐射场。GeneFace[560] 提出了一种三阶段的模型构建思路，先训练泛化的语音驱动变分运动生成器（Variational Motion Generator），根据语音信号生成关键点序列，然后对关键点序列做特定身份的域迁移，最后以关键点为条件控制动态人头神经辐射场，渲染得到说话人视频序列。这一生成模型可以更好地解决语音驱动人的多到多映射的困难，取得了更好的渲染结果。为了解决语音驱动 NeRF 推理速度慢的问题，RAD-NeRF[561] 将高维的语音驱动人像表示分解为了低维的可学习体素场，利用高效的采样和体渲染实现，达到了实时渲染的目的。DialogueNeRF[562] 建模了对话场景下听者对讲者做出反应的过程，通过提取讲者的视觉和语音信号，以此引导听者人头 NeRF 的变化。

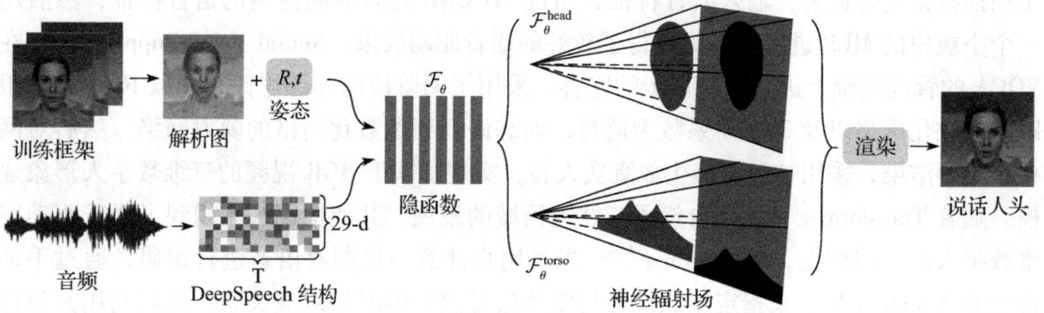

图 30 AD-NeRF 管线图

4. **基于声音生成人体动画**

一类比较常见的任务是根据语音生成全身人体动画，使得动画符合语音内容、节奏。早期的技术路线采用基于规则（Rule-Based）的方法[563-564]，这一类方法把输入的语音基于手动设定的规则映射到预先收集好的人体运动单元上。虽然有一定的可解释性和可控性，但是模型构建成本高。随着深度学习的发展，有很多工作采用了神经网络来建模语音与人体动画之间的关系。语音生成人体动画是一个典型的多到多的映射，如何用网络来建模这一映射成为一个核心问题，一些工作[565-566] 采用 VAE[567] 的结构来建模语音生成人体动画中多到多的映射关系。VQ-VAE[505] 提出之后，也有一些工作[568-569] 将人体运动编码为离散字典以用于回归。TalkSHOW[570] 参考 MeshTalk[556]，将自回归在类别隐空间生成的思路借鉴过来，构建人体动画类别隐空间然后回归。DiffGesture[571] 和 Listen，Denoise，Action！[572] 利用扩散模型建模了人体姿态受到语音影响的运动分布，也取得了比较好的结果。

另一类常见的任务是音乐生成舞蹈，使得舞蹈符合音乐的节拍并保持舞蹈的风格。Dancing to Music[573] 提出了第一个音乐生成二维舞蹈框架，通过 VAE[567] 来建模舞蹈单元，然后循环迭代生成舞蹈序列。由于人体骨骼自然形成图结构，文献［574-575］采用图卷积神经网络来提升二维舞蹈的自然程度。但是由于第三个维度的缺失，这一类方法并不是很适合三维虚拟人的驱动任务。在音乐直接驱动三维人体动画的任务当中，文献［509，511，576-577］采用先构建人体运动隐空间，然后将音乐信号转换成人体运动隐空间中的元素，最后解码生成舞蹈。也有工作[578-579] 将音乐转换成了预定义的跳舞激活单元序列，但是这一类思路不能保证不同舞蹈片段切换过程的光滑性。ChoreoMaster[492] 先构建了了一个统一编码空间，然后基于运动图（Motion Graph）优化实现编舞任务，如图 31 所示，统一隐空间的构建可以捕捉音乐和舞蹈之间的联系，而编舞的过程可以看作在编舞规则约束下最优路径的选择。

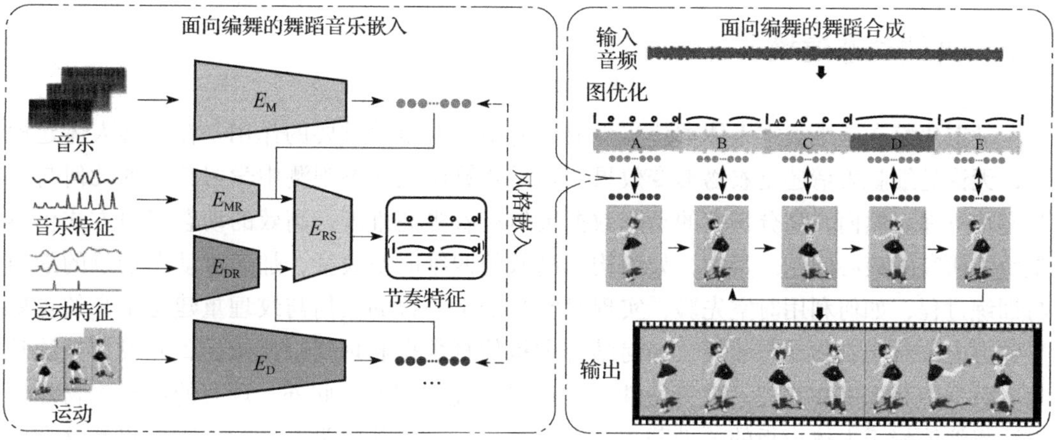

图 31 ChoreoMaster 管线图[492]

4 发展趋势与展望

4.1 稀疏视点高精度重建

现有的高精度人脸和人体重建系统仍然依赖稠密视点和高分辨率的采集系统。在欠定观测的情况下，现有算法的重建效果仍然缺乏足够细节。为克服这个难题，未来研究可以考虑利用生成式模型，例如生成对抗模型或扩散去噪模型，与重建网络结合使用。通过引入几何与纹理细节生成能力，重建网络能够合理地恢复观测缺失的区域信息，从而提高重建结果的细节程度和真实感。此外，通过在神经辐射场中施加几何约束等方式改良现有表征，或结合显式和隐式表征等多种表征协同重建等方式同样有助于提升稀疏视点下的重建算法的鲁棒性，是未来研究可以考虑重点关注的方向。

4.2 实时高质量渲染

目前基于神经辐射场的渲染效率和分辨率仍然难以同时满足实时应用的要求。尤其是在移动终端等计算资源受限的场景中，三维人脸和人体的渲染效果往往不尽人意。未来研究工作可以在渲染过程本身、加速算法和软硬件结合等方面提高三维数字人体的渲染实时性和渲染质量。在渲染过程中，一方面可考虑利用几何信息作为引导提升神经场的采样效率；另一方面可以利用结构化神经元等方式提升神经场的渲染质量。在加速算法和软硬件结合方面上，可重点考虑利用神经图形元的量化加速和高效推理机制，结合张量化操作实现采集与重建过程的实时化。总而言之，对于渲染效率和质量的提升，表征和算法的改良和优化是未来研究的重点关注点。

4.3 高效动态建模

动态建模在三维数字人体重建与生成研究中具有至关重要的作用。在三维人体建模中，无论是细腻表情还是衣物形变效果，均需要算法从动态观测中学习其中的几何与表观变化机理。然而，高分辨率的动态数据天然有着更高维度，高效的动态建模方式仍然是亟待研究的核心问题。其中，如何构建高效的四维时空表征，加速对动态场景的学习与训练过程，如何利用时空先验，实现时空与语义一致的几何与纹理重建是未来的重要研究方向。对于衣物动态建模，如何结合虚拟仿真数据和现实扫描数据，并设计算法从现实数据中获取衣物物理参数等特性将是值得研究的课题。此外，现有的动态衣物建模方法仍然依赖于人体模板的辅助蒙皮，在处理长裙等拓扑较为复杂的衣物时仍然存在困难。未来的研究可致力于设计适用于多种款式的衣物动态建模算法，提高衣物动态形变效果的建模精度。

4.4 大模型带来的机遇和挑战

当前三维人体建模所采用的训练数据主要来自于三维模型数据和多视角视频数据，这些数据的采集成本较高，难以进行大规模采集。随着深度学习技术的不断发展，探索无监督或半监督训练策略以利用大规模的图像和视频数据集，减轻现有方法对三维数据或多视点数据的依赖，提高算法的重建和渲染效果是未来的关注重点之一。此外，互联网存在的海量二维图像和视频数据包含了更为丰富的动作、服装、体型和光照等变化，如果能够充分利用这些海量数据，将有助于提高三维人体建模算法的泛化性和精度。一方面，语言大模型近年来在自然语言处理领域大获成功，如何利用大模型并结合有限三维数据与海量二维数据，实现三维数字人体建模的多任务统一框架将是未来值得深入研究的课题；另一方面，探索如何将人工智能内容生成技术应用到三维数字人体建模中，以实现可编辑、多样化的三维人脸和人体生成，如何将多模态学习方法与三维人体建模有机结合，实现数字人体的多模态自然交互与驱动也是未来的重点研究方向。

5 结束语

本文分析了三维数字人体重建与生成研究的若干关键问题，包括运动捕捉、重建与渲染、化身建模和多模态数字人生成等环节。针对以上研究问题，本文从表征、算法等方面对近几年的国内外发展现状进行了系统梳理和概述。尽管三维数字人体建模的研究近年来取得长足发展，但仍然存在诸多亟待解决的问题和改进的空间。本文希望能帮助读者对三维数字人体重建与生成的研究发展有着较为全面的了解和认识，并在未来研究思路方面有所启发。

参考文献

[1] DEBEVEC P, HAWKINS T, TCHOU C, et al. Acquiring the reflectance field of a human face[C]// Proceedings of the 27th Annual Conference on Computer Graphics and Interactive Techniques. New York: ACM, 2000: 145-156.

[2] COLLET A, CHUANG M, SWEENEY P, et al. High-quality streamable free-viewpoint video[J]. ACM transactions on graphics, 2015, 34(4): 69. 1-69. 13.

[3] GUO K, LINCOLN P, DAVIDSON P L, et al. The relightables: volumetric performance capture of humans with realistic relighting[J]. ACM transaction on graphics, 2019, 38(6): 217. 1-217. 19.

[4] LOPER M, MAHMOOD N, ROMERO J, et al. SMPL: a skinned multi-person linear model[J]. ACM transactions on graphics, 2015, 34(6): 248. 1-248. 16.

[5] BOOTH J, ROUSSOS A, ZAFEIRIOU S, et al. A 3D morphable model learnt from 10 000 faces[C]// IEEE Conference on Computer Vision and Pattern Recognition. Las Vegas: IEEE, 2016: 5543-5552.

[6] GUO Y, CAI L, ZHANG J. 3D face from X: learning face shape from diverse sources[J]. IEEE transactions on image processing, 2021, 30: 3815-3827.

[7] LI T, BOLKART T, BLACK M J, et al. Learning a model of facial shape and expression from 4D scans[J]. ACM transactions on graphics, 2017, 36(6): 194. 1-194. 17.

[8] PAYSAN P, KNOTHE R, AMBERG B, et al. A 3D face model for pose and illumination invariant face recognition[C]// IEEE International Conference on Advanced Video and Signal Based Surveillance. Genova: IEEE. 2009: 296-301.

[9] ZHANG J, HUANG D, WANG Y, et al. Lock3DFace: a large-scale database of low-cost kinect 3D faces[C]// IEEE International Conference on Biometrics. New York: IEEE, 2016: 1-8.

[10] CAO C, WENG Y, ZHOU S, et al. FaceWarehouse: a 3D facial expression database for visual computing[J]. IEEE transactions on visualization and computer graphics, 2014, 20(3): 413-425.

[11] PHILLIPS P J, FLYNN P J, SCRUGGS T, et al. Overview of the face recognition grand challenge[C]// IEEE Conference on Computer Vision and Pattern Recognition. San Diego: IEEE. 2005: 947-954.

[12] JIANG Z H, WU Q, CHEN K, et al. Disentangled representation learning for 3D face shape[C]// IEEE Conference on Computer Vision and Pattern Recognition. Long Beach: IEEE, 2019: 11957-11966.

[13] TRAN L, LIU X. Nonlinear 3D face morphable model[C]// IEEE Conference on Computer Vision and Pattern Recognition. Salt Lake City: IEEE, 2018: 7346-7355.

[14] YANG H, ZHU H, WANG Y, et al. FaceScape: a large-scale high quality 3D face dataset and detailed riggable 3D face prediction[C]// IEEE Conference on Computer Vision and Pattern Recognition. IEEE, 2020: 598-607.

[15] LI R, BLADIN K, ZHAO Y, et al. Learning formation of physically-based face attributes[C]// IEEE Conference on Computer Vision and Pattern Recognition. IEEE, 2020: 3410-3419.

[16] VLASIC D, BRAND M, PFISTER H, et al. Face transfer with multilinear models[J]. ACM transactions on graphics, 2005, 24(3): 426-433.

[17] MILDENHALL B, SRINIVASAN P P, TANCIK M, et al. NeRF: representing scenes as neural radiance fields for view synthesis[C]// European Conference on Computer Vision. Cham: Springer, 2020:

405-421.

[18] HONG Y, PENG B, XIAO H, et al. HeadNeRF: a real-time nerf-based parametric head model[C]// IEEE Conference on Computer Vision and Pattern Recognition. New Orleans: IEEE, 2022: 20374-20384.

[19] ZHENG M, YANG H, HUANG D, et al. ImFace: a nonlinear 3D morphable face model with implicit neural representations [C] // IEEE Conference on Computer Vision and Pattern Recognition. New Orleans: IEEE, 2022: 20343-20352.

[20] ZHUANG Y, ZHU H, SUN X, et al. MoFaNeRF: morphable facial neural radiance field[C]// European Conference on Computer Vision. Cham: Springer, 2022: 268-285.

[21] BAO L, LIN X, CHEN Y, et al. High-fidelity 3D digital human head creation from RGB-D selfies[J]. ACM transactions on graphics, 2021, 41(1): 3.1-3.21.

[22] DAI H, PEARS N, SMITH W A, et al. A 3D morphable model of craniofacial shape and texture variation[C]// IEEE International Conference on Computer Vision. Venice: IEEE, 2017: 3085-3093.

[23] WANG L, CHEN Z, YU T, et al. FaceVerse: a fine-grained and detail-controllable 3D face morphable model from a hybrid dataset[C]// IEEE Conference on Computer Vision and Pattern Recognition. New Orleans: IEEE, 2022: 20333-20342.

[24] TKACH A, PAULY M, TAGLIASACCHI A. Sphere-meshes for real-time hand modeling and tracking[J]. ACM transactions on graphics, 2016, 35(6): 222.1-221.11.

[25] TKACH A, TAGLIASACCHI A, REMELLI E, et al. Online generative model personalization for hand tracking[J]. ACM transactions on graphics, 2017, 36(6): 243.1-243.11.

[26] LEWIS J P, CORDNER M, FONG N. Pose space deformation: a unified approach to shape interpolation and skeleton-driven deformation[C]// SIGGRAPH 2000. New York: ACM, 2000: 165-172.

[27] ROMERO J, TZIONAS D, BLACK M J. Embodied hands: modeling and capturing hands and bodies together[J]. ACM transactions on graphics, 2017, 36(6): 245.1-245.17.

[28] LI Y, ZHANG L, QIU Z, et al. NIMBLE: a non-rigid hand model with bones and muscles[J]. ACM transactions on graphics, 2022: 41(4): 1-16.

[29] CARR J C, BEATSON R K, CHERRIE J B, et al. Reconstruction and representation of 3D objects with radial basis functions[C]// SIGGRAPH 2001. New York: ACM, 2001: 67-76.

[30] SHEN C, O'BRIEN J F, SHEWCHUK J R. Interpolating and approximating implicit surfaces from polygon soup[C]// International Conference on Computer Graphics and Interactive Techniques. Los Angeles: ACM, 2005: 181.

[31] TURK G, O'BRIEN J F. Modelling with implicit surfaces that interpolate[J]. ACM transactions on graphics, 2002, 21(4): 855-873.

[32] CHABRA R, LENSSEN J E, ILG E, et al. Deep local shapes: learning local SDF priors for detailed 3D reconstruction[C]// European Conference on Computer Vision. Cham: Springer, 2020: 608-625.

[33] CHEN Z, ZHANG H. Learning implicit fields for generative shape modeling[C]// IEEE Conference on Computer Vision and Pattern Recognition. Long Beach: IEEE, 2019: 5939-5948.

[34] GROPP A, YARIV L, HAIM N, et al. Implicit geometric regularization for learning shapes [C]// Proceedings of the 37th International Conference on Machine Learning. ACM, 2020: 3789-3799.

[35] JIANG C, SUD A, MAKADIA A, et al. Local implicit grid representations for 3D scenes[C]// IEEE Conference on Computer Vision and Pattern Recognition. IEEE, 2020: 6000-6009.

[36] MESCHEDER L M, OECHSLE M, NIEMEYER M, et al. Occupancy networks: learning 3D reconstruction in function space[C]// IEEE Conference on Computer Vision and Pattern Recognition. Long Beach: IEEE, 2019: 4460-4470.

[37] PARK J J, FLORENCE P, STRAUB J, et al. DeepSDF: learning continuous signed distance functions for shape representation[C]// IEEE Conference on Computer Vision and Pattern Recognition. Long Beach: IEEE, 2019: 165-174.

[38] SAITO S, HUANG Z, NATSUME R, et al. PIFu: pixel-aligned implicit function for high-resolution clothed human digitization[C]// IEEE International Conference on Computer Vision. Seoul: IEEE, 2019: 2304-2314.

[39] XU Q, WANG W, CEYLAN D, et al. DISN: deep implicit surface network for high-quality single-view 3D reconstruction[C]// NeurIPS, 2019: 490-500.

[40] LORENSEN W E, CLINE H E. Marching cubes: a high resolution 3D surface construction algorithm[C]// SIGGRAPH. Anaheim, 1987: 163-169.

[41] HAO Z, AVERBUCH-ELOR H, SNAVELY N, et al. DualSDF: semantic shape manipulation using a two-level representation[C]// IEEE Conference on Computer Vision and Pattern Recognition. IEEE, 2020: 7628-7638.

[42] GAFNI G, THIES J, ZOLLHÖFER M, et al. Dynamic neural radiance fields for monocular 4D facial avatar reconstruction[C]// IEEE Conference on Computer Vision and Pattern Recognition. IEEE, 2021: 8649-8658.

[43] GAO C, SARAF A, KOPF J, et al. Dynamic view synthesis from dynamic monocular video[C]// IEEE International Conference on Computer Vision. IEEE, 2021: 5692-5701.

[44] LI T, SLAVCHEVA M, ZOLLHOEFER M, et al. Neural 3D video synthesis from multi-view video[C]// IEEE Conference on Computer Vision and Pattern Recognition. New Orleans: IEEE, 2022: 5511-5521.

[45] LI Z, NIKLAUS S, SNAVELY N, et al. Neural scene flow fields for space-time view synthesis of dynamic scenes[C]// IEEE Conference on Computer Vision and Pattern Recognition. IEEE, 2021: 6498-6508.

[46] PARK K, SINHA U, BARRON J T, et al. Nerfies: deformable neural radiance fields[C]// IEEE International Conference on Computer Vision. IEEE, 2021: 5845-5854.

[47] PUMAROLA A, CORONA E, PONS-MOLL G, et al. D-NeRF: neural radiance fields for dynamic scenes[C]// IEEE Conference on Computer Vision and Pattern Recognition. IEEE, 2021: 10318-10327.

[48] SHAO R, ZHANG H, ZHANG H, et al. DoubleField: bridging the neural surface and radiance fields for high-fidelity human reconstruction and rendering[C]// IEEE Conference on Computer Vision and Pattern Recognition. New Orleans: IEEE, 2022: 15851-15861.

[49] TRETSCHK E, TEWARI A, GOLYANIK V, et al. Non-rigid neural radiance fields: reconstruction and novel view synthesis of a dynamic scene from monocular video[C]// IEEE International Conference on Computer Vision. IEEE, 2021: 12939-12950.

[50] XIAN W, HUANG J B, KOPF J, et al. Space-time neural irradiance fields for free-viewpoint video[C]// IEEE Conference on Computer Vision and Pattern Recognition. IEEE, 2021: 9421-9431.

[51] SUN C, SUN M, CHEN H T. Direct voxel grid optimization: super-fast convergence for radiance fields reconstruction[C]// IEEE Conference on Computer Vision and Pattern Recognition. IEEE, 2022: 5459-5469.

[52] FRIDOVICH-KEIL S, YU A, TANCIK M, et al. Plenoxels: radiance fields without neural networks[C]//

IEEE Conference on Computer Vision and Pattern Recognition. New Orleans: IEEE, 2022: 5491-5500.
[53] YU A, LI R, TANCIK M, et al. Plenoctrees for real-time rendering of neural radiance fields[C]// IEEE International Conference on Computer Vision. IEEE, 2021: 5732-5741.
[54] LIU J W, CAO Y P, MAO W, et al. DeVRF: fast deformable voxel radiance fields for dynamic scenes[C]// Advances in Neural Information Processing Systems. New Orleans, 2022.
[55] FANG J, YI T, WANG X, et al. Fast dynamic radiance fields with time-aware neural voxels[C]// SIGGRAPH Asia 2022 Conference Papers. Daegu: ACM, 2022: 11.1-11.9.
[56] TU H, WANG C, ZENG W. Voxelpose: towards multi-camera 3D human pose estimation in wild environment[C]// European Conference on Computer Vision. Cham: Springer, 2020: 197-212.
[57] ZHANG Y, WANG C, WANG X, et al. Voxeltrack: multi-person 3D human pose estimation and tracking in the wild[J]. IEEE transactions on pattern analysis and machine intelligence, 2022, 45(2): 2613-2626.
[58] WANG T, ZHANG J, CAI Y, et al. Direct multi-view multi-person 3D human pose estimation[C]// Advances in Neural Information Processing Systems, 2021, 34: 13153-13164.
[59] WU S, JIN S, LIU W, et al. Graph-based 3D multi-person pose estimation using multi-view images[C]// IEEE International Conference on Computer Vision. IEEE, 2021: 11128-11137.
[60] DONG J, FANG Q, JIANG W, et al. Fast and robust multi-person 3D pose estimation and tracking from multiple views[J]. IEEE transactions on pattern analysis and machine intelligence, 2021, 6981-6992.
[61] LIN J, LEE G H. Multi-view multi-person 3D pose estimation with plane sweep stereo[C]// IEEE Conference on Computer Vision and Pattern Recognition. IEEE, 2021.
[62] HUANG B, SHU Y, ZHANG T, et al. Dynamic multi-person mesh recovery from uncalibrated multi-view cameras[C]// International Conference on 3D Vision. London: IEEE, 2021: 710-720.
[63] DONG Z, SONG J, CHEN X, et al. Shape-aware multi-person pose estimation from multi-view images[C]// IEEE International Conference on Computer Vision. IEEE, 2021: 11138-11148.
[64] JOO H, SIMON T, LI X, et al. Panoptic studio: a massively multiview system for social interaction capture[J]. IEEE transactions on pattern analysis and machine intelligence, 2019, 41(1): 190-204.
[65] TIAN Y, ZHANG H, LIU Y, et al. Recovering 3D human mesh from monocular images: a survey[J]. IEEE transactions on pattern analysis and machine intelligence, 2023, 45(12): 15406-15425.
[66] BOGO F, KANAZAWA A, LASSNER C, et al. Keep it SMPL: automatic estimation of 3D human pose and shape from a single image[C]// European Conference on Computer Vision. Cham: Springer, 2016: 561-578.
[67] GUAN P, WEISS A, BALAN A O, et al. Estimating human shape and pose from a single image[C]// IEEE International Conference on Computer Vision. Kyoto: IEEE, 2009: 1381-1388.
[68] SIGAL L, BALAN A, BLACK M J. Combined discriminative and generative articulated pose and non-rigid shape estimation[C]// Advances in Neural Information Processing Systems. Vancouver: Curran Associates, 2007: 1337-1344.
[69] ANGUELOV D, SRINIVASAN P, KOLLER D, et al. SCAPE: shape completion and animation of people[J]. ACM transactions on graphics, 2005, 24: 408-416.
[70] ZHANG Y, LI Z, AN L, et al. Lightweight multi-person total motion capture using sparse multi-view cameras[C]// IEEE International Conference on Computer Vision. IEEE, 2021: 5560-5569.
[71] HUANG Y, BOGO F, LASSNER C, et al. Towards accurate marker-less human shape and pose

estimation over time[C]// International Conference on 3D Vision. Qingdao: IEEE, 2017: 421-430.

[72] LASSNER C, ROMERO J, KIEFEL M, et al. Unite the people: closing the loop between 3D and 2D human representations[C]// IEEE Conference on Computer Vision and Pattern Recognition. Honolulu: IEEE, 2017: 6050-6059.

[73] ZANFIR A, MARINOIU E, SMINCHISESCU C. Monocular 3D pose and shape estimation of multiple people in natural scenes-the importance of multiple scene constraints[C]// IEEE Conference on Computer Vision and Pattern Recognition. Salt Lake City: IEEE, 2018: 2148-2157.

[74] GÜLER R A, KOKKINOS I. HoloPose: holistic 3D human reconstruction in-the-wild[C]// IEEE Conference on Computer Vision and Pattern Recognition. Long Beach: IEEE, 2019: 10884-10894.

[75] SONG J, CHEN X, HILLIGES O. Human body model fitting by learned gradient descent[C]// European Conference on Computer Vision. Cham: Springer, 2020: 744-760.

[76] CHOI H, MOON G, LEE K M. Pose2Mesh: graph convolutional network for 3D human pose and mesh recovery from a 2D human pose[C]// European Conference on Computer Vision. Cham: Springer, 2020: 769-787.

[77] CHOUTAS V, PAVLAKOS G, BOLKART T, et al. Monocular expressive body regression through body-driven attention[C]// European Conference on Computer Vision. Cham: Springer, 2020: 20-40.

[78] KANAZAWA A, BLACK M J, JACOBS D W, et al. End-to-end recovery of human shape and pose[C]// IEEE Conference on Computer Vision and Pattern Recognition. Salt Lake City: IEEE, 2018: 7122-7131.

[79] KOLOTOUROS N, PAVLAKOS G, BLACK M J, et al. Learning to reconstruct 3D human pose and shape via model-fitting in the loop[C]// IEEE International Conference on Computer Vision. Seoul: IEEE, 2019: 2252-2261.

[80] LI J, XU C, CHEN Z, et al. HybrIK: A hybrid analytical-neural inverse kinematics solution for 3D human pose and shape estimation[C]// IEEE Conference on Computer Vision and Pattern Recognition. IEEE, 2021: 3383-3393.

[81] LIN K, WANG L, LIU Z. End-to-end human pose and mesh reconstruction with transformers[C]// IEEE Conference on Computer Vision and Pattern Recognition. IEEE, 2021: 1954-1963.

[82] OMRAN M, LASSNER C, PONS-MOLL G, et al. Neural body fitting: unifying deep learning and model-based human pose and shape estimation[C]// International Conference on 3D Vision. Verona: IEEE, 2018: 484-494.

[83] PAVLAKOS G, ZHU L, ZHOU X, et al. Learning to estimate 3D human pose and shape from a single color image[C]// IEEE Conference on Computer Vision and Pattern Recognition. Salt Lake City: IEEE, 2018: 459-468.

[84] DOERSCH C, ZISSERMAN A. Sim2Real transfer learning for 3D human pose estimation: motion to the rescue[J]. Advances in neural information processing systems, 2019, 32: 12949-12961.

[85] 85DWIVEDI S K, ATHANASIOU N, KOCABAS M, et al. Learning to regress bodies from images using differentiable semantic rendering[C]// IEEE International Conference on Computer Vision. IEEE, 2021: 11250-11259.

[86] KUNDU J N, RAKESH M, JAMPANI V, et al. Appearance consensus driven self-supervised human mesh recovery[C]// European Conference on Computer Vision. Cham: Springer, 2020: 794-812.

[87] PAVLAKOS G, KOLOTOUROS N, DANIILIDIS K. TexturePose: supervising human mesh estimation with texture consistency[C]// IEEE International Conference on Computer Vision. Seoul: IEEE, 2019:

803-812.

[88] RONG Y, LIU Z, LI C, et al. Delving deep into hybrid annotations for 3D human recovery in the wild[C]// IEEE International Conference on Computer Vision. Seoul: IEEE, 2019: 5339-5347.

[89] TUNG H Y F, TUNG H W, YUMER E, et al. Self-supervised learning of motion capture[C]// Advances in Neural Information Processing Systems. California, 2017: 5236-5246.

[90] VAROL G, CEYLAN D, RUSSELL B, et al. BodyNet: volumetric inference of 3D human body shapes[C]//European Conference on Computer Vision. Cham: Springer, 2018: 20-36.

[91] CHOI H, MOON G, PARK J, et al. Learning to estimate robust 3D human mesh from in-the-wild crowded scenes[C]// IEEE Conference on Computer Vision and Pattern Recognition. New Orleans: IEEE, 2022: 1465-1474.

[92] MOON G, CHOI H, LEE K M. Accurate 3D hand pose estimation for whole-body 3D human mesh estimation[C]// IEEE Conference on Computer Vision and Pattern Recognition. New Orleans: IEEE, 2022: 2308-2317.

[93] MOON G, LEE K M. I2L-MeshNet: image-to-lixel prediction network for accurate 3D human pose and mesh estimation from a single RGB image[C]// European Conference on Computer Vision. Cham: Springer, 2020: 752-768.

[94] ZANFIR M, ZANFIR A, BAZAVAN E G, et al. THUNDR: transformer-based 3D human reconstruction with markers[C]// IEEE/CVF International Conference on Computer Vision. IEEE, 2021: 12951-12960.

[95] RUEEGG N, LASSNER C, BLACK M, et al. Chained representation cycling: learning to estimate 3D human pose and shape by cycling between representations[C]// Innovative Applications of Artificial Intelligence Conference. New York: AAAI, 2020: 5561-5569.

[96] XU Y, ZHU S C, TUNG T. DenseRaC: joint 3D pose and shape estimation by dense render-and-compare[C]//IEEE International Conference on Computer Vision. Seoul: IEEE, 2019: 7760-7770.

[97] ZHANG H, CAO J, LU G, et al. Learning 3D human shape and pose from dense body parts[J]. IEEE transactions on pattern analysis and machine intelligence, 2022, 44(5): 2610-2627.

[98] ZHANG H, TIAN Y, ZHOU X, et al. PyMAF: 3D human pose and shape regression with pyramidal mesh alignment feedback loop[C]// IEEE International Conference on Computer Vision. IEEE, 2021: 11426-11436.

[99] SENGUPTA A, BUDVYTIS I, CIPOLLA R. Synthetic training for accurate 3D human pose and shape estimation in the wild[C]// British Machine Vision Conference. Virtual: BMVA, 2020.

[100] CAO Z, HIDALGO G, SIMON T, et al. OpenPose: realtime multi-person 2D pose estimation using part affinity fields[J]. IEEE transactions on pattern analysis and machine intelligence, 2019, 43(1): 172-186.

[101] GÜLER R A, NEVEROVA N, KOKKINOS I. DensePose: dense human pose estimation in the wild [C]// IEEE Conference on Computer Vision and Pattern Recognition. Salt Lake City: IEEE, 2018: 7297-7306.

[102] PAVLAKOS G, ZHOU X, DERPANIS K G, et al. Coarse-to-fine volumetric prediction for single-image 3D human pose[C]// IEEE Conference on Computer Vision and Pattern Recognition. Honolulu: IEEE, 2017: 1263-1272.

[103] SUN K, XIAO B, LIU D, et al. Deep high-resolution representation learning for human pose

estimation[C]// IEEE Conference on Computer Vision and Pattern Recognition. Long Beach: IEEE, 2019: 5693-5703.

[104] JOO H, NEVEROVA N, VEDALDI A. Exemplar fine-tuning for 3D human pose fitting towards in-the-wild 3D human pose estimation[C]// International Conference on 3D Vision. London: IEEE, 2021: 42-52.

[105] MOON G, LEE K M. NeuralAnnot: neural annotator for in-the-wild expressive 3D human pose and mesh training sets[J]. arXiv preprint arXiv: 2011.11232, 2020.

[106] ANDRILUKA M, PISHCHULIN L, GEHLER P, et al. 2D human pose estimation: new benchmark and state of the art analysis[C]// IEEE Conference on Computer Vision and Pattern Recognition. Columbus: IEEE, 2014: 3686-3693.

[107] JOHNSON S, EVERINGHAM M. Clustered pose and nonlinear appearance models for human pose estimation[C]// British Machine Vision Conference. Aberystwyth: BMVA, 2010: 12.1-12.11.

[108] LIN T Y, MAIRE M, BELONGIE S, et al. Microsoft COCO: common objects in context[C]// European Conference on Computer Vision. Cham: Springer, 2014: 740-755.

[109] ZHENG Z, YU T, WEI Y, et al. DeepHuman: 3D human reconstruction from a single image[C]// IEEE International Conference on Computer Vision. Seoul: IEEE, 2019: 7738-7748.

[110] KOLOTOUROS N, PAVLAKOS G, DANIILIDIS K. Convolutional mesh regression for single-image human shape reconstruction[C]// IEEE Conference on Computer Vision and Pattern Recognition. Long Beach: IEEE, 2019: 4501-4510.

[111] LIN K, WANG L, LIU Z. Mesh graphormer[C]// IEEE International Conference on Computer Vision. IEEE, 2021: 12919-12928.

[112] WANG Z, YANG J, FOWLKES C. The best of both worlds: combining model-based and nonparametric approaches for 3D human body estimation[C]//IEEE Conference on Computer Vision and Pattern Recognition. New Orleans: IEEE, 2022: 2318-2327.

[113] YAO P, FANG Z, WU F, et al. DenseBody: directly regressing dense 3D human pose and shape from a single color image[J]. arXiv preprint arXiv: 1903.10153, 2019.

[114] ZENG W, OUYANG W, LUO P, et al. 3D Human mesh regression with dense correspondence[C]// IEEE Conference on Computer Vision and Pattern Recognition. IEEE, 2020: 7052-7061.

[115] ZHANG T, HUANG B, WANG Y. Object-occluded human shape and pose estimation from a single color image[C]// IEEE Conference on Computer Vision and Pattern Recognition. IEEE, 2020: 7376-7385.

[116] FIERARU M, ZANFIR M, ONEATA E, et al. Three-dimensional reconstruction of human interactions[C]// IEEE Conference on Computer Vision and Pattern Recognition. IEEE, 2020: 7212-7221.

[117] FIERARU M, ZANFIR M, SZENTE T, et al. REMIPS: physically consistent 3D reconstruction of multiple interacting people under weak supervision[J]. Advances in neural information processing systems, 2021, 34: 19385-19397.

[118] JIANG W, KOLOTOUROS N, PAVLAKOS G, et al. Coherent reconstruction of multiple humans from a single image[C]// IEEE Conference on Computer Vision and Pattern Recognition. IEEE, 2020: 5578-5587.

[119] SUN Y, BAO Q, LIU W, et al. Monocular, one-stage, regression of multiple 3D people[C]// IEEE International Conference on Computer Vision. IEEE, 2021: 11179-11188.

[120] SUN Y, LIU W, BAO Q, et al. Putting people in their place: monocular regression of 3D people in depth[J]. arXiv preprint arXiv: 2112.08274, 2021.

[121] ZHANG J, YU D, LIEW J H, et al. Body meshes as points[C]// IEEE Conference on Computer Vision and Pattern Recognition. IEEE, 2021: 546-556.

[122] CHOI H, MOON G, CHANG J Y, et al. Beyond static features for temporally consistent 3D human pose and shape from a video[C]// IEEE Conference on Computer Vision and Pattern Recognition. IEEE, 2021: 1964-1973.

[123] KOCABAS M, ATHANASIOU N, BLACK M J. VIBE: video inference for human body pose and shape estimation[C]// IEEE Conference on Computer Vision and Pattern Recognition. IEEE, 2020: 5253-5263.

[124] PAVLAKOS G, MALIK J, KANAZAWA A. Human mesh recovery from multiple shots[J]. arXiv preprint arXiv: 2012.09843, 2020.

[125] REMPE D, BIRDAL T, HERTZMANN A, et al. HuMoR: 3D human motion model for robust pose estimation[C]// IEEE International Conference on Computer Vision. IEEE, 2021: 11468-11479.

[126] WAN Z, LI Z, TIAN M, et al. Encoder-decoder with multi-level attention for 3D human shape and pose estimation[C]//IEEE International Conference on Computer Vision. IEEE, 2021: 13033-13042.

[127] ZHANG S, ZHANG Y, BOGO F, et al. Learning Motion Priors for 4D Human Body Capture in 3D Scenes[C]// IEEE International Conference on Computer Vision. IEEE, 2021: 11343-11353.

[128] KHIRODKAR R, TRIPATHI S, KITANI K. Occluded human mesh recovery[C]// IEEE Conference on Computer Vision and Pattern Recognition. New Orleans: IEEE, 2022: 1715-1725.

[129] KOCABAS M, HUANG C H P, HILLIGES O, et al. PARE: part attention regressor for 3D human body estimation[C]// IEEE International Conference on Computer Vision. IEEE, 2021: 11107-11117.

[130] YUAN Y, IQBAL U, MOLCHANOV P, et al. GLAMR: global occlusion-aware human mesh recovery with dynamic cameras[C]// IEEE Conference on Computer Vision and Pattern Recognition. New Orleans: IEEE, 2022: 11028-11039.

[131] CHOUTAS V, MÜLLER L, HUANG C H P, et al. Accurate 3D body shape regression using metric and semantic attributes[C]// IEEE Conference on Computer Vision and Pattern Recognition. New Orleans: IEEE, 2022: 2718-2728.

[132] SENGUPTA A, BUDVYTIS I, CIPOLLA R. Hierarchical kinematic probability distributions for 3D human shape and pose estimation from images in the wild[C]// IEEE International Conference on Computer Vision. IEEE, 2021: 11199-11209.

[133] KOLOTOUROS N, PAVLAKOS G, JAYARAMAN D, et al. Probabilistic modeling for human mesh recovery[J]. arXiv preprint arXiv: 2108.11944, 2021.

[134] SENGUPTA A, BUDVYTIS I, CIPOLLA R. Probabilistic 3D human shape and pose estimation from multiple unconstrained images in the wild[C]// IEEE Conference on Computer Vision and Pattern Recognition. IEEE, 2021: 16094-16104.

[135] KISSOS I, FRITZ L, GOLDMAN M, et al. Beyond weak perspective for monocular 3D human pose estimation[C]// European Conference on Computer Vision. Cham: Springer, 2020: 541-554.

[136] KOCABAS M, HUANG C H P, TESCH J, et al. SPEC: seeing people in the wild with an estimated camera[C]// IEEE International Conference on Computer Vision. IEEE, 2021: 11035-11045.

[137] GUAN S, XU J, WANG Y, et al. Bilevel online adaptation for out-of-domain human mesh reconstruction[C]// IEEE Conference on Computer Vision and Pattern Recognition. IEEE, 2021: 10472-10481.

[138] RONG Y, LIU Z, LOY C C. Chasing the tail in monocular 3D human reconstruction with prototype memory[J]. IEEE transactions on image processing, 2022(31): 2907-2919.

[139] BIGGS B, NOVOTNY D, EHRHARDT S, et al. 3D multi-bodies: fitting sets of plausible 3D human models to ambiguous image data[C]// 34th Conference on Neural Information Processing Systems. NeurIPS, 2020, 33.

[140] MOON G, LEE K M. Pose2Pose: 3D positional pose-guided 3D rotational pose prediction for expressive 3D human pose and mesh estimation[J]. arXiv preprint arXiv: 2011.11534, 2020.

[141] YU Z, WANG J, XU J, et al. Skeleton2Mesh: kinematics prior injected unsupervised human mesh recovery[C]// IEEE International Conference on Computer Vision. IEEE, 2021: 8599-8619.

[142] ZANFIR A, BAZAVAN E G, XU H, et al. weakly supervised 3D human pose and shape reconstruction with normalizing flows[C]// European Conference on Computer Vision. Cham: Springer, 2020: 465-481.

[143] LUAN T, WANG Y, ZHANG J, et al. PC-HMR: pose calibration for 3D human mesh recovery from 2D images/videos[C]// AAAI Conference on Artificial Intelligence. AAAI, 2021: 2269-2276.

[144] PAVLAKOS G, CHOUTAS V, GHORBANI N, et al. Expressive body capture: 3D hands, face, and body from a single image[C]// IEEE Conference on Computer Vision and Pattern Recognition. Long Beach: IEEE, 2019: 10975-10985.

[145] FENG Y, CHOUTAS V, BOLKART T, et al. Collaborative regression of expressive bodies using moderation[C]// International Conference on 3D Vision. London: IEEE, 2021: 792-804.

[146] ZHANG H, TIAN Y, ZHANG Y, et al. PyMAF-X: towards well-aligned full-body model regression from monocular images[J]. IEEE transactions on pattern analysis and machine intelligence, 2023, 45(10): 12287-12303.

[147] ZANFIR A, BAZAVAN E G, ZANFIR M, et al. Neural descent for visual 3D human pose and shape[C]// IEEE Conference on Computer Vision and Pattern Recognition. IEEE. 2021: 14484-14493.

[148] GEORGAKIS G, LI R, KARANAM S, et al. Hierarchical kinematic human mesh recovery[C]// European Conference on Computer Vision. Cham: Springer, 2020: 768-784.

[149] UGRINOVIC N, RUIZ A, AGUDO A, et al. Body size and depth disambiguation in multi-person reconstruction from single images[C]// IEEE International Conference on 3D Vision. London: IEEE, 2021: 53-63.

[150] ZANFIR A, MARINOIU E, ZANFIR M, et al. Deep network for the integrated 3D sensing of multiple people in natural images[C]// Advances in Neural Information Processing Systems 31. Montréal: MIT Press, 2018: 8420-8429.

[151] KANAZAWA A, ZHANG J Y, FELSEN P, et al. Learning 3D human dynamics from video[C]// IEEE Conference on Computer Vision and Pattern Recognition. Long Beach: IEEE, 2019: 5614-5623.

[152] ARNAB A, DOERSCH C, ZISSERMAN A. Exploiting temporal context for 3D human pose estimation in the wild[C]// IEEE Conference on Computer Vision and Pattern Recognition. Long Beach: IEEE, 2019: 3395-3404.

[153] SUN Y, YE Y, LIU W, et al. Human mesh recovery from monocular images via a skeletondisentangled representation[C]// IEEE International Conference on Computer Vision. Seoul: IEEE, 2019: 5349-5358.

[154] LEE G H, LEE S W. Uncertainty-aware human mesh recovery from video by learning part-based 3D dynamics[C]// IEEE International Conference on Computer Vision. IEEE, 2021: 12375-12384.

[155] YUAN Y, WEI S E, SIMON T, et al. SimPoE: simulated character control for 3D human pose estimation[C]// IEEE Conference on Computer Vision and Pattern Recognition. IEEE, 2021: 7159-7169.

[156] MEHTA D, SOTNYCHENKO O, MUELLER F, et al. XNect: real-time multi-person 3D motion capture with a single RGB camera[J]. ACM transactions on graphics, 2020, 39(4): 82.

[157] RAJASEGARAN J, PAVLAKOS G, KANAZAWA A, et al. Tracking people with 3D representations[C]// Advances in Neural Information Processing Systems, 2021: 23703-23713.

[158] FANG B, GUO D, SUN F, et al. A robotic hand-arm teleoperation system using human arm/hand with a novel data glove[C]// IEEE International Conference on Robotics and Biomimetics. Zhuhai: IEEE, 2015: 2483-2488.

[159] Limitedmd O M. Vicon[Z/OL]. [2023-07-15]. https://www.vicon.com.

[160] Naturalpoint Incorporation. OptiTrack[Z/OL]. [2023-07-15]. https://www.optitrack.com.

[161] LEE Y, DO W, YOON H, et al. Visual-inertial hand motion tracking with robustness against occlusion, interference, and contact[J]. Science robotics, 2021, 6(58): eabe1315.

[162] TAGLIASACCHI A, SCHRÖDER M, TKACH A, et al. Robust articulated-ICP for real-time hand tracking[J]// Computer graphics forum, 2015, 34(5): 101-114.

[163] KENNEDY J, EBERHART R. Particle swarm optimization[C]// International Conference on Neural Networks. WA: IEEE, 1995: 1942-1948.

[164] MORÉ J J. The Levenberg-marquardt algorithm: implementation and theory[J]. Lecture notes in mathematics, 1978, 630: 105-116.

[165] BREIMAN L. Random forests[J]. Machine learning, 2001, 45(1): 5-32.

[166] KESKIN C, KIRAÇ F, KARA Y E, et al. Real time hand pose estimation using depth sensors[J]. Consumer depth cameras for computer vision: research topics and applications, 2013: 119-137.

[167] KESKIN C, KIRAÇ F, KARA Y E, et al. Hand pose estimation and hand shape classification using multi-layered randomized decision forests[C]// European Conference on Computer Vision. Cham: Springer, 2012: 852-863.

[168] TANG D, CHANG H J, TEJANI A, et al. Latent regression forest: structured estimation of 3D articulated hand posture[C]// IEEE Conference on Computer Vision and Pattern Recognition. Columbus: IEEE, 2014: 3786-3793.

[169] TOMPSON J, STEIN M, LECUN Y, et al. Real-time continuous pose recovery of human hands using convolutional networks[J]. ACM transactions on graphics, 2014, 33(5): 169.1-169.10.

[170] OBERWEGER M, WOHLHART P, LEPETIT V. Hands deep in deep learning for hand pose estimation[J]. arXiv preprint arXiv: 1502.06807, 2015.

[171] TANG D, TAYLOR J, KOHLI P, et al. Opening the black box: hierarchical sampling optimization for estimating human hand pose[C]// IEEE International Conference on Computer Vision. Santiago: IEEE, 2015: 3325-3333.

[172] OBERWEGER M, WOHLHART P, LEPETIT V. Training a feedback loop for hand pose estimation[C]// IEEE International Conference on Computer Vision. Santiago: IEEE, 2015: 3316-3324.

[173] ZIMMERMANN C, BROX T. Learning to estimate 3D hand pose from single RGB images[C]// IEEE International Conference on Computer Vision. Venice: IEEE, 2017: 4903-4911.

[174] CAI Y, GE L, CAI J, et al. Weakly-supervised 3D hand pose estimation from monocular RGB

images[C]// European Conference on Computer Vision. Cham: Springer, 2018: 666-682.

[175] MUELLER F, BERNARD F, SOTNYCHENKO O, et al. Ganerated hands for real-time 3D hand tracking from monocular RGB[C]// IEEE Conference on Computer Vision and Pattern Recognition. Salt Lake City: IEEE, 2018: 49-59.

[176] ZHU J Y, PARK T, ISOLA P, et al. Unpaired image-to-image translation using cycle-consistent adversarial networks[C]// IEEE International Conference on Computer Vision. Venice: IEEE, 2017: 2223-2232.

[177] ZHOU Y, HABERMANN M, XU W, et al. Monocular real-time hand shape and motion capture using multimodal data[C]// IEEE Conference on Computer Vision and Pattern Recognition. IEEE, 2020: 5346-5355.

[178] MUELLER F, DAVIS M, BERNARD F, et al. Real-time pose and shape reconstruction of two interacting hands with a single depth camera[J]. ACM transactions on graphics, 2019, 38(4): 1-13.

[179] ZHANG H, ZHOU Y, TIAN Y, et al. Single depth view based real-time reconstruction of hand-object interac-tions[J]. ACM transactions on graphics, 2021, 40(3): 1-12.

[180] LI M, AN L, ZHANG H, et al. Interacting attention graph for single image two-hand reconstruction[C]// IEEE Conference on Computer Vision and Pattern Recognition. New Orleans: IEEE, 2022: 2751-2760.

[181] OH Y, PARK J, KIM J, et al. Recovering 3D hand mesh sequence from a single blurry image: a new dataset and temporal unfolding[C]// IEEE Conference on Computer Vision and Pattern Recognition. Seattle: IEEE, 2023: 554-563.

[182] SUN X, WEI Y, LIANG S, et al. Cascaded hand pose regression[C]// IEEE Conference on Computer Vision and Pattern Recognition. Boston: IEEE, 2015: 824-832.

[183] YUAN S, YE Q, STENGER B, et al. Bighand2. 2M benchmark: hand pose dataset and state of the art analysis[C]// IEEE Conference on Computer Vision and Pattern Recognition. Honolulu: IEEE, 2017: 2605-2613.

[184] ROMDHANI S, VETTER T. Estimating 3D shape and texture using pixel intensity, edges, specular highlights, texture constraints and a prior[C]// IEEE Conference on Computer Vision and Pattern Recognition. San Diego: IEEE, 2005: 986-993.

[185] THIES J, ZOLLHOFER M, STAMMINGER M, et al. Face2Face: real-time face capture and reenactment of RGB videos[C]// 2016 IEEE Conference on Computer Vision and Pattern Recognition. Las Vegas: IEEE, 2016: 2387-2395.

[186] DOU P, SHAH S K, KAKADIARIS I A. End-to-end 3D face reconstruction with deep neural networks[C]// IEEE Conference on Computer Vision and Pattern Recognition. Honolulu: IEEE, 2017: 5908-5917.

[187] FENG Y, WU F, SHAO X, et al. Joint 3D face reconstruction and dense alignment with position map regression network[C]// European Conference on Computer Vision. Cham: Springer, 2018: 557-574.

[188] GUO J, ZHU X, YANG Y, et al. Towards fast, accurate and stable 3D dense face alignment[C]// European Conference on Computer Vision. Cham: Springer, 2020: 152-168.

[189] TEWARI A, ZOLLHOFER M, KIM H, et al. MoFA: Model-based deep convolutional face autoencoder for unsupervised monocular reconstruction[C]// International Conference on Computer Vision Workshops. Venice: IEEE, 2017: 1274-1283.

[190] Tuan Tran A, Hassner T, Masi I, et al. Regressing robust and discriminative 3D morphable models with

a very deep neural network [C] // IEEE Conference on Computer Vision and Pattern Recognition. Honolulu: IEEE, 2017: 5163-5172.

[191] ZHU X, LEI Z, LIU X, et al. Face alignment across large poses: a 3D solution[C]// IEEE Conference on Computer Vision and Pattern Recognition. Las Vegas: IEEE, 2016: 146-155.

[192] CHEN Y, WU F, WANG Z, et al. Self-supervised learning of detailed 3D face reconstruction[J]. IEEE transactions on image processing, 2020, 29: 8696-8705.

[193] DENG Y, YANG J, XU S, et al. Accurate 3D face reconstruction with weakly-supervised learning: from single image to image set [C] // IEEE Conference on Computer Vision and Pattern Recognition Workshops. New York: IEEE, 2019: 285-295.

[194] CHEN A, CHEN Z, ZHANG G, et al. Photo-realistic facial details synthesis from single image[C]// IEEE International Conference on Computer Vision. Seoul: IEEE, 2019: 9429-9439.

[195] FENG Y, FENG H, BLACK M J, et al. Learning an animatable detailed 3D face model from in-the-wild images[J]. ACM transactions on graphics, 2021, 40(4): 88: 1-88: 13.

[196] HUYNH L, CHEN W, SAITO S, et al. Mesoscopic facial geometry inference using deep neural networks[C]// IEEE Conference on Computer Vision and Pattern Recognition. Salt Lake City: IEEE, 2018: 8407-8416.

[197] RICHARDSON E, SELA M, OR-EL R, et al. Learning detailed face reconstruction from a single image[C]// IEEE Conference on Computer Vision and Pattern Recognition. Honolulu: IEEE, 2017: 5553-5562.

[198] SELA M, RICHARDSON E, KIMMEL R. Unrestricted facial geometry reconstruction using image-to-image translation [C] // IEEE International Conference on Computer Vision. Venice: IEEE, 2017: 1585-1594.

[199] TRAN A T, HASSNER T, MASI I, et al. Extreme 3D face reconstruction: Seeing through occlusions[C]// IEEE Conference on Computer Vision and Pattern Recognition. Salt Lake City: IEEE, 2018: 3935-3944.

[200] GECER B, PLOUMPIS S, KOTSIA I, et al. GANFIT: Generative adversarial network fitting for high fidelity 3D face reconstruction [C] // IEEE Conference on Computer Vision and Pattern Recognition. Long Beach: IEEE, 2019: 1155-1164.

[201] WOOD E, BALTRUŠAITIS T, HEWITT C, et al. 3D face reconstruction with dense landmarks[C]// European Conference on Computer Vision. Cham: Springer, 2022: 160-177.

[202] BAEK S, KIM K I, KIM T K. Pushing the envelope for RGB-based dense 3D hand pose estimation via neural rendering[C]// IEEE Conference on Computer Vision and Pattern Recognition. Long Beach: IEEE, 2019: 1067-1076.

[203] BOUKHAYMA A, BEM R D, TORR P H. 3D hand shape and pose from images in the wild[C]// IEEE Conference on Computer Vision and Pattern Recognition. Long Beach: IEEE, 2019: 10843-10852.

[204] GE L, REN Z, LI Y, et al. 3D hand shape and pose estimation from a single RGB image[C]// IEEE Conference on Computer Vision and Pattern Recognition. Long Beach: IEEE, 2019: 10833-10842.

[205] HASSON Y, VAROL G, TZIONAS D, et al. Learning joint reconstruction of hands and manipulated objects[C]// IEEE Conference on Computer Vision and Pattern Recognition. Long Beach: IEEE, 2019: 11807-11816.

[206] KULON D, GÜLER R A, KOKKINOS I, et al. Weakly-supervised mesh-convolutional hand

reconstruction in the wild[C]// IEEE Conference on Computer Vision and Pattern Recognition. IEEE, 2020: 4989-4999.

[207] KULON D, WANG H, GÜLER R A, et al. Single image 3D hand reconstruction with mesh convolutions[C]// British Machine Vision Conference. Cardiff: BMVA, 2019.

[208] MOON G, YU S I, WEN H, et al. InterHand2.6M: a dataset and baseline for 3D interacting hand pose estimation from a single RGB image[C]// European Conference on Computer Vision. Cham: Springer, 2020: 548-564.

[209] RONG Y, WANG J, LIU Z, et al. Monocular 3D reconstruction of interacting hands via collision-aware factorized refinements[C]// International Conference on 3D Vision. London: IEEE, 2021: 432-441.

[210] ZHANG B, WANG Y, DENG X, et al. Interacting two-hand 3D pose and shape reconstruction from single color image [C] // IEEE International Conference on Computer Vision. IEEE, 2021: 11334-11343.

[211] ZHANG X, LI Q, MO H, et al. End-to-end hand mesh recovery from a monocular RGB image[C]// IEEE International Conference on Computer Vision. Seoul: IEEE, 2019: 2354-2364.

[212] JACKSON A S, BULAT A, ARGYZRIOU V, et al. Large pose 3D face reconstruction from a single image via direct volumetric CNN regression[C]// IEEE International Conference on Computer Vision. Venice: IEEE, 2017: 1031-1039.

[213] SANYAL S, BOLKART T, FENG H, et al. Learning to regress 3D face shape and expression from an image without 3D supervision[C]// IEEE Conference on Computer Vision and Pattern Recognition. Long Beach: IEEE, 2019: 7763-7772.

[214] TEWARI A, ZOLLHÖFER M, GARRIDO P, et al. Self-supervised multi-level face model learning for monocular reconstruction at over 250Hz [C] // IEEE Conference on Computer Vision and Pattern Recognition. Salt Lake City: IEEE, 2018: 2549-2559.

[215] JOO H, SIMON T, SHEIKH Y. Total capture: a 3D deformation model for tracking faces, hands, and bodies[C]// IEEE Conference on Computer Vision and Pattern Recognition. Salt Lake City: IEEE, 2018: 8320-8329.

[216] XU H, BAZAVAN E G, ZANFIR A, et al. GHUM & GHUML: generative 3D human shape and articulated pose models[C]// IEEE Conference on Computer Vision and Pattern Recognition. IEEE, 2020: 6184-6193.

[217] LI K, MAO Y, LIU Y, et al. Full-body motion capture for multiple closely interacting persons[J]. Graphical models, 2020, 110: 101072.

[218] XIANG D, JOO H, SHEIKH Y. Monocular total capture: posing face, body, and hands in the wild[C]// IEEE Conference on Computer Vision and Pattern Recognition. Long Beach: IEEE, 2019: 10965-10974.

[219] RONG Y, SHIRATORI T, JOO H. FrankMocap: a monocular 3D whole-body pose estimation system via regression and integration [C] // International Conference on Computer Vision Workshops. Montreal: IEEE, 2021: 1749-1759.

[220] ZHOU Y, HABERMANN M, HABIBIE I, et al. Monocular real-time full body capture with inter-part correlations[C] // IEEE Conference on Computer Vision and Pattern Recognition. IEEE, 2021: 4811-4822.

[221] JIANG Y, JIANG S, SUN G, et al. NeuralHOFusion: neural volumetric rendering under human-object interactions[C]// IEEE Conference on Computer Vision and Pattern Recognition. New Orleans: IEEE,

2022：6145-6155.

[222] LIN W Y, ZHENG C, YONG J, et al. OcclusionFusion：occlusion-aware motion estimation for real-time dynamic 3D reconstruction[C]// IEEE Conference on Computer Vision and Pattern Recognition. New Orleans：IEEE, 2022：1726-1735.

[223] XU L, SU Z, HAN L, et al. UnstructuredFusion：realtime 4D geometry and texture reconstruction using commercial RGBD cameras[J]. IEEE transactions on pattern analysis and machine intelligence, 2020, 42：2508-2522.

[224] ZHENG Y, SHAO R, ZHANG Y, et al. DeepMultiCap：performance capture of multiple characters using sparse multiview cameras[C]// IEEE International Conference on Computer Vision. IEEE, 2021：6239-6249.

[225] SCHONBERGER J L, FRAHM J M. Structure-from-motion revisited [C] // IEEE Conference on Computer Vision and Pattern Recognition. Las Vegas：IEEE, 2016：4104-4113.

[226] SCHONBERGER J L, ZHENG E, FRAHM J M, et al. Pixelwise view selection for unstructured multi-view stereo[C]// Proceedings of the European Conference on Computer Vision. Amsterdam：Springer, 2016：501-518.

[227] ZHENG E, DUNN E, JOJIC V, et al. PatchMatch based joint view selection and depthmap estimation[C]// IEEE Conference on Computer Vision and Pattern Recognition. Columbus：IEEE, 2014：1510-1517.

[228] HECKBERT P S. Survey of texture mapping[J]. IEEE computer graphics and applications, 1986, 6 (11)：56-67.

[229] HECKBERT P S. Fundamentals of texture mapping and image warping[D]. Berkcley：University of California, Berkeley, 1989.

[230] KAZHDAN M, BOLITHO M, HOPPE H. Poisson surface reconstruction[C]// Symposium on Geometry Processing. Sardinia：Eurographics Association, 2006：61-70.

[231] THIES J, ZOLLHÖFER M, NIEßNER M. Deferred neural rendering：image synthesis using neural textures[J]. ACM transactions on graphics, 2019, 38(4)：1-12.

[232] ALIEV K, SEVASTOPOLSKY A, KOLOS M, et al. Neural point-based graphics [C] // European Conference on Computer Vision. Cham：Springer, 2020：696-712.

[233] RAKHIMOV R, ARDELEAN A T, LEMPITSKY V, et al. NPBG++：accelerating neural point-based graphics[C]// IEEE Conference on Computer Vision and Pattern Recognition. New Orleans：IEEE, 2022：15948-15958.

[234] WU M, WANG Y, HU Q, et al. Multi-view neural human rendering [C] // IEEE Conference on Computer Vision and Pattern Recognition. IEEE, 2020：1679-1688.

[235] QI C R, YI L, SU H, et al. PointNet++：deep hierarchical feature learning on point sets in a metric space[C]// Advances in Neural Information Processing Systems. Long Beach：IEEE, 2017：5099-5108.

[236] PROKUDIN S, BLACK M J, ROMERO J. SMPLpix：neural avatars from 3D human models [C] // Proceedings of the IEEE/CVF Winter Conference on Applications of Computer Vision. IEEE, 2021：1809-1818.

[237] RAJ A, TANKE J, HAYS J, et al. ANR：articulated neural rendering for virtual avatars[C]// IEEE Conference on Computer Vision and Pattern Recognition. IEEE, 2021：3722-3731.

[238] SHYSHEYA A, ZAKHAROV E, ALIEV K, et al. Textured neural avatars[C]// IEEE Conference on

Computer Vision and Pattern Recognition. Long Beach: IEEE, 2019: 2387-2397.

[239] GRIGOREV A, ISKAKOV K, IANINA A, et al. StylePeople: a generative model of fullbody human avatars[C]// IEEE Conference on Computer Vision and Pattern Recognition. IEEE, 2021: 5151-5160.

[240] PENG S, DONG J, WANG Q, et al. Animatable neural radiance fields for modeling dynamic human bodies[C]// IEEE International Conference on Computer Vision. IEEE, 2021: 14314-14323.

[241] PENG S, ZHANG Y, XU Y, et al. Neural Body: implicit neural representations with structured latent codes for novel view synthesis of dynamic humans[C]// IEEE Conference on Computer Vision and Pattern Recognition. IEEE, 2021: 9054-9063.

[242] LIU S, ZHANG Y, PENG S, et al. DIST: rendering deep implicit signed distance function with differentiable sphere tracing[C]// IEEE Conference on Computer Vision and Pattern Recognition. IEEE, 2020.

[243] ALLDIECK T, ZANFIR M, SMINCHISESCU C. Photorealistic monocular 3D reconstruction of humans wearing clothing[C]// Proceedings of the IEEE/CVF Conference on Computer Vision and Pattern Recognition. New Orleans: IEEE, 2022: 1496-1505.

[244] CHAN K Y, LIN G, ZHAO H, et al. IntegratedPiFu: integrated pixel aligned implicit function for single-view human reconstruction[C]// European Conference on Computer Vision. Cham: Springer, 2022: 328-344.

[245] CORONA E, ZANFIR M, ALLDIECK T, et al. Structured 3D features for reconstructing relightable and animatable Avatars[J]. arXiv preprint arXiv: 2212.06820, 2022.

[246] DONG Z, XU K, DUAN Z, et al. Geometry-aware two-scale PIFu representation for human reconstruction[C]// Advances in Neural Information Processing Systems. Long Beach: IEEE, 2022.

[247] HUANG Z, LI T, CHEN W, et al. Deep volumetric video from very sparse multi-view performance capture[C]// European Conference on Computer Vision. Minich: Springer, 2018: 351-369.

[248] SAITO S, SIMON T, SARAGIH J, et al. PIFuHD: Multi-level pixel-aligned implicit function for high-resolution 3D human digitization[C]// IEEE Conference on Computer Vision and Pattern Recognition. IEEE, 2020: 81-90.

[249] BI S, XU Z, SUNKAVALLI K, et al. Deep reflectance volumes: relightable reconstructions from multi-view photometric images[C]// European Conference on Computer Vision. Cham: Springer, 2020: 294-311.

[250] LOMBARDI S, SIMON T, SARAGIH J, et al. Neural volumes: learning dynamic renderable volumes from images[J]. ACM transactions on graphics, 2019, 38(4): 65: 1-65: 14.

[251] WANG P, LIU L, LIU Y, et al. NeuS: learning neural implicit surfaces by volume rendering for multi-view reconstruction[J]. Advances in neural information processing systems, 2021, 34: 27171-27183.

[252] YARIV L, GU J, KASTEN Y, et al. Volume rendering of neural implicit surfaces[C]// Advances in Neural Information Processing Systems, 2021: 4805-4815.

[253] BARRON J T, MILDENHALL B, TANCIK M, et al. Mip-NeRF: a multiscale representation for anti-aliasing neural radiance fields[C]// IEEE International Conference on Computer Vision. IEEE, 2021: 5855-5864.

[254] BARRON J T, MILDENHALL B, VERBIN D, et al. Mip-NeRF 360: unbounded anti-aliased neural radiance fields[C]// IEEE Conference on Computer Vision and Pattern Recognition. New Orleans: IEEE, 2022: 5460-5469.

[255] GARBIN S J, KOWALSKI M, JOHNSON M, et al. FastNeRF: high-fidelity neural rendering at 200FPS[C]// IEEE International Conference on Computer Vision. IEEE, 2021: 14326-14335.
[256] REBAIN D, JIANG W, YAZDANI S, et al. DeRF: decomposed radiance fields[C]// IEEE Conference on Computer Vision and Pattern Recognition. IEEE, 2021: 14153-14161.
[257] REISER C, PENG S, LIAO Y, et al. KiloNeRF: speeding up neural radiance fields with thousands of tiny mlps[C]// IEEE International Conference on Computer Vision. IEEE, 2021: 14315-14325.
[258] LIU L, GU J, LIN K Z, et al. Neural sparse voxel fields[C]// Advances in Neural Information Processing Systems, 2020.
[259] HEDMAN P, SRINIVASAN P P, MILDENHALL B, et al. Baking neural radiance fields for real-time view synthesis[C]// IEEE International Conference on Computer Vision. IEEE, 2021: 5875-5884.
[260] ZHANG J, HUANG J, CAI B, et al. Digging into radiance grid for real-time view synthesis with detail preservation[C]// European Conference on Computer Vision. Cham: Springer, 2022: 724-740.
[261] HU T, LIU S, CHEN Y, et al. EfficientNeRF: efficient neural radiance fields[C]// IEEE Conference on Computer Vision and Pattern Recognition. New Orleans: IEEE, 2022: 12892-12901.
[262] NEFF T, STADLBAUER P, PARGER M, et al. DONeRF: towards real-time rendering of compact neural radiance fields using depth oracle networks[J]. Computer graphics forum, 2021, 40(4): 45-59.
[263] LIN H, PENG S, XU Z, et al. Efficient neural radiance fields for interactive free-viewpoint video[C]// SIGGRAPH Asia 2022 Conference. Daegu, 2022: 39: 1-39: 9.
[264] KURZ A, NEFF T, LV Z, et al. AdaNeRF: adaptive sampling for real-time rendering of neural radiance fields[C]// European Conference on Computer Visio. Cham: Springer, 2022: 254-270.
[265] ARANDJELOVIC R, ZISSERMAN A. NeRF in detail: learning to sample for view synthesis[J]. arXiv preprint arXiv: 2106.05264, 2021.
[266] FANG J, XIE L, WANG X, et al. NeuSample: neural sample field for efficient view synthesis[J]. arXiv preprint arXiv: 2111.15552, 2021.
[267] DADON D, FRIED O, HEL-OR Y. DDNeRF: depth distribution neural radiance fields[C]// Proceedings of the IEEE/CVF Winter Conference on Applications of Computer Vision. Waikoloa: IEEE, 2023: 755-763.
[268] LINDELL D B, MARTEL J N, WETZSTEIN G. AutoInt: automatic integration for fast neural volume rendering[C]// IEEE Conference on Computer Vision and Pattern Recognition. IEEE, 2021: 14556-14565.
[269] WU L, LEE J Y, BHATTAD A, et al. DIVeR: real-time and accurate neural radiance fields with deterministic integration for volume rendering[C]// IEEE Conference on Computer Vision and Pattern Recognition. New Orleans: IEEE, 2022: 16179-16188.
[270] SITZMANN V, REZCHIKOV S, FREEMAN B, et al. Light field networks: neural scene representations with single-evaluation rendering[C]// Advances in Neural Information Processing Systems IEEE, 2021: 19313-19325.
[271] WANG H, REN J, HUANG Z, et al. R2L: distilling neural radiance field to neural light field for efficient novel view synthesis[C]// European Conference on Computer Vision. Cham: Springer 2022: 612-629.
[272] CHEN Z, FUNKHOUSER T, HEDMAN P, et al. MobileNeRF: exploiting the polygon rasterization pipeline for efficient neural field rendering on mobile architectures[C]// IEEE Conference on Computer

Vision and Pattern Recognition. Seattle: IEEE, 2023: 16569-16578.

[273] MULLER T, EVANS A, SCHIED C, et al. Instant neural graphics primitives with a multiresolution hash encoding[J]. ACM transactions on graphics, 2022, 41(4): 102: 1-102: 15.

[274] CHEN A, XU Z, GEIGER A, et al. TensoRF: Tensorial radiance fields[C]// European Conference on Computer Vision. Cham: Springer, 2022: 333-350.

[275] TANCIK M, MILDENHALL B, WANG T, et al. Learned initializations for optimizing coordinate-based neural representations[C]// IEEE Conference on Computer Vision and Pattern Recognition. IEEE, 2021: 2846-2855.

[276] HOSPEDALES T, ANTONIOU A, MICAELLI P, et al. Meta-learning in neural networks: a survey[J]. IEEE transactions on pattern analysis and machine intelligence, 2021, 44(9): 5149-5169.

[277] SITZMANN V, ZOLLHOFER M, WETZSTEIN G. Scene representation networks: continuous 3D-structure-aware neural scene representations[C]// Advances in Neural Information Processing Systems. Vancouver: IEEE, 2019: 1119-1130.

[278] WANG S, MIHAJLOVIC M, MA Q, et al. MetaAvatar: learning animatable clothed human models from few depth images[C]// Advances in Neural Information Processing Systems. IEEE, 2021, 34: 2810-2822.

[279] CHEN Y, WANG X. Transformers as meta-learners for implicit neural representations[C]// European Conference on Computer Vision. Cham: Springer, 2022: 170-187.

[280] CHEN Y, DAI X, LIU M, et al. Dynamic convolution: attention over convolution kernels[C]// IEEE Conference on Computer Vision and Pattern Recognition. IEEE, 2020: 11027-11036.

[281] HA D, DAI A, LE Q V. Hypernetworks[J]. arXiv preprint arXiv: 1609.09106, 2016.

[282] MAXIMOV M, LEAL-TAIXE L, FRITZ M, et al. Deep appearance maps[C]// IEEE International Conference on Computer Vision. Seoul: IEEE, 2019: 8728-8737.

[283] TIAN Z, SHEN C, CHEN H. Conditional convolutions for instance segmentation[C]// European Conference on Computer Vision. Cham: Springer, 2020: 282-298.

[284] CHIBANE J, BANSAL A, LAZOVA V, et al. Stereo radiance fields(SRF): learning view synthesis for sparse views of novel scenes[C]// IEEE Conference on Computer Vision and Pattern Recognition. IEEE, 2021: 7911-7920.

[285] WANG Q, WANG Z, GENOVA K, et al. IBRNet: learning multi-view image-based rendering[C]// IEEE Conference on Computer Vision and Pattern Recognition. IEEE, 2021: 4690-4699.

[286] CHEN A, XU Z, ZHAO F, et al. MVSNeRF: fast generalizable radiance field reconstruction from multi-view stereo[C]// IEEE International Conference on Computer Vision. IEEE, 2021: 14104-14113.

[287] LIU Y, PENG S, LIU L, et al. Neural rays for occlusion-aware image-based rendering[C]// IEEE Conference on Computer Vision and Pattern Recognition. New Orleans: IEEE, 2022: 7814-7823.

[288] JOHARI M M, LEPOITTEVIN Y, FLEURET F. GeoNeRF: Generalizing NeRF with geometry priors[C]// IEEE Conference on Computer Vision and Pattern Recognition. New Orleans: IEEE, 2022: 18344-18347.

[289] RAJ A, ZOLLHOFER M, SIMON T, et al. Pixel-aligned volumetric avatars[C]// IEEE Conference on Computer Vision and Pattern Recognition. IEEE, 2021: 11733-11742.

[290] YAO G, WU H, YUAN Y, et al. DD-NeRF: double-diffusion neural radiance field as a generalizable implicit body representation[J]. arXiv preprint arXiv: 2112.12390, 2021.

[291] LING J, WANG Z, XU F. ShadowNeuS: neural SDF reconstruction by shadow ray supervision[C]// IEEE conference on computer vision and pattern recognition. New Orleans: IEEE, 2022: 175-185.

[292] JIANG K, CHEN S Y, FU H, et al. NeRFFaceLighting: implicit and disentangled face lighting representation leveraging generative prior in neural radiance fields[J]. ACM transactions on graphics, 2023, 42(3): 1-18.

[293] SRINIVASAN P P, DENG B, ZHANG X, et al. Nerv: neural reflectance and visibility fields for relighting and view synthesis[C]// IEEE Conference on Computer Vision and Pattern Recognition. IEEE, 2021: 7495-7504.

[294] ZHANG K, LUAN F, LI Z, et al. IRON: inverse rendering by optimizing neural sdfs and materials from photometric imagess[C]// IEEE Conference on Computer Vision and Pattern Recognition. New Orleans: IEEE, 2022: 5565-5574.

[295] ZHANG K, LUAN F, WANG Q, et al. PhySG: inverse rendering with spherical gaussians for physics-based material editing and relighting[C]// IEEE Conference on Computer Vision and Pattern Recognition. IEEE, 2021: 5453-5462.

[296] ZHANG X, SRINIVASAN P P, DENG B, et al. NeRFactor: neural factorization of shape and reflectance under an unknown illumination[J]. ACM transactions on graphics, 2021, 40(6): 237. 1-237. 18.

[297] ZHANG Y, SUN J, HE X, et al. Modeling indirect illumination for inverse rendering[C]// IEEE Conference on Computer Vision and Pattern Recognition. New Orleans: IEEE, 2022: 18622-18631.

[298] PHARR M, HUMPHREYS G. Physically based rendering: from theory to implementation[M]. Burlington: Morgan Kaufmann, 2016.

[299] BURKOV E, RAKHIMOV R, SAFIN A, et al. Multi-NeuS: 3D head portraits from single image with neural implicit functions[J]. arXiv preprint arXiv: 2209. 04436, 2022.

[300] HONG Y, ZHANG J, JIANG B, et al. StereoPIFu: depth aware clothed human digitization via stereo vision[C]// IEEE Conference on Computer Vision and Pattern Recognition. IEEE, 2021: 535-545.

[301] RAMON E, TRIGINER G, ESCUR J, et al. H3D-Net: few-shot high-fidelity 3D head reconstruction[C]// IEEE International Conference on Computer Vision. IEEE, 2021: 5600-5609.

[302] WANG L, WANG Z, LIN P Y, et al. iButter: neural interactive bullet time generator for human free-viewpoint rendering[C]// Proceedings of the 29th ACM International Conference on Multimedia. ACM, 2021: 4641-4650.

[303] WENG C Y, CURLESS B, SRINIVASAN P P, et al. HumanNeRF: free-viewpoint rendering of moving people from monocular video[C]// IEEE Conference on Computer Vision and Pattern Recognition. New Orleans: IEEE, 2022: 16210-16220.

[304] YU A, YE V, TANCIK M, et al. pixelNeRF: neural radiance fields from one or few images[C]// IEEE Con-ference on Computer Vision and Pattern Recognition. IEEE, 2021: 4578-4587.

[305] CHAN E R, LIN C Z, CHAN M A, et al. Efficient geometry-aware 3D generative adversarial networks[C]// IEEE Conference on Computer Vision and Pattern Recognition. IEEE, 2022: 16123-16133.

[306] HONG F, CHEN Z, LAN Y, et al. EVA3D: compositional 3D human generation from 2D image collections[C]// International Conference on Learning Representations. Kigali, 2023.

[307] KO J, CHO K, CHOI D, et al. 3D GAN Inversion with Pose Optimization[C]// IEEE Winter Conference on Applications of Computer Vision. Waikoloa: IEEE, 2023: 2966-2975.

[308] SCHWARZ K, LIAO Y, NIEMEYER M, et al. GRAF: generative radiance fields for 3D-aware image synthesis[C]// Advances in Neural Information Processing Systems. MIT Press, 2020: 20154-20166.

[309] XIE J, OUYANG H, PIAO J, et al. High-fidelity 3D GAN inversion by pseudo-multi-view optimization[C]// IEEE Conference on Computer Vision and Pattern Recognition. New Orleans: IEEE, 2022: 321-331.

[310] XU Y, PENG S, YANG C, et al. 3D-aware image synthesis via learning structural and textural representations[C]// IEEE Conference on Computer Vision and Pattern Recognition. New Orleans: IEEE, 2022: 18430-18439.

[311] HUANG Y, HE Y, YUAN Y J, et al. StylizedNeRF: consistent 3D scene stylization as stylized NeRF via 2D-3D mutual learning[C]// IEEE Conference on Computer Vision and Pattern Recognition. New Orleans: IEEE, 2022: 18321-18331.

[312] JIANG K, CHEN S Y, LIU F L, et al. NeRFFaceEditing: disentangled face editing in neural radiance fields[C]// SIGGRAPH Asia 2022 Conference. Taegu: ACM, 2022: 31.1-31.9.

[313] YUAN Y J, SUN Y T, LAI Y K, et al. NeRF-Editing: geometry editing of neural radiance fields[C]// IEEE Conference on Computer Vision and Pattern Recognition. New Orleans: IEEE, 2022: 18332-18343.

[314] CAI H, FENG W, FENG X, et al. Neural surface reconstruction of dynamic scenes with monocular RGB-D camera[C]// Advances in Neural Information Processing Systems. New Orleans: IEEE, 2022.

[315] GUO Y, CHEN K, LIANG S, et al. AD-NeRF: audio driven neural radiance fields for talking head synthesis[C]// IEEE international conference on computer vision. IEEE, 2021: 5764-5774.

[316] HAN Y, WANG Z, XU F. Learning a 3D morphable face reflectance model from low-cost data[J]. ArXiv: 2303.11686, 2023.

[317] WANG L, HU Q, HE Q, et al. Neural residual radiance fields for streamably free-viewpoint videos[C]// IEEE Conference on Computer Vision and Pattern Recognition. Seattle: IEEE, 2023: 76-87.

[318] ZHANG J, LIU X, YE X, et al. Editable free-viewpoint video using a layered neural representation[J]. ACM transactions on graphics, 2021, 40(4): 149.1-149.18.

[319] ZHAO F, JIANG Y, YAO K, et al. Human performance modeling and rendering via neural animated Mesh[J]. ACM transactions on graphics, 2022, 41(6): 235.1-235.17.

[320] JIANG B, HONG Y, BAO H, et al. SelfRecon: self reconstruction your digital avatar from monocular video[C]// IEEE Conference on Computer Vision and Pattern Recognition. New Orleans: IEEE, 2022: 5595-5605.

[321] LI Z, ZHENG Z, LIU Y, et al. PoseVocab: learning joint-structured pose embeddings for human avatar modeling[C]// ACM SIGGRAPH Conference. Los Angeles: ACM, 2023: 8.1-8.11.

[322] LUO H, XU T, JIANG Y, et al. Artemis: articulated neural pets with appearance and motion synthesis[J]. ACM transactions on graphics, 2022, 41: 4.1-4.19.

[323] ZHENG Z, HUANG H, YU T, et al. Structured local radiance fields for human avatar modeling[C]// IEEE Conference on Computer Vision and Pattern Recognition. New Orleans: IEEE, 2022: 15872-15882.

[324] ZHENG Z, ZHAO X, ZHANG H, et al. AvatarReX: real-time expressive full-body avatars[J]. ACM transactions on graphics, 2023, 42(4): 158.1-158.19.

[325] LOMBARDI S, SIMON T, SCHWARTZ G, et al. Mixture of volumetric primitives for efficient neural rendering[J]. ACM transactions on graphics, 2021, 40(4): 59.1-59.13.

[326] REMELLI E, BAGAUTDINOV T, SAITO S, et al. Drivable volumetric avatars using texel-aligned features[C]// Special Interest Group on Computer Graphics and Interactive Techniques Conference. Vancouver: ACM, 2022: 56.1-56.9.

[327] WANG L, ZHANG J, LIU X, et al. Fourier PlenOctrees for dynamic radiance field rendering in real-time[C]// IEEE Conference on Computer Vision and Pattern Recognition. New Orleans: IEEE, 2022: 13524-13534.

[328] CAO C, SIMON T, KIM J K, et al. Authentic volumetric avatars from a phone scan[J]. ACM transactions on graphics, 2022, 41(4): 163.1-163.19.

[329] CHEN Z, LIU Z. Relighting4D: neural relightable human from videos[C]// European Conference on Computer Vision. Cham: Springer, 2022: 606-623.

[330] KWON Y, KIM D, CEYLAN D, et al. Neural human performer: learning generalizable radiance fields for human performance rendering[C]// Advances in Neural Information Processing Systems, IEEE, 2021: 24741-24752.

[331] SHUAI Q, GENG C, FANG Q, et al. Novel view synthesis of human interactions from sparse multi-view videos[C]// Special Interest Group on Computer Graphics and Interactive Techniques Conference. Vancouver: ACM, 2022: 57.1-57.10.

[332] BAI J, HUANG L, GONG W, et al. Self-NeRF: a self-training pipeline for few-shot neural radiance fields[J]. arXiv preprint arXiv: 2303.05775, 2023.

[333] GENG C, PENG S, XU Z, et al. Learning neural volumetric representations of dynamic humans in minutes[C]// IEEE Conference on Computer Vision and Pattern Recognition. Seattle: IEEE, 2023: 8759-8770.

[334] JIANG T, CHEN X, SONG J, et al. InstantAvatar: learning avatars from monocular video in 60 seconds[C]// IEEE Conference on Computer Vision and Pattern Recognition. Seattle: IEEE, 2023: 16922-16932.

[335] GAO X, YANG J, KIM J, et al. MPS-NeRF: generalizable 3d human rendering from multiview images[J]. IEEE transactions on pattern analysis and machine intelligence, 2022.

[336] NEWCOMBE R A, FOX D, SEITZ S M. DynamicFusion: reconstruction and tracking of non-rigid scenes in real-time[C]// IEEE Conference on Computer Vision and Pattern Recognition. Boston: IEEE, 2015: 343-352.

[337] YU T, GUO K, XU F, et al. BodyFusion: real-time capture of human motion and surface geometry using a single depth camera[C]// IEEE International Conference on Computer Vision. Honolulu: IEEE, 2017: 910-919.

[338] YU T, ZHENG Z, GUO K, et al. DoubleFusion: real-time capture of human performances with inner body shapes from a single depth sensor[C]// IEEE Conference on Computer Vision and Pattern Recognition. Salt Lake City: IEEE, 2018: 7287-7296.

[339] ZHENG Z, YU T, LI H, et al. HybridFusion: real-time performance capture using a single depth sensor and sparse IMUs[C]// European Conference on Computer Vision. Cham: Springer, 2018: 389-406.

[340] LI Z, YU T, ZHENG Z, et al. Robust and accurate 3D self-portraits in seconds[J]. IEEE transactions on pattern analysis and machine intelligence, 2022, 44(11): 7854-7870.

[341] INNMANN M, ZOLLHOFER M, NIESSNER M, et al. Volumedeform: real-time volumetric non-rigid reconstruction[C]// European Conference on Computer Vision. Amsterdam: Springer, 2016: 362-379.

[342] LI Z, YU T, ZHENG Z, et al. POSEFusion: pose-guided selective fusion for single-view human volumetric capture[C]// IEEE Conference on Computer Vision and Pattern Recognition. IEEE, 2021: 14162-14172.

[343] SU Z, XU L, ZHENG Z, et al. RobustFusion: human volumetric capture with data-driven visual cues using a RGBD camera[C]// European Conference on Computer Vision. Cham: Springer, 2020: 246-264.

[344] YU T, ZHENG Z, GUO K, et al. Function4D: real-time human volumetric capture from very sparse consumer RGBD sensors[C]// IEEE Conference on Computer Vision and Pattern Recognition. IEEE, 2021: 5746-5756.

[345] SUMNER R W, SCHMID J, PAULY M. Embedded deformation for shape manipulation[J]. ACM transactions on graphics, 2007, 26(3): 80.

[346] CURLESS B, LEVOY M. A volumetric method for building complex models from range images[C]// Proceedings of the 23rd Annual Conference on Computer Graphics and Interactive Techniques. New York: ACM, 1996: 303-312.

[347] DOU M, DAVIDSON P, FANELLO S R, et al. Motion2Fusion: real-time volumetric performance capture[J]. ACM transactions on graphics, 2017, 36(6): 246.1-246.16.

[348] DOU M, KHAMIS S, DEGTYAREV Y, et al. Fusion4D: Real-time performance capture of challenging scenes[J]. ACM transactions on graphics, 2016, 35(4): 114.1-114.13.

[349] ALLDIECK T, MAGNOR M, XU W, et al. Detailed human avatars from monocular video[C]// International Conference on 3D Vision. Verona: IEEE, 2018: 98-109.

[350] ALLDIECK T, PONS-MOLL G, THEOBALT C, et al. Tex2Shape: detailed full human body geometry from a single image[C]// IEEE International Conference on Computer Vision. Seoul: IEEE, 2019: 2293-2303.

[351] GABEUR V, FRANCO J S, MARTIN X, et al. Moulding humans: non-parametric 3D human shape estimation from single images[C]// IEEE International Conference on Computer Vision. Seoul: IEEE, 2019: 2232-2241.

[352] NATSUME R, SAITO S, HUANG Z, et al. SiCloPe: silhouette-based clothed people[C]// IEEE Conference on Computer Vision and Pattern Recognition. Long Beach: IEEE, 2019: 4480-4490.

[353] CHABERT C F, EINARSSON P, JONES A, et al. Relighting human locomotion with flowed reflectance fields[C]// ACM SIGGRAPH 2006 Sketches. New York: ACM, 2006: 76.

[354] MEKA A, HAENE C, PANDEY R, et al. Deep reflectance fields: high-quality facial reflectance field inference from color gradient illumination[J]. ACM transactions on graphics, 2019, 38(4): 77.1-77.12.

[355] SAGAR M. Reflectance field rendering of human faces for "Spider-Man 2"[C]// International Conference on Computer Graphics and Interactive Techniques. Los Angeles: ACM, 2005: 14.

[356] XU Z, BI S, SUNKAVALLI K, et al. Deep view synthesis from sparse photometric images[J]. ACM transactions on graphics, 2019, 38(4): 76.1-76.13.

[357] ZHOU H, HADAP S, SUNKAVALLI K, et al. Deep single-image portrait relighting[C]// IEEE International Conference on Computer Vision. Seoul: IEEE, 2019: 7194-7202.

[358] BASRI R, JACOBS D W. Lambertian reflectance and linear subspaces[J]. IEEE transactions on pattern analysis and machine intelligence, 2003, 25(2): 218-233.

[359] SUN T, BARRON J T, TSAI Y T, et al. Single image portrait relighting[J]. ACM transactions on graphics, 2019, 38(4): 79.1-79.12.
[360] NESTMEYER T, LALONDE J F, MATTHEWS I, et al. Learning physics-guided face relighting under directional light[C]// IEEE Conference on Computer Vision and Pattern Recognition. IEEE, 2020: 5124-5133.
[361] WANG Z, YU X, LU M, et al. Single image portrait relighting via explicit multiple reflectance channel modeling[J]. ACM transactions on graphics, 2020, 39(6): 220.1-220.13.
[362] PANDEY R, ESCOLANO S O, LEGENDRE C, et al. Total relighting: learning to relight portraits for background replacement[J]. ACM transactions on graphics, 2021, 40(4): 1-21.
[363] XUE S, AGARWALA A, DORSEY J, et al. Understanding and improving the realism of image composites[J]. ACM transactions on graphics, 2012, 31(4): 84.1-84.10.
[364] MINAR M R. A curated list of awesome virtual try-on(VTON) research[Z]. 2021.
[365] DEBEVEC P. The light stages and their applications to photoreal digital actors[R]. Los Angeles: University of Southern California, 2012.
[366] DEBEVEC P, WENGER A, TCHOU C, et al. A lighting reproduction approach to live-action compositing[J]. ACM transactions on graphics, 2002, 21(3): 547-556.
[367] HAWKINS T, COHEN J, DEBEVEC P. A photometric approach to digitizing cultural artifacts[C]// 2001 Conference on Virtual Reality, Archeology, and Cultural Heritage. Glyfada: ACM, 2001: 333-342.
[368] WENGER A, GARDNER A, TCHOU C, et al. Performance relighting and reflectance transformation with time-multiplexed illumination[J]. ACM transactions on graphics, 2005, 24(3): 756-764.
[369] WEYRICH T, MATUSIK W, PFISTER H, et al. Analysis of human faces using a measurement-based skin reflectance model[J]. ACM transactions on graphics, 2006, 25(3): 1013-1024.
[370] LI G, WU C, STOLL C, et al. Capturing relightable human performances under general uncontrolled illumination[J]. Computer graphics forum, 2013, 32(2): 275-284.
[371] IMBER J, GUILLEMAUT J Y, HILTON A. Intrinsic textures for relightable free-viewpoint video[C]// European Conference on Computer Vision. Zurich: Springer, 2014: 392-407.
[372] KANAMORI Y, ENDO Y. Relighting humans: occlusion-aware inverse rendering for full-body human images[J]. ACM Transactions on Graphics, 2018, 37(6): 270.
[373] MEKA A, PANDEY R, HAENE C, et al. Deep relightable textures: volumetric performance capture with neural rendering[J]. ACM transactions on graphics, 2020, 39(6): 1-21.
[374] LAGUNAS M, SUN X, YANG J, et al. Single-image full-body human relighting[J]. arXiv preprint arXiv: 2107.07259, 2021.
[375] TAJIMA D, KANAMORI Y, ENDO Y. Relighting humans in the wild: monocular full-body human relighting with domain adaptation[J]. Computer graphics forum, 2021, 40(7): 205-216.
[376] ZHOU T, HE K, WU D, et al. Relightable neural human assets from multi-view gradient illuminations[C]// IEEE Conference on Computer Vision and Pattern Recognition. Seattle: IEEE, 2023: 4315-4327.
[377] ZHANG L, ZHANG Q, WU M, et al. Neural video portrait relighting in real-time via consistency modeling[C]// IEEE International Conference on Computer Vision. IEEE, 2021: 802-812.
[378] LEE K C, HO J, KRIEGMAN D J. Acquiring linear subspaces for face recognition under variable lighting[J]. IEEE transactions on pattern analysis and machine intelligence, 2005, 27(5): 684-698.

[379] SAVRAN A, ALYÜZ N, DIBEKLIOĞLU H, et al. Bosphorus database for 3D face analysis[C]// Biometrics and Identity Management: First European Workshop. Roskilde: Springer, 2008: 47-56.

[380] YIN L, WEI X, SUN Y, et al. A 3D facial expression database for facial behavior research[C]// 7th international conference on automatic face and gesture recognition. Southampton: IEEE, 2006: 211-216.

[381] ZHANG X, YIN L, COHN J F, et al. A high-resolution spontaneous 3D dynamic facial expression database[C]// 2013 10th IEEE International Conference and Workshops on Automatic Face and Gesture Recognition. New York: IEEE, 2013: 1-6.

[382] STRATOU G, GHOSH A, DEBEVEC P, et al. Effect of illumination on automatic expression recognition: a novel 3D relightable facial database[C]// 2011 IEEE International Conference on Automatic Face and Gesture Recognition. California: IEEE, 2011: 611-618.

[383] JI C, YU T, GUO K, et al. Geometry-aware single-image full-body human relighting[C]// European Conference on Computer Vision Tel Aviv: Springer, 2022: 388-405.

[384] ALLDIECK T, MAGNOR M, BHATNAGAR B L, et al. Learning to reconstruct people in clothing from a single RGB camera[C]// IEEE Conference on Computer Vision and Pattern Recognition. Long Beach: IEEE, 2019: 1175-1186.

[385] ALLDIECK T, MAGNOR M, XU W, et al. Video based reconstruction of 3D people models[C]// IEEE Conference on Computer Vision and Pattern Recognition. Salt Lake City: IEEE, 2018: 8387-8397.

[386] BUROV A, NIEßNER M, THIES J. Dynamic surface function networks for clothed human bodies[C]// IEEE International Conference on Computer Vision. IEEE, 2021: 10754-10764.

[387] TIWARI G, SARAFIANOS N, TUNG T, et al. neural-GIF: neural generalized implicit functions for animating people in clothing[C]// 2021 IEEE International Conference on Computer Vision. IEEE, 2021: 11708-11718.

[388] MIHAJLOVIC M, ZHANG Y, BLACK M J, et al. LEAP: learning articulated occupancy of people[C]// IEEE Conference on Computer Vision and Pattern Recognition. IEEE, 2021: 10461-10471.

[389] SAITO S, YANG J, MA Q, et al. SCANimate: weakly supervised learning of skinned clothed avatar networks[C]// IEEE Conference on Computer Vision and Pattern Recognition. IEEE, 2021: 2886-2897.

[390] CHEN X, ZHENG Y, BLACK M J, et al. SNARF: differentiable forward skinning for animating non-rigid neural implicit shapes[C]// IEEE International Conference on Computer Vision. IEEE, 2021: 11594-11604.

[391] GUAN P, REISS L, HIRSHBERG D A, et al. DRAPE: dressing any person[J]. ACM transactions on graphics, 2012, 31(4): 35. 1-35. 10.

[392] STOLL C, GALL J, DE AGUIAR E, et al. Video-based reconstruction of animatable human characters[J]. ACM transactions on graphics, 2010, 29(6): 139. 1-139. 10.

[393] XU F, LIU Y, STOLL C, et al. Video-based characters: creating new human performances from a multi-view video database[C]// ACM SIGGRAPH Conference. Vancouver: ACM, 2011: 1-10.

[394] HABERMANN M, LIU L, XU W, et al. Real-time deep dynamic characters[J]. ACM transactions on graphics, 2021, 40(4): 94. 1-94. 16.

[395] BAGAUTDINOV T, WU C, SIMON T, et al. Driving-signal aware full-body avatars[J]. ACM transactions on graphics, 2021, 40(4): 143. 1-143. 17.

[396] LI R, TANKE J, VO M, et al. TAVA: template-free animatable volumetric actors[C]// European Conference on Computer Vision. Cham: Springer, 2022: 419-436.

[397] SU S Y, YU F, ZOLLHÖFER M, et al. A-NeRF: articulated neural radiance fields for learning human shape, appearance, and pose[J]. Advances in neural information processing systems, 2021, 34: 12278-12291.

[398] WANG S, SCHWARZ K, GEIGER A, et al. ARAH: animatable volume rendering of articulated human SDFs[C]// European Conference on Computer Vision. Tel Aviv: Springer, 2022: 1-19.

[399] LIU L, HABERMANN M, RUDNEV V, et al. Neural actor: neural free-view synthesis of human actors with pose control[J]. ACM transactions on graphics, 2021, 40(6): 219. 1-219. 16.

[400] DONG J, FANG Q, GUO Y, et al. TotalSelfScan: learning full-body avatars from self-portrait videos of faces, hands, and bodies[C]// Advances in Neural Information Processing Systems. Long Beach, 2022.

[401] CHOI K J, KO H S. Stable but responsive cloth[C]// ACM SIGGRAPH Conference. Los Angeles: ACM, 2005: 1.

[402] LIU T, BARGTEIL A W, O'BRIEN J F, et al. Fast simulation of mass-spring systems[J]. ACM transactions on graphics, 2013, 32(6): 1-7.

[403] PROVOT X, ET AL. Deformation constraints in a mass-spring model to describe rigid cloth behaviour[C]// Graphics Interface, 1995: 147.

[404] BONET J, WOOD R D. Nonlinear continuum mechanics for finite element analysis[M]. Cambridge: Cambridge university press, 1997.

[405] JIANG C, GAST T, TERAN J. Anisotropic elastoplasticity for cloth, knit and hair frictional contact[J]. ACM transactions on graphics, 2017, 36(4): 152. 1-152. 14.

[406] NARAIN R, SAMII A, O'BRIEN J F. Adaptive anisotropic remeshing for cloth simulation[J]. ACM transactions on graphics, 2012, 31(6): 152. 1-152. 10.

[407] LI C, TANG M, TONG R, et al. P-Cloth: interactive cloth simulation on multi-GPU systems using dynamic matrix assembly and pipelined implicit integrators[J]. ACM transactions on graphics, 2020, 39(6): 180.

[408] WU B, WANG Z, WANG H. A GPU-based multilevel additive schwarz preconditioner for cloth and deformable body simulation[J]. ACM transactions on graphics, 2022, 41(4): 63. 1-63. 14.

[409] KASPAR A, WU K, LUO Y, et al. Knit sketching: from cut & sew patterns to machine-knit garments[J]. ACM transactions on graphics, 2021, 40(4): 63. 1-63. 15.

[410] LIU Z, HAN X, ZHANG Y, et al. Knitting 4D garments with elasticity controlled for body motion[J]. ACM transactions on graphics, 2021, 40(4): 62. 1-62. 16.

[411] PATEL C, LIAO Z, PONS-MOLL G. TailorNet: predicting clothing in 3D as a function of human pose, shape and garment style[C]// IEEE Conference on Computer Vision and Pattern Recognition. IEEE, 2020: 7365-7375.

[412] SANTESTEBAN I, OTADUY M A, CASAS D. SNUG: self-supervised neural dynamic garments[C]// IEEE Conference on Computer Vision and Pattern Recognition. New Orleans: IEEE, 2022: 8130-8140.

[413] DE AGUIAR E, SIGAL L, TREUILLE A, et al. Stable spaces for real-time clothing[J]. ACM transactions on graphics, 2010, 29(4): 1-9.

[414] KIM D, KOH W, NARAIN R, et al. Near-exhaustive precomputation of secondary cloth effects[J]. ACM transactions on graphics, 2013, 32(4): 87. 1-87. 8.

[415] WANG H, HECHT F, RAMAMOORTHI R, et al. Example-based wrinkle synthesis for clothing animation[J]. ACM transactions on graphics, 2010, 29(4): 107. 1-107. 8.

[416] WANG T Y, CEYLAN D, POPOVIĆ J, et al. Learning a shared shape space for multimodal garment design[J]. ACM transactions on graphics, 2018, 37(6): 203. 1-203. 13.

[417] GUNDOGDU E, CONSTANTIN V, PARASHAR S, et al. GarNet++: Improving fast and accurate static 3D cloth draping by curvature loss[J]. IEEE transactions on pattern analysis and machine intelligence, 2020, 44(1): 181-195.

[418] GUNDOGDU E, CONSTANTIN V, SEIFODDINI A, et al. GarNet: a two-stream network for fast and accurate 3D cloth draping[C]// IEEE International Conference on Computer Vision. Long Beach: IEEE, 2019: 8739-8748.

[419] PAN X, MAI J, JIANG X, et al. Predicting loose-fitting garment deformations using bone-driven motion networks[C]// ACM SIGGRAPH 2022 Conference. New York: IEEE, 2022: 1-10.

[420] SANTESTEBAN I, OTADUY M A, CASAS D. Learning-based animation of clothing for virtual try-on[J]. Computer graphics forum, 2019, 38(2): 355-366.

[421] VIDAURRE R, SANTESTEBAN I, GARCES E, et al. Fully convolutional graph neural networks for parametric virtual try-on [J]. Computer Graphics Forum: Journal of the European Association for Computer Graphics, 2020, 39(8): 145-156.

[422] XU H, ALLDIECK T, SMINCHISESCU C. H-NeRF: neural radiance fields for rendering and temporal reconstruc-tion of humans in motion[C]// Advances in neural information processing systems. IEEE, 2021, 34: 14955-14966.

[423] MA Q, YANG J, RANJAN A, et al. Learning to dress 3D people in generative clothing[C]// IEEE Conference on Computer Vision and Pattern Recognition. IEEE, 2020: 6468-6477.

[424] MA Q, SAITO S, YANG J, et al. SCALE: modeling clothed humans with a surface codec of articulated local elements[C]// IEEE Conference on Computer Vision and Pattern Recognition. IEEE, 2021: 16082-16093.

[425] MA Q, YANG J, TANG S, et al. The power of points for modeling humans in clothing[C]// IEEE International Conference on Computer Vision. IEEE, 2021: 10974-10984.

[426] ZAKHARKIN I, MAZUR K, GRIGOREV A, et al. Point-based modeling of human clothing[C]// IEEE International Conference on Computer Vision. IEEE, 2021: 14698-14707.

[427] LIN S, ZHANG H, ZHENG Z, et al. Learning implicit templates for point-based clothed human modeling[C]// European Conference on Computer Vision. Cham: Springer, 2022: 210-228.

[428] ZHANG H, LIN S, SHAO R, et al. CloSET: modeling clothed humans on continuous surface with explicit template decomposition[C]// IEEE Conference on Computer Vision and Pattern Recognition. New Orleans: IEEE, 2023: 501-511.

[429] QIAN S, XU J, LIU Z, et al. UNIF: united neural implicit functions for clothed human reconstruction and animation[C]// European Conference on Computer Vision. Cham: Springer, 2022: 121-137.

[430] LI Z, ZHENG Z, ZHANG H, et al. AvatarCap: animatable avatar conditioned monocular human volumetric capture[C]// European Conference on Computer Vision. Cham: Springer, 2022: 322-341.

[431] PALAFOX P, BOŽIČ A, THIES J, et al. NPMS: neural parametric models for 3D deformable shapes[C]// IEEE International Conference on Computer Vision. IEEE, 2021: 12695-12705.

[432] BLANZ V, VETTER T. A morphable model for the synthesis of 3D faces[C]// SIGGRAPH 1999. New

York: ACM, 1999: 187-194.

[433] JIANG L, ZHANG J, DENG B, et al. 3D face reconstruction with geometry details from a single image[J]. IEEE transactions on image processing, 2018, 27(10): 4756-4770.

[434] ZHANG R, TSAI P, CRYER J E, et al. Shape from shading: a survey[J]. IEEE transactions on pattern analysis and machine intelligence, 1999, 21(8): 690-706.

[435] DOU P, KAKADIARIS I A. Multi-view 3D face reconstruction with deep recurrent neural networks[J]. Image and Vision. Computing, 2018, 80: 80-91.

[436] WU F, BAO L, CHEN Y, et al. MVF-Net: multi-view 3D face morphable model regression[C]//IEEE Conference on Computer Vision and Pattern Recognition. Long Beach: IEEE, 2019: 959-968.

[437] AGRAWAL S, PAHUJA A, LUCEY S. High accuracy face geometry capture using a smartphone video[C]// 2020 IEEE Winter Conference on Applications of Computer Vision. Snowmass Village: IEEE, 2020: 81-90.

[438] BAI Z, CUI Z, RAHIM J A, et al. Deep facial non-rigid multi-view stereo[C]// IEEE Conference on Computer Vision and Pattern Recognition. IEEE, 2020: 5849-5859.

[439] WU X, ZHANG Q, WU Y, et al. F3A-GAN: facial flow for face animation with generative adversarial networks[J]. IEEE transactions on image processing, 2021, 30: 8658-8670.

[440] GARRIDO P, VALGAERTS L, WU C, et al. Reconstructing detailed dynamic face geometry from monocular video[J]. ACM transactions on graphics, 2013, 32(6): 158: 1-158: 10.

[441] GUO Y, ZHANG J, CAI J, et al. CNN-based real-time dense face reconstruction with inverse-rendered photo-realistic face images[J]. IEEE transactions on pattern analysis and machine intelligence, 2019, 41(6): 1294-1307.

[442] WANG X, GUO Y, YANG Z, et al. Prior-guided multi-view 3D head reconstruction[J]. IEEE transactions on multimedia. , 2022, 24: 4028-4040.

[443] YENAMANDRA T, TEWARI A, BERNARD F, et al. i3DMM: deep implicit 3D morphable model of human heads[C]// IEEE Conference on Computer Vision and Pattern Recognition. IEEE, 2021: 12803-12813.

[444] ZHENG Y, ABREVAYA V F, BÜHLER M C, et al. Im avatar: implicit morphable head avatars from videos[C]// IEEE Conference on Computer Vision and Pattern Recognition. New Orleans: IEEE, 2022: 13545-13555.

[445] NIEMEYER M, GEIGER A. Giraffe: representing scenes as compositional generative neural feature fields[C]// IEEE Conference on Computer Vision and Pattern Recognition. IEEE, 2021: 11453-11464.

[446] GAO X, ZHONG C, XIANG J, et al. Reconstructing personalized semantic facial NeRF models from monocular video[J]. ACM transactions on graphics, 2022, 41(6): 200. 1-200. 12.

[447] SANGHI A, CHU H, LAMBOURNE J G, et al. Clip-Forge: towards zero-shot text-to-shape generation[C]// IEEE Conference on Computer Vision and Pattern Recognition. New Orleans: IEEE, 2022: 18582-18592.

[448] RADFORD A, KIM J W, HALLACY C, et al. Learning transferable visual models from natural language supervision[C]// International Conference on Machine Learning. PMLR, 2021: 8748-8763.

[449] JAIN A, MILDENHALL B, BARRON J T, et al. Zero-shot text-guided object generation with dream fields[C]// IEEE Conference on Computer Vision and Pattern Recognition. New Orleans: IEEE, 2022: 857-866.

[450] KHALID N M, XIE T, BELILOVSKY E, et al. CLIP-Mesh: generating textured meshes from text using pretrained image-text models[C]// SIGGRAPH Asia 2022 Conference. Taegn: ACM, 2022: 25.1-25.8.

[451] SAHARIA C, CHAN W, SAXENA S, et al. Photorealistic text-to-image diffusion models with deep language understanding[C]// Advances in Neural Information Processing Systems. New Orleans, 2022: 36479-36494.

[452] METZER G, RICHARDSON E, PATASHNIK O, et al. Latent-NeRF for shape-guided generation of 3D shapes and textures[J]. arXiv preprint arXiv: 2211.07600, 2022.

[453] RICHARDSON E, METZER G, ALALUF Y, et al. TEXTure: text-guided texturing of 3D shapes[C]// Special Interest Group on Computer Graphics and Interactive Techniques Conference. Los Angeles: ACM, 2023: 54.1-54.11.

[454] LIN C H, GAO J, TANG L, et al. Magic3D: high-resolution text-to-3D content creation[C]// IEEE Conference on Computer Vision and Pattern Recognition. Vancouver: IEEE, 2023: 300-309.

[455] WANG T, ZHANG B, ZHANG T, et al. Rodin: a generative model for sculpting 3D digital avatars using diffusion[C]// IEEE Conference on Computer Vision and Pattern Recognition. Vancouver: IEEE, 2023: 4563-4573.

[456] ZHANG C, CHEN Y, FU Y, et al. StyleAvatar3D: leveraging image-text diffusion models for high-fidelity 3D avatar generation[J]. arXiv preprint arXiv: 2305.19012, 2023.

[457] NGUYEN-PHUOC T, SCHWARTZ G, YE Y, et al. AlteredAvatar: stylizing dynamic 3D avatars with fast style adaptation[J]. arXiv preprint arXiv: 2305.19245, 2023.

[458] ANEJA S, THIES J, DAI A, et al. ClipFace: text-guided editing of textured 3D morphable models[J]. arXiv preprint arXiv: 2212.01406, 2022.

[459] ZHANG L, QIU Q, LIN H, et al. DreamFace: progressive generation of animatable 3D faces under text guidance[J]. arXiv preprint arXiv: 2304.03117, 2023.

[460] CHEN X, JIANG T, SONG J, et al. gDNA: towards generative detailed neural avatars[C]// IEEE Conference on Computer Vision and Pattern Recognition. New Orleans: IEEE, 2022: 20395-20405.

[461] BERGMAN A, KELLNHOFER P, YIFAN W, et al. Generative neural articulated radiance fields[C]// Advances in Neural Information Processing Systems. New Orleans, 2022, 35: 19900-19916.

[462] KARRAS T, LAINE S, AITTALA M, et al. Analyzing and improving the image quality of StyleGAN[C]// IEEE Conference on Computer Vision and Pattern Recognition. IEEE, 2020: 8110-8119.

[463] ZHANG J, JIANG Z, YANG D, et al. AvatarGen: a 3D generative model for animatable human avatars[C]// ECCV 2022 Workshops. Cham: Springer, 2022: 668-685.

[464] JIANG S, JIANG H, WANG Z, et al. Humangen: generating human radiance fields with explicit priors[C]// IEEE Conference on Computer Vision and Pattern Recognition. Vancouver: IEEE, 2023: 12543-12554.

[465] HONG F, ZHANG M, PAN L, et al. AvatarCLIP: Zero-shot text-driven generation and animation of 3D avatars[J]. ACM transactions on graphics, 2022, 41(4): 161.1-161.19.

[466] CAO Y, CAO Y P, HAN K, et al. DreamAvatar: text-and-shape guided 3D human avatar generation via diffusion models[J]. arXiv preprint arXiv: 2304.00916, 2023.

[467] KOLOTOUROS N, ALLDIECK T, ZANFIR A, et al. DreamHuman: animatable 3D avatars from text[J]. arXiv preprint arXiv: 2306.09329, 2023.

[468] ALLDIECK T, XU H, SMINCHISESCU C. imGHUM: implicit generative models of 3D human shape

and articulated pose [C] // IEEE International Conference on Computer Vision. IEEE, 2021: 5441-5450.

[469] SUN J, WANG X, SHI Y, et al. IDE-3D: interactive disentangled editing for high-resolution 3D-aware portrait synthesis[J]. ACM transactions on graphics, 2022, 41(6): 1-10.

[470] HO H I, XUE L, SONG J, et al. Learning locally editable virtual humans[C]// IEEE Conference on Computer Vision and Pattern Recognition. Vancouver: IEEE, 2023: 21024-21035.

[471] CETINASLAN O, ORVALHO V. Stabilized blendshape editing using localized Jacobian transpose descent[J]. Graphical models, 2020, 112: 101091.

[472] LEWIS J P, ANJYO K I. Direct manipulation blendshapes [J]. IEEE computer graphics and applications, 2010, 30(4): 42-50.

[473] LING J, WANG Z, LU M, et al. Structure-aware editable morphable model for 3D facial detail animation and manipulation[C]// European Conference on Computer Vision. Tel Aviv: Springer, 2022: 249-267.

[474] ANEJA S, THIES J, DAI A, et al. ClipFace: text-guided editing of textured 3D morphable models[C]// SIGGRAPH 2023. New York: ACM, 2023, 70. 1-70. 11.

[475] CANFES Z, ATASOY M F, DIRIK A, et al. Text and image guided 3D avatar generation and manipulation[C]// IEEE Winter Conference on Applications of Computer Vision. New York: IEEE, 2023: 4421-4431.

[476] JO K, SHIM G, JUNG S, et al. CG-NeRF: conditional generative neural radiance fields for 3D-aware image synthesis[C]// IEEE Winter Conference on Applications of Computer Vision. Waikoloa: IEEE, 2023: 724-733.

[477] DENG K, YANG G, RAMANAN D, et al. 3D-aware conditional image synthesis[C]// IEEE Conference on Computer Vision and Pattern Recognition. Vancouver: IEEE, 2023: 4434-4445.

[478] GAO L, LIU F L, CHEN S Y, et al. SketchFaceNeRF: sketch-based facial generation and editing in neural radiance fields[J]. ACM transactions on graphics, 2023.

[479] HYUNG J, HWANG S, KIM D, et al. Local 3D editing via 3D distillation of CLIP knowledge[C]// IEEE Conference on Computer Vision and Pattern Recognition. Vancouver: IEEE, 2023: 12674-12684.

[480] SHAO R, SUN J, PENG C, et al. Control4D: dynamic portrait editing by learning 4D GAN from 2D diffusion-based editor[J]. arXiv preprint arXiv: 2305. 20082, 2023.

[481] SUN J, WANG X, ZHANG Y, et al. FENeRF: Face editing in neural radiance fields[C]// IEEE Conference on Computer Vision and Pattern Recognition. New Orleans: IEEE, 2022: 7672-7682.

[482] MA L, LI X, LIAO J, et al. Neural parameterization for dynamic human head editing[J]. ACM transactions on graphics, 2022, 41(6): 1-15.

[483] ALLEN B, CURLESS B, POPOVIĆ Z. The space of human body shapes: reconstruction and parameterization from range scans[J]. ACM transactions on graphics, 2003, 22(3): 587-594.

[484] STREUBER S, QUIROS-RAMIREZ M A, HILL M Q, et al. Body talk: crowdshaping realistic 3D avatars with words[J]. ACM transactions on graphics, 2016, 35(4): 54. 1-54. 14.

[485] CHEN Y, CHENG Z Q, MARTIN R R. Parametric editing of clothed 3D avatars[J]. The visual computer, 2016, 32: 1405-1414.

[486] PONS-MOLL G, PUJADES S, HU S, et al. ClothCap: seamless 4D clothing capture and retargeting[J]. ACM transactions on graphics, 2017, 36(4): 73. 1-73. 15.

[487] CHEN Y, WANG X, CHEN X, et al. UV volumes for real-time rendering of editable free-view human performance[C]// IEEE Conference on Computer Vision and Pattern Recognition. Vancouver: IEEE, 2023: 16621-16631.

[488] FU J, LI S, JIANG Y, et al. Stylegan-human: a data-centric odyssey of human generation[C]// European Conference on Computer Vision. Tel Aviv: Springer, 2022: 1-19.

[489] XIONG Z, KANG D, JIN D, et al. Get3DHuman: lifting stylegan-human into a 3D generative model using pixel-aligned reconstruction priors[C]// IEEE International Conference on Computer Vision. Paris: IEEE, 2023: 9287-9297.

[490] PATASHNIK O, WU Z, SHECHTMAN E, et al. StyleCLIP: text-driven manipulation of stylegan imagery[C]// IEEE International Conference on Computer Vision. IEEE, 2021: 2085-2094.

[491] CHEN X, JIANG B, LIU W, et al. Executing your commands via motion diffusion in latent space[C]// IEEE Conference on Computer Vision and Pattern Recognition. Vancouver: IEEE, 2023: 18000-18010.

[492] CHEN K, TAN Z, LEI J, et al. Choreomaster: choreography-oriented music-driven dance synthesis[J]. ACM transactions on graphics, 2021, 40(4): 145. 1-145. 13.

[493] GUO C, ZUO X, WANG S, et al. Action2Motion: conditioned generation of 3D human motions[C]// The 28th ACM International Conference on Multimedia. Seattle: ACM, 2020: 2021-2029.

[494] JI Y, XU F, YANG Y, et al. A large-scale RGB-D database for arbitrary-view human action recognition[C]// The 26th ACM International Conference on Multimedia. Seoul: ACM, 2018: 1510-1518.

[495] CAI H, BAI C, TAI Y W, et al. Deep video generation, prediction and completion of human action sequences[C]// European Conference on Computer Vision. Cham: Springer, 2018: 366-382.

[496] TULYAKOV S, LIU M Y, YANG X, et al. MoCoGAN: decomposing motion and content for video generation[C]// IEEE Conference on Computer Vision and Pattern Recognition. Salt Lake City: IEEE, 2018: 1526-1535.

[497] PETROVICH M, BLACK M J, VAROL G. Action-conditioned 3D human motion synthesis with transformer VAE[C]// IEEE International Conference on Computer Vision. IEEE, 2021: 10985-10995.

[498] LU Q, ZHANG Y, LU M, et al. Action-conditioned on-demand motion generation[C]// The 30th ACM International Conference on Multimedia. Lisboa: ACM, 2022: 2249-2257.

[499] PLAPPERT M, MANDERY C, ASFOUR T. The KIT motion-language dataset[J]. Big data, 2016, 4(4): 236-252.

[500] GUO C, ZOU S, ZUO X, et al. Generating diverse and natural 3D human motions from text[C]// IEEE Conference on Computer Vision and Pattern Recognition. New Orleans: IEEE, 2022: 5152-5161.

[501] MAHMOOD N, GHORBANI N, TROJE N F, et al. AMASS: archive of motion capture as surface shapes[C]// IEEE International Conference on Computer Vision. Seoul: IEEE, 2019: 5442-5451.

[502] GHOSH A, CHEEMA N, OGUZ C, et al. Synthesis of compositional animations from textual descriptions[C]// IEEE International Conference on Computer Vision. IEEE, 2021: 1396-1406.

[503] PETROVICH M, BLACK M J, VAROL G. TEMOS: generating diverse human motions from textual descriptions[C]// European Conference on Computer Vision. Cham: Springer. 2022: 480-497.

[504] ZHANG J, ZHANG Y, CUN X, et al. Generating human motion from textual descriptions with discrete representations[C]// IEEE Conference on Computer Vision and Pattern Recognition. Vancouver: IEEE, 2023: 14730-14740.

[505] VAN DEN OORD A, VINYALS O, KAVUKCUOGLU K. Neural discrete representation learning[C]// Advances in Neural Information Processing Systems. IEEE, 2017, 30.

[506] TEVET G, GORDON B, HERTZ A, et al. MotionCLIP: exposing human motion generation to clip space[C]// European Conference on Computer Vision. Tel Aviv: Springer, 2022: 358-374.

[507] DABRAL R, MUGHAL M H, GOLYANIK V, et al. MoFusion: a framework for denoising-diffusion-based motion synthesis[C]// IEEE Conference on Computer Vision and Pattern Recognition. Vancouver: IEEE, 2023: 9760-9770.

[508] ZHANG M, CAI Z, PAN L, et al. MotionDiffuse: text-driven human motion generation with diffusion model[J]. arXiv preprint arXiv: 2208.15001, 2022.

[509] LI R, YANG S, ROSS D A, et al. AI choreographer: music conditioned 3D dance generation with AIST++[C]// IEEE International Conference on Computer Vision. IEEE, 2021: 13401-13412.

[510] LI B, ZHAO Y, ZHELUN S, et al. DanceFormer: music conditioned 3D dance generation with parametric motion transformer[C]// AAAI Conference on Artificial Intelligence. AAAI, 2022: 1272-1279.

[511] ZHUANG W, WANG C, CHAI J, et al. Music2Dance: DanceNet for music-driven dance generation[J]. ACM transactions on multimedia computing, communications, and applications, 2022: 65.1-65.21.

[512] TANG T, JIA J, MAO H. Dance with melody: an LSTM-autoencoder approach to music-oriented dance synthesis[C]// 2018 ACM international conference on Multimedia (ACMMM). Seoul: ACM, 2018: 1598-1606.

[513] KIM J, OH H, KIM S, et al. A brand new dance partner: music-conditioned pluralistic dancing controlled by multiple dance genres[C]// IEEE Conference on Computer Vision and Pattern Recognition. New Orleans: IEEE, 2022: 3490-3500.

[514] VALLE-PÉREZ G, HENTER G E, BESKOW J, et al. Transflower: probabilistic autoregressive dance generation with multimodal attention[J]. ACM transactions on graphics, 2021, 40(6): 1.1-14.

[515] YANG Z, WEN Y H, CHEN S Y, et al. Keyframe control of music-driven 3D dance generation[J]. IEEE transactions on visualization and computer graphics, 2023.

[516] AU H Y, CHEN J, JIANG J, et al. ChoreoGraph: music-conditioned automatic dance choreography over a style and tempo consistent dynamic graph[C]// Proceedings of the 30th ACM International Conference on Multimedia. New York: ACM, 2022: 3917-3925.

[517] TSENG J, CASTELLON R, LIU K. Edge: Editable dance generation from music[C]// IEEE Conference on Computer Vision and Pattern Recognition. Vancouver: IEEE, 2023: 448-458.

[518] DHARIWAL P, JUN H, PAYNE C, et al. Jukebox: a generative model for music[J]. arXiv preprint arXiv: 2005.00341, 2020.

[519] LUGMAYR A, DANELLJAN M, ROMERO A, et al. Repaint: inpainting using denoising diffusion probabilistic models[C]// IEEE Conference on Computer Vision and Pattern Recognition. New Orleans: IEEE, 2022: 11461-11471.

[520] WANG J, XU H, XU J, et al. Synthesizing long-term 3D human motion and interaction in 3D scenes[C]// IEEE Conference on Computer Vision and Pattern Recognition. IEEE, 2021: 9401-9411.

[521] HASSAN M, CEYLAN D, VILLEGAS R, et al. Stochastic scene-aware motion prediction[C]// IEEE Conference on Computer Vision and Pattern Recognition. IEEE, 2021: 11354-11364.

[522] WANG J, RONG Y, LIU J, et al. Towards diverse and natural scene-aware 3D human motion synthesis[C]// IEEE Conference on Computer Vision and Pattern Recognition. New Orleans: IEEE, 2022: 20460-20469.

[523] HASSAN M, CHOUTAS V, TZIONAS D, et al. Resolving 3D human pose ambiguities with 3D scene constraints[C]// IEEE International Conference on Computer Vision. Seoul: IEEE, 2019: 2282-2292.

[524] ABERMAN K, WENG Y, LISCHINSKI D, et al. Unpaired motion style transfer from video to animation[J]. ACM transactions on graphics, 2020, 39(4): 1-64.

[525] HUANG X, BELONGIE S. Arbitrary style transfer in real-time with adaptive instance normalization[C]// IEEE International Conference On Computer Vision. Venice: IEEE, 2017: 1510-1519.

[526] JANG D K, PARK S, LEE S H. Motion puzzle: arbitrary motion style transfer by body part[J]. ACM transactions on graphics, 2022, 41(3): 33. 1-33. 16.

[527] WEN Y H, YANG Z, FU H, et al. Autoregressive stylized motion synthesis with generative flow[C]// IEEE Conference on Computer Vision and Pattern Recognition. IEEE, 2021: 13612-13621.

[528] TAO T, ZHAN X, CHEN Z, et al. Style-ERD: responsive and coherent online motion style transfer[C]// IEEE Conference on Computer Vision and Pattern Recognition. Louisiana: IEEE, 2022: 6593-6603.

[529] XIA S, WANG C, CHAI J, et al. Realtime style transfer for unlabeled heterogeneous human motion[J]. ACM transactions on graphics, 2015, 34(4): 1-10.

[530] GOODFELLOW I, POUGET-ABADIE J, MIRZA M, et al. Generative adversarial nets[C]// Advances in neural information processing systems. IEEE, 2014: 2672-2680.

[531] ISOLA P, ZHU J, ZHOU T, et al. Image-to-image translation with conditional adversarial networks[C]// IEEE Conference on Computer Vision and Pattern Recognition. Honolulu: IEEE, 2017: 5967-5976.

[532] JAMALUDIN A, CHUNG J S, ZISSERMAN A. You said that?: synthesising talking faces from audio[J]. International journal of computer vision, 2019, 127: 1767-1779.

[533] CHEN L, MADDOX R K, DUAN Z, et al. Hierarchical cross-modal talking face generation with dynamic pixel-wise loss[C]// IEEE Conference on Computer Vision and Pattern Recognition. Long Beach: IEEE, 2019: 7832-7841.

[534] ZHOU Y, HAN X, SHECHTMAN E, et al. MakeItTalk: speaker-aware talking head animation[J]. ACM transactions on graphics, 2020, 39(6): 1-15.

[535] PRAJWAL K R, MUKHOPADHYAY R, NAMBOODIRI V P, et al. A lip sync expert is all you need for speech to lip generation in the wild[C]// 28th ACM International Conference on Multimedia. Seattle: ACM, 2020: 484-492.

[536] CHUNG J S, ZISSERMAN A. Out of time: automated lip sync in the wild[C]// Workshop on Multi-view Lip-reading, ACCV. Cham: Springer, 2016: 251-263.

[537] ZAKHAROV E, SHYSHEYA A, BURKOV E, et al. Few-shot adversarial learning of realistic neural talking head models[C]// IEEE International Conference on Computer Vision. Seoul: IEEE, 2019: 9458-9467.

[538] WANG S, LI L, DING Y, et al. Audio2Head: audio-driven one-shot talking-head generation with natural head motion[C]// Proceedings of the Thirtieth International Joint Conference on Artificial Intelligence, 2021: 1098-1105.

[539] YIN F, ZHANG Y, CUN X, et al. StyleHEAT: one-shot high-resolution editable talking face generation

via pre-trained StyleGAN[C]// European Conference on Computer Vision. Tel Aviv: Springer, 2022: 85-101.

[540] HO J, JAIN A, ABBEEL P. Denoising diffusion probabilistic models[C]// Advances in Neural Information Processing Systems. IEEE, 2020, 6840-6851.

[541] SHEN S, ZHAO W, MENG Z, et al. DiffTalk: crafting diffusion models for generalized audio-driven portraits animation[C]// IEEE Conference on Computer Vision and Pattern Recognition. Vancouver: IEEE, 2023: 1982-1991.

[542] WU W, CAO K, LI C, et al. TransGaGa: geometry-aware unsupervised image-to-image translation[C]// Los Angeles: 2019 IEEE Conference on Computer Vision and Pattern Recognition. (CVPR) 8012-8021.

[543] JI X, ZHOU H, WANG K, et al. Audio-driven emotional video portraits[C]// IEEE Conference on Computer Vision and Pattern Recognition. IEEE, 2021: 14080-14089.

[544] ZHOU H, SUN Y, WU W, et al. Pose-controllable talking face generation by implicitly modularized audio-visual representation[C]// IEEE Conference on Computer Vision and Pattern Recognition. IEEE, 2021: 4176-4186.

[545] KARRAS T, AITTALA M, LAINE S, et al. Alias-free generative adversarial networks[C]// Advances in Neural Information Processing Systems. IEEE, 2021: 852-863.

[546] FISHER C G. Confusions among visually perceived consonants[J]. Journal of speech and hearing Research, 1968, 11(4): 796-804.

[547] EDWARDS P, LANDRETH C, FIUME E, et al. JALI: an animator-centric viseme model for expressive lip synchronization[J]. ACM transactions on graphics, 2016, 35(4): 127. 1-127. 11.

[548] EKMAN P, FRIESEN W V. Facial action coding system[J]. Environmental psychology & nonverbal Behavior, 1978.

[549] ZHOU Y, XU Z, LANDRETH C, et al. VisemeNet: Audio-driven animator-centric speech animation[J]. ACM transactions on graphics, 2018, 37(4): 161. 1-161. 10.

[550] CUDEIRO D, BOLKART T, LAIDLAW C, et al. Capture, learning, and synthesis of 3D speaking styles[C]. Proceedings IEEE Conf. on Computer Vision and Pattern Recognition. Long Beach: IEEE, 2019: 10101-10111.

[551] HANNUN A, CASE C, CASPER J, et al. DeepSpeech: scaling up end-to-end speech recognition[J]. arXiv preprint arXiv: 1412. 5567, 2014.

[552] THIES J, ELGHARIB M, TEWARI A, et al. Neural voice puppetry: audio-driven facial reenactment[C]// European Conference on Computer Vision. Glasgow: Springer, 2020: 716-731.

[553] VASWANI A, SHAZEER N, PARMAR N, et al. Attention is all you need[C]// Advances in Neural Information Processing Systems. IEEE, 2017: 5998-6008.

[554] FAN Y, LIN Z, SAITO J, et al. FaceFormer: speech-driven 3D facial animation with transformers[J]. arXiv preprint arXiv: 2112. 05329, 2021.

[555] XING J, XIA M, ZHANG Y, et al. CodeTalker: speech-driven 3D facial animation with discrete motion prior[C]// IEEE Conference on Computer Vision and Pattern Recognition. IEEE, 2023: 12780-12790.

[556] RICHARD A, ZOLLHÖFER M, WEN Y, et al. MeshTalk: 3D face animation from speech using cross-modality disentanglement[C]// IEEE International Conference on Computer Vision. IEEE, 2021: 1173-1182.

[557] VAN DEN OORD A, KALCHBRENNER N, ESPEHOLT L, et al. Conditional image generation with

PixelCNN decoders [C] // Advances in Neural Information Processing Systems. IEEE, 2016: 4790-4798.

[558] LIU X, XU Y, WU Q, et al. Semantic-aware implicit neural audio-driven video portrait generation[C]// European Conference on Computer Vision. Tel Aviv: Springer, 2022: 106-125.

[559] SHEN S, LI W, ZHU Z, et al. Learning dynamic facial radiance fields for few-shot talking head synthesis[C]// European conference on computer vision. Tel Aviv: Springer, 2022: 666-682.

[560] YE Z, JIANG Z, REN Y, et al. GeneFace: generalized and high-fidelity audio-driven 3D talking face synthesis[C]// The Eleventh International Conference on Learning Representations, Kigali, 2023.

[561] TANG J, WANG K, ZHOU H, et al. Real-time neural radiance talking portrait synthesis via audio-spatial decomposition[J]. arXiv preprint arXiv: 2211.12368, 2022.

[562] ZHOU Z, WANG Z, YAO S, et al. DialogueNeRF: towards realistic avatar face-to-face conversation video generation[J]. arXiv preprint arXiv: 2203.07931, 2022.

[563] HUANG C M, MUTLU B. Robot behavior toolkit: generating effective social behaviors for robots[C]// The seventh Annual ACM/IEEE International Conference on Human-Robot Interaction. Boston: ACM, 2012: 25-32.

[564] MARSELLA S, XU Y, LHOMMET M, et al. Virtual character performance from speech [C] // Proceedings of the 12th ACM SIGGRAPH/Eurographics Symposium on Computer Animation. Anaheim: ACM, 2013: 25-35.

[565] LI J, KANG D, PEI W, et al. Audio2Gestures: generating diverse gestures from speech audio with conditional variational autoencoders [C] // IEEE International Conference on Computer Vision. IEEE, 2021: 11273-11282.

[566] QIAN S, TU Z, ZHI Y, et al. Speech drives templates: co-speech gesture synthesis with learned templates[C]// IEEE International Conference on Computer Vision. IEEE, 2021: 11057-11066.

[567] KINGMA D P, WELLING M. Auto-encoding variational bayes [J] arXiv preprint arXiv: 1312.6114v10, 2014.

[568] AO T, GAO Q, LOU Y, et al. Rhythmic gesticulator: rhythm-aware Co-Speech gesture synthesis with hierarchical neural embeddings[J]. ACM transactions on graphics, 2022, 41: 1-19.

[569] YAZDIAN P J, CHEN M, LIM A. Gesture2Vec: clustering gestures using representation learning methods for co-speech gesture generation[C]// 2022 IEEE/RSJ International Conference on Intelligent Robots and Systems(IROS). Kyoto: IEEE, 2022: 3100-3107.

[570] YI H, LIANG H, LIU Y, et al. Generating holistic 3D human motion from speech [C] // IEEE Conference on Computer Vision and Pattern Recognition. Vancouver: IEEE, 2023: 469-480.

[571] ZHU L, LIU X, LIU X, et al. Taming diffusion models for audio-driven co-speech gesture generation[C]// IEEE Conference on Computer Vision and Pattern Recognition. Vancouver: IEEE, 2023: 10544-10553.

[572] ALEXANDERSON S, NAGY R, BESKOW J, et al. Listen, denoise, action! audio-driven motion synthesis with diffusion models[J]. ACM transactions on graphics, 2023, 42(4): 1-20.

[573] LEE H, YANG X D, LIU M Y, et al. Dancing to music[J]. arXiv preprint arXiv: 1911.02001, 2019.

[574] FERREIRA J P, COUTINHO T M, GOMES T L, et al. Learning to dance: a graph convolutional adversarial network to generate realistic dance motions from audio[J]. Computers & graphics, 2021: 11-21.

[575] REN X, LI H, HUANG Z, et al. Self-supervised dance video synthesis conditioned on music[C]//

Proceedings of the 28th ACM International Conference on Multimedia. New York: ACM, 2020: 46-54.

[576] SUN G, WONG Y, CHENG Z, et al. DeepDance: music-to-dance motion choreography with adversarial learning[J]. Elements, 2020, 23: 497-509.

[577] YAN S, LI Z, XIONG Y, et al. Convolutional sequence generation for skeleton-based action synthesis[C]// IEEE International Conference on Computer Vision. Seoul: IEEE, 2019: 4393-4401.

[578] DUAN Y, SHI T, ZOU Z, et al. Semi-supervised learning for in-game expert-level music-to-dance translation[J]. arXiv preprint arXiv: 2009.12763, 2020.

[579] YE Z, WU H, JIA J, et al. ChoreoNet: towards music to dance synthesis with choreographic action unit[C]// Proceedings of the 28th ACM International Conference on Multimedia. New York: ACM, 2020: 744-752.

作者简介

张鸿文 北京师范大学人工智能学院副教授。主要从事以人为中心的三维视觉研究，尤其是三维人体的运动捕捉与理解、服装建模与驱动、化身重建与渲染等课题。在 TPAMI/TOG 和 CVPR/ICCV/ECCV/SIGGRAPH 等领域顶级期刊和会议发表论文 30 余篇，GoogleScholar 引用量 2000 余次，提出的动捕系列算法累计获 GitHub 星标超过 1000，曾获中国科学院优秀博士论文/院长奖等荣誉。

张举勇 中国科学技术大学数学科学学院教授，获国家自然科学基金委员会优秀青年基金、中国科学院青年创新促进会优秀会员资助。2006 年本科毕业于中国科学技术大学计算机系，2011 年博士毕业于新加坡南洋理工大学，2011—2012 年于瑞士联邦理工学院洛桑分校从事博士后研究。研究领域为计算机图形学与三维视觉，近期主要研究兴趣为基于神经隐式表示、逆向渲染与数值优化方法对真实物理世界进行高效、高保真三维数字化，以及高真实感虚拟数字内容的创建。

周晓巍 浙江大学“百人计划”研究员，国家级青年人才项目入选者。研究方向主要为三维视觉及其在混合现实、机器人等领域的应用。近五年在相关领域的顶级期刊与会议上发表论文 50 余篇，10 余次获得顶级会议口头报告，多次入选 CVPR 最佳论文候选。曾获得浙江省自然科学一等奖，陆增镛 CAD&CG 高科技奖一等奖，CCF 优秀图形开源贡献奖，入选斯坦福大学发布的 2021 全球前 2%顶尖科学家榜单。担任国际顶级期刊 IJCV 编委、顶级会议 CVPR/ICCV 领域主席，图形学与混合现实研讨会（GAMES）执行委员会主席，视觉与学习研讨会（VALSE）常务委员，CSIG 三维视觉专委会常务委员。

高　林　中国科学院计算技术研究所研究员，博士生导师，中国科学院大学岗位教授，研究方向为计算机图形学、三维计算机视觉。在SIGGRAPH、TPAMI、TVCG等期刊会议发表论文80余篇，研发的人脸AIGC的APP被全球180余个国家和地区的用户所使用。现任或者曾任SGP 2023大会联合主席、China3DV 2023程序委员会联合主席、SIGGRAPH 2023程序委员会委员、IEEE TVCG编委、CSIG智能图形专委副秘书长，入选国家自然科学基金委优秀青年，北京市杰出青年，英国皇家学会牛顿高级学者，曾获得亚洲图形学会青年学者奖，吴文俊人工智能优秀青年奖，CCF技术发明一等奖，CCF CAD&CG开源软件奖等奖励。

许　岚　上海科技大学信息科学与技术学院助理教授、研究员、博士生导师，MARS实验室主任。研究方向聚焦于计算机视觉、计算机图形学和计算摄像学，致力于光场智能重建理论与技术的研究，突破了动态神经辐照场和虚拟数字人的一批核心关键技术，率团队研制了系列光场装置，为人工智能推动的超写实数字人提供了新范式。在CVPR、SIGGRAPH、IEEE TPAMI等顶级刊物发表数十篇文章，并多次担任人工智能顶级会议CVPR、ICCV、AAAI等领域主席。

徐　枫　清华大学软件学院长聘副教授，博士生导师，中国人工智能学会副秘书长，中国电子学会虚拟现实分会副主任委员。研究方向包括人体三维重建、虚拟/增强现实、智慧医疗等。相关工作发表在《自然》子刊、《柳叶刀》子刊、《细胞》子刊、ACM SIGGRAPH、ACM SIGGRAPH Asia、CVPR、ICCV上。担任TVCG、SIGGRAPH、SIGGRAPH Asia、ICCV等国际重要期刊和会议的编委、程序委员和领域主席。获得中国图象图形学学会技术发明一等奖（排名1），中国电子学会技术发明一等奖（排名2）。

刘烨斌　清华大学长聘教授，国家杰出青年科学基金获得者。研究方向为三维视觉、数字人重建、生成与交互。在TPAMI/SIGGRAPH/CVPR/ICCV等发表论文近百篇。多次担任CVPR、ICCV、ECCV领域主席，SIGGRAPH Asia技术委员会委员，担任IEEE TVCG、CGF编委。任中国图象图形学学会三维视觉专委会副主任。获2012年国家技术发明一等奖（排名3），2019年中国电子学会技术发明一等奖（排名1）。

视觉 Transformer 的研究进展与发展趋势

CCF 计算机视觉专委会

侯淇彬[1]，李 翔[1]，袁 粒[2] ㊀

[1]南开大学，天津

[2]北京大学，深圳

摘 要

Transformer 模型在计算机视觉领域已扮演重要角色。Transformer 模型在计算机视觉领域的成功主要是因为其内部的自注意力机制。该机制可高效地建立图像中任意像素对间的长程依赖关系，弥补了传统卷积层仅能捕捉局部信息的缺陷。目前，视觉 Transformer 模型已被广泛应用于计算机视觉领域各种任务中，如图像分类、医学影像分析、目标检测、语义分割、实例分割、目标跟踪、显著性物体检测、情感分析、图像生成等。本文主要从基础的视觉 Transformer 模型入手，从三个大方面对视觉 Transformer 的研究进展与发展趋势进行介绍，主要内容包括：视觉 Transformer 模型设计、Transformer 模型在自监督学习中的应用以及多模态任务中的 Transformer 模型。除此之外，本文也将针对以上三个方面梳理国内外研究现状并对比，整理国内研究团队在不同研究方向做出的贡献。最后，本文将对视觉 Transformer 模型未来的发展进行展望，同时给出值得进一步研究的方向。

关键词：视觉 Transformer，计算机视觉，自监督学习，多模态 Transformer

Abstract

Transformer has played an important role in computer vision. The success of Transformers is mostly dedicated to the self-attention mechanism. This mechanism is able to efficiently build pair-wise long-range dependencies, making up the disadvantage of conventional convolutions that can only capture local detailed information. So far, vision Transformers have been widely applied in a variety of computer vision tasks, including image classification, medical imaging, object detection, semantic segmentation, instance segmentation, object tracking, salient object detection, sentiment analysis, and generative models, etc. This paper starts from the basic vision Transformer model and introduces the research progress and development of vision Transformers from three aspects: architecture design of vision Transformers, the applications of Transformer models in self-supervised learning, and Transformer models in multi-model tasks. In addition, this paper will also describe the research comparisons at home and abroad and show the contributions made by different research teams. Finally, this paper will provide some future research directions for vision Transformers.

Keywords: vision Transformer, computer vision, self-supervised learning, multi-model Transformer

㊀ 通讯作者。

1 引言

自 AlexNet[1] 问世以来，基于卷积神经网络的深度学习模型在计算机视觉领域发挥着重要作用。卷积神经网络主要以专注于提取局部细节特征的卷积操作为主，缺乏提取全局信息的能力。Transformer 模型的出现弥补了卷积神经网络这一缺陷。与卷积操作不同，Transformer 模型可高效地为输入数据建立位置间的长程依赖关系。这一特性使得 Transformer 模型被广泛应用于各种依赖全局信息的计算机视觉任务中，如图像分类[2-6]、视觉预训练模型[7-9]、目标检测[10-13] 以及语义分割[14-16] 等，进一步推动了计算机视觉领域的全面发展。

早期的 Transformer 模型主要出现在自然语言处理领域，被应用于机器翻译任务中[17]。它主要由两部分构成：编码词间关系的自注意力模块（Self-Attention，SA）以及编码通道间信息的前馈神经网络（Feed-Forward Network，FFN）。Transformer 模型的输入通常是一个长度为 n 的标记序列 Y（Token Sequence），其中每个标记（Token）T_i 是由词映射来的长度为 d 的一维向量。自注意力模块首先对输入标记序列进行线性变换，将其映射为查询（Query）、键（Key）和值（Value），其表达式可写为

$$Q=YW_Q,K=YW_K,V=YW_V$$

式中，Q、K、V 分别表示查询、键和值；W_Q，W_K，W_V 为线性变换层中的可学习参数。自注意力模块的主要作用是度量各标记间的相似性并以加权平均的形式得到输出结果。具体表达式如下

$$\mathrm{SA}(X)=AV$$

式中，A 表示形状为 $n\times n$ 的相似性矩阵（或称为注意力矩阵），其表达式为

$$A=\mathrm{Softmax}(QK^T/\sqrt{d})$$

虽然自注意力机制可计算任意词对间的相似性，但其并未考虑输入词间位置信息。因此，在实际应用中通常需要加入位置编码信息进行修正[17]。

上述自注意力机制只生成一个自注意力图，其表达能力往往受限。在实际应用中，上述自注意力机制可进一步扩展为多头自注意力机制（Multi-Head Self-Attention）[17]。通过将 Q，K，V 均匀分成多个组，可在每个组内将输入特征映射到多个空间中进行信息交互。为了保证每个自注意力图的表征能力，划分的组数不宜过多[18]，否则会影响 Transformer 模型的性能。对于大模型而言，每个组对应的通道数通常为 32、48 或 64，小模型可适当减少每个组内的通道数。

在计算机视觉领域，Transformer 模型的发展历程如图 1 所示。最成功的应用案例之一为 DETR[19]。Carion 等首次将 Transformer 模型应用于端到端的目标检测任务，为 Transformer 模型在视觉任务中的大规模应用奠定了基础。后来，Dosovitskiy 等人首次将 Transformer 模型应用于大规模 2D 图像分类任务，提出了视觉 Transformer（Vision Transformer，ViT）架构。如图 2 左上角所示，ViT 模型主要由三部分组成：由卷积层组

成的图像分块编码（Patch Embedding），由 Transformer 模块构成的主干网络，以及由全连接层构成的分类预测模块。后续工作主要围绕主干网络架构设计[4,20]、优化策略[3,21]、学习方法[7,8,22]等方面开展研究工作。

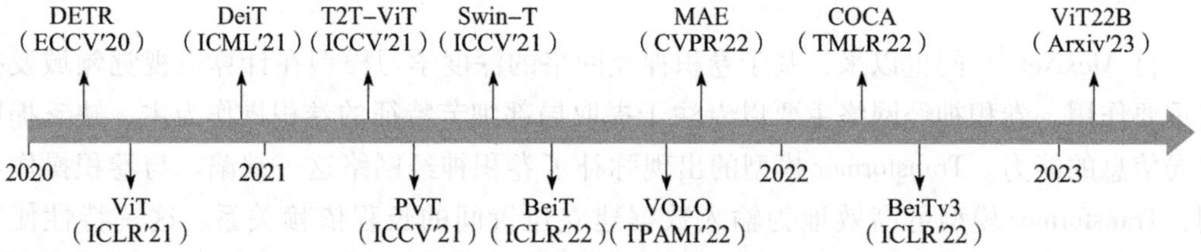

图 1　视觉 Transformer 模型发展时间线

继卷积神经网络之后，Transformer 模型已成为计算机视觉领域不可缺少的一部分，弥补了卷积神经网络难以针对输入特征建立长程依赖关系的缺陷。本文的剩余部分主要针对 ViT 在计算机视觉中的应用，围绕 Transformer 模型设计、Transformer 模型在自监督学习中的应用、多模态视觉任务中的 Transformer、国内外研究进展比较及研究展望四个方面展开介绍。

2　视觉 Transformer 模型设计

自 ViT 工作出现以来，Transformer 模型结构创新已成为学术界的研究热点。Dosovitskiy 等人[2]的研究工作表明：在有数千万张乃至更多训练图像支撑的条件下，ViT 在 ImageNet[23]图像分类任务上的效果优于传统强大的 CNN 网络[24-26]，但其对数以千万计训练图像数据的依赖限制了其在许多下游视觉任务中的应用。受益于样本数量的优势，ViT 模型在训练过程中并不需要过多的数据增强操作。Touvron 等人[21]在原始 ViT 模型的基础上进一步改进了其优化方法并提出了 DeiT 模型，引入更多数据增强方法[27-29]、更合理的训练超参以及知识蒸馏策略[30]，使得模型在中等规模的 ImageNet 数据集[23]上仍取得较好效果。自 DeiT 之后，诸多国内外学者针对 Transformer 模型的结构改进开始了一系列探索，其主要研究内容包括 Transformer 模型设计、如何高效嵌入局部信息、如何训练视觉 Transformer 大模型等。部分流行的 Transformer 结构可参见图 2。下面将围绕以上研究内容分别介绍视觉 Transformer 近三年来的进展。

2.1　经典视觉 Transformer 模型设计

Transformer 模型的成功主要是因为其内部的自注意力机制。与传统用于捕捉局部特征的卷积操作不同，自注意力机制可编码输入标记序列的全局空间信息，但其主要缺点之一在于计算量与图像尺寸成二次方增长。随着输入图像分辨率的不断增大，Transformer 模型的分类能力会得到增强，但其所需的显存/内存开销也将快速增长。如何高效利用或改进自注意力机制，使其在减少内存消耗的同时也保持性能不变已成为一大研究热点。

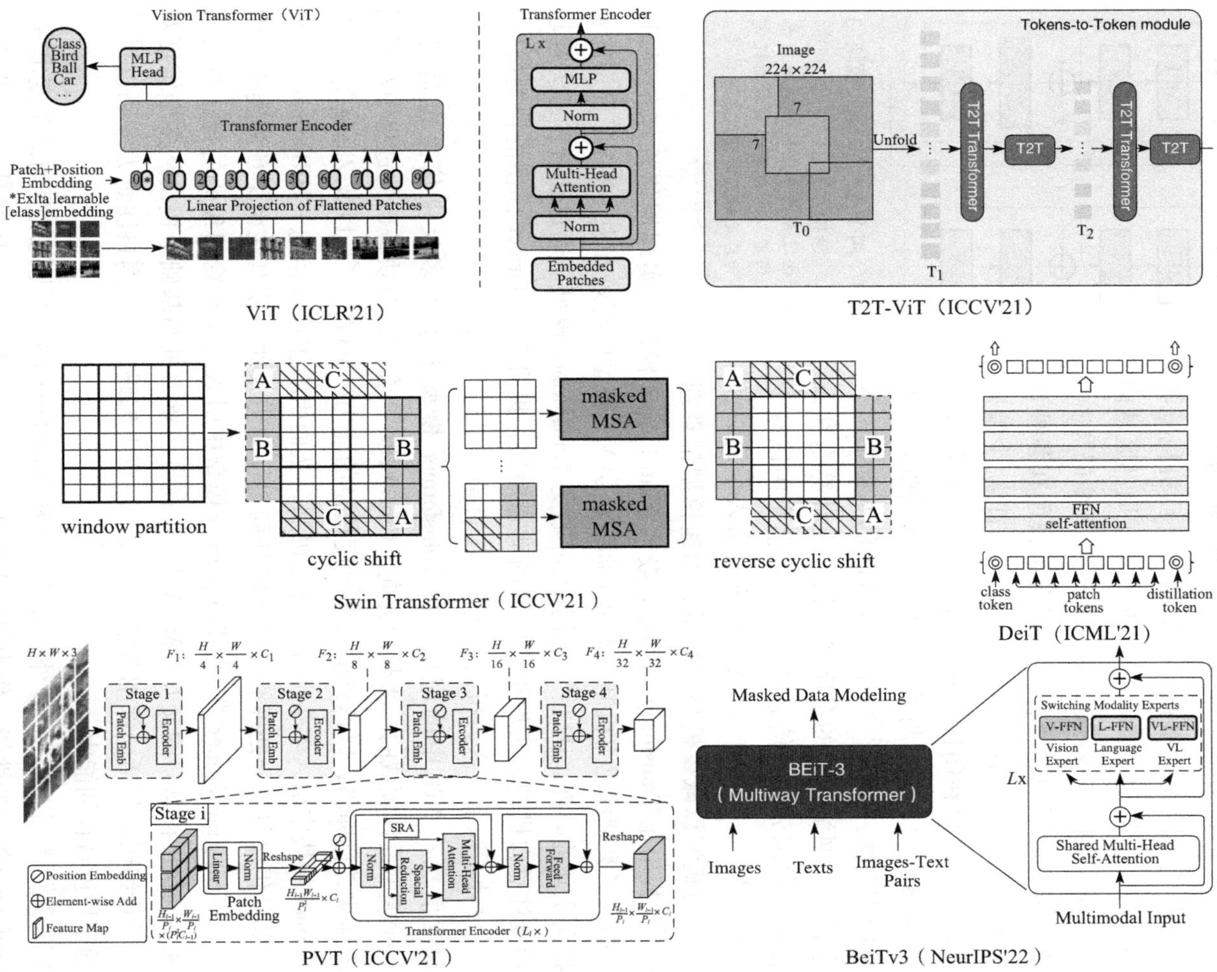

图2 视觉Transformer代表性工作

注：从上到下、从左到右的工作分别为ViT[2]、T2T-ViT[5]、Swin Transformer[4]、DeiT[21]、PVT[31]以及BeiTv3[32]。图片均来自文献。

早期视觉 Transformer 模型。为解决上述问题，Swin Transformer[4] 作为 ICCV 2021 最佳论文的主要内容提出了在 7×7 的局部区域内采用自注意力机制并结合窗口平移策略，实现了捕捉全局特征的功能。两个连续的 Swin 模块的结构示意图如图 3 所示。

在 ImageNet 分类[23]、COCO 目标检测[33] 以及 ADE20K 语义分割[34] 等识别分割类任务中，Swin Transformer 皆实现了突破并作为预训练模型被广泛应用于计算机视觉各个领域中。CSwin[20] 针对 Swin Transformer 在局部区域内采用自注意力机制这一弱点，提出交叉窗口编码思路，在 Swin Transformer 的基础上进一步提升了模型在各种识别类任务中的性能。T2T-ViT[5] 为了弥补 ViT 缺少编码细节信息的能力提出在图像分块编码阶段引入轻量级的 Token-to-Token 模块，并强调了在 ViT 模型初始阶段引入局部信息的重要性。PVT[31,35] 在原始 ViT 的基础上引入了传统卷积神经网络采用的金字塔结构并在计算自注意力图的过程中将部分空间信息转移到通道信息中以减少模型计算量。Twins[36] 在自注意力模块中引入全局以及局部自注意力机制以减少模型计算量，加速模型推理速度。TNT[37] 提出在 Transformer 模块中嵌入 Transformer 模块，实现网络性能的提升。CaiT[38] 引入了类别注意力机制，提出了训练深层 ViT 模型的有效方法，将 ViT 模型的识别性能推向了新的高度。DAT[39] 则引入可形变 Transformer 模型。通过在自注意力模块引入可形变注意力机制，实现重要区域的动态捕捉，提升 Transformer 模型的识别精度。DaViT[40] 设计了双重注意力机制，使得 ViT 性能有了进一步提升。

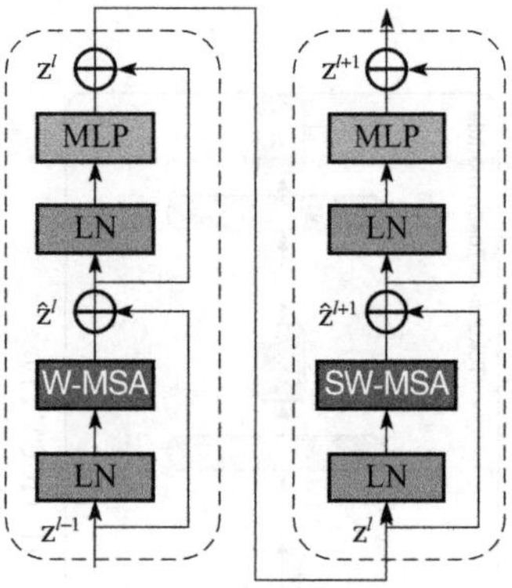

图 3 两个连续的 Swin 模块的结构示意图[4]

注：通过在两个连续的模块内采用窗口平移策略实现捕捉更为广泛的上下文信息的能力。图片来自文献。

多尺度信息在 ViT 中的应用。在 Transformer 模型中引入多尺度信息也是视觉 Transformer 模型设计领域的一大热门方向。CrossViT[41] 在图像分块编码的过程中对不同尺度的图像块进行编码，以达到引入多尺度信息的能力。MViT[42-43] 以及 Zhang 等人[44] 在 Transformer 模块中引入多头池化注意力机制，从而引入多尺度信息。HRFormer[45] 在模型顶层部分仍保留部分处理高分辨率特征的自注意力模块，使其在密集预测类任务中表现更佳。Focal Transformer[46] 在 Transformer 模型中引入分层级窗口编码的自注意力机制，实现不同尺度信息间的交互。MaxViT[47] 在自注意力机制基础上提出从多个维度对输入特征进行编码，包括局部细节信息、块间注意力编码，以及网格注意力编码以提升模型处理多尺度特征的能力。

ViT 模型蒸馏。除上述工作外，部分学者从 Transformer 模型优化或蒸馏的角度出发，提升 Transformer 模型的性能。作为最早期的 Transformer 工作之一，DeiT[21] 首次提出在 ViT 模型中使用蒸馏策略，以提升 ViT 模型的分类性能。其后续工作 DeiTv3[48] 则进一步优化了训练 ViT 模型的训练策略，实现了性能的提升。LV-ViT[3] 从模型优化的角度，提出了全标记监督的概念并将从 CNN 模型提取的位置特征用于监督 Transformer 模型训练。Autoformer[49] 采用神经架构搜索的方式搜索最佳的 ViT 网络架构，实现模型识别精度和推理速度的平衡。Liu 等人[50] 提出了如何在较小规模数据集上高效地训练 ViT 模型。

加速 ViT 模型推理。如何丢弃部分标记以加速 ViT 模型的推理过程也是研究热点之一。DynamicViT[51] 以动态的方式判断可以被丢弃的部分标记（见图 4），在减少网络计算量的同时保证性能的稳定。Shuffle Transformer[52] 通过以置换图像像素位置的方法重新思考了划分图像小块的方式，保证了 ViT 提取全局信息的能力同时简化了计算量。MiniViT[53] 以在 ViT 连续模块间共享权重以及权重蒸馏的方式压缩 ViT 模型以加速推理速度。DVT[54] 在模型前向推理过程中以动态的方式逐渐增加标记的数量，实现 ViT 模型的快速推理。A-ViT[55]、EViT[56] 以及 AdaViT[57] 为了提升推理阶段的速度采用了自适应选取不同图像子块、注意力头或者 Transformer 模块的方式。与上述方法不同，Evo-ViT[58] 提出了一种保结构的标记选择策略，使得重要的前景物体尽量被保留以提升识别精度和推理。Yu 等人[59] 分别从宽度和高度维度对特征进行裁剪，实现 ViT 模型的快速推理。EfficientFormer[60] 则借鉴了传统神经架构搜索策略，在一个超网络基础上研究如何有效减轻自注意力模块的计算量，实现 ViT 模型在移动终端上的部署。

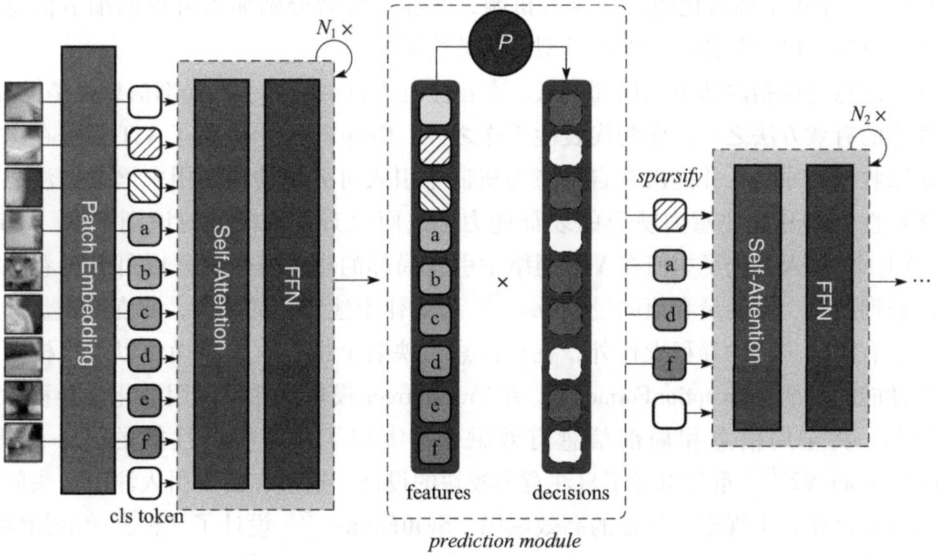

图 4 DynamicViT[51] 模型示意图

注：主要目的是以动态的方式判断可以被丢弃的部分标记，在减少网络计算量的同时保证性能的稳定。图片来自文献。

2.2 局部信息的引入

全局信息在识别类视觉任务中起到重要作用，但其缺乏提取物体局部细节特征的能力。在一些场景中，细节信息的提取对物体的整体识别起到关键作用。本小节将对在 Transformer 模型中引入细节信息的方法进行介绍。引入方法大致可分为四种：①在自注意力机制外部引入局部信息；②在自注意力机制内部引入局部信息；③如何设计更为先进的局部信息提取方法；④Transformer 类型的卷积神经网络。下面将分别针对上述四种方法进行介绍。

在自注意力机制外部引入局部信息。最早在 Transformer 网络中引入局部信息的代表性工作之一为 LocalViT[61]。其作者认为 Transformer 模型中的前馈神经网络模块仅可编码通道信息，忽略了空间信息的重要性，因此提出在前馈神经网络模块引入可分离卷积，在不引入过多计算量的同时提升模型性能。Xiao 等人[62] 详细分析了在经典 ViT 模型的初始阶段中引入更多卷积层的优势并重新设计了以卷积和 Transformer 模块为主的新型网络框架。CoatNet[63] 以及 MetaFormer[64] 分析了卷积操作和自注意力机制间的关系并提出以串行的方式将卷积模块与 Transformer 模块连接。MobileViT[65] 则在此基础上探索了如何将自注意力机制引入轻量级卷积网络中，以达到提升网络性能的目的。EdgeNeXt[66] 研究了在网络不同阶段使用不同大小卷积操作的必要性，在多个视觉任务中取得较好效果。Coat-Lite[67] 在多层级局部特征的基础上引入自注意力机制，实现了多尺度信息的交互。另外，CMT[68] 在 Transformer 模块基础上提出引入局部特征提取模块，并展示了其对提升 ViT 模型的作用。Wu 等人[69] 详细研究了不同位置编码对 ViT 网络性能的影响并对查询向量和相对位置编码的关系建模，在无须增加过多计算量的同时提升模型的性能。EdgeViTs[70] 采用了稀疏化的自注意力机制，并在其前后分别加入可提取细节信息的局部注意力机制，以提升移动端 ViT 模型的分类性能。

在自注意力机制内部引入局部信息。在自注意力机制内部引入局部信息也是提升 ViT 模型性能的有效方法之一。作为代表性工作之一，DeepViT[71] 分析了 ViT 模型在深度增加后难以收敛的原因，并提出在自注意力机制中引入可分离卷积，用来增强自注意力映射的多样性以提升自注意力映射的表征能力，进而提升 ViT 模型的识别精度。CeiT[72] 以及 CVT[73] 深入讨论了如何在 ViT 网络中引入局部的卷积算子，并以可分离卷积的方式提取查询向量、键向量和值向量。Rest[74] 可看作上述工作的结合，除在键向量和值向量引入带有滑动步长的卷积操作外，在自注意力映射上也引入卷积操作以实现模型运行效率与性能的平衡。InceptionFormer[75] 在 Transformer 模块中并行使用池化、卷积和自注意力机制，将全局信息和局部信息有效融合，实现了 ViT 模型性能的进一步提升。EfficientFormer V2[76] 重新思考了自注意力模块的设计，通过在其中引入注意力头间的交互以及卷积操作，实现空间特征的高效编码。SwiftFormer[77] 设计了一种高效的加性注意力机制并将其与卷积操作结合实现 ViT 网络的快速推理。FAT[78] 将自注意力机制与卷积层相结合，通过引入两个 Sigmoid 层实现局部信息与全局信息间的双重交互。

新型局部信息提取方法。传统的卷积操作在卷积神经网络中发挥着重要作用，但其缺陷之一是不能有效地度量局部区域内任意两点间的关系。为此，VOLO[6] 提出了用于捕捉局部信息的 Outlook 注意力机制，首次利用线性层构建局部区域内两点间的依赖关系，并证实了 ViT 网络在 ImageNet 分类任务上的性能可以超越 CNN 网络。UniFormer[79] 同样提出了在局部区域内如何高效地学习不同像素间的相似性，用以更好地提取局部细节信息。RegionViT[80] 引入了一种新型局部注意力机制，通过将从局部区域以及更为广泛的区域内提取的特征相结合并计算局部自注意力机制，来提升模型捕捉全局和局部信息的能力。CoTNet[81] 利用卷积和线性层构建了注意力映射，用以提取上下文信息，在传统卷积神经网络模型上实现了性能的突破。

Transformer 类型的卷积神经网络。视觉 Transformer 在发展的同时，也促进了卷积神经网络的进一步更新。这些新的发现使得卷积神经网络的性能有了进一步的提升。最具代表性的工作为 ConvNeXt 模型[82]。其首次证明卷积神经网络在采用与 ViT 类似的训练策略的情况下可实现与 ViT 模型相似的识别精度。ConvNeXt 基础模块与 Swin Transformer[4] 以及 ResNet[83] 的对比图可参见图 5。VAN[37] 采用了与 ViT 类似的模型结构，但不同的是其提出了一种全新的分解大核卷积的策略，通过将大核卷积分解为可分离卷积和空洞卷积相结合的方式实现全局特征的提取。Conv2Former 提出了卷积调制机制，并进一步说明了以 Hadamard 乘积的方式将大核卷积的结果与线性层的结果相结合能够模拟自注意力机制。其与自注意力模块的结构对比可参见图 6。实验结果表明该结构能够在 COCO[33] 目标检测以及 ADE20k[34] 语义分割等下游任务上取得较好效果。

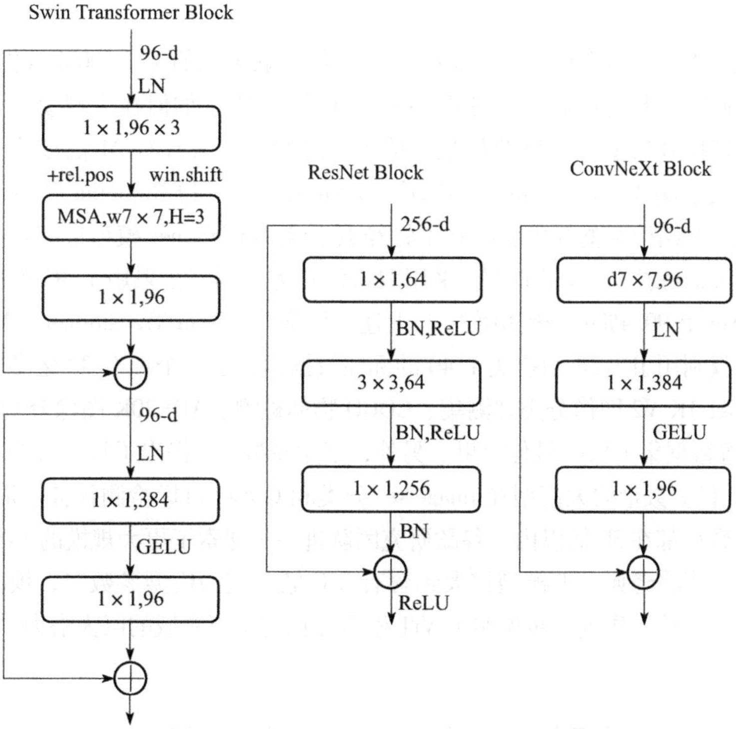

图 5 ConvNeXt 基础模块[82] 与 Swin Transformer[4] 以及 ResNet[83] 的对比

注：图片来自文献［82］。

2.3 视觉 Transformer 大模型

视觉 Transformer 大模型的设计也是近年来的重要研究方向。在过去几年里，自然语言处理领域的发展主要源自模型容量的显著提升。代表性的工作为较早期的 BERT[85]、Electra[86]、Roberta[87] 等数亿级别参数模型，到 Megatron-Turing[88]、GPT-3[89] 等的千亿级别稠密模型，以及万亿的稀疏模型 Switch-Transformer[90]。这些模型的发展也在一定程度上刺激了视觉领域大模型的发展。

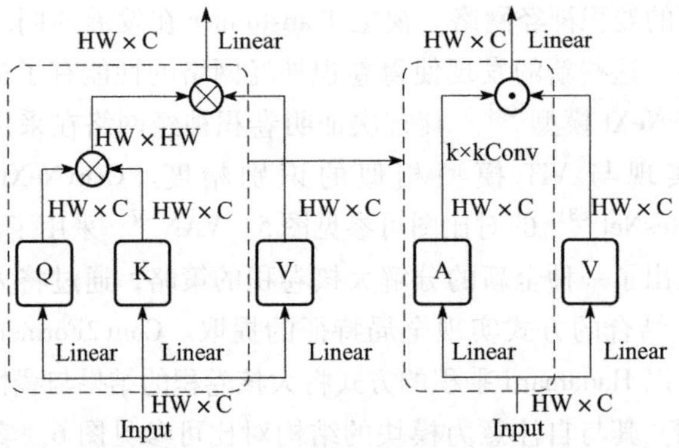

图 6 Conv2Former[84] 与自注意力模块的结构对比

注：图片出自文献 [84]。

在该领域，由于海量图像标注数据的限制（如谷歌闭源的 JFT-300M 数据集），早期的视觉大模型的研究主要由谷歌公司展开。CoatNet[63] 研究了如何在大规模 ViT 模型基础上引入卷积模块以提升模型提取细节信息的能力，并验证了其含有 24 亿参数量的模型可在 ImageNet 数据集上实现 90.88%的分类精度。Zhai 等人[91] 和 Riquelme 等人[92] 从训练超参、模型优化以及结构调整等角度研究了将经典视觉 Transformer 模型进一步扩大的有效方法并提供了相关训练技巧。DaViT[40] 采用双重注意力机制，在采用 1.4G 参数量的模型上实现了 ImageNet 上 90.4%的分类精度。与上述工作不同，Swin Transformer V2[93] 通过引入自监督学习，仅利用 JFT-3B 数据集 1/40 的标注数据训练了一个拥有 30 亿参数的视觉大模型，在 ImageNet-1K V2 图像分类评测集、COCO 物体检测、ADE20K 图像分割以及 Kinetics-400 动作识别等数据集上取得最佳效果。另外，书生模型[94] 提出了针对大模型的可形变卷积模块，其 30 亿参数量的大模型在 ImageNet 分类和 COCO 目标检测任务上取得较好效果。上述模型的参数量都在 30 亿以内，谷歌研究团队进一步探索了更大规模的 ViT 模型[95]。其研究工作显示：当将经典 ViT 模型扩大到含有 220 亿级别的模型参数时，模型的性能可以得到进一步提升。该工作进一步说明了 ViT 模型在视觉识别领域的巨大潜力。

3 Transformer 模型在自监督学习中的应用

3.1 CNN 时代的自监督学习方法

在 CNN 时代，自监督学习方法已经存在了很长时间，并且取得了巨大成功。最早的自监督学习方法 AutoEncoder 极大地推动了深度学习的发展。在过去的十几年中，学术界涌现了大量的自监督学习预置任务（Pretext Task），用于在没有标注数据的情况下，通过利用数据自身的特性和规律，训练出具有表征能力的模型。以下是一些常见的预置任务（见图 7）。

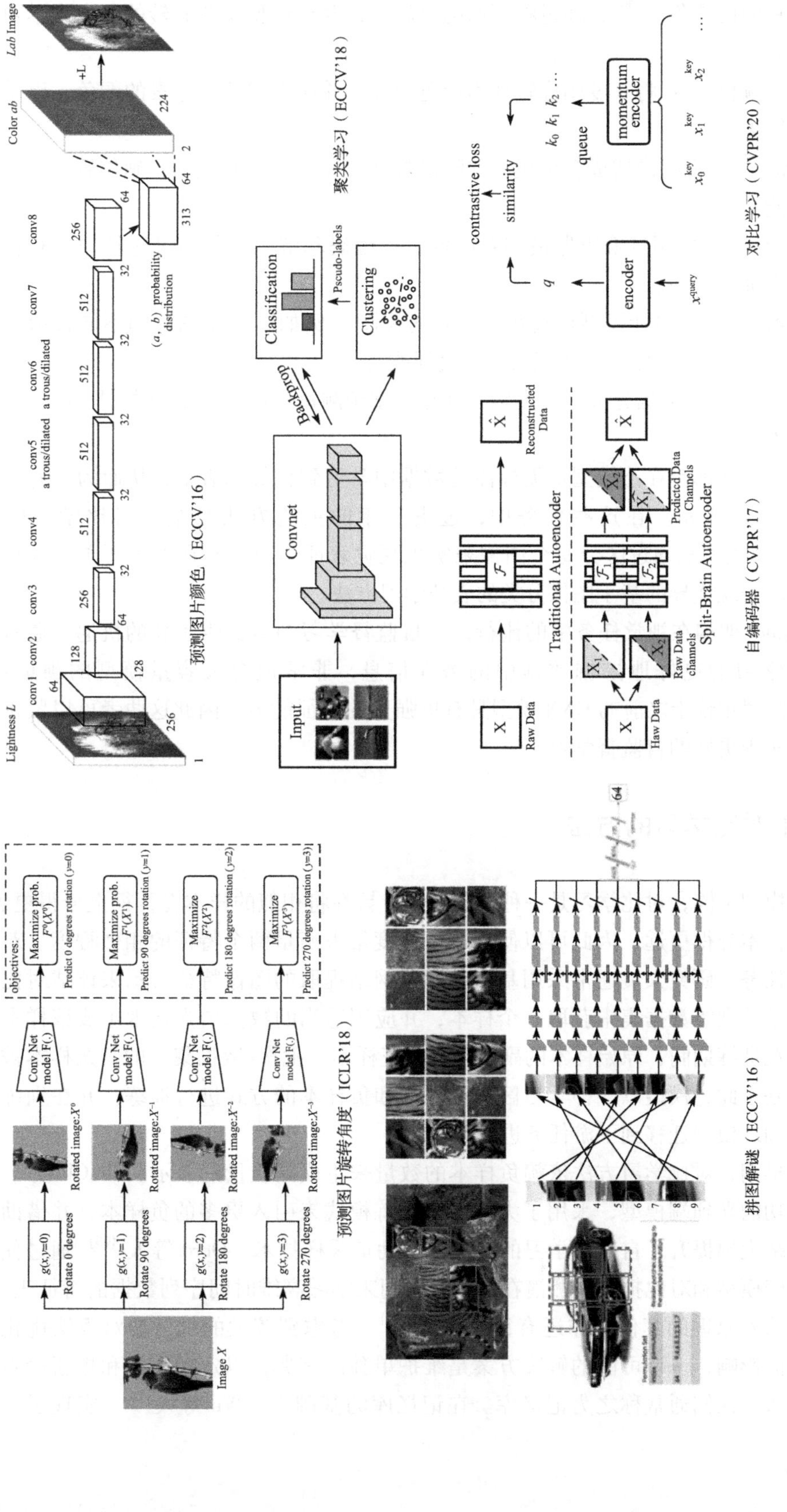

图7 CNN时代自监督学习方法的代表性工作

注：图片来自文献［96-101］。

预测图片的旋转角度[96]：通过将图像随机旋转，并让模型预测旋转的角度来学习图像的表征能力。

预测图片颜色[98]：将灰度图像转换为彩色图像，并让模型预测像素的颜色，以学习图像的表征能力。

拼图解谜[97]：将图像切成多个块，并随机打乱，让模型预测块的正确位置，以学习图像的表征能力。

自编码器[100]：使用自编码器模型对图像进行编码和解码，并通过比较输入和输出图像的差异来训练模型。

对比学习[101]：通过让模型比较两个不同的视图（例如同一张图片的不同裁剪或不同变换），并度量它们相似或不相似来学习表征能力。

聚类学习[99]：将数据分成多个类别，并让模型预测每个样本所属的类别，以学习数据的表征能力。

这些预置任务都旨在让模型从无标注的数据中学习到良好的表征，从而为下游任务提供更好的特征表示。在这些任务中，过去三年的主流方法是基于对比学习的方法[38,101-104]。这些方法通过区分每个图像来实现视觉表征学习，并在多个下游视觉任务中超越了此前表现优异的基于图像分类的表征学习方法。

Transformer 架构在视觉任务中的流行，为自监督学习领域提供了新的机遇。通常来说，自监督学习能更好地挖掘数据中的潜在信息，非常适合大容量模型的预训练。Transformer 模型相较于之前的 CNN 模型具有更强大的表征能力，因此这两者可以紧密结合在一起，实现更好的自监督学习。

3.2　基于对比学习的方法

与生成模型不同，对比学习是一种判别方法，旨在将相似的样本在特征上分得更近，并将不同的样本分得更远，因此可以使用相似性度量来衡量两个特征的相似程度。对于计算机视觉任务，研究人员通常采用基于编码器网络提取的图像特征表示来评估对比损失。算法通常从训练数据集中获取一个样本，并应用适当的数据增强技术生成该样本的一个副本。在训练期间，原始样本的副本被视为正样本，批次/数据集中的其余样本被视为负样本。基于此，模型以一种学习区分正样本和负样本的方式进行训练，并在训练完毕后作为预训练模型迁移到下游任务进行微调。

在发展早期，对比学习方法依赖负样本的数量来生成高质量的表示。SimCLR[38] 提出了一个成功的端到端模型，采用了大批量的训练模式来引入更多的负样本，并借助非对称投影网络大幅提升了自监督学习的性能。借助负采样技术，Oord 等人[105] 通过使用强大的自回归模型和对比损失预测潜在的特征空间来学习高维时间序列数据的特征表示。遵循类似方法和原理的其他工作还有很多[89,106-109]。考虑到较大的批量会对算法优化产生一定的负面影响，一个可能的解决方案是维护单独的字典，以定期存储和更新最新样本的特征嵌入。人们通常称之为记忆库。在记忆库的基础上，Wu 等人[103] 实现了一种非参数变体的 Softmax 分类器，并引入噪声对比估计技术应对大规模数据种类带来的挑战。然而，基于记忆库的方案有一个潜在的缺陷，由于其维护了所有样本的特征嵌入，当面对更大规模数据集时，现有的硬件存储容量将无法支撑。

为了解决存储容量的问题，MoCo[101,110] 率先引入了先进先出队列和动量编码器机制。动量编码器生成的特征作为队列元素，当前的小批量入队，最旧的小批量出队。队列中维护的特征数量是有限的，且由训练期间的数据样本动态定义。动量编码器与编码器共享相同的参数，但不参与反向传播，而是根据编码器的可学习参数进行动量更新。

不同于此前依赖负样本进行对比学习的工作，BYOL[111] 首次讨论了对比学习中负样本存在的必要性，并在没有使用负样本的情况下取得了极具竞争力的结果。SimSiam[112] 在孪生网络的基础上提出了单侧禁止回传梯度策略以防止网络解的崩塌，实现了有效的自监督对比学习。

Transformer 架构在视觉领域越来越流行，因此很自然值得关心的问题是，在 CNN 时代表现良好的对比学习方法在 Transformer 架构下会表现如何，以及它们是否需要调整以适应这一新的结构？MoCo V3[22]、DINO[113] 和 Swin-SSL[114] 对这一方向进行了早期探讨。

MoCo V3 发现，视觉 Transformer 采用基于对比学习的训练策略时会变得不稳定，并提出了固定第一层进行学习的策略。这种策略使得 Transformer 架构下的对比学习方法表现得更加稳定。DINO 发现，在视觉 Transformer 架构下，相比于 CNN，对比学习方法具有显著的优势，能够更好地学习到物体的分割信息。这表明在 Transformer 架构下，对比学习方法可以更好地发挥其优势。Swin-SSL 则首次评估了视觉 Transformer 架构下对比学习自监督学习方法在下游任务中，例如物体检测和分割的迁移性能。研究表明，在 Transformer 架构下，基于对比学习的自监督学习方法仍然具有很好的性能表现，并且在几乎所有任务上超越了基于 CNN 的方法。这为基于 Transformer 架构的自监督学习方法在视觉领域的应用提供了新的可能性。

3.3 基于掩码图像建模的方法

自然语言处理中的主流方法是基于掩码或自回归语言模型的。研究人员近来发现类似方法也同样适用于计算机视觉。这一类方法被我们称为掩码图像建模，也就是通过训练神经网络预测掩盖的输入图像区域来进行特征学习。在 Transformer 架构下最早的探索是 Image-GPT 模型[115]。这一工作将自然语言处理中的 GPT 模型应用到图像特征预训练中，取得了一定效果，但其性能与主流的对比学习方法相比仍有较大差距。在 ViT[2] 中，研究人员做了视觉 Transformer 架构下掩码图像建模方法的初步尝试，但没有引起广泛关注。总体而言，基础的掩码图像建模方法可以分为两阶段和单阶段方案，其中两阶段方案以 BEiT[7] 为代表，单阶段方案以 MAE[8] 为代表。

两阶段掩码图像建模。最早将这一方法带入主流视野的工作是微软提出的 BEiT 方法[7]，如图 8 所示。BEiT 通过重构图像标记来实现掩码图像块的建模，与直接重构掩码图像块的方式[2] 不同。由于图像块没有像语言中词组那样的现成标记，因此 BEiT 先使用离散变分自编码器（dVAE）[116] 训练一个图像标记生成器，然后在第二阶段掩码图像建模中使用该生成器来指导 BEiT 编码器的学习。在输入阶段，图像标记生成器接收原始图像，BEiT 编码器接收已损坏的图像，其中包括了所有未掩盖的和被掩盖的图像块。然后，它输出掩盖的块的视觉标记预测，以匹配标记生成器中相应的视觉标记。BEiT 第一次证明了掩码图像建模在下游任务中的表现优于最优对比方法 DINO[113]。BEiT[7] 方法分为了两个阶段：首先训练图像标记生成器作为准备，再基于图像标记生成器进行掩码图像建模。后续有一些相关工作[117-119] 也遵循这个两阶段的方式，它们通过改进基于图像标记的掩码图像建模过程或寻找替代图像标记生成器来提高模型性能。

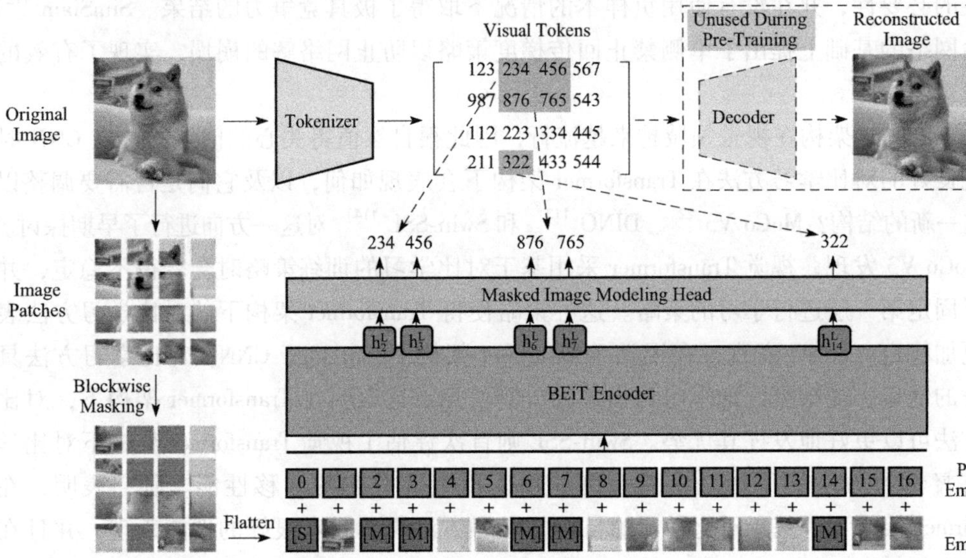

图 8　BEiT 方法

注：图片来自文献［7］。

mc-BEiT[119] 旨在有效利用 dVAE 中的视觉标记生成器。与语言词汇由离散单词组成不同，图像本身是连续的。在视觉的离散化过程中，具有类似语义的视觉块可能具有不同的标记身份，具有不同语义的视觉块可能具有相同的标记身份，这通常是不合理的。因此，mc-BEiT 将 BEiT 掩码图像建模从单分类问题转化为多分类问题，将训练目标从硬标签交叉熵损失改进为软标签交叉熵损失。CAE[117] 首先通过 dVAE 训练图像标记生成器以生成目标视觉标签。与 BEiT 的隐式且同时执行编码和解码角色不同，CAE 显式且分别执行这两个任务。为此，CAE 提出了潜在上下文回归器，它引入了掩码块和未掩码块之间表示的对齐，这使得 CAE 编码器更加专注于提升图像表征的质量。

PeCo[118] 发现 dVAE[116] 生成的视觉标记没有考虑更进一步的语义层次。为了使目标图像的视觉标记更具语义信息，PeCo 在训练损失中额外拉近了深度视觉特征之间的距离，进一步提升了原始图像和重构图像之间的感知相似性。

单阶段掩码图像建模。两阶段方法的不足之处在于，它们的方法依赖于预先训练的 dVAE 生成原本是连续但被有意离散化的目标视觉标记[116]，它并不是端到端的方案，这就给提升效率和效果留下了充足的空间。由此，MAE[8] 提出了单阶段的掩码图像建模方法，实现了端到端的掩码预训练流程。如图 9 所示，MAE 方法首次证明了通过直接恢复图像的原始像素也能够获得高质量的图像表征。掩码自编码器利用非对称的编码器解码器设计，在保证解码器轻量的情况下，编码器在前馈阶段仅接收可见图像块（通常只有 25%）作为输入。也就是说，其掩码比率高达 75%，远高于 BERT[85]（通常为 15%）或先前的掩码图像建模方法（20%至 50%）[2,7,115] 中的比率。消融实验发现，这种高掩码比率有助于提升微调和线性探测的性能。因此，非对称的编码器解码器设计使得 MAE 在提升预训练速度的同时（比 BEiT[7] 快 3 倍或更多），在多个图像分类数据集上也取得了更优的效果。

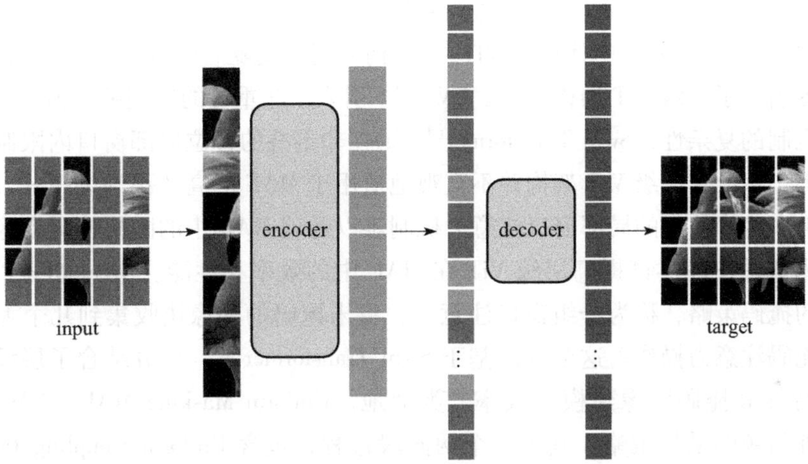

图 9 MAE 方法

注：图片来自文献［8］。

SimMIM[120] 在 MAE 同期被提出，其也同样证明了预测图像原始像素不会比其他设计的复杂方法表现更差（见图 10）。SimMIM 进一步将类似的自监督方案应用于 ViT 的变种架构 Swin Transformer[4] 上，获得了极具竞争力的提升。此外，SimMIM 研究了多种掩码策略，例如方形、块状和随机掩码。使用随机掩码策略获得了最佳性能，这与 MAE 中的掩码策略相同，同时提高了模型的鲁棒性。另外，Swin Transformer V2[93] 首次证明了

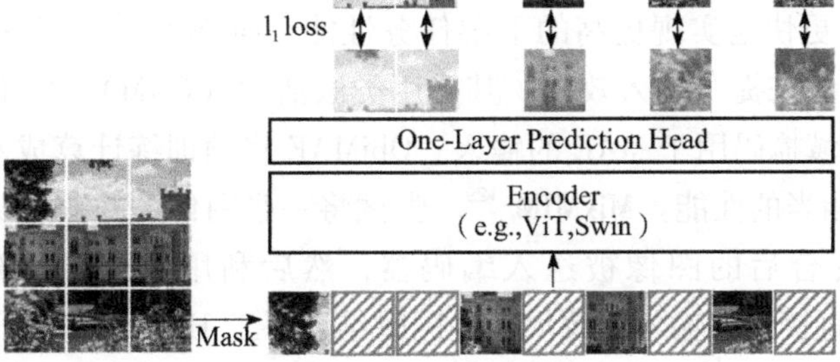

图 10 SimMIM 方法

注：图片来自文献［120］。

在数十亿模型参数下，掩码图像方法（SimMIM）能大大缓解大模型对于海量数据的需求压力，在仅用此前方法 1/40 数据量的情况下，取得了更优的性能。MaskFeat[121] 在此基础上，探索了各种目标标记形式，并发现手工 HOG 特征[122] 也能达到极具竞争力的性能。然而，HOG 特征只能与视觉数据兼容，这限制了其在其他数据模态中的应用。

3.4 掩码图像建模方法的拓展

基于掩码图像的建模方法取得了一系列进展。后续有一系列工作从不同方面对掩码图像建模进行了拓展。这些拓展可以初步分为效率角度、架构角度、数据角度、去噪角度和理论角度。下文分别从上述角度进行阐述。

效率角度。由于 MAE 中使用的 ViT[2] 架构的复杂度随着输入序列长度的平方增长，因此学术界引入了层级 ViT 架构[4,31]。PVT[31] 引入了非重叠的空间缩减窗口，以降低全局自注意机制的复杂性，Swin Transformer[4] 则在非重叠的移位局部窗口内限制了自注意操作的范围。然而，层级 ViT 架构并不直观地适用于 MAE 的高效预训练模式，这是因为在层级 ViT 中普遍使用的局部窗口注意力机制难以处理 MAE 中的随机掩码图像输入。因此，一系列相关工作尝试提高层级 ViT 在 MAE 中的效率和性能。GreenMIM[123] 提出了一种独特的掩码策略，称为分组窗口注意力，将未掩码的图像块收集到几个大小相等的组中进行掩码注意力操作。这个方法基于 Swin Transformer[4]，充分结合了层级 ViT 架构的多尺度特征和掩码图像建模的效率。类似地，Uniform Masking MAE（UM-MAE）[124] 实现了一种新颖的采样策略，其为一个两阶段过程，包含 Uniform Sampling 和 Secondary Masking 这两个阶段。在第一个阶段中，Uniform Sampling 首先对每个 2×2 的 4 格随机采样 1 格，该操作能够保障层级 ViT 中的局部窗口算符都能够均匀地分配到等量的对象；在第二个阶段中，Secondary Masking 在第一个阶段采样的对象基础上，再进行一次随机掩码操作，将其中一小部分（通常为 25%）对象随机采样为可学习的共享掩码表征。HiViT[125] 提出了一种新的层级 ViT 架构，其用 MLP 层替换了 Swin Transformer[4] 中的局部窗口注意力层，从而实现了像 MAE 一样的掩码采样策略。以上方法都在更少的训练时间和 GPU 内存的情况下，实现了与基线模型（MAE、SimMIM）相当的性能。LoMaR[126] 发现局部信息足以重建掩码图像，它不依赖整张图像进行掩码重建，而是对 7×7 的小窗口采样，以限制注意力机制在局部区域进行计算，从而大大降低了计算量。相比于 MAE，LoMaR 可以更快地实现更高的下游任务性能。ObjMAE[127] 通过丢弃非目标对象和学习目标特定表示来提升输入效率。其采用类激活图（CAM）[128] 识别大致的目标区域，然后将目标区域掩码用于 MAE 的输入。ObjMAE 将预训练计算成本降低了 72%，同时实现了与 MAE 相当的性能。MixMIM[129] 尝试将一张图像的掩码标记替换为另一张图像的标记。经过混合后的图像被送入编码器，然后利用解码器重建两个原始图像。FastMIM[130] 通过直接缩小输入图像尺寸，同时结合手工 HOG 特征[122] 的恢复实现了高效的掩码图像建模方式。LocalMIM[131] 通过对 ViT 架构引入多层次、多尺度的重建监督，大大加速了自监督预训练网络的收敛。

架构角度。MAE 默认使用 ViT[2] 作为骨干网络，这引发了一个自然的问题：MAE 是否仅适用于 Transformer 骨干网络，而不适用于卷积神经网络（CNN）？由于 CNN 无法直接处理掩码输入和位置嵌入，因此多项工作[132-135] 尝试在一个兼容的掩码自编码器框架中统一 ViT 和 CNN。ConvMAE[134] 利用了一种混合架构，其在网络早期阶段采用卷积模块，在后期阶段采用 Transformer 模块。针对同时具有 CNN 和 ViT 架构的掩码图像建模，CIM[132] 提出了损坏图像建模，该方法使用可训练的生成器（BEiT）生成受损图像，来替换在掩码图像建模中人工遮蔽的输入图像。因此，ViT 或 CNN 增强器可以对掩码图像建模中的重构任务进行扩展，以实现生成或判别目标。CIM 是第一个在非孪生框架中统一 ViT 和 CNN 的方法，在视觉基准测试中取得了具有竞争力的结果。Li 等人[135] 强调了掩码图像建模的成功与架构无关，并提出 A2MIM 框架以统一的方式兼容了 ViT 和 CNN。

数据角度。人们普遍认为下游任务的迁移学习受益于在更大的数据集上进行预训练。但是，ElNouby 等人[136] 对此提出了质疑，研究了在较小的数据集上进行自监督预训练能否获得相同的好处。有趣的是，Dosovitskiy 等人[2] 的研究表明在 ImageNet 数据集的 1%上预训练掩码自编码器可以实现与在完整的 ImageNet 数据集上预训练相同的迁移性能。相比之下，先前的对比学习工作 DINO[113] 对数据大小（以及数据类型）更为敏感。进一步，Xie 等人[137] 对从 10%的 ImageNet 数据到完整的 ImageNet22K 的数据缩放进行了全面的研究，研究范围包括从 4900 万到 10 亿参数的掩码自编码器模型。结果表明，掩码图像建模需要更大的数据量，尤其是对于训练周期更长的大规模模型而言。

去噪角度。考虑到掩码自编码器是去噪自编码器的一种类型，Tian 等人[138] 探讨了一个更加一般化的问题：除了掩码以外，是否存在其他有效的图像退化方法可用于视觉预训练？他们研究了五种方法，即缩小、放大、失真、模糊和灰度化，并发现它们的表现都比不采用预训练的情况要好。这表明统一的去噪视角是掩码自编码器成功的一个重要因素。然而，与其他空间变换的退化方法相比，模糊和灰度化的表现较差，因为它们会导致图像风格分布的变化从而引起下游任务微调的不一致性。其中，缩小方法的表现最好，并且与掩码方式相辅相成，能够进一步提高性能。与现有的空间掩码方式不同，Xie 等人[139] 系统性地研究了频率掩码方案，其通过从未掩码的低频内容中预测掩码的高频内容，展现出了具有竞争力的性能。

理论角度。Cao 等人[140] 首次提出了一个统一的理论框架，以便理解视觉中的掩码自编码器的工作原理。具体而言，MAE 中每个图像特征都可以被解释为某些希尔伯特空间中的学习基函数，而不是 2D 像素网格。此外，在不重叠的域分解设定下，ViT 中基于图像块的注意力可以从积分核的算子理论角度理解。在注意力的基础上，Cao 等人[140] 进一步证明了内部表示的稳定性以及掩码潜在表示与区块间的拓扑全局插值之间的关系。为了理解为什么 MAE 有助于下游任务，Pan 等人[141] 基于一个两层/单层 CNN 的自编码器，在理论上证明了它可以捕捉到预训练数据集中的鉴别性语义信息。研究人员提供了有关 MAE 学习什么特征以及为什么 MAE 能够胜过传统监督学习的见解。具体而言，MAE 编码器捕获了预训练数据集中所有的鉴别性语义，包括具有单个或多个独立语义的样本，因此在下游任务中能够优于监督学习方法。

4 多模态任务中的 Transformer 模型

多模态 Transformer（Multi-modal Transformer）是以 Transformer 为主干结构的多模态学习模型，它结合了多个不同类型的输入数据，例如文本、图像、音频等，并使用 Transformer 架构来处理。该模型把不同类型的输入数据分别传递到不同的模态编码器（Modality Encoder）中编码，然后将编码后的结果传递给多模态融合器（Multi-modal Fusion）进行融合。最终，融合后的表示被传递到 Transformer 解码器（Transformer Decoder）中，生成多模态输出。

多模态 Transformer 的关键创新在于它能够处理不同类型的输入数据，并将它们有机地融合在一起，从而提高了多模态场景下的建模能力。此外，多模态 Transformer 还能够处理不同长度和维度的输入数据，在处理异构数据时表现出色。多模态 Transformer 是一种强大的多模态建模方法，可用于处理各种类型的多模态输入数据，用于图像描述生成、视频理解、跨模态问答等应用场景。

4.1 多模态 Transformer 架构

多模态特征编码针对多种模态的输入数据，需要将不同模态数据特征变成 Transformer 能够处理的数据格式，即标记序列。多模态特征编码方法各异，本文主要对视觉、文本和音频三个模态的编码方式进行讨论，具体如图 11 所示。

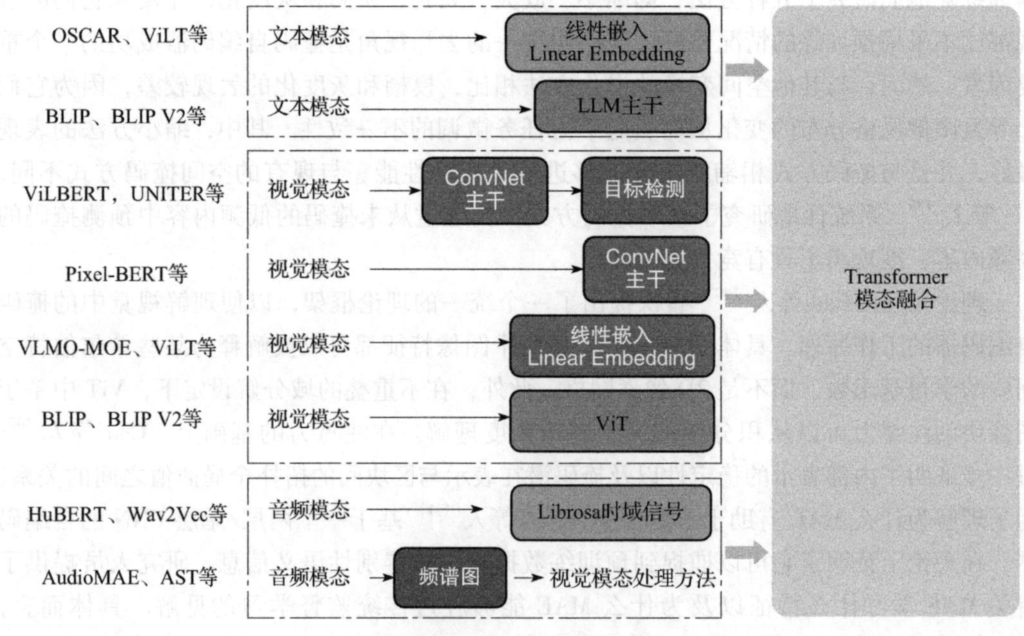

图 11 多模态特征编码分类

对于文本模态，在多模态 Transformer 架构中较少使用较为传统的 Word2Vec 系列方法[142-143] 对语言进行向量化，直接使用线性特征进行词嵌入即可[144-145]，也可直接使用整个大语言模型（Large Language Model，LLM）作为词嵌入编码器提取文本标记序列[146-147]。

对于视觉模态，一部分工作是使用以卷积神经网络为主干网络的目标检测器，或者使用感兴趣区域检测算法来识别图像中的特定对象或区域。这些检测到的区域可以被视为标记序列，即一幅图像中如果包含多个对象，每个对象均可以被视为一个单独的标记，这类方法的代表性工作包括 ViLBERT[148]、UNITER[149] 等，而 PixelBERT[150] 直接将卷积神经网络提取的特征作为标记序列。随着视觉 Transformer 的出现，直接使用线性编码将图像划分成长度为 14×14 或 16×16 的标记序列的做法逐渐得到推广，直接使用视觉 Transformer 作为视觉编码器进行词嵌入的方法逐渐成为主流方法之一，这类方法的代表性工作包括：VLMO-MOE[151] 以及 ViLT[144] 等。

对于音频模态，目前常用的嵌入方式主要分为两类：一类是直接提取音频的原始时域特征作为标记序列，一般直接使用 Librosa[152] 解码出来的音频时域信号作为特征输入，代表工作为 HuBERT[153] 和 Wav2Vec 系列[154-155] 等；另一类则是将音频信号转化为频谱图，然后将频谱图等同于视觉模态，利用上述视觉模态的词嵌入方法编码，如利用视觉 Transformer 对频谱图进行特征编码，代表性工作包括 AudioMAE[156]、AST[157] 等。

虽然不同模态使用不同编码方式，但随着 Transformer 在多模态机器学习中被广泛使用，最新工作均逐步使用基于 Transformer 的 ViT 模型或者语言模型来做视觉和语言模态的特征提取。

以多模态 Transformer 的融合方式对多种模态数据进行编码，形成 Transformer 可以处理的标记序列之后，如何通过 Transformer 的自注意力机制融合多种模态信息成为关键。单模态和多模态的自注意力融合机制有所不同，具体来说，多模态自注意力的目的是实现跨模态交互，这种交互是由自注意力机制和交叉注意力机制及其变体实现的。下面讨论几种常见的基于 Transformer 的多模态融合方式，包括：①早期融合。在多模态数据的原始/早期特征上进行加权求和，然后在融合特征上利用 Transformer 进行跨模态学习。这要求多种模态特征较为相似，既多种模态的原始数据具备较高的同质性。相关工作如 Actor-Transformers[158] 将视频 RGB 帧和深度图信息在早期融合后送入 Transformer 中进行表征学习。②早期级联。类似于早期融合，早期级联是在早期数据特征上进行级联，代表性工作包括：VideoBERT[159]、GraphcodeBERT[160] 等。③分层注意力融合。不同模态特征使用不同 Transformer 编码器，然后利用多层 Transformer 注意力机制进行融合，相关工作如 InterBERT[161]。④跨模态注意力融合。利用交叉注意力机制将不同模态信息相融合，即 Value 和 Key 特征为同一种模态，而 Query 特征可以交换为另一种模态，从而进行跨模态融合。相关工作如 MulT[162] 和 VilBERT[148]。同时，融合与对齐也是重点研究方向。代表性工作 ALBEF[163] 提出重要观点：不同模态的特征对齐应该先于模态融合，其对齐和融合方法均使用了 Transformer 的自注意力和跨模态注意力的变体。如图 12 所示，图像和文本模态分别通过 Transformer 模态（作为编码器）进行特征提取，然后通过图-文对比损失进行对齐，后续再经过跨模态自注意力机制进行两个模态的融合。ALBEF 及其后续一系列工作[147,163] 成为基于 Transformer 架构的图-文多模态任务经典范式之一。

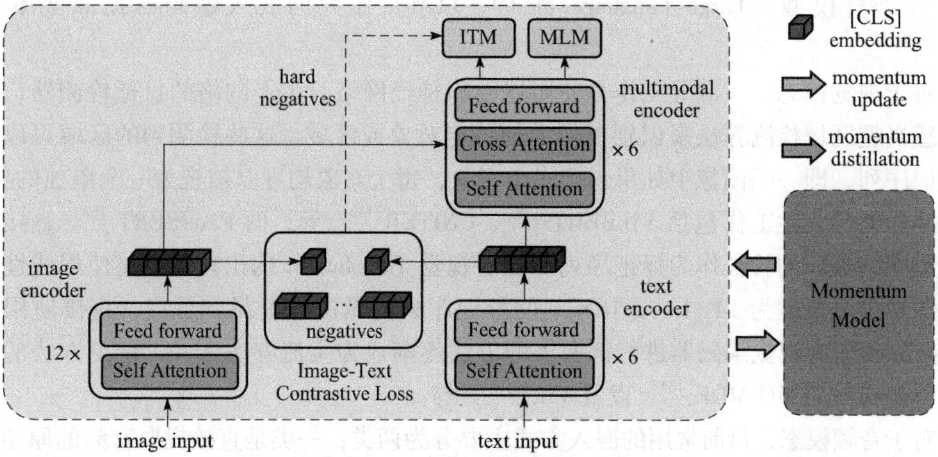

图 12 利用 Transformer 模态进行融合前先对齐

注：图片来自文献［163］。

基于 Transformer 的多模态架构较多。以图-文两模态的架构为例，根据模态编码器和跨模态交互模块的不同，多模态架构大致分为四种，如图 13 所示。VE 表示视觉编码器模块，TE 为文本编码器模块，MI 为跨模态交互模块，三类模块的大小表示其计算开销。可根据这三类模块的大小分类。第一类架构如图 13a，其核心部件为视觉编码器，而跨模态交互模块相对较弱，其代表性工作是 SCAN[164]，利用堆叠的交叉注意力对图-文两模态交互学习。第二类架构如图 13b 所示，其特点为使用预训练好的视觉编码器和文本编码器，跨模态交互方法较为简单。代表性工作为 CLIP[165]，其文本编码器使用了基于 Transformer 的语言模型，但其跨模态交互模块并未使用 Transformer 模块，而是直接利用对比学习将两模态进行对齐，在 4 亿对图文对上学习后取得了显著的零样本学习能力。第三类架构如图 13c 所示，其核心部件为细粒度的视觉编码器和跨模态交互模块，而跨

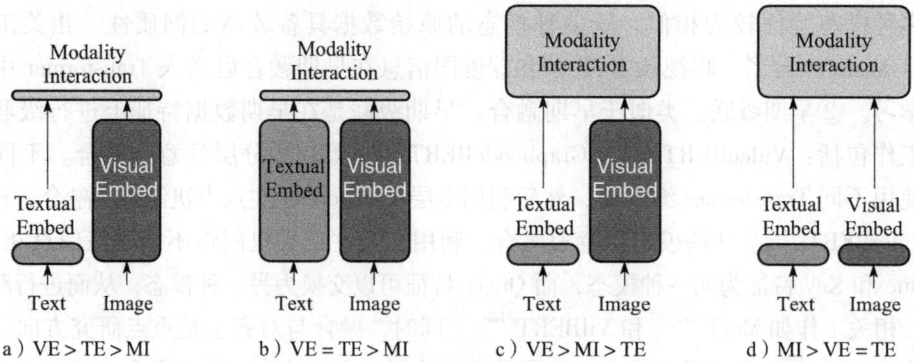

图 13 不同的多模态架构

注：图片来自文献［144］。

模态交互学习也往往采用 Transformer 或者其自注意力/跨注意力模块进行设计，代表工作如 OSCAR[145]。第四类架构如图 13d 所示，其特点为使用很简单的视觉编码器和文本编码器，而核心部件是跨模态交互模块。当前工作大部分都是利用 Transformer 及其变体来进行跨模态融合和对齐的，代表性工作如 ViLT[144]，其核心观点是直接将图像和文本用简单的线性投影进行编码，然后利用 Transformer 及其变体对图像和文本特征进行跨模态学习，并且设计了三种训练任务，包括图文匹配判断、语言掩码重建、图像块-单词匹配对齐。

4.2 基于预训练的多模态 Transformer

随着 Transformer 在自然语言处理和计算机视觉任务中取得重要进展，在自然语言处理中的 Transformer 预训练方式也被引入多模态学习中。最初的尝试是直接将 BERT[85] 应用于视觉语言预训练任务中，如 VideoBERT[159]、VL-BERT[166]、ViLBERT[148]、VisualBERT[167]、ActBERT[168]、ImageBERT[169]、Pixel-BERT[150]、LXMERT[170]、UNITER[149]、UnicoderVL[171]、B2T2[172]、VLP[173]、12-in-1[174]、Oscar[145] 和 UniVL[175]。其中 VideoBERT 是较早将 BERT 预训练方式引入视觉-语言多模态任务中的工作，其基本思想是将自然语言处理领域中常用的 BERT 预训练范式从语言模态扩展到视频模态。其具体框架如图 14 所示，通过将视频数据和匹配的文本数据向量化，分别得到视觉标记和文本标记，然后在视觉和文本标记序列上学习双向联合分布。其在语言上的掩码预训练方式也被迁移至视频序列中。在 VideoBERT 出现之后，一系列工作同期涌现，如 ViBERT[148] 将 BERT 架构拓展为一个支持两个流输入的多模态模型。它在这两个流中分别预处理视觉和文本输入，并在联合注意力 Transformer 层中交互。其中预训练的代理任务首先在大规模自动采集数据集 Conceptual Captions[176] 上进行，然后被迁移至四个现有的视觉-语言任务上，包括视觉问答、视觉常识推理、代指词、基于说明的图像检索，均取得了显著提升。同期的研究工作 VL-BERT 和 VLP 等均代表了学习视觉和语言之间联系的一种新思路，不再局限于某个具体任务训练过程中的学习，而是把视觉-语言联系作为一个可预训练、可转移的模型能力。

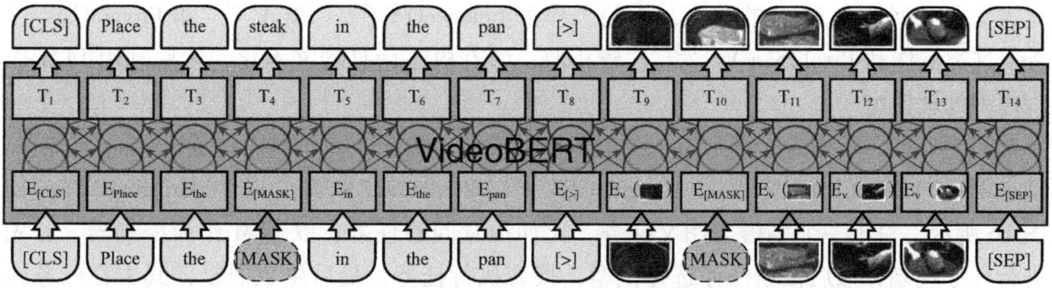

图 14 VideoBERT 预训练框架

注：图片来自文献［159］。

4.3 基于大语言模型的多模态 Transformer 模型

大语言模型（Large Language Model，LLM）如 GPT 系列模型和开源语言大模型 LLaMA[178] 等受到了巨大的关注。主流 LLM 的主干模型均是 Transformer 编/解码器。随着 LLM 的流行，如何利用大语言模型进行多模态研究被广泛关注。其中较为典型的方法包括冻住 LLM 参数，训练额外的其他模态的编码器以适配 LLM，或者利用 LLM 作为控制中枢来调用不同模态的模型。该部分以视觉-语言两模态研究为例讨论如何在多模态研究中利用 LLM。一些主流的方法如下：

1）将 LLM 的参数冻住不更新，训练其他模态所需的编码器以适配 LLM。对于视觉模态，训练视觉编码器或视觉投影层等额外结构以适配 LLM。相关研究包括 LLaVA[177]、BLIP2[146]、MiniGPT4[179]、Frozen[180]、Flamingo[181] 和 PaLM-E[182] 等工作。以 LLaVA 为例，如图 15 所示，该工作使用 CLIP 的视觉编码器和投影层将图片投射为和语言模态接近的标记序列，并利用开源的 LLaMA 模型作为 LLM。鉴于当前缺乏视觉与语言组成的指令数据，该工作提出了一种多模态指令数据的解决方案。该工作展现了接近于多模态 GPT-4 的图文理解能力，相对于 GPT-4 获得了 85.1%的相对得分。在进行科学问答微调时，LLaVA 和 GPT-4 相互协作，实现了 92.5%的准确率，创造了新的最高分。除了 LLaVA 外，BLIP2 也是与将 BLIP 模型和开源语言模型 LLaMA 相结合的方法。

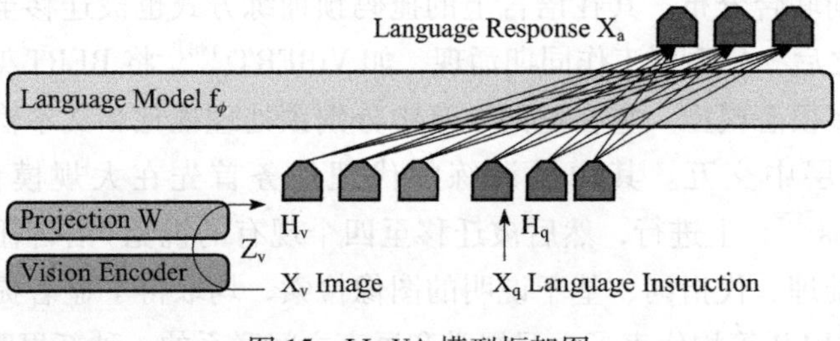

图 15 LLaVA 模型框架图

注：图片来自文献［177］。

2）将其他模态转化为文本模态，作为 LLM 的输入。对于视觉模态而言，直接将其转化为文本序列作为 LLM 的输入，相关工作如 ScienceQA[183]、PICA[184] 和 PromptCap[185] 等。这类工作和 Pixel2Seq V2[186] 比较相似，所有模态信息均文本化，然后利用 LLM 作为序列处理模型。

3）利用 LLM 作为理解中枢，调用多模态模型。目前主要是调用视觉-文本两模态模型，例如 VisualChatGPT[187]、HuggingGPT[188] 和 AutoGPT 等。其中 HuggingGPT，如图 16 所示，对于一个多模态图文任务，比如视觉问答任务，以 LLM 作为控制器，首先进行任务规划，然后根据任务选择模型，接着执行任务，最后生成回复，其中在任务执行时会通过 HuggingFace 调用不同的模型接口。

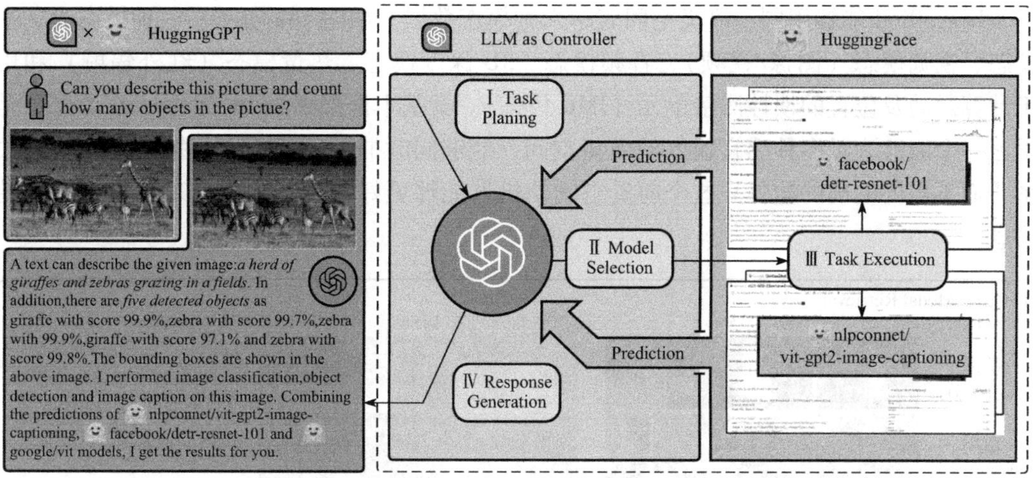

图 16 HuggingGPT 框架图

注：图片来自文献［188］。

4.4 超越双模态的多模态 Transformer 架构

上述研究主要还是基于 Transformer 开展的双模态架构研究，而超越双模态的多模态 Transformer 架构也逐步被重视，其中代表性工作包括紫东太初模型（Omni-Perception Pre-Trainer[189]）和 ImageBind[190] 等基于 Transformer 的模型。

紫东太初模态（OPT）是较早提出的基于 Transformer 的图-文-音三模态模型，将掩码学习的预训练方式扩展到三模态中。其预训练的基本框架如图 17 所示，文本、图片和音频三个模态的原始数据先进行随机掩码，然后分别送入文本编码器、视觉编码器和音频编码器，再通过基于 Transformer 的多层跨模态编码器进行联合表征学习，最后对不同模态进行不同的代理任务学习，包括掩码语言、视觉、音频建模以及通过解码器后的文本和视觉重建。多种代理任务确保不同模态数据能够较好融合。

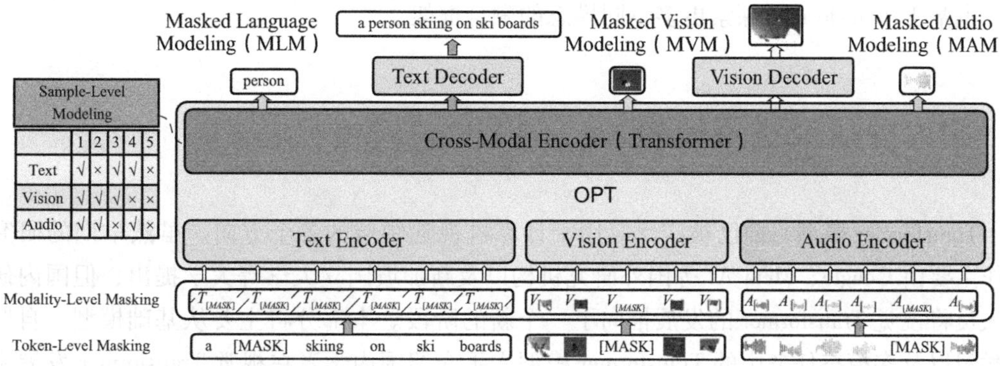

图 17 紫东太初多模态框架和任务

注：图片来自文献［189］。

ImageBind 能够用同一语义空间表示六种模态数据，如图 18a 所示，六种模态为文本模态、视觉模态（图像/视频）、音频模态、3D 深度模态、热量模态（红外辐射）和用于计算运动及位置的惯性测量单元（IMU 模态）。其基本框架如图 18b 所示。核心思想是学习一个能够表示多种感官输入的向量空间，能够同时捕捉六种不同数据模态之间的关系，而不需要明确的监督。这个向量空间使机器能够更好地理解和处理来自多个渠道的信息。

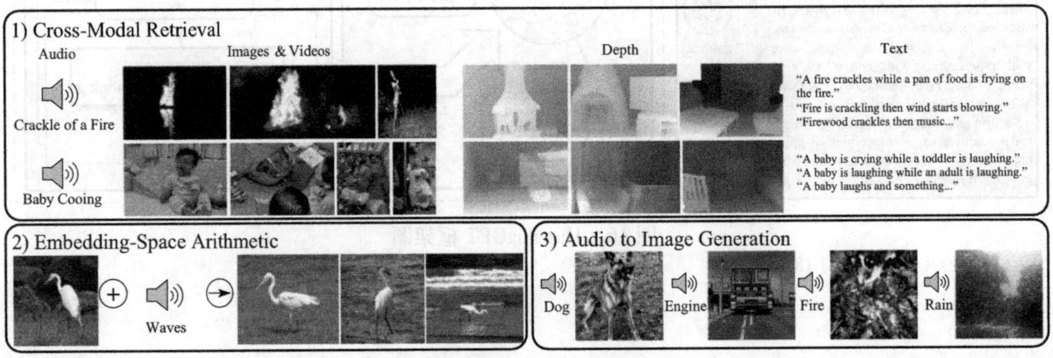

a）ImageBind中包含的多模态任务

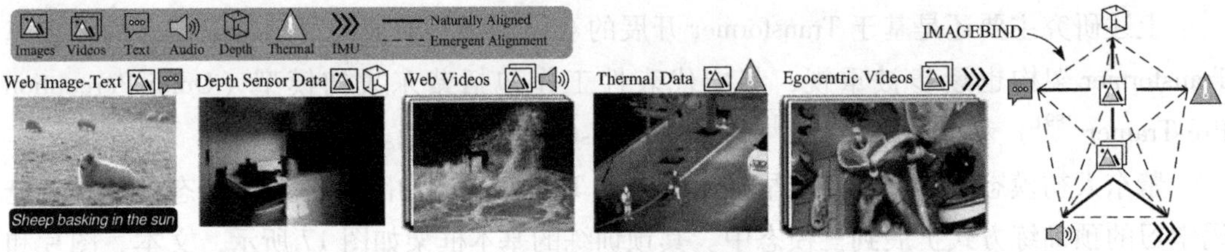

b）ImageBind框架图

图 18 ImageBind 多模态任务和框架

注：图片来自文献［190］。

随着更多模态的研究逐步被关注，一些后续工作包括 PandaGPT[191]、AudioToken[192]等，也基于 Transformer 探索更多不同模态的融合框架。

5 国内外研究进展比较

Transformer 模型目前已被广泛应用于计算机视觉领域的各个方向。虽然早期的研究工作主要由 Google、Meta AI 等国外研究机构以及新加坡国立大学等大学提出，但国内研究人员将视觉 Transformer 的发展推向了一个新的阶段。本部分将主要从基础模型、自监督学习以及多模态任务中的 Transformer 模型入手介绍国内学者在视觉 Transformer 发展中取得的较好成果。

针对视觉 Transformer 基础模型而言，清华大学在 ViT 模型压缩[51]、架构设计[37,193-194]方面，华为研究院在局部信息提取[68,195]方面，微软亚洲研究院在 ViT 模型设计[4]以及视觉 Transformer 大模型[40,93]方面，中国科学技术大学在自注意力机制改进[20]方面，南开大学在基于多尺度信息的自注意力机制设计[196]以及基于全连接网络的视觉模型设计[197]方面，南京大学在基于金字塔的 ViT 模型设计[31,35]，上海人工智能研究院在新型注意力机制设计[79,94]方面，香港大学在自注意力机制的应用[15]方面都有优秀的成果。虽然国内研究团队在小模型设计方面已有较好的成果，但在视觉大模型方面的探索仍稍落后于国外领先的视觉研究组。其主要原因之一是计算资源的短缺。大模型训练依赖大量计算资源，如何基于国产平台构建可用于训练视觉大模型的平台也是亟待解决的问题。

针对 Transformer 模型在自监督学习中的应用，微软亚洲研究院首次评估了视觉 Transformer 架构下对比学习自监督学习方法在下游任务上的迁移性能[114]。哈尔滨工业大学所提出的 BEiT 方法[7]将基于掩码图像建模的方法带入主流视野。此后，来自北京大学[119]、中国科学院[118]和百度[117]的研究团队进一步拓展和改进了 BEiT。与 MAE[8]同期，微软亚洲研究院提出了 SimMIM[120]并将该掩码预训练方法成功应用到 Swin Transformer V2[93]中。南开大学[124]和商汤科技[123]进一步扩展了掩码自监督方法对层级 ViT 模型的兼容性。华为研究院[125,130-131]通过引入小窗口和层次监督进一步提升了掩码自监督预训练的效率。上海人工智能研究院[134]、华中科技大学[132]和西湖大学[135]探索了自监督学习下 CNN 和 ViT 的统一架构。诸多研究表明，Transformer 模型在自监督学习范式中具有一定的优势。同时，基于其模型复杂度的特点，Transformer 大模型更加适配大数据下的自监督学习模式。虽然目前掩码自监督学习最为知名的工作 MAE[8]来自国外的 Meta 研究院，但是国内的研究团队也有同期类似的工作 SimMIM[120]，并对掩码自监督的效率和拓展进行了一系列的跟踪研究，在该方向上可以说国内与国外的进展并驾齐驱、相辅相成。

针对 Transformer 模型在多模态学习中的研究，在 Google 提出 VideoBERT[159]不久，浙江大学在视频和语言的联合多模态学习方面提出了 ActBERT[168]，中国科学技术大学和微软亚洲研究院联合提出的 VL-BERT[165]将简单而有效的 Transformer 模型作为主干并对其进行扩展，在设计上考虑了与视觉-语言下游任务的兼容性。北京大学和微软亚洲研究院提出的 Unicoder-VL[171]利用多层 Transformer 学习视觉-文本的联合表征。北京科技大学和微软亚洲研究院提出的 Pixel-BERT[150]的主要目标是将图像像素与语言文本进行较为细粒度的对齐。西南交通大学和微软亚洲研究院联合提出 UniVL[175]，主要针对设计多模态判别与生成任务的统一框架。除了双模态模型外，中国科学院自动化所提出了三模态大模型——紫东太初[189]，首次将 Transformer 框架应用于超越两模态的任务。在大语言模型取得巨大关注后，浙江大学和微软亚洲研究院也利用大语言模型作为控制中枢受到了 HuggingGPT[188]。在该方向上，国内研究基本上与国外研究并驾齐驱。但是由于多模态模型较为依赖大算力，国外拥有更大规模的大型研究机构，因此其相关工作开展得更为迅速。

6 发展趋势与展望

传统的卷积神经网络主要应用于计算机视觉领域。Transformer 的出现，特别是视觉 Transformer 的流行大大推动了人工智能的发展。下面将从以下几个方面展望视觉 Transformer 的发展。

多种模态数据统一建模：视觉与其他模态结合。人类的大脑可以胜任几乎所有智能任务。Transformer 目前已成为视觉、语言以及音频等信号处理的主流模型。虽然已有很多工作揭示了视觉和语言如何联合建模，但如何提升建模的效率仍值得进一步探索，这也将是未来主流的研究方向之一。

高效的全局编码能力。Transformer 结构主要依赖可全局建模的自注意力机制，但该机制在处理长序列时的巨大计算量严重影响了其推理速度。虽然在自然语言处理以及计算机视觉等领域已有部分工作对如何优化自注意力机制进行了研究，代表性成果如 FasterViT[198]、LongFormer[199]、BigBird[200]、Focal Transformer[46] 以及 Soft[201] 等，但其性能与原始自注意力机制相比仍有降低。如何在保证编码全局信息能力不下降的同时，提升自注意力机制的编码效率是计算机视觉与自然语言处理等人工智能领域共同关心的热点话题。

视觉大模型。人类大脑拥有千亿级的神经元和更庞大复杂的连接，这一巨大的神经网络构成了人类可做出智能判断和记忆的基础。在自然语言处理领域，模型已经达到了万亿级别，且性能也随着模型规模的增长而提升。但是在视觉领域，目前最大的模型只有 300 亿左右，如何进一步合理地扩大视觉的模型规模，以及能否带来质的飞跃，都是值得深入研究的问题。

数据清理。目前最大规模的图像文本对，其数据量已达到 50 亿规模，但其重要问题之一在于图像和文本数据存在很多噪声，多数文本数据并不能很好地描述对应的图像，从而在训练过程中影响了模型的性能。一个有效的解决办法则是从 50 亿规模的图像文本对数据中挖掘质量高的数据训练模型，提升模型的表征能力。因此，探索高质量训练数据的挖掘工作是一个亟待解决的问题。

高效的自监督预训练方法。目前主流的视觉自监督学习方法当属基于图像/视频掩码学习，但现有工作表明[202-203] 成熟的图像掩码学习方法，如 MAE[8] 等，在海量图像数据上进行预训练后并未有显著的性能提升。研究如何提升自监督预训练方法在海量图像数据上的学习效率将会对图像自监督学习领域产生重要影响。

小样本学习。人类很容易通过少量输入数据完成学习。现有的视觉 Transformer 模型仍需依赖大量的训练数据。如何借鉴人类的学习机理，利用少量数据完成视觉训练任务值得深入研究。

7 结束语

本报告主要从架构设计、自监督学习以及多模态任务中的应用三个方面介绍了视觉 Transformer 模型。通过调研相关领域近三年来的国内外顶级学术期刊或会议以及技术报告上发表的 200 余篇研究成果，总结了视觉 Transformer 的发展。本报告希望对该领域相关研究人员起到抛砖引玉的作用，主要目的是帮助读者尽快掌握视觉 Transformer 的前沿进展、发展历程以及应用前景，并揭示国内与国外研究进展的区别。作者希望在未来能够有更多研究者投身于视觉 Transformer 以及下一代视觉模型架构的研究中，共同推动国内视觉及多媒体领域的发展。

参考文献

[1] KRIZHEVSKY A, SUTSKEVER I, HINTON G. Imagenet classification with deep convolutional neural networks[J]. Communications of the ACM, 2017, 60(6): 84-90.

[2] DOSOVITSKIY A, BEYER L, KOLESNIKOV A, et al. An image is worth 16×16 words: transformers for image recognition at scale[J]. arXiv preprint arXiv: 2010. 11929, 2020.

[3] JIANG Z, HOU Q, YUAN L, et al. All tokens matter: token labeling for training better vision transformers[C]. NeurIPS. Online: Curran Associates, 2021: 18590-18602.

[4] LIU Z, LIN Y, CAO Y, et al. Swin transformer: hierarchical vision transformer using shifted windows[J]. arXiv preprint arXiv: 2103. 14030, 2021.

[5] YUAN L, CHEN Y, WANG T, et al. Tokens-totoken vit: training vision transformers from scratch on imagenet[J]. arXiv preprint arXiv: 2101. 11986, 2021.

[6] YUAN L, HOU Q, JIANG Z, et al. Volo: vision outlooker for visual recognition[J]. arXiv preprint arXiv: 2106. 13112, 2021.

[7] BAO H, DONG L, WEI F. Beit: bert pre-training of image transformers[J]. arXiv preprint arXiv: 2106. 08254, 2021.

[8] HE K, CHEN X, XIE S, et al. Masked autoencoders are scalable vision learners[C]// CVPR. New York: IEEE, 2021, 16000-16009.

[9] HUANG Z, JIN X, LU C, et al. Contrastive masked autoencoders are stronger vision learners[J]. arXiv preprint arXiv: 2207. 13532, 2022.

[10] DAI X, CHEN Y, YANG J, et al. Dynamic detr: end-to-end object detection with dynamic attention[C]// ICCV. New York: IEEE, 2021: 2988-2997.

[11] DAI Z, CAI B, LIN Y, et al. Up-detr: unsupervised pre-training for object detection with transformers[C]// CVPR. New York: IEEE, 2021: 1601-1610.

[12] MENG D, CHEN X, FAN Z, et al. Conditional detr for fast training convergence[C]// ICCV. New York: IEEE, 2021: 3651-3660.

[13] ZHU X, SU W, LU L, et al. Deformable detr: deformable transformers for end-to-end object detection[J]. arXiv preprint arXiv: 2010.04159, 2021.

[14] CHENG B, SCHWING A, KIRILLOV A. Per-pixel classification is not all you need for semantic segmentation[C]// NeurIPS. Online: Curran Associates, 2021: 17864-17875.

[15] STRUDEL R, GARCIA R, LAPTEV I, et al. Segmenter: transformer for semantic segmentation[C]// ICCV. New York: IEEE, 2021: 7262-7272.

[16] ZHENG S, LU J, ZHAO H, et al. Rethinking semantic segmentation from a sequence-to-sequence perspective with transformers[C]// CVPR. New York: IEEE, 2021: 6881-6890.

[17] VASWANI A, SHAZEER N, PARMAR N, et al. Attention is all you need[C]// NeurIPS. Long Beach: Curran Associates, 2017: 2507-2521.

[18] TOUVRON H, CORD M, SABLAYROLLES A, et al. Going deeper with image transformers[J]. arXiv preprint arXiv: 2103.17239, 2021.

[19] CARION N, MASSA F, SYNNAEVE G, et al. End-to-end object detection with transformers[C]// ECCV. Cham: Springer, 2020: 213-229.

[20] DONG X, BAO J, CHEN D, et al. Cswin transformer: a general vision transformer backbone with cross-shaped windows[J]. arXiv preprint arXiv: 2107.00652, 2021.

[21] TOUVRON H, CORD M, DOUZE M, et al. Training data-efficient image transformers & distillation through attention[J]. arXiv preprint arXiv: 2012.12877, 2020.

[22] CHEN X, XIE S, HE K. An empirical study of training self-supervised vision transformers[J]. arXiv preprint arXiv: 2104.02057, 2021.

[23] DENG J, DONG W, SOCHER R, et al. Imagenet: a large-scale hierarchical image database[C]// CVPR. New York: IEEE, 2009: 248-255.

[24] GAO S H, CHENG M M, ZHAO K, et al. Res2net: a new multi-scale backbone architecture[J]. IEEE TPAMI, 2019, 43(2): 652-662.

[25] TAN M, LE Q. Efficientnet: rethinking model scaling for convolutional neural networks[J]. arXiv preprint arXiv: 1905.11946, 2019.

[26] TOUVRON H, VEDALDI A, DOUZE M, et al. Fixing the train-test resolution discrepancy[J]. arXiv preprint arXiv: 1906.06423, 2019.

[27] YUN S, HAN D, OH S J, et al. Cutmix: regularization strategy to train strong classifiers with localizable features[C]// ICCV. New York: IEEE, 2019, 6023-6032.

[28] ZHANG H, CISSE M, DAUPHIN Y, et al. Mixup: beyond empirical risk minimization[J]. arXiv preprint arXiv: 1710.09412, 2017.

[29] ZHONG Z, ZHENG L, KANG G, et al. Random erasing data augmentation[C]// AAAI. New York: AAAI, 2020: 13001-13008.

[30] HINTON G, VINYALS O, DEAN J. Distilling the knowledge in a neural network[J]. arXiv preprint arXiv: 1503.02531, 2015.

[31] WANG W, XIE E, LI X, et al. Pyramid vision transformer: a versatile backbone for dense prediction without convolutions[J]. arXiv preprint arXiv: 2102.12122, 2021.

[32] WANG W, BAO H, DONG L, et al. Image as a foreign language: beit pretraining for all vision and vision-language tasks[J]. arXiv preprint arXiv: 2208.10442, 2022.

[33] LIN T Y, MAIRE M, BELONGIE S. Microsoft coco: common objects in context[C]// ECCV. Cham:

Springer, 2014: 740-755.

[34] ZHOU B, ZHAO H, PUIG X, et al. Scene parsing through ade20k dataset[C]// CVPR. New York: IEEE, 2017: 633-641.

[35] WANG W, XIE E, LI X, et al. Pvt v2: improved baselines with pyramid vision transformer[J]. Computational Visual Media, 2022, 8(3): 415-424.

[36] CHU X, TIAN Z, WANG Y, et al. Twins: revisiting the design of spatial attention in vision transformers[C]// NeurIPS. Online: Curran Associates, 2021: 9355-9366.

[37] GUO M H, LU C Z, LIU Z N, et al. Visual attention network[J]. arXiv preprint arXiv: 2202.09741, 2022.

[38] CHEN T, KORNBLITH S, NOROUZI M, et al. A simple framework for contrastive learning of visual representations[C]// ICML. [S.l.]: PMLR, 2020: 1597-1607.

[39] XIA Z, PAN X, SONG S, et al. Vision transformer with deformable attention[C]// CVPR. New York: IEEE, 2022: 4794-4803.

[40] DING M, XIAO B, CODELLA N, et al. Davit: dual attention vision transformers[C]// ECCV. Cham: Springer, 2022: 74-92.

[41] CHEN C F, FAN Q, PANDA R. crossvit: cross-attention multi-scale vision transformer for image classification[J]. arXiv preprint arXiv: 2103.14899, 2021.

[42] FAN H, XIONG B, MANGALAM K, et al. Multiscale vision transformers[C]// ICCV. New York: IEEE, 2021: 6824-6835.

[43] LI Y, WU C Y, FAN H, et al. Mvitv2: improved multiscale vision transformers for classification and detection[C]// CVPR. New York: IEEE, 2022: 4804-4814.

[44] ZHANG P, DAI X, YANG J, et al. Multi-scale vision longformer: a new vision transformer for high-resolution image encoding[C]// ICCV. New York: IEEE, 2021: 2998-3008.

[45] YUAN Y, FU R, HUANG L, et al. Hrformer: high-resolution vision transformer for dense predict[C]// NeurIPS. Online: Curran Associates, 2021: 7281-7293.

[46] YANG J, LI C, ZHANG P, et al. Focal attention for long-range interactions in vision transformers[C]// NeurIPS. Online: Curran Associates, 2021: 30008-30022.

[47] TOUVRON H, CORD M, JÉGOU H. Deit iii: revenge of the vit[C]// ECCV. Cham: Springer, 2022: 516-533.

[48] CHEN M, PENG H, FU J, et al. Autoformer: searching transformers for visual recognition[C]// ICCV. New York: IEEE, 2021: 12270-12280.

[49] TU Z, TALEBI H, ZHANG H, et al. Maxvit: multi-axis vision transformer[C]// ECCV. Cham: Springer, 2022: 459-479.

[50] LIU Y, SANGINETO E, BI W, et al. Efficient training of visual transformers with small datasets[C]// NeurIPS. Online: Curran Associates, 2021: 23818-23830.

[51] RAO Y, ZHAO W, LIU B, et al. Dynamicvit: efficient vision transformers with dynamic token sparsification[C]// NeurIPS. Online: Curran Associates, 2021: 13937-13949.

[52] HUANG Z, BEN Y, LUO G, et al. Shuffle transformer: rethinking spatial shuffle for vision transformer[J]. arXiv preprint arXiv: 2106.03650, 2021.

[53] ZHANG J, PENG H, WU K, et al. Minivit: compressing vision transformers with weight multiplexing[C]// CVPR. New York: IEEE, 2022: 12145-12154.

[54] WANG Y, HUANG R, SONG S, et al. Not all images are worth 16×16 words: dynamic transformers for efficient image recognition[C]// NeurIPS. Online: Curran Associates, 2021: 11960-11973.
[55] YIN H, VAHDAT A, ALVAREZ J, et al. A-vit: adaptive tokens for efficient vision transformer[C]// CVPR. New York: IEEE, 2022: 10809-10818.
[56] LIANG Y, GE C, TONG Z, et al. Not all patches are what you need: expediting vision transformers via token reorganizations[J]. arXiv preprint arXiv: 2202.07800, 2022.
[57] MENG L, LI H, CHEN B C, et al. Adavit: adaptive vision transformers for efficient image recognition[C]// CVPR. New York: IEEE, 2022: 12309-12318.
[58] XU Y, ZHANG Z, ZHANG M, et al. Evo-vit: slow-fast token evolution for dynamic vision transformer[C]// AAAI. New York: AAAI, 2022: 2964-2972.
[59] YU F, HUANG K, WANG M, et al. Width & depth pruning for vision transformers[C]// AAAI. New York: AAAI, 2022: 3143-3151.
[60] LI Y, YUAN G, WEN Y, et al. Efficientformer: vision transformers at mobilenet speed[C]// NeurIPS. New Orleans: Curran Associates, 2022: 12934-12949.
[61] LI Y, ZHANG K, CAO J, et al. Localvit: bringing locality to vision transformers[J]. arXiv preprint arXiv: 2104.05707, 2021.
[62] XIAO T, DOLLAR P, SINGH M, et al. Early convolutions help transformers see better[C]// NeurIPS. Online: Curran Associates, 2021: 30392-30400.
[63] DAI Z, LIU H, LE Q, et al. Coatnet: marrying convolution and attention for all data sizes[C]// NeurIPS. Online: Curran Associates, 2021: 3965-3977.
[64] YU W, LUO M, ZHOU P, et al. Metaformer is actually what you need for vision[C]// CVPR. New York: IEEE, 2022: 10819-10829.
[65] MEHTA S, RASTEGARI M. Mobilevit: light-weight, general-purpose, and mobilefriendly vision transformer[J]. arXiv preprint arXiv: 2110.02178, 2021.
[66] MAAZ M, SHAKER A, CHOLAKKAL H, et al. Edgenext: efficiently amalgamated cnntransformer architecture for mobile vision applications[C]// ECCV. Cham: Springer, 2022: 3-20.
[67] XU W, XU Y, CHANG T, et al. Co-scale convattentional image transformers[C]// ICCV. New York: IEEE, 2021: 9981-9990.
[68] GUO J, HAN K, WU H, et al. Cmt: convolutional neural networks meet vision transformers[C]// CVPR. New York: IEEE, 2022: 12175-12185.
[69] WU K, PENG H, CHEN M, et al. Rethinking and improving relative position encoding for vision transformer[C]// ICCV. New York: IEEE, 2021: 10033-10041.
[70] PAN J, BULAT A, TAN F, et al. Edgevits: competing light-weight cnns on mobile devices with vision transformers[C]// ECCV. Cham: Springer, 2022: 294-311.
[71] ZHOU D, KANG B, JIN X, et al. Deepvit: towards deeper vision transformer[J]. arXiv preprint arXiv: 2103.11886, 2021.
[72] YUAN K, GUO S, LIU Z, et al. Incorporating convolution designs into visual transformers[C]// ICCV. New York: IEEE, 2021: 579-588.
[73] WU H, XIAO B, CODELLA N, et al. Cvt: introducing convolutions to vision transformers[J]. arXiv preprint arXiv: 2103.15808, 2021.
[74] ZHANG Q, YANG Y. Rest: an efficient transformer for visual recognition[C]// NeurIPS. Online:

Curran Associates, 2021: 15475-15485.

[75] SI C, YU W, ZHOU P, et al. Inception transformer[J]. arXiv preprint arXiv: 2205.12956, 2022.

[76] ZHANG J, LI X, LI J, et al. Rethinking mobile block for efficient neural models[J]. arXiv preprint arXiv: 2301.01146, 2023.

[77] SHAKER A, MAAZ M, RASHEED H, et al. Swiftformer: efficient additive attention for transformer-based real-time mobile vision applications[J]. arXiv preprint arXiv: 2303.15446, 2023.

[78] FAN Q, HUANG H, ZHOU X, et al. Lightweight vision transformer with bidirectional interaction[J]. arXiv preprint arXiv: 2306.00396, 2023.

[79] LI K, WANG Y, ZHANG J, et al. Uniformer: unifying convolution and self-attention for visual recognition[J]. arXiv preprint arXiv: 2201.09450, 2022.

[80] CHEN C F, PANDA R, FAN Q. Regionvit: regional-to-local attention for vision transformers[J]. arXiv preprint arXiv: 2106.02689, 2021.

[81] LI Y, YAO T, PAN Y, et al. Contextual transformer networks for visual recognition[J]. IEEE TPAMI, 2022, 45(2): 1489-1500.

[82] LIU Z, MAO H, WU C Y, et al. A convnet for the 2020s[C]// CVPR. New York: IEEE, 2022: 11976-11986.

[83] HE K, ZHANG X, REN S, et al. Deep residual learning for image recognition[C]// CVPR. New York: IEEE, 2016: 770-778.

[84] HOU Q, LU C Z, CHENG M M, et al. Conv2former: a simple transformer-style convnet for visual recognition[J]. arXiv preprint arXiv: 2211.11943, 2022.

[85] DEVLIN J, CHANG M W, LEE K, et al. Bert: pre-training of deep bidirectional transformers for language understanding[J]. arXiv preprint arXiv: 1810.04805, 2018.

[86] CLARK K, LUONG M T, LE Q V, et al. Electra: pre-training text encoders as discriminators rather than generators[J]. arXiv preprint arXiv: 2003.10555, 2020.

[87] LIU Y, OTT M, GOYAL N, et al. Roberta: a robustly optimized bert pretraining approach[J]. arXiv preprint arXiv: 1907.11692, 2019.

[88] SMITH S, PATWARY M, NORICK B, et al. Using deepspeed and megatron to train megatron-turing nlg 530b, a large-scale generative language model[J]. arXiv preprint arXiv: 2201.11990, 2022.

[89] BROWN T B, MANN B, RYDER N, et al. Language models are few-shot learners[J]. arXiv preprint arXiv: 2005.14165, 2020.

[90] FEDUS W, ZOPH B, SHAZEER N. Switch transformers: scaling to trillion parameter models with simple and efficient sparsity[J]. JMLR, 2022, 23(1): 5232-5270.

[91] ZHAI X, KOLESNIKOV A, HOULSBY N, et al. Scaling vision transformers[C]// CVPR. New York: IEEE, 2021: 12104-12113.

[92] RIQUELME C, PUIGCERVER J, MUSTAFA B, et al. Scaling vision with sparse mixture of experts[C]// NeurIPS. Online: Curran Associates, 2021: 8583-8595.

[93] LIU Z, HU H, LIN Y, et al. Swin transformer v2: scaling up capacity and resolution[C]// CVPR. New York: IEEE, 2022: 12009-12019.

[94] WANG W, DAI J, CHEN Z, et al. Internimage: exploring large-scale vision foundation models with deformable convolutions[C]// CVPR. New York: IEEE, 2023: 14408-14419.

[95] DEHGHANI M, DJOLONGA J, MUSTAFA B, et al. Scaling vision transformers to 22 billion

parameters[J]. arXiv preprint arXiv: 2302.05442, 2023.
[96] GIDARIS S, SINGH P, KOMODAKIS N. Unsupervised representation learning by predicting image rotations[J]. arXiv preprint arXiv: 1803.07728, 2018.
[97] NOROOZI M, FAVARO P. Unsupervised learning of visual representations by solving jigsaw puzzles[C]// ECCV. Cham: Springer, 2016: 69-84.
[98] ZHANG R, ISOLA P, EFROS A. Colorful image colorization[C]// ECCV. Cham: Springer, 2016: 649-666.
[99] CARON M, BOJANOWSKI P, JOULIN, et al. Deep clustering for unsupervised learning of visual features[C]// ECCV. Cham: Springer, 2018: 132-149.
[100] ZHANG R, ISOLA P, EFROS A. Split-brain autoencoders: unsupervised learning by cross-channel prediction[C]// CVPR. New York: IEEE, 2017: 1058-1067.
[101] HE K, FAN H, WU Y, et al. Momentum contrast for unsupervised visual representation learning[C]// CVPR. New York: IEEE, 2020: 9729-9738.
[102] DOSOVITSKIY A, SPRINGENBERG J T, RIEDMILLER M, et al. Discriminative unsupervised feature learning with convolutional neural networks [C] // NeurIPS. Montréal: Curran Associates, 2014: 766-774.
[103] WU Z, XIONG Y, YU S X, et al. Unsupervised feature learning via non-parametric instance discrimination[C]// CVPR. New York: IEEE, 2018: 3733-3742.
[104] XIE Z, LIN Y, ZHANG Z, et al. Propagate yourself: exploring pixel-level consistency for unsupervised visual representation learning[C]// CVPR. New York: IEEE, 2021: 16684-16693.
[105] OORD A, LI Y, VINYALS O. Representation learning with contrastive predictive coding[J]. arXiv preprint arXiv: 1807.03748, 2018.
[106] HENAFF O. Data-efficient image recognition with contrastive predictive coding[C]// ICML. Online: PMLR, 2020: 4182-4192.
[107] HJELM R D, FEDOROV A, LAVOIE-MARCHILDON S, et al. Learning deep representations by mutual information estimation and maximization[J]. arXiv preprint arXiv: 1808.06670, 2018.
[108] KHOSLA P, TETERWAK P, WANG C, et al. Supervised contrastive learning[C]// NeurIPS. Online: Curran Associates, 2020: 18661-18673.
[109] YE M, ZHANG X, YUEN P C, et al. Unsupervised embedding learning via invariant and spreading instance feature[C]// CVPR. New York: IEEE, 2019: 6210-6219.
[110] CHEN X, FAN H, GIRSHICK R, et al. Improved baselines with momentum contrastive learning[J]. arXiv preprint arXiv: 2003.04297, 2020.
[111] GRILL J B, STRUB F, ALTCHÉ F, et al. Bootstrap your own latent-a new approach to self-supervised learning[C]// NeurIPS. Online: Curran Associates, 2020: 21271-21284.
[112] CHEN X, HE K. Exploring simple siamese representation learning[C]. CVPR. New York: IEEE, 2021: 15750-15758.
[113] CARON M, TOUVRON H, MISRA I, et al. Emerging properties in self-supervised vision transformers[J]. arXiv preprint arXiv: 2104.14294, 2021.
[114] XIE Z, LIN Y, YAO Z, et al. Self-supervised learning with swin transformers[J]. arXiv preprint arXiv: 2105.04553, 2021.
[115] CHEN M, RADFORD A, CHILD R, et al. Generative pretraining from pixels[C]// ICML. [S. l.]:

PMLR, 2020: 1691-1703.

[116] RAMESH A, PAVLOV M, GOH G, et al. Zero-shot text-to-image generation[C]// ICML. [S. l.]: PMLR, 2021: 8821-8831.

[117] CHEN X, DING M, WANG X, et al. Context autoencoder for self-supervised representation learning[J]. arXiv preprint arXiv: 2202.03026, 2022.

[118] DONG X, BAO J, ZHANG T, et al. Peco: perceptual codebook for bert pre-training of vision transformers[J]. arXiv preprint arXiv: 2111.12710, 2021.

[119] LI X, GE Y, YI K, et al. Mc-beit: multi-choice discretization for image bert pre-training[C]// ECCV. Cham: Springer, 2022: 231-246.

[120] XIE Z, ZHANG Z, CAO Y, et al. Simmim: a simple framework for masked image modeling[C]// CVPR. New York: IEEE, 2021: 9653-9663.

[121] WEI C, FAN H, XIE S, et al. Masked feature prediction for self-supervised visual pre-training[C]// CVPR. New York: IEEE, 2021: 14668-14678.

[122] DALAL N, TRIGGS B. Histograms of oriented gradients for human detection[C]// CVPR. New York: IEEE, 2005: 886-893.

[123] HUANG L, YOU S, ZHENG M, et al. Green hierarchical vision transformer for masked image modeling[J]. arXiv preprint arXiv: 2205.13515, 2022.

[124] LI X, WANG W, YANG L, et al. Uniform masking: enabling mae pre-training for pyramid-based vision transformers with locality[J]. arXiv preprint arXiv: 2205.10063, 2022.

[125] ZHANG X, TIAN Y, XIE L, et al. Hivit: a simpler and more efficient design of hierarchical vision transformer[J]. arXiv preprint arXiv: 2205.14949, 2022.

[126] CHEN J, HU M, LI B, et al. Efficient self-supervised vision pretraining with local masked reconstruction[J]. arXiv preprint arXiv: 2206.00790, 2022.

[127] WU J, MO S. Object-wise masked autoencoders for fast pre-training[J]. arXiv preprint arXiv: 2205.14338, 2022.

[128] ZHOU B, KHOSLA A, LAPEDRIZA A, et al. Learning deep features for discriminative localization[C]// CVPR. New York: IEEE, 2016: 2921-2929.

[129] LIU J, HUANG X, LIU Y, et al. Mixmim: mixed and masked image modeling for efficient visual representation learning[J]. arXiv preprint arXiv: 2205.13137, 2022.

[130] GUO J, HAN K, WU H, et al. Fastmim: expediting masked image modeling pre-training for vision[J]. arXiv preprint arXiv: 2212.06593, 2022.

[131] WANG H, TANG Y, WANG Y, et al. Masked image modeling with local multi-scale reconstruction[J]. arXiv preprint arXiv: 2303.05251, 2023.

[132] FANG Y, DONG L, BAO H, et al. Corrupted image modeling for self-supervised visual pre-training[J]. arXiv preprint arXiv: 2202.03382, 2022.

[133] FANG Y, YANG S, WANG S, et al. Unleashing vanilla vision transformer with masked image modeling for object detection[J]. arXiv preprint arXiv: 2204.02964, 2022.

[134] GAO P, MA T, LI H, et al. Convmae: masked convolution meets masked autoencoders[J]. arXiv preprint arXiv: 2205.03892, 2022.

[135] LI S, WU D, WU F, et al. Architecture-agnostic masked image modeling-from vit back to cnn[J]. arXiv preprint arXiv: 2205.13943, 2022.

[136] EL-NOUBY A, IZACARD G, TOUVRON H, et al. Are large-scale datasets necessary for self-supervised pre-training[J]. arXiv preprint arXiv: 2112.10740, 2021.

[137] XIE Z, ZHANG Z, CAO Y, et al. On data scaling in masked image modeling[J]. arXiv preprint arXiv: 2206.04664, 2022.

[138] TIAN Y, XIE L, FANG J, et al. Beyond masking: demystifying token-based pre-training for vision transformers[J]. arXiv preprint arXiv: 2203.14313, 2022.

[139] XIE J, LI W, ZHAN X, et al. Masked frequency modeling for self-supervised visual pre-training[J]. arXiv preprint arXiv: 2206.07706, 2022.

[140] CAO S, XU P, CLIFTON D A. How to understand masked autoencoders[J]. arXiv preprint arXiv: 2202.03670, 2022.

[141] PAN J, ZHOU P, YAN S. Towards understanding why mask-reconstruction pretraining helps in downstream tasks[J]. arXiv preprint arXiv: 2206.03826, 2022.

[142] MIKOLOV T, CHEN K, CORRADO G, et al. Efficient estimation of word representations in vector space[J]. arXiv preprint arXiv: 1301.3781, 2013.

[143] MIKOLOV T, SUTSKEVER I, CHEN K, et al. Distributed representations of words and phrases and their compositionality[C]// NeurIPS. Lake Tahoe: Curran Associates, 2013: 3111-3119.

[144] KIM W, SON B, KIM I. Vilt: vision-and-language transformer without convolution or region supervision[C]// ICML. Online: PMLR, 2021: 5583-5594.

[145] LI X, YIN X, LI C, et al. Oscar: object-semantics aligned pre-training for vision-language tasks[C]// ECCV. Cham: Springer, 2020: 121-137.

[146] LI J, LI D, SAVARESE S, et al. Blip-2: bootstrapping language-image pre-training with frozen image encoders and large language models[J]. arXiv preprint arXiv: 2301.12597, 2023.

[147] LI J, LI D, XIONG C, et al. Blip: bootstrapping language-image pre-training for unified visionlanguage understanding and generation[C]// ICML. Baltimore: PMLR, 2022: 12888-12900.

[148] LU J, BATRA D, PARIKH D, et al. Vilbert: pretraining task-agnostic visiolinguistic representations for vision-and-language tasks[C]// NeurIPS. Vancouver: Curran Associates, 2019.

[149] CHEN Y C, LI L, YU L, et al. Uniter: universal image-text representation learning[C]// ECCV. Cham: Springer, 2020: 104-120.

[150] HUANG Z, ZENG Z, LIU B, et al. Pixel-bert: aligning image pixels with text by deep multi-modal transformers[J]. arXiv preprint arXiv: 2004.00849, 2020.

[151] BAO H, WANG W, DONG L, et al. Vlmo: unified vision-language pre-training with mixture-of-modality-experts[C]// NeurIPS. New Orleans: Curran Associates, 2022: 32897-32912.

[152] MCFEE B, RAFFEL C, LIANG D, et al. Librosa: audio and music signal analysis in python[C]// The 14th python in science conference. Austin: [s. n.], 2015, 18-25.

[153] HSU W N, BOLTE B, TSAI Y H, et al. Hubert: self-supervised speech representation learning by masked prediction of hidden units[J]. IEEE/ACM Transactions on Audio, Speech, and Language Processing, 2021(29): 3451-3460.

[154] BAEVSKI A, ZHOU Y, MOHAMED A, et al. Wav2vec 2.0: a framework for self-supervised learning of speech representations[C]// NeurIPS. Online: Curran Associates, 2020: 12449-12460.

[155] SCHNEIDER S, BAEVSKI A, COLLOBERT R, et al. Wav2vec: unsupervised pre-training for speech recognition[J]. arXiv preprint arXiv: 1904.05862, 2019.

[156] HUANG P Y, XU H, LI J, et al. Masked autoencoders that listen[C]// NeurIPS. New Orleans: Curran Associates, 2022: 28708-28720.

[157] GONG Y, CHUNG Y A, GLASS J. Ast: audio spectrogram transformer[J]. arXiv preprint arXiv: 2104.01778, 2021.

[158] GAVRILYUK K, SANFORD R, JAVAN M, et al. Actor-transformers for group activity recognition[C]// CVPR. New York: IEEE, 2020: 839-848.

[159] SUN C, MYERS A, VONDRICK C, et al. Videobert: a joint model for video and language representation learning[C]// ICCV. New York: IEEE, 2019: 7464-7473.

[160] GUO D, REN S, LU S, et al. Graphcodebert: pre-training code representations with data flow[J]. arXiv preprint arXiv: 2009.08366, 2020.

[161] LIN J, YANG A, ZHANG Y, et al. Interbert: vision-and-language interaction for multi-modal pretraining[J]. arXiv preprint arXiv: 2003.13198, 2020.

[162] TSAI T H, BAI S, LIANG P, et al. Multimodal transformer for unaligned multimodal language sequences[C]// ACL. Florence: NIH, 2019: 6558-6569.

[163] LI J, SELVARAJU R, GOTMARE A, et al. Align before fuse: vision and language representation learning with momentum distillation[C]// NeurIPS. Online: Curran Associates, 2021: 9694-9705.

[164] LEE K H, CHEN X, HUA G, et al. Stacked cross attention for image-text matching[C]// ECCV. Cham: Springer, 2018: 201-216.

[165] RADFORD A, KIM J W, HALLACY C, et al. Learning transferable visual models from natural language supervision[C]// ICML. [S.l.]: PMLR, 2021: 8748-8763.

[166] SU W, ZHU X, CAO Y, et al. Vl-bert: pre-training of generic visual-linguistic representations[J]. arXiv preprint arXiv: 1908.08530, 2019.

[167] LI L H, YATSKAR M, YIN D, et al. Visualbert: a simple and performant baseline for vision and language[J]. arXiv preprint arXiv: 1908.03557, 2019.

[168] ZHU L, YANG Y. Actbert: learning global-local video-text representations[C]// CVPR. New York: IEEE, 2020: 8746-8755.

[169] QI D, SU L, SONG J, et al. Imagebert: cross-modal pre-training with large-scale weak-supervised image-text data[J]. arXiv preprint arXiv: 2001.07966, 2020.

[170] TAN H, BANSAL M. Lxmert: learning cross-modality encoder representations from transformers[J]. arXiv preprint arXiv: 1908.07490, 2019.

[171] LI G, DUAN N, FANG Y, et al. Unicoder-vl: a universal encoder for vision and language by cross-modal pre-training[C]// AAAI. New York: AAAI, 2020: 11336-11344.

[172] ALBERTI C, LING J, COLLINS M et al. Fusion of detected objects in text for visual question answering[J]. arXiv preprint arXiv: 1908.05054, 2019.

[173] ZHOU L, PALANGI H, ZHANG L, et al. Unified vision-language pretraining for image captioning and vqa[C]// AAAI. New York: AAAI, 2020: 13041-13049.

[174] LU J, GOSWAMI V, ROHRBACH M, et al. 12-in-1: multi-task vision and language representation learning[C]// CVPR. New York: IEEE, 2020: 10437-10446.

[175] LUO H, JI L, SHI B, et al. Univl: a unified video and language pre-training model for multimodal understanding and generation[J]. arXiv preprint arXiv: 2002.06353, 2020.

[176] SHARMA P, DING N, GOODMAN S, et al. Conceptual captions: a cleaned, hypernymed, image

alttext dataset for automatic image captioning[C]// ACL. Melbourne: ACL, 2018: 2556-2565.
[177] LIU H, LI C, WU Q, et al. Visual instruction tuning[J]. arXiv preprint arXiv: 2304.08485, 2023.
[178] TOUVRON H, LAVRIL T, IZACARD G, et al. Llama: open and efficient foundation language models[J]. arXiv preprint arXiv: 2302.13971, 2023.
[179] ZHU D, CHEN J, SHEN X, et al. Minigpt-4: enhancing vision-language understanding with advanced large language models[J]. arXiv preprint arXiv: 2304.10592, 2023.
[180] LU K, GROVER A, ABBEEL P, et al. Pretrained transformers as universal computation engines[J]. arXiv preprint arXiv: 2103.05247, 1, 2021.
[181] ALAYRAC J B, DONAHUE J, LUC P, et al. Flamingo: a visual language model for few-shot learning[C]// NeurIPS. New Orleans: Curran Associates, 2022: 23716-23736.
[182] DRIESS D, XIA F, SAJJADI M, et al. Palm-e: an embodied multimodal language model[J]. arXiv preprint arXiv: 2303.03378, 2023.
[183] LU P, MISHRA S, XIA T, et al. Learn to explain: multimodal reasoning via thought chains for science question answering[C]// NeurIPS. New Orleans: Curran Associates, 2022: 2507-2521.
[184] YANG Z, GAN Z, WANG J, et al. An empirical study of gpt-3 for few-shot knowledge-based vqa[C]// AAAI. New York: IEEE, 2022: 3081-3089.
[185] HU Y, HUA H, YANG Z, et al. Promptcap: prompt-guided task-aware image captioning[J]. arXiv preprint arXiv: 2211.09699, 2022.
[186] CHEN T, SAXENA S, LI L, et al. Pix2seq: a language modeling framework for object detection[J]. arXiv preprint arXiv: 2109.10852, 2021.
[187] WU C, YIN S, QI W, et al. Visual chatgpt: talking, drawing and editing with visual foundation models[J]. arXiv preprint arXiv: 2303.04671, 2023.
[188] SHEN Y, SONG K, TAN X, et al. Hugginggpt: solving ai tasks with chatgpt and its friends in huggingface[J]. arXiv preprint arXiv: 2303.17580, 2023.
[189] LIU J, ZHU X, LIU F, et al. Opt: omni-perception pre-trainer for cross-modal understanding and generation[J]. arXiv preprint arXiv: 2107.00249, 2021.
[190] GIRDHAR R, EL-NOUBY A, LIU Z, et al. Imagebind: one embedding space to bind them all[C]// CVPR. New York: IEEE, 2023: 15180-15190.
[191] SU Y, LAN T, LI H, et al. Pandagpt: one model to instruction-follow them all[J]. arXiv preprint arXiv: 2305.16355, 2023.
[192] YARIV G, GAT I, WOLF L, et al. Audiotoken: adaptation of text-conditioned diffusion models for audio-to-image generation[J]. arXiv preprint arXiv: 2305.13050, 2023.
[193] RAO Y, ZHAO W, TANG Y, et al. Hornet: efficient high-order spatial interactions with recursive gated convolutions[C]// NeurIPS. New Orleans: Curran Associates, 2022: 10353-10366.
[194] RAO Y, ZHAO W, ZHU Z, et al. Gfnet: global filter networks for visual recognition[J]. IEEE TPAMI, 2023, 45(9): 10960-10973.
[195] HAN K, XIAO A, WU E, et al. Transformer in transformer[J]. arXiv preprint arXiv: 2103.00112, 2021.
[196] WU Y H, LIU Y, ZHAN X, et al. P2t: pyramid pooling transformer for scene understanding[J]. IEEE TPAMI, 2022, 45(11): 12760-12771.
[197] HOU Q, JIANG Z, YUAN L, et al. Vision permutator: a permutable mlp-like architecture for visual

recognition[J]. IEEE TPAMI, 2022, 45(1): 1328-1334.

[198] HATAMIZADEH A, HEINRICH G, YIN H, et al. Fastervit: fast vision transformers with hierarchical attention[J]. arXiv preprint arXiv: 2306.06189, 2023.

[199] BELTAGY I, PETERS M E, COHAN A. Longformer: the long-document transformer[J]. arXiv preprint arXiv: 2004.05150, 2020.

[200] ZAHEER M, GURUGANESH G, DUBEY K A, et al. Big bird: transformers for longer sequences[C]// NeurIPS. Online: Curran Associates, 2020: 17283-17297.

[201] LU J, YAO J, ZHANG J, et al. Soft: softmax-free transformer with linear complexity[C]// NeurIPS. Online: Curran Associates, 2021: 21297-21309.

[202] LU C Z, JIN X, HOU Q, et al. Delving deeper into data scaling in masked image modeling[J]. arXiv preprint arXiv: 2305.15248, 2023.

[203] XIE Z, ZHANG Z, CAO Y, et al. On data scaling in masked image modeling[C]// CVPR. New York: IEEE, 2023: 10365-10374.

作者简介

侯淇彬 南开大学计算机学院副教授，博士生导师。长期从事计算机视觉领域的科学研究工作，特别是在表征学习、语义分割以及目标检测等经典视觉任务方向上，在 IEEE TPAMI、CVPR、NeurIPS、ICCV、ACM MM 等人工智能领域国际顶级期刊和会议上发表论文 30 余篇，Google 学术引用 8000 余次，两篇第一作者论文引用超千次。主持国家自然科学基金面上项目，入选中国科协青年人才托举工程，发表的论文入选天津市优秀博士生论文。

李　翔 南开大学计算机学院副教授，入选南开大学“百青计划”。主持国家自然科学青年基金项目。曾获阿里巴巴天池大数据竞赛首届阿里移动推荐算法冠军（1/7186 队伍），滴滴研究院 Di-Tech 首届算法大赛全球总冠军（1/7664 队伍），首届“征图杯”校园机器视觉人工智能大赛亚军（2/953 队伍），第二届计图人工智能挑战赛冠军（1/154 队伍），首届粤港澳大湾区（黄埔）国际算法算例大赛亚军（2/116 队伍）。获江苏省人工智能学会优秀博士论文奖，CCF 优博激励计划提名奖，入选博士后创新人才支持计划。研究兴趣包括图像识别与检测、神经网络设计与模块分析、知识蒸馏、自监督学习与多模态大模型。在国际人工智能领域顶级期刊和会议如 IEEE TPAMI、NeurIPS、CVPR、ICCV 等发表多篇学术论文，Google 学术引用 6600 余次，代表性工作有 SKNet、PVT 和 GFL 系列（收录于 MMDetection，被广泛应用于业界 YOLO 检测器）。

袁　粒　北京大学信息工程学院助理教授/研究员、博士生导师。研究方向为多模态机器学习。在人工智能顶级期刊和会议上发表论文 40 余篇，代表性第一作者论文包括 T2T-ViT（被引用 1000 余次）和 VOLO 视觉模型（IEEE TPAMI）等领域。主持多项国家级项目，包括国家自然科学基金青年项目和科技部 2030 新一代人工智能重大项目课题。曾获国家优秀自费留学生奖、ACM MM 最佳挑战赛冠军，入选 2023 年福布斯“30 位 30 岁以下精英”榜单。

可信赖人工智能的研究进展与发展趋势

CCF 容错计算专委

孟令中[1] 刘光镇[1] 李 渝[2] 刘祥龙[3] 张吉良[4] 薛云志[1] 刘艾杉[3] 高 卉[5]
艾 骏[3] 吴保元[6] 付安民[7] 惠战伟[8] 魏少魁[6] 肖宜松[3] 董 乾[1] 王 洁[3]
朱明丽[6] 王若彤[6] 高艳松[7] 周纯毅[7] 孙金磊[8]

[1]中国科学院软件研究所，北京
[2]哈尔滨工业大学，深圳
[3]北京航空航天大学，北京
[4]湖南大学，长沙
[5]中科南京软件技术研究院，南京
[6]香港中文大学，深圳
[7]南京理工大学，南京
[8]中国人民解放军军事科学院，北京

摘 要

通过对当前人工智能领域可信赖方向中大量文献的详细调研，全面总结了可信赖人工智能的研究进展，并深入分析了其发展趋势。首先介绍了可信赖人工智能的发展背景和研究热点；然后分别详细阐述了可信赖人工智能的国际研究现状和国内研究现状，包括对抗攻击与防御热点技术、测试与评估技术、可信赖性度量、可信赖人工智能相关标准等，并进行了国内外研究进展比较；最后预测分析了可信赖人工智能的发展趋势。

关键词：可信赖人工智能，对抗攻击与防御，测试与评估，可信赖性度量，标准

Abstract

Based on the detailed investigation of a large number of literature in the field of trustworthy artificial intelligence (AI), this paper summarizes the research progress of trustworthy AI and analyzes its development trend in depth. Firstly, this paper introduces the development background and research hotspot of trustworthy AI. Then, the international and domestic research status of trustworthy AI is described in detail, including adversarial attack and defense hotspot techniques, test and assessment techniques, trustworthiness measurements, and relevant standards of trustworthy AI, and the research progress at home and abroad is compared. Finally, this paper predicts and analyzes the development trend of trustworthy AI.

Keywords: Trustworthy AI, Adversarial Attack and Defense, Test and Assessment, Trustworthiness Measurement, Standards

1 引言

近年来，得益于人工智能（AI）技术的快速发展，越来越多的AI系统与服务进入人们的视野中，并对人们的生产与生活活动带来了巨大影响。然而，现有的许多人工智能系统出现了难以承受各种攻击行为所带来的冲击、在不同数据域中表现不稳定、对代表性不足的群体有偏见以及缺乏对用户隐私的保护等各种情况，这不仅降低了用户体验，而且影响了社会和用户对所有人工智能系统的信任。

可信赖人工智能的攻防技术是指通过各种安全措施和方法，保护人工智能系统免受恶意攻击和入侵的技术。可信赖人工智能也需要具备应对攻击的能力，比如检测异常行为、防范对抗学习和对抗攻击的技术。

可信赖人工智能的测试与评估技术是指通过一系列测试和评估方法来验证人工智能系统的性能、可用性和安全性的技术。该技术还需要进行安全性评估，检测系统的漏洞和弱点，及时修复和改进。

人工智能系统可信赖性是智能系统应满足的要求，可以帮助研发者、使用者和监管者更好地对人工智能系统有清晰的认知。

可信赖人工智能相关标准是指为了确保人工智能系统的可信赖性和安全性而制定的一系列技术和规范。这些标准可以用来指导可信赖人工智能的攻防技术和测试与评估技术的实施，提供一种共同的框架和方法。

可信赖人工智能的攻防技术、测试与评估技术与相关标准之间存在紧密的关系。攻防技术用于保护系统免受攻击，测试与评估技术用于验证系统的性能和安全性，而相关标准则提供了一种指导和规范的框架，使得可信赖人工智能可以更加安全可靠地应用和发展。

基于此，本报告从人工智能系统的攻防技术、可信赖人工智能的测试与评估技术，以及可信赖人工智能相关标准研制的角度对近年来热点技术的发展进行梳理，并对该领域的技术发展做出展望，希望能够帮助读者快速地了解和理解可信赖人工智能的最新进展。

1.1 可信赖人工智能发展背景

随着人工智能相关技术的快速发展，人工智能产品及服务已经迅速覆盖了交通、医疗、制造、教育、办公、能源、农业、物流、金融、家居、政务、公共安全、环保、法律、文旅、建筑等诸多行业领域。随之而来地，人们使用人工智能产品及服务的过程中遇到的对人工智能的故障问题也越来越多，如自动驾驶车辆的安全性问题、个人数据的隐私问题、监控系统中人脸识别算法的稳定性问题等。这些问题的出现使人们越来越清晰地意识到“我们需要可信赖的人工智能”，这就向人工智能从业者提出了新的需求、新的挑战，单一地追求人工智能系统的性能指标已经远远不能满足人们对人工智能的要求。

1.2 可信赖人工智能的含义

可信赖人工智能一般指公平的、透明的、可解释的、稳健的、保障安全的、尊重人权和隐私、可问责的人工智能。从技术研究角度分析，可信赖人工智能的主要研究包括有效性和可靠性保障技术、安全保障与恢复、问责制和透明性保障、可解释性和可推导性、隐私保护、缓解有害偏见的公平性等相关技术。

1.3 可信赖人工智能研究热点

可信赖人工智能相关研究主要包括人工智能系统的对抗攻防技术研究、可信赖人工智能测试与评估技术研究及可信赖人工智能相关标准研制等方面。

1.3.1 人工智能系统对抗攻击与防御热点技术

目前人工智能系统对抗攻击与防御技术衍生出了许多分支，本报告主要梳理逃避攻击与防御、后门攻击与防御、隐私攻击预防等相关技术。

1.3.1.1 逃避攻击与防御

逃避攻击（Evasion Attacks）是指攻击者在不改变目标机器学习系统的情况下，通过构造特定输入样本以完成欺骗目标系统的攻击。逃避攻击通常发生在智能模型的推理测试阶段，即智能算法已经完成训练，形成了具备智能行为和预测能力的智能模型。详细来说，通过对输入测试样本加入人眼无法区分的带有攻击性的噪声，便可以轻松误导智能模型，使其产生错误决策结果：

$$f_\theta(x_{\text{adv}}) \neq y \quad s.t. \quad \| x - x_{\text{adv}} \| < \epsilon .$$

式中，x 是原始的数据样本，x_{adv} 是含有对抗噪声的对抗样本逃避攻击，y 是原始样本 x 的类别标签，$\|\cdot\|$用来衡量 x 和 x_{adv} 的差别距离足够小，智能算法f_θ 对逃避攻击样本 x_{adv} 进行了错误分类。

依据攻击方对于目标模型的掌握程度，逃避攻击可以分为白盒逃避攻击和黑盒逃避攻击。

白盒逃避攻击（White-Box Evasion Attacks）

在白盒逃避攻击设置中，攻击者完全了解模型知识，其通常是利用模型的梯度等模型本身的知识来设计对抗性的噪声和扰动，从而生成对抗样本（Adversarial Example）对该模型进行逃逸攻击，如基于梯度的攻击[1-3]、基于优化的攻击[4] 以及基于生成模型的攻击[5]。

黑盒逃避攻击（Black-Box Evasion Attacks）

在黑盒逃避攻击设置中，攻击者只能获取目标智能模型的部分信息，因此在这种有限信息的攻击场景当中需要调整寻找生成对抗样本的策略以产生特定的噪声和扰动，从而对模型进行攻击。其中，黑盒场景下的逃避攻击主要包含两大类方式：基于进化算法、遗传算法等直接对黑盒模型进行查询的逃逸攻击方法以及基于白盒模型生成对抗样本，并利用迁移性对目标模型进行攻击的方法。

逃避攻击防御（Mitigations）

对逃避攻击的防御可以有效提升智能算法的防御能力，并对进一步提升模型的可用性有着至关重要的作用。目前，对逃避攻击的防御策略可以大体分为四类：

1）模型训练增强：重点通过对模型进行对抗训练来提升模型在对抗环境下的可靠性与稳定性。

2）对抗样本特征判别：从数据分布的角度区分良性样本和对抗样本，设计对抗样本智能甄别算法。

3）噪声消除：通过添加前处理过程去除对抗噪声，或以图像重建的方式消除重建中的对抗性特征，从而起到防御效果。

4）模型结构优化：利用对抗样本定位当前模型的敏感脆弱部件，设计深度学习缺陷定位算法。

1.3.1.2 后门攻击与防御

后门攻击（Backdoor Attack）是指攻击者在模型的训练过程中潜入恶意代码，使得模型在某些特定情况下产生不合理的输出。这种攻击可以通过修改模型的参数、数据或者模型本身来实现。

后门攻击的防御措施一般包括：

1）数据验证：对输入数据进行验证，确保数据质量，避免恶意数据的混入。

2）模型审查：对模型进行审查，确保模型没有恶意代码。

3）模型隔离：将模型与数据分离，避免攻击者通过修改数据来攻击模型。

4）模型封锁：使用预定义的密钥对模型进行加密，防止攻击者通过修改模型来攻击。

5）模型训练时的注意内容：在模型训练时，应注意选择合适的超参数，避免攻击者通过修改超参数来攻击模型。

6）模型评估：定期评估模型的性能，以确保模型在不同情况下都能够保持良好的性能。

1.3.1.3 隐私攻击与防御

隐私攻击（Privacy Attack）是指攻击者利用机器学习模型来窃取、泄露或滥用被学习数据的个人隐私信息的一种攻击方式。这种攻击可能会导致数据泄露、个人隐私侵犯等问题。

为了防御隐私攻击，可以采取以下措施：

1）数据加密：对数据进行加密，以确保数据的安全性。

2）数据匿名化：对数据进行匿名化处理，以防止攻击者通过数据泄露来窃取个人隐私信息。

3）数据隔离：将数据和模型分离，以防止攻击者通过修改模型来窃取个人隐私信息。

4）隐私保护算法：使用隐私保护算法，如隐私替代技术（Differential Privacy）、隐私可解释性（Privacy-Preserving Explainability）等，来保护数据的隐私。

5）风险评估：对机器学习模型进行风险评估，以确保模型不会对个人隐私造成不必要的影响。

1.3.2　可信赖人工智能测试与评估

可信赖人工智能测试与评估方法包括基本方法、鲁棒性与安全性评估方法、公平性分析、可解释性分析及可信赖性度量等。

1.3.2.1　人工智能测试基本方法

传统的软件系统通常由开发人员手工编写代码来实现其内部的决策逻辑，并依据相应的测试覆盖准则设计测试用例来测试系统代码。与传统的软件系统不同，智能系统采用的深度学习定义了一种新的数据驱动的编程范式，开发人员仅编写代码来规定深度学习系统的网络结构，其内部逻辑则由训练过程获得的神经元连接权值所决定。因此，针对传统软件的测试方法及度量指标无法直接被移植到深度神经网络系统上。近年来，越来越多的研究致力于解决深度神经网络的测试问题。

测试框架如图 1 所示。

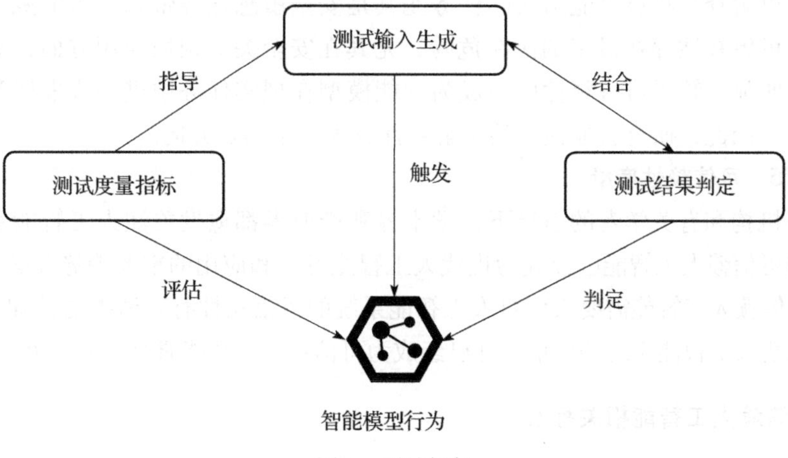

图 1　测试框架

测试度量指标用于衡量测试输入对系统的测试充分程度；测试输入生成是指生成用于测试系统的测试数据；测试结果判定是指衡量系统在各种输入下的表现是否符合预期的标准。

1.3.2.2　鲁棒性与安全性评估方法

深度学习理论和技术取得的突破性进展，为人工智能提供了数据和算法层面的强有力支撑，同时促进了深度学习的规模化和产业化发展。然而，尽管深度学习模型在现实应用中有着出色的表现，但其本身仍然面临着诸多的安全威胁。为了构建安全可靠的深度学习系统，消除深度学习模型在实际部署应用中的潜在安全风险，深度学习模型鲁棒性分析问题吸引了学术界和工业界的广泛关注，一大批学者对深度学习模型鲁棒性和安全性问题进行了深入的研究。

鲁棒性是指系统对于输入数据的异常情况的抗压能力，即系统能否在面对异常的情况下保持稳定运行，并能够快速恢复正常运行。鲁棒性评估通常包括输入异常、输出异常、误差捕捉等方面。

安全性是指系统对于安全威胁的抵抗能力，即系统能否有效防范攻击者对其数据和功能的破坏。安全性评估通常包括入侵检测、入侵防护、安全漏洞修复等方面。

1.3.2.3 公平性分析

公平指处理事情合情合理，不偏袒任何一方。公平智能算法指在决策过程中对个人或群体不存在因其固有或后天的属性所引起的偏见或偏爱。智能算法因数据驱动，可能在无意中编码人类偏见，产生的不公平现象可能会导致负面效果。因此，构造测试数据对智能系统开展公平性测试，保障系统的公平性成为值得研究的课题。

1.3.2.4 可解释性分析

从用户角度出发，可解释性可以被解释为人们能够理解模型决策原因的程度。基于深度学习模型的智能系统已逐步改变人类处理现实问题的方式，在社会和生活等各个领域的应用中呈现高速增长的趋势。然而，对于普通用户而言，机器学习模型尤其是深度神经网络模型如同黑盒一般，给定输入反馈结果，无法判断其决策依据以及决策是否可靠。而缺乏可解释性将有可能给实际任务尤其是安全敏感任务带来严重的威胁。深度学习模型的不可解释性存在很多的潜在危险，尤其在安全关键领域应用方面，对可解释性的需求尤为明显。缺乏可解释性已经成为智能模型在现实任务中进一步发展和应用的主要障碍之一。因此，研究智能模型的可解释性成为一个热点方向。

1.3.2.5 可信赖性度量

在政府机构和有关学者的引导下，学术界和产业界都愈发关注人工智能系统的可信赖性，构造可信赖人工智能已经成为现代人工智能发展和应用的重要趋势及必然选择。然而，构造可信赖人工智能需要人们对人工智能系统的可信赖性有着清晰的认知，因而如何综合评估判断人工智能系统的可信赖性已经成为可信赖人工智能研究中的一个重要问题。

1.3.3 可信赖人工智能相关标准

当前在 ISO/IEC、IEEE、NIST、ITU-T 等国际标准组织，国家人工智能总体组、全国信息技术标准化技术委员会人工智能分技术委员会（TC28/SC42）及全国信息安全标准化技术委员会（TC260）均开展了可信赖人工智能领域相关的标准化工作。

结合可信赖人工智能技术及标准化研究现状，形成了可信赖人工智能标准体系结构和框架，围绕可信赖人工智能技术研究及应用，面向市场和技术发展需求逐步开展相关的标准化工作。

可信赖人工智能标准体系结构包括“通用要求”“技术要求”“测试评估”“管理要求”等四个部分，如图 2 所示。

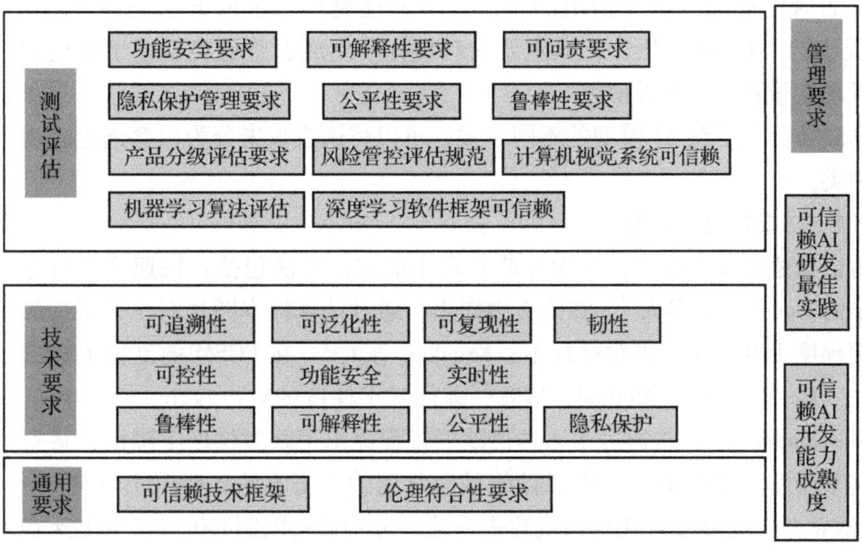

图2 可信赖人工智能标准体系结构

1）通用要求标准。该部分重点开展可信赖人工智能技术框架、伦理符合性等基础标准，厘清整体技术架构、概念和依赖关系，在人工智能系统可信赖技术框架、伦理两个方面提出框架性要求，从而为体系结构中的其他部分提供支撑，有助于准确理解可信赖技术发展与可信赖基础研究。

2）技术要求标准。该部分主要针对鲁棒性、可解释性、可泛化性、可复现性等技术方面展开，为可信赖人工智能应用和管理提供技术支撑。

3）测试评估标准。该部分重点对关键技术、相关产品及应用提供独立、成体系的测试方法理论和评估指标，可面向具体实践制定测试评价标准。

4）管理要求标准。该部分位于标准体系结构的最右侧，贯穿于所有部分，通过管理人工智能研发及应用能力，支撑建立人工智能合规体系，保障人工智能产业健康有序发展。

2 可信赖人工智能国际研究现状

国际上对可信赖人工智能的相关研究开展得较早，人工智能系统对抗攻击与防御、可信赖人工智能测试与评估及可信赖人工智能相关标准等各方面的发展也较为成熟，技术脉络比较完善。

2.1 人工智能系统对抗攻击与防御热点技术

2.1.1 逃避攻击与防御

目前，针对逃避攻防技术，国际上的研究机构和高校已经开展了广泛的研究，并取得了大量的研究成果。需要指出的是，最早的逃避攻击生成方法是由 Szegedy 等人在 2014 年提出的 L-BFGS 方法[4]，其主要的对抗样本生成思路更类似基于优化的方法，通过优化扰动变量找到一个近似解。

根据威胁分子了解 AI 模型的不同方式，可以将逃避攻击分为白盒逃避攻击和黑盒逃避攻击两类。

2.1.1.1 白盒逃避攻击

针对白盒逃避攻击场景，较为经典和常用的攻击算法包括：快速梯度符号方法，该方法最早由 Goodfellow 等人[1] 在论文中提出，通过计算样本图片对于模型损失函数的梯度，使用梯度上升快速生成对抗样本；Kruakan 等人[6] 在 FGSM 的基础上提出了基础迭代式方法（Basic Iterative Method，BIM）进行基于梯度的对抗攻击，有效地提升了攻击的成功率；Madry 等人[2] 通过引入迭代映射过程提出了映射梯度下降法，将每一轮的噪声映射到某个特定空间中，形成了目前最为常用的攻击方法；Carlini 与 Wagner[7] 提出了称为 C&W 的三种基于优化的对抗攻击方法，分别通过限制 l_0、l_2 和 l_∞ 范数使得产生的对抗扰动无法被人眼察觉；Moosavi-Dezfooli 等人[8] 提出了一种基于决策边界距离的方法 Deepfool 来生成对抗样本，通过迭代的方法生成最小噪声大小的对抗扰动，可以将位于分类边界内的图像逐步推到边界外，使模型出现错误分类预测；Papernot 等人[9] 在显著图思想的启发下提出的基于雅各比矩阵的显著图攻击方法（Jacobian-based Saliency Map Attack，JSMA）进一步利用了模型梯度信息，从而生成更强的对抗样本；Xiao 等人[10] 最早提出了第一个完整的基于 GAN 的对抗攻击方法 AdvGAN，该方法通过使用判别器、生成器和模型进行对抗样本的优化，其中，判别器主要用于判断对抗样本与原始图像的差异，而目标模型用于判断通过生成器得到的对抗样本的攻击性（即真实标签和预测标签之间的差异）。

2.1.1.2 黑盒逃避攻击

针对黑盒逃避攻击场景，较为经典和常用的攻击算法主要包括基于查询优化的方法和基于迁移攻击的方法，详细说明如下。

（1）基于查询优化的方法

零阶优化攻击，Chen 等人[11] 利用正负扰动带来的概率差估算一阶导（梯度）和二阶导，再利用 Adam 或者牛顿法等方法更新样本图像，它的本质为通过估算梯度将黑盒转换为白盒的过程；NAttack 攻击，这种方法通过在样本周围学习，得到样本周围的一个小区域的密度分布，可以不用获取到神经网络的输出信息而轻松生成攻击力极强的对抗样本[12]。此外，常见的基于查询优化的黑盒攻击方法还有 Boundary Attack、BBA[13] 等。

（2）基于迁移攻击的方法

基于对抗样本天然存在的迁移攻击能力，一些研究人员专注于通过攻击替代模型的方式实现对目标模型的攻击。Papernot 等人[9] 提出了一种通过蓄水池算法保障样本扩充时的概率相同，从而能够降低对目标模型的查询成本，同时能够在一定程度上避免替代模型陷入因为样本扩充概率不均衡导致的过拟合现象；Xie 等人[14] 基于数据增强思想将数据变换策略引入数据扩充，从而帮助缓解了替代模型的过拟合现象；Chen 等人[11] 提出了一种替代模型集成的策略，该方法通过将替代模型分成不同的批次并在每一个批次中都引入不同集成策略的已生成对抗样本，从而有效降低了对抗样本对替代模型的过拟合，帮助提高了对抗样本的迁移攻击能力。

值得注意的是，逃避攻击在真实物理世界中对于黑盒智能系统也同样具有很强的攻击能力，例如，Kurakin 等人[6] 首次尝试探索对抗样本在物理世界中的影响并讨论了上面提到的问题，同时也指出了经典的基于微小扰动的数字世界对抗样本在真实世界中的效果较差这一事实。加州大学伯克利分校的研究人员提出的 RP_2 算法[15]，可以生成在真实世界中攻击性也十分强的对抗噪声。该论文的作者将其生成并打印出来贴在“Stop Sign”上后，自动驾驶的识别算法便无法对其进行正确识别。

2.1.1.3　逃避攻击防御

针对逃避攻击的防御手段层出不穷，这其中最为经典和重要的类别为模型训练增强、对抗样本特征判别、噪声消除以及模型结构优化，详细说明如下。

（1）模型训练增强

Goodfellow 等人[1] 最早提出对抗训练的思想，该论文尝试在训练过程中加入对抗样本来提升模型的鲁棒性，其损失函数定义如下：

$$\widetilde{J}(\theta,x,y)=\alpha\cdot J(\theta,x,y)+(1-\alpha)\cdot J(\theta,x+\epsilon\cdot \mathrm{sign}(\nabla_x J(\theta,x,y)))$$

式中，$J(\theta,x,y)$ 是模型对于普通样本的损失函数，作者通过 $x+\epsilon\cdot \mathrm{sign}(\nabla_x J(\theta,x,y))$ 来构造对抗样本，并要求模型能正确对其分类。

然而，由于 FGSM 攻击使用的是非常简单的“一步”梯度上升优化生成对抗样本，导致模型的对抗防御能力一般。为了解决这个问题，Madry 等人[2] 提出了使用 PGD 对抗攻击来进行对抗训练，提升模型的鲁棒性。由于对抗训练的整个过程耗时耗力，Shafahi 等人[16] 进一步提出了快速对抗训练方法（Free Adversarial Training，FreeAT），该方法着力解决对抗训练时面临的巨大时间开销问题。

（2）对抗样本特征判别

逃避攻击检测的防御方式是通过判别特征来区分和检测出正常样本和对抗样本。Metzen 等人[17] 提出了使用一种端到端的方式进行对抗样本的识别，将对抗样本识别转化成一个典型的二分类任务，通过在原本的神经网络架构上扩展一个专门用于分类样本对抗性的子网络，该方法能够依赖对抗判别子网络的输出概率值协助判断样本是否为对抗样本；Grosse 等人[18] 提出了一种通过最大化异常激活结点的非参数度量方法来检测对抗攻击，该方法使用来自异常模式检测域的子集扫描方法增强模型对对抗样本的检测能力。

（3）噪声消除

基于噪声消除的对抗防御方法秉承了一种简单但有效的思想，即对抗样本的存在是因为对抗噪声被添加到了良性样本上，因此可以通过设法消除这些对抗噪声的影响来提升深度模型的对抗鲁棒性。Dziugaite 等人[19] 提出使用最常见的且简单易行的 JPG 压缩算法来进行对抗防御；Xie 等人[68] 则采用了一种从中间特征层去除噪声的对抗防御方法，在经过对对抗样本和良性样本的特征图进行深入分析后，该团队认为对抗样本对良性样本造成的扰动噪声在中间特征层的表现更为直接和明显，并提出了特征去噪的方法。

(4) 模型结构优化

针对深度神经网络对于逃避攻击所展现出的脆弱性，一些研究学者利用对抗样本对神经网络内部部件的层次建模机制进行理解，并从模型结构的角度进行模型防御能力的提升。Cisse 等人[20] 提出了一种称为“Parseval”的网络来提升模型对于对抗样本的防御能力，该方法通过一个简单的层级正则化方法将神经网络中的相邻隐藏层视作函数映射，并将它们的 Lipschitz 常量限制在 1 以内，从而有效地降低了模型的对抗脆弱性。

2.1.2 后门攻击与防御

2.1.2.1 后门攻击

根据攻击者所具备的条件，后门攻击可以分为以下两种类型：数据投毒攻击和训练可控攻击。

(1) 数据投毒攻击

在数据投毒场景中，攻击者不知道也无法修改训练计划、受害者模型结构和推理阶段设置。纽约大学的 Siddharth Garg 教授团队率先提出了后门攻击的概念并设计出 BadNets[21]，在 DNN 训练中使用图片右下角的一个正方形作为触发器。对于给定的目标标签，BadNets 将触发器添加到选定的样本上并使用混合样本一起训练 DNN 以毒害干净的训练样本，此后可见触发器在后续工作中被广泛使用。3D 点云分类任务中，文献［22-23］都采用可见的额外 3D 点作为触发器设计后门攻击。在使用不可见触发器的攻击方法中，加州大学伯克利分校的 Dawn Song 教授团队设计的 Blended[24] 首先采用 alpha 混合策略将触发器融合到良性图像中。Li 等人[25] 使用隐写术算法最低有效位 (LSB) 替换，将触发信息插入一个像素的最低有效位，以避免 RGB 空间中的可见变化。由于人眼对轻微的空间或颜色失真不敏感，因此一些攻击使用轻微的图像变换作为触发器。普渡大学的 Xiangyu Zhang 教授团队[26] 利用风格转换技术生成中毒图像。纽约大学的 Michail Maniatakos 教授团队[27] 利用自然面部表情作为面部识别系统的触发器。数据投毒攻击还可以按照触发器是否具有语义意义分类，语义触发器是指触发器对应良性样本中具有特定属性的一些语义对象，如图像中的特定物体或者句子中的特定单词。这种语义触发器首先被用于对自然语言处理（NLP）任务（如情感分析或文本分类[28]、有毒评论检测[29]）的后门攻击。而后语义触发器被扩展到计算机视觉任务中，良性图像中的一些特定语义对象被视为触发器[30]。由于语义触发器已存在于良性图像中，这种后门攻击的一个独特之处在于不需要修改输入图像，而仅将标签更改为目标类，与非语义触发的后门攻击相比，增加了攻击的隐蔽性。一些研究在推理阶段使用物理对象作为触发器，芝加哥大学的 Ben Y. Zhao 教授团队[31] 对物理场景中人脸识别模型的后门攻击进行了详细的实证研究，研究表明触发器位置对攻击性能至关重要。多数后门攻击的中毒样本是基于非目标类的良性样本生成的，其标签被更改为目标类，使得视觉内容与其标签不一致；而在标签一致的攻击中，中毒样本是基于目标类中的良性样本生成的，且不改变原有的标签，因而在人工检查下更隐蔽。麻省理工学院的 Aleksander Madry 教授团队[32] 分别基于 GAN 和对抗性攻击提出了两种生成标签一致的中毒样本的方法，两种方法中良性目标图像的正常特征都被扭曲或擦除，因此模型倾向于学习从触发器到目标类的映射，即注入后门。

（2）训练可控攻击

训练可控攻击场景采用了更宽松的假设，即攻击者不仅可以控制训练数据，还可以控制训练过程，但不可控制模型架构和推理过程。在此假设下，Nguyen 等人提出了 WaNet[33]，对选定的训练样本进行弹性图像翘曲处理。在噪声训练的帮助下，这种方法可以促使受害者 DNN 学习到图像扭曲而不是像素级的副产品，以便于更好地控制攻击。Nguyen 等人提出 Input-Aware[34] 的同时学习模型参数和用于生成触发器的生成模型，并且控制训练过程，将添加高斯噪声的有毒样本修正回真实标签。普林斯顿大学的 Ashwinee Panda 教授团队提出的 Neurotoxin 攻击方法[35] 旨在通过限制中毒样本的梯度来提高联邦学习过程中后门效应的持续时间，使后门不易被消除。Tian 等人[36] 在大型模型的训练过程中同时考虑未压缩和可能的压缩模型来实现后门攻击，攻击者只控制大模型的训练，产生的良性大模型经过压缩后，变为可以被触发器激活的后门模型。

2.1.2.2 攻击防御

后门防御的目标为通过过滤数据集或修改、微调模型，使得模型不再将中毒样本分类到攻击者指定的类别。后门防御主要分为训练中的防御和后处理的防御。

（1）训练中的防御 Biplav Srivastava 等人首次提出一种过滤后门样本的方法，他们利用后门样本和正常样本在特征空间中聚成不同的簇这一发现，设计了过滤后门样本的方法 AC[37]。

（2）后处理的防御 Siddharth Garg 等人首次提出基于模型剪枝的后门防御[38]，他们发现和后门相关的神经元处在正常样本输入时保持休眠状态的神经元中，因此他们设计了一种迭代剪枝结合微调的方式，实现了去除后门的同时保持在干净样本上性能的效果。随后，Ben Y. Zhao 等人[39] 提出了一种后门检测和去除的方法，他们通过优化寻找一种一致性对抗扰动，而需要比较少的扰动范数的类别即为可疑的被攻击的类别。然后即可利用搜索到的扰动将后门去除。Hongyi Wu 教授团队[40] 发现后门模型在决策边界容易形成凸包，而这些凸包正是后门能够攻击成功的原因，基于此，他们设计了迭代的优化方式，搜索并修复这些特征空间中非正常的凸包，从而修复后门模型中不正常的参数。2022 年，弗吉尼亚理工大学的 Ruoxi Jia 教授团队[41] 提出了一种新的后门防御方式，他们利用基于后门攻击中的触发器模式相对一致这一前提，借鉴了对抗学习中的一致性对抗扰动的思想，建模成一个双层优化的问题，并设计了隐式超梯度的方法对后门进行了对抗遗忘训练，在理论上证明了方法的收敛性保证。德克萨斯大学 Cong Liu 教授团队[42] 首次提出了一种基于黑盒场景的后门模型检测的方法，他们假定模型是完全黑盒的，防御者只能访问其最终输出标签。他们从优化的角度表明后门检测的目标受对抗目标的限制。根据进一步的理论和实证研究，这种对抗性目标导致了一个分布高度偏斜的解决方案；在后门感染示例的对抗图中经常观察到奇点。基于这一观察，他们提出了对抗性极值分析 AEVA 来检测黑盒神经网络中的后门。AEVA 基于对抗图的极值分析，根据蒙特卡洛梯度估计计算得出。2023 年，罗格斯大学的 Shiqing Ma 教授团队[43] 发现现有工作在制定触发器反演问题时没有考虑触发器的设计空间，基于此他们正式定义和分析了不同空间中注入的触发器和反演问题，并且提出了一个统一的框架来根据触发器的形式化和分析中识别出的后门模型的内部行为来反转后门触发器，因此能够识别可能的目标类别。宾夕法尼亚大学的 Jinghui Chen 等人[44] 设计了一种即使在一次性设置中也能够擦除神经后门的新方法，其关键思想在于将其转化为最小最大优化问题：首先对抗性地恢复触发器模式，然后屏蔽对恢复模式敏感的网络权重。

2.1.3 隐私攻击与防御

2.1.3.1 隐私攻击

目前人工智能系统中存在的隐私攻击主要有成员推理攻击、属性推理攻击、GAN 攻击、模型反演攻击和模型窃取攻击等。

(1) 成员推理攻击

成员推理攻击是指攻击者对数据样本是否为人工智能模型的训练集成员进行推理[4]。Shokri 等人[45] 通过观察目标模型的预测输出，发现成员样本与非成员样本在预测分类正确性和预测向量的熵两个度量指标上有显著差异。Salem 等人[46] 提出了采用预测向量的最大值、熵、标准差作为度量指标的攻击方法。在此基础上，Song 等人[47] 明确提出了基于度量的攻击的概念，并给出一种新的度量指标修正熵。

(2) 属性推理攻击

属性推理攻击可以在不影响训练的情况下推断出其他成员的数据属性，这些属性本身并不是模型训练的任务。Ganju 等人[48] 设计了一种基于全连接神经网络各层节点的排列不变性展开的属性推断攻击。Melis 等人[49] 通过提出被动与主动属性推理攻击证明了机器学习模型参数会在无意间泄露用户的数据隐私。Wang 等人[50] 则直接把图神经网络当作属性推断的目标模型。攻击可以直接推断出训练图中节点组和链接组之间的属性。

(3) GAN 攻击

生成对抗式网络（Generative Adversarial Nets，GAN）攻击中，攻击者通常伪装成正常用户加入模型训练，然后基于 GAN 获得其他参与训练者的数据仿真集，从而威胁用户的数据隐私。Hitaj 等人[51] 设计了一个基于生成对抗网络的隐私攻击方法。攻击者可以通过生成器模型与判别器模型的博弈来获取机器学习模型中包含的用户隐私数据。

(4) 模型反演攻击

模型反演攻击旨在通过模型的预测输出获取关于模型的训练数据或者测试数据的信息。Fredrikson 等人[52] 利用深度学习系统提供的应用程序接口向模型发送大量的预测数据，然后对目标模型返回的类标签和置信度系数进行重新建模，通过得到的模型还原出目标模型的训练数据集。Tramer 等人[53] 演示了针对 BigML 和 Amazon 机器学习在线服务的模型反演攻击，它进一步表明，从模型输出中省略置信值的自然对策仍然存在潜在的危害。

(5) 模型窃取攻击

模型窃取攻击是指攻击者在获得对原模型的黑盒访问权后，通过循环询问接口并查看对应的结果，来窃取训练好的模型参数或功能，甚至试图构造出一个与原模型相似或完全一样的模型。Salem 等人[54] 提出一个基于生成对抗网络的混合生成网络模型（BM-GAN)，通过访问原模型，利用在相同数据上的模型更新前后的输出变化来窃取训练数据集中的信息。

2.1.3.2 隐私防御

隐私防御的技术多种多样，但人工智能系统中常见的隐私防御技术可分为以下几类：

(1) 安全多方计算

安全多方计算是指在无可信第三方的条件下多方参与者安全地计算一个约定函数问题，主要研究参与方在协作计算时如何对各方隐私数据进行保护。Agrawal 等人[55] 提出了一个两方计算框架，提升了模型的精度。Zheng 等人[56] 提出了一种抵抗恶意敌手的学习系统，在线性模型上显著减少了安全多方计算的同步操作次数，从而节省了计算资源。

(2) 差分隐私

差分隐私通过合理的计算分析和对原始数据添加干扰噪声的方式，达到使至多相差一个样本的两个相邻数据集查询结果概率不可分的目的，保护用户隐私信息。Sina 等人[57] 提出了一种基于聚合扰动的差分隐私方法，可以解决在图神经网络上的隐私问题。Yang 等人[58] 提出 PRIVATEFL，可以使联邦学习和差分隐私高效结合，提高模型的准确性。

(3) 同态加密

同态加密允许神经网络直接在密文上进行特定的代数运算，其结果仍是密文的形式，解密结果与对明文运算的结果一致。Bonawitz 等人[59] 提出了一种使用随机子集的用户更新矢量的加权平均值的安全聚合方案，可以适应用户离线的情况。Phong 等人[60] 提出了一种加性同态加密下的隐私保护联邦学习方案，使服务器无法接触用户的梯度明文，保证了模型安全。

(4) 基于硬件的隐私保护

基于硬件的隐私保护是在可信硬件环境下执行数据的指定计算工作，通过物理层面的安全性保证敌手无法接触原数据或推理相关信息。Sun 等人[61] 提出了一种设备端模型推断系统，利用可信的执行环境保护模型隐私，实现了强大的安全性保证。Dávid 等人[62] 提出了在客户端部署 ML 模型，通过 SGX 保护 ML 模型，可以防止最先进的黑盒 API 攻击。

2.2 可信赖人工智能测试与评估

对可信赖人工智能算法、模型或系统进行测试评估，国际团队大多数围绕其中某个或某几个特性进行研究，如研究测试与评估样本选择与生成的测试基本方法、鲁棒性与安全性测评、公平性测试、可解释性评估及可信赖性度量等技术。

2.2.1 人工智能测试基本方法

针对人工智能模型进行测试一般是通过比对模型对测试样本的预测值和测试样本的真实标签进行的。为了全面分析模型，大部分工作集中在尽可能多地识别模型错误。然而，由于深度学习模型测试依赖大量标记测试样本，而测试样本的标记成本昂贵，全面测试出模型错误充满挑战。近两年，有的工作逐渐开始探索模型错误分析，即在已知模型错误后对错误样本进行分析，试图找到模型错误的视觉特征解释，进而能够针对性地提高模型。然而，对于图像任务来说（如分类任务），由于图像通常缺乏细粒度视觉特征标记，这使得深入分析模型的错误非常困难。

2.2.1.1 模型故障识别

为了解决有限标注成本和全面测试模型错误之间的矛盾，如何在有限标注下得到高质量测试集，使得其能尽可能地测试出模型故障是模型测试集准备的主要研究问题。测试样本的选择和生成是两种代表性手段，如图3所示。一方面，测试样本选择方法是在给定的标注预算下，尽可能地从大量容易收集的未标记样本中选择容易反映模型故障的测试样本进行标记，从而以低资源构建高质量测试集。另一方面，测试样本生成则是基于现有的测试样本集合生成新的图片标签匹配对，增加测试样本数量。

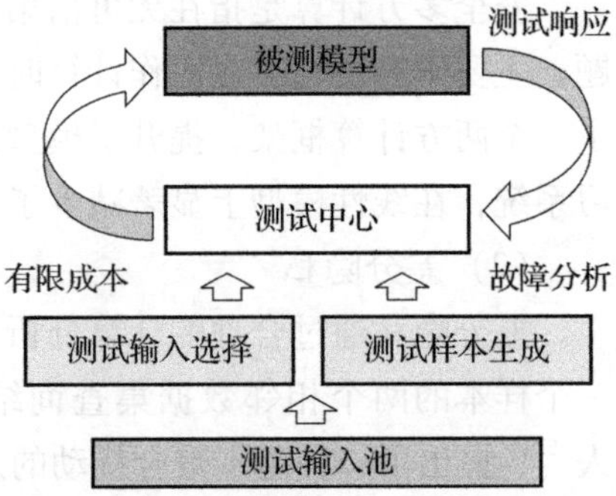

图3 测试样本选择与生成

（1）测试输入的选择

测试输入选择方法的核心是从无标样本中挑选出能反映模型故障的测试输入进行标记。受传统测试覆盖思想的启发，部分学者通过统计和追踪神经元激活值的分布或相邻层神经元之间激活值的变化关系，提出了基于神经元激活值的结构化测试覆盖指标，以此定义测试输入对于人工智能系统的覆盖率，并提出了基于覆盖引导的测试输入生成方法。除此之外，也有研究人员提出了通过计算测试用例相对于训练数据的差异程度来探究测试用例充分性相关的工作。来自哥伦比亚大学的 Pei 等人首次提出了神经元覆盖率[63]，并希望测试集能够激活所有的神经元，来保证测试的充分性。来自韩国科学技术院（KAIST）的 Kim 等人提出了两种惊喜覆盖指标，即基于似然的惊喜覆盖（Likelihood-based Surprise Coverage，LSC）和基于距离的惊喜覆盖（Distance-based Surprise Coverage，DSC），通过这两类指标来衡量样本与训练数据之间的距离，并认为一个好的测试集需要覆盖不同的距离区间[64]。在测试覆盖率的指导下，测试样本选择能够向增大模型的测试覆盖率的方向进行。与基于覆盖率的选择方法不同的是，另外一类方法是通过给每一个未标记样本赋予一个分数，从而来估计该样本反映模型故障的概率。明尼苏达大学的 Byun 等人[65] 提取出了三种度量指标，即置信度、不确定性和惊喜值，这三个指标能够用来估算每个无标样本是错误样本的概率，再选择概率大的样本进行标记。测试样本选择得到的测试样本是真实样本，但其不可避免地需要一定的人工成本。

国际上基于覆盖的测试方法如表 1 所示。

表 1 国际上基于覆盖的测试方法

文献来源	覆盖度量	指导测试用例生成
DeepXplore[63]	神经元覆盖	是
LSC[64]	惊喜覆盖	是
DeepCover[66]	符号-符号覆盖、距离-符号覆盖、符号-值覆盖、距离-值覆盖	是
DeepInspect[67]	神经元激活概率向量距离、平均偏差等度量	否
DeepCruiser[68]	状态级别覆盖、转换级别覆盖	是
SADL[69]	意外覆盖	否

(2) 测试输入的生成

当前人工智能系统测试输入生成的研究工作可以分为两类：第一类通常从软件工程的角度出发，将传统软件测试的思路迁移到人工智能模型的测试中，通过对给定的种子输入进行指定的变换，以最大化模型覆盖率为目标来生成测试输入，这类方法可以称为基于覆盖的测试输入生成方法；第二类则从算法模型的角度入手，通过向原始样本添加微小扰动的方式产生对抗样本，使得人工智能系统进行错误分类，此类方法可以称为基于对抗的测试输入生成方法，包括白盒方法与黑盒方法。基于覆盖的方法更关注生成的人工智能覆盖测试输入内部状态的影响，即测试输入是否对网络内部状态实现了测试覆盖。基于对抗的方法则更关注人工智能生成的测试输入是否能够产生错误输出，国际上基于对抗的测试方法如表 2 所示。

表 2 国际上基于对抗的测试方法

方法	类别	评价方法
DeepXplore[63]	对抗测试	测试覆盖率、对抗性样本质量
DeepTest[70]	对抗测试	数值误差、预测精度
Distribution-aware testing[71]	样本分布	测试覆盖率、对抗性样本质量

算法模型测试输入生成方法的核心是通过直接生成更多该任务下的测试样本和其对应的标签来达到充分测试模型的目的。一类测试样本生成工作是对已标记的测试样本和其标签进行变换，得到新的样本和标签。DeepXplore[63] 利用对抗样本算法，在已有的测试样本基础上进行人眼不可见的扰动，从而生成一些在模型边界的样本，并用多个相似模型的投票结果作为新样本的标签。另一类是通过变换输入的方式。来自弗吉尼亚大学的 Tian 等人提出了 DeepTest[70]，在自动驾驶的场景上，通过 9 种方式来变换输入图片，包括亮度、对比度、位置变化、缩放、水平剪切、旋转、模糊、起雾效果和下雨效果。这些变换后的图片和原图片享有同样的标签。来自弗吉尼亚大学的 Swaroopa 等人观察到常用的测试样本生成方案生成的样本缺乏分布有效性，即不属于任务数据的分布中[71]。为此，该工作利用深度生成网络来检查并管理生成的测试样本的有效性。测试样本生成能够在不增加额外标注资源的情况下产生大量的测试样本，但这些样本由于是生成的，缺乏一定的真实性。

(3) 测试预言

在测试预言方面，有蜕变测试和差分测试两种。蜕变测试是一种解决测试预言问题的常用方法。它的核心思想是构造蜕变关系，即描述待测系统的测试输入的变化与输出变化的关系。Murphy 等人[72] 对机器学习算法 MartiRank 进行分析，构造了 6 种蜕变关系，来对机器学习算法进行蜕变测试。Xie 等人[73] 提出了一种针对有监督的机器学习分类算法的蜕变测试方法。该方法不仅能够检测待测机器学习算法实现的正确性，还能够判断所使用的机器学习算法的合理性。Dwarakanath 等人[74] 提出了一种针对图像分类的 DNN 系统的蜕变测试方法。他们针对图像数据设计了多种蜕变关系，然后利用这些蜕变关系对多个图像分类器进行了测试。Sharma 等人[75] 提出一种基于蜕变测试的检测 DNN 系统中训练数据平衡性问题的方法，他们针对测试训练数据的平衡性提出了 4 种蜕变关系。Zhu 等人[76] 设计了一系列测试图像领域 DNN 系统的蜕变关系，并在人脸识别应用上进行了实验探究。基于所提出的蜕变关系，Zhu 等人使用 CelebA[77] 和 PubFig[78] 人脸数据集对 4 个成熟的人脸识别系统进行实验，以此来论证该方法的有效性。Braiek 等人[79] 结合蜕变测试和神经元覆盖，提出了基于搜索的深度学习系统测试输入生成方法。他们采用了像素层面以及仿射蜕变关系，结合神经元覆盖，高效生成更加多样的图片测试样本。

差分测试用于比较同一输入在遵循相同规范的不同程序或算法实现中产生的输出结果是否一致。Udeshi 等人[80] 提出了 OGMA 测试方法，OGMA 利用神经网络模型的鲁棒性来生成测试输入，并利用差异测试来检测缺陷。Pham 等人[81] 提出了一种针对深度学习框架的测试方法 CRADLE。不同深度学习框架中包含着对大量功能的等价实现，相同的测试输入在不同框架下的相同实现中应具有相同的输出。

2.2.1.2 模型故障分析

故障分析的目标在于针对模型故障给出人类可以理解的解释。由于缺乏训练数据或者训练数据有偏置，因此模型容易依靠错误视觉特征来实行预测。如图 4 所示，模型对泳衣的分类是依赖水这一视觉特征，而模型对狗的判断是依赖项圈这一特征。这些对于错误特征的依赖将导致模型出错。对此，来自马里兰大学的 Singla 等人提出了一种样本可视化技术[82]，将模型决策时所依赖的视觉特征高亮。该工作主要基于鲁棒模型（经过对抗训练的模型）的神经元与视觉特征的相关性，找出错误样本对应的激活神经元，并通过该神经元将该模型做出决策时看到的视觉特征进行可视化高亮。来自英属哥伦比亚大学的 d'Eon (Spotlight) 等人提出在模型的特征空间中寻找高错误率且连续的区域。这些区域的模型错误表现出视觉相似性，能够作为模型错误的一种解释。来自斯坦福大学的 Gao 等人[83] 提出了 AdaVision，是一种人在回路（Human-in-the-loop）的测试过程。AdaVision 首先在测试人员和语言模型的帮助下生成一组潜在高出错率的语言描述。根据语言描述，它将选择对应的图像数据，并根据图像数据的测试结果来更新语言描述，使得语言描述能够准确描述模型错误。但是，文献［82］和［84］需要人眼观察总结导致模型错误的视觉属性，强依赖人工操作且准确度低。虽然 AdaVision 在一定程度上克服了需要用人眼总结故障

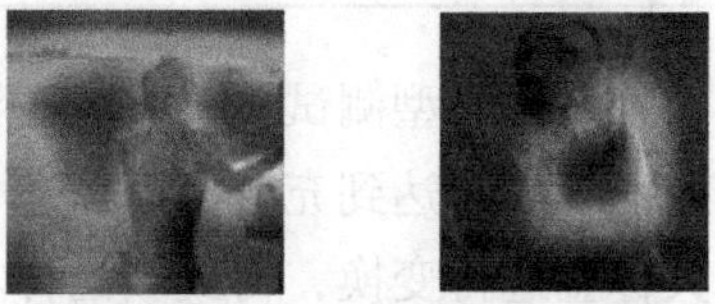

模型将出现水的图片认为是泳衣模型，将出现项圈的图片认为是狗

图 4 模型错误分析示例

视觉特征的难题，但是 AdaVision 需要人工不断地优化语言描述，仍然存在开销大的问题。

为了降低人工开销，开始有部分工作尝试使用自然语言自动总结错误相关的视觉属性。来自斯坦福大学的 Sabri 等人通过混合模型[85]或线性分类器[86]来聚类错误，然后通过组合单词和来自预定义大语料库的模板来生成候选语言描述。最后使用文字-语言模型 CLIP[87]来匹配数据组和语言描述。这些工作利用了文字-语言大模型在特征空间上的对齐，提升了对图像模型错误特征的自动化语言解释效率和效果。

2.2.2 鲁棒性与安全性测评

现有人工智能鲁棒性与安全性测试评估方法有对抗测试方法、统计验证方法、统计测试方法等。对抗测试方法基于对抗攻击技术生成测试样本，评估人工智能系统抵御对抗攻击的能力，通过生成最小对抗样本，可以对鲁棒性边界的上界进行估计。统计验证方法基于抽样和统计技术估算给定扰动范围内违反鲁棒性条件的输入的比例，以概率形式度量给定扰动范围内的鲁棒性，并在鲁棒性边界分析中给出带有概率的认证区域。统计测试方法通过构造鲁棒性测试基准集，利用测试集正确性指标对人工智能系统的鲁棒性进行评估。

2.2.2.1 对抗测试方法

对抗扰动是人工智能系统的一种特殊扰动，Szegedy 等人[4]在 2013 年首次指出对抗样本的存在。对抗扰动是叠加在输入样本上的微小扰动，但却可以使模型以较大的概率产生错误结果。对抗攻击致力于发现使模型输出改变的最小的扰动样本，因此基于对抗攻击给出的最小对抗样本，可以描述人工智能鲁棒性边界的上界[88-89]，鲁棒性上界保证了该范围以外的攻击样本都会使模型输出错误结果。

大多数对抗样本都是利用神经网络的梯度或输出生成的[6]。Szegedy 等人[4]将生成对抗样本的问题转化为凸优化问题。然而，该算法要求被处理问题满足分类模型和目标函数可求梯度这一条件，并且存在计算代价高昂的不足[90]。Goodfellow 等人[1]通过寻找深度神经网络中梯度变化最大的方向，并在此方向上添加固定大小的微小扰动来生成对抗样本。由于该算法只需要计算一次梯度方向，因此能够快速生成对抗样本，但是对抗扰动的生成较为粗糙，攻击成功率相对较低。针对该缺陷，Kurakin 等人[91]提出了一种基本迭代法（BIM）的改进算法。该算法运用梯度下降的思想，每次迭代时在梯度方向上添加一个微小的扰动，并通过裁剪函数将生成的对抗样本限制在有效区域内，然而该算法依然存在易于陷入局部极值的不足。Madry 等人[2]提出了一种基于投影梯度下降（PGD）的对抗攻击算法，通过加入随机初始化搜索并增加迭代次数，进一步提升了算法的攻击效果。Sriramanan 等人[92]通过改变损失函数改进了 PGD 算法，进一步提升了所得扰动的攻击效率。Papernot 等人[9]通过计算输入样本的雅可比矩阵来获得其显著图，在显著图表示最重要的像素位置上添加扰动，得到其对抗样本。Cisse 等人将损失函数分为随机极限和任务损失两部分，提出了 Houdini[93]算法。

Moosavi-Dezfooli 等人[8]提出的 DeepFool 是一种逼近对抗样本的有效方法，他们将分类问题模拟为数学中的距离问题，指出将样本点分类为错误标签的最小扰动是在样本空间中使该点离开正确标签范围的最小位移，其大小是该点距离分类标准超平面的距离。他们从线性二分类器出发，将该攻击方法的应用范围扩展到线性多分类器，又通过分段近似、迭代计算的方法扩展到非线性分类问题，证明了该对抗样本生成方法的普适性。

Bastani 等人[94] 通过将优化搜索范围限定在使模型满足线性条件的凸形区域内来求解对抗样本。他们基于"以线性整流函数 ReLU 为激活函数的神经网络是分段线性的[95]，且对抗样本的存在也是由于网络的线性特性[1]"的结论，将搜索范围限定在了样本点的线性区域，并证明了该区域上的优化函数是一个凸函数，可以进行有效的搜索。

Carlini 和 Wagner[7] 针对有鲁棒性防御（或对抗防御）措施的模型，提出了一种可以生成更加接近输入的对抗样本的算法，文献从确定攻击目标类的方法（如平均情况、最佳情况和最坏情况），约束调整函数 f，以及框式约束（Box Constraint）方法的各种组合中，根据其产生对抗样本的距离平均值的标准差和概率两个指标，评估对抗样本生成算法的好坏，从而选择最适用的算法生成对抗样本。

Ruan 等人[96] 采用蒙特卡罗树搜索策略求解输入点的对抗样本，平衡了算法的正确性和效率，解决了穷举搜索的状态空间爆炸问题。

2.2.2.2 统计验证方法

人工智能鲁棒性统计验证是对形式化验证方法的改进和补充，这与形式化方法的思路不同，统计验证对违反鲁棒性条件的区域提供一个信息概念来表明模型的鲁棒程度，而不只是判定模型是不可验证的或未通过验证的[97]，因此统计验证又被称作概率方法或定量验证，在一些研究中也用统计认证一词。统计验证还允许一些概率意义上的错误来放松鲁棒性要求，在鲁棒性边界分析中给出如鲁棒概率为 99.99%的认证区域[98]，而不要求区域内的模型完全正确。

概率统计验证的思想最初由 Mangal 等人[99] 提出，他们指出针对对抗输入的鲁棒性定义是一种最坏情况分析，对鲁棒性要求过于严格，因此他们基于现实世界中神经网络的输入来自非对抗的概率分布的认知，提出了概率鲁棒性的概念。针对非对抗扰动设置，要求神经网络在输入的 δ-邻域内对给定输入分布具有至少（$1-\epsilon$）概率的鲁棒性。

Mangal 等人[99] 针对神经网络提出了一种基于抽象解释和重要性采样的用于验证模型是否具有概率鲁棒性的算法。用抽象解释来近似神经网络的行为，并计算违反鲁棒性的输入区域的过度近似，然后使用重要性采样来抵消这种过度近似的影响，并计算出神经网络违反鲁棒性的概率的准确估计。

Weng 等人[98] 基于概率统计保证的思想提出一种神经网络鲁棒性概率验证框架 PROVEN，在特定扰动分布下，对任意有界 l_p 扰动，提供神经网络模型 top-1 预测结果不会改变的鲁棒性概率认证。PROVEN 基于最坏情况鲁棒性形式化验证框架实现，将最坏情况设置扩展到的概率设置，基于 Fast-Lin[99]、CROWN[100] 和 CNN-Cert[101] 等方法得出概率认证。

Webb 等人[97] 提出一种评估神经网络鲁棒性的统计方法，该方法基于对违反鲁棒性条件的输入比例的估计，当发现违反鲁棒性条件的输入时，提供形式化验证来表明至少存在一个反例，当未发现违反时提供统计估计，并且当违反概率低于给定容忍阈值时可认为概率为 0，该区域近似为形式化可验证范围。

Baluta 等人[102] 提出了一种定量验证神经网络上指定逻辑属性的框架 NPAQ，可以为神经网络提供 PAC（Probably Approximately Correct）形式的鲁棒性保证，通过衡量有多少对抗扰动输入被错误分类来近似量化神经网络模型的鲁棒性，近似的概率验证相比真实情况在可控的有界误差内。他们将概率鲁棒性称为 PAC 鲁棒性。NPAQ 仅适用于二值化神经网络，在随后的研究中，Baluta 等人[103] 又将该 PAC 鲁棒性分析扩展至了更广泛的网络结构，使得鲁棒性分析兼顾大型网络可扩展性和形式化保证。

Li 等人[104] 将 PAC 用于抽象 DNN 模型的局部行为，在近似 PAC 模型而不是原始 DNN 模型上进行鲁棒性分析，提出了深度神经网络局部鲁棒性统计估计方法 DeepPAC，在给定置信度和错误率下验证 PAC 模型的鲁棒性，从而使原始模型的鲁棒性得到验证。

Fazlyab 等人[105] 研究了当神经网络的输入被随机噪声扰动时为其输出提供统计保证的概率验证问题，目标位估算神经网络的输入受到具有已知均值和协方差的随机变量扰动时，其输出将位于给定安全区域的概率。

Calafiore 和 Campi[106] 提出了基于鲁棒控制分析的概率鲁棒性求解框架，将其表示为带凸约束的线性目标最小化的形式，并通过对约束的适当采样转换为标准凸优化问题，是对原有无限约束条件集的近似简化。

Levy 和 Katz[107] 提出了测量和评估神经网络对对抗输入的鲁棒性的方法 RoMA，在被正确分类的输入空间内抽取对抗输入，估计输入扰动可能导致错误分类的概率。这种方法是一种黑盒的方法，不需要了解网络的设计或权重，对神经网络的结构、激活函数、连续性能没有限制。

Cardelli 等人[108] 提出了基于贝叶斯推理和高斯过程的概率鲁棒性分析方法，可以为未发现对抗样本的输入空间提供概率上的形式化保证，即对于一个测试点和包含测试点的输入空间中的一个紧凑集合，模型对该集合中所有点的预测值都保持在给定变化范围内的概率。Cardelli 等人[109] 还定义了贝叶斯神经网络的概率鲁棒性度量，给定一个测试点，在有界集合内存在一个点，使网络预测在两者之间存在差异的概率。该度量可用于量化对抗样本存在的概率。

Wicker 等人[110] 也研究了贝叶斯神经网络在对抗输入扰动下的概率安全性，给定一个紧凑的输入点集，研究输入点被映射到输出空间内同一区域的网络后验概率，基于非凸优化的松弛技术计算网络概率安全性下界，为非确定性神经网络的概率鲁棒性分析提供了有效的方法。

Anderson 和 Sojoudi[111] 提出了针对输入随机不确定性的鲁棒性证明方法，即当输入噪声服从任意概率分布时，给出错误分类概率的上界。将概率上界求解问题转化为可以通过抽样解决的场景优化问题。同时给出了求得以很大概率成立的错误分类边界所需的样本数量的充分条件。在他们的另一项研究[112] 中提出了一种数据驱动的鲁棒性概率评估方法，为具有一般分布的随机输入不确定性提供高概率的输出集估计和鲁棒性认证。

2.2.2.3 统计测试方法

对于现有的鲁棒性边界验证方法，有的研究人员认为，针对特定攻击评估的鲁棒性边界指标不足以完全表征数据和模型的风险攻击及防御能力，因此提出基于鲁棒性测试基准集正确性指标的鲁棒性度量方法。该方法的重点是构造覆盖当前常见数据扰动类型和攻击算法的鲁棒性测试基准数据集，度量指标为智能模型在鲁棒性测试基准集上的性能（如准确率），因而可以对智能模型的鲁棒性进行全面的评估。统计测试方法不仅能对人工智能系统的对抗鲁棒性进行评估，也可以评估人工智能抵御其他输入扰动（如图像退化等）的能力。

Carlini 等人[113] 认为良好评估神经网络模型的对抗鲁棒性可以有针对性地提升模型对对抗攻击的防御能力，获得深度学习算法在最坏情况下的鲁棒性，可以衡量深度学习算法在人类识别能力方向的差距。并且建议使用一组尽可能多样类型的对抗攻击来衡量模型对抗鲁棒性，列举了在对抗鲁棒性评价中存在的疏漏，制定了鲁棒性评价检查表。实际上，有很多种对抗攻击扰动类型，它们可以改变图像不同类型的特征。例如，Xiao 等人[114] 已经证明，对 l_p 有界的对抗扰动具有鲁棒性的神经网络模型，并不意味着对对抗空间变换具有鲁棒性。因此，对抗鲁棒性评价应包括一组可以代表可能遇到的对抗扰动多样性的测试集。

Hendrycks 等人[115] 为解决真实情况下难以进行对抗攻击的问题，构建了两种自然对抗数据集。通过将 ImageNet 中卷积神经网络模型识别置信度较低的图像组成数据集，证明了卷积神经网络模型可能会学习到识别图像的背景特征而导致过拟合。这为关注图像数据特征对卷积神经网络模型鲁棒性的影响做出了铺垫。Pintor 等人[116] 同样为了评价对抗攻击在真实世界图像识别的影响，设计了一套对抗攻击补丁添加到原图片中，并由此构建对抗鲁棒性基准集。

ImageNet-C 是目前最流行的图像失真鲁棒性基准[117]。它用于评价 ImageNet 分类器的鲁棒性。它包含 15 种常见的图像失真，可以分为噪声、模糊、天气和数字失真，每类失真都有 5 种损坏严重程度。与 ImageNet-C 一同被提出的还有 ImageNet-P[117]，用于测试模型对扰动程度细微变化的稳定性。ImageNet-P 没有研究对不同图像扰动类型的鲁棒性，而是使用包含从单个图像导出的扰动图像的序列来评价鲁棒性。

Kar 等人[118] 为了获得更加真实的图像失真扰动，对图像失真扰动生成方法进行了改进。该研究关注了图像的三维特征，改进了现有的图像提取三维特征的方法，对图像进行三维区域划分，并生成三维图像失真，引入了景深等三维特有的失真扰动。

2.2.3 公平性测试

在公平性测试方面，Angell 等人[119] 提出了 Themis，使用因果分析来考虑群体公平性。它将公平分数定义为公平的衡量标准，并使用随机测试生成技术来评估歧视程度。Udeshi 等人[120] 提出了 Aequitas，侧重于测试生成以发现歧视性输入和理解个人公平所必需的输入。生成方法首先对输入空间进行随机采样以发现有区别的输入，然后搜索这些输入的邻域以找到更多输入。除了检测公平性错误外，Aeqitas 还重新训练机器学习模型并减少这些模型做出的决策中的歧视。Agarwal 等[121] 使用符号执行和本地可解释性来生成测试输入，关键思想是使用局部解释，特别是使用模型无关的局部可解释（LIME）

方法确定驱动决策的因素是否包括受保护的属性。Tramer 等人[122] 认为受保护的属性和算法输出之间具有统计显著性地关联一个公平错误，提出了第一个综合测试工具，旨在通过“易于解释”的错误报告帮助开发人员测试和调试公平性错误。该工具可用于各种应用领域，包括图像分类、收入预测和医疗保健预测。Sharma 和 Wehrheim[75] 通过检查被测算法是否对训练数据变化敏感来确定不公平的原因。他们对训练数据进行变异以生成新的数据集，例如更改行、列的顺序，以及打乱特征名称和值，发现了 14 个分类器中有 12 个对这些变化敏感。

2.2.4 可解释性评估

可解释性评估的主要方式为人工评估。Doshi-Velez 和 Kim[123] 给出了可解释性评估（测试）方法的分类：以应用程序为基础、以人为基础和以功能为基础。基于应用程序的评估涉及对真实应用场景的人工实验。以人为基础的评估使用人类对简化任务的评估结果。基于功能的评估不需要人类实验，而是使用定量指标作为解释质量的代理。Friedler[124] 介绍了两种类型的可解释性：全局可解释性意味着理解整个训练模型；本地可解释性意味着理解训练模型对特定输入和相应输出的结果。

部分学者研究了可解释性的自动评估。Cheng 等人[125] 提出了一个指标来理解 ML 模型的行为。该指标衡量学习者是否通过遮挡物体的周围环境来学习物体识别场景中的物体。Christoph[126] 提出基于 ML 算法的类别来衡量可解释性，确定了几个具有良好可解释性的模型，包括线性回归、逻辑回归和决策树模型。Zhou 等人[127] 定义了可用于帮助最终用户的变形关系模式（MRP）和变形关系输入模式（MRIP）的概念，了解 ML 系统的工作原理。

2.2.5 可信赖性度量

现有研究从传统软件可信赖性的角度提出了人工智能系统可信赖性应满足的要求：隐私性、安全性、防危性、可靠性、系统质量和敏捷性。从人工智能模型的黑盒特性对其行为结果产生的影响提出了公平性、鲁棒性、可解释性、透明性、可追责性、可验证性和置信度等属性；从人工智能要为人类服务的角度提出了可信需求：普惠性、可持续发展和互操作性；从人工智能应具有人的特征提出了自主性、价值观、得体性、自适应性和自我反省性。

人工智能系统可信证据是指可从人工智能系统中提取且用于衡量人工智能系统可信赖性的相关指标。人工智能系统的可信赖性问题可以从其训练数据可信赖性、学习模型可信赖性和预测结果可信赖性 3 个方面来考虑。

训练数据可信赖性：训练数据集的可信赖性直接影响着人工智能系统的可信赖性。有效保障和评估数据集的可信赖性，有助于对人工智能系统可信赖性度量。数据来源于数据源，一些学者从数据源的可靠性角度对数据的可信赖性进行了评估。Ge 等人从关联和比较多数据源的角度出发，研究数据可信度评估问题[128]。Tabibian 等人针对在线知识库数据可靠性和数据源可信度问题，从用户和专业编辑者对知识库内容可靠性的噪声评估数据入手，以噪声评估数据所留下的“时间痕迹”为线索提出了一个“时间点过程建模框架”，并将这些“时间痕迹”与数据可靠性和数据源可信度的健壮性、公平性和可解释性概念联系起来，基于凸优化技术从“时间痕迹”数据中学习模型的参数[129]。Fogliaroni 等人阐述了志愿地理信息（VGI）数据的质量评价问题，并针对该问题提出了一个基于版本更新的 VGI 质量指标量化模型[130]。Zhang 等人提出了一个通用框架 JELTA[131]。该框架用于在多个信息源提供声明，且每个声明由多个信息源提供的情况下，估计信息源的可信度。Tsou 等人首次利用差异隐私的噪声估计评估数据泄露风险，使用数据噪声量作为桥梁来评估多个属性（数值或二进制数据）的数据泄露风险，并制定差分隐私和匿名化之间的关系，将两者关联起来[132]。Ardagna 等人在可信物联网保障评估的基础上创新性地提出了一种基于服务的可信证据收集原子方法，并将其作为实现可信物联网环境的基础[133]。Distefano 等人采用分布式账本技术实现一个以车辆为中心的信息系统，通过网络分发数据，同时确保可信度[134]。

学习模型可信赖性：人工智能系统模型是人工智能系统的关键要素之一，是人工智能系统的灵魂所在，其可信赖性对人工智能系统的可信赖性有着至关重要的影响。近年来，由于大多数机器学习模型的黑盒特性，越来越多的学者注重模型可解释性的度量。Bau 等人提出网络解剖的方法来度量模型可解释性，网络解剖依赖于密集标记的数据集合，这些数据集合被标记上了颜色、材质、纹理、场景等诸多标签，在给定 CNN 模型的基础上，使用网络解剖寻找语义神经元，通过语义神经元的数量及其所有神经元的比例来度量模型解释性的分数[135]。Slack 等人通过用户研究实验的方式来评估可解释性，他们设计了 1000 名参与者参与的用户研究实验，系统地比较了决策树、逻辑回归和神经网络 3 类模型的可解释性[124]。Sanneman 等人提出了一个基于人类用户信息需求的可解释人工智能系统框架，该框架包括了可解释人工智能系统的 3 个级别，定义了可解释的人工智能系统应该支持哪些关于人工智能的算法和流程信息[136]。Rosenfeld 尝试对可解释人工智能模型量化，并提出了 4 个量化指标来度量模型的可解释性[137]。Lin 等人提出了一个系统性自动评估人工智能系统的可解释性框架，通过检查人工智能模型是否能够检测到输入中存在的后门，形成输出特定的预测结果[138]。人工智能模型需要大量数据训练模型，通过一些模型的输出可以倒推训练集中某条目标数据的部分或全部属性值，因而可能会造成数据隐私泄露[47]。许多学者也在度量模型的隐私保护能力方面做了研究。此外，Yang 分析了对抗性样本产生的根本原因，提出了机器学习模型的一个新性质，即保真度，用来描述模型所学知识与人类所学知识之间的差距[139]。Bie 等人提出了一种评估和解释回归预测模型可信度的方法 RETRO-VIZ[140]，分析了人工智能系统的可靠性与可解释性。

预测结果可信赖性：自人工智能技术诞生以来，人们就对其结果的可信赖性非常关心。在人工智能的分类任务中，学者们把分类结果分为真正例（TP）、假正例（FP）、真反例（TN）和假反例（FN），分别代表其判断结果中有多少是判断正确的正例、判断错误的正例、判断正确的反例和判断错误的反例，通过错误率和精度两种方法来度量人工智能系统的分类结果是否可信。其中，错误率（ErrorRate）是指在分类任务中分类错误的样本数占总样本数的比例，其公式为 ErrorRate=(FP+FN)/(TP+FP+TN+FN)；精度（Accuracy）是分类正确的样本数占总样本数的比例，其公式为 Accuracy=(TP+TN)/(TP+FP+TN+FN)；查全率（RecallRate）是真正例占预测正确的百分比，其公式为 RecallRate=TP/(TP+FN)，从而判断结果的可信赖性。在此基础上，人们又提出了 P-R 曲线[141]、ROC 曲线[142] 与 AUC[143] 来进一步可视化判断人工智能系统预测结果的可信赖性。Jha 等人为深度神经网络（DNN）提出了一种新的置信度度量——基于归因的置信度度量，它衡量在特定输入上对深度神经网络（DNN）输出结果的信任程序[144]。Waa 等人为支持决策系统定义了一种可解释的置信度框架。该框架认为置信度应该满足 4 个性质，分别是准确、能够解释单个置信度值、使用透明的算法和提供可预测的置信度值[145]。基于这 4 个性质，他们定义了基于案例推理的回归分析置信度度量。

2.3　可信赖人工智能相关标准

ISO/IEC JTC 1 建立独立的 AI 标准分委会（SC 42）并成立专门的可信赖 AI 工作组（WG 3），重点聚焦相应的标准研究与编制。2018 年，ISO/IEC 专门成立了 SC 42 人工智能分技术委员会，重点围绕人工智能基础共性技术、关键通用技术、可信赖及人工智能应用等方面开展标准研制工作。ISO/IEC JTC 1 SC 42 成立至今，已拥有 39 个积极成员（P 成员，具有投票权，包括英国、德国、法国、日本、韩国、俄罗斯、印度、新加坡、中国等国家），25 个观察成员（O 成员，无投票权，包括阿根廷、印尼、新西兰等）。现阶段，注册的标准编制专家近 600 人（其中，欧美地区占据 70%以上，美国专家 200 余位，中国专家 60 余位）。

SC 42 WG3 可信赖组标准框架如图 5 所示。

ISO/IEC JTC 1/SC 42 下设 5 个工作组（Work Group，WG）、1 个咨询组、4 个联合工作组、2 个联络协调组。其中，工作组包括 WG 1（基础标准）、WG 2（数据）、WG 3（可信赖）、WG 4（用例与应用）、WG 5（人工智能计算方法和系统特征）；具有 1 个咨询组 AG 3（人工智能标准化路线图）；同时 SC42 与 JTC 1 的 SC 7（软件和系统工程）建立了联合工作组 JWG 2（基于人工智能的系统测试），与 TC 215WG（健康信息学）建立了联合工作组 JWG 3（人工智能健康信息学），与 SC 65 A（系统方面）建立了联合工作组 JWG 4（功能安全和人工智能系统），与 TC37 WG（语言和术语）建立了联合工作组 JWG 5（自然语言处理）；SC 42 分别与 JTC 1 的 SC 27（信息安全、网络安全和隐私保护）、JTC1 建立联络协调组。与 JTC 1 的 SC 27（信息安全、网络安全和隐私保护）、SC 38（云计算和分布式平台）建立联络协调组。

ISO/IEC JTC 1/SC 42/WG 3 可信赖人工智能工作组的重点工作是探索在人工智能系统中建立信任的技术和方法，并对相关研究方法进行评估，以减少威胁和风险。其中，明确了人工智能系统中的透明度、偏见和鲁棒性等问题，并研究如何通过风险评估标准从技术上解决上述问题。该工作组还负责收集人工智能系统在社会伦理与道德等方面的

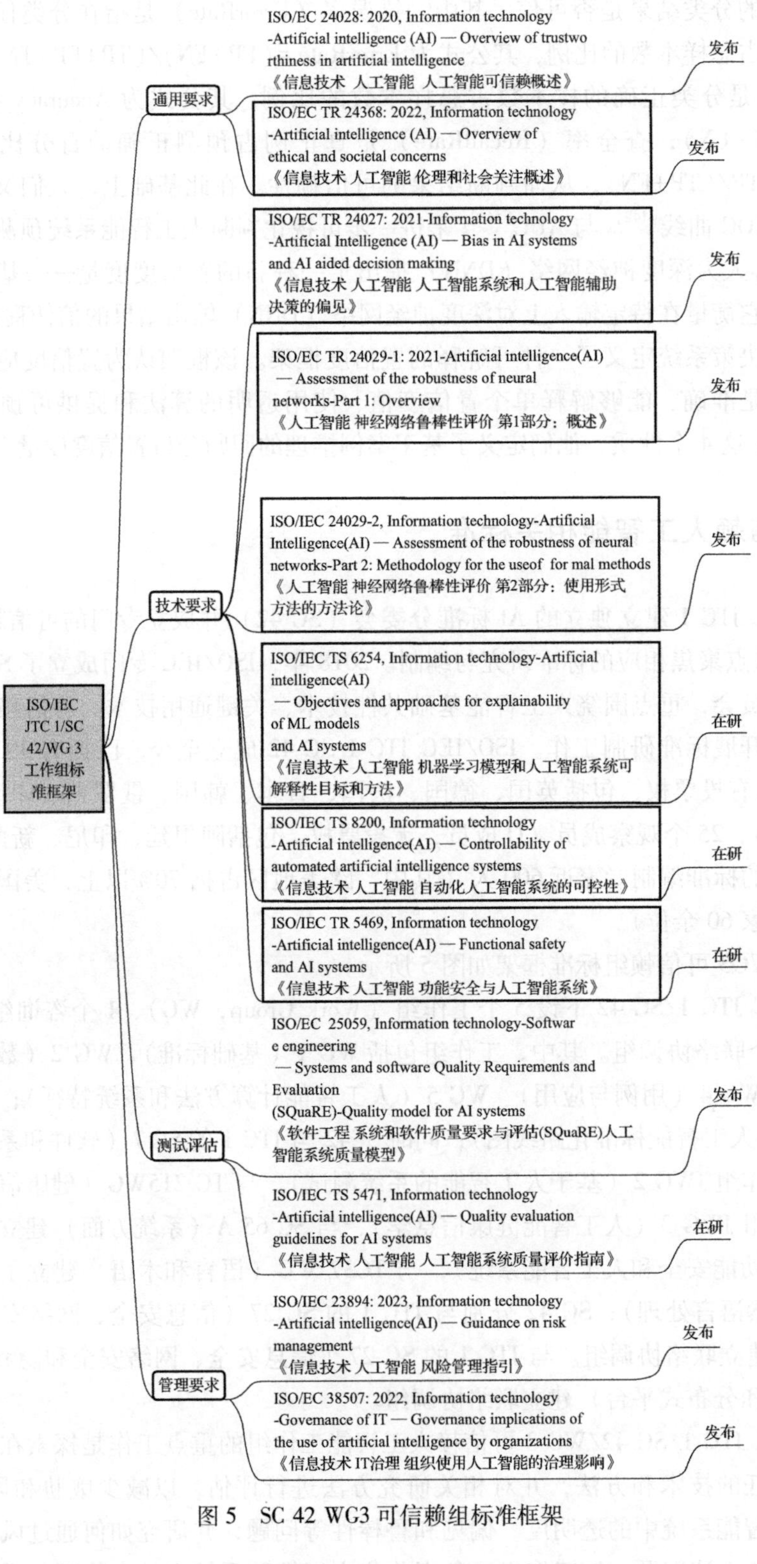

图5 SC 42 WG3可信赖组标准框架

反馈，将相关反馈反映到正在制定的解决方案中。该工作组已经发布10项标准，在研9项标准。

ISO/IEC TR 24028：2020[146]《信息技术-人工智能-人工智能可信赖性综述》(*Information technology-Artificial intelligence-Overview of trustworthiness in artificial intelligence*)分析了与人工智能系统可信赖性相关的特性，主要包括：①通过透明性、可解释性、可控制性等建立对人工智能系统的信任的方法；②人工智能系统的工程缺陷、典型相关威胁和风险，以及可能的缓解技术和方法；③评估和实现人工智能系统可用性、弹性、可靠性、准确性、安全性、数据安全性和隐私的方法。

ISO/IEC 25059：2023[147]《软件工程系统和软件质量要求与评价（SQuaRE）AI系统质量模型》(*Software engineering-Systems and software Quality Requirements and Evaluation（SQuaRE）-Quality Model for AI-based systems*）将SQuaRE扩展到了AI系统，定义了AI系统的质量模型，它是基于系统/软件质量模型的扩展。该模型中描述的特征和子特征为规范、度量和评估人工智能系统质量提供了一致的术语，并提供了一套质量特征，可以根据这些特征来比较声明的质量要求的完整性。

ISO/IEC TR 24029-1：2021[148]《人工智能-神经网络鲁棒性评估-第1部分：概述》(*Artificial Intelligence（AI）-Assessment of the robustness of neural networks-Part 1：Overview*)提供了现有评估神经网络鲁棒性的方法和流程，包括统计方法、形式化方法和经验方法三类。ISO/IEC 24029-2：2022[149]《人工智能-神经网络鲁棒性评估-第2部分：使用形式方法的方法论》(*Artificial Intelligence（AI）-Assessment of the robustness of neural networks-Part 2：Methodology for the use of formal methods*）提供了使用形式化方法评估神经网络鲁棒性的方法，重点讨论了如何选择、应用和管理形式化方法来证明鲁棒性。

DIN SPEC 92001-1：2019[150]《人工智能-生命周期过程和质量要求-第1部分：质量元模型》(*Artificial Intelligence—Life Cycle Processes and Quality Requirements—Part 1：Quality Meta Model*）建立了AI模块质量元模型，以概述AI质量的关键方面，为人工智能质量分析提供了一种风险评估方法和一个合适的软件生命周期。标准适用于Al模块的所有生命周期阶段，即概念、开发、部署、运行和退役阶段，并处理各种不同的生命周期过程。Al技术可用于广泛的不同任务，标准还指出该规范不是针对一个特定领域的，而是适用于所有部门的公司和Al产品。DIN SPEC 92001-2：2020[151]《人工智能-生命周期过程和质量要求-第2部分：鲁棒性》(*Artificial Intelligence-Life Cycle Processes and Quality Requirements-Part 2：Robustness*）对AI模块质量元模型中的鲁棒性特性进行解释，划分了对抗鲁棒性（Adversarial Robustness，AR）和退化鲁棒性（Corruption Robustness，CR），提供了确保Al鲁棒性的具体要求，以支持安全可靠的人工智能开发和部署。

ISO/IEC TR 24027：2021《信息技术-人工智能-AI系统和AI辅助决策中的偏见》(*Information technology-Artificial intelligence（AI）-Bias in AI systems and AI aided decision making*）讨论了与人工智能系统有关的偏见，特别是与人工智能辅助决策有关的偏见，描述了评估偏见的测量技术和方法，目的是解决和处理与偏见相关的脆弱性，适用于人工智能系统生命周期的各阶段，包括但不限于数据收集、训练、持续学习、设计、测试、评估和使用。

ISO/IEC 23894：2023[152]《信息技术-人工智能-风险管理指引》(*Information technology-Artificial intelligence-Guidance on risk management*) 为开发、生产、部署或使用人工智能产品、系统和服务的组织提供了管理 AI 相关风险的指南，描述了有效实施和整合人工智能风险管理的过程。该指南旨在协助各组织将风险管理纳入其人工智能相关活动和职能。

ISO/IEC TR 29119-11：2020[153]《软件和系统工程-软件测试-第 11 部分：基于人工智能的系统测试指南》(*Software and systems engineering-Software testing-Part 11：Guidelines on the testing of AI-based systems*) 解释了人工智能系统特有的特性，并提出了测试人工智能系统的挑战，给出了人工智能系统测试的黑盒技术和白盒技术，描述了测试环境和测试场景的选项。

此外，IEEE 在可信赖方面也有标准研究。

IEEE Std 2937-2022 人工智能服务器系统性能基准标准草案（Draft Standard for Performance Benchmarking for Artificial Intelligence Server Systems）规定了人工智能服务器系统（含 AI 服务器、AI 服务器集群、AI HPC 计算设施等）的性能测试方法，对性能的测试过程、测试规则以及测试场景进行了标准化设计。在训练模式中，设置了训练时间、功耗、吞吐率、实际带宽等指标；在推理模式中，设置了推理时间、功耗、吞吐率、弹性、视频分析最大路数等指标。在训练、推理模式下，均设置了通用测试场景和专用测试场景，并提供了对基准测试工具的技术要求，帮助厂商对 AI 服务器性能进行综合测试。

IEEE P3157 计算机视觉应用的机器学习模型脆弱性测试的推荐实施规程草案（Draft Recommended Practice for Vulnerability Test for Machine Learning Models for Computer Vision Applications）为计算机视觉领域的机器学习模型的漏洞测试提供了一个框架，包括机器学习模型及其训练过程的漏洞定义、脆弱性测试手段的选择和应用方法、确定测试完整性和终止标准的方法、漏洞度量和测试完整性。

美国国家标准与技术研究院（National Institute of Standards and Technology，NIST）隶属于美国商务部，在美国政府的支持下推进人工智能标准工作。

2020 年 8 月，NIST 发布《可解释人工智能的四项原则》技术报告（NIS TIR8312 草案)，介绍了可解释人工智能的四项原则，包括解释原则（Explanation)、有意义原则(Meaningful)、解释准确性原则（Explanation Accuracy）和知识局限性原则（Knowledge Limits)。

2021 年 3 月，NIST 发布《信任与人工智能》(NISTIR 8332 草案)，确立了影响人工智能系统可信赖的因素，主要包括 9 个特性，即准确性、韧性、可靠性、客观性、功能安全、可解释性、外部安全、负责任性、隐私保护，并给出了通过这 9 个特性评估用户对人工智能系统信任度的方法。现阶段，该报告被推到 ISO/IEC JTC 1/WG 13 中进行研究。

2021 年 6 月，NIST 发布《识别和管理人工智能偏见的建议》(NIST 特别出版物 1270）技术报告，提出了一种管理人工智能偏见的三阶段方法，包括从最初的概念到设计再到部署，以识别和管理人工智能系统生命周期中不同阶段的偏见。报告中提到，NIST 计划以该项工作为起点，识别各阶段相关方，并基于风险管理的思路，建立可信赖和负责任的人工智能框架，形成配套的人工智能可信赖标准。

3 可信赖人工智能国内研究进展

国内对可信赖人工智能的相关研究起步较晚，各项技术发展处于追赶阶段，技术脉络正在努力完善。

3.1 人工智能系统对抗攻击与防御热点技术

3.1.1 逃避攻击与防御

国际上对逃避攻防的研究正如火如荼地开展，国内各个高校和研究机构的学者也在相关领域展开了大量研究。

3.1.1.1 白盒逃避攻击

在白盒逃避攻击场景，国内较国外的研究进程稍显滞后，但仍然形成了许多经典的研究工作：为了提升逃避攻击的成功率（尤其是迁移后的效果），Dong 等人[154] 将动量的概念引入梯度迭代方向控制中，提出了动量迭代快速梯度符号方法（Momentum Iterative Fast Gradient Sign Method，MI-FGSM），利用动量信息，进一步避免了攻击方法在迭代过程中过拟合到局部极值点，有效地提升了生成的对抗扰动在不同模型间的迁移攻击性；而与 MI-FGSM 不同的是，Xie 等人[155] 从另一个角度解决 I-FGSM 的过拟合问题。通过引入图像变换手段，他们提出了多样化输入的迭代式快速梯度符号方法（Diverse Inputs Iterative Fast Gradient Sign Method，DI2-FGSM）。由于该方法在训练过程中充分考虑了不同的数据分布，因此使生成的对抗样本得以针对更关键的特征进行攻击，具备了对不同数据域的攻击性，即更强的迁移攻击能力；与此同时，Su 等人[156] 提出了基于优化的对抗攻击方法单像素攻击（One-pixel Attack，OA），其产生的噪声只有一个像素的大小，将逃避攻击的隐蔽性发挥到了极致。

3.1.1.2 黑盒逃避攻击

在黑盒逃避攻击场景，国内的主要研究成果包括：Liu 等人提出了一种黑盒攻击算法，使用集成策略帮助对抗样本以获得更高的无目标攻击迁移性，利用已有的替代模型进行虚拟模型生成，并基于这些虚拟模型进行集成，显著地增强了对抗样本在不同模型上的攻击能力，以及显著降低了替代模型的获取成本；Dong 等人提出了一种协方差矩阵自适应进化策略（Covariance Matrix Adaptive Evolution Strategy，CMA-ES）进行基于决策的攻击，其主要对决策边界上的局部搜索方向进行几何建模，从而降低了搜索维度，提升了攻击的效率；Cheng 等人[157] 提出的先验引导的随机无梯度（Prior-Guided Random Gradient-Free，PR-RGF）方法就是一种典型的结合多种不同攻击方法特点的先进攻击策略，其首先基于迁移的对抗攻击方法对目标模型进行先验查询，随后利用估算的梯度信息进行攻击。

针对物理世界场景的黑盒逃避攻击，国内研究机构针对不同的应用场景和系统做出了大量的成果。北京航空航天大学研究团队针对路牌识别提出了环境友好的物理攻击方法，采用对抗生成网络和注意力机制生成“涂鸦”形式的对抗贴画[158]，有效攻击并测试了基于深度学习的自动驾驶系统。Wang 等人[159] 提出了基于双重注意力抑制的对抗攻击方法，该方法提出了模型共享注意力机制，并基于此生成具有强迁移性的对抗样本，在车辆分类和车辆检测任务中都进行测试，并在物理设备上进行了验证。Duan 等人[160] 提出了一种使用激光作为攻击主要载体的对抗性激光束（Adversarial Laser Beam）方法，该方法通过简单地扰动激光束的物理参数（波长）进行对抗攻击，只需要令激光束出现在采样图像中，就能有效地在数字环境和物理环境中成功误导深度学习模型。Xu 等人针对行人检测任务设计了一款特殊的“隐身衣”，并学习和设计了一个刚柔转换函数，利用此函数进行对抗纹理的优化，从而生成了一种具有较强逃避攻击性的 T 恤。

3.1.1.3 逃避攻击防御

针对逃避攻击的防御，国内的科研人员做出了大量的研究工作，下面着重从模型训练增强、对抗样本特征判别以及模型结构优化等角度进行说明。

（1）模型训练增强

传统的对抗训练方法只在输入数据中混入对抗样本来进行对抗训练，对抗样本的多样性无法保证，面对不同类型的对抗噪声，其防御能力不足，为此，Liu 等人[161] 提出了一种对抗噪声传播的对抗训练算法。该方法在神经网络的训练过程中向隐藏层加入多样化的对抗噪声以帮助训练。Zhang 等人[162] 针对对抗训练对深度模型良性样本识别准确率下降的问题提出了 TRADES 方法，该方法将对抗样本的预测误差划分为自然误差和边界误差，并通过分类校准损失提供了一个理论上的可微上界。Wang 等人[159] 提出了误分类感知对抗训练方法，该方法通过研究对抗训练中正确分类和错误分类的样本对模型鲁棒性的不同影响，提出对抗风险正则化策略，将错误分类样本与正确分类样本之间的差别作为正则化目标进行对抗训练。Zhang 等人[163] 基于经典的对抗训练方法提出了 YOPO（You Only Propagate Once）方法，该方法将对抗训练转换为离散时间微分问题，并通过限制前向传播和后向传播的计算次数加快训练速度。

（2）对抗样本特征判别

Pang 等人[157] 提出了反向交叉熵训练和阈值测试结合的对抗样本检测方法，该方法可以在训练中促进分类模型以高置信度反馈真实类别，同时反馈每个错误类的分布，从而使得模型将正常样本映射至靠后的隐藏层中低维流形的邻域，以更好地进行特征判别。Zheng 等人[180] 认为，深度神经网络在学习中会在不同的神经元之间建立其内在关联性，而这种关联性对模型的判断有重要的影响，当对抗样本进行攻击时，将显著破坏这种内在关联性。因此，该团队提出了一种利用深度网络中神经元关联性的变化来判断样本对抗性的方法，起到了一定的作用。Ma 等人[164] 提出了一种新的深度网络不变特征提取技术以进行对抗样本检测，他们认为，深度网络中包括两种不变量，一种是来源通道不变量，另一种是激活值不变量，而对抗攻击方法往往会造成这两种不变量的变化。因此，训练一个用于捕捉来源通道和激活值变化的分类器，实现对对抗样本引起的不变量改变的判断。

（3）模型结构优化

Zhang 等人[165] 认为神经网络对于噪声的脆弱性体现在模型结构中存在脆弱的神经元，因此他们提出了一种降低神经元敏感性的方法，从而有效地提升了模型的鲁棒性。Gao 等人[166] 则认为模型对于噪声的脆弱性是由于最显著的层里面包含着最敏感的特征，因此他们提出了一种防御结构，即在分类层（一般为输出层）前加一层特意为对抗样本训练的层（Masking Layer），从而可以有效地将输入的对抗噪声的显著性降低。

3.1.2 后门攻击与后门防御

3.1.2.1 后门攻击

在后门学习的早期阶段，大多数数据投毒攻击往往采用可见的、固定的图像作为触发器。然而，随着后门防御方法的快速发展，以及为了避免人眼检测，后门攻击的触发器整体呈现出不可见且多样化的趋势。比如，由于大多数类型的对抗性扰动是人类无法察觉的，因此它们可以作为产生不可见触发器的有效工具。清华大学的姜宇教授团队[167] 将有针对性的通用对抗扰动（TUAP）作为触发器，TUAP 的不可见性和到目标类的稳定映射很好地满足了不可见触发后门攻击的要求。香港中文大学（深圳）的吴保元教授团队[168] 利用基于双循环自动编码器的数字隐写技术，将触发信息合并到良性图像中，从而可以生成不可见且具有样本特异性的触发器。

在训练可控的攻击场景中，复旦大学的张新鹏教授团队[169] 设计了一个带有触发器生成器和受害者模型的顺序结构，并对其进行了联合训练。触发器生成器学习了具有三个状态的多项式分布，表示每个像素的强度修改，然后从该分布中采样触发器。攻击者还通过控制损失来实现两个目标：使中毒样本的特征表示接近目标类良性样本的平均特征表示，增强触发器的稀疏性。浙江大学的纪守领教授团队[170] 提出将包含触发器的输入直接映射到预训练 NLP 模型的预定义输出表示，而不是目标标签，例如 BERT 中分类标记的预定义输出表示，这就可以在不需要任何先验知识的情况下向各种下游任务引入后门。上海交通大学的刘功申教授团队[171] 提出基于固定的预训练模型为特定的下游任务学习中毒提示，当用户同时使用预训练模型和中毒提示时，后门将被由相应下游任务中的触发器激活。

现有的训练可控后门攻击也可以根据训练过程中受控的训练成分进行分类，例如训练损失、训练算法、编号或中毒样本的顺序等。中国科学技术大学的李斌教授团队[172] 根据过滤和更新策略控制对哪些样本进行毒化的选择，与随机选择策略相比，该攻击表现出更高的攻击性能。南京理工大学的高艳松教授团队[173] 研究了在使用商业框架部署深度学习模型以适应物联网设备时可能存在的后门攻击问题，研究发现，原本在高精度模型中休眠的后门可以在模型量化过程中被激活。

3.1.2.2 后门防御

国内学者针对后门防御也开展了深入的研究。

（1）训练中的后门防御

复旦大学的马兴军教授团队[64]通过观察后门样本和正常样本在神经网络学习过程中的损失函数下降的速度，即后门样本表现出非常快的损失函数下降速度，提出了一种通过损失函数筛除后门样本的防御方法 ABL。香港中文大学（深圳）的吴保元教授团队[174]提出了一种多阶段训练移除后门的防御方法，他们通过观察后门样本和正常样本在特征空间中处在不同的簇里，从而第一阶段利用自监督学习训练出一个特征提取器，然后利用该特征提取器训练一个分类器，并筛选出高置信度水平的正常样本和低置信度水平的后门样本，这些被区分的样本用于半监督微调模型，从而进行后门威胁的去除。吴保元教授团队和清华大学深圳国际研究生院的王好谦教授团队合作提出了一种新的筛选后门样本的方法 D-BR[175]，他们基于观察到的后门样本对于变换的扰动敏感性比正常样本大这一特性，设计了半监督对比学习过滤后门样本，以及消除学习和再学习交替的学习方法，移除后门模型中的后门，从而实现了不同场景下的后门防御。中国科学技术大学的刘淇教授团队[176]提出了一种新的方法——CBD，通过因果的角度出发，首先使用因果推断来识别污染数据集中的后门样本，然后使用因果关系来学习去除后门样本的表示。最后，它使用去除后门样本的表示来训练一个后门无关的模型。

（2）后处理的后门防御

南京理工大学的高艳松教授团队[177]提出了一个针对后门攻击的在线检测方法，他们发现相对于干净样本，后门样本对于添加了扰动后的分类依然相对鲁棒，因此他们提出了一个基于分类熵的检测方法。复旦大学的马兴军教授团队[178]提出了一种简单的两阶段后门防御，他们首先对后门模型在干净样本上进行微调，得到一次解毒的教师模型，随后使用这个一次解毒的教师模型对后门学生模型进行微调，以达到二次解毒的目的。香港科技大学（广州）的刘李教授团队先后提出了两种新的后门防御方法——CLP[179]和 EP[180]。CLP 是一种无须数据参与的后门防御方法。他们率先提出了一种度量后门相关程度的神经元度量方式，他们将这种度量方式建模成一种数据无关的度量方法，即基于通道层的李普希茨系数。基于这个系数，他们开发了一种新的模型剪枝的方法，即将和后门最相关的神经元切除，这是一种简单高效的后门移除的方法。EP 证明了后门神经元可以通过它们在神经元前后的激活分布暴露出来，其中来自干净数据和后门数据的群体显示出明显不同的分布。此属性被证明是攻击不变的，因此可以被用来有效地定位后门神经元。基于此，他们对神经元激活分布做出了几个适当的假设，并提出了基于神经元熵的模型剪枝方法及基于干净数据和后门数据的 KL 散度的统计方法，从而进行有效的后门移除。福州大学的刘西蒙教授团队[181]提出了一种新的方法——BAERASE，针对神经网络的后门攻击，通过机器遗忘来消除注入后门模型中的后门。具体来说，BAERASE 主要是通过遗忘受害模型对后门触发模式的意外记忆来实现后门消除。

3.1.3 隐私攻击与隐私防御

3.1.3.1 隐私攻击

国内的隐私攻击技术研究主要围绕成员推理攻击、属性推理攻击、GAN 攻击、模型反演攻击以及偏好分析攻击展开。

（1）成员推理攻击

Liu 等人[45] 提出了 Aster 的成员推理攻击，它只需要目标模型的黑盒 API 和一个数据样本来确定这个样本是否用于训练给定的 ML 模型。

（2）属性推理攻击

Zhou 等人[182] 首次提出了针对生成对抗网络的属性推理攻击。该攻击的目标是推断宏观级的训练数据集属性，即用于训练目标 GAN 的样本对某一属性的比例。

（3）GAN 攻击

在方法优化方面，Mao 等人[183] 提出了有限制模型的建模能力来防止过拟合问题的 LS_ GAN，将攻击发起者由用户端转移至云端。

（4）模型反演攻击

Zhu 等人[184] 发现仅利用数据的标签而并非模型输出的置信度分数就可以实施模型反演攻击，这也更加适用于目前大部分的应用场景。

（5）偏好分析攻击

Zhou 等人[185] 提出了一种新型的隐私推断攻击，称为偏好分析攻击。通过观察用户模型对类别的敏感度，该攻击可以推断用户本地数据集中样本数量比重最高或最低的偏好类别。

3.1.3.2 隐私防御

国内的隐私攻击技术研究主要围绕安全多方计算、差分隐私、同态加密、基于硬件的隐私保护等方面展开。

（1）安全多方计算

Feng 等人[186] 提出了一个针对自然语言处理的隐私保护系统。对非线性函数使用安全多方计算，任何敌手都无法从他们接收到的消息中获得其他信息。

（2）差分隐私

Zhou 等人[187] 首次提出了一种雾计算环境下的基于本地差分隐私的联邦学习新方法，有效实现了对参数更新的保护，并提高了模型训练效率。Xu 等人[188] 提出基于差分隐私的 GANobfuscator，使用户能够在不泄露自身隐私的前提下使用 GAN 生成大量合成数据。

（3）同态加密

Li 等人[189] 提出了一种非交互式联合学习框架，使用掩码技术与 Paillier 同态加密技术保护了训练集以及训练模型的隐私。Fu 等人[190] 提出了一种外包的非负矩阵分解方案（O-NMF），利用 Paillier 同态加密来保护数据隐私。

（4）基于硬件的隐私保护

Jiang 等人[191] 提出了一个名为 Rphx 的使用 SGX 的结果模式隐藏的共轭查询方案，解决在不受信任的云上处理共轭关键词查询的隐私问题。

3.2 可信赖人工智能测试与评估

对于可信赖人工智能算法、模型或系统进行测试评估，国内大多数团队都围绕其中的某一个或某几个特性进行研究，如研究测试及评估样本选择与生成的基本测试方法、鲁棒性与安全性评估方法、公平性分析、可解释性分析及可信赖性度量等技术。

3.2.1 人工智能测试基本方法

（1）测试输入的选择

哈尔滨工业大学的 Ma 等人在 DeepXplore 的基础上提出了 DeepGauge[192]。DeepGauge 从神经元级别和层级别出发设计了多种覆盖率指标，能够更细粒度地指导测试样本的选择。来自南京大学的 Feng 等人提出了 DeepGini[193]，该工作通过判断模型输出的概率分布来判断样本的出错概率。具体地讲，DeepGini 提出了一个指标$f(t)=1-\sum_{i=1}^{n}p_i^2$来计算样本的优先级分数，其中 p_i 是概率分布中第 i 位的值，该分数越大的样本越可能是错误样本，越会被优先选择以进行标记和测试。南京大学的 Shen 等人提出了 MCP，作者不仅希望能够测试出更多的模型错误，还希望测试出的错误具有一定程度的多样性。天津大学的 Wang 等人提出了一种基于突变分析的方法——PRIMA[194]，其同时考虑到了模型突变和输入突变，并设计了一系列突变规则来综合衡量样本的出错概率。南京大学的 Gao 等人[195] 提出了一种自适应的测试样本选择方法 ATS，其构造被选样本集合，通过衡量无标样本与集合之间的距离来添加最近的样本到被选样本集合中，以从下往上的方式生成被选样本集合。香港中文大学的 Li 等人指出单单依赖模型的输出来判定测试样本的出错概率受制于模型的性能，并提出一套同时考虑模型的输出和样本之间关系的测试样本选择方案 TestRank，极大地提高了测试效率。

表 3 所示为国内基于覆盖的测试方法。

表 3 国内基于覆盖的测试方法

文献来源	覆盖度量	指导测试用例生成
DeepGauge[192]	k-多区域神经元覆盖、神经元边界覆盖、强神经元激活覆盖、Top-k 神经元覆盖、Top-k 神经元模式	是
DeepGini[193]	概率分布	是
PRIMA[194]	突变规则	否
ATS[195]	衡量无标样本与集合之间的距离	是

（2）测试输入的生成

清华大学的 Guo 等人提出了 DLFuzz[84]，利用对抗样本的攻击方式生成测试样本。北京航空航天大学的 Li 等人提出了 TSDTest[196]，采用两步走的方式生成测试样本，提高了测试样本的神经元覆盖率[196]。类似的，清华大学的 Yu 等人提出 Test4Deep[197]，在神经元激活率的指导下生成测试样本。

表 4 所示为国内基于对抗的测试方法。

表 4 国内基于对抗的测试方法

方法	类别	评价方法
DLFuzz[84]	模糊测试	神经元覆盖率、生成效率、图片质量
TSDTest[196]	模糊测试	测试精度、测试覆盖率
Test4Deep[197]	组合测试	组合测试覆盖率、模型准确率、对抗样本数量

3.2.2 鲁棒性与安全性测评

3.2.2.1 对抗测试方法

近期的研究表明，当前由深度神经网络训练的图像分类器在目标模型透明，也即在白盒的情况下很容易被攻击生成对抗样本，但当一个封装良好的黑盒机器学习模型被攻击时，因为现有黑盒攻击算法往往需要对模型做大量的输入/输出查询（Query）这样会带来被攻击模型鲁棒的假象。

京东人工智能研究院于 2018 年将硬标签的黑盒攻击问题转换为一种寻找决策边界最短距离的问题，并提出了 Opt-Attack 对抗算法[198]。为验证黑盒攻击模型的鲁棒性，该团队在 2019 年提出了一种可降低查询数的黑盒攻击算法 AutoZoom[199]，该算法基于自适应梯度估计，能够降低生成对抗样本时所需的查询次数以及对抗样本的失真程度。

3.2.2.2 统计验证方法

Huang 等人[200] 研究了神经网络对随机噪声和语义扰动的鲁棒性，提出基于 Hoeffding 不等式，通过二分搜索和采样获得满足条件的最大扰动范围。该方法与攻击算法无关，适用于不同类型的分类模型和各种类型的自然数据扰动，如随机噪声、图像旋转和缩放，具有不同的数据空间假设和距离度量。

Huang 等人[201] 提出 ε-弱化鲁棒性的概念，表示使神经网络产生错误输出的对抗输入的比例小于给定 ε 阈值的输入区域，是一种概率鲁棒性，提出了一种基于抽样测试的方法，在可控误差界线内分析神经网络的鲁棒性概率。

3.2.2.3 统计测试方法

Ma 等人[192] 最早提出了深度学习多粒度对抗鲁棒性测试标准的研究。该研究改变以前研究中只选取一种对抗攻击进行测试的方法，选取了 4 种常见的对抗攻击来生成算法产生测试集，并使用神经元覆盖率与神经网络层级覆盖率衡量测试充分性。测试结果表明，在安全关键领域，对抗攻击对神经网络模型的质量和通用性构成了严重威胁。但是在该研究中，一是选用的对抗攻击类型不完整，无法综合评价卷积神经网络模型的对抗鲁棒性；二是选用神经元覆盖率作为测试指标。随后在 Dong 等人的研究[202] 中，对比了神经元覆盖率与神经网络模型鲁棒性间的关系，发现较高的神经元覆盖率并不能较好地评估神经网络模型的鲁棒性。不过从该研究开始，研究人员开始关注多因素对抗鲁棒性的评价研究。

Ling 等人[203] 针对卷积神经网络模型对抗攻击与对抗防御间的联系展开研究。该研究结合了 16 种对抗攻击和 10 种对抗攻击能力指标，以及 13 种对抗防御和 5 种对抗防御能力指标，评价神经网络模型的鲁棒性，评估各种攻击和防御在神经网络模型上的有效性，以及以全面和信息的方式对攻击和防御进行比较研究。但该研究局限于白盒对抗攻击，且对每一种对抗攻击和对抗防御只采用一种超参数设置。

Dong 等人[204] 建立了评估图像分类任务的对抗鲁棒性基准。该研究将对抗攻击按照攻击知识分为白盒对抗攻击、可迁移性黑盒对抗攻击、基于输出的黑盒对抗攻击，按照攻击目标分为有目标与无目标攻击，按照扰动度量分为 l_2 与 l_∞ 攻击。使用测试集识别正确率，作为鲁棒性度量指标，采用了两条互补的鲁棒性曲线作为主要评估指标来呈现结果。在 Croce 等人随后[205] 的研究中指出 Dong 等人[204] 的研究选取的攻击方法与防御方法不是表现最好的方法，且在有些情况下，后者对鲁棒性的评价会高于原论文中的结果，并针对上述鲁棒性高估的问题提出了自己的评估图像分类任务的对抗鲁棒性基准。该研究基于自适应评估，使用 AutoAttack[206] 评估对抗鲁棒性对模型性能的影响。Guo 等人[207] 针对现有研究中鲁棒性评价指标单一，以及无法评价对抗防御的能力，建立了面向神经网络模型的鲁棒性评价框架，其中包含了 23 个全面而严格的度量，这些度量考虑了对抗性学习的两个关键角度（即数据和模型）。

3.2.3 公平性测评

在可信赖人工智能的公平性测试中，如何针对实际算法进行设计、分析、测试和评估，以及如何设计更好的公平性指标，是当前面临的关键问题。

浙江大学的王新宇团队提出了一种基于梯度的神经网络公平性测试方法，用来高效搜索输入空间中的歧视样本[208]。

中科院计算所团队[209] 首次提出兼顾准确性的公平性评估标准——准确公平性（Accurate Fairness），以评估模型的预测结果是否既准确又公平。同时，首次提出孪生公平算法（Siamese Fairness Approach），实现了在提升模型准确公平性的同时，不损失其准确性与个体公平性，并应用于消除现实生活中的服务歧视问题。

3.2.4 可解释性测评

对人工智能可解释性测试评估，国内团队在近两年内也有以下优秀的研究成果。上海交通大学的张拳石团队对卷积神经网络、生成网络等的可解释性都有较为充分的研究[210-211]，他们提出了一种可解释的卷积神经网络模型，利用高卷积层过滤器对输入图像的不同特征部位进行表征，能够使神经网络在训练过程中自动学习过滤器与物体部位之间的对应关系，从而使该神经网络的识别过程转变为一个可解释的过程。北京大学的朱占星团队对对抗训练的卷积神经网络进行了初步的可解释性探索[212]，他们研究发现，在目标识别任务上，经过对抗训练的卷积神经网络更易于学习 shape-biased 表示。

3.3 可信赖性度量

国内人工智能系统的可信赖性问题研究可以从其训练数据可信赖性、学习模型可信赖性两个方面来介绍。

（1）训练数据可信赖性

Liu 等人提出了一种轻量级隐私保护信任评估方案，用于协同车辆安全应用中的分布式数据融合[213]。Xu 等人针对智能交通研究中的车辆拥挤传感器系统中恶意节点生成虚假事件报告的问题，提出了一种轻量级辅助车辆拥挤感知框架——TPSense，以保证数据可信赖性和用户隐私[214]。Zhang 等人将联邦学习的模型质量参数作为衡量候选员工可信声誉的指标，以实现联邦学习过程中可信员工的选择[215]。

（2）学习模型可信赖性

人工智能模型需要大量数据训练模型，通过一些模型的输出可以倒推训练集中某条目标数据的部分或全部属性值，因而可能会造成数据隐私泄露[216]。许多学者也在度量模型的隐私保护能力方面做了研究。Song 等人提出了“基准隶属度推理隐私风险”和一种基于预测熵修正的推理攻击方法：用基准攻击来补充现有基于神经网络的攻击，以有效地度量隐私风险。Ma 等人针对运动员成绩记录聚类过程中的数据隐私泄露问题，使用隐私感知的近似近邻搜索技术 SimHash，有效解决基于运动成绩记录的球员聚类中存在的数据量庞大和隐私泄露问题[217]。

3.4 可信赖人工智能相关标准

2018 年 1 月 18 日，国家人工智能标准化总体组成立，主要负责我国人工智能标准化统筹管理工作。2018 年 4 月 12 日，国家人工智能标准化总体组下设成立《国家新一代人工智能标准体系建设指南》编制专题组、人工智能标准化与开源研究专题组、人工智能与社会伦理道德标准化研究 3 个专题组。人工智能与社会伦理道德标准化研究专题组针对人工智能标准化与伦理问题进行深入研究，于 2019 年 4 月发布了《人工智能伦理风险分析报告》。

2020 年 8 月，全国信息技术标准化技术委员会（简称信标委）人工智能分委会（TC 28/SC 42）下设成立了基础工作组、模型与算法研究组、芯片与系统研究组、产品与服务研究组、可信赖研究组。

可信赖研究组重点围绕人工智能基础共性技术、关键通用技术、可信赖及人工智能应用等方面开展标准研制工作，并开展人工智能系统可信赖要素的研究工作，同时面向人工智能系统开发全流程研究对应的评价方法和实施途径，从硬件、数据、算法等多个层面提高人工智能系统的可信赖能力。成员单位包括中国电子技术标准化研究院、中国科学院软件研究所、华为、微软、旷视、依图、商汤、北京大学、北京航空航天大学、中科院计算所、特斯联、蚂蚁、海信、百度等 70 余家产学研单位。

GB/T 41867—2022《信息技术 人工智能 术语》界定了信息技术人工智能领域中的常用术语及定义。

GB/T 42018—2022《信息技术 人工智能 平台计算资源规范》规定了面向机器的人工智能平台物理计算资源（包含人工智能服务器、人工智能加速卡、人工智能加速模组）和虚拟计算资源的技术要求，描述了物理计算资源的测试方法。

T/CESA 1026—2018《人工智能 深度学习算法评估规范》针对算法的不同阶段定义了多个不同的目标来满足不同的等级，同时实现了面向深度学习算法可靠性指标体系的前向和后向追踪的理念，使得对算法研发过程的验证与评估变得更容易，从而达到评估可靠性的目标。

T/CESA 1036—2019《信息技术 人工智能 机器学习模型及系统的质量要素和测试方法》规定了机器学习模型及系统的质量要素，提供了机器学习模型及系统的质量测试指标体系以及相应的测试方法，适用于机器学习模型及系统的设计、研发及质量评价，用户可根据具体的机器学习模型选择合适的质量测试指标。

T/CESA 1169—2021《信息技术 人工智能 服务器系统性能测试规范》规定了人工智能服务器系统，以及完成深度学习训练及推理任务的性能（包括运行时间、能耗、实际吞吐率、能效、效率、弹性、承压能力等）的测试方法。

T/CESA 1193—2022《信息技术 人工智能 风险管理能力评估》规定了人工智能产品的风险管理能力评估体系及评估流程，包括风险管理能力等级、风险要素、风险管理能力要求，给出了判定人工智能产品的风险管理能力评估等级的方法。

目前相关在编标准如下。

国标 20221450-T-469《人工智能 深度学习算法评估》是在团标 T/CESA 1026—2018《人工智能 深度学习算法评估规范》的基础上，结合 ISO/IEC SC 42 WG 3 组工作成果，提出了人工智能深度学习算法的评估指标体系、评估流程，适用于指导深度学习算法开发方、用户方以及第三方等相关组织对深度学习算法开展评估工作。

国标 20221348-T-469《人工智能 服务能力成熟度评估》提出了人工智能服务能力成熟度评价参考模型，规定了成熟度等级、能力框架和评价方法，适用于对云服务提供商提供的人工智能服务能力的成熟度评估，以及服务能力成熟度模型中某项能力主域、能力子域的单项评估。

国标 20203869-T-469《人工智能 机器学习系统技术要求》给出了面向机器学习的系统的框架，规定了系统的技术要求，适用于各领域的机器学习系统及相关解决方案的规划、设计及开发，可作为评估、选型及验收的依据。

团标 T/CESA 1304. 1-2023《人工智能 可信赖规范 第 1 部分：通则》给出了人工智能系统的可信赖技术框架，规定了可信赖技术要求和可信赖评估流程。

团标 CESA-2023-025《人工智能 可信赖规范 第 3 部分：机器学习框架》规定了机器学习框架的可信赖技术边界，包含机器学习框架涉及的各类可信赖技术要素对应的技术要求和测试方法。

团标 CESA-2023-026《人工智能 可信赖规范 第 4 部分：机器学习模型》规定了机

器学习模型的可信赖技术边界，包含机器学习模型涉及的各类可信赖技术要素对应的技术要求和测试方法。

团标 CESA-2023-027《人工智能 数据集质量评估要求》规定了人工智能领域数据集的质量评估方法，包括数据采集、数据预处理和数据标注过程中的质量评估，给出了判定人工智能领域数据集的质量评估模型及评估流程。

4 可信赖人工智能国内外研究进展比较

在可信赖人工智能的相关研究领域，国内外存在比较明显的差距，有些技术的国内研究与国外研究处于“并跑”阶段，但更多领域的技术研究仍落后于国际上的最新研究成果。

4.1 人工智能系统对抗攻击与防御热点技术

4.1.1 逃避攻击与防御

从国内外研究进展来看，对抗样本和逃避攻击的概念最早由美国的科研机构提出，国外的研究机构也借此在逃避攻击的黑白盒攻击和防御加固领域的理论基础研究方向取得了很多里程碑式的成果。随着国内学者逐渐开始跟进研究，目前我国在逃避攻防方法和理论部分的研究与国外相比处在“并跑”位置。在逃避攻击领域，国外团队更注重提升数字世界下攻击的有效性，经典方法如 FGSM、BIM、PGD、C&W 等，在国外研究者不断优化的过程中被提出，旨在增强恶意攻击者的能力。然而，由于国内具有广泛的人工智能应用场景和热土，我国在针对物理世界的逃避攻击研究和真实智能系统的安全性测试方面具备明显的领先优势。具体来说，国内团队专注于结合场景特性设计算法，以在物理世界各种应用场景下进行攻击。其中涵盖自动驾驶、行人检测、危险品识别等诸多安全关键场景，生成隐蔽且具有强攻击性的物理世界对抗样本来揭示真实系统的脆弱性。在逃避攻击防御方面，国外团队注重从对抗样本本身的特性出发，例如从对抗样本和良性样本间的特征差异出发来判别或消除对抗样本。而国内则侧重于结合软件测试中错误定位、测试覆盖率的思想，来进行逃避攻击的防御。例如通过衡量神经网络模型中不同神经单元的激活表现，进一步采取对抗样本判别消除或是模型增强措施，从而提高模型的安全鲁棒性。

4.1.2 后门攻击与防御

自后门攻击被提出以来，我国学者已经在后门攻击和后门防御领域取得了不错的研究成果。但与世界先进水平相比，国内研究在后门攻击与防御的新场景和新任务的探索上仍有不足。具体来说，在后门攻击领域，我国的研究主要致力于设计更隐蔽的非语义触发器进行后门攻击，例如使用与样本内容无关的图像或图案作为触发器，而对语义触发器的研究较少，且国内的研究主要着眼于数字领域，而对现实世界中的物理攻击研究不足。此外，国内研究主要集中在标签不一致的数据投毒攻击上，对标签一致攻击、控制训练过程攻击等的攻击类型研究较少。后门防御方面的研究场景也有所不同。具体来说，国内较多考虑白盒场景或灰盒场景下的防御问题，例如假设防御者可以访问部分或全部数据集、部分或全部模型参数等信息。对黑盒场景下的后门防御问题，即对防御者无法访问任何数据集或模型信息，只能通过输入/输出来判断模型是否存在后门的场景研究较少。从任务上说，国内对后门攻击与防御的研究大多集中在图像分类任务上，而对其他任务（如人脸识别、语音识别、自然语言处理、强化学习等）的研究较少。

4.1.3 隐私攻击与防御

在隐私攻击方面，国内外均有团队进行了大量工作，其中国内团队更注重于研发新型隐私攻击方式与攻击在不同应用场景的实际效果。例如，南京理工大学团队[218-219]独创性地通过分析模型敏感度来推断用户的隐私偏好信息，并且总结梳理了人工智能模型下的隐私威胁。中国科技大学团队将模型反演攻击由攻击依赖的置信度分数转化为了数据标签，大大增加了攻击的实用性与危害。而国外团队更倾向于研究现有隐私攻击方式的优化。例如，由康奈尔理工学院团队首先提出的成员推理攻击就在卡内基·梅隆大学和 CISPA·亥姆霍兹信息安全中心等优秀团队的研究下不断被改进。属性推断攻击也同样在美国伊利诺伊大学、UCL、美国新泽西州霍博肯史蒂文斯理工学院等多个团队的研究下从全连接神经网络拓展到了图神经网络。

在隐私防御方面，国内外团队同样也做了大量研究，其中国内团队更注重在多种具体应用场景下的模型保护，比如，南京理工大学的团队首次在雾计算中实现模型参数安全，中南大学的团队在生成式对抗网络中实现模型梯度的安全，也关注于多环境下对数据的保护，西安交通大学的团队在不受信任的云中实现查询数据的隐私安全。而国外的团队更注重于在模型效能和隐私性之间实现均衡，比如牛津大学、约翰·霍普金斯大学和加州大学伯克利分校等团队的工作实现了多个背景下的隐私保护，同时提高了模型准确率。

4.1.4 总结

国内外可信赖人工智能对抗攻击与防御技术的发展趋势可以通过以下几个方面进行对比分析。

技术基础和研发实力：我国在人工智能领域取得了长足进展，特别是在算法、模型和数据方面。我国一直致力于人工智能的研究与发展，并投入大量资源进行技术创新。与此相比，国外也在不断加强人工智能的研究与发展，但我国在部分技术领域上具备一定优势。

政策支持与投资：我国政府对人工智能的发展给予了高度重视，并提出了长期规划和政策支持。我国政府不仅在技术研发方面提供资金支持，还鼓励企业与高校合作推动人工智能的发展。与此同时，外国也在加大对人工智能的投资，但在政策支持上可能相对较为灵活。

数据隐私和安全：在可信赖人工智能对抗攻击与防御技术方面，数据隐私和安全是一个重要的考虑因素。我国面临着大规模数据采集和隐私保护的挑战。近年来，我国加强了数据保护法律法规的制定，加强了对个人数据隐私的保护。西方国家如美国和欧洲，在数据隐私保护方面也有类似的法律和条例。

国际合作与标准制定：我国内外在可信赖人工智能对抗攻击与防御技术的发展中都积极参与国际合作和标准制定。我国提出了“共同安全、共同治理”的理念，呼吁国际社会加强合作，建立全球共治的人工智能治理体系。国外也在积极推动国际合作，共同制定人工智能的技术和伦理标准。

总体来说，国内外在可信赖人工智能对抗攻击与防御技术的发展趋势上并不存在绝对的优势或劣势，逐渐呈现出一种相互竞争与合作的态势。随着人工智能的快速发展和应用的普及，合作与共享将成为未来发展的重要趋势，共同应对人工智能的挑战和风险。

4.2 可信赖人工智能测试与评估

国内外在可信赖人工智能测试与评估技术的发展趋势上存在一些差异。下面进行对比分析。

立法和政策环境：我国在人工智能测试与评估方面已经开始制定相关政策和法规。例如，我国发布了《人工智能标准化创新行动计划》和《人工智能安全技术评估指南》，旨在推动人工智能测试与评估的发展。而一些国家，如美国、欧洲国家，也在加强对人工智能测试与评估的监管，但在立法和政策方面与我国相比略有差距。

技术研发：我国在人工智能技术研发方面取得了巨大的进展，并在相关领域积累了丰富的经验。我国有许多优秀的人工智能企业，如百度、腾讯和阿里巴巴等，在人工智能测试与评估技术方面进行了大量的研究和创新。其他国家的企业也在进行人工智能技术的研发，如美国的谷歌、微软和亚马逊等公司，但我国在某些方面的进展速度更快。

数据集和算法开放：国内外在数据集和算法的开放程度上有所差异。我国政府鼓励隐私保护，对数据集和算法的开放有更多的限制。相比之下，一些其他国家更加注重数据集和算法的开放共享，例如美国的 OpenAI 等组织。

国际合作：国内外在可信赖人工智能测试与评估技术的国际合作方面存在一定差距。其他国家在人工智能的开发与测试方面更多地进行国际合作与交流，比如在统一测试标准、共享数据集等方面进行合作。我国也在加强与国外的合作，但在国际合作的程度上还有提升的空间。

总的来说，国内外在可信赖人工智能测试与评估技术的发展趋势上存在一些差异。我国在技术研发方面取得了巨大的进展，并且在立法和政策环境、数据集和算法开放等方面还有一些差距需要缩小。通过加强国际合作与交流，国内外可以相互借鉴，共同推动人工智能测试与评估技术的发展。

4.3 可信赖人工智能相关标准

当前，为了在新一轮的国际科技竞争中占据主导权。世界各国都把人工智能的发展作为提升竞争力、维护自身国家安全的重大战略目标，都出台了相关的战略规划、政策。我国的人工智能建设起步较晚，但前景非常广阔。我国在可信赖人工智能领域的国际科技竞争力已经显著增强。

从通用标准来看，ISO WG 3 可信赖工作组发布了 ISO 22989《信息技术 人工智能 概念和术语》、ISO 23053《使用机器学习的人工智能系统框架》、ISO 24028《信息技术 人工智能 人工智能可信赖概述》等基础标准。我国也于 2022 年发布了 GB/T 41867—2022《信息技术 人工智能 术语》、GB/T 42131—2022《人工智能 知识图谱技术框架》等标准。

从关键技术类标准来看，国际上关于可信赖的关键技术已经开展了一系列的深入研究，如鲁棒性技术要求（ISO 24029）、功能安全技术要求（ISO 5469）、可解释性技术要求（ISO 6254）、可控性技术要求（ISO 8200）、透明性技术要求（ISO 12792）等。国内针对可信赖关键技术的标准研究则处于起步阶段，目前已发布了 GB/T 42018—2022《信息技术 人工智能 平台计算资源规范》等标准，其他关键技术标准仍在研制中。

从测试评估类标准来看，国际上可信赖人工智能的测评主要在于机器学习分类性能（ISO 4213）、人工智能服务器系统性能基准测试标准草案（IEEE P2937）、人工智能系统质量评估（ISO 25058）、人工智能系统质量模型（ISO 25059）等方面的研究。国内对于可信赖人工智能的测试与评估标准主要在模型与算法的测评、等级能力评估、成熟度评估、芯片评估、服务器评估等方面进行了布局，先后发布了 T/CESA 1026—2018《人工智能 深度学习算法评估规范》、T/CESA 1038—2019《信息技术 人工智能 智能助理能力等级评估》、T/CESA 1036—2019《信息技术 人工智能 机器学习模型及系统的质量要素和测试方法》、T/CESA 1041—2019《信息技术 人工智能 服务能力成熟度评价参考模型》、T/CESA 1121—2020《人工智能芯片 面向端侧的深度学习芯片测试指标与测试方法》、T/CESA 1120—2020《人工智能芯片 面向边缘侧的深度学习芯片测试指标与测试方法》、T/CESA 1119—2020《人工智能芯片 面向云侧的深度学习芯片测试指标与测试方法》、T/CESA 1169—2021《信息技术 人工智能 服务器系统性能测试规范》等。

从管理类标准来看，国际上主要关注人工智能系统全生命周期过程（ISO 5338）、人工智能应用指导（ISO 5339）、人工智能风险管理（ISO 23894）、人工智能管理系统（ISO 42001）等。国内标准针对管理类标准先后发布了 T/CESA 1193—2022《信息技术 人工智能 风险管理能力评估》、T/CESA 1041—2019《信息技术 人工智能 服务能力成熟度评价参考模型》等，此外还有 20221791—T—469《人工智能 管理体系》等国标在研制中。

总结起来，我国在可信赖人工智能相关标准制定方面的发展趋势如下。

政府支持：我国政府一直以来对人工智能的发展非常重视，并提出了相关的政策和规划。在可信赖人工智能方面，我国政府也开始加强标准制定的工作。

产业发展：我国的人工智能产业发展迅速，吸引了大量的企业和研究机构投入到人工智能的研发和应用中。这为我国在可信赖人工智能标准制定方面提供了丰富的实践经验。

国际合作：我国积极参与国际组织和标准制定机构的活动，在可信赖人工智能标准制定方面与其他国家进行了广泛的合作。我国还呼吁建立全球统一的人工智能标准，以保障人工智能的安全和可信赖性。

国外在可信赖人工智能相关标准制定方面的发展趋势如下。

多方合作：许多国家都意识到可信赖人工智能的重要性，并开始加强国际合作，共同制定相关的标准。例如，欧盟已提出了人工智能伦理指南，美国也成立了人工智能标准化国家委员会。

法律法规：一些国家已经开始制定法律法规，以规范和管理人工智能技术的发展和应用。这些法律法规通常包含了对可信赖人工智能的标准要求。

国际标准：国际组织和标准制定机构也积极推动可信赖人工智能标准的制定。例如，国际标准化组织（ISO）已经成立了人工智能技术委员会，并就可信赖人工智能标准进行了工作。

总体而言，国内外在可信赖人工智能相关标准制定方面都表现出积极的发展趋势。各国都在加强国际合作，提出政策和法规，并积极参与国际标准制定的工作，旨在保障人工智能的安全和可信赖性。

5 可信赖人工智能发展趋势

目前，可信赖人工智能在对抗攻防技术、测试与评估技术及相关标准研制等方面都取得了一些研究与实践成果，但仍存在很多挑战和机遇。随着人工智能新算法、新模型、新技术的不断涌现，可信赖人工智能的发展主要呈现出以下趋势。

(1) 通用人工智能的可信赖技术挑战

根据目前的研究和技术发展情况，通用人工智能（AGI）是一个非常有前景的领域，它旨在创建能够像人类一样能够思考和学习的机器。目前，人工智能领域的研究和技术发展非常活跃，许多科学家和工程师正在努力研究和开发 AGI 技术，已经在许多领域取得了巨大的成功。AGI 的发展也面临着许多挑战，包括技术上的挑战和伦理上的挑战，例如，如何保护数据的隐私和安全等问题都是需要深入研究和思考的。

(2) 人工智能在行业落地过程中可信赖要求的实现

人工智能的产品及服务已经覆盖了制造、能源、农业、交通、医疗、教育、物流、金融、家居、政务、公共安全、环保、法律等各行业。在各领域落地应用的过程中，在保证数据的准确性和完整性及系统的准确性和响应速度的同时，还需要遵守道德和法律规定，保护公民的隐私和权益。

（3）人工智能治理

随着人工智能技术的不断发展，人工智能治理也需要不断推进，如建立人工智能法律法规、提高人工智能安全性、加强人工智能透明度和可解释性、建立人工智能监管机制等。目前，人工智能治理的相关工作还不能满足人们对人工智能可信赖性的要求，随着对人工智能可信赖不断深入的理解，人工智能治理的相关工作也会被提升到更高的优先级上。

6　结束语

本报告围绕可信赖人工智能领域的研究进展和趋势展开系统论述，总结了可信赖人工智能的若干问题和任务体系，对近年来可信赖人工智能领域的研究热点进行了调研，从人工智能系统对抗攻防技术、可信赖人工智能评估技术和可信赖人工智能相关标准等方面，详细介绍了这些研究热点的国内外最新研究进展，综述了可信赖人工智能的应用现状，最后梳理了可信赖人工智能领域仍存在的挑战，并对未来研究方向做出了展望。

参考文献

[1] GOODFELLOW I J, SHLENS J, SZEGEDY C. Explaining and harnessing adversarial examples[J]. arXiv preprint arXiv: 1412.6572, 2014.

[2] MADRY A, MAKELOV A, SCHMIDT L, et al. Towards deep learning models resistant to adversarial attacks[J]. arXiv preprint arXiv: 1706.06083, 2017.

[3] SHARMA Y, CHEN P Y. Attacking the Madry defense model with L1-based adversarial examples[C]. International Conference on Learning Representations. Vancouver: OpenReview. net, 2018: 1-9.

[4] SZEGEDY C, ZAREMBA W, SUTSKEVER I, et al. Intriguing properties of neural networks[C]. 2nd International Conference on Learning Representations(ICLR 2014), 2014.

[5] BALUJA S, FISCHER I. Adversarial transformation networks: Learning to generate adversarial examples[J]. arXiv preprint arXiv: 1703.09387, 2017.

[6] KURAKIN A, GOODFELLOW I, BENGIO S. Adversarial machine learning at scale[J]. arXiv preprint arXiv: 1611.01236, 2016.

[7] CARLINI N, WAGNER D. Towards evaluating the robustness of neural networks[C]. 2017 IEEE Symposium on Security and Privacy(S&P). New York: IEEE, 2017: 39-57.

[8] MOOSAVI-DEZFOOLI S M, FAWZI A, FROSSARD P. Deepfool: a simple and accurate method to fool deep neural networks[C]. Proceedings of the IEEE conference on computer vision and pattern recognition. Las Vegas: IEEE, 2016: 2574-2582.

[9] PAPERNOT N, MCDANIEL P, JHA S, et al. The limitations of deep learning in adversarial settings[C]. 2016 IEEE European symposium on security and privacy(EuroS&P). Saarbrücken: IEEE, 2016: 372-387.

[10] XIAO C, LI B, ZHU J Y, et al. Generating adversarial examples with adversarial networks[C]. Proceedings of the 27th International Joint Conference on Artificial Intelligence. Stockholm: AAAI, 2018: 3905-3911.

[11] CHEN P Y, ZHANG H, SHARMA Y, et al. Zoo: Zeroth order optimization based black-box attacks to deep neural networks without training substitute models[C]. Proceedings of the 10th ACM workshop on artificial intelligence and security. Dallas: Association for Computing Machinery, 2017: 15-26.

[12] LI Y, LI L, WANG L, et al. Nattack: Learning the distributions of adversarial examples for an improved black-box attack on deep neural networks[C]. International Conference on Machine Learning. Long Beach: PMLR, 2019: 3866-3876.

[13] CROCE F, HEIN M. Minimally distorted adversarial examples with a fast adaptive boundary attack[C]. International Conference on Machine Learning. Vienna: PMLR, 2020: 2196-2205.

[14] XIE C, WANG J, ZHANG Z, et al. Mitigating Adversarial Effects Through Randomization[C]. International Conference on Learning Representations. Vancouver: OpenReview. net, 2018: 1-16.

[15] EYKHOLT K, EVTIMOV I, FERNANDES E, et al. Robust physical-world attacks on deep learning visual classification[C]. Proceedings of the IEEE conference on computer vision and pattern recognition (CVPR). Salt Lake City: IEEE, 2018: 1625-1634.

[16] SHAFAHI A, NAJIBI M, GHIASI A, et al. Adversarial training for free! [C]. Proceedings of the 33rd International Conference on Neural Information Processing Systems. Vancouver: MIT Press, 2019: 3358-3369.

[17] HENDRIK METZEN J, CHAITHANYA KUMAR M, BROX T, et al. Universal adversarial perturbations against semantic image segmentation[C]. Proceedings of the IEEE international conference on computer vision. New York: IEEE, 2017: 2755-2764.

[18] GROSSE K, MANOHARAN P, et al. On the(Statistical) Detection of Adversarial Examples[J]. arXiv preprint arXiv: 1702. 06280, 2017.

[19] DZIUGAITE G K, et al. A study of the effect of JPG compression on adversarial images[J]. arXiv preprint arXiv: 1608. 00853, 2016.

[20] CISSE M, BOJANOWSKI P, GRAVE E, et al. Parseval networks: Improving robustness to adversarial examples[C]. International conference on machine learning. Sydney: PMLR, 2017: 854-863.

[21] GU T, LIU K, BRENDAN D-G, et al. Badnets: Evaluating backdooring attacks on deep neural networks[J]. IEEE Access, 2019, 7: 47230-47244.

[22] LI X, CHEN Z, ZHAO Y, et al. Pointba: Towards backdoor attacks in 3d point cloud[J]. arXiv preprint arXiv: 2021: 2103-16074.

[23] XIANG Z, DAVID J M, Chen S, et al. A backdoor attack against 3d point cloud classifiers[C]. In Proceedings of the IEEE/CVF International Conference on Computer Vision. New York: IEEE, 2021: 7597-7607.

[24] CHEN X, LIU C, LI B, et al. Targeted backdoor attacks on deep learning systems using data poisoning[J]. arXiv preprint arXiv: 2017: 1712-5526.

[25] LI S, XUE M, ZHAO B, et al. Invisible backdoor attacks on deep neural networks via steganography and regularization[C]. IEEE Transactions on Dependable and Secure Computing, New York: IEEE, 2021.

[26] CHENG S, LIU Y, MA S, et al. Deep feature space trojan attack of neural networks by controlled detoxification[C]. Proceedings of the AAAI Conference on Artificial Intelligence. Washington: AAAI

Press, 2021, 35(2): 1148-1156.
[27] SARKAR E, BENKRAOUDA H, KRISHNAN G, et al. Facehack: Attacking facial recognition systems using malicious facial characteristics[C]. IEEE Transactions on Biometrics, Behavior, and Identity Science, New York: IEEE, 2022, 4: 361-372.
[28] ALVIN C, YI T, YEW-SOON O, et al. Poison attacks against text datasets with conditional adversarially regularized autoencoder[C]. In Findings of the Association for Computational Linguistics: EMNLP 2020. [S. l.], 2020: 4175-4189.
[29] ZHANG X, ZHANG Z, JI S, et al. Trojaning language models for fun and profit[C]. In 2021 IEEE European Symposium on Security and Privacy(EuroS&P). New York: IEEE, 2021: 179-197.
[30] EUGENE B, ANDREAS V, YIQING H, et al. How to backdoor federated learning[C]. In International Conference on Artificial Intelligence and Statistics. [S. l.]: PMLR, 2020: 2938-2948.
[31] WENGER E, PASSANANTI J, BHAGOJI A N, et al. Backdoor attacks against deep learning systems in the physical world[C]. In Proceedings of the IEEE/CVF Conference on Computer Vision and Pattern Recognition. New York: IEEE, 2021: 6206-6215.
[32] TURNER, TSIPRAS D, MADRY A. Label-consistent backdoor attacks[J]. arXiv preprint arXiv: 2019: 1912-2771.
[33] NGUYEN T A, TRAN A T. Wanet-imperceptible warpingbased backdoor attack[C]. In International Conference on Learning Representations. [S. l.], 2021.
[34] NGUYEN T A, Tran A. Input-aware dynamic backdoor attack[J]. Advances in Neural Information Processing Systems, 2020, 33: 3454-3464.
[35] ZHANG Z, ASHWINEE P, SONG L, et al. Neurotoxin: durable backdoors in federated learning[C]. In International Conference on Machine Learning. [S. l.]: PMLR, 2022: 26429-26446.
[36] TIAN Y, SUYA F, XU F, et al. Stealthy backdoors as compression artifacts[J]. IEEE Transactions on Information Forensics and Security. New York: IEEE, 2022, 17: 1372-1387.
[37] CHEN B, CARVALHO W, BARACALDO N, et al. Detecting backdoor attacks on deep neural networks by activation clustering[J]. arXiv preprint arXiv: 2018: 1811-3728.
[38] LIU K, DOLAN-GAVITT B, SIDDHARTH G. Finepruning: Defending against backdooring attacks on deep neural networks[C]. In Research in Attacks, Intrusions, and Defenses: 21st International Symposium, RAID 2018, Heraklion, Crete, Greece, September 10-12, 2018, Proceedings 21, Cham: Springer, 2018: 273-294.
[39] WANG B, YAO Y, SHAN S, et al. Neural cleanse: Identifying and mitigating backdoor attacks in neural networks[C]. In 2019 IEEE Symposium on Security and Privacy(S&P). New York: IEEE, 2019: 707-723.
[40] ZHU L, NING R, XIN C, et al. Clear: clean-up sample-targeted backdoor in neural networks[C]. Proceedings of the IEEE/CVF International Conference on Computer Vision. New York: IEEE, 2021: 16453-16462.
[41] ZENG Y, CHEN S, WON P, et al. Adversarial unlearning of backdoors via implicit hypergradient[C]. In International Conference on Learning Representations, [S. l.], 2022.
[42] GUO J, LI A, LIU C. AEVA: Black-box Backdoor Detection Using Adversarial Extreme Value Analysis[C]. International Conference on Learning Representations, [S. l.], 2021.
[43] WANG Z T, MEI K, ZHAI J, et al. UNICORN: A Unified Backdoor Trigger Inversion Framework[C].

The Eleventh International Conference on Learning Representations. Kigali: OpenReview. net. 2023: 1-20.

[44] CHAI S W, CHEN J H. One-shot Neural Backdoor Erasing via Adversarial Weight Masking[J]. Advances in Neural Information Processing Systems, 2022, 35: 22285-22299.

[45] LIU L, WANG Y, LIU G, et al. Membership inference attacks against machine learning models via prediction sensitivity[J]. IEEE Trans. Dependable Secur. Comput. 20(3): 2341-2347(2023).

[46] SALEM A, ZHANG Y, HUMBERT M, et al. Ml-leaks: Model and data independent membership inference attacks and defenses on machine learning models[C]. 26th Annual Network and Distributed System Security Symposium. San Diego: NDSS, 2019. DOI: 10. 14722/ndss. 2019. 23119.

[47] SONG L, MITTAL P. Systematic evaluation of privacy risks of machine learning models[C]. 30th USENIX Security Symposium. Vancouver: USENIX Security, 2021: 2615-2632.

[48] GANJU K, WANG, Q, YANG W, et al. Property inference attacks on fully connected neural networks using permutation invariant representations [C]. ACM SIGSAC Conference on Computer and Communications Security,(CCS). New York: ACM, 2018: 619-633.

[49] MELIS L, SONG C, CRISTOFARO E. D, et al. Exploiting unintended feature leakage in collaborative learning[C]. IEEE Symposium on Security and Privacy,(S&P). New York: IEEE, 2019: 691-706.

[50] WANG X, WANG W. H. Group property inference attacks against graph neural networks[C]. ACM SIGSAC Conference on Computer and Communications Security,(CCS). New York: ACM, 2022: 2871-2884.

[51] HITAJ B, ATENIESE G, PEREZ-CRUZ F, et al. Deep models under the GAN: information leakage from collaborative deep learning[C]. ACM SIGSAC Conference on Computer and Communications Security (CCS). New York: ACM, 2017: 603-618.

[52] FREDRIKSON M, JHA S, RISTENPART T. Model inversion attacks that exploit confidence information and basic countermeasures[C]. ACM SIGSAC Conference on Computer and Communications Security (CCS). New York: ACM, 2015: 1322-1333.

[53] TRAMÈR F, ZHANG F, JUELS A, et al. Stealing machine learning models via prediction {APIs}[C]. 25th USENIX Security Symposium, (USENIX Security 16). Austin: USENIX Association, 2016: 601-618.

[54] SALEM A, BHATTACHARYA A, BACKES M, et al. {Updates-Leak}: Data set inference and reconstruction attacks in online learning[C]. 29th USENIX Security Symposium,(USENIX Security 20). Berkeley: USENIX Association, 2020: 1291-1308.

[55] AGRAWAL N, SHAHIN SHAMSABADI A, KUSNER M J, et al. QUOTIENT: two-party secure neural network training and prediction[C]. Proceedings of the 2019 ACM SIGSAC Conference on Computer and Communications Security. New York: ACM, 2019: 1231-1247.

[56] ZHENG W, POPA R A, GONZALEZ J E, et al. Helen: Maliciously secure coopetitive learning for linear models[C]. 2019 IEEE Symposium on Security and Privacy(S&P). New York: IEEE, 2019: 724-738.

[57] SAJADMANESH S, SHAMSABADI A S, BELLET A, et al. Gap: Differentially private graph neural networks with aggregation perturbation[C]. USENIX Security 2023-32nd USENIX Security Symposium. Berkeley: USENIX Association, 2023: 3223-3240.

[58] YANG Y, HUI B, YUAN H, et al. {PrivateFL}: Accurate, Differentially Private Federated Learning via Personalized Data Transformation[C]. 32nd USENIX Security Symposium, (USENIX Security 23). Berkeley: USENIX Association, 2023: 1595-1612.

[59] BONAWITZ K, IVANOV V, KREUTER B, et al. Practical secure aggregation for privacy-preserving

machine learning[C]. Proceedings of the 2017 ACM SIGSAC Conference on Computer and Communications Security(CCS). New York: ACM, 2017: 1175-1191.

[60] PHONG L T, AONO Y, HAYASHI T, et al. Privacy-preserving deep learning via additively homomorphic encryption[J]. IEEE Transactions on Information Forensics and Security, 2017, 13(5): 1333-1345.

[61] SUN Z, SUN R, LIU C, et al. Shadownet: A secure and efficient on-device model inference system for convolutional neural networks[C]. 2023 IEEE Symposium on Security and Privacy(S&P). New York: IEEE, 2023: 1596-1612.

[62] ÁCS D, COLEŞA A. Securely exposing machine learning models to web clients using intel sgx[C]. 2019 IEEE 15th International Conference on Intelligent Computer Communication and Processing(ICCP). New York: IEEE, 2019: 161-168.

[63] PEI K, CAO Y, YANG J, et al. DeepXplore: automated whitebox testing of deep learning systems[J]. Communications of the ACM, 2019, 62(11): 137-145.

[64] LI Y, LYU X, KOREN N, et al. Anti-backdoor learning: Training clean models on poisoned data[J]. Advances in Neural Information Processing Systems, 2021, 34: 14900-14912.

[65] BYUN T, SHARMA V, VIJAYAKUMAR A, et al. Input prioritization for testing neural networks[C]. 2019 IEEE International Conference On Artificial Intelligence Testing(AITest). Newark: IEEE, 2019: 63-70.

[66] SUN Y, HUANG X, KROENING D, et al. Testing deep neural networks[J]. arXiv preprint arXiv: 1803.04792, 2018.

[67] TIAN Y, ZHONG Z, ORDONEZ V, et al. Testing deep neural network based image classifiers[J]. arXiv preprint arXiv: 1905.07831, 2019.

[68] DU X, XIE X, LI Y, et al. Deepcruiser: Automated guided testing for stateful deep learning systems[J]. arXiv preprint arXiv: 1812.05339, 2018.

[69] KIM J, FELDT R, YOO S, et al. Guiding deep learning system testing using surprise adequacy[C]. In: Proc. of the 41st Int'l Conf. on Software Engineering. Montreal: IEEE, 2019: 1039-1049.

[70] TIAN Y, PEI K, JANA S, et al. Deeptest: Automated testing of deep-neural-network-driven autonomous cars[C]. 40th international conference on software engineering. New York: Association for Computing Machinery, 2018: 303-314.

[71] DOLA S, DWYER MB, SOFFA ML. Distribution-aware testing of neural networks using generative models[C]. 2021 IEEE/ACM 43rd International Conference on Software Engineering(ICSE). Madrid: IEEE, 2021: 226-237.

[72] MURPHY C, KAISER G E, HU L. Properties of machine learning applications for use in metamorphic testing[C]. In: Proc. of the SEKE 2008. 2008: 867-872.

[73] XIE X, HO J, MURPHY C, et al. Application of metamorphic testing to supervised classifiers[C]. In: Proc. of the 2009 9th Int'l Conf. on Quality Software. IEEE, 2009: 135-144.

[74] DWARAKANATH A, AHUJA M, SIKAND S, et al. Identifying implementation bugs in machine learning based image classifiers using metamorphic testing[C]. In: Proc. of the 27th ACM SIGSOFT Int'l Symp. on Software Testing and Analysis. New York: ACM, 2018: 118-128.

[75] SHARMA A, WEHRHEIM H. Testing machine learning algorithms for balanced data usage[C]. In: Proc. of the 2019 12th IEEE Conf. on Software Testing, Validation and Verification(ICST). Xi'an: IEEE, 2019: 125-135.

[76] ZHU H, LIU D, BAYLEY I, et al. Datamorphic testing: A method for testing intelligent applications[C]. In: Proc. of the 2019 IEEE Int'l Conf. on Artificial Intelligence Testing(AITest). Newark: IEEE, 2019: 149-156.

[77] Large-scale CelebFaces Attributes(CelebA) Dataset[EB/OL]. [2024.02.26]. http://mmlab.ie.cuhk.edu.hk/projects/CelebA.html.

[78] PubFig: Public Figures Face Database[EB/OL]. [2024.02.26]. http://www.cs.columbia.edu/CAVE/databases/pubfig/

[79] BRAIEK H B, KHOMH F. DeepEvolution: A search-based testing approach for deep neural networks[C]. In: Proc. of the 2019 IEEE Int'l Conf. on Software Maintenance and Evolution(ICSME). Cleveland: IEEE, 2019: 454-458.

[80] UDESHI S, CHATTOPADHYAY S. Grammar based directed testing of machine learning systems[J]. IEEE Transactions on Software Engineering, 2019, 47(11): 2487-2503.

[81] PHAM H V, LUTELLIER T, QI W, et al. CRADLE: Cross-backend validation to detect and localize bugs in deep learning libraries[C]. In: Proc. of the 41st Int'l Conf. on Software Engineering. Montreal: IEEE, 2019: 1027-1038.

[82] SINGLA S, NUSHI B, SHAH S, et al. Understanding Failures of Deep Networks via Robust Feature Extraction[C]. 2021 IEEE/CVF Conference on Computer Vision and Pattern Recognition(CVPR). Nashville: IEEE, 2020: 12848-12857.

[83] GAO I, ILHARCO G, LUNDBERG S, et al. Adaptive Testing of Computer Vision Models[J]. arXiv preprint arXiv: 2212.02774, 2022.

[84] GUO J, JIANG Y, ZHAO Y, et al. DLFuzz: Differential fuzzing testing of deep learning systems[C]. In: Proc. of the 2018 26th ACM Joint. New York: ACM, 2018: 739-743.

[85] EYUBOGLU S, VARMA M, SAAB K, et al. Domino: Discovering Systematic Errors with Cross-Modal Embeddings[C]. 2022 International Conference on Learning Representations(ICLR). openReview.net, 2022.

[86] JAIN S, LAWRENCE H, MOITRA A, et al. Distilling model failures as directions in latent space[J]. arXiv preprint arXiv: 2206.14754, 2022.

[87] RADFORD A, KIM JW, HALLACY C, et al. Learning transferable visual models from natural language supervision[C]. International conference on machine learning. [S.l.]: PMLR, 2021: 8748-8763.

[88] HEIN M, ANDRIUSHCHENKO M. Formal guarantees on the robustness of a classifier against adversarial manipulation[J]. Advances in Neural Information Processing Systems(NIPS), 2017, 30: 2266-2276.

[89] WENG L, ZHANG H, CHEN H, et al. Towards fast computation of certified robustness for relu networks[C]. International Conference on Machine Learning(ICML) as part of the Proceedings of Machine Learning Research,(PMLR). New York: ACM, 2018: 5276-5285.

[90] NARODYTSKA N, KASIVISWANATHAN S P. Simple Black-Box Adversarial Attacks on Deep Neural Networks[C]. Proceedings of the IEEE Conference on Computer Vision and Pattern Recognition,(CVPR). New York: IEEE, 2017, 2: 2.

[91] KURAKIN A, GOODFELLOW I, BENGIO S, et al. Adversarial attacks and defences competition[C]. The NIPS'17 Competition: Building Intelligent Systems. Berlin: Springer International Publishing, 2018: 195-231.

[92] SRIRAMANAN G, ADDEPALLI S, BABURAJ A. Guided adversarial attack for evaluating and enhancing

adversarial defenses[J]. Advances in Neural Information Processing Systems, 2020, 33: 20297-20308.

[93] CISSE M, ADI Y, NEVEROVA N, et al. Houdini: Fooling deep structured prediction models[J]. arXiv preprint arXiv: 1707.05373, 2017.

[94] BASTANI O, IOANNOU Y, LAMPROPOULOS L, et al. Measuring neural net robustness with constraints[J]. Advances in neural information processing systems, 2016: 29.

[95] MONTUFAR G F, PASCANU R, CHO K, et al. On the number of linear regions of deep neural networks[J]. Advances in neural information processing systems, 2014: 27.

[96] RUAN W, WU M, SUN Y, et al. Global Robustness Evaluation of Deep Neural Networks with Provable Guarantees for the Hamming Distance [C]. Proceedings of the Twenty-Eighth International Joint Conference on Artificial Intelligence IJCAI-19. Macao: Morgan Kaufmann, 2019: 5944-5952.

[97] WEBB S, RAINFORTH T, TEH Y W, et al. A Statistical Approach to Assessing Neural Network Robustness[C]. Proceedings of the International Conference on Learning Representations. New Orleans: OpenReview. net, 2019.

[98] WENG L, CHEN P Y, NGUYEN L, et al. PROVEN: Verifying robustness of neural networks with a probabilistic approach[C]. International Conference on Machine Learning. Long Beach: PMLR, 2019: 6727-6736.

[99] MANGAL R, NORI A V, ORSO A. Robustness of Neural Networks: A Probabilistic and Practical Approach [C]. Proceedings of the 2019 IEEE/ACM 41st International Conference on Software Engineering: New Ideas and Emerging Results, (ICSE-NIER). New York: IEEE, 2019: 93-96.

[100] ZHANG H, WENG T W, CHEN P Y, et al. Efficient neural network robustness certification with general activation functions[C]. Proceedings of the 32nd International Conference on Neural Information Processing Systems. Canada: Curran Associates Inc, 2018: 4944-4953.

[101] BOOPATHY A, WENG T W, CHEN P Y, et al. Cnn-cert: An efficient framework for certifying robustness of convolutional neural networks[C]. Proceedings of the Proceedings of the AAAI Conference on Artificial Intelligence. Hawaii: AAAI, 2019: 3240-3247.

[102] BALUTA T, SHEN S, SHINDE S, et al. Quantitative verification of neural networks and its security applications[C]. Proceedings of the 2019 ACM SIGSAC Conference on Computer and Communications Security. New York: ACM, 2019: 1249-1264.

[103] BALUTA T, CHUA Z L, MEEL K S, et al. Scalable Quantitative Verification for Deep Neural Networks [C]. Proceedings of the 2021 IEEE/ACM 43rd International Conference on Software Engineering, (ICSE). New Work: IEEE, 2021: 312-323.

[104] LI R, YANG P, HUANG C C, et al. Towards Practical Robustness Analysis for DNNs based on PAC-Model Learning[C]. Proceedings of the 44th International Conference on Software Engineering(ICSE). New Work: IEEE, 2022: 2189-2201.

[105] FAZLYAB M, MORARI M, PAPPAS G J. Probabilistic verification and reachability analysis of neural networks via semidefinite programming[C]. Proceedings of the 2019 IEEE 58th Conference on Decision and Control(CDC). New York: IEEE, 2019: 2726-2731.

[106] CALAFIORE G C, CAMPI M C. The scenario approach to robust control design[J]. IEEE Transactions on automatic control, 2006, 51(5): 742-753.

[107] LEVY N, KATZ G. Roma: a method for neural network robustness measurement and assessment[C]. International Conference on Neural Information Processing. Singapore: Springer Nature Singapore,

2022: 92-105.

[108] CARDELLI L, KWIATKOWSKA M, LAURENTI L, et al. Robustness guarantees for Bayesian inference with Gaussian processes[C]. Proceedings of the AAAI conference on artificial intelligence. Hawaii: AAAI Press, 2019: 7759-7768.

[109] CARDELLI L, KWIATKOWSKA M, LAURENTI L, et al. Statistical Guarantees for the Robustness of Bayesian Neural Networks[C]. Proceedings of the International Joint Conference on Artificial Intelligence(IJCAI 2019). Macao: Morgan Kaufmann, 2019: 5693-5700.

[110] WICKER M, LAURENTI L, PATANE A, et al. Probabilistic Safety for Bayesian Neural Networks[C]. Proceedings of the 36th Conference on Uncertainty in Artificial Intelligence(UAI). [S. l.]: PMLR, 2020: 1198-1207.

[111] ANDERSON B G, SOJOUDI S. Certifying neural network robustness to random input noise from samples[J]. arXiv preprint arXiv: 2010.07532, 2020.

[112] ANDERSON B G, SOJOUDI S. Data-Driven Assessment of Deep Neural Networks with Random Input Uncertainty[J]. arXiv preprint arXiv: 2010.01171, 2020.

[113] CARLINI N, ATHALYE A, PAPERNOT N, et al. On evaluating adversarial robustness[J]. arXiv preprint arXiv: 1902.06705, 2019.

[114] XIAO C, ZHU J Y, LI B, et al. Spatially transformed adversarial examples[J]. arXiv preprint arXiv: 1801.02612, 2018.

[115] HENDRYCKS D, ZHAO K, BASART S, et al. Natural adversarial examples[C]. Proceedings of the IEEE/CVF Conference on Computer Vision and Pattern Recognition. [S. l.]: IEEE, 2021: 15262-15271.

[116] PINTOR M, ANGIONI D, SOTGIU A, et al. ImageNet-Patch: A dataset for benchmarking machine learning robustness against adversarial patches[J]. Pattern Recognition, 2023, 134: 109064.

[117] HENDRYCKS D, DIETTERICH T. Benchmarking neural network robustness to common corruptions and perturbations[J]. arXiv preprint arXiv: 1903.12261, 2019.

[118] KAR O F, YEO T, ATANOV A, et al. 3d common corruptions and data augmentation[C]. Proceedings of the IEEE/CVF Conference on Computer Vision and Pattern Recognition. New Orleans: IEEE, 2022: 18963-18974.

[119] ANGELL R, JOHNSON B, BRUN Y, et al. Themis: Automatically testing software for discrimination[C]. Proceedings of the 2018 26th ACM Joint meeting on european software engineering conference and symposium on the foundations of software engineering. New York: ACM, 2018: 871-875.

[120] UDESHI S, ARORA P, CHATTOPADHYAY S. Automated directed fairness testing[C]. in Proc. 33rd ACM/IEEE Int. Conf. Autom. Softw. Eng. New York: IEEE, 2018: 98-108.

[121] AGARWAL A, LOHIA P, NAGAR S, et al. Automated test generation to detect individual discrimination in ai models[J]. 2018, arXiv: 1809.03260.

[122] TRAMER F, ATLIDAKIS V, GEAMBASU R, et al. Fairtest: Discovering unwarranted associations in data-driven applications[C]. 2017 IEEE European Symposium on Security and Privacy(EuroS&P). Paris: IEEE, 2017: 401-416.

[123] DOSHI-VELEZ F, KIM B. Towards a rigorous science of interpretable machine learning[J]. arXiv preprint arXiv: 1702.08608, 2017.

[124] SLACK D, FRIEDLER S A, SCHEIDEGGER C, et al. Assessing the local interpretability of machine learning models[J]. arXiv preprint arXiv: 1902.03501, 2019.
[125] CHENG C H, HUANG C H, RUESS H, et al. Towards dependability metrics for neural networks[C]. 2018 16th ACM/IEEE International Conference on Formal Methods and Models for System Design (MEMOCODE). New York: IEEE, 2018: 1-4.
[126] MOLNAR C, CASALICCHIO G, BISCHL B. Interpretable machine learning-a brief history, state-of-the-art and challenges[C]. Joint European conference on machine learning and knowledge discovery in databases. Cham: Springer International Publishing, 2020: 417-431.
[127] ZHOU Z Q, SUN L, CHEN T Y, et al. Towey, et al. Metamorphic relations for enhancing system understanding and use[J]. IEEE Trans. Softw. Eng., to be published, DOI: 10.1109/TSE.2018.2876433.
[128] GE L, GAO J, LI X, et al. Multi-source deep learning for information trustworthiness estimation[C]. In: Proc. of the 19th ACM SIGKDD Int'l Conf. on Knowledge Discovery and Data Mining. Illinois: ACM, 2013.766-774.
[129] TABIBIAN B, VALERA I, FARAJTABAR M, et al. Distilling information reliability and source trustworthiness from digital traces[C]. In: Proc. of the 26th Int'l Conf. on World Wide Web. Perth: Int'l World Wide Web Conf. Steering Committee, 2017.847-855. [doi: 10.1145/3038912.3052672]
[130] FOGLIARONI P, D'ANTONIO F, CLEMENTINI E. Data trustworthiness and user reputation as indicators of VGI quality[J]. Geo-spatial Information Science, 2018, 21(3): 213-233. DOI: 10.1080/10095020.2018.1496556.
[131] ZHANG Y, IVES Z G, ROTH D. Evidence-based trustworthiness[C]. In: Proc. of the 57th Annual Meeting of the Association for Computational Linguistics. Florence: ACL, 2019.413-423.
[132] TSOU Y T, CHEN H L, CHEN J Y. RoD: Evaluating the risk of data disclosure using noise estimation for differential privacy[J]. IEEE Trans. on Big Data, 2021, 7(1): 214-226. DOI: 10.1109/TBDATA.2019.2916108.
[133] ARDAGNA C A, ASAL R, DAMIANI E, et al. Trustworthy IoT: An evidence collection approach based on smart contracts[C]. In: Proc. of the 2019 IEEE Int'l Conf. on Services Computing (SCC). Milan: IEEE, 2019.46-50. DOI: 10.1109/SCC.2019.00020.
[134] DISTEFANO S, DI GIACOMO A, MAZZARA M. Trustworthiness for transportation ecosystems: The blockchain vehicle information system[J]. IEEE Trans. on Intelligent Transportation Systems, 2021, 22(4): 2013-2022. DOI: 10.1109/TITS.2021.3054996.
[135] BAU D, ZHOU B, KHOSLA A, et al. Network dissection: Quantifying interpretability of deep visual representations[C]. In: Proc. of the 2017 IEEE Conf. on Computer Vision and Pattern Recognition (CVPR). Honolulu: IEEE, 2017.3319-3327. DOI: 10.1109/ CVPR.2017.354.
[136] SANNEMAN L, SHAH JA. A situation awareness-based framework for design and evaluation of explainable AI[C]. 2nd Int'l Workshop on Explainable, Transparent Autonomous Agents and Multi-Agent Systems. Auckland: Springer, 2020: 94-110. DOI: 10.1007/978-3-030-51924-7_6.
[137] ROSENFELD A. Better metrics for evaluating explainable artificial intelligence[C]. 20th Int'l Conf. on Autonomous Agents and Multiagent Systems. London: Int'l Foundation for Autonomous Agents and Multiagent Systems, 2021: 45-50.
[138] LIN Y S, LEE W C, CELIK Z B. What do you see?: Evaluation of explainable artificial intelligence (XAI)

interpretability through neural backdoors[C]. 27th ACM SIGKDD Conf. on Knowledge Discovery & Data Mining. Singapore: ACM, 2021: 1027-1035. DOI: 10.1145/3447548.3467213.

[139] YANG Z Q. Fidelity: A property of deep neural networks to measure the trustworthiness of prediction results[C]. 2019 ACM Asia Conf. on Computer and Communications Security. Auckland: ACM, 2019: 676-678. DOI: 10.1145/3321705.3331005.

[140] BIE K, LUCIC A, HANED H. To trust or not to trust a regressor: Estimating and explaining trustworthiness of regression predictions[J]. arXiv: 2104.06982, 2021.

[141] ZHOU Z H. Machine Learning[M]. Beijing: Tsinghua University Press, 2016: 23-51(in Chinese).

[142] SPACKMAN K A. Signal detection theory: Valuable tools for evaluating inductive learning[C]. 6th Int'l Workshop on Machine Learning. New York: Morgan Kaufmann Publishers Inc, 1989: 160-163. DOI: 10.1016/B978-1-55860-036-2.50047-3.

[143] BRADLEY A P. The use of the area under the ROC curve in the evaluation of machine learning algorithms[J]. Pattern Recognition, 1997, 30(7): 1145-1159. DOI: 10.1016/S0031-3203(96)00142-2.

[144] JHA S, RAJ S, FERNANDES SL, et al. Attribution-based confidence metric for deep neural networks[C]. 33rd Int 'l Conf. on Neural Information Processing Systems. Vancouver: Curran Associates Inc, 2019: 11837-11848.

[145] WAA J, SCHOONDERWOERD T, VAN DIGGELEN J, et al. Interpretable confidence measures for decision support systems[J]. Int'l Journal of Human-Computer Studies, 2020, 144(102493). DOI: 10.1016/j. ijhcs.2020.102493.

[146] ISO/IEC. Information technology. Artificial intelligence. Overview of trustworthiness in artificial intelligence: [S]. 2020.

[147] ISO/IEC. Software engineering-Systems and software Quality Requirements and Evaluation(SQuaRE) - Quality Model for AI-based systems: ISO/IEC DIS 25059[S]. 2022.

[148] ISO/IEC. Artificial Intelligence(AI) — Assessment of the robustness of neural networks — Part 1: Overview: ISO/IEC TR 24029-1: 2021[S]. 2021.

[149] ISO/IEC. Artificial intelligence(AI) — Assessment of the robustness of neural networks — Part 2: Methodology for the use of formal methods: ISO/IEC DIS 24029-2: 2022[S]. 2022.

[150] SPEC D. Artificial Intelligence — Life Cycle Processes and Quality Requirements —Part 1: Quality Meta Model: DIN SPEC 92001-1[S]. 2019.

[151] SPEC D. Artificial Intelligence — Life Cycle Processes and Quality Requirements — Part 2: Robustness: DIN SPEC 92001-2[S]. 2020.

[152] ISO/IEC. Information technology — Artificial intelligence — Guidance on risk management: ISO/IEC FDIS 23894[S]. 2023.

[153] ISO/IEC. Software and systems engineering — Software testing — Part 11: Guidelines on the testing of AI-based systems: ISO/IEC TR29119-11: 2020[S]. 2020.

[154] DONG Y, LIAO F, PANG T, et al. Boosting adversarial attacks with momentum[C]. Proceedings of the IEEE Conference on Computer Vision and Pattern Recognition,(CVPR). New York: IEEE, 2018: 9185-9193.

[155] XIE C, ZHANG Z, ZHOU Y, et al. Improving transferability of adversarial examples with input diversity[C]. Proceedings of the IEEE/CVF conference on computer vision and pattern recognition.

New York: IEEE, 2019: 2730-2739.

[156] SU J, VARGAS D V, SAKURAI K. One Pixel Attack for Fooling Deep Neural Networks[J]. IEEE Transactions on Evolutionary Computation, 2019, 23(5): 828-841.

[157] CHENG S, DONG Y, PANG T, et al. Improving black-box adversarial attacks with a transfer-based prior[C]. Proceedings of the 33rd International Conference on Neural Information Processing Systems. Vancouver: MIT Press, 2019: 10934-10944.

[158] LIU A, LIU X, FAN J, et al. Perceptual-Sensitive GAN for Generating Adversarial Patches[C]. Proceedings of the AAAI Conference on Artificial Intelligence. Honolulu: AAAI, 2019, 33(01): 1028-1035.

[159] WANG J, LIU A, YIN Z, et al. Dual attention suppression attack: Generate adversarial camouflage in physical world[C]. Proceedings of the IEEE/CVF Conference on Computer Vision and Pattern Recognition. Virtual: IEEE, 2021: 8565-8574.

[160] DUAN R, MAO X, QIN A K, et al. Adversarial laser beam: Effective physical-world attack to dnns in a blink[C]. Proceedings of the IEEE/CVF Conference on Computer Vision and Pattern Recognition. Virtual: IEEE, 2021: 16062-16071.

[161] LIU A, LIU X, YU H, et al. Training robust deep neural networks via adversarial noise propagation[J]. IEEE Transactions on Image Processing, 2021, 30: 5769-5781.

[162] ZHANG H, YU Y, JIAO J, et al. Theoretically principled trade-off between robustness and accuracy[C]. International conference on machine learning. Los Angeles: PMLR, 2019: 7472-7482.

[163] ZHANG D, ZHANG T, LU Y, et al. You only propagate once: accelerating adversarial training via maximal principle[C]. Proceedings of the 33rd International Conference on Neural Information Processing Systems. Vancouver: MIT Press, 2019: 227-238.

[164] MA S, LIU Y, TAO G, et al. Nic: Detecting adversarial samples with neural network invariant checking[C]. 26th Annual Network And Distributed System Security Symposium(NDSS 2019). San Diego: Internet Soc, 2019: 1-15.

[165] ZHANG C, LIU A, LIU X, et al. Interpreting and improving adversarial robustness of deep neural networks with neuron sensitivity[J]. IEEE Transactions on Image Processing, 2020, 30: 1291-1304.

[166] GAO J, WANG B, LIN Z, et al. Deepcloak: Masking deep neural network models for robustness against adversarial samples[J]. arXiv preprint arXiv: 1702.06763, 2017.

[167] ZHANG Q, DING Y, TIAN Y, et al. Advdoor: Adversarial backdoor attack of deep learning system[C]. In ACM SIGSOFT International Symposium on Software Testing and Analysis(ISSTA). New York: ACM, 2021.

[168] LI Y, LI Y, WU B, et al. Invisible backdoor attack with sample-specific triggers[C]. In Proceedings of the IEEE/CVF International Conference on Computer Vision. New York: IEEE, 2021: 16463-16472.

[169] ZHONG N, QIAN Z, ZHANG X. Imperceptible backdoor attack: from input space to feature representation[C]. In Proceedings of the Thirty-One International Joint Conference on Artificial Intelligence. [S. l.], 2022.

[170] SHEN L, JI S, ZHANG X, et al. Backdoor pretrained models can transfer to all[C]. In Proceedings of the 2021 ACM SIGSAC Conference on Computer and Communications Security. New York: IEEE, 2021: 3141-3158.

[171] DU W, ZHAO Y, LI B, et al. Ppt: Backdoor attacks on pre-trained models via poisoned prompt

tuning [C]. In Proceedings of the Twenty-Eighth International Joint Conference on Artificial Intelligence. [S. l.], 2022: 680-686.

[172] XIA P, LI Z, ZHANG W, et al. Data-efficient backdoor attacks[C]. In Proceedings of the Thirty-One International Joint Conference on Artificial Intelligence. [S. l.], 2022.

[173] MA H, QIU H, GAO Y, et al. Quantization Backdoors to Deep Learning Commercial Frameworks[J]. In IEEE Transactions on Dependable and Secure Computing. New York: IEEE, 2023.

[174] HUANG K, LI Y, WU B, et al. Backdoor Defense via Decoupling the Training Process [C]. International Conference on Learning Representations. Virtual Event: OpenReview. net. 2022: 1-25.

[175] CHEN W, WU B, WANG H. Effective backdoor defense by exploiting sensitivity of poisoned samples[J]. Advances in Neural Information Processing Systems, 2022, 35: 9727-9737.

[176] ZHANG Z, LIU Q, WANG Z, et al. Backdoor Defense via Deconfounded Representation Learning[C]. Proceedings of the IEEE/CVF Conference on Computer Vision and Pattern Recognition. New York: IEEE, 2023: 12228-12238.

[177] GAO Y, XU C, WANG D, et al. Strip: A defence against trojan attacks on deep neural networks[C]. Proceedings of the 35th Annual Computer Security Applications Conference. New York: ACM, 2019: 113-125.

[178] LI Y, LYU X, KOREN N, et al. Neural Attention Distillation: Erasing Backdoor Triggers from Deep Neural Networks [C]. International Conference on Learning Representations. Addis Ababa: OpenReview. net. 2020: 1-19.

[179] ZHENG R, TANG R, LI J, et al. Data-free backdoor removal based on channel lipschitzness[C]. European Conference on Computer Vision. Cham: Springer Nature Switzerland, 2022: 175-191.

[180] ZHENG R, TANG R, LI J, et al. Pre-activation Distributions Expose Backdoor Neurons[J]. Advances in Neural Information Processing Systems, 2022, 35: 18667-18680.

[181] LIU Y, FAN M, CHEN C, et al. Backdoor defense with machine unlearning[C]. IEEE INFOCOM 2022-IEEE Conference on Computer Communications. London: IEEE, 2022: 280-289.

[182] ZHOU J, CHEN Y, SHEN C, et al. Property inference attacks against GANs[C]. 29th Annual Network and Distributed System Security Symposium(NDSS). San Diego: NDSS, 2022.

[183] MAO X, LI Q, XIE H, et al. Least squares generative adversarial networks[C]. Proceedings of the IEEE International Conference on Computer Vision(ICCV). New York: IEEE, 2017: 2794-2802.

[184] ZHU T, YE D, ZHOU S, et al. Label-only model inversion attacks: Attack with the least information[J]. IEEE Transaction on Information Forensics and Security, 2023, 18: 991-1005.

[185] ZHOU C, GAO Y, FU A, et al. PPA: preference profiling attack against federated learning[C]. 30th Annual Network and Distributed System Security Symposium(NDSS). San Diego: NDSS, 2023.

[186] FENG Q, HE D, LIU Z, et al. SecureNLP: A system for multi-party privacy-preserving natural language processing[J]. IEEE Transactions on Information Forensics and Security, 2020, 15: 3709-3721.

[187] ZHOU C, FU A, YU S, et al. Privacy-preserving federated learning in fog computing [J]. IEEE Internet of Things Journal, 2020, 7(11): 10782-10793.

[188] XU C, REN J, ZHANG D, et al. GANobfuscator: Mitigating information leakage under GAN via differential privacy[J]. IEEE Transactions on Information Forensics and Security, 2019, 14(9): 2358-2371.

[189] LI T, LI J, CHEN X, et al. NPMML: A framework for non-interactive privacy-preserving multi-party

machine learning [J]. IEEE Transactions on Dependable and Secure Computing, 2020, 18 (6): 2969-2982.

[190] FU A, CHEN Z, MU Y, et al. Cloud-based outsourcing for enabling privacy-preserving large-scale non-negative matrix factorization[J]. IEEE Transactions on Services Computing, 2019, 15(1): 266-278.

[191] JIANG Q, CHANG E C, QI Y, et al. Rphx: Result Pattern Hiding Conjunctive Query Over Private Compressed Index Using Intel SGX [J]. IEEE Transactions on Information Forensics and Security, 2022, 17: 1053-1068.

[192] MA L, JUEFEI-XU F, ZHANG F, et al. Deepgauge: Multi-granularity testing criteria for deep learning systems [C]. Proceedings of the Proceedings of the 33rd ACM/IEEE International Conference on Automated Software Engineering. Montpellier: ACM, 2018: 120-131.

[193] FENG Y, SHI Q, GAO X, et al. Deepgini: prioritizing massive tests to enhance the robustness of deep neural networks[C]. 29th ACM SIGSOFT International Symposium on Software Testing and Analysis. New York: Association for Computing Machinery, 2020: 177-188.

[194] WANG Z, YOU H, CHEN J, et al. Prioritizing test inputs for deep neural networks via mutation analysis[C]. 43rd International Conference on Software Engineering(ICSE). Madrid: IEEE, 2021: 397-409.

[195] GAO X, FENG Y, YIN Y, et al. Adaptive test selection for deep neural networks [C]. 44th International Conference on Software Engineering. Pittsburgh: IEEE, 2022: 73-85.

[196] LI H, WANG S, SHI T, et al. TSDTest: A Efficient Coverage Guided Two-Stage Testing for Deep Learning Systems [C]. 22nd International Conference on Software Quality, Reliability, and Security Companion(QRS-C). Guangzhou: IEEE, 2022: 173-178.

[197] MA L, JUEFEI-XU F, XUE M, et al. Deepct: Tomographic combinatorial testing for deep learning systems [C]. 2019 IEEE 26th International Conference on Software Analysis, Evolution and Reengineering(SANER). New York: IEEE, 2019: 614-618.

[198] CHENG M, LE T, CHEN P Y, et al. Query-efficient hard-label black-box attack: An optimization-based approach[J]. arXiv preprint arXiv: 1807. 04457, 2018.

[199] TU CC, TING PS, CHEN PY, et al. Autozoom: Autoencoder-basedd zeroth order optimization method for attacking black-boxneural networks[C]. AAAI Conference on Artificial Intelligence(AAAI 2019). Honolulu: AAAI, 2019.

[200] HUANG C, HU Z, HUANG X, et al. Statistical Certification of Acceptable Robustness for Neural Networks[C]. Cham: Springer, 2021: 79-90.

[201] HUANG P, YANG Y, LIU M, et al. ε-weakened robustness of deep neural networks[C]. Proceedings of the 31st ACM SIGSOFT International Symposium on Software Testing and Analysis. South Korea: ACM, 2022: 126-138.

[202] DONG Y, ZHANG P, WANG J, et al. There is limited correlation between coverage and robustness for deep neural networks[J]. arXiv preprint arXiv: 1911. 05904, 2019.

[203] LING X, JI S, ZOU J, et al. Deepsec: A uniform platform for security analysis of deep learning model[C]. 2019 IEEE symposium on security and privacy, (SP). New York: IEEE, 2019: 673-690.

[204] DONG Y, FU Q A, YANG X, et al. Benchmarking adversarial robustness on image classification[C]. Proceedings of the IEEE/CVF Conference on Computer Vision and Pattern Recognition. Seattle: IEEE, 2020: 321-331.

[205] CROCE F, ANDRIUSHCHENKO M, SEHWAG V, et al. Robustbench: a standardized adversarial robustness benchmark[J]. arXiv preprint arXiv: 2010.09670, 2020.

[206] CROCE F, HEIN M. Reliable evaluation of adversarial robustness with an ensemble of diverse parameter-free attacks[C]. Proceedings of the International conference on machine learning. [S. l.]: PMLR, 2020: 2206-2216.

[207] GUO J, BAO W, WANG J, et al. A comprehensive evaluation framework for deep model robustness[J]. Pattern Recognition, 2023, 137: 109308.

[208] ZHANG PX, WANG JG, SUN J, et al. White-box fairness testing through adversarial sampling[C]. 42nd International Conference on Software Engineering(ICSE). Seoul: IEEE, 2020: 949-960.

[209] LI X, WU P, SU J. Accurate Fairness: Improving Individual Fairness without Trading Accuracy[J]. arXiv preprint arXiv: 2205.08704, 2023.

[210] ZHANG Q S, WU Y N, ZHU S C. Interpretable Convolutional Neural Networks[C]. 2018 IEEE/CVF Conference on Computer Vision and Pattern Recognition. Salt Lake: IEEE, 2018: 8827-8836. DOI: 10.1109/CVPR.2018.00920.

[211] ZHANG Q S, YANG Y, MA I, et al. Interpreting enns via decision trees[C]. 2019 IEEE/CVF Conference on Computer Vision and Pattern Recognition (CVPR). Long Beach: IEEE, 2019: 6254-6263.

[212] ZHANG T Y, ZHU Z X. Interpreting Adversarial Trained Convolutional Neural Networks[C]. 36th International Conference on Machine Learning. Long Beach: PMLR, 2019: 7502-7511.

[213] LIU Z, MA J, WENG J, et al. LPPTE: A lightweight privacy-preserving trust evaluation scheme for facilitating distributed data fusion in cooperative vehicular safety applications[J]. Information Fusion, 2021, 73: 144-156. DOI: 10.1016/j. inffus.2021.03.003.

[214] XU Z, YANG W, XIONG Z, et al. TPSense: A framework for event-reports trustworthiness evaluation in privacy preserving vehicular crowdsensing systems[J]. Journal of Signal Processing Systems, 2021, 93(2): 209-219. DOI: 10.1007/s11265-020-01559-6.

[215] ZHANG Q, DING Q, ZHU J, et al. Blockchain empowered reliable federated learning by worker selection: A trustworthy reputation evaluation method[C]. In: Proc. of the 2021 IEEE Wireless Communications and Networking Conf. Workshops(WCNCW). Nanjing: IEEE, 2021. 1-6. DOI: 10.1109/WCNCW49093.2021.9420026.

[216] TAN Z W, ZHANG L F. Survey on privacy preserving techniques for machine learning[J]. Ruan Jian Xue Bao/Journal of Software, 2020, 31(7): 2127-2156(in Chinese with English abstract). http://www.jos.org.cn/1000-9825/6052.htm DOI:10.13328/j.cnki.jos.006052.

[217] MA R, LI J Q, XING B H, et al. A novel similar player clustering method with privacy preservation for sport performance evaluation in cloud[J]. IEEE Access, 2021, 9: 37255-37261. DOI: 10.1109/ACCESS.2021.3062735.

[218] 周纯毅，陈大卫，王尚，等. 分布式深度学习隐私与安全攻击研究进展与挑战[J]. 计算机研究与发展，2021，58(5)：927-943.

[219] 陈珍珠，周纯毅，苏铓，等. 面向机器学习的安全外包计算研究进展[J]. 计算机研究与发展，2023，60(7)：1450-1466.

[220] 纪守领，杜天宇，邓水光，等. 深度学习模型鲁棒性研究综述[J]. 计算机学报，2022，45(1)：190-206.

作者简介

孟令中 博士，中国科学院软件研究所副研究员，硕士生导师。研究领域为可信赖人工智能，主要包括人工智能测试技术、人工智能评估方法、智能无人系统可信赖评估和人工智能测评领域标准化等工作。现担任 ISO/IEC JTC 1/SC42 Artificial intelligence WG3/WG5 中国区专家、IEEE SA/ AISC（人工智能标准组织）专家、国家人工智能标准分委员会成员、CCF 学会容错委员会专委、CCF 标准工作委员会委员。承担与参与可信赖人工智能领域国家级项目 5 项；牵头人工智能领域国际标准 1 项、国家标准 3 项、团体标准 4 项，参与人工智能领域国际/国家/团体标准 10 余项，发表学术论文 30 余篇。

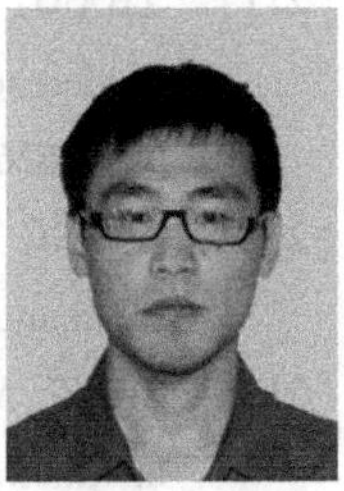

刘光镇 中国科学院软件研究所助理研究员，博士。主要研究方向包括基于仿真的自动驾驶测试验证、基于强化学习的无人系统对抗场景生成、数据集质量评估、计算机视觉等。在自动驾驶测试及计算机视觉领域的重要期刊/会议上以主要作者身份发表论文 10 余篇。

李　渝 哈尔滨工业大学（深圳）计算机科学与技术学院助理教授。于 2022 年毕业于香港中文大学计算机科学与工程系，获得博士学位。主要从事国际热点科学问题——机器学习安全与测试的研究，并取得一系列原创性成果。在安全领域旗舰会议 CCS、NDSS、机器学习旗舰会议 NeurIPS、软件工程旗舰会议 ISSTA、测试领域旗舰会议 ETS 上，发表相关学术论文 10 余篇。被提名为 2022 年度香港中文大学青年学者博士论文奖候选人，获得了 2022 年亚洲测试会议（Asian Test Symposium）最佳博士论文奖以及 IEEE 测试技术委员会（TTTC）E. J. McCluskey 博士论文奖亚洲区决赛第一名。

刘祥龙 北京航空航天大学教授，博士生导师，国家高层次青年人才。现任北京航空航天大学复杂关键软件环境全国重点实验室副主任、计算机学院科研副院长，主要研究智能安全、开放认知、轻量计算。主持国家自然科学基金、科技创新重点项目、科技创新 2030 重大项目等多项国家课题；发表 IJCV、NeurIPS、USENIX、ICLR、CVPR、ICCV 等人工智能、信息安全领域国际顶级会议/期刊论文 100 余篇。

张吉良　CCF容错计算专委主任（第十届），湖南大学教授、半导体学院（集成电路学院）副院长，国家优青，IEEE TCASI、IEEE TCASII、电子与信息学报等期刊编委。主要从事高安全和高能效集成电路设计。

薛云志　中国科学院软件研究所研究员、中科院软件所集成创新中心副主任、全国信标委人工智能分技术委员会可信赖人工智能工作组组长、科技部先进技术专项专家组成员、国际标准组织ISO/IEC JTC1 SC42中国区专家、军委科技委某领域专家和中国汽车工程学会基础软件分委会委员。主要研究方向是无人系统、软件定义、可信赖人工智能等，承担国家级项目10余项，牵头和参与国际/国家/团体标准20余项。承担工信部、科技部和军委科技委等多项人工智能测试与试验方向的重要课题，获得中国标准创新贡献奖一等奖和三等奖各一项。

刘艾杉　博士，硕导，北京航空航天大学计算机学院助理教授。主要研究方向为可信赖人工智能、鲁棒深度学习、对抗攻防等，已在国际权威学术期刊和顶级会议等发表论文近60篇，申请专利20余项。主持多项国家级科研项目，参与标准、白皮书编制10余项、专著编写4本。

高　卉　中科南京软件技术研究院工程师，主要研究方向为可信赖人工智能、人工智能测试与评估，申请专利20余项，参与国际/国家/团体标准、白皮书编制10余项。

艾　骏　北京航空航天大学可靠性与系统工程学院副院长，教授、博士生导师，IEEE Reliability Society Beijing Chapter 主席，主要从事智能系统可靠性评估、软件故障机理与缺陷预测、软件系统智能测试等方向研究，先后主持多项重大课题，获得省部级科技进步奖创新团队奖1项、一等奖1项、二等奖2项。

吴保元 博士，现任香港中文大学（深圳）数据科学学院终身副教授、深圳市鹏城孔雀计划特聘B岗、深圳市模式分析与感知计算重点实验室（筹）副主任、龙岗区智能数字经济安全重点实验室主任、腾讯AI Lab可信AI技术组顾问。其研究方向包括可信人工智能、机器学习和计算机视觉，在人工智能的顶级期刊和会议上发表论文70多篇。

付安民 CCF高级会员，南京理工大学教授、博导，入选江苏省“青蓝工程”中青年学术带头人、江苏省“六大人才高峰”高层次人才。在IEEE S&P、NDSS、IEEE TDSC、IEEE TIFS等CCF推荐A类国际会议/期刊发表论文16篇，获网络安全领域著名国际会议AsiaCCS 2023杰出论文奖，指导学生荣获2022 NIPS深度学习模型木马检测世界挑战赛亚军以及获中国研究生网络安全创新大赛、全国大学生信息安全大赛和全国密码技术竞赛一等奖5项。

惠战伟 陆军工程大学学士、硕士、博士、博士后，CCF-CTC软件测试青年创新奖获得者、军事科学院卓越人才智强基金获得者，全军装备技术体质审查组成员，CCF高级会员，曾任CCF容错计算专委会副秘书长，目前为军事科学院某部副研究员。

魏少魁 香港中文大学（深圳）数据科学学院博士生在读，导师是查宏远教授和吴保元教授。本科毕业于香港中文大学（深圳）理工学院（SSE）电子信息工程专业。主要研究方向是人工智能安全与公平、计算机视觉与优化、核方法、强化学习等。

肖宜松 北京航空航天大学计算机学院博士生，研究方向为智能软件测试、人工智能安全。在国内外重要学术期刊和会议等发表论文6篇，包含一篇担任第一作者的ISSTA和一篇担任第一作者的Visual Intelligence。

董 乾 中国科学院软件研究所副研究员，中国科学院青年创新促进会会员，ISO/IEC JTC 1/SC42 WG3/JTC1 中国区专家，主要研究领域为可信赖人工智能。

王 洁 北京航空航天大学博士研究生。主要研究方向为人工智能鲁棒性测试和评估、人工智能不确定性估计等。

朱明丽 香港中文大学（深圳）数据科学学院博士生，导师是吴保元教授。本科毕业于武汉大学。主要研究方向为可信机器学习。

王若彤 在香港中文大学（深圳）数据科学学院攻读数据科学硕士学位，导师是吴保元教授。

高艳松 南京理工大学计算机学院副教授。研究方向为人工智能安全与隐私、系统安全、硬件安全。发表高水平期刊会议 50 余篇，IEEE 高级会员。以第一作者发表 IEEE S&P、NDSS、ACSAC、Nature Electronics、IEEE TIFS、IEEE TDSC 等高水平论文多篇。主持省部级项目两项，担任 IEEE Transactions on Neural Networks and Learning Systems 副主编。

周纯毅 南京理工大学网络空间安全专业博士生，研究方向为机器学习隐私攻击与防御，博士期间发表相关论文 8 篇，其中以第一作者的身份发表网络安全顶级会议 NDSS 1 篇，获得第二届中国研究生网络安全创新大赛一等奖、首届江苏省研究生网络空间安全科研创新实践大赛一等奖等多个奖项。

孙金磊 博士，军事科学院某部助理研究员。2016 年毕业于南昌大学数学与应用数学专业，获理学学士学位；2018 年毕业于陆军工程大学软件工程专业，获工学硕士学位；2022 年毕业于陆军工程大学，获工学博士学位；2023 年加入军事科学院。获得第 2 届全国大学生软件测试大赛总决赛分项特等奖、第 3 届全国大学生软件测试大赛分区决赛一等奖，发表 SCI、EI 等论文 10 余篇，参与国家重点研发计划、装备预先研究、装备技术基础重点项目、装备试验鉴定技术项目、国家自然科学基金等各类项目 10 余项。主要从事智能系统测试、自动化测试、区块链智能合约测试等方向研究。

机密计算的研究进展与产业趋势报告

CCF 系统软件专业委员会/CCF 体系结构专业委员会

（*为共同第一作者。作者以姓氏拼音排序，排名均不分先后）

夏虞斌[1*] 张殷乾[2*] 陈国兴[1] 陈海波[1] 陈 恺[4] 杜 东[1] 金意儿[5] 李明煜[1]
糜泽羽[1] 牛健宇[2] 王文浩[4] 王 喆[3] 武成岗[3] 谢梦瑶[3] 闫守孟[6] 张锋巍[2]

[1]上海交通大学，上海
[2]南方科技大学，深圳
[3]中国科学院计算技术研究所，北京
[4]中国科学院信息工程研究所，北京
[5]华为公司，深圳
[6]蚂蚁集团，杭州

摘　要

机密计算是一种新兴的安全计算范式，它利用通用处理器提供的可信执行环境技术保护计算过程中的数据，实现数据的“可用不可见”。在过去的数十年中，机密计算在国内外得到迅速的发展，逐步从实验室研究走向产业应用，在云计算、大数据和人工智能等应用领域保护了数据的安全和隐私。本报告针对国内外的机密计算的研究进展和产业现状，探讨机密计算的体系结构、系统软件和应用案例，进一步对比国内外机密计算的研究成果和产业结构的优劣势，并对机密计算的未来发展趋势进行探讨和展望。

关键词：机密计算，可信执行环境，数据安全，产业趋势

Abstract

Confidential computing is an emerging security paradigm that leverages trusted execution environment technologies available in modern processors to ensure data protection throughout the computation process, achieving data that is both usable and imperceptible. Over the past few years, confidential computing has made significant strides, both domestically and internationally, transitioning from academic research to practical applications in areas encompassing cloud computing, big data, and artificial intelligence. This report centers on the evolving research progress and industrial status of confidential computing, examining its foundational architecture, system software, and diverse applications. Furthermore, it conducts a comprehensive comparative analysis of domestic and international research accomplishments and delves into their strengths and weaknesses of industrial structures. Finally, the future development trends of confidential computing are explored and discussed.

Keywords: Confidential Computing, Trusted Execution Environment, Data Security, Industrial Trends

1 引言

机密计算是一种新兴的安全计算范式，旨在实现信任与算力的分离，保证数据在计算过程中的机密性和完整性。机密计算的技术核心是可信执行环境（Trusted Execution Environment，TEE）。TEE是一种基于处理器硬件的安全技术，它通过处理器硬件扩展为应用软件提供了受保护的执行环境，即便攻击者具有最高系统权限，也不能对TEE中的数据和代码进行读取和访问。结合传统的数据加密技术，基于TEE的机密计算实现了数据在储存、传输和计算的全生命周期中的安全闭环，允许数据在不可信的计算平台上使用，利用硬件手段实现了数据的“可用不可见”和“可算不可识”。机密计算利用技术手段开辟了新的应用场景，使新的商业模式成为可能，具有非常广阔的产业应用前景。

TEE技术通过底层系统软硬件构造一个隔离且可验证的执行环境，防止从外部访问或篡改运行在内部的代码和数据。TEE包含了多种支撑性技术：处理器隔离技术利用处理器的指令集扩展实现了处理器内部资源的逻辑隔离，禁止特权代码对TEE使用的内存、寄存器和微架构资源进行访问，保证TEE内运行软件的机密性和完整性。内存加密技术可使TEE中运行的代码和数据在内存中以密文形式存储，在处理器中以明文形式运算；处理器在读写内存的过程中实现了数据的自动加解密，以透明或半透明的方式实现了对应用程序的机密性的保护，从而有效阻止DMA攻击和物理攻击。基于硬件可信根的远程验证技术则利用可信根生成的私钥，在TEE加载的过程中对内存中的初始代码和数据进行签名；用户可利用远程验证机制，通过处理器厂商提供的公钥基础设施对签名进行验证，实现对TEE内部软件的初始状态的信任，从而建立完整的信任链条。

基于ARM架构的TrustZone是公认的第一代TEE技术，但是由于它缺乏对内存加密和远程验证的支持，同时难以支持开放性的应用部署，不能被直接用于实现机密计算应用场景。机密计算概念的兴起和推广主要源于主流处理器厂商推出的新一代TEE技术。2013年，在酝酿了十余年之后，Intel发布了SGX技术白皮书，提出x86架构的安全扩展，允许应用程序在个人终端和云服务器上建立TEE，用以在不可信的系统环境中保护敏感数据的隐私；2016年，AMD推出支持SEV技术的处理器，提出以内存加密的方式保护虚拟机中运行的代码和数据的机密性；在2017年和2020年，AMD分别发布了第二代和第三代SEV技术，称为SEV-ES和SEV-SNP，用于弥补前一代SEV技术的安全缺陷；2019年，IBM发布了基于IBM POWER9架构的可信执行环境PEF技术白皮书；2020年，Intel发布了可信执行环境TDX技术白皮书，基于虚拟化技术以整个虚拟机作为安全域进行机密性和完整性的保护，支持了传统应用向机密计算的迁移；2021年，ARM发布了基于ARMv9架构的可信执行环境CCA技术白皮书，奠定了基于ARM架构的机密计算蓝图。TEE不仅局限于CPU，2022年，英伟达推出了GPU TEE，用于保护GPU上的数据的机密性和完整性，支持机密计算场景下的AI加速。

伴随着 TEE 的硬件技术的迅速发展，机密计算作为一种新兴的计算范式逐渐在国内外的学术界和产业界受到广泛重视。在学术界，学者们应用 TEE 在隐私区块链、加密数据库、机密数据分析云平台、可信机器学习、多方安全计算、可信网络中间件等应用场景下实现了机密计算。同时，学术界提出了基于开源处理器架构 RISC-V 的可信执行环境 Sanctum、Keystone、蓬莱（Penglai）、CURE 等，加强了机密计算底层算力的多元化。在产业界，机密云计算已经在国内外云平台落地。目前，国外的微软 Azure 云、亚马逊的 AWS 和谷歌云，以及国内的阿里云和腾讯云都支持了基于 TEE 的机密云计算平台。不仅如此，多家业界头部企业组建了机密计算联盟，加快了 TEE 技术的标准化和商用化进程。机密计算联盟托管于 Linux 基金会下，旨在以开源项目的方式建立 TEE 的应用生态，快速普及 TEE 的技术与标准并不遗余力地推广 TEE 的应用落地，重点聚焦云计算、区块链、安全多方计算、移动边缘计算等领域，促进了 TEE 应用市场的蓬勃发展。

机密计算正在逐渐从一个技术概念走向数据安全与隐私的重要解决方案。然而，机密计算的发展趋势也存在一定的不确定性。例如，伴随着人们对 TEE 的侧信道漏洞和瞬态执行漏洞等安全问题的关注，TEE 的软硬件安全的重要性受到了业界的广泛重视，一些业界人士也提出了“TEE 的安全性是否能够承载高安全需求的机密计算应用”这样的疑问。同时，随着 Intel 在终端处理器上放弃了需要软件重构的 SGX 技术，转而重点支持服务器端处理器上基于虚拟化的 TDX 技术，业界对未来 TEE 的软件生态的构建提出了不同的构想。这种软件生态的不确定性随着 ARM 的 CCA 以及英伟达的 GPU TEE 的提出而进一步加剧。在我国，机密计算的发展处于一个关键的时间节点。如何发展 TEE 技术的科学研究、如何构建机密计算的产业生态、如何在大力发展自主可控技术的同时兼顾国外的技术趋势、如何打造机密计算的安全底座等问题已经成为学术界和产业界亟待解决的重要问题。

针对机密计算的这些热点问题，本报告对国内外机密计算的发展趋势展开讨论，并对国内机密计算的学术研究进展以及国内机密计算的产业发展进行了总结。此外，本报告对国内机密计算的发展的优势和劣势进行了深入的讨论，并分别对机密计算的软件生态的兼容、硬件架构的异构、与隐私计算技术的融合、机密计算的安全化等几个重要趋势进行了展望。

2　国内外研究和产业现状

本节介绍机密计算的国内外研究和产业现状，内容分为“三横一纵”进行展开。所谓“三横”，指的是机密计算的体系结构、系统软件和应用这三个层面；所谓“一纵”，指的是机密计算在上述三个层面的安全问题。

2.1 机密计算体系结构

2.1.1 商用 CPU TEE

目前，主流的商用 CPU 所支持的 TEE 包括 Intel 的 SGX 和 TDX，AMD 的 SEV、SEV-ES 和 SEV-SNP，ARM 的 TrustZone 和 CCA，以及 IBM 的 PEF[1]。多种商用 CPU TEE 的构架如图 1 所示。

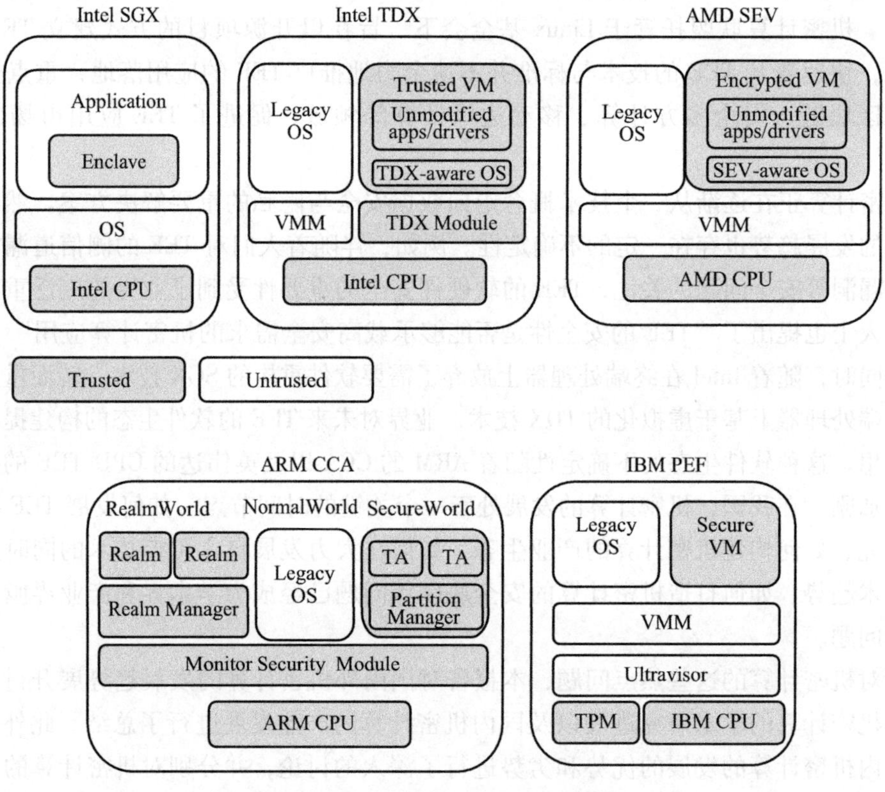

图 1 多种商用 CPU TEE 的构架

1）Intel 处理器 TEE。SGX（Software Guard Extensions）是 Intel 公司 2013 年发布的 TEE 技术，它提供了基于硬件内存加密引擎的动态内存加解密机制，并利用了处理器扩展指令和新的执行模式（Enclave 模式）实现了对寄存器和内存隔离。SGX 最早集成在 2015 年发布的第六代 Intel 酷睿微处理器上。第一代 SGX 支持的安全内存最大只有 256MB，不仅可用性受限，频繁的换页也产生了巨大的性能开销[2]。随后 Intel 在 2021 年发布的第三代至强处理器上配备了第二代 SGX，它在每个处理器上最大可支持 512GB 安全内存，提高了程序的运行效率，并且大大拓宽了它的使用场景。SGX 主要关注如何在不信任操作系统中保护用户态程序，并将程序分为可信部分和不可信部分，其中可信部分运行在飞地（Enclave）中。飞地实质上是一块硬件保护的加密内存区域，可以保障运行其中的代码和数据的完整性与机密性不受恶意软件甚至是操作系统的攻击和破坏。由于 SGX 推出的时间较早，研究比较广泛，所以目前 SGX 应用的商业化也比较成熟，主流的云服务提供商如阿里云、腾讯云、微软 Azure 云均提供基于 SGX 的机密虚拟机，比较关注隐私计算的互联网巨头（如蚂蚁集团、字节跳动、百度等）和初创公司（如冲量在线、第四范式等）已经大量使用 SGX 承接机密计算相关业务。

TDX（Trusted Domain Extensions）是 Intel 在 2020 年发布的下一代 TEE，已经集成在 2023 年第一季度发布的第四代至强处理器上。相较于 SGX 需要对应用程序进行重构，TDX 是一种基于虚拟化的 TEE，它以虚拟机为安全隔离的单位（称作信任域），因此应用程序可以不经修改直接移植到 TDX 中，而不需要代码重构。TDX 通过 CPU 状态隔离和内存加密来保证不同信任域之间的安全隔离，并保护信任域免受其他信任域或虚拟机管理器的恶意攻击。TDX 的远程验证功能需要基于 SGX 来实现。认证过程用到两个新的指令 SEAMREPORT 和 EVERIFYREPORT。SEAMREPORT 指令只能由 TDX 模块所调用，使用 MAC 值来保护信任域软件提供的认证信息、TD 测量数据等信息的完整性，并生成待验证报告。EVERIFYREPORT 指令由基于 SGX 的 TD-Quoting Enclave 调用，用于验证上述待验证报告的 MAC 值，从而确保该报告是同一个处理器生成的。由于支持 TDX 的 Intel 处理器推出时间不长，目前应用 TDX 实现机密计算的案例还不多，但是云服务提供商正在积极采用 TDX 技术，比如微软 Azure 云、阿里云和 IBM 云均计划开发基于 TDX 的云服务器产品，以提供更便捷的机密计算能力。

2）AMD 处理器 TEE。在 Intel 推出 SGX 之后，AMD 也在 2016 年发布了 SEV（Secure Encrypted Virtualization）TEE 的技术方案。不同于 SGX，SEV 主要以内存加密的方式保护虚拟机中运行的代码和数据的机密性。SEV 通过为每个虚拟机分配唯一的加密密钥来实现内存隔离和保护，从而防止恶意客户虚拟机和 Hypervisor 对其他虚拟机的内存数据的直接读取。第一代 SEV 于 2016 年首次发布，即 Zen 架构下的 AMD EPYC 处理器中首次支持 SEV，随后 AMD 于 2017 年和 2020 年分别发布了 SEV 的第二代和第三代扩展，分别叫作 SEV-ES（Encrypted States）和 SEV-SNP（Secure Nested Paging）。SEV-ES 额外增加了对虚拟机寄存器状态的机密性的保护。SEV-SNP 引入了反向页表（Reversed Map Table，RMP），定义了每个物理内存页的拥有者，进而严格限制虚拟机管理器对物理内存的操作能力，实现了对内存完整性的保护。目前，SEV 已在云计算服务提供商、虚拟化平台和数据中心等场景中得到广泛的商业应用，例如在 2023 年 4 月 28 日，Amazon EC2 宣称提供基于 AMD SEV-SNP 的云服务器产品。

3）ARM 处理器 TEE。TrustZone 是 ARM 公司在 2004 年推出的第一代的 TEE，它在通用处理器上实现了安全隔离，使处理器能够在不同的安全域之间切换。在 TrustZone 推出之后的近 20 年中，TrustZone 技术逐渐得到广泛应用，并成为 ARM 处理器的标准安全特性，被用于移动终端设备、物联网（IoT）、嵌入式系统和数据中心等多个应用场景中。然而，与 SGX、TDX 和 SEV 等技术不同，TrustZone 不支持内存加密和远程验证。此外，基于 TrustZone 的开发和部署只面向手机或设备厂商，因此 TrustZone 难以直接支持机密计算。

为了增强 ARM 架构对机密计算的支持，ARM 公司在 2021 年 3 月发布了机密计算架构 CCA（Confidential Compute Architecture）。CCA 基于 ARM 在软件和硬件上的一系列创新，是 ARMv9-A 架构的关键组成部分，通过引入 Realm 的安全抽象来保护虚拟机数据的机密性和完整性。Realm 由正常世界（Normal World）动态分配，但代码执行和数据访问与正常世界完全隔离，Realm 及其所在平台的初始化状态都可以得到验证，使得 Realm 的所有者能与 Realm 建立信任。CCA 提供了硬件扩展 RME（Realm Management Extension），用来和控制 Realm 的 RMM（Realm Management Monitor）固件以及运行在 EL3 中的安全监视器（Secure Monitor）交互，实现软硬件协同的安全隔离。目前市场上尚没有成熟的针对 CCA 的软硬件支持，只有包括华为和 Linaro 在内的少数机构推出了基于 QEMU 的 CCA 仿真平台[3]。预计未来 CCA 可能应用在云场景中，用于降低云服务中数据泄露的风险。

4）IBM 处理器 TEE。IBM 的 PEF（Protected Execution Facility）是一种基于虚拟化的 TEE 架构，它建立在 IBM POWER 指令集上，为安全虚拟机（Secure Virtual Machines，SVM）提供机密性与完整性保证。PEF 可防止将 SVM 的敏感状态暴露给管理程序和其他 SVM，并允许用户验证 PEF 的有效性。PEF 的实现主要基于可信平台模块（Trusted Platform Module，TPM）、安全引导、可信引导以及针对 Power 指令集的架构更改。为了将内存隔离与机密性、完整性保证解耦，PEF 创新性地提出了一种新的最高特权级执行模式（Protected Execution Ultravisor），使用 20 个 ultracalls 和 6 个新的 hypercalls 来实现 SVM 的启动、停止和中断，以及与 TPM 之间的通信和内存管理。PEF 的本地认证流程能够简化安全虚拟机的生命周期管理，所创建的 SVM 中包含认证所需的度量信息，允许 SVM 在执行之前使用安全的本地认证。目前，IBM 已经在 POWER9 以及更高版本的芯片中提供了对于 PEF 的支持。

2.1.2 开源 CPU TEE

基于 RISC-V 开源指令集，国内外学者和企业构建了多款开源 CPU TEE，如 Sanctum[4]、Keystone[5]、蓬莱（Penglai）[6]、CURE[7]、TIMBER-V[8]、AP-TEE[9]、CVM[10]、World Guard[11]、RVM-TEE[12] 等。下面从架构和功能两方面对上述部分代表性开源 CPU TEE 进行介绍。

Sanctum[4] 是由 MIT 提出的基于 RISC-V 开源指令集的 CPU TEE，它影响了后续一系列开源 CPU TEE 的演进。架构上，Sanctum 采用软硬件协同的方式来构建 TEE，可信计算基（TCB）包括运行在 RISC-V“机器态”的安全监控器，以及一系列基于硬件的安全扩展（如双页表、DRAM 染色隔离等），共同实现 TEE 所需要的安全能力。Sanctum 实现了与 SGX 较为类似的隔离环境模型，需要进行代码重构来实现进程内的安全隔离。

加利福尼亚大学伯克利分校的研究者提出的 Keystone[5] 和 Sanctum 类似，但是将隔离域的抽象从简单的应用形态扩展为支持特权运行时的形态（见图 2）。特权运行时一定程度上类似于 TEE 操作系统（或 TEE OS），但是也可以支持类似固件的非常小型的系统软件。目前，Keystone 主要支持 seL4 微内核和 Keystone 团队自己研发的特权运行时。通过支持特权运行时，Keystone 能够支持现有的部分原生应用，并且对外设等也具备较好的兼容性。

蓬莱（Penglai）[6] 是由上海交通大学提出的面向高安全、高并发场景的开源 CPU TEE（见图 2）。与传统 TEE 使用段式或区间式的物理内存隔离不同，蓬莱的设计引入了安全页表的概念，使用安全页表对隔离环境进行隔离。蓬莱的核心设计基于如下观察：运行在可信计算基之外的软件（如操作系统、普通进程）都使用虚拟地址，其对于内存的访问都需要 MMU 利用页表对虚拟地址进行翻译，因而只需要保证所有运行在可信计算基之外的软件的页表中没有对安全内存页的映射，即可以保证任何运行在可信计算基之外的软件都无法访问安全内存。相比 Sanctum 和 Keystone，蓬莱能够在隔离域的数量上实现显著的提升（突破 1000 个），并且在隔离域启动、跨域通信等多个关键指标上实现数量级的提升。

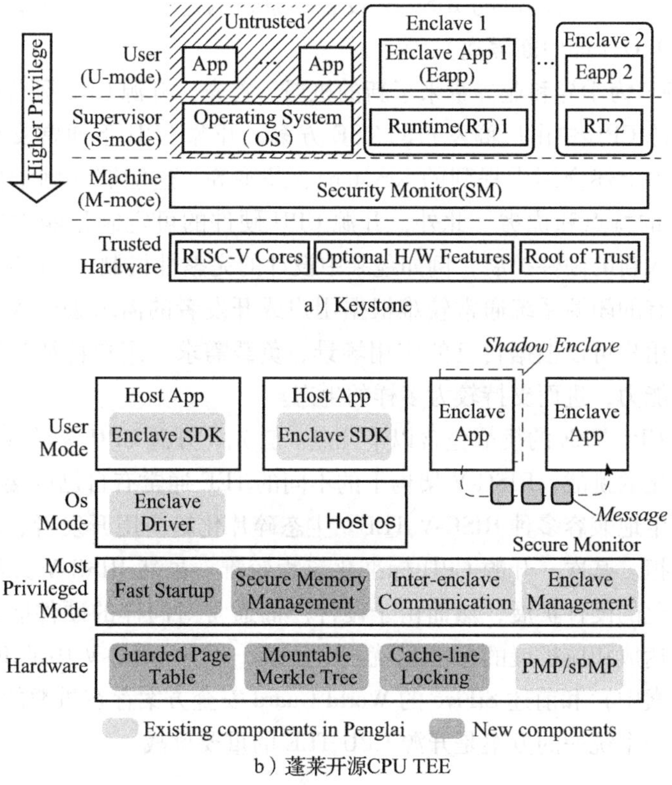

图 2 Keystone 与蓬莱开源 CPU TEE

随着下一代机密计算架构逐渐向机密虚拟机的形态演变（如 TDX 和 CCA），RISC-V 基金会开源社区同样提出了类似的机密计算方案，包括 AP-TEE 工作组推动的 AP-TEE[9] 和上海交通大学团队提出的 RISC-V CVM 扩展[10]。其中，AP-TEE 提出了和 SGX 类似的基于 RISC-V 虚拟化扩展的机密方案，通过机器态将软件环境划分为 TEE 和非 TEE。TEE 中，AP-TEE 引入了一个 TSM（TEE Security Monitor）模块，该模块运行在 HS 特权态，能够管理在 TEE 中的机密虚拟机。RISC-V CVM 扩展[10] 通过引入两个关键硬件特性来支持 RISC-V 机密虚拟机，即机密态（Confidential Mode）和 PMP 表扩展，因此能够实现更好的性能和可扩展性表现。其中，机密态的引入，将 RISC-V 中的特权态划分成了机密态和非机密态，机密态中可以运行机密虚拟机，非机密态中则运行不可信的操作系统、虚拟机监控器、普通虚拟机等。基于机密态扩展，可以实现可信环境和普通环境的快速切换（基于硬件指令）。PMP 表扩展将传统的 PMP 隔离机制扩展为类似页表的可扩展的结构，能够支持物理页粒度的安全隔离，从而较好地解决了资源隔离粒度等问题。

此外，相关 RISC-V 企业通过将自己的安全方案进行开源，一方面能够获得来自社区的对方案本身的反馈，另一方面也能够建立一定的影响力。例如，SiFive 提出了 World Guard 安全方案[11]，该方案相比前述其他方案的一个重要区别是：World Guard 是一个 SoC 级别的安全方案，通过在 SoC 中引入 WG Checker，该方案能够对 I/O 设备进行隔离和限制，实现安全 I/O。北京奕斯伟计算技术股份有限公司与上海交通大学提出 RVM-TEE 安全方案[12]，针对终端侧的 RISC-V 设备场景，构建了端到端的安全方案，并且同样能够支持安全 I/O（如中断隔离）等。

开源 CPU TEE 为学界和业界带来了新的机遇。首先，开源 CPU 硬件的设计选择更为灵活。相比于闭源 CPU 中由厂商发布的 TEE 方案，开源 CPU 下通常支持多形态、多设计选择的 TEE，如上述介绍中提到的 Keystone、蓬莱等。这能够帮助学界和业界探索不同 TEE 设计方案的特点和优劣。此外，开源 CPU 硬件的可定制化能力更强。开源 CPU TEE 系统允许引入新的硬件扩展，例如蓬莱中设计的完整性机制，RVM-TEE 中引入的安全中断等。而现有的闭源系统通常较难根据用户或开发者的需求去引入定制化的硬件机制。硬件厂商或用户可以根据自己的应用场景、负载需求、用户特征等按需定制自己的安全系统和安全能力，进而支持较为多样的生态。

当前的开源 CPU TEE 的挑战包含以下几点。首先，开源 CPU 灵活性和定制化的机遇伴随着生态碎片化的挑战。RISC-V 架构下的不同的 TEE 通常有自己的接口、SDK 等，其安全应用较难原生地兼容多种 RISC-V TEE。生态碎片化给应用开发者、设备厂商带来了巨大的成本和负担。其次，开源 CPU 标准化流程较难。虽然 RISC-V 开源指令集支持硬件厂商引入定制化的硬件扩展，然而由于硬件厂商通常对同样的硬件能力带有自己的需求和考量，因此达成相应扩展的标准化就相对困难，例如 RISC-V 中的 IOPMP 扩展（目前正在推进和探索中）和前述 SiFive 的 World Guard 安全方案存在重叠的部分，如何平衡多种扩展并形成一个统一的方案是开源 CPU TEE 的重要挑战。

2.1.3 跨 CPU 通用 TEE

现有商用 CPU 实现的 TEE 存在如下问题：首先是厂商异构的应用模式，商用 CPU 市场上存在多种 TEE 产品，它们来自不同的 CPU 厂商，提供参差不齐的 TEE 特性（例如原生 TrustZone 甚至不支持远程验证这一基本特性），也存在不同的编程和使用模式（例如 SGX 的原生使用模式要求分割应用，而 SEV 支持部署完整应用），从用户的角度看，这带来了应用适配异构 TEE 的复杂性，以及应用不得不与特定厂商长期锁定的潜在风险；其次是不开放的黑盒实现，TEE 的实现嵌入到 CPU 的实现当中，而商用 CPU 的实现不向大众开源，甚至也不允许合作伙伴审计代码，因此对于用户来说，TEE 就像一个黑盒子，难以确定其实现能否达到厂商声称的完备性、正确性和安全性；最后是 CPU 厂商掌控的信任根，商用 TEE 的信任链条通常起源于 CPU 厂商的密钥基础设施，例如 SGX 的信任链起源于 Intel 的密钥管理设施，另一方面，诸如远程验证、数据封装等重要的特性，都衍生于上述厂商密钥基础设施，因此，这些 TEE 的信任根被认为掌控在 CPU 厂商手中，然而，CPU 厂商并非权威机构，而且其密钥基础设施无法审计，因此其可信赖性是值得商榷的，某些情况下，轻信特定 CPU 厂商甚至可能带来严重安全风险。

为应对上述问题，近年来业界涌现出跨 CPU 通用 TEE 方案。蚂蚁集团提出了 HyperEnclave[13] 开放跨平台 TEE 架构。首先，HyperEnclave 在异构 CPU 上基于广泛支持的虚拟化技术构建安全边界，提供统一的 TEE 抽象（类 SGX 及类 VM）；其次，HyperEnclave 的实现是开放透明的，其代码已经开源，而且核心代码经过了形式化验证；最后，HyperEnclave 基于可信计算 TPM 构建信任根，实现了信任根与 CPU 厂商解耦，且信任根可以托管到国家权威机构。Nitro Enclave[14] 是亚马逊基于 AWS Nitro Hypervisor 和 KMS 基础设施实现的通用 TEE 方案。它允许 EC2 租户在原有实例（父实例）中静态划分出部分计算资源作为 TEE（子实例），并保证父实例无法访问子实例处理的敏感代码与数据。值得注意的是，Nitro Enclave 绑定于 AWS 云基础设施，并要完全信任 AWS 系统管理员。

2.1.4 xPU TEE

近年来，研究者将 CPU 上的机密计算概念引入到加速器计算场景中，称为 xPU TEE。由于 GPU 是当前应用最为广泛的加速器，因此大部分工作针对其工作流程构建的是 GPU TEE，例如 Graviton[15]、HIX[16]、Telekine[17]、HETEE[18]、StrongBox[19]、CRONUS[20]、GR-T[21]、Honeycomb[22] 等系统。除此之外，国内外学者也致力于实现其他加速器（如 IPU、NPU 等）的 TEE，例如 Microsoft 于 2023 年提出的 ITX[23] 系统，以及 Shrivastava 等人提出的 Securator[24] 系统。除学术界之外，工业界也在逐渐重视加速器计算所面临的数据安全问题，例如 GPU 厂商英伟达于 2022 年提出了第一个支持机密计算功能的商用 GPU（即 H100 GPU[25]）。

当前，xPU TEE 主要依赖 CPU 端的可信计算技术来确保数据安全，这是因为现有的加速器无法直接处理机密数据，其仍然依赖运行在 CPU 端的软件栈（如加速器驱动和加速器编程模型）完成加速器计算任务的构建与调度、数据加密与完整性验证以及与加速器运行环境的交互。因此，大部分的 xPU TEE 设计需要借助 CPU TEE 和具有最高特权等级的安全监视器来实现。例如，HIX 与 CRONUS 分别使用 SGX 技术和 ARM 安全虚拟化扩展来构建 GPU 软件栈的飞地；HoneyComb 借助 SEV-SNP 技术构建 CPU TEE 来实现与 GPU 之间的安全通信，并且构建安全监视器来监视 GPU 飞地与 GPU 驱动的行为，以将它们从可信计算基中剔除；Securator 借助 SGX 技术确保 CPU 与 NPU 之间数据传输的安全性；StrongBox 与 GR-T 则借助通用的 TrustZone 扩展确保 GPU 可信计算；HETEE 虽然没有依赖于 CPU TEE，但该系统仍然需要额外的 FPGA 硬件来部署安全监视器，从而对每个 GPU 计算节点提供保护和安全认证操作。

如果加速器的硬件和固件设计可以实现数据加密、远程验证、访问控制等功能，则加速器的TEE可以不依赖于CPU TEE。例如，Graviton和H100 GPU通过修改GPU的固件来支持安全计算操作，以构建GPU机密计算环境；Telekine则在远程用户和GPU TEE的通信中设计了一种数据遗忘的传输机制，在不依赖CPU TEE的情况下，进一步确保了GPU TEE的数据安全性；ITX提出了面向IPU的硬件扩展，包括加密引擎、硬件信任根等。

2.2 机密计算系统软件

2.2.1 机密计算框架层

机密计算框架为应用开发者提供机密计算应用开发的框架，其在不同程度上对底层进行封装，达到为开发者提供易用性的目的。

市场上存在一批面向硬件架构的开发框架，比如Intel SGX SDK、OpenEnclave SDK、SecGear SDK。Intel SGX SDK[26] 是由Intel官方开发的开发框架，其最大的特色是定义了一套用于生成跨模式调用的工具链edger8r，该工具链为开发者所声明的ecall和ocall自动生成胶水代码，无需使用SGX指令进行编程。OpenEnclave SDK[27] 则是由微软开发的一套开发框架，其目的在于跨不同的TEE平台进行编程，即由OpenEnclave SDK所开发的机密计算应用可以无缝地运行在SGX和（基于开源OP-TEE的）TrustZone两套平台上，其本质也是生成自动化的跨模式胶水代码。SecGear SDK[28] 则是由华为主导开发的一套开发框架，同时兼容了Intel的SGX、基于华为自研的iTrustee、ARM的TrustZone以及开源RISC-V上的蓬莱TEE架构，其实现屏蔽了底层的TEE差异，在异构TEE间使用同一份源码进行编译。

为了支持更多样的开发语言，社区中还陆续产生了一批面向其他编程语言的开发框架。Teaclave Rust SGX SDK开发框架[29] 使用了Rust语言，将Rust的内存安全特性引入了机密计算应用的开发过程中。除了使用Rust语言外，Teaclave还将形式化验证、静态分析、动态模糊测试等软件工程领域成熟的软件安全方法引入机密计算应用来提供足够的安全保证。Teaclave也同时支持SGX和TrustZone两种TEE架构。Enarx[30] 开发框架则用WebAssembly作为机密计算的开发底座，直接复用WebAssembly工具链的跨语言能力以及运行时安全检查的能力，支持SGX和SEV两种TEE架构。此外，EGo[31] 则将Go语言以及其异步协程的高效性一并引入机密计算应用中。

2.2.2 机密计算操作系统层

商用硬件厂商会提供进程级的TEE（如SGX）来保护应用程序使用的数据，并实现运行于飞地中的应用软件的安全隔离。然而，虽然硬件限制了外部操作系统对飞地内敏感数据的访问，但也要求对应用程序做出一定修改以提高其安全性，从而降低了软件兼容性。例如，SGX为了降低飞地内软件的可信计算基，要求将应用程序拆分成可信和不可信部分，并禁止飞地中的可信部分直接使用操作系统接口，导致无法兼容现有软件栈。因此，学术界提出了一系列研究工作，探索如何在飞地内实现操作系统复杂接口和抽象，同时保持较低的可信计算基。

为了在 SGX 上执行未修改的应用程序，Haven[32] 在硬件提供的 TEE 中引入一个兼容线程、虚拟内存以及文件 I/O 语义的 LibOS。虽然 Haven 解决了在不修改应用二进制文件的同时保护它们免受恶意外部攻击的双重挑战，但在飞地内运行 LibOS 会导致可信计算基过大，这不仅带来安全性上的缺陷，还给应用程序带来不小的性能开销。为了降低飞地内的可信计算基并提升性能，SCONE[33] 没有采用 LibOS 的设计，而是将操作系统的实现从飞地中移除，直接复用飞地外不可信操作系统的实现。具体来说，SCONE 提出了一套对容器透明的轻量级安全隔离机制，将容器应用的系统调用转发至飞地外部，并对外部操作系统的返回进行安全检查，从而极大地降低了飞地内的可信计算基。与 SCONE 类似，Panoply[34] 使用“委托而非模拟”的设计原则，在更高的接口层次（POSIX 层接口）上将请求委托给底层不可信的操作系统，并将 SCONE 中的 C 标准库也从飞地中移除出去，进一步降低了可信计算基，同时保持对 Linux 接口的兼容性。SCONE 和 Panoply 的设计虽然降低了可信计算基，却增加了飞地与外部的通信复杂度，面临接口层交互带来的安全威胁。Graphene-SGX[35] 认为 LibOS 的巨大可信计算基主要来源于它的 C 标准库，因此延续了 LibOS 的设计方案，还提出了众多提升 SGX 可用性的设计，例如使用不同的飞地运行不同的进程从而支持多进程。此外，Graphene-SGX 采用的 LibOS 可以极大降低传统 LibOS 的性能开销。Occlum[36] 提出编译技术和 LibOS 结合的方法，利用 Intel MPX 在一个 SGX 飞地内实现多进程隔离，进一步加强了飞地内的细粒度隔离能力，从而降低了运行在不同飞地的多进程程序的性能开销。

随着 SEV、TDX 和 CCA 的提出和发展，机密虚拟机架构因为其兼容性和易用性逐渐受到人们的青睐，针对机密虚拟机设计和实现 TEE 操作系统成为下一个研究热点。

2.2.3 机密计算虚拟化层

相对于进程抽象，虚拟化层实现的虚拟机抽象具有更少的攻击面和更强的软件兼容性，因而该抽象在云计算中得到了广泛的部署。机密计算虚拟化层的研究工作主要体现为两个方向，分别是面向 TEE 的虚拟化（Virtualization for TEE）和基于虚拟化的机密计算（Virtualization by TEE）。

当前商用机密计算硬件在实际部署过程中存在着诸多问题，而研究者利用面向机密计算的虚拟化技术构建了针对性的解决方案。首先，不同厂商的硬件使用不同的接口，存在着平台锁定的问题。为了提升机密计算应用的平台移植性，vSGX[37] 利用 SEV 已有的机密虚拟化硬件，在一个独立的机密虚拟机中直接运行 SGX 应用程序的二进制代码。该系统将 SGX 飞地的代码运行在 AMD 机密虚拟机中，而将不可信的部分运行在普通的虚拟机内，它在动态捕获飞地代码使用的 SGX 指令后，根据具体的指令语义进行模拟，从而实现模拟 SGX 硬件的效果。vSGX 使用虚拟化方法将机密计算应用与底层硬件平台解耦，消除了 SGX 机密计算应用的平台锁定。研究者还利用虚拟化技术弥补硬件的安全缺陷，甚至提供硬件所不具备的功能。为了在有限的TEE限制下提供多个不同的虚拟隔离环境，vTZ[38] 利用虚拟化技术和TrustZone的硬件隔离能力，为普通世界的虚拟机创建虚拟的TrustZone实例，从而能够利用TrustZone的安全隔离能力。与vTZ类似，TEEv[39] 使用软件的同级保护技术和虚拟化技术，在TrustZone的安全世界内直接虚拟化出多份TEE实例，并实现了实例之间的强安全隔离。

基于虚拟化技术，工业界和学术界针对不同场景提出了虚拟机级的机密计算方案。这些方案的软件架构均采用了安全机制和管理机制分离的设计思想。一方面，属于可信计算基的部分专注于安全机制，实现机密虚拟机与非可信软件的强隔离，限制不可信软件对机密虚拟机资源的直接访问，例如TDX中的SEAM模块和CCA中的RMM；另一方面，非可信的特权软件（包括宿主操作系统和商用虚拟机监控器）提供硬件资源的管理和调度，包括处理器时间片、物理资源的分配、外部设备的虚拟化等。学术界提出的TwinVisor[40] 延续了安全机制与管理机制分离的思想，利用Secure EL2硬件拓展在TrustZone安全世界内直接提供机密虚拟机的抽象，类似的，virtCCA[41] 利用Secure EL2并借鉴CCA官方手册，在TrustZone环境中实现了与CCA完全兼容的机密虚拟机环境，这些工作使得在CCA大规模商用前，学术界和工业界仍然可以使用CCA的机密虚拟机的架构。为了保护移动设备中的用户隐私数据，谷歌发布了Android虚拟化框架（Virtualization Framework），其中核心的部分是利用ARM硬件虚拟化技术实现的机密虚拟化系统pKVM[42]。pKVM同样采用了与TwinVisor和virtCCA相同的设计思路，它扩展了Linux中运行在EL2特权级的LowVisor，使它专注于安全机制。宿主操作系统Linux提供虚拟机的管理服务，但无法直接访问虚拟机内运行的代码和数据。

2.3 机密计算应用

2.3.1 机密区块链应用

当前，区块链技术在数据安全性、高延迟及交易处理能力较低等方面存在一些挑战。在计算层面，蚂蚁链CONFIDE[43]、微软Confidential Consortium Framework[44]、ShadowEth[45]、Ekiden[46] 等区块链系统将计算过程迁移到链下，并在TEE内运行智能合约执行引擎，从而优化了区块链的隐私性、吞吐量和延迟。Teechain[47] 则将区块链交易从链上转移到链下，借助机密计算的能力在链下交易，实现二层支付网络，使其可以在不与主链交互的情况下执行异步交易，然后以批量方式整体同步到链上，从而显著提高区块链交易的性能。在数据存储方面，Azure Confidential Ledger[48] 将账本运行在多方机密计算节点中，形成分布式账本，该账本可作为可信存储用于日志审计和数据防伪造。DeSearch[49] 则服务于区块链应用的存储搜索，用机密计算节点运行去中心化检索功能，数据则存储在公有云上（称为“看板”）并借助区块链来校验看板的正确性。机密区块链应用有效规避了现有区块链的隐私不足问题，在可编程性、低延迟、高吞吐量上均有明显效果。其缺陷则在于对机密计算硬件可信根的依赖过强，以及其信任模型和区块链的信任模型存在一定冲突。

2.3.2 机密数据库应用

机密数据库旨在保护数据库中的敏感数据，防止数据泄露。目前云厂商实际使用的主流机密数据库普遍采用插件式机密数据库（见图 3a）。Azure AE[50] 是基于 Azure SQL 服务器的隐私保护数据库。它保护敏感数据免受数据库管理员、云运营商和其他高特权用户的非法访问。阿里云 Operon[51] 则基于 RDS PostgreSQL 和 MySQL 提供了机密数据类型扩展，允许用户标记出密文类型并进行 SQL 兼容的查询。Operon 通过对机密算子的限制，防止恶意数据库管理员的非法查询，同时允许用户在将计算外包给其他友商时，对其可操作性进行限制。华为 GaussDB[52] 基于 SecGear 提供了面向高斯数据库的机密数据库扩展，其支持的机密算子较为丰富，可有效支持多种查询类型和事务分析，并兼容 SGX、TrustZone 等平台。插件式机密数据库兼容现有云数据库管理员的运维能力，同时具有较小的 TCB。

部分机密数据库服务厂商则将内存数据库运行在 TEE 中，称为单体式机密数据库（见图 3b）。EdgelessDB[53] 是一款基于 MariaDB 的开源机密数据库，它使用内存键值对作为存储引擎，将整个内存数据库引擎放入 TEE 中运行，使数据拥有机密性、完整性、可审计性和可恢复性。然而，此类方案的 TCB 过大，一旦软件部分存在漏洞，则可能导致数据失去保护。此外，该类方案在隔离非法访问的同时，也把数据库管理员排除在 TEE 之外，导致其对运维的支持也较弱。

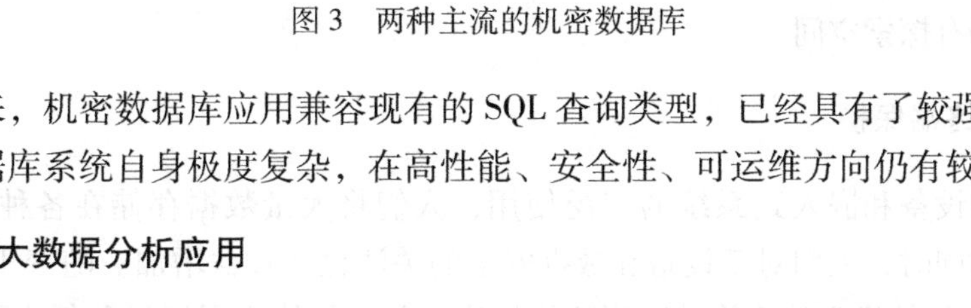

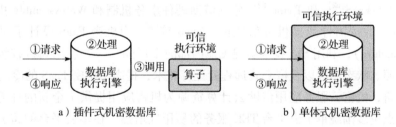

图 3 两种主流的机密数据库

目前看来，机密数据库应用兼容现有的 SQL 查询类型，已经具有了较强的实用价值。然而由于数据库系统自身极度复杂，在高性能、安全性、可运维方向仍有较大改善空间。

2.3.3 机密大数据分析应用

对大量敏感数据的分析，是适合机密计算技术的又一应用领域。Opaque[54] 将机密计算和 Spark 大数据执行引擎进行结合，借助遗忘算子保证单节点数据使用和结果返回的隐私性。Opaque 平台负责远程证明以验证集群部署的完整性，并提供每个工作节点的安全性和可扩展性的保证。Civet[55] 和 VC3[56] 将机密计算技术分别与 Hadoop 和 MapReduce 执行引擎相结合，并对数据流的正确性进行验证，但缺少对跨节点数据交互的隐私保护（如交互频率、传输体量）。国内 MAPPIC[57] 平台是蚂蚁链基于机密计算技术构建的具备处理海量数据规模和 AI 隐私保护推理能力的分布式可信数据处理平台，其依托 Occlum 开源平台并融合 Intel 的分布式 BigDL 框架，实现了主流分布式 AI 框架、分布式组件等关键技术在 TEE 中的可靠运行。以上机密大数据分析应用均假设大数据的使用者和拥有者为同一方（即单方）且借助 TEE 防止平台窃取敏感数据，但它们无法解决使用者和拥有者不同的情况。综合来看，机密大数据分析应用通常与现有大数据分析引擎相结合，符合现有大数据分析师的使用习惯，但在数据隐私保护方面，尤其是多方数据分析隐私保护、多节点数据交互模式保护等维度，仍有探索和发展空间。

2.3.4 机密云服务应用

云计算服务形态近年来已经从 IaaS（Infrastructure as a Service）、PaaS（Platform as a Service）、SaaS（Software as a Service）逐渐过渡到 FaaS（Function as a Service）。目前的一些机密云服务应用是基于 PaaS 平台进行的，如 Scontain[58] 将机密容器技术部署在 Azure 公有云上，同时为机密容器提供 Kubernetes 调度、远程验证、密码管理等服务。Anjuna[59] 则在 AWS、Azure、Google 等多个机密云计算服务平台之上提供了统一的应用安全加载服务，避免因为平台的机密计算抽象的不一致导致的使用复杂度，但目前缺少跨云的机密应用迁移能力，无法支持多云的负载均衡。在 SaaS 层面，Fortanix[60] 借助 TEE 为多云场景提供统一的密钥管理服务。在 FaaS 层面，Apache Teaclave[29] 提供了一套面向 FaaS 的通用安全计算框架，借助安全 RPC、分布式执行服务等为函数执行提供安全保证。Plug-in Enclave[61] 则为机密 FaaS 的函数快速启动、函数链数据快速传输提供高效计算原语。S-FaaS[62] 和 Twine[63] 分别借助硬件事务机制和 WebAssembly 指令计数机制为机密 FaaS 的按需计费提供可信凭证。Zhao 等[64] 为机密 FaaS 设计了可重用飞地（Reusable Enclave），利用 SFI 技术实现飞地内部的多层隔离，并利用高特权级代码实现飞地状态快照、状态回滚以及嵌套式远程验证等技术，提高了机密 FaaS 的冷启动效率。

总体而言，机密云服务应用借助云计算资源为机密应用提供了全新的计算环境，但目前的关注点更多围绕单个云平台 TEE 服务的易用性增强，在多云平台的跨云迁移和多云验证方面仍有探索空间。

2.3.5 机密终端保护

随着移动设备和嵌入式系统的广泛使用，人们将大量数据存储在各种终端设备中。在行业发展的同时，人们对于设备和数据安全的关注也在日益增加。随着 TrustZone 的发展，受 TEE 保护的机密计算终端应用已经较为成熟，具体应用场景包括指纹识别、人脸识别、移动支付、流媒体数字内容保护等涉及隐私计算的服务。如 2013 年苹果公司推出的基于 TEE 的指纹识别 TouchID，可被视为 TEE 技术在移动端的一次具体应用。TrustOTP[65] 则利用 TrustZone 提供可信的 One-time 密码服务。除了 TrustZone 相关研究外，Zhang 等人根据 ARM 在 2021 年新发布的 CCA 机制提出了 SHELTER[66]。SHELTER 基于 CCA 所提供的粒度保护检查（Granule Protection Check，GPC）机制，在用户层创建多个用于机密计算的飞地，支持动态载入运行来自第三方开发者的机密应用。SHELTER

扩展了 CCA 的机密计算虚拟机架构，进一步实现了飞地与各类软件（如操作系统、不同世界的高特权管理器）之间的隔离。针对终端保护的安全性，Ning 等人提出了基于 ARM 架构硬件漏洞的攻击方式 Nailgun[67]。Nailgun 利用 ARM 硬件调试特性以及该特性在多核系统中的设计漏洞，绕过了 ARM 系统的权限隔离机制，达到以低权限完成高权限操作的目的。此攻击对于 ARM 平台生态系统产生了一定的影响，手机厂商（华为、小米、摩托罗拉等）、物联网设备厂商（树莓派等）都对该攻击进行了回应或修复。

PC、工作站等用户终端设备平台通常采用 x86 架构，其中机密计算服务则用安全飞地技术实现，如 SGX 技术。自 2013 年起，SGX 技术被普遍集成到 Intel 处理器中，为用户提供可开发的应用层 TEE。在终端机密计算中，SGX 为系统提供安全加解密、关键代码和数据隔离等服务，包括数字版权保护、密钥管理等。Fidelius[68] 利用 SGX 飞地部署小型的浏览器辅助引擎，并建立从设备 I/O 到飞地之间的安全读写通道，从而保证用户密钥等安全敏感数据的可信操作。由于终端设备容易遭受侧信道攻击，以及用户越来越多地将应用部署在云端，因此，一方面服务提供商将 SGX 终端应用逐渐迁移到云端，并利用云端访问权限控制、物理隔离等方法保证 SGX 应用的可信性；另一方面研究人员会针对 SGX 应用进行安全审计，如 SMILE[69] 利用平台集成的系统管理模式特性，从系统固件到 SGX 飞地应用构建可信验证链，实现用户对 SGX 飞地运行时程序代码和数据的安全检测。

2.3.6 机密 AI

随着人工智能（AI）技术的不断发展与应用，深度学习作为其代表技术，正对人们的生产生活各个方面产生着深刻的影响。相较于传统机器学习算法，深度学习高度依赖数据，数据量越大，模型学习的参数越多，深度学习的表现就越好。深度学习等 AI 技术面临隐私和安全方面的多重挑战。在模型训练阶段，海量数据样本面临隐私数据泄露的风险，通过非法篡改模型训练过程，深度学习也会面临后门植入等安全风险。在模型推理阶段，用户的输入样本和深度学习模型均存在泄露风险。机密计算可为训练和推理过程提供机密性和完整性保护，是应对 AI 隐私和安全挑战的重要途径。

使用机密计算技术保护 AI 的训练和推理过程主要包括三种思路。其一是将完整的机器学习模型训练和推理过程全部放在 TEE 中完成，为此，研究人员尝试将现有机器学习模型（例如 K-means、SVM、XGBoost、DNN 等）和机器学习框架（例如 Tensorflow、Theano、Caffee 等）移植到 TEE 中[70-72]。但 Cache Telepathy 等工作表明，通过观察神经网络计算过程中的缓存等侧信道泄露，可以推测神经网络的结构和超参数[73]。为了防止神经网络计算过程中的侧信道泄露，Ohrimenko 等通过设计排序、比较等操作的不经意算法原语，确保机器学习计算过程中的内存访问模式与隐私数据无关[70]。

由于机器学习模型通常具有大量参数，若超过 TEE 的内存限制将会显著影响模型性能。为缓解 TrustZone 和第一代 SGX 在计算能力和安全内存方面的不足，研究人员提出模型分割、动态加载、深度学习内存占用分析等机制降低内存足迹，并减少由于飞地内存换入换出造成的性能损失[74-77]。Occlumency[75] 利用模型逐层推导的特性，逐层按需加载权重和维护特征图以避免页面交换。

除了将整个机器学习模型全部移植到TEE中，联邦学习将模型的训练过程分布在多个设备或数据源本地（客户端），并通过服务器端梯度聚合的方式利用多个数据源的信息提高模型的性能。但是，联邦学习同样面临着梯度泄露引起训练数据泄露等风险。TEE可以保护客户端本地计算过程和服务器参数聚合过程的安全性，从而提高联邦学习的安全性和可靠性[78-81]。例如，TrustFL通过在联邦学习的注册阶段为每位参与者分配唯一标识符，并生成基于哈希值的消息验证码（HMAC），防止参与者在训练过程中随意篡改数据。在联邦学习的迭代训练阶段，参与者使用SGX进行本地训练并生成验证证明，任务发布者随机选取参与者进行验证[79]。

虽然机密计算已被应用于保护AI计算过程的机密性和完整性，但仍然面临侧信道攻击等安全性方面的挑战。机密AI的安全性研究仍然是目前阶段的热点课题。此外，目前主流的TEE以CPU为中心，难以支撑大规模预训练深度学习模型的训练和推理，需要异构TEE提供更强的算力。

2.4 机密计算安全

2.4.1 机密计算体系结构安全

由于TEE是一种基于处理器硬件的安全技术，微架构层面的漏洞和体系结构层面的设计缺陷势必影响机密计算的安全性。

1）微架构侧信道漏洞：TEE可信软件在运行时，与其他软件共享CPU上的微架构资源，例如缓存、分支预测单元以及各种内部缓冲区。而资源共享会导致一些特定指令的执行时间与资源争用相关联，从而允许攻击者通过共享资源构建侧信道，推测TEE可信软件的内存访问、分支预测等特征，进而推测TEE可信软件的敏感信息。目前已被证实可用于构建侧信道的微架构资源包括存储缓冲区（Store Buffer）[82]、分支预测单元（BPU）[83-85]、页表缓存（TLB）[86]、各级CPU缓存（L1/L2/Last-Level Cache）[87-91]，以及CPU外部的动态随机存取存储器（DRAM）[86]。另外，基于微架构在处理不同的指令和数据时的功耗不同，PLATYPUS攻击[92]利用Intel处理器的RAPL接口读取CPU执行任务时的功耗窃取SGX Enclave中的加密密钥。除了上述通过软件发起的攻击，Lee等人证实了当攻击者能够物理接触到目标平台时，可以通过探听内存总线（Memory Bus）获取TEE可信软件的内存访问特征[93]。

鉴于TEE厂商往往不将微架构侧信道漏洞考虑在其威胁模型中，针对微架构侧信道漏洞的防御方案主要集中在通过软件的方式实现，这些方案可分为检测型方案和预防型方案。前者通过监测微架构侧信道攻击对TEE运行的干扰信号，如频繁的中断[94-95]、运行时延[96]等，来检测攻击的发生。后者则基于密码原语如ORAM[97-98]、硬件特性如TSX[99-101]或随机化[102]来防止攻击者获取有用的侧信道信息。

2）瞬态执行漏洞：为了增加CPU指令的并发性，现代CPU微架构进行了深度优化，实现了指令的预测执行和乱序执行，导致 CPU 指令的逻辑执行顺序和实际执行顺序不同。这种程序执行在 CPU 架构层面和微架构层面的区别造成了瞬态执行漏洞，瞬态执行漏洞允许在 CPU 上具有基本程序执行权限的攻击者，通过构造瞬态执行攻击代码跨过安全隔离边界读取内存，并利用缓存等侧信道把内存内容编码并在瞬态执行之后读取。Foreshadow[103] 基于 L1TF 漏洞来窃取处于一级缓存中的 Enclave 数据；SgxPectre[104] 通过误导分支预测单元来实现特定代码段的预测执行，从而泄露机密数据；微架构数据采样漏洞 MDS[105-108] 使得攻击者可以读取临时出现在 CPU 各种内部缓冲区的任意数据。瞬态执行漏洞往往被用来窃取 TEE 的核心机密如远程验证密钥，威胁 TEE 的可信基础。除了厂商提供的硬件补丁，基于软件的方案[109] 往往会引入较大的性能开销，而基于硬件的方案[110] 需要较长的部署周期。

3）故障注入漏洞：CPU 在设计时一般会设定相应的工作环境参数（如电压、频率、温度等）以确保其可以正确地执行指令。当工作环境无法达到设定的条件时，CPU 可能会无法按预设的方式运行。因此，当攻击者可以操纵 CPU 的工作环境（如修改工作电压）时，可能会使 CPU 跳过一些预设的安全检查或泄露机密数据，造成故障注入漏洞。动态电压频率调整（DVFS）是用于动态调节 CPU 的运行频率和电压以达到节能目的的常见技术，其相关的软件接口可以被用来实现基于软件的故障注入攻击。CLKSCREW[111] 和 VoltJockey[112] 分别通过操纵 CPU 的工作频率和电压来窃取 TrustZone 里的机密数据。VoltJockey 的扩展[113]、Plundervolt[114] 和 VOLTpwn[115] 证实了通过控制 CPU 的工作电压可以攻破 SGX 的安全保障。另外，Chen 等人[116] 和 Buhren 等人[117] 分别验证了可以通过物理接入的方式对 SGX 和 SEV 进行电压故障注入攻击。除了厂商提供的硬件补丁，Kogler 等人[118] 提出了基于软件的防御方案，即利用 LLVM 对受保护的 TEE 应用进行插桩，以在运行时自动观测最易受电压故障注入影响的指令是否正常运行，以此检测电压故障注入攻击。

4）体系结构设计缺陷：由于 TEE 在体系结构层面的多样性和复杂性，在设计之时难以充分验证不同设计决策的安全性，因此会导致一些设计缺陷。对于 SEV，由于其机密虚拟机上下文切换时未对寄存器的内容进行加密，攻击者可以读取和修改其内容以威胁到机密虚拟机的机密性和完整性[119-120]。SEV-ES 的嵌套页表缺少完整性保护[119]、内存加密缺少完整性校验[121]、I/O 缺少加密[122]、ASID 可以被滥用[123-124] 等设计缺陷也被证实可以对机密虚拟机的安全性造成威胁。基于 SEV-SNP 加密内存的密文可读的设计缺陷，Li 等人[125-126] 提出了密文侧信道（Ciphertext Side Channel），用以推测机密虚拟机中的敏感数据。这些攻击直接或间接地推动了 SEV 的版本迭代，至今已迭代到第三代。对于 SGX，Enclave 数据从 CPU 缓存写入 DRAM 或从 DRAM 读取到 CPU 缓存时，需要通过内存加密引擎（MEE）对数据分别进行加密和解密。在解密时，若内存加密引擎发现数据的完整性被破坏，会锁住处理器直到重启。基于此，Jang 等人[127] 通过 Rowhammer 攻击翻转加密内存中的比特，引入完整性冲突来锁住处理器，实现拒绝服务攻击。

2.4.2 机密计算系统软件与应用安全

TEE 的运行通常需要系统软件的协助（如分配系统资源等），然而其威胁模型又假设系统软件不可信。攻击者通过控制系统软件，既可以实现新型的攻击，也可以使得一些传统软件中可能存在的漏洞在TEE的场景下更为严重。

1）控制侧信道漏洞：具有系统软件权限的攻击者可以通过异常处理、中断处理等方式中断TEE可信软件的运行并收集细粒度的侧信道信息。Xu等人[128]和Shinde[129]等人通过引入页面错误来监测SGX可信软件运行时页面级别的内存访问模式。Van Bulck等人[130]和Wang[86]等人则通过监测页表中的特殊控制位信息，在无需触发页面错误的情况下，达到了相似的攻击效果。Werner等人[120]证实了对SEV也可以进行基于页面错误的侧信道攻击。控制侧信道漏洞的防御主要通过软件实现，除了通过监测中断处理[94-95]及由频繁中断引起的运行时延[96]来检测控制侧信道攻击，Chen等人[131]还利用可验证的执行合约让系统软件为TEE的运行提供无中断的运行环境来防御控制侧信道攻击。

2）内存安全漏洞：攻击者可构造恶意输入数据，利用TEE软件对输入数据的处理不当，通过控制流劫持攻击达到执行任意代码的目的。攻击者可以利用ROP攻击方法，绕过DEP防御机制[132]。Seo等人[102]提出SGX-Shield来实现SGX可信软件中的内存布局随机化（ASLR），以抵御ROP攻击。然而，具有系统软件权限的攻击者可以通过侧信道攻击推测Enclave的内存布局。此外，SGX-Shield没有对SGX SDK中的部分代码进行随机化，使得攻击者可以利用这部分代码来实现ROP攻击[133]。

3）线程并发漏洞：具有系统软件权限的攻击者可以通过控制线程调度和中断处理，准确地触发TEE软件中的线程并发漏洞，从而导致并发线程违反访问的原子性、有序性或导致竞争条件等。线程并发漏洞的触发需要满足特定条件，比如相对较长的并发攻击窗口。在TEE环境下，由于攻击者具有系统软件权限，可以控制线程调度和中断处理，因此TEE软件的线程并发漏洞更容易被利用。AsyncShock攻击[134]通过利用SGX可信软件中的use-after-free漏洞篡改并劫持程序的控制流，同时利用软件中的TOCTOU漏洞，绕过软件的安全检测机制。针对SGX的线程并发漏洞，Chen等人设计了自动化测试工具SGX-Racer[135]，并检测出多种SGX运行时及应用软件中的线程并发漏洞。

4）接口漏洞：当TEE软件需要与外部交互时，如果调用接口的实现存在漏洞，如对返回值处理不当或没有适当清理ABI和API接口数据[136]，可能会导致信息泄露和内存安全问题。例如，Iago攻击[137]通过修改TEE外部调用接口的返回值，篡改TEE可信软件的执行逻辑。COIN攻击[138]通过调整SGX可信函数的调用顺序，触发use-after-free漏洞。接口漏洞的威胁程度取决于TEE软件与外部交互的需求，由于大多数TEE软件需要通过外部的操作系统来访问系统资源，大多数TEE都面临接口漏洞。

5）状态延续漏洞：TEE的状态延续漏洞是指TEE的执行状态可以被重放和复用，导致回滚攻击和分叉攻击。回滚攻击使单个TEE实例的执行状态回滚到一个过去的状态，进而执行不同的状态更新[139]；分叉攻击使多个TEE实例从同一个状态开始执行不同状态更新[140]。Jangid等人[141]应用符号证明工具Tamarin Prover，对SGX可信软件进行形式化建模，并验证可信软件在使用单调计数器、全局变量和加密数据过程中的状态延续性安全。Engraft[142]应用模型检查对Raft分布式共识协议的状态延续性进行形式化验证。NARRATOR[143] 应用分布式架构代替传统的基于硬件单调递增计数器的状态延续性解决方案，实现公有云 TEE 的状态延续性保护。

6）中心化远程验证问题：当前 TEE 应用与用户之间基于由厂商提前注入 CPU 的硬件信任根为 TEE 应用的可信性提供背书并建立安全通信链路，存在对硬件厂商的过度依赖问题。此外，基于机密计算的自主系统中的多个可信软件之间缺乏相互验证的机制。OPERA[144] 提出了一个开放的远程验证框架，用以解决 SGX 远程验证过程中对 Intel 验证服务器的过度依赖问题。MAGE[145] 实现了在没有可信第三方场景下的 TEE 可信软件互验证机制，解决了分布式自主系统中 TEE 相互验证的问题。

3 国内研究进展

3.1 学术研究进展

从国内的情况来看，过去十多年间，国内的研究机构在机密计算的安全攻击和系统构建方面，特别是构建异构 TEE、发现商用处理器硬件漏洞、利用已有硬件特性构建机密虚拟化系统、基于软硬件协同设计 TEE 等方面，形成了一系列前沿性的研究工作。

中国科学院在 TEE 安全性和异构 TEE 等方面取得了重要的研究成果。中国科学院信息工程研究所首次全面深入地分析了 SGX 中内存和分支预测组件存在的侧信道问题[84,86]，并和上海交通大学、南方科技大学联合提出软件侧信道防御方案 HyperRace[95]。面向数据中心场景，中国科学院信息工程研究所提出了异构可信执行环境（HETEE）设计，该设计以服务器机架为粒度，将加速器资源集中在无法篡改的安全模块内，并通过配置 PCIe 交换机和远程验证机制，为数据中心内大规模计算集群动态分配安全隔离的加速器资源提供了支持[18]。中国科学院软件研究所利用不同硬件平台上通用的 CPU 隔离技术，提出了基于软件的通用型 SecTEE 架构[146]，为多种缺少专用安全硬件扩展的平台使能了 TEE。SecTEE 架构基于 SoC 片上 TEE 的隔离能力，提供了抵御特权主机软件攻击和轻量级物理攻击的能力，同时基于页着色技术和 CPU 对高速缓存维护的硬件支持，保护 TEE 中的应用程序免受基于内存访问的侧信道攻击。中国科学院计算技术研究所提出了一种基于纯软件方法为 GPU 计算提供 TEE 的 Honeycomb 架构[22]，它对提交到系统中的每个 GPU 内核（GPU Kernel）的二进制代码进行安全验证，验证其运行时的行为是否遵循 Honeycomb 制定的安全策略，仅允许通过安全验证后的 GPU 内核在 GPU 上运行以保证安全隔离。

上海交通大学在软硬协同的机密计算系统研究等方面进行了卓有成效的探索。为了在传统虚拟化平台保护虚拟机中的隐私数据，上海交通大学首次提出利用嵌套虚拟化的技术构建安全虚拟机的系统 CloudVisor[147]；为了解决嵌套虚拟化带来的大量运行时开销的问题，上海交通大学提出了解耦式嵌套虚拟化系统 CloudVisor-D[148]，在保护虚拟机安全的前提下，允许大量虚拟机运行时下陷绕开嵌套虚拟化，从而大幅降低系统性能开销。

为了加强早期 AMD SEV 机密虚拟机的安全性，上海交通大学提出基于软件同级保护技术的 Fidelius 系统[149]，阻止了虚拟机监控器对虚拟机状态的直接访问。针对缺少 ARM 云平台的机密虚拟化系统，上海交通大学利用 ARM TrustZone S-EL2 的特性，提出一套将保护机制和管理机制解耦的双虚拟机监控器设计 TwinVisor[40]，首次实现了 ARM 平台的机密虚拟机抽象，满足了 CCA 大规模商用前的市场需求。针对 RISC-V 平台，上海交通大学提出了高可扩展性的软硬协同安全隔离系统"蓬莱"[6]，以支持动态、细粒度、大规模的安全内存和快速初始化。上海交通大学还与南方科技大学联合提出飞地互相验证的 MAGE 框架[145]，并利用可验证的执行合约来实现 SGX 隔离飞地的侧信道防御方案[131]。

南方科技大学全面深入地分析了商用处理器的安全漏洞，并在分布式机密计算、机密计算软件安全分析以及下一代 TEE 等方向进行了探索。首先，南方科技大学深入分析了 AMD SEV 处理器的侧信道攻击问题[125,150-151]，提出了密文侧信道攻击，得到了 AMD 的确认和致谢，并在软硬件层面得到了修复。然后，南方科技大学首次发现了 AMD SEV 处理器中内存隔离的缺陷，使用该缺陷可以通过 ASID 滥用[123-124] 和缺乏保护的 I/O 路径[122] 窃取内存加密保护下虚拟机的数据。南方科技大学还提出了 Engraft 系统，利用 SGX 保护分布式共识算法 Raft，防御参与者的拜占庭行为[142]；以及 NARRATOR 系统，利用分布式协议保障 SGX 的状态延续性[143]。在系统软件安全方面，南方科技大学与俄亥俄州立大学合作的 vSGX[37] 利用虚拟化技术在 AMD 平台运行 SGX 的二进制代码，并基于 SEV 内存隔离和加密实现了相同等级的安全保护；SGX-Racer[135] 利用二进制静态分析技术实现了 SGX 运行时的数据竞争漏洞的自动检测，并利用符号证明技术实现了针对状态延续性漏洞的形式化证明[141]。此外，南方科技大学基于 CCA 机制提出了 SHELTER 系统，能够在用户态创建多个用于机密计算的隔离飞地，并支持动态载入和运行第三方的机密应用[66]。最后，南方科技大学提出了第一个 ARM 边缘端 GPU 可信执行环境 StrongBox[19]，借助 TrustZone 和硬件虚拟化技术阻止操作系统对 GPU 的直接访问，保护 GPU 内的代码和数据安全。

作为机密计算产业界的重要力量，蚂蚁集团与清华大学合作提出了基于 SGX 的 Occlum 系统[36]，通过 LibOS 和 MPX 在 SGX 飞地内直接运行未修改的多进程应用程序，保护了用户工作负载的机密性和完整性，并极大地提升了 SGX 对应用程序的兼容性和运行性能，Occlum 作为机密计算联盟官方开源项目[152]，已经在产业界得到规模化应用。蚂蚁集团还与清华大学、中国科学院信息工程研究所联合研发了开放跨平台的商用 TEE 架构 HyperEnclave[13]，通过统一的 TEE 编程抽象，支持多 CPU 架构（尤其是国产 CPU）。其基于 TPM 和权威机构的信任根设计将 TEE 信任基础与 CPU 厂商解耦，核心逻辑经过了形式化证明，代码也已经开源，实现了 TEE 安全性的可控、可证和可审计。

除了上述研究机构，国内其他研究机构同样取得了大批重要的研究成果，尤其是基于 SGX 的漏洞挖掘、构建应用级 TEE 和异构计算。清华大学提出"骑士漏洞"[112]，利用现代主流处理器微体系架构中的动态电源管理模块 DVFS，采用电压故障精准注入的方式造成电压与处理器频率不匹配，最终暴露 TrustZone 和 SGX 内的隐私数据。国防科技大学提出 SmashEx 攻击[153]，针对 SGX 飞地程序缺乏原子性语义的问题，在飞地程序的关键代码位置（例如临界区内）制造异常，最终造成飞地私有内存数据的泄露或者代码重用攻击。华中科技大学提出 Se-lambda 系统并使用 SGX 双向沙箱隔离无服务计算的用户云函数[154]。浙江大学提出 SGXLock 技术，以限制隔离安全飞地内运行的不可信应用[155]。武汉大学提出了 S-Blocks 架构，通过将虚拟安全功能模块化并用 SGX 保护关键模块，以细粒度加固重要功能的安全性[156]。香港大学面向异构计算环境提出了 CRONUS 架构[20]，是第一个能够满足异构机密计算场景下三项关键要求的 TEE 架构。CRONUS 的关键思想是将异构计算划分为隔离的飞地，每个飞地仅封装一种计算（例如 GPU 计算），多个飞地可以在空间上共享加速器，并使用飞地之间的远程过程调用 RPC 构建异构计算。

3.2 产业结构演化

随着机密云计算、隐私计算等应用场景的发展，国内机密计算产业也取得了一定成果。下面从 TEE 厂商、机密计算基础设施、机密计算系统软件、机密计算应用系统等几个角度来介绍。

首先，我国在 TEE 的硬件实现方面取得了一定的进展。在 2019 年之前，来自国外厂商的方案是无可争议的市场主流，其中 SGX 又居于主导性地位。其后，随着对国产 TEE 的需求逐渐增长，国内厂商也陆续推出了支持 TEE 的 CPU。例如海光 CPU 支持 CSV（China Secure Virtualization），华为和飞腾的服务器 CPU 则支持 TrustZone。蚂蚁集团开源的 HyperEnclave[13] 则更进一步，可支持所有具备虚拟化特性的国内外 CPU，且信任根独立于 CPU，更为可控和灵活。

此外，国内涌现出一批聚焦机密计算基础设施的公司。例如浪潮、超聚变等提供机密计算服务器，蚂蚁集团、冲量在线、锘崴科技等提供机密计算一体机，而阿里云、腾讯云提供机密计算实例。我国产业界相对国外较早认识到了异构 TEE 之间的互联互通可以帮助企业和机构充分利用现有资源或快速使用新增资源投入生产。例如北京金融科技产业联盟组织了专项产业研究课题，由中国工商银行、蚂蚁集团牵头，联合 20 家单位共同研究攻关，形成了以“统一远程证明流程抽象”为核心的 TEE 互联互通接口，并率先完成了包含 5 套主流 TEE 方案的互联互通验证[157]。

国内厂商在机密计算系统软件方面投入较大。一方面，出现了若干个在国际上颇具影响力的开源项目。如 Teaclave SGX SDK 发源于百度安全实验室，现在是 Apache 社区孵化项目，作为一个基于 Intel SGX SDK 的 Rust 扩展，被国内外众多开源项目采用；Occlum 发源于蚂蚁集团安全计算团队，后来捐献到机密计算联盟社区，现已成为针对 SGX 的具有主导地位的开源 TEE OS；CNCF 项目 Inclavare Containers 则基于 Occlum 等 TEE OS，将机密计算扩展到容器生态。另一方面，诸多科技大厂也推出了机密计算技术产品，例如阿里云在公有云提供全加密数据库产品服务，火山引擎推出了 Jeddak 数据安全沙箱，而华为云则提供 TICS 可信智能计算服务。

国内机密计算应用呈现百花齐放的态势，涵盖了金融、医疗、政务等领域的众多机密数据融合场景，同时也涌现了一批提供机密计算应用解决方案的创业公司，例如冲量在线、翼方健数、锘崴科技等。蚂蚁链基于机密计算实现区块链链上数据隐私保护[158]，并基于 Occlum 构建了具备处理海量数据规模和 AI 隐私保护推理能力的 MAPPIC 分布式可信数据处理平台[57]。百度点石机密计算平台[159] 基于 Teaclave SGX SDK 和 Occlum 实现金融反诈、生物计算和政务数据开放应用。网商银行基于分布式机密数据库集群，构建密态时空大数据计算范式，生成更有效的信贷风控和运营策略。目前，国内有不少银行（如中国工商银行、浦发银行等）和大型通信公司（如中国移动）都在探索基于机密计算的数据协作方案。

总体来看，国内机密计算产业呈现出我国 IT 产业的普遍特点——在实际应用方面与世界基本齐头并进甚至显示出更加繁荣的态势，但在基础技术方面与世界先进水平仍有差距。如果把基础技术分成系统软件和硬件两层来看，可以说我国在机密计算系统软件方面基本达到了世界水平，尤其是在 TEE OS 领域甚至局部有所领先——相对于明文计算，机密计算给了我国系统软件在全新赛道超车的机会。另一方面，我国在机密计算硬件方面与国外有较大差距，主要表现如下：第一，并不是所有国产 CPU 都支持 TEE；第二，国产 TEE 的实现并不完备，例如 ARM 架构的 TrustZone 就没有原生的远程证明支持，而 x86 架构的国产 CPU TEE 还处于发展阶段；第三，国产 TEE 还没有经过大规模场景的检验，安全性有待验证。因此，本报告建议以国内丰富的 TEE 应用为抓手，以国产 TEE 系统软件为支撑，以国内大量安全研究人才为力量，对国产 TEE 有意识地打磨，丰富国产 TEE 能力集并提升安全性，从而促进我国机密计算产业从应用、系统软件到硬件基础的全面提升。

4 国内外研究进展比较

4.1 国内机密计算发展的优势

虽然机密计算在我国起步相对较晚，但是我国的政策法规、市场需求、人口规模和产业结构等诸多因素都为机密计算的发展提供了独特的优势。

1）国内具有完善的数据安全法规和政策。随着云计算和人工智能在国内的快速发展以及大数据技术在金融、商业、医疗、物流、科技等诸多领域的广泛应用，数据在政治和经济领域的核心价值逐渐得到体现。在我国，数据已经成为数字经济发展的关键要素，但数据必须在流通中体现其资产属性和市场价值，而数据流通不可避免地伴随着安全和隐私的威胁，尤其是涉及国家政务、金融资产、医疗信息、个人隐私等的敏感数据。因此，面对日益严峻的数据安全威胁以及欧美国家对我国数据主权的挑战，我国连续出台了几部数据安全相关的法案，将数据安全的需求提升到国家战略高度。例如，2021 年 6 月 10 日通过的《中华人民共和国数据安全法》明确了数据安全在我国政治经济发展中的战略地位；2021 年 8 月 20 日通过的《中华人民共和国个人信息保护法》规定了个人信息权益的保护，规范了个人信息的处理活动，促进了个人信息的合理使用；2022 年 12 月

8 日印发的《工业和信息化领域数据安全管理办法（试行）》，加快推动工业和信息化领域数据安全管理工作的制度化、规范化，提升数据安全保护能力，防范数据安全风险。国内完善的法规结合相关的资金支持、税收优惠以及政策扶持等措施将极大地推动机密计算技术的发展，促进企业和创业者在机密计算领域进行投资和创新。同时，国内也在大力提倡信息安全的自主可控，保证用户信息的安全控制权和管理权具备自主能力，能够独立保护和控制关键信息资源，这将极大地推动自主可控机密计算技术的发展。

2）国内隐私计算技术正在蓬勃应用。在数据流通和安全需求提升的大背景下，为了解决“数据孤岛”问题，实现数据“可用不可见”和“可算不可识”，促进敏感数据的流通和交易，隐私计算技术应运而生。隐私计算的底层技术包括安全多方计算、联邦学习、差分隐私、同态加密等。2020 年以来，安全多方计算和联邦学习在国内一些隐私计算企业的大力倡导下逐渐被医疗、金融和政府部门所接受，并在国内逐渐形成一定的市场规模。国内隐私计算技术的探索和蓬勃应用为机密计算技术发展提供了宝贵的经验和技术基础。隐私计算技术的核心是在保护数据隐私的前提下，实现数据的安全计算和共享，这与机密计算技术保护数据安全和计算过程的机密性的目标相契合。隐私计算技术的应用会使得国内相关企业和机构逐渐意识到机密计算的重要性，并开始将其应用于敏感数据的处理和计算任务中，特别是在医疗、金融和政府部门等领域。此外，隐私计算技术所采用的安全多方计算、联邦学习和同态加密等技术，为机密计算技术的发展提供了重要的技术支持和借鉴。

但是，现有的隐私计算方案仍存在着局限性，限制了其在某些场景的应用。例如安全多方计算往往针对具体算法进行深度优化，其通用性不能满足复杂的数据流通的需求，性能瓶颈的存在也使其难以应对高性能需求的应用场景。联邦学习的安全性和通用性尚需要进一步加强，且难以支持大数据流通和计算的应用场景。机密计算技术相比于隐私计算技术具有更好的通用性和执行效率。首先，由于机密计算利用硬件扩展直接在 CPU 上进行运算，相比于安全多方计算、联邦学习和同态加密等技术，机密计算不需要为特定的算法进行定制和优化，从而可以支持任意的算法。其次，由于机密计算不需要复杂的密码变换，相比于其他隐私计算，机密计算具有更高的执行效率。因此，机密计算可以在某些场景更有优势，并与隐私计算互相补充甚至结合，进而实现更全面、高效、安全的数据处理和计算方案，满足各种复杂场景下的需求。

3）国内具有丰富的应用场景、海量的用户数据和规模优势。国内具有丰富的应用场景，具体包括金融、电信、医疗、AI 和大数据分析等，为机密计算技术提供了丰富的市场需求和商机，保证了机密计算技术的落地转化。例如在金融领域，机密计算可以用于保护交易数据的安全和隐私，确保交易的可信和完整；在电信领域，机密计算可以用于保护用户的通信隐私和数据安全，防止信息泄露和网络攻击；在医疗领域，机密计算可以用于保护患者的医疗记录和个人隐私，促进医疗数据的安全共享和跨机构合作；在 AI 和大数据分析领域，机密计算可以实现对敏感数据的安全处理和保护，实现数据的合作和共享，推动跨组织的数据分析和挖掘。

国内的互联网用户市场作为全球较大的互联网用户市场之一，拥有海量的用户数据。

这些数据包含着宝贵的信息和商业价值，但同时也带来了数据安全和隐私保护的挑战。机密计算技术可以帮助解决这些问题，并通过保护用户数据的隐私和安全，确保数据在处理和共享过程中不会被滥用或泄露。同时，海量的用户数据也为机密计算技术的应用提供了丰富的实验和验证资源，促进了技术的发展和优化。国内机密计算技术也能够借助国内庞大的市场规模和用户基数获得优势。规模优势可以推动技术的进步和成本的降低，使机密计算技术更具竞争力和可扩展性，进而实现推广和普及，加速其在市场中的渗透率和采用率。

4.2 国内机密计算面临的挑战

尽管机密计算在我国具有独特的发展优势，其产业化进程仍然面临着以下几个方面的挑战。

1）企业的数据管理政策更新速度与技术发展速度不匹配的挑战。尽管国内已经具有初步完善的数据安全法规和政策，但不少企业在保护其数据和遵守隐私规定方面通常过于谨慎，从而限制了他们采用新的技术方法和数据共享平台。例如，许多企业规定，为了安全性和保密性，所有的数据不允许离开自己的私有数据中心。这种策略限制了企业充分利用数据的可能性，比如通过机密计算进行数据融合。尽管机密计算允许不同的企业在不共享原始数据的前提下进行数据融合和协作分析，可以在数据未被解密的情况下处理数据，以保护数据的隐私和安全，但依然无法完全满足相关数据管理策略的要求。与时俱进的数据管理策略和技术对于数据的价值提升和企业的竞争力都至关重要。在规则允许的范围内，企业应适时调整其数据管理策略，适应和引入新的技术，以便最大限度地利用其数据资产。

2）商用处理器可信根管理权不完全可控带来的挑战。现有商用处理器的可信根往往由处理器厂商实际控制，例如 Intel 的 SGX 技术会在处理器内部预制密钥，对应的公钥则保管在 Intel 的服务器上，这意味着一旦服务器出现安全问题，基于根密钥构建起来的整个信任链都不再安全。AMD 的 SEV 技术也存在同样的安全风险。在当前的国际形势下，许多对机密计算有实际需求的企业一方面依赖相对成熟的国外商用处理器所提供的算力和生态，另一方面又无法接受可信根由国外企业管控的前提，从而使许多具有现实意义的机密计算场景仅仅停留在理论层面而无法实施。

3）国产处理器厂商现阶段在性能与机密计算之间权衡的挑战。当前许多处理器厂商还处于追赶阶段，最高优先级在于提升处理器的性能，包括计算速度、能效、处理能力等方面，这些性能参数是影响处理器市场竞争力的重要因素。然而，机密计算需要占用更多的处理器硬件资源，如专用的硬件模块、加密引擎等，同时还会增加处理器的设计复杂性。此外，为了实现机密计算，处理器需要在关键路径上进行额外的加密和解密操作，这不可避免地会对处理器性能产生影响。因此，虽然机密计算对于数据安全和隐私保护具有重要的价值，但由于其对硬件资源的需求和对性能的影响，使得处理器厂商可能不愿意在目前阶段投入大量精力进行机密计算的研究和开发。

4）国内机密计算的设计方案缺乏对 TEE 威胁模型的充分理解。机密计算的一项主要任务是创建一个安全的运行环境，能够在数据被处理时保护其机密性和完整性。为此，各种机密计算方案在设计过程中会制定出特定的威胁模型，描述其可以防御哪些攻击，以及在什么条件下可以维持数据的安全。然而，现在市场上的机密计算方案众多，质量却良莠不齐。有些方案存在矛盾的威胁模型，这可能导致其实际的安全性低于预期。例如，有些机密计算方案在设计时就宣称不信任操作系统或其他系统软件，这意味着即使操作系统或其他系统软件被恶意方控制，也不能破坏机密计算的安全性，然而其方案在实际设计上可能没有充分考虑和防御所有可能的攻击方式，例如由恶意操作系统控制外设发起的内存直接访问（DMA）攻击，该攻击允许攻击者直接访问和修改内存。这种矛盾的威胁模型会给使用这些方案的企业带来安全风险，因为他们可能高估了方案的安全性，而忽视了实际存在的攻击威胁。

5）国内机密计算的安全责任与分工体系尚不完整导致的挑战。机密计算作为一种新型技术，其在确保数据安全处理的同时，面临着复杂的安全挑战。然而，机密计算的安全性很难被量化和比较，这主要是因为机密计算涉及的技术原理复杂，评估其安全性需要深厚的专业知识和经验。此外，机密计算方案的设计和实现各不相同，这使得它们的安全性表现也各有差异，难以做到统一比较。理想情况下，应当由具备专业知识和技术的专家对机密计算方案的设计进行评估和安全分级，并由专业的第三方机构对某个产品是否真实、准确地实现了某个技术方案进行检测。这样，不仅可以保证机密计算方案的设计和实施符合安全性要求，也可以为用户提供清晰、可靠的产品安全评价。然而，目前国内机密计算领域并未形成这样的评估和检测机制，这意味着用户可能无法全面了解产品的实际安全性，而且也增加了用户在选择机密计算产品和服务时的难度。

5 发展趋势与展望

整体来看，本报告认为下一代 TEE 架构正朝着易用互通、异构加速、技术融合、安全增强、标准制定的方向发展，并逐步形成健康兼容的生态。

5.1 趋势一：易用互通

1）尽可能避免应用修改是下一代 TEE 的重要目标。SGX 等典型的 TEE 方案通常要求应用基于特定的框架进行开发，这对应用开发者提出了较高的要求，导致当前 TEE 仅被用于对安全十分敏感的有限的场景中。如何设计 TEE 系统软硬件，使得 TEE 开发者尽可能避免应用修改，促进机密计算生态的发展，将会是下一代 TEE 的重要目标。

2）机密虚拟机和机密容器正成为重要的 TEE 形态。相比终端、服务器等场景，云计算（尤其是公有云）场景对于 TEE 的易用性提出了极高的要求。对于公有云而言，其用户希望能够像租用一个普通的实例一样去租用一个机密实例，或者将自己的现有应用

（如基于虚拟机实例或者容器实例）直接部署在一个机密环境中。一些前沿研究，如SCONE[33] 能够在现有的SGX基础上实现容器等抽象，然而其应用抽象和底层硬件能力仍然存在一定的偏差，导致其易用性和性能等均存在不少的挑战。为了适应公有云等对易用性和兼容性有着较高要求的场景，下一代TEE的一个演进形态是“机密虚拟机”，如TDX、CCA以及SEV、RISC-V AP-TEE和CVM扩展等。基于机密虚拟机形态的TEE能够支持直接运行一个现有的虚拟机在隔离域内，从而在提供较强的安全性保证的同时，为用户提供易用的接口和抽象。更进一步的，机密容器等项目正在围绕当前TEE构建机密容器的抽象，并尝试将其融入以Kubernetes为核心的云原生平台内，为现有的云原生应用（如微服务、服务器无感知计算等）提供机密计算支持。当然，传统的进程等隔离抽象仍然会在相当一部分场景中起到重要作用。

3）从静态粗粒度到动态细粒度的资源隔离。传统TEE基于各种原因（如实现复杂度、安全模型等）的考量，通常采用静态、固定、粗粒度的资源隔离方式。例如，TrustZone通常在启动时将内存划分为REE侧和TEE侧使用的区域，SGX使用硬件支持的PRM内存区域来存放飞地内存等。这些静态、固定、粗粒度的划分虽然能够保证安全性，并且其硬件实现难度相对较低，但是会导致一系列的资源利用率低、性能低和可扩展性差等问题。例如，静态划分给TEE的内存如果过多，可能导致资源浪费；如果过少，则可能导致安全应用产生几个数量级的性能损失。随着应用场景逐渐变得更加灵活和细粒度，下一代TEE倾向于更加动态细粒度的资源隔离方式。例如，CCA提出GPT表，用于实现隔离域（Realm）的细粒度隔离（物理页粒度），并且能够动态调整内存等资源在隔离域的分配。TDX和RISC-V指令集也有类似的扩展提出或正在讨论，如前文中介绍的RISC-V CVM扩展提案中的PMP表扩展等。

4）形成国产化、自主可控的开源TEE生态。硬件与TEE系统的开源，对形成互通、兼容的生态有着重要的促进作用。随着RISC-V开源指令集及其芯片的广泛部署和应用，研究者和业界逐渐基于自身场景需求和当前指令集安全能力，提出了开源的TEE（如蓬莱、Keystone等），并且在必要时会提出指令集扩展并将其反馈到社区，从而形成良性的循环。在上层，Occlum等机密计算操作系统的开源，也为应用兼容多种差异化的底层TEE提供了较好的基础。基于开源的TEE软硬件生态，下一代TEE发展的一个重要趋势和方向是逐步形成国产化的、自主可控的机密计算架构，实现“信任根”的国产可控。当然，这里的自主可控并不是要求“闭关锁国”，而是在保持开放，避免技术壁垒的前提下，将TEE中的关键信息、关键技术掌控在自己手中。

5）逐渐形成产业生态。目前机密计算产业生态主要围绕TEE技术。从TEE技术本身来看，首先TEE厂商会进一步提升其安全性，同时推出机密虚拟机等其他TEE技术，随之而来也会出现更多基于TEE的定制操作系统，在提升应用安全的同时降低应用开发和移植难度。另一方面，随着更多TEE方案的出现，也需要异构TEE兼容的开发框架和互联互通方案，推动TEE生态一体化发展。机密计算目前还在向成熟阶段迈进，各种技术框架和创新方式也会不断出现。机密计算技术具有开放性和通用性的优势，未来可以和其他技术领域更广泛地结合。比如机密计算和MPC、FL、HE等技术结合来推动隐私计算技术发展；机密计算和可信计算结合来推动可信计算技术的应用和发展；基于 GPU 的机密计算技术可加速机密机器学习；机密计算和云原生技术结合来实现机密计算集群、机密容器、机密 Kubernetes、Trusted FaaS 等。随着机密计算技术发展，机密计算也慢慢向更广泛的应用领域扩展，比如从金融、政务、医疗等高敏感行业向物联网、车联网、能源等通用数据流通和安全计算场景扩展。机密计算也将逐步融入传统的分布式计算框架、数据库、密钥管理服务等主流开发平台和应用，与其他隐私计算技术协同发展，加速全面密态计算时代的到来。

综上所述，当前国内在机密计算领域的相关技术已经有了较好的准备，并且正在走向融合和互联互通的形态。虽然底层的硬件能力、平台等仍然会在长期内处于一种异构化的状态，但是对于上层的机密计算应用而言，已逐渐能够跨异构 TEE 进行协同交互，并且能够兼容多个平台，从而构成良好健康的生态环境。

5.2 趋势二：异构加速

机密计算长期以来以 CPU 为中心，秉承着减少可信计算基的理念，所保护的往往是一小部分关键数据和关键资产。但是随着 AI 等大运算量的应用出现，以 CPU 为核心的 TEE 技术已无法满足深度学习等机密计算应用的计算资源需要，将硬件加速器（xPU），包括 GPU、NPU、TPU、FPGA 等纳入到 TEE 的安全边界是未来发展的重点。例如，GPU 厂商英伟达公司推出的 H100 已经支持 GPU TEE 技术。

1）异构平台上的 TEE 边界拓展。面对不断增长的用户计算需求以及异构算力的普遍化，需要研究将这些算力资源纳入到 TEE 的边界中。异构平台上的 TEE 边界拓展需要对异构计算的算力进行细粒度划分，实现故障隔离和服务质量（QoS）保障，并提出高效的 TEE 边界拓展方案。基于 xPU 的 TEE 技术应该关注 xPU TEE 技术与 CPU TEE 技术之间的关系，即它们是从属于 CPU 还是独立于 CPU。前者利用 CPU 完成加速器资源的隔离、调度和远程验证；后者不依赖 CPU，仅通过 xPU 的固件和硬件设计实现数据加密、远程验证、访问控制等功能。面向数据中心等大规模算力场景，专用数据处理器（DPU）将承载网络虚拟化、硬件资源池化等基础设施层服务，通过拓展 DPU 实现计算和资源隔离，提升整个计算系统的效率和安全性是未来的重要发展趋势。

2）异构 TEE 的交互验证。目前，不同的厂商和学术界研究人员都提出了异构的 TEE 及其运行平台。未来，异构 TEE 的重要趋势是让运行在不同 TEE 中的应用能够互相信任，并在这层信任的基础上构建可信的互联互通协议，以保证数据在不同 TEE 之间的可信传输。为了支持异构 TEE 的互联互通，TEE 需要支持标准化的协议规范约定。例如，SPDM 协议保证 CPU TEE 能安全发现设备，认证设备的身份和度量值。PCI-E 6.0 规范增加了 TEE 设备接口安全协议（TDISP）等，通过定义 TEE 设备接口规范，实现了机密虚拟机与设备之间的安全通信框架。此外，还应关注如何有效地管理和分配异构 TEE 的资源，对高资源需求、分布式的任务进行划分，设计优化算法并高效分配到不同的 TEE 中，充分利用异构 TEE 的资源，提高整个系统的效率和性能。

3）统一的跨平台远程验证框架。随着 TEE 技术的不断发展，不同类型的异构 TEE 平台的种类越来越多，由于不同 TEE 平台之间存在差异，开发者需要针对不同的 TEE 平台开发和维护多个版本的应用程序和度量值，并适配 TEE 平台的远程验证协议，这不仅增加了开发人员的负担，也增加了平台的布局开销。因此，未来的 xPU 等异构 TEE 平台应构建统一的远程验证协议，以便不同的 TEE 可以在同一个验证平台上进行远程验证，由此可以提高开发效率，节省平台的布局开销，推动 TEE 的广泛应用。

5.3 趋势三：技术融合

数据安全是数据流通的前提，近年来，机密计算与分布式协议、密码学、AI 应用等领域的融合正在加速，这些技术融合在未来可以给这些领域带来丰富多样的实用性解决方案。

1）机密计算与分布式协议的融合。分布式机密计算通过联合多个分布式 TEE 节点，整合分布式协议和机密计算架构的优势，提高系统的安全性和可用性。机密计算的安全性依赖于 TEE 提供的 CPU 内部隔离、内存加密以及远程验证等安全机制，但是这不足以保证计算的安全性和可用性。过去的研究表明，TEE 面临着微架构漏洞、侧信道漏洞、内存安全漏洞、并发漏洞和状态延续性漏洞的威胁，这些漏洞的恶意利用可能导致机密计算架构的完整性或机密性的丧失，也动摇了机密计算的安全基础。分布式机密计算利用分布式协议中“多数节点可信”的信任架构，通过增强对一部分计算节点的信任，来提高系统的整体安全性和可用性。例如，在分布式 TEE 系统中，即使单个 TEE 节点的完整性存在问题，节点通过运行拜占庭容错的共识协议，仍然能够达成一致性状态，保证计算的有效性。其次，单个 TEE 节点难以抵御状态回滚攻击，而分布式 TEE 系统可以使得多个 TEE 节点之间相互协助，通过将最新状态存储在彼此的安全内存中，高效地保证状态连续性。此外，单个 TEE 节点还面临着单点故障的问题，分布式 TEE 系统可以在少部分 TEE 节点被恶意者控制或者发生故障时，使得系统仍然可以提供服务，保证整个系统的可用性。因此，利用分布式协议来加强机密计算安全性和可用性是未来机密计算应用的发展趋势，未来的研究工作将聚焦于为分布式机密计算提供更加完整的理论基础和系统的解决方案。

2）机密计算与密码学的融合。安全多方计算和同态加密是保护使用中数据安全性的重要密码学技术，它通过对数据和计算进行编码，并设计密码算法和安全协议，在不泄露明文信息的前提下进行安全计算。安全多方计算和同态加密已被应用于金融、医疗、社交网络等领域，但目前仍然面临计算性能低、通信量巨大等问题。TEE 提供了基于可信硬件的隔离环境，可达到或接近原生 CPU 和 xPU 的计算能力。目前已有一些工作尝试构建结合机密计算和密码学的算法异构系统，例如基于 TEE 对安全多方计算和同态加密中开销较大的操作（例如自举、乘法三元组生成等）进行加速，提高安全多方计算和同态加密的计算效率。通过 TEE 提供的计算完整性，还能够改进安全多方计算和同态加密的攻击者模型，比如在 TEE 中运行一个基于半诚实威胁模型设计的多方安全计算协议可以抵御恶意者的攻击。另外，用 TEE 保护计算过程的完整性还能解决安全多方计算的公平性问题。如何通过软硬件协同设计，对 TEE 建立形式化模型，为融合系统提供更严谨的安全证明是未来的研究重点之一。

3）机密计算与 AI 应用的融合。AI 模型的训练依赖大量数据，更大的数据集能够减小模型过拟合，提升模型精度。由于涉及隐私数据和知识产权，数据集拥有者可能不愿意共享数据集。为了在不泄露数据集的前提下训练 AI 模型，研究人员提出了联邦学习框架，用于分布式训练 AI 模型。当前的研究工作使用 TEE 重点保护了客户端本地计算过程和服务器参数聚合过程，通过消息验证码和冗余计算等技术手段保护计算过程的完整性和机密性。具体来讲，在客户端本机训练过程中引入 TEE，则 TEE 提供的机密性能够保护训练模型的隐私，其次 TEE 的完整性能够防止恶意客户修改模型参数，发起投毒和后门攻击。在服务器参数聚合端，使用 TEE 同样能够保护用户的数据隐私和模型的完整性。但是，现有研究忽视了当前基于 CPU 的 TEE 技术的碎片化特征，即不同的 TEE 技术在硬件设计、软件验证协议等方面均有不同。未来的 xPU TEE 技术更会加剧碎片化。联邦学习的各个参与方可能会采用不同的 TEE 技术进行训练，这会使得不同 TEE 之间的测量验证方案、性能和安全假设均存在显著差异。因此，设计一个面向不同 TEE 技术的机器学习框架以确保训练任务不被不可信节点影响，支持适用于多平台的可信验证协议，屏蔽底层 TEE 平台的差异是机密 AI 计算技术未来的发展趋势。

5.4 趋势四：安全增强

1）软硬件协同来应对更快速的攻防迭代。由于机密计算涉及的机密数据往往有更高的价值，因此其更容易成为攻击者的目标。近年来披露的 TEE 的各类安全漏洞也预示着未来 TEE 的硬件和软件漏洞将成为一种常态风险。基于软件的防御方案因其具有较短的部署周期，更易于在漏洞披露后，在短期内使得基于机密计算的服务得以恢复。比如针对基于超线程的微架构侧信道攻击的防御方案 HYPERRACE[95] 以及针对瞬态执行攻击 Spectre-BTB 的防御方案 Retpoline，只需将 TEE 应用源代码进行重新编译即可达到防御的效果。然而，这类系统软件和应用层面的软件方案往往会有较大的性能开销，且无法应对一些硬件层面的漏洞。另外，CPU 厂商在微码层面可以设计更简单有效的软件防御方案，比如 Intel 提供的微码更新可以使得用户通过远程验证检测出飞地运行的平台上超线程的开启状态，大大简化了针对基于超线程的微架构侧信道攻击的防御。最后，随着硬件的版本迭代，如新一代的 CPU 产品，基于硬件的防御方案可以达到更好的性能和安全性。同时，对于一些硬件厂商没有计划从硬件层面进行修复的漏洞，如功率侧信道漏洞，仍旧需要基于软件的解决方案。总体来说，面对更快速的攻防迭代，机密计算的安全增强需要软硬件协同来保驾护航。

2）TEE 提供的安全能力不断完善。随着机密计算的应用场景的不断丰富，对现有的 TEE 提供的安全能力会有更多的要求。比如，现有的远程验证机制只能用于验证飞地应用的代码和数据在初始化时是否符合预期，而无法验证飞地应用在运行过程中所处的状态。当飞地应用由于攻击者的影响，进入到异常的，甚至可以由攻击者控制的状态，且用户因缺乏可靠的机制来验证飞地应用当前所处的状态而继续将其机密数据发送至飞地应用中进行处理时，会导致机密数据的泄露。因此，研究如何验证 TEE 的运行时的状态，也将是机密计算需要考虑的安全保证需求。在隔离方面，TEE 技术只提供了单向的隔离能力，即 TEE 无法阻止内部软件对外部世界的访问，因此 TEE 内的恶意软件仍然有能力对外部底层系统软件发起攻击。同时，因为有 TEE 技术的存在，底层系统无法分析和检测 TEE 内部是否运行有恶意软件，这使得恶意软件更容易隐藏自己的恶意行为。SGXLock[155] 分析了共建互不信任的 TEE 的重要性，并使用 Intel MPK 限制飞地代码对飞地外部的访存能力。因此，设计和实现 TEE 的双向隔离保护也是一个新的安全保证需求。在 I/O 安全方面，传统 TEE 通常以保护 CPU 上的程序和数据为核心，而如何支持机密应用安全高效地使用 I/O 设备，即成为一个重要的问题。为此，下一代 TEE 架构将会更多地考虑 I/O 安全，通过隔离、加密等方式支持 TEE 内部的应用直接访问外设，并提供对应的安全保障。在可用性方面，现有 TEE 的威胁模型由于假设系统软件是不可信的，往往不考虑拒绝服务攻击。因此，利用分布式架构增加可用性保护会是进一步丰富机密计算的应用场景的需求之一。综上，完善现有 TEE 的安全保证是下一代 TEE 架构安全增强的趋势之一。

3）全面的安全保证需要多个方向的从业人员协同合作。机密计算作为一种新兴的计算范式，涉及计算机领域的多个研究方向，包括体系结构、软件工程、密码学等。机密计算结合具体应用，还会涉及分布式计算、人工智能、数据库等多个方向。要保证机密计算的安全性，需要这些不同方向的从业人员进行协同合作。体系结构是机密计算的安全基础，从 Intel 对瞬态执行漏洞的增量修补和 AMD 对 SEV 的迭代过程可以看出设计安全的 TEE 极具挑战。系统软件安全是机密计算的核心，构建安全的 TEE 操作系统和运行时仍面临诸多挑战，如内存安全漏洞不会因 TEE 的硬件保护而消失；线程并发漏洞在 TEE 中具有更严重的安全隐患。在应用层面，数据安全与隐私保护问题并不会因为仅仅使用了 TEE 而得以完全解决，需要结合安全的算法实现和隐私保护机制。比如 AI 应用中，当前的机密计算技术只能保证在 TEE 中模型训练和数据推测计算过程里数据的机密性和完整性，并不能直接抵御投毒攻击和模型提取攻击。因此，一个机密计算应用的安全性需要体系结构、系统软件、数据安全等多个方向的从业人员协同合作来保证。

5.5 趋势五：标准制定

1）国际相关标准涉及面广，未来向形成全面共识发展。当前国际标准化组织中，ISO/IEC JTC 1/SC 27 于 2022 年立项了 Confidential Computing 的 PWI（Pre Work Item）项目，编号为 PWI 17603，该标准预研项目专注于在 SC27 中建立机密计算的概念，包括术语、与其他 SC27 技术的关系以及该领域行业组织活动的 JTC1 前景。除了 ISO 之外，国外也在推进一些机密计算的联盟标准，目前正在制定机密计算相关技术联盟标准的组织包括：

①IETF RATS（Remote Attestation Procedures）工作组。该工作组主要关注远程验证所需要的相关概念与协议。工作组文稿 *Remote Attestation Procedure Architecture* 在 IETF

RATS 工作组内立项，该文稿可用于指导机密计算技术远程验证相关标准的设计和制定，比如 ARM 对于最新的 CCA 架构，推荐使用基于 IETF RATS 标准的远程验证方案。

②IETF TEEP（Trusted Execution Environment Provisioning）工作组。该工作组主要关注 TEE 的配置协议。工作组文稿 *Trusted Execution Environment Provisioning（TEEP）Architecture* 已经立项，可用于指导用户将数据和应用部署在机密计算环境中。

③GP（Global Platform）。GP 主要关注安全单元、TEE 和移动端消息机制等领域的标准制定和发布。GP 所发布的 *TEE Management Framework：Open Trust Protocol（OTrP）Profile v* 1.1 标准与机密计算的管理和配置有一定的关联性，采用 GP TEE 架构的机密计算技术可参考此标准对可信应用进行管理和配置。

④TCG（Trusted Computing Group）。TCG 定义了 TPM1.2、TPM2.0 等一系列架构和标准。TPM 作为一种可信根技术，能为机密计算提供参考。

⑤IEEE。IEEE 通过了 P2952 *Standard for Secure Computing Based on Trusted Execution Environment* 和 P3156 *Draft Standard for Requirements of Privacy-preserving Computation Integrated Platforms*。其中 P2952 制定了基于 TEE 的安全系统的技术框架，对机密计算相关标准的编制有着重要的参考意义；P3156 提供了隐私计算一体机的体系结构和要求，对机密计算相关标准有借鉴意义。

与这些标准文档相对应的是机密计算开源项目，这里最著名的就是 2019 年由 Linux 基金会发起成立的机密计算联盟（Confidential Computing Consortium，CCC），其主要成员包括：微软，蚂蚁集团，ARM，百度，IBM，谷歌，Intel，红帽，瑞士电信，腾讯等。该联盟将硬件供应商、云提供商和软件开发人员聚集在一起，以加快 TEE 技术和标准的应用。2022 年 12 月，CCC 发布了最新的 *A Technical Analysis of Confidential Computing v*1.3 和 *Common Terminology for Confidential Computing* 白皮书，给出了机密计算的定义，描述了可信执行环境及其相关技术、威胁模型和证明等。

总体而言，机密计算相关标准已经在各个国际标准机构得到认可，相关标准文档的准备工作都在快速展开的过程中，可以预见在接下来的几年中，会有一系列机密计算标准推出并指导机密计算产业的发展。这些标准对于国内机密计算产业的发展，既是机遇，又是挑战。

2）国内相关标准正在进一步完善。目前我国尚未制定与机密计算直接相关的国家标准，已有的标准主要与机密计算的硬件环境相关，包括《信息安全技术可信执行环境基本安全规范》和《信息安全技术可信执行环境服务规范》等。《信息安全技术可信执行环境基本安全规范》(GB/T 41388—2022）确立了 TEE 系统的整体技术架构、硬件要求、安全启动过程基本要求、可信虚拟化、可信操作系统、可信应用与服务管理基本要求、可信服务基本功能及要求、跨平台应用中间件、可信应用架构及安全要求、测试评价方法的相关技术要求，该标准适用于指导 TEE 系统的设计、生产与测试。《信息安全技术可信执行环境服务规范》(GB/T 42572—2023）提出了 TEE 服务的技术框架及主要功能构成，规定了相关的安全技术要求及测试评价方法，该标准适用于 TEE 服务的设计、开发测试等。

除了这些国家标准之外，也有一些行业标准正在制定中，其中部分涉及机密计算相关技术。

中国电子工业标准化技术协会于2022年发布了T/CESA 1229—2022《服务器机密计算参考架构及通用要求》，该标准从最终产品和开发过程的角度出发，建立了系统化的机密计算定义和统一框架，清晰地描述了机密计算服务中各种参数与角色的安全责任，提出机密计算角色、角色安全职责、安全功能组件以及它们之间的关系，指导机密计算参与者进行机密计算服务规划时的安全评估与设计。

综上所述，国际国内对机密计算的相关标准正在完善中，但是还没有形成全面共识。未来会有更多的相关标准被制定，最终会形成较为统一的机密计算标准体系，指导机密计算技术在国内的推广和普及。当然，如何协调国际标准和国内标准，在确保国内机密计算生态自主可控的同时又能借鉴国际标准的有益经验，也是国内机密计算领域的专家们需要持续关注的要点。

6 结束语

机密计算正在全球范围内得到越来越广泛的应用，并在学术界和产业界产生巨大的影响。与此同时，机密计算的软硬件安全性以及软件生态建设等问题也不断出现，亟待各方协同解决。本报告深入探讨了机密计算的国内外发展趋势，总结了我国在机密计算学术研究和产业应用上的进展，同时深入剖析了国内机密计算的优势和挑战。应当注意到，硬件架构的异构性、软件生态的兼容性、隐私计算技术的融合以及TEE的安全性等都是影响机密计算未来发展的重要因素，需要对其有更深入的理解和更好的应对策略。

在当前的国际形势下，机密计算正处在一个关键的节点，既面临着艰巨的挑战，也提供了一个宝贵的机遇。本报告认为，要坚持通过TEE的科学研究，构建健康的机密计算产业生态，发展自主可控的相关技术，推动机密计算在我国的进一步发展。只要坚持科研创新，积极促进产业应用，机密计算就有机会在我国得到更为广泛的发展，并为更大范围的数据安全和隐私保护做出重要贡献，让机密计算真正成为数据的“可用不可见”的有力保障。

参考文献

[1] HUNT G D H, PAI R, LE M V, et al. Confidential computing for OpenPOWER[C]// Proceedings of the Sixteenth European Conference on Computer Systems (EuroSys). New York: Association for Computing Machinery, 2021.

[2] EL-HINDI M, ZIEGLER T, HEINRICH M, et al. Benchmarking the second generation of intel SGX hardware[C/OL]// International Conference on Management of Data, DaMoN 2022. Philadelphia: Association for Computing Machinery, 2022[2023-12-1]. https://doi.org/10.1145/3533737.3535098.

[3] ARM CCA Emulation[EB/OL]. [2023-12-1]. https://github.com/Hua wei/Huawei_CCA_RMM/wiki.

[4] COSTAN V, LEBEDEV I A, DEVADAS S. Sanctum: Minimal hardware extensions for strong software isolation[C]// 25th USENIX Security Symposium, USENIX Security 16. Austin, TX, USA: USENIX Association, 2016: 857-874.

[5] LEE D, KOHLBRENNER D, SHINDE S, et al. Keystone: An open framework for architecting trusted execution environments[C/OL]// EuroSys'20: Proceedings of the Fifteenth European Conference on Computer Systems. New York: Association for Computing Machinery, 2020[2023-12-1]. https://doi.org/10.1145/33 42195.3387532.

[6] FENG E, LU X, DU D, et al. Scalable memory protection in the PENGLAI enclave[C]// 15th USENIX Symposium on Operating Systems Design and Implementation, OSDI 2021. [S. l.]: USENIX Association, 2021: 275-294.

[7] BAHMANI R, BRASSER F, DESSOUKY G, et al. CURE: A security architecture with customizable and resilient enclaves[C]// 30th USENIX Security Symposium(USENIX Security 21). [S. l.]: USENIX Association, 2021: 1073-1090.

[8] WEISER S, WERNER M, BRASSER F, et al. TIMBER-V: Tag-isolated memory bringing fine-grained enclaves to RISC-V[C]// 26th Annual Network and Distributed System Security Symposium, NDSS 2019, San Diego: The Internet Society, 2019.

[9] AP-TEE Architecture and ABI specification[EB/OL]. [2023-12-1]. https://github.com/riscv-non-isa/riscv-ap-tee/tree/main/specification.

[10] RISC-V CVM Extension: Confidential Virtual Machine for RISC-V[EB/OL]. [2023-12-1]. https://docs.google.com/document/d/1ME7THEF9JWuFqwm75x58 6y3wzhPeXahK8keLcgjZYG8/edit? usp=sharing.

[11] SiFive Gives WorldGuard to RISC-V International to Make this Robust Security Model More Accessible to the RISC-V Community[EB/OL]. [2023-12-1]. https://www.sifive.com/press/sifive-gives-worldguard-to-risc-v-international-to.

[12] RVM-TEE: the Security Solution for Embedded[EB/OL]. [2023-12-1]. https://docs.google.com/document/d/1g2lu5XnQuumXGeibqD70Cqq7YRYpvMu90DVS6t irFG0/edit? usp=sharing.

[13] JIA Y, LIU S, WANG W, et al. HyperEnclave: An open and cross-platform trusted execution environment[C]// 2022 USENIX Annual Technical Conference(USENIX ATC 22). Carlsbad: USENIX Association, 2022: 437-454.

[14] AWS Nitro Enclaves[EB/OL]. [2023-12-1]. https://aws.amazon.com/cn/ec2/nitro/nitro-enclaves/.

[15] VOLOS S, VASWANI K, BRUNO R. Graviton: Trusted execution environments on GPUs[C]// 13th USENIX Symposium on Operating Systems Design and Implementation, OSDI 2018. Carlsbad: USENIX Association, 2018: 681-696.

[16] JANG I, TANG A, KIM T, et al. Heterogeneous isolated execution for commodity GPUs[C]// Proceedings of the Twenty-Fourth International Conference on Architectural Support for Programming Languages and Operating Systems. [S. l.]: [s. n.], 2019: 455-468.

[17] HUNT T, JIA Z, MILLER V, et al. Telekine: Secure computing with cloud GPUs[C]// NSDI. [S. l.]: [s. n.], 2020: 817-833.

[18] ZHU J, HOU R, WANG X, et al. Enabling rack-scale confidential computing using heterogeneous trusted execution environment[C]// 2020 IEEE Symposium on Security and Privacy(S&P). San Francisco: IEEE, 2020: 1450-1465.

[19] DENG Y, WANG C, YU S, et al. StrongBox: A GPU TEE on Arm endpoints[C]// Proceedings of the

2022 ACM SIGSAC Conference on Computer and Communications Security. Los Angeles: [s. n.], 2022: 769-783.

[20] JIANG J, QI J, SHEN T, et al. CRONUS: Fault-isolated, secure and high-performance heterogeneous computing for trusted execution environment[C]// 2022 55th IEEE/ACM International Symposium on Microarchitecture(MICRO). Chicago: IEEE, 2022: 124-143.

[21] PARK H, LIN F X. Safe and practical GPU computation in TrustZone[C/OL]// Proceedings of the Eighteenth European Conference on Computer Systems, EuroSys 2023. Rome: Association for Computing Machinery, 2023: 505-520[2023-12-1]. https://doi. org/10. 1145/3552326. 3567483.

[22] MAI H, ZHAO J, KOZYRAKIS C, et al. Honeycomb: An secure, efficient GPU execution environment with minimal TCB[C]// 17th USENIX Symposium on Operating Systems Design and Implementation (OSDI 23). Boston: USENIX Association, 2023.

[23] Microsoft. Confidential Computing within an AI Accelerator[EB/OL]. [2023-12-1]. https://www. microsoft. com/en-us/research/publication/confidential-computing-within-an-ai-accelerator/.

[24] SHRIVASTAVA N, SARANGI S R. Securator: A fast and secure neural processing unit[C]// 2023 IEEE International Symposium on High-Performance Computer Architecture(HPCA). Montreal: IEEE, 2023: 1127-1139.

[25] NVIDIA Confidential Computing[EB/OL]. [2023-12-1]. https://www. nvidia. com/en-us/data-center/solutions/confidential-computing/.

[26] Intel Software Guard Extensions SDK for Linux OS[EB/OL]. [2023-12-1]. https://www. intel. com/content/www/us/en/developer/tools/software-guard-extensions/ linux-overview. html.

[27] Open Enclave SDK[EB/OL]. [2023-12-1]. https://openenclave. io/sdk/.

[28] secGear[EB/OL]. [2023-12-1]. https://gitee. com/src-openeuler/secGear.

[29] Teaclave SGX SDK[EB/OL]. [2023-12-1]. https://github. com/apache/incubator-teaclave-sgx-sdk.

[30] Enarx: Confidential Computing with WebAssembly[EB/OL]. [2023-12-1]. https://enarx. dev/.

[31] EGo: The easiest way to create apps for SGX[EB/OL]. [2023-12-1]. https://www. edge less. systems/products/ego/.

[32] BAUMANN A, PEINADO M, HUNT G. Shielding applications from an untrusted cloud with Haven[C]// 11th USENIX Symposium on Operating Systems Design and Implementation (OSDI 14). Broomfield: USENIX Association, 2014: 267-283.

[33] ARNAUTOV S, TRACH B, GREGOR F, et al. SCONE: Secure linux containers with Intel SGX[C]// 12th USENIX Symposium on Operating Systems Design and Implementation (OSDI 16). Savannah: USENIX Association, 2016: 689-703.

[34] SHINDE S, TIEN D L, TOPLE S, et al. Panoply: Low-tcb linux applications with SGX enclaves[C/OL]// 24th Annual Network and Distributed System Security Symposium, NDSS 2017. San Diego: The Internet Society, 2017[2023-12-1]. https://www. ndss-symposium. org/ndss2017/ndss-2017-programme/panop ly-low-tcb-linux-applications-sgx-enclaves/.

[35] TSAI C, PORTER D E, VIJ M. Graphene-SGX: A practical library OS for unmodified applications on SGX[C]// 2017 USENIX Annual Technical Conference (USENIX ATC 17). Santa Clara: USENIX Association, 2017: 645-658.

[36] SHEN Y, TIAN H, CHEN Y, et al. Occlum: Secure and efficient multitasking inside a single enclave of Intel SGX[C/OL]// ASPLOS'20: Proceedingsof the Twenty-Fifth International Conference on Architectural

Support for Programming Languages and Operating Systems. New York: Association for Computing Machinery, 2020: 955-970[2023-12-1]. https://doi. org/10. 1145/3373376. 3378469.

[37] ZHAO S, LI M, ZHANG Y, et al. vSGX: Virtualizing SGX enclaves on AMD SEV[C]// 2022 IEEE Symposium on Security and Privacy(S&P). San Diego: IEEE, 2022: 321-336.

[38] HUA Z, GU J, XIA Y, et al. vTZ: Virtualizing ARM TrustZone[C]// 26th USENIX Security Symposium (USENIX Security 17). Vancouver: USENIX Association, 2017: 541-556.

[39] LI W, XIA Y, LU L, et al. TEEv: Virtualizing trusted execution environments on mobile platforms[C/OL]// VEE 2019: Proceedings of the15th ACM SIGPLAN/SIGOPS International Conference on Virtual Execution Environments. New York: Association for Computing Machinery, 2019: 2-16[2023-12-1]. https://doi. org/10. 1145/3313808. 3313810.

[40] LI D, MI Z, XIA Y, et al. TwinVisor: Hardware-isolated confidential virtual ma-chines for ARM[C/OL] // SOSP'21: Proceedings of the ACM SIGOPS 28th Symposium on Operating Systems Principles. New York: Association for Computing Machinery, 2021: 638-654[2023-12-1]. https://doi. org/10. 1145/3477 132. 3483554.

[41] XU X, WANG W, WU Y, et al. virtCCA: Virtualized Arm confidential compute architecture with TrustZone[Z]. 2023.

[42] KVM for Android[EB/OL]. [2023-12-1]. https://lwn. net/Articles/836693/.

[43] YAN Y, WEI C Z, GUO X P. Confidentiality support over financial grade consortium blockchain[C]// Proceedings of the 2020 ACM SIGMOD International Conference on Management of Data. Portland: [s. n.], 2020: 2227-2240.

[44] The Confidential Consortium Framework[EB/OL]. [2023-12-1]. https://github. com/microsoft/CCF.

[45] YUAN R, XIA Y B, CHEN H B, et al. Shadoweth: Private smart contract on public blockchain[J]. Journal of Computer Science and Technology, 2018, 33: 542-556.

[46] CHENG R, ZHANG F, KOS J, et al. Ekiden: A platform for confidentiality-preserving, trustworthy, and performant smart contracts[C]// IEEE European Symposium on Security and Privacy, EuroS&P 2019. Stockholm: IEEE, 2019: 185-200.

[47] LIND J, NAOR O, EYAL I, et al. Teechain: a secure payment network with asyn-chronous blockchain access[C/OL]// Proceedings of the 27th ACM Symposium on Operating Systems Principles, SOSP 2019. Huntsville: Association for Computing Machinery, 2019: 63-79[2023-12-1]. https://doi. org/10. 1145/3341 301. 3359627.

[48] Azure confidential ledger[EB/OL]. [2023-12-1]. https://azure. microsoft. com/en-us/services/azure-confidential-ledger/#overview.

[49] LI M, ZHU J, ZHANG T, et al. Bringing decentralized search to decentralized services[C]//15th USENIX Symposium on Operating Systems Design and Implementation(OSDI 21). [S. l.]: USENIX Association, 2021: 331-347.

[50] ANTONOPOULOS P, ARASU A, SINGH K D, et al. Azure SQL database always encrypted[C]// Proceedings of the 2020. International Conference on Management of Data, SIGMOD Conference 2020. Portland: Association for Computing Machinery, 2020: 1511-1525.

[51] WANG S, LI Y, LI H, et al. Operon: An encrypted database for ownership-preserving data management[J]. Proceedings of the VLDB Endow ment, 2022, 15(12): 3332-3345.

[52] GUO L, ZHU J, LIU J, et al. Full encryption: An end to end encryption mechanism in gaussdb[J/OL].

Proceedings of the VLDB Endow ment, 2021, 14(12): 2811-2814[2023-12-1]. http://www.vldb.org/pvldb/vol14/p2811-guo.pdf.

[53] EdgelessDB[EB/OL]. [2023-12-1]. https://www.edgeless.systems/products/edgelessdb/.

[54] Confidential Data for Trusted AI[EB/OL]. [2023-12-1]. https://opaque.co/.

[55] TSAI C, SON J, JAIN B, et al. Civet: An efficient java partitioning framework for hardware enclaves[C]// 29th USENIX Security Symposium. [S.l.]: USENIX Association, 2020: 505-522.

[56] SCHUSTER F, COSTA M, FOURNET C, et al. VC3: Trustworthy data analytics in the cloud using SGX[C]// 2015 IEEE Symposium on Security and Privacy, S&P 2015. San Jose: IEEE Computer Society, 2015.

[57] 英特尔与蚂蚁链联合发布基于 TEE 的隐私保护计算平台 MAPPIC[EB/OL]. [2023-12-1]. https://new.qq.com/rain/a/20230531A0660500.

[58] SCONE-A Secure Container Environment[EB/OL]. [2023-12-1]. https://scontain.com/.

[59] Anjuna[EB/OL]. [2023-12-1]. https://www.anjuna.io/.

[60] Fortanix[EB/OL]. [2023-12-1]. https://www.fortanix.com/.

[61] LI M, XIA Y, CHEN H. Confidential serverless made efficient with plug-in enclaves[C]// Proceedings of the International Symposium on Computer Architecture(ISCA). New York: IEEE, 2021.

[62] ALDER F, ASOKAN N, KURNIKOV A, et al. S-FaaS: Trustworthy and Accountable Function-as-a-Service using Intel SGX[C]// Proceedings of the ACM Cloud Computing Security Workshop(CCSW). London: [s.n.], 2019: 185-199.

[63] MÉNÉTREY J, PASIN M, FELBER P, et al. Twine: An embedded trusted runtime for WebAssembly[C]// 37th IEEE International Conference on Data Engineering. Chania: IEEE, 2021: 205-216.

[64] ZHAO S, XU P, CHEN G, et al. Reusable enclaves for confidential serverless computing[C]// 32nd USENIX Security Symposium(USENIX Security 23). Anaheim: USENIX Association, 2023: 4015-4032.

[65] SUN H, SUN K, WANG Y, et al. TrustOTP: Transforming smartphones into secure one-time password tokens[C]// Proceedings of the 22nd ACM SIGSAC Conference on Computer and Communications Security. Denver: [s.n.], 2015: 976-988.

[66] ZHANG Y, HU Y, NING Z, et al. SHELTER: Extending Arm CCA with isolation in user space[C]// Proceedings of the 32nd USENIX Security Symposium. Anaheim: [s.n.], 2023.

[67] NING Z, ZHANG F. Understanding the security of Arm debugging features[C]// 2019 IEEE Symposium on Security and Privacy(S&P). San Francisco: IEEE, 2019: 602-619.

[68] ESKANDARIAN S, COGAN J, BIRNBAUM S, et al. Fidelius: Protecting user secrets from compromised browsers[C/OL]// 2019 IEEE Symposium on Security and Privacy. San Francisco: IEEE, 2019: 264-280[2023-12-1]. https://doi.org/10.1109/SP.2019.00036.

[69] ZHOU L, DING X, ZHANG F. Smile: Secure memory introspection for live enclave[C]// 2022 IEEE Symposium on Security and Privacy(S&P). San Francisco: [s.n.], 2022: 386-401.

[70] OHRIMENKO O, SCHUSTER F, FOURNET C, et al. Oblivious multi-party machine learning on trusted processors[C]// 25th USENIX Security Symposium. Austin: USENIX Association, 2016: 619-636.

[71] HUNT T, SONG C, SHOKRI R, et al. Chiron: Privacy-preserving machine learning as a service[J/OL]. CoRR, 2018[2023-12-1]. http://arxiv.org/abs/1803.05961.

[72] KUNKEL R, QUOC D L, GREGOR F, et al. Tensorscone: A secure tensorflow framework using intel SGX[J/OL]. CoRR, 2019[2023-12-1]. http://arxiv.org/abs/1902.04413.

[73] YAN M, FLETCHER C, TORRELLAS J. Cache telepathy: Leveraging shared resource attacks to learn DNN architectures[C]// 29th USENIX Security Symposium. [S. l.]: USENIX Association, 2020: 2003-2020.

[74] GU Z, HUANG H, ZHANG J, et al. Securing input data of deep learning inference systems via partitioned enclave execution[J/OL]. CoRR, 2018[2023-12-1]. http://arxiv. org/abs/1807. 00969.

[75] LEE T, LIN Z, PUSHP S, et al. Occlumency: Privacy-preserving remote deep-learning inference using SGX[C/OL]// The 25th Annual International Conference on Mobile Computing and Networking. Los Cabos: Association for Computing Machinery, 2019[2023-12-1]. https://doi. org/10. 1145/3300061. 3345447.

[76] KIM K, KIM C H, RHEE J J, et al. Vessels: Efficient and scalable deep learning prediction on trusted processors[C/OL]// SoCC'20: ACM Symposium on Cloud Computing. [S. l.]: Association for Computing Machinery, 2020: 462-476[2023-12-1]. https://doi. org/10. 1145/3419111. 3421282.

[77] MO F, SHAMSABADI A S, KATEVAS K, et al. DarkneTZ: Towards model privacy at the edge using trusted execution environments[C/OL]// MobiSys'20: The 18th Annual International Conference on Mobile Systems, Applications, and Services. Toronto: Association for Computing Machinery, 2020: 161-174[2023-12-1]. https://doi. org/10. 1145/3386901. 3388946.

[78] MO F, HADDADI H. Efficient and private federated learning using TEE[M]// Proceedings of the EuroSys Conferenece. New York: ACM, 2019.

[79] ZHANG X, LI F, ZHANG Z, et al. Enabling execution assurance of federated learning at untrusted participants[C/OL]// 39th IEEE Conference on Computer Communications, INFOCOM 2020. Toronto: IEEE, 2020: 1877-1886[2023-12-1]. https://doi. org/10. 1109/INFOCOM41043. 2020. 9155414.

[80] MO F, HADDADI H, KATEVAS K, et al. PPFL: privacy-preserving federated learn-ing with trusted execution environments[C/OL]// MobiSys'21: The 19th Annual International Conference on Mobile Systems, Applications, and Services. New York: Association for Computing Machinery, 2021: 94-108[2023-12-1]. https://doi. org/10. 1145/3458864. 3466628.

[81] ZHANG C, XIA J, YANG B, et al. Citadel: Protecting data privacy and model confiden-tiality for collaborative learning[C/OL]// SoCC'21: ACM Symposium on Cloud Computing. Seattle: Association for Computing Machinery, 2021: 546-561[2023-12-1]. https://doi. org/10. 1145/3472883. 3486998.

[82] MOGHIMI A, WICHELMANN J, EISENBARTH T, et al. Memjam: A false dependency attack against constant-time crypto implementations[J/OL]. International Journal of Parallel Programming, 2019, 47(4): 538-570[2023-12-1]. https://doi. org/10. 1007/s10766-018-0611-9.

[83] EVTYUSHKIN D, RILEY R, ABU-GHAZALEH N C, et al. Branchscope: A new side-channel attack on directional branch predictor[C/OL]// Proceedings of the Twenty-Third International Conference on Architectural Support for Programming Languages and Operating Systems, ASPLOS 2018. Williamsburg: Association for Computing Machinery, 2018: 693-707[2023-12-1]. https://doi. org/10. 1145/3173162. 3173204.

[84] HUO T, MENG X, WANG W, et al. Bluethunder: A 2-level directional predictor based side-channel attack against SGX[J]. IACR Transactions on Cryptographic Hardware and Embedded Systems, 2020: 321-347.

[85] LEE S, SHIH M W, GERA P, etal. Inferring fine-grained control flow inside SGX enclaves with branch shadowing[C/OL]// 26th USENIX Security Symposium, USENIX Security 2017. Vancouver: USENIX

Association, 2017: 557-574 [2023-12-1]. https://www.usenix.org/conference/usen ixsecurity17/technical-sessions/presentation/lee-sangho.

[86] WANG W, CHEN G, PAN X, et al. Leaky cauldron on the dark land: Understanding memory side-channel hazards in SGX[C/OL]// CCS' 17: Proceedings of the 2017 ACM SIGSAC Conference on Computer and Communications Security. New York: Association for Computing Machinery, 2017: 2421-2434[2023-12-1]. https://doi.org/10.1145/3133956.3134038.

[87] GÖTZFRIED J, ECKERT M, SCHINZEL S, et al. Cache attacks on Intel SGX[C/OL]// Proceedings of the 10th European Workshop on Systems Security, EUROSEC 2017. Belgrade: Association for Computing Machinery, 2017[2023-12-1]. https://doi.org/10.1145/3065913.3065915.

[88] MOGHIMI A, IRAZOQUI G, EISENBARTH T. Cachezoom: How SGX amplifies the power of cache attacks[C/OL]// Lecture Notes in Computer Science: Vol. 10529 Cryptographic Hardware and Embedded Systems-CHES 2017-19th International Conference. Taibei: Springer, 2017: 69-90[2023-12-1]. https://doi.org/10.1007/978-3-319-66787-4_4.

[89] DALL F, DE MICHELI G, EISENBARTH T, et al. Cachequote: Efficiently recovering long-term secrets of SGX EPID via cache attacks[C]// Cryptographic Hardware and Embedded Systems, 2018: 171-179.

[90] BRASSER F, MÜLLER U, DMITRIENKO A, et al. Software grand exposure: SGX cache attacks are practical[C]// 11th USENIX Workshop on Offensive Technologies, WOOT 2017. Vancouver: USENIX Association, 2017.

[91] SCHWARZ M, WEISER S, GRUSS D, et al. Malware guard extension: Using SGX to conceal cache attacks[C/OL]// Lecture Notes in Computer Science: Vol. 10327 Detection of Intrusions and Malware, and Vulnerability Assessment-14th International Conference, DIMVA 2017. Bonn: Springer, 2017: 3-24[2023-12-1]. https://doi.org/10.1007/978-3-319-60876-1_1.

[92] LIPP M, KOGLER A, OSWALD D, et al. PLATYPUS: Software-based power side-channel attacks on x86[C/OL]// 42nd IEEE Symposium on Security and Privacy, SP 2021. San Francisco: IEEE, 2021: 355-371[2023-12-1]. https://doi.org/10.1109/SP40001.2021.00063.

[93] LEE D, JUNG D, FANG I T, et al. An off-chip attack on hardware enclaves via the memory bus[C/OL]// 29th USENIX Security Symposium, USENIX Security 2020. [S. l.]: USENIX Association, 2020: 487-504[2023-12-1]. https://www.usenix.org/confe rence/usenixsecurity20/presentation/lee-dayeol.

[94] OLEKSENKO O, TRACH B, KRAHN R, et al. Varys: Protecting SGX enclaves from practical side-channel attacks[C]// 2018 USENIX Annual Technical Conference(USENIX ATC 18). Boston: USENIX Association, 2018: 227-240.

[95] CHEN G, WANG W, CHEN T, et al. Racing in hyperspace: Closing Hyper-Threading side channels on SGX with contrived data races[C]// 39th IEEE Symposium on Security and Privacy (S&P). San Francisco: IEEE Computer Society, 2018: 388-404.

[96] CHEN S, ZHANG X, REITER M K, et al. Detecting privileged side-channel attacks in shielded execution with Déjá Vu[C]// ACM Asia Conference on Computer and Communications Security. Abu Dhabi: [s. n.], 2017: 7-18.

[97] SASY S, GORBUNOV S, FLETCHER C W. ZeroTrace: Oblivious memory primitives from Intel SGX[C]// Symposium on Network and Distributed System Security(NDSS). San Diego: [s. n.], 2017.

[98] AHMAD A, JOE B, XIAO Y, et al. Obfscuro: A commodity obfuscation engine on Intel SGX[C]// 26th Annual Network and Distributed System Security Symposium, NDSS 2019. San Diego: The Internet

Society, 2019.

[99] SHIH M W, LEE S, KIM T, et al. T-SGX: Eradicating controlled-channel attacks against enclave programs[C]// Network and Distributed System Security Symposium. San Diego: [s. n.], 2017.

[100] GRUSS D, LETTNER J, SCHUSTER F, et al. Strong and efficient cache side-channel protection using hardware transactional memory[C]// 26th USENIX Security Symposium. Vancouver: [s. n.], 2017: 217-233.

[101] CHEN S, LIU F, MI Z, et al. Leveraging hardware transactional memory for cache side-channel defenses[C/OL]// ASIACCS'18: Proceedingsof the 2018 on Asia Conference on Computer and Communications Security. New York: Association for Computing Machinery, 2018: 601-608[2023-12-1]. http://doi. acm. org/10. 1145/3196494. 3196501.

[102] SEO J, LEE B, KIM S, et al. SGX-Shield: Enabling address space layout randomization for SGX programs[C/OL]// 24th Annual Network and Distributed System Security Symposium, NDSS 2017. San Diego: The Internet Society, 2017[2023-12-1]. https://www. ndss-sympo sium. org/ndss2017/ndss-2017-programme/sgx-shield-enabling-address-space-lay out-randomization-sgx-programs/.

[103] VAN BULCK J, MINKIN M, WEISSE O, et al. Foreshadow: Extracting the keys to the Intel SGX kingdom with transient out-of-order execution[C]// 27th USENIX Security Symposium(USENIX Security 18). Baltimore: USENIX Association, 2018: 991-1008.

[104] CHEN G, CHEN S, XIAO Y, et al. Sgxpectre: Stealing intel secrets from SGX enclaves via speculative execution[C]//IEEE European Symposium on Security and Privacy, EuroS&P 2019. Stockholm: IEEE, 2019: 142-157.

[105] VAN SCHAIK S, MILBURN A, ÖSTERLUND S, et al. RIDL: Rogue in-flight data load[C]// 2019 IEEE Symposium on Security and Privacy(S&P). San Francisco: IEEE, 2019: 88-105.

[106] VAN BULCK J, MOGHIMI D, SCHWARZ M, et al. LVI: Hijacking transient execution through microarchitectural load value injection[C]// 2020 IEEE Symposium on Security and Privacy(S&P). San Francisco: IEEE, 2020: 54-72.

[107] SCHWARZ M, LIPP M, MOGHIMI D, et al. ZombieLoad: Cross-privilege-boundary data sampling[C] // Proceedings of the 2019 ACM SIGSAC Conference on Computer and Communications Security. London: [s. n.], 2019: 753-768.

[108] VAN SCHAIK S, MINKIN M, KWONG A, et al. CacheOut: Leaking data on Intel CPUs via cache evictions[C/OL]// 42nd IEEE Symposium on Security and Privacy, SP 2021. San Francisco: IEEE, 2021: 339-354[2023-12-1]. https://doi. org/10. 1109/SP40001. 2021. 00064.

[109] PATRIGNANI M, GUARNIERI M. Exorcising Spectres with secure compilers[C/OL]// CCS'21: Proceedings of the 2021 ACM SIGSAC Conference on Computer and Communications Security. New York: Association for Computing Machinery, 2021: 445-461[2023-12-1]. https://doi. org/10. 1145/3460120. 3484534.

[110] YU J, YAN M, KHYZHA A, et al. Speculative taint tracking(STT): A comprehensive protection for speculatively accessed data[C/OL]// MICRO'52: Proceedings of the 52nd Annual IEEE/ACM International Symposium on Microarchitecture. New York: Association for Computing Machinery, 2019: 954-968[2023-12-1]. https://doi. org/10. 1145/3352460. 3358274.

[111] TANG A, SETHUMADHAVAN S, STOLFO S. CLKSCREW: Exposing the perils of security-oblivious energy management[C]// 26th USENIX Security Symposium(USENIX Security 17). Vancouver:

USENIX Association, 2017: 1057-1074.

[112] QIU P, WANG D, LYU Y, et al. VoltJockey: Breaching TrustZone by software-controlled voltage manipulation over multi-core frequencies[C/OL]// CCS'19: Proceedings of the 2019 ACM SIGSAC Conference on Computer and Communications Security. New York: Association for Computing Machinery, 2019: 195-209[2023-12-1]. https://doi.org/10.1145/3319535.3354201.

[113] QIU P, WANG D, LYU Y, et al. Voltjockey: Breaking SGX by software-controlled voltage-induced hardware faults[C/OL]// Asian Hardware Oriented Security and Trust Symposium, AsianHOST 2019. Xi'an: IEEE, 2019: 1-6[2023-12-1]. https://doi.org/10.1109/AsianHOST47458.2019.9006701.

[114] MURDOCK K, OSWALD D, GARCIA F D, et al. Plundervolt: Software-based fault injection attacks against Intel SGX[C/OL]// 2020 IEEE Symposium on Security and Privacy, SP 2020. San Francisco: IEEE, 2020: 1466-1482[2023-12-1]. https://doi.org/10.1109/SP40000.2020.00057.

[115] KENJAR Z, FRASSETTO T, GENS D, et al. V0LTpwn: Attacking x86 processor integrity from software[C]// 29th USENIX Security Symposium(USENIX Security 20). [S.l.]: [s,n.], 2020: 1445-1461.

[116] CHEN Z, VASILAKIS G, MURDOCK K, et al. VoltPillager: Hardware-based fault injection attacks against Intel SGX enclaves using the SVID voltage scaling interface[C]//30th USENIX Security Symposium(USENIX Security 21). [S.l.]: [s,n.], 2021: 699-716.

[117] BUHREN R, JACOB H N, KRACHENFELS T, et al. One glitch to rule them all: Fault injection attacks against AMD's secure encrypted virtualization[C/OL]// CCS'21: 2021 ACM SIGSAC Conference on Computer and Communications Security. [S.l.]: Association for Computing Machinery, 2021: 2875-2889[2023-12-1]. https://doi.org/10.1145/3460120.3484779.

[118] KOGLER A, GRUSS D, SCHWARZ M. Minefield: A software-only protection for SGX enclaves against DVFS attacks[C]// 31st USENIX Security Symposium(USENIX Security 22). Boston: USENIX Association, 2022: 4147-4164.

[119] HETZELT F, BUHREN R. Securityan alysis of encrypted virtual machines[C/OL]// Proceedings of the 13th ACM SIGPLAN/SIGOPS International Conference on Virtual Execution Environments, VEE 2017. Xi'an: Association for Computing Machinery, 2017: 129-142[2023-12-1]. https://doi.org/10.1145/3050748.3050763.

[120] WERNER J, MASON J, ANTONAKAKIS M, et al. The SEVerESt of them all: Inference attacks against secure virtual enclaves[C]// ACM Asia Conference on Computer and Communications Security. Auckland: Association for Computing Machinery, 2019: 73-85.

[121] WILKE L, WICHELMANN J, MORBITZER M, et al. SEVurity: No security without integrity: Breaking integrity-free memory encryption with minimal assumptions[C/OL]// 2020 IEEE Symposium on Security and Privacy, SP 2020. San Francisco: IEEE, 2020: 1483-1496[2023-12-1]. https://doi.org/10.1109/SP40000.2020.00080.

[122] LI M, ZHANG Y, LIN Z, et al. Exploiting unprotected I/O operations in AMD's secure encrypted virtualization[C]// 28th USENIX Security Symposium. Santa Clara: USENIX Association, 2019: 1257-1272.

[123] LI M, ZHANG Y, LIN Z. CrossLine: Breaking "security-by-crash" based memory isolation in AMD SEV[C/OL]// CCS'21: Proceedings of the 2021 ACM SIGSAC Conference on Computer and Communications Security. New York: Association for Computing Machinery, 2021: 2937-2950[2023-12-1]. https://doi.org/10.1145/3460120.3485253.

[124] LI M, ZHANG Y, WANG H, et al. TLB poisoning attacks on AMD secure encrypted virtualization [C/OL]// ACSAC'21: Annual Computer Security Applications Conference. [S. l.]: Association for Computing Machinery, 2021: 609-619[2023-12-1]. https://doi. org/10. 1145/3485832. 3485876.

[125] LI M, ZHANG Y, WANG H, et al. CIPHERLEAKS: Breaking constant-time cryp-tography on AMD SEV via the ciphertext side channel [C] // 30th USENIX Security Symposium (USENIX Security 21). [S. l.]: USENIX Association, 2021: 717-732.

[126] LI M, WILKE L, WICHELMANN J, et al. A Systematic Look at Ciphertext Side Channels on AMD SEV-SNP[C]// 2022 IEEE Symposium on Security and Privacy(S&P). San Francisco: IEEE Computer Society, 2022: 1541-1541.

[127] JANG Y, LEE J, LEE S, et al. SGX-Bomb: Locking down the processor via rowhammer attack[C]// Proceedings of the 2nd Workshop on System Software for Trusted Execution. Shanghai: [s. n.], 2017: 1-6.

[128] XU Y, CUI W, PEINADO M. Controlled-channel attacks: Deterministic side channels for untrusted operating systems[C]// 2015 IEEE Symposium on Security and Privacy(S&P). San Jose: IEEE, 2015: 640-656.

[129] SHINDE S, CHUA Z L, NARAYANAN V, et al. Preventing page faults from telling your secrets[C]// Proceedings of the 11th ACM on Asia Conference on Computer and Communications Security. Xi'an: [s. n.], 2016: 317-328.

[130] VAN BULCK J, WEICHBRODT N, KAPITZA R, et al. Telling your secrets without page faults: Stealthy page table-based attacks on enclaved execution [C] // 26th USENIX Security Symposium (USENIX Security 17). Vancouver: [s. n.], 2017: 1041-1056.

[131] CHEN G, ZHANG Y. Securing TEEs with verifiable execution contracts [J]. IEEE Transactions on Dependable and Secure Computing, 2022: 1-16.

[132] LEE J, JANG J, JANG Y, et al. Hacking in darkness: Return-oriented programming against secure enclaves[C]// 26th USENIX Security Symposium(USENIX Security 17). Vancouver: [s. n.], 2017: 523-539.

[133] BIONDO A, CONTI M, DAVI L, et al. The guard's dilemma: Efficient code-reuse attacks against Intel SGX[C]// 27th USENIX Security Symposium(USENIX Security 18). Baltimore: USENIX Association, 2018: 1213-1227.

[134] WEICHBRODT N, KURMUS A, PIETZUCH P, et al. AsyncShock: Exploiting synchronisation bugs in Intel SGX enclaves[C]// European Symposium on Research in Computer Security. London: Springer, 2016: 440-457.

[135] CHEN S, LIN Z, ZHANG Y. Controlled data races in enclaves: Attacks and detection[C]// 32st USENIX Security Symposium(USENIX Security 23). Anaheim: USENIX Association, 2023: 4069-4086.

[136] VAN BULCK J, OSWALD D, Marin E, et al. A tale of two worlds: Assessing the vulnerability of enclave shielding runtimes [C] // 26th ACM Conference on Computer and Communications Security (CCS). London: [s. n.], 2019: 1741-1758.

[137] CHECKOWAY S, SHACHAM H. Iago attacks: Why the system call API is a bad untrusted RPC interface[C/OL]// ASPLOS'13: Proceedings of the Eighteenth International Conference on Architectural Support for Programming Languages and Operating Systems. New York: Association for Computing Machinery, 2013: 253-264[2023-12-1]. https://doi. org/10. 1145/2451116. 2451145.

[138] KHANDAKER M R, CHENG Y, WANG Z, et al. COIN attacks: On insecurity of enclave untrusted

interfaces in SGX[C/OL]// ASPLOS'20: Proceedings of the Twenty-Fifth International Conference on Architectural Support for Programming Languages and Operating Systems. New York: Association for Computing Machinery, 2020: 971-985[2023-12-1]. https://doi.org/10.1145/3373376.3378486.

[139] MATETIC S, AHMED M, KOSTIAINEN K, et al. ROTE: Rollback protection for trusted execution[C]// 26th USENIX Security Symposium (USENIX Security 17). Vancouver USENIX Association, 2017: 1289-1306.

[140] WANG H, CHEN G, ZHANG Y, et al. Multi-certificate attacks against proof-of-elapsed-time and their countermeasures[C]// Proceedings of the 29th Annual Network and Distributed System Security Symposium(NDSS'22). San Diego:[s. n.], 2022.

[141] JANGID M K, CHENG, ZHANG Y, et al. Towards formal verification of state continuity for enclave programs[C]// 30th USENIX Security Symposium(USENIX Security 21). [S. l.]: USENIX Association, 2021: 573-590.

[142] WANG W, DENG S, NIU J, et al. Engraft: Enclave-guarded raft on byzantine faulty nodes[C/OL]// CCS'22: Proceedings of the 2022 ACM SIGSAC Conference on Computer and Communications Security. New York: Association for Computing Machinery, 2022: 2841-2855[2023-12-1]. https://doi.org/10.1145/3548606.3560639.

[143] NIU J, PENG W, ZHANG X, et al. NARRATOR: Secure and practical state continuity for trusted execution in the cloud[C/OL]// CCS'22: Proceedings of the 2022 ACM SIGSAC Conference on Computer and Communications Security. New York: Association for Computing Machinery, 2022: 2385-2399[2023-12-1]. https://doi.org/10.1145/3548606.3560620.

[144] CHEN G, ZHANG Y, LAI T H. OPERA: Open remote attestation for Intel's secure enclaves[C/OL]// CCS'19: Proceedings of the 2019 ACM SIGSAC Conference on Computer and Communications Security. New York: Association for Computing Machinery, 2019: 2317-2331[2023-12-1]. https://doi.org/10.1145/3319535.3354220.

[145] CHEN G, ZHANG Y. MAGE: Mutual attestation for a group of enclaves without trusted third parties[C]// 31st USENIX Security Symposium(USENIX Security 22). Boston: USENIX Association, 2022: 4095-4110.

[146] ZHAO S, ZHANG Q, QIN Y, et al. SecTEE: A software-based approach to secure enclave architecture using TEE[C/OL]// CCS'19: Proceedings of the 2019 ACM SIGSAC Conference on Computer and Communications Security. New York: Association for Computing Machinery, 2019: 1723-1740[2023-12-1]. https://doi.org/10.1145/3319535.3363205.

[147] ZHANG F, CHEN J, CHEN H, et al. CloudVisor: Retrofitting protection of virtual machines in multi-tenant cloud with nested virtualization[C/OL]// SOSP'11: Proceedings of the Twenty-Third ACM Symposium on Operating Systems Principles. New York: Association for Computing Machinery, 2011: 203-216[2023-12-1]. https://doi.org/10.1145/2043556.2043576.

[148] MI Z, LI D, CHEN H, et al. (Mostly) Exitless VM Protection from Untrusted Hypervisor through Disaggregated Nested Virtualization[C]// 29th USENIX Security Symposium(USENIX Security 20). Vienna: USENIX Association, 2020: 1695-1712.

[149] WU Y, LIU Y, LIU R, et al. Comprehensive VM protection against untrusted hypervisor through retrofitted AMD memory encryption[C]// 2018 IEEE International Symposium on High Performance Computer Architecture(HPCA). Vienna: IEEE, 2018: 441-453.

[150] LI M, WILKE L, WICHELMANN J, et al. A systematic look at ciphertext side channels on AMD SEV-

SNP[C]// 2022 IEEE Symposium on Security and Privacy (S&P). San Francisco: IEEE, 2022: 337-351.

[151] DENG S, LI M, TANG Y, et al. Cipherh: Automated detection of ciphertext side-channel vulnerabilities in cryptographic implementations[C]// 32nd USENIX Security Symposium (USENIX Security 23). Anaheim: USENIX Association, 2023: 6843-6860.

[152] Occlum[EB/OL]. [2023-12-1]. https://github.com/occlum/occlum.

[153] CUI J, YU J Z, SHINDE S, et al. SmashEx: Smashing SGX enclaves using excep-tions[C/OL]// CCS'21: Proceedings of the 2021 ACM SIGSAC Conference on Computer and Communications Security. New York: Association for Computing Machinery, 2021: 779-793[2023-12-1]. https://doi.org/10.1145/3460120.3484821.

[154] QIANG W, DONG Z, JIN H. Se-lambda: Securing privacy-sensitive serverless appli-cations using SGX enclave[C]// Security and Privacy in Communication Networks: 14th International Conference, SecureComm 2018, Singapore: Springer, 2018: 451-470.

[155] CHEN Y, LI J, XU G, et al. SGXLock: Towards efficiently establishing mutual distrust between host application and enclave for SGX[C]// 31st USENIX Security Symposium (USENIX Security 22). Boston: USENIX Association, 2022: 4129-4146.

[156] WANG J, HAO S, HU H, et al. S-blocks: Lightweight and trusted virtual security function with SGX[J]. IEEE Transactions on Cloud Computing, 2020, 10(2): 1082-1099.

[157] 隐私计算互联互通关键技术(9)：TEE 统一远程证明流程设计[EB/OL]. [2023-12-1]. https://mp.weixin.qq.com/s/X8k0cIX52YFPc-KFqGJedw.

[158] 解密蚂蚁区块链全球首个商用级硬件隐私保护技术[EB/OL]. [2023-12-1]. https://zhuanlan.zhihu.com/p/124260520.

[159] 点石隐私计算[EB/OL]. [2023-12-1]. https://cloud.baidu.com/product/dsad.html.

作者简介

夏虞斌 上海交通大学教授、博士生导师，上海市优秀学术带头人，入选国家级青年人才计划。主要研究领域包括操作系统、系统结构与系统安全，曾获教育部技术发明一等奖、上海市技术发明一等奖、国家教学成果二等奖、CCF NASAC 青年软件创新奖，DSN 时间检验奖，“挑战杯”全国特等奖优秀指导教师，《麻省理工科技评论》中国十位“隐私计算科技创新人物”等。

张殷乾 南方科技大学教授，国家级青年人才，斯发基斯可信自主系统研究院信息安全研究中心主任，曾任美国俄亥俄州立大学终身副教授。主要研究方向是计算机系统安全、体系结构安全和区块链安全。近年来聚焦机密计算安全架构和产业应用。曾获美国国家科学基金青年科学家奖、CCF 青年科技奖、北美计算机华人学者协会明日之星奖、国际顶级安全会议 ACM CCS 时间检验奖、杰出论文奖和最佳论文奖提名、俄

亥俄州立大学Lumley研究成就奖、连续五年AMiner全球最具影响力的安全和隐私学者提名，入选全球前2%顶尖科学家终身榜单，入选《麻省理工科技评论》中国十位“隐私计算科技创新人物”以及《中国青年报》2023年度十大“强国青年科学家”。

陈国兴 现任上海交通大学计算机科学与工程系长聘教轨助理教授，博士研究生导师，入选国家级青年人才计划。研究方向为计算机系统与硬件安全，致力于研究基于硬件和操作系统的安全架构（如可信执行环境）的安全性，包括微架构侧信道安全、预测执行漏洞分析、远程认证隐私保护等。已发表国际学术会议和期刊论文二十余篇，包括IEEE S&P、USENIX Security、ACM CCS和NDSS等。同时担任ACM CCS、USENIX Security等学术会议程序委员会委员。陈国兴于2010年和2013年获得上海交通大学学士和硕士学位，于2019年获得美国俄亥俄州立大学博士学位。

陈海波 上海交通大学特聘教授，并行与分布式系统研究所所长，领域操作系统教育部工程研究中心主任，国家杰出青年基金获得者、IEEE Fellow。主要研究领域为操作系统、分布式系统与系统安全，研究成果通过产学研深度结合被应用到数十亿台设备，产生了广泛的学术与产业影响。曾获CCF科技进步特等奖、陈嘉庚青年科学奖（信息技术科学奖）、中国青年科技奖、教育部技术发明一等奖、全国优秀博士学位论文奖、CCF青年科学家奖等。目前担任OpenHarmony技术指导委员会创始主席、ACM旗舰杂志Communications of the ACM首位中国学者编委与领域共同主席、ACM EuroSys 2025程序委员会共同主席、ACM SIGOPS首位非北美学者主席。研究工作还获得了华为卓越贡献个人奖，SOSP、ASPLOS、EuroSys、VEE等最佳论文奖以及DSN“时间检验奖”、SIGMOD研究亮点奖等。按照csrankings. org的统计，其近5年（2019—2023）在操作系统领域顶级会议SOSP/OSDI上发表的论文数居世界第一。主持撰写的《现代操作系统：原理与实现》获得了2020年度“最受读者喜爱的IT图书奖”与上海交通大学2022年本科优秀教材一等奖（新版更名为《操作系统：原理与实现》），被高校、科研机构与企业广泛采用。

陈　恺 中国科学院信息工程研究所研究员，中国科学院大学教授、博士研究生导师。入选国家级领军人才，前沿创新与科教融合中心主任，《信息安全学报》编辑部主任。主持国家自然科学基金重大研究计划项目、重点项目等。主要研究领域包括系统安全、人工智能安全。在IEEE S&P、USENIX Security、ACM CCS、NDSS、ICSE和ASE等发表论文100余篇。任中国计算机学会系统软件专业委员会常委、中国计算机学会计算机安全专业委员会常委。获中国科学院青年科学家奖、CCF-IEEE CS青年科学家奖、NASAC青年软件创新奖、北京市杰出青年科学基金、北京市智源青年科学家、CCF杰出

演讲者、中国科学院青年创新促进会（优秀会员）等。

杜冬冬（曾用名：杜东） 上海交通大学并行与分布式系统研究所（IPADS）助理研究员，博士。长期从事操作系统与体系结构相关研究。工作发表在 ASPLOS、ISCA、HPCA、SOSP、OSDI、MICRO 等国际学术会议和 ACM TOCS 等国际期刊。其代表论文发表于 2020 年的操作系统与体系结构领域顶级会议 ASPLOS，并在该会议当年论文引用排名第一。作为主要负责人领导的开源软件蓬莱项目合入鸿蒙与欧拉操作系统。担任 SOSP 23 AEC 共同主席，RISC-V 国际基金会 SPMP 工作组主席等职。

金意儿 华为公司可信计算首席科学家，佛罗里达大学名誉教授，IEEE 硬件安全与可信专委会联席主席。他的研究领域主要涉及软硬件协同安全和新兴集成电路安全，包括硬件支持的系统安全、集成电路产业链安全以及可信自动化等。他撰写了《集成电路安全》一书，同时在国际知名期刊上发表了超过 200 篇论文，他目前是 IEEE 设计自动化委员会的杰出讲师。他的论文获得了包括 S&P、CCS、DAC 和 HOST 在内的多个会议/期刊的最佳论文奖。此外，他还获得了 IEEE 电子设计自动化委员会 Ernest S. Kuh 青年研究员奖。

李明煜 在上海交通大学并行与分布式系统研究所（IPADS）从事操作系统研究，研究方向为系统安全与隐私保护。当前专注于隐私实用性研究，包括交互式快速验证、去中心可验证搜索、密态数据库运维等探索。近年成果发表于 OSDI、ISCA 和 USENIX Security 等国际会议。担任 ChinaSys 学术开源索引主要组织者。

糜泽羽 上海交通大学助理研究员，硕士研究生导师。主要研究方向为操作系统、系统虚拟化和机密虚拟化。主持国家自然科学基金委面上项目、青年科学基金项目等国家级科研项目。在 SOSP、OSDI、ASPLOS、EuroSys、USENIX Security、USENIX ATC 和 IEEE TC 等操作系统顶级会议和期刊发表十余篇学术论文。

牛健宇 南方科技大学斯发基斯可信自主系统研究院研究助理教授，副研究员，硕士研究生导师。主要研究方向是机密计算、分布式系统安全和区块链等。主持和承担国家自然科学基金委青年科学基金项目、深圳市优秀科技人才项目等科研项目。在 CCS、ICDE、INFOCOM 和 TDSC 等顶级会议和期刊发表论文十余篇。

王文浩 中国科学院信息工程研究所副研究员，硕士研究生导师，研究方向为芯片安全和系统安全等，曾发现 Intel 处理器多个侧信道泄露途径和泄露方式，从软件和硬件角度提出了可信执行环境侧信道防御方案，设计了支持异构硬件和跨平台的可信执行环境架构，研究成果发表于 CCS、S&P、USENIX ATC、USENIX Security、HPCA、ASPLOS、EUROCRYPT、IEEE TDSC、IEEE TIFS 和 IEEE TC 等国际会议和期刊，主持和参与多项国家自然科学基金项目、科技部重点研发课题以及企业合作课题等。担任 Inscrypt 2022 大会主席，获得 ACM 中国新星奖提名和 ACM 中国 SIGSAC 分会新星奖。

王　喆 中国科学院计算技术研究所处理器芯片重点实验室副研究员。目前主持和参与多项国家自然科学基金青年/面上/重点项目、国家重点研发计划、北京市科委重大专项、国防装备研发计划等。他长期从事计算机系统结构和系统安全的研究，在 IEEE S&P、ACM CCS、USENIX Security、USENIX ATC、ISSTA、TDSC 和 TSE 等 CCF 推荐的 A 类会议/期刊发表论文 10 余篇，并在多个国际系统和安全领域重要会议上担任审稿人。曾带领团队研发了面向二进制和有源代码的代码保护系统，目前已交付国家安全部门和航空工业部门使用，在实际应用中发挥了重要作用。同时，作为核心骨干参与多款二进制翻译器的研发，能够支持多套主流指令集到国产指令集的翻译，有效扩充了国产处理器的应用生态。他曾获 2023 年安全顶级会议 CCS 杰出论文奖、2022 年安全顶级会议 CCS 最佳论文提名奖、中国科学院大学领雁金奖/银奖、中国科学院计算技术研究所“卓越之星”与“新学术百星”等荣誉和人才称号。

武成岗 中国科学院计算技术研究所处理器芯片重点实验室研究员，博士生导师，中国科学院关键技术人才，中国计算机学会体系结构专业委员会主任，从事计算机系统安全技术的研究，旨在以系统化方案提升计算机的安全性和可靠性。在程序分析、漏洞挖掘、代码保护、安全防御等方面有着较深的技术积累，发表论文 30 余篇，部分发表在 IEEE Security and Privacy、USENIX Security、CCS、ATC、TDSC、TSE、TCAD、ICSE、ASE、TPDS、TACO、SIGMETRICS、PACT、CGO、VEE 和 DATE 等学术期刊和会议上，2022 年获 CCS Best Paper Honorable Mention Award，2023 年获 CCS Distinguish Paper

Award，获得授权发明专利23项，软件著作权7项，获军队科技进步二等奖、北京市科学技术二等奖。担任国际学术会议CGO 2013大会主席、CGO的指导委员会委员、APPT 2013程序委员会主席，另外还担任PACT 21、PPoPP 17、PPoPP 18、CGO 15、CGO 18、CGO 22和PLDI12等会议的程序委员会委员。

谢梦瑶 中国科学院计算技术研究所特别研究助理，主要研究方向是软件与系统安全，包括系统防御、内核安全等，相关研究成果发表在ACM CCS、IEEE TDSC、IEEE Security and Privacy和USENIX Security等国际顶级会议和期刊上，获得ACM CCS 2023杰出论文奖和ACM CCS 2022最佳论文提名。

闫守孟 蚂蚁集团资深总监，可信安全计算部负责人，蚂蚁技术研究院计算系统实验室主任。他的研究聚焦于TEE和密态计算加速技术。他带领团队开源了业界广泛使用的Occlum TEE LibOS以及信任根与CPU厂商解耦的HyperEnclave自主可控TEE。Occlum和HyperEnclave已发表顶级会议论文，并在蚂蚁集团、阿里巴巴、微软Azure以及诸多隐私计算企业得到广泛应用。加入蚂蚁集团之前，在Intel从事基础技术研究，多项成果融入Intel产品。他发表了10余篇顶级会议论文，并拥有30余项专利。他在西北工业大学获得计算机应用技术博士学位。

张锋巍 南方科技大学计算机科学与工程系指南针（COMPASS）实验室负责人、副教授、研究员、博士研究生导师、ACM/IEEE/CCF高级会员，主要研究领域是系统安全，包括硬件辅助安全、可信执行环境、ARM/x86/RISC-V架构安全、GPU机密计算、恶意软件透明分析。曾担任美国韦恩州立大学计算机系助理教授，并获批了3项美国自然科学基金（NSF）项目。2019年加入南方科技大学后，作为通讯作者指导COMPASS实验室学生发表了IEEE S&P、USENIX Security、ACM CCS和NDSS安全顶级会议论文（CCF-A）；近3年连续担任多个安全顶级会议的技术程序委员会委员（TPC 2022—2024）；主持了3项国家自然科学基金项目（青年、面上、青年人才），以及多项企业横向项目。

交互式定理证明及应用

CCF 形式化方法专委会

詹博华[1]　曹钦翔[2]　李文达[3]　刘嘉祥[4]　施智平[5]　汪宇霆[2]　赵永望[6]

[1]中国科学院软件研究所，北京

[2]上海交通大学，上海

[3]爱丁堡大学，英国

[4]深圳大学，深圳

[5]首都师范大学，北京

[6]浙江大学，杭州

摘　要

交互式定理证明是形式化方法中的一个主要技术，通过用户与计算机的交互构造并验证数学定理或计算机系统正确性的证明。该方法可用于保障各类计算机软硬件系统的正确性，也可用于形式化表达和验证数学理论。本报告对近年来交互式定理证明本身的研究以及在各个数学和计算机领域的应用进行分析总结，概述机器学习应用于交互式定理证明的进展，并对该领域的发展趋势进行展望。

关键词：交互式定理证明，程序验证，形式化数学

Abstract

Interactive theorem proving is one of the major techniques in formal methods. It attempts to construct and verify proofs of mathematical theorems or correctness of computer systems through the interaction between user and the computer. This method can be used to guarantee the correctness of various kinds of software and hardware systems, and also to express and verify mathematics theories. This report reviews recent research about interactive theorem proving itself, its application in various fields of mathematics and computer science, and recent advancements in applying machine learning to interactive theorem proving. It also gives some perspectives on the future directions of research in this area.

Keywords: Interactive Theorem Proving, Program Verification, Formalization of Mathematics

1　引言

形式化方法使用数学语言对计算机系统进行建模与验证。其中，验证技术可分为程序分析、模型检测、定理证明几大类。程序分析利用抽象解释等方法对程序的可达状态

进行近似；模型检测通过显式或符号化的方式遍历系统状态空间；而定理证明则通过逻辑推理的方式验证系统正确性。定理证明又可分为自动定理证明和交互式定理证明。自动定理证明主要关注逻辑命题正确性的判定算法，希望以尽可能自动化的方式验证计算机系统。交互式定理证明则在验证过程中引入用户对证明的引导，通过用户与计算机的交互完成证明。程序分析、模型检测、自动定理证明等方法的自动化程度更高，但在能够验证的系统规模和复杂性方面存在很多限制。例如，模型检测的应用经常遇到状态爆炸（即系统状态数量超出工具承受能力）的问题；自动定理证明则受限于证明算法的能力。与上述技术相比，交互式定理证明的应用需要更多的人工参与：用户通常需要手动构建系统模型，并对系统的分析过程有详细的理解，才能引导计算机完成正确性证明。但同时，正因为用户可以提供关键证明策略，并将证明拆分为更小的部分，交互式定理证明才可以扩展到验证更复杂的系统和性质，而不受状态爆炸或自动证明算法能力的限制。

2018 年的 CCF 学科发展报告介绍了形式化方法整个领域的研究进展[1]，其中也包括交互式定理证明这个子领域的研究。文献［2］对形式化方法领域做了整体的介绍。文献［3］介绍了程序分析领域的研究进展。文献［4］对形式化方法在不同类型的计算机系统中的应用进行了分类，对于每个类别分别介绍了形式建模、性质描述和验证工具，主要关注与模型检测相关的技术。2022 年的 CCF 学科发展报告介绍了约束求解领域的最新进展[5]。本报告将在文献［1］的基础上介绍交互式定理证明领域近几年的最新进展以及在各个数学和计算机领域的应用，同时对未来的发展方向进行展望。

本报告首先介绍交互式定理证明的基础研究，主要关注交互式定理证明器本身的设计问题，涉及逻辑基础、证明自动化、用户交互模式、证明可靠性几个部分。接下来介绍交互式定理证明在计算机领域的一些传统应用方向，包括程序验证、操作系统验证、编译器验证、硬件验证，以及数据库系统的验证。然后介绍交互式定理证明的一些新兴应用方向，包括嵌入式和混成系统验证、密码系统的验证、区块链和智能合约的验证，以及量子系统的验证。

除了用于验证各类计算机程序和系统，交互式定理证明的另一个主要应用是验证数学理论和定理，保证定理的证明完全正确，包括手写证明时可能忽略的附加条件。除了纯数学中的应用，这些数学理论的验证也用于支持其他计算机程序的验证，例如机器人控制程序、机器学习框架中的编译过程等。本报告将介绍近年来交互式定理证明在该方向取得的进展。机器学习算法现已用于计算机科学的每个领域，其中也包括形式化验证。本报告将介绍机器学习在交互式定理证明的一些主要应用方向，包括自动定理证明算法的改善，以及基于模板或序列到序列模型的证明生成。

交互式定理证明长期面临学习曲线陡、验证效率低的问题，使其难以扩展到更大范围的应用。然而，随着该领域研究的不断深入，证明自动化和其他方面的改善使得验证的开销不断降低，能够处理的系统规模和复杂性也在不断提高。本报告将在每部分体现这一发展趋势，并分别分析和比较国内外的研究进展。最后，本报告将展望该领域的一些未来发展趋势，包括验证工具的改善和程序验证理论的进一步发展，以及机器学习尤其是最新发展的大语言模型在证明自动化和自动证明生成的更深入应用。

2 交互式定理证明器

交互式定理证明器（也称为证明辅助工具）是交互式定理证明领域使用的基本工具。目前开发最成熟、应用最广泛的两个交互式定理证明器分别是由法国 Inria 主导开发的 Coq[6] 和由剑桥大学及慕尼黑工业大学主导开发的 Isabelle[7]。此外，由微软公司主导开发的 Lean 定理证明器[12-13] 在近几年取得了快速的发展，并在基于宏的元编程[14-15]、函数式编程语言的实现[16] 等方面做了若干创新。其他在特定领域常用的交互式定理证明器包括 HOL Light[8]、HOL4[9]、PVS[10]、ACL2[11] 等。

交互式定理证明器的设计与实现，以及更高效的使用方法，是交互式定理证明领域基础研究的主要关注点。现代的交互式定理证明器一般基于小内核架构：工具由一个小内核和其他部分组成；小内核实现了选用的逻辑基础的推理规则，用于保障所有产生的证明的正确性；其他部分负责与用户的交互、自动生成证明等其他功能。小内核架构使得交互式定理证明器构造的证明具有极高的可信度，但如何保证小内核本身的正确性也值得探讨。下面我们分别描述交互式定理证明的基础研究在逻辑基础、证明自动化、用户交互模式和证明可靠性几个方面所关注的问题以及最新的研究进展。

逻辑基础：任何交互式定理证明器的实现都首先需要选择使用哪种逻辑基础。目前常见的选择包括高阶逻辑（也称为简单类型论，用于 Isabelle/HOL、HOL Light、HOL4）、依赖类型论（用于 Coq、Lean）、集合论（用于 Mizar、MetaMath、Isabelle/ZF）等。理论上这些逻辑基础均具有强大的表达能力，足够表达和验证各种数学理论和计算机系统的正确性性质。然而，在实际应用中，不同的选择在表达的简洁性、证明自动化程度上各有不同。

例如，在高阶逻辑中，类型的定义只能取其他类型，而不是取其他类型的值作为参数。因此，可以定义列表的类型 α list，并将其实例化为自然数的列表 nat list、实数的列表 real list 等，但无法定义长度为变量 n 的列表类型。高阶逻辑对于子类型的定义也存在类似的局限。这些限制在验证数学理论时尤为突出。为了证明的简便性，Isabelle/HOL 中的很多数学定理相对于类型陈述，但实际使用时需要相对于类型中某个子集的版本。Kuncar 等人提出的 Types-to-sets 方法部分解决了这个问题[17]。后续在 Isabelle/HOL 中对光滑流形的形式化进一步发展了该方法，但同时也指出了高阶逻辑用于验证数学理论的其他局限性[18]。文献［19-20］对 Types-to-sets 方法进行了进一步的扩展，并加强了该方法使用的正确性保障。文献［21］展示了将依赖类型论的定义编码为高阶逻辑的一般性方法。目前，高阶逻辑、依赖类型论和集合论在不同应用中的比较依然是存在争议的话题，如何结合不同逻辑基础的优越性也是一个未来研究的方向。

证明自动化：交互式定理证明通过用户与计算机的交互构造证明。其中，用户向计算机提供证明步骤和中间需要证明的命题，计算机在获得这些信息后试图合成并验证完整的证明，向用户提供关于证明状态的反馈。在这个交互过程中，计算机自动合成证明的能力越强，用户需要提供的提示就越少。因此，交互式定理证明器的使用效率和其证明自动化的能力密切相关。目前，证明自动化主要通过两种途径实现：基于策略组合实现领域特定的自动化方法，以及调用自动定理证明工具并重构证明。下面我们主要介绍近几年来自动定理证明和证明重构相关的进展。

自动定理证明算法可以大致分为 SMT（Satisfiability Modulo Theories）约束求解和基于 resolution/superposition 的算法。通常，这些算法的实现非常复杂，包含各种各样的效率上的优化，很难完全保证证明的正确性。当交互式定理证明器调用自动定理证明工具试图证明中间目标时，通常需要使用自身的内核重新验证自动定理证明器提供的证明。证明重构方面的早期工作包括文献［22-23］在高阶逻辑的定理证明器 Isabelle 和 HOL4 中分别实现了 Z3 求解器对未解释函数、线性算术理论和位向量理论输出证明的证明重构。文献［24］在 Coq 定理证明器中部分实现了 SMT 证明的重构功能。近期研究的一个关注点是如何让 SMT 求解器输出更简洁但易于检验的证明过程，使得在交互式定理证明器中的证明重构更高效并且更便捷。文献［25］定义了通用的 SMT 输出证明格式 Alethe。该证明格式最初在 veriT 求解器中使用，目前也开始被 cvc5 求解器采用。近期 cvc5 求解器的团队完成了一系列工作[26-29]，改善了证明生成的方法，在生成证明的简洁性、生成效率和生成算法实现的简便性上取得了良好的平衡。

自动定理证明算法用于交互式验证中的子目标时碰到的一个普遍问题是交互式定理证明器基于高级逻辑或更复杂的逻辑系统，而自动定理证明传统上关注更简单的一阶逻辑。一种解决方案是将高阶逻辑命题编码为一阶逻辑命题，但这样做可能将命题变得更加复杂，并丢失原命题的重要结构。实践也表明，在使用这种方法时，很多简单的涉及高阶逻辑的数学命题难以被自动定理证明器证明[30]。因此，如何将 SMT 求解和 resolution/superposition 方法扩展到高阶逻辑是一个当前的研究热点。在一系列文章中，Bentkamp 等人将 superposition 方法扩展到了高阶逻辑，并实现了高效的 Zipperposition 工具[31-34]。使用该算法，Vukmirovic 等人将基于 superposition 的 E 定理证明器扩展到高阶逻辑，并在 Sledgehammer 测试集上展示了显著的证明能力的提升[35]。

用户交互模式：传统的交互式定理证明器采用文本交互模式。用户输入由策略和定理名称组成的证明步骤及中间证明目标来引导证明，计算机同样使用文本方式提供反馈。Isabelle、Coq 等定理证明器具有较为完善的图形用户界面，使得其体验类似于在普通的 IDE 中进行编程[39-40]。界面提供了多种辅助功能和交互方式，帮助用户更高效地进行证明工作。用户可以直观地查看和分析证明的结构和步骤，更好地理解证明的过程和推理链。然而，这些基于文本交互的模式依然要求用户熟悉定理证明器中需要用到的策略和已有定理，是导致定理证明器学习曲线陡的一个主要因素。因此，一直以来也陆续有研究试图构造基于鼠标选择和点击的图形用户界面，其中一些早期工作包括 Bertot 等人提出的“Proof by Pointing”[36]。近期，Ayers 等人在 Lean 定理证明器中实现了图形用户界面的框架，基于 Functional Reactive Programming 的思想，允许通过定义 ProofWidgets 实现定制化的图形用户界面[37]。文献［38］提出了另一种通过鼠标选择和拖放完成一阶逻辑证明的用户界面。

随着网络普及和现代浏览器的功能日趋复杂，浏览器/服务器架构受到关注。部分交互式定理证明器也推出了基于浏览器的界面[41-43]。它们摆脱了特定操作系统和平台的限制，用户可以通过任何支持现代浏览器的设备（如个人计算机、平板计算机等）访问和使用定理证明器，使得定理证明器更加易于使用。基于浏览器的界面还支持在线协作和共享，多个用户可以同时访问同一实例，共享证明任务和结果，并进行协作和交流。

证明可靠性：交互式定理证明器通过小内核架构提高证明的可靠性，其基本思想是将工具的实现分为两部分：一个规模较小的内核，实现了逻辑基础的推理规则，用于验证证明；其他模块，用于与用户交互并产生证明。证明的正确性完全通过内核保障：如果其他模块的缺陷导致产生错误的证明，内核在验证证明时会捕获和汇报这些错误。小内核架构是交互式定理证明器相对于自动定理证明或模型检测工具可信度更高的原因。

然而，即便使用小内核架构也无法完全避免证明错误。此外，通过交互式定理证明器验证的程序在转换为底层程序语言或可执行代码时出现错误也是一个潜在的正确性风险。以编译器验证的正确性为例，文献［44］详细分析了使用 Coq 形式化验证的 CompCert 编译器依然存在的正确性隐患。

小内核的正确性可以分为两个方面：逻辑基础本身的正确性，即其推理规则是否本身存在矛盾，以及小内核对这些推理规则的实现是否正确。以 Coq 和 Lean 使用的依赖类型论为例，依赖类型论自从被提出以来基本上保持稳定，然而其在 Coq 中的实现几乎每年都会发现漏洞[45]，有些漏洞允许在 Coq 中推导出矛盾（因此也允许推导出任何错误的定理）。文献［45］在 Coq 中验证了依赖类型论的类型检查算法的正确性，因此可以看作在依赖类型论理论正确的假设下在 Coq 中对 Coq 本身的验证，将可信代码基础（Trusted Code Base）替换为可信理论基础（Trusted Theory Base）。该论文的工作基于同一团队的 MetaCoq 项目[46]，在 Coq 中定义了 Coq 表达式本身的语法和语义，并提供了可验证的元编程框架。

代码生成过程是使用交互式定理证明器验证程序正确性时需要考虑的另一个隐患。虽然程序已经在定理证明器中被验证正确，但当它从定理证明器中的定义转换为其他语言的代码时可能出现错误。从交互式定理证明器中的定义进行代码生成通常有两种途径：第一种途径是将程序定义翻译为一个类似语言的程序（如 OCaml、ML、Haskell 等函数式语言），但这样的翻译过程通常不经过验证；第二种途径是在定理证明器中生成底层语言实现，并验证程序的定义与底层语言实现的一致性。文献［47］介绍了 CertiCoq，一个从 Coq 的规约语言 Gallina 定义的程序到 CompCert C 语言的代码生成工具，其正确性保障可以与 CompCert 编译器的正确性连接。文献［48］描述了 CertiCoq 中编译优化的验证方法。文献［49］采取了另一种策略，使用 relational compilation 的方法，从带有用户标注的函数式程序生成高效的底层代码，并提供语义一致性的证明。其他交互式定理证明器在可验证的代码生成方面近期也有进展。例如，Lammich 在文献［50］中描述了从 Isabelle/HOL 验证的程序提取可验证正确的 LLVM 代码的框架，并将其应用于生成高效的二分查找和 KMP 字符串查找算法。

国内研究：国内在交互式定理证明领域的研究主要以应用为主，对交互式定理证明器的设计与实现本身的研究相对较少。中科院软件所的詹博华等人使用 Python 语言实现了新的交互式定理证明器 HolPy。该定理证明器提供了基于 Python 的 API，允许用户使用 Python 语言实现证明自动化和其他扩展，并允许更灵活的用户界面设计，包括基于鼠标单击和选择的用户界面[51]。在 HolPy 的基础上，实现了数学符号计算的验证工具[52-53]，允许用户通过交互的方式完成符号计算，并将部分符号计算过程自动转换为高阶逻辑证明进行验证。

3 传统验证领域

交互式定理证明在计算机软硬件系统的正确性验证中有着广泛的应用。本部分将介绍一些传统的应用方向。首先介绍程序验证的基本概念以及近期的发展，然后介绍在操作系统验证、编译器验证、硬件验证和数据库系统验证的具体应用及最新进展。

3.1 程序验证

利用交互式定理证明技术解决程序验证问题，是指先在交互式定理证明器中对特定的程序语言建模，并在定理证明器中建立程序逻辑理论、证明程序逻辑的可靠性，形成程序验证工具，再基于程序语言以及程序逻辑的建模结果，验证该程序语言的程序实例，即验证特定程序具有某些特定性质。

在交互式定理证明器中对程序语言建模时，可以直接采用“从起始状态到终止状态的函数”对程序建模，亦可以先对程序的语法树进行建模，再在定理证明器中定义其程序语义。一般而言，前一种建模方案较为简便，但是适用范围窄，当程序行为涉及概率、并发等复杂特性时就只能采取后一种建模方案。现有研究工作选择建模用的程序语义时一般选择小步操作语义，但也可以选择大步操作语义或指称语义。

程序验证工作中往往不直接利用程序语义开展验证，而是依托程序逻辑（特别是霍尔逻辑或其拓展）展开验证。例如，程序验证工作中往往需要在验证程序功能正确性的同时验证程序安全性（以 C 语言为例，此处的安全性指的是不出现 C 标准未定义行为，如空指针引用、数组下标越界等）。基于这一程序验证需求，霍尔三元组 {P} c {Q} 表达的论断就可以定义为：如果程序 c 的起始状态满足性质 P，那么程序 c 一定能安全运行，并且在程序 c 运行终止的情况下，程序的终止状态一定满足 Q。

在交互式定理证明器中对程序逻辑理论形式化时，一般只需要在定理证明器中将其可靠性理论形式化。尽管早在 20 世纪 80 年代，计算机理论科学家们已经证明了霍尔逻辑具有某种意义下的完备性，但具体的程序验证工作往往并不关注程序逻辑的完备性，而只需使用其可靠性。

基于程序逻辑验证程序功能正确性与安全性的过程又主要分为两种范式。第一种范式利用传统霍尔逻辑规则进行可组合式的验证。例如，霍尔逻辑中的顺序执行规则可以

将程序 c_1；c_2 的验证规约为程序 c_1 的验证与 c_2 的验证，霍尔逻辑中的 while 循环规则可以将程序 while（b）do c 的验证规约为对程序 c 的验证：

$$\{P\}c_1\{Q\},\{Q\}c_2\{R\}\Rightarrow\{P\}c_1;c_2\{R\}$$

$$\{P\&\&b\}c\{P\}\Rightarrow\{P\}\text{while}(b)\text{do } c\{P\&\&!\ b\}$$

这一范式总是将复杂程序语句的验证规约为更小规模的程序语句的验证。第二种范式称为单步规约，总是将待证明的程序论断规约为一步之后的情形。例如，若 c_1 是一条简单赋值语句，P 是一条断言，Q 是 P 与 c_1 的最强后置条件，那么 $\{P\}c_1;c_2\{R\}$ 就可以被规约为 $\{Q\}c_2\{R\}$。又例如，关于循环语句的论断 {P} while（b）do c {Q} 可以被规约为两个论断：①{P && b} c；while（b）do c {Q}；②P && ！b 能推导出 Q。可以看到，第一种验证范式在验证中不涉及循环证明的问题，但是需要对循环语句、递归函数调用等语法结构设计相应的程序逻辑规则；第二种验证范式在验证中可能出现循环证明的问题，实践中一般可以利用余归纳证明方法解决这一问题。除了这两种范式之外，上海交通大学的曹钦翔副教授团队[54] 与 Sammler 等人[55] 也提出了基于程序标注与控制流图的程序验证新范式。

目前，基于交互式定理证明的程序验证研究仍然有着很高的热度，除了上面概述的相对较为固定的验证方案外，相关研究工作的关键有三：①针对实际的程序安全性、可靠性需求，提出新的验证问题；②针对验证问题与程序语言特性提出新的程序逻辑；③基于交互式定理证明技术，实现基于新程序逻辑的程序验证工具，并将其应用于实际程序的验证。因此，程序逻辑理论是相关研究的核心。

近年来，有两类霍尔逻辑的拓展应用较为广泛。其一是分离逻辑。分离逻辑最早是 Reynold 提出的用于验证内存读写的程序逻辑[56]，其主要思想是引入了分离合取（一般写作星号“ * ”）这一逻辑连接词。具体而言，程序状态 s 满足断言 $P*Q$ 表示：可以将 s 的内存分为不相交的两部分 s_1 与 s_2，使得 s_1 满足 P，并且 s_2 满足 Q。之后，分离逻辑被进一步拓展并用于验证各种可以拆分的程序资源，例如程序运行时间的拆分、并发程序读写权限的拆分、概率程序论断中相互独立的随机变量等。其二是关系型霍尔逻辑。不同于普通霍尔逻辑，关系型霍尔逻辑用于验证两个程序之间的关系，其程序论断使用关系型霍尔四元组 $\{P\}c_1\sqsubseteq c_2\{Q\}$ 表示，如果两个程序的起始状态满足二元关系 P，那么对于 c_1 的任意一种运行结果，都存在对应的 c_2 运行结果，使得两个运行终止状态满足二元关系 Q。关系型霍尔逻辑可以用于验证程序等价性。另外，当程序语言的特性较为复杂的时候，例如当程序语言涉及并发或涉及 IO 等系统调用的时候，往往不便于使用普通霍尔三元组表述程序的功能正确性与安全性，此时可以将程序设计功能定义为一个简单程序（可能是伪代码程序），从而使用关系型霍尔四元组描述程序的功能正确性与安全性。

国际研究进展 在代表性验证工具方面，Birkedal 带领的 Iris 程序验证项目[57-58] 可以使用并发分离逻辑与关系型并发分离逻辑验证 Iris-lambda 语言中的并发程序，这一工作的关键贡献是在 Coq 定理证明器中内嵌了一套便于进行并发程序验证的内嵌对象逻辑，能够较为简便地实现基于单步规约范式的程序验证，并利用 Löb 定理实现余归纳证明。

普林斯顿大学的 VST 项目[59] 是用于验证 C 程序功能正确性的工具。这一工作的关键贡献是通过设计 VST 断言典范式，实现了较为自动化的附带证明生成的符号执行，克服了 C 语言标准中语义琐碎对证明自动化带来的障碍。对比 Iris 工具与 VST 工具，VST 是基于霍尔逻辑的模块化验证工具，而 Iris 是基于单步规约的验证工具，需要手动使用 Löb 定理实现余归纳证明，解决单步规约范式下的循环证明问题。此外，VST 用于验证 C 语言，以 C 标准为基础，其使用的 C 语言形式化语义是 CompCert 编译器所使用的 C 形式化语义，而 Iris 验证针对 Iris-lambda 语言，并非实际编程语言，将实际编程语言的行为编码为 Iris-lambda 再进行验证并不方便。最后，Iris 支持的并发分离逻辑较为灵活，而 VST 验证工具目前以支持资源不变量型并发分离逻辑为主，也不支持关系型霍尔逻辑的验证。

在验证程序执行时间方面，Atkey 提出了使用分离逻辑刻画程序所消耗的时间[60]，并基于此验证了一些需要利用均摊时间分析法证明的程序运行时间上限。

在验证带有非确定性行为的程序方面，利用 Ghost 虚拟变量与虚拟操作进行辅助验证已经是一种获得广泛使用的验证技术。而与之对偶的未来变量在最近才由 Jung 等人引入基于交互式定理证明的程序验证中来[61]。

在验证并发程序方面，Iris 程序验证项目[57-58] 是该领域的代表性成果。除此之外，Mansky 教授与其合作者基于 VST 验证工具与带简单资源不变量的并发分离逻辑解决了逻辑原子操作的验证[62]，这项工作将并发程序逻辑及交互式定理证明技术用到了实际 C 语言程序的验证中去。

在验证概率与量子程序方面，Batz 等人[63] 提出了 QSL（Quantitative Separation Logic）将最弱前置条件拓展到了最弱前置期望，并使用分离逻辑刻画随机事件之间的相互独立性。Tassarotti 与 Harper[64] 将该工作与并发程序验证结合起来，并在 Coq 中进行了形式化。除了使用最弱前置期望验证概率程序，亦可以使用基于断言的霍尔逻辑开展程序验证，使用这一方案表达程序的正确性性质更灵活方便，但要在交互式定理证明器中完成形式化则较为困难。Barthe 等人[65] 最先在 Coq 中对这样基于断言的程序逻辑可靠性理论进行了形式化，并另外实现了基于这一逻辑的程序验证工具。

在利用程序验证工具验证算法与数据结构方面，VST 工具已经用于验证 Malloc/Free 的实现[66]、诸多开源密码学代码库[67-69] 的 C 代码实现。Iris 验证框架已被用于验证 Folly 库中的并发队列算法的伪代码[70]。Nipkow 等学者也基于 Isabelle/HOL 中的 Imperative 框架验证了 B+树[71]、Braun 树[72] 与根平衡树[73] 等数据结构。

国内研究进展 在逻辑系统形式化框架方面，曹钦翔副教授与其团队[74] 在 Coq 定理证明器中搭建了 LOGIC 形式化工具，集成了一系列逻辑系统的可靠性与完备性的形式化成果，并允许用户利用该工具通过简单配置生成一系列的可用于程序验证的逻辑系统，特别是分离逻辑系统。

在并发程序验证方面，赵永望教授团队[75] 提出了基于依赖-保证（Rely-Guarantee）的自动化并发程序验证方案，将待验证的程序建模为一种称为 Succinct Automata 的自动机模型，并使用 SMT 求解器验证该自动机模型之前的模拟关系。此外，提出了可用于多种程序建模语言的依赖-保证验证框架[79]，并将其应用于 Zephyr 实时操作系统中的并发内存管理算法[80]。在文献［81］中，提出了可组合的依赖-保证验证方法，并将其用于ARINC-653中通信服务的实现。

在利用程序验证工具验证算法与数据结构方面，曹钦翔与其合作者[76]提出了一系列验证图论算法功能正确性的方法，詹博华[77]也依托其开发的auto2验证自动化框架与分离逻辑验证了红黑树等数据结构，并在与Haslbeck的合作中将其扩展到了验证程序运行时间渐进复杂度的方法[78]。

3.2 操作系统验证

操作系统验证是交互式定理证明的一个传统应用方向。由于操作系统处于计算机系统的底层，可以直接访问硬件资源，因此其正确性尤其重要：操作系统中的任何错误都可能导致无法恢复的系统崩溃。又由于操作系统的规模较为庞大，即使较为简单的微内核也有几千行代码，因此难以通过自动定理证明或模型检测的方法验证功能正确性，使用交互式定理证明完成验证也充满了挑战。现有的一些经典的操作系统验证案例包括seL4微内核[82]和CertiKOS内核[83]的验证。

近期的研究除了传统的正确性性质之外，也越来越关注其他类型的性质，例如信息安全性和调度的实时性质。此外，文件系统的验证带来了更多的挑战。下面我们分别描述这三个方向的最新进展，以及国内在操作系统验证方向的研究。

信息安全性验证　信息安全性验证通过形式化方法证明系统的安全属性，表明系统不存在某类安全漏洞。一些安全系统采用可信执行环境（TEE）等硬件，或者采用hypervisor、隔离内核、微内核等底层软件隔离不同安全域的软件组件，通过确保组件间仅发生授权的通信提高系统的安全性。信息流控制[84-85]是一种跟踪信息如何在系统中传播的分析形式，可用于分析上述系统的安全属性。证明信息流安全性通常将属性描述为无干扰[86]，并证明某状态不可区分性关系在每个执行步骤中保持[87]。

Murray等人在Isabelle/HOL中验证了通用微内核seL4的信息流安全性[88]，证明其作为隔离内核可以使用受控信道实现分区隔离，保证分区的机密性和完整性。其定义的信息流安全属性是为操作系统内核[89]提出的非传递性无干扰[90-92]的一种变体。该工作对seL4的C代码实现进行验证，发现了seL4中必须明确禁止分区间使用的API。

Costanzo等人验证了操作系统内核mCertiKOS的端到端安全性[93]。该工作引入观察函数，不同抽象级别的观察函数可以通过一种保持状态不可区分性地模拟跨抽象级别连接，从而实现端到端的安全性验证。其将机密性属性描述为无干扰，通过验证禁用IPC的mCertiKOS的安全性，证明了在该内核上运行的不同进程之间没有干扰。

Li等人将Linux KVM hypervisor分解为一个小的核心和一组不可信服务，通过验证核心来证明整个hypervisor的安全性[94-95]。该工作将有意发布的信息[96]建模为数据oracle，使其不破坏状态不可区分性，并通过证明状态不可区分性来证明无干扰。其在Coq中采用逐层精化证明hypervisor可以保护VM的机密性和完整性。

卡耐基梅隆大学在2021年提出了一个形式化的I/O隔离内核[111]，它基于I/O数据传输的授权与否定义了隔离策略。模型精化以及实例化过程都在 Dafny 工具中经过了形式化验证。使用他们的方法能够自动产生经过验证的符合 I/O 隔离策略的汇编代码。

Dam 等人旨在证明允许跨授权信道通信的隔离组件的隔离。因为分区之间存在显式交互，所以该工作没有将安全性描述为标准的无干扰，而是采用互模拟证明方法证明具体模型与理想模型的互模拟关系。其在 HOL4 中分别验证了 ARMv7 简单隔离内核[97]、hypervisor[98]、串行外设接口的信息流安全性[99]。

调度的实时性质验证　在实时系统中，除了关于计算结果的正确性之外，每个任务也可能存在硬实时要求：每个任务都需要在给定的期限前完成才能被称为正确。对于具有实时性质要求的系统，操作系统中调度的正确性至关重要。调度算法必须保证每个任务分配到足够的处理器时间，使其能够在给定期限前完成计算；调度算法的实现也应当正确体现算法的设计。近期的一系列工作在 CertiKOS 的扩展中验证了调度的正确性。文献［118］将 RT-CertiKOS 中调度算法实现的正确性与可调度性分析工具 Prosa 连接，得到调度算法的实现能够保证可调度性的证明。文献［119］提出了 virtual timeline 方法，允许用可组合式的方法验证调度正确性，并保证组件之间满足时间隔离性质。文献［120］将该方法进一步扩展到验证动态优先级调度的正确性。

文件系统验证　麻省理工学院在 2019 年提出了一个新的框架 Perennial[110]，该框架可以用来验证并发的 crash-safe 的文件系统。Perennial 扩展了 Iris 并发框架，提供了 Go 语言的一个子集以及从子集到 Perennial 模型的一个翻译器，而该模型可以很好地支持多种文件系统原语与数据结构。并且他们利用这套框架在 Coq 中验证了一个并发的邮件服务器。

国内研究进展　浙江大学赵永望等人在 Isabelle/HOL 中验证了符合 ARINC 653 标准的隔离内核的信息流安全性[100-101]。该工作提出通用安全模型和逐步精化框架，通过精化开发了两个层次的功能规范，建模隔离内核的主要功能，如内核初始化、两级调度、分区和进程管理以及分区间通信，并对无干扰等安全属性进行验证，在 ARINC 653 标准和实现中发现了 6 个可能导致信息泄露的安全漏洞。该团队在后续工作中验证了 L4 虚拟内存子系统的信息流安全性[102]，发现了 L4 源代码存在的安全问题。

浙江大学常瑞等人在 Isabelle/HOL 中验证了多域 TEE 环境中的访问控制框架[103-104]。该工作没有采用无干扰定义安全属性，而是参考 Biba 模型[105]和 BLP 模型[106]定义完整性和机密性。该团队在后续验证 TrustZone 多安全分区安全性的工作中使用无干扰定义安全属性，在 Isabelle/HOL 中采用精化方法证明了多安全分区的机密性和完整性[107]。

首都师范大学施智平教授团队提出 TrustZone TEE 内存隔离机制的安全性验证方法[108-109]。该工作建立包括 TrustZone 地址空间控制器、MMU、TLB 等硬件和 Monitor 等特权软件的形式化模型，定义无干扰、无泄露等信息流安全属性，在 Isabelle/HOL 中精化验证了 TEE 内存隔离机制的信息流安全性，并给出了影响 TEE 安全性的内存管理指令的使用建议。

中国科学技术大学付明等人在 Coq 中提出了一种用于抢占式 OS 内核的验证框架[112]，并将该框架用于抢占式实时多任务内核 μC/OS-II 的关键模块中的验证，同时对操作系统中断处理机制[113]、内存模型以及并发分区逻辑[114] 进行了深入的研究并取得了理想的成果。

华为内核实验室联合上海交通大学陈海波等人[115] 提出了优化和验证弱内存（WMM）架构上的同步原语的框架，对类似于 seL4、CertiKOS 等系统中的同步原语进行了优化和验证，同时在验证过程中发现了 3 个正确性问题。此外，在文献［116］中提出了并发文件系统 AtomFS，并且提出带 helpers 的并发关系逻辑 CRL-H 用于验证该系统，所有的工作均通过了定理证明器 Coq 的检查。

中科院软件所的詹博华等人提出了基于事件 monad 的可组合式验证框架[117]。该框架将系统建模为多个通过异步通信的方式交互的组件，允许首先验证每个组件的正确性，然后组合成为整个系统的正确性。该框架用于验证操作系统中时间片调度的实现。

3.3 编译器验证

编译器负责将高级语言编写的程序转换为可执行代码，属于关键性的系统软件。编译过程中的任何漏洞都可能导致源程序端经过大量努力得到的安全保障失效。因此，保障编译器正确性对于高可靠软件开发有重要意义。现代编译器的复杂性极高，从中滋生了大量的编译漏洞。测试方法难以覆盖复杂编译流程的所有情况，因此无法完全排除这些漏洞[121]。相比之下，编译器验证基于形式化数学证明，可以从根本上保障编译器在逻辑层面不存在漏洞，因而受到了广泛关注[2]。

通过赋予源程序和目标程序形式语义，编译器验证可被表述为验证编译过程保存程序语义（Preservation of Semantics）[122]。由于语义保存蕴含源程序和目标程序行为的一致性，编译器验证可以确保源程序的性质被忠实传递至目标程序。语义保存的证明方法来源于程序语义等价性研究，常用技术包括模拟（Simulation）[123]、双向模拟（Bi-Simulation）[124]、上下文等价性（Contextual Equivalence）[125] 和逻辑关系（Logical Relations）[126] 等。

国际研究进展　编译器验证研究诞生于计算机科学发展的初期，至今已经有半个多世纪的发展。我们从以下几个方面归纳总结国际学术界的研究现状：

完整程序的编译验证　编译器验证最早的研究可追溯至 1967 年 McCarthy 和 Painter 的开创性论文[127]。其后在 1973 年，Morris 提出了编译器正确性可被表述为编译过程保存源程序的语义[122]，奠定了语义保存（Semantics Preservation）作为编译器正确性表述的基础。从 Morris 开始，大量的工作关注如何证明完整程序（即所有代码包括程序入口都在唯一的编译单元中的程序）的编译过程可以保存程序语义。由于编译过程的复杂性，编译器验证大多基于定理证明工具（如 Coq 和 Isabelle/HOL），由专业人员编写完整的实现和证明。在此基础上，INRIA 的 Xavier Leory 教授领导开发了著名的经过验证的 C 语言编译器 CompCert[123,128-130]（使用 Coq 编写），成为形式验证系统软件的标杆之一（由于 CompCert 在学术界和工业界的影响力，于 2021 年获得了 ACM Software System Award）。除此之外，由于函数式语言在软件理论和实践中的重要性，大量的工作被投入验证函数式语言编译的正确性，其中的代表性工作是 CakeML[131-132]（使用 HOL4 编写），其提供了一个从 Standard ML 语言到可执行代码的经过验证的编译链。这些代表性工作表明，完整程序的编译验证已有了良好的理论支持和实际成果。

从源程序到二进制机器码的端到端编译验证 前述典型的经过验证的编译器虽然覆盖了绝大部分的编译过程，但往往缺乏直接生成标准格式的二进制代码的能力（如 Windows 下的 PE/COFF 格式机器码、MachOS 下的 Mach-O 格式和 Linux 下的 ELF 格式文件），需要依赖外部工具来实现这部分功能。CakeML 最新版本的后端可以生成一种线性的可执行代码[132]，但和标准格式相去甚远。CompCert 使用一款后端检测工具 Valex 检测生成机器码的正确性，但该工具无法生成具体的证明。虽然有部分 CompCert 的扩展实现了更加真实的内存模型[133]和更多的汇编端优化[134]，但是它们没有解决如何真正生成机器代码这一问题。另一实验性质的编译验证项目 CerCo[135]部分基于 CompCert（使用 Matita 定理证明器编写[136]），可生成对象文件，但只针对 8 位 Intel 8051/8052 微处理器。CompCertELF[137]首次实现了从 C 程序到标准格式机器代码程序的完整编译过程的正确性验证。

模块化程序的编译验证 实际软件开发中，编译器往往用于编译实现不同功能的程序模块，然后链接为完整的可执行程序。由于不支持广义的模块化编译验证，前述经过验证的编译器无法被真正应用于实际软件开发。为此，编译器验证领域的大量工作集中于解决这一难题，数量众多的验证方法和系统被提出和开发[138]，根据支持模块化程序编译的能力不同可以分为以下几类：

- 模块化程序，但是使用单一编译器：首尔国立大学 Chung-Kil Hur 团队首先提出一种轻量级的模块化程序编译验证方法[139]，该方法可以支持相同语言编写的源程序，通过同一条编译链编译至汇编程序。该方法可以重复利用完整程序编译的正确性证明，但是无法支持任何类型的异构程序。该方法已被 CompCert 官方版本采纳。CompCertELF 扩展了该方法，使其进一步支持从汇编程序到二进制对象文件的编译和链接。

- 模块化程序，但是使用单一语言：在已有的关于 Kripke Logical Relations 和 Bisimulation 理论研究的基础上[140-141,124]，德国 MPI-SWS 研究所的 Neis 等人提出了一种在确定源语言和目标语言的情况下，使用不同的编译过程模块化编译程序，组合模块化程序的语义保存证明，得到完整程序编译正确性证明的方法[142]。基于这个技术，他们开发了名为 Pilsner 的经过验证的编译器原型。但该方法的技术极为复杂，还未能应用于实际编程语言。

- 模块化程序，但是使用不同语言：广义上的模块化编译验证需要支持不同语言编写的异构模块。这方面的早期工作包括普林斯顿 Andrew Appel 团队开发的 Compositional CompCert[143]，其支持任意语言编写的异构模块通过统一的语义框架进行编译验证和安全链接。该工作的缺点是只支持语义层面的程序组合，而无法通过语法链接形成最终的目标代码。耶鲁大学邵中团队开发的 CompCertX[144]支持由汇编和 C 语言模块组合而成的程序的分离编译。相比 Compositional CompCert，CompCertX 支持语法层面的最终链接，但无法支持模块间的递归调用，限制了程序的结构。Stack-Aware CompCert[145]进一步扩展了 CompCertX，使其支持到机器码的编译。CompCertM[146] 解决了 CompCertX 中无法支持模块间递归调用的问题，但它提供的方法只能支持 C 和汇编的混合程序，无法支持任意语言编写的异构程序。CompCertO[147] 提出了对 Compositional CompCert 程序语义的泛化，使得异构程序的组合成为可能，但其接口暴露了编译器内部的实现细节，其可组合性还需进一步检验[147]。Ahmed 等人提出了一系列基于多语言语义验证异构程序分离编译的方法[148-150]，由于其复杂性，这些方法还没有被应用于实际语言的编译验证。

支持异构模块化程序的编译验证研究虽然已有很多进展，但这个重要的开放问题还未能完全解决，仍然是编译器验证研究的一个关键难点和热点。

并发程序的编译验证：由于多个线程和进程间交互产生的数据竞争和死锁问题，并发程序的编译验证比模块化验证更加复杂。这方面的研究包括早期的 CompCertTSO[151-153]，其提出了一种在 TSO 弱内存模型上验证多线程 C 程序编译正确性的方法，但该方法的可组合性较差。CASCompCert 提出了一种证明在只存在善意数据竞争（Benign Data Race）的情况下组合验证多线程程序编译的框架[154]，提升了并发程序编译验证方法的可组合性。该方向上的最新工作包括面向弱内存模型的并发程序编译优化的验证[155-156]。

编译器的安全性验证：严格的编译器安全性可以描述为完全抽象问题，即在源程序端行为相同的程序经过编译后也表现出完全相同的行为。支持完全抽象的编译验证方法已有较多研究[157-158,125]，但由于目标语言的复杂性，完全抽象是一个很难保证的性质。为此，相关学者提出了一系列更弱的安全编译定义，称为编译鲁棒性（Robust Properties），以及基于这些定义的验证方法[159-162]。这方面的研究在实际程序设计语言的编译中的应用还在进一步探索中。

编译器验证的应用：经验证的编译器主要应用于高可靠性计算系统的开发。CompCert 典型的应用案例包括德国 MTU 公司核电站控制软件[163]、法国 INRIA 的 Velus 可信编译器[164]，以及大量衍生研究项目，如 Verified Software Toolchain[59]。为了形成完整的可信系统软件栈，研究者希望将经过验证的编译器和其他经验证的系统软件，如操作系统内核[82-83] 联系起来。美国国家自然科学基金（NSF）的 DeepSpec 研究项目为此做了初步的探索[165]。

国内研究进展 经过多年积累，国内学者在编译器验证领域取得了诸多成果，在特定研究方向上（如并发程序编译验证）处于国际前沿。清华大学的王生原团队设计了针对同步数据流语言的 L2C 可信编译器[166-167]，中国科学技术大学设计了校验编译器原型 PLCC[168]，北京航空航天大学设计并验证了从嵌入式系统构架语言 AADL 到抽象机器的编译算法[169]。南京大学冯新宇团队提出了并发程序的编译验证方法[154]，并提出了验证弱内存模型下编译优化正确性的方法[156]。上海交通大学汪宇霆团队提出了扩展 CompCert 内存模型的方法[145,170]，并与耶鲁大学合作开发了 CompCertELF，实现了 C 程序到机器语言完整编译过程的验证[137]。

总体来说，国内编译器形式化验证研究主要集中于几个特定方向。除此之外，由于国外程序设计语言研究的积累深厚，与之对应的编译器验证有很好的理论和技术支撑。随着经过形式验证的大型系统软件（如 CertiKOS 和 seL4 操作系统内核）的成熟，编译器验证研究的需求也日趋旺盛，如何形成完整的系统生态也是国内需要进一步努力的方向。

3.4 硬件验证

交互式定理证明也可用于硬件设计的建模与验证，与其他硬件验证方法，例如模型检测，起到合作与互补的作用。下面从指令集架构的建模、硬件模块的验证、领域特定的硬件设计语言三个方面介绍交互式定理证明在硬件设计中的最新应用。

指令集架构的建模　硬件指令集架构的形式化模型可以在交互式定理证明器中描述。这为指令集架构提供了精确的语义，避免标准文档中的疏漏和二义性。目前，主要的指令集架构均有形式化语义建模的研究。对 ARM 指令集架构的建模研究具有较长的历史，例如 Fox 和 Myreen 在 HOL4 建立的 ARMv7 指令集的语义[171]。近期，Armstrong 等人使用 Sail 语言定义了 ARMv8、RISC-V 和 MIPS 三个指令集架构的形式模型[172]。Dasgupta 等人使用 K 框架定义了 x86-64 指令集架构的语义[173]。

硬件模块的验证　交互式定理证明器理论上可以用于完整芯片设计的验证，但由于这种验证模式的人力开销巨大，实践中只用于小规模的芯片设计或单独功能的硬件模块。在整体芯片设计验证的一项早期工作中，Sawada 和 Hunt 使用 ACL2 定理证明器验证了一个流水线微处理器的正确性[174]。近期的一些工作包括文献［175］中将 ACL2 定理证明器用于整数乘法模块的验证，以及文献［176］中在 Coq 中定义描述缓存一致性协议的领域特定语言，协助此类协议的正确性验证。

领域特定的硬件设计语言　领域特定语言可以帮助在更高抽象层次上完成硬件模块的设计。使用交互式定理证明器可以对这类领域特定语言进行建模，进而验证使用这些语言描述的硬件设计的正确性。这个方向的一些代表性工作包括 Kami[177] 和 Kôika[178] 语言，均来自 MIT 的 Chlipala 团队。文献［179］在 Kami 的基础上建立了端到端软硬件结合的嵌入式系统验证框架。

3.5 数据库系统验证

数据库理论与形式化方法之间存在历史悠久的联系。数据库中常用的关系型数据模型使用形式化语言表达，将每个表格的数据表达为数学意义上的关系（Relation）。表格上的操作和查询表达为关系上的操作，因此数据库查询的重写和优化正确性可以表达为关系上操作的等价性。类似地，可以使用数学语言表达数据库查询的具体实现的正确性。

早期的使用交互式定理证明形式化验证数据库系统的实现的工作包括文献［180-181］中的内容。文献［180］在 Coq 定理证明器中实现了一个轻量级的数据库管理系统。文献［181］在 Coq 中形式化表达了关系代数以及合取式查询（Conjunctive Queries）的定义，并形式化验证了数据库理论中的主要结论：代数等价性、合取式查询的最小化算法等。

后续的研究关注 SQL 查询的更多语义细节，以及更高效的查询实现的生成和验证。

文献［182］在Coq中实现了嵌套关系代数（Nested Relational Algebra）的进一步扩展，添加了内置的对环境的支持，并基于此验证了一个SQL查询的优化算法。文献［183］形式化了更多的SQL语义细节，尤其是更详细地探讨了对NULL值的处理以及嵌套相关子查询的语义。这些语义细节在文档中很难找到，需要对常见的SQL实现进行测试获得。同时期的研究[184]提供了另一个包含NULL值的SQL查询的形式化语义定义，相比文献［183］更简单，并更接近手写的语义定义（文献［185］）。以上研究大多使用操作语义的定义方式，对查询的等价性证明较为困难。另一种定义语义的方式基于半环（Semiring）理论及其扩展。文献［186］提出了HoTTSQL，基于Homotopy Type Theory和半环理论的扩展定义了SQL的一个较大子集的语义，便于重写规则的验证。文献［187］使用类似的语义定义方式，在Lean中验证了68条查询语义重写规则的正确性。

4 新兴验证领域

本部分将介绍交互式定理证明用于计算机系统验证的一些新兴应用方向。这些应用方向展示交互式定理证明的灵活性，可用于验证一些非常复杂或者非传统性的计算机系统。很多应用的一个共同点是验证过程依赖更深的数学理论，因此需要用到数学理论的形式化（在下一部分介绍）。

4.1 嵌入式和混成系统验证

嵌入式系统的开发与普通软件开发有很多不同之处，普遍采用模型驱动的开发模式，基于Lustre等同步数据流语言或Simulink/Stateflow等图形建模语言构造系统模型，然后从模型生成可执行代码。模型驱动开发面临的一个主要问题是建模语言的严格语义定义和代码生成的正确性。这方面已有长时间的研究，近期也有越来越多的工作使用交互式定理证明工具表达建模语言的形式语义，并证明代码生成过程的正确性。例如，文献［164］使用Coq定理证明器形式化验证了一个从Lustre到CompCert C的编译器Vélus。该项目的后续工作[188-189]添加了对重置（Reset）和node subsampling等Lustre中更复杂的功能的支持。

嵌入式系统大多需要与物理环境进行交互，其正确性描述包含所控制的物理系统的安全性。因此，系统的描述既包含离散迁移也包含连续演化部分，称为混成系统。对混成系统的正确性验证涉及对微分方程的分析。Platzer提出了微分动态逻辑，用于对混成系统的建模与验证[190]。该逻辑实现于KeYmaera X工具[191]，为混成系统的验证提供了易于操作的用户界面。文献［192］回顾了KeYmaera系列中不同工具版本的发展历史。KeYmaera X近期的扩展包括系统稳定性的验证[193]，以及对隐式定义函数的支持[194]。Liebrenz等人提出了一种从Simulink模型到微分动态程序的转换方法，并基于此使用KeYmaera X验证了一些简单的Simulink模型的正确性[195]。后续工作把验证延伸到了包含强化学习组件的控制系统[196]。

国内研究进展 中科院软件所的詹乃军团队长期研究嵌入式系统的模型驱动开发方法，设计并开发了嵌入式系统建模、仿真、验证和代码生成的 MARS 工具链[197]。该工具链包含基于混成通信顺序进程（Hybrid Communicating Sequential Processes，HCSP）和混成霍尔逻辑的验证工具，在 Isabelle 定理证明器中实现[198]。近期的研究包括在 Isabelle 中定义了 Stateflow 层次化状态机的形式化语义[199]，包含众多 Stateflow 中的复杂功能。此外，针对基于混成霍尔逻辑验证 HCSP 程序复杂程度较高的问题，设计并实现了串行 HCSP 的高自动化验证工具，允许用户通过插入断言和微分方程推理规则的方式完成证明[200]。

4.2 密码系统的验证

密码系统是现代信息安全的基石，其重要性使其成为形式化方法特别是定理证明技术的重点关注对象。目前针对密码系统验证的交互式定理证明研究主要集中在三方面：设计层面的安全性、代码实现的功能正确性以及时间侧信道安全性。

国际研究进展 利用通用交互式定理证明工具对密码系统进行建模及验证，最早可以追溯到 Paulson 的工作[201]。近年来也有一些较具代表性的工作，例如 Appel 用 Coq 证明了 OpenSSL 密码库中 SHA-256 哈希算法实现的功能正确性[202]。由于该算法使用 C 语言实现，因此 Appel 借助了 VST 工具链对 C 程序进行推理。Erbsen 等人利用“构造即正确”（Correct-by-Construction）的思想，在 Coq 中实现密码算术原语，并证明其功能正确性，最后再将 Coq 代码转换成 C 代码[203]。由此构造出来的椭圆曲线密码库 Fiat Cryptography 目前已被部署在谷歌的 BoringSSL 密码库中。此外，Schwabe 等人也基于 Coq 和 VST 证明了 TweetNaCl 密码库中 X25519 密钥交换协议实现的功能正确性[204]。然而，这些工作只局限于验证功能正确性。为了证明设计安全性，常见做法是在定理证明工具中嵌入（Embed）一套语言及相关理论，用于描述密码协议并进行推理。FCF[205] 是在 Coq 中定义的一个通用框架，可利用概率程序对密码协议及安全假设进行建模，并证明协议的设计安全性。结合 FCF 和 VST，Appel 团队进一步在 Coq 中证明了 OpenSSL 密码库 HMAC 算法实现以及 mbedTLS 密码库 HMAC-DRBG 算法实现的设计安全性和功能正确性[206-207]。类似地，CryptHOL[208] 是基于高阶逻辑（Higher-Order Logic）的设计安全性证明框架，在 Isabelle/HOL 中进行实现。

针对密码验证的特点，一些专用的交互式证明工具被开发出来以更好地适配密码系统验证场景，比如 EasyCrypt[209]、F*[210]、Tamarin[211] 和 Squirrel[212]。相比通用交互式定理证明工具 Coq 和 Isabelle，这些专用交互式证明工具通常具备更高的自动化程度，甚至在大多情况下以自动化证明为主，以交互式证明为辅。

EasyCrypt[209] 最初用于证明密码协议的设计安全性，在证明过程中产生的证明目标会尝试调用 SMT 求解器或其他自动定理证明工具进行求解。EasyCrypt 已成功应用于证明亚马逊云计算服务（Amazon Web Services，AWS）中密钥管理服务协议的设计安全性[213]，也被用于分析和证明多方计算（Multi-Party Computation，MPC）的安全性[214-215]。Jasmin[216] 是一种同时包含高级语言特性和汇编指令的语言，用于构建高效密码程序。它的语义已在 Coq 中形式化，并且配备经过验证的编译器可生成语义等价的汇编代码。Barthe 团队将 Jasmin 嵌入 EasyCrypt[217]，扩展了 EasyCrypt 的验证能力和代码生成能力。全新的 EasyCrypt 被用于实现高效的 SHA-3 哈希函数，不仅证明了其设计安全性，也证明了功能正确性和时间侧信道安全性[218]。最近它还成功实现了后量子密码系统 Kyber[219]，并证明了其功能正确性[220]。EasyPQC[221] 是 EasyCrypt 的一种扩展，可对后量子密码系统的设计安全性进行证明。

Everest[222] 是微软研究院、法国国家信息与自动化研究所、卡内基·梅隆大学等多个机构合作开发的项目，旨在构建可信的超文本传输安全协议（HTTPS）实现，该项目主要围绕 F* 语言[210] 开展。F* 语言既是通用的、面向验证的编程语言，同时也是定理证明工具。它具有依赖类型、高阶等特性，支持交互式证明，并借助 SMT 求解器提高证明自动化程度。F* 被用于构建 TLS 协议记录层（Record Layer）的参考实现，并证明该实现的设计安全性和功能正确性[223]。它还被用于构建 HACL* 密码库[224]。该密码库包含常见密码原语，例如 ChaCha20 和 Salsa20 加密算法、Poly1305 和 HMAC 消息认证、SHA-256 和 SHA-512 哈希函数、Curve25519 椭圆曲线以及 Ed25519 签名，其 F* 实现的功能正确性、时间侧信道安全性与内存安全性均得到证明。HACL* 由其 F* 代码经过 KreMLin 工具[225] 编译成 C 代码，目前已部署到 Mozilla 的 NSS 密码库。Vale[226] 是一种面向验证的类汇编语言，F* 通过嵌入 Vale 和 x64 汇编语言，使其可以验证并生成更高效的、包含 C 和汇编的混合代码密码程序[227]。通过增加 F* 对 SIMD 指令的支持，HACL* 加入了向量化代码，运行效率得到进一步提高[228]。另外，Everest 项目还利用 F* 实现并验证了 EverCrypt 密码库[229] 和 QUIC 协议记录层[230]。

Tamarin[211] 是一个高度自动化的协议验证工具，主要用于对密码协议进行符号化的设计安全性分析，同时支持交互证明的模式。由于其自动化程度高，近年来被应用于分析 5G 密钥交换协议[231]、TLS 1.3 协议[232-233]、DNP3 SAv5 电网协议[234] 和 Noise 协议[235]。

除此以外，Coq 还用于证明编译器符合密码程序验证场景的需要。Barthe 等人提出了一种证明编译过程保持程序常量时间（Constant-Time）特性的方法[236]，保证源程序的时间侧信道安全性经过编译后仍然成立。他们对 CompCert 编译器进行改进并证明了改进后的 CompCert 可以保持程序的常量时间特性[237]。Almeida 等人则对 CompCert 进行扩展，使其支持 x86 的扩展指令集，提升密码程序的优化空间[238]。另一方面，安全性通常不易以模块化的方式进行证明，为了验证大规模密码系统，一些模块化的证明方法近几年被提出[239-242]，并在交互式定理证明工具中实现。

国内研究进展　国内基于交互式定理证明工具对密码系统进行验证研究的学者较少，主要关注功能正确性。早在 2014 年，中国台湾“中央研究院”王柏尧团队提出一种利用 SMT 求解器和 Coq 证明蒙哥马利 Ladderstep 算法实现功能正确性的方法[243]。该方法需要对程序进行大量标注，且最后仍然需要用户使用 Coq 进行交互式证明。后来该团队提出

bvCryptoLine 语言[244]，可对汇编密码程序进行建模，并将程序的功能正确性约简为代数正确性和范围正确性，分别调用计算机代数系统和 SMT 求解器进行求解，求解过程对用户来说完全自动。bvCryptoLine 约简算法的正确性经过 Coq 验证，提高了工具的可信度，然而其可信计算基（Trusted Computing Base，TCB）仍然包含了计算机代数系统与 SMT 求解器。为进一步缩小可信计算基，该团队与深圳大学团队合作，在 Coq 中实现了经认证（Certified）的 SMT QF_ BV 求解器 CoqQFBV[245]；基于 CoqQFBV 和计算机代数求解的认证算法，实现了经认证的 CoqCryptoLine 密码程序自动验证工具[246]，其可信计算基仅包括 Coq、Isabelle、语法分析器以及工具调用接口。CoqCryptoLine 成功证明了 OpenSSL、BoringSSL、NSS、Bitcoin 密码库中椭圆曲线算术原语程序的功能正确性，也验证了后量子密码系统 Kyber 中数论变换（Number Theoretic Transform，NTT）程序的功能正确性。

4.3 区块链和智能合约验证

演绎验证（Deductive Verification）技术适合对较复杂的软件程序验证较为深入的性质，其中也包括智能合约的验证。我们将智能合约验证的最新进展分为两部分介绍：程序验证工具和编程语言的建模。

程序验证工具 Hajdu 和 Jovanović 提出了将带有验证目标、辅助信息（如循环不变式）标注的 Solidity 智能合约翻译到 Boogie 语言后完成验证的方法，并实现了整合在 Solidity 编译器中的验证工具 solc-verify[254]。Dharanikota 等人设计和实现了一个以太坊智能合约验证框架 Celestial[251]，允许将带有功能规约的智能合约翻译到 F^* 语言，基于其中定义的区块链模型语义完成合约验证，该工作使用 8 个 Solidity 语言智能合约评估了验证框架的有效性。Cassez 等人[252] 提出一种使用 Dafny 语言对以太坊智能合约及其功能规约进行表达，并验证智能合约满足功能规约的方法，借助合约不变式处理可重入外部调用的推理。该工作未实现 Dafny 语言中智能合约代码向以太坊虚拟机（EVM）字节码的编译，但作者认为 Dafny 所表达的合约代码可简单直接地翻译到 Solidity 语言。Bräm 等人[253] 提出具有较强表达力的智能合约功能正确性规约方式，能够支持关于一组相互协作的智能合约的组合式推理，并且提供了将合约中的部分数据抽象表达为资源（从而能够验证其满足资源的不可复制性等特性）的手段，面向 Vyper 语言所编写的以太坊智能合约实现了验证工具。

编程语言的建模 智能合约编程语言按照编译顺序或抽象层次分为低级、中级、高级。其中，以太坊字节码是典型的低级编程语言。Amani 等人于 2018 年提出了在 Isabelle 中的 EVM 形式语义[256]。Bernardo 等人与 Chapman 等人则在 2019 年分别在 Coq 和 Agda 中提出了低级编程语言的形式语义[257-258]，其中，Chapman 等人提出的 Plutus Core 与 O'Connor 在 2017 年提出的 Simplicity[259] 都是通过关注元理论设计了更为抽象和统一的低级编程语言。通过关注低级编程语言中不包含的特性，并保持与高级编程语言的独立性，文献 [260-261] 等通过提出中级编程语言以在高级语言无关性与高级语言特性验证之间取得合适的平衡点。文献［262-264］等则直接在高级编程语言语义上进行工作，提出的语义可以直接在高级编程语言上进行验证和应用，不需要额外的转化或编译过程。

国内研究进展 Han 等人[247] 面向一个类 Solidity 语言设计了智能合约程序逻辑，其断言可表达当前合约地址、调用者地址、账户余额、当前执行的异常状态等信息。借助合约不变式对合约完成外部调用后的可能状态进行描述，支持对可重入智能合约的验证。此外，该程序逻辑能够表达合约外部调用是否成功，支持合约原子性需求（即一组外部调用和状态修改要么全部成功，要么全部失败）的表达和验证。

Cao 和 Wang[255] 考虑可被重入的智能合约的验证，面向包含重入特性的命令式语言提出了粗粒度和细粒度的两种程序逻辑，粗粒度的程序逻辑由标准霍尔逻辑加入关于触发重入命令的逻辑规则而得到，细粒度的程序逻辑将触发重入的命令同时视为进入和离开当前函数的程序点，粗粒度程序逻辑的断言可以由细粒度程序逻辑导出。

首都师范大学施智平教授团队提出了一种语言无关的程序验证方法[249-250]，并将其应用于区块链智能合约的形式化验证[248]。该方法提供一个以程序语言大步操作语义为参量的程序证明过程。程序的正确性条件表达为程序初始格局与可能终止格局集合的对应关系，对于循环、递归调用等难以依靠符号执行完成推理的程序结构，同样以程序结构的初始格局与可能终止格局集合对应关系的形式提供验证所需辅助信息（辅助信息自身同样需要通过验证）。证明过程的可靠性、完备性结果独立于具体程序语言的语义。对于面向开放环境的程序，如区块链智能合约，可基于对环境可能行为进行约束的不变式条件生成验证方法所需的辅助信息，从而实现分布式程序的验证。

4.4 量子程序验证

量子计算是一种新型计算模式。与经典计算机不同，量子计算机中的程序状态不是由单个比特组成的，而是描述为量子比特（qubit）对应的向量空间的张量积。量子比特之间存在纠缠等经典计算中没有对应的概念。因此，与经典计算相比，量子计算和人的直觉相差更远，量子算法的正确性分析也更加复杂并容易出错。基于形式化方法的验证能够为量子算法及其实现的正确性提供更高的信心。

使用交互式定理证明验证量子算法的研究近几年取得了快速的发展。验证方法可以根据量子算法的表达方式分为两大类：针对量子电路和针对量子程序的验证。针对量子电路的验证框架更接近实现，也更利于表达对量子电路的优化。文献［265］提出了量子电路的中间表示语言 SQIR，并基于该语言实现了验证正确的量子电路优化编译器 VOQC；中间表示语言和编译器的验证均在 Coq 定理证明器中实现。文献［266］进一步给出了 SQIR 语言表达的量子电路的正确性证明方法，用于 Grover 算法和量子相位估计（Quantum Phase Estimation，QPE）算法的验证。文献［267］提出了 QBricks，用于验证可生成电路的带参量子程序。QBricks 基于 Why3 验证框架实现，并最终调用 SMT 求解器证明验证目标，因此具有更高的自动化程度。Bordg 等人在 Isabelle/HOL 中对量子电路进行建模，并将其用于量子博弈相关研究的验证，发现了量子囚徒困境研究中的一个错误[268]。

另一种验证方式使用量子程序表达算法，并依赖某种霍尔逻辑的扩展完成证明。这类方法有利于在更高层次描述和验证量子算法。中科院软件所的团队首先在 Isabelle/HOL 中形式化定义了量子程序的语法，并证明了量子霍尔逻辑的可靠性和完备性，将该推理系统用于量子 Grover 搜索算法的证明[269]。中科院软件所团队在与德国马普所和其他学者的合作中，在 Coq 中定义了结合经典控制和量子数据的量子程序语法，并形式化验证了相应的量子霍尔逻辑推导规则[270]。这项研究基于 Coq 中的 MathComp 数学库实现，在此基础上定义了带标签的 Dirac 符号，更利于算法的表达和推理。该验证框架用于验证线性方程求解的 HHL 算法、隐式子群问题（Hidden Subgroup Problem，HSP）的算法等，其中，HSP 算法无法使用其他形式化验证框架表达。Unruh 提出了量子关系型霍尔逻辑[271]，允许对两个量子程序的执行进行比较，可用于后量子密码算法的验证。这项研究开发了一个验证工具，但相应的推理规则使用公理化陈述，而没有在交互式定理证明器中验证。其他关系型霍尔逻辑对于量子计算的扩展包括文献［272］，但这项研究还没有相应的验证工具实现。

5 数学理论验证

形式化数学是数学进一步机械化、智能化发展的必然趋势。形式化数学的核心主要包括逻辑语言、证明工具和形式化数学库三部分[273]。发展至今，已有一批非常有代表性的数学定理由计算机完成证明[274]，这突显了数学理论形式化的重要性和可行性。它不仅是机器定理证明的基础，同时也是很多复杂计算机软硬件系统形式化验证的基础，因此，形式化数学已经成为现代数学的一个重要研究领域。本部分首先介绍形式化数学的早期工作以及在各交互式定理证明器中的发展，然后分三小部分介绍近期的研究进展：工程数学的验证，高等数学的验证，以及数值与符号计算的验证。最后我们总结与比较国内的研究进展。

早期工作。形式化数学早期最著名的案例是 1996 年 McCune 使用完全自动的定理证明工具 EQP 给出了 Robbins 猜想的机器证明[275]。Gonthier 等人于 2005 年在 Coq 定理证明器上完成了著名的四色定理的形式化证明[276]。2012 年，Gonthier 与合作者们用 Coq 完成了奇阶定理的形式化证明[277]。作为证明的基础，他们形式化了很多基础数学库，包括有限群理论、线性代数、Galois 理论和表示理论等。整个证明包括约 4200 个定义和 15000 个定理。Hales 等人使用 Isabelle 和 HOL Light 验证了开普勒猜想的证明[306]。

基础数学理论在各个主要的交互式定理证明器中均有相应的定理库。Harrison 在 HOL Light 定理证明器中实现了实分析、群论、线性代数等理论的高阶逻辑表示及其性质的验证[278-279]；意大利佛罗伦萨大学的学者 Maggesi 则通过拓扑、度量等抽象数学概念建立了度量空间的高阶逻辑定理库[280]。文献［307］综述了在不同交互式定理证明器中实分析库的构建情况。英国剑桥大学的 Paulson 在 2017 年启动了欧盟地平线 2020 项目“ALEXANDRIA：Large-Scale Formal Proof for the Working Mathematician”，目标是在Isabelle/HOL定理证明器中完成剑桥大学普通本科生所学数学理论的形式化表征和证明[281]。

工程数学的验证　形式化数学的一个主要应用方向是验证工程中出现的系统的正确性和安全性，通常涉及微积分、概率论等数学理论。加拿大康考迪亚大学硬件验证研究小组（Hardware Verification Group，HVG）基于高阶逻辑实现了概率分析理论[282]、光学理论与系统[283-284]等的形式化，并提出了相关系统的形式化验证方法。德国不来梅大学的Täubig[285]等用定理证明方法对自动小车避障及路径规划算法进行验证，使得算法的安全性能显著提升。2017年，日本国家先进工业科学研究院信息技术研究所的Affeldt[286]等研究者在Coq定理证明器中实现了旋量、齐次矩阵、罗格里格斯公式等数学理论定理库的构建，完成了SCARA串联机器人运动学模型的构建与验证。巴基斯坦国立科技大学的Rashid等采用旋量理论对细胞注射机器人动力学分析进行了形式化验证[287]。

高等数学的形式化验证　形式化数学一直以来的长远目标是能够以相对较低的成本验证最新的数学研究成果，为数学研究和审稿的过程提供帮助[308]。虽然目前的水平离这个目标还有一段距离，但近几年的进展正在快速缩小与期望的差距。其中，Lean的数学库的进展尤为突出[309]，获得了众多数学家的参与和支持。其中一个著名案例是Liquid Tensor Experiment的成功完成，验证了Peter Scholze的一些最新数学理论[310]。Lean定理证明器在形式化验证代数几何、微分拓扑、代数数论等领域也取得了重要进展[311-314]。

相比于Lean基于的依赖类型论，Isabelle/HOL等工具使用的简单类型论在类型的表达能力上相对较弱。然而，Bordg等人展示了通过适当的locale等功能的使用，同样可以在Isabelle/HOL中形式化定义scheme等高等数学中的概念[315]。其他相关的研究，例如代数域的闭包的形式化验证[316]，也探索了简单类型论用于形式化数学的极限。

数值与符号计算的验证　形式化数学的另一个重要应用方向是验证各类符号和数值计算算法的正确性。下面我们概述其中几个近几年的发展方向。

现代的机器学习算法涉及大量矩阵（以及更广义的张量）上的计算。对这些计算过程进行优化是目前机器学习领域的重点研究方向之一。文献［317］在Coq中实现了一个张量程序优化的验证框架，可用于验证各类优化转换在数学意义上的正确性。文献［318］关注另一种优化方法，polyhedral模型，验证了从polyhedral模型生成底层代码的正确性。这项工作基于已有的对polyhedral及其操作的建模和关键性质验证[319]。

文献［320］在Lean定理证明器中验证了凸优化问题转换的正确性，参照Disciplined Convex Programming的思想。凸优化问题在工业界有着广泛的应用，并存在多个商业和开源的求解器，但这些求解器大多只接受特定形式的问题格式。在很多应用中，需要首先把优化问题转换到求解器能够接受的格式。这些转换本身要求用户具备一定的专业知识，并存在出错的可能性。该研究设计了CvxLean工具，允许在Lean中验证优化问题之间转换的正确性，并将Lean与凸优化问题的求解器建立连接。

非线性算数的判定算法广泛应用于不变式生成、混成系统验证等领域。这些算法的实现通常非常复杂，因此通过交互式定理证明的方式验证其实现或判定结论的正确性也是一个近期的研究目标。文献［321］在 Isabelle 中实现了一元多项式问题判定结论的验证，使用 Mathematica 等高度优化的计算机代数系统生成判定结论的证明依据，然后使用 Isabelle 验证证明依据的正确性。文献［322］和文献［323］在 Isabelle 中分别验证了一阶实算数的 BKR 判定算法的单变量部分，以及用于量词消去的 virtual substitution 算法。文献［324］第一次在交互式定理证明器中验证了一个完整的多项式量词消去算法。被验证的算法是 Tarski 最初提出的 QE 算法和 BKR 算法的结合，但在效率上离目前最常用的柱形代数分解（Cylindrical Algebraic Decomposition，CAD）算法还有较大的差距。

国内研究进展　国内在形式化数学方面也开展了一些工作。20 世纪 70 年代，吴文俊院士提出著名的吴方法，为国际数学定理自动推理的研究开辟了新的前景，形成了自动推理与方程求解的中国学派[288]。中科院软件所的詹博华使用 Isabelle 和 auto2 自动化工具在集合论公理系统的基础上形式化了包括基础群在内的数学定理库[289]。首都师范大学在 HOL Light 定理证明器上完成了旋量代数[290-292]、几何代数理论[293-294]、辛向量空间理论[295] 和变分原理[296] 的高阶逻辑形式化定理证明库。北京邮电大学的郁文生等[297] 在 Coq 中实现了杨忠道定理的形式化证明。

此外，在工程数学的形式化方面，南京航空航天大学的陈钢等先后在 Coq 定理证明器中实现了矩阵理论的相关证明[298]，完成多旋翼飞控推进子系统的 Coq 形式化验证[299]；首都师范大学的关永、施智平团队长期对机器人系统形式化与自动定理证明进行深入研究[302-304]，基于泛函变分的形式化，在 HOL Light 中实现拉格朗日力学模型的形式化[300] 以及在机器人动力学的形式化验证中的应用示范[301]；基于哈密顿动力学系统的形式化分析与验证方法，在 HOL Light 中构建哈密顿力学相关理论形式化定理证明库，为基于哈密顿动力学理论形式化建模分析与安全验证动力学系统提供必要支撑。此外，还以 SCARA 四自由度串联机器人为例，探索了基于哈密顿动力学系统的形式化分析与验证方法的工程应用[305]。

6　机器学习在交互式定理证明的应用

以上介绍的研究主要关注如何将交互式定理证明器应用于数学定理和计算机系统的正确性验证，以及使用传统的算法（例如证明搜索）提高证明自动化能力。然而，现有的交互式定理证明系统依然面临自动化程度低的问题，传统搜索算法的发展也面临瓶颈。基于机器学习，尤其是深度学习的方法可能在自动证明领域取得突破。这些算法已经展示了在视觉、自然语言处理、围棋等游戏中模仿人类直觉和思维方式的能力，将这种能力扩展到数学证明具有提高软件验证效率等巨大的应用价值。需要注意的是，虽然现有的大语言模型（例如 GPT-4）已经能够生成自然语言表达的数学证明[368-369]，但其本身无法保证证明的正确性（实际上会经常输出误导性的错误证明）[370-371]。本部分主要考虑由交互式定理证明器确保正确性的机械化证明，自然语言证明可以在生成机械化证明的过程中起引导作用。

机器学习在交互式定理证明的应用主要分为以下几类：辅助自动定理证明算法（尤其是定理筛选）、基于模板的证明生成，以及基于序列到序列模型的证明生成。此外，如何合理地评估机器学习模型在交互式定理证明中的性能，也是一个容易受到忽略的问题。我们将分别介绍这几类方法并简要探讨对模型性能的评测策略。

定理筛选（Premise Selection）

Sledgehammer[325-327]是一个在 Isabelle 交互式定理证明器中调用自动定理证明器的子系统。其特点是开箱即用（push-button），并且能够使用最先进的自动定理证明器（如 Z3、cvc5、Vampire 等）。Sledgehammer 的执行过程可以大致分为以下三个步骤：

a）定理筛选：在已被加载的定理库（通常有上万条）中筛选数百甚至数十可能有助于证明当前目标的定理。

b）将筛选过后的定理与当前目标导入现有的自动定理证明器（如 Z3、cvc5、Vampire 等）。

c）根据自动定理证明的结果，在 Isabelle 的内核中重建证明，使得证明由 Isabelle 的内核保证，而无须相信外部自动定理证明器的正确性。

Sledgehammer 在 Isabelle 中的成功使得类似的系统被引入其他证明辅助工具，其中包含 CoqHammer 和 HOL（y）Hammer。与此同时，研究者们也在持续优化 Sledgehammer 的各个步骤，其中定理筛选这一步长久以来备受关注。定理筛选的重要性体现在其对证明成功率的巨大影响：漏选相关定理或者过多选入无关定理均会导致自动定理证明的失败。定理筛选的核心在于衡量两个命题（如当前目标与某个已被证明的定理）在某个特征空间上的距离：$dist(F(p_1), F(p_2))$，这里的 F 是一个把任意命题映射到特征空间的函数，而 $dist$ 为特征空间上的距离函数。实现 F 的经典算法大多基于人工设计的特征与启发函数[328]，例如计算两个命题中相同定义名称出现的次数以及该定义在命题中出现的频率。

除了人工特征外，人们也开始使用机器学习的方法从已有的证明中提取更好的特征[327,329]。一个比较成熟的方案是基于朴素贝叶斯（Naive Bayes）：通过已有证明估算条件概率 $P(p$ 与证明 g 相关 $| F(g))$，这里的 g 为当前目标，而 p 为某个已被加载的定理。该方案朴素的地方体现在假设 $F(g)$ 中的每个特征相互独立。另外一个成功的方案则是基于 k 近邻算法（k Nearest Neighbors）：计算某定理 p 在与当前目标 g 相关的 k 个证明中出现的频率，该频率越高，则 p 更有可能对证明 g 有帮助。与此同时，将各种定理筛选策略（包括基于手工特征或数据驱动的）进行集成（Ensemble）的方法也得到了一定的研究[330]。

在由 2012 年 AlexNet 引发的深度学习浪潮中[331]，人们开始逐渐观察到深度神经网络能够通过学习自主提取特征。由此，一个很自然的思路则是使用深度神经网络来拟合上文中的 F 函数，从而完全避免手工设计特征。DeepMath[332]使用了循环神经网络（LSTM/GRU）与卷积神经网络（CNN）来提取特征，随后能够更好地提取命题语法结构信息的图神经网络（GNN）也被应用于这一任务[333]。最近，使用 Transformer 模型以及对比学习（Contrastive Learning）来进行定理筛选这一任务也得到了一定的研究[334]。尽管深度神经网络在筛选准确率上有着一定的优势，但是神经网络也有推理速度慢（相对于人工特征以及简易的传统机器学习方法）和难于部署（可能需要 GPU 以及类似于 PyTorch 的深度学习张量库）的劣势。另外，在面对全新的领域问题时，尚未经过进一步学习的神经网络也可能会出现性能折损。由于以上种种原因，完全基于深度学习的定理筛选策略并未在交互式定理证明器中大规模部署，不过将手工设计的特征与深度神经网络相结合的方法（如 ENIGMA[335] 以及其在 Mizar 中的应用[336]）仍然具有相当的可行性。

除了在交互式与自动定理证明之间传递信息，定理筛选也可以作为单独的模块用于辅助用户在证明过程中搜索相关定理[337-340]。除了当前的证明目标外，直接与用户交互的定理筛选通常也使用关键字、语义模式匹配等有助于缩小搜索范围的额外信息。另外一个定理筛选的应用领域则是在基于归结（Resolution）的自动定理证明器的内部。这类自动定理证明器在证明过程中会产生大量额外的推论（Clause），如何在其中选出有用的推论也是一个定理筛选的任务。与交互式定理证明中的定理筛选相比，自动证明中的定理筛选对计算效率的要求更高，所以手工设计的各种启发式策略仍然占据主流[341]，不过也存在结合深度学习的尝试[342-343]。

基于模板的交互式证明生成

大多数证明辅助工具都支持基于证明策略（Tactic）的形式化证明。运行一个证明策略可以改变当前的证明状态（Proof State），证明状态可以包含一个或者多个证明目标/命题，而证明策略的运行可以增加、减少或者改变这些证明目标。初始的证明状态通常只包含一个证明目标，即为目标定理。当运行过一系列证明策略后，如果证明状态中的证明目标被清零，我们则认为目标定理已被证明。例如，以下是一个 $\sqrt{2}$ 是无理数在 Isabelle 定理证明器中（基于证明策略）的过程式证明：

```
theorem "sqrt 2 ∉ ℚ"
  apply clarsimp
  apply (elim Rats_abs_nat_div_natE)
  apply (drule arg_cong[where f="λx. x*x"])
  apply (simp add:nonzero_eq_divide_eq)
  apply (subgoal_tac "real (2*(n*n)) = real (m*m)")
  apply (subst (asm) of_nat_eq_iff)
  apply simp_all
  apply (simp flip:power2_eq_square)
  apply (subgoal_tac "even m")
  apply (elim evenE)
  apply (subgoal_tac "even n")
  apply (simp_all)
  by (metis dvd_triv_left even_power)+
```

这里的 clarsimp、elim、drule 等均为证明策略。第一个证明策略 clarsimp 将证明目标由 $\sqrt{2} \notin \mathrm{Q}$ 转换为 $\sqrt{2} \in \mathrm{Q} \Rightarrow \mathrm{False}$：假设 $\sqrt{2}$ 为有理数，我们尝试证明 False（反证法）。这里的第二个证明策略 elim 使用了一个标准库中已有的定理，Rats_abs_nat_div_natE 从 $\sqrt{2}$ 为有理数这一假设中提取出互素的自然数 m 和 n，且满足 $\sqrt{2} = \dfrac{m}{n}$，并在此基础上尝试证明 False。

以上的例子自然地衍生出一个交互式证明生成的任务：对于每一证明状态，预测并运行一个证明策略；重复以上过程，直至证明结束。与借助外部自动定理证明器的Sledgehammer类方法相比，这里的证明生成过程是交互式的，与人类专家撰写机械化证明的过程类似。这样的交互式任务也可以很自然地被纳入强化学习的范式，使得基本解决围棋问题的深度强化学习算法有了用武之地。

预测证明策略的一个难点在于每条证明策略都有自己的语法。有些策略可以单独作为完整的证明策略来执行（如 clarsimp），有些策略需要一个已有的定理作为参数（如 elim），甚至有些策略由多个策略复合而成。一个常规的思路即为每种常见的策略手工定义一个模板，这样证明策略的预测可以分为两步：1）预测策略的名称并选取对应的模板；2）在模板中每个空白的位置预测/填充一个合适的参数（如某个定理的名称、是或否的选项、代表位置信息的整数等）。

PSL[344] 提供了一个控制证明策略搜索方向的语言，使其能够在 Isabelle 证明辅助工具中通过搜索的方式生成过程式证明。TacticToe[345] 则使用了传统机器学习的方式在 HOL4 中生成证明：首先挖掘出由证明状态和证明策略的二元组组成的训练集；一个新的证明状态被映射到一个手工设计的特征空间，并通过 k-NN 的方法在训练集选取一个类似证明状态所对应的证明策略；由于被选取的证明策略未必是最优的，TacticToe 还实现了一个蒙特卡洛树搜索的算法来平衡利用（Exploitation）及探索（Exploration）。类似的算法也被移植到了 Coq 中的 Tactician[346-347] 框架中（不包括蒙特卡洛树搜索的部分），Tactician 还另外使用了局部敏感哈希（Locality Sensitive Hashing）算法来挺升 k-NN 部分的性能。在传统机器学习之外，Coq 中的 ASTactic[348]、GamePad[349] 和 Proverbot9001[350] 使用循环神经网络来取代手工设计的特征以及 k-NN 算法。在 HOL Light 中，HOList[351] 使用 WaveNet 来编码证明状态，并初步评估了在其基础上实现的深度强化学习的性能；随后，WaveNet 被替换为更能捕获状态结构信息的图神经网络。TacticZero[352] 将 HOL4 中的证明归纳为一个特殊的马尔可夫决策过程（Markov Decision Process），并结合强化学习和循环神经网络，在非监督的情况下学习到了性能良好的证明框架。

尽管取得了不错的性能，基于模板的证明生成也存在不可忽视的缺点。首先，模板的构造需要大量人工参与，且这样手工的构造在面对全新的证明策略、策略语法变动，或者当我们希望把证明框架迁移到另一个证明辅助工具时，都会遇到一定的困难。另一个更严重的问题是，在这样的基于模板的证明生成中，可以预测的（证明策略的）参数的类型是受限的：当需要的参数为一个中间证明目标（而不是一个已经被证明的定理）时，这类生成框架几乎无能为力。例如，上述“$\sqrt{2}$是无理数”的证明中，subgoal_ tac 会引入一个有助于当前证明的中间证明目标（如“even m”），而这样的目标是很难被生成的。根据切消定理（Cut-elimination Theorem），一个没有中间目标（Cut）的证明可能会超指数地大于一个有中间目标的证明。

基于序列到序列模型的证明生成

声明式证明（Declarative Proof）是一种围绕中间命题来表达证明的方式，其特点是贴近自然语言，并且易于并发编译与维护。以下是“$\sqrt{2}$是无理数”在 Isabelle 中的声明性证明轮廓：

```
theorem "sqrt 2 ∉ ℚ"
proof
  assume "sqrt 2 ∈ ℚ"
  then obtain a b :: int where
    "sqrt 2 = a/b" "coprime a b"
    \<proof>
  then have "2 = a^2 / b^2" \<proof>
  then have *:"2*b^2 = a^2" \<proof>
  then have "even a" \<proof>
  then obtain c::int where "a=2*c" \<proof>
  with * have "b^2 = 2*c^2" \<proof>
  then have "even b" \<proof>
  with ‹even a› ‹coprime a b› show False
    \<proof>
qed
```

这里的“\ <proof>”代表证明中的间隔：在当前的这个证明中，这些间隔几乎都可以被 Sledgehammer 自动填补，所以人类用户在撰写这类证明的时候只需要专注提出类似于“even a”这样的中间命题/猜想，而不用考虑具体的证明策略。这样的声明式证明风格更被 Isabelle 社区所推崇，也更加接近我们构造自然语言证明的过程。面对这类声明性证明，模板式证明生成不能自由生成命题/猜想的缺点被进一步放大。

随着基于 Transformer 结构神经网络的成熟，许多序列到序列的函数都可以方便地通过数据拟合，这其中包括了机器翻译、图片理解甚至符号计算[353]。为了促进中间证明目标生成方面的研究，研究者在 Isabelle[354] 和 Mizar[355] 证明辅助工具中挖掘了基于声明式证明的数据集，并初步验证了基于 Transformer 神经网络生成中间目标的可行性。与此6同时，根据证明状态生成证明策略这一任务也被放到了序列到序列的框架下㊀：证明状态被编码成一个序列，而证明策略的生成也不再基于模板和相对简单的分类，而是直接基于序列生成。这样的序列到序列框架的优势是证明策略的语法（模板）不再需要手动构造，而且策略参数的类型也不再受限（包括了猜想）。另一个优势是这样的证明架构可以自然地加入预训练，一种使用序列模型处理自然语言问题时常用的技术。当然这样完全依托于序列框架的代价则为计算量的大幅提升。基于序列的模型 GPT-f 在 MetaMath[356] 和 Lean[357,371] 上均取得了一定的效果。同样在 Lean 中，HTPS[358] 在序列模型的基础上融合了一个特殊的蒙特卡洛树搜索算法，使得证明策略的选择更为精确。考虑序列模型并未对定理筛选优化，Thor[359] 提出了一个在序列模型中使用 Sledgehammer 代替序列模型进行定理筛选的框架。

另外一个序列到序列模型带来的进展来自大语言模型[360]。语言模型是一个拟合句子中词语概率分布的生成式模型，其特点是当参数数量达到一定规模时所展现的“涌现”特性（包括无监督翻译、数学推理[361] 等）。Autoformalisation[362] 是一个借助大语言模型将自然语言命题翻译至形式语言的技术：传统的机械翻译往往需要借助平行语料（Parallel Corpus）[363]，而自然语言与证明辅助工具所使用的形式语言间的平行语料相当有限；Autoformalisation 的特别之处在于其仅需要提示工程（Prompt Engineering），就能完成这样近乎无监督的机械翻译。借助 Autoformalisation 技术，Draft、Sketch 和 Prove

㊀ 声明式证明的生成也可以广义地纳入这一框架。

(DSP)[364] 提出了一个从大语言模型中抽样出自然语言证明并用其引导形式证明的框架，如图 1 所示。在这样的框架下，上述“$\sqrt{2}$是无理数”的声明性证明已可以被自动生成。

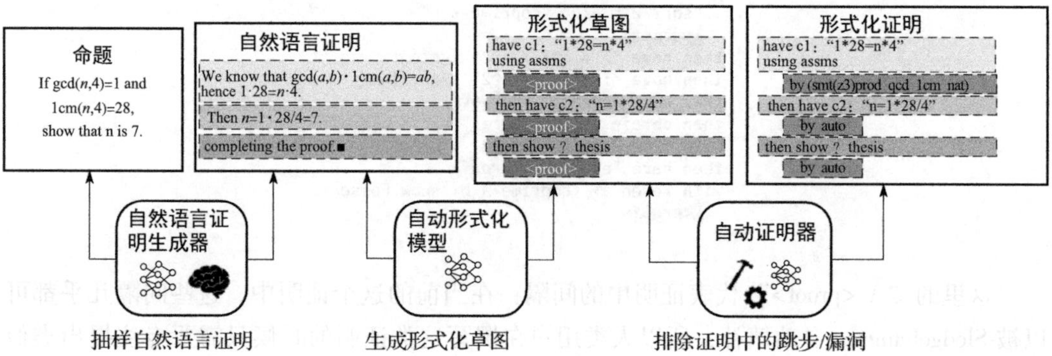

图 1 从大语言模型中抽样出自然语言证明并用其引导形式证明的框架

同时，在 DSP 的基础上，Decomposing the Enigma[365] 提出了一种能抽样出更好的自然语言证明（能易于引导形式证明）的技术。与 DSP 相对的，Baldur[366] 提出了一个直接在大语言模型中抽样完整形式证明并将其证明修复的技术。

评测模型的证明能力

如何正确地评测机器学习模型在交互式证明中的能力是一项重要且仍需要更多研究的课题。目前的评测主要分为两类：1）从已有的机械化证明库抽取出训练集与测试集；2）人工构造全新的且不含证明的形式化命题。前者占目前数据集的主流[333,348,360,372]，但其存在的问题是由于定理证明任务对前置定理与定义的依赖，模型的性能受到训练/测试集划分方式的影响较大，同时模型在测试集上的性能也时常不能反映其在面对全新任务的表现。另外一个不容忽视的问题则为大模型时代的数据污染问题，这是因为大模型在基于网络数据预训练的过程中有一定的可能已经接触测试集数据。更为准确的评测方式则需要我们构建全新的测试集，从而避免因为为训练/测试集划分而导致的性能波动和预训练中的数据污染问题。目前，这样的非抽取类测试集有 miniF2F[372] 和 ProofNet[373]。由于人力资源的限制，这类新构造的非抽取类测试集往往只有形式化命题，这也给评估这些命题的证明难度带来一定的挑战。

7 发展趋势与展望

交互式定理证明已被用于验证非常复杂的数学定理和计算机软硬件系统。然而，其应用还存在很多局限性，主要体现在该技术对使用者有较高的要求，使用效率较低等。因此，如何使交互式定理证明工具更易用，并提高验证效率，依然是该领域研究的一个重点关注方向。第一，交互式定理证明器在证明自动化和用户交互模式方面依然有很大的改善空间，尤其是针对应用领域设计特定的交互式验证工具。第二，具体到程序验证这个具有广泛应用价值的领域，既需要更多程序逻辑的理论进展，也需要为这些理论设计更直观的工具。第三，机器学习技术有望在未来大幅度提高证明自动生成的能力；相反，交互式定理证明器也可帮助提升生成式模型生成文本的逻辑正确性。下面分别从证明工具的改善、程序验证理论的发展与实现与机器学习和交互式定理证明的结合来展望交互式定理证明领域的发展趋势。

7.1 证明工具的改善

目前的交互式定理证明工具依然以文本交互为主，并且对所有类型的证明都采用单一的用户界面。这种交互模式对用户来说学习曲线较陡，需要用户记住大量策略，以及已有定理的名称和含义。对于特定领域的证明，例如程序验证、符号数学计算等，在定理证明器中写出的证明与非形式语言相差较远。例如，对于符号数学计算，人们普遍更希望使用 LaTeX 格式表达需要计算的表达式。目前，已有一些基于鼠标操作和其他非文本形式的交互完成证明的研究，但这些研究中的案例还相对简单，缺少使用这类方法完成大规模验证的案例。这些交互模式往更复杂证明的扩展需要解决如何组织大量可能的选择与信息并呈现给用户的问题，是未来研究继续探索的方向。

交互式定理证明器的证明自动化程度始终是决定验证效率的重要因素。目前，很大一部分的证明自动化来自自动定理证明器的调用。如何进一步提高自动定理证明器的证明能力，尤其是对于交互式证明中经常出现的高阶逻辑目标、基于归纳的证明等，依然是一个重要的研究方向。此外，很多领域特定的证明问题更适于使用用户在交互式定理证明器内部实现的证明算法。如何让用户更为方便地实现领域特定的证明自动化算法，以及这些算法与自动定理证明器的结合，也需要更多的探索。

7.2 程序验证理论的发展与实现

程序验证是交互式定理证明的一个主要应用方向。目前一些有名的应用案例，例如操作系统、编译器、加密算法的验证，都属于程序验证的范畴。目前程序逻辑理论的研究已经趋近成熟，产生了 Iris、VST 等验证框架和工具，可用于验证各类复杂的并发程序和系统。然而，这些工具的使用目前存在较高的门槛，需要用户对相关的程序验证理论有一定的理解，并且其具体证明过程和程序开发人员对程序的分析和理解有较大的距离。

未来的研究，除了继续发展程序逻辑理论，使其能够更全面地覆盖验证需求之外，也包括为这些理论实现更直观的验证工具，使其证明过程更接近程序开发人员的理解。这方面的进展将促进交互式定理证明在操作系统验证等方向的应用，使其能够用于更大规模的操作系统和其他计算机软硬件系统。此外，除了传统的离散程序和正确性性质之外，针对量子程序、混成系统、智能合约等新兴计算模型，以及密码安全性、信息安全性等特殊性质的验证逻辑理论和工具开发，都是重要的发展方向。

7.3 机器学习和交互式定理证明的结合

自动定理证明的 Hammer 类工具与传统机器学习（手工特征、朴素贝叶斯、*k*-NN）的结合已经在交互式定理证明的通用自动化方面取得了不容忽视的贡献。近年来，证明脚本生成这一任务的兴起为交互式定理证明的进一步自动化提供了方向。趋于成熟的各种神经网络与强化学习框架为解决该新兴任务提供了工具，而 ChatGPT 等生成式大语言模型的兴起更是提供了一种直接构造可读机械证明的可能。

除了作为验证当代机器学习方法推理能力的试金石，借助自动形式化（Autoformalisation）等技术，交互式定理证明器也能用于检查生成式模型逻辑推理的正确性。谷歌大脑等研究机构也通过交互式定理证明与多数投票（Majority Vote）的结合技术来提高大语言模型数学推理的健壮性。生成式模型的一大弱点是无法保证生成的文本的逻辑正确性，而交互式定理证明工具恰好可以弥补这一弱点，对文本的正确性进行检查。因此，这两种技术的结合在未来的应用中有着广大的发展空间。

8 结束语

交互式定理证明是形式化验证的重要技术之一，在操作系统验证、编译器验证等传统方向，以及智能合约验证、密码算法验证等新兴方向均存在重要的应用。在本报告中，我们回顾了交互式定理证明近几年在验证工具本身以及在数学和计算机领域应用的最新进展，并介绍了机器学习方法对于提高证明自动化程度的已有工作。目前，国际上对该领域有着深入的研究基础，每个研究方向都不断出现新的进展。国内在该领域研究的人数不多，但在个别方向也达到了国际前沿的水平。未来，随着验证工具的不断改进和机器学习方法更深入的应用，交互式定理证明有着非常广阔的发展空间。希望国内的更多学者能够加入该领域的研究，参与并引领这个领域未来的发展。

参考文献

[1] 卜磊，陈立前，陈哲，等. 形式化方法的研究进展与趋势[J]. 中国计算机学会文集，2018. 1-68.

[2] 王戟，詹乃军，冯新宇，等. 形式化方法概貌[J]. 软件学报，2019，30(1)：33-61.

[3] 张健，张超，玄跻峰，等. 程序分析研究进展[J]. 软件学报，2019，30(1)：80-109.

[4] 王淑灵，詹博华，盛欢欢，等. 可信系统性质的分类和形式化研究综述[J]. 软件学报，2022，33(7)：2367-2410.

[5] 张健，蔡少伟，陈振邦，等. 约束求解技术与应用[J]. 中国计算机学会文集，2022. 1-47.

[6] The Coq development team. The Coq proof assistant[EB/OL]. [2023-07-15]. http://coq. inria. fr.

[7] NIPKOW N, PAULSON L C, WENZEL M. Isabelle/HOL: a proof assistant for higher-order logic[J].

Springer Science & Business Media, 2002, 2283.

[8] HARRISON J. HOL light: an overview[C]. Theorem Proving in Higher Order Logics, 22nd International Conference(TPHOLs). New York: Springer, 2009: 60-66.

[9] HOL4 developers. The HOL 4 system[EB/OL]. [2023-07-15]. https://hol-theorem-prover.org/.

[10] OWRE S, RUSHBY JM, SHANKAR N. PVS: a prototype verification system[C]. 11th International Conference on Automated Deduction(CADE). New York: Springer, 1992: 748-752.

[11] KAUFMANN M, MOORE JS. ACL2 and its applications to digital system verification[C]. Design and Verification of Microprocessor Systems for High-Assurance Applications. New York: Springer, 2010: 1-21.

[12] DE MOURA L M, KONG S, AVIGAD J, et al. The lean theorem prover(system description) [C]. 25th International Conference on Automated Deduction(CADE). New York: Springer, 2015: 378-388.

[13] DE MOURA L M, ULLRICH S. The lean 4 theorem prover and programming language[C]. 28th International Conference on Automated Deduction(CADE). New York: Springer, 2021: 625-635.

[14] EBNER G, ULLRICH S, ROESCH J, et al. A metaprogramming framework for formal verification[J]. Proc. ACM Program. Lang. 1(ICFP) , 2017: 34: 1-34: 29.

[15] ULLRICH S, DE MOURA L M. Beyond notations: hygienic macro expansion for theorem proving languages[J]. Log. Methods Comput. Sci. , 2022: 18(2).

[16] SELSAM D, HUDON S, DE MOURA LM. Sealing pointer-based optimizations behind pure functions[J]. Proc. ACM Program. Lang. 4(ICFP) , 2020: 115: 1-115: 20.

[17] KUNCAR O, POPESCU A. From types to sets by local type definition in higher-order logic[J]. J. Autom. Reason. , 2019, 62(2): 237-260.

[18] IMMLER F, ZHAN B. Smooth manifolds and types to sets for linear algebra in Isabelle/HOL[C]. Proceedings of the 8th ACM SIGPLAN International Conference on Certified Programs and Proofs(CPP). New York: ACM, 2019: 65-77.

[19] MILEHINS M. An extension of the framework types-to-sets for Isabelle/HOL[C]. 11th ACM SIGPLAN International Conference on Certified Programs and Proofs(CPP). New York: ACM, 2022: 180-196.

[20] POPESCU A, TRAYTEL D. Admissible types-to-PERs relativization in higher-order logic[M]. Proc. ACM Program. Lang. 7(POPL). New York: ACM, 2023: 1214-1245.

[21] BORDG A, MATEO A D. Encoding dependently-typed constructions into simple type theory[C]. Proceedings of the 12th ACM SIGPLAN International Conference on Certified Programs and Proofs (CPP). New York: ACM, 2023: 78-89.

[22] BÖHME S, WEBER T. Fast LCF-style proof reconstruction for Z3[C]. Interactive Theorem Proving, First International Conference(ITP). New York: Springer, 2010: 179-194.

[23] BÖHME S, FOX A, SEWELL T, et al. Reconstruction of Z3's bit-vector proofs in HOL4 and isabelle/HOL[C]. Certified Programs and Proofs-First International Conference(CPP). New York: ACM, 2011: 183-198.

[24] EKICI B, MEBSOUT A, TINELLI C, et al. SMTCoq: a plug-In for integrating SMT solvers into coq[C]. Computer Aided Verification-29th International Conference (CAV). New York: Springer, 2017: 126-133.

[25] SCHURR HJ, FLEURY M, BARBOSA H, et al. Alethe: towards a generic SMT proof format(extended abstract) [C]. Proceedings Seventh Workshop on Proof eXchange for Theorem Proving(PxTP). [S. I.]:

Electronic Proceedings in Theoretical Computer Science 336, 2021: 49-54.

[26] BARBOSA H, BLANCHETTE J C, FLEURY M, et al. Scalable fine-grained proofs for formula processing[J]. J. Autom. Reason., 2020, 64(3): 485-510.

[27] BARBOSA H, REYNOLDS A, KREMER G, et al. Flexible proof production in an industrial-strength SMT solver [C]. Automated Reasoning-11th International Joint Conference (IJCAR). New York: Springer, 2022: 15-35.

[28] NÖTZLI A, BARBOSA H, NIEMETZ A, et al. Reconstructing fine-grained proofs of rewrites using a domain-specific language[C]. 22nd Formal Methods in Computer-Aided Design(FMCAD). New York: IEEE, 2022: 65-74.

[29] SCHURR H J, FLEURY M, DESHARNAIS M. Reliable reconstruction of fine-grained proofs in a proof assistant[C]. Automated Deduction-CADE 28-28th International Conference on Automated Deduction (CADE). New York: Springer, 2021: 450-467.

[30] BENTKAMP A, BLANCHETTE J, NUMMELIN V, et al. Mechanical mathematicians[J]. Commun. ACM, 2023, 66(4): 80-90.

[31] BENTKAMP A, BLANCHETTE J, CRUANES S, et al. Superposition for lambda-free higher-order logic[J]. Log. Methods Comput. Sci., 2021: 17(2).

[32] BENTKAMP A, BLANCHETTE J, TOURRET S, et al. Superposition with lambdas[J]. J. Autom. Reason., 2021, 65(7): 893-940.

[33] VUKMIROVIC P, BENTKAMP A, BLANCHETTE J, et al. Making higher-order superposition work[J]. J. Autom. Reason., 2022, 66(4): 541-564.

[34] BENTKAMP A, BLANCHETTE J, TOURRET S, et al. Superposition for higher-order logic[J]. J. Autom. Reason., 2023, 67(1): 10.

[35] VUKMIROVIC P, BLANCHETTE J, SCHULZ S. Extending a high-performance prover to higher-order logic[C]. Tools and Algorithms for the Construction and Analysis of Systems-29th International Conference(TACAS). New York: Springer, 2023: 111-129.

[36] BERTOT Y, THÉRY L. A generic approach to building user interfaces for theorem provers[J]. J. Symb. Comput., 1998, 25(2): 161-194.

[37] AYERS E W, JAMNIK M, GOWERS W T. A graphical user interface framework for formal verification[C]. 12th International Conference on Interactive Theorem Proving(ITP). Dagstuhl: Leibniz International Proceedings in Informatics, 2021: 4: 1-4: 16.

[38] DONATO P, STRUB PY, WERNER B. A drag-and-drop proof tactic [C]. 11th ACM SIGPLAN International Conference on Certified Programs and Proofs(CPP). New York: ACM, 2022: 197-209.

[39] WENZEL M. PIDE as front-end technology for Coq[P]. arxiv. 1304. 6626. 2013.

[40] WENZEL M. Asynchronous user interaction and tool integration in isabelle/PIDE [C]. Interactive Theorem Proving-5th International Conference(ITP). New York: Springer, 2014: 515-530.

[41] ARIAS E J G, PIN B, JOUVELOT P. JsCoq: towards hybrid theorem proving interfaces [C]. Proceedings of the 12th Workshop on User Interfaces for Theorem Provers (UITP). [S.I.]: Electronic Proceedings in Theoretical Computer Science 239, 2016: 15-27.

[42] BLECHSCHMIDT I. Agdapad[EB/OL]. [2023-03-11] https://agdapad. quasicoherent. io.

[43] XU H, ZHAO Y. Isabelle/cloud: delivering isabelle/HOL as a cloud IDE for theorem proving[C]. Proceedings of the 14th Asia-Pacific Symposium on Internetware. New York: ACM, 2023: 313-322.

[44] MONNIAUX D, BOULMÉ S. The trusted computing base of the compcert verified compiler[C]. Programming Languages and Systems-31st European Symposium on Programming(ESOP). New York: Springer, 2022: 204-233.

[45] SOZEAU M, BOULIER S, FORSTER Y, et al. Coq Coq correct! verification of type checking and erasure for Coq, in Coq[J]. Proc. ACM Program. Lang. 4(POPL) , 2020: 8: 1-8: 28.

[46] SOZEAU M, ANAND A, BOULIER S, et al. The metaCoq project[J]. J. Autom. Reason. , 2020, 64 (5): 947-999.

[47] ANAND A, APPEL A, MORRISETT G, et al. CertiCoq: a verified compiler for Coq[C]. In 3rd International Workshop on Coq for PL(CoqPL). New York: ACM, 2023.

[48] PARASKEVOPOULOU Z, LI J M, APPEL A W. Compositional optimizations for certiCoq[J]. Proc. ACM Program. Lang. 5(ICFP) , 2021: 1-30.

[49] PIT-CLAUDEL C, PHILIPOOM J, JAMNER D, et al. Relational compilation for performance-critical applications: extensible proof-producing translation of functional models into low-level code[C]. 43rd ACM SIGPLAN International Conference on Programming Language Design and Implementation(PLDI). New York: ACM, 2022: 918-933.

[50] LAMMICH P. Generating verified LLVM from isabelle/HOL[C]. In 10th International Conference on Interactive Theorem Proving(ITP). Dagstuhl: Leibniz International Proceedings in Informatics, 2019: 22: 1-22: 19.

[51] ZHAN B, JI Z, ZHOU W, et al. Design of point-and-click user interfaces for proof assistants[C]. 21st International Conference on Formal Engineering Methods(ICFEM). New York: Springer, 2019: 86-103.

[52] XU R, LI L, ZHAN B. Verified interactive computation of definite integrals[C]. 28th International Conference on Automated Deduction(CADE). New York: Springer, 2021: 485-503.

[53] ZHAN B, FAN Y, XIONG W, et al. Iscalc: an interactive symbolic computation framework(system description) [C]. 29th International Conference on Automated Deduction(CADE). New York: Springer, 2023: 577-589.

[54] ZHOU L, QIN J, WANG Q, et al. VST-A: a foundationally sound annotation verifier[J]. Proc. ACM Program. Lang. 8(POPL) , 2024: 2069-2098.

[55] SAMMLER M, LEPIGRE R, KREBBERS R, et al. RefinedC: automating the foundational verification of C code with refined ownership types[C]. 42nd ACM SIGPLAN International Conference on Programming Language Design and Implementation(PLDI). New York: ACM, 2021: 158-174.

[56] REYNOLDS J C. Separation Logic: a logic for shared mutable data structures[C]. 17th IEEE Symposium on Logic in Computer Science(LICS). New York: IEEE, 2002: 55-74.

[57] JUNG R, SWASEY D, SIECZKOWSKI F, et al. Iris: monoids and invariants as an orthogonal basis for concurrent reasoning[C]. Proceedings of the 42nd Annual ACM SIGPLAN-SIGACT Symposium on Principles of Programming Languages(POPL). New York: ACM, 2015: 637-650.

[58] JUNG R, KREBBERS R, JOURDAN J H, et al. Iris from the ground up: a modular foundation for higher-order concurrent separation logic[J]. J. Funct. Program. , 2018, 28: e20.

[59] CAO Q, BERINGER L, GRUETTER S, et al. VST-floyd: a separation logic tool to verify correctness of C programs[J]. J. Autom. Reason. , 2018, 61(1-4): 367-422.

[60] ATKEY R. Amortised resource analysis with separation logic[J]. Log. Methods Comput. Sci. , 2011: 7(2).

[61] JUNG R, LEPIGRE R, PARTHASARATHY G, et al. The future is ours: prophecy variables in separation logic[J]. Proc. ACM Program. Lang. 4(POPL), 2020: 45: 1-45: 32.

[62] SHARMA R, WANG S, OEY A, et al. Proving logical atomicity using lock invariants[P]. arxiv. 2304. 13898. 2023.

[63] BATZ K, KAMINSKI BL, KATOEN JP, et al. Quantitative separation logic: a logic for reasoning about probabilistic pointer programs[J]. Proc. ACM Program. Lang. 3(POPL), 2019: 34: 1-34: 29.

[64] TASSAROTTI J, HARPER R. A separation logic for concurrent randomized programs[J]. Proc. ACM Program. Lang. 3(POPL), 2019: 64: 1-64: 30.

[65] BARTHE G, ESPITAU T, GABOARDI M, et al. An assertion-based program logic for probabilistic programs[C]. Programming Languages and Systems-27th European Symposium on Programming(ESOP). New York: Springer, 2018: 117-144.

[66] APPEL A W, NAUMANN D A. Verified sequential malloc/free[C]. ACM SIGPLAN International Symposium on Memory Management(ISMM). New York: ACM, 2020: 48-59.

[67] APPEL A W. Verification of a cryptographic primitive: SHA-256[J]. ACM Trans. Program. Lang. Syst., 2015, 37(2): 7: 1-7: 31.

[68] BERINGER L, PETCHER A, YE K Q, et al. Verified correctness and security of openSSL HMAC[C]. USENIX Security Symposium. Berkeley: USENIX Association, 2015: 207-221.

[69] YE K Q, GREEN M, SANGUANSIN N, et al. Verified correctness and security of mbedTLS HMAC-DRBG[C]. Proceedings of the 2017 ACM SIGSAC Conference on Computer and Communications Security. New York: ACM, 2017: 2007-2020.

[70] VINDUM S F, FRUMIN D, BIRKEDAL L. Mechanized verification of a fine-grained concurrent queue from meta's folly library[C]. 11th ACM SIGPLAN International Conference on Certified Programs and Proofs(CPP). New York: ACM, 2022: 100-115.

[71] MÜNDLER N, NIPKOW T. A Verified implementation of b+ trees in isabelle/HOL[C]. Theoretical Aspects of Computing(ICTAC). New York: Springer, 2022: 324-341.

[72] NIPKOW T, SEWELL T. Proof pearl: braun trees[C]. Proceedings of the 9th ACM SIGPLAN International Conference on Certified Programs and Proofs(CPP). New York: ACM, 2020: 18-31.

[73] NIPKOW T. Verified root-balanced trees[C]. Programming Languages and Systems(APLAS). New York: Springer, 2017: 255-272.

[74] TAO Y, CAO Q. LOGIC: A Coq library for logics[C]. Dependable Software Engineering. Theories, Tools, and Applications(SETTA). New York: Springer, 2022: 205-226.

[75] ZHANG F, ZHAO Y, SANÁN D, et al. Compositional reasoning for shared-variable concurrent programs[C]. Formal Methods-22nd International Symposium(FM). New York: Springer, 2018: 523-541.

[76] WANG S, CAO Q, MOHAN A, et al. Certifying graph-manipulating C programs via localizations within data structures[J]. Proc. ACM Program. Lang. 3(OOPSLA), 2019: 171: 1-171: 30.

[77] ZHAN B. Efficient verification of imperative programs using auto2[C]. Tools and Algorithms for the Construction and Analysis of Systems(TACAS). New York: Springer, 2018: 23-40.

[78] ZHAN B, HASLBECK M P L. Verifying asymptotic time complexity of imperative programs in isabelle[C]. Automated Reasoning-9th International Joint Conference(IJCAR). New York: Springer, 2018: 532-548.

[79] ZHAO Y, SANÁN D, ZHANG F, et al. A parametric rely-guarantee reasoning framework for concurrent reactive systems[C]. Formal Methods-The Next 30 Years-Third World Congress(FM). New York: Springer, 2019: 161-178.

[80] ZHAO Y, SANÁN D. Rely-guarantee reasoning about concurrent memory management in zephyr RTOS[C]. Computer Aided Verification-31st International Conference(CAV). New York: Springer, 2019: 515-533.

[81] SANÁN D, ZHAO Y, LIN SW, et al. CSim2: compositional top-down verification of concurrent systems using rely-guarantee[J]. ACM Trans. Program. Lang. Syst., 2021, 43(1): 2: 1-2: 46.

[82] KLEIN G, ANDRONICK J, ELPHINSTONE K, et al. Comprehensive formal verification of an OS microkernel[J]. ACM Trans. Comput. Syst., 2014, 32(1): 2: 1-2: 70.

[83] GU R, SHAO Z, CHEN H, et al. CertiKOS: an extensible architecture for building certified concurrent OS kernels[C]. 12th USENIX Symposium on Operating Systems Design and Implementation(OSDI). Berkeley: USENIX Association, 2016: 653-669.

[84] MYERS A C, LISKOV B. A decentralized model for information flow control[C]. In: Proc. of the 16th ACM Symposium on Operating System Principles(SOSP). New York: ACM, 1997: 129-142.

[85] SABELFELD A, MYERS A C. Language-based information-flow security[J]. IEEE Journal on Selected Areas in Communications, 2003, 21(1): 5-19.

[86] GOGUEN J A, MESEGUER J. Security policies and security models[C]. In: Proc. of the 3rd IEEE Symposium on Security and Privacy(S&P). New York: IEEE, 1982: 11-20.

[87] GOGUEN J A, MESEGUER J. Unwinding and inference control[C]. In: Proc. of the 5th IEEE Symposium on Security and Privacy(S&P). New York: IEEE, 1984: 75-87.

[88] MURRAY T, MATICHUK D, BRASSIL M, et al. seL4: from general purpose to a proof of information flow enforcement[C]. In: Proc. of the 34th IEEE Symposium on Security and Privacy(S&P). New York: IEEE, 2013: 415-429.

[89] MURRAY T, MATICHUK D, BRASSIL M, et al. Noninterference for operating system kernels[C]. In: Proc. of the 2nd International Conference on Certified Programs and Proofs(CPP). New York: Springer, 2012: 126-142.

[90] HAIGH J T, YOUNG W D. Extending the noninterference version of MLS for SAT[J]. IEEE Transactions on Software Engineering, 1987(2): 141-150.

[91] VON OHEIMB D. Information flow control revisited: Noninfluence = noninterference + nonleakage[C]. In: Proc. of the 9th European Symposium on Research Computer Security(ESORICS). New York: Springer, 2004: 225-243.

[92] RUSHBY J. Noninterference, transitivity, and channel-control security policies. SRI International, Tech. Rep. CSL-92-02, 1992.

[93] COSTANZO D, SHAO Z, GU R. End-to-end verification of information-flow security for C and assembly programs[C]. In: Proc. of the 37th ACM SIGPLAN Conference on Programming Language Design and Implementation(PLDI). New York: ACM, 2016: 648-664.

[94] LI S W, LI X, GU R, et al. A secure and formally verified Linux KVM hypervisor[C]. In: Proc. of the 42nd IEEE Symposium on Security and Privacy(S&P). New York: IEEE, 2021. 1782-1799.

[95] LI S W, LI X, GU R, et al. Formally verified memory protection for a commodity multiprocessor hypervisor[C]. In: Proc. of the 30th USENIX Security Symposium. Berkeley: USENIX Association,

2021: 3953-3970.

[96] SABELFELD A, MYERS A C. A model for delimited information release[C]. In: Proc. of the 2nd Mext-NSF-JSPS International Symposium on Software Security-Theories and Systems (ISSS). New York: Springer, 2004: 174-191.

[97] DAM M, GUANCIALE R, KHAKPOUR N, et al. Formal verification of information flow security for a simple ARM-based separation kernel[C]. In: Proc. of the 20th ACM SIGSAC Conference on Computer and Communications Security(CCS). New York: ACM, 2013: 223-234.

[98] BAUMANN C, SCHWARZ O, DAM M. On the verification of system-level information flow properties for virtualized execution platforms[J]. Journal of Cryptographic Engineering, 2019, 9(3): 243-261.

[99] DONG N, GUANCIALE R, DAM M. Refinement-based verification of device-to-device information flow[C]. In: Proc. of the 21st Conference on Formal Methods in Computer-Aided Design(FMCAD). New York: IEEE, 2021: 123-132.

[100] ZHAO Y, SANÁN D, ZHANG F, et al. Reasoning about information flow security of separation kernels with channel-based communication[C]. In: Proc. of the 22nd International Conference on Tools and Algorithms for the Construction and Analysis of Systems (TACAS). New York: Springer, 2016: 791-810.

[101] ZHAO Y, SANÁN D, ZHANG F, et al. Refinement-based specification and security analysis of separation kernels[J]. IEEE Transactions on Dependable and Secure Computing, 2017, 16(1): 127-141.

[102] 章乐平，赵永望，王布阳，等. L4 虚拟内存子系统的形式化验证[J]. 软件学报. 2023, 34(8): 3527-3548.

[103] MIAO X, CHANG R, ZHAO J, et al. CVTEE: a compatible verified TEE architecture with enhanced security[J]. IEEE Transactions on Dependable and Secure Computing, 2023, 20(1): 377-391.

[104] MIAO X, ZENG F, CHANG R, et al. Is your access allowed or not? a verified tag-based access control framework for the multi-domain TEE[C]. In: Proc. of the 13th Asia-Pacific Symposium on Internetware (Internetware). New York: ACM, 2022: 252-261.

[105] BIBA K J. Integrity considerations for secure computer systems. Mitre Corporation, Tech. Rep. Mtr-3153, 1977.

[106] BELL D E, LAPADULA L J. Secure computer systems: mathematical foundations. Mitre Corporation, Tech. Rep. ESD-TR-73-278, 1973.

[107] 曾凡浪，常瑞，许浩，等. 基于精化的 TrustZone 多安全分区建模与形式化验证[J]. 软件学报. 2023, 34(8): 3507-3526.

[108] MA Y, ZHANG Q, ZHAO S, et al. Formal verification of memory isolation for the TrustZonebased TEE[C]. In: Proc. of the 27th Asia-Pacific Software Engineering Conference(APSEC). New York: IEEE, 2020: 149-158.

[109] 靳翠珍，张倩颖，马雨薇，等. 基于精化的可信执行环境内存隔离机制验证[J]. 软件学报, 2022, 33(6): 2189-2207.

[110] CHAJED T, TASSAROTTI J, KAASHOEK M F, et al. Verifying concurrent, crash-safe systems with perennial[C]//Proceedings of the 27th ACM Symposium on Operating Systems Principles(SOSP). New York: ACM, 2019: 243-258.

[111] YU M, GLIGOR V, JIA L. An I/O separation model for formal verification of kernel implementations

[C]//2021 IEEE Symposium on Security and Privacy(S&P). New York, IEEE, 2021: 572-589.

[112] XU F, FU M, FENG X, et al. A practical verification framework for preemptive OS kernels[C]// International Conference on Computer Aided Verification(CAV). New York: Springer, 2016: 59-79.

[113] FENG X, SHAO Z, DONG Y, et al. Certifying low-level programs with hardware interrupts and preemptive threads[J]. J. Autom. Reason., 2009, 42(2-4): 301-347.

[114] FERREIRA R, FENG X, SHAO Z. Parameterized memory models and concurrent separation logic[C]. European Symposium on Programming(ESOP). New York: Springer, 2010: 267-286.

[115] OBERHAUSER J, CHEHAB R L L, BEHRENS D, et al. VSync: push-button verification and optimization for synchronization primitives on weak memory models[C]//Proceedings of the 26th ACM International Conference on Architectural Support for Programming Languages and Operating Systems (ASPLOS). New York: ACM, 2021: 530-545.

[116] ZOU M, DING H, DU D, et al. Using concurrent relational logic with helpers for verifying the AtomFS file system[C]//Proceedings of the 27th ACM Symposium on Operating Systems Principles(SOSP). New York: ACM, 2019: 259-274.

[117] ZHAN B, LV Y, WANG S, et al. Compositional verification of interacting systems using event monads[C]. 13th International Conference on Interactive Theorem Proving(ITP). Dagstuhl: Leibniz International Proceedings in Informatics, 2022: 33: 1-33: 21.

[118] GUO X, LESOURD M, LIU M, et al. Integrating formal schedulability analysis into a verified OS kernel[C]. Computer Aided Verification-31st International Conference(CAV). New York: Springer, 2019: 496-514.

[119] LIU M, RIEG L, SHAO Z, et al. Virtual timeline: a formal abstraction for verifying preemptive schedulers with temporal isolation[J]. Proc. ACM Program. Lang. 4(POPL), 2020: 20: 1-20: 31.

[120] LIU M, SHAO Z, CHEN H, et al. Compositional virtual timelines: verifying dynamic-priority partitions with algorithmic temporal isolation[J]. Proc. ACM Program. Lang. 6(OOPSLA2), 2022: 60-88.

[121] YANG X, CHEN Y, EIDE E, et al. Finding and understanding bugs in C compilers[C]. Proceedings of the 32nd ACM SIGPLAN Conference on Programming Language Design and Implementation(PLDI). New York: ACM, 2011: 283-294.

[122] MORRIS FL. Advice on structuring compilers and proving them correct[C]. Conference Record of the ACM Symposium on Principles of Programming Languages(POPL). New York: ACM, 1973: 144-152.

[123] LEROY X. Formal verification of a realistic compiler[J]. Communications of the ACM, 2009, 52(7): 107-115.

[124] HUR C K, DREYER D, NEIS G, et al. The marriage of bisimulations and Kripke logical relations[C]. In Proceedings of the 39th ACM SIGPLAN-SIGACT Symposium on Principles of Programming Languages (POPL). New York: ACM, 2012: 59-72.

[125] NEW M S, BOWMAN W J, AHMED A. Fully abstract compilation via universal embedding[C]. Proceedings of the 21st ACM SIGPLAN International Conference on Functional Programming(ICFP). New York: ACM, 2016: 103-116.

[126] APPEL A W, MCALLESTER D A. An indexed model of recursive types for foundational proofcarrying code[J]. ACM Trans. Program. Lang. Syst., 2001, 23(5): 657-683.

[127] MCCARTHY J, PAINTER J. Correctness of a compiler for arithmetic expressions[J]. American Mathematical Society, 1967: 33-41.

[128] LEROY X. The CompCert verified compiler[EB/OL]. [2023-07-15]. https://compcert.org/.
[129] BLAZY S, LEROY X. Mechanized semantics for the clight subset of the C language[J]. J. Autom. Reason, 2009, 43(3): 263-288.
[130] LEROY X. A formally verified compiler back-end[J]. J. Autom. Reason, 2009, 43(4): 363-446.
[131] KUMAR R, MYREEN M O, NORRISH M, et al. CakeML: a verified implementation of ML[C]. 41st Annual ACM SIGPLAN-SIGACT Symposium on Principles of Programming Languages(POPL). New York: ACM, 2014: 179-192.
[132] TAN Y K, MYREEN M O, KUMAR R, et al. The verified CakeML compiler backend[J]. J. Funct. Program, 2019, 29: e2.
[133] BESSON F, BLAZY S, WILKE P. CompCertS: a memory-aware verified C compiler using a pointer as integer semantics[J]. J. Autom. Reason., 2019, 63(2): 369-392.
[134] MULLEN E, ZUNIGA D, TATLOCK Z, et al. Verified peephole optimizations for CompCert[C]. Proceedings of the 37th ACM SIGPLAN Conference on Programming Language Design and Implementation (PLDI). New York: ACM, 2016: 448-461.
[135] AMADIO R M, AYACHE N, BOBOT F, et al. Certified complexity(CerCo)[C]. Foundational and Practical Aspects of Resource Analysis-Third International Workshop(FOPARA). New York: Springer, 2013: 1-18.
[136] ASPERTI A, RICCIOTTI W, COEN C S, et al. The matita interactive theorem prover[C]. 23rd International Conference on Automated Deduction(CADE). New York: Springer, 2011: 64-69.
[137] WANG Y, XU X, WILKE P, et al. CompCertELF: verified separate compilation of C programs into ELF object files[J]. Proc. ACM Program. Lang. 4(OOPSLA), 2020, 197: 1-197: 28.
[138] PATTERSON D, AHMED A. The next 700 compiler correctness theorems(functional pearl)[J]. Proc. ACM Program. Lang. 3(ICFP), 2019, 85: 1-85: 29.
[139] KANG J, KIM Y, HUR CK, et al. Lightweight verification of separate compilation[C]. Proceedings of the 43rd Annual ACM SIGPLAN-SIGACT Symposium on Principles of Programming Languages(POPL). New York: ACM, 2016: 178-190.
[140] BENTON N, HUR CK. Biorthogonality, step-indexing and compiler correctness[C]. In Proceeding of the 14th ACM SIGPLAN international conference on Functional programming(ICFP). New York: ACM, 2009: 97-108.
[141] HUR C K, DREYER D. A kripke logical relation between ML and assembly[C]. Proceedings of the 38th ACM SIGPLAN-SIGACT Symposium on Principles of Programming Languages(POPL). New York: ACM, 2011: 133-146.
[142] NEIS G, HUR CK, KAISER JO, et al. Pilsner: a compositionally verified compiler for a higherorder imperative language[C]. Proceedings of the 20th ACM SIGPLAN International Conference on Functional Programming(ICFP). New York: ACM, 2015: 166-178.
[143] STEWART G, BERINGER L, CUELLAR S, et al. Compositional CompCert[C]. Proceedings of the 42nd Annual ACM SIGPLAN-SIGACT Symposium on Principles of Programming Languages(POPL). New York: ACM, 2015: 275-287.
[144] GU R, KOENIG J, RAMANANANDRO T, et al. Deep specifications and certified abstraction layers[C]. Proceedings of the 42nd Annual ACM SIGPLAN-SIGACT Symposium on Principles of Programming Languages(POPL). New York: ACM, 2015: 595-608.

[145] WANG Y, WILKE P, SHAO Z. An abstract stack based approach to verified compositional compilation to machine code[J]. Proc. ACM Program. Lang. 3(POPL), 2019, 62: 1-62: 30.

[146] SONG Y, CHO M, KIM D, et al. CompCertM: CompCert with C-assembly linking and lightweight modular verification[J]. Proc. ACM Program. Lang. 4(POPL), 2020, 23: 1-23: 31.

[147] KOENIG J, SHAO Z. CompCertO: compiling certified open C components[C]. 42nd ACM SIGPLAN International Conference on Programming Language Design and Implementation (PLDI). New York: ACM, 2021: 1095-1109.

[148] PERCONTI J T, AHMED A. Verifying an open compiler using multi-language semantics [C]. programming languages and systems-23rd European Symposium on Programming (ESOP). New York: Springer, 2014: 128-148.

[149] PATTERSON D, PERCONTI J, DIMOULAS C, et al. FunTAL: reasonably mixing a functional language with assembly [C]. Proceedings of the 38th ACM SIGPLAN Conference on Programming Language Design and Implementation (PLDI). New York: ACM, 2017: 495-509.

[150] SCHERER G, NEW MS, RIOUX N, et al. FabULous interoperability for ML and a linear language[C]. International Conference on Foundations of Software Science and Computation Structures (FoSSaCS). New York: Springer, 2018: 146-162.

[151] SEVCÍK J. Safe optimisations for shared-memory concurrent programs [C]. Proceedings of the 32nd ACM SIGPLAN Conference on Programming Language Design and Implementation (PLDI). New York: Springer, 2011: 306-316.

[152] SEVCÍK J, VAFEIADIS V, NARDELLI F Z, et al. Relaxed-memory concurrency and verified compilation [C]. Proceedings of the 38th ACM SIGPLAN-SIGACT Symposium on Principles of Programming Languages. New York: ACM, 2011: 43-54.

[153] SEVCÍK J, VAFEIADIS V, NARDELLI F Z, et al. CompCertTSO: a verified compiler for relaxed-memory concurrency[J]. J. ACM, 2013, 60(3): 22: 1-22: 50.

[154] JIANG H, LIANG H, XIAO S, et al. Towards certified separate compilation for concurrent programs[C]. Proceedings of the 40th ACM SIGPLAN Conference on Programming Language Design and Implementation (PLDI). New York: ACM, 2019: 111-125.

[155] CHO M, LEE SH, LEE D, et al. Sequential reasoning for optimizing compilers under weak memory concurrency[C]. 43rd ACM SIGPLAN International Conference on Programming Language Design and Implementation (PLDI). New York: ACM, 2022: 213-228.

[156] ZHA J, LIANG H, FENG X. Verifying optimizations of concurrent programs in the promising semantics[C]. 43rd ACM SIGPLAN International Conference on Programming Language Design and Implementation (PLDI). New York: ACM, 2022: 903-917.

[157] PATRIGNANI M, AGTEN P, STRACKX R, et al. Secure compilation to protected module architectures[J]. ACM Trans. Program. Lang. Syst., 2015, 37(2): 6: 1-6: 50.

[158] PATRIGNANI M, AHMED A, CLARKE D. Formal approaches to secure compilation: a survey of fully abstract compilation and related work[J]. ACM Comput. Surv., 2019, 51(6): 125: 1-125: 36.

[159] ABATE C, DE AMORIM AA, BLANCO R, et al. When good components go bad: formally secure compilation despite dynamic compromise [C]. Proceedings of the 2018 ACM SIGSAC Conference on Computer and Communications Security (CCS). New York: ACM, 2018: 1351-1368.

[160] ABATE C, BLANCO R, CIOBACA S, et al. An extended account of trace-relating compiler correctness

and secure compilation[J]. ACM Trans. Program. Lang. Syst., 2021, 43(4): 14: 1-14: 48.

[161] ABATE C, BLANCO R, CIOBACA S, et al. Trace-relating compiler correctness and secure compilation[C]. Programming Languages and Systems-29th European Symposium on Programming (ESOP). New York: Springer, 2020: 1-28.

[162] ABATE C, BLANCO R, GARG D, et al. Journey beyond full abstraction: exploring robust property preservation for secure compilation[C]. 32nd IEEE Computer Security Foundations Symposium(CSF). New York: IEEE, 2019: 256-271.

[163] KÄSTNER D, WÜNSCHE U, BARRHO J, et al. CompCert: practical experience on integrating and qualifying a formally verified optimizing compiler[C]. In 9th European Congress on Embedded Real Time Software and Systems(ERTS). 2018.

[164] BOURKE T, BRUN L, DAGAND P, et al. A formally verified compiler for lustre[C]. Proceedings of the 38th ACM SIGPLAN Conference on Programming Language Design and Implementation(PLDI). New York: ACM, 2017: 586-601.

[165] APPEL AW, BERINGER L, CHLIPALA A, et al. Position paper: the science of deep specification[J]. Philosophical Transactions of the Royal Society A: Mathematical, Physical and Engineering Sciences, 2017, 375(2104): 20160331.

[166] 尚书，甘元科，石刚，等. 可信编译器 L2C 的核心翻译步骤及其设计与实现[J]. 软件学报，2017，28(5): 1233-1246.

[167] YANG P, WANG S. 同步数据流语言可信编译器的研究进展(Survey on trustworthy compilers for synchronous data-flow languages)[J]. 计算机科学，2019，46(5): 21-28.

[168] 刘诚，陈意云，葛琳，等. 一个出具证明编译器原型系统的实现[J]. 计算机工程与应用，2007，43(21): 99-102.

[169] YANG Z, HU K, MA D, et al. From AADL to timed abstract state machines: a verified model transformation[J]. J. Syst. Softw. 2014, 93: 42-68.

[170] WANG Y, ZHANG L, SHAO Z, et al. Verified compilation of C programs with a nominal memory model[J]. Proc. ACM Program. Lang. 6(POPL), 2022: 1-31.

[171] FOX A C J, MYREEN M O. A trustworthy monadic formalization of the ARMv7 instruction set architecture[C]. Interactive Theorem Proving, First International Conference (ITP). New York: Springer, 2010: 243-258.

[172] ARMSTRONG A, BAUEREISS T, CAMPBELL B. ISA semantics for ARMv8-a, RISC-v, and CHERI-MIPS[J]. Proc. ACM Program. Lang. 3(POPL), 2019, 71: 1-71: 31.

[173] DASGUPTA S, PARK D, KASAMPALIS T, et al. A complete formal semantics of x86-64 user-level instruction set architecture[C]. Proceedings of the 40th ACM SIGPLAN Conference on Programming Language Design and Implementation(PLDI). New York: ACM, 2019: 1133-1148.

[174] SAWADA J, HUNT WA. Processor verification with precise exeptions and speculative execution[C]. Computer Aided Verification, 10th International Conference (CAV). New York: Springer, 1998: 135-146.

[175] TEMEL M, SLOBODOVÁ A, HUNT WA. Automated and scalable verification of integer multipliers[C]. Computer Aided Verification, 32nd International Conference(CAV). New York: Springer, 2020: 485-507.

[176] CHOI J, CHLIPALA A, ARVIND. Hemiola: A DSL and verification tools to guide design and proof of hierarchical cache-coherence protocols[C]. Computer Aided Verification, 34th International Conference

(CAV). New York: Springer, 2022: 317-339.

[177] CHOI J, VIJAYARAGHAVAN M, SHERMAN B, et al. Kami: a platform for high-level parametric hardware specification and its modular verification[J]. Proc. ACM Program. Lang. 1(ICFP), 2017: 24: 1-24: 30.

[178] BOURGEAT T, PIT-CLAUDEL C, CHLIPALA A, et al. The essence of bluespec: a core language for rule-based hardware design[C]. Proceedings of the 41st ACM SIGPLAN International Conference on Programming Language Design and Implementation(PLDI). New York: ACM, 2020: 243-257.

[179] ERBSEN A, GRUETTER S, CHOI J, et al. Integration verification across software and hardware for a simple embedded system[C]. 42nd ACM SIGPLAN International Conference on Programming Language Design and Implementation(PLDI). New York: ACM, 2021: 604-619.

[180] MALECHA J G, MORRISETT G, SHINNAR A, et al. Toward a verified relational database management system[C]. Proceedings of the 37th ACM SIGPLAN-SIGACT Symposium on Principles of Programming Languages(POPL). New York: ACM, 2010: 237-248.

[181] BENZAKEN V, CONTEJEAN E, DUMBRAVA S. A coq formalization of the relational data model[C]. Programming Languages and Systems-23rd European Symposium on Programming(ESOP). New York: Springer, 2014: 189-208.

[182] AUERBACH JS, HIRZEL M, MANDEL L, et al. Handling environments in a nested relational algebra with combinators and an implementation in a verified query compiler[C]. SIGMOD Conference. New York: ACM, 2017: 1555-1569.

[183] BENZAKEN V, CONTEJEAN E. A coq mechanised formal semantics for realistic SQL queries: formally reconciling SQL and bag relational algebra[C]. Proceedings of the 8th ACM SIGPLAN International Conference on Certified Programs and Proofs(CPP). New York: ACM, 2019: 249-261.

[184] RICCIOTTI W, CHENEY J. A formalization of SQL with nulls[J]. J. Autom. Reason., 2022, 66(4): 989-1030.

[185] GUAGLIARDO P, LIBKIN L. A formal semantics of SQL queries, its validation, and applications[J]. Proc. VLDB Endow., 2017, 11(1): 27-39.

[186] CHU S, WEITZ K, CHEUNG A, et al. HoTTSQL: proving query rewrites with univalent SQL semantics[C]. Proceedings of the 38th ACM SIGPLAN Conference on Programming Language Design and Implementation(PLDI). New York: ACM, 2017: 510-524.

[187] CHU S, MURPHY B, ROESCH J, et al. Axiomatic foundations and algorithms for deciding semantic equivalences of SQL queries[J]. Proc. VLDB Endow., 2018, 11(11): 1482-1495.

[188] BOURKE T, BRUN L, POUZET M. Mechanized semantics and verified compilation for a dataflow synchronous language with reset[J]. Proc. ACM Program. Lang. 4(POPL), 2020, 44: 1-44: 29.

[189] BOURKE T, JEANMAIRE P, PESIN B, et al. Verified lustre normalization with node subsampling[J]. ACM Trans. Embed. Comput. Syst., 2021, 20(5s): 98: 1-98: 25.

[190] PLATZER A. Differential dynamic logic for hybrid systems[J]. J. Autom. Reason, 2008, 41(2): 143-189.

[191] FULTON N, MITSCH S, QUESEL JD, et al. KeYmaera x: an axiomatic tactical theorem prover for hybrid systems[C]. 25th International Conference on Automated Deduction(CADE). New York: Springer, 2015: 527-538.

[192] MITSCH S, PLATZER A. A retrospective on developing hybrid system provers in the keymaera family-a

tale of three provers[C]. 20 Years of KeY. New York: Springer, 2020: 21-64.

[193] TAN Y K, PLATZER A. Deductive stability proofs for ordinary differential equations[C]. Tools and Algorithms for the Construction and Analysis of Systems (TACAS). New York: Springer, 2021: 181-199.

[194] GALLICCHIO J, TAN Y K, MITSCH S, et al. Implicit definitions with differential equations for keymaera x-(system description) [C]. Automated Reasoning-11th International Joint Conference (IJCAR). New York: Springer, 2022: 723-733.

[195] LIEBRENZ T, HERBER P, GLESNER S. Deductive verification of hybrid control systems modeled in simulink with keymaera x[C]. Formal Methods and Software Engineering (ICFEM). New York: Springer, 2018: 89-105.

[196] ADELT J, LIEBRENZ T, HERBER P. Formal verification of intelligent hybrid systems that are modeled with simulink and the reinforcement learning toolbox[C]. Formal Methods-24th International Symposium (FM). New York: Springer, 2021: 349-366.

[197] CHEN M, HAN X, TANG T, et al. MARS: a toolchain for modelling, analysis and verification of hybrid systems[C]. Provably Correct Systems. New York: Springer, 2017: 39-58.

[198] WANG S, ZHAN N, ZOU L. An improved HHL prover: an interactive theorem prover for hybrid systems[C]. Formal Methods and Software Engineering (ICFEM). New York: Springer, 2015: 382-399.

[199] YI S, WANG S, ZHAN B, et al. Machine-checked executable semantics of stateflow[C]. Formal Methods and Software Engineering(ICFEM). New York: Springer, 2022: 421-438.

[200] SHENG H, BENTKAMP A, ZHAN B. HHLPy: practical verification of hybrid systems using hoare logic[C]. Formal Methods-25th International Symposium(FM). New York: Springer, 2023: 160-178.

[201] PAULSON L C. The inductive approach to verifying cryptographic protocols[J]. J. Comput. Secur., 1998, 6(1-2): 85-128.

[202] APPEL A W. Verification of a cryptographic primitive: SHA-256[J]. ACM Trans. Program. Lang. Syst., 2015, 37(2): 7: 1-7: 31.

[203] ERBSEN A, PHILIPOOM J, GROSS J, et al. Simple high-level code for cryptographic arithmetic-with proofs, without compromises[C]. IEEE Symposium on Security and Privacy(S&P). New York: IEEE, 2019: 1202-1219.

[204] SCHWABE P, VIGUIER B, WEERWAG T, et al. A coq proof of the correctness of X25519 in tweetNaCl[C]. 34th IEEE Computer Security Foundations Symposium (CSF). Boston: IEEE, 2021: 1-16.

[205] PETCHER A, MORRISETT G. The foundational cryptography framework[C]. Principles of Security and Trust-4th International Conference(POST). New York: Springer, 2015: 53-72.

[206] BERINGER L, PETCHER A, YE K Q, et al. Verified correctness and security of openSSL HMAC[C]. USENIX Security Symposium. Berkeley: USENIX Association. 2015: 207-221.

[207] YE K Q, GREEN M, SANGUANSIN N, et al. Verified correctness and security of mbedTLS HMAC-DRBG[C]. Proceedings of the 2017 ACM SIGSAC Conference on Computer and Communications Security(CCS). New York: ACM, 2017: 2007-2020.

[208] BASIN D A, LOCHBIHLER A, SEFIDGAR SR. CryptHOL: game-based proofs in higher-order logic[J]. J. Cryptol., 2020, 33(2): 494-566.

[209] BARTHE G, GRÉGOIRE B, HERAUD S, et al. Computer-aided security proofs for the working cryptographer[C]. Advances in Cryptology(CRYPTO). New York: Springer, 2011: 71-90.

[210] SWAMY N, HRITCU C, KELLER C, et al. Dependent types and multi-monadic effects in F[C]. Proceedings of the 43rd Annual ACM SIGPLAN-SIGACT Symposium on Principles of Programming Languages(POPL). New York: ACM, 2016: 256-270.

[211] MEIER S, SCHMIDT B, CREMERS C, et al. The TAMARIN prover for the symbolic analysis of security protocols[C]. Computer Aided Verification-25th International Conference(CAV). New York: Springer, 2013: 696-701.

[212] BAELDE D, DELAUNE S, JACOMME C, et al. An interactive prover for protocol verification in the computational model[C]. IEEE Symposium on Security and Privacy(S&P). New York: IEEE, 2021: 537-554.

[213] ALMEIDA J B, BARBOSA M, BARTHE G, et al. A machine-checked proof of security for AWS key management service [C]. Proceedings of the 2019 ACM SIGSAC Conference on Computer and Communications Security(CCS). New York: ACM, 2019: 63-78.

[214] HAAGH H, KARBYSHEV A, OECHSNER S, et al. Computer-aided proofs for multiparty computation with active security [C]. 31st IEEE Computer Security Foundations Symposium (CSF). New York: IEEE, 2018: 119-131.

[215] ELDEFRAWY K, PEREIRA V: A high-assurance evaluator for machine-checked secure multiparty computation[C]. Proceedings of the 2019 ACM SIGSAC Conference on Computer and Communications Security(CCS). New York: ACM, 2019: 851-868.

[216] ALMEIDA J B, BARBOSA M, BARTHE G, et al. Jasmin: high-assurance and high-speed cryptography[C]. Proceedings of the 2017 ACM SIGSAC Conference on Computer and Communications Security(CCS). New York: ACM, 2017: 1807-1823.

[217] ALMEIDA J B, BARBOSA M, BARTHE G, et al. The last mile: high-assurance and high-speed cryptographic implementations [C]. IEEE Symposium on Security and Privacy (S&P). New York: IEEE, 2020: 965-982.

[218] ALMEIDA J B, BARITEL-RUET C, BARBOSA M, et al. Machine-checked proofs for cryptographic standards: indifferentiability of sponge and secure high-assurance implementations of SHA-3 [C]. Proceedings of the 2019 ACM SIGSAC Conference on Computer and Communications Security(CCS). New York: ACM, 2019: 1607-1622

[219] BOS J W, DUCAS L, KILTZ E, et al. CRYSTALS-kyber: a CCA-secure module-lattice-based KEM[C]. IEEE European Symposium on Security and Privacy(EuroS&P). New York: IEEE, 2018: 353-367.

[220] ALMEIDA JB, BARBOSA M, BARTHE G. Formally verifying kyber part i: implementation correctness[P]. IACR Cryptol. ePrint Arch., 2023: 215.

[221] BARBOSA M, BARTHE G, FAN X, et al. EasyPQC: verifying post-quantum cryptography[C]. ACM SIGSAC Conference on Computer and Communications Security (CCS). New York: ACM, 2021: 2564-2586.

[222] BHARGAVAN K, BOND B, DELIGNAT-LAVAUD A, et al. Everest: towards a verified, drop-in replacement of HTTPS[C]. 2nd Summit on Advances in Programming Languages(SNAPL). Dagstuhl: Leibniz International Proceedings in Informatics, 2017: 1: 1-1: 12.

[223] DELIGNAT-LAVAUD A, FOURNET C, KOHLWEISS M, et al. Implementing and proving the TLS 1.3 record layer[C]. IEEE Symposium on Security and Privacy(S&P). New York: IEEE, 2017: 463-482.

[224] ZINZINDOHOUÉ J K, BHARGAVAN K, PROTZENKO J, et al. HACL*: a verified modern cryptographic library [C]. Proceedings of the 2017 ACM SIGSAC Conference on Computer and Communications Security(CCS). New York: ACM, 2017: 1789-1806.

[225] PROTZENKO J, ZINZINDOHOUÉ JK, RASTOGI A, et al. Verified low-level programming embedded in F[J]. Proc. ACM Program. Lang. 1(ICFP), 2017, 17: 1-17: 29.

[226] BOND B, HAWBLITZEL C, KAPRITSOS M, et al. Vale: verifying high-performance cryptographic assembly code[C]. USENIX Security Symposium. Berkeley: USENIX Association, 2017: 917-934.

[227] FROMHERZ A, GIANNARAKIS N, HAWBLITZEL C, et al. A verified, efficient embedding of a verifiable assembly language[J]. Proc. ACM Program. Lang. 3(POPL), 2019: 63: 1-63: 30.

[228] POLUBELOVA M, BHARGAVAN K, PROTZENKO J, et al. HACLxN: verified generic SIMD crypto (for all your favourite platforms) [C]. ACM SIGSAC Conference on Computer and Communications Security(CCS). New York: ACM, 2020: 899-918.

[229] PROTZENKO J, PARNO B, FROMHERZ A, et al. EverCrypt: a fast, verified, cross-platform cryptographic provider[C]. IEEE Symposium on Security and Privacy(S&P). New York: IEEE, 2020: 983-1002.

[230] DELIGNAT-LAVAUD A, FOURNET C, PARNO B, et al. A security model and fully verified implementation for the IETF QUIC record layer[C]. IEEE Symposium on Security and Privacy(S&P). New York: IEEE, 2021: 1162-1178.

[231] BASIN D A, DREIER J, HIRSCHI L, et al. A formal analysis of 5G authentication[C]. Proceedings of the 2018 ACM SIGSAC Conference on Computer and Communications Security(CCS). New York: ACM, 2018: 1383-1396.

[232] CREMERS C, HORVAT M, SCOTT S, et al. Automated analysis and verification of TLS 1.3: 0-RTT, resumption and delayed authentication[C]. IEEE Symposium on Security and Privacy(S&P). New York: IEEE, 2016: 470-485.

[233] CREMERS C, HORVAT M, HOYLAND J, et al. A comprehensive symbolic analysis of TLS 1.3[C]. Proceedings of the 2017 ACM SIGSAC Conference on Computer and Communications Security(CCS). New York: ACM, 2017: 1773-1788.

[234] CREMERS C, DEHNEL-WILD M, MILNER K. Secure authentication in the grid: a formal analysis of DNP3 SAv5[J]. J. Comput. Secur., 2019, 27(2): 203-232.

[235] GIROL G, HIRSCHI L, SASSE R, et al. A spectral analysis of noise: a comprehensive, automated, formal analysis of diffie-hellman protocols [C]. USENIX Security Symposium. Berkeley: USENIX Association, 2020: 1857-1874.

[236] BARTHE G, GRÉGOIRE B, LAPORTE V. Secure compilation of side-channel countermeasures: the case of cryptographic "constant-time" [C]. IEEE Computer Security Foundations Symposium(CSF). New York: IEEE, 2018: 328-343.

[237] BARTHE G, BLAZY S, GRÉGOIRE B, et al. Formal verification of a constant-time preserving C compiler[J]. Proc. ACM Program. Lang. 4(POPL): 7: 1-7: 30(2020).

[238] ALMEIDA J B, BARBOSA M, BARTHE G, et al. Certified compilation for cryptography: extended x86 instructions and constant-time verification [C]. Progress in Cryptology(INDOCRYPT). New York:

Springer, 2020: 107-127.

[239] CANETTI R, STOUGHTON A, VARIA M. EasyUC: using easycrypt to mechanize proofs of universally composable security[C]. IEEE Computer Security Foundations Symposium(CSF). New York: IEEE, 2019: 167-183.

[240] LOCHBIHLER A, SEFIDGAR S R, BASIN D A, et al. Formalizing constructive cryptography using CryptHOL[C]. IEEE Computer Security Foundations Symposium (CSF). New York: IEEE, 2019: 152-166.

[241] ABATE C, HASELWARTER P G, RIVAS E, et al. SSProve: a foundational framework for modular cryptographic proofs in coq[C]. IEEE Computer Security Foundations Symposium(CSF). New York: IEEE, 2021: 1-15.

[242] BARBOSA M, BARTHE G, GRÉGOIRE B, et al. Mechanized proofs of adversarial complexity and application to universal composability[C]. ACM SIGSAC Conference on Computer and Communications Security(CCS). New York: ACM, 2021: 2541-2563.

[243] CHEN Y F, HSU C H, LIN H H, et al. Verifying curve25519 software[C]. Proceedings of the 2014 ACM SIGSAC Conference on Computer and Communications Security(CCS). New York: ACM, 2014: 299-309.

[244] TSAI M H, WANG B Y, YANG B Y. Certified verification of algebraic properties on low-level mathematical constructs in cryptographic programs [C]. Proceedings of the 2017 ACM SIGSAC Conference on Computer and Communications Security(CCS). New York: ACM, 2017: 1973-1987.

[245] SHI X, FU Y F, LIU J, et al. CoqQFBV: a scalable certified SMT quantifier-free bit-vector solver[C]. Computer Aided Verification-33rd International Conference(CAV). New York: Springer, 2021: 149-171.

[246] TSAI M H, FU Y F, SHI X, et al. Automatic certified verification of cryptographic programs with COQCRYPTOLINE[P]. IACR Cryptol. ePrint Arch. 2022, 1116.

[247] HAN N, LI X, WANG G, et al. Formal verification of atomicity requirements for smart contracts[C]. In Proceedings of 18th Asian Symposium on Programming Languages and Systems(APLAS). New York: Springer, 2020, 44-64.

[248] LI X, ZHANG Q, WANG G, et al. A unified proof technique for verifying program correctness with big-step semantics[J]. Journal of Systems Architecture, 2023, 136: 1-22.

[249] LI X, ZHANG Q, WANG G, et al. Reasoning about Iteration and recursion uniformly based on big-step semantics[C]. In Proceedings of 7th International Symposium on Dependable Software Engineering. Theories, Tools, and Applications(SETTA). New York: Springer, 2021: 61-80.

[250] 李希萌, 王国辉, 张倩颖, 等. 基于函数式语义的循环和递归程序结构通用证明技术[J]. 软件学报, 2023, 34(8): 3686-3707.

[251] DHARANIKOTA S, MUKHERJEE S, BHARDWAJ C, et al. Celestial: a smart contracts verification framework[C]. In Formal Methods in Computer Aided Design(FMCAD). New York: IEEE, 2021: 133-142.

[252] CASSEZ F, FULLER J, QUILES HMA. Deductive verification of smart contracts with dafny[C]. In 27th International Conference on Formal Methods for Industrial Critical Systems(FMICS). New York: Springer, 2022: 50-66.

[253] BRÄM C, EILERS M, MÜLLER P, et al. Rich specifications for ethereum smart contract verification[J]. Proc. ACM Program. Lang. 5(OOPSLA), 2021: 1-30.

[254] HAJDU Á, JOVANOVIĆ D. Solc-verify: a modular verifier for solidity smart contracts[C]. In 11th International Conference on Verified Software: Theories, Tools, and Experiments(VSTTE). New York: Springer, 2019: 161-179.

[255] CAO Q, WANG Z. Reentrancy? yes. reentrancy bug? no[C]. In Proceedings of 6th International Symposium on Dependable Software Engineering. Theories, Tools, and Applications(SETTA). New York: Springer, 2020: 17-34.

[256] AMANI S, BÉGEL M, BORTIN M, et al. Towards verifying ethereum smart contract bytecode in Isabelle/HOL[C]. In Proceedings of the 7th ACM SIGPLAN International Conference on Certified Programs and Proofs(CPP). New York: ACM, 2018: 66-77.

[257] BERNARDO B, CAUDERLIER R, HU Z, et al. Mi-Cho-Coq, a framework for certifying tezos smart contracts[C]. Formal Methods. FM 2019 International Workshops(FM Workshops). New York: Springer, 2019: 368-379.

[258] CHAPMAN J, KIREEV R, NESTER C, et al. System f in agda, for fun and profit[C]. Mathematics of Program Construction-13th International Conference(MPC). New York: Springer, 2019: 255-297.

[259] O'CONNOR R. Simplicity: a new language for blockchains[C]. In Proceedings of the 2017 Workshop on Programming Languages and Analysis for Security(PLAS). New York: ACM, 2017: 107-120.

[260] BERNARDO B, CAUDERLIER R, PESIN B, et al. Albert, an intermediate smart-contract language for the tezos blockchain[C]. Financial Cryptography and Data Security. New York: Springer, 2020: 584-598.

[261] SERGEY I, KUMAR A, HOBOR A. Temporal properties of smart contracts[C]. Leveraging Applications of Formal Methods, Verification and Validation. Industrial Practice(ISoLA). New York: Springer, 2018: 323-338.

[262] YANG Z, LEI H. Lolisa: formal syntax and semantics for a subset of the solidity programming language. arXiv. 1803. 09885. 2018.

[263] JIAO J, KAN S, LIN S W, et al. Semantic understanding of smart contracts: executable operational semantics of solidity[C]. IEEE Symposium on Security and Privacy(S&P). New York: IEEE, 2020: 1265-1282.

[264] ARUSOAIE A. Certifying findel derivatives for blockchain[P]. arXiv: 2005. 13602. 2020.

[265] HIETALA K, RAND R, HUNG S H, et al. A verified optimizer for quantum circuits[J]. Proc. ACM Program. Lang. 5(POPL), 2021: 1-29.

[266] HIETALA K, RAND R, HUNG S H, et al. Proving quantum programs correct[C]. 12th International Conference on Interactive Theorem Proving(ITP). Dagstuhl: Leibniz International Proceedings in Informatics. 2021: 21: 1-21: 19.

[267] CHARETON C, BARDIN S, BOBOT F, et al. An automated deductive verification framework for circuit-building quantum programs[C]. Programming Languages and Systems(ESOP). New York: Springer, 2021: 148-177.

[268] BORDG A, LACHNITT H, HE Y. Certified quantum computation in isabelle/HOL[J]. J. Autom. Reason., 2021, 65(5): 691-709.

[269] LIU J, ZHAN B, WANG S, et al. Formal verification of quantum algorithms using quantum hoare logic[C]. Computer Aided Verification-31st International Conference(CAV). New York: Springer, 2019: 187-207.

[270] ZHOU L, BARTHE G, STRUB P Y, et al. CoqQ: foundational verification of quantum programs[J]. Proc. ACM Program. Lang. 7(POPL), 2023: 833-865.

[271] UNRUH D. Quantum relational hoare logic[J]. Proc. ACM Program. Lang. 3(POPL), 2019: 33: 1-33: 31.

[272] BARTHE G, HSU J, YING M, et al. Relational proofs for quantum programs[J]. Proc. ACM Program. Lang. 4(POPL), 2020: 21: 1-21: 29.

[273] 陈钢. 形式化数学和证明工程[J]. 中国计算机学会通讯, 2016,(9): 40-44.

[274] Radboud University. Formalizing 100 theorems[EB/OL]. [2023-07-15]. http://www. cs. ru. nl/~freek/100/.

[275] MCCUNE W. Solution of the robbins problem[J]. J. Autom. Reason, 1997, 19(3): 263-276.

[276] GONTHIER G. Formal proof: the four-color theorem[J]. Notices of the AMS, 2008, 55(11): 1382-1393.

[277] GONTHIER G, ASPERTI A, AVIGAD J, et al. A machine-checked proof of the odd order theorem[C]. Proceedings of the 4th International Conference on Interactive Theorem Proving(ITP). New York: Springer, 2013: 163-179.

[278] HARRISON J. Theorem proving with the real numbers[M]. University of Cambridge, 1998.

[279] HARRISON J. The HOL light theory of euclidean space[J]. Journal of Automated Reasoning. 2013, 50(2): 173-190.

[280] MAGGESI M. A formalization of metric spaces in HOL light[J]. Journal of Automated Reasoning. 2017, 60(12): 1-18.

[281] PAULSON L C, NIPKOW T, WENZEL M, et al. From LCF to isabelle/HOL[J]. Formal Aspects of Computing, 2019, 31(6): 675-698.

[282] MHAMDI T, HASAN O, TAHAR S, et al. Formalization of measure theory and Lebesgue integration for probabilistic analysis in HOL[J]. ACM Transactions on Embedded Computing Systems, 2013, 12(1): 1-23.

[283] KHAN-AFSHAR S, SIDDIQUE U, MAHMOUD M, et al. Formal analysis of optical systems[J]. Mathematics in Computer Science, 2014, 8(1): 39-70.

[284] BEILLAHI S M, MAHMOUD M Y, TAHAR S, et al. A modeling and verification framework for optical quantum circuits[J]. Formal Aspects of Computing, 2019, 31(3): 321-351.

[285] TÄUBIG H, FRESE U, HERTZBERG C, et al. Guaranteeing functional safety: design for provability and computer-aided verification[J]. Autonomous Robots, 2012, 32: 303-331.

[286] AFFELDT R, COHEN C. Formal foundations of 3D geometry to model robot manipulators[C]. Proceedings of the 6th ACM SIGPLAN Conference on Certified Programs and Proofs(CPP), New York: Springer, 2017: 30-42.

[287] RASHID A, HASAN O. Formal analysis of robotic cell injection systems using theorem proving[C]. Proceedings of the 7th International Workshop on Design, Modeling and Evaluation of Cyber Physical Systems(CyPhy). New York: Springer, 2017: 127-141.

[288] 吴文俊. 数学机械化[M]. 北京: 科学出版社, 2003.

[289] ZHAN B. Formalization of the fundamental group in untyped set theory using auto2[J]. J. Autom. Reason., 2019, 63(2): 517-538.

[290] WU A, SHI Z, LI Y, et al. Formal kinematic analysis of a general 6R manipulator using the screw theory[J]. Mathematical Problems in Engineering, 2015: 549797.

[291] WU A, SHI Z, YANG X, et al. Formalization and analysis of Jacobian matrix in screw theory and its application in kinematic singularity[C]. Proceedings of 2017 IEEE/RSJ International Conference on Intelligent Robots and Systems(IROS). New York: IEEE, 2017: 2835-2842.

[292] SHI Z, WU A, YANG X, et al. Formal analysis of the kinematic Jacobian in screw theory[J]. Formal Aspects of Computing, 2018, 30(6): 739-757.

[293] MA S, SHI Z, SHAO Z, et al. Higher-order logic formalization of conformal geometric algebra and its application in verifying a robotic manipulation algorithm[J]. Advances in Applied Clifford Algebras, 2016, 26(4): 1305-1330.

[294] LI L, SHI Z, GUAN Y, et al. Formalization of geometric algebra in HOL Light[J]. Journal of Automated Reasoning, 2019, 63: 787-808.

[295] WANG G, GUAN Y, SHI Z, et al. Formalization of symplectic geometry in HOL light[C]. Proceedings of the 20th International Conference on Formal Engineering Methods(ICFEM). New York: Springer, 2018: 270-283.

[296] ZHANG J, WANG G, SHI Z, et al. Formalization of functional variation in HOL light[J], Journal of Logical and Algebraic Methods in Programming, 2019, 106: 29-38.

[297] 严升，郁文生，付尧顺. 基于 Coq 的杨忠道定理形式化证明[J]. 软件学报. 2022, 33(6): 2208-2223.

[298] 麻莹莹，陈钢. 基于 Coq 的矩阵代码生成技术[J]. 软件学报. 2022, 33(6): 2224-2245.

[299] 石正璞，崔敏，谢果君，等. 多旋翼飞控推进子系统的 Coq 形式化验证[J]. 软件学报. 2022, 33(6): 2150-2171.

[300] GUAN Y, ZHANG J, WANG G. Formalization of euler-lagrange equation set based on variational calculus in HOL light[J]. J Autom Reason, 2021, 65: 1-29.

[301] 关永，张景芝，施智平，等. 拉格朗日力学理论的形式化与机器人动力学形式化分析[M]. 北京：科学出版社. 2022. 05.

[302] 陈善言，关永，施智平，等. 机器人碰撞检测方法形式化[J]. 软件学报，2022, 33(6): 2246-2263.

[303] CHEN S, WANG G, LI X, et al. Formalization of camera pose estimation algorithm based on rodrigues formula[J]. Form. Asp. Comp. 2020, 32: 417-437.

[304] WANG G, CHEN S, GUAN Y, et al. Formalization of the inverse kinematics of three-fingered dexterous hand[J]. Journal of Logical and Algebraic Methods in Programming. 2023, 133: 100861.

[305] 施智平，王国辉，关永，等. 哈密顿力学理论的形式化与机器人动力学形式化分析[M]. 北京：科学出版社. 2022. 09.

[306] HALES T, ADAMS M, BAUER G, et al. A formal proof of the Kepler conjecture[J]. Forum of Mathematics, Pi. 2017, 5: e2.

[307] BOLDO S, LELAY C, MELQUIOND G. Formalization of real analysis: a survey of proof assistants and libraries[J]. Math. Struct. Comput. Sci. 2016, 26(7): 1196-1233.

[308] anonymous. The QED manifesto[C]. 12th International Conference on Automated Deduction(CADE). New York: Springer, 1994: 238-251.

[309] The mathlib Community. The lean mathematical library[C]. Proceedings of the 9th ACM SIGPLAN International Conference on Certified Programs and Proofs(CPP). New York: ACM, 2020: 367-381.

[310] SCHOLZE P. Liquid tensor experiment[J]. Exp. Math., 2022, 31(2): 349-354.

[311] BUZZARD K, HUGHES C, LAU K, et al. Schemes in lean[J]. Exp. Math. 2022, 31(2): 355-363.

[312] BUZZARD K, COMMELIN J, MASSOT P. Formalising perfectoid spaces[C]. Proceedings of the 9th ACM SIGPLAN International Conference on Certified Programs and Proofs(CPP). New York: ACM, 2020: 299-312.

[313] COMMELIN J, LEWIS R Y. Formalizing the ring of witt vectors[C]. 10th ACM SIGPLAN International Conference on Certified Programs and Proofs(CPP). New York: ACM, 2021: 264-277.

[314] VAN DOORN F, MASSOT P, NASH O. Formalising the h-principle and sphere eversion[C]. Proceedings of the 12th ACM SIGPLAN International Conference on Certified Programs and Proofs (CPP). New York: ACM, 2023: 121-134.

[315] BORDG A, PAULSON L C, LI W. Simple type theory is not too simple: grothendieck's schemes without dependent types[J]. Exp. Math. 2022, 31(2): 364-382.

[316] DE VILHENA P E, PAULSON L C. Algebraically closed fields in isabelle/HOL[C]. Automated Reasoning-10th International Joint Conference(IJCAR) New York: Springer, 2020: 204-220.

[317] LIU A, BERNSTEIN GL, CHLIPALA A, et al. Verified tensor-program optimization via high-level scheduling rewrites[J]. Proc. ACM Program. Lang. 6(POPL), 2022: 1-28.

[318] COURANT N, LEROY X. Verified code generation for the polyhedral model[J]. Proc. ACM Program. Lang. 5(POPL), 2021: 1-24.

[319] BOULMÉ S, MARÉCHAL A, MONNIAUX D, et al. The verified polyhedron library: an overview[C]. 20th International Symposium on Symbolic and Numeric Algorithms for Scientific Computing(SYNASC). New York: IEEE, 2018: 9-17.

[320] BENTKAMP A, MIR R F, AVIGAD J. Verified reductions for optimization[C]. Tools and Algorithms for the Construction and Analysis of Systems-29th International Conference (TACAS). New York: Springer, 2023: 74-92.

[321] LI W, PASSMORE G O, PAULSON L C. Deciding univariate polynomial problems using untrusted certificates in isabelle/HOL[J]. J. Autom. Reason., 2019, 62(1): 69-91.

[322] CORDWELL K, TAN YK, PLATZER A. A verified decision procedure for univariate real arithmetic with the BKR algorithm[C]. 12th International Conference on Interactive Theorem Proving (ITP). Dagstuhl: Leibniz International Proceedings in Informatics. 2021: 14: 1-14: 20.

[323] SCHARAGER M, CORDWELL K, MITSCH S, et al. Verified quadratic virtual substitution for real arithmetic[C]. Formal Methods-24th International Symposium (FM). New York: Springer, 2021: 200-217.

[324] KOSAIAN K, TAN Y K, PLATZER A. A first complete algorithm for real quantifier elimination in isabelle/HOL[C]. Proceedings of the 12th ACM SIGPLAN International Conference on Certified Programs and Proofs(CPP). New York: ACM, 2023: 211-224.

[325] MENG J, QUIGLEY C, PAULSON L C. Automation for interactive proof: first prototype[J]. Inf. Comput. 2006, 204(10): 1575-1596.

[326] PAULSON L C, BLANCHETTE J C. Three years of experience with sledgehammer, a practical link

between automatic and interactive theorem provers [C]. The 8th International Workshop on the Implementation of Logics(IWIL@ LPAR). [S. I.]: EPiC Series in Computing, 2010: 1-11.

[327] BLANCHETTE J C, KALISZYK C, PAULSON L C, et al. Hammering towards QED[J]. J. Formaliz. Reason., 2016, 9(1): 101-148.

[328] MENG J, PAULSON L C. Lightweight relevance filtering for machine-generated resolution problems[J]. J. Appl. Log., 2009, 7(1): 41-57.

[329] KÜHLWEIN D, BLANCHETTE J C, KALISZYK C, et al. MaSh: machine learning for sledgehammer[C]. Interactive Theorem Proving-4th International Conference(ITP). New York: Springer, 2013: 35-50.

[330] KÜHLWEIN D, VAN LAARHOVEN T, TSIVTSIVADZE E, et al. Overview and evaluation of premise selection techniques for large theory mathematics [C]. Automated Reasoning-6th International Joint Conference(IJCAR). New York: Springer, 2012: 378-392.

[331] KRIZHEVSKY A, SUTSKEVER I, HINTON G E. ImageNet classification with deep convolutional neural networks[J]. Commun. ACM, 2017, 60(6): 84-90.

[332] IRVING G, SZEGEDY C, ALEMI A, et al. DeepMath-deep sequence models for premise selection[C]. Advances in Neural Information Processing Systems 29(NIPS). 2016: 2235-2243

[333] PALIWAL A, LOOS S M, RABE M N, et al. Graph representations for higher-order logic and theorem proving[C]. The Thirty-Fourth AAAI Conference on Artificial Intelligence, Palo Alto, AAAI, 2020: 2967-2974.

[334] MIKULA M, ANTONIAK S, TWORKOWSKI S. Magnushammer: a transformer-based approach to premise selection[P]. arxiv. 2303. 04488. 2023.

[335] GOERTZEL Z A, JAKUBUV J, KALISZYK C, et al. The isabelle ENIGMA[C]. 13th International Conference on Interactive Theorem Proving (ITP). Dagstuhl: Leibniz International Proceedings in Informatics. 2022: 16: 1-16: 21.

[336] JAKUBUV J, CHVALOVSKÝ K, GOERTZEL Z A, et al. MizAR 60 for mizar 50[C]. 14th International Conference on Interactive Theorem Proving (ITP). Dagstuhl: Leibniz International Proceedings in Informatics. 2023: 19: 1-19: 22.

[337] STATHOPOULOS Y, KOUTSOUKOU-ARGYRAKI A, PAULSON L C. Serapis: a concept-oriented search engine for the Isabelle libraries based on natural language[C]. Online proceedings of the Isabelle Workshop. 2020.

[338] CAIRNS P A. Informalising formal mathematics: searching the mizar library with latent semantics[C]. Mathematical Knowledge Management, Third International Conference (MKM). New York: Springer, 2004: 58-72.

[339] YEH E, HITAJ B, OWRE S, et al. CoProver: a recommender system for proof construction [C]. Intelligent Computer Mathematics-16th International Conference(CICM). New York: Springer, 2023: 237-251.

[340] KOMENDANTSKAYA E, HERAS J, GROV G. Machine learning in proof general: interfacing interfaces [C]. Proceedings 10th International Workshop on User Interfaces for Theorem Provers (UITP). [S. I.]Electronic Proceedings in Theoretical Computer Science, 2012: 15-41.

[341] VEROFF R. Using hints to increase the effectiveness of an automated reasoning program: case studies[J]. J. Autom. Reason., 1996, 16(3): 223-239.

[342] CHVALOVSKÝ K, JAKUBUV J, SUDA M, et al. ENIGMA-NG: efficient neural and gradient-boosted inference guidance for E[C]. 27th International Conference on Automated Deduction(CADE). New York: Springer, 2019: 197-215.

[343] LOOS SM, IRVING G, SZEGEDY C, et al. Deep network guided proof search[C]. 21st International Conference on Logic for Programming(LPAR). [S.I.]EPiC Series in Computing, 2017: 85-105.

[344] NAGASHIMA Y, KUMAR R. A proof strategy language and proof script generation for isabelle/HOL[C]. 26th International Conference on Automated Deduction(CADE). New York: Springer, 2017: 528-545.

[345] GAUTHIER T, KALISZYK C, URBAN J, et al. TacticToe: learning to prove with tactics[J]. J. Autom. Reason., 2021, 65(2): 257-286.

[346] BLAAUWBROEK L, URBAN J, GEUVERS H. The tactician-a seamless, interactive tactic learner and prover for coq[C]. Intelligent Computer Mathematics-13th International Conference (CICM). New York: Springer, 2020: 271-277.

[347] ZHANG L, BLAAUWBROEK L, PIOTROWSKI B, et al. Online machine learning techniques for coq: a comparison[C]. Intelligent Computer Mathematics-14th International Conference(CICM). New York: Springer, 2021: 67-83.

[348] YANG K, DENG J. Learning to prove theorems via interacting with proof assistants[C]. Proceedings of the 36th International Conference on Machine Learning (ICML). Proceedings of Machine Learning Research, 2019: 6984-6994.

[349] HUANG D, DHARIWAL P, SONG D, et al. GamePad: a learning environment for theorem proving[C]. 7th International Conference on Learning Representations(ICLR) OpenReview. net, 2019.

[350] SANCHEZ-STERN A, ALHESSI Y, SAUL L K, et al. Generating correctness proofs with neural networks[C]. Proceedings of the 4th ACM SIGPLAN International Workshop on Machine Learning and Programming Languages(MAPL@PLDI). New York: ACM, 2020: 1-10.

[351] BANSAL K, LOOS S M, RABE M N, et al. HOList: an environment for machine learning of higher order logic theorem proving[C]. Proceedings of the 36th International Conference on Machine Learning (ICML). Proceedings of Machine Learning Research, 2019: 454-463.

[352] WU M, NORRISH M, WALDER C, et al. TacticZero: learning to prove theorems from scratch with deep reinforcement learning[C]. Advances in Neural Information Processing Systems 34(NeurIPS). 2021: 9330-9342.

[353] LAMPLE G, CHARTON F. Deep learning for symbolic mathematics[C]. 8th International Conference on Learning Representations(ICLR). OpenReview. net, 2020.

[354] LI W, YU L, WU Y, et al. IsarStep: a benchmark for high-level mathematical reasoning[C]. 9th International Conference on Learning Representations(ICLR). OpenReview. net, 2021.

[355] URBAN J, JAKUBUV J. First neural conjecturing datasets and experiments[C]. Intelligent Computer Mathematics-13th International Conference(CICM). New York: Springer, 2020: 315-323.

[356] POLU S, SUTSKEVER I. Generative language modeling for automated theorem proving[P]. arxiv. 2009.03393. 2020.

[357] HAN JM, RUTE J, WU Y, et al. Proof artifact co-training for theorem proving with language models[C]. The Tenth International Conference on Learning Representations(ICLR). OpenReview. net, 2022.

[358] LAMPLE G, LACROIX T, LACHAUX M A, et al. HyperTree proof search for neural theorem proving[C]. Advances in Neural Information Processing Systems 35(NeurIPS). 2022.

[359] JIANG A Q, LI W, TWORKOWSKI S, et al. Thor: wielding hammers to integrate language models and automated theorem provers[C]. Advances in Neural Information Processing Systems 35(NeurIPS). 2022.

[360] TOUVRON H, LAVRIL T, IZACARD G, et al. LLaMA: Open and efficient foundation language models[P]. arxiv. 2302. 13971. 2023.

[361] LEWKOWYCZ A, ANDREASSEN A, DOHAN D, et al. Solving quantitative reasoning problems with language models[C]. Advances in Neural Information Processing Systems 35(NeurIPS). 2022.

[362] WU Y, JIANG AQ, LI W, et al. Autoformalization with large language models[C]. Advances in Neural Information Processing Systems 35(NeurIPS). 2022.

[363] WANG Q, KALISZYK C, URBAN J. First experiments with neural translation of informal to formal mathematics[C]. Intelligent Computer Mathematics-11th International Conference(CICM). New York: Springer, 2018: 255-270.

[364] JIANG AQ, WELLECK S, ZHOU JP, et al. Draft, sketch, and prove: guiding formal theorem provers with informal proofs[C]. The Eleventh International Conference on Learning Representations(ICLR). OpenReview. net, 2023.

[365] ZHAO X, LI W, KONG L. Decomposing the enigma: subgoal-based demonstration learning for formal theorem proving[C]. arxiv. 2305. 16366. 2023.

[366] FIRST E, RABE MN, RINGER T, et al. Baldur: whole-proof generation and repair with large language models[C]. Proceedings of the 31st ACM Joint European Software Engineering Conference and Symposium on the Foundations of Software Engineering(ESEC/FSE). New York: ACM, 2023: 1229-1241.

[367] LEWKOWYCZ A, ANDREASSEN A, DOHAN D, et al. solving quantitative reasoning problems with language models[C]. Advances in Neural Information Processing Systems 35(NeurIPS). 2022.

[368] BUBECK S, CHANDRASEKARAN V, ELDAN R, et al. Sparks of artificial general intelligence: early experiments with GPT-4[P]. arxiv. 2303. 12712. 2023.

[369] JUNG J, QIN L, WELLECK S, et al. Maieutic prompting: logically consistent reasoning with recursive explanations[C]. Proceedings of the 2022 Conference on Empirical Methods in Natural Language Processing(EMNLP). [S. l.]Association for Computational Linguistics, 2022: 1266-1279.

[370] COLLINS KM, JIANG A Q, FRIEDER S, et al. evaluating language models for mathematics through interactions[P]. arxiv. 2306. 01694. 2023.

[371] YANG K, SWOPE A M, GU A, et al. LeanDojo: theorem proving with retrieval-augmented language models[P]. arxiv. 2306. 15626. 2023.

[372] ZHENG K, HAN J M, POLU S. MiniF2F: a cross-system benchmark for formal olympiad-level mathematics [C]. The Tenth International Conference on Learning Representations(ICLR). OpenReview. net, 2022.

[373] AZERBAYEV Z, PIOTROWSKI B, SCHOELKOPF H, et al. ProofNet: autoformalizing and formally proving undergraduate-level mathematics[P]. arxiv. 2302. 12433. 2023.

作者简介

詹博华 中国科学院软件研究所，副研究员。主要工作包括证明自动化方法和交互式定理证明器的设计与实现，嵌入式系统的建模与验证方法，以及在程序验证、操作系统、分布式系统、量子程序验证的应用。成果发表于 CAV、IJCAR/CADE、TACAS、ITP、J. Automated Reasoning 等形式化方法领域的主要会议和期刊。

曹钦翔 上海交通大学，副教授。主要研究方向为程序验证、程序逻辑与交互式定理证明。领衔开发了 VST 与 VST-A 程序验证工具，参与撰写了 *Software Foundations* 系列教材的第五卷 *Verifiable C*。

李文达 爱丁堡大学信息学院，讲师。主要研究方向为交互式定理证明、机器学习在定理证明中的应用以及形式化数学。成果主要发表于机器学习以及定理证明相关的会议期刊，包括 ICLR、ICML、NeurIPS、JAR、ITP、CPP 等。

刘嘉祥 深圳大学，助理教授。主要研究方向为形式化方法、密码程序验证、神经网络验证。成果发表于 CAV、CCS、ASE、ESEC/FSE、TCS、软件学报等国内外知名会议和期刊。

施智平 首都师范大学，教授。主要研究方向为形式化数学、机器定理证明、机器视觉。在知名国际会议和期刊上发表论文 100 余篇，包括 AAAI、ICRA、IEEE TIP、JSA、JAR 等，获北京市科学技术二等奖 2 项。

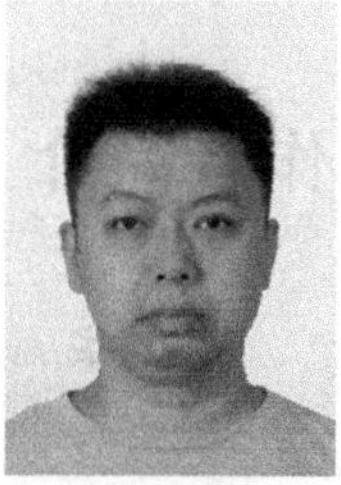

汪宇霆 上海交通大学，副教授。主要研究方向为程序设计语言理论、定理证明方法和工具，以及它们在系统软件中的应用。代表性成果发表于相关领域知名国际会议，包括 POPL、CAV、OOPSLA、ESOP 等。

赵永望 浙江大学计算机科学与技术学院/网络空间安全学院，教授。CCF 形式化方法专委、系统软件专委执行委员。主要研究方向为形式化方法、操作系统等。

鲁棒语音信号与信息处理的研究进展与趋势

张晓雷[1]　钱彦旻[2]　张　超[3]　杜　俊[4]　李军锋[5]

[1]西北工业大学，西安

[2]上海交通大学，上海

[3]清华大学，北京

[4]中国科学技术大学，合肥

[5]中国科学院声学研究所，北京

摘　要

自2009年微软将深度神经网络成功应用于自动语音识别以来，以语音识别为代表的人工智能取得了快速发展。但是，语音识别在安静、自由场及标准语料上取得的性能突破只是语音信号与信息处理近年来的一个研究方面。语音技术在复杂现实环境中的应用仍然面临巨大挑战，例如，语音识别在开放词表、多语种条件下的识别正确率会出现急剧下降，说话人日志系统在多人会话中面临难以精确识别说话人身份、多说话人语音混叠的挑战，智能语音通信与交互在自然环境中面临加性噪声、强混响等干扰。对此，鲁棒语音信号与信息处理旨在攻克智能语音通信、交互在现实复杂环境中应用的瓶颈，是现代语音技术的前沿热点。本报告将详细介绍鲁棒语音信号与信息处理的最新进展，具体包括语音识别的前沿热点、说话人日志的端到端方法及语音分离方法、双耳语音增强、多设备联合语音处理、音视频多模态与骨气导多模态语音处理、语音对抗攻防及2022年多模态信息语音处理挑战赛，为鲁棒语音信号与信息处理未来更大的突破和更广泛的现实应用提供知识积累与技术支持。

关键词：语音信号处理、语音识别、语音增强、多模态语音处理、语音交互

Abstract

Since Microsoft successfully applied deep neural networks to automatic speech recognition in 2009, artificial intelligence represented by speech recognition has made rapid progress. However, the performance breakthroughs achieved in quiet, con-trolled environments and standard language data are only a part of the recent research on speech signal and information processing. The application of speech technology in complex real-world environments still faces significant challenges. For example, speech recognition experiences a sharp decline in accuracy when dealing with open vocabulary and multilingual recognition. Speaker diarization systems face challenges in accurately identifying speaker identities and dealing with overlapping speech in multi-party conversations. Intelligent speech communication and interaction encounter interference from additive noise and strong reverberation in natural environments. To address these challenges, robust speech signal and information processing aims to overcome the bottlenecks in the application of intelligent speech communication and interaction in complex real-world environments and has become a frontier research area in modern speech technology. This report will provide a detailed overview of the latest developments in robust speech signal and information processing, including the cutting-edge topics in speech recognition, end-to-end approaches and speech separation methods for speaker diarization, binaural speech enhancement, multi-device collaborative speech processing, audiovisual multimodal and bone-conducted multimodal speech processing, speech adversarial attacks and defenses, as well as the 2022 Multimodal Information-based Speech Processing Challenge. It aims to provide knowledge accumulation and technical support for future breakthroughs and broader real-world applications in robust speech signal and information processing.

Keywords: Speech Signal Processing, Speech Recognition, Speech Enhancement, Multimodal Speech Processing, Speech Interaction

1 引言

深度学习在语音处理领域引发了一场巨大的革命。这场革命始于 2009 年微软将深度神经网络成功应用于自动语音识别，并迅速扩展到语音处理的其他领域，例如图像视频处理、自然语言处理，以及生命科学、材料科学等。经过多年的研究，自动语音识别（ASR）最近在性能上有了极大的提高，在现实生活中获得了广泛的应用。许多针对语音的智能人机交互系统，如智能手机助手，已经开始成为我们日常生活的一部分。

语音信号处理是一项极其困难的任务，大规模单语种语音识别在理想情况下的性能突破只是该领域研究的一个方面。在实际声学场景和语境等复杂场景下，语音信号处理的性能会急剧下降。例如，在家庭、街道、餐厅、商场等实际生活场景中采集到的语音信号不仅包含目标说话人的语音信号，还包含环境噪声、干扰人声、混响和回声，而且语音采集系统本身就存在电流和器械的非线性失真，因此采集到的信号存在很大的失真。这对语音信号处理系统在真实场景中的应用提出了巨大的挑战。一个语音信号处理系统如果在复杂场景下依然可以得到较好的性能，我们称之为鲁棒语音处理。

在过去的十年中，多种基于深度神经网络（Deep Neural Network，DNN）的鲁棒语音处理技术涌现[1-2]，多个实际生活场景中录制的语料集开源[3-5]，这极大地促进了鲁棒语音处理任务的研究进展。但是，即便目前最好的基于深度学习的鲁棒语音处理系统，距离实用化还有一段较长的距离。例如，当说话者与麦克风阵列之间的距离大于 10m 时，语音识别器的词错误率可能高达 50%以上；基于端到端的深度学习语音处理系统相对于混合系统显示出潜在的优势，然而，它们对大规模标记的语音数据仍有很高的要求；基于深度学习的语音合成在产生人类听起来自然的语音方面与传统方法相比具有很高的竞争力，然而，这些模型不稳定，缺乏可控性，而且仍然太大且速度过慢，无法应用于移动和物联网设备等场景；在 CHiME-6[6] 晚会场景语料库上，最低的单词错误率也在 40%左右。因此，亟须进一步开展鲁棒语音处理的研究。

本报告将介绍基于深度学习的鲁棒语音处理的多个研究进展，具体包括：

1）自动语音识别。自动语音识别旨在将语音转换为文本，它是语音信号与信息处理的核心任务。本报告将从自动语音识别的基础和前沿热点两个方面介绍最新研究进展。

在语音识别基础方面，本报告将介绍声学模型、语言模型及端到端模型的进展。在语音识别前沿热点方面，本报告将介绍融合音频和文本信息的语音识别、针对集外词的语境语音识别、多语言语音识别和翻译、自然场景的语音识别和理解等方面的研究进展。

2）说话人日志。说话人日志旨在研究“谁何时说话”的问题。它是声纹识别、语音检测、语音分离等多种基础技术在现实复杂环境中的综合运用，是语音处理的研究难点与重点。本报告将在简要回顾基于聚类的说话人日志技术的基础上，重点介绍端到端说话人日志和基于语音分离的说话人日志，并对具有代表性的算法进行了比较分析，展示了运用简单的模型架构解决多个挑战问题的研究方案。

3）多通道语音处理。多通道语音处理旨在利用多麦克风及其与声源的相对位置关系，抑制加性噪声及混响，以利于语音通信与识别等后端任务。本报告将首先介绍双耳语音增强的研究进展，具体包括基于传统信号处理和基于深度学习的双耳语音降噪、双耳语音降噪数据库及评价指标；然后介绍多设备自组织麦克风阵列的研究进展，具体包括分阶段多设备语音处理、端到端多设备语音处理、多设备声源定位及相关数据集。

4）多模态语音处理。多模态语音处理旨在利用与语音信号具有互补信息交换的其他模态，例如视频、骨导麦克风等，提升语音处理在复杂声学环境中的质量。本报告将首先介绍音视频多模态语音处理的前沿进展，包括音视频联合说话人验证与日志、音视频语音增强与分离、音视频多模态语音识别、低质量多模态数据的处理等；然后介绍骨气导多模态联合处理，具体包括骨气导联合语音增强与识别及骨气导数据库。

5）语音对抗攻击与防御。语音对抗攻击与防御旨在研究和防范人造的“恶意”微量噪声对语音交互系统的影响。它分为语音对抗攻击和语音对抗防御两个博弈发展的研究方面。在语音对抗攻击方面，本报告从不同角度介绍了白盒攻击与黑盒攻击、数字攻击与物理攻击、特定载体与通用载体；在语音对抗防御方面，本报告分别介绍了基于对抗性训练的主动防御、基于缓解的被动防御及基于检测的被动防御三类方法。

最后，本报告将对 2022 年举办的多模态信息的语音处理（MISP）挑战赛进行简要回顾，包括以语音识别和说话人日志为核心的任务简介、数据集的准备、基准系统的搭建，以及挑战赛结果与分析。

2 自动语音识别

语音是人类语言信息，尤其是言语信息最主要的载体。使用自动语音识别（Automatic Speech Recognition，ASR）技术从语音中提取出基于文字形式的语言信息，对几乎所有语音处理任务及下游的口语理解任务，都起着至关重要的作用。ASR 技术的发展经历了许多阶段，自 20 世纪 70 年代开始，Frederick Jelinek 领导的 IBM 公司研究团队首先提出了基于信源信道模型（Noisy Source Channel Model）的统计 ASR 方法[7]。统计 ASR 方法将语音识别过程建模为一个序列决策过程，基于输入语音序列 $\mathcal{O}=\boldsymbol{o}_{1:T}$ 通过搜索解码输出词汇序列 $\mathcal{W}=w_{1:L}$，即

$$\mathcal{W}^* = \arg\max_{\mathcal{W}} P(\mathcal{W}|\mathcal{O}) \tag{1}$$

$$\propto \arg\max_{\mathcal{W}} P(\mathcal{O}|\mathcal{W})P(\mathcal{W}) \tag{2}$$

式中，$P(\mathcal{O}|\mathcal{W})$ 为声学模型；$P(\mathcal{W})$ 为语言模型。通过搜索解码程序和可能需要的字典它们被组成一个模块化的 ASR 系统。统计 ASR 方法大幅提升了语音识别准确率，为之后的语音识别、自然语言处理及解决其他基于序列的人工智能和机器学习问题奠定了框架基础。之后的 ASR 技术从声学模型和语言模型的角度分别发展。

2.1 语音识别基础方法

2.1.1 声学模型

在声学模型方面，首先成功的是基于隐式马尔可夫模型（Hidden Markov Model，HMM）的声学模型。HMM 使用状态间的转移概率进行序列建模，通常为其每个状态分别估计一个高斯混合模型（Gaussian Mixture Model，GMM）作为对应的观测概率函数[8]。由于适用于并行计算的通用工具包[9-10]、上下文建模[11]、自适应[12-14]和区分性序列训练[15-16]等技术以及特征工程的发展，尤其是以人工神经网络模型（Artificial Neural Network，ANN）作为 GMM 模型特征提取器的 Tandem[17]和 Bottleneck[18]技术的发展，GMM-HMM 系统在 2015 年之后普遍具有较低的词错误率[19]。20 世纪 90 年代初出现了使用 ANN 模型作为 HMM 模型观测概率函数的 Hybrid 技术[20]。

随着深度学习的出现，使用具有更多隐层的 ANN 模型的 Hybrid 系统于 2009—2012 年在若干标准任务上取得了最低的语音识别错误率[21-23]，因而逐渐取代 GMM-HMM 方法成为工业应用中的主流技术。2018 年出现了可以进行端到端区分性序列训练的 LF-MMI 技术[24]，它在简化系统构建流程的同时，也在一系列基准测试上取得了当时最低的单系统词错误率。值得注意的是，可以对 Bottleneck 系统中的 GMM 和 ANN 进行联合优化，这时可以将 GMM 模型实现为特殊的 ANN 输出层[25-27]，从而形成一种特殊的 Hybrid 系统。

最后，以连接主义时序分类（Connectionist Temporal Classification，CTC）方法[28-29]为代表的全 ANN 声学模型已经取代 HMM 成为研究和工业应用的主流。CTC 方法通常基于循环神经网络（Recurrent Neural Network，RNN）等序列 ANN 模型，在每时刻输出一个字符单元或一个特殊的空单元，并使用与 HMM 相同的前向-后向程序（Forward-Backward Procedure）进行语音帧到输出单元的时间对准，因此可以将 CTC 实现为一种具有特殊空单元状态的离散状态 HMM[30]。相似的方法可以追溯到 20 世纪八九十年代的若干先驱性 RNN 声学模型研究[31-34]，本质原因是 RNN 可以看作具有连续值状态的 HMM 模型[35]。

2.1.2 语言模型

在语言模型方面，为解决在拨打电话、播放音乐、导航等场景中普遍存在的命名体词汇样本过于稀少的问题，通常使用基于类的语言模型（Class-Based Language Model）将命名体词汇替换为它们各自对应的类别，通过共享样本提升估计类别相关 n-gram 的准确性[36-37]。一些基于统计方法的平滑技术也被用来缓解一般的 n-gram 样本稀少问题[38]。

Bengio 等人首先提出使用前馈 ANN 模型构造语言模型，从而进一步在不同 n-gram 间共享样本和隐层参数[39]。Mikolov 等人首次成功将前馈 ANN 替换为 RNN，实现了 RNN 语言模型，并将其应用于 ASR 任务[40]。RNN 在测试时可看作一种无限冲击响应（Infinite Impulse Response）滤波器，从而无须引入 n-gram 模型和前馈 ANN 模型所必需的 n 阶马尔可夫假设。实验表明，RNN 语言模型可大幅降低困惑度（Perplexity），在对 ASR 的 n-best 输出打分做重排序时可稳定小幅降低词错误率。一些更好的序列模型，如具有更好的上文记忆能力的长短时记忆（Long Short-Term Memory，LSTM）模型[41]、Transformer 模型[42] 等也先后被用于构建 ASR 中的语言模型[43-44]。

常见的 ASR 任务只基于一句话的输入语音进行语音识别，也限制了语言模型能够使用的上文上限。在一些具有长音频流的语音识别任务中，如电话或会议对话语音识别等，历史语句中可能包含与当前语句内容高度相关的文字信息。为利用这些上文信息，有研究分别对 LSTM 和 Transformer 语言模型进行修改[45-46]，引入了历史语句中的文字信息，并通过模拟 ASR 错误等方式改善了对历史语句中的 ASR 错误的鲁棒性。类似地，还可以引入下文信息，包括当前语句内语言模型尚未生成的词汇，以及对话中未来语音的词汇等[45,47]。值得注意的是，在单向的回归（Autoregressive）语言模型中引入下文词汇信息时，破坏了序列条件概率的链式法则，导致模型分别生成语句中每个词的条件概率的乘积不再是语句词汇的先验概率 $P(\mathcal{W})$，从而不再适合 ASR 任务。一种解决方法是将 $P(\mathcal{W})$ 分解为正向、逆向和双向三个部分的乘积，并分别构造三个语言模型联合使用[48]；另一些研究发现了一个基于双向模型输出的条件概率严格求解 $P(\mathcal{W})$ 的算法[49]，其时间复杂度与词串长度 L 的平方成正比。

2.1.3 端到端方法

不同于传统的模块化 ASR 系统，端到端 ASR 直接对 $P(\mathcal{W}|\mathcal{O})$ 建模，而不将其分解为独立的声学模型和语言模型。这相当于以端到端的方式在两个不等长度序列 $\mathcal{O}$ 和 $\mathcal{W}$ 间进行变换，属于一种“序列到序列”问题[50]。RNN 变换器（RNN Transducer，RNN-T）[29,51] 和基于注意力机制的编码-解码器（Attention-Based Encoder-Decoder，AED）[52-54] 是最常用的两种端到端 ASR 模型。相比于传统模块化 ASR 和全 ANN 声学模型方法，RNN-T 和 AED 最显著的特点是包含了类似 RNN 语言模型的预测器结构，并将其包含在一个端到端模型中，从而简化了解码器程序并实现了音频和文本的联合建模。

狭义的 AED 结构指先用 LSTM 编码器结构对输入序列进行编码，再使用独立运行的 LSTM 解码器从中解码，使用对位置敏感的注意力机制（Local-Sensitive Attention）在编码器输出和解码器输入序列间进行对准[52,55]，这种结构有时也称为 LAS（Listen，Attend，and Spell）[54]。因此 AED 解码器每次运行输出词串标签中的一个字符，解码步数等于标签长度 L，是一种标签同步（Label Synchronous）的解码方法；与之相对的，HMM 和 CTC 的每次输出都对应于输入序列中的一个时间步，解码步数等于输入序列长度 T，是一种时间同步（Time Synchronous）的解码方法[56]。因为 Transformer 模型的巨大成功，所以它也被应用于 ASR，是一种广义的 AED 方法[57-58]。Conformer 是 Google 提出的一种 Transformer 的改进结构，在 Transformer 的模块中引入了卷积神经网络（Convolution Neural Network，CNN）层，在 ASR 上具有更好的准确率[59]。最近还出现了 ZipFormer、BranchFormer 等新结构[60]。Conformer 结构也可以应用于 HMM、CTC、RNN-T 等常见 ASR 方法。AED 方法的一个主要问题是解码与时间无关，不容易实现语音到达时同步进行识别的流式（Streaming）ASR，但一些研究工作通过对注意力机制等的修改，实现了流式 AED 结构[61-64]。

RNN-T 模型在结构上相当于将 CTC 声学模型和 RNN 语言模型通过基于全连接层的连接器融合为一个模型，并共享带有空单元的输出层。当 RNN-T 输出非空字符时不消耗输入序列中的时间步，但对应 RNN 语言模型部分的输入被替换为新的非空字符，否则 RNN-T 输出一个空单元并消耗一个时间步。因此 RNN-T 的解码步数为 $T+L$，既是标签同步解码又是时间同步解码。为此，RNN-T 对前向后向程序进行了修改，在标签轴和时间轴的二维平面上进行输入和输出序列间的对准。RNN-T 相比于 AED 的一个主要优点是容易实现流式 ASR，因此普遍应用在手机端 ASR 等场景中[65]。由于解码机制的不同，RNN-T 和 AED 具有很好的互补性，Sainath 等人提出在共享编码器的基础上用 RNN-T 解码器做第一遍识别，AED 解码器做重打分的第二遍识别的端到端 ASR 结构[66]。与另一种用 AED 做第一遍解码、CTC 做第二遍解码的常用方法[67]不同，两遍端到端 ASR 的第一遍 RNN-T 解码更适合低延迟的流式 ASR。其他常见的两遍端到端 ASR 方法还包括了兼具低延时和高准确率优点的级联编码器结构[68]、将第一遍 ASR 解码器输出作为第二遍 ASR 模型输入的审议（Deliberation）或纠错（Error Correction）结构等[69-71]。

当 CTC 方法使用文本相关的建模单元时（如语素[72]、Unicode[73-74]、词片[75-76]等），可以去掉发音字典模块，有时也被视为一种端到端 ASR 方法[77]。实验表明，当使用上千万小时训练数据和十亿级参数模型参数时，可以获得足够强的编码器模型，从而在很多 ASR 任务上取得与 RNN-T 和 AED 非常接近的准确率[78]，从而进一步简化了搜索解码程序。但在一些特殊情况下，如低码率的输入序列不长于输出序列，尤其是包含相邻重复字符的情况下，CTC 方法设计中的歧义问题会必然产生一类语音识别错误。最后，使用 ANN 进行声学特征提取是端到端 ASR 中另一种常见的设置。全连接层最早被用于从原始波形中直接提取声学特征[79]，之后常使用与传统声学特征相似配置的 CNN 层，并在大量训练数据的情况下证实可以学得与梅尔对数域非常相似的频段分辨率[80]。通过使用 Sinc 函数[81]或多个不同 stride 的 CNN 分支[82]，可以在小型数据集上学得类似的结果，并在远场、高噪声、重叠语音等不满足传统信号处理假设的情况下具有比标准声学特征更好的效果。一些前沿工作尝试了基于原始波形构建更显式设计的语音处理前端模块，包含波束成形、去混响、语音增强等设计，并与声学模型或端到端 ASR 融合为一个模型[83]，从而使端到端的 ASR 模型具有更好的鲁棒性。

2.2 语音识别前沿

从贝尔实验室 20 世纪 50 年代最早投入 ASR 研究起，虽然 ASR 已经在很多简单场景中初步落地，创造了许多商业机会并产生了巨大的社会经济效益，但是仍面临许多理论和应用难题，吸引着来自信号处理、机器学习和人工智能、机器人、医疗健康、心理学和语言学、认知神经科学等许多领域的研究和工程技术人员的注意，相关的口语处理技术社群也不断成长扩大。目前的 ASR 发展处于在简单应用场景（如输入法、语音搜索等）中基本可用，但当声学条件复杂时错误率仍然较高的阶段。例如，虽然谷歌的商用系统在英语语音搜索上的词错误率已经降低到 5%左右[66]，但在语言内容更灵活、信噪比更低的 Youtube 测试集上词错误率仍在 15%左右，在其他语言上的词错误率普遍更高[78]。在更常见的自然场景（如多人会议、聚会等）中，ASR 需要与其他音频、语音和语言处理任务，甚至与视觉任务深入结合，因而落地应用的案例还很少。本节将简述一些相关研究热点。

2.2.1 融合音频和文本信息

作为从音频中提取对应文本信息的任务，ASR 天然具有音频和文本间的跨模态属性。传统的声学模型和语言模型在两个模态中分别建模，通过搜索解码在分数域进行两个模态间的插值融合。近年来随着大型语言模型的兴起，逐渐开始在 ASR 中使用预训练的 BERT 和 GPT 等语言模型进行重打分[49]。在端到端 ASR 方面，RNN-T 和 AED 虽然都包含了内置语言模型，但这些内置语言模型都只包含了语音标注中的文本信息，通常远小于训练独立语言模型的文本数据量和覆盖范围，因而可能产生很强的统计偏差，影响 ASR 在不同场景中的通用性和准确率，尤其对于 RNN-T，如何平衡预测器中的文本信息和编码器中的声学信息是一个额外的难点。从平衡音频和文本模态的角度看，可以在训练初期降低较容易的文本模态的学习速度，并使用比全连接层更强大的双线性池化（Bilinear Pooling）等结构作为 RNN-T 的连接器[84]。

还可以使用机器语音链（Machine Speech Chain）方法，通过将大量文本训练数据合成为语音的方式增加 AED 或 RNN-T 内置语言模型的数据量[85-86]。还可以通过对 ASR 进行音频和文本输入的双模态训练的方式将文本直接注入（Text Injection）ASR 中，即同时使用音频和文本两个编码器[87]。Chen 等人[88] 发现可以利用发音字典及音素时长实现输入文本与音频模态的对准；Sainath 等人[89] 发现可以使用随机的音素时长。Kubo 等人[90] 通过回归学习 BERT 模型在对应上下文中输出层表征的方式，将预训练语言模型中的知识注入 AED 和 RNN-T。

另一个技术路线是在端到端方法中引入额外的外部语言模型，对输出结果进行重打分和重排序。密度比（Density Ratio）方法对端到端 ASR 应用公式（2）进行分解，假设在使用内置和外置语言模型时的声学模型部分相同，容易求出使用外置语言模型时的 $P(\mathcal{W}|\mathcal{O})$[91]。另一些研究尝试使用预训练的语言模型对端到端 ASR 的解码器进行初始化。为取得理想的效果，Variani 等人[92] 提出将 RNN-T 的空单元从字符单元的输出层中独立出来，使用独立的输出分布。Chen 等人[93] 提出为空单元构造独立的预测器。在此基础上，可以对内置语言模型进行自适应或替换[94-95]，以降低语言模型等统计偏差。还可以对 RNN-T 的内置语言模型应用 n-gram 假设，可以在降低统计偏差的同时降低解码的

计算复杂度[96]。最后，AED 模型可以视为一种基于音频的语言模型，研究发现使用 AED 取代文本语言模型对 ASR 输出进行打分和重排序时，可以在大得多的 n-best 列表（例如 500 对 20）上更进一步取得显著词错误率下降[30,56]。

2.2.2 语境语音识别

如何使模型具有良好的可控性是端到端方法研究的一个难点。对于 ASR 任务，可控性可以表现在使模型能够识别新出现的词汇而无须重新训练模型。Zheng 等人[97] 提出使用语音链的方法将合成的稀有词汇加入 RNN-T 的训练中，但这种方法无法根据具体应用场景（语境）动态地调整稀有词汇出现概率。为解决这一问题，需要语境语音识别（Contextual ASR）技术。传统 ASR 中通常通过基于类的语言模型实现语境语音识别，即将语境中的稀有词汇归类，再为每个类别分别构建独立的稀有词表[98,99]。这种方法的缺点之一是需要标注大量带有类标记的训练语料，因而通常只在拨打电话等语法相对固定的场景中使用，但事实上各种 ASR 应用场景中都普遍存在可以利用的语境知识。这些语境中的稀有词汇虽然出现频率较低，对词错误率的统计影响较小，但对下游的语义理解等任务却至关重要。因此，如何从多样的语境中提取知识并将其恰当地整合到 ASR 中是研究的难点。

在端到端方法中，可以通过给 ASR 外挂从语境中提取的稀有词词表实现语境语音识别。Pundak 等人[100] 提出使用注意力机制编码外挂词表输入 AED 的解码器，但受限于注意力机制的计算代价，这种方法通常只能支持包含数百词的稀有词词表，可是实际商用产品的稀有词词表规模甚至可以达到上万词。为有效解决这一问题，Le 等人[101] 和 Sun 等人[102] 分别独立提出用符号化的前缀搜索树编码稀有词词表。进一步地，还可以使用图神经网络编码前缀搜索树上的稀有词，从而端到端地在搜索中实现对稀有词的向前看（Look Ahead）[103]。另外，Sun 等人[102] 和 Huber 等人[104] 分别独立地将指针生成器引入语境语音识别，在稀有词词表分布和 ASR 输出分布间建立捷径，进行分布间的动态插值。还可以使用最小贝叶斯风险（Minimum Bayesian Risk）的区分性序列训练方法，通过在损失函数中增加对稀有词发生错误的惩罚来提高语境语音识别的准确率，而无须在测试时增加任何额外的计算代价[105]。另外，还常使用神经协同内存[106]、纠错[107] 等方式实现语境语音识别，但与解码器外挂稀有词词表相比，这些方式较难实现流式识别。

如何获取语境知识是语境语音识别的另一个关键。在拨打电话、播放音乐、导航和任务导向型对话助手等任务中，可以将应用程序的知识库（Knowledge Base）或对话系统的本体（Ontology）中的命名体（Named Entity）作为稀有词。在更一般的场景中，语境知识还可以来自内容审查任务的敏感词表、视觉信息（如音视频会议的幻灯片文字等[103]）或者文本信息（如电话对话的上下文等[108]）。研究发现，即使对于目前的大型语音模型和语言模型，利用动态语境知识仍然可以显著提高 ASR 的准确率[109]。可以预见，在未来的通用人工智能系统中，从多样的语境中获取多模态的语境知识仍将对语音识别和理解有不可或缺的重要意义。

2.2.3 多语言语音识别和翻译

多语言一直是ASR研究的重要课题。全球约有43%的人掌握两门或更多门语言[110]，在不同语言间自由切换是一种对多语言使用者而言非常普遍的现象，称为代码切换（Code Switch），这种现象在很多单语言使用者中也越来越普遍。使用多语言ASR是解决代码切换问题的理想方案，还能在不同语言间的ASR服务间共享数据和计算资源。在多语言场景中，端到端方法可以避免为每个语言单独建立并维护发音字典、语言模型、稀有词词表等，显著降低了成本和系统复杂度，因此端到端多语言ASR已经成为Google[111]、Meta[112]、Amazon[113]、OpenAI[114]和Microsoft[115]等各大公司的研究热点，相关技术也在快速成熟落地。

直接将所有语言的训练数据混合起来生成词片等输出单元，再训练AED或RNN-T，是实现多语言ASR的一种直接方法[111]。然而这种方法通常会导致过大的输出单元集合（例如几万到几十万），显著增加多计算和存储代价。一种解决方法是将多语言ASR结构设计为在不同语言间具有共享性和独立性的模块，例如语言相关的编码器模块[115]或第二遍解码器[116]。基于代码切换问题，对于语言相关的解码器通常需要同时为多个语言分别维护搜索解码过程并相互切换，显著增加了解码算法的实现难度和计算代价。另一种解决方法是将Unicode编码分解为256个Byte，并使用Byte作为建模单元[74]。这样虽然大幅降低了输出层的大小，但也同时增加了解码器的解码步数，可能在中文之外的语言上带来明显的错误率上升[117]。通用单语言输出层（Universal Monolingual Layer，UML）方法在所有语言间复用一个只包含一种语言词片的输出层，根据当前的语种将每个输出节点解释为不同语言的词片[117]，如图1所示。通过保持单语言输出层，通用单语言输出层可以将多语言语境ASR中的稀有词词表进行单语言分解，大幅降低复杂度。

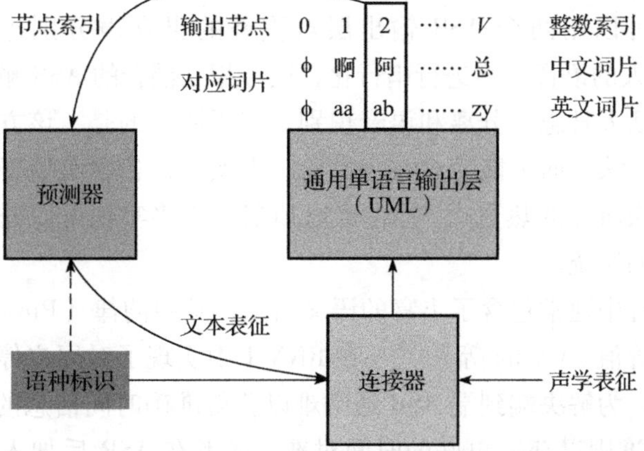

图1 基于通用单语言输出层（UML）方法的多语言RNN-T模型结构[117]

由于多语言ASR和翻译密切相关，因此可以采用相同的输入和输出设置。通过设置不同的提示词，OpenAI发布的Whisper可以执行多语言ASR或语音翻译功能[114]。基于流式 ASR，还可能实现流式翻译[118]。因为 ASR 输入的声学特征和输出的语言内容都是进行语种识别（Language Identification）的重要依据，多语言 ASR 还与语种识别密切相关，可以通过在 ASR 输出单元中添加额外的语种标识实现[119]。利用整句的语音信息，语种识别通常具有很高的准确率。Zhang 等人[120] 在不降低 ASR 准确率的前提下，在多语言 ASR 中额外实现了流式语种识别。近期多语言 ASR 开始逐渐从几十种、上百种语言，向上千种语言过渡[121-123]，例如 Meta 公司近期发布了支持 1000 多种语言的多语言 ASR 和 4000 种语言的语种识别系统[124]。综上，多语言语音技术正向着识别和翻译所有常用语言的方向迈进，最终解决人类跨语言交流的巴别塔（Babel）问题。

2.2.4 自然场景的语音识别和理解

近年来，以 ASR 为核心的语音技术虽然已经取得了长足进步，但往往只应用于需要用户通过人工点击麦克风或说出唤醒词来获得语音分段的简单场景中。在更普遍、更自然的语音场景中，如多人会议、聚会、医疗问诊等，则鲜有应用。在这些自然场景中往往存在以下难点：未分段的长输入（Long Form）音频流、任意多个说话人的交替甚至重叠、包含情绪等副语言信息。为解决这些问题，需要对 ASR 的输入和输出分别进行扩展，并与更多语音任务结合。

在扩展输入方面，可以修改训练的损失函数使模型对长输入具有更好的鲁棒性[125]。在 ASR 的编码器中加入额外的语音活跃性检测（Voice Activity Detection，VAD）模块，使 ASR 能够对单人语音自动分段。当输入中包含多人语音时，需要先使用说话人日志（Speaker Diarisation）对语音分段并根据说话人身份进行聚类。将说话人日志与 ASR 结合是近年来的研究热点。研究发现可以利用 ASR 的结果改进说话人聚类[126]，也可以在复杂的输入音频中同时完成说话人日志和 ASR[127-128]。更进一步地，在 ASR 前还可以加入对重叠语音的检测和分离。Chang 等人[129] 首先实现了一种多输入多输出（Multi-In Multi-Out）方法，可以用两个 ASR 输出层对重叠的男女声分别进行识别；Kanda 等人[130] 对重叠说话人的语音内容进行串行化，通过相互耦合的 ASR 解码器和说话人解码器，实现多人的说话人日志、分离和语音识别。需要注意的是，该方法中说话人聚类需要使用额外的聚类算法，而未能完全端到端化。事实上，包含有监督聚类的端到端的说话人日志也是近年来研究的热点[131-133]，可以预期最终将实现可以处理自然场景语音输入的完全端到端化的系统。

自然场景的语音中通常包含了丰富的语义信息，其中韵律（Prosody）等非文字信息对语义理解有关键价值。Chang 等人[135] 在 RNN-T 中实现了对用户停顿是否表示发言结束的轮次更替预测。为解决端到端 ASR 通常难以获得准确时间信息的问题，一些工作通过修改 ASR 的训练准则以获取更好的时间对准，或者在 ASR 后加入额外的时间对准模块，例如 Jiang 等人的工作[136]。Wu 等人[134] 第一次实现了联合说话人日志、ASR 和情感识别的端到端系统（见图 2），还提出了将说话人日志产生的自动语音分段错误考虑在内的新的情绪识别评估准则。该准则通过将情感识别作为系统扩展识别的副信息之一，将语音情感识别向实用化角度进行了推进，它还适用于基于语音对话的抑郁症等各类精神疾病的筛查[137]。另外，传统的口语理解任务通常特指意图分类（Intent Detection）和槽填充（Slot Filling），基于音频的口语理解一方面能够利用韵律信息帮助判断用户意图，另一方面也可以利用语境语音识别实现更准确的槽填充[138]。进一步地，还可以将口语理解定义为一种生成式问题，通过扩展 GPT-2，使其能够端到端地感知音频输入并利用外挂稀有词词表，并通过生成问题答案文本，回答语义理解的问题，如图 3 所示。这种方法的一个显著优点是可以回答训练中没有出现的零样本槽填充问题[139]。对于韵律和情绪等副语言（Paralinguistic）信息，通常较难获取和标注数据，使用自监督（Self Supervised Learning，SSL）学习基于大量无标注数据获取具有良好任务通用性的语音表征就成为重要的解决方式[140-141]。语音 SSL 通常基于原始波形输入，以自动学习可能更适合所有任务的特征提取。可以直接使用 SSL 编码器作为最终模型的一部分[137]，或进行额外的知识蒸馏以减小最终的模型大小[142]。

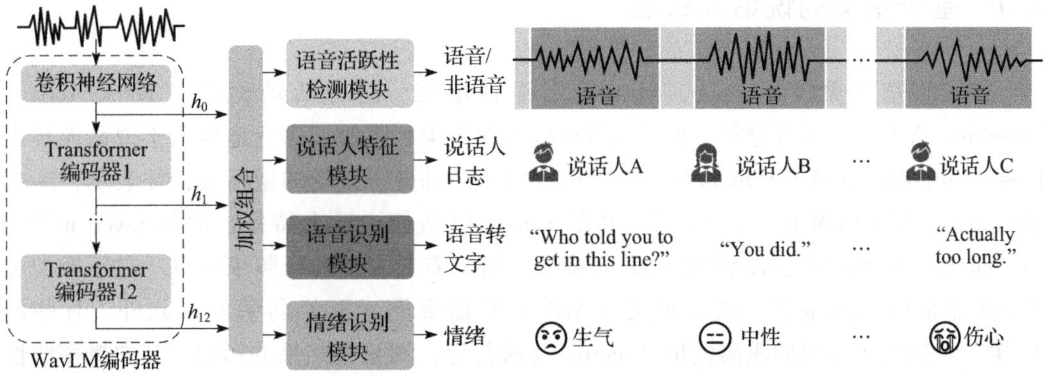

图 2 联合说话人日志、ASR 和情感识别的端到端系统[134]

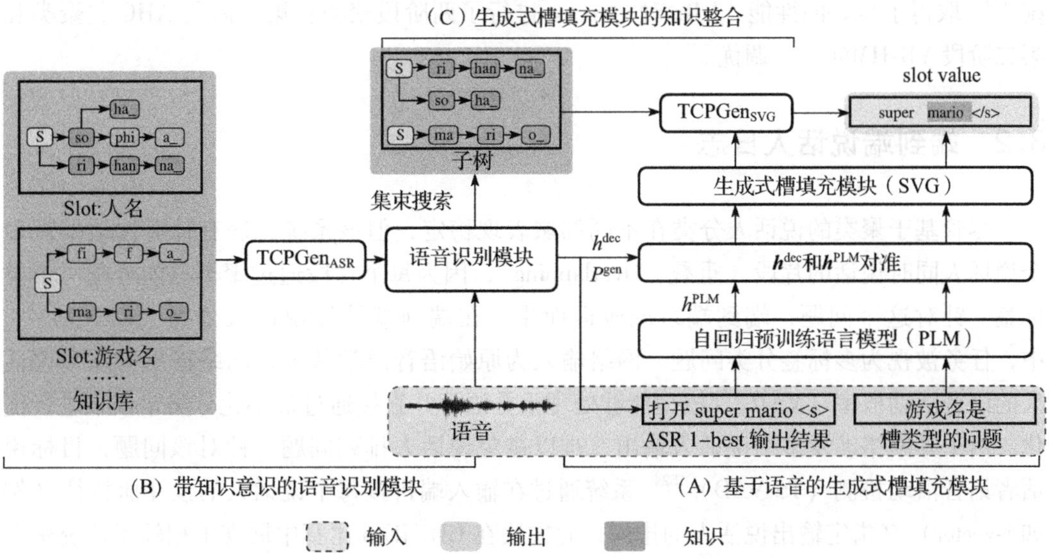

图 3 基于音频输入和 GPT-2，并带有稀有词词表的端到端生成式口语理解[139]

3 说话人日志

说话人日志解决“谁在何时说话”的问题。作为语音处理系统的重要前端，近年来说话人日志迎来了广泛的研究。有许多语音应用可以从良好的说话人日志结果中受益，包括会议摘要、电话交谈分析、对话转录等。说话人日志的研究面临场景多样性问题，针对各种场景例如电话、广播新闻和会议，展开了相关的研究。在这些声学环境简单的领域，可以实现令人满意的性能。但是，面对更复杂的场景（例如，家居）和强噪声、强混响的环境，性能下降明显。下面介绍说话人日志在这些挑战性问题上的最新进展。

3.1 基于聚类的说话人日志

传统的基于聚类的方法，包括前端语音增强、语音活动检测（Voice Activity Detection，VAD）、语音分割、说话人特征提取和聚类，系统、广泛地应用于说话人日志任务。其中说话人特征提取和聚类是最重要的两个部分。传统的说话人特征表示，主要包括基于 GMM-UBM 的 i-vector[143] 和基于神经网络的说话人特征，例如 x-vector[144]。i-vector 和 x-vector 均是段级别的说话人特征，通常需要多帧的音频来计算。对于聚类过程，通常采用均值偏移、层次聚类（AHC）和谱聚类（SC）等算法。此外，有些研究[145-147] 探究了不同的距离度量（score，也称打分）对聚类结果的影响。其中概率线性判别分析（PLDA）[148] 经常结合 i-vector 或 x-vector 一起对两组说话人特征进行距离度量，表现出很好的效果。在这些方法中，对 x-vector 的贝叶斯 HMM 聚类（VBx）日志系统[149] 取得了良好的性能。VBx 对 x-vector 进行了两阶段聚类：第一阶段 AHC 欠聚类和第二阶段 VB-HMM[150] 调优。

3.2 端到端说话人日志

尽管基于聚类的说话人分类在不同领域表现稳定，但该系统无法有针对性地处理多个说话人同时说话的片段（重叠，Overlapping），因为每个片段通过聚类只能分配一个类标签。针对这个问题，端到端系统应运而生。在端到端神经说话人分类（EEND）[151] 中，任务被视为多标签分类问题。网络输入为原始语音声学特征，网络输出为多个说话人的语音活动概率（VAD），模型能够处理重叠语音并直接通过最小化分类错误来进行优化。由于其网络涉及多个说话人输出，难以避免说话人排列问题。针对该问题，目标说话者语音活动检测（TS-VAD）[152] 系统通过在输入端拼接每个说话人的预注册特征（例如 i-vector）来指定输出说话人的排列，此方法在 CHiME-6 比赛中展现了相较于传统聚类方法的巨大优势。然而，TS-VAD 模型利用仿真数据训练的模型对真实不匹配场景中的音频的效果并不具备泛化能力，例如 DIHARD-Ⅲ包含多达 11 个场景。首先，原始网络中使用的说话人特征（i-vector）在整个模型训练和测试过程中是固定的，在说话人音色相近的情况下如果提取的说话人特征不具备区分性，训练的模型接收到两个相近的说话人特征（i-vector），必然会导致预测结果产生很严重的混淆。其次，在实际场景中提供的初始化说话人日志结果与真实结果必然存在偏差，导致估计的说话人特征不够准确，而这种固定的说话人特征提取方法显然难以同时适用于多种复杂的真实说话人日志场景。虽然通过使用基于神经网络的说话人特征（x-vector），可以实现对说话人特征提取网络进行微调，达到获取适应于说话人日志的说话人特征，但是通常这样的说话人特征网络结构参数量相当大，甚至和整个主网络相当，这给网络的训练和测试带来了很大的挑战。

为了提升说话人特征之间的区分性，有研究[153]搭建了一个基于记忆模块的多说话人特征场景自适应端到端说话人日志系统（NSD-MA-MSE）。首先，音频通过聚类系统获取一个说话人的初始化分段信息，来生成说话人语音活动矩阵，通过记忆模块得到多个人的说话人特征，结合语音帧级高维特征同时预测多个说话人语音活动概率。基于记忆模块的多说话人特征的端到端纯音频说话人日志网络如图 4 所示，其中多说话人特征同时使用提取的高维音频特征和说话人帧级语音掩码。该方法首先提出了一个带有辅助记

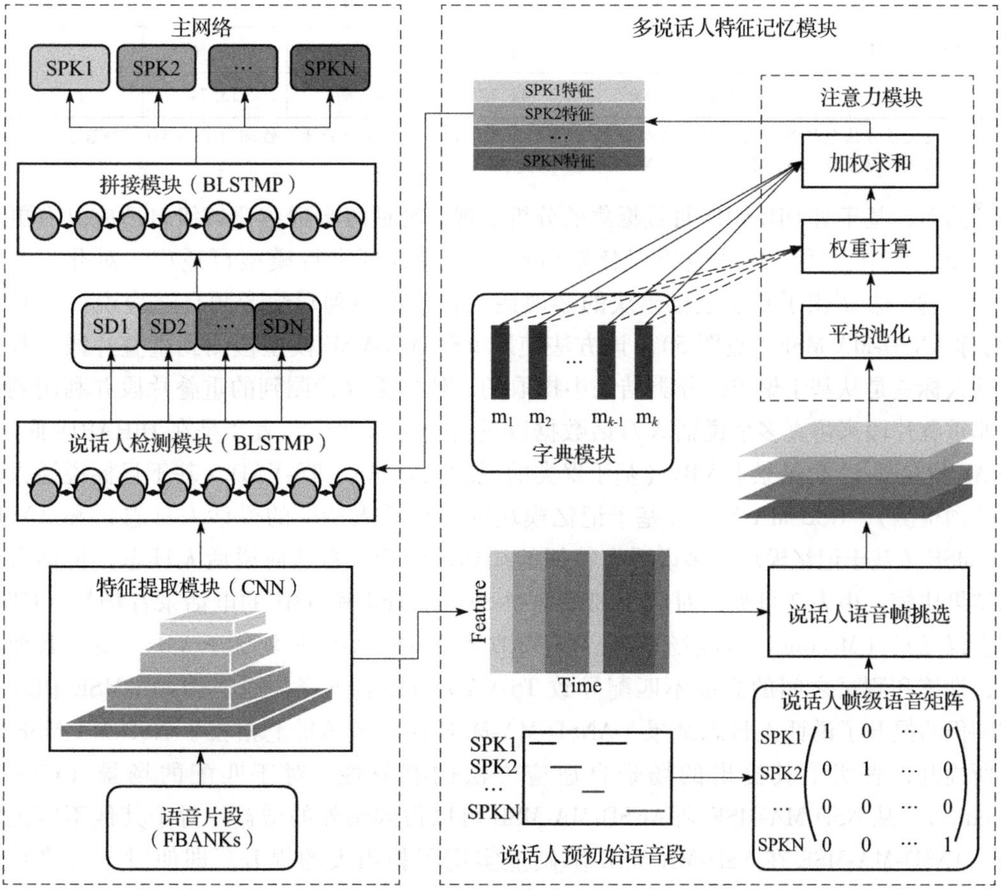

图 4 基于记忆模块的多说话人特征的端到端纯音频说话人日志网络[153]

忆模块的神经网络，首次将字典学习应用于说话人日志，以动态提取多说话人嵌入，在重叠段上得到比原始说话人特征（如 i-vector 和 x-vector）更准确的说话人特征。表 1 给出了上述代表性方法在 AMI[154] 的 DEV 和 TEST 集上不同说话人日志结果比较。由表 1 可知，带说话人特征的端到端纯音频说话人日志方法（NSD-MA-MSE 和 TS-VAD[155]）在所有设置中都优于传统的聚类方法（VBx）。其次，在 TS-VAD 中，使用基于神经网络的说话人特征（x-vector）并不能产生更好的说话人日志结果。最后，对于所有类型的说话人特征，NSD-MA-MSE 都优于 TS-VAD 方法。

表 1 代表性方法在 AMI 的 DEV 和 TEST 集上不同说话人日志结果比较

模型	说话人特征	Mix-Headset		Beamformed	
		DEV	EVAL	DEV	EVAL
VBx	x-vector	16.78	17.86	18.31	19.67
TS-VAD	i-vector	14.12	14.32	16.84	16.55
	x-vector	14.45	14.68	17.21	16.89
	(i+x)-vector	14.25	14.43	17.06	16.77
NSD-MA-MSE	i-vector	11.39	12.01	13.94	13.94
	x-vector	11.55	12.04	13.76	13.73
	(i+x)-vector	11.19	11.81	13.74	13.69

注：代表性方法包括基于聚类的说话人日志（VBx）、基于目标说话者语音活动检测（TS-VAD）和基于记忆模块的多说话人特征的说话人日志（NSD-MA-MSE）。

然而，基于对 DIHARD-Ⅲ数据集的分析发现，会话级自适应比域级自适应具有更好的性能，其中会话级自适应指对任意解码的一段音频进行模型再适应。对此，有研究[153] 进一步提出了基于记忆模块的多说话人特征的端到端纯音频自适应说话人日志（简称 ANSD-MA-MSE，见图 5）。该方法使用 NSD-MA-MSE 模型检测到重叠片段，其中说话人标签是从基于聚类的分类结果中提取的，然后丢弃检测到的重叠片段并利用剩余的非重叠片段来仿真多个说话人对话数据以进行会话级适应。表 2 是在 DIHARD-Ⅲ[156] EVAL 集全部 11 个场景上 VBx（基于聚类的说话人日志）、TS-VAD（基于目标说话人语音活动检测）、NSD-MA-MSE（基于记忆模块的多说话人特征的说话人日志）和 ANSD-MA-MSE（基于记忆模块的多说话人特征的端到端纯音频自适应说话人日志）说话人日志结果比较。由表 2 可见，对应于训练集中 Switchboard 和 AMI 的电话录音场景（CTS）和会议场景（Meeting）匹配场景上，TS-VAD 和 NSD-MA-MSE 均优于 VBx。对于其他场景，训练和测试之间的高度不匹配导致 TS-VAD 的性能下降，而 NSD-MA-MSE 相较比 VBx 仍然提升了说话人日志结果。ANSD-MA-MSE 在各个场景上相较于 NSD-MA-MSE 均有所提升，表明了其提出的场景自适应方法的有效性。对于匹配的场景（CTS 和 Meeting），从 NSD-MA-MSE 到 ANSD-MA-MSE 可以得到额外的增益。对于其他不匹配的域，ANSD-MA-MSE 在 NSD-MA-MSE 基础上实现了相当大的提升。即使对于网络数据（Webvideo）和餐厅（Restaurant）场景，ANSD-MA-MSE 也优于 VBx。

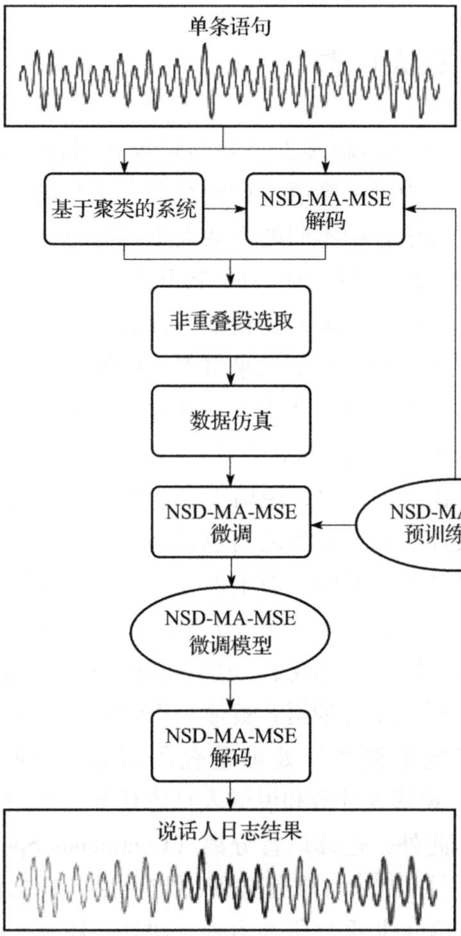

图 5 基于场景自适应流程的说话人日志 ANSD-MA-MSE[153]

表 2 DIHARP-Ⅲ EVAL 集全部 11 个场景上 VBx、TS-VAD、NSD-MA-MSE 和 ANSD-MA-MSE 说话人日志结果比较

场景	VBx	TS-VAD	NSD-MA-MSE	ANSD-MA-MSE
Audiobook	0. 01	0. 01	0. 01	0. 01
Broadcast	4. 25	4. 48	4. 29	4. 18
Clinical	9. 19	14. 82	9. 96	7. 78
Courtroom	3. 07	3. 9	2. 85	2. 86
CTS	13. 87	5. 98	5. 78	5. 69
Maptask	3. 32	4. 66	2. 64	1. 63
Meeting	31. 33	29. 21	28. 41	26. 2
Restaurant	38. 93	51. 28	37. 8	37. 65
Socio field	8. 04	9. 41	7. 45	6. 68
Socio lab	5. 89	6. 78	4. 98	3. 39
Webvideo	36. 75	37. 43	36. 45	35. 75
All	14. 96	13. 97	11. 73	11. 12

3.3 基于语音分离的说话人日志

在实际应用中，语音识别往往面临多人交互的场景（通话、会议、家居场景等），此时语音识别性能会显著下降。为了提高语音识别在多人交互场景下的性能，有两个重要的问题需要解决：一是对混合语音中不同的说话人进行区分；二是对语音重叠段进行分离。这两个问题对应了语音信号处理的两个重要任务：说话人日志（Speaker Diarization）和语音分离（Speech Separation）。说话人日志任务旨在解决“谁在什么时候说话”的问题，也就是根据说话人的身份信息来将多人的混合语音进行分割，其中包含了静音段、单人语音片段和多人重叠语音片段，而语音分离任务指的就是将混合语音中每个说话人给分离出来，一般侧重于重叠段语音片段。

为了提升多人场景下语音识别的效果，说话人日志和语音分离作为两个重要的前端任务引起了研究者们的广泛关注。两个任务之间也具有一定的关联性：说话人日志的结果可以给语音分离提供一些说话人在时间分布上的先验，有助于语音分离系统对不同的说话人进行区分；语音分离则隐含着说话人日志任务，如果有比较理想的语音分离结果，我们就能知道不同的目标说话人所在的区域了，语音的重叠段也能够得到处理。

有研究[157]通过语音分离模型估计的语音被输入声纹提取模块中来进行后续说话人聚类处理，这样可以帮助传统聚类系统处理重叠段语音。一些研究通过多任务框架[158-159]共同进行语音分离、说话人计数和说话人日志任务，其中通过语音分离可以隐式地生成说话人日志的结果。此外，连续语音分离（Continuous Speech Separation，CSS）任务受到了越来越多研究的关注[160-161]，该任务使用与说话人日志任务类似的数据集来进行语音分离任务，其中也包含了非重叠段的语音。此外，还有一些工作对语音分离和端到端说话人日志任务进行了联合训练[162-163]。然而，由于语音分离模型通常是使用仿真数据进行训练的，在处理真实录音时，由于没有干净的原始语音信号，训练数据和真实的测试数据之间存在不匹配的情况，这会导致分离性能不稳定[164-165]。

有研究[164-165]提出了基于语音分离的说话人日志（Separation-based Speaker Diarization，SSD）。它由两部分组成：分离和检测。分离部分使用了 Conv-TasNet[166]作为基础模型，使用了置换不变损失函数[167]进行优化。检测部分使用了语音活动检测（VAD）[168]。然而，在处理实际语音时，由于无法获取干净的源信号，语音分离的训练数据和测试数据之间往往存在不匹配，这导致了分离效果的不稳定。对此，有研究[169]提出了基于迭代式语音分离的说话人日志方法（Iterative Separation-based Speaker Diarization，ISSD）。尽管与传统的基于聚类的说话人日志系统（Clustering-based Speaker Diarization，CSD）相比，ISSD 在说话人日志任务中取得了相当大的提升，但在生成自适应数据时，ISSD 系统利用了 CSD 或前一次迭代中获得的说话人日志先验信息，这些说话人先验不可避免地包含一些错误，这将导致过拟合问题。另外，分离任务与说话人日志任务之间存在差异，这限制了 ISSD 的性能上限。与大多数主流的语音分离研究类似，ISSD 中的语音分离模型仅在完全重叠的仿真数据上进行训练和微调。仿真数据与同时包含重叠和非重叠区域的说话人日志数据不同，这使得分离模型偏向于假设测试语音也是完全重叠的，相应地，虚警错误会增加。

对此，有研究[170]探索了在单通道两人场景下基于语音分离的说话人日志系统，提出了融合质量感知掩膜的基于语音分离的说话人日志方法（Quality-Aware Dynamic Masking for Separation-Based Speaker Diarization，QDM-SSD）。图6展示了QDM-SSD方法的系统框图，从中可以看出，QDM-SSD不直接使用从说话人先验中获取的语音段，而是在这些语音段上应用质量感知动态掩膜（Quality-Aware Dynamic Mask，QDM），使得用于仿真的语音变得更加干净和稀疏，然后使用它们进行自适应数据的仿真。同时，在纯净和稀疏的仿真数据上微调的自适应模型可以帮助生成更准确的QDM，从而产生更高质量的自适应数据。QDM-SSD系统中的核心是联合优化部分。图7展示了联合优化部分的细节，联合优化模块由两个相互作用的部分组成，即数据更新和模型优化。

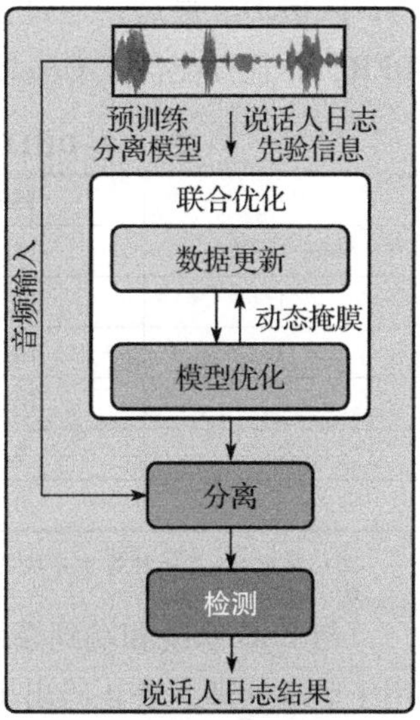

图6　QDM-SSD方法的系统框图[170]

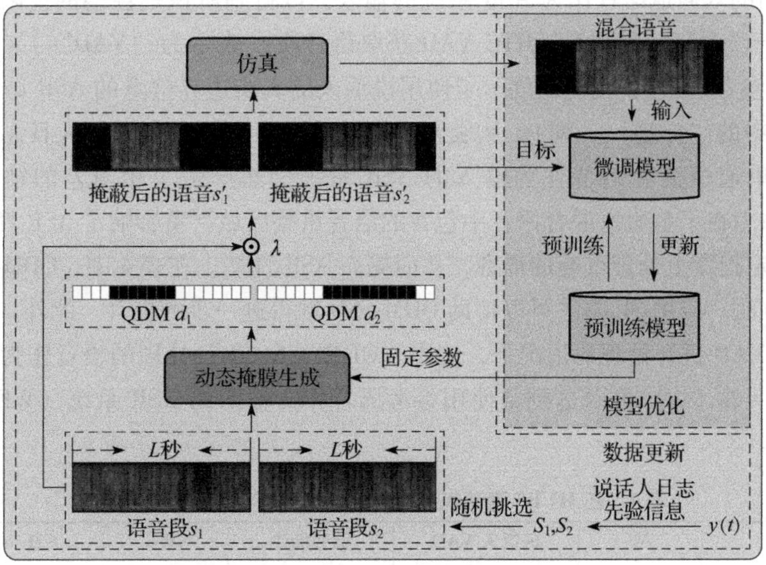

图7　QDM-SSD中的联合优化框架[170]

表3在DIHARD-Ⅲ[156]电话对话数据（Conversational Telephone Speech，CTS）上比较了不同方法的说话人日志系统错误率（Diarization Error Rate，DER）。Oracle ISSD表示使用真实标签作为说话人先验开始迭代自适应。为了展示SL（Start-Point Localization）方法的有效性，这里还列出了不使用SL方法的结果。该方法在动态掩膜中使用随机起始点（即QDM-SSD）。从结果中可以发现，使用Oracle说话人先验可以显著提高ISSD的性能，相对于基线CSD系统，相对DER减少了47.78%，这可以看作单系统ISSD性能的上限。

对于使用随机起始点的 QDM-SSD，我们获得了比 ISSD 更好的 DER 结果，其性能接近于 Oracle ISSD。最后，通过使用 SL，QDM-SSD 相对于原始 ISSD 相对减少了约 18.56%的 DER，并且性能优于 Oracle ISSD。

表 3 在 DIHARD-Ⅲ的 CTS 数据集上不同系统的 DER（%）结果比较

	ISSD	Oracle ISSD	QDM-SSD	QDM-SSD+SL
Prior（CSD）	16.22	—	16.22	16.22
1	11.51	9.61	11.51	11.51
2	10.35	8.79	9.02	8.7
3	10.03	8.67	8.73	8.45
4	**9.86**	8.6	8.67	8.24
5	9.99	**8.47**	**8.47**	**8.03**

注：其中 SL 是一种基于分块的起始点定位方法[170]。

与 CSD 系统和端到端系统相比，SSD 方法的一个优势是所得到的分离结果可以直接用于后端处理。表 4 给出了不同 SSD 方法应用于 HUB5 测试集时对应的语音识别错误率（Word Error Rate，WER）。其中，原始 HUB 测试集的每个录音包含两个通道，通常情况下，这两个通道会合并成一个单通道，用于评估说话人日志的性能，即表格中的“混合语音”。原始的双通道语音作为 ASR 系统的输入，以得到所识别性能的上限，即表格中的“参考语音”。我们使用 WebRTC VAD 获取语音段（表示为“VAD”）。对于“混合语音”和“参考语音”，我们还展示了使用说话人的真实边界信息的 ASR 结果（即“说话人标注”中的“标签”一列）。从表 4 中可以看出，即使在有说话人日志真实标签的情况下，将单通道混合语音作为输入的 ASR 系统仍然产生了相当差的结果（WER=27.9%）。原因在于单通道混合语音中包含的语音重叠区域严重影响了 ASR 性能。SSD 方法可以在一定程度上处理重叠的语音，从而提高 ASR 性能。在表 4 中，QDM-SSD 的性能优于 ISSD 方法。应用 SL 方法可以帮助 QDM-SSD 取得进一步的提升。此外，在使用相同的 WebRTC VAD 进行处理的情况下，使用“QDM-SSD+SL”处理的语音作为输入的 ASR 系统（WER=20.9%）可以达到与使用参考语音作为输入的 ASR 系统（WER=19.3%）可比的性能。

表 4 在 HUB5 测试集上不同前端处理方法对应的 WER

输入	N_c	说话人 VAD	标签标注	SWB	CH	Overall
混合语音	1	√		31.8	40	35.9
混合语音	1		√	26.3	28.8	27.9
ISSD	2	√		19.4	26.9	23.2
QDM-SSD	2	√		17.8	26	22
QDM-SSD+SL	2	√		16	25.8	**20.9**
参考语音	2	√		14.9	23.7	19.3
参考语音	2		√	11.7	21.3	**16.9**

注：N_c 表示通道数量。

4 多通道语音处理

4.1 双耳语音增强

由于语音通常受到背景噪声和干扰的影响，因此在过去的几十年中，语音增强技术得到了广泛研究。根据涉及的麦克风数量，语音增强技术包括单通道方法和多通道方法。单通道方法利用时频域中语音和噪声的分布特征差异来估计并抑制噪声，而多通道方法则利用目标语音和干扰的空间信息差异来增强目标方向的信号[171]。这些传统的语音增强方法的目标通常为单通道语音信号，因而不能保留原有的空间信息。然而，关于双耳听觉感知的研究表明，双耳信号中目标语音的空间信息对于人耳在噪声环境中对语音的理解具有显著帮助作用，并且信号中的双耳空间信息是对声源进行定位所必需的，同时也是影响人耳声学场景感知的重要因素[172]。因此，为了在提高语音质量的同时保持目标语音的空间信息，双耳降噪算法受到越来越多研究的关注。

4.1.1 双耳听觉信号模型

当人处在嘈杂的环境中时，听到的语音通常会被背景和干扰噪声所破坏，导致语音可懂度降低。左耳和右耳接收到的语音信号 $x_L(k)$ 和 $x_R(k)$ 可以表示为

$$
\begin{aligned}
x_L(k) &= h_L(k)s(k)+n_L(k)=s_L(k)+n_L(k)\\
x_R(k) &= h_R(k)*s(k)+n_R(k)=s_R(k)+n_R(k)
\end{aligned}
\tag{3}
$$

式中，$h_L(k)$ 和 $h_R(k)$ 表示从声源到双耳处的冲击响应，$n_L(k)$ 和 $n_R(k)$ 表示双耳处的噪声信号。人类听觉系统在感知双耳信号时所利用的主要空间线索包括：①耳间相位差（Interaural Phase Difference，IPD）或耳间时间差（Interaural Time Difference，ITD），IPD 或 ITD 的产生是由于声音到达距声源较远的耳朵需要更长的时间，其数值通常在 700μs 以内，具体取决于声源源位置和头部尺寸。②耳间能量差（Interaural Level Difference，ILD），ILD 的产生原因是头部阻碍了声波在耳朵之间传播，即所谓的头部阴影效应，导致靠近声源的耳朵接收到的信号能量更大。虽然头部对于低频的阻挡可以忽略不计，但在高频下可能会出现高达 20~25dB 的双耳能量差。③耳间相关性（Interaural Coherence，IC），即双耳信号之间的归一化互相关系数。

这些空间线索在声源定位、声场感知以及提升语音可懂度方面发挥着重要作用。已有研究表明人耳对于 ILD 和 ITD 线索具有较高的灵敏度，可以察觉低至 1dB 的 ILD 以及 10μs 的 ITD。对于声源定位，ITD 在较低频率（<1500Hz）下起主导作用，而 ILD 在较高频率下起主导作用[173]。在多源和混响环境中，IC 决定了 ILD 和 ITD 信号的可靠性[174]，同时也是感知声场空间宽度的重要线索[175]。此外，噪声环境下的语音可懂度实验表明，当目标语音源在空间上与干扰源和背景噪声分离时，双耳听力相比于单声道听力具有十分显著的优势，语音识别阈值（Speech Reception Threshold，SRT）最高可提升约

12dB[176-177]，这种现象被称为双耳去掩蔽效应[172,178]。这些空间线索对于听觉感知具有重要意义，然而在双耳独立运行的降噪系统中并没有得到充分利用，因此研究保留空间信息的双耳降噪算法变得尤为重要。

4.1.2 基于传统信号处理的双耳降噪算法

在双耳语音降噪算法中，早期研究者直接将经典的单通道输出的单通道降噪或多通道降噪方法扩展到双耳场景[179-184]。比如，Zurek 等人在 1997 年提出双耳广义旁瓣抵消器算法（Binaural Generalized Sidelobe Canceller，BGSC）并将其应用于助听场景[179]；Campbell 等人利用子带 GSC 波束形成器进行双耳降噪[185]；Doclo 等人在 2010 年提出双耳多通道维纳滤波算法（Binaural Multi-channel Wiener Filter，BMWF），分别计算左侧和右侧参考麦克风信号中语音分量的最小均方误差估计值[182]，并且从理论上证明了在单个语音源的情况下，BMWF 算法能够保留语音源的空间信息[183]。但这些方法中的一个常见问题是没有直接考虑目标或干扰信号的双耳线索差异，且通常会扭曲噪声分量的双耳空间线索[183]。为了保留噪声分量的空间信息，Klasen 等人、Cornelis 等人以及 Marquardt 等人在 BMWF 算法的基础上，通过在损失函数中添加一个保留噪声分量双耳能量差的附加项，实现了降噪性能和声源空间信息保留的均衡[180-181,183]；此外，Hadad 等人在 2012 年提出双耳线性约束最小方差波束形成算法（Binaural Linearly Constrained Minimum Variance，BLCMV），在部分抑制干扰源的同时也保留目标声源及干扰声源的双耳间相对传递函数[184]。另一类双耳增强方法是通过对降噪滤波器引入一些约束，将单通道降噪技术扩展到双耳情况。比如，Kollmeier 等人将频谱减法扩展到双耳降噪，并通过限制每个频段的噪声抑制量来保留目标语音的空间线索[186]。李军锋等人在 2011 年受心理声学中的均衡相消理论（Equalization-Cancellation，EC）的启发，提出两阶段的基于时变维纳滤波的双耳语音增强方法[187]。Benesty 等人则将两通道信号组合成一个单通道复数信号，从而将双通道输入双通道输出的语音降噪任务转换为单通道降噪任务，然后计算其最优滤波器[188]。基于传统信号处理的双耳语音增强见图 8。

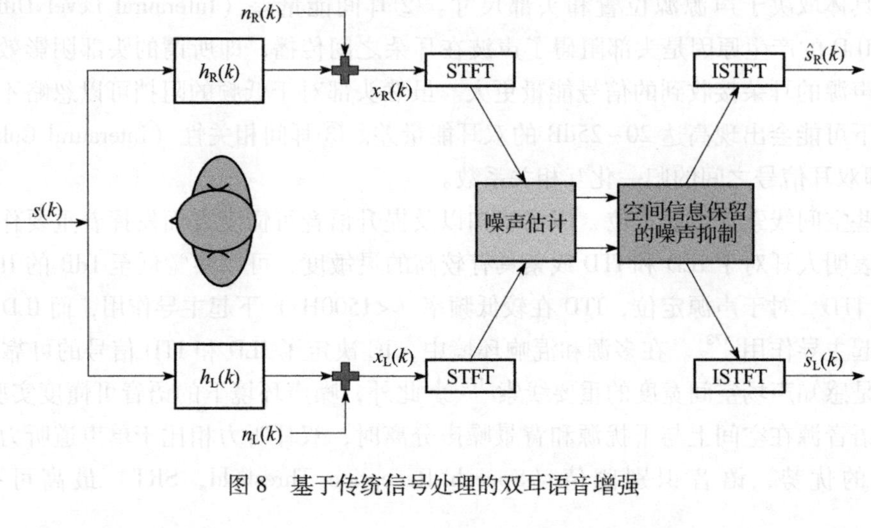

图 8 基于传统信号处理的双耳语音增强

4.1.3　基于深度学习的双耳降噪算法

近年来，基于深度神经网络（Deep Neural Network，DNN）的监督式语音降噪算法在多种环境中取得了显著超越传统信号处理算法的性能表现，成为语音增强技术研究的主流。基于 DNN 的语音降噪算法同样可以扩展到双耳语音降噪任务中，利用神经网络模型对双耳两个通道的输出信号进行联合估计，在去除噪声的同时保持两个通道的相关性信息，从而实现对双耳空间信息的保持。中国科学院声学所的李军锋等人在 2019 年提出将左右声道的信号视为单声道复数信号的实部和虚部，引入复理想比掩模并利用复数深度神经网络进一步估计，然后应用于单声道复数信号的增强[189]（见图 9）。随着神经网络结构设计研究的快速发展，一些更复杂的神经网络模型被应用于双耳语音降噪任务，比如：Han 等人通过为双耳输入信号设置不同的编码器模块，将经典的时域单通道语音分离神经网络模型 Conv-TasNet[166] 扩展到多入多出的场景[190]；Tan 等人通过结合自注意机制（Self-Attention Mechanism）和密集连接，扩展了在单通道分离中表现优异的门控递归神经网络（Gated Recurrent Neural Network，GRNN），提出了端到端的多输入多输出的自注意门控递归神经网络（Self-Attentive Gated RNN，SAGRNN），在双耳增强任务上取得了比 Conv-TasNet 模型更优越的效果[191]。这些方法往往通过增强信噪比来间接保留空间线索。另一种方法是通过在语音分离后估计和校正相对传递函数（Relative Transfer Function，RTF）来直接恢复分离语音的空间线索。基于这种思想，Feng 等人提出了一种新的基于循环神经网络的 RTF 估计器，该估计器直接估计分离语音和噪声混合的 RTF[192]，并在人工耳蜗应用场景中得到了实验验证[193]。但这些神经网络模型在设计阶段没有充分利用双耳听觉系统的基础生理机制，根据均衡相消模型[194-195]，当听觉系统受到双耳噪声刺激时，会试图转换一只耳朵处的信号直到两只耳朵信号中的噪声分量相同（均衡过程），然后通过相减的方式消除噪声分量（相消过程）。受此启发，Gajecki 等人提出在双耳降噪神经网络中引入在多任务学习中广泛应用的表征融合层[196]，该表征融合层通过将逐元素点积操作应用于其中包含的每个特征，以消除输入音频信号中包含的噪声分量并增强目标语音的特征表示。

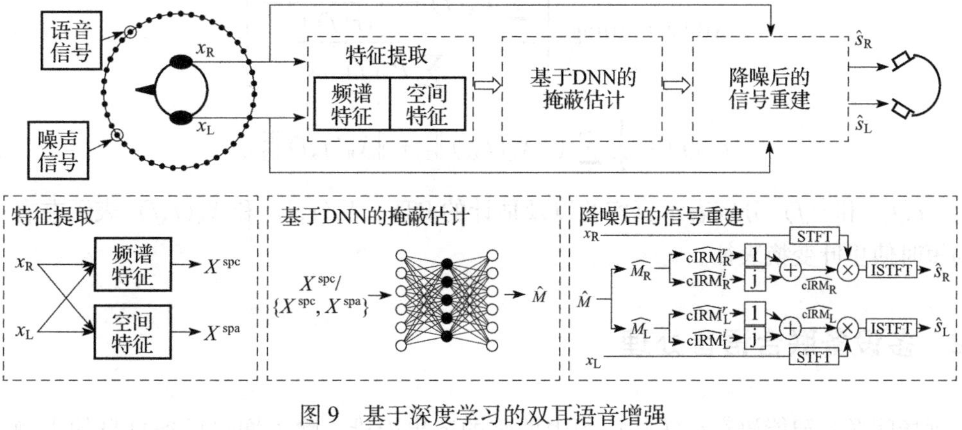

图 9　基于深度学习的双耳语音增强

4.1.4 双耳降噪数据库

目前双耳降噪的相关研究主要基于仿真数据展开，利用纯净语音信号和双耳头相关传递函数（Head-Related Impulse Response，HRIR）进行卷积生成双耳信号，常用的HRIR数据库包括：麻省理工学院在1994年发布的基于KEMAR假人头戴式麦克风的HRIR数据库[197]，其中包括-40°至+90°的角度范围内710个不同位置的采样数据；亚琛工业大学在2016年发布的包含48个不同对象的ITA数据库[198]；萨里大学发布的在多种不同房间环境里录制的双耳房间冲激响应（Binaural Room Impulse Responses，BRIRs）数据库[199]；Algazi等人在2001年发布的CIPIC HRTF数据库，其中包含包括45名受试者在25个不同水平角和50个不同仰角的头相关传递函数。

4.1.5 双耳降噪性能评价指标

不同于传统的单声道降噪，双耳降噪算法的性能评估需要综合考虑语音增强质量以及所保留空间信息的准确度。对语音增强质量的评估可以借鉴传统单声道降噪中常用的性能评价指标，比如信噪比（Signal-to-Noise Ratio，SNR）、语音客观感知质量（Perceptual Evaluation of Speech Quality，PESQ）[200]、短时客观可懂度（Short Time Objective Intelligibility，STOI）[201]等。对于输出信号中所保留的空间信息准确度的评估主要包括两类指标：①声源方位的重建精度，一般利用双通道定位算法从估计信号中估计声源方位，并计算其与真实声源方位的误差值；②主要空间线索的重建准确度，其中最常用的是ILD和IPD的重建误差，即

$$\Delta_{\mathrm{ITD}} = \left| \mathrm{ITD}(\boldsymbol{s}_{\mathrm{L}}, \boldsymbol{s}_{\mathrm{R}}) - \mathrm{ITD}(\hat{\boldsymbol{s}}_{\mathrm{L}}, \hat{\boldsymbol{s}}_{\mathrm{R}}) \right|$$
$$\Delta_{\mathrm{ILD}} = \left| 10\log_{10}\frac{\|\boldsymbol{s}_{\mathrm{L}}\|_2^2}{\|\boldsymbol{s}_{\mathrm{R}}\|_2^2} - 10\log_{10}\frac{\|\hat{\boldsymbol{s}}_{\mathrm{L}}\|_2^2}{\|\hat{\boldsymbol{s}}_{\mathrm{R}}\|_2^2} \right| \tag{4}$$

式中，$\hat{\boldsymbol{s}}_{\mathrm{L}}, \hat{\boldsymbol{s}}_{\mathrm{R}} \in \mathbb{R}^{1\times T}$ 表示增强后的左右耳信号，$\|\cdot\|_2$ 表示信号的 L_2 范数。此外，Feng等人也提出利用能量加权的RTF的恢复误差来评估算法的性能[192]，即

$$\Delta\mathrm{RTF} = 10\log_{10}\left[\frac{\sum_f P_X(f)\dfrac{|r(f) - \hat{r}(f)|}{|r(f)|}}{\sum_f P_X(f)}\right]$$
$$P_X(f) = \frac{1}{T}\sum_t \left(\|X_{\mathrm{L}}(t,f)\|_2^2 + \|X_{\mathrm{R}}(t,f)\|_2^2\right) \tag{5}$$

式中，$r(f)$ 和 $\hat{r}(f)$ 分别表示真实的以及估计的RTF，$X_{\mathrm{L}}(t,f)$ 和 $X_{\mathrm{R}}(t,f)$ 表示左右耳信号的短时傅里叶变换表征。

4.2 多设备联合语音处理

远场问题是智能语音在实际应用中面临的突出困难。除了增强设备自身的去噪、去

混响能力以外，另一个思路是如何将设备放置于离声源更近的位置以避免远场问题的发生。随着物联网等的快速发展，多设备通过相互联系协作对目标联合拾音成为降低远场发生概率的一种解决方案。如图10所示，这种将分布式设备组织起来，在目标声源的周围自发地形成一个局部拾音阵列进行联合拾音的方法被称作自组织麦克风阵列（Ad-Hoc Microphone Array），例如Bertrand等人的研究[202]。在自组织麦克风阵列场景下，可以存在一系列随机布放的节点，每个节点可以包含单个麦克风或一个麦克风阵列，相对于固定阵列，自组织麦克风阵列的随机放置特性，使得说话人与某个麦克风距离较近的可能性显著提升[203]。较早的自组织阵列研究主要是信号处理方法[204]，近年来基于深度学习的方法逐渐引起关注[203]。下面介绍多设备语音处理的几个有特色的研究点。

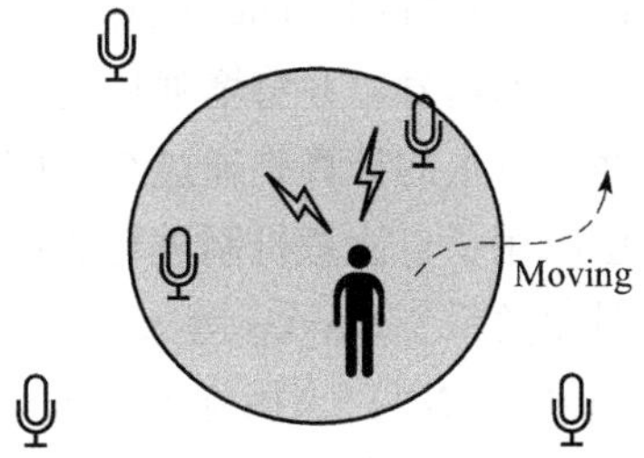

图10 基于多设备的自组织麦克风阵列示意图

4.2.1 分阶段多设备语音处理

分阶段（Stage-Wise）多设备语音处理通常先进行通道选择，然后进行通道融合，最后将融合后的单通道信号进行应用。其中，通道选择是一个独立模块，它的核心在于在语音信号层面设计通道选择准则，以使得选择的通道在融合后能尽可能地适用于实际应用，例如语音增强、语音识别等。

因为语音信号的能量随着传播距离的增加而衰减，所以信噪比能够直接反映出声源与接收设备之间的距离。Cossalter等人[205]通过经典的信噪比估计算法对通道打分，选出最优通道，进一步地，可以在选出多个通道后进行波束形成[206]。Wolf等人认为晚期混响在混响的语音能量中占比越少，该通道接收的语音质量越好，他们提出使用房间冲击响应进行通道选择[207]。Flores等人[208]发现倒谱距离与混响时间T60和直混比强相关，采用了倒谱距离进行通道选择。Kumatani等人[209]通过估计声信号到达设备的时间来判断通道接收语音质量的优劣。Wolf等人[210]提出采用包络方差进行通道选择，其理论依据来自于混响强的语音包络方差小。

基于深度学习的分阶段多设备语音处理使用深度神经网络提高上述通道选择方法中的关键参数的估计准确性，例如信噪比，或者通过深度神经网络学习先验知识替代需要预先假设知道的关键参数，例如房间冲激响应。Zhang[203]通过深度神经网络进行信噪比估计，以挑选最优通道，然后将最优通道用于基于深度学习的MVDR。因为该方法在通道选择和噪声估计阶段都是单通道深度学习算法，多通道的融合使用了经典信号处理方法MVDR，所以它在测试阶段能够处理任意通道数量的自组织麦克风阵列，且不需要预先知道各个通道的位置。Yang等人[211]将上述方法拓展至多说话人语音分离，从多说话人鸡尾酒会场景中抽取特定目标说话人的语音。

上述独立设计的通道选择算法与其实际应用并不完全相关，因此不能保证获得最佳的应用性能。但是它有助于探索最优的通道选择准则，为端到端多设备语音处理打下基础。

4.2.2 端到端多设备语音处理

端到端多设备语音处理将通道选择、通道融合及具体应用通过一个深度神经网络进行联合优化。它的设计核心在于如何根据两两通道之间的相互关系来分配通道权重。在语音增强方面，Luo 等人[212] 抽取跨通道特征 NCC 作为参考通道的辅助特征以增强参考通道的信号，并将增强后的信号应用于其他通道。Wang 等人[213] 将所有通道联合训练，通道权重的计算是通过交替应用跨通道处理层和时间处理层来实现的，其中跨通道处理层应用了自注意机制进行通道权重的计算，时间处理层使用 BLSTM 捕捉每个通道的帧间时序关系。Tzirakis 等人[214] 通过将每个音频通道视为全连接图的一个节点，应用图神经网络（GNN）来捕捉不同通道（节点）之间的空间相关性。Pandey 等人[215] 提出了一种新颖的三路径网络（Triple-Path Network），用于时域中的自组织阵列处理。它将整体处理分为空间处理和时间处理，并使用自注意力进行空间处理。该方法使得网络对于麦克风的顺序和数量具有不变性。其提出的网络是一种多输入多输出的架构，可以同时增强所有麦克风上的信号。

在语音识别方面，Cornell 等人[216] 和 Yoshioka 等人[217] 分别设计了名为 Ranknet 和 Picknet 的网络，对不同通道的信号质量打分以实现通道选择。不同于语音增强，通道打分的损失计算的不是信号质量，而是已知的词错误率或通道位置等信息，期望网络通过预测未知数据的词错误率或位置来选择有利于语音识别的通道。受到这些方法的启发，Kim 等人[218] 提出端到端模型，采用注意力机制在语音识别模型内部进行通道选择的方法。Wang 等人[219] 提出了流注意力模型，用于在语义层面进行通道融合。但上述方法只在最多两个节点的自组织麦克风阵列上进行了实验验证，在大规模自组织麦克风阵列中，这个问题似乎还没有得到充分探索。对此，Chen 等人[220] 提出了一种适用于大规模自组织麦克风阵列的 Scaling Sparsemax 算法，将流注意力机制中的传统 Softmax 运算符替换为 Scaling Sparsemax，通过仅将非常嘈杂的通道的权重置为零，对通道进行轻度惩罚。该方法在超过 30 个通道的真实数据上进行了实验验证。

在声纹识别方面，Liang 等人[221] 和 Cai 等人[222] 独立地提出了使用自组织麦克风阵列进行端到端说话人验证的方法，通过注意力机制计算每个通道的语句级的说话人嵌入特征的权重。Liang 等人[223] 进一步提出了一种帧级的跨通道信息聚合方法。它采用了两种注意力机制。第一种方法是自注意力方法，它由一层跨帧自注意力层和一层跨通道自注意力层组成，两者都在帧级别工作。第二种方法通过两个图注意力层分别学习跨帧和跨通道的信息。实验结果显示，在大多数情况下，图注意力方法优于自注意力方法。

4.2.3 多设备声源定位

与单设备声源定位旨在确定声源相对于设备的方向不同，多设备声源定位旨在给定设备自身位置的条件下确定声源的二维或三维坐标。

多设备声源定位的研究大多属于经典信号处理方法[224]。基于深度学习的方法近年来逐渐涌现[225-227]。Vesperini 等人[225] 将多个设备采集的信号进行联合训练，在测试阶段直接预测说话人的二维坐标。Le 等人[226] 将二维定位问题转化为空间格点的分类问题。Kindt 等人[227] 通过两个分布式节点的三角测量获得二维坐标。尽管这些工作展示了基于深度学习的多设备声源定位的潜力，但它们的研究是在有限数量的节点（例如两个节点）上进行的，并且需要额外的限制，例如训练和测试中的节点位置固定在相同的位置[225-226]，或者训练和测试中节点的空间模式相同[227]。为了松弛这些限制条件，Liu 等人[228] 将经典信号处理与单设备声源定向相结合。如图 11 所示，它用深度学习方法在每个设备上估计信号到达方向（DOA），然后计算任意两个设备的 DOA 的交点（该方法被称作交叉定位法），最后使用 mean-shift 聚类方法学习大量交点的类中心作为声源位置。该方法虽然适用于大规模自组织阵列，但是其深度学习模块只应用于单设备 DOA 估计，获取精确的声源二维坐标仍依赖于经典信号处理算法。Gong 等人[229] 提出了端到端的自组织阵列声源定位算法。与 Le 等人的研究[226] 相似，它将多设备声源定位构造为分类问题，每个空间格点表示一类，如图 12 所示。与 Le 等人的研究[226] 的不同之处在于（见图 13），它将空间格点做了 one-hot 编码，并将设备自身的 one-hot 编码作为网络输入的一部分，因此，该方法可以处理训练和测试场景不同的情况（例如，房间大小不同，设备位置不同），显著提高了深度模型的泛化能力。

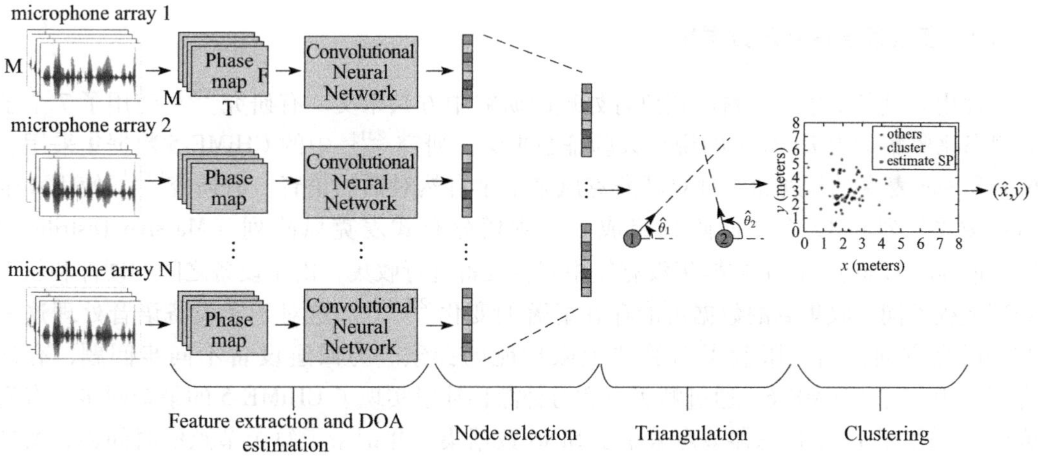

图 11 基于深度学习的多设备交叉定位法[228]

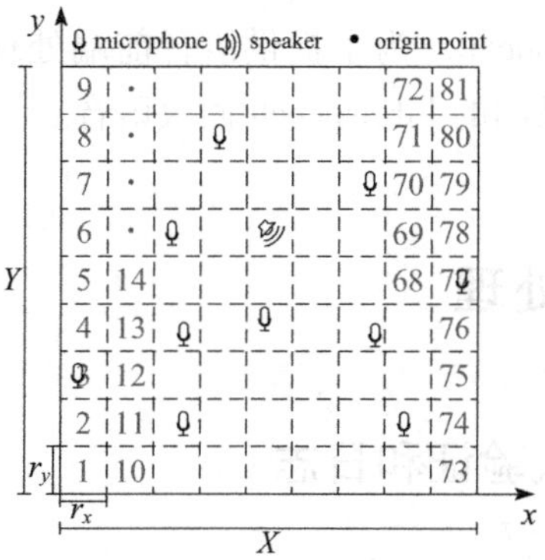

图 12 端到端多设备声源定位法的空间量化编码[229]

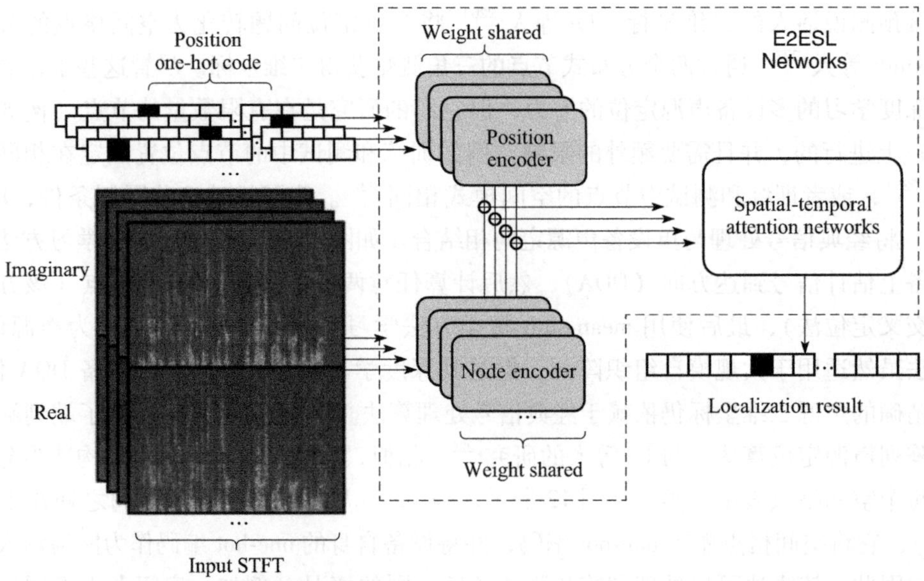

图 13 端到端多设备声源定位法[229]

4.2.4 多设备语音处理数据集

使用多设备采集的语料库在语音处理的研究中方兴未艾。有研究[230] 使用了 7 个录音设备来收集称为 HI-MIA 的说话人验证数据集。研究[231] 中的 CHiME-5 数据集采用了 6 个 Kinect 麦克风阵列和 4 对双耳麦克风来记录自然对话的语音。有研究[232] 使用 4 个可穿戴式阵列和 12 个桌面阵列组成了大规模分布式麦克风阵列（Massive Distributed Microphone Array）。以上数据集没有使用同步设备进行收集，由于设备之间的硬件和软件处理流程不同，收集到的数据可能存在显著的变化[233-234]。这对于多设备语音处理这一初探研究方向而言，限制了对算法上限性能的探索。为回避设备不同步问题，有研究[235] 开发了 CHiME-6，通过帧丢弃和时钟漂移补偿实现了 CHiME-5 的录音同步。有研究[236] 采用了 13 个传感器节点采集了 SINS 数据集，并记录了每个节点的时间戳，实现了传感器节点之间的粗略同步。有研究[237] 通过有 40 个分布式麦克风节点的有线连接在办公室环境下采集了从扬声器回放的 Librispeech 数据，实现了多设备采集数据的严格同步，该数据集被称作 Libri-adhoc40。为了提供语音前端处理和其他应用的评估目标，该数据还包括在消声室环境中录制的 Librispeech 回放语音。

5 多模态联合语音处理

5.1 音视频联合说话人验证和日志

语音信号中的说话人信息建模是一个非常重要的研究方向。常见的关于说话人信息建模的语音任务一般有两种，分别是说话人验证和说话人日志。说话人验证任务旨在通过两段语音来验证说这两段语音的人是不是同一个人。说话人日志任务则是为了回答“谁在什么时候说了话?”的问题。虽然从任务的定义上，这两个任务只需要语音的输入，但是从达到任务的目标的角度，我们可以借助视觉模态的信息，比如视频或者人脸来达到目的。

5.1.1 音视频说话人验证

对于说话人验证任务，很多常用的数据集都包含对应的视觉模态数据。比如说话人验证最流行的数据集 Voxceleb[238]，本身就是从 Youtube 视频中爬取的数据。官方在发布语音数据的同时，也发布了对应的视频数据。另外，中文版的 CN-Celeb[239] 数据的发布者，也在近期发布了语音对应的视频数据[240] 来帮助研究者探究更加嘈杂环境下多模态说话人系统的构建。

在说话人验证任务中，聚合多模态信息的最直接的方法就是分数的融合，但是这种方法对于模态缺失或者被污染的情况无法感知，在某些情况下系统可能会无法正常工作。有研究者[241-242]，提出了基于注意力机制的多模态嵌入特征融合方法。特别地，为了让模型能够意识到每个模态信息的有效性，研究者提出了一个嵌入特征层面的数据增广方法[242]，这个方法可以帮助模型在模态缺失或者被污染的情况下仍然保持一个比较好的性能。此外，还有研究者尝试把第三种模态、热力图信息，加入说话人验证任务中[243]。相对于双模态系统，三模态系统有着更好的性能。上面的方法都是关于在有监督任务中多模态信息的使用。对于自监督说话人表征预训练，研究者发现，加入额外的视觉信息也是有用的。研究[244] 发现视觉信息对于自监督过程中的聚类帮助很大，可以进一步提升自监督模型的建模能力。另一个研究[245] 则发现利用额外的视觉信息，可以帮助算法采样更加多元化的正样本对，基于这个方法，研究者在 Voxceleb 数据集上取得了最优的自监督训练效果。无论是有监督的训练，还是自监督的训练，多模态的系统都彰显了相对于单模态系统的优势。如何把多模态系统的能力迁移到单模态系统，是一个非常值得研究的问题。有研究[246] 尝试通过多种不同层面的知识蒸馏方法将多模态系统的能力迁移到音频或者视觉单模态系统上，并在两种单模态系统上都取得了性能的提升。此外，对于多模态帮助单模态的方法，不一定要在模型层面上进行。研究者[247] 通过多模态的模型对两个模态的数据进行清洗，以过滤掉噪声标签数据，并取得了性能的提升。

说话人验证任务中使用的语音和人脸信息不仅具有互补性，而且还具有一定的联系。在 Speech2Face[248] 中，研究者尝试了使用语音信息来重建人脸的任务。研究者发现，语音信息虽然不能完全重建人脸的每一个细节，但重建的人脸可以非常准确地显示特定人的年龄、性别和种族等信息。此外，重建结果还揭示了颅面特征（例如鼻子结构）与声音之间的显著相关性。一些研究者[249] 尝试了一种多视角融合的方法来进行跨模态的说话人验证，并在 voxceleb1 上取得了 28%的等错误率（Equal Error Rate，EER）的结果。另外，研究[250] 还发现，在训练过程中加强音视信息联系的建模可以进一步提升多模态说话人验证的结果。

近些年来，无监督语音表征预训练也非常火热。但大部分工作都是基于纯语音模态的[251-252]。相比于纯语音模态预训练，AV-HuBERT 是一个基于声音和唇部图像的多模态自监督训练模型。研究者[253] 尝试将 AV-HuBERT 用到说话人信息建模的相关任务上。该研究发现基于 AV-HuBERT 的模型不仅在说话人相关的下游任务中表现更好，无论是仅音频说话人验证还是音视频说话人验证，其标签效率都提高了约 10 倍。此外，研究还表明，即使只加入唇部区域的视觉信息，也能极大地提升模型性能和噪声鲁棒性，在干净条件下将 EER 降低了 38%，在嘈杂条件下降低了 75%。

5.1.2 音视频说话人日志

说话人日志任务，一直以来被认为是一个较为困难的语音任务。这种困难不仅来自于任务的复杂性，还来自于数据的匮乏。数据的匮乏主要是数据标注过于困难和费时造成的。因此，如何充分利用少量数据中的信息来提升模型性能显得至关重要。对于说话人日志，我们除了可以利用语音信息外，与说话人验证任务类似，我们同样可以利用视觉信息。

目前有很多数据集都可以用来探究音视频多模态的说话人日志任务[154,254-257]。其中，AMI[154] 数据集是一个会议场景的音视频数据集，包含了 100h 多人会议的视频数据。相比于 AMI 只有会议的场景，AVA-AVD[254] 提供了种类更加丰富的影视数据，比如电影、纪录片或者观众情景喜剧。而且，在 AVA-AVD 相关论文中，研究者发现，虽然数据很少，但是这种多模态信息仍能帮助模型更好地提升性能。此外，由于场景多样、声学条件复杂和说话人完全不在画面中，这个数据集仍具有挑战性。5.1 节中提到的 Voxceleb 数据是从 Youtube 上爬取的数据，并通过一系列后处理只保留某个特定人说话的部分。与 Voxceleb 类似，Voxceleb 的数据发布者同样从 Youtube 上爬取了一部分数据[255]，并提出了一种用于 YouTube 视频的自动音视频说话人日志数据集构建方法。这个方法包括使用音视频方法进行活跃说话人检测和使用自注册说话人模型进行说话人验证。他们还将这种方法集成到半自动数据集创建流程中，显著减少了用于标注带有说话人分析标签的视频所需的时间。此外，上海交通大学团队还自己收集、标注了一个多模态的说话人日志数据，叫作 MSDWild[256]。在这个数据集中，大部分视频片段都是自然拍摄的视频，没被过多编辑，如镜头切换。MSDWild 中有大量自然重叠的语音，形成了一个非常适合研究鸡尾酒会问题的测试平台。此外，随着短视频的兴起，社交媒体中存在很多第一视角拍摄的生活视频。这种视频大量存在于互联网上，能够有效地对这种视频进行分析变得尤为重要。在 2022 年，脸书团队联合众多大学发布了 Ego4D[257] 数据集。这个数据集提供了 3670h 的日常生活的活动视频，涵盖了数百种场景（家庭、户外、工作场所、休闲等），由来自 74 个全球地点和 9 个不同国家的 931 位独特摄像机佩戴者捕获。

相比于多模态说话人验证任务，同样也有大量的科研工作者聚焦于多模态说话人日志任务，而且远在深度学习还没火起来的时候，研究者就已经用统计的方法来将音视的信息用在多模态说话人日志任务中。早在 2012 年，来自阿姆斯特丹大学的研究者就提出了一种新颖的概率框架[258]，将来自音频和视频模态的信息融合起来解决说话人日志任务。所提出的框架是一种动态贝叶斯网络（Dynamic Bayesian Network，DBN），它是因子隐藏马尔可夫模型（Factor Hidden Markov Model，FHMM）的扩展，并将出现在音频视觉录制中的人员建模为在音频流、视频流和联合音视频空间中生成观测的多模态实体。该框架对于不同的上下文非常稳健，对于录制设备的位置没有假设。此外，因为它使用期望最大化（Expectation-Maximum，EM）算法获取模型参数，所以并不需要有标签的训练数据来更新模型。另外，在2018年，研究者提出了一种时空贝叶斯的融合方式来做音视的说话人日志任务[259]。在深度学习时代，同样有很多研究者利用深度神经网络来联合音视频信息以解决说话人日志任务。来自清华大学的研究人员提出了动态视觉引导的说话人嵌入（DyViSE）方法[260]，这种方法可以利用视觉信息在多阶段系统中提取说话人嵌入特征。DyViSE利用动态唇部运动信息在潜空间中去噪音频，并结合面部特征获得每个说话片段的身份鉴别性嵌入，因此具有更好的鲁棒性。此外，来自中国科技大学的研究者还提出了一种端到端的音视说话人日志系统[261]。在这个系统里，他们的音频-视觉模型采用音频特征（如FBANKs）、多说话人唇部感兴趣区域和多说话人i-vector嵌入作为多模态输入。所提出的方法可以明确处理重叠的语音，并能够准确区分语音和非语音，利用多模态信息。在这个工作中，i-vector是解决由视觉模态错误（如遮挡、画面外的说话人或不可靠的检测）导致的对齐问题的关键点。

如上文所说，说话人日志任务的一大难点就是数据的标注。如果能有效利用无标签的数据则会大大提升模型的性能。来自中佛罗里达大学的研究者就通过充分发掘音视频信息中的潜在标签完成了说话人日志模型的自监督预训练[262]。在他们的论文中，他们把音视频的同步信息作为一种潜在标签，并设计了三种不同的同步标签让模型学习。在实验中，他们发现他们的自监督训练的说话人模型可以大大提升系统的表现。相似的，有研究者尝试了将基于同步性信息训练的自监督模型应用到音视说话人日志任务上[263]，并取得了说话人日志评测性能的显著提升。

此外，由多所大学联合承办的多模态信息语音处理（MISP）挑战赛[264]也提供了真实的多模态音视数据，并专门设定了多模态音视说话人日志赛道来帮助业界和学术界进一步提升多模态说话人日志系统的性能，详见本文第7节。

5.2 音视频语音增强和分离

随着便携智能设备的普及，语音交互已经成为一个重要的人机交互接口，业界对于智能语音处理技术的需求也越来越多。近年来，随着深度学习的发展，智能语音处理领域下的各个任务，如语音识别、说话人识别、语义理解、对话管理以及语音合成都取得了重大的成就。然而，在复杂的声学环境下，以上各项任务系统的数据源头掺杂着大量噪声和干扰时，系统整体的性能将会严重下降。语音输入的质量整体影响了整个智能语音处理系统后续各个环节的表现，因此，对鸡尾酒会问题的研究显得意义重大。人类在进化过程中取得了对鸡尾酒会问题的优秀的处理能力。在复杂声音环境下，人类可以轻松地在不同的声音来源上切换注意力，听清并理解当前关注的内容。尽管人类这一能力的形成机制尚未被研究透彻，但是随着深度学习的发展，通过深度神经网络来解决鸡尾酒会问题已经成为一种可行的办法。近年来，多种基于深度学习的语音增强分离的方法被提出，用于解决鸡尾酒会问题。根据系统输入模态的不同，可以将常用的方法分为只利用听觉信息的单模态方法和利用其他模态信息比如视频等的多模态方法。对于前者的研究，近年来的工作已经取得了相当大的进展[166-167,265-267]，对于后者的研究起步则相对较晚[268-271]。随着越来越多音视频数据集的开发[272-274]，以及计算资源的增多，对音视频融合下的语音分离技术的研究将变得更加可行和更具意义。常见的多模态语音增强和分离系统主要针对以下几种输入和模型进行了研究和探索：声学特征的处理，视觉特征的处理，音视频模态输入的混合，等等。

5.2.1 声学特征的处理

在多模态语音增强和分离系统中，最常见的声学特征是幅度谱[268-269]特征，或者经过转换的梅尔谱。然而，幅度谱图通常是声信号的不完整表示，因为它是根据复数域中的STFT谱的幅值得到的，失去了相位相关的信息。最近的工作使用幅度谱图和各自的相位信息作为输入[268-270]，或使用复数谱[275-276]作为声学特征。此外，还有直接使用采样点信号[277-279]作为输入的时域音视频语音增强和分离系统。目前，针对语音输入特征的研究依然活跃，选取一种在音视频语音增强和分离中既高效又鲁棒的特征对实际的应用具有重要意义。

5.2.2 视频特征的选取

为了将视觉模态信息融入语音分离任务中，首先需要考虑如何有效地从视频中提取和说话内容相关的视觉表示，因此，多模态语音增强和分离系统通常需要选择一个合适的视觉模态信息提取器。使用在视觉相关的任务上预训练的模型来提取视觉特征是一种常见的做法，例如唇语识别任务。针对唇语识别任务的研究在近几年取得了不错的进展[280-283]。

Stafylakis 等人在近期的工作中将 ResNet 与 LSTM 结合起来，设计了一个唇语识别系统[280]。他们首先利用脸部关键点对齐算法[284-285]处理视频中的每一帧图片。如图 14 所示，该算法可以在图片中搜寻人脸并标记出固定数量的关键点，这些关键点描述了眼睛、眉毛、鼻子、嘴唇等特定部位的轮廓。通过这一算法，可以在图片中定位到目标说话人嘴唇的位置。

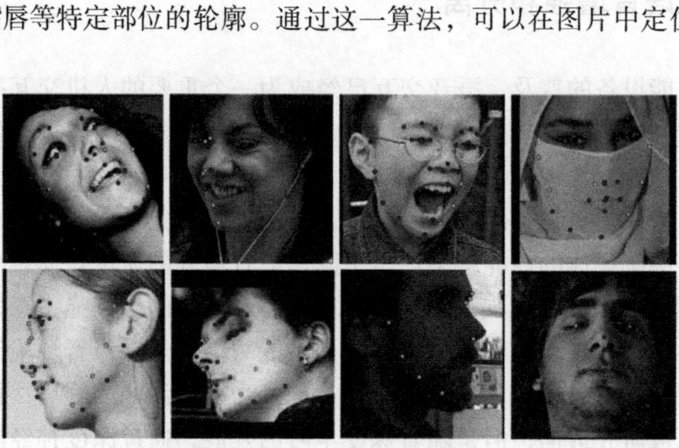

图 14 脸部关键点对齐[284]

在定位到目标说话人嘴唇位置后，这一块关键的区域被裁剪出来，并拉伸成固定的尺寸（112×112）。通过对视频每一帧图片的处理，可以得到说话人口型变化的图片序列。对于一个 t 帧的视频，可以生成一个三维的特征（t×112×112）。三维的视觉特征首先经过一个视觉特征提取前端网络处理，该前端网络包含一个三维卷积层以及一个深层的残差神经网络，其中的三维卷积层不但可以捕捉每一帧视频的空间特征，还可以在时间维度上关注到局部的变化。通过视觉特征处理前端提取的视觉表示，随后被送入一个 BLSTM 唇语识别后端，用以进行唇语识别任务。

在完成唇语识别任务的训练后，预训练的视觉特征提取前端可以被单独使用，用来从视频中提取音视频分离所需要的视觉模态信息。使用在唇语识别任务上训练的视觉特征处理前端来提取语音分离任务所需要的视觉模态信息具有以下优点：

1）用于视觉模态信息提取的网络规模较大，预先提取视觉模态信息可以在分离网络训练时节约计算资源。

2）唇语识别任务比较侧重关注口型以及口型变化的信息，这种信息与发音具有高度相关性，在语音分离任务中也可以被很好地利用。

除了唇语识别相关的预训练特征外，常见的用于多模态语音增强和分离的视觉特征还包括原始的像素点特征[286-287]、光流特征[288-289]、人脸识别特征[275,290]等。

5.2.3 音视频模态输入的混合

根据融合发生的位置，传统的多模态融合方法通常分为两类：早期融合和晚期融合。早期融合将不同模态的信息组合成特征级别的联合表示。它的主要优点是，可以在很早的阶段利用单个模型来利用音频和视频之间的相关性。与单独处理两种模态并仅在稍后阶段将它们组合的另一个系统相比，该系统更加鲁棒。语音感知的证据表明，人类视听的整合也发生在非常早期的阶段[291]。早期融合的缺点是通常两种模态的特征本质上是不同的，因此需要设计适当的特征标准化、映射和同步技术。后期融合则是一种决策级别使用模式，并使用两种不同的模型分别处理声学和视觉信息。尽管从理论角度来看，早期融合更可取，但在实践中经常使用后期融合，原因有两个：①可以使用成熟设计和经过验证的单模态模型来实现每种模态的最佳性能[292]；②进行后期融合在实现上相对简单，因为两种模态的输出属于同一域（一般为时频谱遮掩）。

在基于神经网络的音视频语音增强工作中，一种常见的融合方式为网络中间隐层特征的拼接[268-269,275]或者相加。这种方法简单、易于实现，但它也存在一些潜在的问题。当两种模态的特征拼接时，系统会同时使用它们并以相同的方式处理它们。尽管在理论上，用大量数据训练的基于深度学习的系统应该能够区分两种模态互补或冲突的情况，但是在实际应用中，当一种模态的质量不佳时，它可能会主导其他模态[293]，从而导致性能下降。基于注意力机制的融合，可以通过上下文信息对模态的质量进行评估，从而更加合适地侧重于有效的信息，被广泛应用于多模态语音分离和增强任务中[270,294-297]。一些工作[270]提出了注意力机制在基于深度残差网络的音视频语音分离任务中的应用方法。为了加强网络对不同说话人的视觉表示之间关系的理解，有研究对基于特征拼接的音视频语音分离系统进行了扩展。在特征拼接的基础上提出的方法，会额外考虑视频模态之间的相关性，从而选择更高效的视频特征进行融合。相关的实验和消融实验证明，基于注意力机制的特征融合可以有效地提升音视频语音分离的效果。

5.3 音视频多模态语音识别

在现代多媒体数据中，视觉信息往往伴随着语音信号共同出现，可以提供大量独立于语音信号并且不受环境噪声影响的额外参考信息。因此，视觉信息能够有效地辅助提升语音识别系统的鲁棒性。在实际研究中，可获得的视觉信息又可以分为两种类别，分别是包含人脸正面同步视图的视频流和只包含视觉上下文信息的开放域视频或图像。下面我们会分别介绍这两种研究方向上的进展。

5.3.1 基于人脸正面同步视图的多模态语音识别

在特定类型的视频数据中，例如新闻访谈或者视频会议中，说话人脸的正面视图通常会和说话语音同步出现。人脸中的嘴部区域可以传达视觉上的唇动信息，这种视素和语音中的音素有着模糊的对应关系，因此如今研究成熟的唇语阅读模型可以仅凭唇动信息就达到40%左右的识别词错误率[298]。音视频多模态的语音识别兼具纯音频语音识别和唇语阅读两者的优势：一方面纯音频语音识别的错误率已经达到极低的可供实际使用的程度；另一方面唇语阅读的模型可以免于环境噪声或者其他声源的干扰，在复杂环境下也能给出相对准确的结果。

音视频语音识别的数据集多来自于网络视频，目前常用的英文数据集 LRS2-BBC[273-274] 和 LRS3-TED[299] 都来自于牛津大学研究团队收集的 BBC 电视节目和 TED 演讲视频的数据。这些数据中的视频和音频本身就是配对出现的，但是受到传播媒介的影响，通常会有轻微的音视频不同步的现象。尽管该团队在收集数据时已经预先做过一些处理，但这些问题仍需要在实际研究中被纳入考量范围。

在目前的音视频多模态语音识别系统中，最重要的问题是如何进行音频特征和视觉特征的融合。最常用也最为直观的融合方式是特征的拼接，早在 2015 年，麻省理工学院和 IBM 公司的研究团队[300] 就在深度神经网络上分别训练了视频和音频的编码网络，再将各自输出的隐层特征在特征维度上进行拼接，之后交由解码网络进行音素分类的任务。牛津大学研究团队[274] 采用了 Transformer 架构处理音频和视频各自模态的信息，对于 CTC 解码器采用特征的直接拼接，对于基于注意力机制的 LAS 解码器则分别在音频和视频特征上计算注意力权重，再进行结果的拼接并用于解码。伦敦帝国理工学院的团队[301] 则使用了更加有效的 CTC 与注意力机制混合解码器，在编码器的输出特征层面和解码器的输出概率层面都尝试了多模态信息的融合，最终由特征层面的融合策略在 LRS2 数据集上取得了7.0%的较优词错误率。该团队在后续工作中[298] 引入了 Conformer 的模型架构，使用分离的音视频编码器和特征拼接，并且在语音波形和视频帧上直接进行端到端的训练，在 LRS2 和 LRS3 数据集上分别取得了 3.7%和 2.3%的词错误率。

注意力机制是另一种常用的模态融合的手段，由于注意力机制是基于特征序列中语义信息来工作的，因此不需要将音视频的特征序列进行帧级别的强制对齐，也就一定程度上避免了音视频不同步带来的负面影响。牛津大学团队提出了 WLAS 模型[273]，使用了分离的音频和视频的编码器，然后在解码器中分别针对两种模态的特征序列计算输出特征，最终合并用于解码词元。都柏林圣三一学院的研究团队[302-303] 提出了 AV-Align 模型，模型中使用经过编码的视频特征序列，利用交叉注意力机制合并到音频特征序列中，然后只用音频特征进行后续的解码。清华大学团队[304] 提出了模态注意力机制，利用编码后各自模态的特征来逐帧计算模态权重，将其用于加权合并音视频模态的特征。腾讯 AI 实验室的研究团队[305] 使用视觉特征或简单融合后的特征来逐帧计算门控权重，将其用于语音特征的加权规约。上海交通大学的研究团队[306] 引入了统一跨模态注意力机制，将音频和视频的浅层特征在序列上做合并后，交由注意力模块在同一特征空间中进行编码，并辅以单模态和双模态的混合训练方式，在 LRS3 数据集上取得了 2.1%的最优词错误率，很大程度上提升了噪声环境下的识别性能。

音视频多模态下包含前端增强模块和后端识别模块的流水线设计也是一个重要的研究方向。小鹏汽车研究团队[307] 基于 GRU 结构设计了音视频多模态的前端语音增强网络和后端识别网络，在噪声环境下取得了可观的性能提升。韩国科学技术院研究团队[308] 利用 Conformer 结构设计了更强的多模态增强和识别网络，进一步提升了抗噪性能。腾讯 AI 实验室团队[305] 考虑了多人混合语音的识别问题，使用音视频多模态的前端分离网络提取了目标说话人的音频，再结合其视频进行多模态的语音识别，在 LRS2 数据集上模拟样本中取得了接近 30%的性能提升。

随着大规模预训练模型的发展，利用预训练的模态表征来增强下游多模态语音识别任务也成为热门的研究方向。Meta 公司研究团队[309] 基于预训练的 AVHuBert[310] 模型提取了音视频多模态的特征，然后进行多模态识别任务的微调，在 LRS3 数据集上取得了 1.3%的最优词错误率，并且使得模型在各种噪声环境下都具有较强的鲁棒性。上海交通大学研究团队[311] 利用视觉预训练的 MoCo v2[312] 模型和音频预训练的 wav2vec 2.0[313] 模型分别提取了两种模态的特征，用于多模态语音识别的训练，在 LRS3 数据集上取得了 2.6%的词错误率。

5.3.2 基于视觉上下文信息的多模态语音识别

在更常见的开放领域的视频中，视角焦点并非固定在说话人脸上，而是与谈话的内容有关，例如网络上的教学视频会更多关注操作物体的画面。更多类似的数据来自于图片，例如大量常见的描述图片的场景。在这种情形下，虽然视觉模态并不能直接提供有关语音识别结果的信息，但是可以给出明确的对话上下文，因此我们可以用视觉信息辅助识别语音中模糊的意象。

卡内基·梅隆大学的研究团队在 YouTube 网站上收集了大量教学视频和对应的文本标注，从而形成了目前常用的 How2[314] 数据集。法国国家信息与自动化研究所的团队也用类似的方式收集了数据量更大的 HowTo100M[315] 数据集，但其中的文本标注更多地来自于旁白和自动语音识别的伪标签。麻省理工学院的团队则在 Flikcr8k[316-317] 图像文本描述数据集上利用众包的方式添加了对应的语音。

卡内基·梅隆大学团队[318-319] 提出了一套基于深度神经网络或循环神经网络的视觉上下文语音识别模型，模型中首先使用物体识别模型和场景标注模型来提取视频关键帧中的上下文信息的全局特征，然后使用视觉迁移训练来嵌入视觉上下文信息，即使用视觉特征计算出一个偏置量用于矫正迁移预训练好的语音识别模型，该模型的词错误率相较于纯音频语音识别模型降低了 1~2 个百分点。该团队还将前置工作延续到基于 CTC 和序列到序列解码策略的模型中[320]，在提升识别性能的同时，也显式研究了两种声学模型中隐含的语言模型在视觉上下文信息的辅助下获得的提升。尽管基于视觉迁移训练的模型可以取得良好的性能，但预训练加微调的范式需要更多的资源，于是该研究团队改用端到端的训练方式[321]，尽管性能相较于两阶段训练的模型略有下降，但仍然超过了纯音频的基线系统，并且模型训练的成本得到了大幅度降低。为了促使模型更多地关注到视觉信息，有研究[322] 采用了多种关键词遮盖的训练方式，将有关色彩和实体的单词从语音输入中移除。微软团队[323] 提出了二次审查的模型结构，将主模型的输出结果与原始输入重新组合，经过第二次编码进行预测，同时也用额外的视觉定位模块显式地建模了输出单词到视觉特征的匹配权重。谷歌研究团队[324] 进一步采用了大规模有监督预训练的模型 AVATAR，通过在 HowTo100M 数据集上进行的预训练，将模型在 How2 数据集上测试的词错误率从 15.6%降低到了 9.1%。谷歌团队利用 Adapter 技术[325]，在预训练的语音识别模型和视觉文本编码的 CLIP 模型上进行了微调，在 How2 数据集上仅使用 5%的训练数据就达到了 13.7%的词错误率。

5.4 低质量多模态数据的处理

视觉模态尽管能够免受噪声的影响，但仍有可能在传输中受到其他信号干扰从而产生低质量数据。在多模态说话人验证任务中，上海交通大学团队提出了一个在嵌入特征层面模拟模态缺失的数据增强的方法[242]。这种数据增强方法可以避免每个模态特征提取器网络的额外运算，提高训练速度，同时也可以帮助模型在模态缺失或者信息受损的情况下仍然保持一个较好的性能。

在多模态语音识别任务中，上海交通大学团队[306] 探究了视频模态缺失的情况，通过音频单模态和音视频双模态的混合训练，使得模型对视觉模态缺失产生一定的鲁棒性。韩国科学技术院团队[326] 对视频帧中可能出现的噪点、模糊、遮挡等情况进行显式建模，并且通过自评估模块对视频和音频的每一帧进行可靠性打分，从而降低模态中低质量帧对性能的影响。

在一些工作[296] 中，研究者提出了多种方式来有效地克服低质量的视频输入给多模态语音分离带来的影响。在实际应用中，可能的低质量视频输入包括低分辨率的视频、有遮挡的视频以及不同步的音视频输入等（见图 15）。有研究[296] 采用基于注意力的多模态融合方法构建了一个鲁棒的时域视听语音分离系统。为了进一步提高其系统在低质量视频输入上的性能，研究者引入了3种类型的数据增强，包括低分辨率、嘴唇隐藏和随机偏移。在LRS2模拟数据集上的评估结果表明，所提出的方法在所有3种低质量视频输入上都优于基线实验，并且对实际的低质量数据集具有鲁棒性。

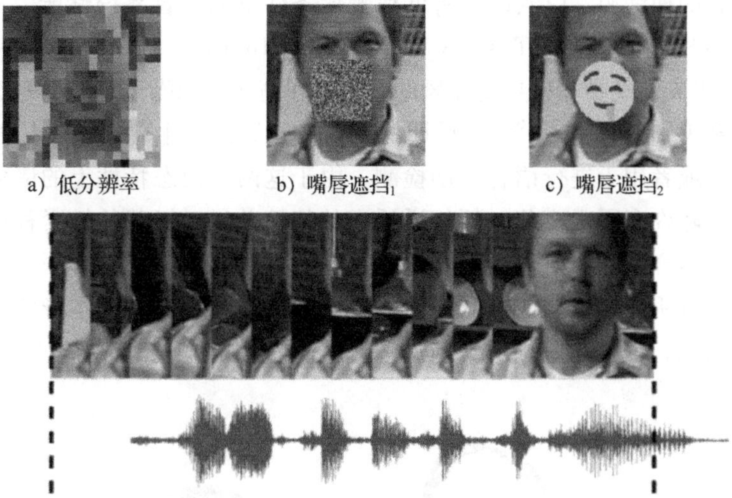

a）低分辨率　b）嘴唇遮挡$_1$　c）嘴唇遮挡$_2$

d）音视频输入不同步

图15　需要克服的低质量视频的类型

5.5　骨气导多模态语音处理

骨传导麦克风是一种紧贴说话人皮肤的具有压电效应的振动传感器。当人说话时，骨传导麦克风通过采集说话人头骨周围的振动信号并将其转换为电信号来拾取语音信号。这种语音信号被称为骨传导语音，简称为骨导语音。由于其传输通道天然地屏蔽了周围环境噪声，因此骨导语音表现出比气导语音对周围环境更好的抗噪声能力，使得骨导被应用于强噪声环境下的各类应用。早期主要应用于军事中，主要服务于战场通信等，近年来骨导传感器逐渐普及于日常生活中，例如真无线耳机中。语音传导路径如图16所示。

虽然骨导语音能够有效抵抗环境噪声的干扰，但是也存在诸多问题。首先，由于人体传导的低通性等问题，骨导语音高频成分严重衰减，甚至完全丢失。表现在听感上，骨导语音听起来比较沉闷，不够清晰，使得语音质量和可懂度降低。其次，骨导语音会混入其他类型的物理噪声，例如，人运动时引起的噪声，说话人说话时传感器与皮肤产生的

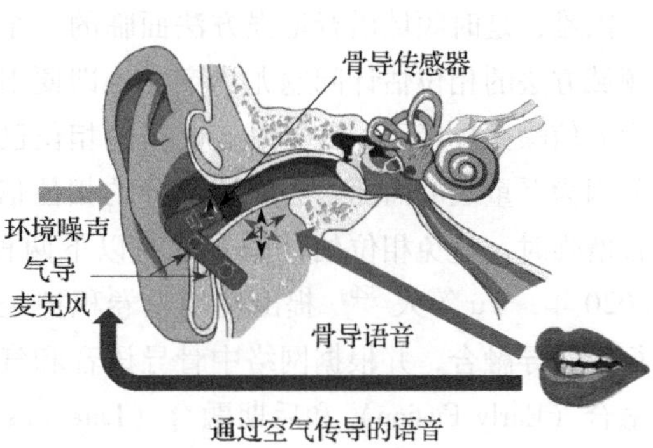

图16　语音传导路径示意图

摩擦，人的咀嚼和吞咽等行为造成的噪声等。这些噪声进一步降低了骨导语音的质量，因此，有必要借助空气声对骨导信号进行辅助处理。

由于骨导语音和气导语音的特性存在明显的差异，在低信噪比条件下，骨导语音可以用作气导语音的辅助源，以共同改善低信噪比条件下的语音系统性能。早在2003年，微软研究院专门开展了名为WITTY（Who Is Talking To You）的项目，Li Deng等人就用如图17所示的集成了气导和骨导麦克风的耳机，在高非平稳噪声环境下来进行鲁棒的语音检测、增强和识别等任务[327-328]。早期的工作，骨导语音主要用于直接替换含噪气导语音的低频段，或者用于进行语音活动检测。由于这两个模态特性上的诸多差异，并且骨导语音的特性随许多因素变化，例如说话人的特性差异、佩戴的松紧程度等，传统的信号处理方法在结合这两个语音模态时存在一定的困难。相比之下，深度学习在多模态问题的处理上有着明显的优势，加之现代很多语音增强和识别系统本身使用的就是深度学习的方法，因此，深度学习自然便应用于骨气导语音的多模态语音联合增强和识别问题。

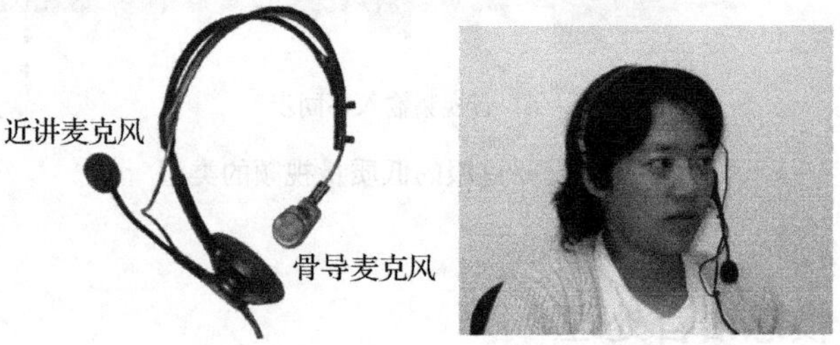

图17 2003年微软研究院所用集成了气导和骨导麦克风的耳机[327-328]

5.5.1 骨气导多模态语音增强

基于深度学习的骨气导联合语音增强主要分为时频域方法和端到端时域方法。其中，时频域方法主要通过不同的神经网络模型直接估计期望语音的幅度谱或者期望语音的幅度谱的掩膜，使用原始的含噪语音的相位或者对相位进行估计。然而，相位谱的估计相对困难，是时频域语音增强方法面临的一个重要问题。当周围环境的信噪比较低时，时频域方法的相位估计问题尤为突出。即便引入骨导语音这个模态，该问题依然存在，因为低信噪比环境下，气导语音支路的相位已经被噪声严重干扰，而骨导语音的中高频部分因为严重衰减而随之丢失这部分的相位信息。因而，当考虑骨导辅助的多模态联合语音增强时，避免相位估计的方式有以下两种：一是端到端时域方法，二是复频域方法。2020年，Yu等人[329]提出使用全卷积神经网络（Fully Convolutional Network，FCN）进行骨气导融合，并根据网络中骨导语音和气导语音进行信息融合的位置不同采取了早期融合（Early Fusion）和后期融合（Late Fusion）的策略。由于该工作使用的数据仅包含320句中文语音，因此，全卷积网络的规模也较小，建模能力有限。Wang等人[330]提出了一个典型的多模态时域语音联合增强方法的结构。它由编码器、掩膜估计器和解码器三个模块组成。编码器将两个模态的时域语音变换到一个特征图中；掩膜估计器得到纯净语音在该特征图中所对应的分量；解码器从该分量中恢复出增强后的时域语音信号。2022 年，Wang 等人[331] 利用 Attention 机制[332] 在复数域对骨气导语音进行融合。考虑到骨导语音数据有限的问题，该工作进一步提出了半监督学习方法，利用 cycle-consistent GAN 对非成对的气导语音和骨导语音进行增强，实验结果表明，该半监督的方法仅利用 50%成对的骨气导语音，就可以获得近似监督方法的性能。

5.5.2 骨气导多模态语音识别

考虑到骨导语音的特性，可以利用骨导语音进行复杂噪声环境下的端到端骨气导联合语音识别。Wang 等人[333] 提出了基于多模态 Transducer 的骨气导语音联合识别方法 MMT。它首先从含噪气导语音和骨导语音信号中提取梅尔谱图特征，然后分别通过两个并行分支产生各自模态的上下文向量和基于 CTC 的概率向量。其中，每个分支包括基于 Conformer 的编码器、基于 Transformer 的截断解码器和 CTC 层。最后，通过多模态 Transducer 将来自两个分支的上下文向量作为输入，学习对应于两个模态的自适应权重向量，并利用权重向量对两个模态的上下文向量进行融合，用于产生网络最终的输出。端到端多模态自动语音识别模型的总体框架如图 18 所示。多模态 Transducer 模块如图 19 所示。表 5 显示了基于多模态 Transducer 的多模态自动语音识别系统与仅用气导语音的单模态 Conformer 的结果。可以观察到，在低信噪比条件下，多模态系统的性能都优于单模态系统，这表明骨导语音可以为气导语音提供足够的补充信息，以提高在低信噪比水平下的语音识别性能。

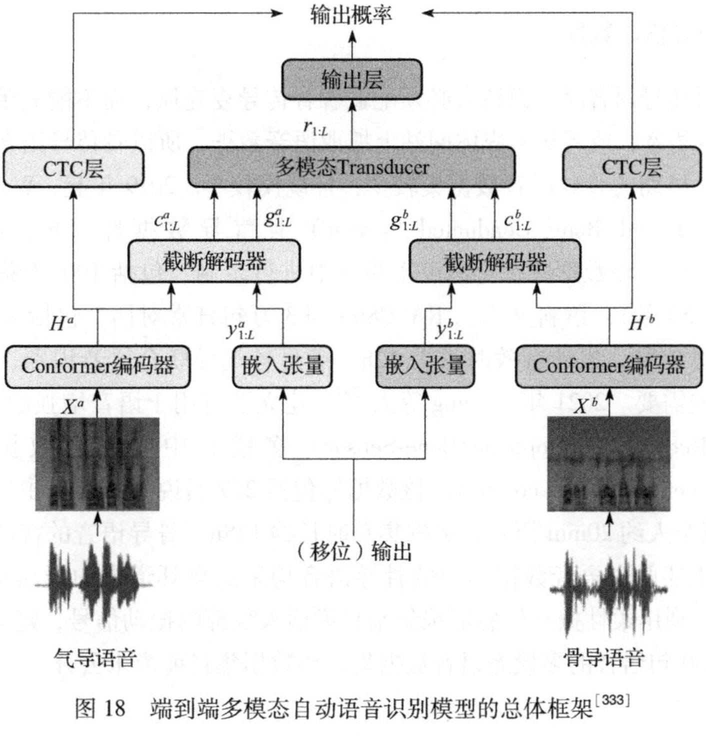

图 18 端到端多模态自动语音识别模型的总体框架[333]

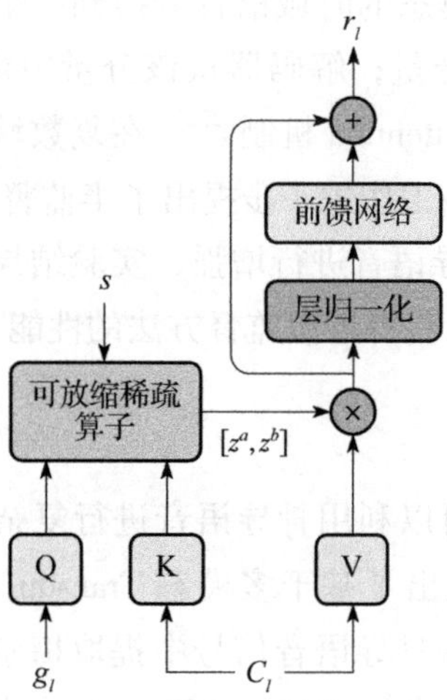

图 19 多模态 Transducer 模块[333]

表 5 气导单模态 Conformer 和多模态 Transducer 的字符错误率（CER）（%）结果

方法	AISHELL2 预训练	ABCS 测试集气导语音信噪比					
		0dB	5dB	10dB	15dB	20dB	纯净
气导单模态 Conformer	否	38.5	21.5	14.4	11.6	10.4	11.1
	是	41.2	21	12.2	8.7	7.2	6.9
多模态 Transducer	否	15.8	13.6	12.1	11.2	10.9	10.7
	是	**14.9**	**11.8**	**9.4**	**7.9**	**7.1**	**6.7**

5.5.3 骨气导多模态数据

因为录制骨传导语音时，说话人必须配戴着骨传导麦克风，而不能简单地通过播放已有语音数据集的语音，或者从多媒体网站上抓取语音数据，所以骨传导语音数据库的建立相对耗时费力。早期的骨导语音数据集较少，且规模较小。2019 年起，Wang 等人[333] 建立了 ABCS（Air and Bone Conducted Speech）骨气导数据库（https://github.com/wangmou21/abcs/）。该数据库在全消声实验室中进行录制，包括 100 名说话人（其中男性 50 名、女性 50 名），语料文本为 RASC863 和 3 万句日常对话，包括 47 182 条气导和骨导同步的语音片段，累计有效时长为 42h，满足骨气导联合语音识别、语音增强、声纹识别等的研究需要。2021 年，Wang 等人[331] 建立了可用于语音增强的 ESMB（Elevoc Simultaneously-Recorded Microphone/Bone-Sensor）多模态中文语音数据集（https://github.com/elevoctech/ESMB-corpus）。该数据库包括 287 名说话人（其中男性 131 名、女性 156 名），每个人约 20min 语音，数据集总时长约 128h。骨导语音的特性与其采集信号的位置有关，上述两个语音数据集中的骨导语音均采集自耳道中的振动信号。2022 年，Zheng 等人[334] 利用柔性振动传感器采集来自说话人喉部的振动信号，建立了一个包含 6 名说话人共 5330 句语音的多模态语音数据集，该数据集目前尚未公开。

6 语音对抗攻击与防御

语音对抗攻击是指向输入的语音信号中添加少量无法被人类察觉的噪声，使得深度神经网络对输入语音的重要特性或重要语音数据做出错误的判断，例如，将张三身份识别成李四、将银行账户“退出登录”识别成“转账”等，以达到噪声制造者特定的目的。添加的噪声被称为对抗扰动（Adversarial Perturbation），添加噪声后得到的样本被称为对抗样本（Adversarial Example）。它是近年来随着基于深度学习的语音信号处理的快速广泛应用而发展起来的一类新型攻击形式。它直接攻击智能语音系统，是一种危害性极大的攻击类型。它不易被人们和智能语音系统发现，具有很强的隐蔽性，导致危害长期存在。对此，有必要深入研究语音对抗攻防方法。

6.1 语音对抗攻击

语音对抗攻击技术从不同角度去划分，可以分为：①白盒攻击与黑盒攻击；②数字攻击与物理攻击；③特定载体与通用载体。下面简述该方向各类攻击方法的研究现状。

6.1.1 白盒攻击与黑盒攻击

白盒攻击假设攻击者完全掌握被攻击模型的结构、参数、损失函数等信息。快速梯度符号法（Fast Gradient Sign Method，FGSM）[335] 使用目标网络的损失函数的梯度信息，沿着梯度方向以固定步长逐渐增大损失，用于生成能使模型给出错误分类结果的对抗样本。此后，基于梯度的优化方法得到广泛发展，具有代表性的方法包括投影梯度下降法（Project Gradient Descent，PGD）[336]、DeepFool 攻击[337] 和 C&W 攻击[338] 等。有研究[339] 发现了 FGSM 攻击中的原始梯度与实际扰动之间的偏差，提出了基于泰勒展开式的快速梯度非符号法（Fast Gradient Non-sign Method，FGNM）。2018 年，有研究[340] 提出了白盒场景下基于梯度的目标攻击方法，成功地攻击了 DeepSpeech[341] 语音识别系统。2020 年，有研究[342] 使用 FGSM 和 C&W 算法构造声纹对抗样本，攻击三种基于 x-vector 的说话人确认系统，证明了 x-vector 系统易受到对抗攻击的影响。2022 年，有研究[343] 提出了基于显著性（Saliency）检测生成网络的白盒攻击，使对抗样本生成网络能将注意力集中于构造对攻击成功率造成重要影响的音频片段，解决了基于生成网络的对抗攻击成功率低的问题。

尽管白盒攻击可以取得良好的攻击效果，但在实际场景中，攻击者难以掌握被攻击模型的内部信息，因此黑盒攻击更符合现实需求。黑盒攻击是在攻击者无法获取被攻击模型的结构、参数等内部信息的条件下开展对抗攻击，主要分为两种方式：第一种方式是查询攻击，它通过可观测到特定输入所产生的输出结果估计模型内部结构或参数；第二种方式是迁移攻击，它使用白盒代理模型（Surrogate Model）训练对抗样本生成器，然后将生成的对抗样本应用于被攻击的黑盒模型。2018 年，有研究[344] 提出了 Commandersong，将包含恶意指令的音频特征以人耳难以感知的方式嵌入一段音乐中，成功攻击了语音识别系统。2019年，有研究[345]提出了基于遗传算法和梯度估计的黑盒对抗语音生成方法。2020年，有研究[346]提出了基于粒子群优化算法的对抗语音生成方法，成功攻击了语音识别、说话人识别、音频场景识别等系统。一些研究者[347]研究了不同声纹特征和不同声纹识别模型结构之间攻击方法的可迁移性。2021年，有研究[348]提出了FakeBob攻击，先通过查询估计说话人识别模型的阈值，然后使用自然进化策略[349]估计梯度，经过反复迭代优化对抗样本。2022年，有研究[350]提出NMI-FGSM-Tri攻击，结合Nesterov加速梯度[351]和集成攻击思想[352]，增强了对抗样本在黑盒模型上的迁移性。2023年，有研究[353]提出了基于频谱变换的可解释迁移攻击，对在白盒上训练得到的对抗样本的时频谱进行修正离散余弦变换（Modified DCT，MDCT），以降低对抗样本对白盒训练系统的过拟合，提高样本对黑盒目标系统攻击的成功率。

6.1.2 数字攻击与物理攻击

数字攻击是指语音对抗样本以数字信号的形式进入识别系统，物理攻击是指对抗样本由扬声器播放、经空气传播、被麦克风接收进入识别系统。对智能语音系统的攻击大部分是数字攻击[346,354,355]，例如上一节所述。

在将数字攻击的方式直接应用到物理攻击过程中，信号经过硬件设备处理时会出现失真，声音也会受到环境噪声、混响的干扰，因面临各种环境干扰而变得困难。有研究[356]提出用带通滤波器、脉冲响应和高斯白噪声生成对抗语音来攻击语音识别系统。为避免物理环境中混响的影响，使用来自不同环境的房间冲击响应（Room Impulse Response，RIR）训练对抗样本以增强对抗样本在混响环境中的鲁棒性，实现了成功的物理攻击。有研究[357]通过利用声学空间模拟器模拟音频在无线播放时的环境失真，利用听觉掩蔽的心理声学原理开发出人耳不可察觉的语音对抗样本，提高了对抗音频在无线播放时的鲁棒性，但上述实验只在模拟物理环境中开展，并非真实物理空间中的对抗攻击。2020年，有研究[358]将物理传输过程建模为原始音频信号与RIR的卷积，使用不同房间特性以及麦克风与扬声器的不同位置变化对对抗样本的生成过程进行多条件训练，在没有先验知识的情况下实现了对抗样本对复杂声学环境的适应性。一些研究者[359]研究了x-vector声纹识别系统在物理场景中面对对抗样本的脆弱性。2021年，有研究[360]在物理空间中对Apple Siri、Google Assistant、Amazon Echo商业语音控制系统进行了攻击，验证了对抗攻击在真实物理场景下的有效性。

6.1.3 特定载体与通用载体

语音对抗攻击中的载体特指生成对抗扰动的攻击模型（Attacker）。根据攻击模型在测试阶段是否需要根据输入的语音更新自身参数，可以将对抗攻击分为特定载体攻击和通用载体攻击。特定载体攻击需要为每个原始语音样本更新攻击模型的参数，例如FGSM[335]、PGD[336]、C&W[338]。

通用载体攻击可以在不改变攻击模型参数的条件下生成对抗扰动，从而实现有效攻击，更有利于发起实时攻击，具有广泛的现实意义。2019 年，研究[361] 首次发现语音识别中存在通用对抗扰动（Universal Adversarial Perturbations，UAPs）。UAPs 的构建需要遍历一个样本子集并逐步优化扰动，实验表明 UAPs 在 DeepSpeech 系统上可以实现高达 89.06%的攻击成功率。2020 年，有研究[362] 针对声纹识别系统提出了一种物理场景下的实时的通用攻击方法，通过定长通用噪声的重复回放以适应不同长度的输入语音，并将 RIR 引入目标损失函数中来模拟物理世界中的音频传输损失，在仿真的室内环境中实现了 90.19%的攻击成功率。有研究[363] 提出了基于生成网络 Wave-U-Net[364] 的快速攻击扰动生成器（Fast Attack Perturbation Generator，FAPG）和一种通用攻击扰动生成器（Universal Attack Perturbation Generator，UAPG），可以对任意干净语音样本进行实时扰动，在语音命令识别、说话人识别、环境声音分类三个任务上验证了通用对抗扰动的有效性。

6.2 语音对抗防御

语音对抗防御（Adversarial Defense）技术可以分为：基于对抗性训练的主动防御、基于缓解（Mitigation-Based）的被动防御、基于检测（Detection-Based）的被动防御。下面简述该方向的研究现状。

6.2.1 基于对抗性训练的主动防御

基于对抗性训练的主动防御使用对抗样本增强技术重新训练被保护的模型，需要修改被保护模型的参数。2019 年，Wang 等人[365] 和 Wu 等人[366] 分别使用 FGSM 和 PGD 算法产生对抗样本，加入训练集重新训练声纹模型以防御对应的对抗攻击算法，即对抗性训练（Adversarial Training）[335]。但是，研究表明，在对抗性训练的框架下，模型对对抗攻击鲁棒性的提高会导致其在正常样本测试集上的精度下降，并且在大规模数据集上开展对抗性训练是极其耗时的。因此，有研究[367] 将产生的少量对抗样本视作目标域，将大规模干净样本视作源域，使用域自适应（Domain Adaptation）算法对齐这两个域的分布，以学习域不变表征来防御对抗攻击。

6.2.2 基于缓解的被动防御

基于缓解的被动防御方法，又被称作“基于净化的方法”（Purification-Based）[368]。该方法旨在去除对抗扰动对智能语音系统的影响。已有方法分为两类：①预处理法：该方法通过对输入做量化、平滑、加噪声等预处理操作，破坏对抗扰动的结构。②模型过滤法：该方法有针对性地设计网络模型来移除对抗扰动。例如，2021 年，有研究[369] 提出随机平滑（Randomized Smoothing）进行对抗防御。该方法能够有效的前提条件是被防御模型对高斯噪声鲁棒，而说话人模型在实际训练时会使用真实噪声和混响做数据增强，显然符合这一要求。有研究[370] 使用 Parallel-Wave-GAN（PWG）声码器移除对抗扰动，并与随机平滑的策略结合，进一步提高了防御效果[369]。还有研究[371] 训练一个能分离对抗扰动的生成式网络（AS-Net）去除对抗扰动，为了确保经过生成式网络过滤的语音能被正常识别，进一步引入了说话人质量评估损失组件。研究者[372] 使用级联的自监督模块（Self-Supervised Learning-Based Reformer，SSLR）移除对抗扰动。有研究[373] 通过在测试语句的范数球内随机采样和投票的策略防御对抗样本，该方法成功的基础是利用了干净样本对高斯噪声的鲁棒性，以及对抗样本对高斯噪声干扰的敏感性。

6.2.3 基于检测的被动防御

基于检测的被动防御方法，在智能语音系统前端级联一个对抗样本检测模块。该方法只负责将对抗样本检测出来，这一点与基于缓解的被动防御不同。已有的检测方法可以分为三类。①模型法：使用已生成的对抗样本训练检测器。②变换法：对语音进行变换，并比较变换前后智能语音系统评分的差别。③投票法：使用多个系统决策之间的一致性来检出对抗样本。例如，有研究[374] 提出训练一个二分类网络检测对抗样本，另一个研究[375] 训练一个嵌入向量抽取器来判断对抗样本的类型。但上述两个方法都依赖攻击者的参数，难以检测在训练中未出现的攻击方法产生的对抗样本。为了在没有攻击者的先验知识的困难条件下，实现对任意常见对抗攻击的高检出率，有研究[372] 将多条测试语句经过级联的自监督模块（SSLR），然后通过说话人评分的统计平均值来判断输入是否被添加过对抗扰动。但该方法仅在时频域的特征层工作，而现实中的对抗扰动是直接叠加在语音上的。如图 20 所示，有研究[376] 通过声码器（Griffin-Lim 算法或 PWG 模型）对测试语句前后的说话人评分的差异来检测对抗样本。有研究[377] 提出使用两个声纹识别模型来检测对抗样本，其中一个模型（Premier）表现出 SOTA 的性能并被攻击者广泛攻击，另一个模型（Mirror）对攻击者来说不常见，并对攻击表现出鲁棒性，利用输入的评分在两个模型间的一致性来做检测。有研究[378-379] 利用对抗扰动在音频的时频谱上分布相对均匀的特点，先后提出了基于经验掩模和可学习掩模（见图 21）的通用对抗样本检测，学习针对输入音频的注意力模型，集中对模型关注的时频谱部分进行轻微破坏，最后通过比较其与遭到破坏前的音频的时频谱差别进行检测。

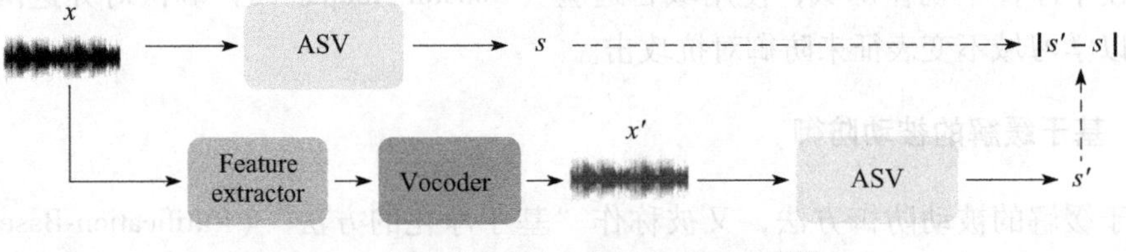

图 20 基于 Vocoder 的对抗样本检测[374]

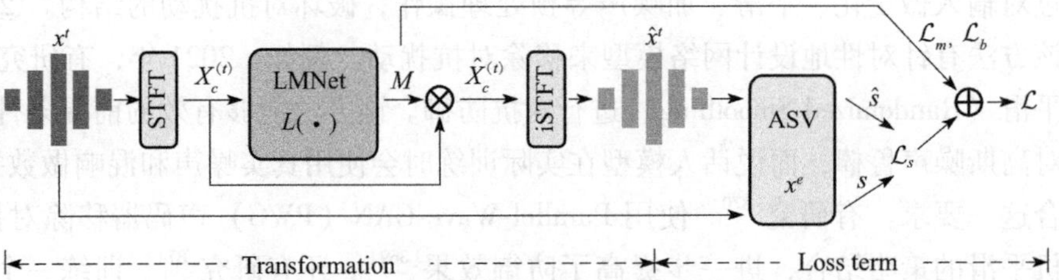

图 21 基于可学习掩模的对抗样本检测[375]

7 MISP2022 挑战赛

7.1 概述

多模态语音处理（Multi-Modal Information Based Speech Processing，MISP）挑战赛2021[380] 发布了一个大型多麦克风对话中文音视频语料库，一些先进的音视频语音识别（Audio-Visual Speech Recognition，AVSR）系统[381,382] 已经被提出。但是这些系统假设语音片段和说话人之间的对应关系是事先已知的，这极大地限制了其在现实世界中的应用范围。第二届 MISP 挑战赛发布音视频说话人日志与语音识别（Audio-Visual Diarization and Recognition，AVDR）数据集，同时提出并聚焦于家居电视场景中的音视频说话人日志与语音识别任务。具体来说，音视频说话人日志与语音识别是音视频语音识别的扩展任务，用音视频说话人日志（Audio-Visual Speaker Diarization，AVSD）的结果替换 Oracle 说话人日志的结果，该任务更具有普适性和应用价值。

已有的 AVSD 系统包括利用互信息融合音频和视频模态[258]、基于贝叶斯方法的音视频说话人日志[12] 等。近年来，出现了许多深度学习方法，如采用音视频同步模型[259]、基于自监督学习的说话人日志方法[262] 等，取得了积极的效果。对于 AVSR 系统，"Watch，Listen，Attend and Spell"（WLAS）网络[383]、基于 transformer 的模型[384]、基于 Conformer 的 CTC/注意力模型[385] 被提出，以及带有门控层的 DNN-HMM 混合 AVSR 系统[386] 也表现出良好的性能。尽管 AVSD 和 AVSR 受到越来越多的关注，并且已被证明优于传统的单音频方法，但关于音视频说话人日志与语音识别的研究还很少。

7.2 挑战赛基线系统

下面介绍 MISP 挑战赛 2022[264] 的音视频说话人日志与语音识别基线系统。该系统由音视频说话人日志子系统和音视频语音识别子系统组成。音视频说话人日志子系统同时也作为音视频说话人日志任务的基线系统。

7.2.1 音视频说话人日志子系统

音视频说话人日志子系统（见图 22）采用目标说话人语音活动检测（Target-Speaker Voice Activity Detection，TS-VAD）模型[261]。如图 22 所示，该子系统由编码器（Encoder）、解码器（Decoder）和后处理（Post-Processing）组成。

视频编码器分支由唇读模型（Lipreading Model）[283]、Conformer 块和双向长短时记忆单元（Bi-Directional Long Short-Term Memory，BLSTM）层组成，该分支可视作视觉语音活动检测（Visual Voice Activity Detection，V-VAD）模型，将嘴唇感兴趣区域（Region Of

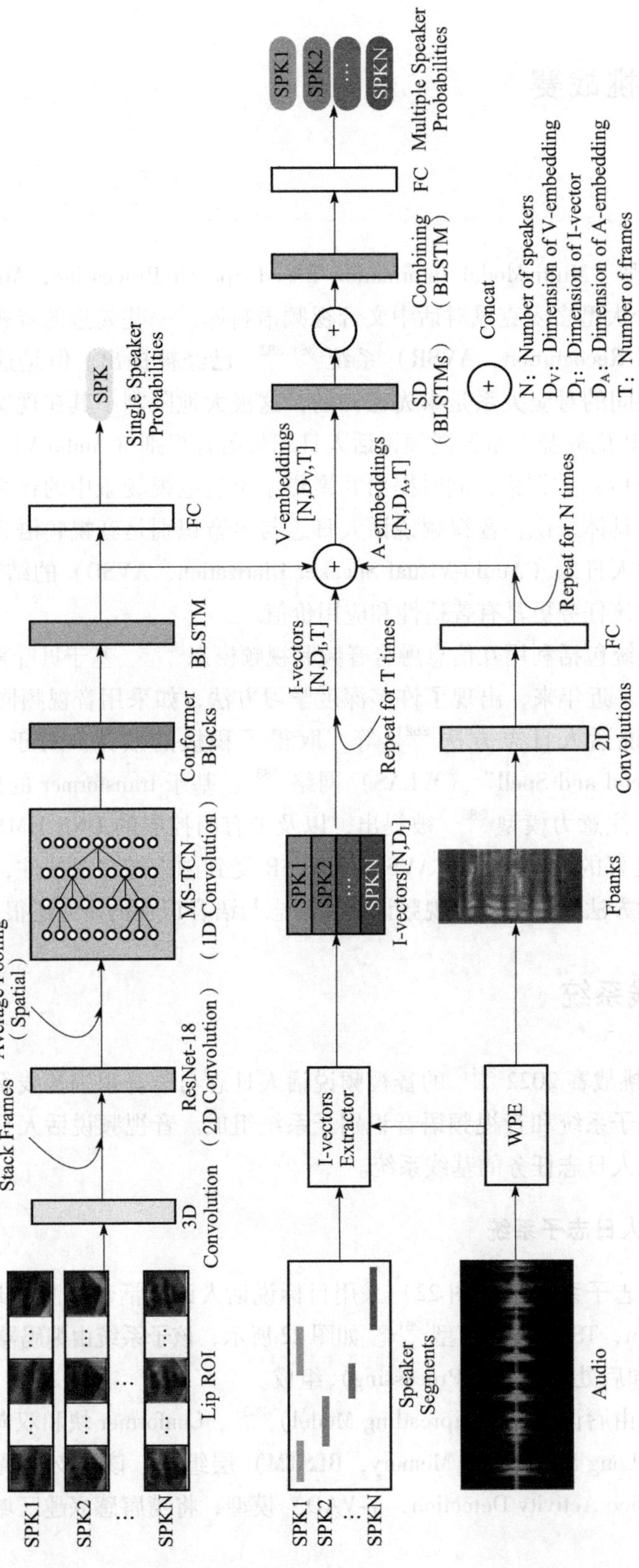

图 22　音视频说话人日志子系统示意图[261]

Interest，ROI）作为输入，生成视觉嵌入和初始说话人日志结果。接下来使用经权重预测误差（Weighted Prediction Error，WPE）[387] 去混响后的音频和 V-VAD 模型的结果来计算 i-vector 作为说话人嵌入。此外，音频编码器分支通过 FBank 特征提取器和多个二维卷积神经网络（Convolutional Neural Network，CNN）层提取音频嵌入。在解码器中，首先将三种类型的嵌入组合在一起，利用多个带有投影的 BLSTM 层进一步提取特征并得到最终每个说话人的语音或非语音概率。在后处理阶段中，首先对概率进行阈值处理以产生初步的结果。然后将每个说话人的静音间隔较短的两个片段合并[388]，以解决可能将说话人短暂停顿帧预测为非语音的问题，这些帧在手动标签中被标记为语音。之后将结果与 Oracle 语音活性检测融合，最后利用 DOVER-Lap[389] 融合 6 通道音频的结果以得到最终的音视频说话人日志的结果。

7.2.2 音视频联合语音识别子系统

音视频联合语音识别子系统采用 DNN-HMM 混合模型[390]。深度神经网络（Deep Neural Network，DNN）的作用是替代了高斯混合模型（Gaussian Mixture Model，GMM）来计算隐式马尔可夫模型（Hidden Markov Model，HMM）的发射概率（Emission Probability）。GMM 作为生成式模型，聚焦于描述数据分布，可以直接计算发射概率。通过贝叶斯定理，可以将发射概率的求解转化为后验概率的求解。DNN 作为判别模型，在对后验概率做有监督分类时，对于未知数据拥有更强的泛化能力，具有更优秀的性能表现。GMM-HMM 模型的训练利用 Oracle 说话人日志信息并使用 Kaldi 工具包。在数据准备阶段，准备发音词典并用训练集文本数据训练 3-Gram 语言模型。经过 MFCC 特征提取、单音素训练、三音素训练、线性判别分析（Linear Discriminant Analysis，LDA）与最大似然线性变换（Maximum Likelihood Linear Transform，MLLT）、说话人适应训练（Speaker Adaptation Training，SAT）得到最终的 GMM-HMM 模型。DNN-HMM 模型训练及解码流程如图 23 所示。

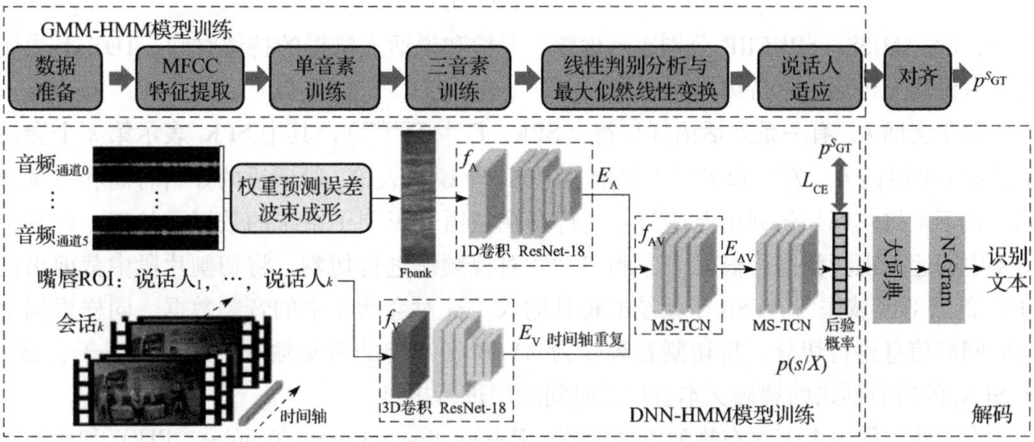

图 23 DNN-HMM 模型训练及解码流程[390]

首先，将权重预测误差[387]和波束成形（Beamforming）[391]技术应用于远场6通道音频，采用FBank特征作为音频输入特征X_A。然后，采用Yolov5和DeepSort算法对远场/中场视频数据中各个说话人的唇部进行定位与跟踪，远场视频多说话人检测结果通过中场视频单一说话人进行说话人ID匹配，经过裁剪与填充后得到的唇部ROI作为视觉输入特征X_V。声学模型包含多种嵌入提取器和解码器。音频嵌入提取器f_A由1D卷积和ResNet-18组成，将音频特征X_A作为输入得到音频嵌入E_A。视觉嵌入提取器f_V由3D卷积和ResNet-18组成，将视觉特征X_V作为输入得到视觉嵌入E_V。音视频嵌入提取器f_{AV}由多阶段时间卷积网络（Multi-Scale Temporal Convolution Network，MS-TCN）[392]构成，将音频嵌入和经过变形与重复后的视觉嵌入在通道维度拼接后作为输入得到音视频嵌入E_{AV}，通过在多个音频帧中重复一个视频帧可以解决音频和视频间帧不匹配的问题。最后经过由MS-TCN、全连接层、SoftMax层搭建的解码器将音视频嵌入解码，得到后验概率$p(s \mid X)$。我们选取交叉熵准则来计算后验概率和真实分布之间的损失函数

$$L_{CE} = -\frac{1}{N}\sum_{i=0}^{N} p_i^{s_{GT}} \log p(s_{GT} \mid X) \tag{6}$$

式中，N表示批大小，$p_i^{s_{GT}}$表示样本i对应的真实状态分布为s_{GT}，由GMM-HMM模型生成。在DNN-HMM模型训练阶段中，利用Oracle说话人日志信息对音频和视频数据进行预处理，模型输出的后验概率经过解码即可获得对应识别文本。

7.2.3 音视频说话人日志与语音识别联合解码

在推理过程中，RTTM文件作为音视频说话人日志子系统的输出，包含：会话、说话人、开始时间和持续时长等信息。该信息可以用于计算说话人日志任务中的日志错误率（Diarization Error Rate，DER）指标，以及用于音视频说话人日志与语音识别任务中的数据预处理。

$$\text{DER} = \frac{\text{FA+MISS+SPKERR}}{\text{TOTAL}} \tag{7}$$

式中，FA、MISS、SPKERR分别表示虚警、漏检和说话人错误的持续时间，TOTAL为所有参考说话人说话的总持续时间之和。

对于会话k，有一系列话语标识符（$\text{SPK}_i, T_j^{\text{start}}, T_j^{\text{duration}}$），其中$\text{SPK}_i$表示第$k$个会话中的第$i$个说话人，$T_j^{\text{start}}$和$T_j^{\text{duration}}$分别表示第$i$个说话人第$j$段话语的开始时间和持续时间。接下来将解释如何利用上述信息进行音视频语音识别子系统的数据预处理。针对会话k中的远场视频数据，根据T_j^{start}和T_j^{duration}对视频流进行切割，将切割片段中裁剪出的SPK_i的唇部区域作为AVSR子系统的视觉输入。针对会话k中的音频数据，同样根据上述时间戳信息进行切分，将切割音频作为AVSR子系统的听觉输入。最终，属于会话k中SPK_i的所有话语的解码文本会按照时间顺序进行拼接。

在评估过程中由于存在排列不变训练（Permutation Invariant Training，PIT）和标注段文本对应的问题，我们设计了串联最小排列词错误率（Concatenated Minimum-Permutation Character Error Rate，CPCER）作为评价指标。cpCER的计算分为三个步骤：首先，一个会

话中属于同一说话人的识别结果和参考文本在时间轴上连接。其次，计算各个说话人排列下的字符错误率（Character Error Rate，CER）。最后，选择最低的 CER 作为 cpCER。

$$\text{CER}=\frac{S+D+I}{N} \tag{8}$$

式中，S、D、I 分别表示替换错误、删除错误、插入错误的字符数量；N 是字符总数。

7.2.4 基线结果与分析

表 6 显示了单音频说话人日志系统（ASD）、单视频说话人日志系统（VSD）和音视频说话人日志系统（AVSD）的 FA（虚警）率、MISS（漏检）率、SPKERR（说话人错误）率和 DER。对于 ASD 系统，我们使用 VBx 方法。对于 VSD 系统，我们使用视觉编码器模块 V-VAD 的结果。ASD 系统性能较差，可能是由于电视背景噪声大和说话人重叠率高的干扰，导致 MISS 率和 SPKERR 率高。由于视觉模态不受声学环境的干扰，VSD 系统在 MISS、SPKERR 和 DER 方面优于 ASD 系统。然而，VSD 系统的 FA 率较高，这可能是由于无声段中嘴唇运动带来的干扰。在 AVSD 系统中结合音频和视频模态得到了最优的性能，这表明两种模态的结合可以克服单一模态存在的缺点。

表 6 音视频说话人日志基线结果

System	FA	MISS	SPKERR	DER
ASD	0.01	19.88	11.36	31.25
VSD	6.64	8.17	3.89	18.69
AVSD	4.01	5.86	3.22	13.09

我们为说话人日志和语音识别系统设计了 6 个实验，实验结果见表 7。前两个实验是使用 Oracle 说话人日志（OS）的语音识别系统的结果。其他实验是说话人日志子系统和语音识别子系统的组合，例如，ASD+ASR、VSD+ASR、VSD+AVSR 和 AVSD+AVSR。对于 ASD+ASR 系统，高 MISS 率和 SPKERR 率导致了目标说话人的大量删除错误。此外，高 SPKERR 率带来了干扰说话人的插入误差。将 ASD+ASR 系统与 VSD+ASR 系统进行比较，发现说话人日志子系统的视觉模态决定了整个说话人日志和语音识别系统的性能。与 VSD+ASR 系统相比，VSD+AVSR 系统的语音识别模块中的视觉模态提供了可区分的信息，减少了替换误差，从而提高了整个系统的性能。在所有实验中，两个子系统中的音频和视觉模态的组合产生了最佳系统。

表 7 音视频语音识别实验结果

System	S	D	I	cpCER
ASR（OS）	40.84	19.88	11.36	68.68
AVSR（OS）	35.78	8.17	3.89	63.96
ASD+ASR	31.83	44.34	4.27	80.44
VSD+ASR	39.25	31.22	0.66	71.13
VSD+AVSR	35.17	31.01	0.61	66.79
AVSD+AVSR	35.94	29.45	0.68	66.07

7.2.5 挑战赛结果分析

如图 24 所示，11 个团队将他们的结果提交给了音视频说话人日志赛道[393]。武汉大学-阿里巴巴团队以 8.82%的最低说话人日志错误率（DER）赢得了挑战。其成功是由于几个关键技术，包括一个新的 Seq2Seq-TSVAD 框架，该框架将时间轴和说话人轴分解，同时使用了各种数据增强方法，如数据仿真、MixUp 和负采样，即随机填充非说话嘴唇框以适应预设的说话人数量，以及直接利用可学习的嘴唇嵌入作为视觉特征和说话人注册。这些技术联合起来对大规模说话人进行建模，并对高分辨率语音活动进行准确预测，以便在没有二次说话人验证的情况下提取更具鉴别性的说话人嵌入。

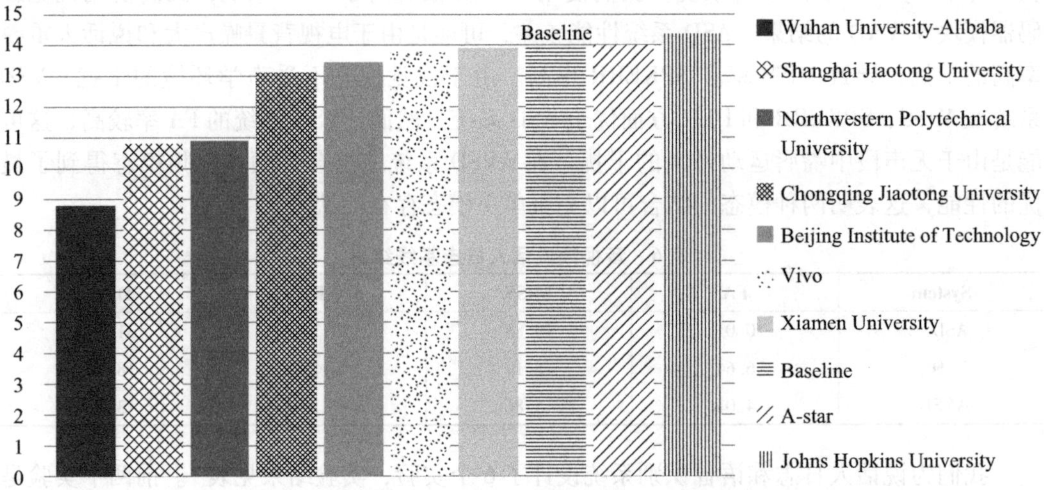

图 24　音视频说话人日志赛道各参赛队伍结果[393]

上海交通大学团队通过基于变压器的架构改进了多扬声器 TS-VAD，获得了第二名，该团队用五个损失（视觉、单说话人、多说话人 VAD 损失，角度损失和说话人数量判断损失）来规范训练过程，并结合了用于空间信息建模的通道间相位差（Inter-Channel Phase Difference，IPD），并实现了一种名为“随机删除”的增强技术，该技术将 10%至 60%的帧随机设置为零。排名第三的 NPU-ASLP 团队利用一个大数据预训练的说话人提取器，并探究基于 TS-VAD 的各种网络框架的有效性。总之，TS-VAD 模型框架是说话人日记化的一个主流选择。TS-VAD 的成功很大程度上依赖于准确的说话人注册。传统上，二次说话人验证用于迭代生成更具鉴别性的说话人嵌入。然而，结合视频模式可以显著提高说话人注册的质量。

如图 25 所示，9 个团队将他们的结果提交给了音视频说话人日志与语音识别赛道[393]，所有系统都是单独训练的 AVSD 和 AVSR 系统的级联。NIO 的获胜系统使用了具有更大一致性编码器的基线 AVSD 系统和基于信道 AV 融合 Conformer(CFC) 框架的新型 AVSR 系统。CFC 结合了通道注意力机制和音视频融合注意力机制，以学习跨通道和模态的上下文关系。NIO 团队采用了各种数据扩充来生成约 3500h 的训练数据，用单个模型实现了 29.58%的最低串联最小排列 CER(cpCER)。NPU-ASLP 团队为他们的 AVSR 系统使用了 Branchformer 模型，以及一种利用音频和视觉模态的新型的基于交叉注意力的多模态融合模块。此外，他们对增强的和原始的近场数据的组合进行了速率扰动和仿真，生成了大约 1300h 的训练语音数据。他们还为最终的模型融合训练了一个增强的分支形成器（E-Branchformer）。与其他顶级团队相比，该团队还专注于增强其 AVSD 系统，并实现了 31.21%的第二低 cpCER。XMU 团队通过将基线 AVSD 系统与基于 Conformer 的 AVSR 系统相结合而获得第三名。亮点包括在训练过程中充当正则化的中间 CTC，以及将来自不同层的音频和视觉特征馈送到三层 BiLSTM 中以捕获模态之间相关性的多级特征融合。他们通过使用 WPE、波束成形和 GSS 模拟和处理数据，生成了近 2000h 的训练语音数据。最后，他们通过融合 ASR 和 AVSR 系统实现了 31.88%的 cpCER。很明显，音频-视频融合模块和数据扩充严重影响了 AVSR 系统的性能。多阶段的视听融合被证明有利于提升识别的准确性。然而，尽管所有团队都采用了各种语音数据增强技术，但值得注意的是，很少有团队关注视觉数据增强。同时，系统融合是另一个具有更高性能的重要技巧。分析表明，利用视听说话人嵌入是基于 TS-VAD 的 AVSD 系统的一个有前途的方向，增强视觉数据可以进一步提高 AVSR 系统的性能。

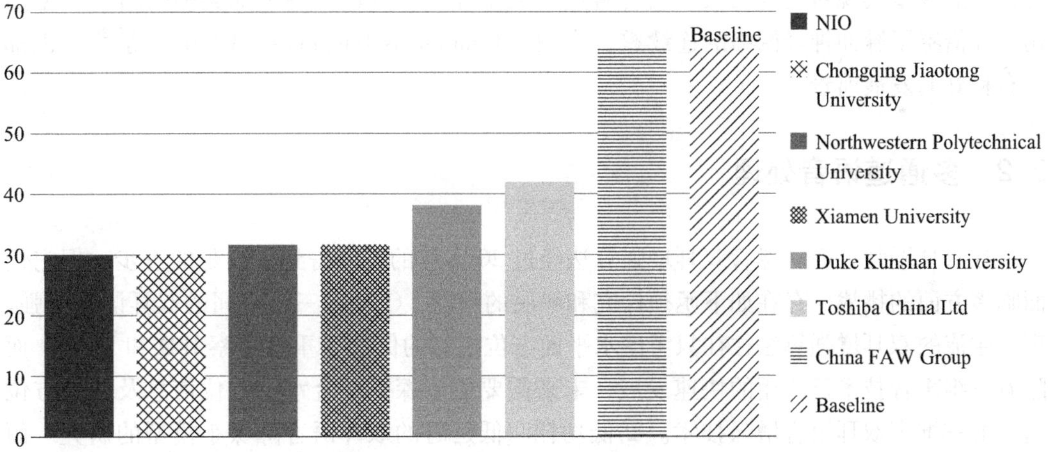

图 25 音视频说话人日志与语音识别赛道各参赛队伍结果[393]

8 研究展望

8.1 语音识别

随着以 ChatGPT 为代表的大语言模型（Large Language Model，LLM）的巨大成功，可以预期包括 ASR 等语音处理任务在内的人工智能研究都将迎来以文本 LLM 为核心的新范式。如 AudioGPT 等[394] 工作所示，由 LLM 对输入的任务指令进行理解，对子任务进行规划和分解，再分别调用 Whisper 等语音处理工具（因这些模型通常基于 Transformer 构建，有时也统称为“ToolFormer”）执行各个子任务。可以利用 LLM 对 ASR 的输出结果打分，做重排序和文本归一化（Text Normalisation）等[395]，甚至可以将 LLM 与音视频编码器等进行更深入的结合，形成端到端的单一模型。

然而，从输入语音的复杂性考虑，由于其中可能包含复杂的多说话人甚至重叠语音等信息，只将 ASR 等视为简单的 ToolFormer 最终无法彻底解决自然音视频场景的理解问题。事实上，人类语音对话具有流式、多方、无轮次划分和全双工等特性，而作为 LLM 基础的有固定轮次划分的文本对话只是语音对话的一种简化形式。可以预计，结合 ASR、说话人日志、语音分离、情感识别等任务构成的通用型语音模型将更适合作为结构基础，最终实现与人类具有相同口语对话能力的通用人工智能。

考虑模型的输出序列，由于全球 7100 多种语言中大部分都没有文本形式，若以最终实现所有语言的理解、翻译和生成为目标，最终将需要一种超越符号化文本的新表示形式。目前一些通过 SSL 得到的离散语音单元已经在无文本的自然语言处理（Textless Natural Language Processing）任务上初步展现了可行性，具有很好的前景[396-398]。最后，由于复杂的口语交流是人类特有的能力，语音语言技术的研究还将长期以人类作为参考物，可能逐步实现对完整的人类语音链进行数学建模，因此一些更加类脑的新型模型结构，如借鉴了脉冲神经网络的连续整合发放（Continuous Integrate-and Fire）等[399] 也都具有良好的发展前景。

8.2 多通道语音处理

在双耳增强方面，尽管双耳增强算法经过 20 多年的发展得到了长足的进步，但它仍面临多方面的挑战，存在如下亟须探究和解决的问题：①面向三维空间的双耳语音增强。现在主流的双耳增强算法往往只考虑水平面方位信息的保留（重点考察 ILD 和 ITD），而随着三维声音技术及应用的快速发展，未来需要更多探究综合水平方位信息及俯仰方位信息的三维声双耳语音增强技术。②低功耗、低延时的双耳语音降噪小模型的研究。面向通信、助听等应用，现在主流研究当中所使用的神经网络大模型往往存在计算复杂度高、实时性差等问题，研发高性能的小模型成为实际应用神经网络双耳降噪模型的瓶颈问题。③多源场景下的双耳语音增强。目前大部分算法只会保留目标信号的空间信息，从而丢失了其他干扰信号的空间信息，为了还原完整的声场信息，未来需要更多研究如何在不显著损失听感质量和语音可懂度的前提下保留空间中所有声源的位置信息。

在多设备联合语音处理方面，虽然已有的多设备联合语音处理研究验证了其在解决远场等复杂任务上的有效性，但是在实际应用时，仍然面临很多困难，例如：①自组织麦克风阵列的阵型、孔径大小未知，麦克风类型未知，造成了阵列信号处理中的很多统计量的估计困难；②麦克风阵列与声源的相对位置未知，造成了各个麦克风的信噪比等统计特性的不一致；③自组织麦克风的覆盖范围大，导致其工作场景复杂多变，例如非稳态噪声、类人声的噪声、多说话人等；④从更实际的角度看，各个麦克风可能安置于不同设备，造成了信号的时延不同步、时钟频率不同步、功率放大器不同步。这些问题的解决不仅依赖模型和算法的设计，也与行业标准、网络协议密切相关。该方向的研究也需要与其发展阶段相适应的数据集，从简单场景逐步过渡到复杂场景。

8.3 多模态语音处理

随着信息技术的快速发展，人们对人机交互的需求和期望也越来越高，不仅要求交互过程中能够传递丰富的语义信息，还要求交互方式能够适应不同的场景和环境，例如在嘈杂的环境中使用手势或者视觉信息来辅助语音输入，或者在远程会议中使用虚拟形象来增强沟通效果等。此外，随着人类认知科学和神经科学的进步，多模态语音信号处理也为理解人类认知机制和模拟人类智能提供了新的视角和工具，例如通过对多模态语音信号处理过程中涉及的注意力、记忆、推理等认知功能的研究，可以揭示人类大脑如何处理不同模态的信息，并利用这些知识来设计更符合人类认知特点的算法和系统等。

针对多模态语音信号处理，未来可行的研究包括：①利用深度学习和神经网络技术，构建更强大的多模态语音信号表示和建模方法，实现对多种信号的高效融合和转换。②探索多模态语音信号处理在不同领域和场景的应用，如智能教育、智能医疗、智能娱乐等，满足不同用户和需求的多样化和个性化要求。③解决多模态语音信号处理中的关键挑战，如多模态数据的获取、标注、自监督预训练等，提高多模态语音信号处理的可靠性和可解释性。④探索多模态语音信号处理与其他相关学科的交叉融合，如自然语言处理、计算机视觉、机器学习等，促进多学科的交流和创新。

8.4 语音对抗攻击与防御

语音对抗攻击的研究中白盒攻击是基础，对理解智能语音系统的脆弱性有重要作用。已有的白盒攻击算法难以兼顾效率和攻击成功率，不同算法在这两项指标上的表现差别较大。黑盒语音对抗攻击具有实际应用意义，但是已有的黑盒攻击大多难以解释其攻击某个受害者系统得到的结果在系统内部的发生过程，只能得到攻击是否成功的结果。基于查询的黑盒攻击方法是目前研究较多的方法，但面临查询次数多以至于在实际应用中被系统拒绝查询的情况。将从白盒中生成的对抗样本应用到黑盒模型的迁移攻击虽然避免了对白盒受害者系统的查询，但是攻击成功率低。因此，如何充分利用多种攻击形式进行组合攻击是重要研究方向。

已有的智能语音对抗防御工作相对较少，且存在以下问题：①多数对抗防御研究工作需要知道攻击者的先验知识，对未知攻击的抵抗力较弱，不是通用防御，部分主动防御方法还会造成系统对正常样本的识别性能下降，因此，开发不需要知道对抗样本先验知识的通用对抗防御是重要研究课题；②已有被动防御方法虽然利用了对抗扰动的某些特性进行检测，但是倾向于对输入语音的全部时间区间平均用力，没有充分考虑不同语音或扰动片断对系统判决做出贡献的差异性，因此，在音频片段中找到对系统决策起决定作用的片段具有一定意义，对提高不同对抗防御方法的效率具有一定普适性。

9 报告总结

尽管深度学习在安静环境下的标准语音识别任务上取得了一定的进展，但是在现实复杂场景中语音信号与信息处理的质量还远远不能满足高质量生产生活的需要。因此，鲁棒语音信号与信息处理是人工智能时代语音处理面临的挑战问题，具有重要现实意义。本报告以语音识别的前沿进展为切入点，对鲁棒语音信号与信息处理中的多个方面展开了深入而系统的探讨，介绍了领域的最新成果，具体包括语音识别的前沿热点、说话人日志的端到端方法及语音分离方法、双耳语音增强、多设备联合语音处理、音视频多模态、骨气导多模态、语音对抗攻防及 2022 年多模态语音处理挑战赛。这些成果在一定程度上推动鲁棒语音处理向现实环境迈进了一步，但仍有很多问题亟待解决。需要学术界与工业界共同努力，迎接语音领域的新机遇与挑战。

参考文献

[1] LI J, DENG L, HAEB-UMBACH R, et al. Robust automatic speech recognition: a bridge to practical applications[M]. New York: Academic Press, 2015.

[2] DELCROIX M, HERSHEY JR, METZE F, et al. New era for robust speech recognition: exploiting deep learning[M]. [S.l.]: Springer, 2017.

[3] RENALS S, HAIN T, BOURLARD H. Recognition and understanding of meetings the AMI and AMIDA projects[C]// 2007 IEEE Workshop on Automatic Speech Recognition & Understanding(ASRU). [S.l.]: [s.n.], 2007: 238-247.

[4] VINCENT E, BARKER J, WATANABE S, et al. The second 'CHiME' speech separation and recognition challenge: datasets, tasks and baselines[C]// 2013 IEEE International Conference on Acoustics, Speech and Signal Processing. [S.l.]: [s.n.], 2013: 126-130.

[5] RAO W, FU Y, HU Y, et al. Conferencing speech challenge: towards far-field multi-channel speech enhancement for video conferencing[C]// 2021 IEEE Automatic Speech Recognition and Understanding Workshop(ASRU). [S.l.]: [s.n.], 2021: 679-686.

[6] WATANABE S, MANDEL M, BARKER J, et al. CHiME-6 challenge: tackling multispeaker speech recognition for unsegmented recordings[J]. arXiv preprint arXiv: 2004.09249, 2020.

[7] JELINEK F, BAHL L, MERCER R. Design of a linguistic statistical decoder for the recognition of continuous speech[J]. IEEE Transactions on Information Theory, 1975, 21(3): 250-256.

[8] JUANG B-H. Maximum-likelihood estimation for mixture multivariate stochastic observations of Markov chains[J]. AT&T Technical Journal, 1985, 64: 1235-1249.

[9] YOUNG S, EVERMANN G, GALES M, et al. The HTK book(for HTK version 3.5) [M]. [S.l.]: Cambridge University Engineering Department, 2015.

[10] POVEY D, GHOSHAL A, BOULIANNE G, et al. The kaldi speech recognition toolkit[C]// ASRU. [S.l.]: [s.n.], 2011.

[11] YOUNG S J, ODELL J J, WOODLAND P C. Tree-based state tying for high accuracy modelling[C]// HLT. [S.l.]:[s.n.], 1994.

[12] GAUVAIN J-L, LEE C-H. Maximum a posteriori estimation for multivariate Gaussian mixture observations of Markov chains[J]. IEEE Transactions on Speech and Audio Processing, 1994, 2(2): 291-298.

[13] LEGGETTER C J, WOODLAND P C. Maximum likelihood linear regression for speaker adaptation of continuous density hidden Markov models[J]. Computer Speech & Language, 1995, 9(2): 171-185.

[14] GALES M. Maximum likelihood linear transformations for HMM-based speech recognition[J]. Computer Speech and Language, 1998, 12: 75-98.

[15] WOODLAND P, POVEY D. Large scale discriminative training of hidden Markov models for speech recognition[J]. Computer Speech and Language, 1998, 16: 25-47.

[16] POVEY D, WOODLAND P. Minimum phone error and I-smoothing for improved discriminative training[C]// ICASSP. [S.l.]:[s.n.], 2002.

[17] HERMANSKY H, ELLIS D, SHARMA S. Tandem connectionist feature extraction for conventional HMM systems[C]// ICASSP. [S.l.]:[s.n.], 2000.

[18] GRéZL F, KARAFIáT M, KONTáR S, et al. Probabilistic and bottle-neck features for LVCSR of meetings[C]// ICASSP. [S.l.]:[s.n.], 2007.

[19] BELL P, GALES M, HAIN T, et al. The MGB challenge: evaluating multi-genre broadcast media transcription[C]// ASRU. [S.l.]:[s.n.], 2015.

[20] BOURLARD H, MORGAN N. Connectionist speech recognition: a hybrid approach[M]. [S.l.]: Kluwer Academic Publishers, 1993.

[21] MOHAMED A-R, DAHL G, HINTON G, et al. Deep belief networks for phone recognition[C]// Nips Workshop on Deep Learning for Speech Recognition and Related Applications. [S.l.]:[s.n.], 2009: 39.

[22] SEIDEF, LIG, YU D. Conversational speech transcription using context-dependent deep neural networks[C]// Interspeech. [S.l.]:[s.n.], 2011.

[23] HINTON G, DENG L, YU D, et al. Deep neural networks for acoustic modeling in speech recognition[J]. IEEE Signal Processing Magazine, 2012, 29(6): 2-17.

[24] POVEY D, PEDDINTI V, GALVEZ D, et al. Purely sequence-trained neural networks for ASR based on lattice-free MMI[C]// Interspeech. [S.l.]:[s.n.], 2016: 2751-2755.

[25] VARIANI E, MCDERMOTT E, HEIGOLD G. A Gaussian mixture model layer jointly optimized with discriminative features within a deep neural network architecture[C]// ICASSP. [S.l.]:[s.n.], 2015.

[26] TüSKE Z, GOLIK P, SCHLüTER R, et al. Integrating Gaussian mixtures into deep neural networks: softmax layer with hidden variables[C]// ICASSP. [S.l.]:[s.n.], 2015.

[27] ZHANG C, WOODLAND P. Joint optimisation of tandem systems using Gaussian mixture density neural network discriminative sequence training[C]// ICASSP. [S.l.]:[s.n.], 2017.

[28] GRAVES A, FERNÁNDEZ S, GOMEZ F, et al. Connectionist temporal classification: labelling unsegmented sequence data with recurrent neural networks[C]// The 23rd International Conference on Machine Learning. [S.l.]:[s.n.], 2006: 369-376.

[29] GRAVES A, MOHAMED A-R, HINTON G. Speech recognition with deep recurrent neural networks[C]// 2013 IEEE International Conference on Acoustics, Speech and Signal Processing. [S. l.]: [s. n.], 2013: 6645-6649.
[30] LI Q, ZHANG C, WOODLAND P. Integrating source-channel and attention-based sequence-to-sequence models for speech recognition[C]// ASRU. [S. l.]: [s. n.], 2019.
[31] BRIDLE J. Alpha-nets: a recurrent neural network architecture with a hidden Markov model interpretation[J]. Speech Communication, 1990, 9: 83-92.
[32] NILES L, SILVERMAN H. Combining hidden Markov model and neural network classifiers [C] // ICASSP. [S. l.]: [s. n.], 1990.
[33] BENGIO Y. Artificial neural networks and their application to sequence recognition[D]. [S. l.]: McGill University, 1991.
[34] YAN Y, FANTY M, COLE R. Speech recognition using neural networks with forward-backward probability generated targets[C]// ICASSP. [S. l.]: [s. n.], 1997.
[35] ZHANG C, WOODLAND P. High order recurrent neural networks for acoustic modelling [C] // ICASSP. [S. l.]: [s. n.], 2018.
[36] JELINEK F, MERCER R L. Interpolated estimation of Markov source parameters from sparse data[C]// Workshop on Pattern Recognition in Practice. [S. l.]: [s. n.], 1980.
[37] BROWN P, DESOUZA P, MERCER R, et al. Class-based n-gram models of natural language[J]. Computational Linguistics, 1992, 18: 467-479.
[38] KNESER R, NEY H. Improved backing-off for m-gram language modeling[C]// ICASSP. [S. l.]: [s. n.], 1995.
[39] BENGIO Y, DUCHARME R, VINCENT P, et al. A neural probabilistic language model[J]. Journal of machine learning research, 2003, 3: 1137-1155.
[40] MIKOLOV T, KARAFIáT M, BURGET L, et al. Recurrent neural network based language model[C]// Interspeech. [S. l.]: [s. n.], 2010.
[41] HOCHREITER S, SCHMIDHUBER J. Long short-term memory[J]. Neural Computation, 1997, 9: 1735-1780.
[42] VASWANI A, SHAZEER N, PARMAR N, et al. Attention is all you need[J]. arXiv preprint arXiv: 1706. 03762, 2017.
[43] SUNDERMEYER M, SCHLüTER R, NEY H. LSTM neural networks for language modeling [C] // Interspeech. [S. l.]: [s. n.], 2012.
[44] IRIE K, ZEYER A, SCHLüTER R, et al. Language modeling with deep transformers [C] // Interspeech. [S. l.]: [s. n.], 2019.
[45] SUN G, ZHANG C, WOODLAND P. Cross-utterance language models with acoustic error sampling[J]. arXiv preprint arXiv: 2009. 01008, 2020.
[46] SUN G, ZHANG C, WOODLAND P. Transformer language models with LSTM-based cross-utterance information representation[C]// ICASSP. [S. l.]: [s. n.], 2021.
[47] CHEN X, LIU X, WANG Y, et al. Exploiting future word contexts in neural network language models for speech recognition[J]. IEEE/ACM Transactions on Audio, Speech, and Language Processing, 2019, 27: 1444-1454.
[48] IRIE K, LEI Z, DENG L, et al. Investigation on estimation of sentence probability by combining forward,

backward and bi-directional LSTM-RNNs[C]// Interspeech. [S.l.]:[s.n.], 2018.
[49] ZHENG X, ZHANG C, WOODLAND P. Adapting GPT, GPT-2 and BERT language models for speech recognition[C]// ASRU. [S.l.]:[s.n.], 2021.
[50] SUTSKEVER I, VINYALS O, LE Q. Sequence to sequence learning with neural networks[C]// NIPS. [S.l.]:[s.n.], 2014.
[51] GRAVES A. Sequence transduction with recurrent neural networks[J]. arXiv preprint arXiv: 1211.3711, 2012.
[52] CHOROWSKI J, BAHDANAU D, SERDYUK D, et al. Attention-based models for speech recognition[C]// NIPS. [S.l.]:[s.n.], 2015.
[53] LU L, ZHANG X, CHOK, et al. A study of the recurrent neural network encoder-decoder for large vocabulary speech recognition[C]// Interspeech. [S.l.]:[s.n.], 2015.
[54] CHAN W, JAITLY N, LE Q, et al. Listen, attend and spell: a neural network for large vocabulary conversational speech recognition[C]// ICASSP. [S.l.]:[s.n.], 2016.
[55] BAHDANAU D, CHO K, BENGIO Y. Neural machine translation by jointly learning to align and translate[C]// ICLR. [S.l.]:[s.n.], 2015.
[56] LI Q, ZHANG C, WOODLAND P. Combining hybrid DNN-HMM ASR systems with attention-based models using lattice rescoring[J]. Speech Communication, 2023, 147: 12-21.
[57] DONG L, XU S, XU B. Speech-transformer: a no recurrence sequence-to-sequence model for speech recognition[C]// ICASSP. [S.l.]:[s.n.], 2018.
[58] KARITA S, ENRIQUE N, SOPLIN Y, et al. Improving transformer-based end-to-end speech recognition with connectionist temporal classification and language model integration[C]// Interspeech. [S.l.]:[s.n.], 2019.
[59] GULATI A, QIN J, CHIU C-C, et al. Conformer: convolution augmented transformer for speech recognition[C]// Interspeech. [S.l.]:[s.n.], 2020.
[60] PENG Y, DALMIA S, LANE I, et al. Branchformer: parallel MLP-attention architectures to capture local and global context for speech recognition and understanding[C]// ICML. [S.l.]:[s.n.], 2022.
[61] CHIU C-C, RAFFEL C. Monotonic chunkwise attention[C]// ICLR. [S.l.]:[s.n.], 2018.
[62] MORITZ N, HORI T, LE J. Streaming automatic speech recognition with the transformer model[C]// ICASSP. [S.l.]:[s.n.], 2020.
[63] MIAO H, CHENG G, GAO C, et al. Transformer-based online CTC/attention end-to-end speech recognition architecture[C]// ICASSP. [S.l.]:[s.n.], 2020.
[64] LI M, ZHANG S, ZORILA C, et al. Transformer-based streaming ASR with cumulative attention[C]// ICASSP. [S.l.]:[s.n.], 2022.
[65] HE Y, SAINATH T, PRABHAVALKAR R, et al. Streaming end-to-end speech recognition for mobile devices[C]// ICASSP. [S.l.]:[s.n.], 2019.
[66] SAINATH T, PANG R, RYBACH D, et al. Two-pass end-to-end speech recognition[C]// ICASSP. [S.l.]:[s.n.], 2019.
[67] KIM S, HORI T, WATANABE S. Joint CTC-attention based end-to-end speech recognition using multi-task learning[C]// ICASSP. [S.l.]:[s.n.], 2017.
[68] NARAYANAN A, SAINATH T, PANG R, et al. Cascaded encoders for unifying streaming and non-streaming ASR[C]// ICASSP. [S.l.]:[s.n.], 2021.

[69] ZHANG S, LEI M, YAN Z. Investigation of transformer based spelling correction model for CTC-based end-to-end mandarin speech recognition[C]// ICASSP. [S. l.]:[s. n.], 2019.
[70] GUO J, SAINATH T, WEISS R. A spelling correction model for end-to-end speech recognition[C]// ICASSP. [S. l.]:[s. n.], 2019.
[71] HU K, SAINATH T, PANG R, et al. Deliberation model based two-pass end-to-end speech recognition[C]// ICASSP. [S. l.]:[s. n.], 2020.
[72] KANTHAK S, NEY H. Context-dependent acoustic modelling using graphemes for large-vocabulary speech recognition[C]// ICASSP. [S. l.]:[s. n.], 2002.
[73] GALES M, KNILL K, RAGNI A. Unicode based graphemic systems for limited resource languages[C]// ICASSP. [S. l.]:[s. n.], 2015.
[74] LI B, ZHANG Y, SAINATH T, et al. Bytes is all you need[C]// ICASSP. [S. l.]:[s. n.], 2019.
[75] SCHUSTER M, NAKAJIMA K. Japanese and Korean voice search[C]// ICASSP. [S. l.]:[s. n.], 2012.
[76] SENNRICH R, HADDOW B, BIRCH A. Neural machine translation of rare words with subword units[C]// ACL. [S. l.]:[s. n.], 2016.
[77] GRAVES A, JAITLY N. Towards end-to-end speech recognition with recurrent neural networks[C]// ICML. [S. l.]:[s. n.], 2014.
[78] ZHANG Y, HAN W, QIN J, et al. Google USM: scaling automatic speech recognition beyond 100 languages[J]. arXiv preprint arXiv: 2303.01037, 2023.
[79] TÜSKE Z, GOLIK P, SCHLÜTER R, et al. Acoustic modeling with deep neural networks using raw time signal for LVCSR[C]// Interspeech. [S. l.]:[s. n.], 2014.
[80] SAINATH T, WEISS R, SENIOR A, et al. Learning the speech front-end with raw waveform CLDNNs[C]// Interspeech. [S. l.]:[s. n.], 2015.
[81] RAVANELLI M, BENGIO Y. Speaker recognition from raw waveform with SincNet[C]// SLT. [S. l.]:[s. n.], 2018.
[82] VON PLATEN P, ZHANG C, WOODLAND P. Multi-span acoustic modelling using raw waveform signals[C]// Interspeech. [S. l.]:[s. n.], 2019.
[83] O'MALLEY T, NARAYANAN A, WANG Q. A universally-deployable ASR frontend for joint acoustic echo cancellation, speech enhancement, and voice separation[C]// Interspeech. [S. l.]:[s. n.], 2022.
[84] ZHANG C, LI B, LU Z, et al. Improving the fusion of acoustic and text representations in rnn-t[C]// ICASSP. [S. l.]:[s. n.], 2022.
[85] TJANDRA A, SAKTI S, NAKAMURA S. Machine speech chain[J]. IEEE/ACM Transactions on Audio, Speech, and Language Processing, 2020, 28: 976-989.
[86] CHEN Z, ZHANG Y, ROSENBERG A, et al. Tts4pretrain 2.0: advancing the use of text and speech in ASR pretraining with consistency and contrastive losses[C]// ICASSP. [S. l.]:[s. n.], 2022.
[87] BAPNA A, CHUNG Y, WU N, et al. SLAM: a unified encoder for speech and language modeling via speech-text joint pre-training[J]. arXiv preprint arXiv: 2110.10329, 2021.
[88] CHEN Z, ZHANG Y, ROSENBERG A, et al. MAESTRO: matched speech text representations through modality matching[C]// Interspeech. [S. l.]:[s. n.], 2022.
[89] SAINATH T, PRABHAVALKAR R, BAPNA A, et al. JOIST: a joint speech and text streaming model for ASR[C]// SLT. [S. l.]:[s. n.], 2023.

[90] KUBO Y, KARITA S, BACCHIANI M. Knowledge transfer from large-scale pretrained language models to end-to-end speech recognizers[C]// ICASSP. [S.l.]:[s.n.], 2022.

[91] MCDERMOTT E, SAK H, VARIANI E. A density ratio approach to language model fusion in end-to-end automatic speech recognition[C]// ASRU. [S.l.]:[s.n.], 2019.

[92] VARIANI E, RYBACH D, ALLAUZEN C, et al. Hybrid autoregressive transducer (HAT) [C]// ICASSP. [S.l.]:[s.n.], 2020.

[93] CHEN X, MENG Z, PARTHASARATHY S, et al. Factorized neural transducer for efficient language model adaptation[C]// ICASSP. [S.l.]:[s.n.], 2022.

[94] MENG Z, CHEN T, PRABHAVALKAR R, et al. Modular hybrid autoregressive transducer[C]// SLT. [S.l.]:[s.n.], 2023.

[95] DENG K, WOODLAND P C. Adaptable end-to-end ASR models using replaceable internal LMs and residual softmax[C]// ICASSP. [S.l.]:[s.n.], 2023.

[96] PRABHAVALKAR R, HE Y, RYBACH D, et al. Less is more: improved RNN-T decoding using limited label context and path merging[C]// ICASSP. [S.l.]:[s.n.], 2021.

[97] ZHENG X, LIU Y, GUNCELER D, et al. Using synthetic audio to improve the recognition of out-of-vocabulary words in end-to-end ASR systems[C]// ICASSP. [S.l.]:[s.n.], 2021.

[98] WILLIAMS I, KANNAN A, ALEKSIC P, et al. Contextual speech recognition in end-to-end neural network systems using beam search[C]// Interspeech. [S.l.]:[s.n.], 2018.

[99] HUANG R, ABDEL-HAMID O, LI X, et al. Class LM and word mapping for contextual biasing in end-to-end ASR[C]// Interspeech. [S.l.]:[s.n.], 2020.

[100] PUNDAK G, SAINATH T N, PRABHAVALKAR R, et al. Deep context: end-to-end contextual speech recognition[C]// SLT. [S.l.]:[s.n.], 2018.

[101] LE D, JAIN M, KEREN G, et al. Contextualized streaming end-to-end speech recognition with trie-based deep biasing and shallow fusion[C]// Interspeech. [S.l.]:[s.n.], 2021.

[102] SUN G, ZHANG C, WOODLAND P. Tree-constrained pointer generator for end-to-end contextual speech recognition[C]// ASRU. [S.l.]:[s.n.], 2021.

[103] SUN G, ZHANG C, WOODLAND P. Tree-constrained pointer generator with graph neural network encodings for contextual speech recognition[C]// Interspeech. [S.l.]:[s.n.], 2022.

[104] HUBER C, HUSSAIN J, STüKER S, et al. Instant one-shot word-learning for context-specific neural sequence-to-sequence speech recognition[C]// ASRU. [S.l.]:[s.n.], 2021.

[105] SUN G, ZHANG C, WOODLAND P C. Minimising biasing word errors for contextual ASR with the tree-constrained pointer generator [J]. IEEE/ACM Transactions on Audio, Speech, and Language Processing, 2023, 31: 345-354.

[106] MUNKHDALAI T, SIMK C, CHANDORKAR A, et al. Fast contextual adaptation with neural associative memory for on-device personalized speech recognition[C]// ICASSP. [S.l.]:[s.n.], 2022.

[107] WANG X, LIU Y, LI J, et al. Towards contextual spelling correction for customization of end-to-end speech recognition systems[J]. IEEE/ACM Transactions on Audio, Speech, and Language Processing, 2022, 30: 3089-3097.

[108] CHANG S-Y, ZHANG C, SAINATH T N, et al. Context-aware end-to-end ASR using self-attentive embedding and tensor fusion[C]// ICASSP. [S.l.]:[s.n.], 2023.

[109] SUN G, ZHENG X, ZHANG C, et al. Can contextual biasing remain effective with whisper and GPT-

2? [C]// Interspeech. [S. l.]: [s. n.], 2023.

[110] ILANGUAGES. ORG. Multilingual people[EB/OL]. [2024-02-19]. http://ilanguages. org/bilingual. php.

[111] LI B, PANG R, SAINATH T, et al. Scaling end-to-end models for large-scale multilingual ASR[J]. arXiv preprint arXiv: 2104. 14830, 2021.

[112] PRATAP V, SRIRAM A, TOMASELLO P, et al. Massively multilingual ASR: 50 languages, 1 model, 1 billion parameters[C]// Interspeech. [S. l.]: [s. n.], 2020.

[113] PUNJABI S, ARSIKERE H, RAEESY Z, et al. Streaming end-to-end bilingual ASR systems with joint language identification[J]. arXiv preprint arXiv: 2007. 03900, 2020.

[114] RADFORD A, KIM J, XU T, et al. Robust speech recognition via large-scale weak supervision[C]// NeurIPS. [S. l.]: [s. n.], 2022.

[115] ZHOU L, LI J, SUN E, et al. A configurable multilingual model is all you need to recognize all languages[C]// ICASSP. [S. l.]: [s. n.], 2022.

[116] MAVANDADI S, LI B, ZHANG C, et al. A truly multilingual first pass and monolingual second pass streaming on-device ASR system[C]// SLT. [S. l.]: [s. n.], 2023.

[117] ZHANG C, LI B, SAINATH T N, et al. UML: a universal monolingual output layer for multilingual ASR[C]// ICASSP. [S. l.]: [s. n.], 2023.

[118] DENG K, WATANABE S, SHI J, et al. Blockwise streaming transformer for spoken language understanding and simultaneous speech translation[C]// Interspeech. [S. l.]: [s. n.], 2022.

[119] WATANABE S, HORI T, HERSHEY J R. Language independent end-to-end architecture for joint language identification and speech recognition[C]// ASRU. [S. l.]: [s. n.], 2017.

[120] ZHANG C, LI B, SAINATH T, et al. Streaming end-to-end multilingual speech recognition with joint language identification[C]// Interspeech. [S. l.]: [s. n.], 2022.

[121] SEKI H, WATANABE S, HORI T, et al. An end-to-end language-tracking speech recognizer for mixed-language speech[C]// ICASSP. [S. l.]: [s. n.], 2018.

[122] CHO J, BASKAR M K, LI R, et al. Multilingual sequence-to-sequence speech recognition: architecture, transfer learning, and language modeling[C]// SLT. [S. l.]: [s. n.], 2018.

[123] LI X, METZE F, MORTENSEN D, et al. ASR2K: speech recognition for around 2000 languages without audio[J]. arXiv preprint arXiv: 2209. 02842, 2022.

[124] PRATAP V, TJANDRA A, SHI B, et al. Scaling speech technology to 1, 000+ languages[J]. arXiv preprint arXiv: 2305. 13516, 2023.

[125] LU Z, PAN Y, DOUTRE T, et al. Input length matters: improving RNN-T and MWER training for long-form telephony speech recognition[J]. arXiv preprint arXiv: 2110. 03841, 2022.

[126] SUN G, LIU D, ZHANG C, et al. Content-aware speaker embeddings for speaker diarisation[C]// ICASSP. [S. l.]: [s. n.], 2021.

[127] KHARE A, HAN E, YANG Y, et al. ASR-aware end-to-end neural diarization [C] // ICASSP. [S. l.]: [s. n.], 2022.

[128] ZHENG X, ZHANG C, WOODLAND P. Tandem multitask training of speaker diarisation and speech recognition for meeting transcription[C]// Interspeech. [S. l.]: [s. n.], 2022.

[129] CHANG X, ZHANG W, QIAN Y, et al. MIMO-speech: end-to-end multi-channel multi-speaker speech recognition[C]// ASRU. [S. l.]: [s. n.], 2019.

[130] KANDA N, GAUR Y, WANG X, et al. Serialized output training for end-to-end overlapped speech recognition[C]// Interspeech. [S. l.]:[s. n.], 2020.

[131] ZHANG A, WANG Q, ZHU Z, et al. Fully supervised speaker diarization[C]// ICASSP. [S. l.]:[s. n.], 2019.

[132] FUJITA Y, KANDA N, HORIGUCHI S, et al. End-to-end neural speaker diarization with self-attention[C]// ASRU. [S. l.]:[s. n.], 2019.

[133] LI Q, KREYSSIG F, ZHANG C, et al. Discriminative neural clustering for speaker diarisation[C]// SLT. [S. l.]:[s. n.], 2021.

[134] WU W, ZHANG C, WOODLAND P. Integrating emotion recognition with speech recognition and speaker diarisation for conversations[C]// Interspeech. [S. l.]:[s. n.], 2023.

[135] CHANG S, LI B, SAINATH T, et al. Turn-taking prediction for natural conversational speech[C]// Interspeech. [S. l.]:[s. n.], 2022.

[136] JIANG D, ZHANG C, WOODLAND P. A neural time alignment module for end-to-end automatic speech recognition[C]// Interspeech. [S. l.]:[s. n.], 2023.

[137] WU W, ZHANG C, WOODLAND P C. Self-supervised representations in speech-based depression detection[C]// ICASSP. [S. l.]:[s. n.], 2023.

[138] SUN G, ZHANG C, WOODLAND P C. End-to-end spoken language understanding with tree-constrained pointer generator[C]// ICASSP. [S. l.]:[s. n.], 2023.

[139] SUN G, ZHANG C, WOODLAND P. Knowledge-aware audio-grounded generative slot filling for limited annotated data[J]. arXiv preprint arXiv: 2110.03841, 2023.

[140] BAEVSKI A, ZHOU Y, MOHAMED A, et al. Wav2vec 2.0: a framework for self-supervised learning of speech representations[C]// NeurIPS. [S. l.]:[s. n.], 2020.

[141] HSU W-N, BOLTE B, TSAI Y-H H, et al. HuBERT: self-supervised speech representation learning by masked prediction of hidden units[J]. IEEE/ACM Transactions on Audio, Speech, and Language Processing, 2021, 29: 3451-3460.

[142] YANG X, LI Q, ZHANG C, et al. Knowledge distillation from multiple foundation models for end-to-end speech recognition[J]. arXiv preprint arXiv: 2303.10917, 2023.

[143] DEHAK N, KENNY P J, DEHAK R, et al. Front-end factor analysis for speaker verification[J]. IEEE Transactions on Audio, Speech, and Language Processing, 2010, 19(4): 788-798.

[144] SNYDER D, GARCIA-ROMERO D, SELL G, et al. X-vectors: robust DNN embeddings for speaker recognition[C]// 2018 IEEE International Conference on Acoustics, Speech and Signal Processing (ICASSP). [S. l.]:[s. n.], 2018: 5329-5333.

[145] CHEN S, GOPALAKRISHNAN P, OTHERS. Speaker, environment and channel change detection and clustering via the bayesian information criterion[C]// DARPA Broadcast News Transcription and Understanding Workshop. [S. l.]:[s. n.], 1998: 127-132.

[146] ROUGUI J E, RZIZA M, ABOUTAJDINE D, et al. Fast incremental clustering of Gaussian mixture speaker models for scaling up retrieval in on-line broadcast[C]// 2006 IEEE International Conference on Acoustics Speech and Signal Processing. [S. l.]:[s. n.], 2006: V-V.

[147] SENOUSSAOUI M, KENNY P, STAFYLAKIS T, et al. A study of the cosine distance-based mean shift for telephone speech diarization[J]. IEEE/ACM Transactions on Audio, Speech, and Language Processing, 2013, 22(1): 217-227.

[148] PRINCE S J, ELDER J H. Probabilistic linear discriminant analysis for inferences about identity[C]// 2007 IEEE 11th International Conference on Computer Vision. [S.l.]:[s.n.], 2007: 1-8.

[149] LANDINI F, PROFANT J, DIEZ M, et al. Bayesian HMM clustering of x-vector sequences(vbx) in speaker diarization: theory, implementation and analysis on standard tasks[J]. Computer Speech & Language, 2022, 71: 101254.

[150] DIEZ M, BURGET L, WANG S, et al. Bayesian HMM based x-vector clustering for speaker diarization[C]// Interspeech. [S.l.]:[s.n.], 2019: 346-350.

[151] FUJITA Y, KANDA N, HORIGUCHI S, et al. End-to-end neural speaker diarization with permutation-free objectives[J]. arXiv preprint arXiv: 1909.05952, 2019.

[152] MEDENNIKOV I, KORENEVSKY M, PRISYACH T, et al. Target-speaker voice activity detection: a novel approach for multi-speaker diarization in a dinner party scenario[J]. arXiv preprint arXiv: 2005.07272, 2020.

[153] HE M-K, DU J, LIU Q-F, et al. ANSD-MA-MSE: adaptive neural speaker diarization using memory-aware multi-speaker embedding[J]. IEEE/ACM Transactions on Audio, Speech, and Language Processing, 2023, 31: 1561-1573.

[154] KRAAIJ W, HAIN T, LINCOLN M, et al. The AMI meeting corpus[EB/OL]. [2024-03-06]. www.amiproject.org.

[155] HE M, RAJ D, HUANG Z, et al. Target-speaker voice activity detection with improved i-vector estimation for unknown number of speaker[J]. arXiv preprint arXiv: 2108.03342, 2021.

[156] RYANT N, SINGH P, KRISHNAMOHAN V, et al. The third DIHARD diarization challenge[J]. arXiv preprint arXiv: 2012.01477, 2020.

[157] XIAO X, KANDA N, CHEN Z, et al. Microsoft speaker diarization system for the voxceleb speaker recognition challenge 2020[C]// 2021 IEEE International Conference on Acoustics, Speech and Signal Processing(ICASSP). [S.l.]:[s.n.], 2021: 5824-5828.

[158] KINOSHITA K, DELCROIX M, ARAKI S, et al. Tackling real noisy reverberant meetings with all-neural source separation, counting, and diarization system[C]// 2020 IEEE International Conference on Acoustics, Speech and Signal Processing(ICASSP). [S.l.]:[s.n.], 2020: 381-385.

[159] VON NEUMANN T, KINOSHITA K, DELCROIX M, et al. All-neural online source separation, counting, and diarization for meeting analysis[C]// 2019 IEEE International Conference on Acoustics, Speech and Signal Processing(ICASSP). [S.l.]:[s.n.], 2019: 91-95.

[160] CHEN S, WU Y, CHEN Z, et al. Don't shoot butterfly with rifles: multi-channel continuous speech separation with early exit transformer[C]// 2021 IEEE International Conference on Acoustics, Speech and Signal Processing(ICASSP). [S.l.]:[s.n.], 2021: 6139-6143.

[161] CHEN Z, YOSHIOKA T, LU L, et al. Continuous speech separation: dataset and analysis[C]// 2020 IEEE International Conference on Acoustics, Speech and Signal Processing (ICASSP). [S.l.]:[s.n.], 2020: 7284-7288.

[162] MAITI S, UEDA Y, WATANABE S, et al. EEND-SS: joint end-to-end neural speaker diarization and speech separation for flexible number of speakers[C]// 2022 IEEE Spoken Language Technology Workshop(SLT). [S.l.]:[s.n.], 2023: 480-487.

[163] ZENG B, WANG W, BAO Y, et al. Simultaneous speech extraction for multiple target speakers under the meeting scenarios(V1)[J]. arXiv preprint arXiv: 2206.08525, 2022.

[164] FANG X, LING Z-H, SUN L, et al. A deep analysis of speech separation guided diarization under realistic conditions[C]// 2021 Asia-Pacific Signal and Information Processing Association Annual Summit and Conference(APSIPA ASC). [S.l.]:[s.n.], 2021: 667-671.

[165] NIU S-T, DU J, SUN L, et al. Separation guided speaker diarization in realistic mismatched conditions[J]. arXiv preprint arXiv: 2107.02357, 2021.

[166] LUO Y, MESGARANI N. Conv-tasnet: surpassing ideal time-frequency magnitude masking for speech separation[J]. IEEE/ACM Transactions on Audio, Speech, and Language Processing, 2019, 27(8): 1256-1266.

[167] YU D, KOLBæK M, TAN Z-H, et al. Permutation invariant training of deep models for speaker-independent multi-talker speech separation[C]// 2017 IEEE International Conference on Acoustics, Speech and Signal Processing(ICASSP). New Orleans, LA: IEEE, 2017: 241-245.

[168] KOLA J, ESPY-WILSON C, PRUTHI T. Voice activity detection[EB/OL]. [2024-03-11]. https://ece.umd.edu/merit/archives/merit2011/merit_fairll_reports/report_Kola.pdf.

[169] NIU S-T, DU J, SUN L, et al. Improving separation-based speaker diarization via iterative model refinement and speaker embedding based post-processing[C]// 2022 IEEE International Conference on Acoustics, Speech and Signal Processing(ICASSP). [S.l.]:[s.n.], 2022: 8387-8391.

[170] NIU S-T, DU J, SUN L, et al. QDM-SSD: quality-aware dynamic masking for separation-based speaker diarization[J]. IEEE/ACM Transactions on Audio, Speech, and Language Processing, 2023, 31: 1037-1049.

[171] GANNOT S, VINCENT E, MARKOVICH-GOLAN S, et al. A consolidated perspective on multimicrophone speech enhancement and source separation[J/OL]. IEEE/ACM Transactions on Audio, Speech, and Language Processing, 2017, 25(4): 692-730. http://dx.doi.org/10.1109/TASLP.2016.2647702.

[172] BLAUERT J. Spatial hearing: the psychophysics of human sound localization[M]. [S.l.]: MIT press, 1997.

[173] WIGHTMAN F L, KISTLER D J. The dominant role of low-frequency interaural time differences in sound localization[J]. The Journal of the Acoustical Society of America, 1992, 91(3): 1648-1661.

[174] FALLER C, MERIMAA J. Source localization in complex listening situations: selection of binaural cues based on interaural coherence[J]. The Journal of the Acoustical Society of America, 2004, 116(5): 3075-3089.

[175] KUROZUMI K, OHGUSHI K. The relationship between the cross-correlation coefficient of two-channel acoustic signals and sound image quality[J]. The Journal of the Acoustical Society of America, 1983, 74(6): 1726-1733.

[176] BRONKHORST A W. The cocktail party phenomenon: a review of research on speech intelligibility in multiple-talker conditions[J]. Acta Acustica united with Acustica, 2000, 86(1): 117-128.

[177] BRONKHORST A, PLOMP R. The effect of head-induced interaural time and level differences on speech intelligibility in noise[J]. The Journal of the Acoustical Society of America, 1988, 83(4): 1508-1516.

[178] HAWLEY M L, LITOVSKY R Y, CULLING J F. The benefit of binaural hearing in a cocktail party: effect of location and type of interferer[J]. The Journal of the Acoustical Society of America, 2004, 115(2): 833-843.

[179] DESLOGE J G, RABINOWITZ W M, ZUREK P M. Microphone-array hearing aids with binaural

output. I. fixed-processing systems[J]. IEEE Transactions on Speech and Audio Processing, 1997, 5(6): 529-542.

[180] KLASEN T J, VAN DEN BOGAERT T, MOONEN M, et al. Binaural noise reduction algorithms for hearing aids that preserve interaural time delay cues[J]. IEEE Transactions on Signal Processing, 2007, 55(4): 1579-1585.

[181] MARQUARDT D, HADAD E, GANNOT S, et al. Theoretical analysis of linearly constrained multi-channel Wiener filtering algorithms for combined noise reduction and binaural cue preservation in binaural hearing aids[J]. IEEE/ACM Transactions on Audio, Speech, and Language Processing, 2015, 23(12): 2384-2397.

[182] DOCLO S, GANNOT S, MOONEN M, et al. Acoustic beamforming for hearing aid applications[J]. Handbook on Array Processing and Sensor Networks, 2010: 269-302.

[183] CORNELIS B, DOCLO S, VAN DAN BOGAERT T, et al. Theoretical analysis of binaural multimicrophone noise reduction techniques[J]. IEEE Transactions on Audio, Speech, and Language Processing, 2009, 18(2): 342-355.

[184] HADAD E, GANNOT S, DOCLO S. Binaural linearly constrained minimum variance beamformer for hearing aid applications [C] // 2012 International Workshop on Acoustic Signal Enhancement (IWAENC). [S. l.]: [s. n.], 2012: 1-4.

[185] SHIELDS P W, CAMPBELL D R. Improvements in intelligibility of noisy reverberant speech using a binaural subband adaptive noise-cancellation processing scheme [J]. The Journal of the Acoustical Society of America, 2001, 110(6): 3232-3242.

[186] KOLLMEIER B, PEISSIG J, HOHMANN V. Binaural noise-reduction hearing aid scheme with real-time processing in the frequency domain[J]. Scandinavian Audiology. Supplementum, 1993, 38: 28-38.

[187] LI J, SAKAMOTO S, HONGO S, et al. Two-stage binaural speech enhancement with Wiener filter for highquality speech communication[J]. Speech Communication, 2011, 53(5): 677-689.

[188] BENESTY J, CHEN J, HUANG Y. Binaural noise reduction in the time domain with a stereo setup[J]. IEEE Transactions on Audio, Speech, and Language Processing, 2011, 19(8): 2260-2272.

[189] SUN X, XIA R, LI J, et al. A deep learning based binaural speech enhancement approach with spatial cues preservation[C]// 2019 IEEE International Conference on Acoustics, Speech and Signal Processing (ICASSP). [S. l.]: [s. n.], 2019: 5766-5770.

[190] HAN C, LUO Y, MESGARANI N. Real-time binaural speech separation with preserved spatial cues[C]// 2020 IEEE International Conference on Acoustics, Speech and Signal Processing (ICASSP). [S. l.]: [s. n.], 2020: 6404-6408.

[191] TAN K, XU B, KUMAR A, et al. SAGRNN: self-attentive gated RNN for binaural speaker separation with interaural cue preservation[J]. IEEE Signal Processing Letters, 2020, 28: 26-30.

[192] FENG Z, TSAO Y, CHEN F. Recurrent neural network-based estimation and correction of relative transfer function for preserving spatial cues in speech separation[C/OL]// 2022 The 30th European Signal Processing Conference (EUSIPCO). [S. l.]: [s. n.], 2022: 155-159. http://dx.doi.org/10.23919/EUSIPCO55093.2022.9909636.

[193] FENG Z, TSAO Y, CHEN F. Preservation of interaural level difference cue in a deep learning-based speech separation system for bilateral and bimodal cochlear implants users[C/OL]// 2022 International Workshop on Acoustic Signal Enhancement(IWAENC). [S. l.]: [s. n.], 2022: 1-5. http://dx.doi.

org/10.1109/IWAENC53105.2022.9914788.

[194] DURLACH N I. Equalization and cancellation theory of binaural masking-level differences[J]. The Journal of the Acoustical Society of America, 1963, 35(8): 1206-1218.

[195] CULLING J F. Evidence specifically favoring the equalization-cancellation theory of binaural unmasking[J]. The Journal of the Acoustical Society of America, 2007, 122(5): 2803-2813.

[196] GAJECKI T, NOGUEIRA W. Deep latent fusion layers for binaural speech enhancement[J]. IEEE/ACM Transactions on Audio, Speech, and Language Processing, 2022, 31: 3127-3128.

[197] CARNER B. HRTF measurements of a KEMAR dummy-head microphone[R]. [S.l]: MIT Media Lab, 1994, 280: 1-7.

[198] BOMHARDT R, DE LA FUENTE K M, FELS J. A high-resolution head-related transfer function and three-dimensional ear model database[C]// Meetings on Acoustics. [S.l.]:[s.n.], 2016.

[199] IoSR-Surrey. IoSR-surrey/realroombrirs: binaural impulse responses captured in real rooms [EB/OL]. [2024-03-06]. https://github.com/IoSR-Surrey/RealRoomBRIRs.

[200] RIX A W, BEERENDS J G, HOLLIER M P, et al. Perceptual evaluation of speech quality(PESQ)-a new method for speech quality assessment of telephone networks and codecs[C]// ICASSP. [S.l.]: [s.n.], 2001: 749-752.

[201] TAAL C H, HENDRIKS R C, HEUSDENS R, et al. An algorithm for intelligibility prediction of time-frequency weighted noisy speech[J]. IEEE/ACM Transactions on. Audio, Speech, and Language Processing, 2011, 19(7): 2125-2136.

[202] BERTRAND A. Applications and trends in wireless acoustic sensor networks: a signal processing perspective [C]// The 18th IEEE Symposium on Communications and Vehicular Technology in the Benelux (SCVT). [S.l.]:[s.n.], 2011: 1-6.

[203] ZHANG X-L. Deep ad-hoc beamforming[J]. Computer Speech & Language, 2021, 68: 101201.

[204] HEUSDENS R, ZHANG G, HENDRIKS R C, et al. Distributed MVDR beamforming for(wireless) microphone networks using message passing[C]// IWAENC. [S.l.]:[s.n.], 2012: 1-4.

[205] COSSALTER M, SUNDARARAJAN P, LANE I. Ad-hoc meeting transcription on clusters of mobile devices[C]// 12th Annual Conference of the International Speech Communication Association. [S.l.]: [s.n.], 2011.

[206] WÖLFEL M, FÜGEN C, IKBAL S, et al. Multi-source far-distance microphone selection and combination for automatic transcription of lectures[C]// 9th International Conference on Spoken Language Processing. [S.l.]:[s.n.], 2006.

[207] WOLF M, NADEU C. Towards microphone selection based on room impulse response energy-related measures[C]// I Joint SIG-IL/Microsoft Workshop on Speech and Language Technologies for Iberian Languages. Porto Salvo, Portugal:[s.n.], 2009: 61-64.

[208] FLORES C G, TRYFOU G, OMOLOGO M. Cepstral distance based channel selection for distant speech recognition[J]. Computer Speech & Language, 2018, 47: 314-332.

[209] KUMATANI K, MCDONOUGH J, LEHMAN J F, et al. Channel selection based on multichannel cross-correlation coefficients for distant speech recognition[C]// 2011 Joint Workshop on Hands-free Speech Communication and Microphone Arrays. [S.l.]:[s.n.], 2011: 1-6.

[210] WOLF M, NADEU CAMPRUBÍ C. On the potential of channel selection for recognition of reverberated speech with multiple microphones[C]// Interspeech. [S.l.]:[s.n.], 2010: 574-577.

[211] YANG Z, GUAN S, ZHANG X-L. Deep ad-hoc beamforming based on speaker extraction for target-dependent speech separation[J]. Speech Communication, 2022, 140: 87-97.

[212] LUO Y, HAN C, MESGARANI N, et al. FaSNet: low-latency adaptive beamforming for multi-microphone audio processing[C]// 2019 IEEE Automatic Speech Recognition and Understanding Workshop(ASRU). [S.l.]:[s.n.], 2019: 260-267.

[213] WANG D, CHEN Z, YOSHIOKA T. Neural speech separation using spatially distributed microphones[J]. arXiv preprint arXiv: 2004.13670, 2020.

[214] TZIRAKIS P, KUMAR A, DONLEY J. Multi-channel speech enhancement using graph neural networks[C]// 2021 IEEE International Conference on Acoustics, Speech and Signal Processing (ICASSP). [S.l.]:[s.n.], 2021: 3415-3419.

[215] PANDEY A, XU B, KUMAR A, et al. Time-domain ad-hoc array speech enhancement using a triple-path network[C]// Interspeech. [S.l.]:[s.n.], 2022.

[216] CORNELL S, BRUTTI A, MATASSONI M, et al. Learning to rank microphones for distant speech recognition[J]. arXiv preprint arXiv: 2104.02819, 2021.

[217] YOSHIOKA T, WANG X, WANG D. Picknet: real-time channel selection for ad hoc microphone arrays[C]// 2022 IEEE International Conference on Acoustics, Speech and Signal Processing (ICASSP). [S.l.]:[s.n.], 2022: 921-925.

[218] KIM S, LANE I R, KIM S, et al. End-to-end speech recognition with auditory attention for multi-microphone distance speech recognition[C]// Interspeech. [S.l.]:[s.n.], 2017: 3867-3871.

[219] WANG X, LI R, MALLIDI S H, et al. Stream attention-based multi-array end-to-end speech recognition[C]// 2019 IEEE International Conference on Acoustics, Speech and Signal Processing (ICASSP). [S.l.]:[s.n.], 2019: 7105-7109.

[220] CHEN J, ZHANG X-L. Scaling sparsemax based channel selection for speech recognition with ad-hoc microphone arrays[C]// Interspeech. [S.l.]:[s.n.], 2021: 291-295.

[221] LIANG C, CHEN J, GUAN S, et al. Attention-based multi-channel speaker verification with ad-hoc microphone arrays[C]// 2021 Asia-Pacific Signal and Information Processing Association Annual Summit and Conference(APSIPA ASC). [S.l.]:[s.n.], 2021: 1111-1115.

[222] CAI D, LI M. Embedding aggregation for far-field speaker verification with distributed microphone arrays[C]// 2021 IEEE Spoken Language Technology Workshop(SLT). [S.l.]:[s.n.], 2021: 308-315.

[223] LIANG C, CHEN Y, YAO J, et al. Multi-channel far-field speaker verification with large-scale ad-hoc microphone arrays[C]// Interspeech. [S.l.]:[s.n.], 2022: 3679-3683.

[224] COBOS M, ANTONACCI F, ALEXANDRIDIS A, et al. A survey of sound source localization methods in wireless acoustic sensor networks[J]. Wireless Communications and Mobile Computing, 2017(15): 1-24.

[225] VESPERINI F, VECCHIOTTI P, PRINCIPI E, et al. Localizing speakers in multiple rooms by using deep neural networks[J]. Computer Speech & Language, 2018, 49: 83-106.

[226] LE MOING G, VINAYAVEKHIN P, INOUE T, et al. Learning multiple sound source 2D localization[C]// 2019 IEEE 21st International Workshop on Multimedia Signal Processing (MMSP). [S.l.]:[s.n.], 2019: 1-6.

[227] KINDT S, BOHLENDER A, MADHU N. 2D Acoustic source localisation using decentralised deep neural

networks on distributed microphone arrays[C]// 14th ITG Conference on Speech Communication. [S. l.]:[s. n.], 2021: 1-5.

[228] LIU S, GONG Y, ZHANG X-L, et al. Deep learning based two-dimensional speaker localization with large ad-hoc microphone arrays[J]. arXiv preprint arXiv: 2210. 10265, 2022.

[229] GONG Y, LIU S, ZHANG X-L. End-to-end two-dimensional sound source localization with ad-hoc microphone Arrays [C] // 2022 Asia-Pacific Signal and Information Processing Association Annual Summit and Conference(APSIPA ASC). [S. l.]:[s. n.], 2022: 1944-1949.

[230] QIN X, BU H, LI M. Hi-mia: a far-field text-dependent speaker verification database and the baselines[C] // 2020 IEEE International Conference on Acoustics, Speech and Signal Processing (ICASSP). [S. l.]:[s. n.], 2020: 7609-7613.

[231] BARKER J, WATANABE S, VINCENT E, et al. The fifth 'CHiME' speech separation and recognition challenge: dataset, task and baselines[J]. arXiv preprint arXiv: 1803. 10609, 2018.

[232] COREY R, SKARHA M, SINGER A. Massive distributed microphone array dataset[D]. Urbana-Champaign: University of Illinois at Urbana-Champaign, 2019.

[233] MATHUR A, KAWSAR F, BERTHOUZE N, et al. Libri-adapt: a new speech dataset for unsupervised domain Adaptation[C/OL]// 2020 IEEE International Conference on Acoustics, Speech and Signal Processing(ICASSP). [S. l.]:[s. n.], 2020: 7439-7443. http://dx. doi. org/10. 1109/ICASSP40776. 2020. 9053074.

[234] MATHUR A, ISOPOUSSU A, KAWSAR F, et al. Mic2Mic: using cycle-consistent generative adversarial networks to overcome microphone variability in speech systems[C/OL]// 2019 18th ACM/IEEE International Conference on Information Processing in Sensor Networks(IPSN). [S. l.]:[s. n.], 2019: 169-180. http://dx. doi. org/10. 1145/3302506. 3310398.

[235] WATANABE S, MANDEL M, BARKER J, et al. CHiME-6 challenge: tackling multispeaker speech recognition for unsegmented recordings[J]. arXiv preprint arXiv: 2004. 09249, 2020.

[236] DEKKERS G, LAUWEREINS S, THOEN B, et al. The SINS database for detection of daily activities in a home environment using an acoustic sensor network[C]// Detection and Classification of Acoustic Scenes and Events. [S. l.]:[s. n.], 2017.

[237] GUAN S, LIU S, CHEN J, et al. Libri-adhoc40: a dataset collected from synchronized ad-hoc microphone arrays[C]// 2021 Asia-Pacific Signal and Information Processing Association Annual Summit and Conference(APSIPA ASC). [S. l.]:[s. n.], 2021: 1116-1120.

[238] NAGRANI A, CHUNG J S, XIE W, et al. Voxceleb: large-scale speaker verification in the wild[J]. Computer Speech & Language, 2020, 60: 101027.

[239] FAN Y, KANG J, LI L, et al. Cn-celeb: a challenging chinese speaker recognition dataset[C]// 2020 IEEE International Conference on Acoustics, Speech and Signal Processing(ICASSP). [S. l.]:[s. n.], 2020: 7604-7608.

[240] LI L, LI X, JIANG H, et al. CN-Celeb-AV: a multi-genre audio-visual dataset for person recognition[J]. arXiv preprint arXiv: 2305. 16049, 2023.

[241] SHON S, OH T-H, GLASS J. Noise-tolerant audio-visual online person verification using an attention-based neural network fusion[C]// 2019 IEEE International Conference on Acoustics, Speech and Signal Processing(ICASSP). [S. l.]:[s. n.], 2019: 3995-3999.

[242] QIAN Y, CHEN Z, WANG S. Audio-visual deep neural network for robust person verification[J].

IEEE/ACM Transactions on Audio, Speech, and Language Processing, 2021, 29: 1079-1092.
[243] ABDRAKHMANOVA M, ABUSHAKIMOVA S, KHASSANOV Y, et al. A study of multimodal person verification using audio-visual-thermal data[J]. arXiv preprint arXiv: 2110.12136, 2021.
[244] CAI D, WANG W, LI M. Incorporating visual information in audio based self-supervised speaker recognition[J]. IEEE/ACM Transactions on Audio, Speech, and Language Processing, 2022, 30: 1422-1435.
[245] TAO R, LEE K A, DAS R K, et al. Self-supervised training of speaker encoder with multi-modal diverse positive pairs[J]. IEEE/ACM Transactions on Audio, Speech, and Language Processing, 2023, 31: 1706-1719.
[246] ZHANG L, CHEN Z, QIAN Y. Knowledge distillation from multi-modality to single-modality for person verification[C]// Interspeech. [S.l.]: [s.n.], 2021: 1897-1901.
[247] TAO R, LEE K A, SHI Z, et al. Speaker recognition with two-step multi-modal deep cleansing[C]// 2023 IEEE International Conference on Acoustics, Speech and Signal Processing (ICASSP). [S.l.]: [s.n.], 2023: 1-5.
[248] OH T-H, DEKEL T, KIM C, et al. Speech2face: learning the face behind a voice[C]// The IEEE/CVF Conference on Computer Vision and Pattern Recognition. [S.l.]: [s.n.], 2019: 7539-7548.
[249] SARI L, SINGH K, ZHOU J, et al. A multi-view approach to audio-visual speaker verification[C]// 2021 IEEE International Conference on Acoustics, Speech and Signal Processing (ICASSP). [S.l.]: [s.n.], 2021: 6194-6198.
[250] SHON S, GLASS J R. Multimodal association for speaker verification[C]// Interspeech. [S.l.]: [s.n.], 2020: 2247-2251.
[251] BAEVSKI A, ZHOU Y, MOHAMED A, et al. Wav2vec 2.0: a framework for self-supervised learning of speech representations [J]. Advances in Neural Information Processing Systems, 2020, 33: 12449-12460.
[252] HSU W-N, BOLTE B, TSAI Y-HH, et al. Hubert: self-supervised speech representation learning by masked prediction of hidden units[J]. IEEE/ACM Transactions on Audio, Speech, and Language Processing, 2021, 29: 3451-3460.
[253] SHI B, MOHAMED A, HSU W-N. Learning lip-based audio-visual speaker embeddings with av-hubert[J]. arXiv preprint arXiv: 2205.07180, 2022.
[254] XU E Z, SONG Z, TSUTSUI S, et al. Ava-avd: audio-visual speaker diarization in the wild[C]//The 30th ACM International Conference on Multimedia. [S.l.]: [s.n.], 2022: 3838-3847.
[255] CHUNG J S, HUH J, NAGRANI A, et al. Spot the conversation: speaker diarisation in the wild[J]. arXiv preprint arXiv: 2007.01216, 2020.
[256] LIU T, FAN S, XIANG X, et al. MSDWild: multi-modal speaker diarization dataset in the wild[C]// Interspeech. [S.l.]: [s.n.], 2022: 1476-1480.
[257] GRAUMAN K, WESTBURY A, BYRNE E, et al. Ego4d: around the world in 3,000 hours of egocentric video [C] // The IEEE/CVF Conference on Computer Vision and Pattern Recognition. [S.l.]: [s.n.], 2022: 18995-19012.
[258] NOULAS A, ENGLEBIENNE G, KROSE B J. Multimodal speaker diarization[J]. IEEE Transactions on Pattern Analysis and Machine Intelligence, 2011, 34(1): 79-93.
[259] GEBRU I D, BA S, LI X, et al. Audio-visual speaker diarization based on spatiotemporal bayesian

fusion[J]. IEEE Transactions on Pattern Analysis and Machine Intelligence, 2017, 40(5): 1086-1099.

[260] WUERKAIXI A, YAN K, ZHANG Y, et al. DyViSE: dynamic vision-guided speaker embedding for audio-visual speaker diarization[C]// 2022 IEEE 24th International Workshop on Multimedia Signal Processing(MMSP). [S.l.]:[s.n.], 2022: 1-6.

[261] HE M-K, DU J, LEE C-H. End-to-end audio-visual neural speaker diarization[C]// Interspeech. [S.l.]:[s.n.], 2022: 1461-1465.

[262] DING Y, XU Y, ZHANG S-X, et al. Self-supervised learning for audio-visual speaker diarization[C]// 2020 IEEE International Conference on Acoustics, Speech and Signal Processing(ICASSP). [S.l.]:[s.n.], 2020: 4367-4371.

[263] AHMAD R, ZUBAIR S, ALQUHAYZ H, et al. Multimodal speaker diarization using a pre-trained audiovisual synchronization model[J]. Sensors, 2019, 19(23): 5163.

[264] WANG Z, WU S, CHEN H, et al. The multimodal information based speech processing(MISP) 2022 challenge: audio-visual diarization and recognition[C]// 2023 IEEE International Conference on Acoustics, Speech and Signal Processing(ICASSP). [S.l.]:[s.n.], 2023: 1-5.

[265] HERSHEY J R, CHEN Z, LE ROUX J, et al. Deep clustering: discriminative embeddings for segmentation and separation[C]// IEEE ICASSP. [S.l.]:[s.n.], 2016: 31-35.

[266] CHEN Z, LUO Y, MESGARANI N. Deep attractor network for single-microphone speaker separation[C]// IEEE ICASSP. [S.l.]:[s.n.], 2017: 246-250.

[267] LUO Y, CHEN Z, YOSHIOKA T. Dual-path RNN: efficient long sequence modeling for time-domain single-channel speech separation[C]// 2020 IEEE International Conference on Acoustics, Speech and Signal Processing(ICASSP). [S.l.]:[s.n.], 2020: 46-50.

[268] AFOURAS T, CHUNG J S, ZISSERMAN A. The conversation: deep audio-visual speech enhancement[C]// ISCA Interspeech. [S.l.]:[s.n.], 2018: 3244-3248.

[269] AFOURAS T, CHUNG J S, ZISSERMAN A. My lips are concealed: audio-visual speech enhancement through obstructions[J]. arXiv preprint arXiv: 1907.04975, 2019: 4295-4299.

[270] LI C, QIAN Y. Deep audio-visual speech separation with attention mechanism[C]// IEEE ICASSP. [S.l.]:[s.n.], 2020: 7314-7318.

[271] LI C, QIAN Y. Listen, watch and understand at the cocktail party: audio-visual-contextual speech separation[C/OL]// Interspeech. [S.l.]: ISCA, 2020: 1426-1430. http://dx.doi.org/10.21437/Interspeech.2020-2028.

[272] CHUNG J S, NAGRANI A, ZISSERMAN A. Voxceleb2: deep speaker recognition[J]. arXiv preprint arXiv: 1806.05622, 2018.

[273] CHUNG J S, SENIOR A W, VINYALS O, et al. Lip reading sentences in the wild[C]// CVPR. [S.l.]: IEEE Computer Society, 2017: 3444-3453.

[274] AFOURAS T, CHUNG J S, SENIOR A W, et al. Deep audio-visual speech recognition[J]. IEEE Trans. Pattern Anal. Mach. Intell., 2022, 44(12): 8717-8727.

[275] EPHRAT A, MOSSERI I, LANG O, et al. Looking to listen at the cocktail party: a speaker-independent audio-visual model for speech separation[J]. ACM Transactions on Graphics(TOG), 2018, 37(4): 112.

[276] LUO Y, WANG J, WANG X, et al. Audio-visual speech separation using i-vectors[C]// 2019 IEEE 2nd International Conference on Information Communication and Signal Processing(ICICSP). [S.

l.]:[s. n.], 2019: 276-280.

[277] IDELI E, SHARPE B, BAJIĆ I V, et al. Visually assisted time-domain speech enhancement[C]// 2019 IEEE Global Conference on Signal and Information Processing(GlobalSIP). [S. l.]:[s. n.], 2019: 1-5.

[278] WU Y, LI C, BAI J, et al. Time-domain audio-visual speech separation on low quality videos[C/OL]// 2022 IEEE International Conference on Acoustics, Speech and Signal Processing (ICASSP). [S. l.]:[s. n.], 2022: 256-260. http://dx. doi. org/10. 1109/ICASSP43922. 2022. 9746866.

[279] WU J, XU Y, ZHANG S-X, et al. Time domain audio visual speech separation[C/OL]// 2019 IEEE Automatic Speech Recognition and Understanding Workshop (ASRU). [S. l.]:[s. n.], 2019: 667-673. http://dx. doi. org/10. 1109/ASRU46091. 2019. 9003983.

[280] STAFYLAKIS T, TZIMIROPOULOS G. Combining residual networks with LSTMs for lipreading[C/OL]// ISCA Interspeech. [S. l.]:[s. n.], 2017: 3652-3656. http://dx. doi. org/10. 21437/Interspeech. 2017-85.

[281] PETRIDIS S, STAFYLAKIS T, MA P, et al. End-to-end audiovisual speech recognition[C]// 2018 IEEE International Conference on Acoustics, Speech and Signal Processing(ICASSP). [S. l.]:[s. n.], 2018: 6548-6552.

[282] PETRIDIS S, STAFYLAKIS T, MA P, et al. Audio-visual speech recognition with a hybrid CTC/attention architecture[C]// 2018 IEEE Spoken Language Technology Workshop (SLT). [S. l.]:[s. n.], 2018: 513-520.

[283] MARTINEZ B, MA P, PETRIDIS S, et al. Lipreading using temporal convolutional networks[J]. arXiv preprint arXiv: 2001. 08702, 2020.

[284] BULAT A, TZIMIROPOULOS G. Convolutional aggregation of local evidence for large pose face alignment[C]//The British Machine Vision Conference. [S. l.]:[s. n.], 2016.

[285] BULAT A, TZIMIROPOULOS G. Two-stage convolutional part heatmap regression for the 1st 3D face alignment in the wild(3dfaw) challenge[C]// European Conference on Computer Vision. [S. l.]:[s. n.], 2016: 616-624.

[286] GOGATE M, ADEEL A, MARXER R, et al. DNN driven speaker independent audio-visual mask estimation for speech separation[J]. arXiv preprint arXiv: 1808. 00060, 2018.

[287] GOGATE M, DASHTIPOUR K, ADEELA, et al. CochleaNet: a robust language-independent audio-visual model for real-time speech enhancement[J]. Information Fusion, 2020, 63: 273-285.

[288] GABBAY A, EPHRAT A, HALPERIN T, et al. Seeing through noise: visually driven speaker separation and enhancement[C]// 2018 IEEE International Conference on Acoustics, Speech and Signal Processing (ICASSP). [S. l.]:[s. n.], 2018: 3051-3055.

[289] LI Y, LIU Z, NA Y, et al. A visual-pilot deep fusion for target speech separation in multitalker noisy environment[C]// 2020 IEEE International Conference on Acoustics, Speech and Signal Processing (ICASSP). [S. l.]:[s. n.], 2020: 4442-4446.

[290] HOU J-C, WANG S-S, LAI Y-H, et al. Audio-visual speech enhancement using deep neural networks[C]// 2016 Asia-Pacific Signal and Information Processing Association Annual Summit and Conference(APSIPA). [S. l.]:[s. n.], 2016: 1-6.

[291] SCHWARTZ J-L, BERTHOMMIER F, SAVARIAUX C. Audio-visual scene analysis: evidence for a "very-early" integration process in audio-visual speech perception[C]// 7th International Conference on Spoken Language Processing. [S. l.]:[s. n.], 2002.

[292] JORGENSEN C, DUSAN S. Speech interfaces based upon surface electromyography[J]. Speech Communication, 2010, 52(4): 354-366.

[293] GABBAY A, SHAMIR A, PELEG S. Visual speech enhancement[J]. arXiv preprint arXiv: 1711.08789, 2017.

[294] CHUNG S-W, CHOE S, CHUNG J S, et al. Facefilter: audio-visual speech separation using still images[C/OL]// Interspeech 2020. [S.l.]: ISCA, 2020: 3481-3485. http://dx.doi.org/10.21437/Interspeech.2020-1065.

[295] GU R, ZHANG S-X, XU Y, et al. Multi-modal Multi-channel target speech separation[J/OL]. IEEE Journal of Selected Topics in Signal Processing, 2020, 14(3): 530-541. http://dx.doi.org/10.1109/JSTSP.2020.2980956.

[296] WU Y, LI C, BAI J, et al. Time-domain audio-visual speech separation on low quality videos[C/OL]// 2022 IEEE International Conference on Acoustics, Speech and Signal Processing (ICASSP). [S.l.]:[s.n.], 2022: 256-260. http://dx.doi.org/10.1109/ICASSP43922.2022.9746866.

[297] OCHIAI T, DELCROIX M, KINOSHITA K, et al. Multimodal speakerbeam: single channel target speech extraction with audio-visual speaker clues[C]// ISCA Interspeech. [S.l.]:[s.n.], 2019: 2718-2722.

[298] MA P, PETRIDIS S, PANTIC M. End-to-end audio-visual speech recognition with conformers[C]// ICASSP. [S.l.]: IEEE, 2021: 7613-7617.

[299] AFOURAS T, CHUNG J S, ZISSERMAN A. LRS3-TED: a large-scale dataset for visual speech recognition[Z]. CoRR, 2018, abs/1809.00496.

[300] MROUEH Y, MARCHERET E, GOEL V. Deep multimodal learning for audio-visual speech recognition[C]// ICASSP. [S.l.]: IEEE, 2015: 2130-2134.

[301] PETRIDIS S, STAFYLAKIS T, MA P, et al. Audio-visual speech recognition with a hybrid CTC/attention architecture[C]// SLT. [S.l.]: IEEE, 2018: 513-520.

[302] STERPU G, SAAM C, HARTE N. Attention-based audio-visual fusion for robust automatic speech recognition[C]// ICMI. [S.l.]: ACM, 2018: 111-115.

[303] STERPU G, SAAM C, HARTE N. How to teach DNNs to pay attention to the visual modality in speech recognition[J]. IEEE/ACM Trans. on Audio, Speech, and Lang. Process., 2020, 28: 1052-1064.

[304] ZHOU P, YANG W, CHEN W, et al. Modality attention for end-to-end audio-visual speech recognition[C]// ICASSP. [S.l.]: IEEE, 2019: 6565-6569.

[305] YU J, ZHANG S, WU J, et al. Audio-visual recognition of overlapped speech for the LRS2 Dataset[C]// ICASSP. [S.l.]: IEEE, 2020: 6984-6988.

[306] LI J, LI C, WU Y, et al. Robust audio-visual ASR with unified cross-modal attention[C/OL]// ICASSP 2023-2023 IEEE International Conference on Acoustics, Speech and Signal Processing(ICASSP). [S.l.]:[s.n.], 2023: 1-5. http://dx.doi.org/10.1109/ICASSP49357.2023.10096893.

[307] XU B, LU C, GUO Y, et al. Discriminative multi-modality speech recognition[C]// CVPR. [S.l.]: Computer Vision Foundation / IEEE, 2020: 14421-14430.

[308] HONG J, KIM M, YOO D, et al. Visual context-driven audio feature enhancement for robust end-to-end audio-visual speech recognition[C]// Interspeech. [S.l.]: ISCA, 2022: 2838-2842.

[309] SHI B, HSU W, MOHAMED A. Robust self-supervised audio-visual speech recognition[C]// Interspeech. [S.l.]: ISCA, 2022: 2118-2122.

[310] SHI B, HSU W, LAKHOTIA K, et al. Learning audio-visual speech representation by masked multimodal cluster prediction[C]// ICLR. [S. l.]: OpenReview. net, 2022.

[311] PAN X, CHEN P, GONG Y, et al. Leveraging unimodal self-supervised learning for multimodal audio-visual speech recognition[C]// ACL(1). [S. l.]: Association for Computational Linguistics, 2022: 4491-4503.

[312] CHEN X, FAN H, GIRSHICK R B, et al. Improved baselines with momentum contrastive learning[Z]. CoRR, 2020, abs/2003.04297.

[313] BAEVSKI A, ZHOU Y, MOHAMED A, et al. Wav2vec 2.0: a framework for self-supervised learning of speech representations[C]// NeurIPS. [S.l.]:[s. n.], 2020.

[314] SANABRIA R, CAGLAYAN O, PALASKAR S, et al. How2: a large-scale dataset for multimodal language understanding[Z]. CoRR, 2018, abs/1811.00347.

[315] MIECH A, ZHUKOV D, ALAYRAC J, et al. How to 100M: learning a text-video embedding by watching hundred million narrated video clips[C]// ICCV. [S.l.]: IEEE, 2019: 2630-2640.

[316] RASHTCHIAN C, YOUNG P, HODOSH M, et al. Collecting image annotations using Amazon's mechanical turk[C]// Mturk@ HLT-NAACL. [S. l.]: Association for Computational Linguistics, 2010: 139-147.

[317] HARWATH D F, GLASS J R. Deep multimodal semantic embeddings for speech and images[C]// ASRU. [S.l.]: IEEE, 2015: 237-244.

[318] MIAO Y, METZE F. Open-domain audio-visual speech recognition: a deep learning approach[C]// Interspeech. [S.l.]: ISCA, 2016: 3414-3418.

[319] GUPTA A, MIAO Y, NEVES L, et al. Visual features for context-aware speech recognition[C]// ICASSP. [S.l.]: IEEE, 2017: 5020-5024.

[320] PALASKAR S, SANABRIA R, METZE F. End-to-end multimodal speech recognition[C]// ICASSP. [S.l.]: IEEE, 2018: 5774-5778.

[321] CAGLAYAN O, SANABRIA R, PALASKAR S, et al. Multimodal grounding for sequence-to-sequence speech recognition[C]// ICASSP. [S.l.]: IEEE, 2019: 8648-8652.

[322] SRINIVASAN T, SANABRIA R, METZE F. Analyzing utility of visual context in multimodal speech recognition under noisy conditions[J]. CoRR, 2019, abs/1907.00477.

[323] GHORBANI S, GAUR Y, SHI Y, et al. Listen, look and deliberate: visual context-aware speech recognition using pre-trained text-video representations[C]// SLT. [S.l.]: IEEE, 2021: 621-628.

[324] GABEUR V, SEO P H, NAGRANI A, et al. AVATAR: unconstrained audiovisual speech recognition[C]// Interspeech. [S.l.]: ISCA, 2022: 2818-2822.

[325] SEO P H, NAGRANI A, SCHMID C. AVFormer: injecting vision into frozen speech models for zero-shot AV-ASR[Z]. CoRR, 2023, abs/2303.16501.

[326] HONG J, KIM M, CHOI J, et al. Watch or listen: robust audio-visual speech recognition with visual corruption modeling and reliability scoring[Z]. CoRR, 2023, abs/2303.08536.

[327] ZHENG Y, LIU Z, ZHANG Z, et al. Air-and bone-conductive integrated microphones for robust speech detection and enhancement [C] // 2003 IEEE Workshop on Automatic Speech Recognition and Understanding(IEEE Cat. No. 03EX721). [S.l.]:[s. n.], 2003: 249-254.

[328] ZHANG Z, LIU Z, SINCLAIR M, et al. Multi-sensory microphones for robust speech detection, enhancement and recognition[C]// 2004 IEEE International Conference on Acoustics, Speech, and

Signal Processing. [S. l.]:[s. n.], 2004: iii-781.

[329] YU C, HUNG K-H, WANG S-S, et al. Time-domain multi-modal bone/air conducted speech enhancement[J]. IEEE Signal Processing Letters, 2020, 27: 1035-1039.

[330] WANG M, CHEN J, ZHANG X, et al. Multi-modal speech enhancement with bone-conducted speech in time domain[J]. Applied Acoustics, 2022, 200: 109058.

[331] WANG H, ZHANG X, WANG D. Fusing bone-conduction and air-conduction sensors for complex-domain speech enhancement[J]. IEEE/ACM Transactions on Audio, Speech, and Language Processing, 2022, 30: 3134-3143.

[332] DAI Y, GIESEKE F, OEHMCKE S, et al. Attentional feature fusion[C]// The IEEE/CVF Winter Conference on Applications of Computer Vision. [S. l.]:[s. n.], 2021: 3560-3569.

[333] WANG M, CHEN J, ZHANG X-L, et al. End-to-end multi-modal speech recognition on an air and bone conducted speech corpus[J]. IEEE/ACM Transactions on Audio, Speech, and Language Processing, 2022, 31: 513-524.

[334] ZHENG C, XU L, FAN X, et al. Dual-path transformer-based network with equalization-generation components prediction for flexible vibrational sensor speech enhancement in the time domain[J]. The Journal of the Acoustical Society of America, 2022, 151(5): 2814-2825.

[335] GOODFELLOW I J, SHLENS J, SZEGEDY C. Explaining and harnessing adversarial examples[C]// ICLR. [S. l.]:[s. n.], 2015.

[336] MADRY A, MAKELOV A, SCHMIDT L, et al. Towards deep learning models resistant to adversarial attacks[J]. arXiv preprint arXiv: 1706.06083, 2017.

[337] MOOSAVI-DEZFOOLI S-M, FAWZI A, FROSSARD P. Deepfool: a simple and accurate method to fool deep neural networks[C]// The IEEE Conference on Computer Vision and Pattern Recognition. [S. l.]:[s. n.], 2016: 2574-2582.

[338] CARLINI N, WAGNER D. Towards evaluating the robustness of neural networks[C]// 2017 IEEE Symposium on Security and Privacy(SP). [S. l.]:[s. n.], 2017: 39-57.

[339] CHENG Y, SONG J, ZHU X, et al. Fast gradient non-sign methods[J]. arXiv preprint arXiv: 2110.12734, 2021.

[340] CARLINI N, WAGNER D. Audio adversarial examples: targeted attacks on speech-to-text[C]// 2018 IEEE Security and Privacy Workshops(SPW). [S. l.]:[s. n.], 2018: 1-7.

[341] HANNUN A, CASE C, CASPER J, et al. Deep speech: scaling up end-to-end speech recognition[J]. arXiv preprint arXiv: 1412.5567, 2014.

[342] VILLALBA J, ZHANG Y, DEHAK N. X-vectors meet adversarial attacks: benchmarking adversarial robustness in speaker verification[C]// Interspeech. [S. l.]:[s. n.], 2020: 4233-4237.

[343] YAO J, CHEN X, ZHANG X-L, et al. Symmetric saliency-based adversarial attack to speaker identification[J]. arXiv preprint arXiv: 2210.16777, 2023.

[344] YUAN X, CHEN Y, ZHAO Y, et al. Commandersong: a systematic approach for practical adversarial voice recognition[C]// 27th USENIX Conference on Security Symposium. [S. l.]:[s. n.], 2018: 49-64.

[345] TAORI R, KAMSETTY A, CHU B, et al. Targeted adversarial examples for black box audio systems[C]// 2019 IEEE Security and Privacy Workshops(SPW). [S. l.]:[s. n.], 2019: 15-20.

[346] DU T, JI S, LI J, et al. Sirenattack: generating adversarial audio for end-to-end acoustic systems[C]//

The 15th ACM Asia Conference on Computer and Communications Security. [S. l.]:[s. n.], 2020: 357-369.

[347] LI X, ZHONG J, WU X, et al. Adversarial attacks on GMM i-vector based speaker verification systems[C] // 2020 IEEE International Conference on Acoustics, Speech and Signal Processing (ICASSP). [S. l.]:[s. n.], 2020: 6579-6583.

[348] CHEN G, CHENB S, FAN L, et al. Who is real bob? Adversarial attacks on speaker recognition systems[C/OL]// 2021 IEEE Symposium on Security and Privacy(SP). [S. l.]:[s. n.], 2021: 694-711. http://dx. doi. org/10. 1109/SP40001. 2021. 00004.

[349] ILYAS A, ENGSTROM L, ATHALYE A, et al. Black-box adversarial attacks with limited queries and information[C]// International Conference on Machine Learning. [S. l.]:[s. n.], 2018: 2137-2146.

[350] ZHANG J, TAN H, DENG B, et al. NMI-FGSM-Tri: an efficient and targeted method for generating adversarial examples for speaker recognition[C]// 2022 7th IEEE International Conference on Data Science in Cyberspace(DSC). [S. l.]:[s. n.], 2022: 167-174.

[351] NESTEROV Y. A method for unconstrained convex minimization problem with the rate of convergence O (1/k^2) [C]// Doklady an USSR. [S. l.]:[s. n.], 1983: 543-547.

[352] LIU Y, CHEN X, LIU C, et al. Delving into transferable adversarial examples and black-box attacks[C]// ICLR. [S. l.]:[s. n.], 2017.

[353] YAO J, LUO H, ZHANG X-L. Interpretable spectrum transformation attacks to speaker recognition[J]. arXiv preprint arXiv: 2302. 10686, 2023.

[354] ABDULLAH H, RAHMAN M S, GARCIA W, et al. Hear"no evil", see"kenansville": efficient and transferable black-box attacks on speech recognition and voice identification systems[C]// 2021 IEEE Symposium on Security and Privacy(SP). [S. l.]:[s. n.], 2021: 712-729.

[355] LUO H, SHEN Y, LIN F, et al. Spoofing speaker verification system by adversarial examples leveraging the generalized speaker difference[J]. Security and Communication Networks, 2021, 2021: 1-10.

[356] YAKURA H, SAKUMA J. Robust audio adversarial example for a physical attack[J]. arXiv preprint arXiv: 1810. 11793, 2018.

[357] QIN Y, CARLINI N, COTTRELL G, et al. Imperceptible, robust, and targeted adversarial examples for automatic speech recognition[C]// International conference on machine learning. [S. l.]:[s. n.], 2019: 5231-5240.

[358] SCHÖNHERR L, EISENHOFER T, ZEILER S, et al. Imperio: robust over-the-air adversarial examples for automatic speech recognition systems[C]// Annual Computer Security Applications Conference. [S. l.]:[s. n.], 2020: 843-855.

[359] LI Z, SHI C, XIE Y, et al. Practical adversarial attacks against speaker recognition systems[C]// The 21st International Workshop on Mobile Computing Systems and Applications. [S. l.]:[s. n.], 2020: 9-14.

[360] ZHENG B, JIANG P, WANG Q, et al. Black-box adversarial attacks on commercial speech platforms with minimal information[C]// The 2021 ACM SIGSAC Conference on Computer and Communications Security. [S. l.]:[s. n.], 2021: 86-107.

[361] NEEKHARA P, HUSSAIN S, PANDEY P, et al. Universal adversarial perturbations for speech recognition systems[J]. arXiv preprint arXiv: 1905. 03828, 2019.

[362] XIE Y, SHI C, LI Z, et al. Real-time, universal, and robust adversarial attacks against speaker

recognition systems [C] // 2020 IEEE International Conference on Acoustics, Speech and Signal Processing(ICASSP). [S.l.]:[s.n.], 2020: 1738-1742.

[363] XIE Y, LI Z, SHI C, et al. Enabling fast and universal audio adversarial attack using generative model[C]// The AAAI Conference on Artificial Intelligence. [S.l.]:[s.n.], 2021: 14129-14137.

[364] STOLLER D, EWERT S, DIXON S. Wave-u-net: a multi-scale neural network for end-to-end audio source separation[J]. arXiv preprint arXiv: 1806.03185, 2018.

[365] WANG Q, GUO P, SUN S, et al. Adversarial regularization for end-to-end robust speaker verification[C/OL]//Interspeech. [S.l.]:[s.n.], 2019: 4010-4014. http://dx.doi.org/10.21437/Interspeech.2019-2983.

[366] WU H, LIU S, MENG H, et al. Defense against adversarial attacks on spoofing countermeasures of ASV [C/OL] //ICASSP. [S.l.]: [s.n.], 2020: 6564-6568. http://dx.doi.org/10.1109/ICASSP40776.2020.9053643.

[367] SONG C, HE K, WANG L, et al. Improving the generalization of adversarial training with domain adaptation[C]//ICLR. [S.l.]:[s.n.], 2019.

[368] LAN J, ZHANG R, YAN Z, et al. Adversarial attacks and defenses in speaker recognition systems: a survey[J/OL]. Journal of Systems Architecture, 2022, 127: 102526. http://dx.doi.org/10.1016/j.sysarc.2022.102526.

[369] JOSHI S, VILLALBA J, ŻELASKO P, et al. Study of pre-processing defenses against adversarial attacks on state-of-the-art speaker recognition systems [J/OL]. IEEE Transactions on Information Forensics and Security, 2021, 16: 4811-4826. http://dx.doi.org/10.1109/TIFS.2021.3116438.

[370] YAMAMOTO R, SONG E, KIM J-M. Parallel waveGAN: a fast waveform generation model based on generative adversarial networks with multi-resolution spectrogram[C]// ICASSP. [S.l.]:[s.n.], 2020: 6199-6203.

[371] ZHANG H, WANG L, ZHANG Y, et al. Adversarial separation network for speaker recognition[C/OL]// Interspeech. [S.l.]:[s.n.], 2020: 951-955. http://dx.doi.org/10.21437/Interspeech.2020-1966.

[372] WU H, LI X, LIU A T, et al. Improving the adversarial robustness for speaker verification by self-supervised learning[J/OL]. IEEE/ACM Transaction on Audio, Speech, and Language Processing, 2021, 30: 202-217. http://dx.doi.org/10.1109/TASLP.2021.3133189.

[373] WU H, ZHANG Y, WU Z, et al. Voting for the right answer: adversarial defense for speaker verification[C/OL]//Interspeech. [S.l.]:[s.n.], 2021: 4294-4298. http://dx.doi.org/10.21437/Interspeech.2021-1452.

[374] LI X, LI N, ZHONG J, et al. Investigating robustness of adversarial samples detection for automatic speaker verification[C/OL]//Interspeech. [S.l.]:[s.n.], 2020: 1540-1544. http://dx.doi.org/10.21437/Interspeech.2020-2441.

[375] JOSHI S, KATARIA S, VILLALBA J, et al. AdvEst: adversarial perturbation estimation to classify and detect adversarial attacks against speaker identification[C/OL]//Interspeech. [S.l.]:[s.n.], 2022. https://arxiv.org/abs/2204.03848.

[376] WU H, HSU P-C, GAO J, et al. Adversarial sample detection for speaker verification by neural vocoders[C/OL]//ICASSP. [S.l.]:[s.n.], 2022: 236-240. http://dx.doi.org/10.1109/ICASSP43922.2022.9746900.

[377] PENG Z, LI X, LEE T. Pairing weak with strong: twin models for defending against adversarial attack

on speaker verification[C/OL]// Interspeech. [S. l.]:[s. n.], 2021: 4284-4288. http://dx. doi. org/10. 21437/Interspeech. 2021-1343.

[378] CHEN X, YAO J, ZHANG X-L. Masking speech feature to detect adversarial examples for speaker verification[C]// 2022 Asia-Pacific Signal and Information Processing Association Annual Summit and Conference(APSIPA ASC). [S. l.]:[s. n.], 2022: 191-195

[379] CHEN X, WANG J, ZHANG X-L, et al. LMD: a learnable mask network to detect adversarial examples for speaker verification[J]. IEEE/ACM Transactions on Audio, Speech, and Language Processing, 2023, 31: 2476-2490.

[380] CHEN H, ZHOU H, DU J, et al. The first multimodal information based speech processing(misp) challenge: data, tasks, baselines and results[C]// 2022 IEEE International Conference on Acoustics, Speech and Signal Processing(ICASSP). [S. l.]:[s. n.], 2022: 9266-9270.

[381] XU G, YANG S, LI W, et al. Channel-wise av-fusion attention for multi-channel audio-visual speech recognition[C]// 2022 IEEE International Conference on Acoustics, Speech and Signal Processing (ICASSP). [S. l.]:[s. n.], 2022: 9251-9255.

[382] WANG W, GONG X, WU Y, et al. The sjtu system for multimodal information based speech processing challenge 2021[C]// 2022 IEEE International Conference on Acoustics, Speech and Signal Processing (ICASSP). [S. l.]:[s. n.], 2022: 9261-9265.

[383] SON CHUNG J, SENIOR A, VINYALS O, et al. Lipreading sentences in the wild[C]// The IEEE Conference on Computer Vision and Pattern Recognition. [S. l.]:[s. n.], 2017: 6447-6456.

[384] AFOURAS T, CHUNG J S, SENIOR A, et al. Deep audio-visual speech recognition[J]. IEEE Transactions on Pattern Analysis and Machine Intelligence, 2018, 44(12): 8717-8727.

[385] MA P, PETRIDIS S, PANTIC M. End-to-end audio-visual speech recognition with conformers[C]// 2021 IEEE International Conference on Acoustics, Speech and Signal Processing (ICASSP). [S. l.]:[s. n.], 2021:7613-7617.

[386] TAO F, BUSSO C. Gating neural network for large vocabulary audiovisual speech recognition[J]. IEEE/ACM Transactions on Audio, Speech, and Language Processing, 2018, 26(7): 1290-1302.

[387] DRUDE L, HEYMANN J, BOEDDEKER C, et al. NARA-WPE: a python package for weighted prediction error dereverberation in Numpy and Tensorflow for online and offline processing[C]// 13th ITG-Symposium on Speech Communication. [S. l.]:[s. n.], 2018: 1-5.

[388] HE M, LV X, ZHOU W, et al. The ustc-ximalaya system for the ICASSP 2022 multi-channel multi-party meeting transcription(m2met) challenge[C]// 2022 IEEE International Conference on Acoustics, Speech and Signal Processing(ICASSP). [S. l.]:[s. n.], 2022: 9166-9170.

[389] RAJ D, GARCIA-PERERA L P, HUANG Z, et al. Dover-lap: a method for combining overlap-aware diarization outputs[C]// 2021 IEEE Spoken Language Technology Workshop(SLT). [S. l.]:[s. n.], 2021: 881-888.

[390] CHEN H, DU J, DAI Y, et al. Audio-visual speech recognition in MISP2021 challenge: dataset release and deep analysis[C]// The Annual Conference of the International Speech Communication Association. [S. l.]:[s. n.], 2022: 1766-1770.

[391] ANGUERA X, WOOTERS C, HERNANDO J. Acoustic beamforming for speaker diarization of meetings[J]. IEEE Transactions on Audio, Speech, and Language Processing, 2007, 15(7): 2011-2022.

[392] FARHA Y A, GALL J. Ms-tcn: Multi-stage temporal convolutional network for action segmentation[C]// The IEEE/CVF Conference on Computer Vision and Pattern Recognition. [S. l.]: [s. n.], 2019: 3575-3584.

[393] CHEN H, WU S, DAI Y, et al. Summary on the multimodal information based speech processing (MISP) 2022 challenge[C]// 2023 IEEE International Conference on Acoustics, Speech and Signal Processing(ICASSP). [S. l.]: [s. n.], 2023.

[394] HUANG R, LI M, YANG D, et al. AudioGPT: understanding and generating speech, music, sound, and talking head[J]. arXiv preprint arXiv: 2304.12995, 2023.

[395] LI Y, WU Y, LI J, et al. Prompting large language models for zero-shot domain adaptation in speech recognition[J]. arXiv preprint arXiv: 2304.12995, 2023.

[396] LEE A, GONG H, DUQUENNE P-A, et al. Textless speech-to-speech translation on real data[C]// NAACL-HLT. [S. l.]: [s. n.], 2022.

[397] LAKHOTIA K, KHARITONOV E, HSU W-N, et al. On generative spoken language modeling from raw audio[J]. Transactions of the Association for Computational Linguistics, 2021, 9: 1336-1354.

[398] KHARITONOV E, LEE A, POLYAK A, et al. Text-free prosody-aware generative spoken language modeling[C]// ACL. [S. l.]: [s. n.], 2022.

[399] DONG L, XU B. CIF: continuous integrate-and-fire for end-to-end speech recognition[C]// ICASSP. [S. l.]: [s. n.], 2020.

作者简介

张晓雷，西北工业大学教授。主要研究方向为语音信号处理、模式识别、人工智能。CCF 语音对话与听觉专委会委员。

钱彦旻，上海交通大学计算机科学与工程系教授，国家级高层次人才特殊支持计划、国家优秀青年基金、吴文俊人工智能自然科学奖一等奖获得者。研究方向：听觉信号处理与认知，语音识别和翻译，说话人和语种识别，语音抗噪与分离，音乐生成和理解，语音情感感知，多模态和跨模态信息处理，自然语言理解，深度学习建模，多媒体信号处理。CCF 语音对话与听觉专委会委员。

张　超，清华大学教研系列助理教授、博士生导师，CCF专业会员，CCF语音对话与听觉专委会委员。主要研究方向为多模态语音语言处理和计算认知神经科学。

杜　俊，中国科学技术大学副教授。研究方向为语音信号处理和模式识别应用。CCF高级会员，CCF语音对话与听觉专委会常务委员。

李军锋，中国科学院声学研究所研究员。从事语音信号处理方向的研究。CCF语音对话与听觉专委会委员。

量子自然语言处理

CCF 自然语言处理专委

张　鹏[1]　王本友[2]　宋大为[3]　侯越先[1]

[1]天津大学，天津

[2]香港中文大学，深圳

[3]北京理工大学，北京

摘　　要

近些年来，量子自然语言处理作为量子力学和自然语言处理两个领域的交叉研究领域，逐渐受到研究者的重视，并涌现出大量关于量子自然语言处理的模型和算法。本文总结了当前量子自然语言处理领域的国内外研究进展，从量子启发式语言模型、基于量子计算的语言模型、非经典（泛量子）概率模型族三个重点研究方向，对国内外研究的侧重点进行对比分析。总结发现，虽然量子自然语言处理展现出很好的前景，但其理论基础仍须进一步夯实，也缺少从理论到实践落地的生态。基于当前的研究基础，我们需要统筹基础研究、前沿技术、工程技术研发，抢占量子科技国际竞争制高点，构筑发展新优势。

关键词：量子启发式语言模型，基于量子计算的语言模型，非经典（泛量子）概率模型族

Abstract

In recent years, quantum natural language processing has gradually gained attention as a cross-disciplinary research field between quantum mechanics and natural language processing, and has seen the emergence of numerous models and algorithms. This paper summarizes the current domestic and international research progress in the field of quantum natural language processing, focusing on three key research directions: quantum-inspired language models, quantum computing based language models, and non-classical (quantum) probability model families. The paper also analyzes and compares the emphasis of research in different regions. It is concluded that although quantum Natural language processing shows good prospects, its theoretical basis still needs to be further consolidated, and there is also a lack of ecology from theory to practice. Based on the current research foundation, we need to coordinate basic research, cutting-edge technology, and engineering technology research and development, seize the high ground in international competition in quantum technology, and build new advantages for development.

Keywords: quantum-inspired language model, quantum computing-based language model, non-classical (quantum) probability model family

1 引言

对自然语言处理领域的研究始于20世纪50年代[1]。随着计算机技术的不断发展，以及研究者从语言学、物理学等领域获得的大量灵感，从最初用于翻译俄语的简易机器翻译模型开始，到当今解决各类自然语言处理任务的模型百花齐放，自然语言处理领域经历了基于规则、基于统计和基于深度学习的重大变革。目前，针对如何从海量数据中找到数据间隐含的内在关系这一问题，神经网络凭借其自学习性、自适应性、非线性和容错性带来的强大拟合能力[2]，使得基于深度学习的自然语言处理算法成为研究者重点关注的内容。

然而，基于神经网络的方法显示出一些不可避免的缺陷。例如在信息检索领域中，经典方法无法对用户认知所带来的非经典概率的现象[3]进行建模。再如在语言建模中，经典方法将自然语言中复杂的关系视为函数，并利用神经网络来逼近这一复杂的函数，进而从大数据中“学习”到单词的向量表达，但是忽视了自然语言中必要且不可忽视的关系（例如语法结构[3]、互文现象[4]等）。同时，经典方法还存在模型参数冗余、无法在低成本的情况下进行部署，以及网络黑盒结构所带来的不可解释等问题。这些问题极大地限制了自然语言处理领域的发展。基于这种情况，研究者从量子力学领域中找到了解决问题的方法。

大量研究表明量子力学的数学框架和自然语言处理研究基础在本质上是有内在联系的，并且当前基于向量空间的经典概率模型是基于希尔伯特空间中的量子概率模型的特例。将量子力学和自然语言处理相结合的最初尝试是 Van Rijsbergen[5]提出的信息检索统一框架。他将传统的信息检索模型统一在希尔伯特空间中，使得信息检索模型更加一般化。受到 Van Rijsbergen 的启发，研究者开始在自然语言处理和量子力学交叉领域中展开研究，并逐步解决经典语言建模中的难题。研究的侧重点分为两种：一种是“量子原生”（quantum-native）的自然语言处理模型，这类模型将自然语言的语义和语法进行融合，在抽象层面上建立对自然语言的理解，而这个抽象的表示又和量子力学的数学框架不谋而合，使量子自然语言处理算法可以部署到量子计算平台上；另一种是探索自然语言中的类量子现象，包括在信息检索过程中出现的非经典概率现象[3]和干涉现象[6]，以及在单词之间依赖关系中出现的量子纠缠现象[7]，研究者期望将这些类量子现象建模到自然语言处理模型和算法中。通常这种类量子算法，或者量子启发式算法不需要部署到量子计算平台上，仅使用经典计算平台即可高效完成相关的自然语言处理任务，但是一些算法在构建时，采用了张量网络的架构，使其具备部署到量子平台上的潜力。同时，量子启发式模型也被用于大模型参数压缩上[8-9]，进一步解决了工业领域的难题。

虽然，在自然语言处理领域凭借量子理论的优越性带来了一定的突破，但无论是从广义（启发式）还是狭义（量子线路）上看，量子自然处理仍然需要更基本和中肯的理论性指导。前文中都提到了非经典概率现象。从非经典概率空间的基础理论入手，有原则地研究和发展不同的非经典（泛量子）概率模型族，也是量子自然语言处理研究的重心之一。简言之，如同发展经典统计模型族（例如高斯分布族、log-normal 分布族和指数分布族等）和经典统计推断方法那样（例如最大似然（ML）推断、最大后验（MAP）推断和 Fisher-Rao 信息推断等），相应地发展出了不同的泛量子概率模型族和泛量子统计推断方法。在实证层面，虽然已有较充分的证据说明量子模型对于微观物理世界的建模是中肯的，但对于认知和人工智能领域，量子模型是否是唯一中肯的非经典概率模型，仍不清晰。所以，有必要研究和发展一般的泛量子概率模型族，从形式和实证两个层面，有原则地澄清其对于认知和人工智能建模的中肯性。

自 2022 年底，大语言模型开始在自然语言处理领域大放光彩。目前，大模型的参数个数高达千亿，甚至万亿。继续增大模型将会有更多的挑战，比如多机多卡的通信成本可能会超线性增长、参数量将会有成本的瓶颈等。但是，从目前的模型表现性能来看，继续增加模型的参数规模仍然可能带来持续的收益。目前，基于 GPU 的计算可能难以满足训练更大规模的语言模型的需要，即使可以完成训练，部署的代价依然很大。所以如何探索更大规模语言模型在通用人工智能上的潜力可能需要其他的计算设备和架构，基于量子计算的语言模型可能是一个不错的探索方向，构建基于量子计算的超大语言模型可能有助于下一代通用人工智能的发展。虽然基于量子计算的语言模型还有很多问题，例如文本的量子比特表征构建和提供复杂的非线性处理能力等方面存在局限，但是随着物理硬件的进步和量子计算理论的进展，未来将可能慢慢缓解，估计在 GPT 甚至更加先进的语言模型可以会在量子计算设备上训练或运行。实际上，量子计算和大模型存在天然的互补。例如，目前大模型受到巨大参数量和计算量的约束，相反量子计算在原则上就适合处理超高维的数据，如只是 $\log(n)$ 的量子比特就可以编码 n 维向量，同时也可以让计算更加高效，这样可以更加低成本的扩大量子线路的规模：增加量子比特个数会带来指数级的表征容量的增长，可以训练或部署更大规模的模型。

到目前为止，对量子自然语言处理的研究已经进入到发展的上升期，各类算法和模型层出不穷。本文的目的是对近五年内国内外对量子自然语言处理技术的研究现状和进展进行介绍，并对近三年的重要研究成果进行分析和评论。涉及的研究方向主要聚焦于量子启发式语言模型、基于量子计算的语言模型和非经典（泛量子）概率模型族。三者关系的简要描述如图 1 所示。

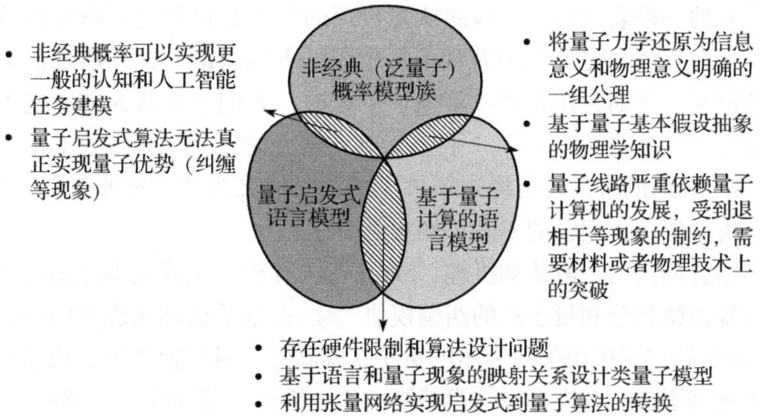

图 1　量子自然语言处理

2 国外研究现状

2.1 量子启发式语言模型

量子启发式语言模型的国外研究现状如图 2 所示。

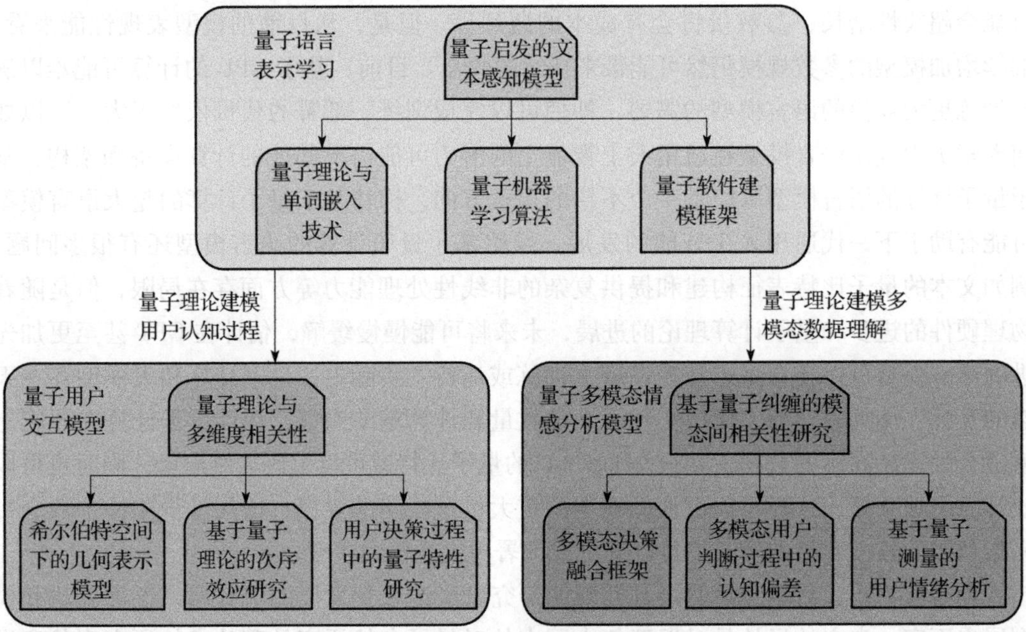

图 2　量子启发式语言模型的国外研究现状

2.1.1 量子语言表示学习

语言是认知的一种表现形式，因此认知机理的探索是自然语言研究的基础。在阅读的过程中，人会在其认知能力范围内赋予每个词汇不同的语义，并通过上下文信息自动获得整段话的语义。例如，在看到“苹果”一词时，人们通常认为它所包含的语义可能是“一种水果”“一个科技公司”“平安”等，若此时该词的上下文包含“营养成分”“产地”“光照”等词汇时，就会将“苹果”的语义定义为“一种水果”。由此可见，认知能力赋予人类自然语言理解的不确定性和复杂性。

基于自然语言词汇的一般认知机理，Surov 等人提出了主观文本感知的量子模型，包含状态表示的复值微积分和量子态的纠缠模块[10]。在量子认知状态空间中，感知的结果是量子位-希尔伯特空间中由矢量表示的量子认知状态，其所涵盖的复值结构将基于向量的标准方法扩展到语义，允许考虑人类感知的主观维度。感知模型生成两个量子位状态，其纠缠状态量化了对应单词之间的语义连接，其感知分类的具体过程是在语义检测和测量算法中实现的。以量子认知理论为核心的量子语言表示学习技术在近年来得到了飞速发展[11]。

词嵌入是一种将单词作为实数向量进行处理的技术，采用分布式单词表示形式，编码语义、语言信息和单词指令，在信息检索和自然语言处理任务中产生了先进的结果。Jaiswal 等人引入量子认知理论研究词嵌入的基本原理，指出用户不会将单一的极性或情感叠加到每个单词上，其中一个术语基于其耦合的其他实体决定全局极性。这类似于微小粒子的作用，它们同时保持在所有可能的状态，并相互阻碍，从而产生新状态，这在文本中表现出在相似上下文中的单词往往具有相似的含义[12]。在此基础上，还介绍了语料库中的单词如何以嵌入（向量）的形式被训练来组成一个向量空间，以及量子启发 IR 模型及其应用于文本任务。

文本分类任务中的主流框架仍为机器学习算法，它们均基于经典的概率理论和逻辑理论。而量子力学（QM）已经在许多领域证明了它在处理一些非经典问题上的有效性。因此，Tiwari 等人研究量子力学是否可以帮助改进经典的机器学习算法，提出了基于量子检测理论的启发式二元文本分类器[13]。在新闻分类数据集中，Tiwari 等人提出的模型[13] 在多个主题（类别）的精度、召回率和 F1 分数等方面均优于经典模型。

对于生成式任务，当前机器学习模型大多使用从概率分布中抽取的样本生成建模，构成了无监督机器学习的一种强大的方法。而量子力学可以产生显示量子相关性的概率分布，这是很难用经典模型捕获的。Gao 等人的研究从理论上证明，这种量子相关性为生成建模提供了一个强大的理论支撑[14]。具体而言，它提供了一个无条件的证明，在一类广泛使用的生成模型（称为贝叶斯网络）与其最小量子扩展，这种表达性优势与量子非定域性和量子上下文性有关。此外，在标准的机器学习数据集上对这种分离进行了数值测试，并证明了它适用于实际问题。在这项研究中所展示的量子优势的可能性不仅阐明了有用的量子机器学习协议的设计，而且还提供了利用来自量子基础的想法来改进纯经典算法的灵感。

为了大型量子语言模型的发展，Delgado 等人制定了量子软件建模语言背后的原则，提出了量子程序的一般框架的基础。该研究给著名的统一建模语言（UML）设计了最小的一组扩展，使它能够有效地建模量子软件[15]。这些扩展是独立的 UML，因此，它们可以在很少或者不修改任何建模语言的前提下，用于扩展任何其他软件建模语言，或者作为一种全新语言的基础。

2.1.2 量子用户交互模型

语言作为用户意图的载体，在信息检索中常与相关性判断密不可分。相关性是信息科学和检索领域的一个基本概念，它是一个由几个不同的标准或维度组成的认知概念。多维相关性理论模型表明，相关性具有多维性、动态性、交互性等特性。其中，多维性指的是用户的相关性判断受不同相关性维度（包括“习惯”“兴趣”“新颖性”“可靠性”“范围”“主题性”和“可理解性”七个相关性维度）的影响；动态性则指的是上述相关性维度的重要性可能随着会话的进行或任务的切换而动态变化；交互性指的是这些相关性维度之间的相互依赖性，其中它们的相互作用和融合导致了用户对文档相关性的最终判断。Uprety 等人的研究团队基于上述相关性理论，提出了一系列量子启发式的用户交互模型。

受量子数学理论的启发，Uprety 等人提出更符合用户认知机理的多维相关性几何表示模型[16]。该研究基于文档相关性判断的多维性与动态性，构建了用户对文档多维相关性感知的希尔伯特空间，该空间是用户对于多维相关性认知的一种抽象表示，可以有效应对文档的多维相关性判断过程中存在的挑战。具体而言，该研究首先将用户对文档的感知建模为希尔伯特空间中的向量，它可以表述为任一维度相关性和非相关性向量的叠加，基于此，模型可以捕获用户对特定查询的相关性维度的偏好，从而对相同的文档进行不同的判断。其次，在几何表示的基础上，使用 LambdaMART 学习排名（LTR）算法[17] 生成相关性分数，用于捕获不同用户在响应查询时的相关性维度的权重并动态更新。在必应搜索引擎的查询日志与 TREC 2013-2014 Session Track 两个数据集中进行了试验，验证了该研究的有效性。

另一方面，Uprety 等人研究多维度相关性判断过程中的次序效应[18]。在希尔伯特空间表示中，不同的相关性维度对应的关联感知向量通常是不兼容的。因此，对相关性维度的不同考虑顺序可能会导致对文档的不同最终判断。该研究从量子认知角度出发解释多维度相关性的不兼容性，使用量子理论的数学形式主义来建模、解释和预测次序效应这种非理性的人类行为。具体而言，首先使用网络搜索引擎的查询日志在大规模和真实数据中进行了试验，并设置了一系列测试来检测文档相关性判断中次序效应这种非理性用户行为的存在。在这一过程中发现大量反直觉的相关性判断结果。例如对于一个查询子集，检索到前两个文档在所有七个维度中具有相似的相关性得分，排名列表中的第一个文档并不相关，但第二个文档相关。其次，基于已有的希尔伯特空间表示方法[16]，使用不同关联维度之间的顺序效应的量子认知模型来解释所获得的反直觉相关性判断结果，为经典概率下难以解释的次序效应提供了一种新颖的理论基础。

在用户与文档交互的过程中，希尔伯特空间中表示的多维度相关性存在干涉（交互）现象，不同维度的相关性之间相互影响会导致用户最后的相关性误判。基于此假设，Uprety 等人构建复值希尔伯特空间，并提出利用量子理论的数学框架来研究多维相关性之间的相互作用[19]。这是一个建模相关性判断不确定性的通用框架，涉及多个相关性视角并受上下文的影响。具体而言，该研究受到 Stern-Gerlach 实验[20] 的启发，设计了一项研究相关性各维度之间的不兼容和干涉现象的用户实验。实验向参与者展示查询文档对，并向他们询问特定序列的相关维度的问题，涉及主题性（T）、可理解性（U）和可靠性（R）。通过这一过程，构建用户潜在认知状态的复值希尔伯特空间模型，该空间用于构造 T、U 和 R 相对应的测量算子。然后，向用户询问关于不同的相关性维度的问题。因为并不是所有的用户在判断一个文档时都可能会以相同的顺序考虑相同的相关性维度。所以，它确保了对每名用户的认知状态的表示的一致性。复值希尔伯特空间模型表明，在用户相关性决策中存在不兼容和干涉的类量子现象。

一系列研究均表明用户交互的相关性判断过程具有量子特性（例如不兼容性）。

Uprety 等人进一步提出使用 Bell 不等式（CHSH 版本）来研究多维相关性判断的量子性质[21]，讨论了从真实世界查询日志数据中构建不兼容基础的方法，在该数据集上测试 Bell 不等式的试验及缺乏违反 Bell 不等式的可能原因。具体而言，在希尔伯特空间中获得文档的表示并进行的张量积操作，可以把两个或两个以上这样的文档看作一个复合系统，进而推导出文档的 CHSH 不等式表示。在试验过程中，由于缺乏对一对数据集文档的联合判断的相关性概率，因此没有发现相关性判断过程有违反 Bell 不等式的现象。然而该研究仍对后续量子认知发展有着十分重要的指导意义。

2020 年，Uprety 等人进一步扩展了上述工作，研究多维相关性判断过程对于 Kolmogorovian 概率公理的违反[22]。量子概率是 Kolmogorovian 概率的推广，其基本性质之一为以下命题：

$$0=\delta=P(A\vee B)-P(A)-P(B)+P(A\wedge B)$$

其中，事件 A 和 B 是关于文档的可理解性和可靠性的问题。所有的问题是通过特定的试验设计提出的，在数据中观察到违反上述等式的现象，量子模型预测所有查询都发生违反的现象。除此之外，该研究还比较了预测多维相关概率的量子模型和贝叶斯模型。量子预测始终更接近试验数据，而贝叶斯模型的预测在某些情况下会出现显著偏差。

2.1.3 量子多模态情感分析模型

本小节介绍国外对量子理论在多模态情感分析方面的研究进展。Gkoumas 等人在这方面开展了大量工作，从多模态文档之间的非经典相关性入手，逐步发展为量子启发的多模态决策融合策略，并成功应用于多模态情感分析的多项任务中。

多模态融合的主要挑战是捕获来自多种模态的异构数据中的相互依赖和互补的存在，其中相关性是不同模态之间相互依赖的具体表现形式。在多模态领域中相关性的基本思想是，一种模态可以帮助预测或增强另一种模态。它既可以在低级特征中被感知，也可以蕴含在高级特征中。当前，经典框架下的相关性是基于两个随机变量之间的统计关系的，忽视了高级特征中所蕴含的因果关系，而且也缺乏对于透明度、可解释性，以及人类对认知状态的理解和推理方式的研究。

关联也是量子力学中的一个重要课题。在量子理论中，观察系统的一个部分可能会影响系统另一部分的状态。这种量子关联包含了不可分性状态的概念。与经典关联不同，由不可分性状态引起的非经典关联考虑了不同事件的因果关系。它取决于不同系统的测量结果，而不是事件的潜在概率，具有更高的可解释性，也更符合人类的认知。

Gkoumas 等人研究了多模态检索任务中一对文本-图像文档上的不同模态决策之间的非经典相关性[23]。该研究主张，由于潜在的上下文影响，非经典关联或者量子相关性比经典相关性更强。非经典相关性往往存在于复合系统的量子纠缠中，即复合系统不能通过子系统的张量积来建模。本研究将一对文档表示为希尔伯特空间中的量子叠加态，通过张量积将其表示为可分离的量子复合系统（见图 3），并选择通过检验违反贝尔不等式的方法来判断多模态建模中非经典相关性的存在。

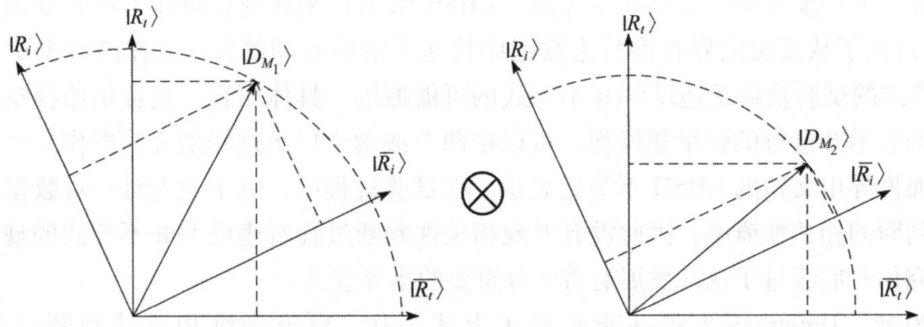

图 3　两个文档之间的交互被建模为量子复合系统

Li 等人提出了一个新的量子理论的多模态融合框架，解决了当前神经网络在多模态建模过程中以隐式建模为主，难以理解的问题[24]。多模态句子的情感由视觉、声学和文本模式的单词对齐特征组成。由于数据的单词对齐格式，模态内交互主要为不同模态不同单词之间的关系，而模态间交互是视觉、声学和文本模态之间的交互，因此该研究主要分为如下三部分：第一部分，模态内不同单词之间的相互作用在特征水平上被量子叠加所捕获，将量子叠加态的文本表示方法从文本分析扩展到多模态上下文，并基于多模态单词表示来实现单词的量子叠加；第二部分，对于模态间的相互作用，采用量子纠缠来融合单峰情感决策，与量子纠缠类似，在多模态情感分析中，整体情感是通过对文本、视觉和声学信号来感知的，这很难被视为一个简单的组合单峰线索，可以将其建模为单峰情绪表示的显式张量积；第三部分，在情感决策部分主要基于量子测量概念，这是一种基于多模态句子的量子态表示的自然选择。模型引入了测量获得的主要情绪状态下多模态句子的概率，然后将概率值传递到一个全连接层来预测最终的情绪。每个与情绪相关的多模态表示实际上都是一个纠缠状态，这表明该模型将情绪判断视为单峰决策的复杂组合，不能简单地分解为基于单模式的判断。

上述研究被进一步扩展到视频情感分析这一多模态任务中，该任务在本质上涉及融合和处理来自多种模式的信息。受量子认知最新进展的启发，结合量子不兼容原理，Gkoumas 等人研究了多模态过程中由多模态融合所产生的认知偏差[25]。该研究发现一种模式的情感判断可能与另一种模式的判断不相容，它们不能共同测量以产生最终决定。所以，认知过程表现出“类量子”的偏见，这是经典概率论无法捕捉到的。因此，Gkoumas 等人提出了基于量子认知的融合策略，在具有正算子测度的复值希尔伯特空间上，将话语表示为正、负情绪判断的量子叠加态，将单模态分类器表示为互不相容的可观测值。在两个基准数据集上的试验表明，基于量子认知的模型显著优于现有的各种决策级别和一系列最先进的多模态融合方法。此外，Gkoumas 等人还进一步发现了在量子叠加态表示过程中，虽然最新的量子概率神经模型已与最先进的模型性能相当，具有更好的透明度和更高的可解释性水平，但现有的量子模型将量子态视为经典的混合物，或跨模态的可分离张量积，而不以它们相关或不可分离（即纠缠）的方式建模它们的相互作用。为了填补这一缺陷，该研究提出了一个透明的量子概率神经模型，该模型以一种纠缠态的方式建模多模态信息中的相互作用，以非经典相关性的形式编码跨模态信息[26-27]。对两个视频情绪分析的基准数据集进行的综合评价表明，该模型取得了显著的性能提高。该研究还表明，模式之间的不可分离性的程度优化了事后的可解释性。

会话情绪识别是多模态情绪分析中更具挑战性的任务，对话者的情绪会随着会话的进行动态变化。Li 等人利用量子测量与该任务进行类比，提供了一个研究会话情绪识别的全新视角[28]。量子测量使量子系统从混合态坍缩成一个单一的纯态。同样，会话过程中对话者处于多种独立情绪的模糊状态，而对话语境作为一种测量方法，导致对话者的情绪状态坍缩到纯态。此外，量子态随时间的演化类似于对话者在对话过程中的情绪状态的演化。在这些类比的基础上，该研究在一个对话情绪识别的量子测量试验程序的基础上，建立了一个复值神经网络来实现这一测量过程[28]。此外，他们还采用了优化器更新量子概念表示中的复值酉矩阵，以便用标准的反向传播算法对整个模型进行端到端的训练，从而以数据驱动的方式进行类量子过程的迭代。得到的模型可以在两个基准数据集上与最先进的方法相比较，并通过一个量子视图来理解会话情绪识别。

2.2 基于量子计算的语言模型

基于量子计算的语言模型的国外研究现状如图 4 所示。

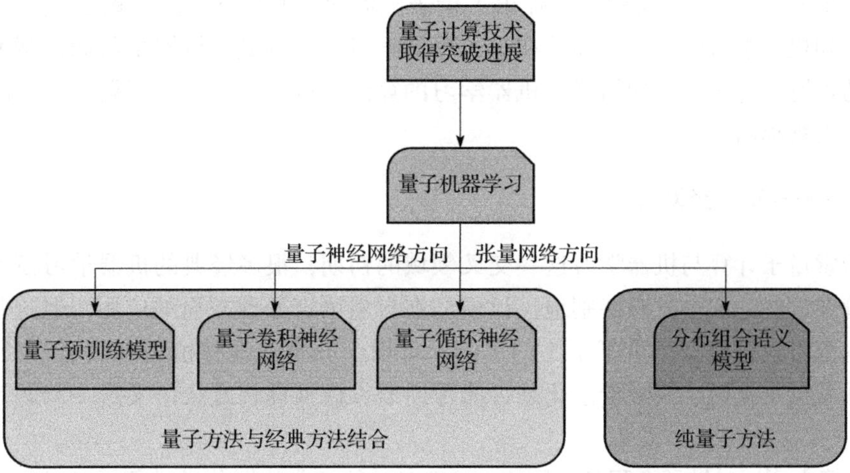

图 4 基于量子计算的语言模型的国外研究现状

2.2.1 量子计算的国外发展情况

近年来，量子计算的应用范围不断扩展。除了传统的数学等领域，如量子化学模拟和优化问题求解之外，量子计算还在金融、物流、人工智能等领域展示出潜力，并吸引了越来越多的关注和投资。

在算法方面，2019 年，Google 团队[29] 在发布的论文“Quantum Supremacy Using a Programmable Superconducting Processor”中宣称实现了量子霸权，通过他们的超导量子计算机 Sycamore 在短时间内完成了一个经典计算机无法完成的计算任务，引起了广泛的关注和讨论。同时期，IBM 团队[30] 在发布的论文中，提出了一种通过利用嵌套子空间的技术，使用较少的量子比特实现了变分量子特征求解器（VQE）的方法，提高了计算效率。在硬件方面，通过改进材料和制造工艺，超导量子比特的退相干时间不断延长，从纳秒级提高到了微秒级。这使得量子比特能够更可靠地存储和处理量子信息。量子系统的规模也在不断增长，在 2017 年，最大规模的量子计算机仅有 16 量子比特，而目前量子计算机的规模已经轻松达到上百量子比特。同时，错误校正和噪声抑制技术也在不断更新发展。Google 的团队[31] 在 2019 年发表的“Error mitigation extends the computational reach of a noisy quantum processor”论文中称他们实现了一种基于量子纠缠的错误校正方案，成功地降低了量子比特的错误率，大大提高了量子计算硬件的能力。

各大企业也紧随这一热潮，先后推出了自己的量子商业应用平台。IBM 率先推出了基于云服务的量子计算平台，称为 IBM Quantum Experience。用户可以在该平台上进行量子计算的试验和研究，并与其他研究人员共享和交流。D-Wave Systems 是一家量子计算硬件供应商，他开发了基于量子退火（QA）的量子计算机。该量子计算机已经在一些领域的问题求解中得到了应用，如优化、模拟和机器学习等。Xanadu 是一家量子技术公司，专注于开发基于光子的量子计算和量子机器学习技术。他们的产品包括量子光学芯片和量子机器学习库，旨在为用户提供高性能的量子计算解决方案。

Wittek 等人[32] 在论文中首次提出了量子机器学习的概念，并讨论了量子计算改变数据挖掘和机器学习的算法。随后在量子机器学习这一领域，机器学习如何帮助解决量子物理的难题、量子计算如何优化机器学习的算法就成为两大热点问题，并不断有令人瞩目的成果被提出。

2.2.2 量子卷积神经网络

在探索量子计算与机器学习这一交叉领域的初期，很多经典的机器学习模型被量子化，尽管在这些论文中没有特别地探讨模型在自然语言处理方面的应用，但这些模型的经典版本都对语言模型产生了不小的影响，可以十分自然地移植到自然语言处理领域。因此，在其量子化后，探索量子化是否能帮助语言模型理解复杂语义这一问题具有重要意义。

Hur 等人[33] 对量子卷积神经网络（QCNN）的经典数据分类进行了基准测试，提出了一个受 CNN 启发的量子神经网络模型，该模型在整个算法中仅使用两个量子位相互作用。该论文研究了在 MNIST 和 Fashion MNIST 数据集上，根据参数化量子电路的结构、量子数据编码方法、经典数据预处理方法、成本函数和优化器区分的各种 QCNN 模型的性能。在大多数情况下，尽管 QCNN 具有少量的自由参数，但它还是获得了优异的分类精度。在相似的训练条件下，QCNN 模型的表现明显优于 CNN 模型。由于该论文中提出的 QCNN 算法利用了全参数化的浅深度量子电路，因此适用于 NISQ（Noisy Intermediate Scale Quantum）设备。虽然 CNN 架构一开始不是为自然语言模型专门定制的，但仍在许多研究中将其应用于语言模型中，旨在获取多个单词间的联系。在其量子化后，作为量子自然语言处理模型有很大的应用空间。

2.2.3 量子递归神经网络

递归神经网络是机器学习中许多序列到序列模型的基础，如文本生成。随着量子计算的应用，已经存在量子机器学习模型，如变分量子本征解算器，这些模型已被用于例如能量最小化任务。然而，到目前为止，还没有提出可行的递归量子网络。因此 Bausch 等人[34] 提出了一种基于量子计算的循环神经网络模型，受到量子计算领域研究的启发。任何量子系统的相互作用都可以由一个厄米算符 H 描述，根据薛定谔方程的解，它在幺正映射 $U=\exp(-itH)$ 下创建系统的时间演化，由形式为 U 的一系列幺正量子门组成的任何量子算法本质上都是幺正的。这意味着，参数化的量子电路是幺正循环网络的一个理想选择。在这项研究中构建了这样一个量子循环神经网络（QRNN），在序列学习和手写识别等实际任务中表现出可证实的性能。其中 RNN 单元采用了一个高度结构化的参数化量子电路，与 VQE 设置中使用的电路有显著差异。它的基本构建块是一种新型的量子神经元，引入了非线性，结合一种固定点振幅放大方法，从而使整体演化仍然逼近幺正。最终评估 QRNN 在 MNIST 分类任务上的性能，发现逐像素输入图像可以以高达 98.6%的准确率区分数字对。利用现代数据增强技术，QRNN 在所有数字测试集上的准确率至少可达到 95%。尽管它的性能尚未与 MNIST 数据集上的最先进数据比较，但该研究提出了第一个能够处理像整数数字图像这样高维训练数据的量子机器学习模型，并且它是第一个能够使用数千个参数进行训练的变分量子算法。该研究成果可以非常自然地移植到自然语言处理上，因为 RNN 本身就是针对自然语言处理问题提出的网络架构，同时对后续一些工作也具有启发性。

Chen 等人[35] 解决了用量子机器学习学习顺序或时间数据的问题。他们提出了一个新的框架来证明用变分量子电路实现 LSTM 的可行性，并表明该方案可以获得量子优势。在所提出的框架中，使用了一种混合量子经典方法，该方法适用于通过迭代优化的 NISQ 器件，同时利用了量子纠缠赋予的更大表达能力。通过数值模拟试验证明了 QLSTM 比具有类似数量网络参数的经典 LSTM 学习得更快。此外，QLSTM 的收敛性比经典的 LSTM 也更稳定。具体地说，QLSTM 没有观察到 LSTM 损失函数中典型的特殊尖峰。QLSTM 在探索量子机器学习上有着巨大贡献，尤其是在自然语言处理方面找到了量子语言模型的落脚点。

2.2.4 量子预训练模型

Transformer 架构彻底改变了序列数据的分析，尤其是在自然语言处理领域。与递归网络不同，Transformer 没有“记忆”，但仍然能够通过位置相关嵌入和注意力机制的组合理解上下文。Transformer 的核心是多头注意力机制，其思想是将三种不同的线性变换应用于输入序列的每个元素，以将嵌入的每个单词变换为一些其他内部表示状态，然后这些状态被传递给计算注意力权重的函数。为了将 Transformer 从经典的转换为量子的，可以用 VQC 代替线性变换。Yang 等人[36] 进行了尝试，将量子计算和最近几年大热的预训练模型结合起来，旨在获取更丰富的特征表示和更安全的模型参数保护。这项研究提出了一种基于变分量子电路的垂直联合学习架构，用于增强预训练 BERT 模型的竞争性能。特别地，提出的混合经典量子模型由一个新的随机量子时间卷积（QTC）学习框架组成，该框架取代了基于 BERT 的解码器中的一些层。在意图分类方面的试验表明，其提出的 BERT-QTC 模型在 Snipps 和 ATIS 口语数据集中取得了有竞争力的结果。特别是，BERT-QTC 在两个文本分类数据集中的表现分别比现有基于量子电路的语言模型的性能提高了 1.57%和 1.52%。此外，BERT-QTC 可以部署在现有的商业可访问量子的计算硬件和基于 CPU 的接口上，以确保数据隔离。

2.2.5 量子 CSC 模型

Coecke 等人[37] 首先提出了一种数学框架，将符号意义理论和分布式意义理论进行了统一。符号意义理论具有组合性但仅限于定性分析，而分布式意义理论具有非组合性但是定量分析性能强。该研究采用了在张量空间中将向量与其语法类型进行配对的方法来计算句子的意义。与之前的研究相比，这种方法克服了一些缺点。其中一个缺点就是内积只能在同一空间中的向量之间进行计算，因此只能比较具有相同语法结构的句子。该研究提供了一种计算任意句子意义向量的方法，使其存在于同一空间中。

使用 Pregroup 分析自然语言结构是 Lambek[38] 最近的研究成果。Pregroup 已被用于分析多种不同语言的句法，包括英语、法语、波兰语和波斯语等。从范畴论的角度来看，Pregroup、向量空间和张量积具有相同的结构。具体而言，Pregroup 是向量空间范畴逻辑的偏序实例，其中类型的并置对应于范畴的单子范畴张量积，计算句子意义的数学结构将是一个将上述两者结合起来的紧闭范畴。单词的意义是向量空间中的向量，它们的语法角色是 Pregroup 中的类型，而向量空间的张量积，即 Pregroup 的组合用于组合类型对。紧闭范畴具有一种纯图形演算，可以极大地简化意义计算。它们为句子的类型提供了约简图，可以对比不同语言中句子的语法模式。在向量空间的情况下，这种图形结构最近被用于揭示量子信息协议中信息的流动。在该研究中，揭示了构成一个句子的单词之间的信息流动，以生成整个句子的意义。但该研究只建立了通用数学框架，未有实际实现。

在 2020 年，基于先前的工作，Coecke 等人[39] 创新性地提出了一种结合语义和句法结构的变分量子线路。利用一种基于前群的句法分析方法，得到句法结构图。因为句子中的每个单词都被视为一个张量，各个单词间具有张量积关系，所以句义空间随单词数量呈指数级增长。传统方法显然无法解决这一问题。该研究引入了 ZX-calculus，将句法分析图转化为量子线路，利用量子优势对算法进行指数级加速。相比传统方法，量子电路中既包含了语义信息即量子门中的变分参数，又包含了句法结构信息即量子线路的拓扑结构，运行量子线路并进行测量就能得到兼顾两者的句义信息。这两者的完美结合也说明了语言问题在某种程度上是量子原生的。

2.3 非经典（泛量子）概率理论和概率模型族

非经典（泛量子）概率模型族的国外研究现状如图 5 所示。

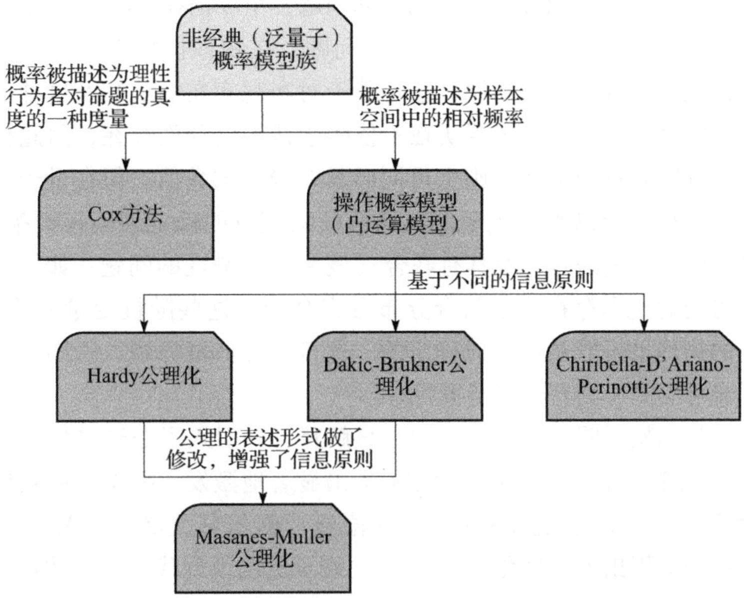

图 5 非经典（泛量子）概率模型族的国外研究现状

量子自然语言处理可以从广义和狭义两个方面来定义。广义量子自然语言处理是指利用量子（及泛量子）理论的数学形式化，发展人工智能的数学模型。狭义量子自然语言处理是指通过在可编程量子计算设备上对经典自然语言处理模型进行量子化，提升模型的计算效率。广义和狭义的量子自然语言处理，对应前文提到的量子启发式语言模型和基于量子计算的语言模型。

尽管量子启发式和基于变分量子线路的量子神经网络都体现出量子理论的一些优势，但是这些方法仍然存在一定的局限性。例如，目前多数启发式量子自然语言处理方法的模型基础缺乏数学成熟性，往往只是简单移用量子理论的计算公式，难以从理论层面稳固地解释其模型选择的依据。再如，在基于量子线路的量子神经网络领域，严重依赖量子计算硬件设备的发展。虽然，IBM 公司近期在 Nature 期刊上发表论文宣称量子计算机可以在 100 个 qubit 的规模上产生精确的结果，并且在至少一种计算类型上击败超级计算机，但是就目前情况来看，量子计算机的成熟商用化仍需要相当长的时间。

非经典（泛量子）概率理论和概率模型族的研究关注于为启发式量子自然语言处理提供稳固的理论和模型基础。同时，此方面的研究可加深对于量子理论本身的理解，从而可能对量子计算和基于量子计算的狭义量子自然语言处理产生有益的影响。

量子理论被认为是当今最基本、最精确的物理理论之一。量子力学的基本数学形式化，经由海森堡、狄拉克等量子物理先驱的努力，再有希尔伯特、J. 冯·诺伊曼、L. 诺德海姆和 E. P. 维格纳等人[40] 建立的公理化和数学抽象，最终由冯·诺伊曼总结成广泛为人们所熟知的公理化量子力学[41]。量子力学的公理系统也被扩展到广义相对论的问题场景下，形成了量子场论[42-45]。不过必须强调的是，与相对论这种物理意义明确的理论体系不同，冯·诺伊曼的量子力学公理化虽然数学描述简明，但物理意义并不直观。事实上，量子力学（特别是其前提公理）的解释问题，至今仍存在高度争议。

量子力学解释困难的核心是“实在性”问题。在物理框架下，实在性问题可表述为：量子力学是关于客观实在的知识，还是关于对客观实在的认知及这种认知能力的界限的知识。经典的世界观认为，客观实在不依赖于认知过程而存在，因此物理量先于测量过程而存在，且所有物理量在原则上可同时具有确定的数值。但在量子世界观下，物理量依赖于测量过程，所以不应先于测量而假设物理量的确定性。在概率统计框架下，实在性可归结为随机变量是否一般具有联合（概率）可测性的问题：如果随机变量集一般是概率联合可测的（即存在一个联合分布可完全刻画这些随机变量的统计特征），则其分别所对应的物理量一般是可同时确定的。这符合经典世界观。否则，若随机变量集合一般不是联合可测的，则符合量子世界观。

基于概率统计框架说明了量子力学的信息解释，并引入了非经典概率理论和概率模型族。1900 年，大卫·希尔伯特第六问题的提出显著地激发了概率基础及概率论和物理理论的公理化研究。至 20 世纪 30 年代，安德烈·柯尔莫戈洛夫（Andrey Kolmogorov）在测度理论的基础上提出了公理化概率论[46]，终于奠定了现代概率论的理论基础。柯尔莫戈洛夫的概率公理通过要求随机事件集合（即 sigma 代数）相对于可数并的封闭性，强迫要求了随机事件的联合可测性。所以，柯尔莫戈洛夫概率理论是经典的。然而，量子模型本质上是非经典的概率模型。在此模型中，频率的解释方式并未改变：玻恩法则产生的实数可以在实验室中以通常的方式进行测试。然而，计算概率（频率的极限）的方法却发生了根本性的变化。如文献［47］所述：根本性的变化与量子力学的基本计算公式直接相关。量子理论所蕴含的统计独特性很快被视为非经典特征，其形式方面在文献中得到了广泛的研究[48]。因此，一般把与量子现象相关的概率称为量子概率（QP），把符合柯尔莫戈洛夫公理的概率称为经典概率（CP）。两者的区别是明确的：经典概率系统中的所有随机变量可由一个柯尔莫戈洛夫概率测度恰当地描述，即具有联合可测性[49]；与之相反，量子态不能被简化为单一的柯尔莫戈洛夫概率测度。一个表示量子态的密度算子定义了投影算子的正交模格上的测度，它包含（无限多）不相容的最大布尔子代数，每个最大布尔子代数代表了一个不同的（且彼此互补）的实验设置。因此，量子态应看作柯尔莫戈洛夫测度族[50]。以下定义更形式地界定了经典概率空间和基本非经典概率空间。

经典概率空间：经典概率空间是一个三元组（Ω, F, P）。其中，非空集合 Ω 是样本空间。F 称为 σ 代数，是 Ω 的幂集 2^{Ω} 的子集，规定了概率空间中所考虑的全体随机事件，且满足：

- $\Omega \in F$；
- F 在集合补运算下封闭；
- F 在集合的可数并运算下封闭。

P 是定义于 F 之上的概率测度，满足：

- $P(\Omega)=1$；
- P 是可数可加的，即如果 $\{A_i \mid A_i \in F\}$ 是一个互斥随机事件的可数族，则有

$$P\left(\bigcup_{i=1}^{\infty} A_i\right) = \sum_{i=1}^{\infty} P(A_i)$$

在如上定义中，σ 代数 F 是一个概率空间中所有概率可测的随机事件族。需要强调的是，F 在可数并运算下封闭的直接逻辑结果是 F 中的任意可数个随机事件是联合可测的，即存在联合概率分布完全刻画这些随机事件的统计特征。

基本非经典概率空间：基本非经典概率空间是一个三元组（Ω,F,P）。其中，非空集合 Ω 是样本空间。可测随机事件集合 F 是 Ω 的幂集 2^{Ω} 的子集，规定了概率空间中考虑的所有随机事件，且满足：

- $\Omega \in F$；
- F 在集合补运算下封闭。

P 是定义于 F 上的概率测度，满足：

- $P(\Omega)=1$；
- P 是对偶补可加的，即如果 A 和 A^{C} 是 F 中两个互补的随机事件，则有

$$P(A \cup A^{C}) = P(A) + P(A^{C}) = P(\Omega) = 1$$

基本非经典概率空间不再要求 F 中的任意可数随机事件是联合可测的，而只要求 F 中的任意随机事件 A 与其补事件 A^{C} 的概率测度是良定义的，因而是联合可测的。这实际规定了基本非经典概率空间中同时概率可测的随机事件数目一般而言为 2。由于任意非琐碎量子测量至少应包含 2 个可能的结果，此即为术语“基本非经典概率空间”中定语“基本”的由来。

由上述定义可见，量子概率空间是柯尔莫戈洛夫的经典概率空间在非交换代数上的一般化（放松）。根据柯尔莫戈洛夫的概率空间定义，概率可以（尽管并非必然）被解释为样本空间中的相对频率。因此，柯尔莫戈洛夫概率自然地与客观主义概率哲学相容。需要说明的是，在量子力学基础研究中，经常采用主观主义概率视角。在主观主义概率视角下，de Finetti 和 R. T. Cox 等人[51-54] 通过将概率解释为命题为真的信念度（Degrees of Belief），发展了相应的概率系统。在形式层面，Finetti 和 Cox 的概率计算公式与柯尔莫戈洛夫系统是相同的，在此意义上它们也是经典的。实际上，Cox[54-55] 澄清了其概率计算系统与经典命题逻辑系统都是布尔格的。但是，主观主义概率和 Cox 方法的扩展，亦可用于澄清量子力学的哲学基础和发展非经典概率模型。

以上辨析了经典概率和非经典概率的历史沿革及区别与联系。进一步，利用所谓的凸操作模型（COM）[56-58]，可在统一的框架下一揽子地澄清和发展经典概率（CP）模型、量子概率（QP）模型和普通的非经典（包括但不限于量子）概率模型。由凸操作模型导出的概率模型被称为“广义概率理论”（GPTs）或“操作（主义）概率模型”[49]。GPTs 框架由 Mackey、Ludwig 和 Kraus 等研究者提出[59-62]。虽然 GPTs 的引入动机受到了有争议的操作主义和实证主义的影响，但它提供了一个简明有效的模型框架，并催生出若干有影响的量子力学公理化解释和非经典概率模型研究。

如图 6 所示，操作（主义）概率框架包括制备、变换和测量三个环节。具体地讲，一个（物理）状态首先在制备设备中被制备，随后在一个变换设备中被施加某种变换，

最后在测量设备中被测量。制备、变换和测量设备均有控制旋钮，三个旋钮的不同位置分别对应于不同的制备、变换或测量过程。

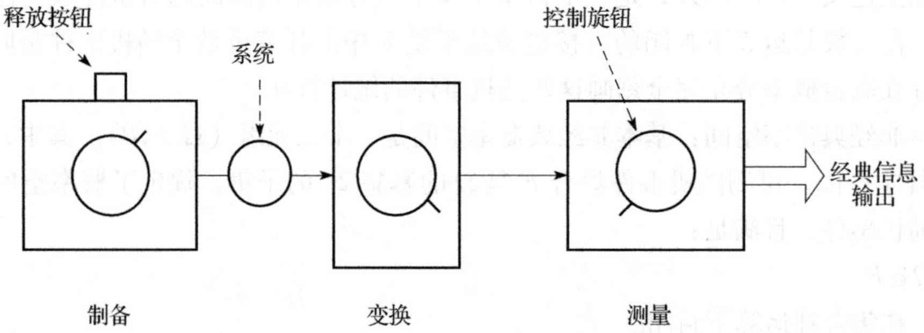

图 6 操作（主义）概率框架

注意，测量设备的控制旋钮的每一个特定位置，均可决定一个特定的测量过程，并对应于一个联合可测的测量结果集，由该测量结果集可导出一个经典概率空间。需要强调的是，操作（主义）概率框架不要求测量设备控制旋钮的不同位置所对应的测量结果是联合可测的。因此，操作（主义）概率框架是一种非经典概率框架。在量子语言中，由控制旋钮所决定的不同测量过程，即不同的测量上下文，在一般意义上是概率不兼容的。这是量子系统的本质特征。

基于操作（主义）概率框架，已有若干量子力学的公理化重构研究，此类研究不仅从信息和概率视角提供了量子力学的解释，也在一定程度上澄清了经典概率与量子概率及泛量子概率之间的关系，并推进了非经典概率模型的研究。

Hardy 公理化[63] 是首个基于操作（主义）概率框架和信息-概率视角的量子力学公理化。Hardy 公理化涉及两个基本的参数：量子系统的维数 d 和状态自由度 k_O，Hardy 假设任意（量子）状态可由有限 k 个（基准）测量的测量结果完全确定。在此基础上，Hardy 从如下一组公理出发，导出了标准量子比特系统。

- 公理 H1（频率的渐进收敛性）：在任意合法测量过程中，某个测量结果被观测到的频率收敛于确定值，即该测量结果的概率。
- 公理 H2（简单性）：k 是 d 的函数，即 $k=k(d)$，这里 $d=1,2,\cdots,n$；并且，对于任意给定的 d，$k(d)$ 是满足所有公理的最小正整数。
- 公理 H3（空间同构性）：D 维量子系统的所有 $d<D$ 维子系统与 d 维量子系统同构。
- 公理 H4（复合系统参量的积性）：若系统 A 和 B 的维数分别为 d_A 和 d_B、自由度分别为 k_A 和 k_B，则由 A 和 B 所构成的复合系统的维数 $d_{AB}=d_A d_B$、自由度 $k_{AB}=k_A k_B$。
- 公理 H5（变换的连续性）：量子系统中任意两个纯态之间存在连续的变换路径，使其可以互相达致。这里的纯态指不能分解为其他量子态的凸组合（即概率混合）的状态。

Hardy 开创性的公理化系统在数学直观性方面有了显著改善。但是，数学直观性不等于物理或信息意义上的可解释性，公理 H2 和 H4 更像是出于解析方便而做的数学约定，而非物理或信息的“第一原则”。这就对如何放缩有了阻碍。基于此，不同的研究者尝试从更基本的物理或信息原则证明公理 H2 和 H4。这方面的典型代表是 Dakic-Brukner 公理化[64] 和 Masanes-Muller 公理化[65]。

Dakic-Brukner 公理化沿用了 Hardy 的公理 H3 和 H5，同时引入了如下两个具有明确物理和信息意义的新公理。

- 公理 DB1（基本量子系统的信息量）：基本量子系统所能承载的最大（经典）信息量是一个（经典）比特。
- 公理 DB2（局域性）：复合量子系统可由其各子系统上的局域测量完全确定。

总体而言，Dakic-Brukner 公理化的表述和分析过程偏重于物理直觉，但在形式方面并非很严格。例如，如果不补充额外的公理，而只严格依据 Dakic 和 Brukner 的公理集，则无法排除标准 2-量子比特系统的镜像系统的存在。又如，Dakic-Brukner 公理化在导出高维复合量子系统的性质时，是依赖于 Hardy 公理化的，因此并非严格自包含的公理系统。虽然如此，Dakic-Brukner 公理化对于物理和信息直观意义的强调仍富有启发性。

Masanes-Muller 公理化利用了 Dakic-Brukner 公理化的公理 DB2，同时利用了 Hardy 公理化的公理 H3 和 H5。不过，Masanes 和 Muller 对 H3 的表述形式做了修改，以澄清和强调其在测量过程中的信息意义。此外，Masanes 和 Muller 增加了一条公理，规定了所有形式良定义的测量具有物理现实性。

- 公理 MM1（空间同构性公理 H3 的 Masanes-Muller 表述）：所有最大可能测量结果数相同的状态空间是（拓扑和几何）等价的。
- 公理 MM2（数学良定义测量的物理现实性）：所有数学良定义的测量对于任意合法状态的测量结果，均对应于物理事件的观测概率。

Masanes-Muller 公理化在形式化和严格性方面具有较高的成熟度。但同时，出于严格性的考量，Masanes-Muller 公理化的若干分析过程较多地依赖于拓扑学和群论的抽象概念或性质，其物理和信息直观意义在一定程度上被弱化。特别地，公理 MM2 直接规定了特定形式系统下的形式合法性与物理现实性之间的等价关系，这种处理方式虽然给复合量子系统的导出带来了相当的解析便利，但也弱化了导出过程的可解释性，并可能与现实的物理实验考量有所抵触。尽管如此，Masanes-Muller 公理化所奠定的严格分析框架，仍具有显著的承启意义。

Chiribella-D’Ariano-Perinotti 公理化[66-67] 与 Hardy 公理化的逻辑脉络存在显著区别。通过将操作（主义）概率框架与量子电路框架相结合，Chiribella、D’Ariano 和 Perinotti 从如下一组新信息公理和公理 DB2 出发，重构了量子力学。

- 公理 CDP1（因果性）：信号不可能逆时间传递。
- 公理 CDP2（复合的纯性）：两个纯变换的复合中不可能隐藏边际信息。
- 公理 CDP3（完美可区分性）：所有归一化纯态可通过测量与某个其他状态完美区分。
- 公理 CDP4（理想压缩性）：所有状态均可被“理想压缩”。
- 公理 CDP5（提纯性）：所有制备过程可由某个纯制备过程模拟，且模拟方式本质唯一。

Chiribella-D'Ariano-Perinotti 系统的公理集在选择和表述上侧重于信息意义。但 Chiribella-D'Ariano-Perinotti 公理集中所涉及的若干信息概念和过程，并不广泛被人们所熟知。

基于上述例子为代表的量子力学的信息公理化研究，可从不同角度澄清量子模型，以及非经典概率模型的形式特征和统计特征。这种澄清往往可归为对诸如以下这类问题的回答：若对标准量子力学形式化做某个特定修改，会导致何种物理或信息意义上的“反常”结果？量子力学的特定形式特征（例如复数域的使用）或统计特征（例如 Tsirelson 上界[68]），是由何种前提要求所决定的？对这类问题的解释和回答，虽一般不能从整体上澄清量子力学形式化的逻辑脉络，但有助于从不同的侧面理解量子力学形式化的物理和信息内涵。具体地讲，文献［69］说明在特定相关强度超过 Tsirelson 边界的超量子系统（即所谓的 PR-盒[70]）中不允许存在量子隐形传态和量子超密编码[71]；文献［80］说明在表示密度算子时使用复数域与 Hardy 的变换连续性公理 H5 的要求是一致的。综上所述，此方面的研究澄清了非经典概率理论和概率模型的内涵，并初步发展了非经典概率模型的谱系。鉴于自然语言处理及认知和（机器）学习任务中一般存在非经典概率统计特征，所以在自然语言处理建模任务中引入、研究和应用非经典概率模型是必要的。

3 国内研究现状

3.1 量子启发式语言模型

量子启发式语言模型的国内研究现状如图 7 所示。

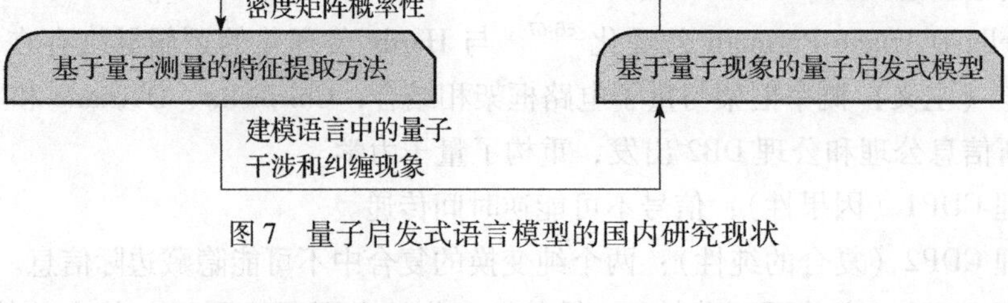

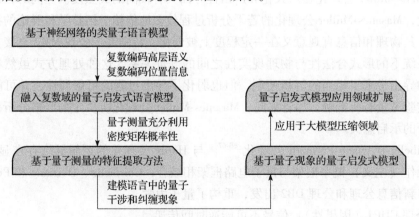

图 7　量子启发式语言模型的国内研究现状

3.1.1 基于神经网络的类量子语言模型

受到量子语言模型（Quantum Language Model，QLM）的启发，Zhang 等人开发了基于神经网络的类量子语言模型[72]（Neural Network-based Quantum-like Language Model，NNQLM）。NNQLM 首次将量子概率理论和神经网络框架进行结合，一方面可以利用卷积神经网络强大的特征提取能力，更加高效地提取密度矩阵中的信息；另一方面可以利用神经网络框架的端到端训练模式，大幅提升模型的训练效率，减少训练过程中的误差累积。同时，Zhang 等人[73] 通过理论证明验证了这种结合方式的合理性，并提出了基于量子多体波函数的语言建模框架（Language Modeling Framework Inspired by Quantum Many-body Wave Function，QMWF）。

与 NNQLM 相比，QMWF 的多体系统可以建模出单词之间复杂的语义交互，例如一词多义现象。在 QMWF 中，研究者将单词视为希尔伯特空间中的单体粒子 $|x_i\rangle$，而句子则表示为若干单词构成的多体系统 $|\Psi_S^{ps}\rangle$，它们定义为

$$|x_i\rangle = \sum_{h_i=1}^{M} \alpha_{i,h_i} |\phi_{h_i}\rangle$$

$$|\Psi_S^{ps}\rangle = \sum_{h_i,\cdots,h_N=1}^{M} A_{h_1,\cdots,h_N} |\phi_{h_1}\rangle \otimes \cdots \otimes |\phi_{h_N}\rangle$$

式中，$|\phi_{h_i}\rangle$ 表示基向量，在语言中表示单词的一个特定语义，这样的语义一共有 M 个。当单词构成句子时，经过张量积运算，不同单词的不同语义之间的复杂交互保存在张量 A 中。当在全局语义分布 $|\Psi_S\rangle$ 上对句子 $|\Psi_S^{ps}\rangle$ 进行投影，期望获得句子概率时，研究者使用 CP 分解[74] 对投影过程进行张量分解，证明了卷积神经网络和量子测量之间的等价关系，即

$$\langle\Psi_S^{ps} | \Psi_S\rangle = \sum_{r=1}^{R} t_r \prod_{i=1}^{N} \cdot \left(\sum_{h_i=1}^{M} e_{r,i,h_i} \alpha_{i,h_i}\right)$$

式中，$e_{r,i}$ 是 CP 分解得到的秩 1（Rank-one）张量；$\sum_{h_i=1}^{M} e_{r,i,h_i}\alpha_{i,h_i}$ 等价于卷积过程；$\prod_{i=1}^{N}\cdot$ 表示池化过程。QMWF 和卷积神经网络如图 8 所示。

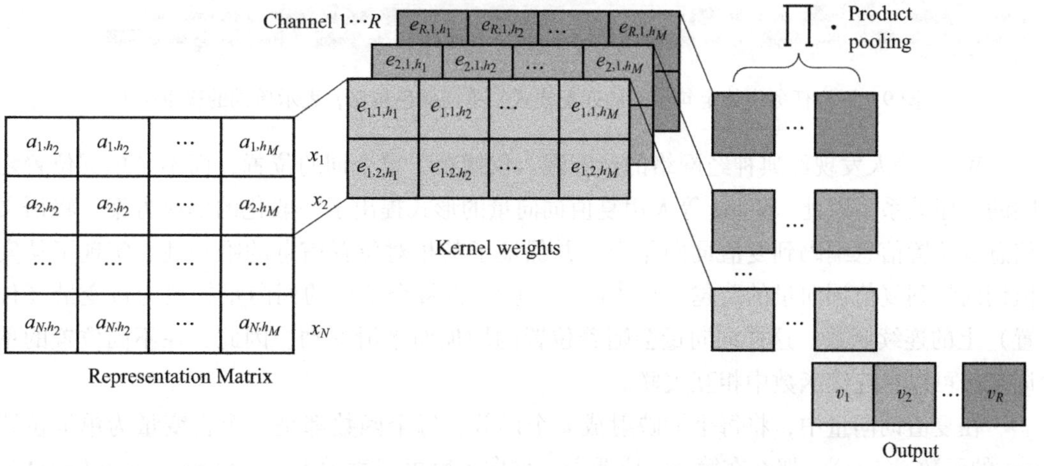

图 8　QMWF 和卷积神经网络

由此可以看出，神经网络框架和量子概率理论结合并不是建立在盲目提升试验效果这个目的上的，而是具备坚实的数学理论基础的。在 Zhang 等人的研究中，进一步提出

了张量空间语言模型[75]（Tensor Space Language Model，TSLM）。通过张量火车分解[76]，证明了基于多体波函数的语言模型是 n-gram 语言模型的泛化。同时，TSLM 的张量网络框架也给基于量子算法的语言模型的开发提供了新思路。

3.1.2 融入复数域的量子启发式语言模型

虽然量子启发式语言模型在结合了神经网络框架后，效果得到了大幅提升，理论上也更加严谨，但是量子力学理论是建立在希尔伯特空间上的，因此复数域对于量子力学理论具有不可忽视的作用。然而，如何合理地将复数域融入到量子启发式语言模型中，是一直困扰研究者的难题。

Li 等人受到人类认知中存在的类量子现象[77]，尤其是语言理解[78]的启发，认为如果基于量子力学数学框架建模人类语言，复数域的作用是至关重要的。因此，Li 等人建立了基于复数网络的语义匹配模型[79]（Complex-valued Network for Semantic Matching，CNM），其中复数隐含地反映了更高层次的语义，如单词极性、歧义，以及情感信息。在 CNM 中，复数域用于建模单词的量子态，即

$$|w\rangle = \sum_{j=1}^{n} r_j e^{i\psi_j} |e_j\rangle$$

其中，$\{r_j\}_{j=1}^{n}$ 是实数振幅；i 是虚数。通过试验分析，发现无论是从试验指标还是匹配过程中单词权重的热力分析（见图 9），都可以证明复数域的引入有效地建模了语言中的高层次语义信息。但是这是从实验现象角度出发的分析结果。而 Wang 等人[81]从严谨的数学推导角度对复数域的作用进行了分析。

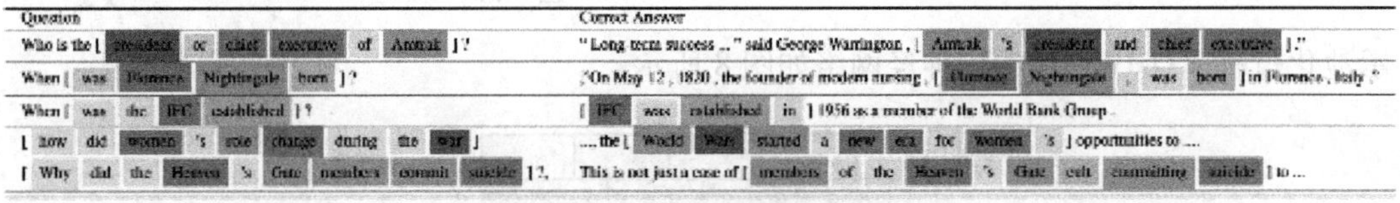

图 9 匹配任务中特定句子对的匹配模式，单词颜色越深，表示单词的权重越大

Wang 等人发现经典神经网络的位置嵌入仅捕获了单个词的位置，而不是单词位置之间的有序关系。因此，Wang 等人用复值词向量的形式提出了一般化的解决方案。将语义信息及位置信息编码到复值词向量上，并保证了其相对位置信息的唯一性，实现了从实值词向量到复值词向量的跨越。具体而言，就是将每个单词的词向量扩展为自变量（位置）上的连续函数，这样词向量会随着位置的增加而平滑移动。因此，在不同位置的单词表示可以在连续函数中相互关联。

在复值词向量中，将每个词映射成 k 个函数，每个函数都是一个自变量为单词位置 pos 的函数 $g(\text{pos})$，那么在第 pos 位置上，词向量就可以表示为 $[g_1(\text{pos}),\cdots,g_k(\text{pos})]$，当位置发生偏移，那么词向量表示为 $[g_1(\text{pos}+n),\cdots,g_k(\text{pos}+n)]$。通过复数运算法则，一个单词索引为 j、位置索引为 pos 的复值词向量的每个函数 $g_j(\text{pos})$ 的一般形式表示为

$$g_j(\text{pos}) = r_j \mathrm{e}^{i(w_j\text{pos}+\theta_j)}$$

这样，词向量中每个维度都表示一个波函数，并由振幅、周期（频率）和初始相位参数化。图 10 所示是一个三维复值词向量的图形表示。相比于经典的 Transformer 位置编码，复值词向量可以很好地解释位置向量的构建原理，同时也具备良好的泛化性。因此，除了展示复数域的高层语义信息，复值词向量也从理论上证明了复数域对于序列信息位置编码的重要作用。这使得复值词向量成为目前量子启发式语言模型的单词建模首选方案。

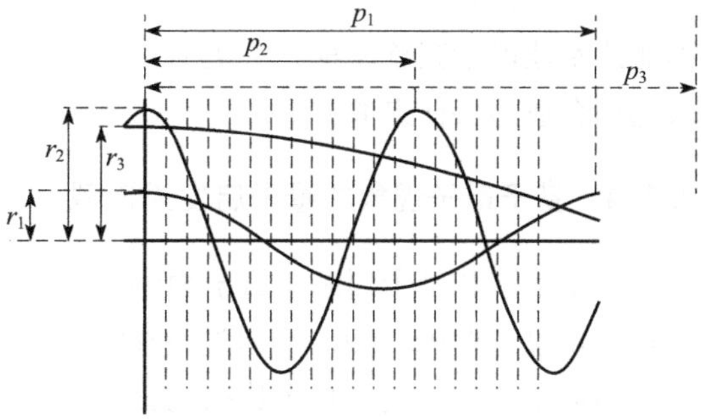

图 10　三维复值词向量

最具代表性的研究是 Zhang 等人提出的复值神经网络量子语言模型[81]（Complex-valued Neural Network-based QLM，C-NNQLM）。C-NNQLM 将复值词向量应用到 NNQLM 中，有效地改善了 NNQLM 对单词位置不敏感的问题，同时大幅提升了 NNQLM 的模型性能，具备一定的泛化性。

3.1.3　基于量子测量的特征提取方法

大部分量子启发式语言模型的特征提取方法是基于卷积神经网络技术的。虽然在 QMWF 中已经严格证明了卷积神经网络和量子多体系统投影过程之间的联系，但是从密度矩阵概率分布特性的角度分析，使用卷积神经网络提取密度矩阵特征，会破坏密度矩阵的概率分布，而且迹距离、保真度和 VN 散度等测量方法[79]。在端到端训练框架中传播损失的计算成本很高。Li 等人[79] 受到量子测量的启发，使用一组测量算子 $\{|v_k\rangle\}_{k=1}^{K}$ 来提取密度矩阵 $\boldsymbol{\rho}$ 的特征，即

$$p_k^2 = \langle v_k|\boldsymbol{\rho}|v_k\rangle$$

这样，得到的结果 p_k^2 是密度矩阵投影在 $|v_k\rangle$ 上的概率，完全符合量子力学的测量公理，充分利用了密度矩阵的概率分布特性，同时，在性能上也远超卷积神经网络。这使得基于量子测量的特征提取方法成为量子启发式语言模型的标准组件。

同样基于量子测量的思想，Zhao 等人[82] 提出了一种基于量子期望值的语言模型（Quantum Expectation Value Based Language Model，QEV-LM）。Zhao 等人认为大多数量子语言模型将单词和句视为一个子事件空间，对整个量子系统的密度矩阵缺乏研究，而且只有碎片化的物理概念被整合到模型中，没有系统完整的可解释性。因此，他们在 QEV-LM 中构造了一个唯一的密度矩阵，它承载了语义希尔伯特空间的全部信息。通过使用唯一的密度矩阵计算每个可观测值的期望值，可以获得每个可观测值的概率，将问答对之间相似性的匹配分数解释为联合问答可观察量 O_{qa} 的量子期望值 $tr(\boldsymbol{\rho}O_{qa})$。

无论是基于卷积神经网络的特征提取方法，还是基于量子测量的特征提取方法，两者均具备理论基础。前者从多体系统的数学计算角度推导出多体系统投影过程和卷积神经网络的关系；后者从量子力学测量公理的角度出发，建立一种利用密度矩阵概率特性

的特征提取方法。这两种方法各有优势，前者的张量网络基础使它具备开发基于量子算法的自然语言处理算法的潜力，而后者使量子启发式语言模型的效果大幅提升。因此，不能武断地评论究竟哪种算法更有深入研究价值，需要针对不同的应用场景和研究方向来选择合适的特征提取方法。

3.1.4 基于量子现象的量子启发式模型

量子干涉和量子纠缠是量子力学中经典的量子现象。在语言中同样存在这两种经典的量子现象。Wang 等人[3] 通过对在线用户的研究，收集了用户对文档进行相关性判断的试验数据。基于大量真实数据的试验结果，证明了在信息检索领域中的相关性判断过程存在量子干涉现象。然而，在信息检索中，常用的文本匹配模型的最终相关性得分源于局部匹配证据的累加，这种机械性的累加并不符合人类的检索过程。因此，基于信息检索中的量子干涉现象，Jiang 等人[6] 提出了量子干涉启发的神经匹配模型（Quantum Interference Inspired Neural Matching Model，QINM)，将用户查询和候选文档定义为量子子系统，构造查询-文档复合系统，进而通过约化密度矩阵编码文档的概率分布，建模信息检索过程中匹配单元（即单个查询词 q 与文档 D 的组合）之间的交互信息。当计算文档 D 的相关性概率时，最终的推导结果表示为

$$P(R_D)=P(R_D)+I(Q,D,q_1,q_2)$$

其中，$P(R_D)$ 是经典信息检索模型的文档相关性概率；$P(R_D)$ 并没有考虑文本匹配单元之间的交互作用，而这种交互作用会影响用户的判断过程；在 QINM 中，通过量子干涉项 $I(Q,D,q_1,q_2)$ 来表示查询匹配单元之间、查询与文档匹配单元之间的交互信息。通过试验结果可以发现，干涉项的确有助于信息检索模型的性能提升。

量子纠缠也在量子启发式语言模型中发挥了重要作用。单词语义存在一词多义的现象，例如 turn 包含 move、change、start doing、shape on a lathe 四种含义，而当 turn 与 on 组合成词组时，turn 的语义就成为 change 和 start doing 的叠加。这种现象被解释为并行相关性，并且和量子纠缠中子系统之间的叠加相关性存在天然的联系。因此，Chen 等人[83] 利用量子纠缠建模单词之间的非经典相关性，提出了基于纠缠嵌入的量子语言模型（Quantum Language Model with Entanglement Embedding，QLM-EE）。QLM-EE 在复值词向量建模单词 $|\Psi_i\rangle$ 的基础上，使用幺正演化来建模词组的纠缠态，即

$$|\boldsymbol{\Psi}\rangle=\boldsymbol{U}|\Psi_1\rangle\otimes\cdots\otimes|\Psi_n\rangle$$

其中，$\boldsymbol{U}$ 是幺正矩阵。然而，在神经网络框架的梯度下降算法中想要保持参数矩阵（幺正矩阵）的特殊数学性质是非常困难的。Chen 等人[83] 通过标准 Gram Schmidt 过程解决了这一问题，通过标准化来保证训练过程不会破坏量子态的性质。通过试验验证了量子纠缠的确捕获了单词之间的非经典相关性，如图 11 所示。并且在 QLM-EE 中仅使用 8 维的词向量就可以达到其他量子启发式语言模型使用百维词向量的效果。这不仅说明量子纠缠所建模的信息量巨大，同时也为基于量子算法的语言模型提供了高效的单词表示方法，这是因为在量子算法中需要将输入的向量降低到 3 维。如果从 50 维甚至 300 维词向量压缩到 3 维势必会带来巨大的信息损失，而 QLM-EE 有避免这一问题的潜力。

Red was the color of violence
A sure way to become a legend is to die young
Because there is rap music that speaks to all these people
The airline 's statement did not indicate whether the repair could have led to the catastrophe
Two members of Morton 's board will join Stewart on the Rohm and Haas board
Industry now makes up about 70 percent of the total kibbutz production
Concorde carries only 100 passengers , with two seats on each side of the aisle
The Concorde had never had a fatal accident before Tuesday

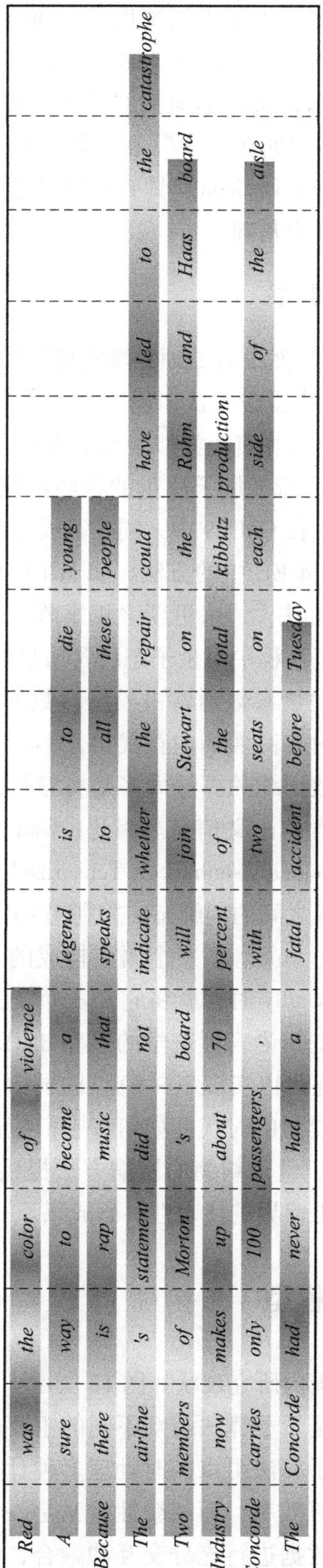

图11 词组语义中的量子纠缠现象

在中文语言现象建模中同样用到了量子纠缠现象。Shen 等人[4] 认为互文是语言学中的“量子纠缠”。例如“你来我往”不等于“你来+我往”，也不等于“你我+来往”，只有用一个二维度的矩阵才能表示语义，横向接续关系，纵向选择关系，“你来我往”跟“薛定谔的猫”一样，“你我”都处在“来”和“往”的叠加态。通过词汇联想的心理试验发现，人的心理词库（Mental Lexicon）具有类似量子纠缠的性质。量子论可为新的人类认知和信息处理模型提供理论基础。

3.1.5 量子启发式模型应用领域扩展

目前，量子启发式模型不仅在自然语言处理领域发挥作用，同时也扩展到了其他应用领域。例如在多模态领域中，Li 等人受量子认知理论研究[84] 的启发，将量子测量过程与情绪识别进行类比，如量子态随时间的演变类似于说话者在谈话过程中情绪状态的演变。基于这些类比现象，Li 等人提出了基于量子测量的神经网络[24]（Quantum Measurement-inspired Neural Network，QMNN）。在 QMNN 中，同样需要在训练中保证参数矩阵的幺正性质。但是 QMNN 并没有采用 QLM-EE 中的方法，QLM-EE 相当于在训练之后对量子态进行矫正，而 QMNN 是利用黎曼方法[85] 来更新幺正矩阵，因此在训练过程中可以保证矩阵的幺正性质，从而避免了矫正过程中对量子态所含信息的破坏。

在模型压缩领域中，由于词向量参数通常占模型参数的 20%~90%，这就导致硬件设备在存储和访问词向量时需要付出高额的内存代价，不利于在资源受限的设备上部署模型；而且，当前针对词向量参数压缩的算法大多是将参数矩阵分解为若干低维向量或小张量，这就破坏了词向量所蕴含的语义信息。因此，Gan 等人提出了形态学增强的张量化词向量压缩方法[9]（Morphologically-enhanced Tensorized Embeddings，MorphTE）。在 MorphTE 中，将单词视为不同语素之间的纠缠态，并利用 CP 分解的逆过程来建模单词的词向量。例如 unkindly 就是由 un、kind、ly 三个语素构成的。对于语素可以使用低维向量进行表示，如当文本中需要 unkindly 时，就将它的三个语素整合为量子纠缠态。这种结合了张量积强大的压缩能力及基于语言形态学的先验知识的参数压缩方法，不仅能够学习高质量的词向量表示，同时还可以实现 20~80 倍的词向量参数压缩，且不会损害任务效果。在现如今大规模预训练模型的时代，如何将它们应用于民用设施，关键在于如何对模型进行有效的压缩，而基于量子纠缠的压缩方法提供了一种新的思路。MorphTE 是量子启发式模型从实验室迈向工业界的代表性科研成果。

3.2 基于量子计算的语言模型

基于量子计算的语言模型的国内研究现状如图 12 所示。

量子的叠加性质和纠缠性质是量子算法与众不同的主要原因。这种叠加性质从理论上能够提升并行计算能力，使量子算法可以同时处理多种计算可能性，从而具有比经典算法更快的计算速度和更高的计算效率。而纠缠性质又是一种非经典的关联特性，这种特性能够使多个量子比特之间的数据进行充分交互和融合，解决经典计算机难以处理的

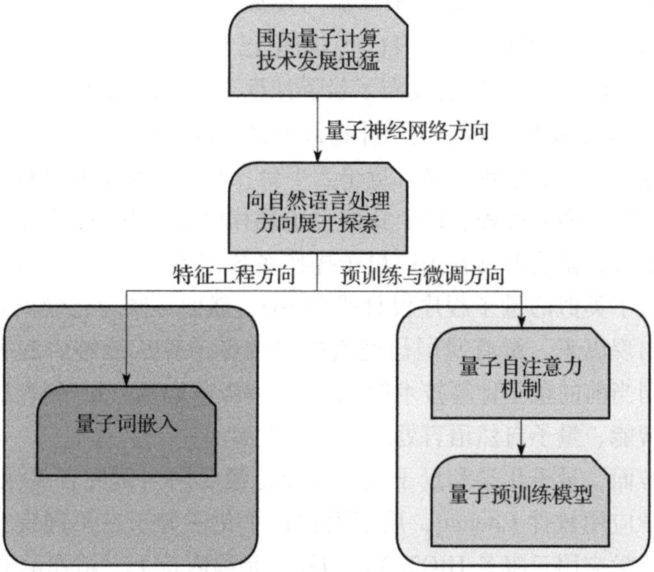

图 12　基于量子计算的语言模型的国内研究现状

复杂问题。量子自然语言处理正是希望借助上述理论，实现语言和语义的快速处理与学习理解，为下一代人工智能提供解决方案[86]。

本节将首先对国内量子计算的发展水平进行简单的分析，然后转向量子自然语言处理研究，分析国内研究者当前实现基于量子计算语言模型的主要实现思路。

3.2.1　量子计算的国内发展现状

分析国内对于量子计算的发展情况，可以从三个方面出发，即量子芯片、基础软件和应用服务，如图 13 所示。其中，量子芯片为基础软件和应用服务提供了基本的计算硬件和计算资源，是类似于经典计算机理器单元（CPU）的量子处理器（QPU）；而基础软件则对应量子算法、量子模型，是本文关注的重点；应用服务是最终量子算法和量子模型的实际应用场景，本文主要关注量子自然语言处理方面的具体应用。

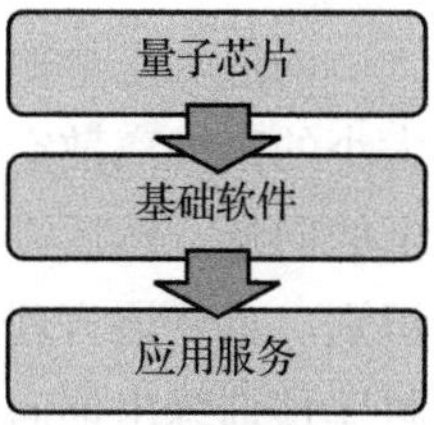

图 13　量子计算组件的层次

在量子芯片方面，本源量子选择了超导和半导体研发路线，研制了本源量子 24 比特超导量子芯片、2 比特半导体计算机“悟本”。中国科学技术大学采用光学路线研制了量子计算原型机“九章”，后续开发了“九章二号”并实现了量子优越。从芯片发展情况来看，我国已经具备了在量子优越性方面的科技实力和创新能力。

在基础软件方面，阿里巴巴、华为和本源量子等企业都推出了量子云平台。量子云平台是一种能够在经典计算机上模拟量子芯片的平台，一方面它可以帮助算法研究者在云端的真实量子芯片上定义量子线路，了解量子芯片性能；另一方面可以帮助开发者率先在经典计算机上先行开发和验证量子算法与模型。这也是国内研究者进行量子算法、量子自然语言处理的首选实现方式。目前，阿里巴巴已经先后推出了量子模拟器“太章”和“太章2”，并与中科院联合发布了量子计算云平台；此外，华为也发布了量子云平台“HIQ”；本源量子发布了超导量子计算云平台，这是国内唯一一个向普通用户提供真实量子计算服务的量子云平台。除了量子云平台，其他底层基础软件设施也必不可少。例如，本源量子开发了面向过程、命令式的量子编程语言 QRune，随后又推出了 QPanda 的量子软件开发工具，紧接着首款国产量子操作系统“本源司南”也问世了；中国科学院软件研究所发布了类似的量子程序设计平台 isQ。然而，颇为遗憾的是，自从 1985 年第一个量子算法出现以来，鲜有我国研究者提出的量子算法能够引起关注和技术革新，这也充分说明我国当前的量子计算技术软/硬件发展极不均衡，量子算法等一系列衍生技术，如量子人工智能、量子自然语言处理都亟待发展。

在应用服务方面，量子化学和量子人工智能是最受国内研究者关注的研究方向。本源量子发布了化学应用软件 Chemiq，用于模拟计算化学分子在不同键长下对应的能量。华为发布了量子化学应用云服务 HIQ2.0 模拟器，是国内首个一站式量子化学应用服务平台。同时，为了发展量子人工智能，本源量子发布了 VQNET 量子计算深度学习编程框架，通过与 QPanda 协作，可以帮助研究者搭建量子机器学习和量子深度学习应用。华为同样发布了基于 MindSpore 深度学习计算框架的 MindQuantum，支持多种量子神经网络的训练和推理。上述技术已经可以帮助研究者和开发者在本地的经典计算机中进行量子人工智能算法的研究和开发，是实现基于量子计算的语言模型和量子自然语言处理的可选方法之一。

综上所述，目前我国量子计算产业化发展迅速，但量子算法理论发展较晚，目前还处于起步阶段。在国内以此衍生的基于量子计算的语言模型也处于发展阶段，相关工作非常有限。下面将从语言模型的实现角度综述国内研究者在量子语言模型上的基本实现思路。

3.2.2 量子词嵌入

词嵌入是早期自然语言处理中非常重要的表示学习方法之一，它将一个维数为词表大小的高维离散空间嵌入到低维的连续实向量空间中，每个单词或词组被映射为实数域上的向量。然后将其进一步输入神经网络、机器学习等模型中就能完成文本分类、情感识别、自然语言理解等任务。该技术可以看作迁移学习的一种，可以提前在大规模的语料库预训练出词向量，然后将其迁移到下游的具体自然语言处理任务中。这可以看作预训练模型的早期实现思路。

在量子方法中，将词嵌入拓展到量子词嵌入的版本，是一个非常自然的想法。华为的 MindQuantum[87] 开源了一种非常简单的实现思路。

以 CBOW 的思想为例，一个词由其周围窗口内的词来预测：

$$\boldsymbol{w}_i = f(\boldsymbol{w}_{i-n}, \boldsymbol{w}_{i-n+1}, \cdots, \boldsymbol{w}_{i-1}, \boldsymbol{w}_{i+1}, \boldsymbol{w}_{i+2}, \cdots, \boldsymbol{w}_{i+n})$$

其中，$\boldsymbol{w}_i$ 即为当前词的词向量，n 是滑动窗口的大小。经典方法 $f(.)$ 一般由神经网络实现，而基于量子计算的语言模型需要将其替换为图 14 所示的量子变分线路。

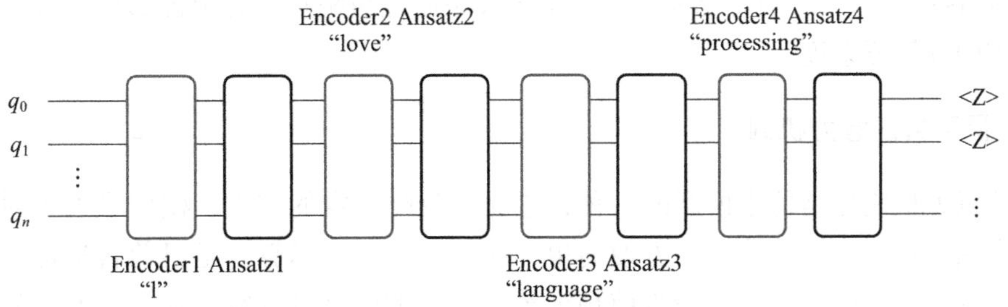

图 14 词嵌入的量子变分线路设计

该线路中重复穿插了数据编码层和变分参数层（Ansatz），在最后还需对各个量子比特进行观测。其中每一个数据编码层通过旋转门将词映射到量子态（见图 15），而变分参数层可自行设置带有参数和纠缠的量子线路（见图 16），用于进行词向量的拟合。最后，通过量子态在量子线路上的演化，窗口内的词被一个个输入线路中并进行复杂的交互和计算，最终在线路的末端，用 Z 算子进行观测可以得到输入的期望，该结果即为中心词的词向量表示：

$$\boldsymbol{w}_i = f(\boldsymbol{W}) = \langle 0 | U^{+}(\boldsymbol{W},\theta) Z \, U(\boldsymbol{W},\theta) | 0 \rangle,$$

$$\boldsymbol{w}_i = f(\boldsymbol{W}) = \langle 0 | U^{+}(\boldsymbol{W},\theta) Z \, U(\boldsymbol{W},\theta) | 0 \rangle,$$

$$\boldsymbol{W} = (\boldsymbol{w}_{i-n}, \boldsymbol{w}_{i-n+1}, \cdots, \boldsymbol{w}_{i-1}, \boldsymbol{w}_{i+1}, \boldsymbol{w}_{i+2}, \cdots, \boldsymbol{w}_{i+n})$$

其中，量子线路中所有的量子门可以看作一组酉矩阵按量子线路依次相乘的结果，即 $U(\boldsymbol{W},\theta) = \theta^{2N} S(\boldsymbol{w}_{i-n}) \theta^{2N-1}, \cdots, \theta^2 \theta^1 S(\boldsymbol{w}_{i+n})$，这里的 $2N$ 为量子线路的层数，每层通过编码线路 $S(\boldsymbol{w})$ 嵌入一个词，然后被进一步送入以 θ 为参数的量子变分电路中。

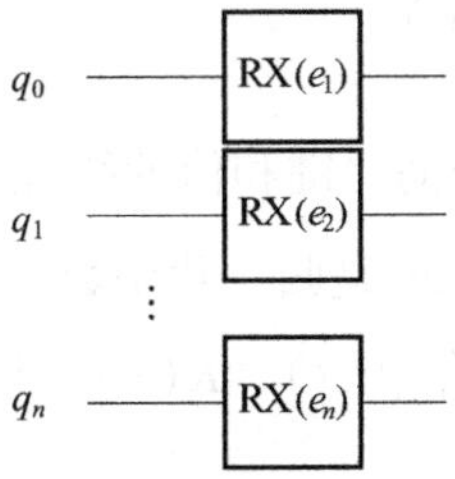

图 15 使用旋转门编码词

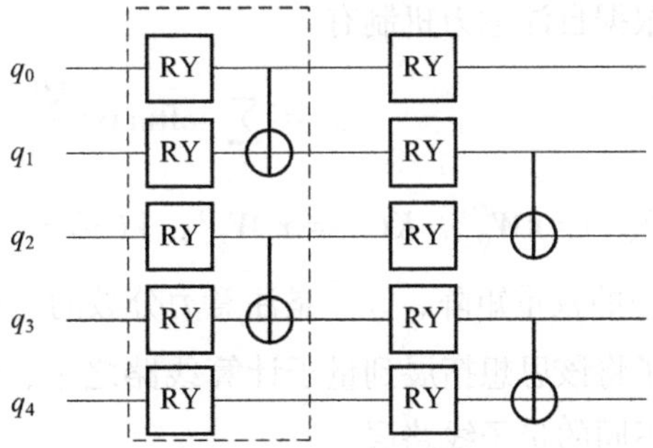

图 16 一种可选量子线路变分线路

最后，利用诸如参数位移或有限差分等基于量子线路的求梯度方法，就能求出量子线路中参数的梯度，然后通过不断调整参数找到拟合损失函数的最佳线路，就实现了量子词嵌入。这和经典神经网络的反向梯度传递思想非常相似。

在该方法中，可以注意到一些量子计算理论上的优势体现。比如有词表的大小为 $|V|$，那么使用到的量子比特数为 $\lceil \log_2 |V| \rceil$，而量子线路的参数量仅为量子比特的多项式倍数。这其实说明，如果仅使用 15 个量子比特就能编码一个拥有 2 万多词的词表，并且其

中需要使用的参数仅是 15 的多项式倍数。这种参数量的下降并不意味着模型复杂度的降低，Henderson 等人[88] 的研究表明变分量子线路通过纠缠在理论上能够实现经典计算机无法处理的计算复杂度。

3.2.3 量子自注意力机制

自注意力机制也是仿生模型的一种，它通过分配一定的权重，模仿了人类对信息的记忆和存储过程。这种计算实现方便简单，能够进行并行运算，是目前自然语言处理中常用的一种特征提取方法，也是当前预训练语言模型的基础计算模块。因此，发展量子自注意力机制是实现量子预训练语言模型的一种常规思路。

最近，百度量子计算研究所对其展开了探索，在 Li 等人[89] 的最新研究中，提出了图 17 所示的量子自注意力机制。

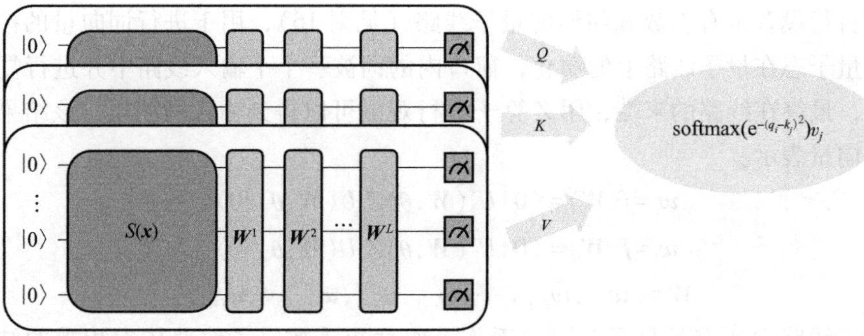

图 17 使用量子变分线路代替自注意力机制中 Q、K、V 的计算

对于 m 组序列数据组成的文本数据集 $D=\{(x_1,x_2,\cdots,x_n)\}^m$，其中$\boldsymbol{x}\in R^d$ 表示一个词向量。根据自注意力机制有

$$x_i=\sum_j \text{softmax}\left(\frac{Q(x_i)K^{\mathrm{T}}(x_j)}{\sqrt{d_h}}\right)V(x_j)$$

其中，$Q(\cdot)=\boldsymbol{x}\boldsymbol{W}_Q^{(l)}$，$K(\cdot)=\boldsymbol{x}\ \boldsymbol{W}_K^{(l)}$，$V(\cdot)=\boldsymbol{x}\boldsymbol{W}_V^{(l)}$ 分别为查询、键和值的线性变化函数；$\boldsymbol{W}$ 是其中的权重矩阵，$\sqrt{d_h}$是注意力分数的比例因子；softmax 是归一化函数。

为了将该思想拓展到量子计算线路之上，Li 等人[89] 将 $Q(\cdot)$、$K(\cdot)$、$V(\cdot)$ 替换为三种不同的量子线路层：

$$q=\langle 0|U^{+}(\boldsymbol{W}_q,\boldsymbol{x})Z_0\ U(\boldsymbol{W}_q,\boldsymbol{x})|0\rangle$$

$$k=\langle 0|U^{+}(\boldsymbol{W}_k,\boldsymbol{x})Z_0\ U(\boldsymbol{W}_k,\boldsymbol{x})|0\rangle$$

$$v=\langle 0|U^{+}(\boldsymbol{W}_v,\boldsymbol{x})Z\ U(\boldsymbol{W}_v,\boldsymbol{x})|0\rangle$$

这里的 $U(\boldsymbol{W}.,\boldsymbol{x})$ 为本文前面介绍的量子变分线路，其中$\boldsymbol{W}.$ 是可学习的变分参数，$\boldsymbol{x}$ 是需要编码的输入特征。q 和 k 仅需使用 Z 算子观测其中一个比特期望即可，而对于 v，则需要观测全部比特才能得到和输入一样维度的特征输出。

考虑到经过量子线路输出的 q 和 k 是一个实数标量，传统内积计算注意力分数的办

法不再有效，使用高斯投影计算注意力分数。最后，经过量子注意力机制的词 x_i 可被表示为

$$x_i^l = \sum_j \text{softmax}(\mathrm{e}^{-(q_i-k_j)^2})v_j + x_i^{l-1}$$

其中，x_i^{l-1} 表示上一层量子自注意力机制的输出，这里实现了类似残差连接的效果。

最后设置合理的损失函数就可以实现文本的分类任务。与国外的量子语言模型相比，该研究在模拟生成的文本二分类任务上好于 Lorenz 等人提出的 DisCoCat[90] 的表现。与经典的自注意力文本分类方法相比，该方法在三个数据集上都取得了最优的表现，并且参数量仅是经典方法的 1/20。这再一次说明基于量子计算的语言模型能够在更小规模的参数量上实现更复杂的计算，这有望为体量更轻，计算更快的大规模语言模型提供一种全新的实现路径。

3.2.4 量子预训练模型

随着深度学习的发展，利用端到端的自监督训练文本中的词向量，再逐步进行微调的方法是现在语言模型主流使用的方式。

目前，以 Bert 为代表的预训练语言模型大都使用了自注意力机制的底层计算方式，因此将前文所述的量子自注意力方法应用于量子预训练语言模型的设计中，似乎是一个非常合理的选择。然而 Li 等人[91] 表示，这种量子注意力的计算需要在经典层和量子线路层之间多次切换，可能影响效率。他们提出了 QBERT，该方法将量子线路移到了预训练模型的顶层，而底层则堆叠了多层 Transformer，这样数据的计算过程就只需进行一次量子线路的切换。具体架构如图 18 所示。

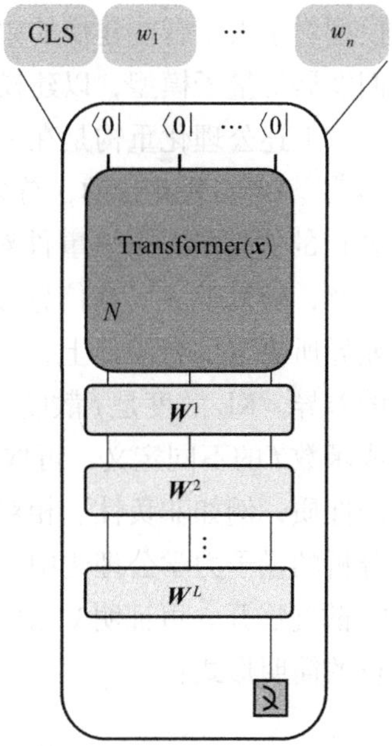

图 18 QBERT 的整体框架

该框架底层可以看作一个对经典数据进行编码的复数 Transformer。与之前的工作不同，该编码器实际上进行了振幅编码而非文献中经常使用的旋转门编码。这种振幅编码方式通常更节省量子比特，比较适合用于大规模的量子语言模型。因此，该研究的核心是对复数 Transformer 进行设计。Li 等人[91] 为此设计了复数的注意力层、复数归一化层、复数前馈神经网络，以及复数激活函数。

该框架的顶层是一个量子变分线路，经过复数 Transformer 的编码后，特殊的标记 CLS 将被表示成为量子态 $|\text{cls}\rangle \in C^{2^n}$，这里的 n 是所使用的量子比特数量。该量子态可直接送入量子变分线路并进行观测：

$$\boldsymbol{y}^* = \langle \text{cls} | U^+(\boldsymbol{W}) Z_0 U(\boldsymbol{W}) | \text{cls} \rangle$$

最终 $\boldsymbol{y}^*$ 即为模型的输出结果，$U(\boldsymbol{W})$ 表示量子变分线路的全部可学习参数。与大多

数方法相同，设置合理的损失函数，通过梯度下降的学习方式就能学习到最优的量子预训练模型。

3.3 非经典（泛量子）概率理论和概率模型族

非经典（泛量子）概率理论和概率模型族的国内研究现状如图 19 所示。

在国内，基于操作（主义）概率框架对量子力学做公理化重构并发展非经典概率模型的尝试并不多见。侯越先提出了一种基于后验信息上界公理，导出复合量子系统形式化的方法[92]。他从完全的信息视角解释了量子力学的统计意义，并在此基础上发展了拟密度算子模型族，即相对于所有局域测量给出合法概率结果的非经典模型族。此方面的研究有助于理解量子模型对于人工智能建模的中肯性和实现有依据的（非经典）统计模型选择，还可启发人们发展泛量子模型，以建模更一般的认知和人工智能任务场景。

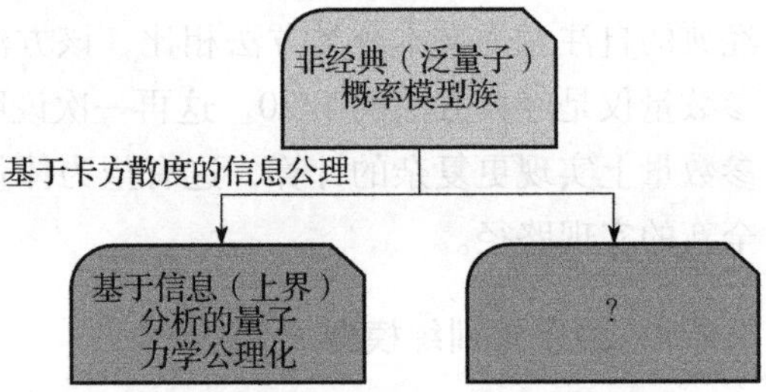

图 19 非经典（泛量子）概率理论和概率模型族的国内研究现状

上述公理化重构是在一组简明且信息（处理）意义直观的前提下，重构了量子力学[93]。为实现此目的，首先需定义“信息”。本质上，一个随机事件使人们获得（或失去）的信息量，由该事件对系统状态的影响所决定。通常，系统状态由概率分布描述。因此，随机事件（在信息方面）的影响，由描述系统状态的概率分布在事件发生前后的差异所决定。在统计上，经常以 KL(Kullback-Leibler) 散度定量刻画两个概率分布之间的差异。KL 散度是 f 散度[94-95] 的特例，后者是一般化的概率分布差异测度族，依其生成函数 f 的不同定义，可取不同的形式。作为概率分布差异的测度，f 散度具有若干恰当的性质，例如非负性、相对于马尔可夫过程的单调性和联合凸性等[94]。在基于信息上界分析的量子力学公理化中，对信息定义和公理化重构过程将基于一种特殊的 f 散度，即 χ^2 散度展开。可证明 χ^2 散度是以自然对数为底的 KL 散度的上界[96]。它具有如下便于解析的简明形式：

$$D_{\chi^2}(P \parallel Q) \equiv \sum_i \left(\frac{p_i}{q_i} - 1\right)^2 q_i = \sum_i \frac{p_i^2}{q_i} - 1$$

式中，P 和 Q 是两个（离散）概率分布；p_i 和 q_i 分别是 P 和 Q 的概率项。注意，当 P 和 Q 连续时，χ^2 散度亦可同理定义。由此，一个随机事件在信息意义上的影响可直接定义为：特定事件发生后，描述系统状态的概率分布 P，与该事件发生之前描述系统状态的概率分布 Q 两者之间的 χ^2 散度。值得指出的是，KL 散度是 Fisher-Rao 距离（FRD）在小尺度上的有效近似，而 Cencov 定理保证了 Fisher-Rao 度规是唯一反映统计推断实质的黎曼几何度规。因此，作为 Fisher-Rao 距离的近似上界的 χ^2 散度，其统计意义上的中肯性亦可得到理论保证。

利用信息意义较为明确的 Hardy 公理 H5 和 Dakic-Brukner 公理化的 DB2，以及下列信息公理，可实现基于信息（上界）分析的量子力学公理化重构。注意，以下公理中提及的“信息量”均指由χ^2散度所定义的信息量。

- 公理 A1（非信息状态的存在性）：存在非信息量子比特，相对于任意基准测量均给出均匀的测量结果概率分布$\left\{\frac{1}{2},\frac{1}{2}\right\}$。
- 公理 A2（优化的可辨识性）：任意纯态可通过测量与其他纯态完美区分。
- 公理 A3（信息量的一致性）：所有纯态量子比特的信息量相等。
- 公理 A4（优化的平均每参数信息量）：量子比特系统的（每参数）平均信息量应达到公理集所允许的最大值。
- 公理 A5：n 比特量子系统的后验信息上界等于 n 个经典比特。

基于信息（上界）分析的量子力学公理化有效地澄清了标准量子模型在信息处理方面的意义和优化性。并且，该分析方案也有助于理解和澄清量子力学的物理意义和物理现实性。具体来说，其他公理化方案在重构多于一个量子比特的复合量子系统时，往往引入了类似于 Masanes-Muller 系统中 MM2 的公理，可较为方便地导出复合量子系统密度算子表示的半正定性，从而导出标准复合量子系统的形式特征。但是，MM2 作为公理的地位是值得商榷的：MM2 的直接逻辑结果是所有的非局域纯态对应于物理现实的测量设置的（投影）测量向量，这与非局域测量在物理实现上的困难形成了显著的反差。实际上，过去相当长的时间，非局域测量的实验室实现方案才开始被较多讨论[93,96-97]，现有实现方案的测量值均依赖于相对复杂的逻辑统计量（例如模值[93]或弱值[96]）。因此，不排除如下的可能：非局域测量的结果不具有物理现实性，而只具有逻辑现实性，即非局域测量的结果应视为一组具有物理现实性的观测概率的逻辑或代数组合，而不应直接对应于现实物理事件的观测概率。作为对比，基于信息（上界）分析的公理化方案中，避免了对非局域测量的一般物理现实性的假设，仅利用量子系统相对于局域测量的合法性和复合量子系统的后验信息上界公理，即重构出了标准 2-量子比特复合系统[92]。这里，量子态的后验信息定义为在已知量子空间几何结构的前提下，由测量所能获致的信息。另外值得指出的是，基于上述信息（上界）视角的分析路径，可更方便地研究标准量子模型的扩展模型，及其与标准量子模型的关系。

4 国内外研究进展比较

4.1 量子启发式语言模型的国内外研究进展比较

国外对于量子启发式语言模型的研究要早于国内，是由 Van 等人[5]提出的量子启发信息检索模型开始的。在随后几年中，国内研究者在量子启发式语言模型的研究中投入大量精力。早期的研究仅是量子理论在自然语言处理领域的初步探索，对于其理论基础、一般性的建模方法及量子信息检索的优势的研究仍然是缺乏的，尤其是量子理论与神经信息检索的模型仍未被系统性的研究。

在近五年的研究中，国外的主要集中于以用户为核心的量子认知理论在语言表示、用户交互、多模态信息处理等方面的启发式研究。一方面，相关研究旨在解决当前人工智能在信息检索、语言建模等方面遇到的问题，例如可解释性、认知机理的探索、透明的交互模式等，在这方面，量子理论与认知建模的内在联系被不断深入发掘，希尔伯特空间下的认知建模方法也成为研究人员普遍的共识。另一方面，国外关于启发式的量子语言建模工作也在逐步拓展应用研究领域，值得关注的是多模态领域的最新进展。量子语言模型被进一步扩展至语音、视频、文本等多模态任务的信息交互与融合的过程中，在这一过程中量子理论在复杂系统建模方面的优势体现得更为明显。

国内的研究聚焦于神经网络架构下的量子启发式工作，以及量子启发式模型到量子计算模型的转化研究，致力于寻找合理、有效地将量子启发式模型迁移到量子计算机的方法。国内的研究工作从语言的角度出发，在表示、匹配、建模三个方面论述了量子理论在自然语言处理领域所带来的创造性工作。尤其是基于复数域的语言表示工作已经成为当前量子启发式语言模型的标准表示方法。同时，国内研究者也关注工业应用领域的难点，利用量子理论来解决大模型压缩问题，并取得了不错的成绩。

4.2 量子计算的国内外研究进展比较

量子计算的国内外研究进展比较如图 20 所示。

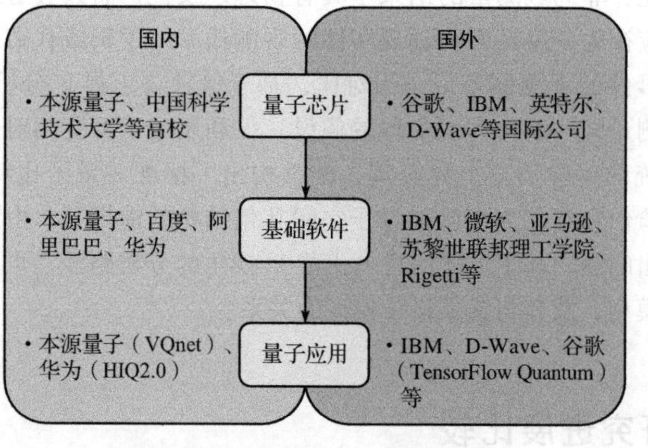

图 20　量子计算的国内外研究进展比较

本节将从量子芯片、基础软件、量子应用三个方面对比国内外量子计算的研究进展。

从量子芯片发展来看，谷歌、IBM、Rigetti、英特尔等公司主要以超导路线或半导体路线发展量子计算设备，而国内主要是本源量子发展超导路线或半导体路线的量子计算设备，相关技术对标英特尔有 2～3 年的差距[86]。霍尼韦尔、IonQ 等国际公司主要从光学线路研究量子计算机，而国内相关技术暂未得到明显的产业化，其技术主力军仍是高校。还有一些技术芯片的其他实现路径尚处于研究状态，如微软专注于拓扑路线，而国内对于这些路径的研究较少。

从量子计算的基础软件发展来看，国际上的量子云平台主要有 IBM 的 QExperience、微软的 AzureQuantum 和亚马逊的 Braket；而国内有阿里巴巴的量子模拟器“太章”和“太章 2”、华为的“HIQ”，以及本源量子的量子计算云平台。对于量子编程语言，国外具有代表性的有微软开发的 Q#和苏黎世联邦理工学院开发的 Silq；而国内主要有本源量子 QRunes。对于量子开发工具，国外有 Rigetti 的 Forest、IBM 的 Qiskit，以及微软的 QKD；国内有本源量子的 Qpanda 和中科院的 isQ。综上所述，国内当前的量子软件发展水平在“量”上仍显不足，各头部企业仍需继续追赶国际发展水平。

从量子应用发展来看，国外的各公司都在积极寻找量子计算的最佳应用，希望能在特定领域找到解决经典计算机无法解决而量子计算机可以高效解决的问题。IBM、谷歌等公司都开展了量子化学模拟方面的研究工作，该应用场景被认为是量子模拟最有前途的方向之一。在国内，本源量子、华为也展开了对量子化学的探索，分别发布了 Chemiq 和 HIQ2 等量子化学模拟软件。在全球范围内，当前量子计算的应用在整体上仍处于基础理论研究和产品研发验证阶段，虽然我国在这些方面的研究与应用发展相对迅速，但切实可行的量子人工智能、量子自然语言处理应用亟待发展。

4.3 量子语言模型的国内外研究进展比较

量子语言模型的国内外研究进展比较如图 21 所示。

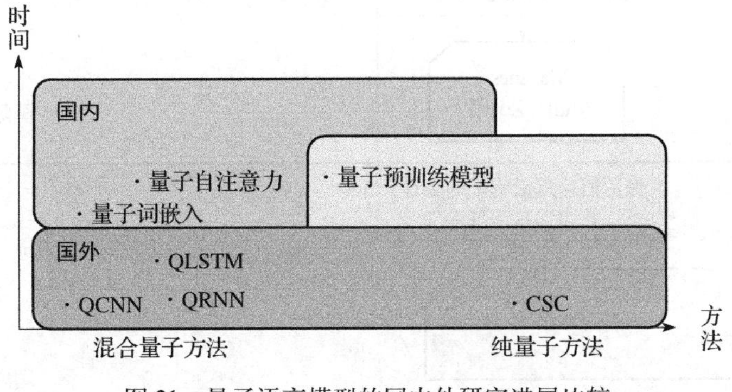

图 21 量子语言模型的国内外研究进展比较

在量子语言模型方面，国内外的研究目前仍处于初级阶段，都有一些重要的研究和发展，但总体上来看，目前国内外研究间存在一定的差距，国内研究较少且相对滞后于国外。

就研究时长而言，在大约十年前，国外学者就首次提出了量子机器学习的概念，并开始在这一领域进行研究。他们认识到利用量子计算的特性和量子算法的优势，可以为机器学习任务带来新的可能性。足够长的时间孵化出了更完善更成熟的研究环境，国外研究机构和公司投入了大量资金研制运行稳定、有纠错能力的量子计算机，以满足量子模型的需求。因此其研究成果也更多样化，不局限于量子经典混合的神经网络，即将传统神经网络中的某些层用量子线路替换的方法，还提出了如 CSC 这种从语法结构的角度出发，用纯量子线路解决自然语言处理问题的模型。同时，还有很多国外学者致力于用数学手段证明量子神经网络相比经典神经网络的量子优势。

相比之下，国内在量子机器学习方面的研究起步较晚，尚处于初级阶段。虽然一些国内高校和研究机构也开始关注量子机器学习的研究，但硬件水平还处于追赶阶段，模型研究上也缺乏深入的理论研究和大规模的试验验证，所提出的模型基本都属于量子经典混合的神经网络思路，较为单一。

4.4 非经典（泛量子）概率理论和概率模型族的国内外研究进展比较

非经典（泛量子）概率模型族的国内外研究进展比较如图 22 所示。

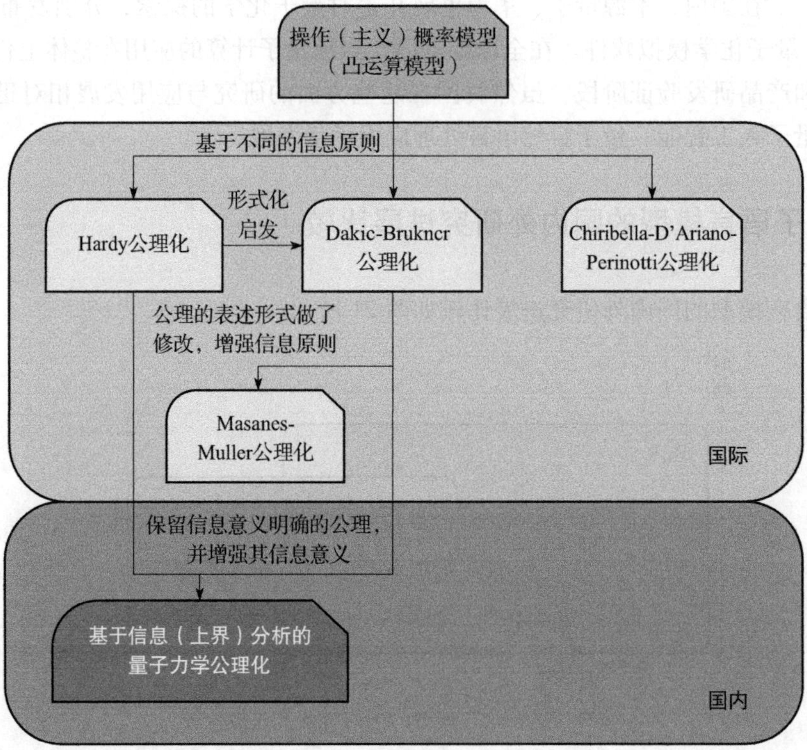

图 22 非经典（泛量子）概率模型族的国内外研究进展比较

量子力学本质上是一种非经典概率模型，典型的量子力学形式化——波动力学和矩阵力学，分别具有等价的拟（Quasi）概率分布表达形式——Wigner 分布[98] 和 Kirkwood-Dirac 分布[99-100]。但是，量子概率放松了 Kolmogorov 对随机事件集合（Sigma 代数）的联合可测性要求，因此是非经典的。目前大多数对于非经典概率理论的研究，都基于操作（主义）概率框架，对量子模型进行了重构和扩展。

Hardy 公理化重构，导出了标准量子比特空间的 Bloch 球结构、其上的变换群和测量公式，并扩展到了高维量子系统。相比于复希尔伯特空间、Hermitian 算子和酉算子等更为人们所熟悉的量子表示元素，Hardy 开创性的公理化系统在数学直观性方面有了显著改善。但是，数学直观性不等于物理或信息意义上的可解释性，Hardy 所选择的公理 H2 和 H4，更像是出于解析方便而做的数学约定。不过，Hardy 公理化是开创性的，对后续的一系列基于操作（主义）概率框架的量子力学公理化研究有显著的启发意义。

Masanes-Muller 公理化在形式化和严格性方面具有较高的成熟度。但同时，出于严格性的考量，Masanes-Muller 公理化的若干分析过程较多地依赖于拓扑学和群论的抽象概念或性质，其物理和信息直观在一定程度上被弱化。特别地，公理 MM2 直接规定了特定形式系统下的形式合法性与物理现实性之间的等价关系，这种处理方式虽然给复合量子系统的导出带来了相当的解析便利，但也弱化了导出过程的可解释性，并可能与现实的物理实验考量有所抵触。尽管如此，Masanes-Muller 公理化所奠定的严格分析框架，仍具有显著的承启意义。

Chiribella-D'Ariano-Perinotti 系统的公理化的构建和表述上更倾向于信息意义。事实上，Chiribella、D'Ariano 和 Perinotti 在论文中给出他们的公理化之前，用相当篇幅做背景介绍和概念（例如“纯变换”等）定义，这在一定程度上影响了其公理集的直观性和其分析结果的可解释性。不过，Chiribella-D'Ariano-Perinotti 系统仍具有启发意义，它对于量子电路模型的使用，有助于以图形化的方式表达分析和推理的过程。这一技术随后也被 Hardy 在其替换的公理化中使用[101-102]。

而侯越先[92] 提出的基于信息（上界）分析的量子力学公理化重构，是完全基于信息（上界）分析的更富含信息意义的公理化重构。该方案避免了对于非局域测量的物理现实的强假设，基于局域测量的物理现实性和复合量子系统的后验信息上界公理，重构出了标准 2-量子比特复合系统。特别地，该方案的所有公理具有直观而自然的信息意义。A1 实际上是要求存在“公平的量子硬币”，这可类比于公平经典硬币的存在性。A2 要求所有纯态是可辨识的，即可完美地与其他纯态相区分，由于可证明混合态必然是不可辨识的，所以 A2 实际上要求了极大的可辨识性。A3 的要求符合朴素直觉。A4 要求量子比特系统在信息编码效率方面的有效性。A5 要求 n 比特量子系统的后验信息上界等于 n 个经典比特，此要求简洁优美，同时信息意义明确。上述一致性、极大性和有效性要求，规定了量子比特系统在信息处理方面的广义优化性，是公理化重构基础。基于上述公理集，可在保证严格性的前提下，较为简明地导出量子比特系统的 Bloch 球表示，以及其上的测量公式和变换群 SO(3)。

目前，对于非经典概率空间和非经典统计模型的研究很不充分，无论以物理视角抑或人工智能视角看，作为非经典概率模型的量子力学，其内涵和意义都有待进一步澄清。此种状况也影响了量子启发式自然语言处理和量子启发式人工智能的稳固发展和有效应用。为了澄清量子启发式自然语言处理和人工智能研究的理论动机，为其建立有原则的模型基础，有必要深入推进非经典概率理论和非经典统计模型的研究。

5 发展趋势与展望

量子语言模型从最初的理论模型发展到量子启发式模型和基于量子算法的模型，可以发现，基于量子算法的模型是量子语言模型的最终目标。无论是从数学角度对量子启发式模型进行张量网络化，还是从向量维度上进行高效的低维表示，其根本目的就是探索如何开发出高效的自然语言处理量子算法。量子启发式模型只是开发量子算法路上的中转站。

根据已有的经验，经典的量子算法，例如 Shor，是具备严格的理论基础和数学推导过程的算法。量子神经网络混合模型利用量子线路替换经典神经网络的部分模块，达到较高的实验效果。量子神经网络模型的有效性通常从试验现象角度进行分析，而缺少严格的理论证明。反观经典的量子算法，虽然从理论上可以证明模型的有效性，但是其所需的硬件设备是当前科技水平所不能满足的。因此，如何在混合模型的框架中，将量子启发式语言模型迁移到量子线路中，并利用泛量子概率模型族和泛量子统计推断方法来为模型提供坚实的理论基础，是当前量子语言模型的发展趋势。

最后，基于优化信息处理原则所发展的信息公理化，希望在一定程度上解决上述问题。通过非经典概率框架，将抽象的量子力学还原为一组物理和信息意义明确的公理的逻辑结果。这种还原不仅从物理和信息视角解释了量子力学的信息和统计意义，有助于理解量子力学对于自然语言处理和认知过程建模的中肯性，还有助于澄清更一般的泛量子模型谱系，并提供建模的理论动机和模型选择依据，从而成为量子自然语言处理的模型基础。

6 结束语

本文围绕量子自然语言处理这一主题，回顾和阐述了近几年国内外相关的研究工作，并介绍了具有代表性的研究成果，进一步对国内外的研究进行了对比，总结了量子自然语言处理的进展和发展趋势，帮助读者了解和把握量子自然语言处理的前沿。本文从量子启发式语言模型、基于量子计算的语言模型和非经典（泛量子）概率模型族三个方面对相关工作进行了整理和总结介绍。

参考文献

[1] NADKARNI P M, OHNO-MACHADO L, CHAPMAN W W. Natural language processing: an introduction[J]. Journal of the American Medical Informatics Association, 2011, 18(5): 544-551.

[2] ABIODUN O I, JANTAN A, OMOLARA A E, et al. State-of-the-art in artificial neural network applications: A survey[J]. Heliyon, 2018, 4(11): e00938.

[3] WANG B, ZHANG P, LI J, et al. Exploration of quantum interference in document relevance judgement discrepancy[J]. Entropy, 2016, 18(4): e18040144.

[4] 沈家煊. “互文”和“联语”的当代阐释——兼论“平行处理”和“动态处理”[J]. 当代修辞学, 2020(01): 1-17.

[5] VAN RIJSBERGEN C J. The geometry of information retrieval[M]. Cambridge: Cambridge University Press, 2004.

[6] JIANG Y, ZHANG P, GAO H, et al. A quantum interference inspired neural matching model for ad-hoc retrieval [C] //Proceedings of the 43rd International ACM SIGIR Conference on Research and Development in Information Retrieval. New York: ACM, 2020.

[7] XIE M, HOU Y, ZHANG P, et al. Modeling quantum entanglements in quantum language models[C]//Twenty-Fourth International Joint Conference on Artificial Intelligence. Buenos Aires: IJCAI, 2015.

[8] WANG B, REN Y, SHANG L, et al. Exploring extreme parameter compression for pre-trained language models[J]. arXiv preprint arXiv: 2205.10036, 2022.

[9] GAN G, ZHANG P, LI S, et al. MorphTE: injecting morphology in tensorized embeddings[C]. Advances in Neural Information Processing Systems. New Orleans: NeurIPS, 2022.

[10] SUROV I A, SEMENENKO E, PLATONOV A V, et al. Quantum semantics of text perception[J]. Scientific Reports, 2021, 11(1): 1-13.

[11] ABBASZADE M, SALARI V, MOUSAVI S S, et al. Application of quantum natural language processing for language translation[J]. IEEE Access, 2021, 9: 130434-130448.

[12] JAISWAL A K, HOLDACK G, FROMMHOLZ I, et al. Quantum-like generalization of complex word embedding: a lightweight approach for textual classification [C]. Proceedings of LWDA 2018. Mannheim: LWDA, 2018.

[13] TIWARI P, MELUCCI M. Towards a quantum-inspired binary classifier[J]. IEEE Access, 2019, 7: 42354-42372.

[14] GAO X, ANSCHUETZ E R, WANG S T, et al. Enhancing generative models via quantum correlations[J]. Physical Review X, 2022, 12(2): 021037.

[15] PÉREZ-DELGADO C A, PEREZ-GONZALEZ H G. Towards a quantum software modeling language[C]//Proceedings of the IEEE/ACM 42nd International Conference on Software Engineering Workshops. New York: IEEE, 2020.

[16] UPRETY S, SU Y, SONG D, et al. Modeling multidimensional user relevance in IR using vector spaces[C]//The 41st International ACM SIGIR Conference on Research & Development in Information Retrieval. New York: ACM, 2018.

[17] BURGES C J C. From ranknet to lambdarank to lambdamart: an overview[J]. Learning, 2010, 11(23-581): 81-100.

[18] UPRETY S, SONG D. Investigating order effects in multidimensional relevance judgment using query logs[C] //Proceedings of the 2018 ACM SIGIR International Conference on Theory of Information Retrieval. New York: ACM, 2018.

[19] UPRETY S, DEHDASHTI S, FELL L, et al. Modelling dynamic interactions between relevance dimensions[C]//Proceedings of the 2019 ACM SIGIR International Conference on Theory of Information

Retrieval. New York: ACM, 2019.

[20] FELL L, DEHDASHTI S, BRUZA P, et al. An experimental protocol to derive and validate a quantum model of decision-making[J]. arXiv preprint arXiv: 1908.07935, 2019.

[21] UPRETY S, GKOUMAS D, SONG D. Investigating bell inequalities for multidimensional relevance judgments in information retrieval[J]//arXiv preprint arXiv: 1811.06645, 2018.

[22] UPRETY S, TIWARI P, DEHDASHTI S, et al. Quantum-like structure in multidimensional relevance judgements[J] arXiv preprint arXiv: 2001.07075, 2020.

[23] GKOUMAS D, UPRETY S, SONG D. Investigating non-classical correlations between decision fused multi-modal documents[J] arXiv preprint arXiv: 1810.11303, 2018.

[24] LI Q, GKOUMAS D, LIOMA C, et al. Quantum-inspired multimodal fusion for video sentiment analysis[J]. Information Fusion, 2021, 65: 58-71.

[25] GKOUMAS D, LI Q, DEHDASHTI S, et al. Quantum cognitively motivated decision fusion for video sentiment analysis[C]//Proceedings of the AAAI Conference on Artificial Intelligence. [S. L.]: AAAI, 2021.

[26] GKOUMAS D, LI Q, YU Y, et al. An entanglement-driven fusion neural network for video sentiment analysis[C]//Proceedings of the Thirtieth International Joint Conference on Artificial Intelligence. California: IJCAI, 2021: 1736-1742.

[27] GKOUMAS D. Quantum cognitively motivated context-aware multimodal representation learning for human language analysis[M]. London: Open University(United Kingdom), 2021.

[28] LI Q, GKOUMAS D, SORDONI A, et al. Quantum-inspired neural network for conversational emotion recognition[C]//Proceedings of the AAAI Conference on Artificial Intelligence. [S. L.]: AAAI, 2021.

[29] ARUTE F, ARYA K, BABBUSH R, et al. Quantum supremacy using a programmable superconducting processor[J]. Nature, 2019, 574(7779): 505-510.

[30] LIU J G, ZHANG Y H, WAN Y, et al. Variational quantum eigensolver with fewer qubits[J]. arXiv preprint arXiv: 1902.02663, 2019.

[31] KANDALA A, TEMME K, CÓRCOLES A D, et al. Error mitigation extends the computational reach of a noisy quantum processor[J]. Nature, 2019, 567(7749): 491-495.

[32] WITTEK P. Quantum machine learning: what quantum computing means to data mining[M]. Salt Lake City: Academic Press, 2014.

[33] HUR T, KIM L, PARK D K. Quantum convolutional neural network for classical data classification[J]. arXiv preprint arXiv: 2108.00661, 2021.

[34] BAUSCH J. Recurrent quantum neural networks[J]. Advances in Neural Information Processing Systems, 2020, 33: 1368-1379.

[35] CHEN S Y C, YOO S, FANG Y L L. Quantum long short-term memory[C]//ICASSP 2022-2022 IEEE International Conference on Acoustics, Speech and Signal Processing(ICASSP). New York IEEE, 2022.

[36] YANG C H H, QI J, CHEN S Y C, et al. When BERT meets quantum temporal convolution learning for text classification in heterogeneous computing[C]//ICASSP 2022-2022 IEEE International Conference on Acoustics, Speech and Signal Processing(ICASSP). New York IEEE, 2022.

[37] COECKE B, SADRZADEH M, CLARK S. Mathematical foundations for a compositional distributional model of meaning[J]. arXiv preprint arXiv: 1003.4394, 2010.

[38] LAMBEK J. The mathematics of sentence structure[J]. The American Mathematical Monthly, 1958, 65

(3): 154-170.

[39] COECKE B, DE FELICE G, MEICHANETZIDIS K, et al. Foundations for near-term quantum natural language processing[J]. arXiv preprint arXiv: 2012.03755, 2020.

[40] LACKI J. The early axiomatizations of quantum mechanics: Jordan, von Neumann and the continuation of Hilbert's program[J]. Archive for History of Exact Sciences, 2000, 54, 279-318.

[41] VON NEUMANN J. Mathematical foundations of quantum mechanics [M]. Princeton: Princeton University Press, 2018.

[42] HAAG R. Local quantum physics: fields, particles, algebras [M]. New York: Springer Science & Business Media, 2012.

[43] STREATER R F, WIGHTMAN A S. PCT, spin and statistics, and all that[M]. Princeton: Princeton University Press, 2016.

[44] HALVORSON H, MÜGER M. Handbook of the philosophy of physics, chapter algebraic quantum field theory[M]. Amsterdam: North Holland Publishing House, 2006.

[45] BRATTELI O, ROBINSON D W. Operator algebras and quantum statistical mechanics: Volume 1: C *-and W *-Algebras. symmetry groups. Decomposition of States[M]. New York: Springer Science & Business Media, 2012.

[46] ROCCHI P. Janus-faced probability[M]. New York: Springer, 2014.

[47] FUCHS C A, SCHACK R. Quantum-bayesian coherence[J]. Revaiews of Modern Physics. 2013, 85: 1693-1715.

[48] RÉDEI M, SUMMERS S J. Quantum probability theory[J]. Studies in History and 2007, 38: 390-417.

[49] Mackey G W. Mathematical foundations of quantum mechanics[M]. Mineola: Courier Corporation, 2013.

[50] HOLIK F. Logic, geometry and probability theory[J]. SOP Transactions on Theoretical Physics, 2014, 1: 128-137.

[51] DE F B. Theory of probability: a Critical Introductory Treatment[M]. London: Wiley, 1970.

[52] COX R T. The algebra of probable inference[J]. American Journal of Physics, 1963, 31(1): 66-67.

[53] COX R T. Probability, frequency and reasonable expectation[J]. American Journal of Physics, 1946, 14: 1-13.

[54] Jaynes, E. T. Probability theory: the logic of science[M]. Cambridge: Cambridge University Press, 2003.

[55] BOOLE G. An investigation of the laws of thought: on which are founded the mathematical theories of logic and probabilities[M]. London: Walton and Maberly, 1854.

[56] BARNUM H, WILCE A. Information processing in convex operational theories[J]. Electronic Notes in Theoretical Computer Science, 2011, 270(1): 3-15.

[57] BARNUM H, DUNCAN R, WILCE A. Symmetry, compact closure and dagger compactness for categories of convex operational models[J]. Journal of Philosophical Logic, 2013, 42: 501-523.

[58] HOLIK F, MASSRI C, PLASTINO A. Generalizing entanglement via informational invariance for arbitrary statistical theories[J]. SOP Transactions on Theoretical Physics, 2014, 1: 138-153.

[59] MACKEY G W. Mathematical foundations of quantum mechanics[M]. New York: Dover Publications, 1963.

[60] LUDWIG G. Foundations of quantum mechanics[M]. New York: Springer, 1983.

[61] LUDWIG G. An axiomatic basis for quantum mechanics volume 1: derivation of hilbert space structure[M]. New York: Springer, 1985.

[62] KRAUS K. States, effects, and operations fundamental notions of quantum theory, volume 190 of lecture notes in Physics. Heidelberg: Springer Berlin, 1983.

[63] HARDY L. Quantum theory from five reasonable axioms[J]. arXiv: quant-ph/0101012, 2001.

[64] DAKIC B, BRUKNER C. Quantum Theory and Beyond: Is Entanglement Special? [J]. arXiv: 0911.0695, 2009.

[65] MASANES L, MÜLLER M P. A derivation of quantum theory from physical requirements[J]. New Journal of Physics, 2011, 13(13): 287-293.

[66] CHIRIBELLA G, D'ARIANO G M, PERINOTTI P. Informational derivation of quantum theory[J]. Physical Review A, 2011, 84(1): 1146-54.

[67] CHIRIBELLA G, D'ARIANO G M, PERINOTTI P. Quantum from principles[M]. The book chapter of quantum theory: informational foundations and foils[M]. Netherlands: Springer, 2016.

[68] CIREL'SON B S. Quantum generalizations of Bell's inequality[J]. Letters in Mathematical Physics, 1980, 4(2): 93-100.

[69] BARRETT J. Information processing in generalized probabilistic theories[J]. Physical Review A, 2005, 75(3): 723-727.

[70] SANDU P, DANIEL R. Quantum nonlocality as an axiom[J]. Foundations of Physics, 1994, 24(3): 379-385.

[71] NIELSEN M A, CHUANG I L. Quantum computation and quantum information[M]. Cambridge: Cambridge University Press, 2000.

[72] ZHANG P, NIU J, SU Z, et al. End-to-end quantum-like language models with application to question answering[C]//Proceedings of the AAAI Conference on Artificial Intelligence. [S. L.]: AAAI, 2018.

[73] ZHANG P, SU Z, ZHANG L, et al. A quantum many-body wave function inspired language modeling approach[C]//Proceedings of the 27th ACM International Conference on Information and Knowledge Management. New York: ACM, 2018.

[74] HITCHCOCK F L. The expression of a tensor or a polyadic as a sum of products[J]. Journal of Mathematics and Physics, 1927, 6(1-4): 164-189.

[75] ZHANG L, ZHANG P, MA X, et al. A generalized language model in tensor space[C]//Proceedings of the AAAI Conference on Artificial Intelligence. New York: AAAI, 2019.

[76] OSELEDETS I V. Tensor-train decomposition[J]. SIAM Journal on Scientific Computing, 2011, 33(5): 2295-2317.

[77] AERTS D, SOZZO S. Quantum entanglement in concept combinations[J]. International Journal of Theoretical Physics, 2014, 53: 3587-3603.

[78] BRUZA P, KITTO K, MCEVOY D. Entangling words and meaning[C]// Proceedings of the Second Quantum Interaction Symposium(QI-2008). [S. L.]: College Publications, 2008.

[79] LI Q, WANG B, MELUCCI M. CNM: an interpretable complex-valued network for matching[J]. arXiv preprint arXiv: 1904.05298, 2019.

[80] BENYOU W, DONGHAO Z, CHRISTINA L, et al. Encoding word order in complex embeddings[C]// Proceedings of the 8th International Conference on Learning Representations. [S. L.]: ICLR, 2020.

[81] ZHANG P, HUI W, WANG B, et al. Complex-valued neural network-based quantum language models[J]. ACM Transactions on Information Systems(TOIS), 2022, 40(4): 1-31.

[82] ZHAO Q, HOU C, LIU C, et al. A quantum expectation value based language model with application to

question answering[J]. Entropy, 2020, 22(5): 533.

[83] CHEN Y, PAN Y, DONG D. Quantum language model with entanglement embedding for question answering[J]. arXiv preprint arXiv: 2008.09943, 2021.

[84] BUSEMEYER J R, BRUZA P D. Quantum models of cognition and decision[M]. Cambridge: Cambridge University Press, 2012.

[85] WISDOM S, POWERS T, HERSHEY J, et al. Full-capacity unitary recurrent neural networks[J]. arXiv preprint arXiv: 1611.00035, 2016.

[86] 汪晶晶, 杨宏, 雷根, 等. 量子计算产业化国内外发展态势分析[J]. 世界科技研究与发展, 2022, 44(5): 631-642.

[87] MindQuantum. 量子神经网络在自然语言处理中的应用[EB/OL]. [2023-06-06]. https://www.mindspore.cn/mindquantum/docs/zh-CN/r0.3/qnn_for_nlp.html.

[88] HENDERSON M, SHAKYA S, PRADHAN S, et al. Quanvolutional neural networks: powering image recognition with quantum circuits[J]. arXiv preprint arXiv: 1904.04767, 2019.

[89] LI G, ZHAO X, WANG X. Quantum self-attention neural networks for text classification[J]. arXiv preprint arXiv: 2205.05625, 2022.

[90] LORENZ R, PEARSON A, MEICHANETZIDIS K, et al. QNLP in practice: running compositional models of meaning on a quantum computer[J]. arXiv preprint arXiv: 2102.12846, 2021.

[91] LI Q, WANG B, ZHU Y, et al. Adapting pre-trained language models for quantum natural language processing[J]. arXive preprint arXiv: 2302.13812, 2022.

[92] 侯越先. 以信息原则重构量子力学: 量子人工智能的理论基础[C]//2020 量子物理与智能计算交叉研讨会. 天津, 北京: 天津大学, 首都师范大学, 2020.

[93] PAN W W, XU X, KEDEM Y, et al. Direct measurement of a nonlocal entangled quantum state[J]. Physical Review Letters, 2019, 123(15).

[94] POLYANSKIY Y. Lecture notes on information theory[C/OL]. [2024-02-06] https://www.uni-miskolc.hu/~matfs/MIT_16.pdf.

[95] ALI S M, SILVEY S D. A general class of coefficients of divergence of one distribution from another[J]. Journal of the Royal Statistical Society, 1966, 28(1): 131-142.

[96] TUREK Y. Direct measurement methods of density matrix of an entangled quantum state[J]. arXiv preprint arXiv: 1911.06609, 2019.

[97] BAI J, GUO Q, CHENG L Y, et al. Implementation of nonlocal Bell-state measurement and quantum information transfer with weak Kerr nonlinearity[J]. Chinese Physics B, 2011, 20(12): 120307.

[98] WIGNER E. On the quantum correction for thermodynamic equilibrium[J]. Physical Review, 1932(4): 110-120.

[99] KIRKWOOD J G. Quantum statistics of almost classical assemblies[J]. Physical Review, 1933, 44: 31-37.

[100] DIRAC P A M. On the analogy between classical and quantum mechanics[J]. Reviews of Modern Physics, 1945, 17: 195-199.

[101] HARDY L. Reformulating and reconstructing quantum theory[J]. arXiv e-prints arXiv: 1104.2066, 2011.

[102] HARDY L. Reconstructing quantum theory[M]. Heidelberg: Springer Netherlands, 2016.

作者简介

张 鹏 博士，天津大学计算机学院副院长、教授、博士生导师。发表和录用论文50余篇，其中包括中国计算机学会（CCF）推荐A/B类会议论文，以及高水平SCI论文。主要研究方向有信息检索、自然语言处理、量子自然语言处理，以及在搜索引擎、问答系统、大语言模型中的应用。

王本友 博士，香港中文大学（深圳）数据科学学院助理教授。曾获得国际信息检索顶级会议SIGIR 2017（CCF A类会议）最佳论文提名奖、国际自然语言处理顶级会议NAACL 2019最佳可解释论文奖和国内最有影响力的自然语言处理会议NLPCC最佳论文奖。在国际顶级会议和国际顶级期刊发表了20余篇论文。主要研究方向为自然语言处理、应用机器学习、信息检索。

宋大为 博士，北京理工大学计算机学院教授、博士生导师，工业和信息化部语言工程和认知计算重点实验室副主任。在国际顶级会议和国际顶级期刊发表了220余篇论文。长期从事信息检索、自然语言处理及人工智能领域的研究工作，旨在构建符合人类信息推理和认知特点的多模态信息获取、交互和知识发掘理论与方法。近年来，倡导和推动国际新兴的基于量子力学理论的探索式信息检索与交互模型研究。主要研究方向有信息检索、自然语言处理、知识获取、人工智能、量子交互与认知。

侯越先 博士，天津大学计算机学院教授、博士生导师，网络智能所主任，国家重点研发计划首席科学家，中国人工智能学会青年工作委员会常委，中国中文信息学会理事，中国计算机学会中文信息技术专委会委员，天津市131人才计划第一层次人选，第8届亚洲信息检索学会会议一般主席。主要研究方向有机器学习、量子人工智能、信息检索和自然语言处理。